HÜTTE Bautechnik Band III

HÜTTE Taschenbücher der Technik

Herausgegeben vom
Wissenschaftlichen Ausschuß des Akademischen Vereins Hütte e.V.

29. Auflage

Bautechnik

Band III Baumaschinen
Schalung
Rüstung

Bandherausgeber H. Becker

Springer-Verlag Berlin Heidelberg New York

Bandherausgeber:

Prof. Dipl.-Ing. *Horst Becker*, Technische Universität Berlin

Mitarbeiter dieses Bandes:

Prof. Dipl.-Ing. *Horst Becker*, Technische Universität Berlin,
 Fachgebiet Baubetrieb und Baumaschinen (Kap. 1, 2)

Obering. *Friedrich Hoffmann*, Huta-Hegerfeld AG, Essen (Kap. 5.1)

Dr.-Ing. *Peter Kiehl*, Deutsches Institut für Normung e. V., Berlin (Kap. 2, 3, 4)

Dipl.-Ing. *Thomas Kuß*, Technische Universität Berlin,
 Fachgebiet Baubetrieb und Baumaschinen. (Kap. 3)

Dipl.-Ing. *Friedrich Nather*, Düsseldorf-Rath, (Kap. 5.2, 5.3)

Mit 440 Abbildungen

ISBN-13: 978-3-642-95265-4   e-ISBN-13: 978-3-642-95264-7
DOI: 10.1007/ 978-3-642-95264-7

1 2 3 4 5

Vorwort zur 29. Auflage

Seit mehr als hundert Jahren verfolgt die HÜTTE das Ziel, auf allen wichtigen Gebieten der Technik ein zuverlässiges Nachschlagewerk und Informationsmittel für Praxis und Studium zu sein. Ohne die speziellen Hand- und Lehrbücher ersetzen zu wollen, vermittelt sie dem Ingenieur nicht nur einen Überblick über seinen eigenen fachlichen Sektor, sondern ermöglicht es ihm, sich auch über andere Gebiete leicht und schnell zu unterrichten, wobei sie durch Neuauflagen immer wieder der Entwicklung angepaßt wird.

Der Bautechnik wurde erstmalig in der 20. Auflage (1909) ein eigener Band gewidmet, der unter dem Namen HÜTTE III bekannt geworden ist. In der 28. Auflage (1956) umfaßte dieser Band ca. 1 600 Seiten.

Wenn auch die Bautechnik zu den klassischen Gebieten der Technik zählt, so hat doch ihre Weiterentwicklung in den letzten Jahrzehnten eindrucksvolle Fortschritte gemacht. Sie sind u. a. gekennzeichnet durch neue und verbesserte Konstruktionsmethoden, durch die zunehmende Verwendung neuer Baustoffe, durch die Benutzung elektronischer Datenverarbeitungsanlagen für Planung und Berechnung, durch Mechanisierung, Spezialisierung und Rationalisierung des Bauens, durch den verstärkten Übergang von handwerklichen zu industriellen Bauverfahren, durch den ausgedehnten Einsatz von Baumaschinen. Auf Grund dieser Fortschritte sind wir heute Zeugen eines Baugeschehens im weltweiten Ausmaß, das die Voraussetzung ist für das Wachstum der Städte, für den zügigen Ausbau der Industrie, für die Schaffung leistungsfähiger Anlagen des Personen- und Güterverkehrs und für die Sicherstellung der Rohstoff- und Energieversorgung einer wachsenden Bevölkerung.

Gegenüber der 28. Auflage erfordert die Darstellung der verschiedenen Gebiete der Bautechnik einen mehr als doppelten Umfang. Daher ist die Verteilung des Stoffes auf mehrere Bände notwendig. Für die Buchreihe „HÜTTE Bautechnik" ist daher folgendes Programm vorgesehen:

Band   I   Vermessungstechnik, Baubetriebswirtschaft, Bauvertragsrecht, Baustoffe. (Erschienen 1974 im Springer-Verlag).

Band II   Grundbau, Verkehrsbau, Wasserbau. (Erschienen 1970 im Verlag Ernst & Sohn).

Band III   Baumaschinen, Schalung, Rüstung.

Band IV   Stahlbetonbau, Spannbetonbau, Stahlbau, Leichtmetallbau, Verbundbau, Holzbau.

Band V   Städtebau, Versorgungsanlagen, Gebäudeplanung und Gebäudeausstattung.

Zu dem jetzt vorliegenden Band III ist zu bemerken:

Das einführende Kapitel *Entwicklung der Mechanisierung des Baubetriebs* zeigt für die verschiedenen Bereiche des Bauwesens die Möglichkeiten einer Mechanisierung als Teil einer Rationalisierung auf und weist auch auf deren bautechnisch bzw. maschinentechnisch bedingte Grenzen hin. Dabei werden die in den einzelnen Bereichen des Bauwesens zum Einsatz kommenden Baumaschinen kommentiert.

Das Kapitel *Baumaschinen* gibt einen Überblick über die Maschinen und Geräte, die dem Bauingenieur für die Lösung seiner Aufgaben zur Verfügung stehen. Dieses Kapitel ist im wesentlichen nach maschinentechnischen Gesichtspunkten gegliedert, orientiert sich zum Teil an den einzelnen Bereichen des Bauwesens und weist an verschiedenen Stellen auch auf die der Anwendung der Maschinen zugrundeliegenden Verfahren hin. Wenn auch die technische Weiterentwicklung der Baumaschinen und Baugeräte in der Zeit der Bearbeitung dieses Kapitels nicht mehr so stürmisch verlaufen ist wie in dem zurückliegenden Jahrzehnt, so hat es doch auf verschiedenen Gebieten noch einige bemerkenswerte Neukonstruktionen gegeben, die bei der Drucklegung dieses Bandes nur vereinzelt berücksichtigt werden konnten.

Da für die Beurteilung des technischen und wirtschaftlichen Erfolgs einer Mechanisierung von Bauarbeiten die möglichst genaue Kenntnis der Leistungsfähigkeit der eingesetzten Maschinen eine wesentliche Voraussetzung ist, wurde das Kapitel *Leistung von Baumaschinen* mit aufgenommen. Es vermittelt einen Einblick in die in den letzten Jahren entwickelten Methoden zur Leistungsbestimmung unter Berücksichtigung der verschiedenen Faktoren, die die Leistung einer Baumaschine beeinflussen.

Bei technisch und von der Leistung her gleichwertigen Maschinen bzw. Kombinationen von Maschinen wird in der Regel durch einen Kostenvergleich die wirtschaftlich optimale Lösung ermittelt. Die Möglichkeiten für einen solchen Kostenvergleich werden in dem Kapitel *Gerätekosten* auf der Grundlage der Baugeräteliste 1971 aufgezeigt.

Eine große Bedeutung für die Mechanisierung des Baubetriebs haben neben den Baumaschinen die *Schalung* und die *Rüstung*, die in einem besonderen Kapitel behandelt werden. Die neuzeitlichen Schalungsmethoden und Schalungssysteme tragen zu einer wirtschaftlicheren Gestaltung des Betonbaus bei, die Arbeits- und Schutzgerüste finden in vielen Bereichen des Bauens Anwendung, und die Traggerüste dienen der Rationalisierung der Bauverfahren, unter anderem im Brückenbau.

Alle Beiträge, Bilder und Tabellen wurden sorgfältig bearbeitet und durchgesehen; jedoch kann eine Gewähr für Einzelheiten nicht übernommen werden.

Die Autoren haben trotz beruflicher Belastung ihr Wissen und ihre Erfahrung zur Verfügung gestellt und den Wünschen der Schriftleitung verständnisvoll Rechnung getragen. Ihnen gilt unser besonderer Dank!

Bei der Zusammenstellung der Unterlagen für das Kapitel 2. *Baumaschinen* erhielt die Redaktion wertvolle Hilfe von den Herren

Dipl.-Ing. *W. Schulz* und Ing. *W. Mager* (Abschn. 2.1.2 und 2.1.3),
Dr.-Ing. *R. Gronebaum* (Teile von Abschn. 2.2.1.1),
Ing. *B. Voss* (Abschn. 2.5.2).

Beim Beschaffen von Bildmaterial und mit Auskünften haben uns folgende Firmen bereitwilligst unterstützt:

Salzgitter Maschinen AG, Salzgitter
Demag Baumaschinen, Düsseldorf-Benrath
Putzmeister-Werk Maschinenfabrik GmbH, Bernhausen
Flygt Pumpen GmbH, Hannover
Menck & Hambrock GmbH, Hamburg
Krupp Industrie- und Stahlbau, Rheinhausen
Atlas Copco Deutschland GmbH, Essen
O & K Orenstein & Koppel AG, Werk Lübeck
Wayss & Freytag KG, Frankfurt/M.
Jul. Wolff & Co GmbH, Heilbronn
Delmag Maschinenfabrik Reinhold Dornfeld, Vertretung Berlin
Philipp Holzmann AG, Hauptniederlassung Hamburg
Deutsche Wanson Wärmetechnik GmbH, Wiesbaden
Maschinenfabrik Habegger AG, Thun/Schweiz

Auch die auf den Seiten 253/56 genannten Firmen haben durch Überlassung wertvoller Informationen das Entstehen des Bandes gefördert.

Dem Springer-Verlag danken wir für die vorzügliche Ausstattung des Bandes.

Berlin, im Oktober 1976

Prof. Dipl.-Ing. *H. Becker*
Bandherausgeber

Dipl.-Ing. *W. Stenger*
Hauptschriftleiter der HÜTTE-Taschenbücher

Dipl.-Ing. *W. Fredrich*
Vorsitzender des Wissenschaftlichen Ausschusses
des Akademischen Vereins Hütte e. V., Berlin

Inhaltsverzeichnis

3. Leistungen von Baumaschinen

(*P. Kiehl* und *Th. Kuß*)

3.1 Leistungsberechnungen für Erdbewegungsmaschinen und Verdichtungsgeräte

4. Gerätekosten

(*P. Kiehl*)

5. Schalung und Rüstung

Wichtige Hinweise

Die Abschnittskennzeichnung wurde gegenüber früheren Auflagen geändert und nunmehr eine durchgehende Zahlengliederung eingeführt. Bei Hinweisen im Text ist dadurch eine eindeutige Kennzeichnung des betreffenden Unterabschnitts gegeben.

Am 5. Juli 1970 ist in der Bundesrepublik Deutschland das „Gesetz über Einheiten im Meßwesen" in Kraft getreten. Die Auswirkungen dieses Gesetzes und der dazugehörigen Ausführungsverordnung sind in der Neufassung der DIN 1301 vom Nov. 1971 berücksichtigt. Demgemäß werden in der HÜTTE die Basisgrößen und Basiseinheiten des Internationalen Einheitensystems (SI) benutzt:

Länge: Meter m, **Masse:** Kilogramm, kg, **Zeit:** Sekunde s, **elektrische Stromstärke:** Ampere A, **Temperatur:** Kelvin, K, **Lichtstärke:** Candela cd, **Stoffmenge:** Mol mol.

Nach dem Gesetz über Einheiten im Meßwesen erlischt im Laufe der nächsten Jahre die Zulässigkeit verschiedener, bisher üblicher Einheiten. Da diese gesetzliche Regelung während der Herstellung der 29. Auflage der HÜTTE Bautechnik in Kraft getreten ist, werden im vorliegenden Band als Einheiten der **Kraft** das Newton N bzw. Kilonewton kN verwendet. Es war jedoch bei der Bearbeitung der einzelnen Kapitel nicht zu vermeiden, daß an verschiedenen Stellen noch das bis Ende 1977 zugelassene Kilopond kp verwendet worden ist. Für die Umrechnung gilt: $1\ \text{kp} = 9,8066\ \text{N} \approx 10\ \text{N}$. Gewichtsangaben erfolgen in Kilogramm (kg), soweit es sich um Mengen (Massen) im Sinne eines Wägeergebnisses handelt (vgl. DIN 1305).

Das Schrifttum erscheint jeweils am Schluß des Kapitels und ist aufgeteilt nach Normen, Vorschriften, Büchern, Zeitschriften und wichtigen Aufsätzen, versehen mit Schrifttumsnummern, z. B. 15. Bei einem Schrifttumshinweis im Text wird nur die Schrifttumsnummer in eckigen Klammern angegeben, unter der die Veröffentlichung am Kapitelschluß verzeichnet ist. Schrifttumsnummern hinter Überschriften verweisen auf Quellen, deren Inhalt sich auf das ganze folgende Kapitel bezieht.

Andere Bänder der HÜTTE werden wie das übrige Schrifttum jeweils durch eine Nummer zitiert, jedoch mit dem vorangestellten Buchstaben H = HÜTTE; z. B. bedeutet [H 3] die STOFFHÜTTE, die im Schrifttumsverzeichnis unter „Bücher" aufgeführt ist mit Auflage und Erscheinungsjahr.

Bei den in diesem Band zitierten DIN-Normen ist der jeweils neueste Stand maßgebend. Es sei auf das jährlich erscheinende Normblatt-Verzeichnis, herausgegeben vom Deutschen Institut für Normung, 1 Berlin 30, Burggrafenstraße 4—7, hingewiesen.

Anregungen zur Verbesserung dieses Bandes bitten wir an die Hauptschriftleitung der Hütte, Carmerstraße 12, 1000 Berlin 12, zu richten.

Abkürzungen

Vgl. auch Sachverzeichnis S. 475

ACI	American Concrete Institute
AEF	Ausschuß für Einheiten und Formelgrößen im Deutschen Institut für Normung e. V., s. DIN
ARBIT	Arbeitsgemeinschaft der Bitumenindustrie, 2 Hamburg 36, Alstersterrasse 11
ASA	American Standards Association, New York
ASTM	American Society for Testing Materials, Philadelphia/Pa.
AWF	Ausschuß für wirtschaftliche Fertigung, 6 Frankfurt/M. AWF-Blätter des Ausschusses für wirtschaftliche Fertigung sind beim Beuth-Vertrieb GmbH., 1 Berlin 30, Burggrafenstraße 4/7, und 5 Köln/Rh., Friesenplatz 16, erhältlich. Verbindlich ist jeweils nur die neueste Ausgabe eines Blattes
BSI	British Standards Institution, London
DAfSt	Deutscher Ausschuß für Stahlbeton, 1 Berlin 30, Reichpietschufer 72/76
DIN, RAL	Normblätter und Vorschriften des Deutschen Instituts für Normung und des Ausschusses für Lieferbedingungen und Gütesicherung beim DIN (RAL). Erhältlich durch Beuth-Vertrieb GmbH., 1 Berlin 30, Burggrafenstraße 4/7, und 5 Köln/Rh., Friesenstraße 16. Verbindlich ist nur die neueste Ausgabe dieses Blattes
DIN	Deutsches Institut für Normung e. V. (früher DNA Deutscher Normenausschuß), 1 Berlin 30, Burggrafenstraße 4/7
FBW	Forschungsinstitut Bauen und Wohnen, 7 Stuttgart
FG	Forschungsgesellschaft für das Straßenwesen e. V., 5 Köln/Rh., Maastrichter Straße 45
ISA	International Federation of National Standardizing Associations
ISO	International Organization of Standardization
NBS	National Bureau of Standards, Washington D.C.
PTB	Physikalisch-Technische Bundesanstalt, 33 Braunschweig
RAL	Ausschuß für Lieferbedingungen und Gütesicherung beim DNA
REFA	Verband für Arbeitsstudien — REFA — E. V., 61 Darmstadt, Wittichstraße 2
RKW	Rationalisierungs-Kuratorium der Deutschen Wirtschaft, 6 Frankfurt/M. 9, Gutleutstraße 163/67
SI	Système International d'Unités
TÜO	Technische Überwachungsorganisation
TÜV	Technischer Überwachungsverein (Bundesgebiet und West-Berlin)
UGGI	Union Géodésique et Géophysique Internationale, Geophysics Laboratory, University of Toronto, Toronto 5/Canada
VDI	Verein Deutscher Ingenieure, 4 Düsseldorf
VdTÜV	Vereinigung der Technischen Überwachungsvereine e. V., Essen

betr.	betreffs, betreffend	max.	maximal	u. a.	unter anderem
bzw.	beziehungsweise	mind.	mindestens	usw.	und so weiter
d. h.	das heißt	Mio.	Million	vgl.	vergleiche
Dmr.	Durchmesser	Mrd.	Milliarde	zul.	zulässig
einschl.	einschließlich	NN	Normal Null	z. B.	zum Beispiel
i. allg.	im allgemeinen	s.	siehe	z. Z.	zur Zeit
l. W.	lichte Weite	sog.	sogenannt		

Sonstige Abkürzungen und Schreibweisen nach Duden.

1. Entwicklung der Mechanisierung des Baubetriebs[1]

Bearbeitet von *H. Becker*

1.1 Allgemeines

Im Zuge einer allgemeinen Fortentwicklung in den einzelnen Gebieten der Technik waren auch im Bauwesen etwa um die Mitte des vorigen Jahrhunderts die Anfänge einer Mechanisierung zu beobachten, in deren Rahmen bei der Ausführung bestimmter Arbeitsgänge die menschliche Arbeitskraft durch Maschinen und Geräte ersetzt worden ist. Die eigentliche Mechanisierung des Baubetriebs auf breiter Grundlage hat jedoch erst in den vergangenen vier bis fünf Jahrzehnten stattgefunden. Dafür waren zwei Voraussetzungen zu erfüllen, und zwar mußte zunächst einmal eine Baumaschinenindustrie die zweckentsprechenden und leistungsfähigen Maschinen und Geräte herstellen, und im Hinblick auf die Verfahrenstechnik mußte parallel dazu ein Übergang von den bisher angewandten handwerklichen Arbeitsverfahren zu den neuzeitlicheren Methoden der industriellen Fertigung vollzogen werden.

Als Gründe für die schnelle Entwicklung der Mechanisierung in den letzten Jahrzehnten können u. a. die aus den gestiegenen Ansprüchen und dem zunehmenden Bedarf an technischen Einrichtungen resultierende Notwendigkeit, immer größere und kompliziertere Bauwerke in immer kürzeren Zeiten zu errichten, sowie ein erheblicher Anstieg der Arbeitslöhne und ein aus verschiedenen Gesichtspunkten sich ergebender Zwang zur Rationalisierung des Bauens genannt werden. Dabei ist die Mechanisierung nur als ein Teil der Rationalisierung anzusehen, weil der Einsatz von Maschinen allein noch keine ausreichende Grundlage für ein rationelleres Arbeiten auf der Baustelle ist. Als weitere Gesichtspunkte sind die Entwicklung bestimmter Einsatztechniken, ein gegenseitiges Koordinieren der einzusetzenden Maschinen, eine Schaffung von Arbeitsketten sowie eine Anpassung der Maschinen an die jeweiligen spezifischen örtlichen Einsatzbedingungen zu nennen, mit deren Hilfe eine optimale Ausnutzung der Maschinen und damit ein wirtschaftliches Arbeiten gewährleistet werden. Es ist noch zu ergänzen, daß die für die Ausführung von Bauarbeiten und für den Einsatz von Baumaschinen anzuwendenden Methoden nicht nur vom Gesichtspunkt des technisch Möglichen her gesehen werden dürfen, sondern daß immer gleichzeitig auch die Kosten berücksichtigt werden müssen, wenn die erbrachte Bauleistung sowohl in technischer als auch in wirtschaftlicher Hinsicht ein Erfolg sein soll. Das hierfür erforderliche „Kostendenken" ist in die verschiedenen Bereiche des Bauwesens — im Gegensatz zu anderen Industriezweigen — erst relativ spät eingedrungen.

Eine Weiterentwicklung der Mechanisierung und damit verbundene Neu- und Weiterentwicklungen von Baumaschinen sind nur durch ein ständiges Zusammenwirken von Bauindustrie und Baumaschinenindustrie möglich, weil einerseits die beim Einsatz auf den Baustellen gesammelten Erfahrungen dem Maschineningenieur wichtige Grundlagen für seine Arbeit in der Konstruktion geben und andererseits der Bauingenieur die konstruktiv

---

[1] Literatur S. 13.

bedingten Einsatzmöglichkeiten und -grenzen der einzelnen Maschinen kennen muß. Die Baumaschinenindustrie hat bei der Weiterentwicklung ihrer Erzeugnisse aber auch die technischen Fortschritte in anderen Bereichen — insbesondere im Maschinenbau — sinnvoll genutzt. Hierzu gehören u. a. Entwicklungen in der Antriebstechnik (Dampfmaschine — Verbrennungsmotor — Elektromotor — Gasturbine), der Kraftübertragung (mechanisches Schaltgetriebe — Drehmomentwandler — Lastschaltgetriebe) sowie der Steuerung (Hydraulik — Pneumatik — Elektronik). Darüber hinaus war die Weiterentwicklung von Baumaschinen in den letzten beiden Jahrzehnten zunehmend durch eine Automatisierung bestimmter Arbeitsvorgänge gekennzeichnet. Diese Automatisierung dient dem Ziel, die Bedienung der Maschinen zu vereinfachen und damit eine höhere Ausnutzung zu ermöglichen sowie eine größere Genauigkeit beim Ablauf einzelner Arbeitsvorgänge zu erreichen.

In den verschiedenen Bereichen des Bauwesens ist die Entwicklung der Mechanisierung recht unterschiedlich verlaufen. Während die neuzeitlichen Baustellen des Erdbaus und auch des Straßenbaus durch den Einsatz von Baumaschinen mit großen stündlichen Leistungen gekennzeichnet sind, die nur wenig Bedienungspersonal erfordern, ist beispielsweise auf vielen Baustellen des Hochbaus noch immer viel Handarbeit anzutreffen, weil die teilweise recht komplizierten Arbeitsgänge nicht ohne weiteres zu mechanisieren sind. Daraus ergeben sich auch verhältnismäßig große Unterschiede im Mechanisierungsgrad bzw. Maschinisierungsgrad, der einen Maßstab für die Maschinenausstattung einer Baustelle gibt. Er wird durch das Verhältnis von Maschinen- und Gerätegewicht bzw. installierter Motorleistung zur Anzahl der Arbeitskräfte ausgedrückt. Als Beispiel hierzu sei erwähnt, daß auf großen Erdbaustellen im Jahre 1973 bereits Werte von 165 kN/Mann bzw. 142 kW/Mann erzielt worden sind. Im Gegensatz zu diesen hochmechanisierten Baustellen lagen die Durchschnittswerte für das gesamte Bauhauptgewerbe im Jahre 1960 (1973) bei 10 (32) kN/Mann bzw. 5,8 (15,2) kW/Mann.

Um trotz eines geringeren Maschineneinsatzes im Hoch- und Industriebau rationeller arbeiten zu können, werden seit einer Reihe von Jahren — zumindest bei größeren Bauvorhaben — Planungs- und Fertigungsmethoden angewandt, die in anderen Bereichen der stationären Industrie schon länger bekannt sind. So hat beispielsweise die Anwendung der Netzplantechnik im Bauwesen [H 30] dazu beigetragen, daß die Planung und die Überwachung des Bauablaufs bei größeren und komplizierten Bauobjekten unter Zuhilfenahme der elektronischen Datenverarbeitung wesentlich vereinfacht werden konnten. Auch die Methoden der Fließ- und Taktfertigung haben sich in bestimmten Bereichen des Hoch- und Industriebaus bereits gut bewährt und tragen zu einer Industrialisierung und damit zu einer rationelleren Gestaltung des Bauens bei. In diesem Zusammenhang ist schließlich die zunehmende Anwendung der Fertigteilbauweise zu erwähnen, bei der wesentliche Arbeitsvorgänge der Fertigung von Bauteilen in die witterungsunabhängige Fabrik verlagert werden. Die Arbeit auf der Baustelle besteht dann überwiegend aus der Montage dieser Fertigteile und der Herstellung einzelner tragender bzw. verbindender Bauteile aus Ortbeton.

In den folgenden Abschnitten wird in Form eines historischen Rückblicks ein Überblick über die Entwicklung der Mechanisierung des Baubetriebs gegeben. Die verschiedenen Bereiche des Bauwesens (Erdbau, Straßenbau, Betonbau, Grund- und Wasserbau, Untertagebau und unterirdischer Städtebau) werden im einzelnen betrachtet, um die unterschiedliche Entwicklung in diesen Bereichen angemessen berücksichtigen zu können. Da sich die gesamte Entwicklung der Mechanisierung des Baubetriebs weitgehend an dem technischen Entwicklungsstand der jeweils zur Verfügung stehenden Baumaschinen orientiert, wird die Betrachtung der jeweiligen Möglichkeiten und Grenzen des Einsatzes dieser Maschinen im Vordergrund stehen.

1.2 Entwicklung der Mechanisierung in den verschiedenen Bereichen des Bauwesens

1.2.1 Erdbau

Die wesentliche Aufgabe des Erdbaus besteht im Bewegen von Bodenmassen, sei es bei der Schaffung von Dämmen und Einschnitten zum Bau von Verkehrswegen (z. B. Eisenbahnen, Autobahnen, Wasserstraßen) oder auch beim Aushub von Baugruben für die Gründung von Hochbauten oder von Bauwerken des Ingenieurbaus. Die bei der Lösung einer Erdbauaufgabe auszuführenden Arbeiten lassen sich in die fünf Teilvorgänge Lösen, Laden, Transportieren, Einbauen und Verdichten untergliedern. Im Zuge der Entwicklung auf diesem Gebiet sind Maschinen entstanden, die einzelne oder auch mehrere dieser Teilvorgänge ausführen können. Wie bereits erwähnt, ist der Erdbau ein Bereich des Bauwesens, in dem die Mechanisierung besonders weit fortgeschritten ist. Das kann u. a. damit begründet werden, daß die genannten Teilvorgänge sich für eine Mechanisierung gut eignen.

Nachdem in den USA und England schon in der ersten Hälfte des vorigen Jahrhunderts für das Lösen und Laden beim Bau von Eisenbahnen *Löffelbagger* eingesetzt worden sind, wurde mit der Herstellung derartiger Eisenbahn-Löffelbagger in Deutschland etwa um 1890 begonnen. Diese ersten mit Dampf angetriebenen Bagger wurden sowohl im Hinblick auf den Löffelvorschub als auch auf den Antrieb weiterentwickelt, und etwa um 1910 war der erste elektrisch angetriebene Löffelbagger auf dem deutschen Markt. In der Mitte der zwanziger Jahre trat dann der Verbrennungsmotor in Erscheinung, und das bis dahin verwendete Schienenfahrwerk wurde zunächst durch ein Raupenfahrwerk ersetzt, dem später das Reifenfahrwerk folgte. Damit war die Beweglichkeit dieser Bagger wesentlich vergrößert worden, und es galt nun, auch ihre Einsatzmöglichkeiten vielfältiger zu gestalten. Diesem Ziel diente die Entwicklung weiterer Arbeitsausrüstungen, wie Tieflöffel, Schleppschaufel, Greifer, Kran usw., die anstelle des Hochlöffels eingesetzt werden konnten. Die mit diesen verschiedenen Arbeitsgeräten auszurüstenden Bagger wurden als *Universalbagger* bezeichnet. In Serie hergestellte Bagger dieser Art erreichten nach dem zweiten Weltkrieg Grabgefäßinhalte bis zu 2,5 m³, einzelne Konstruktionen wiesen Inhalte von 5 bis 6 m³ auf.

Die weitere Entwicklung dieser absatzweise arbeitenden Bagger ist durch den Übergang von der mechanischen zur hydraulischen Kraftübertragung gekennzeichnet. Den ersten Konstruktionen von *Hydraulikbaggern*, die 1954 auf den Markt gebracht wurden und zum Teil noch mit mechanischem Fahrantrieb versehen waren, folgten sehr bald die vollhydraulischen Bagger, bei denen auch die Fahrwerke durch Ölmotoren angetrieben werden. Anfängliche Schwierigkeiten, mit den besonderen Problemen der Hydraulik auf der Baustelle fertig zu werden, waren der Grund dafür, daß die eigentliche Serienherstellung von Hydraulikbaggern in Deutschland erst am Anfang der sechziger Jahre einsetzte. Die Entwicklung nahm aber einen sehr stürmischen Verlauf, und der Anteil der Hydraulikbagger an der gesamten Baggerproduktion in Deutschland wuchs innerhalb von zehn Jahren von 10 auf etwa 90% an. Somit ist der mechanisch angetriebene Seilbagger heute in weiten Bereichen des Baubetriebs durch den Hydraulikbagger verdrängt worden, dessen Grabgefäßinhalt inzwischen 6 bis 8 m³ erreicht hat. Nur ganz spezielle Einsätze, bei denen es u. a. um große Reichweiten geht, wie z. B. beim Schleppschaufeleinsatz im Kanalbau, sind noch dem Seilbagger vorbehalten. Zu den Voraussetzungen für diesen Erfolg der Hydraulikbagger gehören u. a. eine intensive Entwicklungsarbeit und die Lösung vieler konstruktiver Detailprobleme bei den Antriebs- und Übertragungselementen. Gleichzeitig mit der technischen Entwicklung der Hydraulikbagger sind auch im Hinblick auf deren Bedienung erhebliche Fortschritte gemacht worden. Ein vergleichender Blick in das Fahrerhaus eines Seilbaggers aus den fünfziger Jahren mit seinen großen Hebeln zur Steuerung der Windwerke und in das Fahrerhaus eines neuzeitlichen Hydraulikbaggers, in dem ohne große Kraftanstrengung über kurze Hebel Steuerventile betätigt werden, macht diesen Fortschritt offenkundig. In den Bereich dieser Betrachtungen gehört auch der sog. Bedienungskomfort in einer Fahrerkabine mit Rundumsicht, bequemem Fahrersitz, Schalldämmung, Klimaanlage und gut überschaubaren Bedienungselementen. Diese Ausstattung der Fahrerhäuser ist übrigens nicht nur auf die Bagger beschränkt, sondern ist auch bei anderen Baumaschinen zu finden.

Neben den Baggern ist im Bereich der Maschinen zum Lösen und Laden in den letzten zwei Jahrzehnten noch eine andere Gruppe entstanden, die als *Schürf-* oder *Fahrlader* bezeichnet werden, und deren Entwicklung mit dem frontseitigen Anbau von Ladeschaufeln an Rad- bzw. Kettenschlepper begonnen hat. Während die Laderaupe in gewisser Weise eine Abwandlung der Planierraupe darstellt (an die Stelle des Planierschildes ist eine Ladeschaufel mit entsprechender Anlenkung an den Kettenschlepper getreten), hat die Entwicklung der *Radlader* einen anderen Weg genommen. Hier sind aus den anfangs verwendeten Vierrad-Schleppern mit Hinterachsantrieb im Laufe der Jahre Maschinen entwickelt worden, die bei gleichgroßen Rädern über einen Allradantrieb verfügen. Zur Erhöhung der Wendigkeit dieser Lader wurden sie von der Konstruktion her in ein Vorder- und ein Hinterteil getrennt, die miteinander in einem Zentralgelenk verbunden sind. An diesem Gelenk wird eine hydraulische Lenkung wirksam, die als Knicklenkung bezeichnet wird und auch in Kurven ein Spurfahren der Vorder- und der Hinterräder gewährleistet. Die Radlader haben sich mit Schaufelinhalten bis zu etwa 12 m³ in der Zwischenzeit weite Einsatzgebiete erschlossen und sind durchaus ernstzunehmende Konkurrenten für den Hydraulikbagger. Die Entscheidung zugunsten des Einsatzes eines Baggers oder eines Laders muß letztlich aber immer auf der Grundlage von Wirtschaftlichkeitsbetrachtungen und -berechnungen für den speziellen Einsatzfall getroffen werden.

Der Beginn der Entwicklung zweier weiterer Bauarten von Baggern zum Lösen und Laden von großen Bodenmassen, deren Arbeitsweise jedoch als kontinuierlich zu bezeichnen ist, reicht ebenfalls in die Mitte des vorigen Jahrhunderts zurück. Es sind dies die *Eimerketten-* und die *Schaufelradbagger.* Dienten sie in ihren Anfängen als schienengebunden arbeitende Maschinen zum Beladen von ebenfalls schienengebundenen Fahrzeugen, so führte ihre Entwicklung um 1920 zur Ausrüstung mit Gleiskettenfahrwerken und etwa zehn Jahre später zur Kombination mit Förderbändern als Absetzer und wiederum einige Zeit später mit Bandstraßen, die das geladene Gut über Entfernungen von mehreren Kilometern transportierten. Ihre Haupteinsatzgebiete lagen zunächst im Damm-, Kanal- und Hafenbau und wurden später auch auf andere Bereiche des Bauwesens erweitert.

Speziell der *Schaufelradbagger* hat sich inzwischen zu einem Großgerät für die Abraumbeseitigung und die Kohlegewinnung im Braunkohlentagebau entwickelt. Ein in diesen Jahren zum Einsatz kommender Schaufelradbagger wird Tagesleistungen von 200 000 m³ bei einem Schaufelraddurchmesser von 21,6 m erzielen. Für den Einsatz auf Baustellen und in Gewinnungsbetrieben der Baustoffindustrie sind Schaufelradbagger mit Leistungen bis zu 1 200 m³/h entwickelt worden, für die teilweise bereits der hydraulische Antrieb verwendet wird.

Mit der Entwicklung der Maschinen zum Lösen und Laden hat auch die Entwicklung von Geräten Schritt gehalten, die den Teilvorgang des Transportierens im Erdbau ausführen. Waren es um die Mitte des vorigen Jahrhunderts noch die Handkarre und die von Pferden gezogenen zweirädrigen Holzkarren, so wurden mit dem Erscheinen der ersten

Dampflokomotiven auf Baustellen bereits in den siebziger Jahren auf Gleisen fahrende hölzerne *Mulden-* und *Kastenkipper* eingesetzt, denen mit der Vergrößerung der Spurweite der verwendeten Gleise im Anfang dieses Jahrhunderts auch Stahlkipper folgten. Das Fassungsvermögen dieser Kipper hat in den genannten Jahrzehnten von etwa 2 bis zu 16 m³ zugenommen. Auch beim deutschen Autobahnbau der dreißiger Jahre ist noch weitgehend im Gleisbetrieb gearbeitet worden. Die etwa um die gleiche Zeit in den USA angewandten Methoden des gleislosen Erdbaus konnten in Deutschland erst nach dem zweiten Weltkrieg zur vollen Anwendung kommen. Für das Transportieren von Bodenmassen sind immer schwerere Fahrzeuge — speziell Muldenhinterkipper — entwickelt worden. Das größte deutsche Fahrzeug in dieser Art hat 735 kW Motorleistung und 800 kN Nutzlast. In den USA sind bereits Fahrzeuge mit mehr als 2000 kN Nutzlast im Einsatz.

Es waren aber nicht nur die in Verbindung mit Baggern und Ladern eingesetzten Muldenkipper, sondern vor allem die großen Flachbagger, die dem gleislosen Erdbau in Deutschland starke Impulse gegeben haben. Hier ist zunächst die *Planierraupe* zu nennen, die sowohl beim Mutterbodenabtrag als auch bei Verteilarbeiten auf der Kippe zum Einsatz kommt und dabei jeweils Förderwege von höchstens 60 bis 100 m zurücklegt. Ein noch relativ neues Einsatzgebiet ist das Reißen von Fels mit Hilfe eines oder mehrerer heckseitig angebauter, hydraulisch betätigter Reißzähne. Die in Deutschland gefertigten Planierraupen erreichen Motorleistungen bis zu etwa 220 kW, die aus den USA kommenden bis zu 515 kW. Ein weiterer Flachbagger ist der Erd- oder Straßenhobel (*Grader*), der für das Herstellen eines Feinplanums oder von Böschungen und für die laufende Instandhaltung der Förderwege auf großen Erdbaustellen zum Einsatz kommt.

Ein ausgesprochenes Großgerät des gleislosen Erdbaus ist der Motorschürfwagen oder Schürfzug (*Scraper*), der seinen Einsatz im Autobahnbau sowie beim Bau von Kanälen und Häfen findet, wenn es darum geht, große Bodenmassen im Flachabtrag zu gewinnen und über Förderweiten von 400 bis etwa 1 600 m zu transportieren. Der Scraper ist die einzige Erdbaumaschine, die in der Lage ist, die Teilvorgänge des Lösens, Ladens, Transportierens und Einbauens nacheinander auszuführen. Einige Versuche in den fünfziger Jahren, auch in Deutschland Scraper zu bauen, sind bald wieder aufgegeben worden, so daß gegenwärtig auf dem deutschen Markt nur Scraper ausländischer Herkunft zu finden sind, deren Fassungsvermögen bis zu etwa 40 m³ reicht. Da der klassische Scrapereinsatz in Verbindung mit einer Schubraupe zur Überwindung der hohen Widerstände auf der Schürfstrecke in wirtschaftlicher Hinsicht nicht immer ein Optimum darstellt, sind in den letzten Jahren verschiedene Zusatzausrüstungen entwickelt worden, mit deren Hilfe einige der auftretenden Widerstände leichter überwunden werden können bzw. vermindert werden. Zu diesen Ausrüstungen zählen sowohl die Push-Pull- als auch die Elevator-Einrichtung.

Als eine Kombination von Teilen einer Planierraupe und eines Schürfwagens sei hier noch die *Schürfkübelraupe* erwähnt, bei der ein 4 bis 8,5 m³ fassender Schürfkübel zwischen den beiden Kettenfahrwerken heb- und senkbar angeordnet ist. Die wirtschaftliche Förderweite dieser Raupen liegt bei etwa maximal 450 m.

Den Abschluß einer jeden Erdbewegung bildet die Verdichtung der eingebauten Bodenmassen, an deren Güte je nach Verwendungszweck unterschiedliche Anforderungen gestellt werden. In den Anfängen des Erdbaus wurde nur mit Walzen und Stampfern gearbeitet, d. h. statisch verdichtet. Dabei ist zu bemerken, daß die Walzen noch bis in die ersten Jahrzehnte dieses Jahrhunderts mit Dampfantrieb arbeiteten, der dann allmählich durch den Verbrennungsmotor verdrängt wurde. In den dreißiger Jahren führten intensive Untersuchungen zu der Erkenntnis, daß neben der statischen auch die dynamische Verdichtung — in Abhängigkeit von der Art des zu verdichtenden Bodens — eine wesentliche

Rolle spielt. Den ersten Prototypen der damaligen Zeit folgten nach 1945 ausgereifte Konstruktionen von Rüttelplatten und -walzen, mit deren Hilfe sowohl im Hinblick auf die zu verdichtende Fläche als auch auf die Tiefenwirkung hohe Verdichtungsleistungen erzielt werden können. Die *Vibrationswalzen* haben inzwischen Eigengewichte von 150 kN erreicht. Da es aber im Bereich der Bodenverdichtung immer noch zahlreiche Anwendungsgebiete für die statische Verdichtung gibt, die teilweise auch mit einer knetenden Wirkung der Verdichtungsgeräte kombiniert werden muß, haben die Tandem- und Dreiradwalzen als Glattwalzen, sowie Schaffuß- und Gummiradwalzen nach wie vor ihre Bedeutung.

Zur Vervollständigung des Überblicks über die Mechanisierung des Erdbaus gehört noch ein Hinweis auf die *Naßbagger*, die zur Bodengewinnung in Baggerseen, in Flußläufen und in deren Mündungen oder auch zum Freihalten der Schiffahrtswege in Häfen eingesetzt werden. Aus den Anfängen in der ersten Hälfte des vorigen Jahrhunderts haben sich im wesentlichen die beiden Bauformen des Eimerketten-Schwimmbaggers und des Saugbaggers herausgebildet. Diese Bagger förderten noch bis vor wenigen Jahrzehnten das gewonnene Baggergut auf Schuten, die es zur jeweiligen Entladestelle transportierten. Neuere Entwicklungen habe die kontinuierliche Arbeitsweise bei der Gewinnung mit einer ebenfalls kontinuierlichen Abförderung des Baggerguts kombiniert, und zwar mit Hilfe von Baggerpumpen, die ein Boden-Wasser-Gemisch über größere Entfernungen durch Rohrleitungen fördern können. Dabei sind bereits stündliche Förderleistungen von mehreren tausend Kubikmetern erreichbar.

Als Randgebiete des Erdbaus sind schließlich die Steinbrüche sowie Kies- und Sandgruben zu nennen, in denen vielfach Erdbaumaschinen als Gewinnungs- bzw. Löse- und Ladegeräte eingesetzt werden. Bei der Entwicklung dieser Maschinen sind die besonders harten Einsatzbedingungen im Steinbruch stets berücksichtigt worden. Die Aufbereitung der gewonnenen Stoffe ist von ihrer weiteren Verwendung für den Unterbau von Straßen und anderen Verkehrswegen, für das Herstellen von Dammbauten oder als Zuschlagstoffe für Beton und Asphaltbeton abhängig. Die Anfänge der Entwicklung der für die Materialaufbereitung einzusetzenden Brech-, Sieb- und Waschanlagen reichen bis in die zweite Hälfte des vorigen Jahrhunderts zurück. Die verschiedenen Bauarten von *Brechern* haben zunächst einmal unterschiedliche Zerkleinerungsgrade (Verhältnis von Brechmaul- zu Brechspaltweite) und erzeugen darüber hinaus unterschiedliche Kornformen des gebrochenen Materials. Die Vielfalt der in den Steinbrüchen und in deren Aufbereitungsanlagen herzustellenden Baustoffe und die stellenweise geforderten hohen Stundenleistungen haben in den letzten vier Jahrzehnten zur Entwicklung der verschiedenen Brecherbauarten und von einzelnen Großbrechern geführt. Ähnliches gilt auch für die Sieb- und Waschanlagen, die entweder den Brechern nachgeschaltet oder aber in Kies- und Sandgruben eingesetzt werden.

1.2.2 Straßenbau

Den durchweg in Handarbeit entstandenen Pflasterstraßen vergangener Jahrhunderte folgten mit der Entwicklung des gummibereiften Kraftfahrzeugs die — zunächst ebenfalls noch weitgehend von Hand eingebauten — Deckenbeläge aus Beton und aus bituminösem Mischgut, letztere auch *Schwarzdecken* genannt. Der für die Standfestigkeit, die gute Befahrbarkeit und die Lebensdauer einer Straßendecke in hohem Maße mit entscheidende Straßenunterbau wird mit den technischen Hilfsmitteln und den entsprechenden Maschinen des Erdbaus unter besonderer Berücksichtigung der für die Beanspruchung von Straßendecken gewonnenen Erkenntnisse ausgeführt.

Wenn auch die Anfänge der Mechanisierung im Straßenbau nicht so weit zurückreichen wie beispielsweise im Erdbau, so kann doch der neuzeitliche Straßenbau als hochgradig mechanisiert bezeichnet werden. Diese Mechanisierung ist in Abhängigkeit von den zu verwendenden Baustoffen unterschiedliche Wege gegangen, und zwar sowohl im Hinblick auf die Aufbereitung der Stoffe als auch auf deren weitere Verarbeitung und den Einbau. Im *Betondeckenbau* werden weitgehend die gleichen Aufbereitungsanlagen verwendet, wie sie vom normalen Betonbau her bekannt sind und dementsprechend verlief die Entwicklung parallel dazu. Im Schwarzdeckenbau machten die besonderen Eigenschaften der bituminösen Bindemittel und das gegenüber dem Beton unterschiedliche Verhalten des Mischguts bei seiner weiteren Verarbeitung von Anfang an die Entwicklung anderer Maschinen und Verfahren erforderlich. Die auch hier zunächst noch recht unterschiedlichen Aufbereitungsmethoden für Asphaltbeton und Gußasphalt sind in den letzten Jahren einander weitgehend angeglichen worden, auch wenn beim Einbau wegen der unterschiedlichen Zusammensetzung dieser beiden Straßenbaustoffe vorerst noch verschiedene Verfahren angewandt werden.

Mit der Mechanisierung des Betondeckenbaus wurde um 1920 begonnen. Die seinerzeit entwickelten Einbauverfahren, die auch beim Bau der „Reichsautobahnen" in den dreißiger Jahren noch vorherrschten, dienten der aufeinander folgenden Herstellung einer Unter- und einer Oberbetonschicht durch sog. Brückenmischer, die mit Verteilerkübeln kombiniert waren und auf beiderseits der Fahrbahn verlegten Schalungsschienen liefen. Dabei wurden die Zuschlagstoffe und der Zement von den als Umschlagplätze bezeichneten Baustofflagern zu den jeweiligen Einbaustellen schienengebunden transportiert. Diese Einbauverfahren wurden nach 1945 insofern abgewandelt, als das Herstellen des Betons für die einzelnen Baulose an zentralen Punkten erfolgt und die Einbauzüge die Aufgabe des Betonverteilens und -verdichtens übernommen haben. Der Transport des Frischbetons von der Mischanlage zur Einbaustelle erfolgt gleislos mit entsprechenden Förderfahrzeugen. Mit der zunehmenden Leistungsfähigkeit der Einbaumaschinen im Hinblick auf die Tiefenwirkung der Verdichtungsgeräte konnte vom zwei- auf den einschichtigen Einbau mit Dicken bis zu 30 cm (beim Bau von Start- und Landebahnen auf Flughäfen mit noch größeren Deckendicken) übergegangen werden. Die Einbaubreiten dieser Maschinen haben in den letzten beiden Jahrzehnten immer mehr zugenommen und inzwischen Werte um 15 m erreicht. Auch für die Randstreifen, die früher überwiegend von Hand hergestellt wurden, sind inzwischen Einbauzüge entwickelt worden. Als vorerst letzte Stufe der Entwicklung des Betondeckenbaus kann der *Gleitschalungsfertiger* bezeichnet werden, der auf Gleisketten läuft und das Verlegen der Schalungsschienen überflüssig macht. Ein besonderes Problem beim Bau von Betondecken war und ist das Herstellen der Fugen, für das es im Laufe der Jahrzehnte eine ganze Reihe von Verfahren gegeben hat.

Für den Bau von bituminösen Decken begann die Mechanisierung um die Mitte der zwanziger Jahre, als sowohl für das Trocknen und Mischen der bituminösen Baustoffe und auch für den Einbau die ersten Maschinen einsatzreif waren. In den folgenden Jahrzehnte sind die Verfahren zur Aufbereitung der bituminösen Baustoffe stetig weiterentwickelt und die Leistungen dieser Anlagen von damals wenigen t/h auf mehr als 300 t/h gesteigert worden. Parallel dazu verlief die Entwicklung der Schwarzdecken-Einbaumaschinen, die auf Gleiskettenfahrwerken oder auf Gummireifen laufen und die Aufgabe haben, das durch LKW antransportierte Mischgut auf die jeweilige Einbaubreite zu verteilen und eine angemessene Vorverdichtung zu erzielen. Unmittelbar nach dem Einbauen wird die Endverdichtung durch Gummirad- und Glattwalzen vorgenommen. Die Einbaubreiten der neuzeitlichen Großgeräte des Schwarzdeckenbaus liegen ebenfalls bei 15 m.

Zu den bituminösen Baustoffen für den Straßenbau gehört auch der eingangs erwähnte *Gußasphalt*. Bis in den Anfang der fünfziger Jahre wurde er noch in Gußasphalt-Motorkochern aufbereitet, wobei die Aufbereitungszeit mehrere Stunden in Anspruch nahm. Eine entsprechende Vorbereitung der Zuschlagstoffe und des Bindemittels machten es möglich, daß die Aufbereitungszeit gegenwärtig nahezu der des Asphaltbetons entspricht. Der Einbau von Gußasphalt als dünne Verschleißschicht erfolgte lange Zeit von Hand und war deshalb im wesentlichen auf Stadtstraßen beschränkt. Erst in den letzten beiden Jahrzehnten wurden im maschinellen Einbau von Gußasphalt große Fortschritte erzielt. Mit Hilfe von beheizten Einbaubohlen, die auf Gleisketten-Fahrwerken gelagert sind, wird das durch Großraum-LKW antransportierte Mischgut inzwischen auch auf Autobahnen eingebaut, wobei in den letzten Jahren ebenfalls Arbeitsbreiten von 15 m erzielt werden konnten. Wegen der hohen Genauigkeit, die im Hinblick auf die Oberfläche einer Straßendecke verlangt wird, sind die Einbaumaschinen mit elektronischen Steuerungen ausgerüstet, die eine bestimmte Höhenlage und das Quergefälle der einzubauenden Decke automatisch regeln.

Abschließend muß zur Mechanisierung des Straßenbaus noch auf die Bodenvermörtelung oder -verfestigung hingewiesen werden, die häufig bei der Stabilisierung des Straßenunterbaus angewendet wird. Es handelt sich hierbei um ein Verfahren, bei dem der anstehende Boden oder ein Austauschboden mit Zement, Kalk oder anderen Bindemitteln in etwa 20 cm Tiefe vermischt und anschließend verdichtet wird.

1.2.3 Betonbau

Der Betonbau, der in vielen Bereichen des Hochbaus an die Stelle des klassischen Mauerwerkbaus getreten ist und in den Stahlbeton- bzw. Spannbetonbauweisen viele Ingenieurbauwerke überhaupt erst möglich gemacht hat, ist gegenwärtig sowohl in der Aufbereitung als auch beim Transport und beim Einbau durch eine weitgehende Mechanisierung gekennzeichnet. Die für die einzelnen Arbeitsgänge entwickelten Maschinen und Geräte haben u. a. deshalb eine große Vielfalt, weil die speziellen Eigenarten eines jeden Betonbauwerks die jeweils anzuwendende Einsatztechnik in hohem Maße beeinflußt. So steht beispielsweise — insbesondere für den Transport und das Einbringen des Betons in die Schalung — eine ganze Reihe von Geräten miteinander im Wettbewerb. Auch hier gilt es, für die Herstellung eines jeden Betonbauwerks Arbeitsketten zu bilden und bei technisch gleichwertigen Lösungen durch Vergleichsrechnungen die kostengünstigste zu ermitteln.

Als ein besonderes Gebiet des Betonbaus hat die *Schalung*, deren Kosten einen wesentlichen Anteil an den Gesamtkosten eines Betonbauwerks ausmachen, eine in technischer und wirtschaftlicher Hinsicht beachtenswerte Entwicklung durchgemacht. Wurde in den Anfängen des Betonbaus noch hauptsächlich mit Brettschalung gearbeitet, die für den jeweiligen Einsatzzweck an Ort und Stelle angefertigt worden ist, so hat sich in den vergangenen Jahrzehnten ein völlig neuer Industriezweig entwickelt, der sich mit der Herstellung von Schalungen befaßt und zur Lösung der Schalungsprobleme in den verschiedenen Bereichen des Betonbaus einen wertvollen Beitrag leistet. Die angebotenen Konstruktionen reichen von der einfachen Schalungsplatte über die mehrschichtige Platte ohne und mit Kunststoffbeschichtung bis hin zur Großflächenschalung, die aus Gitterträgern mit einer Schalhaut aus Holz oder Stahlblech besteht.

Bei der Aufbereitung des Baustoffs Beton begann die Entwicklung der Mechanisierung gegen Ende des vorigen Jahrhunderts mit dem Bau von *Mischern*, die zunächst von Hand und später maschinell angetrieben wurden. Vom Mischprinzip her konkurrierten von Anfang an Freifall- und Zwangsmischer, wobei der Zwangsmischer wegen seiner höheren Mischintensität und einer daraus resultierenden kürzeren Mischzeit dem Freifallmischer in der Regel überlegen ist. Die einzelnen Komponenten des Betons — Zuschlagstoffe, Zement und Wasser — wurden zunächst nach dem Volumen dosiert, wobei die Handarbeit im Vordergrund stand. Erst mit dem Übergang zur Dosierung nach Gewicht in den ersten Nachkriegsjahren kann auch hier von einer Mechanisierung gesprochen werden, die zu den verschiedenen Bauformen von Betonbereitungsanlagen (Stern- und Reihenanlagen sowie Mischtürme) mit Stundenleistungen von 20 bis zu 200 m³ geführt hat.

Am Anfang der fünfziger Jahre begann die Entwicklung des *Transportbetons*, der seither erheblich an Bedeutung gewonnen hat und in starken Wettbewerb zum Baustellenbeton getreten ist. Der in den hochgradig mechanisierten Transportbeton-Werken hergestellte Beton wird mit Liefermischern zu den Baustellen transportiert. Transportbeton wird insbesondere in den großen Städten und den Ballungsgebieten viel verwendet, wo auf den meisten Baustellen aus Platzgründen der Aufbau einer eigenen Mischanlage nicht möglich ist.

Im Zuge der Entwicklung des Betonbaus mußten die Vorgänge des Förderns von Frischbeton innerhalb einer Baustelle mechanisiert werden, wobei dieses Fördern sowohl horizontale als auch vertikale Wege einschließt. Als einzelne Stufen dieser Mechanisierung sind Förderbänder in Verbindung mit Gittermast-Konstruktionen, Bauaufzüge, Betonpumpen und Baukrane zu nennen. Hiervon kommen gegenwärtig hauptsächlich die Baukrane in Form von Turmdreh- und Kletterkranen mit entsprechenden Hubkräften und Ausladungen sowie die Betonpumpen für das Fördern von Frischbeton zum Einsatz. Dabei ist zu bemerken, daß die Betonpumpen — mit kleineren Rohrdurchmessern (80 bis 125 mm) — erst in den vergangenen zehn Jahren wieder an Bedeutung gewonnen haben; frühere Konstruktionen arbeiteten mit größeren Rohrdurchmessern (150 bis 204 mm), und das Verlegen dieser schweren Rohre war sehr zeitaufwendig. Zu einer weiteren Verbreitung des Pumpens von Beton hat schließlich in den letzten Jahren die Entwicklung von Ausleger-Betonpumpen beigetragen, die — auf einem LKW-Chassis montiert — die Kombination einer Betonpumpe mit einem Gelenk-Kran darstellen, der die Rohrleitung trägt. Überdies bietet sich das Pumpen von Beton insbesondere auf jenen Baustellen an, auf denen die vorhandenen Baukrane mit anderen Förderaufgaben ausgelastet sind und das Aufstellen weiterer Krane aus Platzgründen nicht möglich ist. Letztlich ist für die Anwendung des einen oder anderen Beton-Einbringverfahrens wiederum deren Wirtschaftlichkeit entscheidend.

Zu den speziellen Gebieten des Betonbaus zählen das Herstellen von *Fertigteilen* in stationären Werken oder in unmittelbarer Nähe einer Baustelle in einer sog. Feldfabrik sowie die Montage dieser Fertigteile auf der Baustelle. Die Vorteile der Anwendung von Fertigteilbauweisen liegen u. a. in einer gleichmäßigen Baustoffqualität, in einer hohen Maßgenauigkeit der in entsprechenden Formen hergestellten Teile sowie in der Unabhängigkeit von der Witterung. Eine der wesentlichen Voraussetzungen für die Wirtschaftlichkeit dieser Verfahren ist eine erforderliche Mindeststückzahl gleicher Fertigteile. Neben dem Industrie- und dem Wohnungsbau gibt es auch aus dem Bereich des Ingenieurbaus interessante Anwendungsbeispiele für diese Methoden. In den Betonfertigteilwerken werden die Teile innerhalb der Hallen meist durch Laufkrane transportiert, und auf den zugehörigen Lagerplätzen haben sich vielfach die Bock- oder Portalkrane bewährt. Die Entwicklung des Fertigteilbaus war im übrigen in hohem Maße von geeigneten Hebezeugen für die Montage der Teile auf der Baustelle abhängig. Bestimmte Kranhersteller haben dieser Entwicklung Rechnung getragen und schwere bis schwerste Fahrzeugkrane mit Teleskop- bzw. Fachwerkauslegern, Hubkräften bis zu 10 000 kN und entsprechenden Ausladungen konstruiert.

Auch das Verdichten des Betons, das noch bis etwa 1930 durch Stampfen erfolgte, ist dann sehr bald mechanisiert worden, nachdem die Rüttelverfahren Eingang in die Betonverdichtung gefunden hatten. Es entstanden Oberflächen-, Tauch- und Schalungsrüttler für den Einsatz auf der Baustelle und die Rütteltische, die vorzugsweise in den Fertigteilwerken verwendet werden.

1.2.4 Grund- und Wasserbau

Jedes Bauwerk macht eine Gründung erforderlich, die in der Lage ist, die resultierenden Lasten in den tragfähigen Baugrund zu übertragen. In Abhängigkeit von der Tiefenlage dieses tragfähigen Baugrunds kommen Flach- oder Tiefgründungen zur Anwendung. Während es sich bei den Flachgründungen in der Regel um Betonplatten oder aufgelöste Betonfundamente handelt, machen Tiefgründungen das Einbringen von Pfählen (Holz, Stahl, Beton) in größere Tiefen erforderlich. Die Mechanisierung des Rammens von Pfählen begann um die Mitte des neunzehnten Jahrhunderts, als die bis dahin von Hand bedienten Rammen allmählich durch Dampframmen ersetzt wurden. Um 1930 entstanden die *Explosionsrammen*, bei denen die Rammenergie durch das Zünden von Dieselkraftstoff nach bestimmten Verfahren erzeugt wird. Um 1960 waren die ersten *Vibrationsrammen* einsatzreif, die elektrisch oder hydraulisch angetrieben werden und das Rammgut mit Hilfe von Schwingungen in den Boden treiben.

Neben den Rammpfählen hat auch die *Bohrpfahlherstellung* in den vergangenen vier Jahrzehnten immer mehr an Bedeutung gewonnen. Aufbauend auf den Erfahrungen, die mit dem Brunnenbohren im Tagebau gesammelt worden sind, wurden Verfahren entwickelt, bei denen das Niederbringen von Bohrlöchern mit dem Herstellen von Betonpfählen kombiniert worden ist. Mit Hilfe dieser Verfahren ist es möglich, sowohl unbewehrte als auch bewehrte Pfähle so herzustellen, daß sie als Einzelpfähle für Gründungen verwendet werden können oder aber auch unmittelbar nebeneinander bzw. einander überschneidend als Bohrpfahlwände zur Verfügung stehen.

Bei der Wahl des einen oder des anderen Gründungsverfahrens muß neben den technischen und wirtschaftlichen Erfordernissen in vielen Fällen auch die *Lärmentwicklung* der eingesetzten Baumaschinen berücksichtigt werden. Aus diesem Grunde wird beispielsweise in eng besiedelten Stadtgebieten das Bohren von Pfählen häufig dem Rammen vorgezogen, obwohl die Hersteller von Rammgeräten in den vergangenen Jahren recht wirksame Schallschutzvorrichtungen entwickelt haben. Bei allen Betrachtungen der mit der Lärmentwicklung zusammenhängenden Probleme sollte nicht nur die meßbare Lautstärke der entstehenden Geräusche, sondern auch die wirkliche Einsatzdauer der verschiedenen Maschinen berücksichtigt werden, weil beide Einflußfaktoren zusammen erst eine objektive Beurteilung der jeweiligen Verfahren im Hinblick auf den Umweltschutz ermöglichen. Im Zuge der weiteren Entwicklung der Mechanisierung auf diesem Teilgebiet des Baubetriebs dürfte deshalb noch eine Reihe von Problemen zu lösen sein.

Da die Gründung größerer Bauwerke in der Regel bis in das *Grundwasser* hineinreicht, war es schon frühzeitig notwendig, Maßnahmen zu treffen, mit deren Hilfe das Grundwasser von einer Baugrube ferngehalten werden konnte. Diesem Zweck dienten noch bis gegen 1930 Kolben- und Kreiselpumpen, die das Grundwasser aus dem sog. Pumpensumpf an der tiefsten Stelle einer Baugrube herauspumpten, wobei die Saughöhe allerdings begrenzt war. Erst um diese Zeit wurden die Verfahren der *Grundwasserabsenkung* entwickelt, die dem Bauingenieur die Möglichkeit gaben, mit der Gründung von Bauwerken des Hoch- oder Ingenieurbaus bei entsprechender Umschließung der Baugrube in größere Tiefen zu gehen. Für diese Baugrubenumschließungen wurden noch bis zur Jahrhundertwende Spundwände aus hölzernen Profilen verwendet, denen dann bald eine Kombination von Stahlprofilen mit kurzen horizontal eingebrachten Holzbohlen und schließlich die Stahlspundwände folgten. Als neuestes Verfahren auf diesem Gebiet ist die in den letzten zwei Jahrzehnten entwickelte Schlitzwand zu nennen.

Besondere Maßnahmen im Hinblick auf die Gründung sind für das Herstellen von Brückenpfeilern in Flußläufen oder in offenen Gewässern erforderlich. Die Anfänge der hierfür verwendeten Bauverfahren reichen bis in die zweite Hälfte des vorigen Jahrhunderts zurück, als die ersten Brückenpfeiler mit Hilfe von Druckluft-Senkkästen gegründet worden sind. Die Technik der *Senkkastengründung* ist dann immer weiter vervollkommnet worden, und an die Stelle des Baustoffs Holz für den Senkkasten traten bald der Stahl und der Stahlbeton, die die Möglichkeit boten, die Senkkästen in größeren Abmessungen herzustellen und mit ihnen in größere Gründungstiefen vorzudringen. Die Mechanisierung der Herstellung von Brückenpfeilern ist in den letzten Jahrzehnten auch wesentlich durch den Einsatz von Hubinseln gefördert worden.

1.2.5 Untertagebau

Wenn auch in früheren Jahrhunderten schon unterirdische Verkehrswege in mühevoller Handarbeit geschaffen worden sind, so kann von einer Mechanisierung des Untertagebaus doch erst von dem Zeitpunkt an gesprochen werden, zu dem die Druckluft technisch nutzbar zur Verfügung stand, und das war um die Mitte des vorigen Jahrhunderts. Zu jener Zeit entstanden die ersten großen Alpentunnel als Teile von Verkehrswegen, und erst später sind dem Untertagebau weitere Gebiete erschlossen worden, insbesondere im Wasserbau, wo nicht nur Stollen und Schächte als Transportwege für das Wasser, sondern auch große Kavernen zur Unterbringung von Wasserkraftanlagen geschaffen worden sind.

Im Laufe eines Jahrhunderts und in hohem Maße in den vergangenen Jahrzehnten sind entsprechend den zunehmenden Anforderungen im Hinblick auf die Größe der aufzufahrenden Querschnitte und den von der Standsicherheit des Gebirges her zu beachtenden Gesichtspunkten neue Maschinen und Vortriebsverfahren entwickelt worden. Der klassische Untertagebau war durch die Teilvorgänge Bohren, Sprengen und Schuttern gekennzeichnet. Die ständige Weiterentwicklung der Bohrmaschinen erfolgte auf der einen Seite mit dem Ziel, dem Bedienungsmann ein möglichst leicht und sicher zu handhabendes Werkzeug in die Hand zu geben, und auf der anderen Seite galt es, die Standzeiten der Bohrer immer mehr zu vergrößern. Das erstgenannte Ziel ist durch entsprechende konstruktive Maßnahmen erreicht worden, wogegen eine Erhöhung der Standzeiten nur durch eine laufende Verbesserung der für die Bohrer verwendeten Werkstoffe erzielt werden konnte. Parallel hierzu verlief die Entwicklung der Kompressoren in Form von Kolben- und Schraubenkompressoren, die die im Untertagebau benötigte Druckluft in entsprechender Menge und unter entsprechendem Druck erzeugen, aber auch auf anderen Gebieten des Bauwesens eingesetzt werden. Schon aus Sicherheitsgründen wird der Druckluft im Untertagebau der Vorzug vor allen anderen Energiearten gegeben.

Die Entwicklung der weiteren Mechanisierung des Untertagebaus in den letzten Jahrzehnten diente der Verringerung der Handarbeit und führte zunächst zu den Bohrwagen, auf denen mehrere Bohrmaschinen montiert sind. Sie werden von einem Bedienungsmann gesteuert, der dann gleichzeitig eine größere Zahl von Bohrlöchern herstellen kann. Eine volle Mechanisierung des Vortriebs ist in der Entwicklung der *Tunnelvortriebs-Maschinen* zu sehen, die Teile eines Tunnelquerschnitts oder den vollen Querschnitt in einem Arbeitsgang dadurch auffahren, daß sie an der Tunnelbrust mit rotierenden Werkzeugen das Gestein spanend lösen und das gelöste Gut über Förderbänder oder andere Fördermittel kontinuierlich abfördern. Die für das Lösen zu verwendenden Werkzeuge müssen der jeweiligen Gesteinshärte angepaßt werden, damit ihr Verschleiß möglichst gering bleibt.

1.2.6 Unterirdischer Städtebau

Viele Bauwerke des sog. städtischen Tiefbaus unterscheiden sich in ausführungstechnischer und baubetrieblicher Hinsicht nur wenig von den entsprechenden Bauwerken aus den anderen Bereichen des Bauwesens. Lediglich die durch den zunehmenden Verkehr innerhalb der Städte und Ballungsgebiete erforderlich werdenden unterirdischen Verkehrswege machen häufig die Anwendung besonderer Baumethoden und dementsprechend den Einsatz spezieller Maschinen notwendig. Die Entwicklung der Mechanisierung auf diesem Teilgebiet des Bauwesens reicht nun auch schon einige Jahrzehnte zurück. Sowohl die Methoden als auch die Maschinen sind zunächst aus anderen Gebieten, wie z. B. dem Untertagebau oder dem Grundbau, übernommen worden, bevor sie für die speziellen Belange des unterirdischen Städtebaus weiterentwickelt wurden.

An dieser Stelle sind insbesondere der Bau von U-Bahnen [H 26] und von Straßentunneln zu nennen, die im Hinblick auf den baubetrieblichen Ablauf oft sehr ähnlich sind. Wo es die örtlichen Verhältnisse zulassen, wird auch heute noch in der offenen Bauweise gearbeitet, die schon in den ersten Jahrzehnten dieses Jahrhunderts beim U-Bahn-Bau angewandt und seitdem in verschiedener Hinsicht weiterentwickelt worden ist. Um den Oberflächenverkehr möglichst nur kurzzeitig zu unterbrechen, werden bei Anwendung dieser Bauweise die Baugruben nach ihrer Fertigstellung mit Hilfe verschiedener Verbaumethoden durch entsprechend tragfähige Konstruktionen abgedeckt, so daß der Straßenverkehr während der Ausführung der Bauarbeiten — in der Regel nur geringfügig behindert — über die Baugruben hinweg fließen kann. Dieses Verfahren ist jedoch nur im Zuge breiter Straßen anwendbar, wogegen beim Unterfahren von eng bebauten Stadtgebieten geschlossene Bauweisen angewandt werden, von denen sich im Laufe der letzten drei Jahrzehnte der Schildvortrieb als besonders günstig erwiesen hat. Dabei kann der Abbau des meist nicht standfesten Bodens von Hand oder mit entsprechenden Löse- und Ladegeräten erfolgen; es kann aber auch mit Lösegeräten gearbeitet werden, die den Tunnelvortriebs-Maschinen entsprechen. Unmittelbar an den Schildmantel anschließend erfolgt der Ausbau der Tunnel mit sog. Tübbings, die entsprechend dem Tunnelquerschnitt zu einzelnen Ringen zusammengesetzt werden. Sofern diese Arbeiten im Grundwasser ausgeführt werden, muß entweder der Schildbereich unter Druckluft gesetzt werden oder es muß eine Grundwasserabsenkung vorgenommen werden. Auch die Kombination beider Methoden hat sich schon bewährt.

1.3 Zusammenfassung und Ausblick

Ein Rückblick auf die Entwicklung der Mechanisierung des Baubetriebs zeigt, daß sowohl die bautechnische als auch die maschinentechnische Seite immer wieder für die einzelnen Entwicklungsstufen entscheidende Impulse gegeben haben. Waren es auf der einen Seite die Forderungen, die zunächst im Zusammenhang mit der Schaffung von Verkehrswegen, wie Eisenbahnen, Straßen, Kanälen usw., erfüllt werden mußten, denen dann bald der Industrie- und der Wohnungsbau folgten, so standen dem gegenüber die Entwicklungsstufen der Maschinentechnik, die u. a. durch den Einsatz von Elektro- und Verbrennungsmotoren anstelle von Dampfmaschinen, die Verwendung von Gleisketten- und Reifenfahrwerken anstelle von schienengebundenen Radfahrwerken und die Einführung von Hydraulik und Pneumatik gekennzeichnet sind.

Die Erfolge der Mechanisierung des Baubetriebs lassen sich durch einige Vergleichszahlen recht anschaulich darstellen (Tabelle siehe nächste Seite).

Daraus geht u. a. hervor, daß innerhalb von fünf Jahrzehnten das Bauvolumen auf das Fünfzigfache angewachsen ist, während die Zahl der Beschäftigten sich noch nicht einmal verdreifacht hat, wohl aber der Gerätebestand sich sehr stark vervielfachte. Es darf aber auch nicht übersehen werden, daß die größten Fortschritte in der Mechanisierung in der Zeit nach dem zweiten Weltkrieg liegen. Insbesondere die fünfziger und die sechziger Jahre waren für die Mechanisierung und Rationalisierung des Bauwesens zwei durchaus erfolgreiche Jahrzehnte. Im baubetrieblichen Geschehen konnte damit ein infolge der Kriegszeit sicher vorhanden gewesener Nachholbedarf gedeckt werden. In der Mechanisierung hat die Entwicklung einen Stand erreicht, der in den kommenden Jahren nicht mehr wesentlich überschritten werden dürfte. Weitere Einzelheiten zum Entwicklungsstand der Baumaschinen und der Mechanisierung des Baubetriebs können den im Literaturverzeichnis enthaltenen Veröffentlichungen entnommen werden.

Jahr	Bauvolumen [Mrd. RM bzw. DM]	Beschäftigte [1 000]	Gerätebestand [1 000 kW]
1924	3,2	660	326
1950	11,8	961	1 770
1973	151,4	1 558	17 300

Die künftige Entwicklung der Baumaschinen wird durch eine weitere Vergrößerung der Geräte-Einheiten gekennzeichnet sein. Die Stundenleistungen der Bagger werden ebenso zunehmen wie die Förderleistungen der Fahrzeuge und anderer Fördermittel, die Hubkraftmomente der Turmdreh- und Kletterkrane, die Hubkräfte der Autokrane und die Leistungen von Betonmischanlagen. Um den erforderlichen Bedienungsaufwand und damit das erforderliche Personal nicht erhöhen zu müssen, werden weitere Vereinfachungen in der Bedienung, Wartung und Instandhaltung der Maschinen und Geräte notwendig sein. Dabei wird im Hinblick auf die Bedienung die Automatisierung einzelner Teilvorgänge weiter voran getrieben werden. Im Vordergrund werden auch Fragen der Betriebssicherheit, einer hohen Einsatzbereitschaft der Maschinen und ihre Umweltfreundlichkeit stehen.

Von baubetrieblicher Seite werden diese Bestrebungen der Maschinentechnik durch eine Weiterentwicklung der Einsatztechnik unter Berücksichtigung einer detaillierten Einsatzplanung mit dem Ziel einer weiteren Mechanisierung und Rationalisierung unterstützt werden müssen, wenn die Bauwirtschaft insgesamt auch künftig einer der führenden Bereiche innerhalb der Volkswirtschaft bleiben soll.

Literatur zu 1. Entwicklung der Mechanisierung des Baubetriebs

Bücher

H 26 HÜTTE Bautechnik, Bd. II, 29. Aufl., Berlin, München, Düsseldorf: Ernst & Sohn 1970.

H 30 HÜTTE Bautechnik, Bd. I, 29. Aufl., Berlin, Heidelberg, New York: Springer 1974.

1 *Drees, Link:* Baumaschinen für Bauingenieure, Düsseldorf: Werner 1969.

2 *Garbotz:* Baumaschinen und Baubetrieb, Band 1, 2. Aufl. 1957; Band 2, 2. Aufl. 1958, München: Hanser.

3 *Garbotz:* Die Leistungen von Baumaschinen, Köln: Rudolf Müller 1966.

4 *Sachse, Theiner:* Typenblätter für Baumaschinen, Köln: Rudolf Müller 1962 bis 1975.

5 *Walch:* Baumaschinen und Baueinrichtungen, Band 1, 1956; Band 2, 1957; Band 3, 1958, Berlin, Göttingen, Heidelberg: Springer.

6 Baustatistisches Jahrbuch 1974, Frankfurt/Main: Hauptverband der Deutschen Bauindustrie.

Zeitschriften

21 Aufbereitungstechnik. Wiesbaden: Verlag
   für Aufbereitung.
22 Baumaschine und Bautechnik. Wiesbaden:
   Bauverlag.
23 Baupraxis. Stuttgart: Konradin-Verlag.
24 Bauwirtschaft. Wiesbaden: Bauverlag.
25 Beton. Düsseldorf: Beton-Verlag.
26 Betonwerk und Fertigteiltechnik. Wiesbaden: Bauverlag.
27 Der Bauingenieur. Berlin, Heidelberg,
   New York: Springer.
28 Fördern und Heben. Mainz: Krausskopf.
29 Straße und Autobahn. Bonn—Bad Godesberg: Kirschbaum-Verlag.
30 Straßen- und Tiefbau. Isernhagen HB/
   Hannover: Verlag für Publizität.
31 Tiefbau. Gütersloh: Bertelsmann-Verlag.
32 VDI-Zeitschrift. Düsseldorf: VDI-Verlag.

Aufsätze

41 *Garbotz:* Baumaschinen einst und jetzt,
   [22] 1974, H. 10, 333—346; H. 11, 375 bis
   388; 1975, H. 1, 21—32; H. 3, 79—93;
   H. 5, 153—168; H. 7/8, 235—254.
42 *Jurecka:* Mensch und Maschine in der Entwicklung der Bauindustrie, [22] 1962, H. 12,
   493—501.
43 *Kühn:* Grenzprobleme im maschinellen
   Baubetrieb, Mitteilungen des Instituts für
   Baumaschinen und Baubetrieb der RWTH
   Aachen, Herausgeber: Prof. Jurecka, Heft
   IX, 1966.
44 *Kühn:* Verfahrenstechnik im Baubetrieb,
   [22] 1968, H. 9, 365—372.
45 *Kühn:* Maschinentechnik im Baubetrieb,
   [22] 1970, H. 4, 143—148.

2. Baumaschinen[1]

Bearbeitet von der HÜTTE-Redaktion,
durchgesehen und ergänzt von *H. Becker* und *P. Kiehl*

2.1 Maschinen und Geräte für den Grund-, Stollen- und Tunnelbau

2.1.1 Gründungsbaugeräte

2.1.1.1 Rammen

Rammen treiben Pfähle, Stahlträger oder Rohre durch Schläge senkrecht oder schräg in den Boden ein. Das schlagende Organ der Ramme ist der Rammbär. Er wird bei den meisten Bauarten am Mäkler eines Rammgerüstes (2.1.1.1.3) geführt, kann aber auch frei am Hubseil eines Krans oder Baggers hängen (*Freirammen*) oder bei *Freireiter-Rammen* auf dem Rammgut selbst befestigt sein.

2.1.1.1.1 Rammbären

Im Bauwesen werden Rammbären mit Dampf-, Druckluft-, Brennkraft- oder Elektroantrieb verwendet. Der Antrieb kann entweder eine Winde betätigen, die den Bären hochzieht und fallen läßt (*indirekt wirkende Rammbären*), oder unmittelbar im Bären angreifen (*direkt wirkende Rammbären*).

2.1.1.1.1.1 Seilrammen (Zugrammen) sind weitgehend von jüngeren Rammenarten verdrängt. Für bestimmte Aufgaben sind Spezialkonstruktionen von Seilrammen aber immer noch hervorragend geeignet, z. B. zum Herstellen von Ortbetonpfählen (vgl. 2.1.1.1.3.5). Bei diesen Rammen ist der Bär ein einfaches Schlaggewicht. Beispielsweise bei Franki-Rammen (2.1.1.1.3.5) wird ein im Vortreibrohr laufendes zylindrisches Stahlgewicht von 4 bis 5 m Länge für Freifall-Innenrammung benutzt, dessen Abmessungen je nach Durchmesser des Vortreibrohres unterschiedlich sind. Das als Bär dienende Gewicht hängt an einem Seil. Es läuft über eine Rolle an der Rammgerüstspitze zu einer unten in der Rammstube befindlichen Winde. Sie wird mit Dampf-, Brennkraft- oder Elektromotor angetrieben und zieht den Bären vor jedem Schlag hoch. Nach Lösen einer Sperrvorrichtung an der Winde fällt der Bär abwärts und schlägt auf das Rammgut. Der Bär zieht das Seil hinter sich her und rollt es dabei wieder von der Winde ab.

Konstruktionen von Zugrammen, bei denen der von einem Seil oder einer endlosen Kette hochgezogene Bär vom Seil oder der Kette losgelöst wird und frei herunterfällt, haben kaum noch Bedeutung. Das Wiederbefestigen des herabgefallenen Bären am Seil oder der Kette nach jedem Schlag ist auch bei hierfür verwendeten selbsttätigen Vorrichtungen zu umständlich und läßt nur geringe Schlagzahlen zu.

2.1.1.1.1.2 Dampf- und Druckluftbär

Dampfbär. Als charakteristisches Beispiel für Geräte dieser Art kann der Dampfbär Menck MRB gelten (Bild 2.1-1 a). Er arbeitet halbautomatisch. Schlaggewicht ist der Zylinder *5.* Kolben *9* und Kolbenstange *2* stehen still. Sie sind über die Bärschiene auf

---

[1]) Literatur S. 256

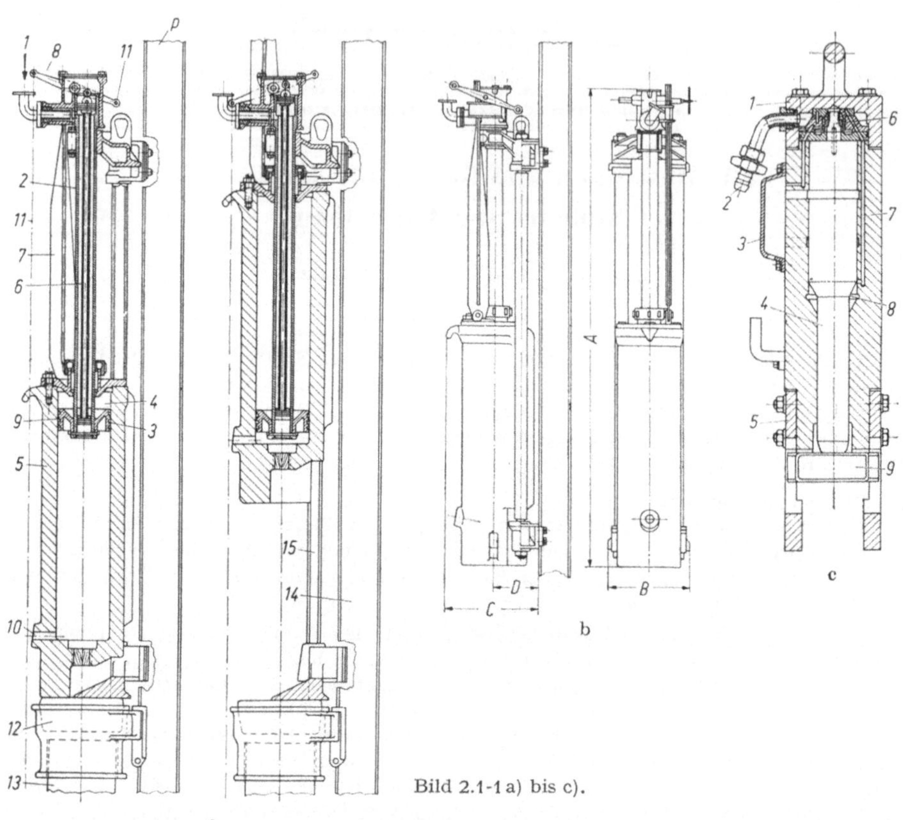

Bild 2.1-1 a) bis c).

Bild 2.1-1. a) Dampfbär (Menck MRB). p Mäkler und Bärschiene; weitere Erläuterungen im Text.

Bild 2.1-1. b) Maße zu Bild 2.1-1 a): Je nach Typ Baulänge A = 3620 bis 5305 mm, Baubreite B 610 bis 1610 mm, Bauhöhe C = 680 bis 1675 mm, Ausladung D = 345 bis 900 mm. — Gesamtgewicht $\approx$ 2,8 bis 33 t; Fallgewicht (Zylinder) 2 bis 20 t; Schlagenergie je Schlag 2500 bis 25000 kp m; Dampfverbrauch $\approx$ 400 bis 2500 kg/h; Kesselheizfläche mindestens 10 bis 54 m²; bei Druckluftbetrieb erforderliche Liefermenge des Kompressors 12,5 bis 36 m³/min. — Für alle Typen betragen Schlagfrequenz $\approx$ 50/min und Fallhöhe 1,25 m.

Bild 2.1-1. c) Druckluframme (Atlas-Copco TEP 400). *1* symmetrisches Oberteil, kann so angebaut werden, daß Luftanschluß auf jeder gewünschten Seite liegen kann, *2* Einlaßnippel, *3* Auspuffkappe, verhindert Eindringen von Schmutz und wirkt schalldämpfend, *4* Kolben, *5* Führungsplatten, *6* Rohrschiebersystem, gestattet sofortiges Starten in jeder Kolbenstellung, *7* Zylinder, *8* Verdichtungsraum, verhindert durch sein Luftpolster bei Arbeit im Leerschlagbereich das Aufschlagen des Kolbens auf den Zylinderboden, *9* Schlagplatte. — Die Druckluft wirkt abwechselnd auf jede Kolbenseite ein.

den einzurammenden Pfahl abgestützt und sinken mit ihm. Durch Betätigen des Steuerkolbens *6* mit dem Steuerseil läßt der Bedienungsmann Frischdampf aus dem Stutzen *1* durch die hohle Kolbenstange *2* und die Kolbenkanäle *3* in den Raum *4* oberhalb des Kolbens *9* einströmen. Zylinder *5* steigt. Bei Erreichen der vorher eingestellten Höhe steuert der aufsteigende Zylinder mit der auf dem Zylinderdeckel sitzenden Steuerschiene *7* und dem Steuerhebel *10* den Steuerkolben *6* selbsttätig um. Dadurch kann der

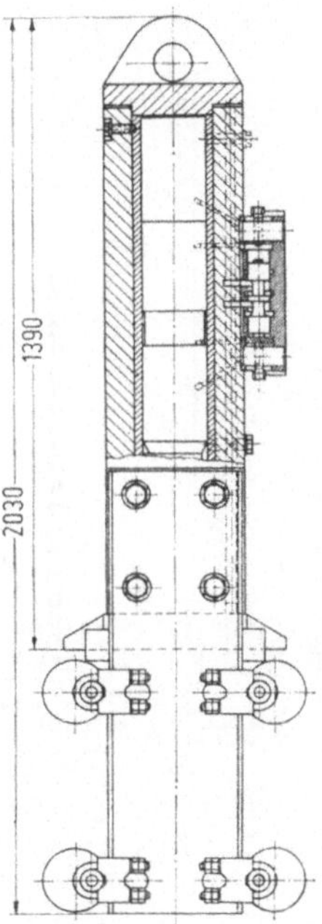

Bild 2.1-2. Rammhammer (DEMAG VR 10). Gewicht mit Rammplatte und Reiter 1 t; Kolbengewicht 100 kg; Kolbenhub 220 mm; Schlagfrequenz 135/min bis 145/ min je nach Betriebsdruck: Druckluft 5 bis 7 bar, Dampf 8 bis 10 bar Überdruck. — Längenmaße in mm.

Dampf durch den Auspuff *11* entweichen. Zylinder *5* steigt durch den Schwung noch bis zur vollen Höhe und fällt dann auf die Schlaghaube. — Die Bärgewichte betragen je nach Type bis 20 t.

Die Steuerschiene ist so einstellbar, daß mit halber oder voller Hubhöhe gearbeitet werden kann. Nach dem Schlag muß der Bedienungsmann mit dem Steuerseil das neue Arbeitsspiel einleiten. Man kann das Gerät auch von Hand so steuern, daß es nur einzelne leichte Schläge ausführt. Die Halbautomatik wird oft deshalb bevorzugt, weil sie genau dosierte Schläge auf das Rammgut ermöglicht. Ein erfahrener Schachtmeister kann an Hand der Pfahlbewegung die erforderliche Stärke des nächsten Schlages gut schätzen. Es gibt aber auch vollautomatische Menck-Rammbären MRBs, die sich nur in den Steuerorganen von den halbautomatischen Typen MRB unterscheiden. — Anstelle der Dampfbären der Baureihen MRB oder MRBs kann am gleichen Gerüst für geeignete Aufgaben ein Menck-Schnellschlagbär eingesetzt werden (Bild 2.1-8). Sowohl die Rammbären MRB als auch die Menck-Schnellschlagbären können auch mit Druckluft betrieben werden.

Druckluftrammen entsprechen Dampframmen, deren Bär statt mit Dampfdruck wahlweise mit Druckluft bewegt wird. Weit verbreitet sind jedoch solche Rammen, die vom

Hersteller nur für Druckluftbetrieb bestimmt sind, z. B. Atlas Copco TEP 400 (Bild 2.1-1 c). Das Gesamtgewicht der TEP 400 beträgt 350 kg, das Bärgewicht 34,5 kg. Bei einem Betriebsüberdruck von 6 bar wird die Schlagenergie je Einzelschlag mit 40 kp m angegeben. Das Gerät führt 670 Schläge je min aus. Seine Gesamtlänge beträgt 1 215 mm, der Kolbenhub 140 mm. TEP 400 eignet sich zum Rammen von Kanaldielen, Leichtprofilen und Spundbohlen, es kann am Mäkler geführt oder freireitend eingesetzt werden.

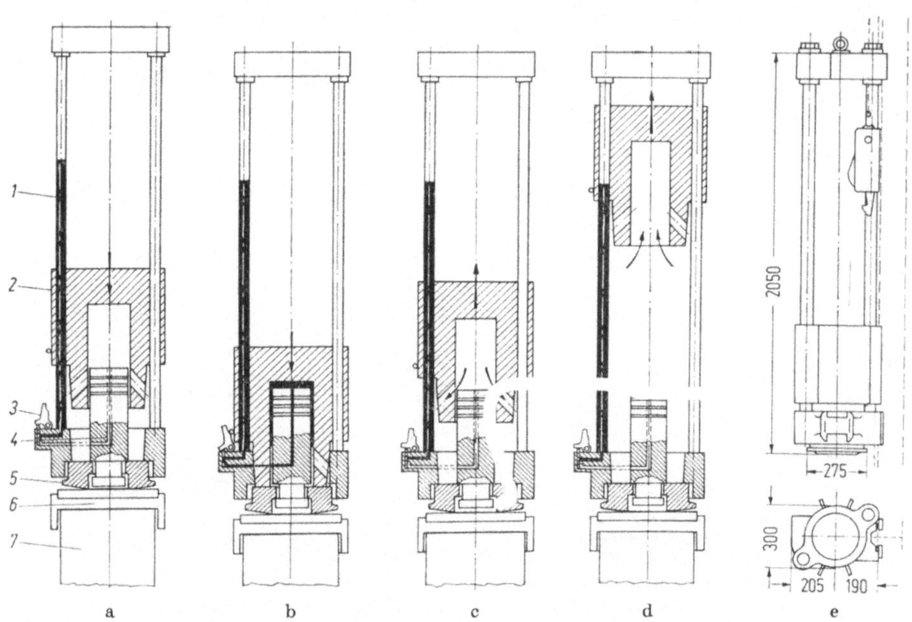

Bild 2.1-3. Dieselbär mit Zylinder als Schlaggewicht nach Hochdrucksystem Seidl (DELMAG D 2)· Gewicht des Zylinders (Schlaggewicht) 220 kg; Gewicht des Dieselbären ohne Zubehör 360 kg; Schlagenergie regelbar, bis 250 kp m; Schlagfrequenz 60/min bis 70/min; Sprunghöhe regelbar, 600 bis 1 250 mm. — Längenmaße in mm.

Rammhammer wird ein Schnellschlaggerät genannt, z. B. DEMAG VR 10 (Bild 2.1-2). Es dient meist zum Freirammen, wobei es frei an einem Kran oder Bagger hängt oder mit dem Freireiter auf dem Rammgut sitzt. Das Gerät kann aber auch an Mäklern benutzt werden. Aufgaben des Rammhammers sind z. B. das Einrammen von Kanaldielen, leichten Spundprofilen sowie das Eintreiben von Walzprofilen. Rammgutgewicht ist bis 0,5 t zulässig. Das Gerät VR 10 besteht aus dem Zylinder mit Gleitbüchse, Kolben, Steuergehäuse mit Steuerschieber, Zylinderdeckel und Rammplatte mit Führung. Schlaggewicht ist der Kolben. Der VR 10 kann mit Dampf oder Druckluft betrieben werden. Arbeitsweise: Kolben ist in tiefster Stellung. Steuerschieber läßt Dampf bzw. Druckluft in den unteren Zylinderraum eintreten und verbindet gleichzeitig den oberen Zylinderraum mit dem Auspuff. Der Kolben wird nach oben gedrückt. Am oberen Totpunkt wird der Steuerschieber selbsttätig umgesteuert. Er läßt dann Dampf bzw. Druckluft in den oberen Zylinderraum einströmen und gibt gleichzeitig den Weg aus dem unteren Zylinderraum in den Auspuff frei. Der Kolben wird vom Druck des Dampfes bzw. der Druckluft und vom Eigengewicht nach unten bewegt und schlägt auf die Rammplatte. Nach dem Aufschlag steuert der Schieber selbsttätig um und leitet das neue Arbeitsspiel ein.

2.1.1.1.1.3 Dieselbär ist jeder Rammbär, bei dem das Verfahren des in hochverdichteter Luft selbstgezündeten Kraftstoffes für die Schlagbewegung angewandt wird. Das kann

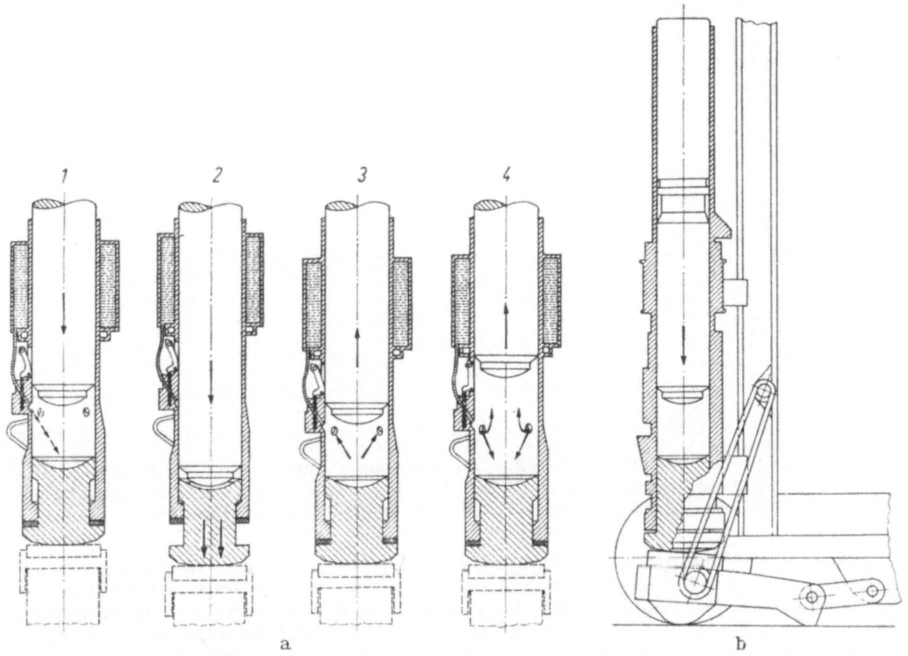

Bild 2.1-4. a) Dieselbär mit Kolben als Schlaggewicht (DELMAG D 5). Gewicht (Bär mit Führungen und Ausklinkvorrichtung, aber ohne Schlaghaube) 1240 kg; Schlaggewicht (Kolben) 500 kg; Schlagfrequenz 42/min bis 60 min; Schlagenergie 1250 kp m. — Gesamtlänge des Bären 3816 mm, größte Breite des Bären 390 mm, Dmr. des Schlagstückes 320 mm. — Es gibt größere Ausführungen gleichen Typs bis Gesamtgewicht 10130 kg, Schlaggewicht 4300 kg.

Bild 2.1—4. b) Schlagzerstäubungs-Dieselbär als Betonzertrümmerer (DELMAG D 5). Erläuterung in Text.

nach verschiedenen Grundsätzen geschehen, deren wichtigste Vertreter an den folgenden Beispielen erläutert werden:

Dieselbär mit Zylinder als Schlaggewicht nach Hochdrucksystem Seidl (DELMAG D 2, Bild 2.1-3). Arbeitsweise: a) *Freier Fall* und *Kompression:* Der freifallende, unten offene Zylinder stülpt sich im letzten Falldrittel über den stationären Kolben. Die dabei eingeschlossene Luft wird komprimiert und drückt Schlagstück sowie Schlaghaube fest auf das Rammgut (sog. Vorspannung des Rammgutes); b) *Schlag und Explosion:* Kurz vor Aufprall des Zylinders wird Kraftstoff in die hochkomprimierte Luft eingespritzt. Die

2*

Explosion und der Schlag des Zylinders treiben das Rammgut in den Boden ein. Gleichzeitig wirft ein Teil der Explosionsenergie den Zylinder wieder hoch; c) *Auspuff:* Der hochfliegende Zylinder legt beim Abheben vom feststehenden Kolben die Auspuffkanäle und dann den gesamten Verbrennungsraum frei. Die Abgase strömen aus; d) *Spülung:* Im Zylinderraum entsteht Unterdruck. Dadurch wird frische Luft durch die Zylinderöffnung eingesaugt zu gründlicher Spülung und Lüftung. Das geringe Gewicht dieses Dieselbären gestattet seine Führung an leichten und einfachen Gerüsten. Er kann z. B. mit DELMAG-

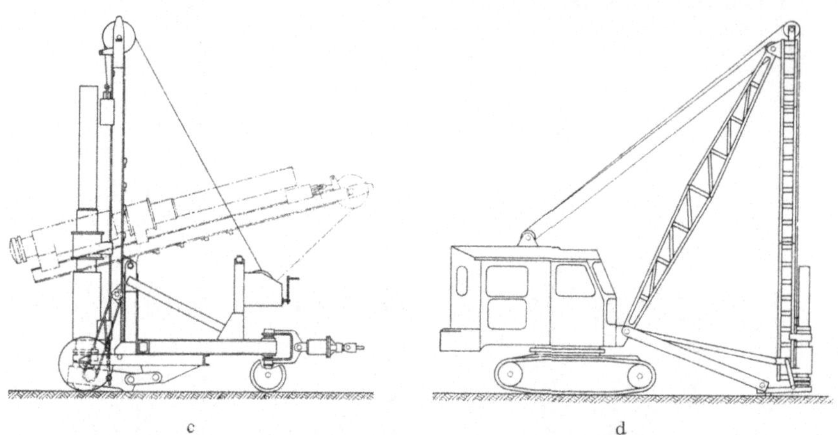

cd

Bild 2.1-4. c) Schlagzerstäubungs-Dieselbär als Betonzertrümmerer am Führungswagen (DELMAG G 23). Der Führungswagen ist ein Fahrgestell, das einen 4 m hohen Mäkler als Führung des Dieselbären D 5 trägt. Der Wagen wird von einem langsam fahrenden Zuggerät als Anhänger fortbewegt.

Bild 2.1-4. d) Schlagzerstäubungs-Dieselbär als Betonzertrümmerer am Hängemäkler mit Zugrahmen (DELMAG G 24). Der Zugrahmen G 24 gestattet es, den Dieselbär als Betonzertrümmerer unmittelbar von einem Bagger aus arbeiten zu lassen. Am Baggerausleger wird ein Hängemäkler (vgl. 2.1.1.1.4.1) angebracht, der den Dieselbären führt. Der Zugrahmen bildet die notwendige gelenkige Verbindung zwischen der Druckplatte samt Meißel und dem Bagger. Diese Anordnung ermöglicht es, die Beweglichkeit des Hängemäklers für das Betonzertrümmern auszunutzen. Nach dieser Arbeit kann der Bagger mit einigen Handgriffen auf seine normalen Baggerwerkzeuge umgerüstet werden.

Aufsteckmäkler als reitende Ramme arbeiten. Die verstellbare Aufsteckvorrichtung läßt sich auf alle üblichen Profile aufklemmen. Der Dieselbär DELMAG D 2 kann auch am Hängemäkler, s. Bild 2.1-13, in Verbindung mit einem Kleinbagger von ≈ 1,2 t Tragfähigkeit eingesetzt werden.

Dieselbär mit Kolben als Schlaggewicht (DELMAG D 5) (Bild 2.1-4a). Der D 5 arbeitet nach dem System der „*Schlagzerstäubung*".

Arbeitsweise:

1. *Freier Fall und Kompression:* Der Kolben fällt durch sein Eigengewicht und betätigt den Pumpenhebel der Einspritzpumpe. In die Kugelpfanne des Schlagstückes wird Kraftstoff eingespritzt. Sobald der Kolben die Auspufflöcher überlaufen hat, preßt er die Luft im Zylinderraum zusammen. Der Kompressionsdruck drückt das Schlagstück mit der Druckplatte und der darunter sitzenden Schlaghaube fest auf das Rammgut;

2. *Schlag und Explosion:* Durch den Aufprall des Kolbens auf das Schlagstück wird der Pfahl in den Boden getrieben. Gleichzeitig zerstäubt das kugelige Kolbenende den Kraftstoff aus der Kugelpfanne in den ringförmigen Verbrennungsraum. Dort entzündet sich der Kraftstoff an der hochverdichteten Luft. Die Explosionsenergie treibt über das Schlagstück das Rammgut tiefer in den Boden und wirft zugleich den Kolben wieder hoch. Auf das Rammgut wirkt also eine aus Kompression + Schlag + Explosion zusammengesetzte Gesamtenergie ein;

3. *Auspuff:* Der hochfliegende Kolben gibt die Auspufflöcher frei. Die Abgase entweichen. Im Zylinderraum wird Druckausgleich hergestellt;

4. *Spülung:* Der weiter hochfliegende Kolben saugt Frischluft durch die Auspufflöcher in den Zylinderraum, der dadurch gespült und gekühlt wird. Der Pumpenhebel kehrt in die Ausgangsstellung zurück. Das Arbeitsspiel kann wieder beginnen.

Der DELMAG D 5 ist nicht nur als Rammgerät verwendbar, sondern mit zusätzlicher Ausrüstung auch als Betonzertrümmerer. Für diese Aufgabe wird der DELMAG D 5 mit einem Spezialschlagstück ausgerüstet (Bild 2.1-4b). Es überträgt den Schlag des Kolbens auf einen in der Druckplatte eingepreßten, kegelförmigen Meißel. Der Meißel wird bei jedem Schlag bis 80 mm tief in die Betondecke getrieben und danach von starken Gummizügen wieder hochgezogen. Die größte Meißelkraft beträgt $\approx$ 1000 kN. Als Betonzertrümmerer wird der D 5 entweder von einem Führungswagen (Bild 2.1-4c) oder von einem Hängemäkler (Bild 2.1-4d) geführt.

2.1.1.1.1.4 Vibrationsbären rütteln das Rammgut mit Hilfe von Schwingungen, die von einem Vibrator erzeugt werden, in den Boden ein.

Wuchtbär (Schenck DR 60, Bild 2.1-5). Er dient zum Rammen und Ziehen von Pfählen, Trägern, Spundwänden und Rohren. Diese Bären eignen sich besonders für Baustellen, auf denen die Arbeit mit üblichen Ramm- und Ziehgeräten schwierig ist. Eine hydraulisch

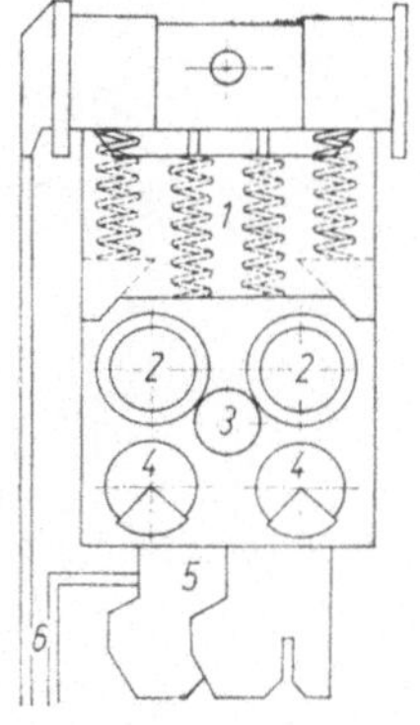

Bild 2.1-5. Wuchtbär (Schenck DR 60). *1* Federjoch, *2* Elektromotoren, *3* Synchronantrieb, *4* Schwingungserreger mit austauschbaren Unwuchtwellen und verstellbarer Unwucht, *5* Spannvorrichtung für Rammgut, *6* Anschlußleitungen zur Hydraulikpumpe und zum Schaltschrank. — Gewicht des Wuchtbärs DR 60 am Haken $\approx$ 7,6 t; Leistung der beiden Antriebs-Elektromotoren je 40 kW polumschaltbar oder je 50 kW nicht polumschaltbar; Nenndrehzahl 1450 U/min; Netzspannung 380 V, 50 Hz; Erregerschwingung je nach Bodenverhältnissen 820/min bis 2350/min; Zugkraft je nach Bodenverhältnissen 14 bis 28 Mp, mit Zusatzfedern bis 35 Mp; Drucklast bei schweren Rammarbeiten (abgefedert) 14 Mp; Rüttelkraft (Fliehkraft) bis 60 Mp. — Bei Sonderbauart DR 60 G (Bild 2.1-52) zum Rammen und Ziehen der Mantelrohre von Ortbetonpfählen weichen Erregerdrehzahlen und Gewichte geringfügig von den genannten Werten ab.

betätigte Spannvorrichtung verbindet den Wuchtbären, der an einem Kran hängt, mit dem Rammkörper. Einspannen und Lösen erfolgen vom Boden aus mit Hand- oder Motorpumpe. Die Unwuchterreger erzeugen lineare Vertikalwellen. Diese setzen sich bis zur Spitze des Rammgutes fort und bewirken fließende Gefügeumschichtung des umgebenden Erdreiches. Dadurch werden die auftretenden Reibungskräfte weitgehend aufgehoben, so daß das Einrammen oder Ziehen des Rammgutes mit geringerem Kraftaufwand möglich wird. Mit einer Mäklerführung kann der Pfahl mit jeder gewünschten Neigung eingerammt werden. — Für besonders schwere Arbeiten, z. B. Einrütteln dickwandiger Rohre von ≈ 15 bis 20 t Gewicht, können zwei Wuchtbären DR 60 zu einer Einheit DR 120 mit gleichsinnigen und gleichfrequenten Schwingungen gekoppelt werden.

Vibrostampfer als Rammen vgl. 2.5.1.2.3.3.

2.1.1.1.2 Pfahlzieher

Manche Rammgeräte können auch zum Pfahlziehen verwendet werden, z. B. der Wuchtbär (2.1.1.1.1.4). Es gibt aber auch Spezialgeräte, die ausschließlich für das Ziehen von Pfählen konstruiert sind. Der am Kopf des zu ziehenden Pfahles befestigte Pfahlzieher wird mit dem Pfahl zusammen von einem Hebezeug hochgezogen. Während des Ziehens unterstützt der Pfahlzieher durch aufwärts gerichtete Schläge die Hubarbeit. Die Schläge können mit Hilfe von Dampf bzw. Druckluft oder Dieselkraftstoff ausgeführt werden. Beide Möglichkeiten werden an den folgenden Beispielen veranschaulicht.

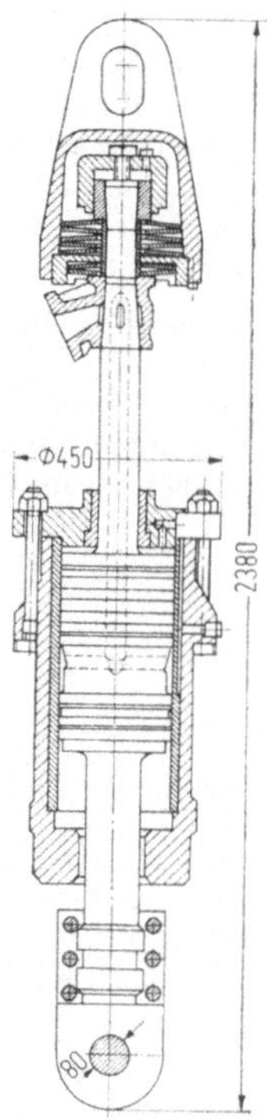

Bild 2.1-6. Pfahlzieher mit Zylinder als Schlagorgan (FMA PZ 8). Gewicht des PZ 8 ohne Zange 850 kg, Zangengewichte bis ≈ 300 kg; Betriebshub 130 bis 190 mm, einstellbar; Betriebsdruck: Dampf 10 bar Überdruck, Druckluft 6 bar Überdruck; Schlaggewicht 365 kg; Schlagzahl regelbar bis 230/min; Schlagenergie bis 300 kp m; erforderliche Vorspannung 8 bis 15 Mp; Tragfähigkeit des Hebezeuges je nach Vorspannung 10 bis 20 t. — Längenmaße in mm.

2.1.1.1.2.1 Pfahlzieher mit Zylinder als Schlagorgan (FMA PZ 8, Bild 2.1-6). Dieses Gerät besteht aus Glockenaufhängung mit Tellerfederung, Kolben, Gabelkopf und Schlagzylinder mit Steuerventilen. Die durchgehende Kolbenstange wird mittels Bolzen oder Klemmzange mit dem zu ziehenden Pfahl verbunden. Der PZ 8 arbeitet mit Dampf oder Druckluft. Wie beim Dampfbär MRB (Bild 2.1-1a) ist auch bei diesem Pfahlzieher der Zylinder das Arbeitselement, während der Kolben stillsteht. Im Unterschied vom Dampfbär wird jedoch die beim Anschlag des aufsteigenden Zylinderbodens an den Kolben wirksame Schlagenergie ausgenutzt. Sie treibt den Kolben mit dem daran befestigten Pfahl aufwärts. Das Gerät hängt über die am oberen Ende der Kolbenstange befindliche Glockenaufhängung an einem Hebezeug, das während der Arbeit des Pfahlziehers ebenfalls einen nach aufwärts gerichteten Zug ausübt. Der PZ 8 eignet sich für Ziehen von Rammgut bis 0,8 t Gewicht je nach Bodenart, Standzeit und Profilform.

2.1.1.1.2.2 Diesel-Pfahlzieher (DELMAG P 14, Bild 2.1-7). Charakteristisch sind für den P 14 die beiden schräggestellten Arbeitszylinder. Die Schrägstellung vermindert die nach unten wirkenden Komponenten des Explosionsrückstoßes.

Arbeitsweise:

1. Schlagkolben *1* fällt abwärts (bei Arbeitsbeginn nach Ausklinken aus der Fangvorrichtung, während der Arbeit nach Erreichen des oberen Totpunktes). Die am Schlagkolben angelenkten Arbeitskolben *6* gleiten ebenfalls nach unten. Bei Abwärtsbewegung der 3 Kolben wird Frischluft durch die Schlitze *5* und *8* sowie durch die Saugventile *3* in die Seitenräume *2* sowie in den oberen Teil des Hauptzylinders *4* eingesaugt. Die unter dem Schlagkolben *1* befindliche Luft wird durch die Fenster *9* ausgestoßen.

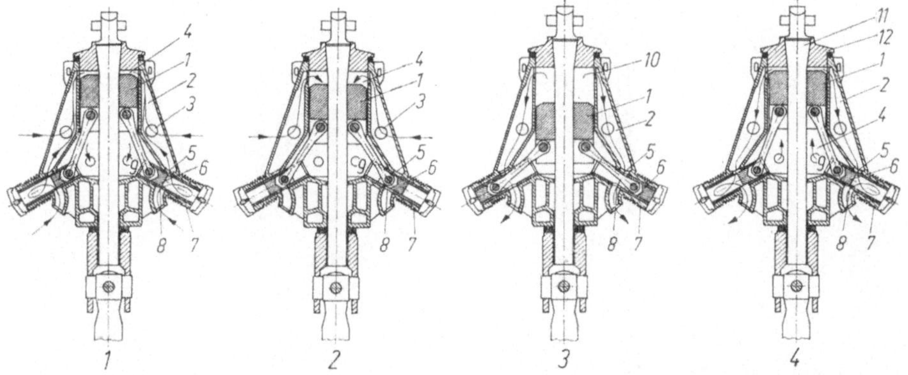

Bild 2.1-7. Diesel-Pfahlzieher (DELMAG P 14). Gewicht ohne Zubehör 2394 kg; Gewicht der Ziehzange 350 kg oder des Ziegehänges für Doppelbohlen 750 kg; Schlagfrequenz 100/min bis 135/min, regelbar; Schlagenergie bis 500 kp m, regelbar; erforderliche Vorspannkraft am Pfahlzieher 10 bis 30 Mp.

2. Arbeitskolben *6* verschließen die Schlitze *5* und *8*. Frischluft tritt nur durch die Saugventile *3* in den oberen Teil des Hauptzylinders ein. Die in den Arbeitszylindern *7* eingeschlossene Luft wird verdichtet. Bei weiterem Vorwärtsgang geben Arbeitskolben *6* die Schlitze *5* und *8* wieder frei. Der fallende Schlagkolben *1* saugt erneut Frischluft durch *5*, *8* und *3* in den Hauptzylinder.

3. Arbeitskolben *6* haben äußeren Totpunkt fast erreicht. In Arbeitszylinder *7* wird Kraftstoff eingespritzt. Er entzündet sich in der hochverdichteten Luft. Der Explosionsdruck schleudert die Arbeitskolben *6* und den über Pleuel daran angelenkten Schlagkolben *1* aufwärts. Die im oberen Teil des Hauptzylinders *4* befindliche Luft wird durch die Öffnungen *10* in die Seitenräume *2* gedrückt und entweicht teilweise durch Schlitze *5* und *8*, bis diese von den abwärtsgleitenden Arbeitskolben *6* verschlossen werden.

4. Aufwärtsbewegung des Schlagkolbens *1* vorverdichtet die in den Seitenräumen *2* eingeschlossene Luft. Sie strömt nach Freilegen der Schlitze *5* in die Arbeitszylinder *7*

und spült dort verbliebene Verbrennungsgase durch die Schlitze *8* aus. Gleichzeitig saugt Schlagkolben *1* Frischluft durch Fenster *9* in den unteren Teil des Hauptzylinders und schlägt am oberen Totpunkt gegen das Querhaupt *12*. Über Zugstange *11* und im Kreuzgelenk aufgehängte Zuglaschen wird der Schlag auf das Ziehgut übertragen. — Während der Arbeit übt das Hebezeug, an dem der Pfahlzieher hängt, einen aufwärts gerichteten Zug aus.

2.1.1.1.3 Rammgerüste. bestehen aus einem Mast mit Führung für Rammbär und Rammgut (*Mäkler*) und einer am Mäklerfuß angeordneten Plattform (*Rammstube*) mit

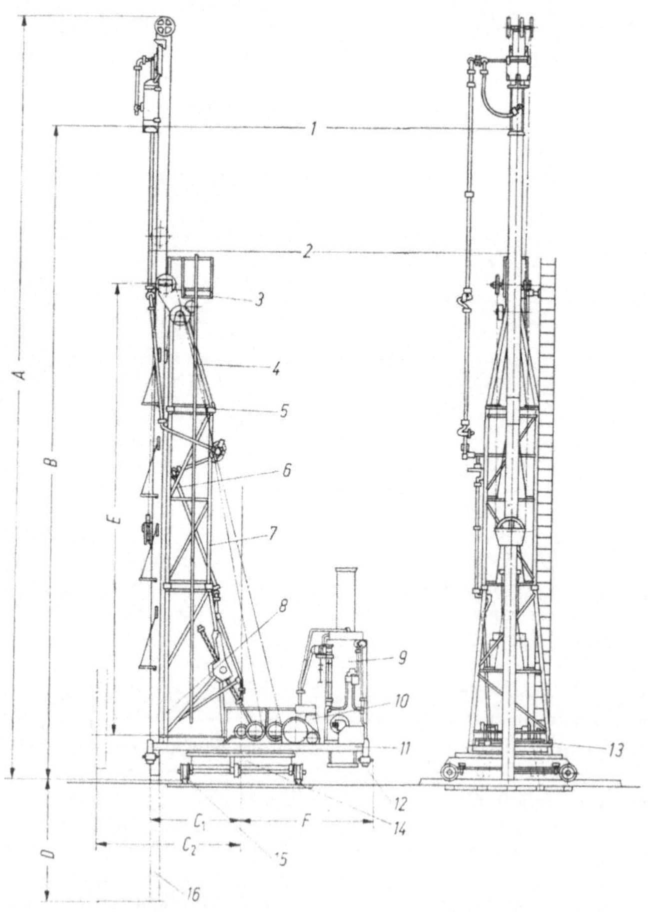

Bild 2.1-8. Dreigurt-Rohrgerüst-Ramme (Menck). *1* Rammbär, *2* Mäkler, *3* Gerüstkopf, *4* Gerüstoberteil, *5* Verbindungsschellen, *6* Gelenkrohrleitung, *7* Gerüstzwischenteil, *8* Gerüstunterteil, *9* Kessel mit Überhitzer, *10* Dampfmaschine, *11* Oberwagen, *12* Stützspindeln am Oberwagen, *13* Windwerk mit 3 Trommeln, *14* Schienenunterwagen, *15* Laufräder, *16* Mäklerabsenkung.

Windwerk und Antriebsmaschine. Bei Drehrammen bildet die Rammstube den drehbar auf einem Unterwagen gelagerten Oberwagen des Gerätes.

Der am Rammgerüst arbeitende Rammbär hängt an einem Hubseil, das über eine an der Gerüstspitze angebrachte Seilrolle zum Windwerk in der Rammstube verläuft. Er kann durch Betätigen der Winde nach Bedarf am Mäkler gleitend gehoben oder gesenkt werden. Entsprechend den vielseitigen Aufgaben wurden zahlreiche Formen von Rammgerüsten entwickelt. Die Eigenschaften der gebräuchlichsten Arten sind an den folgenden Beispielen erläutert.

2.1.1.1.3.1 Dreigurt-Rohrgerüst-Ramme (Menck, Bild 2.1-8). Auf dem Rammenunterwagen ist der Oberwagen um 360° in beiden Richtungen drehbar angeordnet. Fahrwerk, Drehwerk und Windwerke werden vom Oberwagen aus angetrieben. Der Antrieb erfolgt bei den meisten Typen mit Dampf; einige sind für Diesel- oder Elektroantrieb eingerichtet. Das Dreigurtgerüst aus geschweißtem Stahlrohr besteht aus mehreren Teilen. Sie werden durch Schellen verbunden. Der Gerüstkopf ist als Podest ausgebildet. Das Gerüst ist bis 1:4 nach vorn und nach hinten neigbar. Der Mäkler ist kardanartig aufgehängt, absenkbar und verschiebbar. Das Windwerk hat je eine Trommel für den Pfahl, den Rammbären und den Mäkler. Der Mäkler kann bis 1:6 nach beiden Seiten geneigt werden. Bei Dampfantrieb werden halbautomatische oder vollautomatische Rammbäre (s. Bild 2.1-1a) oder vollautomatische Schnellschlagbäre, die auch mit Druckluft arbeiten können, verwendet. Je nach Typ sind Gesamthöhe $A = 26$ bis 35 m, Nutzhöhe $B = 21$ bis 28 m (Sonderausführung bis 35 m), kleinste vordere Ausladung C_1 4 m, größte vordere Ausladung C_2 4 bis 6 m, Versenkbarkeit des Mäklers $D = 6$ bis 7 m, Gerüsthöhe $E = 16$ bis 23 m, hintere Ausladung $F = 4$ bis 5 m; Konstruktionsgewicht einschließlich Kessel, ohne Rammbär ≈ 33 bis 71 t; zulässige Pfahlgewichte 3,4 bis 20 t. Das Windwerk ist auch für Freifallbäre und Zweiseilgreifer eingerichtet. Die Ramme ist außerdem als Kranramme, Kran und mit Hilfe eines am Mäklerkopf oder Gerüstkopf angebrachten Flaschenzuges als Pfahlzieher zu verwenden. Sie wird auch als Schwimmramme gebaut.

2.1.1.1.3.2 Schienenfahrbares Drehrammgerüst (DELMAG G 112, Bild 2.1-9a). Der als Beispiel gewählte Typ G 112 ist zum Führen von Dieselbären bestimmt (vgl. Bild 2.1-4a). Es besteht aus einem auf Schienen selbstfahrenden Unterwagen, Spurweite 4 500 mm, und einem wie bei einem Drehkran beiderseits um 360° drehbaren Oberwagen. Dieser trägt sämtliche Gerüstaufbauten sowie Motor, Winde und Getriebe. Der 5-teilige Stahlrohrmäkler hat vorn 2 Führungsrohre für den Dieselbären. Der Mäklerfuß lagert gelenkig in einem Schieber, der mit dem Mäkler mit Hilfe einer motorgetriebenen Spindel vor- und zurückgefahren werden kann. Zwei Rohrstützstreben stützen den Mäkler in der gewünschten Stellung ab. Sie lassen sich motorisch drehen. Dabei ändern ihre ein- und ausfahrenden Spindeln die Neigung des Mäklers. — Gesamtgewicht betriebsfertig (ohne Bär) 22 t; Gesamthöhe ab Schienenoberkante 23 m; Nutzhöhe 18 m; Mäklerneigung nach vorn und nach hinten bis 1:3; Mäklerverschiebung bis 0,55 m; Winde: Tragfähigkeit der Haupttrommeln direkt 2×3 t, einmal geschert 2×6 t; Seilgeschwindigkeit direkt ≈ 15 m/min, einmal geschert $\approx 7,5$ m/min; Tragfähigkeit der Zusatztrommel 0,5 t; Seilgeschwindigkeit ≈ 23 m/min; zulässiges Höchstgewicht des zu rammenden bzw. zu ziehenden Mantelrohres 6 t; zulässiges Gewicht von Bär + Mantelrohr 10,4 t; Antrieb: Dieselmotor, Leistung 45 kW, maximale Drehzahl 1 800 U/min. — Alle Bewegungen (Fahren, Drehen, Neigen, Verschieben) werden mit eigener Motorkraft ausgeführt. — Der Typ G 112 ist besonders für das Herstellen von Ortbeton-Rammpfählen geeignet. Zum Ziehen von Mantelrohren kann er mit einer besonderen hydraulischen Zieheinrichtung ausgerüstet werden (im Bild unten links). Sie hat 2 Ziehzylinder von je 65 Mp maximaler Zugkraft. Für den Transport ist das Gerüst zerlegbar, längstes Einzelteil ist 6 m lang.

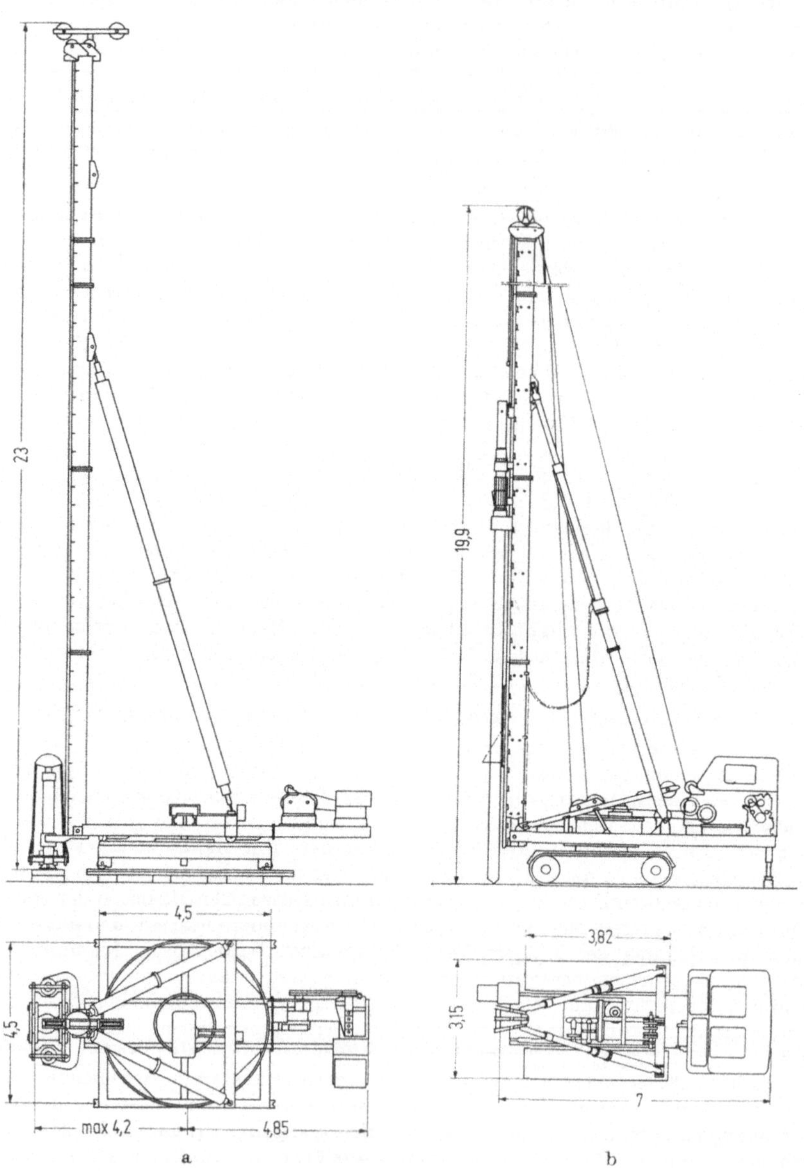

Bild 2.1-9. a) Schienenfahrbares Drehrammgerüst (DELMAG G 112). Erläuterungen im Text. — Längenmaße in m.

Bild 2.1-9. b) Raupenfahrbares Drehrammgerüst (DELMAG GR 18). Erläuterungen im Text. — Längenmaße in m.

2.1.1.1.3.3 Raupenfahrbares Drehrammgerüst (DELMAG GR 18, Bild 2.1-9b). Das Gerät besteht aus einem Unterwagen mit Raupenfahrwerk und einem drehbar darauf gelagerten Oberwagen, der Gerüst, Motor, Getriebe, Winde und Bedienungsstand trägt. Das Gerüst ist wie in Bild 2.1-9a aufgebaut und zum Führen von Dieselbären bestimmt. Die Bewegungen des Gerüstes werden hydraulisch betätigt und von einem zentralen Schaltpult aus hydraulisch-pneumatisch gesteuert. Gerüstgewicht (betriebsfertig) 35,5 t; Gesamthöhe 20 m; Nutzhöhe 15 m; Vorwärtsneigung bis 1:2; Rückwärtsneigung bis 1:1; Mäkler-

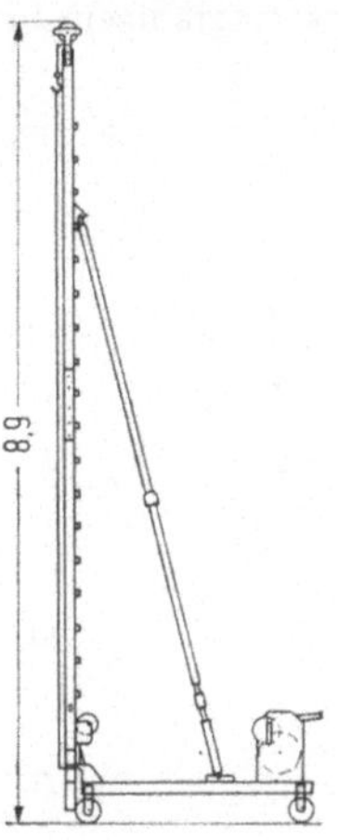

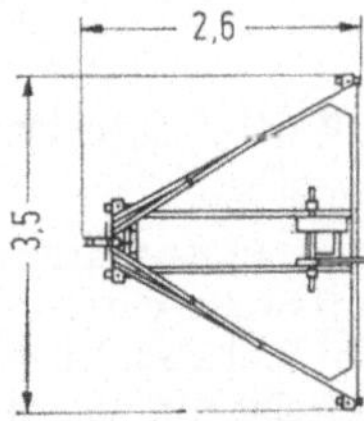

Bild 2.1-10. Rammgerüst für leichte bis mittelschwere Pfahl- und Spundwandrammungen (DELMAG GL 8,5). Erläuterungen im Text. — Längenmaße in m.

verschiebung bis 0,55 m; Spurweite 3,15 m; Tragfähigkeit der Winde: Bei direktem Zug Haupttrommeln 2 × 3 t, Zusatztrommel 1 × 0,5 t; Antrieb: Dieselmotor, Leistung 45 kW bei maximal 1 800 U/min; mittlere Seilgeschwindigkeit bei direktem Zug 14 m/min; zulässiges Pfahlgewicht bis 6 t; zulässiges Gewicht Bär + Pfahl 11,4 t. — Für den Transport ist das Gerüst zerlegbar, längstes Einzelteil ist 7 m lang.

2.1.1.1.3.4 Rammgerüst für leichte bis mittelschwere Pfahl- und Spundwandrammungen (DELMAG GL 8,5; Bild 2.1-10). Das Gerüst ist zum Führen von Dieselbären bestimmt. Es ist auf schwenkbaren Rollen nach allen Richtungen verfahrbar. Der Mäkler läßt sich vor- und rückwärts neigen, nach vorn verschieben und nach unten bis 4 m verlängern. Zum Bewegen des Rammgutes, das während der Arbeit zwangsgeführt wird, und des Dieselbären dient eine Doppeltrommelwinde mit Motorantrieb. — Gerüstgewicht 1,3 t; Gesamthöhe 9 m; Nutzhöhe 6 m; Vorwärtsneigung bis 1:15; Rückwärtsneigung bis 1:5; Mäklerverschiebung bis 0,2 m; Tragfähigkeit der Winde bei direktem Zug 2 × 1 t; mittlere Seilgeschwindigkeit $\approx$ 8,5 m/min; Antrieb: Dieselmotor, Leistung 4,5 kW bei 2800 U/min; zulässiges Pfahlgewicht bis 0,5 t; zulässiges Gewicht Bär + Pfahl bis 1,17 t. — Das Gerüst ist für den Transport zerlegbar, längstes Einzelteil ist 4 m lang.

2.1.1.1.3.5 Ortbeton-Pfahlrammen sind für das Herstellen von Pfählen aus Ortbeton erforderlich, z. B. nach dem Franki-Verfahren (Bild 2.1-11). Die Arbeit läuft dabei folgendermaßen ab: 1. Pfropfenbeton wird eingefüllt und angestampft; 2. Pfropfen wird mit Rammbär von 2 bis 3 t Gewicht bei Fallhöhen von 6 bis 7 m eingerammt; 3. Nach Erreichen des tragfähigen Baugrundes werden Pfahlfuß und unterer Pfahlschaft kräftig

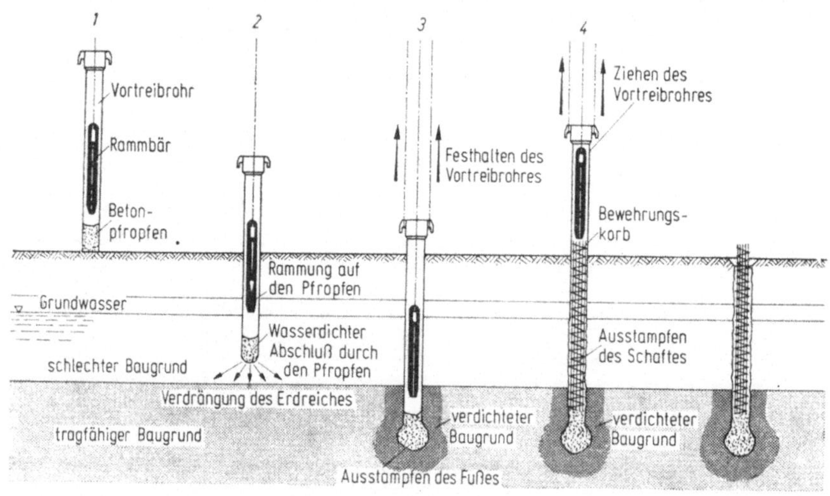

Bild 2.1-11. Ortbeton-Pfahlherstellung (nach Franki). Erläuterungen im Text.

ausgestampft; 4. Bewehrungskorb wird eingesetzt, oberer Schaft wird durch Stampfen des abschnittsweise eingebrachten Betons hergestellt; 5. Pfahl mit rauhem Pfahlschaft und großem Pfahlfuß ist fertig; infolge der Bodenverdichtung ist seine Tragfähigkeit hoch. — Einzelheiten über die bei diesem Verfahren verwendeten Rammen s. Bild 2.1-12.

2.1.1.1.4 Mäkler. Außer den unter 2.1.1.1.3 im Zusammenhang mit Rammgerüsten erwähnten Mäklern gibt es Sonderformen, die für manche Aufgaben zweckmäßig sein können. Dazu gehören z. B. die nachstehend aufgeführten Hänge-, Dreh-, Schwing- und Aufsteckmäkler.

2.1.1.1.4.1 Hängemäkler und Drehmäkler (Bild 2.1-13). Beide Arten werden in Verbindung mit einem Hebezeug (z. B. Kran, Bagger) verwendet. Unterschiedlich sind die Aufhängung am Hebezeugausleger und die Abstützung zwischen Mäklerfuß und Oberwagen des Hebezeuges. Der Hängemäkler ist kardanisch aufgehängt, der Drehmäkler an einem Kugelgelenk. Die Abstützung besteht bei beiden Mäklerarten aus ausfahrbaren Streben. Beim Drehmäkler befindet sich jedoch zwischen Mäklerfuß und Abstützung ein Schwenkgetriebe. Daher kann der Drehmäkler nicht nur die Bewegungen eines Hängemäklers ausführen (Neigen nach vorn und hinten sowie Seitenkorrektur), sondern außerdem mit Hilfe einer Handkurbel beiderseits der Normalstellung um 120° geschwenkt und in der erforderlichen Stellung fixiert werden. — Die Wahl des Hängemäkler- oder Dreh-

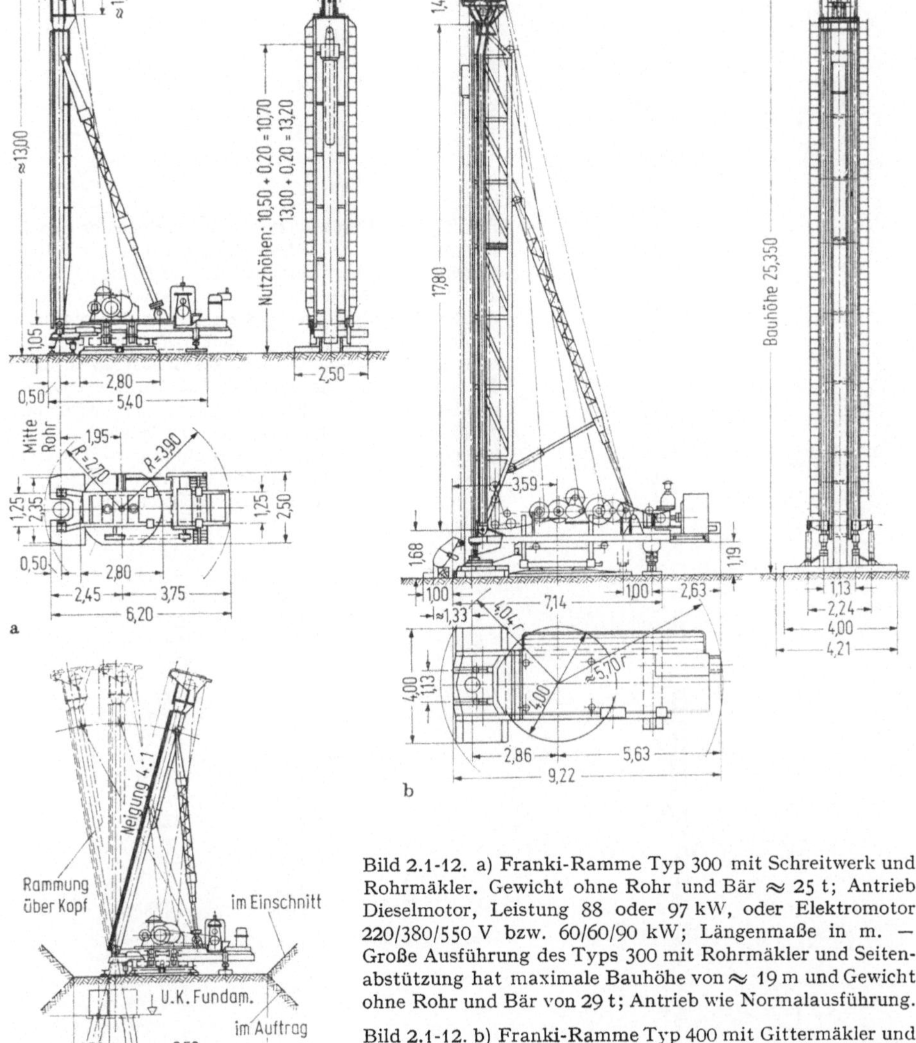

Bild 2.1-12. a) Franki-Ramme Typ 300 mit Schreitwerk und Rohrmäkler. Gewicht ohne Rohr und Bär ≈ 25 t; Antrieb Dieselmotor, Leistung 88 oder 97 kW, oder Elektromotor 220/380/550 V bzw. 60/60/90 kW; Längenmaße in m. — Große Ausführung des Typs 300 mit Rohrmäkler und Seitenabstützung hat maximale Bauhöhe von ≈ 19 m und Gewicht ohne Rohr und Bär von 29 t; Antrieb wie Normalausführung.

Bild 2.1-12. b) Franki-Ramme Typ 400 mit Gittermäkler und hinterer Strebenabstützung mit Zwischenstreben, maximale Bauhöhe ≈ 25 m. Auch dieser Typ läuft auf Schreitwerk. Gewicht ohne Rohr und Bär ≈ 51 t; Antrieb Dieselmotor, Leistung 96 kW. Längenmaße in m. Die Franki-Rammen können auch zum Ziehen der Vortreibrohre verwendet werden.

Bild 2.1-12. c) Schrägpfahl-Herstellung mit Ortbeton-Pfahlramme (Franki). Längenmaße in m.

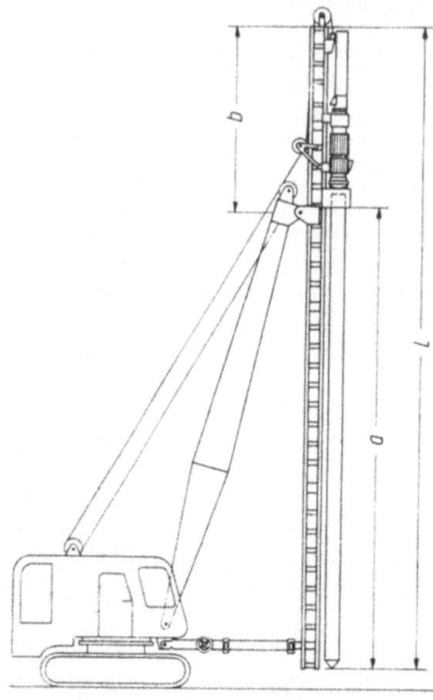

Bild 2.1-13. Hängemäkler und Drehmäkler (nach DELMAG). Für DELMAG-Hängemäklertypen gelten folgende Maße und Gewichte: $L = 11,76$ bis $29,83$ m; $a = 9,60$ bis $24,30$ m; $b = 3,40$ bis $9,40$ m; Gewicht Mäkler + Aufhängung 0,65 bis 11,8 t; Gewicht Bär + Zubehör 0,985 bis 12,5 t; halbes Gewicht der Abstützung 0,15 bis 0,6 t; zulässiges Höchstgewicht des Rammgutes 0,8 bis 15 t. — Für DELMAG-Drehmäklertypen: $L = 8$ bis $17,60$ m; $a = 5,70$ bis $13,30$ m; $b = 1,20$ bis 4 m; Gewicht Mäkler + Aufhängung 0,404 bis 2,95 t; Gewicht Bär + Zubehör 0,385 bis 3,2 t; halbes Gewicht der Abstützung 0,065 bis 0,54 t; zulässiges Höchstgewicht des Rammgutes 0,3 bis 4,0 t.

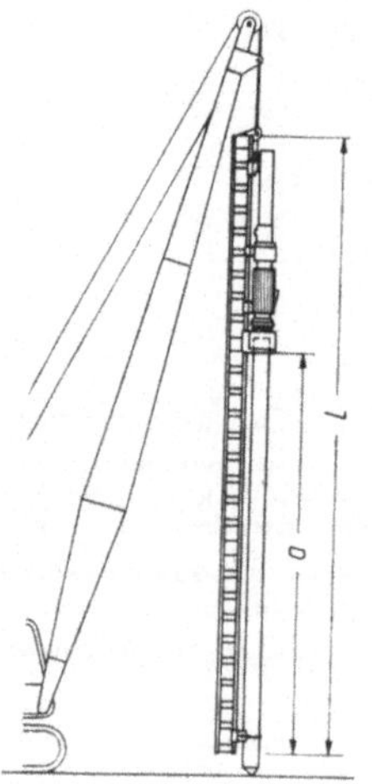

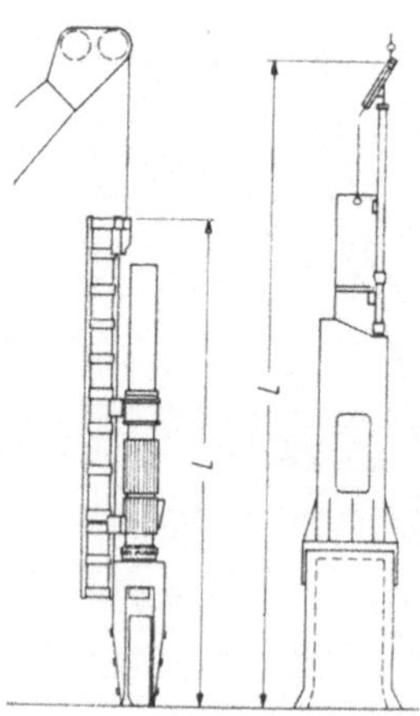

Bils 2.1-14. Schwingmäkler (nach DELMAG). Maße und Gewichte von DELMAG-Schwingmäklertypen: $L = 8$ bis 30 m; $a = 4,2$ bis $25,6$ m; Gewicht des Mäklers 0,27 bis 4,425 t; Gewicht Bär + Zubehör 1,6 bis 5,62 t; zulässiges Höchstgewicht des Rammgutes 1,5 bis 6 t.

Bild 2.1-15. Aufsteckmäkler (nach DELMAG). Maße und Gewichte: $L = 4,20$ bis $12,30$ m; Gewicht des Mäklers 0,35 bis 7,5 t; Gesamtgewicht Aufsteckmäkler + Bar 0,735 bis 18,4 t.

mäklertyps hängt von der Art des Rammgutes sowie von dem für die jeweilige Aufgabe geeigneten Hebezeug und Dieselbärtyp ab.

2.1.1.1.4.2 Schwingmäkler (Bild 2.1-14). Dieser Mäkler hängt frei am Seil des Hebezeuges. Das Rammgut wird wie bei einem Rammgerüst oben von der Schlaghaube und unten von der Pfahlführung am Mäkler gehalten. Mit dem Schwingmäkler kann das Rammgut gehoben, geführt und gesetzt werden.

2.1.1.1.4.3 Aufsteckmäkler (Bild 2.1-15). Diese Mäkler werden mittels einer Aufsteckvorrichtung auf dem schon vorgeschlagenen oder anderweit gesicherten Rammgut befestigt. Die Aufsteckvorrichtung muß dem Profil des jeweiligen Rammgutes entsprechen. Für manche Mäklertypen gibt es verstellbare Aufsteckvorrichtungen für verschiedene Profile. Der Aufsteckmäkler dient als Führung für Dieselbären beim Arbeiten als reitende Ramme. Aufsetzen und Abnehmen des Mäklers erfolgen mit einem Hebezeug.

Bild 2.1-15 links zeigt einen Aufsteckmäkler für Spundbohlen, Breitflanschträger oder Walzprofile, rechts einen Aufsteckmäkler für Rohre.

2.1.1.2 Wasserhaltung (Pumpen)
[H 11, H 22, 16]

Im Bauwesen werden sowohl Kolbenpumpen als auch Kreiselpumpen verschiedener Art und Größe verwendet. Die Wahl des Typs hängt von der jeweiligen Aufgabe ab. Im allgemeinen gelten folgende Regeln:

Kolbenpumpen eignen sich besonders für große Saughöhen und zum Fördern kleiner Flüssigkeitsströme bei hohen Drücken. Für größere Förderströme und kleine Drücke sind sie nur dann zweckmäßig, wenn die Flüssigkeiten stark verunreinigt sind (z. B. Abwasserpumpen, Lenzpumpen), oder wenn feuergefährliche Flüssigkeit zu fördern ist (z. B. Benzinpumpen) [H 22].

Kreiselpumpen werden bei großen Förderströmen, etwa 200 m³/h und darüber, fast ausschließlich benutzt. Bei sehr kleinem Förderstrom, verbunden mit großer Förderhöhe und geringer Drehfrequenz, haben Kreiselpumpen einen ungünstigen Wirkungsgrad und werden unter diesen Voraussetzungen nur selten verwendet. Allerdings können unter bestimmten Bedingungen Kreiselpumpen trotz geringeren Pumpenwirkungsgrades sogar wirtschaftlicher als Kolbenpumpen sein. Vorteilhaft sind Kreiselpumpen gegenüber Kolbenpumpen wegen eines niedrigeren Preises und geringeren Platzbedarfes. Außerdem zeichnen sich die Kreiselpumpen durch gleichmäßigen Förderstrom, niedriges Anfahrmoment und Regelmöglichkeit durch Drosseln aus. Schließlich lassen sich Kreiselpumpen oft unmittelbar mit schnellaufenden Antriebsmaschinen, z. B. Elektromotoren, kuppeln [H 22]. Kreiselpumpen eignen sich zum Fördern fast aller Flüssigkeiten und genügend fließfähiger Breie, aber nicht für sehr zähe Flüssigkeiten (> 800 cSt)[1]. Die Mehrzahl der auf Baustellen verwendeten Pumpen sind Kreiselpumpen.

2.1.1.2.1 Kolbenpumpen. Bei Kolbenpumpen wird die Flüssigkeit durch Verdrängerwirkung eines in einem Zylinder laufenden Kolbens von einem Raum niederen in einen Raum höheren Druckes gefördert. Die Verdrängerwirkung kann von einem hin- und hergehenden Kolben oder von einem anderen schwingenden oder rotierenden Verdränger hervorgerufen werden. Theorie und Berechnung von Kolbenpumpen vgl. [H 11] und [H 22].

2.1.1.2.1.1 Kolbenpumpen mit geradlinig hin- und hergehendem Kolben. Diese Pumpen haben *Tauchkolben (plunger)* oder *Scheibenkolben*. Die Tauchkolben können auch die Form

---

[1] Centistokes (Maß für die kinematische Viskosität)

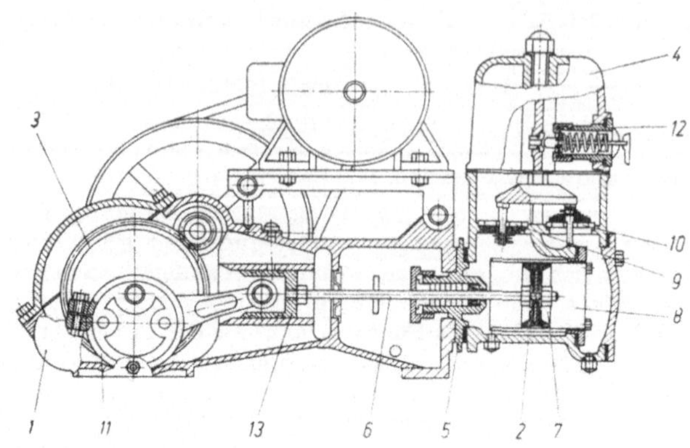

Bild 2.1-16. Kolbenpumpe. Beispiel: „Büffelpumpe" (Speck). Diese Bauart wird für Förderleistungen von 1,5 bis 5 m³/h bei Drücken von 4 oder 6 bar Überdruck gebaut. *1* Antriebsrahmen, *2* Ventilgehäuse, *3* Zahnradgetriebe, *4* Windkessel, *5* Stopfbüchse, *6* Kolbenstange, *7* Kolben, *8* Zylinder, *9* Saugventil, *10* Druckventile, *11* Pleuelstange, *12* Sicherheitsventil, *13* Kreuzkopf. — Von dieser Bauart gibt es eine Hochdruck-Typenreihe „Büffelpumpe HS". Sie ist geeignet, Wasser höher als 40 m zu fördern, z. B. beim Bau von Türmen, Kaminen oder Hochhäusern. Förderleistungen der HS von 150 dm³/h bis 12 m³/h, Drücke 8 bis 30 bar Überdruck, verwendbar für Kaltwasser und Warmwasser bis 110 °C.

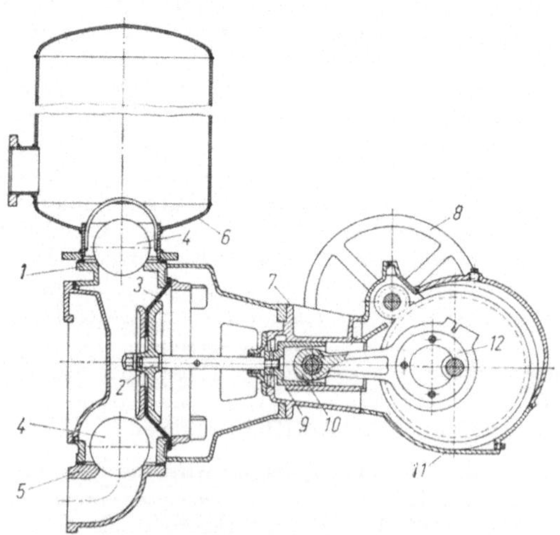

Bild 2.1-17. Membranpumpe. Diese Pumpen werden auf Baustellen bei Tiefbauarbeiten, für Grundwasserabsenkungen, ferner im Kanal-, Straßen-, Bahn- und Brückenbau verwendet. Außer reinem Wasser fördern sie auch Schlämme und Aufschwemmungen sowie Abwässer aller Art. Leistung der Dia-Pumpe SL III (Hammelrath) bis 30 m³/h; Antrieb Dieselmotor 1,8 kW bzw. Elektromotor 2,2 kW. Diese Pumpen gibt es stationär oder fahrbar. — *1* Gehäuse, *2* Kolbenstange, *3* Membrane, *4* Ventilkugeln, *5* Saugkrümmer, *6* Druckwindkessel, *7* Kreuzkopfführung, *8* Keilriemenscheibe, *9* Kreuzkopf, *10* Pleuelstange, *11* Getriebegehäuse, *12* Excenter.

von *Stufenkolben* (*Differentialkolben*) haben. Die Eigenschaften der verschiedenen Kolbenarten s. [H 11] und [H 22].

Bei der Wasserhaltung auf Baustellen können Kolbenpumpen für bestimmte Aufgaben zweckmäßig eingesetzt werden. Bild 2.1-16 zeigt das Beispiel einer für diesen Fall geeigneten Kolbenpumpe (Speck-Büffelpumpe). Abgesehen von der Wasserhaltung werden Kolbenpumpen mit hin- und hergehendem Kolben auf Baustellen auch für andere Arbeiten benutzt, etwa als Betonpumpen (2.3.4.6.1), ferner in der Wasserversorgung usw.

Bei den *Membranpumpen* (Bild 2.1-17) wird die Bewegung des hin- und hergehenden Kolbens direkt oder über eine Hilfsflüssigkeit auf eine bewegliche, an ihren Rändern im Gehäuse eingespannte Membran übertragen. Sie übt die Verdrängerwirkung auf die zu fördernde Flüssigkeit aus [H 11].

2.1.1.2.1.2 Sonstige mit Verdrängerwirkung arbeitende Pumpen. In diese Gruppe gehören die *Flügelpumpen* sowie die *Kapsel-* und *Drehkolbenpumpen*. *Flügelpumpen* sind meist kleine, von Hand betätigte Geräte, die nur für geringe Förderströme und Förderhöhen in Frage kommen. Diese Geräte haben einen um eine Achse hin- und herschwingenden Verdränger sowie selbsttätige Saug- und Druckventile (Bild 2.1-18), [H 22].

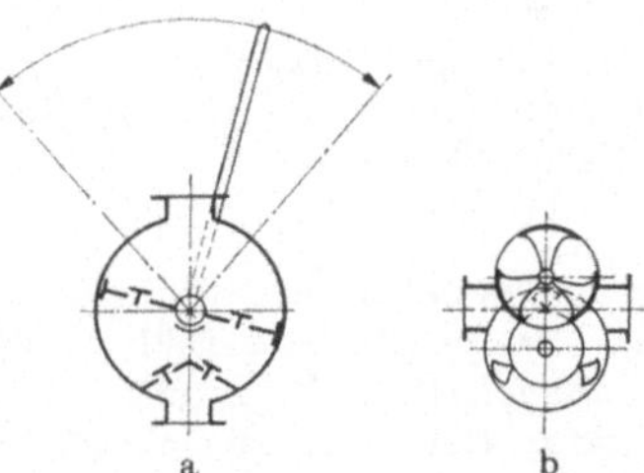

Bild 2.1-18. a) Flügelpumpe,
b) Kapselpumpe (nach [H 22]).

Kapselpumpen bewältigen auch' größere Förderströme und Förderhöhen. Kapselpumpen sind durch einen oder mehrere Verdrängerkörper gekennzeichnet, die sich gleichförmig in einem Gehäuse drehen. Bei Vorhandensein mehrerer Verdrängerkörper drehen sich diese mit verschiedener Drehrichtung. Hohe Drehzahlen und stetige Förderung sowie die Entbehrlichkeit von Ventilen und Windkesseln sind Vorzüge der Kapselpumpen.

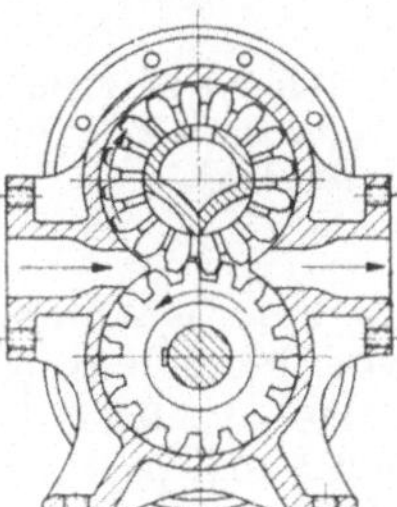

Bild 2.1-19. Zahnradpumpe
(Schema, nach [H 11]).

Zahnradpumpen sind die einfachsten und wichtigsten Vertreter dieser Pumpenart. Sie eignen sich besonders zum Fördern zäher Flüssigkeiten, z. B. Ölen. In den meistverwendeten Größen erreichen sie Förderströme bis 75 dm³/s und Überdrücke bis 80 bar (Bild 2.1-19).

Spindelpumpen sind ebenfalls Kapselpumpen. Sie haben als Verdränger mindestens zwei achsparallele Schraubenspindeln mit ineinandergreifenden Gewindegängen (ähnlich den Schraubenkompressoren für Druckluft, vgl. 2.6.1.2). Diese Geräte arbeiten mit sehr hohen Drehfrequenzen und eignen sich ebenfalls zum Fördern von Öl und anderen zähen Flüssigkeiten, die jedoch keine sandigen oder faserigen Beimengungen enthalten dürfen. Überdrücke bis 70 bar sind bei diesen Pumpen erreichbar.

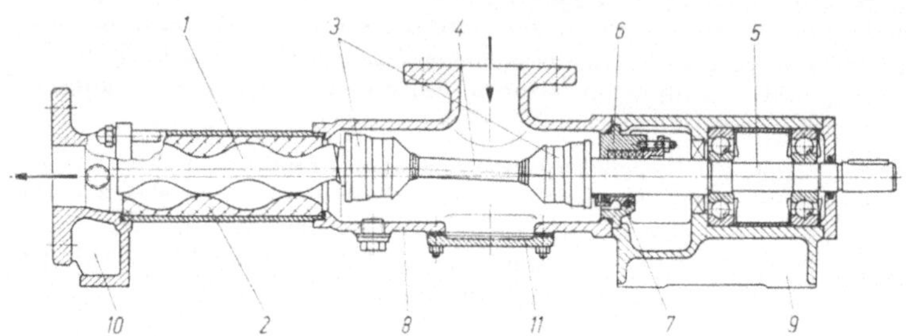

Bild 2.1-20. Mohno-Pumpe (Netzsch). *1* Rotor, *2* Stator, *3* Bogenzahngelenke, *4* Kuppelstange, *5* Antriebswelle, *6* Stopfbüchse, *7* Gleitringdichtung, *8* Pumpengehäuse, *9* Lagergehäuse, *10* Endstutzen, *11* Reinigungsöffnung.

Drehkolbenpumpen haben als Verdränger eine exzentrisch gelagerte Walze oder Schnecke, z. B. die *Mohno-Pumpe* (Netzsch, Bild 2.1-20). Die wesentlichen Teile der Mohno-Pumpe sind ein aus Stahl gefertigter Rotor und ein meist aus einem Elastomer (Kunstkautschuk) hergestellter Stator. Der Rotor ist ein Stahlstab in Form eines eingängigen Gewindes mit

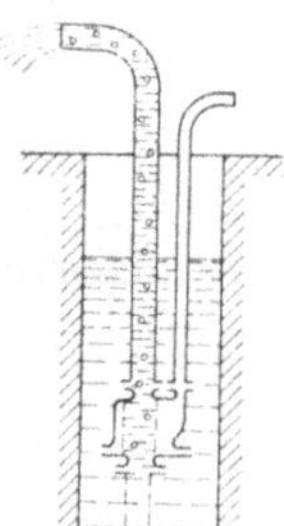

Bild 2.1-21. Mammutpumpe (nach [H 22]). Erläuterungen im Text.

Kreisquerschnitt. Der Stator ist als zweigängiges Gewinde mit Langloch-Querschnitt und doppelter Ganghöhe des Rotors ausgebildet. Den zwischen Rotor und Stator vorhandenen Hohlraum begrenzt eine „dichtende Linie". Sie schließt im Stillstand wie in der Drehbewegung den Saugraum vom Druckraum ab. Die Pumpen saugen auch Flüssigkeiten mit hoher Viskosität und Schmutzteilen an. Die Druckbereiche liegen zwischen 0 und 24 bar Überdruck. Der Förderstrom ist kontinuierlich und durch einfachen Wechsel der Drehrichtung umkehrbar. Je nach Baugröße erreichen Mohno-Pumpen Förderströme bis 260 m³/h bzw. Förderhöhen bis 120 m WS. Für Baustellen kommen besonders Motorblockpumpen in Betracht. Es sind kleine Geräte, bei denen Pumpe und Antriebsaggregat (Drehstrommotor, Getriebemotor) zu einem Block zusammengefaßt sind. Sie erreichen

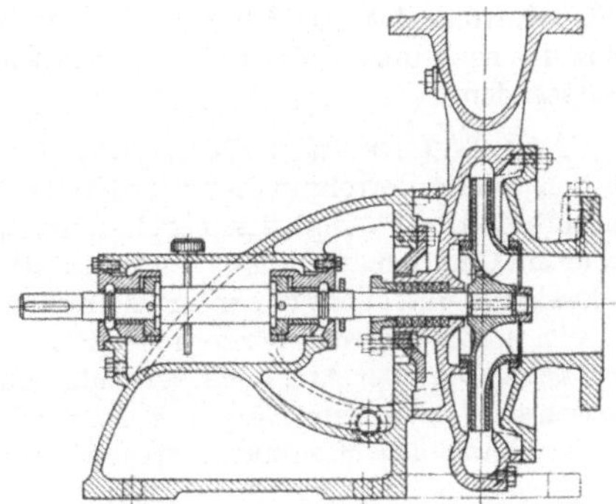

Bild 2.1-22. Einstufige Kreiselpumpe (Spiralgehäusepumpe mit gekühlter Stopfbuchse, nach [H 22]).

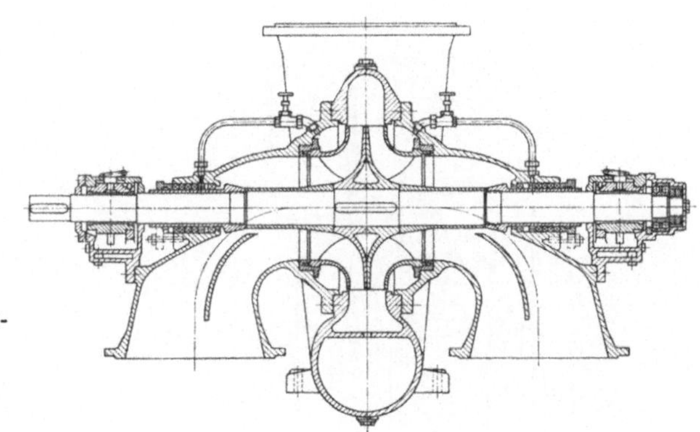

Bild 2.1-23. Zweistufige Kreiselpumpe (nach [H 22]).

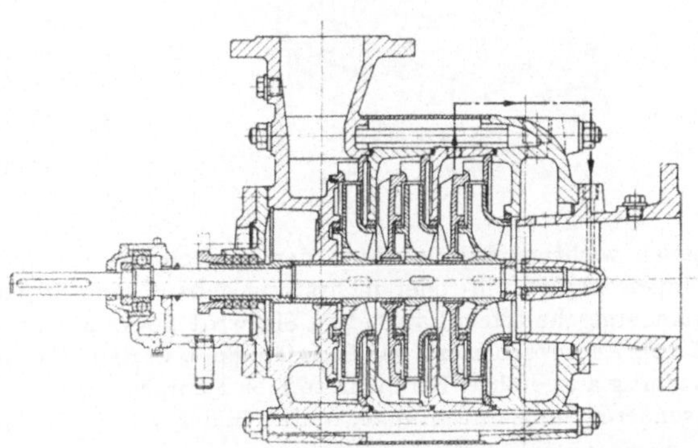

Bild 2.1-24. Mehrstufige Kreiselpumpe (Hochdruckpumpe mit axialem Einlauf und Sauglaufrad, nach [H 22]).

Förderströme bis 20 m³/h bzw. Förderhöhen bis 50 m WS. — Der Name „Mohno" ist aus der nach dem Erfinder benannten französischen Bezeichnung „Système MOINEAU" entstanden.

2.1.1.2.1.3 Druckluft-Flüssigkeitsheber (*Mammutpumpe*, Bild 2.1-21). Bei diesem Gerät taucht ein Förderrohr in die zu fördernde Flüssigkeit ein. In das Förderrohr (Steigrohr) wird unterhalb des Flüssigkeitsspiegels Druckluft eingeblasen. Dadurch bildet sich im Förderrohr ein Gemisch aus Flüssigkeit und Luft. Es hat eine geringere Wichte als die umgebende Flüssigkeit und steigt daher im Rohr aufwärts. Die Eintauchtiefe des Förderrohres beträgt i. allg. 30 bis 70% der Förderhöhe [H 22]. Mammutpumpen eignen sich zum Fördern von Flüssigkeiten aller Art, auch bei Rühr- und Mischanlagen. Mit Hilfe zugeführten Wassers lassen sich auch feste Körper, z. B. Sand, Kies, Schlamm, mit Mammutpumpen fördern. Daher kann das Mammutpumpen-Verfahren auch in Verbindung mit Saugbohranlagen angewandt werden, vgl. 2.1.3.3.2.4.

2.1.1.2.2 Kreiselpumpen. Bei Kreiselpumpen wird die Energie auf die Förderflüssigkeit durch die Schaufeln eines rotierenden Laufrades oder mehrerer Laufräder (Rotoren) übertragen. Theorie und Berechnung von Kreiselpumpen vgl. [H 11] und [H 22]. Für den Bau-

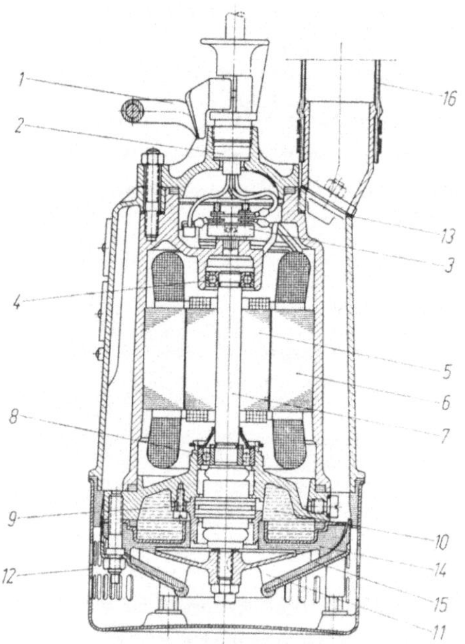

Bild 2.1-25. Flygt-Pumpe Type bibo 1. *1* Tragbügel, *2* wasserdichte Leitungsdurchführung, *3* Klemmenleiste, *4* Kugellager, *5* Rotor, *6* Stator mit Feuchtigkeits- und Wärmeisolierung, *7* Welle, *8* Kugellager, *9* Dichtungspatrone mit 2 Paar Gleitringdichtungen, *10* Ölkammer (das Öl schmiert und kühlt die Dichtungsringe), *11* Laufrad, *12* Pumpengehäuse, *13* Gummidichtung für Druckstutzen, *14* und *15* oberer und unterer Diffusor, *16* Schlauch.

betrieb wichtige Eigenschaften der Kreiselpumpen sind unter 2.1.1.2 erwähnt. Kreiselpumpen werden ein- oder mehrstufig gebaut. Die Stufenzahl ist die Anzahl der hintereinandergeschalteten Laufräder. Sie wird gewöhnlich von den Betriebsdaten bestimmt [H 22]. Zum Verbessern der Saugfähigkeit werden Kreiselpumpen auch zwei- oder sogar vierflutig ausgeführt. Bei mehrstufigen Pumpen wird mitunter für die erste Stufe auch ein besonderes Sauglaufrad angewandt (Bilder 2.1-22 bis 24). Es gibt zahlreiche Arten von

Kreiselpumpen für bestimmte Aufgaben, z. B. *Tauchpumpen* (Unterwasserpumpen, Unterwasser-Tauchpumpen, Uta-Pumpen, Tiefbrunnenpumpen) für Grundwasserabsenkungen, vgl. [H 26]. Bei ihnen sitzt meistens in gemeinsamem Rohrgehäuse bis 600 mm Dmr. oben der Elektromotor und darunter die mit ihm gekoppelte Kreiselpumpe. Der Motor ist ein *Tauchmotor* (Unterwassermotor), der auf verschiedene Weise für den Betrieb im Wasser eingerichtet sein kann:

Der „*trockene*" Tauchmotor ist ein normaler Elektromotor, der sich in einem gegen das Eindringen von Wasser gesicherten Gehäuse befindet. Da der Motor und die ·im Wasser

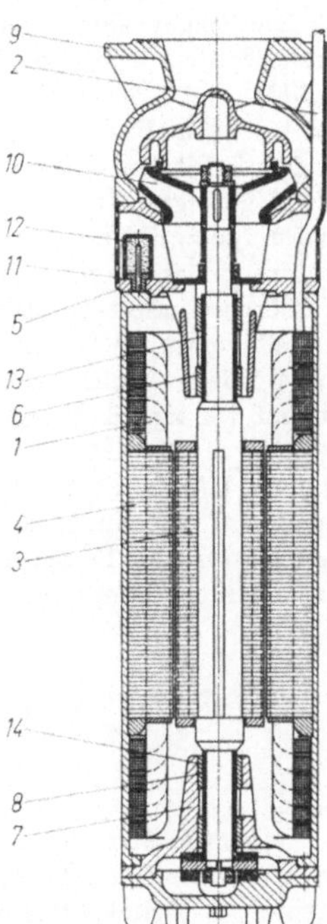

Bild 2.1-26. Tauchpumpe mit nassem Motor (Hübner-Unterwasser-Elektro-Pumpe Typ ASP 23/A + U 22/18,5). *1* Statorwicklung, *2* Kabel, *3* Rotor, *4* Statorgehäuse (ohne Wicklung), *5* oberes Lagergehäuse mit Laterne, *6* obere Lagerbuchsen, *7* unteres Lagergehäuse, *8* untere Lagerbuchse, *9* Leitradgehäuse, *10* Laufrad, *11* Saugsieb, *12* Filter, *13* obere Wellenbuchse, *14* untere Wellenbuchse.

arbeitende Kreiselpumpe eine gemeinsame Welle haben, ist dafür eine zuverlässige Wellendichtung erforderlich. Sie wird z. B. bei den schwedischen Flygt-Pumpen dadurch gewährleistet, daß zwischen zwei Gleitring-Dichtungen aus Hartmetall eine Ölkammer eingeschoben ist. Sie wirkt als zusätzliche Flüssigkeitssperre, sorgt für ständige Schmierung der Dichtungen und leitet die Reibungswärme ab. Diese Pumpen sind nach dem schwedischen Konstrukteur und Firmengründer Hilding *Flygt* benannt. Die kleinste Type Flygt bibo 1 (Bild 2.1-25) dient z. B. zum Trockenlegen von Baugruben. Sie fördert auch Brackwasser und schluckt Verunreinigungen wie Sand, Lehm, Zement oder Bohrmehl. Das Laufrad ist leicht auswechselbar. Das Gewicht des Gerätes beträgt ohne Schlauch und Motorkabel 15 kg. Der Antrieb erfolgt mit Drehstrom- oder Wechselstrommotor (Leistung 736 W bei 2 800 U/min, 50 Hz, maximale Leistungsaufnahme 950 W). Die maximale Förderleistung der bibo 1 beträgt 430 dm³/min, die maximale ·Förderhöhe 15 m. Das Gerät ist 400 mm hoch und hat einen größten Durchmesser von 190 mm. Die größte Ausführung der Flygt-Pumpen ist eine Schmutzwasser-Lenzpumpe von 540 kg Gewicht. Sie dient zum Entwässern überfluteter Schächte und Tunnel. Diese Pumpe leistet maximal 20 m³/min. Ihre Förderhöhen betragen bis 57 m.

Beim „*halbnassen*" Tauchmotor handelt es sich um einen Drehstrommotor, dessen mit wasserdichter Wicklung versehener Läufer im Wasser rotiert, während der Stator gegen den Läuferraum von einer dünnen Blechwandung wasserdicht abgekapselt ist (*Spaltrohrmotor*). Die Lager sind wassergeschmiert.

Der „*nasse*" Tauchmotor (*Naßläufer*) ist die meistverwendete Art der Unterwassermotoren. Es ist ein Asynchron-Induktions-Motor mit wasserdichten Rotor- und Statorwicklungen. Die Lager sind wassergeschmiert, die Wicklungen wassergekühlt. Nasse Tauchmotoren werden z. B. bei den Grundwasser-Absenkungspumpen System Hübner verwendet (Bild 2.1-26). Sie erreichen in einstufiger Bauart Fördermengen bis 3 m³/min und Förderhöhen bis 35 m. Für größere Förderhöhen werden mehrere Pumpen hintereinander geschaltet, oder die Stufenzahl der Pumpe wird erhöht.

Die im Bild gezeigte Hübner-Pumpe Typ ASP 23/A-U 22/18,5 ist eine Grundwasser-Absenkungs-Pumpe zum Fördern von reinem, kaltem Wasser. Sie besteht aus einer vertikalen Kreiselpumpe und einem Unterwasser-Drehstrom-Motor mit wasserdichter Wicklung und wassergeschmierten Gleitlagern. Das Laufrad der Pumpe ist fliegend auf dem verstärkten Wellenende des Motors angeordnet. Daher entfällt ein Endlager, das erfahrungsgemäß beim Fördern leicht sandhaltigen Wassers starkem Verschleiß ausgesetzt ist. Nettogewicht ist 152 kg; Baulänge des Aggregates ≈ 1030 mm; Durchmesser des Aggregates ≈ 250 mm; Motorleistung 18,5 kW; Betriebsspannung 3 × 380 V; Frequenz 50 Hz; Drehzahl ≈ 2900 U/min; Fördermenge 2 bis 3 m³/min; Förderhöhe 32 bis 23 m WS.

Weder zu den trockenen, noch zu den halbnassen oder nassen Tauchmotoren gehören die *ölgefüllten Motoren* (z. B. bei den Siemens-Entwässerungspumpen), die nur für kleine Leistungen in Betracht kommen.

2.1.1.3 Druckluftgründungen

[H 26] ·

2.1.1.3.1 Zweck und Verfahren. Aufgaben und Durchführung von Druckluftgründungen sowie die dafür verwendeten *Senkkästen* (*Caissons*) sind in [H 26] dargestellt. Außer den Senkkästen sind für Druckluftgründungen folgende Hilfsmittel erforderlich: Druckluftschleusen, Druckluftanlagen, Spezialhebezeuge, Energieversorgung, ggf. auch Taucherausrüstung. Außerdem müssen die für die jeweilige Aufgabe notwendigen Baustelleneinrichtungen und Arbeitsgeräte vorhanden sein (Bild 2.1-27).

2.1.1.3.2 Druckluftschleusen
[V 1; H 26; 8; 16; 21; 22; 29]
Da der Luftdruck in der Arbeitskammer und dem Schachtrohr höher sein muß als der Druck der Außenluft, ist für den gefahrlosen Durchlaß von Personen und Material zwischen beiden Druckbereichen eine *Schleuse* notwendig. Die Schleuse sitzt auf dem Schachtrohr. Ihrem Zweck entsprechend gibt es *Personenschleusen* und *Materialschleusen*, aber auch *kombinierte Personen-Materialschleusen*. Eine Sonderstellung nehmen die *Krankendruckluftkammern* (*Krankenschleusen*) ein, s. 2.1.1.3.2.5.

2.1.1.3.2.1 Personenschleusen müssen die Anforderungen der gesetzlichen Vorschriften für Dampfkessel [H 22] und der Verordnung für Arbeiten in Druckluft (*Druckluftverordnung*) [V 1] erfüllen. Nach der Druckluftverordnung müssen Personenschleusen eine Höhe

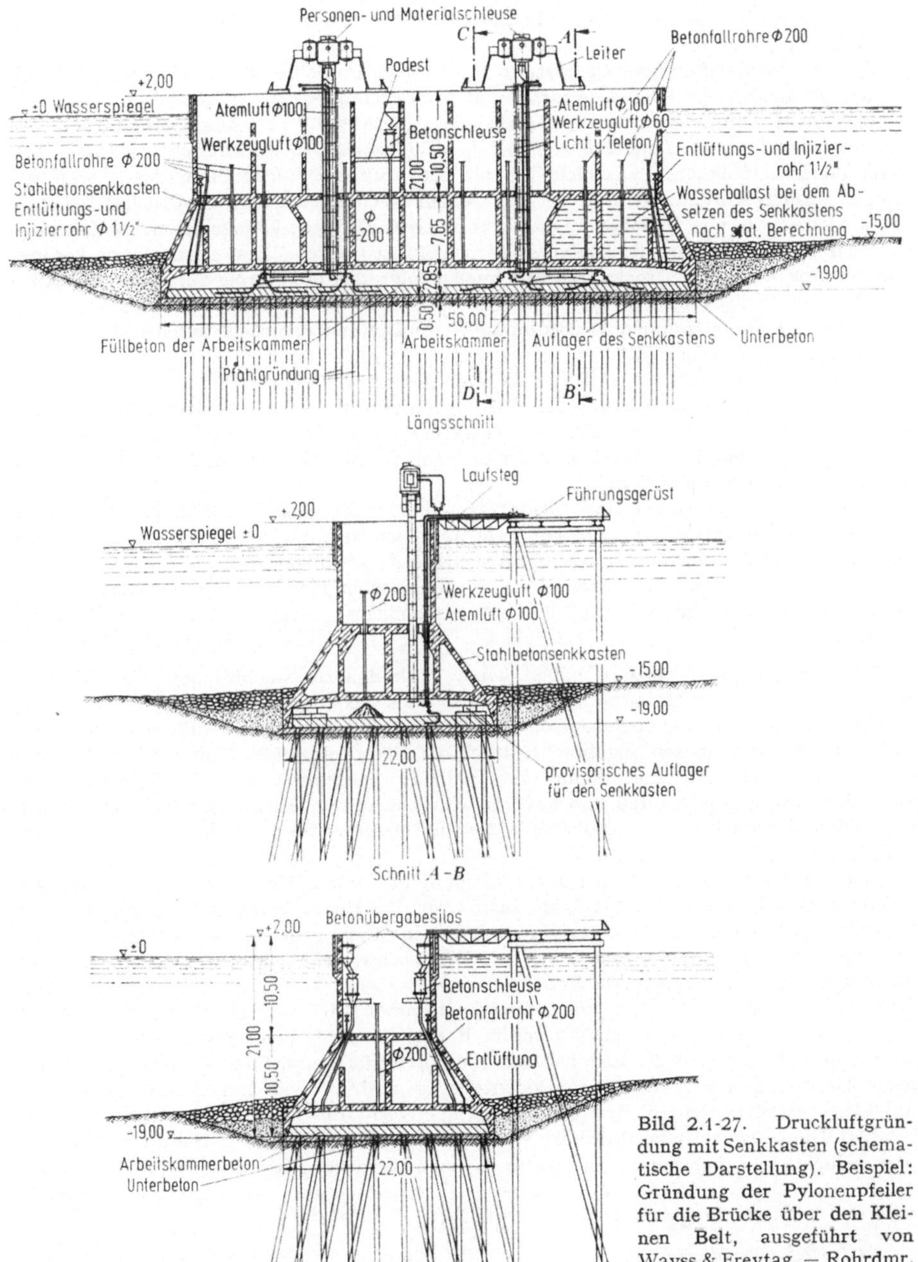

Bild 2.1-27. Druckluftgründung mit Senkkasten (schematische Darstellung). Beispiel: Gründung der Pylonenpfeiler für die Brücke über den Kleinen Belt, ausgeführt von Wayss & Freytag. — Rohrdmr. in mm, sonstige Maße in m.

von mindestens 1,60 m haben und so bemessen sein, daß auf jede Person ein Luftraum von mindestens 0,75 m³ entfällt.

Weitere Vorschriften über Ausrüstung und Betrieb der Schleusen sowie über die Pflichten und Befugnisse der Schleusenwärter und Überwachungsärzte enthält [V 1].

Besondere Aufmerksamkeit wird dabei dem Verhüten von Gesundheitsschäden gewidmet, vor allem der *Druckluftkrankheit* (*Caissonkrankheit*). Sie entsteht dadurch, daß unter höherem äußerem Luftdruck der mit der Atemluft aufgenommene Stickstoff im Körper zurückgehalten wird und bei zu raschem Nachlassen des Außendruckes (*Dekompression*) in Form von Bläschen in das Blut eintritt. Dadurch können schmerzhafte, mitunter sogar lebensgefährliche Embolien herbeigeführt werden. Diese Erscheinung kommt aber nur vor, wenn der Druckabfall so schnell erfolgt, daß der Körper zum normalen Ausscheiden des Stickstoffes keine Zeit hat. Die vorgeschriebenen Zeiten für das Ausschleusen unter allen in Frage kommenden Bedingungen sind in ausführlichen Tabellen der Druckluftverordnung enthalten [V 1].

Die Druckluftkrankheit wird oft dadurch behoben, daß der Erkrankte — selbstverständlich unter Verantwortung des Überwachungsarztes — in einer Krankendruckluftkammer nochmals höherem Luftdruck ausgesetzt wird. Weitere Verhütungs- und Behandlungsmethoden, z. B. Anreichern der Luft mit Sauerstoff vor dem Ausschleusen, sind in der Fachliteratur beschrieben.

Beim Einschleusen kann die Druckluftkrankheit nicht auftreten. Aber auch der beim Einschleusen erfolgende Druckanstieg kann mitunter Beschwerden hervorrufen. Deshalb gibt die Druckluftverordnung auch hierfür genaue Anweisungen [V 1].

Die Personenschleusen bestehen aus einer zylindrischen Hauptkammer (Mittelkammer), die waagerecht oder senkrecht auf dem Schachtrohr sitzt, sowie einer oder zwei Vorkammern.

2.1.1.3.2.2 Materialschleusen haben keine Vorkammern, sondern sog. Förderhosen. In der Regel sind zwei Materialhosen zum Ausstoßen des mit dem Hebezeug, meist einem elektrischen *Kübelaufzug*, geförderten Bodenaushubes vorhanden. Außerdem sind gewöhnlich zwei Betonhosen angebracht, durch die Beton eingefüllt werden kann. Das geschieht meist erst nach Beendigung der Bodenabtragarbeiten. Nach [V 1] müssen bei allen Förderhosen die inneren und äußeren Klappen durch Luftdruck oder zwangsläufig so voneinander abhängig sein, daß eine Klappe nur geöffnet werden kann, wenn die andere geschlossen ist.

Leichter Kies oder Sand wird mitunter nicht mit einem Kübelaufzug nach oben gebracht, sondern einfach durch ein bis dicht über den Boden herabreichendes Rohr vom Luftüberdruck der Arbeitskammer aufwärts und ins Freie geblasen. Allerdings hat dieses *Syphonverfahren* den Nachteil, daß dauernd Druckschwankungen auszugleichen sind. Das Verfahren wird nur selten verwendet.

Dagegen setzt sich das *Spülpumpenverfahren* immer stärker durch. Dabei wird der mit Druckwasser gelöste und aufgeschwemmte Boden mit Hilfe einer Spezial-Kreiselpumpe durch ein Rohr bis über die Erdoberfläche emporgedrückt und fließt dort in einen Spülteich. Darin setzen sich die festen Bodenteile ab und können zum Abtransport z. B. auf Lkw verladen werden. Bei dem Spülpumpenverfahren ist keine Schleuse erforderlich [21]. Diese hydraulische Bodenförderung wurde z. B. im Berliner U-Bahnbau im Volkspark Wilmersdorf angewandt. Hier wurde in einer vorwiegend mit Torf und Faulschlamm gefüllten eiszeitlichen Rinne ein 318 m langer Tunnelabschnitt als Hohlkasten brückenartig auf drei Gründungssenkkästen verlegt [22].

2.1.1.3.2.3 Kombinierte Personen- und Materialschleusen (Bild 2.1-28) sind die vielseitigste und häufigste Art der Druckluftschleusen. Der Personen- und der Materialteil entsprechen den unter 2.1.1.3.2.1 und 2.1.1.3.2.2 dargestellten Einrichtungen und müssen die Anforderungen der dort erwähnten Vorschriften erfüllen. Die Größe der kombinierten Personen- und Materialschleusen (kombinierten Personen- und Förderschleusen) reicht von Typen, die in Vor- und Hauptkammer gleichzeitig insgesamt bis 6 Personen fassen und mit Elektrowinde, Fernsprechanlage und sonstiger Installation 3,6 t wiegen, bis zu Ausführungen von 12,6 t Gewicht und darüber, z. B. MAN.

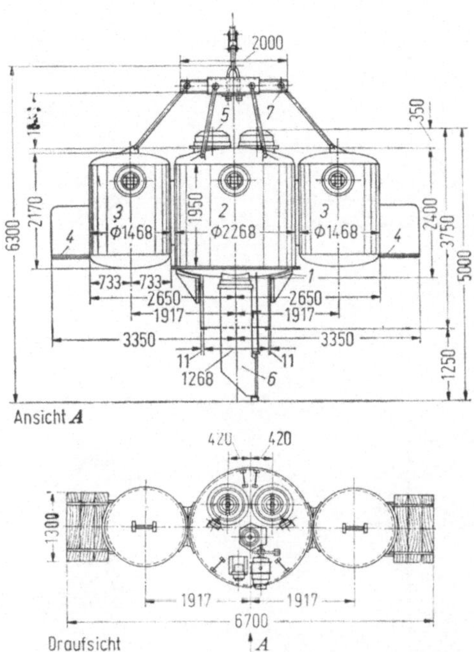

Bild 2.1-28. Kombinierte Personen- und Materialschleuse (Fabrikat MAN, verwendet in Anlagen von Wayss & Freytag). Gesamtgewicht ohne Schachtrohre 12,6 t; Betriebsdruck 3 bar Überdruck. — *1* Tellerboden, *2* Mittelkammer, *3* Vorkammern, *4* Podeste, *5* Betonhosen, *6* Materialhosen, *7* Aufhängung. — Tragfähigkeit des Windwerks 500 kg. — Maße in mm.

2.1.1.3.2.4 Schachtrohre haben ebenso wie die Schleusen aus Stahlblech gefertigte Wandungen. Die Rohre können runden oder ovalen Querschnitt haben und werden aus aneinander gefügten Rohrstücken zusammengesetzt. Schachtrohre zum Ein- und Aussteigen von Personen müssen laut Druckluftverordnung [V 1] ohne Gefahr benutzt werden können. Zwischen Leitersprossen und Wand muß soviel freier Raum vorhanden sein, daß die Füße sicheren Halt finden. Die Leitern müssen mindestens so breit sein, daß beide Füße oder beide Hände nebeneinander Platz haben.

Zum Ein- und Ausstieg werden diese Leitern benutzt. Für die Beförderung von Verletzten und Kranken aus den Arbeitskammern der Senkkästen sind jedoch nach der Druckluftverordnung geeignete Einrichtungen vorzusehen. Es müssen Rettungsgeräte vorhanden sein, mit denen verletzte oder kranke Personen durch den Schacht an einem Seil hochgezogen werden können (*Notaufzug*). Wird das Schachtrohr von einem Schutzrohr umgeben, dann kann das Schutzrohr die Leitungen für Wasser, Spülgut, Luft, Fernsprecher und sonstige Schaltverbindungen aufnehmen, wie es z. B. bei der U-Bahn-Baustelle im Volkspark Wilmersdorf in Berlin geschah [22].

2.1.1.3.2.5 Krankendruckluftkammern, früher als „Krankenschleusen" bezeichnet, sind im Gegensatz zu den unter 2.1.1.3.2.1 bis 2.1.1.3.2.3 beschriebenen Personen- und Förderschleusen nicht in den Weg zwischen Arbeitskammer und Außenluft eingeschaltet.

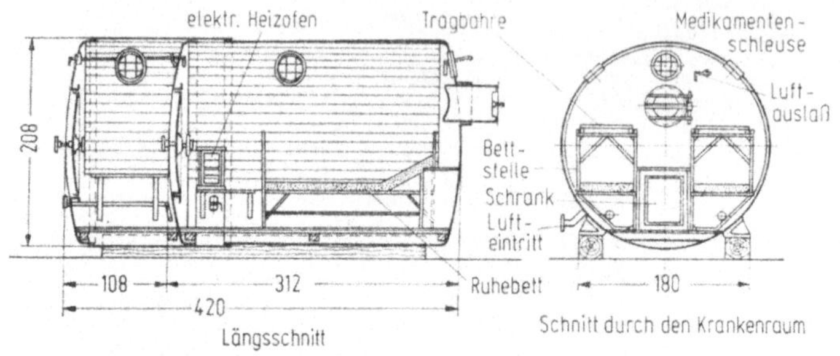

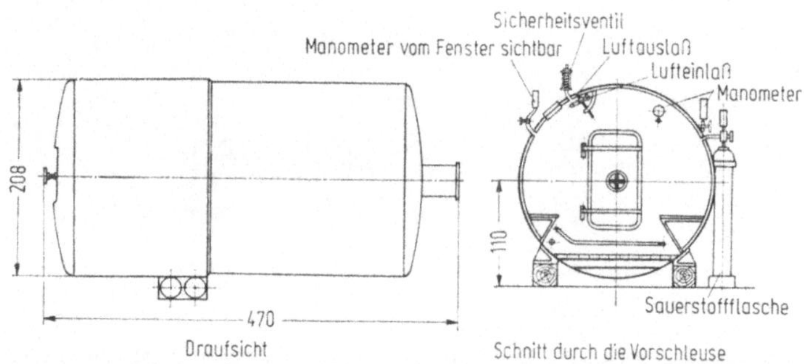

Bild 2.1-29. Krankendruckluftkammer (Fabrikat MAN). Gewicht 5,6 t; Betriebsdruck 3 bar Überdruck. — Maße in mm.

Die Krankendruckluftkammer ist kein Verbindungsglied zwischen Bereichen verschiedenen Luftdruckes, sondern ein Sanitätsraum, in dem von Druckluftkrankheit befallene Personen ärztlich behandelt werden. Krankendruckluftkammern werden im freien Gelände in der Nähe der Kompressorenstation aufgestellt. Da Drucklufterkrankungen entweder in der letzten Phase des Ausschleusens oder spätestens bis zwei Stunden nach dem Ausschleusen eintreten, sind die Erkrankten bereits in der freien Atmosphäre und werden von dort in die Krankendruckluftkammer gebracht.

Die Krankendruckluftkammer muß den gesetzlichen Dampfkesselvorschriften und der Druckluftverordnung entsprechen. Sie hat Wandungen aus Stahlblech. Zum Ein- und Auslaß von Personen muß eine Vorschleuse vorhanden sein. Außerdem ist eine Vorrichtung zum Durchschleusen von Medikamenten und anderen Hilfsmitteln vorgeschrieben (Bild 2.1-29). Die Krankendruckluftkammer muß so groß sein, daß der Arzt darin den Kranken behandeln kann. Ausreichende Beleuchtung und Heizung sind vorzusehen. Das

Aufstellen einer Krankendruckluftkammer ist Vorschrift, wenn der Überdruck in der Arbeitskammer des Senkkastens 1,0 kp/cm² übersteigt. Weitere Vorschriften über die Ausstattung und den Betrieb der Krankendruckluftkammern vgl. [V 1].

2.1.1.3.3 Druckluftanlagen

2.1.1.3.3.1 Arbeitsweise (Bild 2.1-30). Diese Anlagen liefern die zum Trockenhalten der Senkkästen erforderliche Druckluft. Sie dient zugleich als Frischluft zum Atmen für die eingeschleusten Personen. Entsprechend der Druckluftverordnung [V 1] sind für jeden Arbeiter in die Arbeitskammer mindestens 0,5 m³ Frischluft je Minute einzublasen. Für jede Arbeitskammer müssen nach [V 1] ein *Betriebsverdichter* und unabhängig davon mindestens ein *Reserveverdichter* solcher Größe vorhanden sein, daß folgenden Anforderungen genügt wird: Hat die Anlage nur einen Betriebsverdichter und einen Reserveverdichter, muß jeder der beiden Verdichter notfalls allein den erforderlichen Betriebsdruck erzeugen und erhalten können; sind mehr Verdichter vorhanden, müssen dafür zwei Drittel der beliebig ausgewählten Verdichter ausreichen.

Druckluftanlagen bestehen aus der *Kompressorstation* und den *Verteilerleitungen* mit Zubehör. Einzelheiten über Rohrleitungen, Armaturen, Meß- und Reglereinrichtungen vgl. [H 22] und [V 1].

2.1.1.3.3.2 Kompressorstationen enthalten *Kompressoren* (*Verdichter*, vgl. 2.6.1) zum Erzeugen von Druckluft mit 3 bis 6 bar Überdruck, ferner Druckausgleichskessel und die erforderlichen Hilfseinrichtungen wie Kühl- und Heizvorrichtungen, Luftreiniger, Steuer- und Reglerorgane sowie Meßgeräte. Kompressorstationen können in festem Gebäude untergebracht oder ortsbeweglich sein, z. B. für manche Wasserbauwerke auf einem Prahm als schwimmende Maschinenanlage montiert. Damit können ggf. bei Wasserbauvorhaben lange Rohrleitungen eingespart werden. Schwimmende Kompressorstationen enthalten meist auch die Krankendruckluftkammer und eine Werkstatt.

Die Größe und Leistungsfähigkeit der Kompressoren richtet sich nach dem Luftbedarf des jeweiligen Gründungsprojektes, muß aber stets den gesetzlichen Vorschriften entsprechen [23]. Die von den Verdichtern angesaugte Luft muß frisch und rein sein [V 1]. Deshalb müssen die Ansaugrohre genügend hoch ins Freie geführt und mit Filterköpfen an ihrer Öffnung versehen sein [23].

Die Betriebs- und Reserveverdichter müssen so miteinander verbunden sein, daß bei einem Leitungsbruch an beliebiger Stelle oder bei Ausfall eines Verdichters die Zufuhr von Druckluft zu den Arbeitskammern in ausreichendem Maße gesichert bleibt [V 1]. Deshalb müssen alle Betriebs- und Reserveverdichter unabhängig voneinander funktionsfähig sein. Zu den dafür notwendigen Voraussetzungen gehören vor allem mehrere getrennt voneinander einsatzfähige Antriebsarten. Sind z. B. alle Verdichterantriebe Elektromotoren, dann muß außer der normalen Energieversorgung ein sofort verfügbares Notstromaggregat vorhanden sein. Oder es kann z. B. der Betriebsverdichter mit Elektroantrieb arbeiten und aus dem öffentlichen Versorgungsnetz gespeist werden, während der Hilfsverdichter Dieselantrieb hat [8].

2.1.1.3.4 Energieversorgung.

Für Druckluftgründungen ist Energieversorgung lebenswichtig, nicht nur für den Antrieb von Verdichtern, sondern auch für die sonstige elektrische Ausrüstung, z. B. Beleuchtung. Die Sicherheit der Energieversorgung muß derart gewährleistet sein, daß bei Ausfall der normalen Energiequelle sofort eine von ihr unabhängige andere Energiequelle von gleicher Leistung einspringt, z. B. ein auf der Baustelle als Reserve bereitstehendes Diesel- oder Gasturbo Aggregat.

Berechnungsgrundlagen und andere Einzelheiten über betriebliche Energieversorgung enthält [H 22].

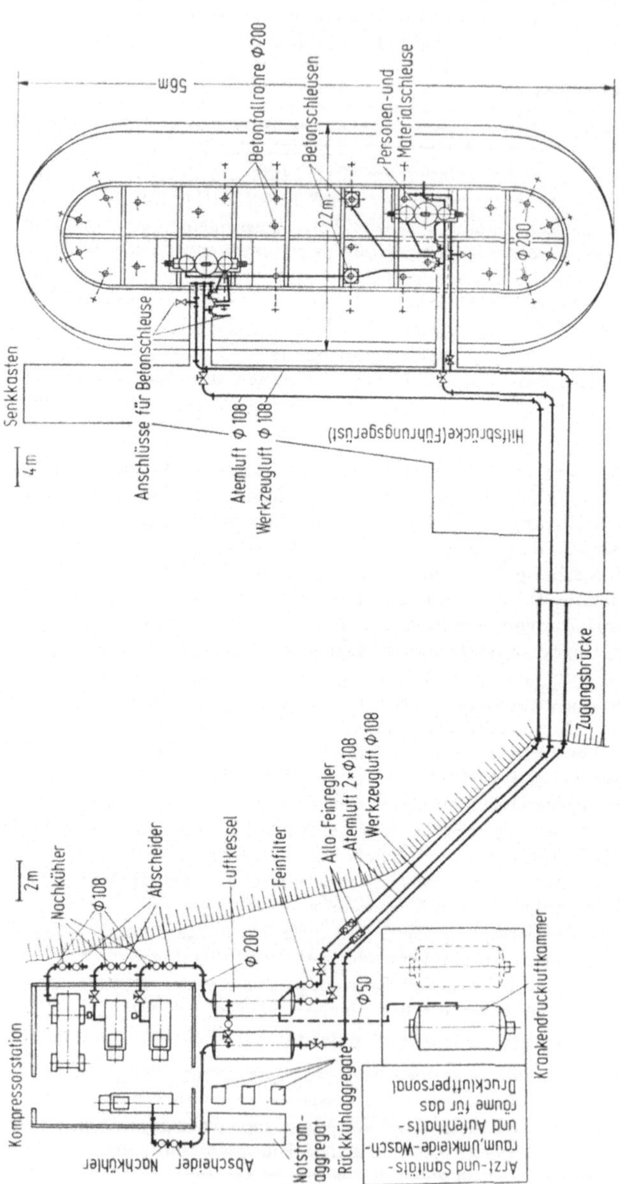

Bild 2.1-30. Druckluftanlage für eine Gründung (Pylonpfeiler für die Brücke über den Kleinen Belt, ausgeführt von Wayss & Freytag); schematische Darstellung, Ansicht von oben. — Maße in mm, soweit nicht anders angegeben.

2.1.1.3.5 Taucherglocken unterscheiden sich von Senkkästen im wesentlichen dadurch, daß der Senkkasten als verlorenes Gerät im Baugrund verbleibt, während die Taucherglocke nur während der Arbeiten als trockener Arbeitsraum dient und nach deren Ende wieder abtransportiert wird. Sie kann immer wieder an anderen Baustellen verwendet werden. Taucherglocken werden nicht mehr häufig benutzt. Sie leisten aber immer noch bei manchen Wasserbauarbeiten, besonders bei Reparaturen nützliche Dienste [21]. Für Taucherglocken mit Schleusen gelten die gleichen gesetzlichen Bestimmungen wie für Senkkästen, wie z. B. die Druckluftverordnung [V 1]. Taucherglocken können an einem Gerüst geführt sein oder frei schwimmen.

Bei kleinen Unterwasserarbeiten kann ggf. auf eine Taucherglocke verzichtet werden, wenn sie von entsprechend ausgerüsteten Tauchern ausgeführt werden können. Diese tragen einen mit Luftschlauch versehenen Taucheranzug oder eine schlauchlose Taucherausrüstung [29].

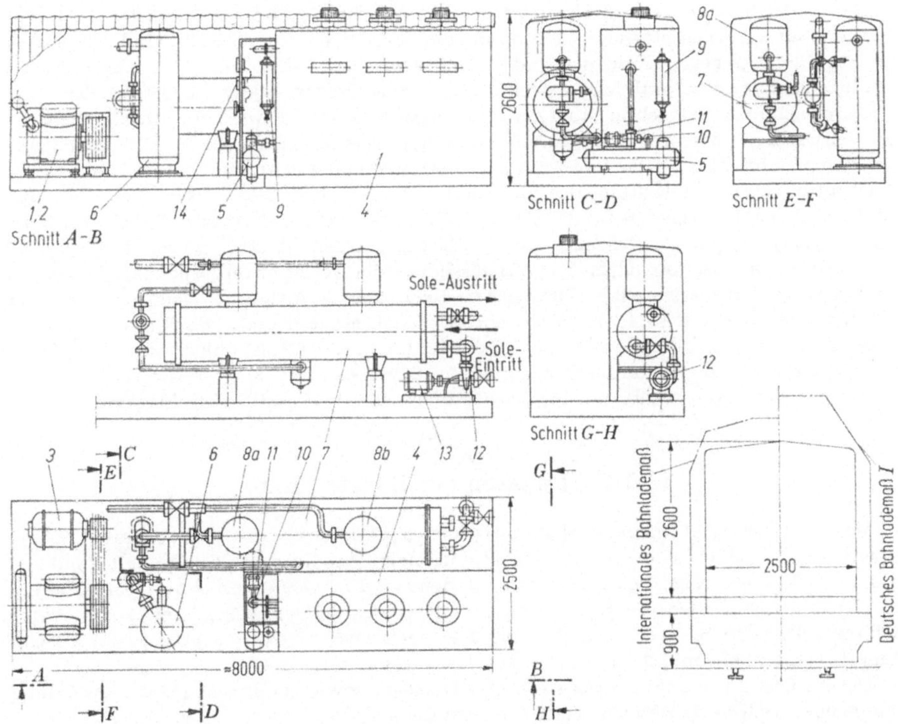

Bild 2.1-31. Gefrieraggregat (Linde-Solekühlsatz mit Ammoniak-Verdichter BF 8). — *1* und *2* NH$_3$-Zweistufen-Verdichter, *3* Drehstrommotor, *4* Verdunstungs-Verflüssiger, *5* NH$_3$-Sammelflasche, *6* NH$_3$-Mitteldruckflasche, *7* Verdampfer-Solekühler, *8*a, *8*b Abscheider, *9* Entlüfter, *10* Kühlwasserpumpe, *11* Motor für Kühlwasserpumpe, *12* Solepumpe, *13* Motor für Solepumpe, *14* Instrumententafel. — Weitere Erläuterungen im Text. — Längenmaße in mm.

2.1.1.4 Gefrieranlagen

Beim Gefrierverfahren wird wassergesättigtes oder erdfeuchtes Lockergestein, z. B. Sand, Kies oder bindige Böden, durch Gefrieren solange standfest gemacht, bis das gewünschte Bauwerk im Schutze des durch die Vereisung felsartig gewordenen Bodens fertiggestellt ist. Da sich viele Bodenarten gefrieren lassen, ist das Verfahren besonders gut geeignet beim Bau von Stollen und Tunneln jeder Art, aber auch für tiefe Schächte und Baugrubenumschließungen, sofern keine starke Grundwasserströmung vorhanden ist.

Das Gefrierverfahren beruht auf folgenden Grundgedanken: In den Baugrund wird ein Rohrsystem eingebracht, in dem eine schwer gefrierbare Flüssigkeit, z. B. ungesättigte Lösungen von Kalziumchlorid oder Magnesiumchlorid, mit einer Temperatur von $-24\,°C$ bis $-30\,°C$ zirkuliert. Dieser Kälteträger wird im Wärmetauscher eines Gefrieraggregats durch Verdampfung eines Kälteerzeugers (Ammoniak oder Frigen) fortwährend abgekühlt und über isolierte Leitungen dem Gefrierrohrsystem zugeführt.

Der Boden um die Gefrierrohre nimmt die zugeführte Kälte auf, erstarrt und bildet mit der Zeit eine geschlossene Frostwand, die für die jeweils auszuführende Arbeit in der Regel Schutz gegen Erddruck und Grundwasser gewährt. Durch die in die Schachtwände eingebauten Stopfbuchsen werden in Stollenlängsrichtung außerhalb des Ausbruchquerschnitts und sich in Stollenmitte überlappend von je zwei benachbarten Schächten Gefrierrohre eingepreßt und an ein Gefrieraggregat angeschlossen, z. B. Solekühlsatz Linde mit Verdichter BF 8 (Bild 2.1-31). Dieser Solekühlsatz arbeitet mit Ammoniak als Kältemittel. Die Kälteleistung des installierten zweistufigen Verdichters Typ BF 8 beträgt $\approx 1\,000\,MJ/h$ bei -24 bis $+35\,°C$ NH_3-Temperaturen. Sofern erforderlich, kann die Verdampfungstemperatur bis auf $-40\,°C$ gesenkt werden. Hierbei vermindert sich die Kälteleistung auf $\approx 500\,MJ/h$. Zur Verflüssigung der Kältemittel-Druckdämpfe ist ein Verdunstungs-Verflüssiger mit künstlicher Belüftung vorgesehen. Dadurch wird der Frischwasserbedarf auf $\approx 1{,}7\,m^3/h$ bei Vollastbetrieb herabgesetzt. Das Aggregat besteht weiterhin aus einem liegenden Röhrenkessel-Verdampfer als Solekühler sowie einer NH_3-Sammelflasche, einem stahlblech-gekapselten Schaltschrank und sonstigem Zubehör, z. B. Entlüftungsapparat, Regler für den Kältemittelumlauf und Verbindungsleitungen.

2.1.2 Verfahren der Bohrtechnik

Man unterscheidet grundsätzlich zwischen Erdbohren und Gesteinsbohren. Bohrarbeiten im lockeren Gebirge, bestehend aus nicht bindigen (rolligen) und bindigen Böden, z. B. Sand, Kies, Lehm und Ton, werden mit *Erdbohren* bezeichnet. Bohrarbeiten im Gestein verschiedenster Härte werden mit *Gesteinsbohren* bezeichnet. Als lockeres Gebirge gelten die Bodenklassen 2.21 bis 2.26 nach DIN 18300 (Ausgabe 1958), als Gestein die Bodenklassen 2.27 und 2.28 nach DIN 18300, vgl. [H 26].

Die im *Grundbau* und im *Stollen-* und *Tunnelbau* sowie im *Bergbau* zur Anwendung kommenden Bohrverfahren sind im Grundsatz die gleichen.

Im Grundbau werden Gesteins- und Erdbohrarbeiten ausgeführt, während im Stollen-, Tunnel- und im Bergbau fast ausschließlich im Gestein gebohrt wird. Bestimmte Bohrverfahren kommen sowohl im Grundbau als auch im Stollen- und Tunnelbau zur Anwendung. Die Bohrgeräte sind jedoch in ihrem Aufbau den Bohraufgaben angepaßt.

Beim Bohren unterscheidet man drei grundsätzlich verschiedene Arten der Herstellung von Bohrlöchern:

Vollbohren, d. h. das Herstellen eines Bohrloches durch Ausbohren der gesamten Querschnittfläche des Bohrloches.

Kernbohren, d. h. das Herstellen eines Bohrloches durch Ausbohren einer Kreisring-
fläche, so daß ein zylindrischer Kern entsteht.

Erweiterungsbohren, d. h. das Vergrößern des Bohrlochdurchmessers durch Aufbohren
des Bohrloches.

2.1.2.1 Definition der Bohrverfahren

Die nach DIN 20301 empfohlenen Definitionen der Bohrverfahren und der Verfahren zum Abführen des Bohrkleins sind für das Erdbohren und das Gesteinsbohren
gleichermaßen anwendbar. Nach der Art des Angriffs des Werkzeugs auf die Bohrlochsohle werden folgende Verfahren unterschieden:

2.1.2.1.1 Schlagendes Bohren.

Schlagbohren. Ein Schlagwerk erteilt dem Bohrkopf entweder unmittelbar oder durch
ein Gestänge den Schlagimpuls. Der Bohrkopf wird durch eine Umsetzeinrichtung nach
jedem Schlag umgesetzt oder durch ein Drehwerk stetig gedreht.

Seilbohren. Der an einem Gestänge oder Seil hängende Bohrkopf wird angehoben und
auf die Bohrlochsohle fallengelassen.

2.1.2.1.2 Drehendes Bohren.

Spanendes Bohren. Das Gestein wird durch ein ständig im Eingriff stehendes Bohrwerkzeug zerspant.

Feinspanendes Bohren. Das Bohrwerkzeug ist mit einer unbestimmten Anzahl kleiner,
unregelmäßig geformter Schneiden (Diamanten, Diamant- oder Hartmetallsplitter) bestückt, die das Gestein fein zerspanen.

Grobspanendes Bohren. Das Bohrwerkzeug ist mit einer bestimmten Anzahl (ca. 2 bis 30,
mitunter mehr) großer Schneiden von festgelegter geometrischer Form bestückt, die das
Gestein grob zerspanen.

Rollendes Bohren. Das Gestein wird durch ein auf der Bohrlochsohle abrollendes Bohrwerkzeug zerkleinert.

2.1.2.1.3 Thermisches Bohren

Schmelzbohren. Herstellen eines Bohrloches unter Schmelzen des Gesteins durch ein
im Sauerstoffstrom verbrennendes Metall (*Sauerstofflanze*).

Flammbohren. Herstellen eines Bohrloches durch hohe Wärmespannungen im Gestein,
die durch Verbrennen von Kohlenwasserstoffen erzeugt werden.

2.1.2.2 Abführen des Bohrkleins

Bohrklein ist das beim Bohren anfallende Gut, das je nach Art des Bohrverfahrens und
der Beschaffenheit des Gesteins fein- oder grobstückig sein kann.

Entfernen des Bohrkleins mit oder ohne Spülmittel aus dem Bohrloch; in der Tief-
lochbohrtechnik ist hierfür der Begriff „Austragen" gebräuchlich. Man unterscheidet nach
Art der Spülung und Art des Spülmittels:

2.1.2.2.1 Art der Spülung

ohne Spülmittel: Das Bohrklein wird durch Schnecken, Schappen, Schlammbüchsen,
Greifer usw. oder bei aufwärts gerichteten Bohrlöchern durch Schwerkraft abgeführt.

mit Spülmittel: Das Bohrklein wird von einem Spülmittel abgeführt.

2.1.2.2.2 Art des Spülmittels

Luftspülung: Spülmittel vorwiegend Druckluft.

Gasspülung: Spülmittel vorwiegend Erdgas.

Luft und Gas können ohne oder mit Zusätzen von Schaumbildnern zum besseren Abführen des Bohrkleins angewendet werden.

Wasserspülung: Als Spülmittel dienen Süß- oder Salzwasser (Laugen-Spülung) ohne Feststoff-Zusätze.

Tonspülung: Als Spülmittel dienen Aufschlämmungen von Ton in Süß- oder Salzwasser.

Ölspülung: Als Spülmittel dient Öl mit verhältnismäßig geringem Wassergehalt.

Ölemulsionsspülung: Als Spülmittel dienen Wasser-Öl-Emulsionen mit einem Wassergehalt von 50 Vol.-%.

Die Eigenschaften aller flüssigen Spülmittel können mit Hilfe von Zusätzen, z. B. Schutzkolloide, Verflüssiger, Tenside, Salze und Alkalien, beeinflußt werden. Die Dichte der Spülmittel kann durch Zusatz von Beschwerungsmitteln (auch „Schwerstoffe" genannt) erhöht oder durch Einpressen gasförmiger Medien erniedrigt werden.

2.1.2.2.3 Antriebsart des Spülmittelkreislaufes

Druckspülung: Das Bohrklein wird von einem durch Überdruck entstehenden Spülmittelstrom abgeführt.

Saugspülung: Das Bohrklein wird von einem durch Unterdruck entstehenden Spülmittelstrom abgeführt.

2.1.2.2.4 Weg des Spülmittels

Direkte Spülung (Rechtsspülung): Das Spülmittel wird der Bohrlochsohle durch das Bohrgestänge und den Bohrkopf zugeführt und mit dem Bohrklein durch den Bohrlochringraum abgeführt.

Indirekte Spülung (Linksspülung): Das Spülmittel wird der Bohrlochsohle durch den Bohrlochringraum zugeführt und mit dem Bohrklein durch den Bohrkopf und das Bohrgestänge abgeführt.

2.1.2.3 Bezeichnung der Bohrverfahren

Die Bohrverfahren werden nach Art des Angriffes der Bohrwerkzeuge auf die Bohrlochsohle und nach Art des Abführens des Bohrkleins benannt.

2.1.2.3.1 Schlagendes Bohren (Bild 2.1-32). Beim Erdbohren wird der Boden durch Schläge verdrängt oder aufgelockert. Beim Gesteinsbohren wird das Gestein durch Kerbschläge zerkleinert.

2.1.2.3.1.1 Seilbohren ohne Spülmittel. Der an einem Seil hängende Spezialgreifer wird auf die Bohrlochsohle fallen gelassen. Die Greiferschalen schließen sich beim Anheben.

2.1.2.3.1.2 Seilbohren mit Flüssigkeiten im Bohrloch. Die an einem Seil hängenden Bohrwerkzeuge, Meißel, Ventilbüchse, Schlagbüchse, Kiespumpe, werden angehoben und auf die Bohrlochsohle fallengelassen. Durch diese Bewegung der Bohrwerkzeuge wird Gut gelöst, das gelöste Gut mit der Flüssigkeit im Bohrloch vermischt und in die Abfördergefäße wie Ventilbüchse, Schlagbüchse und Kiespumpe, gespült.

2.1.2.3.1.3 Seilbohren mit Spülmittel. Der Bohrkopf und das Bohrgestänge werden durch ein Seil angehoben und auf die Bohrlochsohle fallengelassen. Das Spülmittel wird durch das Bohrgestänge der Bohrlochsohle zugeführt.

2.1.2.3.1.4 Schlagbohren ohne Spülmittel. Beim Erdbohren erteilt ein Schlagwerk (Hammer) dem ringförmigen Bohrkopf einen Schlagimpuls. Der Bohrkopf dringt in den

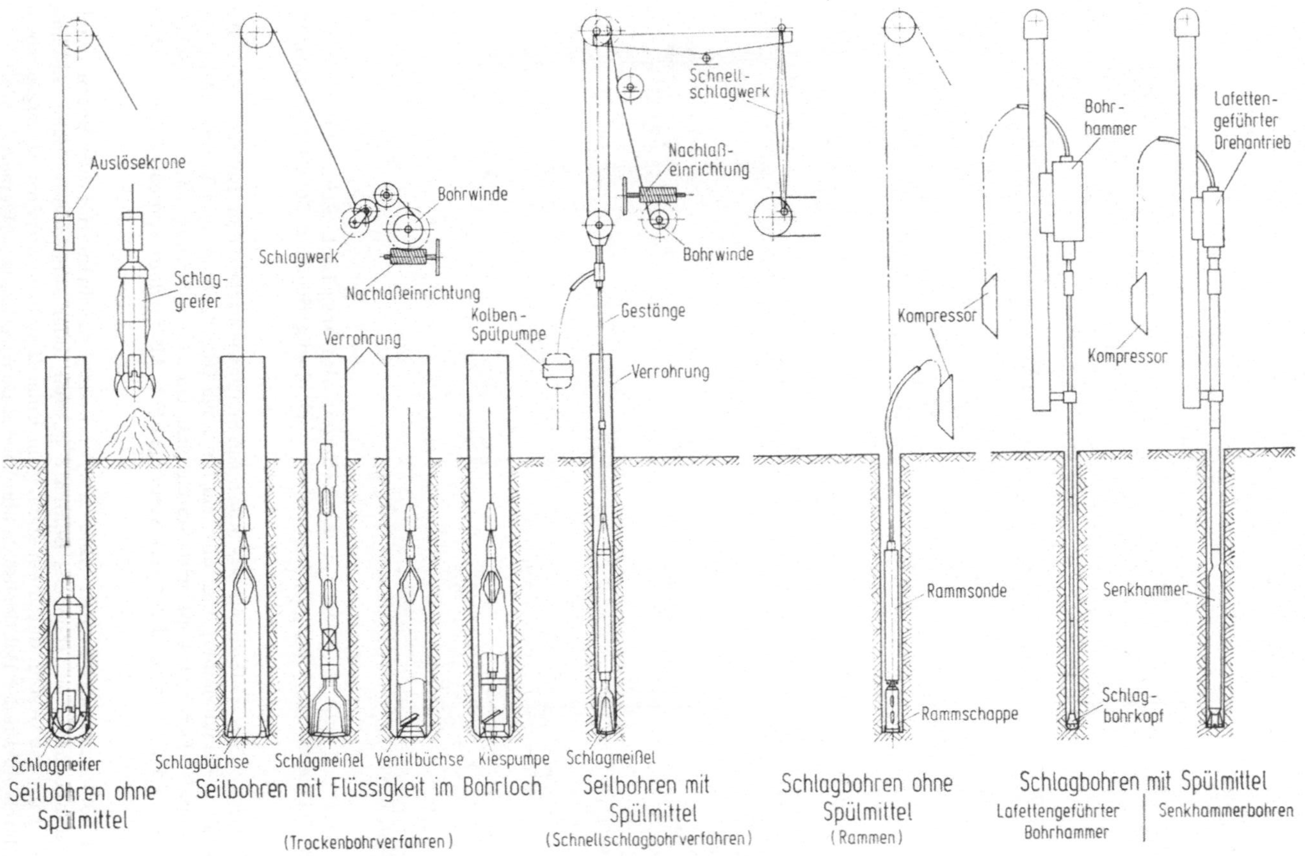

Bild 2.1-32. Bohrverfahren: Schlagendes Bohren.

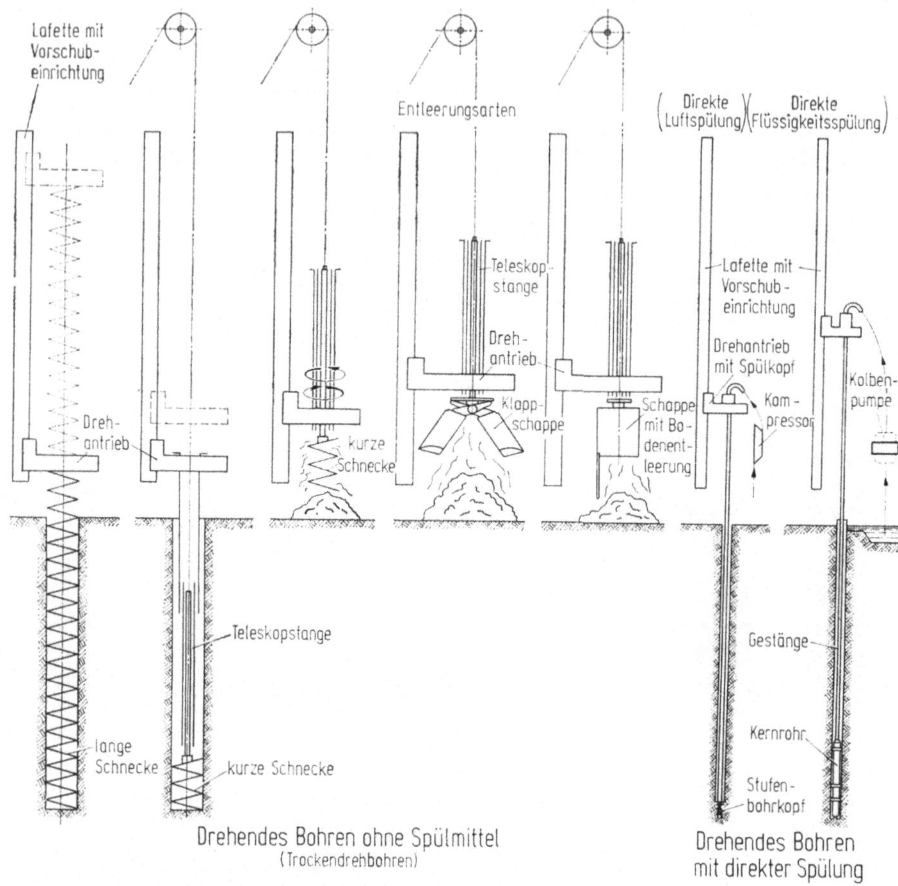

Bild **2.1**-33. Bohrverfahren: Drehendes Bohren.

Boden ein und füllt sich. Der gefüllte Bohrkopf wird ausgebaut. Beim Gesteinsbohren ist das Schlagbohren ohne Spülmittel nur bei nach oben gerichteten Bohrlöchern anwendbar.

2.1.2.3.1.5 Schlagbohren mit Spülmittel. Ein Schlagwerk erteilt dem Bohrkopf entweder unmittelbar (Senkhammer) oder über ein Gestänge (Bohrhammer und Bohrstange) einen Schlagimpuls. Der Bohrkopf wird durch eine Umsetzeinrichtung nach jedem Schlag umgesetzt oder durch ein Drehwerk stetig gedreht. Als Spülmittel dient Druckluft oder Wasser.

2.1.2.3.2 Drehendes Bohren (Bild 2.1-33). Beim Erdbohren wird der Boden durch spanendes Bohren oder rollendes Bohren abgeschält oder aufgelockert. Beim Gesteinsbohren wird das Gestein durch ein ständig im Eingriff stehendes Bohrwerkzeug zerspant oder durch ein auf der Bohrlochsohle abrollendes Bohrwerkzeug zerkleinert.

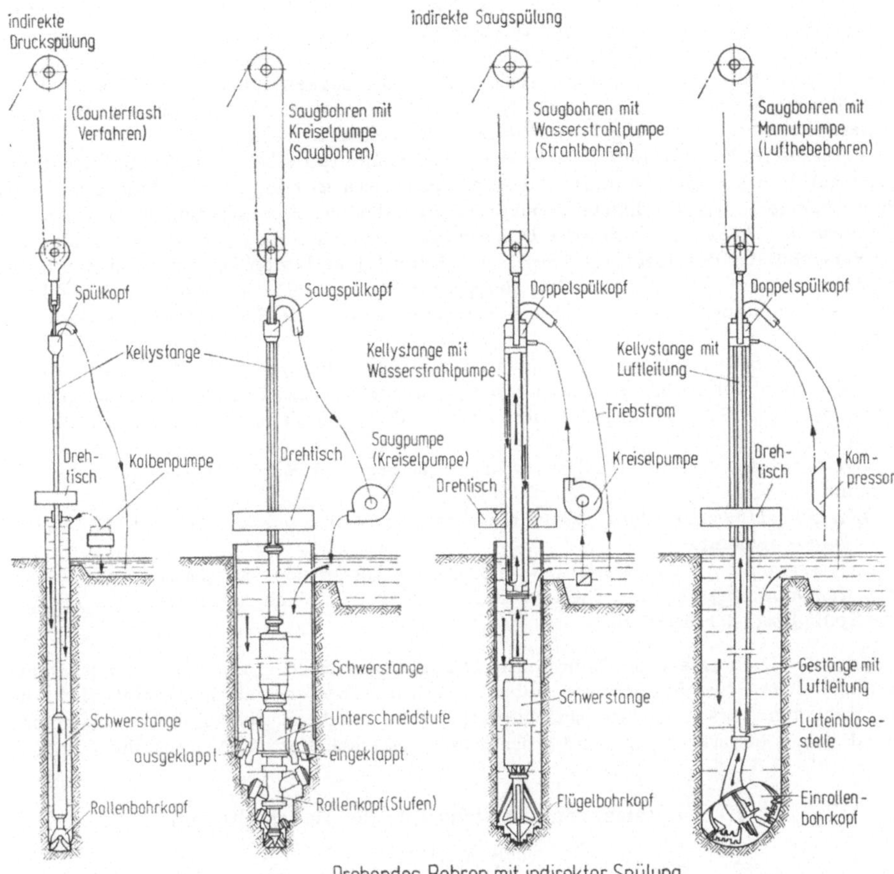

Drehendes Bohren mit indirekter Spülung

2.1.2.3.2.1 Drehendes Bohren ohne Spülmittel. Beim Erdbohren sind Bohrwerkzeug und Fördergefäß vereinigt bzw. das Bohrwerkzeug ist Bestandteil des Fördergefäßes. Durch Drehen wird der Boden spanend gelöst und in das Fördergefäß gedrückt. Die als Behälter ausgebildeten Bohrwerkzeuge werden *Schappen*, die spiralförmig ohne Mantel ausgebildeten Fördergefäße werden *Schnecken* genannt. An einem Bohrgestänge oder an einer Teleskopstange werden die Gefäße in das Bohrloch ein- und ausgefahren. Dies ist auch unter dem Begriff *Trockendrehbohren* bekannt. Zum Abführen des Bohrkleins kann beim Erdbohren und beim Gesteinsbohren auch das Bohrgestänge als Schnecke ausgebildet werden.

2.1.2.3.2.2 Drehendes Bohren mit Spülmittel. Die verschiedenen Bohrverfahren des drehenden Bohrens können mit den verschiedenen Spülverfahren, unterschieden nach dem Weg des Spülmittels, der Art des Spülmittels und der Antriebsart des Spülmittelkreislaufes, kombiniert werden.

4*

Drehendes Bohren mit direkter Spülung. Das Spülmittel wird durch das Bohrgestänge zur Bohrlochsohle geführt und fließt durch den Bohrlochringraum aus. Die direkte Spülung wird fast ausschließlich als Druckspülung angewendet. Als Spülmittel dienen Druckluft (direkte Luftspülung) oder Flüssigkeiten (direkte Flüssigkeitsspülung). Bei Verwendung von Flüssigkeit wird der Spülmittelkreislauf durch Kolben- oder Kreiselpumpen betrieben. Dieses Verfahren wird häufig *Rotarybohrverfahren* genannt.

Drehendes Bohren mit indirekter Spülung. Das Spülmittel wird durch den Bohrlochringraum zur Bohrlochsohle geführt und fließt unter Druck- oder Saugwirkung durch das Bohrgestänge ab. Als Spülmittel dienen fast ausschließlich Flüssigkeiten, selten Luft.

Drehendes Bohren mit indirekter Druckspülung. Voraussetzung für die Anwendung ist ein Verschluß des Bohrlochringraumes. Das Spülmittel wird unter Druck in den Bohrlochringraum geführt. Bei Flüssigkeitsspülung wird der Spülmittelkreislauf durch Kolben- oder Kreiselpumpen betrieben. Dieses Verfahren wird auch *Counterflash-Verfahren* genannt.

Drehendes Bohren mit indirekter Saugspülung. Das Spülmittel fließt der Bohrlochsohle frei durch den Bohrlochringraum zu. Als Spülmittel werden ausschließlich Flüssigkeiten verwendet. Die Saugwirkung für den Antrieb des Spülmittelkreislaufes wird erzeugt durch:

Kreiselpumpen: dieses Verfahren wird *Saugbohren* oder *Saugbohren mit Kreiselpumpe* genannt.

Wasserstrahlpumpen: dieses Verfahren wird *Strahlbohren* oder *Saugbohren mit Wasserstrahlpumpe* genannt.

Löscherpumpen: dieses Verfahren wird *Lufthebebohren* oder *Saugbohren mit Löscher- oder Mammutpumpe* genannt. Die Druckluft dient ausschließlich zum Antrieb der Pumpe. Das Spülmittel ist Flüssigkeit.

2.1.2.3.3 Drehschlagendes Bohren. Ein Schlagwerk erteilt dem Bohrkopf über ein Bohrgestänge einen Schalgimpuls, wobei dieser durch ein Drehwerk stetig gedreht wird. Die angewendeten Vorschubkräfte sind hierbei größer als beim Schlagbohren (Hammer), so daß das Bohrwerkzeug spanend arbeitet und zusätzlich Kerbschläge ausführt.

2.1.2.4 Verfahren zur Sicherung der Bohrlochwand

(Bild 2.1-34)

Die Sicherung der Bohrlochwand ist insbesondere beim Erdbohren erforderlich.

2.1.2.4.1 Verrohrung. Um das Bohrloch offen zu halten, wird es verrohrt. Der Einbau von Stahlrohren erfolgt nach dem Bohren oder gleichzeitig mit dem Bohrvorgang. Durch ihr Eigengewicht sowie durch Ballastgewichte oder zusätzliches Pressen werden die Stahlrohre in das Bohrloch gedrückt. Reichen die Druckkräfte nicht mehr aus, die Mantelreibung zu überwinden, ist es üblich, die Arbeiten mit Stahlrohren kleineren Durchmessers fortzusetzen. Dieses Ineinanderstellen von Rohren wird *Teleskopverrohrung* genannt.

Beim sogenannten *Horizontalbohren* wird die Verrohrung mit Hilfe von Pressen eingebracht. In ähnlicher Weise wird beim Schildvortrieb der Schild, der als eine Art Verrohrung zu betrachten ist, durch Pressen vorgetrieben.

Zur Verminderung der Mantelreibung werden die Rohre bewegt. Bei diesem Verrohrungsverfahren wird nach der Art der Bewegung der Rohre unterschieden.

2.1.2.4.1.1 Drehende Verrohrungsverfahren. Durch Drehen in einer Drehrichtung oder durch oszillierende Drehbewegung wird die Mantelreibung verringert.

2.1.2.4.1.2 Schlagende Verrohrungsverfahren. Durch Rammen, Drehschlagen oder Vibration wird die Mantelreibung überwunden.

2.1.2.4.2 Stützen der Bohrlochwand durch Flüssigkeiten. Das Bohrloch wird mit Flüssigkeit aufgefüllt. Der Flüssigkeitsspiegel im Bohrloch muß mehrere Meter über dem

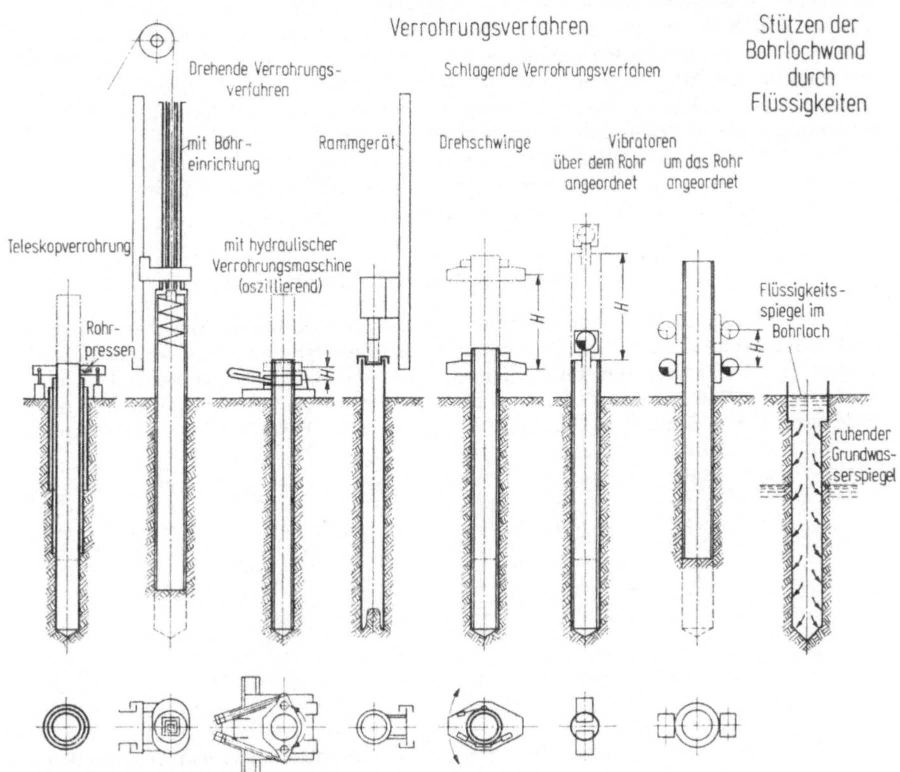

Bild 2.1-34. Verfahren und Einrichtung zur Sicherung der Bohrlochwand.

ruhenden Grundwasserspiegel stehen. Durch den Höhenunterschied der beiden Flüssigkeitsspiegel entsteht ein hydrostatischer Druck, der die Bohrlochwand stützt.

2.1.2.4.2.1 Auffüllen der Bohrlöcher mit klarem Wasser ist bei günstigem Gebirgsaufbau zum Abstützen der Bohrlochwand ausreichend. Diese Methode wird besonders bei indirekter Spülung angewendet.

2.1.2.4.2.2 Auffüllen der Bohrlöcher mit Suspensionen. Aufschlämmungen von Ton in Wasser sowie Beifügung von chemischen Zuschlagstoffen erhöhen die Viskosität oder bilden thixotrope Flüssigkeiten.

2.1.3 Maschinen und Geräte zur Herstellung von Bohrlöchern

Die Bohrtechnik umfaßt sowohl das Herstellen als auch das Sichern der Bohrlöcher. Die Bohrgeräte dienen dabei zur eigentlichen Herstellung, die Verrohrungseinrichtungen (vgl. 2.1.3.4), insbesondere beim Erdbohren in nicht standfesten Böden, zur Sicherung der Bohrlöcher. Auslegung und Aufbau der Bohrgeräte sowie deren Kombination mit Verrohrungseinrichtungen und anderem werden hauptsächlich durch die Bohraufgaben bestimmt, wobei durch die Bohraufgabe wiederum das zu bohrende Material, der Bohrlochdurchmesser, die Bohrlochtiefe und die Bohrlochrichtung vorgegeben werden. In den Tabellen 2.1-1 und 2 (S. 80/81) ist dargestellt, welche Bohrgerätearten für welche Anwendungsgebiete der Bohrtechnik heute eingesetzt werden.

Die *Bohrgeräte* sind im allgemeinen so aufgebaut, daß sie nur für ein Bohrverfahren zur Anwendung kommen. Ist ein Bohrgerät für mehrere Bohrverfahren anwendbar, wird das Gerät nach dem wichtigsten Verfahren ausgelegt und benannt.

2.1.3.1 Handgeführte Bohrmaschinen

Zu den Handbohrmaschinen sind nur solche zu zählen, die ein Gewicht von ≈ 30 kg nicht überschreiten. Beim Bohren werden diese entweder von Hand vorgeschoben und geführt oder durch eine Vorschubeinrichtung wie eine Bohrstütze vorgeschoben und von Hand geführt (Bild 2.1-35). Sie sind druckluft- oder elektrobetrieben. Zur Abführung des Bohrkleins dienen Schnecken-Bohrgestänge oder Wasser bzw. Druckluft als Spülmittel.

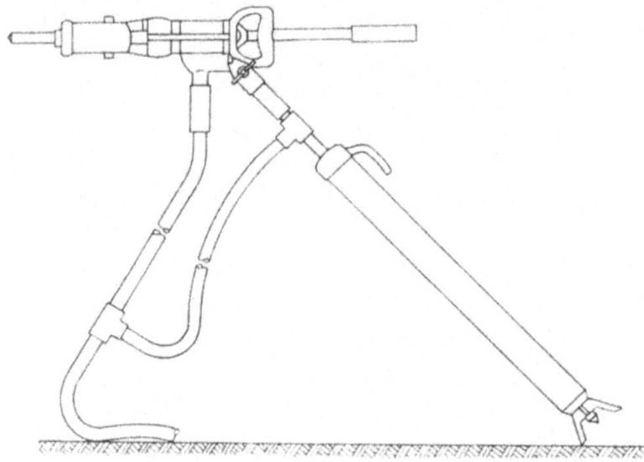

Bild 2.1-35. Bohrstütze mit Bohrhammer. Vorschubeinrichtung für leichte, mittelschwere und schwere Bohrhämmer; Verwendung insbesondere in Stollen und Streckenvortrieben (Flottmann).

Drehbohrmaschinen bestehen aus Antriebsmotor, Drehgetriebe und Abtrieb für den Bohrer; Bohrhämmer aus Schlagwerk, Umsetzeinrichtung und Abtrieb für den Bohrer in Form einer Bohrerhülse (Bild 2.1-36).

Ähnlichen Aufbau wie Bohrhämmer, jedoch ohne Umsetzeinrichtung, haben Abbauhämmer, Meißelhämmer, Aufreißhämmer, Spatenhämmer, Niethämmer und ähnliche.

2.1.3.2 Bohrgeräte für schlagendes Bohren

2.1.3.2.1 Seilbohrgeräte. Bei den Seilbohrgeräten erfolgt die Betätigung sowie das Ein- und Ausfahren der Bohrwerkzeuge über eine Winde. Man unterscheidet dabei *Greiferbohrgeräte*, wobei an das Windwerk keine besonderen Anforderungen gestellt werden und in der einfachsten Form ein Seilbagger benutzt werden kann, *Schlagbohrgeräte* (fälschlich auch Trockenbohrgeräte genannt), die ohne Umlaufspülung, aber mit Flüssigkeit im Bohrloch arbeiten und *Schnellschlagbohrgeräte*, bei denen Umlaufspülung angewendet wird. Bei Greiferbohrgeräten werden fast ausschließlich Einseilgreifer verwendet.

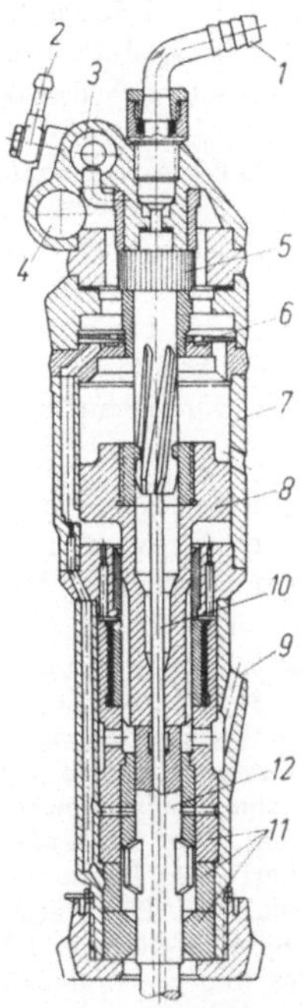

Bild 2.1-36. Bohrhammer (Atlas Copco, BBC 120 F). Schlagend arbeitende Bohrmaschine mit Umsetzeinrichtung. Klassifizierung: Gewicht < 17 kg leichte, 17 bis 24 kg mittelschwere, 24 bis 30 kg schwere Bohrhämmer; > 30 kg Hammerbohrmaschinen. — Die Maschinen können von Hand mit Bohrstütze oder auf Lafette geführt werden. *1* Spülwasseranschluß, *2* Druckluftanschluß für Umsteuerung der Rotation, *3* Mechanismus zum Umsteuern und Ankuppeln der Rotation, *4* Druckluftanschluß, *5* Umsetzeinrichtung, *6* Hauptventil, *7* Zylinder, *8* Kolben, *9* Entlüftungsöffnung für Unterteil, *10* Spülrohr, *11* Bohrerhülse, *12* Einsteckende.

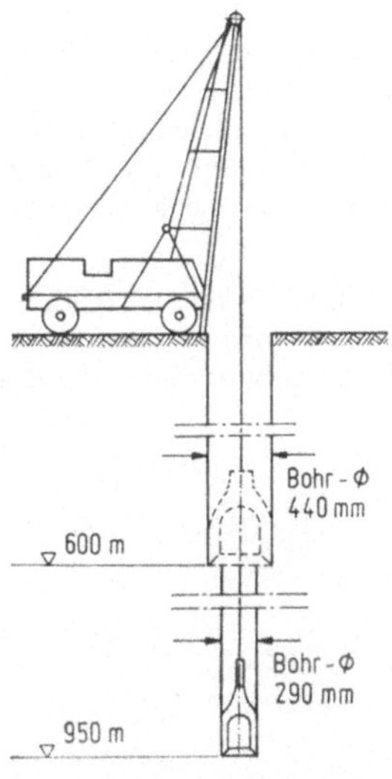

Bild 2.1-37. Seilbohrgerät. Als Schlagbohrgerät und Greiferbohrgerät aufgebaut auf Anhänger mit Mast und Wind- und Schlagwerk (Wirth & Co., Typ Sk 3). — Insbesondere für die Herstellung von Brunnen und unter besonderen Bedingungen auch unter Anwendung des Greifer-Bohrverfahrens für die Herstellung von Pfahlbohrlöchern. — Dieselantrieb 40 kW. Gesamtgewicht ≈ 11 t.

Besonderen Wert haben bei Spezial-Greifer-Bohrgeräten die Greifer-Entleerungseinrichtungen. Bohrgreifer werden vielfach auch als Hilfseinrichtung in Verbindung mit anderen Bohrgeräten benutzt.

Bei Schlagbohrgeräten (Bild 2.1-37) erfolgt die Betätigung der am Seil hängenden Werkzeuge über eine Winde, die im Wechselrhythmus das Seil anzieht und frei abrollen läßt. Vielfach wird der Seilwinde ein Schlagwerk in Form einer Schlagschwinge oder einer Schlagkurbel nachgeschaltet, mit der ohne Betätigung der Winde das Seil in schnellem Rhythmus angehoben und fallengelassen wird. Die mit dem Vertiefen des Bohrloches erforderliche Verlängerung des Seiles erfolgt über eine Nachlaßeinrichtung. Als Bohrwerkzeuge dienen Löse- und Schöpfwerkzeuge wie Schlagmeißel, Schlagbüchse, Ventilbüchse, Kiespumpe und Greifer. Bohrarbeiten mit Greiferbohrgeräten und Schlagbohrgeräten erfordern grundsätzlich Verrohrungsarbeiten. Insbesondere bei Greiferbohrgeräten ist die direkte Kombination des Bohrgerätes mit einer hydraulischen Verrohrungsmaschine üblich.

Erreichbare Bohrlochtiefen bei Greiferbohrgeräten 50 bis 60 m, bei Schlagbohrgeräten 100 bis 200 m.

Übliche Bohrlochdurchmesser bei Greiferbohrgeräten 400 bis 2000 mm, Schlagbohrgeräten 100 bis 1500 mm.

Das wesentlichste Merkmal der sog. Schnellschlagbohrgeräte besteht darin, daß sich zwischen dem Seil und dem Bohrwerkzeug ein Bohrgestänge befindet, in dem das Spülmittel zur Bohrlochsohle geführt wird. Derartige Bohrgeräte werden nur noch recht selten angewendet.

2.1.3.2.2 Schlagbohrgeräte (Hammer). Als Antriebsmittel für die Bohrmaschine (Hammer) wird üblicherweise Druckluft verwendet. In der Entwicklung befinden sich hydraulisch betriebene Bohrhämmer. Als Spülmittel dienen Druckluft oder Wasser. Vor-

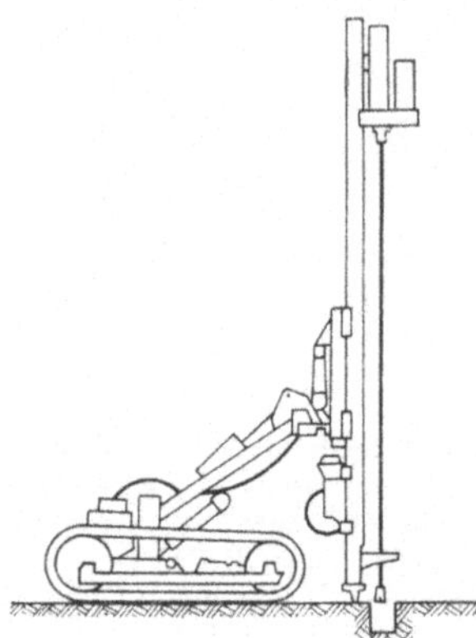

Bild 2.1-38. Schlagbohrgerät. Lafettengeführte Hammerbohrmaschine auf Raupenfahrwerk (Atlas Copco ROC 601). — Das Gerät ist ausgelegt für die Herstellung von Bohrlöchern in Gestein nach dem Bohrverfahren des schlagenden Bohrens und ist geeignet für Bohrlochdurchmesser bis maximal 120 mm und Bohrtiefen bis 25 m. Die Lafettenaufhängung gestattet, Bohrungen in vertikaler, horizontaler und geneigter Richtung auszuführen. Die Hauptanwendungsgebiete liegen beim Bohren von Sprenglöchern und beim Herstellen von Zugankerlöchern. Des weiteren findet dieses Gerät Anwendung beim Injektionsbohren, Untersuchungsbohren und Brunnenbohren. Für spezielle Fälle ist damit auch die Überlagerungsmethode anwendbar. Bohrgerät und Hammerbohrmaschine sind druckluftbetrieben und benötigen eine Druckluftmenge von 17 m³/min bei 6 bis 8 bar. Gesamtgewicht ≈ 4,5 t.

schub- und Drehgetriebe sowie Fahrwerk können pneumatisch, elektrisch oder hydraulisch betrieben werden. Alle Stellzylinder des Bohrgerätes werden mit Druckluft oder hydraulisch betätigt.

Bei *Lafettenbohrgeräten* wird der Bohrhammer an der Lafette geführt, die Schlagenergie über das Bohrgestänge auf das Bohrwerkzeug übertragen. Der Vorschub erfolgt über Zylinder oder Vorschubgetriebe. Für den Grundbau werden die Lafetten auf Fahrrahmen oder Raupenfahrwerken aufgebaut, meist nur eine Lafette auf einen Fahrrahmen (Bild 2.1-38). Für den Stollenbau ist es üblich, mehrere Lafetten zu einem Bohrwagen zusammenzufassen, der entweder schienenfahrbar oder raupenfahrbar sein kann oder in Form eines Portals ausgebildet ist. Als Bohrstangen wird Walzstahl von 3/4″ bis max. 2″ 6-kant oder rund angewendet. Im Stollenbau werden auch häufig sog. Monoblockbohrer (Schlagbohrstange mit angeschmiedetem Bohrkopf) verwendet. Verlängerungsbohrgestänge, wie sie beim Sprenglochbohren im Grundbau üblich sind, werden mit Muffen miteinander verbunden. Die Schlagbohrköpfe sind üblicherweise mit Einfachschneiden bzw. Kreuzschneiden, bestehend aus Hartmetalleinsätzen, versehen. Die Verbindung zwischen Schlagbohrkopf und Bohrstange erfolgt über Kegel oder Gewinde. Für den Grundbau sind Bohrlochdurchmesser zwischen 25 und 80 mm, maximal 120 mm üblich. Es werden Bohrlochtiefen von 15 bis 20 m wirtschaftlich erreicht. Im Stollen- und Tunnelbau haben die Sprenglöcher bis zu 40 mm, die Einbruchsbohrlöcher bis zu 120 mm Dmr. Die Bohrlochtiefen überschreiten nur selten 4 bis 5 m.

Senkhammerbohrmaschinen sind sog. Lafettenbohrgeräte. Sie unterscheiden sich von den Bohrgeräten mit lafettengeführten Bohrhämmern nur dadurch, daß Schlagwerk und Drehantrieb getrennt sind und das Schlagwerk dem Bohrwerkzeug in das Bohrloch folgt. Die Schlagenergie wirkt direkt auf das Bohrwerkzeug. Die Drehbewegung wird vom lafettengeführten Drehantrieb über das Gestänge auf den Hammer und das Bohrwerkzeug übertragen.

Als Spülmittel dient die aus dem Senkhammer austretende Druckluft oder in besonderen Fällen zur Staubbindung auch Zusatz von Wasser, das der Bohrlochsohle durch das Bohrgestänge getrennt von der Druckluft zugeführt wird. Als Bohrgestänge dienen Gestängerohre mit Schraubverbindung, als Bohrwerkzeuge Schlagbohrköpfe mit Kreuz- oder Mehrfachschneiden mit Hartmetalleinsätzen. Dadurch, daß die Schlagenergie unmittelbar auf das Bohrwerkzeug wirkt und nicht wie bei lafettengeführten Bohrhämmern die Schlagenergie in den Gestängeverbindungen aufgezehrt werden kann, werden mit Senkhammerbohrgeräten größere Bohrlochtiefen und Bohrlochdurchmesser erreicht als mit lafettengeführten Bohrhämmern. Übliche Bohrlochdurchmesser: 80 bis 150, max. 300 mm. Erreichbare Bohrlochtiefen: 60 bis 80 m.

2.1.3.3 Bohrgeräte für drehendes Bohren

Das drehende Bohren bietet im Gegensatz zu den anderen Bohrverfahren eine weitaus größere Zahl von Anwendungsmöglichkeiten. Das drehende Bohren erlaubt durch die Verwendung der verschiedenen Bohrverfahren (feinspanend, grobspanend, rollend) und die Anwendung der verschiedenartigen Verfahren zur Abführung des Bohrkleins die Herstellung von Bohrlöchern kleinster und größter Durchmesser sowie kleinster und größter Tiefen. Aus dieser Vielfalt von Möglichkeiten und Aufgaben haben sich Drehbohrgeräte mit verschiedenen Konstruktionsmerkmalen sowie .mit verschiedenen Kombinationsmöglichkeiten von Bohrverfahren mit Verfahren zur Abführung des Bohrkleins entwickelt. Das drehende Bohren ist dort, wo es anwendbar ist, meist das leistungsfähigste Verfahren, erreicht aber insbesondere beim Erdbohren dann seine Grenzen, wenn im Boden größere Steine oder andere feste Gegenstände eingelagert sind. Aufgrund dieser Tatsache hat sich die Kombination der Drehbohrgeräte mit Seilbohrgeräten als notwendig erwiesen.

2.1.3.3.1 Benennung der Drehbohrgeräte nach Konstruktionsmerkmalen. Nach den Konstruktionsmerkmalen unterscheidet man Drehbohrgeräte ohne Vorschubsystem, sog. Drehtischbohrmaschinen, und solche mit Vorschubsystem, sog. Spindelbohrmaschinen und Lafettenbohrmaschinen (Bild 2.1-39).

2.1.3.3.1.1 Drehtischbohrmaschinen. Die Drehbewegung wird vom Drehtisch über die Kelly-(mitnehmer-)Stange auf das Bohrgestänge übertragen. Die Kellystange trägt am oberen Ende den Spülkopf zur Zuführung des Spülmittels. Das Nachsetzen des Gestänges erfolgt unter der Kellystange. Die Vorschubkraft wird durch Schwerstangen erzeugt. Der sog. Bohrstrang, bestehend aus Spülkopf, Kellystange und Bohrgestänge sowie

Werkzeug, wird am Seil gehalten und nachgelassen. Drehtischbohrgeräte müssen deshalb zwangsläufig mindestens mit einer, meist mit zwei Winden ausgerüstet sein. Dadurch, daß das Windwerk bei den Drehtischbohrgeräten vorhanden ist, bietet sich eine Kombination mit dem Seilbohrverfahren an. Das Windwerk wird dabei vielfach durch ein Schlagwerk in Form einer Schlagschwinge oder Schlagkurbel ergänzt. Drehtischbohrgeräte sind nur in der Lage, lotrechte Bohrungen oder mit entsprechenden Zusatzeinrichtungen (Führungen), die sich an der Bohrlochwand bzw. in einer Verrohrung abstützen, leicht geneigte Bohrungen bis zu einer Neigung im Verhältnis 1:4 auszuführen.

2.1.3.3.1.2 Spindelbohrmaschinen. Charakteristische Konstruktionsmerkmale sind eine gegenüber dem Drehgetriebe durch ein Vorschubsystem verschiebbare Hohlwelle (Spindel) und eine damit verbundene Klemmeinrichtung. Das Bohrgestänge wird durch die Spindel

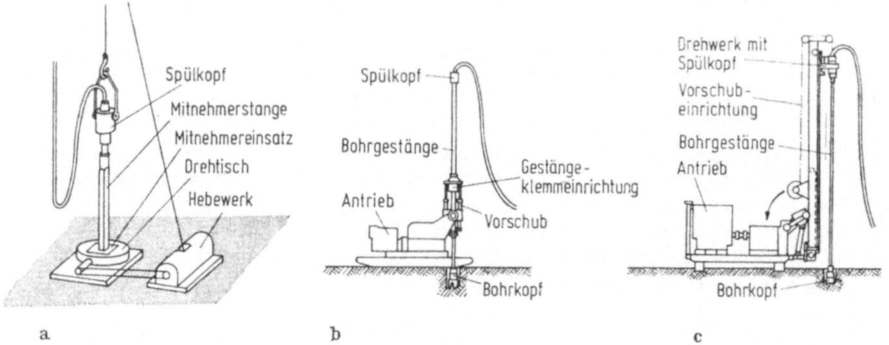

Bild 2.1-39. Drehbohrmaschinen. a) Drehtischbohrmaschine; b) Spindelbohrmaschine; c) Lafetten-bohrmaschine.

geführt. Dreh- und Vorschubbewegung werden durch den Spannkopf auf das Gestänge übertragen. Die Bohrgestänge werden über oder hinter dem Spannkopf nachgesetzt, bei schwereren Spindelbohrmaschinen, wenn sie senkrecht nach unten bohren, mit einer Winde. Der Vorschub erfolgt schrittweise entsprechend der möglichen Länge des Vorschubweges.

2.1.3.3.1.3 Lafettenbohrmaschinen. Die Drehbewegung wird durch einen Drehantrieb, der an einer Lafette geführt ist, auf das Gestänge übertragen. Der Drehantrieb ist meist gleichzeitig als Spülkopf ausgebildet. Der Vorschub erfolgt entlang der Lafette mit Zahnstange, Leitspindel, Kette, Seil oder ähnlichem, die von einem Vorschubzylinder oder Vorschubgetriebe angetrieben werden. Für verschiedene Aufgaben im Grundbau werden Lafettenbohrgeräte auch mit einer Winde bzw. mit Winde und Schlagwerk ausgerüstet.

2.1.3.3.1.4 Gemeinsame Merkmale.
Bei allen Drehbohrgeräten sind für den Antrieb Elektro- oder Dieselmotore üblich, seltener Druckluftmotore (diese meist im Stollen- und Tunnelbau bzw. Bergbau). Das für Drehbohrgeräte wichtigste Element, der Drehantrieb, kann sowohl direkt vom Antriebsmotor als auch indirekt über Hydraulik (seltener mit Druckluft) angetrieben werden. Im Gegensatz zum direkten Antrieb, der in weiten Bereichen nur nahezu konstante Momente und Drehzahlen zuläßt oder nur stufenweise regelbar ist, hat die Hydraulik die für

das Bohren äußerst vorteilhafte Eigenschaft der stufenlosen Regelung. Hydraulische Bohrmaschinen werden deshalb den vielfältigen Anforderungen des Bohrens dadurch besser gerecht, daß Drehzahl- und Drehmoment, Vorschubkraft und Vorschubgeschwindigkeit dem zu durchbohrenden Material und dem Bohrlochdurchmesser angepaßt werden können. Als Vorschubeinrichtung haben sich, besonders für Untersuchungsbohrgeräte, wo es auf feinfühliges Steuern des Vorschubes ankommt, Hydraulikzylinder bewährt. Außerdem ergeben sich gegenüber dem direkten Antrieb bei hydraulischen Maschinen Vorteile im Hinblick auf die freizügige Anordnung der anzutreibenden Elemente und im Hinblick auf den Aufbau der Zusatzeinrichtungen, z. B. Verstelleinrichtungen, Gestängezangen, Abstützeinrichtungen, Fahrwerksantriebe und Windwerksantriebe.

Drehbohrmaschinen werden in ihrer Leistung konstruktiv danach ausgelegt, welche Bohrarbeiten ausgeführt werden sollen bzw. für welche Durchmesserbereiche diese Maschinen vorgesehen sind. Bestimmend dabei sind Drehzahl, Drehmoment und Vorschub.

Zwischen Bohrlochdurchmesser und Drehzahlbereich besteht folgender Zusammenhang:

Bohrverfahren	Drehzahlen in U/min		
	Bohrlochdurchmesser in mm		
	< 50	50···400	400···2000
Trockendrehboren		5···40[1])	< 20
Grobspanendes Bohren	300···1200	30···300	< 20
Feinspanendes Bohren	< 1500	300···1500	
Rollendes Bohren		30···300	< 50[2])

[1]) grobspanendes Erdbohren mit Schappe oder Schnecke. — [2]) Bei Saugspülbohren bzw. rollendem Bohren bis 6000 mm Bohrlochdurchmesser.

2.1.3.3.2 Benennung der Drehbohrgeräte nach der Art der Abführung des Bohrkleins. Die Art der Abführung des Bohrkleins hat wesentlichen Einfluß auf den Aufbau der Drehbohrgeräte. Ausschlaggebend ist dabei, ob das Bohrklein mit den Werkzeugen ohne Zuhilfenahme von Spülmittel abgeführt wird (bei Trockendrehbohrgeräten) oder ob ein Spülmittel (Druckluft oder Flüssigkeit) als Druckspülung oder Saugspülung Anwendung findet. Die Art der Abführung des Bohrkleins und die Auslegung für gewisse Anwendungsgebiete bestimmen den Gesamtaufbau der Bohrgeräte. Im Gesamtaufbau unterscheiden sich die Bohrgeräte in der Ausführung des Mastes bzw. der Lafetten, in der Art des Antriebes des Spülungskreislaufes, ob mit Hilfe eines Kompressors, einer Spülpumpe oder einer Saugspülpumpe, durch das Vorhandensein von Winden oder Schlagwerk sowie durch die Ergänzung durch Bohrhilfseinrichtungen wie Gestängezangen, Abfang-, Nachlaßeinrichtung, Gestängemagazin und anderen (Tabellen S. 80/81).

2.1.3.3.2.1 Trockendrehbohrgeräte sind besonders für das Erdbohren geeignet und verwenden dafür als Bohrwerkzeuge Schnecken oder Schappen. Bei einer Kurzschnecke wird ähnlich gearbeitet wie bei Schappen. Nachdem das Bohrwerkzeug (Schappe oder Schnecke) gefüllt ist, wird dieses aus dem Bohrloch gezogen und entleert.

Bei Verwendung einer langen Schnecke wird das Bohrgut über die Schneckengänge zum Bohrlochmund transportiert. Für Kurzschnecken und Schappen wird als Bohrwerkzeuggestänge (Verbindungselement zwischen Drehantrieb und Werkzeug) eine Teleskopstange verwendet. Die mit diesen Geräten erreichbaren Bohrlochtiefen werden begrenzt durch die vorhandene Mast- oder Auslegerhöhe und die dabei anwendbare Länge der Teleskopstange. Erreichbare Bohrlochtiefen: 20 bis 30 m, max. 45 m. Übliche Bohrlochdurchmesser: 300 bis 1 500 mm, max. 2 500 mm.

Beim Trockendrehbohren mit langer Schnecke ist das Bohrgestänge mit einer Förderschnecke versehen. Es wird mit verlängerbarer Schnecke gearbeitet. Hier ist zu unter-

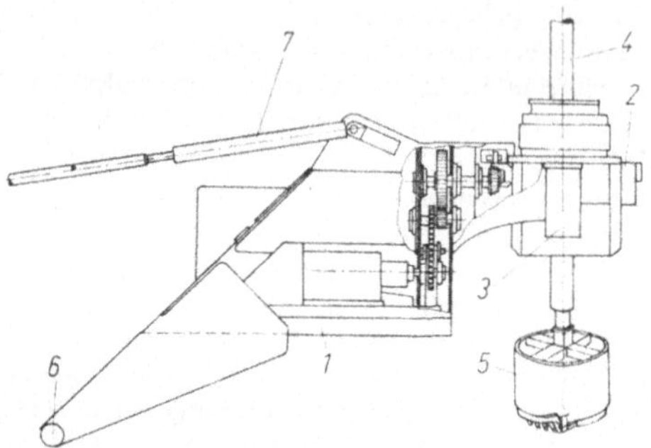

Bild 2.1-40. Drehtischbohrmaschine für Trockendrehbohren; anbaubar an Seilbagger. Beispiel: BDP Terradrill Typ 100 Ch. — Das Gerät ist ausgelegt für Trockendrehbohren zur Herstellung von vertikalen oder leicht geneigten Bohrungen im Erdreich; Bohrlochdmr. 600 bis 1 300 mm; Bohrlochtiefen bis 30 m; vorwiegend ohne Verrohrung. — Das Anbaubohrgerät besteht aus: *1* Grundrahmen mit Antriebseinheit, *2* Drehtisch, *3* hydraulische Vorschubeinrichtung, *4* Teleskop-Mitnehmerstange, *5* Bohrwerkzeug (Schappe oder Schnecke), *6* Aufhängung, *7* Haltestange. — Für die Bewegung von *4* und *5* wird das Windwerk des Baggers benutzt. — Bevorzugt wird dieses Gerät zur Herstellung von Trägerverbau-, Pfahl- und Schlitzwandbohrlöchern eingesetzt.

scheiden zwischen Geräten für vertikale oder leicht geneigte Bohrungen und solchen für Horizontalbohrungen. Trockendrehbohrgeräte können sowohl als Drehtisch-, wie auch als Lafettendrehbohrmaschinen ausgeführt sein.

Drehtischbohrgeräte (Bild 2.1-40 u. 41). Das Drehmoment wird vom Drehtisch auf eine Teleskopstange und dann auf das Werkzeug übertragen. Üblicherweise sind diese Geräte mit einer kurzhubigen Vorschubeinrichtung ausgerüstet. Trockendrehbohrgeräte als Drehtischbohrmaschinen werden oft an Seilbagger angebaut. Das Bohrgerät hat dabei einen eigenen Antrieb für Drehtisch und Vorschub. Die beim Bohren mit Teleskopstange erforderliche Seilarbeit wird vom Windwerk des Baggers ausgeführt.

Lafettenbohrmaschinen sind vielfältiger in der Anwendung als Drehtischbohrmaschinen. Beim Erdbohren gebraucht man Lafettenbohrgeräte sowohl für das Herstellen von vertikalen oder leicht geneigten Bohrlöchern als auch für Horizontalbohrungen.

Für das Herstellen von senkrechten bzw. leicht geneigten Bohrlöchern werden in Verbindung mit den Lafettendrehbohrgeräten vornehmlich Kurzschnecken oder Schappen in Verbindung mit Teleskopstangen angewendet. Bei dieser Geräteart ist der Arbeitsrhythmus von Bohren und Werkzeugentleerung zu beachten. Das Bohrgerät ist zum Fahrwerk schwenkbar. Für den Baustellenbetrieb haben sich Raupenfahrwerke mit aufgebautem Bohrgerät am besten bewährt.

Da die im Baubetrieb eingeführten Hydraulik- und auch Seilbagger die geforderten Bedingungen (Raupenfahrwerk und Schwenkeinrichtung) erfüllen, werden Lafettendrehbohrgeräte für das Trockendrehbohren meist an Bagger angebaut. Bei Hydraulikbaggern wird der hydraulische Baggerantrieb auch für den Antrieb des Bohrgerätes benutzt, bei Seilbaggern ist eine zusätzliche Hydraulikstation einzubauen (Bild 2.1-42). Bei Lafettendrehbohrgeräten, bei denen der Drehantrieb entlang der Lafette verfahrbar ist, bietet sich die Möglichkeit der Kombination mit Verrohrungsmaschinen. Die Verrohrungsmaschine kann ebenfalls wie das Bohrgerät durch die Hydraulik des Baggers betrieben werden (Bild 2.1-43).

Bei Verwendung einer langen Schnecke sind nur Bohrlochdurchmesser bis 500 oder 600 mm üblich, weil bei diesem Verfahren durch die Reibung der Schnecke und des Bohrkleins an der Bohrlochwand über die gesamte Länge des Bohrloches mit größerem Bohrlochdurchmesser und größerer Bohrlochtiefe sehr hohe Drehmomente erforderlich werden.

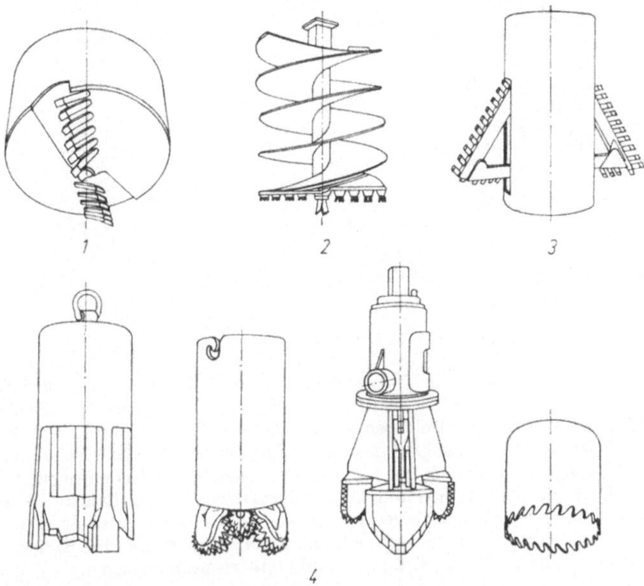

Bild 2.1-41. Werkzeuge für Drehtischbohrgeräte (System Terradrill). 1) Schürfbohreimer; Fassungsvermögen des Standardeimers mit 1220 mm Dmr. $\approx$ 0,76 m³; der rotierende Eimer fräst sich mit den schräggestellten Schneidezähnen in den Boden ein und füllt sich durch die Schürföffnungen im Eimerboden mit Bohrgut. Der gefüllte Eimer wird mit dem Gestänge aus dem Bohrloch herausgezogen, das Trägergerät (Bagger oder Kran) zur Seite geschwenkt und der Eimer durch Aufklappen seines Bodens entleert. „Freischneider" am unteren Eimerrand schneiden den Bohrlochdurchmesser, der etwas größer als der Eimerdurchmesser ist. Dadurch kann der Eimer ohne Mantelreibung rotieren sowie ein- und ausgefahren werden. — 2) Bohrschnecke. Sie arbeitet grundsätzlich wie der Bohreimer. Das Bohrgut steigt jedoch in den Schneckenwindungen hoch. Entleert wird durch gegenläufiges Rotieren. Ein vollständiges Arbeitsspiel mit Bohreimer oder Bohrschnecke dauert bei normalen Böden 2 bis 3 min. — 3) Spezial-Bohreimer zum Herstellen von Bohrlöchern mit verbreitertem Bohrlochfuß für Ortbetonpfähle mit hoher Punktbelastung. Diese Spezialeimer haben konisch ausklappende Seitenschneider. Damit ist eine Vergrößerung des Durchmessers am Bohrlochfuß bis zum dreifachen Dmr. des Bohrlochschaftes möglich. — 4) Werkzeuge für schwierige Böden, z. B. zum Durchdringen von Gesteinsbänken oder vorhandenen großen Gesteinsbrocken. Von links nach rechts: Freifall-Kreuzmeißel, Rollenmeißel, Spezialgreifer, Kernbohreimer.

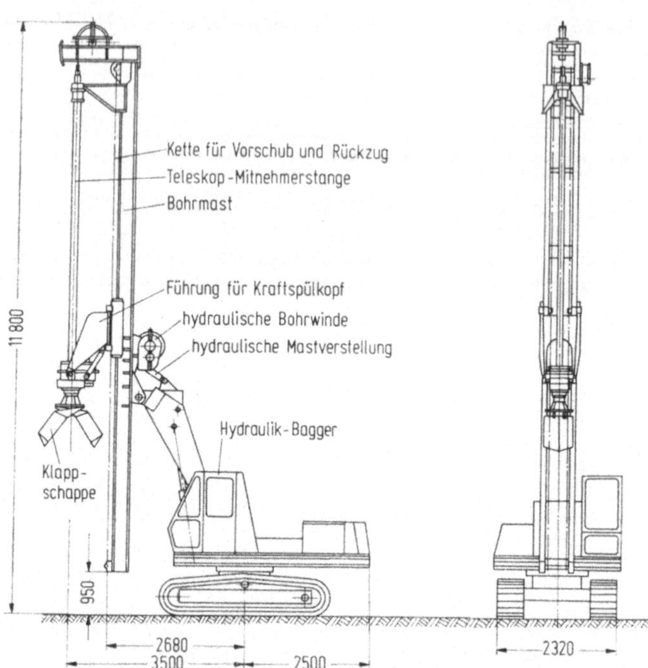

Bild 2.1-42. Lafettenbohrmaschine für Drehbohren; anbaubar an Hydraulik- oder Seilbagger. Beispiel: Salzgitter Typ BB6. Dieses Baggeranbaubohrgerät ist ausgelegt für die Herstellung von vertikalen und bis zu 15° geneigten Bohrlöchern. Trockendrehbohrverfahren: Bohrlochdmr. 400 bis 800 mm; Bohrlochtiefe bis 20 m. Saugbohrverfahren mit Mammut- oder Kreiselpumpe: Bohrlochdmr. 400 bis 1 500 mm; Bohrlochtiefe bis 100 m. Bei Anwendung beider Bohrverfahren mit einer Verrohrungsmaschine für 600 bis 800 mm Dmr. ausrüstbar. — Die Lafette ist gegenüber dem Trägergerät in zwei Ebenen hydraulisch verstellbar, um einerseits das Ausrichten des Trägergerätes zu vermeiden und andererseits die Lafette auf die Bohrlochrichtung einzustellen. Hauptanwendungsgebiete: Trägerverbau-, Pfahl-, Brunnen- und Schlitzwandbohrungen.

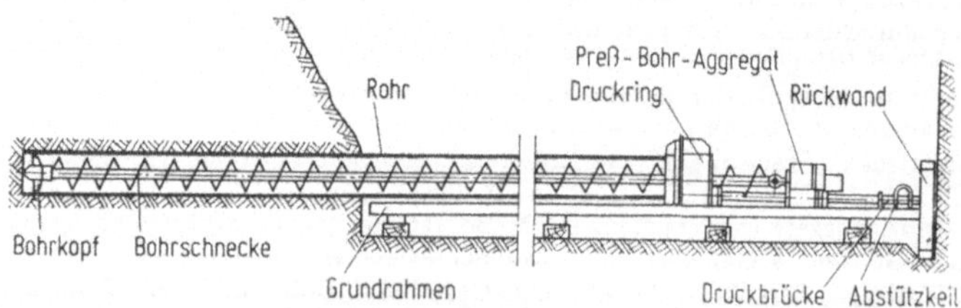

Bild 2.1-43. Lafettenbohrmaschine für Trockendrehbohren. Horizontal-Bohrgerät mit Verrohrungs-Preßeinrichtung (Gebr. Schäfer Typ HPB 550/10). Ausgelegt für Horizontalbohrlöcher zwischen 200 und 800 mm Dmr.; Bohrlochlängen: 20 bis 50 m. Bohrklein-Förderung über Schneckengestänge. Anwendung vorwiegend beim Durchbohren von Dämmen und bei der Unterfahrung von Verkehrswegen für die Verlegung von Versorgungsleitungen.

Für das Herstellen von *Horizontalbohrungen* werden Lafettenbohrmaschinen verwendet, die mit Verrohrungspressen kombiniert sind. Hierbei verwendet man ausschließlich lange Schnecken, die in Abschnitten verlängerbar sind. Bei kleinerem Durchmesser werden derartige Arbeiten nur mit Rohrpressen ausgeführt, wobei der für das Rohr erforderliche Hohlraum durch Verdrängung entsteht (Durchpressen von Dämmen). Eine Weiterentwicklung dieser Technik ist die sog. Bodendurchschlagrakete (russisch-polnische Erfindung), die ähnlich wie ein Drucklufthammer aufgebaut und mit einer Rammspitze versehen ist.

Bei größerem Rohrdurchmesser und bei schwierigerem Gebirgsaufbau, wenn eine Verdrängung des Materials nicht mehr möglich ist, werden offene Rohre eingepreßt und das im Rohr anstehende Material gelöst und durch Schnecken abgefördert. Mit Horizontalbohreinrichtungen dieser Art werden Durchmesser bis zu 2000 mm erreicht.

In bestimmten Fällen vermeidet man auch beim grobspanenden Gesteinsbohren die Anwendung von Spülmitteln und benutzt Schneckenbohrgestänge zur Förderung des Bohrkleins. Hierfür eignen sich Lafettenbohrgeräte und Spindelbohrmaschinen. Beispiele sind das Herstellen von Bohrlöchern für Zuganker in standfesten Böden bzw. drehend bohrbaren Gesteinen oder die Herstellung von Sprengbohrlöchern.

Für den Bergbau, insbesondere für das Herstellen von Großbohrlöchern zwischen zwei Sohlen, wurden zwei Maschinenarten entwickelt, die zwar grundsätzlich ohne Spülung arbeiten, aber nicht zu den Trockendrehbohrgeräten zu zählen sind. Bei diesen Maschinen wird das Bohrklein freifallend durch ein vorher hergestelltes Vorbohrloch oder in dem von dieser Maschine aufwärts hergestellten Bohrloch abgeführt. Hier sind zu nennen die Kernringbohrmaschine und die Erweiterungsbohrmaschine, die wiederum in ihrer größten Ausführung sogar zum Bohren von Blindschächten geeignet sind (Bild 2.1-44).

Beim Einsatz der *Kernringbohrmaschine* muß ein Vorbohrloch vorhanden sein, in dem der Antriebsteil der Kernringbohrmaschine geführt wird. Das Großbohrloch wird dabei parallel zu dem Vohrbohrloch hergestellt. Bei der Kernringbohrmaschine besteht der Vorteil, daß das Gestein nicht auf dem gesamten Querschnitt des Bohrloches zerkleinert wird, sondern nur auf einer relativ schmalen Ringfläche. Die Kernringbohrmaschine kann sowohl mit spanenden als auch mit rollenden Werkzeugen bestückt sein. Die Arbeitsrichtung der Kernringbohrmaschine ist grundsätzlich von unten nach oben (Bild 2.1-45).

Beim sog. *Erweiterungsbohren* werden Lafetten oder Drehtischbohrgeräte eingesetzt, fast ausschließlich in Verbindung mit Rollenbohrwerkzeugen. Hierbei ist es möglich, das bestehende Bohrloch sowohl von unten nach oben als auch von oben nach unten zu erweitern.

2.1.3.3.2.2 Verfahrenstechnik der Drehbohrgeräte mit hydraulischer oder pneumatischer Abführung des Bohrkleins. Die Drehbohrgeräte können als Lafettendrehbohrmaschinen ausgeführt sein. Bei allen Spülverfahren, ob direkte oder indirekte Spülung, Druck- oder Saugspülung, hat das flüssige oder gasförmige Spülmittel die Aufgabe, das gelöste Gut (Bohrklein) aus dem Bohrloch auszutragen.

Um Feststoffteilchen in einem Flüssigkeits- oder Gasstrom transportieren zu können, muß die Strömungsgeschwindigkeit größer sein als die Sinkgeschwindigkeit der einzelnen Feststoffteilchen. Die Sinkgeschwindigkeit von Feststoffteilchen ist abhängig von Größe und Form dieser Teilchen und von der Viskosität des Fördermediums (Spülmittels). Je größer die Viskosität, um so kleiner die erforderliche Strömungsgeschwindigkeit. Durch Zusätze ist die Viskosität des Spülmittels beeinflußbar; bei Gas durch Zusatz von Schaumbildnern, bei Flüssigkeiten durch Zusatz von Feststoffen. Das Spülmittel dient dazu, das Bohrklein aus dem Bohrloch auszutragen; daneben benutzt man es auch noch für andere Zwecke, z. B. für die Stützung der Bohrlochwand insbesondere im Brunnenbau oder in der Tiefbohrtechnik.

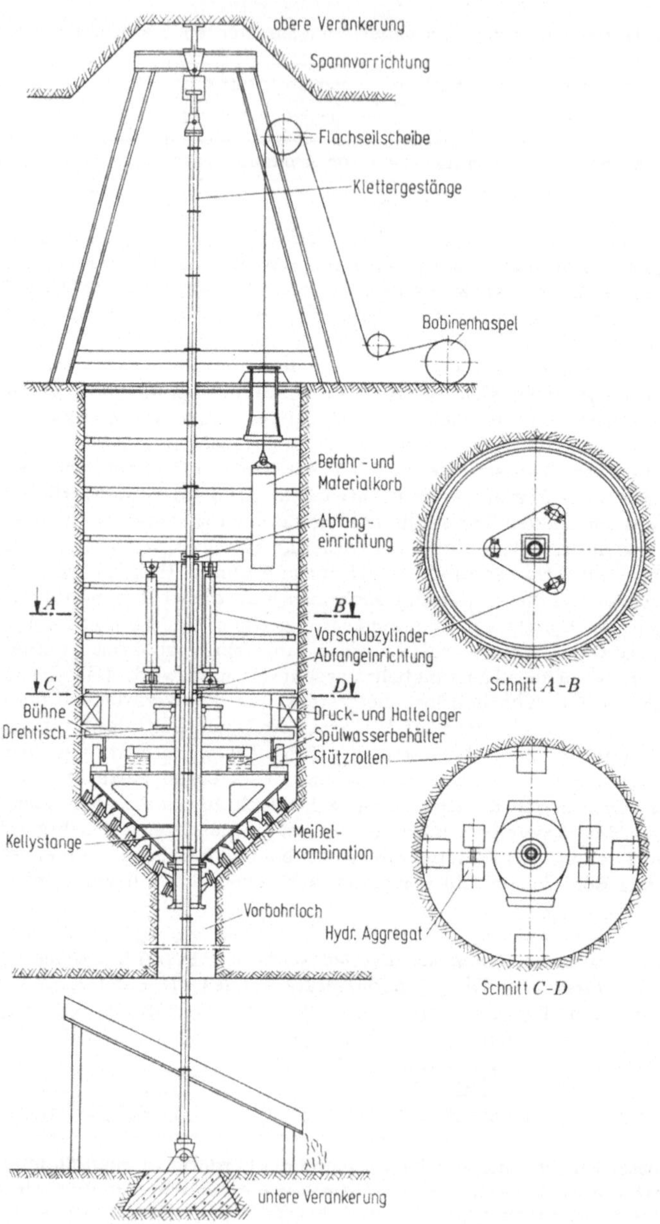

Bild 2.1-44. Drehtischbohrmaschine für Blindschachtbohren. Beispiel: Salzgitter mit Rollenkopf von Söding & Halbach. Ausgelegt für Blindschächte bis 4800 mm Dmr. und Bohrlochlängen bis 300 m.

Es gibt Drehbohrgeräte mit Druckspülung und solche mit Saugspülung. Die Drehbohrgeräte unterscheiden sich dabei lediglich durch den Aufbau bzw. die Zuordnung der verschiedenen Aggregate zum Antrieb des Spülmittels bzw. in der Ausrüstung der Maschinen mit den einzelnen Zusatzeinrichtungen. Die Unterschiede liegen dabei in den Spülköpfen, den Leitungen für die Zuführung des Spülmittels, im Bohrgestänge und Bohrwerkzeug.

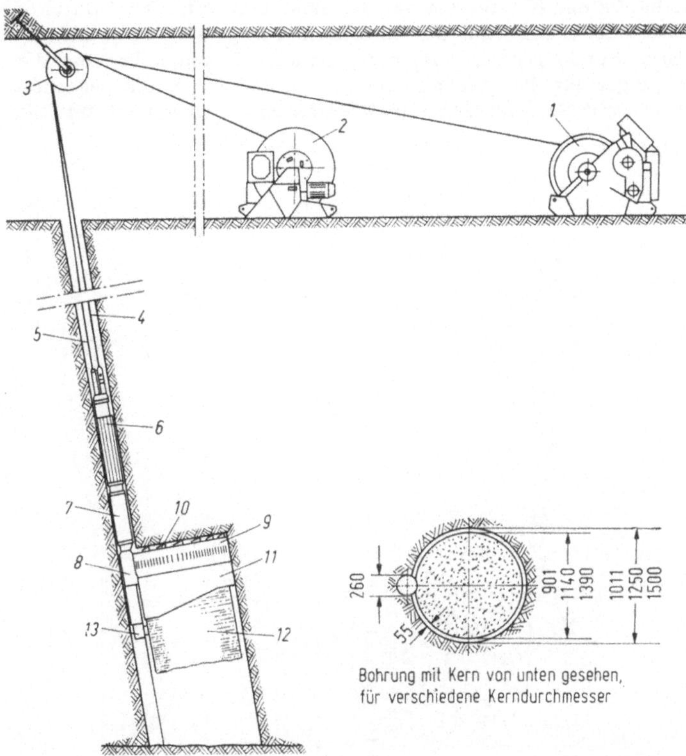

Bild 2.1-45. Kernringbohrmaschine. Beispiel: Salzgitter Typ KRE. *1* Seilwinde, *2* Kabelwinde, *3* Doppel-Umlenkrolle, *4* Zugseil, *5* Bohrkabel, *6* Bohrmotor, *7* Bohrgetriebe, *8* Führungsendstück, *9* Schrämring, *10* Schrämmeißel, *11* Tragring, *12* Kern, *13* Kernbrecher. — Maße in mm.

2.1.3.3.2.3 Drehbohrgeräte mit Druckspülung. Es wird vorwiegend die direkte Spülung angewendet, d. h. das Spülmittel wird durch das Bohrgestänge der Bohrlochsohle zugeführt und durch den Ringraum, der üblicherweise einen größeren Querschnitt als der Innendurchgang des Bohrgestänges hat, abgeführt. Dadurch sind je nach Wahl des Gestängedurchmessers nur Bohrlochdurchmesser bis zu 300 oder 400 mm möglich. Bei direkter Druckspülung sind als Spülmittel Druckluft und Flüssigkeiten üblich. Bei Luftspülung ist dem Bohrgerät ein Kompressor zugeordnet oder auf diesem aufgebaut, bei Flüssigkeitsspülung eine Spülpumpe, meist Kolbenpumpe, seltener Kreiselpumpe, weil Drücke von 10 bar und mehr gefordert werden.

Für bestimmte Anwendungsgebiete hat sich das eine oder andere Spülmittel als vorteilhaft erwiesen, und mit der Tendenz zur Spezialisierung, d. h. um Arbeitsgänge mechanisieren zu können, werden immer mehr auf das spezielle Anwendungsgebiet zugeschnittene Bohrgeräte entwickelt, z. B. für das Sprenglochbohren im Steinbruch, für das Bohren von Zugankerbohrlöchern oder für das Untersuchungsbohren. Bei Bohrgeräten für das Sprenglochbohren in Steinbrüchen, die fast ausschließlich mit direkter Luftspülung arbeiten, wird heute häufig der Kompressor auf das Bohrgerät aufgebaut. Durch den Trend zu Einzweckmaschinen kann man bei derartigen Bohrgeräten auch die Forderung nach Arbeitssicherheit und Mechanisierung besser berücksichtigen, indem man diese Bohrgeräte mit Einrichtungen für die Staubabsaugung und für das Gestängenachsetzen und Gestängeausbauen mit Gestängezangen und Gestängemagazinen ausrüstet (Bild 2.1-46).

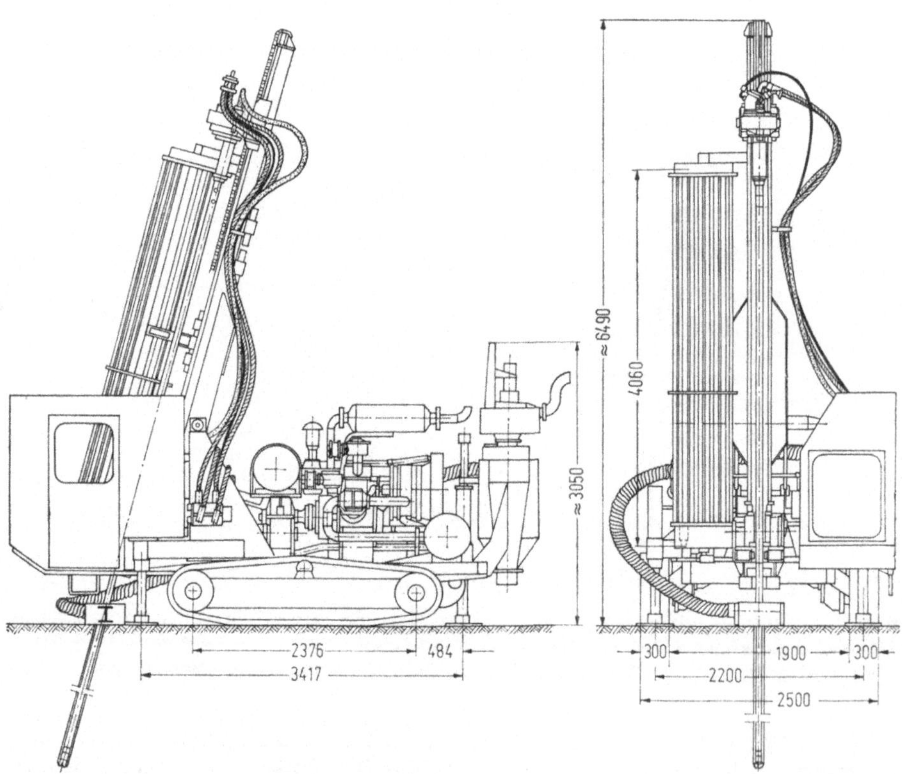

Bild 2.1-46. Lafettenbohrmaschine für Drehbohren, auf Raupen fahrbar, mit Gestängemagazin, Kompressor und Entstaubungseinrichtung für Einmann-Bedienung (Salzgitter LB 46). Längenmaße in mm. — Antrieb Diesel- oder Elektromotor, je nach Ausführung 55 bis 110 kW. — Die LB 46 dient besonders für das Herstellen von Sprenglöchern im Gestein, sowohl nach dem Drehbohrverfahren, als auch bei Kombination mit einem Senkhammer nach dem Schlagbohrverfahren mit Durchmessern zwischen 75 und 130 mm sowie Bohrlochtiefen bis zu 60 m. Betriebsgewicht ≈ 12 t.

Bei direkter Druckspülung, und zwar bei Flüssigkeitsspülung wie auch bei Luftspülung, haben die Bohrgeräte ein gleichartiges Bohrgestänge. Man benutzt Verlängerungsgestänge mit Gewindeverbindung. Diese sind meist so gestaltet, daß das Gestänge nach außen keine Verdickungen aufweist. Da für Drehbohrgestänge bis auf wenige Ausnahmen in der Tiefbohrtechnik und im Bergbau keine Normen bestehen, sind die verschiedenartigsten Gewinde gebräuchlich. Bei allen Gewindeverbindungen müssen aber die Forderungen der Dichtheit und der leichten Lösbarkeit erfüllt sein.

Die Drehbohrwerkzeuge, die bei Bohrgeräten mit direkter Druckspülung zur Anwendung kommen, sind in Aufbau und Form recht vielfältig.

Ganz allgemein kann gesagt werden, daß, wenn man beim Herstellen der Bohrlöcher lediglich einen Hohlraum schaffen will, diese vollbohrend oder durch Erweiterungsbohren ausgeführt werden. Ist jedoch beabsichtigt, in einem Bohrloch Proben zu gewinnen, so ist das Kernbohren anzuwenden. Als Vollbohrwerkzeuge benutzt man in Verbindung mit Drehbohrgeräten mit direkter Druckspülung Werkzeuge für das grobspanende und das rollende Bohren. Werkzeuge für das feinspanende Vollbohren werden nur in Ausnahmefällen, z. B. bei extrem hartem Gebirge, eingesetzt, weil diese Werkzeuge zu kostenaufwendig sind. Bei Drehbohrwerkzeugen für das grobspanende Bohren sind die Schneiden flügelartig und stufenweise angeordnet und werden durch Hartmetallauftragschweißung gegen Verschleiß geschützt bzw. durch in den Bohrkopfkörper eingelötete Hartmetalleinsätze gebildet.

Rollenbohrwerkzeuge sind mit 3 kegeligen Schneidrollen ausgerüstet, denen als Erweiterungsstufen zylindrische Rollen folgen. Die Schneidrollen sind auf den Rollenhaltern drehbar gelagert. Es gibt axialverzahnte und ringverzahnte Rollen. Für das Vollbohren sind axialverzahnte Rollen üblich, für das Erweiterungsbohren dagegen ringverzahnte Rollen. Bei den axialverzahnten Rollen wird je nach Härte des zu bohrenden Materials eine in Höhe und Form entsprechende Ausführung der Zähne gewählt. Vorteilhaft für weicheres Material sind hohe und spitze Zähne, die in geringerer Zahl auf der Rolle angeordnet sind. Für sehr hartes Material haben sich sog. Warzenrollen bewährt. Bei diesen sind die Zähne durch in die Rolle eingesetzte Hartmetallstifte ersetzt.

Beim Kernbohren wird nur ein ringförmiger Querschnitt des Bohrloches zerkleinert. Der dabei entstehende Kern wird von dem der Bohrkrone folgenden Kernrohr aufgenommen. Das Kernbohren ist nur in Verbindung mit direkter Druckspülung möglich. Als Spülmittel werden dabei fast ausschließlich Flüssigkeiten verwendet.

Als Bohrwerkzeuge (Kernbohrkronen) kommen solche für das grobspanende und für das feinspanende Bohren zur Anwendung. Rollenbohrkronen sind äußerst selten. In grobspanbarem Material, d. h. in Böden und bestimmten Gesteinsarten, die nicht stark schleißend sind, werden hartmetallbestückte Bohrkronen benutzt, die entweder mit Hartmetalleinsätzen versehen sind, oder auf deren Schneiden Hartmetall aufgetragen ist. In schleißenden Gesteinen werden diamantbestückte Bohrkronen bevorzugt. Hierbei unterscheidet man zwischen diamantbesetzten Bohrkronen, bei denen Einzeldiamanten gleicher Größe regelmäßig in einer Matrix[1]) eingebettet sind, und imprägnierten Diamantbohrkronen, auf deren Schneidfläche eine Masse (ähnlich Matrix), in die Diamantstaub gemischt ist, aufgesintert ist. Die imprägnierte Diamantbohrkrone hat insbesondere dann gegenüber der diamantbesetzten Krone Vorteile, wenn in inhomogenem Gestein gebohrt wird, wo durch grobe Einlagerungen die Krone stoßartigen Belastungen ausgesetzt ist. Besondere Anforderungen müssen Kernbohrkronen erfüllen, wenn, sowohl zum Kern als auch nach

---

[1]) Pulvermetallisches Material, das auf den Bohrkopfkörper aufgesintert wird. Es bildet die eigentliche Kronenform und dient zur Aufnahme von Diamanten, Diamant- und Hartmetallsplittern.

außen zur Bohrlochwand hin, gewisse Durchmessertoleranzen eingehalten werden müssen. Der Kern darf einen bestimmten Durchmesser nicht überschreiten, damit er vom Kernrohr aufgenommen werden kann. Das Bohrloch darf sich im Durchmesser nur um ein solches Maß verringern, daß bei einem Werkzeugwechsel ein Bohrwerkzeug gleichen Nenndurchmessers eingesetzt werden kann. Diese Forderung kann zusätzlich dadurch erfüllt werden, daß der Bohrkrone sog. Räumer nachgeschaltet sind.

Bei den Kernrohren unterscheidet man zwischen Einfach- und Doppelkernrohr. Beim Einfachkernrohr besteht der Vorteil, daß die Bohrkrone nur den geringstmöglichen Ringquerschnitt zerkleinern muß, jedoch der Nachteil, daß der vom Kernrohr aufgenommene Kern direkt von der Spülflüssigkeit umspült wird und dabei zerstört werden kann. Im zähen festen Ton und im ungestörten kompakten Gestein besteht dieser Nachteil jedoch nicht. Doppelkernrohre müssen dann angewendet werden, wenn die Gefahr besteht, daß der Kern durch die Spülflüssigkeit zerstört und ausgewaschen wird. Beim Doppelkernrohr ist das Innenkernrohr zum Außenkernrohr drehbar gelagert, so daß es an der Drehbewegung von Bohrgestänge und Bohrkrone nicht teilnehmen muß. Im Lockergebirge, das sehr schwer kernbar ist, sind Sonderbauarten des Doppelkernrohres erforderlich, z. B. solche, bei denen das Innenkernrohr der Bohrkrone vorauseilt, damit die Spülflüssigkeit auch im Bereich der Krone den Kern nicht beeinträchtigen kann, oder andere, bei denen das Innenkernrohr besonders ausgeführt oder mit besonderen Einrichtungen versehen ist, z. B. Kunststoffbeschichtung oder Kunststoffschlauch, mit dem Ziel, den Kern schonend aufzunehmen und zu schützen. Alle Kernrohre, sowohl das Einfach- als auch das Doppelkernrohr, müssen mit einer Kernfangeinrichtung versehen sein, die den Kern abreißen und im Kernrohr halten soll. Die Art der Kernfangeinrichtung ist je nach zu bohrender Gesteins- oder Bodenart ausgebildet.

2.1.3.3.2.4 Drehbohrgeräte mit Saugspülung. Es wird vorwiegend die indirekte Spülung angewendet, d. h. das Spülmittel fließt der Bohrlochsohle durch den Bohrlochringraum zu und wird durch das Bohrgestänge abgeführt. Als Spülmittel dient fast ausschließlich Flüssigkeit. Da das Bohrklein durch das Bohrgestänge abgeführt wird, kann bei einem bestimmten Gestängedurchmesser die für die Erreichung der Steiggeschwindigkeit erforderliche Spülmenge unabhängig vom Bohrlochdurchmesser gleichbleiben. Ein Saugbohrgestänge mit einem lichten Durchgang von 150 mm reicht z. B. aus, Bohrlöcher zwischen 400 und 1 500 mm Durchmesser herzustellen. Bei größeren Bohrlochdurchmessern werden nur deshalb Saugbohrgestänge mit größerem lichten Durchgang wie 200 oder 300 mm gewählt, um wegen des größeren Anfalls an Bohrklein die Förderkapazität zu erhöhen. Nach dem Verfahren der indirekten Saugspülung wurden bisher in der Praxis bei Bohrgestängen mit lichtem Durchgang von 300 mm Bohrlochdurchmesser bis zu 6 m erreicht.

Bohrgeräte mit Saugspülung erreichen hinsichtlich der Bohrlochtiefe wesentlich früher ihre Grenzen als Bohrgeräte mit Druckspülung. Der Grund dafür liegt darin, daß die dabei zur Anwendung kommenden Antriebsmittel für die Spülung nur auf der Saugseite arbeiten können mit Unterdruck bis theoretisch max. 10 m Wassersäule bzw. mit Zulaufdrücken. Für den Spülungsantrieb steht aus diesen Gründen nur eine begrenzte Druckdifferenz zur Verfügung. Bei allen Saugspülverfahren mit Kreiselpumpe, mit Wasserstrahlpumpe und auch mit Mammutpumpe ist man bemüht, die Hubarbeit der Spülung so gering wie möglich zu halten, indem man das Bohrloch randvoll mit Flüssigkeit füllt, so daß die max. erreichbare Bohrlochtiefe nur von der Reibung im Bohrgestänge abhängig ist. Je geringer der Gestängedurchmesser ist, um so größer ist die Reibung und desto kleiner die erreichbare Bohrlochtiefe. Drehbohrgeräte mit Saugspülung sind meist als Drehtischbohrmaschinen oder als Lafettenbohrmaschinen ausgeführt. Im Gesamtaufbau unterscheiden diese sich in den zur Anwendung kommenden Pumpen.

Kreiselpumpen für das Saugbohren müssen die Voraussetzung erfüllen, daß in der Pumpe der von der Saugleitung vorgegebene lichte Durchgang im Kanalrad und in der Druckleitung gewährleistet ist. Wenn diese Forderung nicht erfüllt ist, muß Bohrgut, das größer als der Pumpendurchgang ist, vor der Pumpe in der Saugleitung in einem sog. Steinfang abgefangen werden. Beim Saugbohren arbeiten die Kreiselpumpen meist nicht mit Zulauf, so daß für das Anfahren dieser Pumpen eine Fülleinrichtung, bestehend z. B. aus Flüssigkeitsfüllbehältern, Füllpumpe und Rückschlagklappen oder einer Vakuumeinrichtung, bestehend aus z. B. Vakuumpumpe, Kühlkreislauf und Vakuumkessel, er-

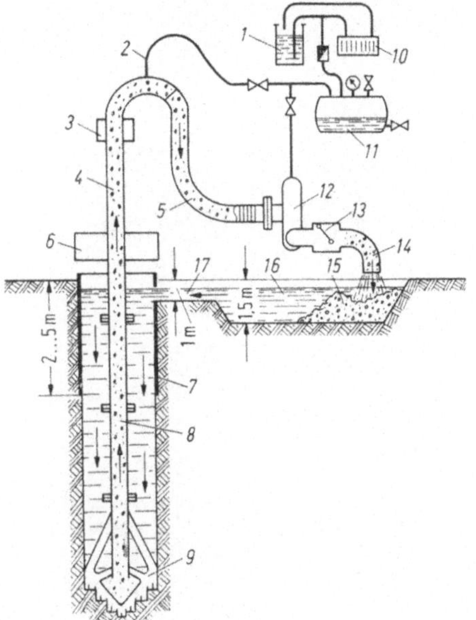

Bild 2.1-47. Saugbohrverfahren (Schema; nach Salzgitter).
1 Kühlwasserbehälter,
2 Vakuumschlauch,
3 Spülkopf,
4 Mitnehmerstange,
5 Saugschlauch,
6 Drehtisch,
7 Standrohr,
8 Bohrgestänge,
9 Bohrwerkzeug,
10 Vakuumpumpe,
11 Vakuumkessel,
12 Saugpumpe,
13 Rückschlagklappe,
14 Austragschlauch,
15 Bohrgut,
16 Spülteich,
17 Zulaufgraben.

forderlich sind. Saugbohranlagen mit Mammutpumpe bedürfen für den Antrieb des Triebstromes eines Kompressors. Die Steigleitung der Mammutpumpe (Löscherpumpe) entspricht dem Bohrgestänge.

Saugbohranlagen mit Wasserstrahlpumpe sind für die Erzeugung des Triebstromes mit einer Kreiselpumpe ausgerüstet. Die Strahlpumpe selbst ist in der Kellystange unmittelbar über dem Spülkopf oder in der vom Spülkopf kommenden Austragsleitung angeordnet.

Saugbohranlagen bestehen demgemäß aus dem eigentlichen Bohraggregat, der Drehtischbohrmaschine oder der Lafettenbohrmaschine, meist ausgerüstet mit einem Windwerk und dem für den Antrieb des Spülstromes erforderlichen Antriebsaggregat in Form einer Kreiselpumpe, eines Kompressors oder einer Wasserstrahlpumpe mit den entsprechenden Zusatzeinrichtungen (Bild 2.1-47).

Weiterhin lassen sich Bagger oder Krane zu Saugbohranlagen umrüsten, indem sie mit einem Drehtisch oder mit einer Lafette mit Drehantrieb versehen werden und das Antriebsaggregat für den Spülstrom beigestellt wird. Dieses Beistellaggregat kann außerdem wie beim sog. Saugsatz die Antriebshydraulik für den Drehtisch bzw. die Lafettendrehbohrmaschine enthalten. Saugbohranlagen sind vielfach auch so aufgebaut, daß zwei

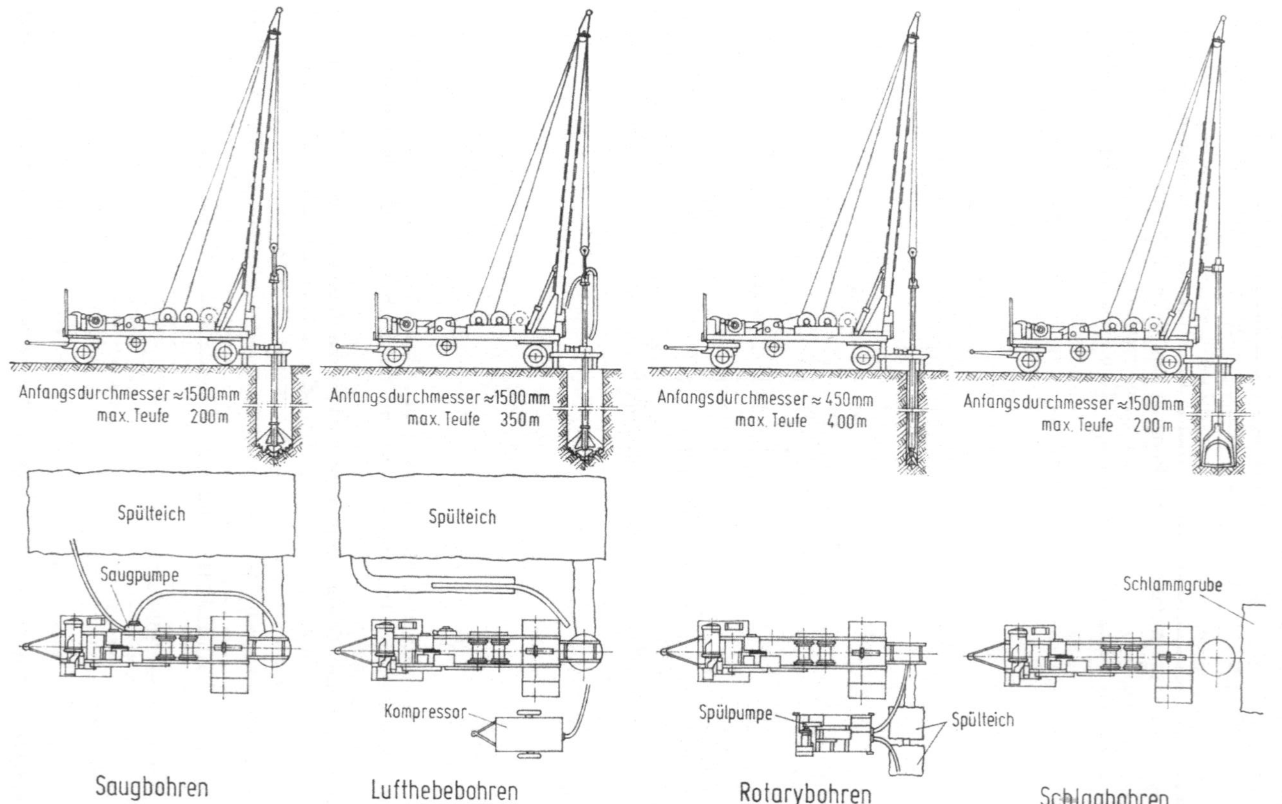

Bild 2.1-48. Drehtischbohrmaschine für Saug- und Schlagbohren, aufgebaut auf Anhänger (Beispiel: Salzgitter Typ RC 6). Ausgelegt für Saugbohren mit Kreisel- oder Mammutpumpe, kann außerdem mit einem Schlagwerk ausgerüstet sein. Tragfähigkeit des Mastes: 32 t, Anwendungsbereiche: Brunnen- und Pfahlgründungen.

Antriebsarten für den Spülstrom möglich sind, z. B. Mammutpumpe und Kreiselpumpe oder Mammutpumpe und Wasserstrahlpumpe. Außerdem sind Saugbohranlagen häufig mit einem Schlagwerk ausgerüstet (Bild 2.1-48).

Beim Saugbohrgestänge muß der Innendurchmesser über die gesamte Länge gleich sein, da das Bohrklein durch das Bohrgestänge abgeführt wird. Der kleinstmögliche Innendurchmesser liegt bei $\approx$ 100 mm. Das am häufigsten verwendete Bohrgestänge hat einen Innendurchmesser von 150 mm. Durch die großen Bohrgestängedurchmesser hat sich als Gestängeverbindung die Flanschverbindung durchgesetzt. Für das Saugbohren mit Mammutpumpe muß das Bohrgestänge mit zusätzlichen Luftleitungen versehen sein, die entweder an dem Bohrgestänge entlang geführt sind, oder in der Wand des Bohrgestänges untergebracht sind. Für den Betrieb mit Mammutpumpe muß der Spülkopf auch für den Durchgang der Antriebsluft ausgebildet sein. In Verbindung mit Bohrgeräten mit indirekter Spülung kommen Drehbohrwerkzeuge für das grobspanende und das rollende Bohren zur Anwendung.

Für das Gesteinsbohren werden Rollenbohrwerkzeuge mit kegligen Schneidrollen als Pilot und nachfolgenden Erweiterungsstufen mit zylindrischen Rollen angewendet. Im Zentrum dieser Bohrwerkzeuge ist unmittelbar den kegligen Schneidrollen folgend mit großem lichten Durchmesser der Saugmund zugeordnet. Aufgrund der sehr großen Bohrlochdurchmesser (400 bis 2000 mm und mehr) sind Pilot- und Erweiterungsstufen getrennt aufgebaut und können entsprechend dem Bohrloch-Durchmesser montiert werden. Für das Erdbohren sind grobspanende Drehbohrwerkzeuge und Einrollen-Bohrköpfe die gebräuchlichsten. Das rollende Bohren im üblichen Sinne wird kaum angewendet. Die Bohrwerkzeuge für das grobspanende Bohren sind flügelartig aufgebaut. Auf die Schneiden ist zum Schutz gegen Verschleiß Hartmetall aufgeschweißt. Der Einrollen-Bohrkopf (Wühlmeißel) ist ein Sondergerät für das Saugbohren. Er besteht aus dem S-förmigen hohlen Schaft, an dem am unteren Ende eine kugelförmige verzahnte Rolle drehbar gelagert ist. Die Drehachse der Rolle beschreibt, da sie winklig zu der Bohrgestängeachse steht, einen Kegel. Die Schneidrolle rollt dabei auf der Bohrlochsohle ab und wühlt mit ihren Zähnen das Material auf.

2.1.3.4 Verrohrungseinrichtungen

Häufig ist es möglich, die für das Sichern der Bohrlochwand notwendigen Verrohrungsarbeiten ohne zusätzlichen Maschinenaufwand vorzunehmen. So werden z. B. bei Seilbohrgeräten und auch bei Drehbohrgeräten, wenn es der Verwendungszweck der Bohrlöcher zuläßt, die Rohre teleskopartig in das Bohrloch eingestellt. Bei leichten Verrohrungsarbeiten ist es insbesondere bei Lafetten-Drehbohrmaschinen möglich, die Verrohrung mit dem Drehantrieb einzudrehen, wobei die Vorschubeinrichtung als Presse zum Eindrücken oder Ziehen dienen kann.

Ist ein teleskopartiges Verrohren nicht erwünscht und reichen andererseits die Drehmomente und Vorschubkräfte einer Drehbohrmaschine nicht aus, eine Verrohrung einzubringen, sind zusätzliche Verrohrungseinrichtungen erforderlich, die mit den Bohrgeräten kombiniert werden.

2.1.3.4.1 Verrohrungs-Preßanlagen werden meist hydraulisch betrieben. Sie bestehen demgemäß in der Hauptsache aus der Hydraulikstation, den Hydraulik-Preßzylindern, die ggf. in einem Rahmen zusammengefaßt sind, und den Verbindungselementen zu dem einzupressenden Rohr, wie Rohrschellen oder Druckkappen. Während bei der Verwendung von Verrohrungs-Preßanlagen für vertikale oder leicht geneigte Bohrungen die Hauptaufgabe im Ziehen der Verrohrung besteht, ist bei Horizontal-Preßanlagen das Einbringen der

Rohre vorrangig. Bei vertikalen oder leicht geneigten Bohrungen werden die Preßanlagen nicht mehr zum eigentlichen Verrohren verwendet, weil für deren Anwendung aufwendige Vorarbeiten hinsichtlich ihrer Verankerung notwendig sind. Zum Ziehen von Verrohrungen werden dagegen Preßanlagen noch häufiger eingesetzt, doch dann immer unabhängig von Bohranlagen.

Bei horizontalem Vortrieb von Rohren unterscheidet man drei Antriebsweisen, wobei die Horizontal-Preßanlage im Aufbau gleichartig ist. Bei Rohrdurchmessern bis 150 bzw. max. 200 mm wird meist nach dem Verdrängungsprinzip gearbeitet. Das einzupressende Rohr ist dabei mit einer Preßspitze zu versehen, die das Rohr verschließt. Bei größeren Durchmessern bis $\approx$ 1 500 mm bleibt das Rohr offen und wird mit einem Preßschuh versehen.

Zu diesem Zwecke sind die Horizontal-Preßanlagen mit einer Bohranlage kombiniert, die nach dem Prinzip des Trockendrehbohrens mit langer Schnecke arbeitet, vgl. Bild 2.1-43. Die Bohranlage besteht dabei aus dem Drehantrieb und einer lafettenartigen Führung mit Vorschubeinrichtung. Bei größeren Durchmessern, insbesondere für Kanalisationsarbeiten kommen hauptsächlich Betonrohre zum Einsatz. Der Aushub erfolgt dann, wenn die Bohreinrichtungen leistungsmäßig nicht mehr ausreichen, von Hand oder mit kleinen Vortriebsmaschinen. Um bei derartig großen Durchmessern die Vortriebsrichtung einhalten zu können, müssen dem Preßschuh Steuereinrichtungen nachgeschaltet sein.

2.1.3.4.2 Hydraulische Verrohrungsmaschinen arbeiten mit oszillierender Drehbewegung und sind für die Auf- und Abbewegung der Verrohrungsrohre mit stehenden oder hängenden Zylindern ausgerüstet. Die Drehbewegung und die Zug- und Druckkräfte werden über eine hydraulisch spannbare Schelle auf die Verrohrung übertragen. Verrohrungsschelle und Bewegungszylinder sind meist auf einem Grundrahmen aufgebaut, der zum anderen so ausgebildet sein muß, daß er Ballastgewichte aufnehmen kann. Die Ballastgewichte sind dann erforderlich, wenn die Verrohrungsmaschine nicht mit einem

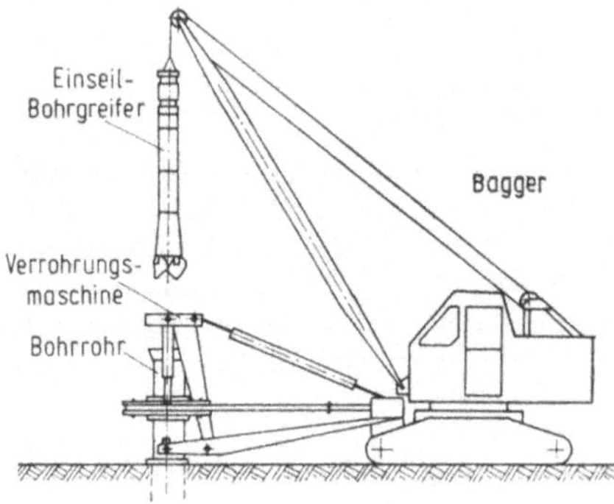

Bild 2.1-49. Hydraulische Verrohrungsmaschine, als Baggeranbaugerät kombiniert mit Bohrgreifer. Beispiel: Bade Typ HVM 1 bis HVM 4. Ausgelegt für Verrohrungsdmr. von 500 bis 1 250 mm. Schwere Verrohrungsmaschinen (Typ HVM 5 bis HVM 9) werden meist mit schweren Baggern, Kranen oder Saugbohranlagen kombiniert und sind ausgelegt bis 2000 mm Verrohrungsdmr. und bis $\approx$ 60 m Verrohrungstiefe (max. 100 m). Anwendung insbesondere für die Herstellung von Pfahl-, Schlitzwandlöchern und Brunnen.

schweren Trägergerät verbunden ist, damit die Verrohrungsmaschine für sich allein die Reaktionskräfte aus der Drehbewegung und dem Andruck aufnehmen kann. Hydrauliksatz und Bedienungsstand werden meist getrennt von der Verrohrungsmaschine gehalten. Hydraulische Verrohrungsmaschinen werden in Verbindung mit Seilbohrgeräten, Greiferbohranlagen und Seilbaggern, Trockendrehbohrgeräten und Saugbohrgeräten angewendet. Da beim Seilbohren mit Greifern die Bohrlöcher grundsätzlich verrohrt werden müssen, ist die Kombination der Verrohrungsmaschinen mit Greiferbohranlage und Seilbagger die häufigste (Bild 2.1-49).

Bei speziellen Greiferbohranlagen bilden Bohranlage und Verrohrungsmaschine eine Einheit und sind gemeinsam, entweder mit einem Schreitwerk oder mit einem Raupenfahrwerk versehen. Die Kombination von Verrohrungsmaschinen mit Saugbohreinrichtungen ist besonders dort angewendet worden, wo Bohrpfähle in Wasser herzustellen sind. Diese Kombination ist z. Z. die einzige, mit der Schrägpfähle mit größerer Neigung her-

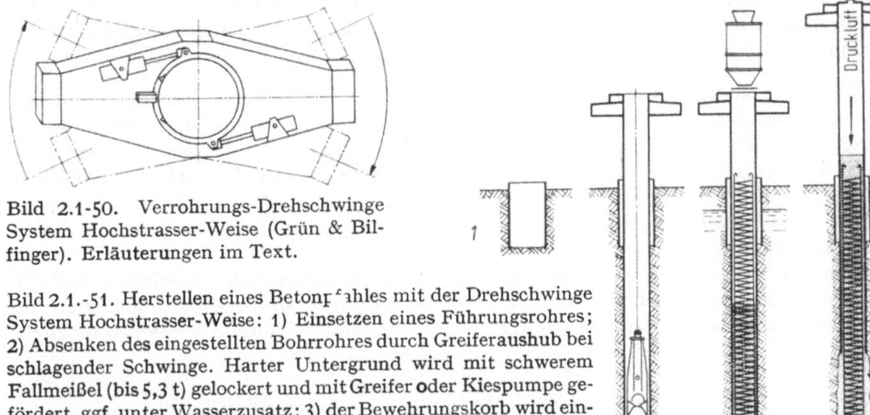

Bild 2.1-50. Verrohrungs-Drehschwinge System Hochstrasser-Weise (Grün & Bilfinger). Erläuterungen im Text.

Bild 2.1.-51. Herstellen eines Betonpfahles mit der Drehschwinge System Hochstrasser-Weise: 1) Einsetzen eines Führungsrohres; 2) Absenken des eingestellten Bohrrohres durch Greiferaushub bei schlagender Schwinge. Harter Untergrund wird mit schwerem Fallmeißel (bis 5,3 t) gelockert und mit Greifer oder Kiespumpe gefördert, ggf. unter Wasserzusatz; 3) der Bewehrungskorb wird eingestellt und wird, falls das Bohrrohr trocken ist, mit einem Fallrohr betoniert; 4) bei Wasserandrang wird der Beton durch eine Druckluftschleuse oder ein Unterwasser-Betonierrohr eingebracht.

gestellt werden können. Bei diesen Arbeiten müssen dem Bohrwerkzeug Schwerstangen mit Führung nachgeschaltet sein, um das Bohrgestänge im Bohrloch zu zentrieren.

Die hydraulischen Verrohrungsmaschinen werden ausgeführt für Verrohrungs-Durchmesser zwischen 400 und 2500 mm und sind dabei für Drehmomente zwischen 5000 und 200000 mkp ausgelegt. Die üblichen Verrohrungstiefen liegen meist unter 50 m. Die Verrohrungsmaschinen sind aber durchaus in der Lage, unter günstigen Voraussetzungen Verrohrungstiefen bis 100 m zu erreichen.

Die in Verbindung mit den hydraulischen Verrohrungsmaschinen eingesetzten Verrohrungsrohre haben Längen zwischen 2 und 10 m abhängig vom Hebezeug und dem angewendeten Bohrverfahren. Die Rohrverbindungen müssen Druck- und Zugkräfte und auch Drehmomente übertragen können. Aufgrund dieser Forderungen scheidet eine Gewindeverbindung aus. Die Rohrenden sind so ausgebildet, daß sie laschenartig über- oder ineinander greifen. Hinsichtlich der Befestigungselemente sind die verschiedenartigsten Lösungen gefunden worden. Die gebräuchlichsten sind radial angeordnete Verschraubungen.

2.1.3.4.3 Verrohrungsdrehschwingen, ausschließlich mit Druckluft betrieben, bestehen aus einer Rohrschelle und einer dazu drehgelagerten Schwinge (Bild 2.1-50 u. 51). Die Drehschwinge arbeitet oszillierend und wird in beiden Drehrichtungen durch Druckluftzylinder beschleunigt. Die beschleunigte Masse der Drehschwinge wird an Anschlägen der Rohrschelle abgebremst und erzeugt durch den Aufschlag eine Erschütterung und eine

Drehbewegung in dem Verrohrungsrohr. Je nach Verrohrungsaufgabe, im Hinblick auf Verrohrungstiefe und Verrohrungsdurchmesser, muß die Masse der Drehschwinge durch Ballastgewichte verändert werden. Die Drehschwinge hat den Vorteil, daß sie um das Rohr greift, so daß der Innenaushub der Rohre mit verschiedenen Arten von Bohreinrichtungen möglich ist. Übliche Kombinationen sind die mit Bohrgreifer und Saugbohreinrichtung. Die Drehschwingen kann man einsetzen für Verrohrungsdurchmesser zwischen 420 und 3000 mm. Sie haben entsprechend der Verrohrungsaufgabe Gewichte von 1,5 bis 35 t. Bei Gebrauch der Drehschwinge können keine lösbaren Rohrverbindungen benutzt werden. Rohrverbindungen müssen durch Schweißen hergestellt werden. Daher liegen die wirtschaftlichsten Verrohrungstiefen bei 10 bis 15 m entsprechend der freien Auslegerhöhe, wobei man mit einem fertigen Rohr auskommt.

2.1.3.4.4 Rammen. Rammgeräte herkömmlicher Bauart werden auch für Verrohrungsarbeiten verwendet. Üblicherweise arbeiten Rammeinrichtung und Bohreinrichtung unabhängig voneinander, indem zunächst die Rohre eingerammt und danach die Rohre ausgebohrt und die Bohrlöcher weiter vertieft werden. Hierbei können Rammgeräte und Bohrgeräte getrennt aufgebaut sein, oder aber das Rammgerät wird durch die für die Bohrarbeiten erforderlichen Aggregate wie Drehantrieb, Spülpumpe, Saugsatz u. a. zum Bohrgerät vervollständigt.

Rohre mit lösbaren Rohrverbindungen sind beim Rammen nicht einsetzbar, weil die Verbindungselemente durch die Rammschläge zerstört bzw. in diesen Verbindungen die Rammimpulse aufgezehrt werden. Rohrverbindungen sind nur durch Schweißen möglich.

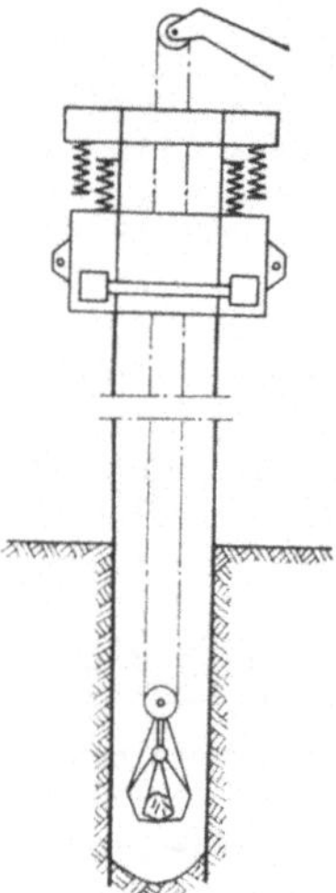

Bild 2.1-52. Doppelvibrator (Schenck DR 60 G). Antrieb elektrisch; Vibratorgewicht 10 t.

2.1.3.4.5 Vibratoren setzen die Verrohrung in Schwingungen. Bei Verwendung von einfachen Vibratoren, die auf die Rohre aufgesetzt werden, ist der Arbeitsablauf und der Geräteaufbau ähnlich wie beim Rammen (2.1.1.1.1.4).

Doppel-Vibratoren (Bild 2.1-52) sind um das Rohr angeordnet und haben dabei den Vorteil, daß das Rohr oben offen bleibt. Dadurch können Bohr- und Verrohrungsarbeiten gleichzeitig oder in schnellem Wechsel nacheinander erfolgen. Kombiniert mit diesen Vibratoren kommen Seilbohreinrichtungen mit Greifer- oder Saugbohreinrichtungen zur Anwendung. Der Innenaushub kann auch mit speziell für den Einsatz mit Doppel-Vibratoren entwickelten Vibrator-Büchsen erfolgen, die am Seil ein- und ausgefahren werden, gleichzeitig mit dem Rohrschuh in den Boden eindringen und sich dabei füllen. Rohre mit lösbaren Rohrverbindungen sind auch bei Verwendung von Vibratoren nicht einsetzbar, weil die Verbindungselemente durch die Schwingungen zerstört bzw. die Längsschwingungen in diesen Rohrverbindungen aufgezehrt werden. Rohrverbindungen sind nur durch Schweißen möglich.

2.1.4 Tunnelvortriebsmaschinen

Für den Tunnelbau im *Schildvortrieb* [H 26], bei dem ein als „Schild" bezeichneter zylindrischer Hohlkörper aus Stahl hydraulisch gegen die Ortsbrust gedrückt wird, sind drei Arten von Geräten im Gebrauch:

1. Der „klassische" *Handschild*, zuerst 1825/43 von Isambard Brunel beim Bau des Themsetunnels verwendet und heute noch unter geeigneten Voraussetzungen als billigste

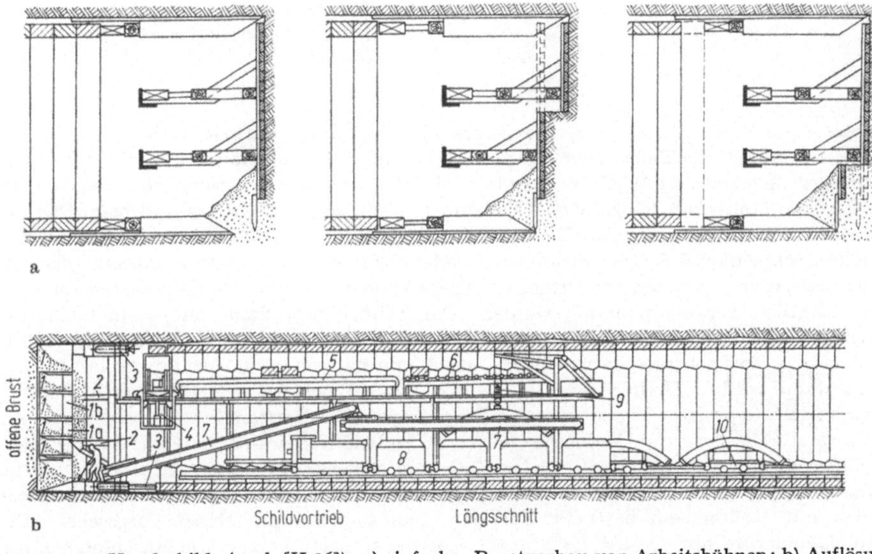

Bild 2.1-53. Handschilde (nach [H 26]); a) einfacher Brustverbau von Arbeitsbühnen; b) Auflösung in Einzelböschungen auf Arbeitsbühnen, *1* feste Schneiden, *1a* mit natürlichem Verbau, *1b* Teilverbau, *2* Arbeitsbühne, *3* hydraulische Presse, *4* Tübbing-Versetzeinrichtung, *5* Kettenförderer, *6* Rollenförderer, *7* Bandstraße, *8* Abraumloren, *9* Tübbinghubwinde, *10* Tübbing-Transportlore.

Lösung bewährt (z. B. beim U-Bahnbau, Bild 2.1-53). Der Boden wird dabei von Hand abgebaut;

2. der *teilmechanische Schild* mit fernbedienten, meist hydraulischen Werkzeugen zum Bodenabbau (z. B. der vorübergehend für Bauarbeiten beim Pariser Métro eingesetzte „Roboterschild");

3. der *vollmechanische Schild*, bei dem der Boden an der Ortsbrust mit rotierenden Fräs- oder Schürfscheiben abgebaut, gehoben und in Transportgefäße gefördert wird [17]. Vollmechanische Schilde führen sämtliche notwendigen Versorgungseinrichtungen, soweit sie nicht innerhalb des Schildes Aufnahme finden können, in einem festgekuppelten Nachläufer mit. Die Fräs- oder Schürfscheiben an der Spitze des Gerätes werden als *Drehkopf* (*Schneidkopf*) bezeichnet. Sie tragen die Schneidwerkzeuge (für *Weichgestein* z. B. Messer oder Stichel, für *Hartgestein* Rollenmeißel), die der jeweiligen Festigkeit des zu lösenden Bodens bzw. Gesteins entsprechen müssen. Die damit verbundenen Schwierigkeiten wurden bei den zur Zeit gebräuchlichen Konstruktionen weitgehend gelöst, wie bei den Bauarten

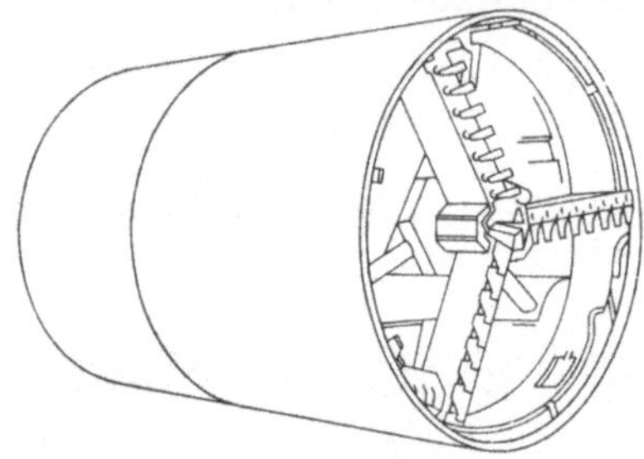

Bild 2.1-54. Vortriebsmaschine System Calweld für standfeste Ortsbrust, drehend (nach [H 26]).

Robbins (USA; eingesetzt z. B. für Express-Métro Paris); Calweld (USA, Bild 2.1-54, z. B. verwendet bei U-Bahn München); Lilley-Lawrence (Großbritannien; z. B. bei U-Bahn Hamburg benutzt); DEMAG (verwendet z. B. für Trinkwasserleitung Bodensee—Stuttgart); Bade/Holzmann (eingesetzt z. B. beim U-Bahnbau in Hamburg und beim Bau des neuen Hamburger Elbtunnels). Bei System Bade/Holzmann (Bild 2.1-55) hat die Schürfscheibe (Schneidkopf) 8 Messerarme zum Bodenabbau und außerdem 8 federnd gelagerte Brustplatten zum Stützen der Ortsbrust. Diese können für standfeste Schichten teilweise oder sämtlich herausgenommen werden. Der Schneidkopf kann mit 4 unabhängigen Stützpressen mit bis 660 Mp gegen die Ortsbrust gedrückt werden. Der gesamte Schild wird von 25 Vortriebspressen mit einem Druck von maximal 4000 Mp vorgeschoben. Der Schneidkopf wird im Drehpendelantrieb mit $\approx$ 220 kW bewegt, vgl. [17]. System Robbins entwickelte besondere Typen für Streckenvortrieb in *Hartgestein*, vor allem hartem Kalkstein. Eine derartige Maschine mit 10 m Außendurchmesser, in Paris für drei aufeinanderfolgende Bodenarten — harter Kalkstein, weicher Kalkstein und Feinsand unter Wasser — eingesetzt, hat als Fräskopf eine geschlossene Scheibe. Sie wurde für den harten Boden mit Rollmeißeln bestückt; für den Feinsand wurden Messer vorgesehen. Der Schneidkopf wird mit 735 kW gedreht. 36 Vortriebspressen können die Maschine mit insgesamt 6500 Mp vorschieben. Bei manchen Konstruktionen trägt der Schneidkopf mehrere *Frässcheiben*, z. B. bei Tunnelfräsmaschinen System Atlas Copco (Bild 2.1-56). Die Frässcheiben bewegen sich dabei ggf. planetenradartig mit dem Schneidkopf, der auf einer inneren, das Förderband für das Material enthaltenden Trommel gelagert ist.

DEMAG rüstet ähnlich wie Robbins den Schneidkopf von *Hartgesteinsmaschinen* mit Rollenmeißeln aus (Bild 2.1-57). Diese Maschinen können bei hinreichender Standfestigkeit des Gebirges auch weiches Gestein bis herab zu $\approx$ 300 kp/cm² Druckfestigkeit bearbeiten. Bei den DEMAG-Maschinen für Bohrdurchmesser 2060/2300, 2420/2660 und 2780/3150 mm sind Antriebsaggregate und Fahrerstand auf einem Schlepptender untergebracht (Bild 2.1-57a), für Bohrdurchmesser 3440/3880, 3880/4240 und 5920/6440 mm

Bild 2.1-55. a) Vortriebsmaschine System Bade/Holzmann, mit Brustverbau, pendelnd; *1* Schneidmesser, *2* Messerbalken, *3* Brustplatte (nach [H 26]).

Bild 2.1-55. b) Schürfscheibe mit 8 Messerarmen zum vollmechanischen Druckschild System Bade/Holzmann.

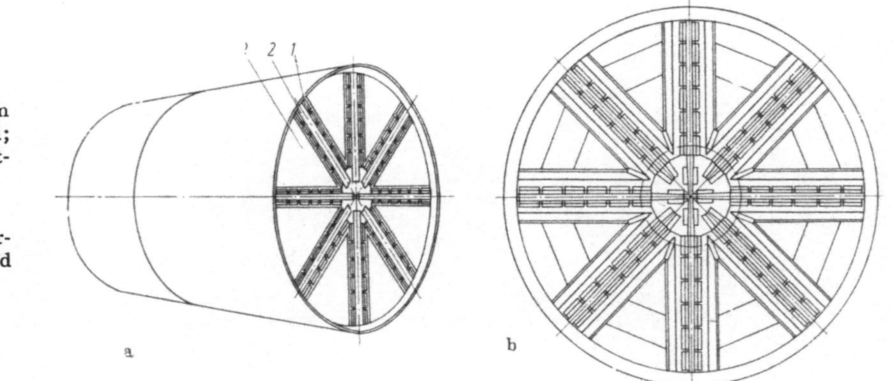

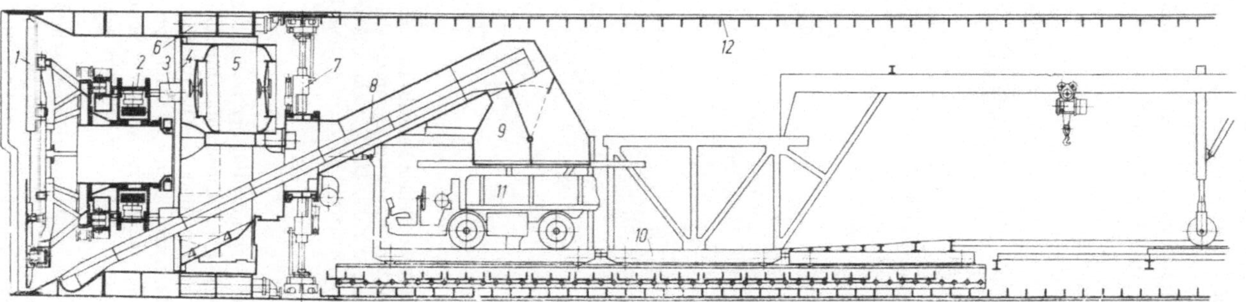

Bild 2.1-55. c) Vollmechanischer Druckschild (System Bade/Holzmann). *1* Schürfscheibe, *2* Pendelantrieb, *3* Stützpressen der Schürfscheibe, *4* Druckwand, *5* Personenschleuse, *6* Vortriebspressen, *7* Erektor, *8* Förderband, *9* Bohrgut-Zwischensilo und Materialschleuse, *10* Nachläufer mit Antriebsaggregaten, *11* Elektrokarren zum Boden- und Tübbingtransport, *12* Tunnelauskleidung mit Tübbings.

unmittelbar im bzw. hinten am Maschinenkörper (Bild 2.1-57b). Der mit Rollenmeißeln bestückte Bohrkopf trägt am äußeren Umfang Schaufeln, die das anfallende Bohrgut auf den Kettenförderer abgeben. Ein Staubschild mit verschließbarem Mannloch trennt den Bohrkopfbereich vom Tunnel. Bei Maschinen mit Schlepptender betragen die Längen der Maschinenkörper zwischen 7,5 und 10 m, die der Tender zwischen 9,5 und 10,2 m; das

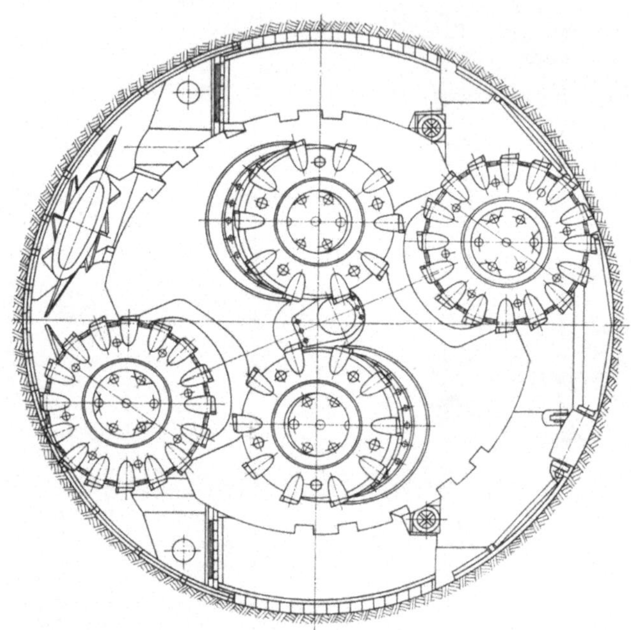

Bild 2.1-56. Fräskopf einer Tunnelfräsmaschine für Hartgestein (Atlas Copco FF 340) mit mehreren Frässcheiben (Vorderansicht). Gesamtgewicht ist 95 t; Gesamtlänge 15 m; Hauptdmr. 15 m; installierte Leistung 380 kW. Das System arbeitet nach dem Hinterschneidverfahren, bei dem das Gestein nicht pulverisiert, sondern zu grobem Haufwerk gebrochen wird.

Gewicht der Maschinenkörper beträgt zwischen 35 und 80 t, das der Tender zwischen 15 und 25 t. — Bei tenderlosen Maschinen sind die Längen zwischen 14 und 21 m, die Gewichte zwischen 160 und 460 t. — Die installierte Leistung ist je nach Typ 220 bis 980 kW, der hydraulische Anpreßdruck je nach Typ 150 bis 800 Mp.

Mit Rollenmeißeln ist auch der Schneidkopf der „Tunnelbohrmaschinen" von Wirth bestückt, die besonders für Arbeit in sehr hartem abrasivem Gestein wie Granit oder Gneis entwickelt wurden.

Es gibt auch Weichgesteinsmaschinen ohne oder mit Schild, die vorn einen allseitig schwenkbaren Schneidausleger tragen, an dessen Spitze ein Schrämkopf rotiert (z. B. DEMAG-Nashorn). Dieser arbeitet punktförmig und kann jedes beliebige Profil aus der Abbaufläche herausschneiden.

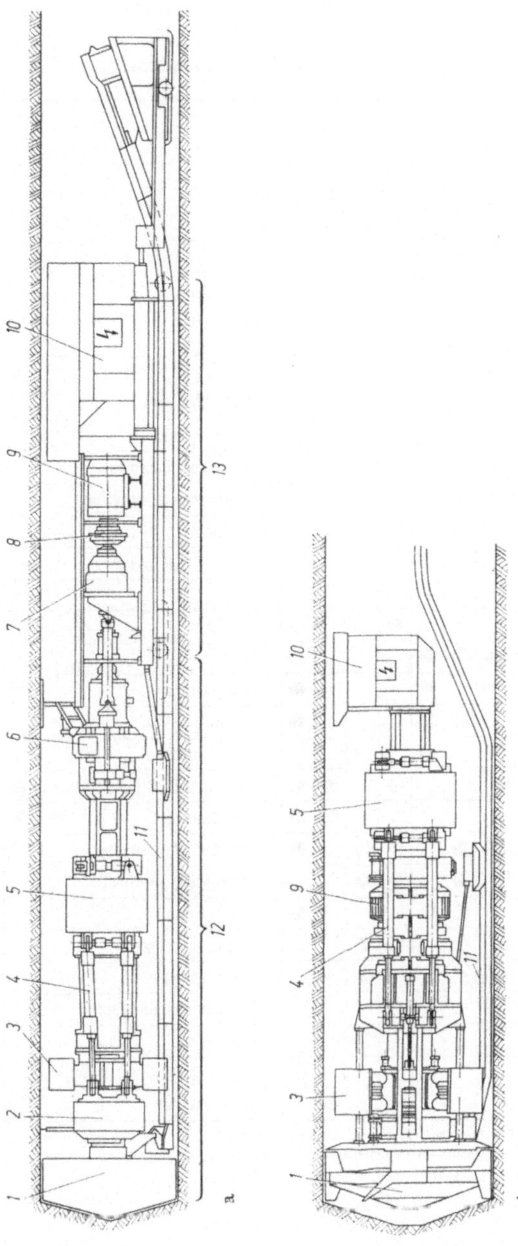

Bild 2.1-57. Vollmechanische Tunnelvortriebsmaschinen für Hartgestein (DEMAG TVM H). *1* Bohrkopf, *2* Traverse, *3* vordere Abspannung, *4* Vorschubzylinder, *5* hintere Abspannung, *6* Verteilergetriebe, *7* Planetengetriebe, *8* Turbokupplungen, *9* Antriebsmotoren, *10* Fahrerstand, *11* Kettenförderer, *12* Maschinenkörper, *13* Schlepptender (a Vertikalschnitt, b Horizontalschnitt).

Tabelle 2.1-1. Bohrgerätearten und ihre Anwendung

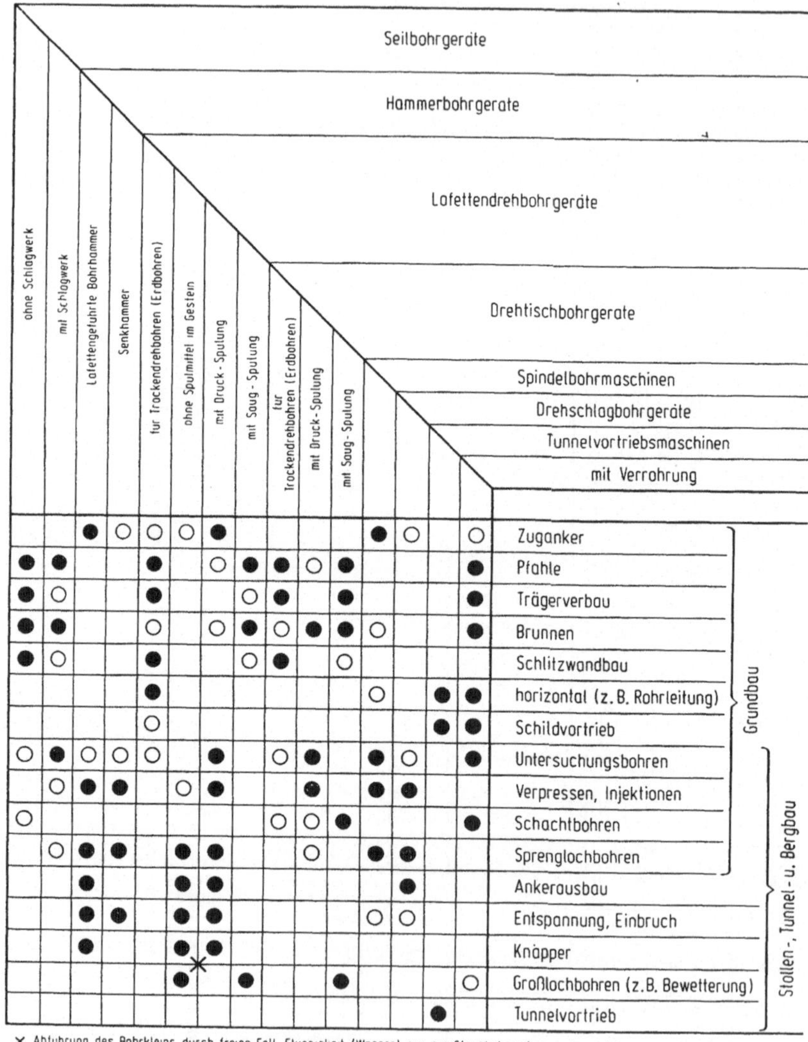

Anwendung	Seilbohrgeräte ohne Schlagwerk	Seilbohrgeräte mit Schlagwerk	Hammerbohrgeräte Lafettengeführte Bohrhammer	Hammerbohrgeräte Senkhammer	Lafettendrehbohrgeräte für Trockendrehbohren (Erdbohren)	Lafettendrehbohrgeräte ohne Spülmittel im Gestein	Lafettendrehbohrgeräte mit Druck-Spülung	Lafettendrehbohrgeräte mit Saug-Spülung	Drehtischbohrgeräte für Trockendrehbohren (Erdbohren)	Drehtischbohrgeräte mit Druck-Spülung	Drehtischbohrgeräte mit Saug-Spülung	Spindelbohrmaschinen	Drehschlagbohrgeräte	Tunnelvortriebsmaschinen	mit Verrohrung
Zuganker			●	○	○	○	●					●	○		○
Pfähle	●	●			●		○	●	●	○	●				●
Trägerverbau	●	○			●		○	●		●					●
Brunnen	●	●			○		○	●	○	●	●	○			●
Schlitzwandbau	●	○			●		○	●		○					
horizontal (z.B. Rohrleitung)					●							○		●	●
Schildvortrieb					○									●	●
Untersuchungsbohren	○	●	○	○	○		●		○	●		●	○		●
Verpressen, Injektionen		○	●	●		○	●			●		●	●		
Schachtbohren	○								○	○	●				●
Sprenglochbohren		○	●	●		●	●		○			●	●		
Ankerausbau			●			●	●					●			
Entspannung, Einbruch		●	●			●	●					○	○		
Knäpper			●			●	●								
Großlochbohren (z.B. Bewetterung)					● ✕			●			●				○
Tunnelvortrieb														●	

Gruppierung der Zeilen: Zuganker … Schildvortrieb = Grundbau; Untersuchungsbohren … Tunnelvortrieb = Stollen-, Tunnel- u. Bergbau.

✕ Abführung des Bohrkleins durch freien Fall, Flüssigkeit (Wasser) nur zur Staubbekämpfung, ebenso Kernringbohrmaschine
● geeignet für die entsprechenden Anwendungsgebiete oder häufig in den Aufbauvarianten
○ weniger gut geeignet bzw. selten angewendet oder seltener als Aufbauvarianten angetroffen

Tabelle 2.1-2. Bohrgerätearten und ihre Aufbauvarianten

Spaltengruppen: *Seilbohrgeräte* (ohne Schlagwerk, mit Schlagwerk) · *Hammerbohrgeräte* (Lafettengeführte Bohrhammer, Senkhammer) · *Lafettendrehbohrgeräte* (für Trockendrehbohren (Erdbohrer), ohne Spülmittel im Gestein, mit Druck-Spülung, mit Saug-Spülung) · *Drehtischbohrgeräte* (für Trockendrehbohren (Erdbohrer), mit Druck-Spülung, mit Saug-Spülung) · Spindelbohrmaschinen · Drehschlagbohrgeräte · Tunnelvortriebsmaschinen

ohne Schlagwerk	mit Schlagwerk	Lafettengeführte Bohrhammer	Senkhammer	für Trockendrehbohren (Erdbohrer)	ohne Spülmittel im Gestein	mit Druck-Spülung	mit Saug-Spülung	für Trockendrehbohren (Erdbohrer)	mit Druck-Spülung	mit Saug-Spülung	Spindelbohrmaschinen	Drehschlagbohrgeräte	Tunnelvortriebsmaschinen	
●	●	●	○	○	○	●	○		○	○	●	●		Schlitten
●	○			○			○	○	○	○			●	Schreitwerk
		●	○		●	●					○	●		schienenfahrbar
		●	●		●	●					●	●		Fahrrahmen
○	○	○		○		●					●			Anhänger einachsig
●	●			●		●	●	○	●	●	●			Anhänger mehrachsig
○	●	○	○	●	○	●	●	●	●	●	●	○		LKW
●	○	●	●	●	○	●	○	●	○	○	●	●	○	raupenfahrbar
●	●	○		●		○	●	●	○	●				Bagger, Kran
		●			●	●						●		Portal
		●			●	●						●		Bohrwagen
		●			●	●						●		Bohrwagen, mehrarmig
		○	●		●	●						○		mit Gestängemagazin
○						●	●		●	●	●			mit Spülpumpensatz
	●	○			●	●			○	●	●	○		mit Kompressor
●	○		●			○	○	○		○				mit Verrohrungseinrichtung

● geeignet für die entsprechenden Anwendungsgebiete oder häufig in den Aufbauvarianten
○ weniger gut geeignet bzw. selten angewendet oder seltener als Aufbauvarianten angetroffen

2.2 Bodenräumgeräte

[DIN 22266; H 12; 29]

Bodenräumgeräte sind im weitesten Sinne Maschinen, die folgende Teilprozesse vollziehen können: Lösen, Laden, Transportieren und Einbauen. Einige dieser Maschinen können nur für bestimmte Teilprozesse eingesetzt werden (z. B. der Hochlöffelbagger zum Lösen und Laden), andere dagegen für alle vier (z. B. der Motorschürfwagen). Das zu bearbeitende Material ist gewachsener oder bereits von früheren technischen Eingriffen veränderter Boden. Da die meisten Bauvorhaben mit Bodenbewegungen verbunden sind, haben diese Geräte für das Bauwesen erhebliche Bedeutung.

Zu den Bodenräumgeräten gehören, soweit es sich um Maschinen und nicht um einfache Handwerkzeuge handelt, Bagger und Lader in den verschiedensten Konstruktionsformen.

Nach ihrer Arbeitsweise teilt man sie in stetig (kontinuierlich) und absetzend (intermittierend) arbeitende Maschinen ein. Je nach Art des Arbeitsplatzes unterscheidet man zwischen Trockenbaggern (Einsatzort an Land) und den in flachen Gewässern eingesetzten Naßbaggern.

2.2.1 Trockenbagger

Einen Überblick über die Einsatzbereiche von Trockenbaggern gibt Bild 2.2-1.

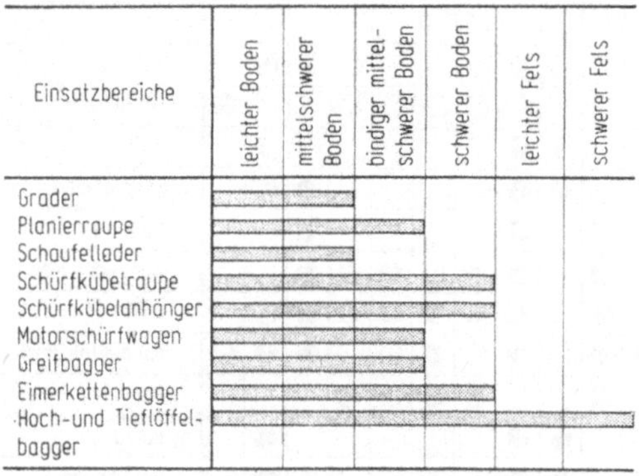

Einsatzbereiche	leichter Boden	mittelschwerer Boden	bindiger mittel-schwerer Boden	schwerer Boden	leichter Fels	schwerer Fels
Grader	▨	▨				
Planierraupe	▨	▨	▨			
Schaufellader	▨	▨				
Schürfkübelraupe	▨	▨	▨	▨		
Schürfkübelanhänger	▨	▨	▨			
Motorschürfwagen	▨	▨	▨			
Greifbagger	▨	▨	▨			
Eimerkettenbagger	▨	▨	▨			
Hoch-und Tieflöffel-bagger	▨	▨	▨	▨	▨	▨

Bild 2.2-1. Einsatzbereiche von Trockenbaggergeräten (nach [H 26]).

2.2.1.1 Intermittierend arbeitende Trockenbagger

Wegen der vielseitigen Verwendungsmöglichkeit bezeichnet man die unter 2.2.1.1.1 und 2.2.1.1.2 behandelten Bagger auch als *Universalbagger*.

2.2.1.1.1 Seilzugbagger, auch *Seilbagger* genannt, führen fast alle Bewegungen ihrer Baggerwerkzeuge mit Hilfe von Windwerken und Drahtseilen aus. Die konventionellen Seilbagger der kleinen und mittleren Typen haben gegenüber den Hydraulikbaggern an Bedeutung verloren. Für bestimmte Aufgaben sind sie aber noch unentbehrlich. So kann man z. B. bei Greiferarbeiten durch Verlängerung der Gitterausleger große Reichweiten ermöglichen und durch das große Seilspulvermögen Arbeiten in größeren Tiefen durchführen. Ferner kann nur ein Seilbagger mit einer Schleppschaufel ausgerüstet werden. Bei Arbeiten in Steinbrüchen werden Seilbagger mit Hochlöffeleinrichtungen noch heute mit Erfolg eingesetzt.

Dem jeweiligen Arbeitszweck entsprechend werden die Seilzugbagger mit Hochlöffel, Tieflöffel, Greifer, Schleppschaufel oder Fallbirne ausgerüstet. Sie lassen sich auch für Kran-, Bohr- und Rammarbeiten oder als Freifallstampfer verwenden.

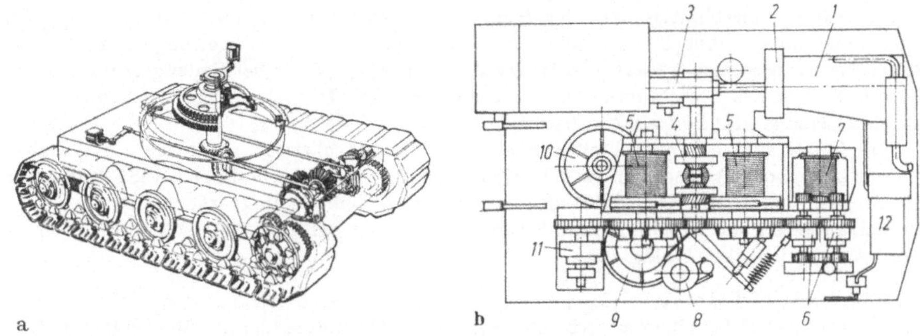

Bild 2.2-2. a) Unterwagen eines Seilzugbaggers (DEMAG BL 315).

Bild 2.2-2. b) Oberwagenaufbau eines Seilzug-Universalbaggers (DEMAG B 406-LC). *1* Antriebsmotor, *2* Turbokupplung, *3* Zweigang-Schaltgetriebe, *4* Vorgelegewelle, *5* Doppeltrommel-Hubwerk, *6* Einziehwerk (Auslegerverstellung), *7* Einziehtrommel, *8* hydraulisches Feindrehwerk, *9* Stirnrad zum Drehwerk mit Bandbremse, *10* Stirnrad zum Fahrwerk, *11* Hilfswinde (z. B. zum Greiferheranziehen, Tieflöffelkippen), *12* Kraftstofftank.

2.2.1.1.1.1 Grundgerät. Der *Unterwagen* ist bei *raupenfahrbaren Seilbaggern* ein Kastenträger, elektrisch geschweißt, spannungsfrei geglüht und staubdicht gekapselt. Er enthält das Getriebe für den Fahrantrieb, Lenkkupplungen und -bremsen (Bild 2.2-2a). Die Raupenketten bestehen aus robusten, im Gesenk geschmiedeten Gliedern. Die Achse der Umlenkrollen ist horizontal gegen Federn verschiebbar und sorgt damit für gleichmäßige Spannung bzw. Elastizität der Ketten. Über Kegelradgetriebe und ein im Ölbad laufendes Stirnradgetriebe werden die Raupenketten einzeln oder gemeinsam und je nach Betriebsart (z. B. Geradeausfahrt oder Wenden auf der Stelle) gleichsinnig oder gegenläufig angetrieben. Die Fahrwerkskupplungen und Bremsen im Unterwagen sind meist druckluftgesteuert.

Auch der *Oberwagen* ist ein Kastenträger. Auf dem Oberwagen befinden sich die Antriebsteile: Dieselmotor mit Drehmomentwandler (hydraulisches Getriebe), Duplexkette, Vorgelegewelle mit Scheibenkupplungen, Drehwerk, Fahrwerk, Schlingbandbremsen in Hubwerk und Einziehwerk, Hubtrommeln (Bild 2.2-2b). Statt des Dieselmotors kann bei manchen Bauarten auch ein Elektromotor als Antrieb dienen.

Reifenfahrbare Seilbagger haben entweder ein zwei- oder dreiachsiges Fahrgestell und einen gemeinsamen Fahr- und Baggermotor (*Mobil-Seilbagger,* auch als Mobilkran verwendbar), oder sie sind auf einem Lkw-Chassis montiert entsprechend den Autokranen und haben getrennte Fahr- und Baggermotoren (*Auto-Bagger*), vgl. 2.3.1.2.3.6. Die Drehverbindung zwischen Ober- und Unterwagen besteht aus einem Doppelwälzkörperring großen Durchmessers, der Zug- und Druckkräfte sowie horizontale Kräfte vom Oberwagen auf den Unterwagen überträgt.

6*

Vereinzelt werden auch Großbagger gebaut, die statt eines Fahrwerks ein *Schreitwerk* haben.

2.2.1.1.1.2 Hochlöffel sind Stahllöffel für schwere Grabarbeit, die von unten nach oben schneiden; im wesentlichen über dem Planum, auf dem der Bagger steht. Zu diesem Zweck ist die Löffellippe als Schneide ausgebildet und mit Reißzähnen bestückt. Der Löffelstiel wird in der Regel nicht starr am Ausleger des Baggers befestigt, sondern in einer am Ausleger angebrachten Löffeltasche vor- und rückschiebbar gelagert. Vorstoßen und Zurückziehen erfolgen unabhängig von der Heb- oder Senkbewegung des Auslegers. Es wird vom Baggermotor über Zwischenglieder, z. B. Vorgelegewelle, Kegelradgetriebe, Welle, Ritzel und Zahnstange bewirkt (z. B. DEMAG BL 315) oder über Seilzug (Bild 2.2-3a). Zum Entleeren des Löffels kann eine Klappe oder ein Pendelschieber vorhanden sein, die über Seilzug oder hydraulisch betätigt werden.

Die Löffel sind aus verschleißfestem Material vollelektrisch geschweißt und haben einen Inhalt von 0,25 bis 4,5 m³; es gibt Großbagger in den USA und der UdSSR mit einem Löffelinhalt von 50 m³. Die Reißkraft hängt vom jeweiligen Baggertyp ab.

Seilzugbagger mit Hochlöffelausrüstung eignen sich besonders für schwere Arbeit an einer Wand oder einer Halde.

2.2.1.1.1.3 Tieflöffel arbeiten im Tiefschnitt, z. B. zum Ausheben von Baugruben. Auch die Tieflöffel bestehen aus verschleißfestem Stahl und sind mit einer Schneide und Reißzähnen versehen.

Der Löffelstiel ist beweglich am Baggerausleger angelenkt. Er kann unabhängig vom Heben oder Senken des Auslegers mittels Seilzügen vor- oder zurückgeschwenkt werden (Bild 2.2-3b). Der Schnittwinkel des Tieflöffels läßt sich bei manchen Bauarten mit Hilfe eines sog. Hahnenkammes, der für verschiedene Stellungen entsprechende Rasten hat, vom Fahrerhaus aus verstellen. In der Regel erhalten die Tieflöffel einen etwas geringeren Inhalt als die für den gleichen Grundbaggertyp verwendeten Hochlöffel. Tieflöffelbagger mit Seilzug sind heute weitgehend durch Hydraulikbagger ersetzt, vgl. 2.2.1.1.2.2.

2.2.1.1.1.4 Greifer (Bild 2.2-3c) hängen an einem oder zwei Drahtseilen, die über eine Seilrolle an der Spitze des Baggerauslegers zum Windwerk geführt sind. Dementsprechend werden *Einseil-* und *Zweiseilgreifer* unterschieden. Bei der Arbeit wird der geöffnete Greifer auf den Boden gesetzt; er gräbt sich durch sein Eigengewicht ein. Das Hubseil ist wie ein Flaschenzug eingeschert, so daß sich der Greifer beim Anziehen des Hubseiles schließt.

Er wird weiter hochgezogen. Der Bagger schwenkt seitwärts bis zur Entladestelle. Dort wird der Greifer entleert. Das geschieht bei Einseilgreifern, die nur ein Hubseil haben, mit Hilfe einer Haltevorrichtung. An ihr wird der Greifer während des Nachlassens des Hubseiles festgehalten. Nach Entleeren muß die Haltevorrichtung von Hand oder selbsttätig gelöst werden. Das ist zeitraubend. Rascher arbeitet der Zweiseilgreifer. Er hat ein Hubseil und ein Halteseil (es gibt auch Vierseilgreifer mit paarigen Hub- und Halteseilen). Das Hubseil schließt und hebt den Greifer, wenn es angezogen wird. Beim Nachlassen des Hubseiles hängt der Greifer am Halteseil und öffnet sich. Das kann in beliebiger Höhe geschehen. Allerdings setzt der Zweiseilbetrieb das Vorhandensein von zwei unabhängig voneinander einzukuppelnden oder abzubremsenden Seiltrommeln im Windwerk voraus.

Greiferarten und -größen sind von ihrem Zweck bestimmt. *Baggergreifer* werden hauptsächlich für Erdarbeiten aller Art benutzt, z. B. zum Aushub von Baugruben, im Straßenbau, bei der Kiesgewinnung, beim Trümmerräumen, auch für Unterwasserarbeit. *Verladegreifer* sind wesentlich leichter ausgeführt als Baggergreifer, können daher bei gleichem Grundbagger ein größeres Fassungsvermögen haben und mehr Last aufnehmen. Die Greiferschalen haben aufgeschweißte Spezialschneiden. *Mehrschalengreifer* (*Polypgreifer*) werden für sperriges und grobes Fördergut verwendet, z. B. Misch- und Kernschrott, Schrottpakete, Masseln, Kalksteine, Grobschotter. Außerdem gibt es noch *Spezialgreifer* für eng begrenzte Sonderzwecke, z. B. Brunnengreifer und Schlitzwandgreifer.

Zur Greifereinrichtung gehört auch eine Beruhigungsvorrichtung. Sie hält den Greifer bei Drehbewegungen des Baggers in Ruhe. Da die Grabkraft von Greifern an Seilbaggern lediglich vom Eigengewicht des fallenden Greifers abhängt, kann sie keine großen Werte

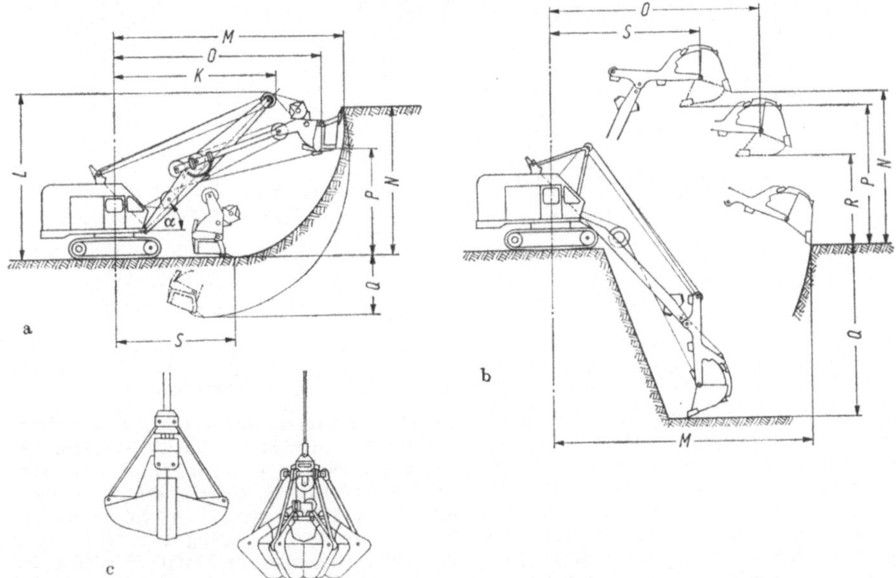

Bild 2.2-3. a) Seilzug-Universalbagger (O & K R 12) mit Hochlöffel. Dienstgewicht mit Hochlöffelausrüstung $\approx$ 35 t. Motorleistung Diesel 75/80 kW bei 1900 U/min oder Elektromotor 75 kW bei 1450 U/min. Hochlöffelinhalt 1150 dm^3, maximale Reißkraft am Hochlöffel 230 kN. Oberwagen 360° schwenkbar. α Auslegerneigung, K Mitte Bagger bis Vorderkante Ausleger, L Planum bis Oberkante Ausleger, M größte Reichweite, N größte Reichhöhe, O größte Ausschüttweite, P größte Ausschütthöhe, Q größte Reichtiefe, S Mitte Bagger bis maximale Weite des Löffels auf Planum. —

Bei $\alpha = 30°$ sind in mm: $K = 6700$, $L = 4550$, $M = 8750$, $N = 4400$, $O = 7800$, $P = 3100$, $Q = 2150$, $S = 5150$; bei $\alpha = 45°$: $K = 5800$, $L = 5800$, $M = 8200$, $N = 6100$, $O = 7300$, $P = 4700$, $Q = 1600$, $S = 5000$; bei $\alpha = 60°$: $K = 4550$, $L = 6700$, $M = 7600$, $N = 7550$, $O = 6650$, $P = 5700$, $Q = 1200$, $S = 4400$.

Bild 2.2-3. b) Seilzug-Universalbagger mit Tieflöffel (O & K R 12). Grundgerät wie Bild 2.2-3 a). — Maße in mm: Größte Reichweite auf Planum $M = 10600$, größte Reichhöhe über Planum $N = 6600$, größte Ausschüttweite $O = 8450$ (bei Ausschütthöhe $R = 3500$), größte Ausschütthöhe $P = 5850$, größte Reichtiefe zwischen Raupen mit Universalwindwerk $Q = 5000$, desgl. mit Tieflöffelwindwerk $Q = 6600$ bzw. größte Reichtiefe über Raupenecke mit Universalwindwerk $Q = 4500$, mit Tieflöffelwindwerk $Q = 5100$, S Ausschüttweite bei größter Ausschütthöhe P ($S = 6700$); Löffelinhalt 900 dm^3, Löffelbreite über Seitenzähne 1100 mm, Auslegerlänge 6000 mm.

Bild 2.2-3. c) Zweiseilgreifer; links: Baggergreifer, rechts: Mehrschalengreifer (nach DEMAG).

erreichen. Daher werden für viele Aufgaben mehr und mehr Hydraulikbagger mit Greifereinrichtung bevorzugt, bei denen der Greifer unter Druck in den Boden gepreßt werden
kann, vgl. 2.2.1.1.2.3.

2.2.1.1.1.5 Schleppschaufel (Schürfkübel) sind muldenförmige Grabwerkzeuge, die mit
einer Schneide versehen sind. Im Baggerbetrieb werden die Schleppschaufeln mit Seilen

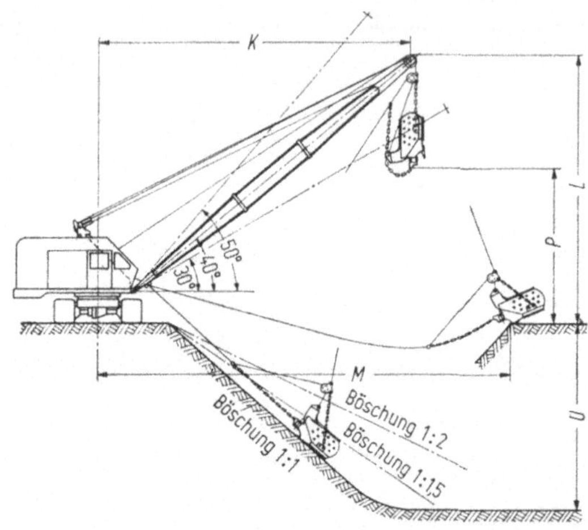

Bild 2.2-4. Universalbagger (O & K R 12) mit **Schleppschaufel.** Grundgerät wie Bild 2.2-3a. Dienstgewicht mit Gitterausleger und Schleppschaufelausrüstung $\approx$ 31 t. Schaufelinhalt 500, 750, 900
oder 1200 dm³. Auslegerlängen 13 m, 16 m, 19 m. Auslegerneigung α = 30°, 40° oder 50°. K Ausschüttweite, L Höhe des Auslegers, M Grabweite, P Ausschütthöhe, U Grabtiefe. — Je nach
Auslegerneigung ist bei Auslegerlänge 13 m in mm: K = 12800 bis 9900, L = 7900 bis 11350,
M = 16300 bis 15000, P = 3000 bis 6450, U = 8500 bis 5050; bei Auslegerlänge 16 m: K = 15400
bis 11850, L = 9400 bis 13650, M = 19500 bis 18000, P = 4500 bis 13100, U = 7000 bis
2750; bei Auslegerlänge 19 m: K = 18100 bis 13850, L = 10950 bis 15950, M = 23000 bis 21100,
P = 6050 bis 11050, U = 5450 bis 500.

über den zu lösenden Boden oder über Schüttgut gezogen und füllen sich dabei. Grundsätzlich ist die Arbeitsweise die gleiche wie bei Schrappern (2.3.3.2.5), nur das Grabwerkzeug
ist ein anderes.

Als Baggerwerkzeug werden Schleppschaufeln entweder an *Schleppschaufelbaggern* oder
an *Kabelbaggern* verwendet.

Schleppschaufelbagger (Schürfkübelbagger, Eimerseilbagger) haben eine zwischen zwei
Seilen aufgehängte Schleppschaufel (Bild 2.2-4). Das *Grabseil (Schürfseil)* zieht die Schaufel
mit der Schneide voran über den Boden oder das Schüttgut. Das über einen langen Gitterausleger geführte *Hubseil (Rückholseil, Entleerseil)* zieht die Schaufel zur Auslegerspitze
zurück. Dort wird die Schaufel durch Nachlassen des Grabseiles gekippt. Das Grundgerät,
das den langen Gitterausleger trägt, ist ein normaler Seilzugbagger. Mit der Schleppschaufel
werden in schnittfähigen Böden hohe Förderleistungen erreicht. Die Schaufel ist aus hochfesten Blechen gefertigt. Schneidlippe, Reißzähne und Verschleißleisten bestehen aus
Spezialstahl. Schaufeln mit perforierter Wandung, ursprünglich für Unterwasserarbeit

entwickelt, werden wegen der Gewichtsersparnis auch für andere Erdarbeiten benutzt. Hohe Arbeitsgeschwindigkeiten, große Reichweite, erhebliche Zugkraft des Grabseiles und günstige Form der Schaufel ermöglichen bedeutende Leistungen. Eine schwenkbare Grabseilführung am Fuß des Gitterauslegers läßt das Grabseil einwandfrei auf die Windentrommel auflaufen und streift anhaftendes Erdreich ab.

Schleppschaufelbagger eignen sich z. B. zum Ausheben von Baugruben, für Aufgaben des Wasserbaues, zum Abtragen von Deckgebirge oder von Halden und ähnliche Aufgaben.

Kabelbagger [H 12] haben wie Kabelkrane (2.3.1.2.4) zwei feste oder fahrbare Türme, den *Maschinenturm* und den *Gegenturm*, zwischen denen ein Tragseil gespannt ist. Auf diesem fährt eine Laufkatze mit angehängtem Schürfkübel hin und her. Das Tragseil kann mit Hilfe eines Flaschenzuges oder einer Hubschwinge angezogen oder nachgelassen werden (Bild 2.2-5a). Bei abgesenktem Tragseil zieht das *Grabseil* (*Schürfseil*) den Schürfkübel

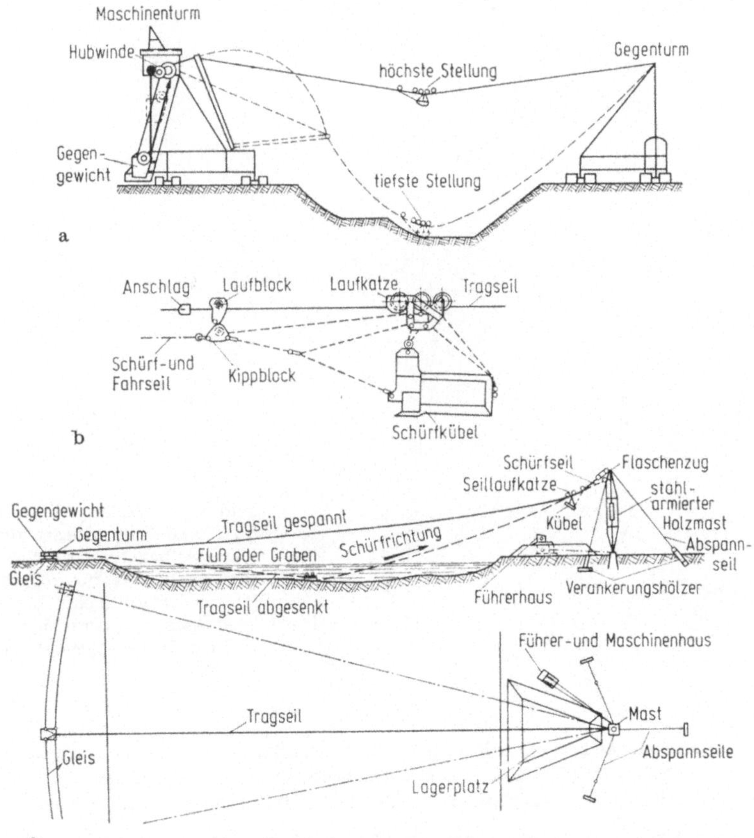

Bild 2.2-5. a) Kabelbagger mit Hubschwinge, nach [H 11]; b) Kippvorrichtung mit festem Anschlag am Tragseil für Kleinkabelbagger, nach [H 12].

Bild 2.2-5. c) Kabelbagger mit radial verfahrbarem Gegenturm.

über den zu lösenden Boden oder das Schüttgut. Dabei füllt sich der Kübel. Dann wird das Tragseil angezogen und die Laufkatze zu einem der beiden Türme geholt. Dort wird der Kübel durch eine Entleervorrichtung entleert, z. B. durch eine Kippvorrichtung mit festem Anschlag am Tragseil (Bild 2.2-5b). Zum Gegenturm wird die Laufkatze meist von einem Hubseil gezogen. Es gibt aber auch Kleinkabelbagger mit hohem Maschinen- und niedrigem Gegenturm, bei denen die Laufkatze auf dem schräg gespannten Tragseil infolge der Schwerkraft zurückläuft (Bild 2.2-5c). Kabelbagger wurden mit Spannweiten bis 420 m, für Kübelinhalt bis 14 m³ und für Fördermengen bis 400 t/h ausgeführt. Sie werden z. B. auf ausgedehnten oder schwer zugänglichen Baustellen, ferner im Wasserbau oder in Sand-, Lehm- und Kiesgruben eingesetzt.

2.2.1.1.1.6 Sonderausrüstungen. Für Greifer-, Schleppschaufel- und Kranarbeit gibt es Gitterausleger und Schweißkonstruktionen, die durch Zwischenstücke verlängerbar sind.

An der Spitze des Hauptauslegers läßt sich noch ein Hilfsausleger anbringen; hierdurch läßt sich eine größere Rollenhöhe erreichen (Bild 2.2-6).

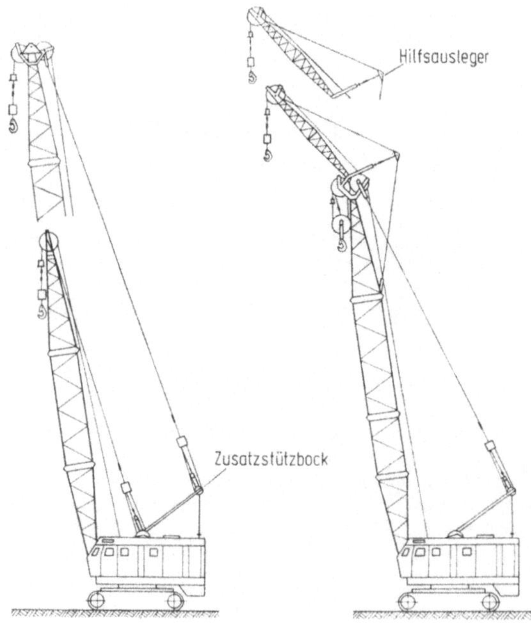

Bild 2.2-6. Verlängerbarer Gitterausleger und Hilfsausleger für Seilzug-Universalbagger (DEMAG). Der Zusatzstützbock ist für größere Auslegerlängen erforderlich. Der Hilfsausleger kann am normalen Rollenkopf und am Doppelrollenkopf angebracht werden.

Die Gitterausleger können mit verschiedenen Sondereinrichtungen ausgerüstet werden, u. a. mit *Lasthaken* (Bild 2.2-7), *Lastmagneten,* sowie mit Vorrichtungen für *Ramm-* und *Zieharbeiten* sowie *Bohrvorrichtungen,* die für den U-Bahnbau eine große Rolle spielen.

2.2.1.1.2 Hydraulikbagger. Beim Hydraulikbagger werden die Bewegungen *diesel-hydraulisch* ausgeführt. Auch Drehwerk und Fahrwerk des Grundgerätes werden bei Hydraulikbaggern hydraulisch betätigt; der Antrieb erfolgt von einem Dieselmotor über eine Hydraulikpumpe. Ferner gehören dazu Rohrleitungen, Druckölmotoren und Druckölzylinder mit zugehörigen Kolben sowie den erforderlichen Getrieben und Steuerorganen. Ein moderner Hydraulikbagger verfügt über ein System von selbstregelnden Pumpen, die die vom Motor abgenommene Leistung je nach Grabwiderstand in die Geschwindigkeits- oder Kraftkomponente dirigieren. Ein weiterer Vorteil der Hydraulikbagger ist die Zwangsführung der Arbeitsgeräte, wodurch sich die Anzahl der Arbeitsspiele je Stunde erhöht.

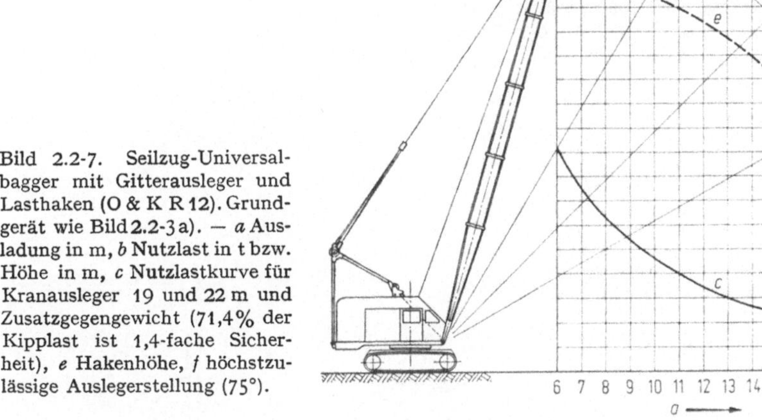

Bild 2.2-7. Seilzug-Universalbagger mit Gitterausleger und Lasthaken (O & K R 12). Grundgerät wie Bild 2.2-3 a). — a Ausladung in m, b Nutzlast in t bzw. Höhe in m, c Nutzlastkurve für Kranausleger 19 und 22 m und Zusatzgegengewicht (71,4 % der Kipplast ist 1,4-fache Sicherheit), e Hakenhöhe, f höchstzulässige Auslegerstellung (75°).

Der Arbeitsdruck der Hydraulik liegt i. allg. bei $\approx$ 250 bis 280 bar Überdruck. Es gibt aber auch Bagger mit mehr als 400 bar Überdruck.

Für das Fahrwerk haben manche Typen dieselmechanischen oder dieselelektrischen Antrieb.

2.2.1.1.2.1 Grundgerät (Grundbagger). Wie bei Seilzugbaggern besteht auch bei Hydraulikbaggern das Grundgerät aus *Unterwagen* und *Oberwagen.* Zum *Unterwagen* gehört das *Raupenfahrwerk (Raupenbagger)* oder *Reifenfahrwerk,* z. B. bei den zweiachsigen *Mobilbaggern.* Wie bei Seilzugbaggern haben Hydraulik-Mobilbagger einen zugleich als Fahr- und Baggerantrieb dienenden Dieselmotor; *Autobagger* dagegen getrennte Dieselmotoren zum Fahren und zum Baggern. Es gibt auch Bagger ohne eigenen Fahrantrieb (z. B. Brøyt-Bagger).

Der *Oberwagen,* der in gleicher Weise wie bei Seilzugbaggern drehbar auf dem Unterwagen gelagert ist, enthält außer dem Dieselmotor die Hydraulik-Pumpen sowie die notwendigen Getriebe und Steuerorgane. Zum Oberwagen gehört auch die lärmgeschützte Vollsichtkanzel.

2.2.1.1.2.2 Hochlöffel, Tieflöffel, Schaufeln, Grabenlöffel. Zum Abbau von Erdmassen und Gestein (Fels) sind die Hydraulikbagger so konstruiert, daß sie für spezifische Arbeiten mit Hochlöffel, Tieflöffel (Bild 2.2-8 und 2.2-9), kombiniertem Hoch- und Tieflöffel,

Bild 2.2-8. Hydraulikbagger (O & K MH 6) mit
Tieflöffel. Dienstgewicht 14,6 t; Dieselmotor-
leistung 48 kW bei 2400 U/min. Tieflöffel-Inhalte
in m³: 0,4 — 0,5 — 0,6 — 0,75; A größte Grabtiefe,
B größte Grabweite, C größte Grabhöhe, D größte
Grabweite bei größter Grabhöhe, E Ausschüttweite bei Ausschütthöhe $F = 3000$ mm. Mit Normalstiel 1,6 m und Auslegerstellung I sind in mm:
$A = 4300$, $B = 7900$, $C = 5300$, $D = 7100$,
$E = 6500$; bei Auslegerstellung II: $A = 3700$,
$B = 8400$, $C = 7200$, $D = 6400$, $E = 6900$; mit
dem nur für Löffelinhalte 0,4 und 0,5 m³ vorgesehenen Normalstiel 2,3 m und Auslegerstellung I sind $A = 5000$, $B = 8600$, $C = 5300$,
$D = 7900$, $E = 7000$; bei Auslegerstellung II:
$A = 4400$, $B = 9100$, $C = 7500$, $D = 7100$,
$E = 7400$.

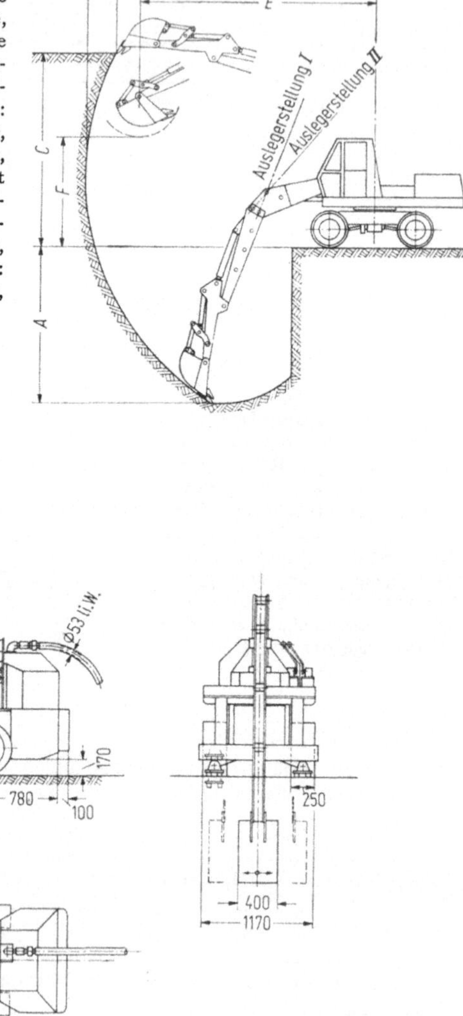

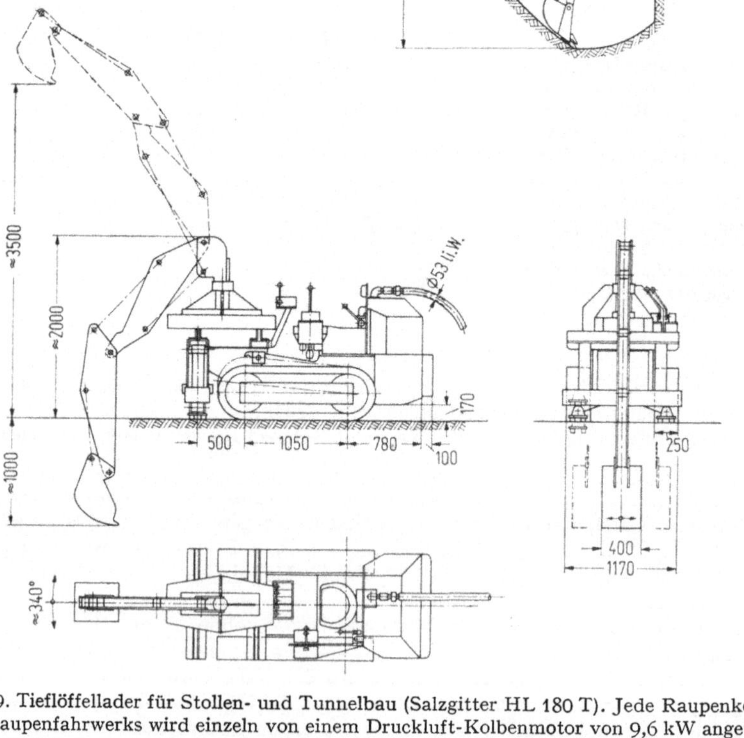

Bild 2.2-9. Tieflöffellader für Stollen- und Tunnelbau (Salzgitter HL 180 T). Jede Raupenkette des
Pendel-Raupenfahrwerks wird einzeln von einem Druckluft-Kolbenmotor von 9,6 kW angetrieben.
Arbeitsgerät ist ein hydraulisch betätigter, um 340° schwenkbarer Ausleger mit Grablöffel. Die
Löffelbreite ist je nach Bedarf zwischen 400 und 600 mm veränderlich. Die Reißkraft des Löffels
hängt vom Hydraulikdruck ab, z. B. 1,75 Mp bei 80 bar Überdruck, 2,5 Mp bei 120 bar Überdruck. Die Grabtiefe reicht bis 1000 mm; die maximale Abwurfhöhe beträgt 3500 mm. Das Gerät
eignet sich besonders zum Ziehen von Wassergräben im Berg-, Stollen- und Tunnelbau. — Längenmaße in mm.

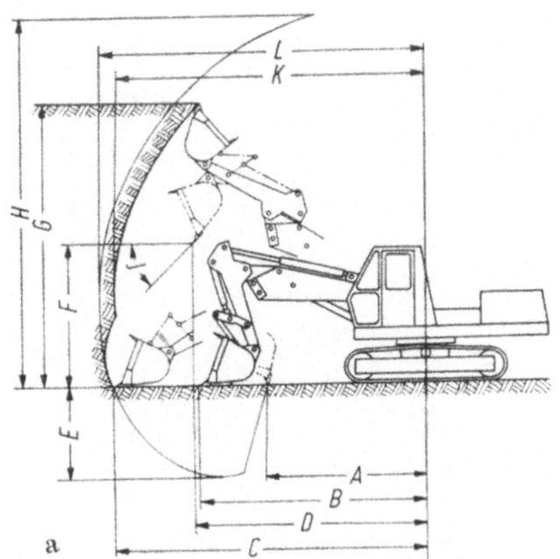

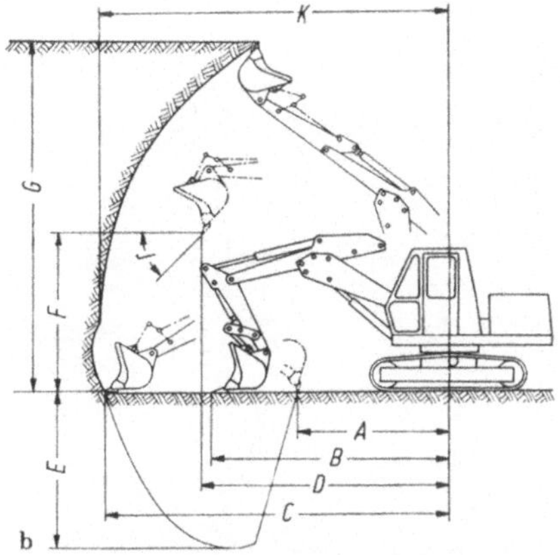

Bild 2.2-10. a) Hydraulikbagger (O & K RH 6) mit Ladeschaufel. Dienstgewicht 15,5 t, Dieselmotorleistung 48 kW bei 2400 U/min. Schaufelinhalt 1,0 und 1,4 m³; *A* Einschnittweite 3100 mm, *B* kleinste Ausladung auf Planum 4550 mm, *C* größte Ausladung auf Planum (Vorschublänge 1700 mm) 6250 mm; *D* Ausschüttweite bei Ausschütthöhe *F* = 3000 mm 4600 mm (maximale Ausschütthöhe 3800 mm); *E* größte Grabtiefe 1800 mm; *G* größte Grabhöhe 5800 mm; *H* maximale Reichhöhe 7500 mm; *J* Ausschüttwinkel 45°; *K* größte Grabweite 6200 mm; *L* maximale Reichweite 6800 mm.

Bild 2.2-10. b) Hydraulikbagger (O & K RH 4) mit Fels- und Grabschaufel. Dienstgewicht 10,6 t, Dieselmotorleistung 37 kW bei 2500 U/min; Inhalt Felsschaufel 0,35 m³, Grabschaufel 0,45 m³; *A* Einschnittweite 2850 mm, *B* kleinste Ausladung auf Planum 4250 mm, *C* größte Ausladung auf Planum (Vorschublänge 2100 mm) 6350 mm, *D* Ausschüttweite bei Ausschütthöhe *F* = 3000 mm, 4600 mm (maximale Ausschütthöhe 3450 mm); *E* größte Grabtiefe 4850 mm; *G* größte Grabhöhe 6450 mm; *J* Ausschüttwinkel 45°; *K* größte Grabweite 6400 mm.

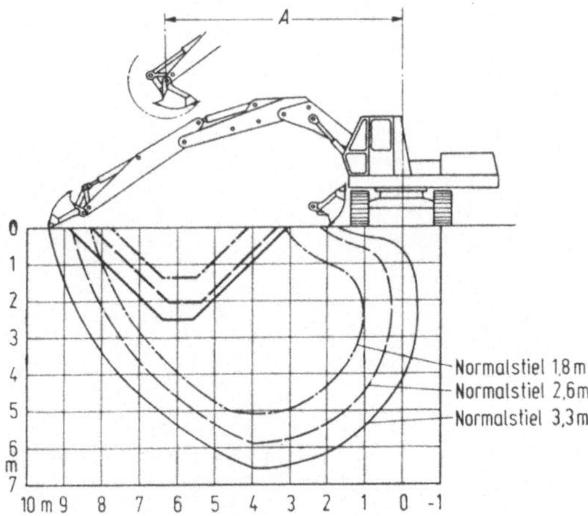

Bild 2.2-11. Hydraulikbagger (O & K RH 9) mit Grabenlöffel. Dienstgewicht 20 t, Dieselmotorleistung 72 kW bei 2400 U/min. Löffelinhalt 0,6 und 0,8 m³; *A* Ausschüttweite bei 3 m Ausschütthöhe mit Normalstiel 1,8 m:6 m; mit Normalstiel 2,6 m: 6,2 m; mit Normalstiel 3,3 m: 6,25 m.

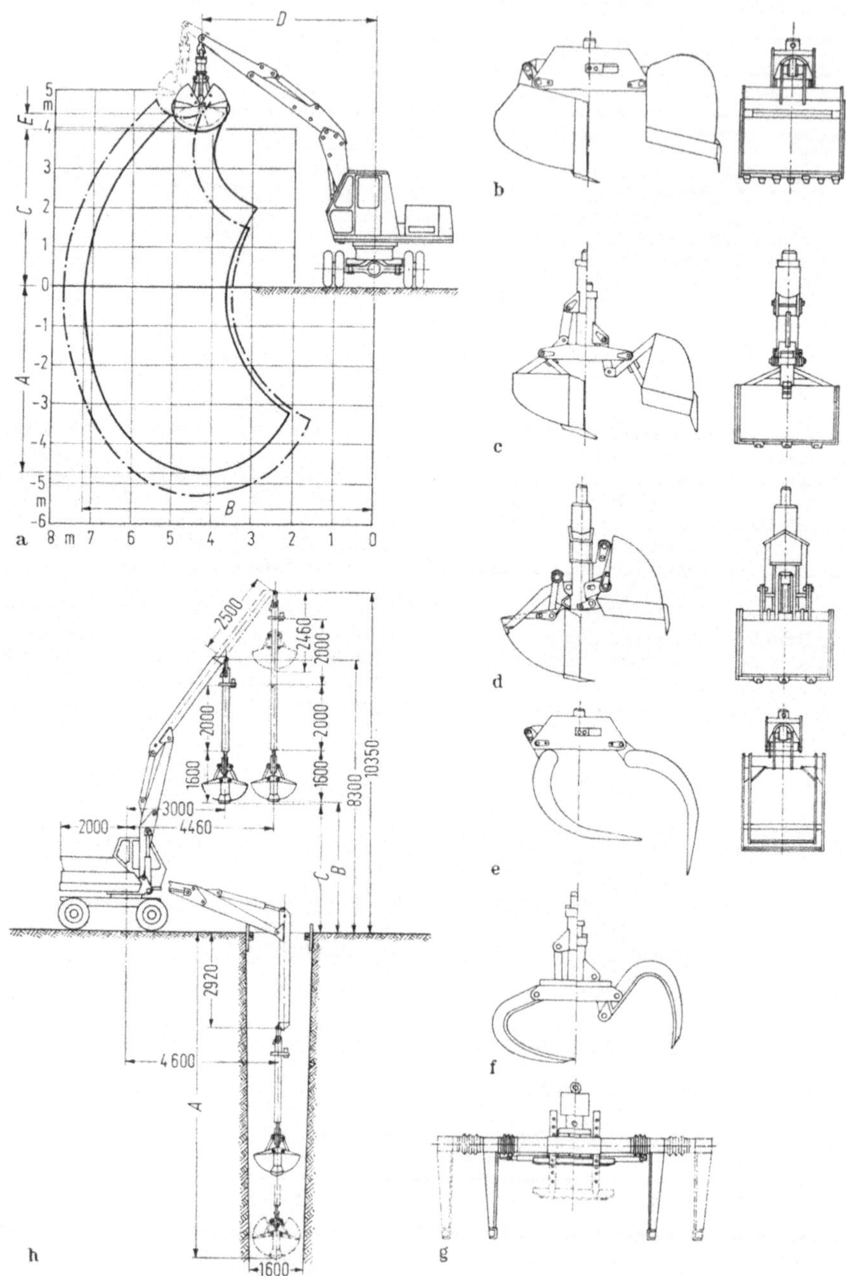
D
E
m
5
4
3
C
2
1
0
-1
A
-2
-3
-4
-5
m
-6
B
a   8 m   7   6   5   4   3   2   1   0
b
c
d
e
f
g
2500
2460
2000
2000
2000
1600
2000
1600
3000
10350
8300
C
B
2000
4460
2920
4600
A
1600
h

Ladeschaufel (Bild 2.2-10a), Fels- und Grabschaufel (Bild 2.2-10b) oder Grabenlöffel (Bild 2.2-11) ausgerüstet werden können.

Für diese Arbeiten werden auch Seilzugbagger (2.2.1.1.1) sowie Flachbaggergeräte (z. B. Ladegeräte mit Raupenfahrwerk, 2.2.1.3.2) eingesetzt.

Die Löffel der Hydraulikbagger gleichen in Form und Material grundsätzlich denen der Seilzugbagger; abgesehen von der Befestigung am Grundgerät, deren Einzelheiten aus den Bildern zu ersehen sind.

Je nach Art und Umfang der durchzuführenden Arbeiten gibt es Hydraulikbagger in leichter, mittlerer und schwerer Bauweise mit Betriebsgewichten von 10 bis etwa 140 t. Die schwersten Hydraulikbagger haben Motorleistung von 573 kW (Poclain EC 1000).

2.2.1.1.2.3 Greifer für Hydraulikbagger unterscheiden sich von den entsprechenden Werkzeugen für Seilzugbagger vor allem dadurch, daß sie sich nicht infolge ihres Eigengewichtes, sondern mit dem von der Hydraulik auf die Greiferschalen ausgeübten Druck in das Fördergut eingraben. Außerdem besorgen das Öffnen und Schließen des Greiferkorbes nicht Seilzüge, sondern ebenfalls Hydraulikzylinder mit Kolben. Dadurch sind Hydraulikgreifer vielseitiger verwendbar als Seilzuggreifer und konnten über die konventionelle Zweischalen- oder Mehrschalenform hinaus zu zahlreichen Sonderformen für Spezialaufgaben entwickelt werden (Bild 2.2-12a bis h).

2.2.1.1.2.4 Kran. Jeder normale Hydraulikbagger kann mit einem Kranhaken ausgerüstet werden. Manche Typen können jedoch außerdem mit einem zusätzlichen Kranausleger ausgestattet werden, z. B. Weyhausen Atlas 1702 (Bild 2.2-13). Dieser Typ wiegt als Raupenbagger mit Tieflöffelausrüstung $\approx$ 15,5 t, als Mobilbagger mit Tieflöffelausrüstung $\approx$ 16,25 t; Antrieb: Dieselmotor 60 kW bei 2000 U/min. Auf den Arm des Grundgerätes kann das Fußstück eines Kranauslegers aufgesetzt werden. Es enthält eine Seilwinde für das 40 m lange Seil von 16 mm Dmr. Der Kranausleger kann durch zwei Zwischenstücke verlängert werden bis auf 15 m Hakenhöhe.

2.2.1.1.2.5 Bohrgeräte. Es gibt Erdbohrgeräte (vgl. 2.1.3), die als Zusatzeinrichtungen für Hydraulikbagger konstruiert sind. Ein typischer Vertreter dieser Geräteart ist das vollhydraulische Baggeranbaugerät BP 3-U (Wirth, Bild 2.2-14). Das Gerät kann für

Bild 2.2-12. a) Mobilgreifbagger (O & K MH 4). *A* größte Grabtiefe, *B* größte Grabweite, *C* größte Ausschütthöhe, *D* Ausschüttweite bei größter Ausschütthöhe, *E* Eindringtiefe beim Schließhub; — Normalstiel 1,5 m, – – Normalstiel 2,1 m. Größere Grabtiefen sind durch Greiferverlängerungen möglich.

Bild 2.2-12. b) bis g) Hydraulische Greifertypen (Auswahl) nach Klaus; b) und c) Zweischalengreifer für Verladearbeiten und leichten Erdaushub; d) Zweischalengreifer für Grabarbeiten und Schüttgutverladen. Zum Auswurf von klebrigem Boden sind in den Schalen Auswurfvorrichtungen eingebaut; e) Holzgreifer; f) Mehrschalengreifer für Erdaushub und Verladen von Schüttgütern sowie Fein- und Grobschrott; je nach Verwendungszweck gibt es verschiedene Greiferarme; g) Stein-Stapelklammer zum Verladen von losen Blocksteinen oder gebündelten Mauersteinpaketen.

Bild 2.2-12. h) Hydraulikbagger mit verlängerter Greifereinrichtung. Bei manchen Typen von Hydraulikbaggern kann die Grabtiefe mit Hilfe einer Sonderausrüstung erheblich vergrößert werden, z. B. Weyhausen Atlas 1302. Dieser Typ hat als Raupenbagger ein Gewicht von $\approx$ 11,5 t, als Mobilbagger $\approx$ 10 t; Antrieb: Dieselmotor 46 kW bei 2300 U/min. Das Grundgerät kann mit einem Spezialausleger und dazugehörigem Teleskop-Knickarm ausgestattet werden, der hydraulisch aus- und einschiebbar ist. — Maße in mm: Maximale Grabtiefe *A* = 13880, Ausschütthöhe bei ausgefahrenem Teleskoparm *B* = 1890 bis 7890 je nach Grabtiefe, bei nicht ausgefahrenem Teleskoparm *C* = 1840 bis 5840 je nach Grabtiefe.

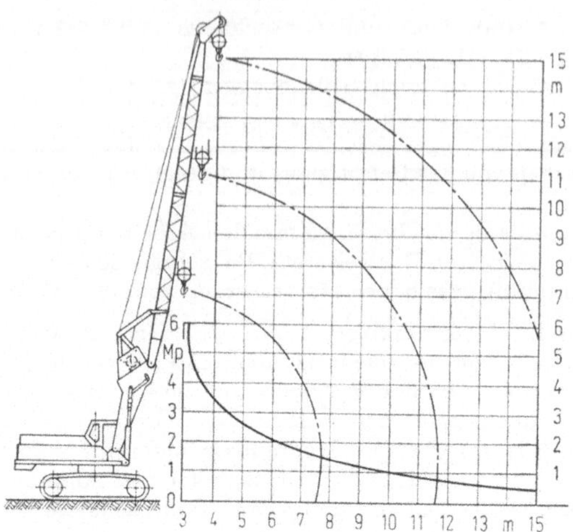

Bild 2.2-13. Hydraulikbagger mit Kranausleger (Weyhausen Atlas 1702). Erläuterungen im Text.

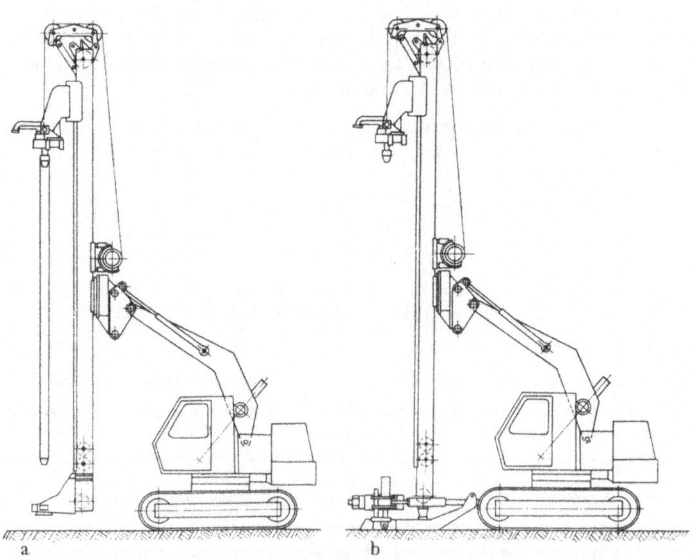

Bild 2.2-14. a) Baggeranbaugerät BP 3-U für Bohrungen (Wirth). Nutzlast des Mastes 20 t; Gestängelänge 6 m; hydraulische Zieh- und Andrückvorrichtung (pulldown), Andruck bis 80 kN und Zugkraft bis 160 kN; Drehmoment des Kraftdrehkopfes normal 950 kp m; hydraulische Seilwinde mit Zugkraft bis 40 kN; weitere Erläuterungen im Text.

Bild 2.2-14. b) Baggeranbaugerät BP 3-U mit angebauter Rohrbewegungseinrichtung.

Pfahlgründungen sowie zum Abteufen von Absenkungs-Großloch- und -Tiefbrunnen nach dem Lufthebe-Strahl- und Rotary-(Direktspül-) Verfahren eingesetzt werden. Es eignet sich auch für Schnecken-, Schappen- und Kernbohren. Mit dem Gerät kann vertikal, horizontal und in Schräglagen gebohrt werden. Der *Kraftdrehkopf* (*power swivel*) wird hydrostatisch angetrieben. Er ist seitlich ausschwenkbar. Mit einem Einsatz-Lufthebe-Spülkopf ausgerüstet kann der Kraftdrehkopf für das Lufthebe- und Strahlsaug-Bohr-

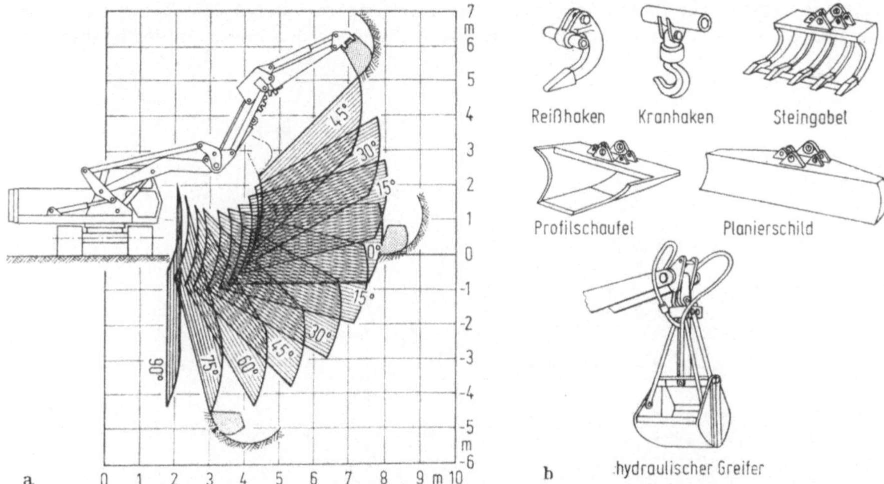

Bild 2.2-15. a) Hydraulikbagger mit Planiervorrichtung (Schwing Exakt-Bagger 850). Erläuterungen im Text.

Bild 2.2-15. b) Zusatzwerkzeuge zum Hydraulikbagger Bild 2.2-15 a).

verfahren verwendet werden. Der Führungsschlitten des Kraftdrehkopfes und die hydraulische Gestänge-Abfangvorrichtung ermöglichen durch ihre Auslage Bohrungen mit Bohrlochdurchmesser bis 1150 mm.

2.2.1.1.2.6 Kombinierte Geräte. Manche Typen von Hydraulikbaggern können mit besonders für sie konstruierten Werkzeugen Aufgaben erfüllen, die über die normalerweise an solche Bagger gestellten Anforderungen hinausgehen. Dazu gehört beispielsweise der Exakt-Bagger 850 mit *Planiervorrichtung* (Schwing, Bild 2.2-15 a). Er kann außer den üblichen Arbeiten von Hydraulikbaggern auch das Planieren von Böschungen übernehmen; er gräbt, planiert und lädt in einem Arbeitsgang. Das Auslegersystem weicht von der gebräuchlichen Form ab: Der Löffelarm ist nicht am Pendelarm (Schaufelarm), sondern am Ausleger angelenkt. Dadurch ist ein Parallel-Führungssystem vorhanden. Das Gerät führt zwangsläufig geradlinige Schnittbewegungen aus (im Bild für verschiedene Böschungswinkel dargestellt). Diese Bagger haben Universallöffel, die durch Umdrehen als Tief- oder Hochlöffel benutzt werden können. Außerdem sind die Arbeitsgeräte, z. B. Löffel, nach beiden Seiten um 50° hydraulisch neigbar, z. B. zum Anfertigen von Profilgräben. Zum Planieren kann der Löffel durch einen Planierschild ersetzt werden. Weitere austauschbare Arbeitswerkzeuge s. Bild 2.2-15 b. — Dienstgewicht je nach Ausrüstung ≈ 17 t; Antrieb: Dieselmotor, Leistung 75 kW; Hydraulik: maximaler Arbeitsdruck

250 bar; Antrieb für Raupenfahrwerk: für jede der beiden Raupen je ein Hydromotor; Steigfähigkeit bis $\approx$ 80%; Fahrgeschwindigkeit $\approx$ 2,7 km/h; Löffelinhalt 0,75 bis 0,95 m³; Ladeschaufelinhalt 1,1 bis 1,4 m³; maximale Reißkraft des Tieflöffels 95 kN; maximale Vorschubkraft der Ladeschaufel 14,5 Mp.

2.2.1.1.2.7 Aufbaubagger (Bild 2.2-16) sind leichte bis mittelschwere Hydraulikbagger, die keinen Unterwagen haben, sondern auf einem Lkw oder einem Zugfahrzeug montiert sind. Sie sind dadurch rasch und vielseitig einsetzbar, z.B. zum Grabenbaggern, zum Grabenräumen oder zur Ladearbeit, wofür sie mit entsprechendem Werkzeug ausgestattet werden. Es ist leicht auswechselbar. Für Ladezwecke werden meist Greifer benutzt.

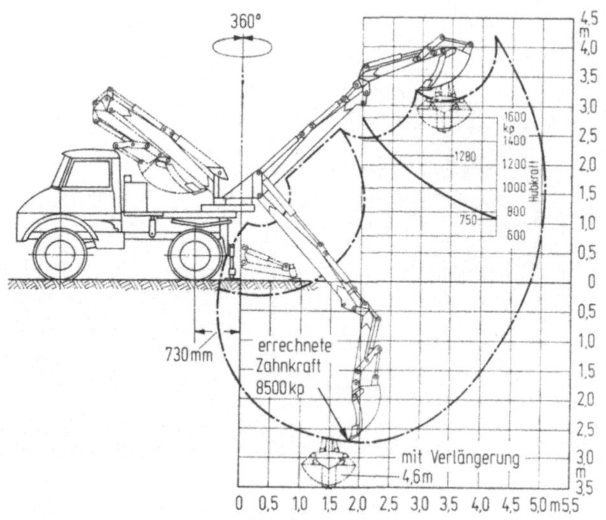

Bild 2.2-16. Aufbaubagger (Hydraulisches Baggergerät Klaus Typ 211 auf Unimog U 45).

2.2.1.1.2.8 Teleskopbagger (Bild 2.2-17a bis c) sind Hydraulikbagger mit teleskopisch ausfahrbarem Arm. Dieser Teleskoparm ist um seine Längsachse drehbar und kann bis etwa 30° gehoben und bis 50°, bei manchen Typen bis 75° gesenkt werden. Mit Hilfe von Zusatzgeräten, z. B. Tieflöffel (Ziehschaufel), Hochlöffel, Planierschild, Aufreißhaken oder Erdbohrer, ist der Teleskoparm ein sehr vielseitiges Arbeitsmittel. Teleskopbagger können die üblichen Baggerarbeiten verrichten, aber auch an Arbeitsplätzen verwendet werden, für die andere Bagger nur mit Schwierigkeiten oder gar nicht gebraucht werden können, z. B. unter Brücken oder in Tunneln. Teleskopbagger sind mit Raupen- oder Reifenfahrwerk ausgerüstet. Es gibt aber auch Bauarten, die mit Hilfe leicht unterschiebbarer Radsätze schienenfahrbar gemacht werden können, sogar selbstfahrend (z. B. Wieger Unidachs M 20).

Im Bild dargestellt ist Wieger Unidachs M 20. Gewicht ohne Werkzeuge 22 t; Antrieb diesel-hydraulisch, Dieselmotor Leistung $\approx$ 160 kW bei $\approx$ 2000 U/min; maximale Reichweite 15 m; unbegrenzter Schwenkbereich; Arbeitswinkel 75° unter und 30° über Horizontalstellung; Armdrehwinkel 182°; maximale Hubkraft (Ausleger eingezogen) 6,1 m vom Drehpunkt des Oberwagens $\approx$ 4,5 Mp; Reißkraft am Reißhaken $\approx$ 10 Mp. — Länge in Transportstellung 8620 mm, Breite 2760 mm, Höhe in Transportstellung 3195 mm. — Fahrgeschwindigkeit auf Raupen $\approx$ 1,3 km/h.

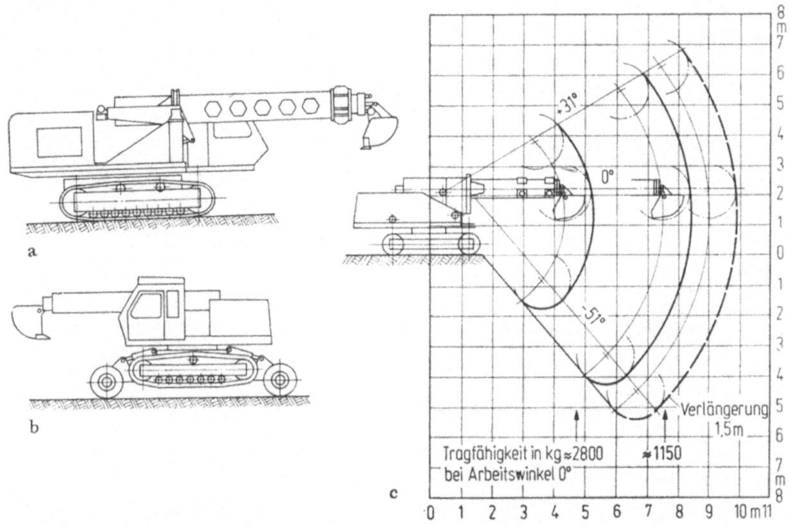

Bild 2.2-17. a) Teleskopbagger (Wieger Unidachs M 20). Erläuterungen im Text.

Bild 2.2-17. b) Teleskopbagger mit kombiniertem Raupen- und Reifenfahrwerk (Wieger Unidachs L 12 RM „Pneutrac"). Gewicht ohne Werkzeuge $\approx$ 12 t; Antrieb dieselhydraulisch, Dieselmotor Leistung $\approx$ 60 kW bei 2300 U/min; maximale Hubkraft $\approx$ 3 Mp; maximale Reichweite 9 m; Schwenkbereich 360° unendlich; Arbeitswinkel 51° unter und 31° über Horizontalstellung; Armdrehwinkel 360° unendlich.

Bild 2.2-17. c) Arbeitsbereich und Tragfähigkeit eines Teleskopbaggers (Wieger Unidachs L 12).

2.2.1.2 Kontinuierlich arbeitende Bagger (Mehrgefäßbagger)

2.2.1.2.1. Eimerkettenbagger [H 12, 7, 10, 16] haben als Grabwerkzeug eine mit Schürfeimern (Bild 2.2-18) bestückte, endlose Gliederkette. Sie läuft stetig um ein leiterartiges Gestell; auf der Unterseite dieser *Eimerleiter* ist sie entweder gerade geführt oder sie arbeitet mit Durchhang. Der Antrieb erfolgt am Oberturas mit Verbrennungs- oder Elektromotor, auch dieselelektrisch. Die Eimerleiter ist einfach oder geknickt. Dadurch können auch grabenähnliche Profile geschnitten werden, z. B. für Kanalbau. Besondere *Grabenbagger* vgl. 2.2.1.2.3. Eimerkettenbagger haben als Trockenbagger ein Schienen- oder Raupenfahrwerk. Während die Eimerkette umläuft, wird der Bagger längs der entstehenden Böschung verfahren. Der Boden wird je nach Leiterstellung im Hoch- oder Tiefschnitt gelöst (Bild 2.2-19), von den Eimern zum Oberturas befördert und dort in den Schütttrumpf entleert, vgl. [H 12]. Hier wird das Fördergut unmittelbar oder über eine Beladevorrichtung an Stetigförderer oder Fahrzeuge abgegeben.

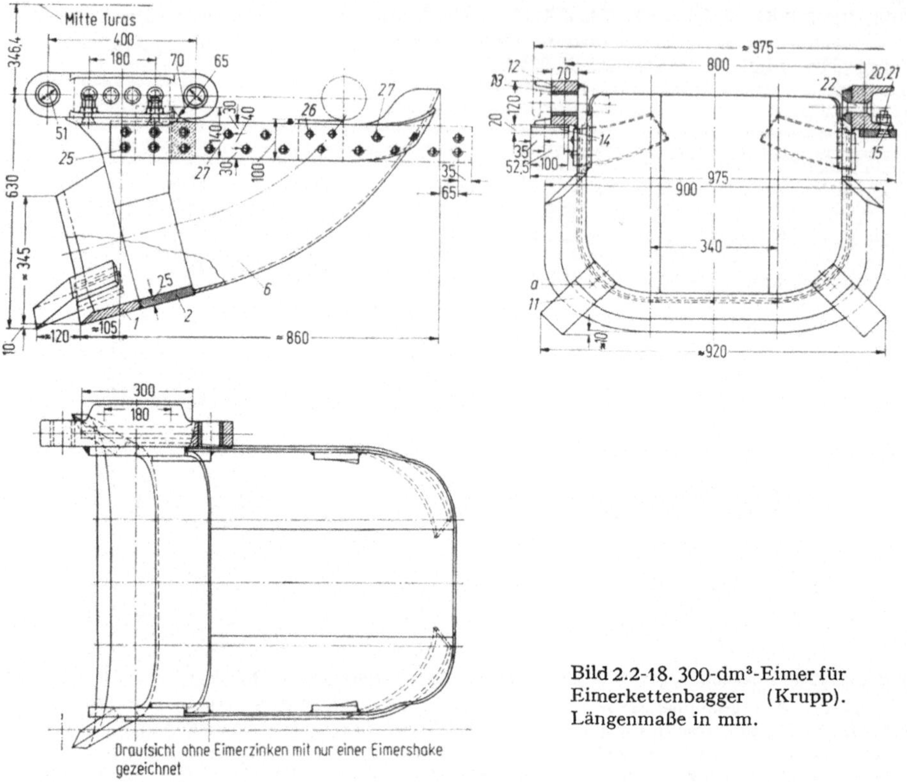

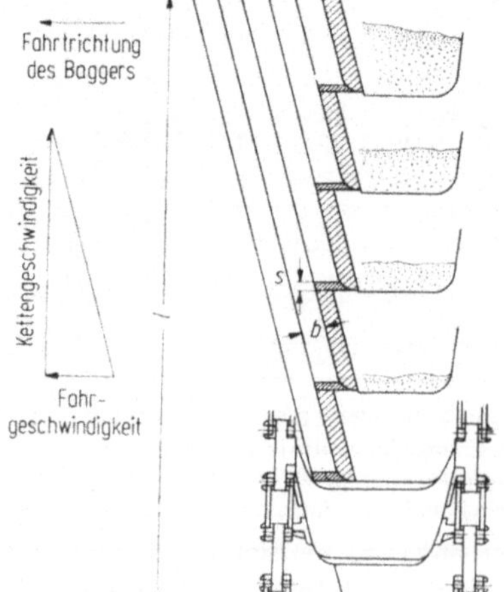

Bild 2.2-18. 300-dm³-Eimer für Eimerkettenbagger (Krupp). Längenmaße in mm.

Bild 2.2-19. Schnittvorgang eines Eimerkettenbaggers (nach [H 12]); b Spanbreite, l Spanlänge, s Spandicke.

Es gibt Eimerkettenbagger als Hochbagger, Tiefbagger, Schwenkbagger für Hoch-
und Tiefbaggern sowie als Verbundbagger mit Eimerketten-Tiefbaggerteil und schwenkbarem Hochbaggerteil, vgl. Bild 2.2-20, 2.2-21. Dieser kann ebenfalls mit Eimerkette oder

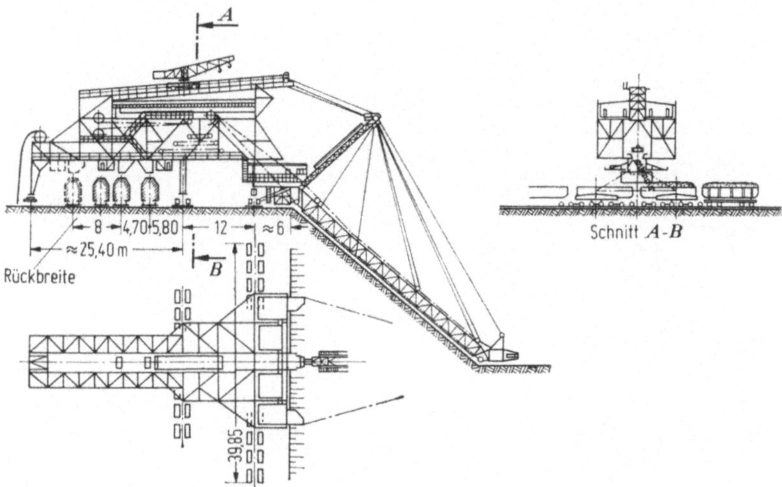

Bild 2.2-20. Eimerketten-Tiefbagger (nach [H 12]). — Längenmaße in m.

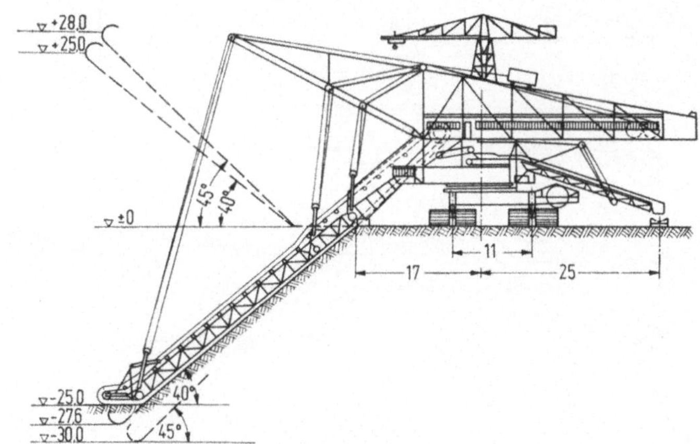

Bild 2.2-21. Eimerketten-Schwenkbagger auf Raupen (nach [H 12]); Längenmaße in m.

mit Schaufelrad ausgerüstet sein. Kurzzeichen und Sinnbilder für die verschiedenen Bauformen sind in DIN 22266, technische Einzelheiten und Berechnungsgrundlagen in [H 12]
enthalten.

Beim Eimerketten-Hochbagger können statt der Eimer Schrämzähne vorhanden sein
(*Kratzbagger, Schrämbagger*, Bild 2.2-22). Sie lösen etwas härteren anstehenden Boden. Im

7*

allgemeinen eignen sich Eimerkettenbagger aber nur zum Abtragen leichter und mittel-
schwerer Bodenarten ohne große Einschlüsse, z. B. für Mutterboden, Kies, Sand, Ton,
Braunkohle. Als Trockenbagger sind sie im Bauwesen weitgehend von Schaufelradbaggern

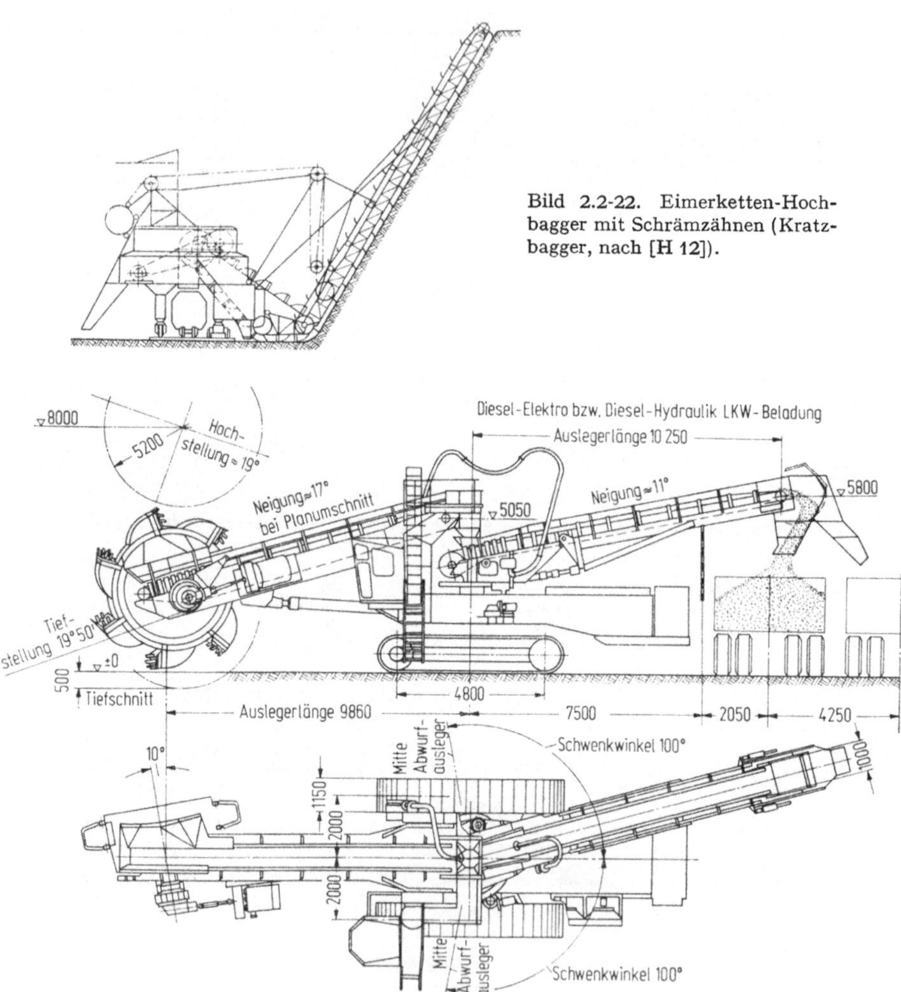

Bild 2.2-22. Eimerketten-Hochbagger mit Schrämzähnen (Kratzbagger, nach [H 12]).

Bild 2.2-23. Schaufelradbagger (DEMAG Typ 430). Motorleistung bei diesel-elektrischem Antrieb
286 kW (Dauerleistung); Generatorleistung bei diesel-elektrischem Antrieb 335 kVA; installierte
Motorleistung bei E-Antrieb 286 kW (Einspeisung über Kabeltrommel: maximale Kabellänge bei
3 kV 200 m, Einspeisung über Schleppkabel maximale Kabellänge bei 380 V bis 3 kV 50 m);
Aushubleistung je nach Gut, Körnung und Abtragshöhe, bezogen auf lose geschüttetes Gut 600 bis
1 200 m³/h; Fahrgeschwindigkeit bei Steigungen bis 1:20 im Betrieb oder bis 1:10 beim Ortswechsel 6 m/min; Liefergewicht mit normalem Ausleger 127 t, Dienstgewicht ≈ 130 t. — Schaufelinhalt 430 dm³. — Längenmaße in mm.

und absetzend arbeitenden Baggern verdrängt, haben jedoch im Braunkohlentagebau noch ihre Bedeutung. Kleinbagger haben meist Raupenfahrwerk und fördern bei Eimerinhalten von etwa 10 bis 100 dm³ theoretisch etwa 8 bis 75 m³/h mittelschweren Bodens; Großbagger im Braunkohlentagebau bis etwa 3000 m³/h [H 12].

2.2.1.2.2 Schaufelradbagger [H 12] (Bild 2.2-23) sind kontinuierlich arbeitende Baggergeräte mit stetigem Förderfluß. Sie dienen zum Abtragen von Böschungen, Geländeerhebungen und Halden, zum Herstellen von Einschnitten und Kanälen sowie zum Anlegen

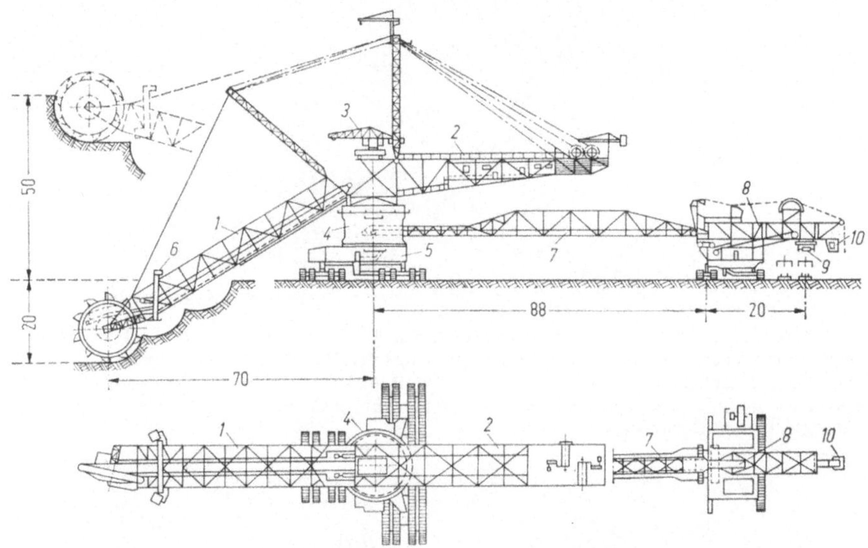

Bild 2.2-24. Schaufelradbagger ohne Vorschub (nach [H 12]); *1* heb- und senkbarer Schaufelradausleger, *2* Gerüstaufbau mit Schalthäusern, *3* fahrbarer Montage-Drehkran, *4* schwenkbarer, zwischen Kugellaufringen befindlicher Baggerzwischenbau, *5* Baggerunterbau, Abstützung der Fahrwerke, Lenkvorrichtungen, Räume für Schaltanlagen, Werkstatt, Mannschaften, *6* heb- und senkbare Führerstände, *7* Verbindungsförderer, *8* Verladeanlage, *9* um 360° schwenkbares, in Laufrichtung umkehrbares Verladeband, *10* Beladewärterstand. — Längenmaße in m.

von Trassen im Straßen- und Bahnbau. Sie werden ferner verwendet bei der Materialgewinnung. Einsatz dieser Geräte ist bei großen Förderleistungen vorteilhaft. Für die Bauindustrie entwickelte Typen haben Förderleistungen von etwa 300 bis 1 500 m³/h. Allerdings werden mitunter auf Großbaustellen auch die ursprünglich für Braunkohlentagebau bestimmten, wesentlich größeren Geräte vorteilhaft eingesetzt. Diese erreichen Förderleistungen bis 200 000 t/Tag.

Schaufelradbagger tragen den Boden mit einem stetig umlaufenden, am freien Ende eines Auslegers gelagerten Schaufelrad ab. Es hat einen Dmr. von 1,6 bis 16 m und trägt an seinem Umfang 6 bis 12 Schürfeimer von je 25 bis 4000 dm³ Inhalt. Während das Rad umläuft, wird zugleich der Ausleger quer zur Drehrichtung bewegt. Durch Zusammenwirken beider Bewegungen wird der Boden im Hoch- oder Tiefschnitt gelöst, von den Eimern aufgenommen und beim Weiterdrehen des Rades auf Gurtförderer entleert. Diese tragen das Fördergut zur Entladestelle, wo es zum Abtransport auf Fahrzeuge oder Stetigförderer abgegeben wird. Im Gegensatz zum Eimerkettenbagger besorgen also die Eimer beim Schaufelradbagger nur das Abtragen des Gutes, nicht aber dessen Fördern zur Entladestelle. Der Vorschub erfolgt bei Schaufelradbaggern entweder mit längsverschiebbarem Ausleger oder durch Verfahren des ganzen Baggers auf seinem Fahrwerk. Diese Bagger haben in der Regel Raupenfahrwerk, seltener sind die schienenfahrbar [H 12] (Bild 2.2-24, 2.2-25). Kurzzeichen und Sinnbilder für die verschiedenen Bauformen enthält DIN 22266, technische Einzelheiten und Berechnungsgrundlagen [H 12].

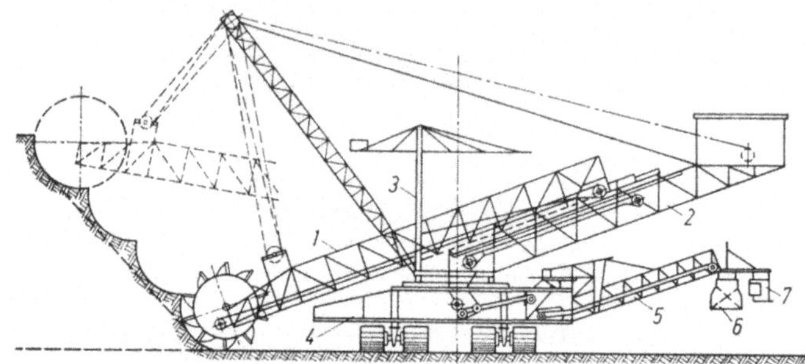

Bild 2.2-25. Schaufelradbagger mit Vorschub (nach [H 12]); *1* heb-, senk- und verschiebbarer Schaufelradausleger, *2* schwenkbarer Gerüstaufbau mit verschiebbarem Gegengewicht und Windenverlagerung, *3* Montagekran, *4* Baggerunterbau mit Abstützung der Raupenfahrwerke und der Lenkvorrichtung, *5* Verladegutförderer (100° nach rechts und links schwenkbar), *6* schwenkbare Zweiwegschurre, *7* Beladewärterstand.

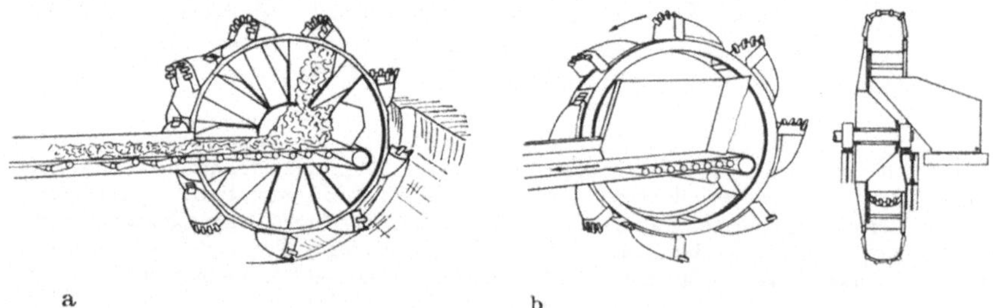

Bild 2.2-26. Schaufelräder, a) Kammer-Schaufelrad (Zellen-Schaufelrad), b) kammerloses Schaufelrad (zellenloses Schaufelrad), nach Krupp Rheinhausen.

Eingeteilt werden die Schaufelradbagger in Geräte mit und ohne *Vorschub* oder nach Art des Schaufelrades in Bagger mit *Zellen-Schaufelrad* und solche mit *zellenlosem Schaufelrad* (auch *Kammer-Schaufelrad* bzw. *Kammerloses Schaufelrad* genannt, vgl. Bild 2.2-26). Bagger mit Zellenschaufelrad werden vorwiegend für Hochbaggerungen verwendet. Bagger mit zellenlosem Schaufelrad werden auch für Tiefbaggern mit umgesetzten Eimern und umgekehrter Drehrichtung eingesetzt. Unterscheiden kann man die Schaufelradbagger ferner nach dem Fahrwerk in Raupen- und Gleisbagger oder nach Abgabe des Fördergutes in Einfachschütter, die nur bei Gleisbaggern vorkommen, und in Geräte mit schwenkbarem Verladegutförderer oder mit einer getrennt fahrbaren Verladeanlage [H 12]. Für die Baustoffindustrie und für Baustellen kommen hauptsächlich kleinere Bauarten mit

25 bis 100 dm³ Eimerinhalt in Frage, die bei mittlerem Boden $\approx$ 50 bis 300 m³/h fördern. Bei besonderen Bauvorhaben werden jedoch mitunter weit größere Typen eingesetzt. So bewährte sich der Schaufelradbagger DEMAG Typ 430 mit Eimerinhalt von 430 dm³ beim Autobahnbau, z. B. bei Anlage der Trasse für die Europastraße 3 in Belgien bei Kortryk. Ein Schaufelradbagger DEMAG Typ 1940, also mit 1940 dm³ Eimerinhalt, diente

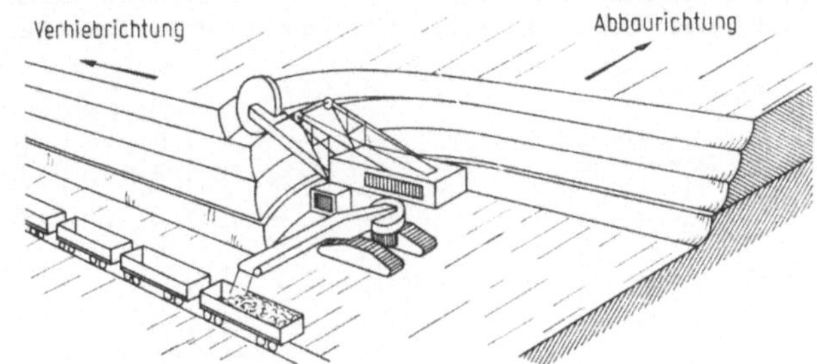

Bild 2.2-27. Blockverfahren (nach [H 12]).

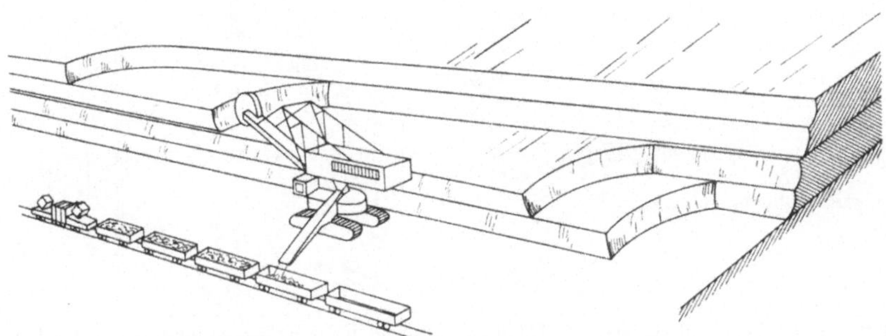

Bild 2.2-28. Strossenblockverfahren (nach [H 12]).

bei Oroville/Calif. (USA) zum Gewinnen von Flußgeröllen, die zum Aufschütten des höchsten Erdstaudammes der Welt benötigt wurden. Diese Maschine erreichte Tagesleistungen von 120000 t. Von den Vorteilen des Schaufelradbaggers gegenüber dem Eimerkettenbagger fallen besonders ins Gewicht: Die größere Schnittgeschwindigkeit von $\approx$ 1,2 bis 4,4 m/s entsprechend $\approx$ 27 bis 120 Schüttungen/min gegenüber $\approx$ 0,96 bis 1,4 m/s entsprechend $\approx$ 24 bis 32 Schüttungen/min, ferner die höhere Transportgeschwindigkeit zur Verladestelle wegen der Gurtgeschwindigkeiten von üblicherweise $\approx$ 2,2 bis 3,5 m/s, ausnahmsweise bis 6 m/s, sowie größere Betriebssicherheit und geringerer Energiebedarf, vgl. [H 12]. Auch das Konstruktionsgewicht ist bei gleicher Leistung geringer. Schaufelradbagger können sowohl im *Blockverfahren* (Bild 2.2-27) als auch in dem bei Eimerkettenbaggern gebräuchlichen *Strossenblockverfahren* (Bild 2.2-28) wirtschaftlich arbeiten [H 12].

2.2.1.2.3 Grabenbagger [H 12, 22, 28]. Zum Ausheben von Gräben werden meistens Hydraulikbagger mit schmalem Grabenlöffel verwendet, vgl. 2.2.1.1.2.2. Für bestimmte Aufgaben in leichteren Böden gibt es auch kontinuierlich arbeitende Grabenbagger. Manche Modelle werden als Selbstfahrer, andere als Anhänger gebaut. Es können Raupen- oder

Reifenfahrzeuge sein. Die einfachste Form der Grabenbagger ist der *Grabenpflug* oder *Forstpflug*. Er ist ein Anhänger für Ackerschlepper, hat als Grabwerkzeug eine höhenverstellbare Pflugschar und dient hauptsächlich für Arbeiten im land- und forstwirtschaftlichen Wasserbau. Die Grabtiefen betragen $\approx 0{,}5$ m.

Für größere Aufgaben werden Grabenbagger hergestellt, die als Grabwerkzeug eine Eimer-, Fräser- oder Kratzerkette haben, bei vereinzelten Konstruktionen stattdessen auch ein Schaufelrad. Diese Werkzeuge ziehen während der Fahrt den Graben in Fahrt-

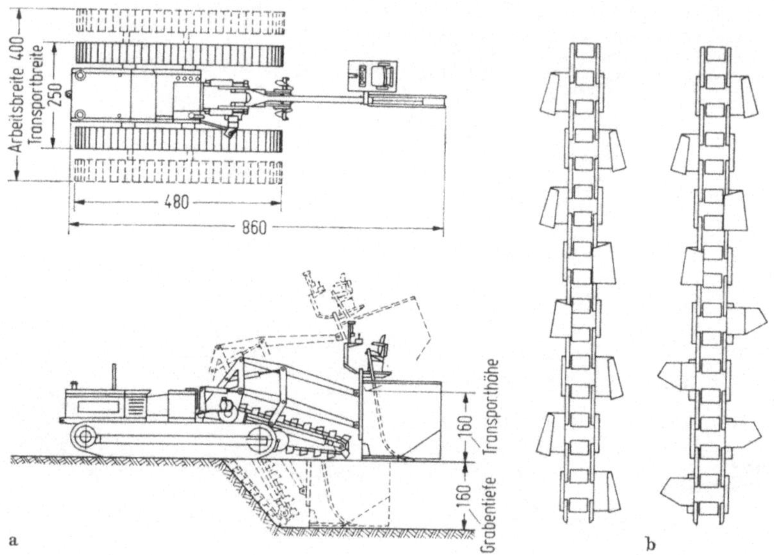

Bild **2.2-29.** a) Grabenfräse (Eberhardt Dränmaschine GFP 3). Erläuterungen im Text. Längenmaße in cm.

Bild **2.2-29.** b) Fräskette für Grabenfräse (Eberhardt GFP 3). Messerkette links für Schnittbreite 230 und 280 mm, rechts 350 und 400 mm.

richtung. Derartige Grabenbagger werden häufig für Drainagearbeiten benutzt und für diesen Zweck auch als *Dränmaschine* in Kombination mit einer Rohrlegevorrichtung gebaut, z. B. Eberhardt.

Bei der Dränmaschine GFP 3 (Eberhardt; Bild 2.2-29) werden Fahrwerk und Fräskette hydrostatisch angetrieben. Als Antrieb der Hydraulik dient ein Dieselmotor, Leistung 109 kW bei 2 500 U/min. Die Hydraulik wird elektrisch gesteuert. Fahr- und Fräskettengeschwindigkeit sind stufenlos regelbar. Jede der beiden Raupenketten hat eigenen hydrostatischen Antrieb. Die Spurweite des Raupenfahrwerks ist hydraulisch zwischen Arbeits- und Transportstellung veränderlich. Gefahren wird mit Automatik im Arbeitsgang bis 1 900 m/h, im Transportgang bis 4 800 m/h. Das pendelnde Laufwerk paßt sich dem Gelände an, die Fräseinrichtung bleibt dabei stabil in senkrechter Lage.

Die Fräskette ist mit Federmessern bestückt (Bild 2.2-29b). Abnehmbare Räumschnecken verteilen das aufgefräste Erdreich gleichmäßig nach beiden Seiten. Der Fahrer sitzt auf dem Rohrlegekasten. Tonrohr oder PVC-Rohre auf Endlosrollen und in Stangen können gleichzeitig mit dem Fräsen verlegt werden. Die Tiefenregelung kann auf 3 Arten erfolgen: 1. durch manuelle Steuerung mit Sichtvisier an Hand vorher aufgestellter Visierstangen; 2. mit vollautomatischer Taststeuerung an einem entlang des auszuhebenden Grabens gespannten und nach dem Grabensohlen-Gefälle nivellierten Draht; 3. vollautomatisch mit Laserstrahl ohne Visierstangen oder andere Vorbereitungen.

Gewicht der GFP 3 ist 9,5 t; spezifischer Bodendruck 0,19 kp/cm²; Grabentiefe 1 600 bis 2 000 mm; Grabenbreite je nach Messerkette 230 und 280 bzw. 350 und 400 mm.

2.2.1.3 Flachbagger

[H 12; H 26; 7; 10; 29]

Flachbaggergeräte werden gebraucht, um Boden in flachen Schichten abzutragen oder zu verteilen. Manche Flachbaggergeräte eignen sich auch für Aushubarbeiten, zum Planieren und zum Laden von Schüttgütern. Es gibt Flachbaggergeräte, die den Boden lösen und

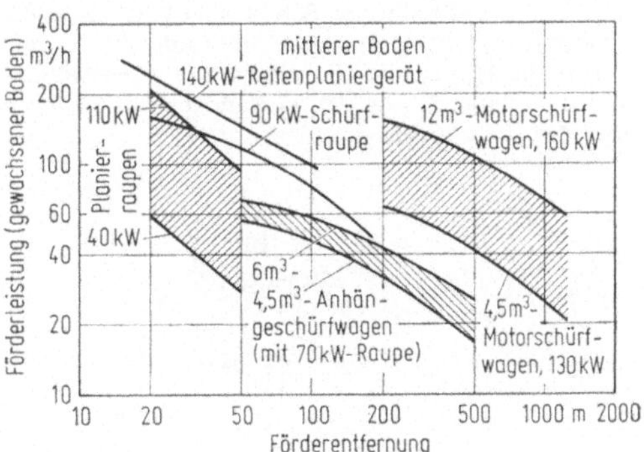

Bild 2.2-30. Förderleistung und Förderentfernung von Flachbaggergeräten (nach [H 26]).

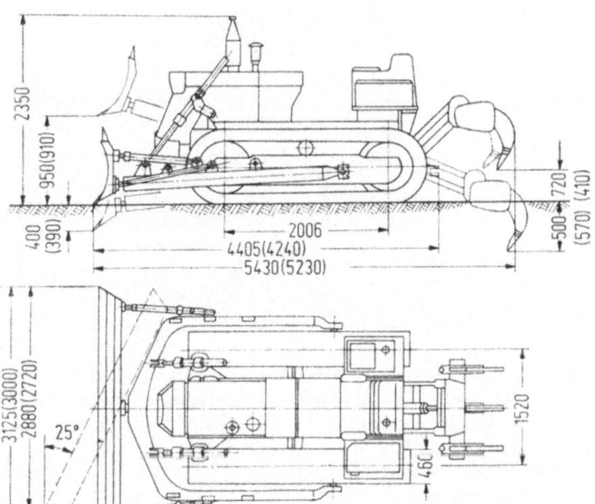

Bild 2.2-31. Planierraupe (Deutz DR 750). Dieselmotor-Leistung 59 kW bei 2000 U/min; Dienstgewicht ≈ 8,6 t; Schwenkschild; als Sonderzubehör Querschild, Schwenkfelsschild, Heckaufreißer anbringbar. — Maße in mm (in Klammern bei Ausrüstung mit gleichem Zubehör anderen Fabrikates).

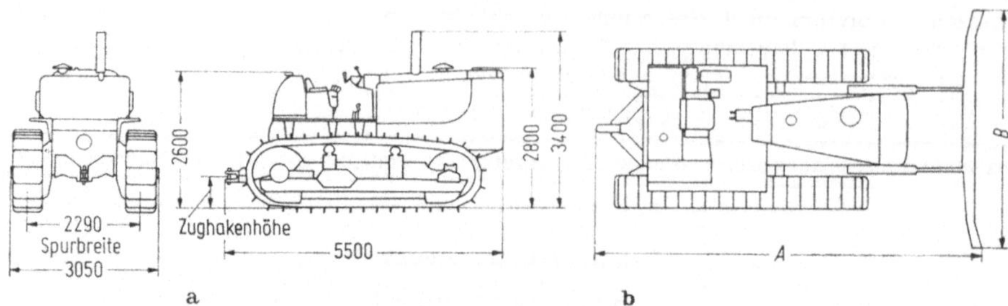

Bild 2.2-32. Schwere Planierraupe (Caterpillar Kettendozer D 9 G). Antrieb Dieselmotor, Leistung 283 kW bei 1330 U/min. Fahrgeschwindigkeit vorwärts bis 10,5 km/h, rückwärts bis 12,7 km/h. Bodenfreiheit 600 mm, Zughakenhöhe 600 mm. — a) Rück- und Seitenansicht des Gerätes ohne Hydraulikanlage, Planiereinrichtung und Aufreißer (Einsatz als Raupenschlepper); Längenmaße in mm. — b) Ansicht von oben mit vorgebauter Hydraulikanlage und Planiereinrichtung. Maße A und B in mm: Mit starrem Schild $A = 7100$, $B = 4350$, Versandgewicht (einschl. Schmiermittel, Kühlmittel und 10% Kraftstoff im Tank) 37,5 t; mit Schwenkschild $A = 7100$, $B = 4850$, Versandgewicht 37,5 t; mit Universalschild $A = 7400$, $B = 4800$, Versandgewicht 38,3 t; mit Reißschild $A = 7100$, $B = 4350$, Versandgewicht 39,2 t; mit gefedertem Schild $A = 6900$, $B = 3050$, Versandgewicht 36,3 t.

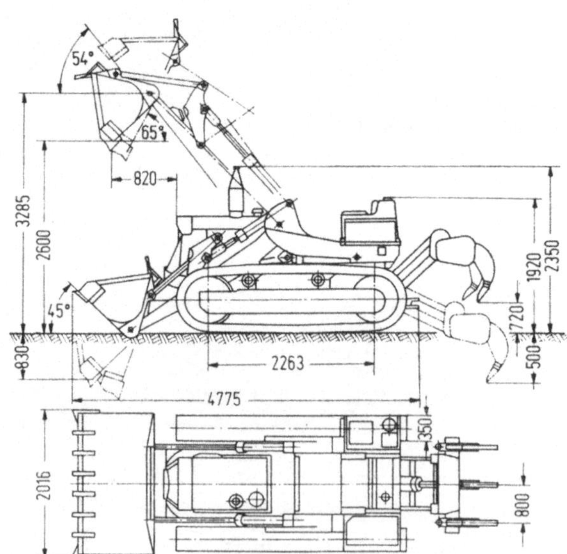

Bild 2.2-33. Laderaupe (Klöckner DL 750). Gewicht $\approx$ 10,2 t; Antrieb: Dieselmotor, Leistung 59 kW bei 2000 U/min; Fahrgeschwindigkeiten vorwärts bis 7,5 km/h, rückwärts bis 9,2 km/h; Arbeitsdruck der Hydraulik 110 bar Überdruck; Schaufelinhalt 1,1 m³; Schaufelbreite 2016 mm; Reißkraft 7,8 Mp; Hubkraft 6,7 Mp; Länge mit Gerät 4620 mm, Breite 2016 mm, Höhe bis Auspuff 2350 mm; Schütthöhe bei 45° 2600 mm. — Zusatzausrüstungen z. B. Seitenkippschaufel, Stein- und Rodegabel, Baumklammer, Heckaufreißer (im Bild dargestellt), Schwenk- und Querschild. — Längenmaße in mm.

vor sich herschieben, z. B. Planierraupen. Sie können ihn wirtschaftlich nur über kurze Entfernung fortbewegen, beispielsweise Planierraupen bis $\approx$ 60 m, vgl. [H 26]. Zum Laden von gelöstem Boden sind diese Geräte nicht geeignet. Eine andere Gruppe von Flachbaggergeräten kann den Boden lösen, den gelösten Boden oder anderes Schüttgut laden und

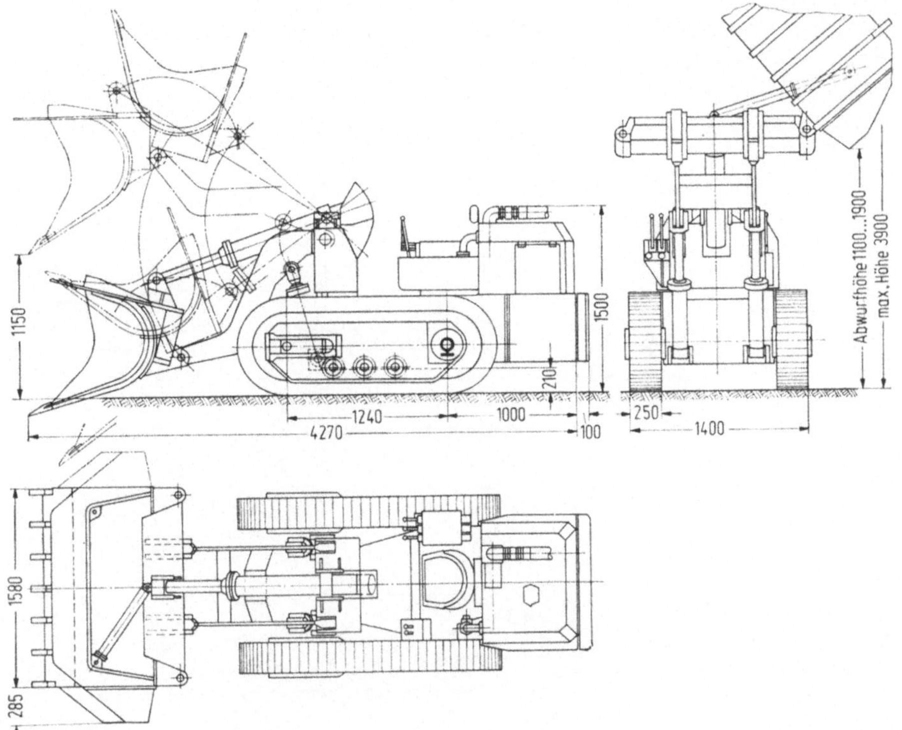

Bild 2.2-34. Seitenkipp-Hochlader für Stollen- und Tunnelbau (Salzgitter HL 380 H). Eine besonders geformte Schaufelwippe mit zwei Schaufel-Hubzylindern ermöglicht Schaufel-Abwurfhöhen bis 1900 mm. Zwischen Lagerbock und Schaufelschwinge ist ein Reißzylinder angeordnet. Er bewirkt eine Grabbewegung der Schaufel. Schaufelinhalt $\approx$ 1000 dm³. — Druckluftantrieb (bei $p = 4$ bar Überdruck Fahrmotoren-Leistung $2 \times 12,5$ kW, Schaufel-Hubmotor-Leistung 18 kW); durchschnittliche Brutto-Ladeleistung $\approx$ 50 bis 75 m³/h. — Jeder der beiden Raupenketten hat einen getrennten Druckluft-Kolbenmotor. — Längenmaße in mm.

über weitere Entfernungen transportieren, z. B. Schaufellader. Über die Wahl des Gerätes nach der jeweils vorhandenen Bodenart und gestellten Aufgabe vgl. [H 26]; (Bild 2.2-30). Zum Laden von Schüttgütern eignen sich ggf. auch mit Ladeschaufel oder mit Greifer ausgerüstete Seilzug- oder Hydraulikbagger (2.2.1.1.1 bzw. 2.2.1.1.2).

2.2.1.3.1 Planierraupen (Bild 2.2-31, 2.2-32) sind Kettengeräte mit frontseitig angebrachtem Planierschild, der hydraulisch oder mechanisch gesteuert werden kann. *Bulldozer* sind Planierraupen mit heb- und senkbarem, unveränderlich im rechten Winkel

zur Fahrtrichtung stehenden Quer- oder Brustschild. *Angledozer* haben einen Schwenkschild, der nicht nur gehoben und gesenkt werden kann, sondern auch innerhalb eines bestimmten Winkels zur Fahrtrichtung verstellbar ist. Planierraupen werden i. allg. mit
Schildbreiten von 1400 bis 5000 mm bei Dieselmotor-Leistungen zwischen 9 und 312 kW

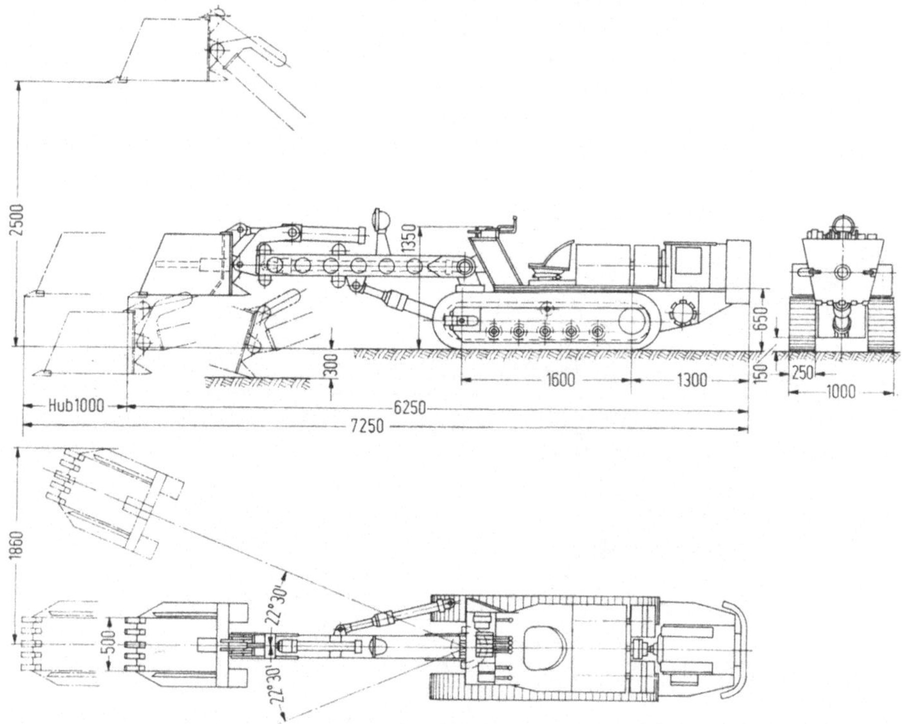

Bild 2.2-35. Sohlensenklader zum Aufreißen von hochgequollenen Strecken und zum Wegladen des
dabei gelockerten Gesteins (Salzgitter HL/EL 150). Druckluftantrieb (HL 150) oder Elektroantrieb
(EL 150). Installierte Antriebsleistung: Luft 32 kW bei 4 bar Überdruck und 1500 U/min, Elektroantrieb 30 kW bei 1470 U/min; Raupenfahrwerk mit 2 getrennt steuerbaren hydraulischen Fahr-
motoren; Dienstgewicht $\approx$ 7,7 t; Schaufelinhalt 350 dm³. — Zum Arbeiten wird die Ladeschaufel
mit einem Hub von 1 m und einer Kraft von 5 Mp in die Sohle gedrückt. Ladeschaufel kann hydraulisch in Vibration versetzt werden. — Die Hydraulik wird von einem besonderen Druckluft- bzw.
Elektromotor angetrieben. — Fahrgeschwindigkeit 0,5 m/s; Arbeitshöhe unter Sohle 300 mm,
über Sohle 800 mm; Entladehöhe 2500 mm. — Längenmaße in mm.

und Dienstgewicht von 1,8 bis 41 t gebaut [29]. Besonders wichtige Zusatzgeräte für Planierraupen sind *Aufreißer*. Sie können entweder an die Planierraupe selbst angebaut sein
oder von ihr als Anhänger gezogen werden. In diesem Falle hat der Aufreißer meist Stahl-
räder. Aufreißer sind vielseitig verwendbar, z. B. zum Auflockern fester Böden und Beläge, zum Roden von Stubben usw. Tiefenaufreißer haben gewöhnlich einen bis drei Zähne,
Wurzelrechen zum Roden bis zu 10 Zinken.

2.2.1.3.2 Laderaupen (Bild 2.2-33) sind Raupenschlepper mit einer frontseitig vorragenden Ladeschaufel. Diese Geräte sind vielseitig verwendbar, zumal wenn sie mit Zusatzausrüstungen versehen werden. Nach Art des Ladevorganges werden *Frontlader* und *Überkopflader* unterschieden.

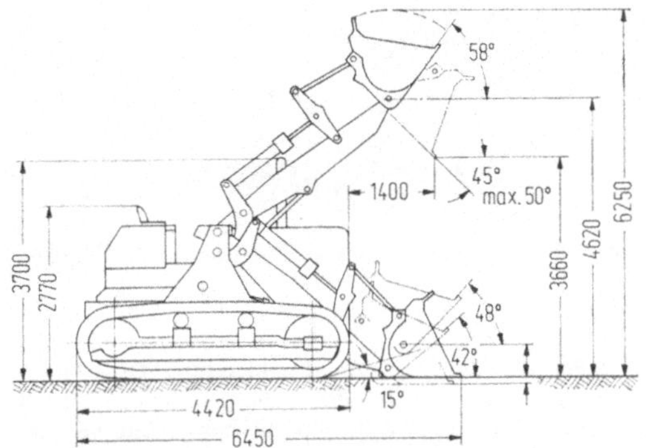

Bild 2.2-36. Schwere Laderaupe (Caterpillar Kettenlader 983). Betriebsgewicht $\approx$ 30,2 t; Antrieb Dieselmotor, Leistung 202 kW bei 2060 U/min; Fahrgeschwindigkeit vorwärts bis 10,3 km/h, rückwärts bis 12,1 km/h; Spurbreite 2340 mm, Breite ohne Schaufel 2900 mm; Schaufelinhalt in m^3 je nach verwendeter Schaufel: Normalschaufel 3,44 — Leichtmaterialschaufel 3,82 — Felsschaufel 3,82 — Schlackenschaufel 3,44.

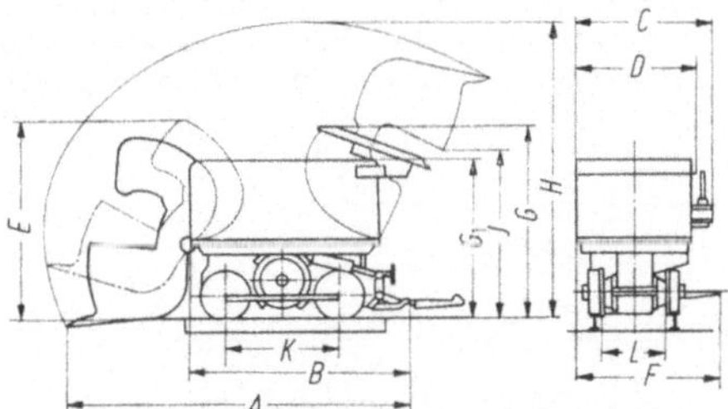

2.2-37. Schienenfahrbarer Wurfschaufellader für Stollen- und Tunnelbau bei Streckenquerschnitten ab 8 m^2 (Salzgitter HL 500). Gewicht 6,5 bis 6,8 t; Schaufelinhalt 0,5 m^3; Druckluftantrieb (bei $p = 4$ bar Überdruck Hubwerk-Motorleistung 18 kW, Fahrwerk-Motorleistung 10 kW oder 18 kW); zulässiger Luftüberdruck 4,5 bis 7 bar; Ladeleistung je nach Luftdruck und Schaufelfüllungsgrad 2,5 bis 3,2 m^3/min. — Maße in mm: $A = 3450$, $B = 2100$, $C = 1570$, $D = 1130$, $E = 1880$ (Transporthöhe), $F = 1700$, $G = 1850$, $G_1 = 1630$, $H = 2800$ bis 3000, $J = 1600$ bis 1800, $K = 1000$, $L = 600$ bis 1010.

2.2.1.3.2.1 Frontlader (Schürflader) stoßen die Ladeschaufel in den Boden oder das Haufwerk, wobei sie sich füllt; dann wird sie angehoben, die ganze Maschine fährt zurück und macht zum Entleeren eine seitliche Wendung, vgl. [H 12]. Bei Geräten mit *Seitenkippschaufel* (Bild 2.2-34) entfällt das zeitraubende Wendemanöver. Eine Sonderform der raupenfahrbaren Frontlader sind die für den Stollen- und Tunnelbau entwickelten *Sohlensenklader*, z. B. Salzgitter HL/EL 150 (Bild 2.2-35). Der Ausleger mit der Schaufel ist nach beiden Seiten um $\approx$ 22° schwenkbar. Dadurch kann die Schaufel ohne Kehrtwendung des Laders auf ein seitlich stehendes Fördergerät entladen werden.

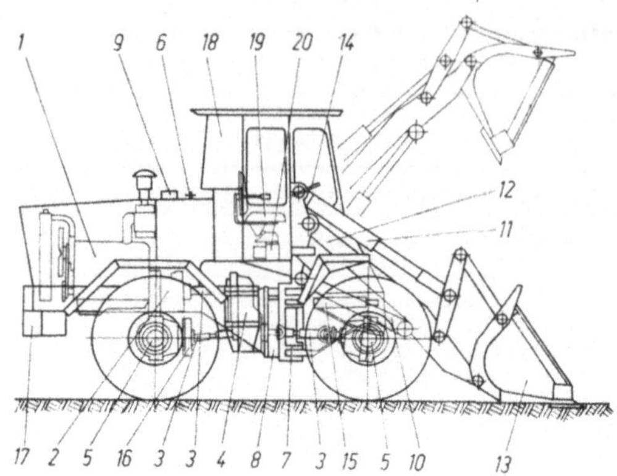

Bild 2.2-38. Frontlader (DEMAG Radlader mit Knicklenkung DL 100). Betriebsgewicht 10,5 t; Schaufelinhalt gehäuft 1,6 m³; Reißkraft an der Schaufelschneide 81 kN; maximale Nutzlast 3,2 t; Antrieb Dieselmotor, Leistung 80 kW bei 2650 U/min; Fahrgeschwindigkeit bis 37 km/h; maximale Schubkraft ≈ 13,5 Mp. — Länge in Transportstellung 5800 mm; Breite über alles 2340 mm; Höhe über alles 2980 mm; Schaufelbreite 2300 mm. — Der Lader besteht aus Vorderwagen mit Fahrerhaus und Ladeausrüstung, Gelenkgruppe (Knick- und Pendelgelenk) sowie Hinterwagen mit den Antriebsaggregaten. Lenkung hydraulisch mit Orbitrol-Lenkgerät. — 1 Motor, 2 Drehmomentwandler, 3 Gelenkwellen, 4 Viergang-Schalt-Wendegetriebe (Full Powershift), 5 Planeten-Starrachsen, 6 Kraftstoffbehälter, 7 Knickgelenk, 8 Pendelgelenk, 9 Hydraulikölbehälter mit Rücklauffilter, 10 Hubzylinder, 11 Kippzyliner, 12 Hubrahmen, 13 Schaufel mit auswechselbaren Zähnen, 14 Orbitrol-Lenkung, 15 Lenkzylinder, 16 Handbremse, 17 Gegengewicht, 18 Kabine, 19 hydraulisch gefederter, verstellbarer Sitz, 20 Heizung und Gebläse.

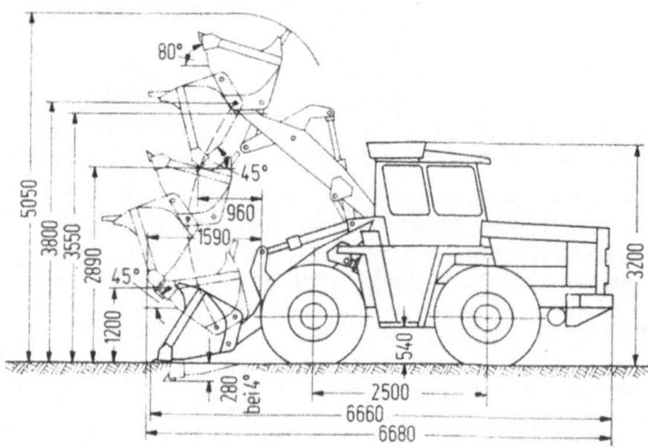

Bild 2.2-39. Schürflader (Zettelmeyer Europ L 2000). Gesamtgewicht 14,10 t; Dieselmotor-Leistung 126 kW bei 2150 U/min; automatische Schaufelsteuerung; Schaufelinhalt 2,5 m³; Schaufelbreite 2760 mm; hydraulische Schnellwechsel-Automatik (mit einem Handgriff können vom Fahrersitz aus verschiedene Geräte untereinander ausgetauscht werden); Fahrgeschwindigkeiten bis 48 km/h; Schubkraft 18 Mp; Steigfähigkeit mit 5 t Last ≈ 50%; Nutzlast 5 t; Reißkraft bei abgestützter Schaufel 18 Mp; Kipplast bei Hubarmen in Horizontalstellung 10,8 Mp; Hubkraft 9,5 Mp; Sonderausrüstungen z. B. Lasthaken, Ladegabel, Räumschild, Maulschaufel. — Längenmaße in mm.

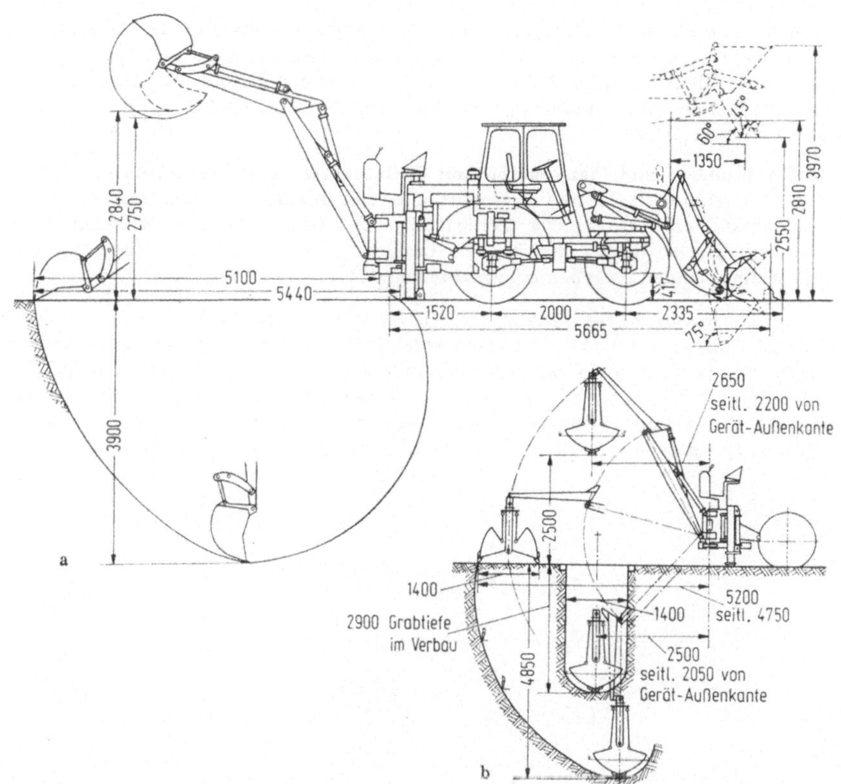

Bild 2.2-40. a) Schwenklader (Ahlmann AS 7). Gewicht $\approx$ 6 t; Antrieb Dieselmotor, Leistung 48 kW bei 2700 U/min (Dauerleistung); hydrostatische Kraftübertragung; Fahrgeschwindigkeit bis 20 km/h; Schaufelinhalt 0,7 m³; Schaufelbreite 2300 mm; Nutzlast bei Fahrgeschwindigkeiten bis 5 km/h 1,5 t; Reißkraft an den Schaufelzähnen 4 Mp; Schubkraft ohne Last in der Schaufel 4,5 Mp. Der Lader kann mit Heckbagger ausgerüstet werden, vgl. Bild. — Längenmaße in mm.

Bild 2.2-40. b) Greifbagger als Zusatzgerät für den in Bild 2.2-40 a) dargestellten Schwenklader. Längenmaße in mm. Bei Verwendung der hydraulischen Schwenkvorrichtung verringert sich die Ausschütthöhe um 110 mm bzw. vergrößert sich die Grabtiefe um 110 mm.

Abgesehen von derartigen Sonderkonstruktionen werden in der Regel Frontlader auf Raupenfahrwerk mit Schaufelinhalt zwischen 0,2 und 2,5 m³ bei Dieselmotor-Leistung zwischen 9 und 190 kW gebaut [29]; bei besonders schweren Typen können diese Maße jedoch überschritten werden, z. B. bei Caterpillar Kettenlader 983 (Bild 2.2-36).

Für Arbeit unter Tage werden Frontlader mit Druckluft- oder Elektroantrieb verwendet.

2.2.1.3.2.2 Überkopflader (*Wurfschaufellader*) stoßen in das Haufwerk und entleeren es über sich selbst hinweg (über Kopf) nach rückwärts in ein hinter ihnen stehendes Transportgerät. Der Lader braucht daher beim Entladen keine Kehrtwendung zu machen. Allerdings kann der Schaufelinhalt nicht sehr groß sein. Raupenfahrbare Überkopflader haben einen Schaufelinhalt von 0,5 bis 0,65 m³ bei Motorleistung zwischen 30 und 45 kW und Eigengewicht von 4,8 bis 7,5 t [29]. Sie haben Dieselantrieb, für Untertagearbeit Druckluft- oder Elektroantrieb. Es gibt Überkopflader auch als schienenfahrbare Geräte, besonders für Stollen- und Tunnelbau, z. B. Bauart Salzgitter (Bild 2.2-37), und mit Reifenfahrwerk, vgl. 2.2.1.3.3.2.

2.2.1.3.3 Radlader und Planiergeräte mit Reifenfahrwerk unterscheiden sich von den unter 2.2.1.3.2 genannten Geräten im wesentlichen nur durch die Art des Fahrwerks. Auch die Radlader können in *Frontlader* (Schürflader) und *Überkopflader* (Wurfschaufellader) eingeteilt werden. Allerdings gibt es bei den Radladern noch die *Autoschaufler* (2.2.1.3.3.3), die nicht in diese beiden Gruppen einzuordnen sind.

2.2.1.3.3.1 Frontlader (Bild 2.2-38, 2.2-39) entsprechen in Aufbau und Arbeitsweise den unter 2.2.1.3.2 genannten Geräten. Sie werden in den üblichen Größen mit Dieselmotor-Leistungen von 22 bis 220 kW bei Schaufelinhalt von 0,4 bis 3,8 m³ bzw. Tragkraft von 0,9 bis 8,5 Mp und Eigengewicht von 4,3 bis 29 t gebaut [44]. Als besonders leistungsfähige *Schürflader* zum Bodenlösen und Bodenladen werden Frontlader mit sehr hoher Reißkraft eingesetzt, z. B. Caterpillar 992 mit 7,65 m³ Schaufelinhalt und 405 kW Motorleistung.

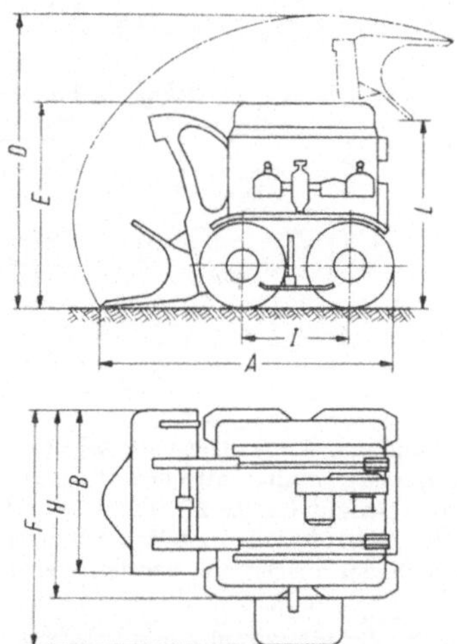

Bild 2.2-41. Wurfschaufellader mit Reifenfahrwerk. Der als Beispiel gezeigte CAVO 320 (Atlas Copco) hat ein Bruttogewicht von 3,5 t. Er kippt das Haufwerk über Kopf in gleisgebundene oder gleislose Pendelwagen beim Tunnel- und Stollenbau. Der Lader hat Druckluftantrieb mit 4 bis 7 bar Überdruck. Das Fahrwerk hat Vierradantrieb. Es ist mit zwei Lamellenmotoren ausgerüstet. Jeder Motor treibt die beiden mechanisch synchronisierten Räder einer Seite. Damit wird große Beweglichkeit erreicht. Die Fahrgeschwindigkeit beträgt 1 bis 1,4 m/s. Die Schaufel hat 300 dm³ Inhalt. Sie wird ebenfalls mit Druckluft betätigt. Ladeleistung je nach Art der Sohle und des Haufwerks bis 50 m³/h. — Leistung des Schaufel-Druckluftmotors 15 kW, der Druckluft-Fahrmotoren 2 × 7,4 kW (bei 6 bar Überdruck). Abmessungen in mm: $A = 2630$, $B = 1320$, $D = 2670$, $F = 1960$, $H = 1570$, $I = 910$, $L = 1680$. — Auf dem gleichen Fahrgestell kann auch eine Kombination von Wurfschaufel mit 150 dm³ Inhalt und einem Hinterkipp-Kasten von 1 m³ montiert werden, in den die Schaufel das Gut abgibt oder aber eine Seitenkippschaufel von 500 dm³ Inhalt zum Beladen von Zwischenförderern. Die Seitenkippschaufel wird mit einer Hydraulik betätigt, deren Pumpe von Druckluft angetrieben wird.

Schwenkschaufellader haben eine nach beiden Seiten schwenkbare Ladeschaufel und können daher ohne Wendemanöver entleeren, auch aus dem Stand, z. B. Ahlmann AS 7 (Bild 2.2-40). Diese Lader können auch mit Zusatzgerät ausgerüstet werden, z. B. Heckbagger, Greifbagger.

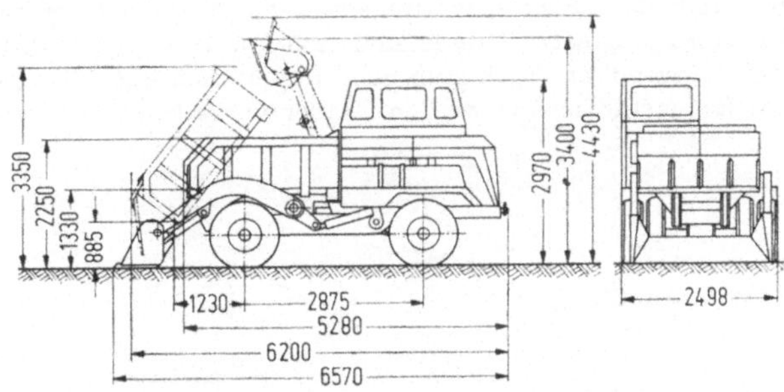

Bild 2.2-42. Autoschaufler (Klaus 402). Leergewicht 9,15 t; Dieselmotor-Leistung 94 kW; Muldeninhalt 4 m³; Schaufelinhalt 0,8 m³; Reißkraft 65 kN; Hubkraft 20 kN; Lade- und Förderleistung bei 200 m Transportstrecke 30 bis 40 m³/h bzw. 60 bis 80 t/h. — Alle Arbeitsbewegungen werden hydraulisch betätigt. — Längenmaße in mm, für Höhen sind die Werte bei 12.00-20 Bereifung angegeben.

2.2.1.3.3.2 Überkopflader (Wurfschaufellader) mit Reifenfahrwerk unterscheiden sich von den raupen- oder schienenfahrbaren Ausführungen (2.2.1.3.2.2) grundsätzlich nur durch die Fahrweise. Auch die reifenfahrbaren Wurfschaufellader, z. B. Atlas Copco (Bild 2.2-41) dienen vorwiegend für Stollen- und Tunnelbau und haben daher explosionssicheren Antrieb, meist Druckluft.

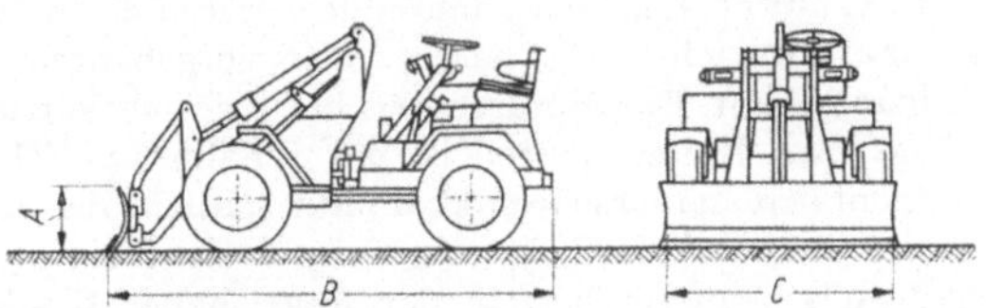

Bild 2.2-43. Planierschild (an Radlader O & K L 4). Maße $A = 500$ mm, $B = 3430$ mm, $C = 1\,800$ mm.

2.2.1.3.3.3 Autoschaufler (Bild 2.2-42) sind Muldenkipper (2.3.7.2.2), die mit einer Ladeschaufel ausgerüstet sind und sich damit selbst beladen, z. B. Klaus 402. Sie können nicht nur Schüttgut aufnehmen, sondern auch unmittelbar an der Wand abbauen. Nachdem sie sich dabei selbst beladen haben, befördern sie das Gut mit Fahrgeschwindigkeit bis 30 km/h. Besonders wirtschaftlich sind diese Schaufler bei Transportstrecken zwischen 50 und 1 000 m, z. B. in Mischwerken, in Schotter- und Kieswerken, in Ton- und Ziegelwerken, Zementfabriken, auf Baustellen und auch im Untertagebau.

2.2.1.3.3.4 Radschlepper mit Planierschild (Raddozer, Bild 2.2-43) sind die einfachste Form reifenfahrbarer Planiergeräte. Es sind Frontlader, denen ein Planierschild statt der Ladeschaufel vorgebaut ist. Diese Geräte planieren nicht nur mit dem Schild, sondern üben mit ihren Reifen zugleich eine Verdichterwirkung nach Art der Gummiradwalzen (2.5.1.1.1.5) auf den Boden aus. Schwere Geräte mit Motorleistung bis ca. 450 kW werden z. B. in USA gebaut.

2.2.1.3.3.5 Straßenhobel (Grader) führen ebenfalls Planierarbeiten aus, besonders Feinplanieren im Straßenbau. Sie werden wegen ihrer genaueren Arbeitsweise häufig anstelle von Planierraupen eingesetzt. Grader sind zum Planieren von Böschungen und zum Ziehen von Gräben verwendbar. Auch zum Schotterverteilen und Verteilen und Mischen von Stoffen beim Bodenstabilisieren werden Grader vor allem auf kleineren Baustellen

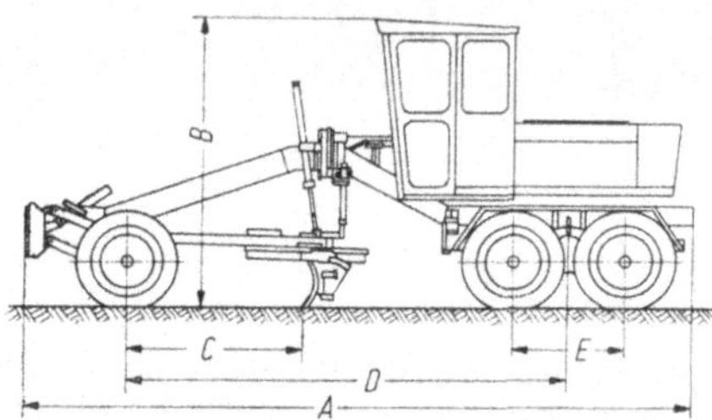

Bild 2.2-44. Straßenhobel (Grader; Beispiel: O & K G 8). Dieselmotor-Leistung 65 kW bei 2300 U/ min. Grader-Scharlänge 3210 mm; Stirnschild: Breite 2210 mm, Höhe 650 mm, Hubhöhe 485 mm, Reichtiefe unter Planum 55 mm, Stirnschild-Anpreßkraft 2050 kp. Aufreißer: Aufreißbreite 1400 mm, Reißtiefe 300 mm, mit Tiefenreißzahn 400 mm, Aufreißer-Anpreßkraft 4800 kp. — Dienstgewicht $\approx$ 8,5 t. — Länge mit Stirnschild (Transportstellung) A = 7297 mm, Höhe mit Fahrerhaus B = 3200 mm, Abstand Scharmesser/Mitte Vorderachse C = 1940 mm, Achsabstand D = 4830 mm, Achsabstand der Tandemräder E = 1224 mm.

benutzt. Mit einem Brustschild ausgestattet kann der Grader leichte Planierarbeit ausführen und Schnee räumen. Auf Großbaustellen dient er oft zum Unterhalten von Transportwegen. Grader werden nur noch als selbstfahrende Geräte mit hinten liegendem Dieselmotor und Fahrersitz auf zweiachsigem Chassis sowie vorgebautem Rahmengerüst mit Vorderachse an der Spitze gebaut. Das Motorchassis hat Zweiachsantrieb. Die Vorderachse ist pendelnd aufgehängt. Am Rahmengestell ist ein Schälmesser (Hobel, Grader-Schar) drehbar, aus der Horizontalen herausschwenkbar und seitlich aus der Gerätelängsachse verschiebbar angebracht, z. B. DEMAG, Frisch, O & K (Bild 2.2-44). Alle Bewegungen der Schar werden hydraulisch ausgeführt. In der Regel haben Grader einen Aufreißer, der sowohl heckseitig als frontseitig montiert sein kann.

Außerdem werden Grader häufig mit anderen Zusatzgeräten ausgerüstet, vor allem mit hydraulisch heb- und senkbarem Brustschild (Stirnschild, Stirnschar). Gebräuchlich sind Grader mit Dieselmotor-Leistung zwischen 37 und 170 kW, mit Scharbreiten von 3 bis 4,2 m und Gewicht zwischen 6 und 19 t [29]. Neuere Grader sind mit einer Knicklenkung ausgerüstet.

2.2.1.3.4 Schürfwagen tragen flache Bodenschichten ab und befördern das gelöste Erdreich über kurze Strecken. Als Arbeitsmittel haben sie einen Kübel (*Schürfkübel*), dessen Öffnung an einer Kante mit einer Schneide (*Schürfhobel*) versehen ist. Zum Schürfen wird der Kübel so gesenkt, daß die Schneide in den Boden eindringt und davon beim Vorwärtsbewegen des Kübels wie ein Hobel dünne Schichten löst. Das Material sammelt sich im Kübel und wird darin zur Entladestelle befördert. Dort wird der Kübel entleert. Er wird hydraulisch oder mechanisch bewegt. Schürfwagen gibt es nur noch selten als *Anhänger* und hauptsächlich als *Motorfahrzeuge.*

2.2.1.3.4.1 Anhänge-Schürfwagen (Scraper) werden in der Regel von einem Raupenschlepper gezogen, z. B. Anhänge-Schürfkübel Frisch M6 (Bild 2.2-45). Die Kübel der normalen Geräte haben 6 bis 11 m³ Inhalt. Je nach Kübelinhalt muß der Motor des Schleppers 66 bis 110 kW leisten [29]. Die Kübelschneiden sind 2600 bis 2900 mm breit. Das Leergewicht der Anhänge-Schürfkübel liegt zwischen 7 und 12 t. Arbeitsweise in Bild 2.2-46.

2.2.1.3.4.2 Motorschürfwagen (Motorscraper) bestehen meist aus einem Einachs-Radschlepper und einem aufgesattelten Schürfkübel-Halbanhänger. Zum Verstärken der Schürfwirkung und zum Überwinden des Schürfwiderstandes wird häufig während der Arbeit eine

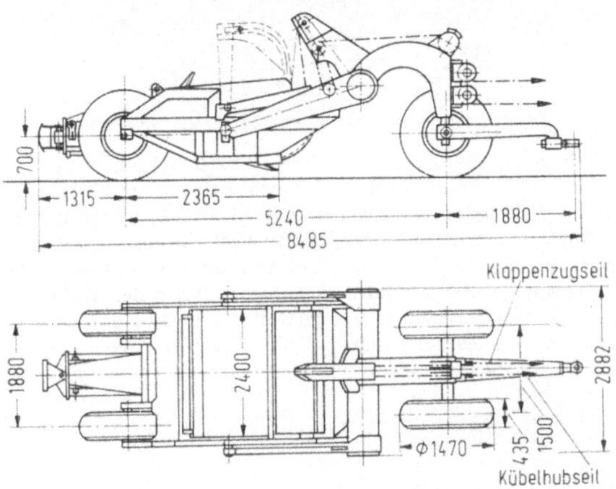

Bild 2.2-45. Anhänge-Schürfkübel (Frisch M 6). Kübelinhalt: gestrichen voll 6 m³, gehäuft voll 7 m³; Kübelgewicht 7,6 t; Schürfbreite 2490 mm, Schürftiefe normal bis 250 mm. Alle Maße in mm.

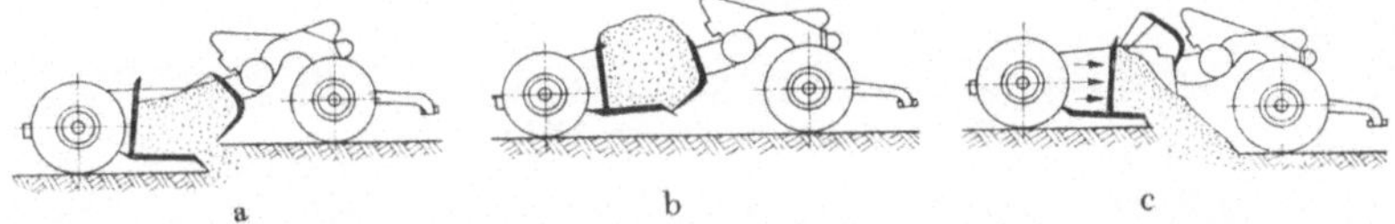

Bild 2.2-46. Arbeitsweise eines Anhänge-Schürfwagens (nach [H 12]); a) Schürfen, b) Befördern, c) Entleeren bei gleichzeitigem Planieren.

Schubraupe von 180 bis 300 kW hinter den Schürfwagen gesetzt. Geräte mit Einachsschlepper werden i. allg. mit Motorleistungen zwischen 90 und 370 kW bei Kübelinhalt von 5,5 bis 25 m³ und Leergewicht von 12 bis 48 t (für Schlepper und Schürfkübel zusammen) gebaut. Motorscraper werden vorwiegend in den USA hergestellt.

Neben den normalen Motorschürfwagen gibt es auch Doppelmotorscraper, bei denen der zweite Motor während des eigentlichen Schürfvorganges für den Antrieb der Achse des Halbanhängers zugeschaltet wird, ferner Elevatorscraper, bei denen das Füllen des Kübels von einem über die ganze Kübelbreite reichenden Elevator beschleunigt wird [29], sowie Doppelmotor-Scraper mit Push-Pull-Einrichtung.

2.2.1.3.5 Schürfkübelraupen (Bild 2.2-47, 2.2-48) nehmen die mit der Kübelschneide abgetragene Bodenmasse in den Kübel auf und bringen sie darin bis zur Entleerungsstelle. Beim Entleeren drückt ein Schieber das Schürfgut nach vorn aus dem Kübel hinaus.

8*

Die Schürfkübelraupe ist ein sehr vielseitig verwendbares Gerät. Sie führt, z. T. mit Hilfe von Anbauteilen (z. B. Brustschild für Planierarbeiten), innerhalb der geeigneten Förderweite alle Erd- und Gesteinsbewegungen vom Aufreißen bis zum Planieren oder Profilieren und Verdichten des Einbaus allein aus. Die geeignete Förderweite ist gegeben,

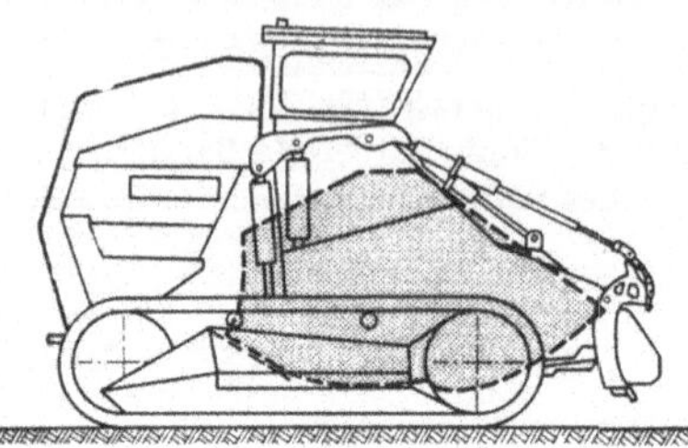

Bild 2.2-47. Schürfkübelraupe (Menck SR 85). Dieselmotor-Leistung 162 kW; Fahrgeschwindigkeit vor- und rückwärts 14 km/h; Kübelinhalt 8,5 m³; Grabkraft 24 Mp; Steigfähigkeit maximal 100%; Transportbreite 3080 mm; Verladegewicht (Grundgerät) 19,2 t; Länge mit Brustschild 5680 mm, mit Reißeinrichtung 6070 mm, mit Frontschild zur Reißeinrichtung 6580 mm, mit Spurreißern 6070 mm; Höhe in normaler Fahrlage 3675 mm, ohne Fahrerhaus-Oberteil 2865 mm. — Grabtiefe der Kübelschneide 400 mm, des Brustschildes 900 mm; Breite der Kübelschneide 1900 mm, des Brustschildes 3230 mm. — Wirtschaftliche Förderweiten für die Hauptmassen 0 bis 400 m, für die Nebenmassen 0 bis 600 m. — Dieser Typ ist watfähig bis 1 m Wassertiefe, mit zusätzlicher Wat-Einrichtung bis 1,8 m Wassertiefe. — Die Arbeitsbewegungen werden hydraulisch betätigt.

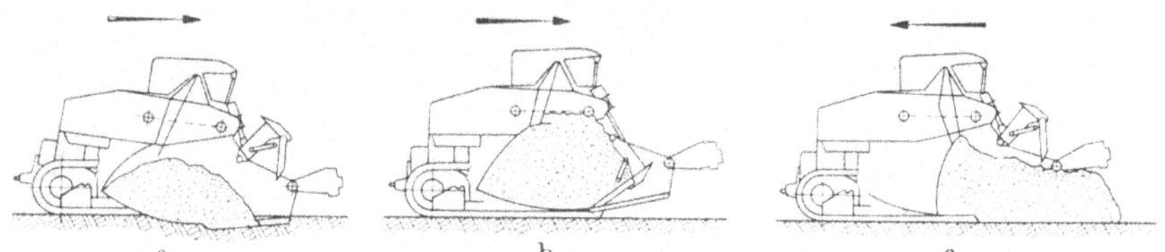

Bild 2.2-48. Arbeitsweise der Schürfkübelraupe (nach [H 12]);
a) Schürfen, b) Befördern, c) Entleeren.

wo die Planierraupe wegen zu großer Förderweite oder die Arbeit mit Bagger und Lkw bzw. der Scraperbetrieb wegen zu geringer Förderweite unwirtschaftlich sind, also im Bereich von 200 bis 600 m.

Ein bedeutender Vorzug der Schürfkübelraupe liegt darin, daß das gegenseitige Abstimmen mehrerer Geräte aufeinander entfällt. Sie benötigt keinen Wendeplatz. Ihre Vielseitigkeit zeigen folgende Beispiele: Sie kann Steilstrecken bis 36% mit vollem Kübel erklettern, ohne daß provisorische Wege angelegt werden müssen. Sie kann Schichten sauber abheben oder aufbringen, auch Mutterboden in einem Arbeitsgang abtragen und andecken. Sie kann Baugruben und Gräben ausheben und schmale Einschnitte ab 2 m Sohlenbreite herstellen. Sie kann Dämme schütten und sogar im Wasser arbeiten. Mit Hilfe der Reißeinrichtung kann sie z. B. alte Straßendecken abräumen oder bei weichem Gestein Sprengarbeit ersparen.

2.2.1.3.6 Sonderbauarten (Stollen- und Tunnelbau). Für die Schutterung, d. h. das Aufnehmen und Verladen des gelösten Gebirges auf Transportgeräte [H 26] werden im Stollen- und Tunnelbau verschiedene Arten von Lademaschinen verwendet. Sie werden unter dem Sammelnamen „*Stollenlader*" zusammengefaßt und werden vorwiegend als schienenfahrbare Geräte ausgeführt. Alle mit einer Schaufel arbeitenden Lader werden in diesem Bereich als *Schaufellader* bezeichnet.

Außer den unter 2.2.1.3.2 und 2.2.1.3.3.2 erwähnten Geräten, soweit sie für Untertagebau geeignet sind, werden hier als Lademaschinen auch Sonderformen wie *Stoßschaufel-*, *Harken-* und *Schrapplader* eingesetzt; bei großen Tunnelquerschnitten kann der Einsatz von Löffelbaggern vorteilhafter sein, vgl. [H 26].

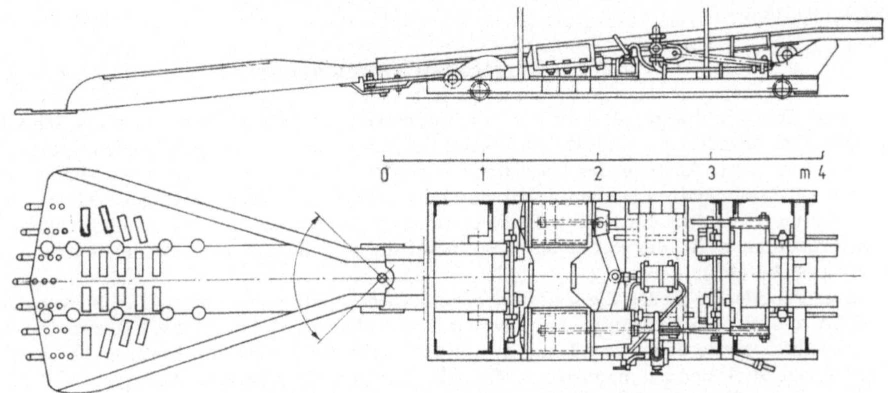

Bild 2.2-49. Stoßschaufellader (nach [H 12]).

2.2.1.3.6.1 Stoßschaufellader (Bild 2.2-49) haben eine an der Schneide sehr breite Schaufel. Sie ist flach und kann seitlich geschwenkt werden. Die Schaufel wird in das Haufwerk gedrückt, nimmt das Schüttgut auf, schwenkt zur Seite und entlädt es rüttelnd nach Art einer Schüttelrutsche (2.3.4.5.2) auf ein Transportgerät, z. B. ein Förderband; Vorschub und Rüttelwerk werden pneumatisch betätigt, vgl. [H 12]. Als mittlere Nennfördermenge wird $\approx$ 60 m³/h gerechnet.

2.2.1.3.6.2 Schrapperlader entsprechen in Aufbau und Arbeitsweise den unter 2.3.3.2.5.2 aufgeführten Geräten. Sie werden im Stollen- und Tunnelbau auch als *Scraper* bezeichnet, obwohl sie mit den gleichfalls Scraper genannten Schürfwagen (2.2.1.3.4.1) nur wenige gemeinsame Eigenschaften haben. Nach [H 26] werden die Schrapperlader vor allem in Schweden als wirtschaftliches Ladegerät für alle Arten von Fels verwendet und laden 3 bis 20 m³/h festen Fels bei einem Kraftbedarf von 26 kW.

2.2.1.3.6.3 Harkenlader (*Rechenlader*) holen das Haufwerk mit seitlich angeordneten Querrechen auf einen Ketten- oder Gurtförderer, vgl. [H 12]. Zu diesen Geräten gehören die *Joylader*, die das Haufwerk mit Armen auf das Förderband kratzen [H 26].

2.2.2 Naßbaggergeräte

[H 26; 18; 29]

Naßbagger (*Schwimmbagger*) werden für verschiedene Aufgaben des Wasserbaues (vgl. [H 26]) benötigt, z. B. für Vertiefen und Freihalten von Fahrrinnen, Vergrößern und Säubern von Hafenbecken oder zur Kiesgewinnung. Für diese Arbeiten werden manchmal *absatzweise arbeitende* schwimmende Eingefäßbagger verwendet, häufiger aber *stetig arbeitende* Eimerketten- oder Saug-Schwimmbagger.

Große Naßbagger werden in Einzelfertigung meist in Zusammenarbeit des ausführenden Werkes mit dem Besteller gebaut. Für die kleineren Typen haben sich bereits Serienfertigungen entwickelt.

Wesentliche Unterschiede in der Ausführung ergeben sich besonders dadurch, daß es von der jeweiligen Aufgabe abhängt, ob ein *selbstfahrendes* oder ein *nicht-selbstfahrendes* Gerät zweckmäßig ist, oder ob das Gerät für *Binnengewässer* oder für Einsatz auf *See* bestimmt ist.

2.2.2.1 Eingefäß-Schwimmbagger

Diese Schwimmbagger sind als Tieflöffel- oder Greifer-Seilzugbagger oder als Schürfkübelbagger (*draglines*) grundsätzlich ebenso aufgebaut wie die entsprechenden Trockenbagger, vgl. 2.2.1. Anstelle des Unterwagens der Trockenbagger haben diese Naßbagger jedoch ein prahmartiges Schwimmfahrzeug oder eine von Pontons getragene Plattform. In manchen Fällen genügen als Behelfsgeräte auch Trockenbagger, z. B. Tieflöffelbagger mit Raupenfahrwerk, die mit eigener Kraft auf die schwimmende Plattform fahren und dort sicher befestigt werden.

Einen Sonderfall stellen die *schwimmenden Löffelbagger* (*dipper-dredges*) dar. Sie wurden in USA aus mit Dampfwinden betriebenen Kraftschaufeln (vgl. 2.3.3.2.5.1) entwickelt. Die Schaufel wurde dem besonderen Zweck angepaßt und erhielt die Form eines Löffels mit langem Stiel, der an einem, wenig über die Horizontale geneigten Ausleger angelenkt ist. Das Gerät ist daher einem Hochlöffel-Bagger ähnlich. Der Schwenkbereich beträgt ≈ 180°. Dampfantrieb wird noch angewandt. Es haben sich bereits Geräte mit dieselelektrischem Antrieb bewährt [29].

Charakteristisch für dipper-dredges sind zwei Vorderpfähle, die beiderseits des Schiffsrumpfes in senkrechten, stählernen Führungshülsen mit Hilfe von Pfahlwinden gehoben und gesenkt werden können. Diese Vorrichtung ist zwischen Schiffsbug und Schiffsrumpfmitte angeordnet. Die herabgelassenen Pfähle dienen zum Hochholen des Schiffskörpers und heben den Auftrieb teilweise auf. Ein Hinterpfahl wird nur zu zeitweiligem Absichern gegen seitliche Kräfte verwendet, zumal beim Verholen. Manche dipper-dredges arbeiten auch als Meißelschiff. Der Felsmeißel hängt in den Hubseilen der Schaufel, sofern nicht eine unabhängige Meißeleinrichtung am Schiffsende vorhanden ist. Seitlich wird der Meißel mit zusätzlichen, an seiner Führung befestigten Seilen gesichert. Der *Felsmeißel* kann einfach nach Art einer Seilramme (2.1.1.1.1.1) als mit Schneide versehenes Schlaggewicht arbeiten oder wie ein direkt wirkender Rammbär, z. B. mit Druckluftantrieb (vgl. 2.1.1.1.1.2).

Schwimmende Löffelbagger werden besonders zum Abtragen felsigen und sonstigen schwer lösbaren Bodens eingesetzt.

2.2.2.2 Kontinuierlich arbeitende Schwimmbagger

2.2.2.2.1 Eimerketten-Schwimmbagger (Bild 2.2-50) unterscheiden sich von Eimerketten-Trockenbagger (2.2.1.2.1) nicht nur dadurch, daß sie auf einem Schwimmkörper montiert sind.

Die Eimerkette läuft in anderem Sinn und die Eimer schneiden nur am Unterturas; sie haben deshalb eine andere Form. Die Eimerleiter ist am oberen Ende an einem Bock so angelenkt, daß ihr freies Ende gehoben oder gesenkt werden kann. Durch einen Schlitz in der Schiffsmitte kann die Leiter bis zum Grund reichen. Die Eimer sind an durchhängender Kette aufgereiht. Sie sind aus Stahlblech oder Stahlguß gefertigt. Mit Messerschneide und Reißzähnen versehen, können diese Eimer auch schwere Böden mit nicht zu großen Einschlüssen abtragen, auch gelockerten Fels. Für Felsbaggern werden schwere Eimer geringen Inhaltes gebraucht. Für stark mit Wasser verdünntes Fördergut ist die Verwendung von Eimerkettenbaggern nicht zweckmäßig. Dafür sind Saugbagger besser geeignet.

Es gibt Eimerketten-Schwimmbagger mit Diesel- und noch vereinzelt mit Dampfantrieb. Bei den Standardausführungen reichen die Eimerinhalte von 25 bis 1 000 dm³

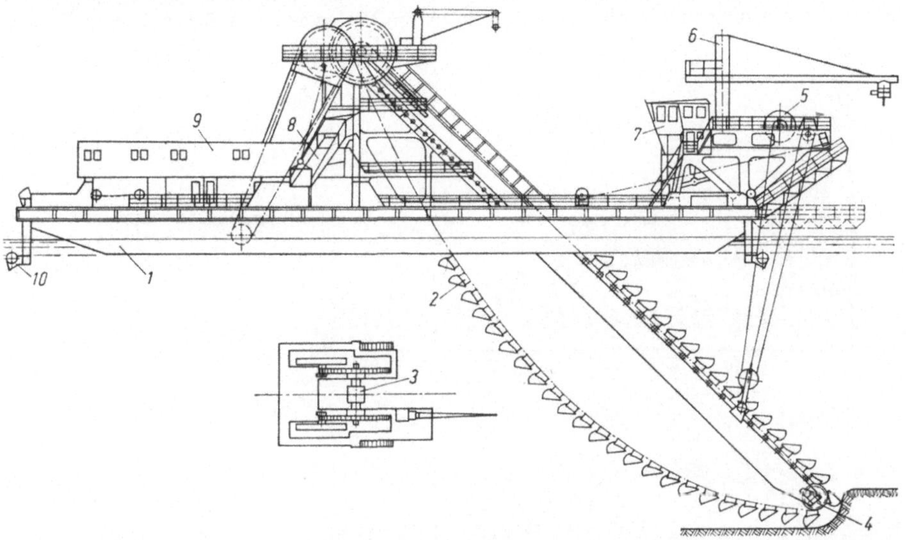

Bild 2.2-50. Nicht-selbstfahrender Eimerketten-Schwimmbagger (O & K). Länge über Deck 54,80 m; Länge über alles mit angehobener Eimerleiter 73 m; Breite über alles 12,50 m; Seitenhöhe 3,75 m; Tiefgang betriebsfertig 2,85 m; Baggertiefe minimal 14,50 m, maximal 24 m. — Zum Erreichen einer dampfmaschinenähnlichen Charakteristik wird die Eimerkette von einem Dieselmotor über einen Föttinger-Drehmomentwandler angetrieben; Antriebsleistung 368 kW. — Eimerinhalt 0,85 m³; größte Eimerschüttzahl 28/min. — Gesamte Dieselmotorleistung 952 kW, verteilt auf den Dieselmotor für Eimerkettenantrieb und den Dieselmotor für Bordnetz-Generator-Antrieb. — *1* Schwimmkörper, *2* Eimerkette, *3* Oberturas, *4* Unterturas, *5* Eimerleiterhubwinde, *6* Montage-Drehkran, *7* Bedienungsstand, *8* Schüttrinne, *9* Wohndeck, *10* Unterwasser-Seilabführungen.

die Baggertiefen von 3 bis 23 m, bei einzelnen Bauarten noch darüber; die Schiffskörper sind 17 bis 57 m lang, 3,7 bis 12 m breit und haben 1,4 bis 3,9 m Seitenhöhe. Der Betriebstiefgang beträgt 0,5 bis 2,9 m. Einzelheiten vgl. [29].

2.2.2.2.2 Saug-Schwimmbagger lösen und fördern das Baggergut mit Hilfe eines Saugrohres, das an eine oder mehrere Kreiselpumpen angeschlossen ist. Es können auch mehrere Saugrohre mit einer Kreiselpumpe verbunden sein.

Die *Kreiselpumpen* [H 11, H 22] sind besonders für das Fördern mit Wasser vermischten Bodens eingerichtet. Infolge der besonderen Gestaltung der Pumpe ist auch der Durchgang größerer fester Bestandteile unschädlich. Sie können z. B. bei System O & K einen größten Dmr. bis $\approx$ 40% des Saugrohrdurchmessers haben. Sehr grobe Gesteinsbrocken werden bereits in einem der Pumpe vorgeschalteten *Steinfang* festgehalten.

Die Kreiselpumpen haben Diesel- oder Elektroantrieb. Dampfantrieb findet sich nur noch selten. Das Saugrohr ist häufig mit einer Leiter versteift. Zum Lösen besonders festen Bodens kann es am Mundstück (*Saugkopf*) mit einem rotierenden Schneidkopf versehen sein (*Schneidkopfbagger, Cutter-Sauger*, vgl. 2.2.2.2.2.2). Auch Saugbagger können wie dipper-dredges heb- und senkbare Pfähle zum Festhalten an der Arbeitsstelle haben (Bild 2.2-44).

2.2.2.2.2.1 Schutensauger (*Grundsauger*) werden Saugbagger ohne Schneidkopf oder andere Vorrichtung zum mechanischen Lockern von Boden genannt. Sie saugen ein Boden-

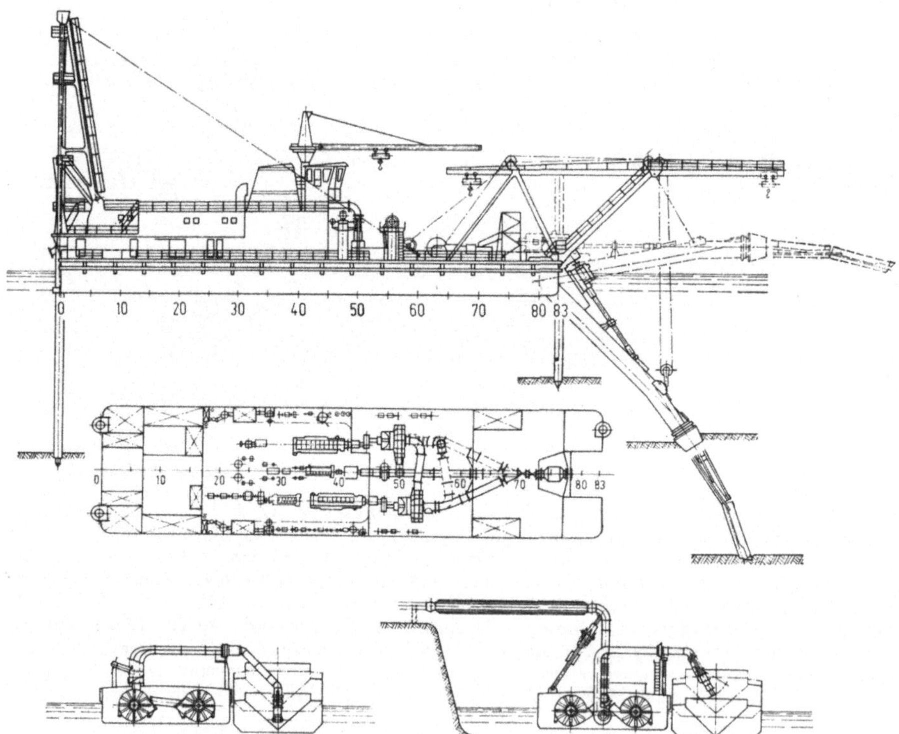

Bild 2.2-51. Nicht-selbstfahrender Schneidkopf-Saugbagger mit eingebauter Schuten-Absaugeinrichtung (O & K). Das Gerät kann mit Hilfe zusätzlicher Anbauten an der Saugrohrleiter auch als Grundsaugbagger bei gut fließendem Bodenmaterial verwendet werden. — Länge über Deck 50 m; Länge über alles 75,5 m; Breite über alles 13,52 m; Seitenhöhe 3,50 m; Tiefgang betriebsfertig $\approx$ 2,29 m; Baggertiefe mit Schneidkopfeinrichtung 18 m, mit Grundsaugeinrichtung 28 m; Saugrohrdmr. 700 mm; Druckrohrdmr. 650 mm; Spülweite maximal $\approx$ 7000 m bei mittlerem Korndmr. des Bodenmaterials von 0,1 m, Dichte des Boden-Wasser-Gemisches von 1,15 t/m³ und geodätischer Förderhöhe von 3 m. — Antriebsleistung jeder Baggerpumpe 1176 kW; Schneidkopf-Antriebsleistung 397 kW; gesamte installierte Dieselmotorenleistung 2433 kW.

Wassergemisch mit einem Saugrüssel aus Schuten oder mit einem oder mehreren Saugrohren vom Grund. Berechnungsgrundlagen für die Kreiselpumpen in [H 11, H 22; 29]. Je nach Bauart beträgt die Antriebsleistung der Baggerpumpe 50 bis 3 200 kW, bei Sonderbauarten auch darüber. Die Schiffskörper sind etwa 15 bis 50 m lang, 4 bis 9 m breit und haben eine Seitenhöhe von etwa 1,5 bis 4 m bei mittlerem Betriebstiefgang von etwa 1 bis 2,5 m. Einzelheiten vgl. [29]. Diese Saugbagger eignen sich für Mischungen von Wasser: Baggergut von 6:1 bis 3:1, beispielsweise Schlick, Schlamm, Sand, Kies.

2.2.2.2.2.2 Schneidkopf-Saugbagger (*Cutter-Sauger*) haben häufig zwei in Reihe geschaltete Baggerpumpen mit je einer Antriebsmaschine (vgl. Bild 2.2-51). Der Pumpenenddruck ist dann gleich der Summe der Einzeldrücke. Die Antriebsleistung für den Schneidkopf beträgt 20 bis 50% der Baggerpumpen-Antriebsleistung. Diese Bagger haben Dampf-, Diesel-, Dieselelektro- oder Elektroantrieb mit Landanschluß. Die Antriebsleistungen für die Baggerpumpen liegen je nach Bauart zwischen 50 und 3 000 kW.

Die mittleren Abmessungen des Schiffskörpers betragen für die Länge 9 bis 60 m, für die Breite 2,5 bis 13 m, für die Seitenhöhe etwa 1,5 bis 4 m. Der mittlere Betriebs-Tiefgang ist 1 bis 2,5 m, die mittlere Baggertiefe bei 45° Leiterneigung 3 bis 20 m. Einzelheiten vgl. [29]. In besonderen Fällen kommen auch höhere Werte vor.

Schneidkopf-Saugbagger eignen sich auch für zähe Bodenarten, wie Darg oder Klei. Statt des fräsenartig arbeitenden Schneidkopfes haben manche Systeme einen hydraulischen Saugkopf, der den Boden mit Druckwasser lockert (*Frühling-Saugkopf*).

Schneidkopf- und Frühling-Saugbagger werden besonders zum Freihalten von Fahrrinnen im Mündungsgebiet von Flüssen eingesetzt, vgl. [H 26].

2.2.2.3 Abtransport des Baggergutes

Eingefäßbagger entleeren meist in Wasserfahrzeuge wie Schuten, Prähme, Kähne. *Eimerkettenbagger* geben das Baggergut aus den Eimern entweder über Stetigförderer in längsseits des Schiffsrumpfes festgemachte Schuten ab oder in dafür vorgesehene Laderäume im Schwimmkörper des Baggers. In manchen Fällen wird auch das Baggergut aus Eimerkettenbaggern durch Rohrleitungen zur Ablagestelle gespült, wie sie für Saugbagger gebräuchlich sind. Dann sind Spülpumpenaggregate erforderlich.

Das von *Saugbaggern* aufgenommene Gut wird in der Regel durch fest oder schwimmend verlegte Rohrleitungen zu einer Entladestelle weitergespült (*Spülbagger*). Dabei werden gewöhnlich Spülpumpenaggregate zwischengeschaltet, die eine Kreiselpumpe mit Diesel- oder Elektroantrieb haben, vgl. [29]. Es gibt aber auch Saug-Schwimmbagger, die in ihrem Schwimmkörper Laderäume für das Baggergut haben. Sie fassen meist eine Stundenleistung und werden dann wie Schuten durch Öffnen von Bodenklappen oder durch Absaugen entleert.

Diese als *Hoppersauger* bezeichneten Bagger sind selbstfahrend. Für Laderaumgrößen bis 500 m³ dient gewöhnlich eine Antriebsmaschine abwechselnd zum Pumpen und Fahren (*Stoßsauger* oder *Verholsauger*); größere Bagger haben getrennte Antriebsmaschinen für beide Vorgänge (*Fahrsauger*). Hoppersauger haben Dampf-, Diesel- oder Dieselelektroantrieb.

2.2.2.3.1 Schuten sind die wichtigsten Fahrzeuge für den Abtransport von Naßbaggergut, obwohl dafür gelegentlich auch Lastkähne oder Prähme verwendet werden. *Einwandige* Schuten sind die einfachste Art. Sie kommen nur für Binnengewässer in Frage. Es gibt die offene einwandige Schute (*Spitzschute, Hamburger Schute*) und die gedeckte einwandige Schute (*Deckschute*). Als Ersatz für die veralteten Hamburger Schuten ent-

wickelte der Hamburger Hafenschiffahrtsverband die einwandigen, offenen „Typenschuten"
mit Tragfähigkeit von 50 bis 510 t. Sie sind 17 bis 30 m lang, etwa 4 bis 8 m breit und
haben 1,35 bis 2,75 m Seitenhöhe. Der Tiefgang ist leer 0,35 bis 0,45 m, beladen etwa
1 bis 3 m. Einzelheiten vgl. [29]. Meist aber sind Schuten *doppelwandig*. Der Laderaum
ist vom Schiffskörper durch dichte Wände getrennt. Der Zwischenraum zwischen Lade-
raum- und Schiffswand ist durch Querschotts unterteilt. Die dadurch gebildeten Lufttanks

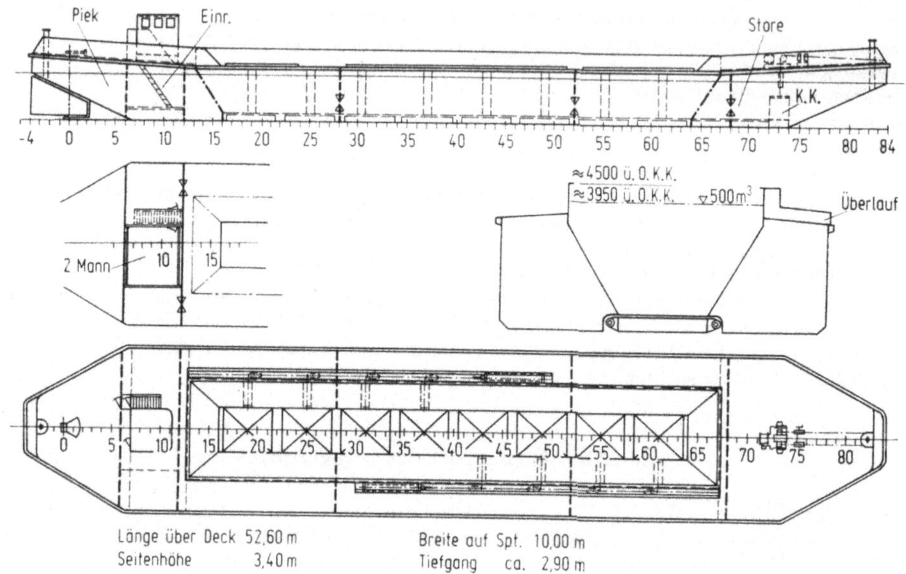

Bild 2.2-52. Nicht-selbstfahrende Klappschute mit hydraulisch betätigten Bodenklappen (O & K) —
Abkürzungen: Einr. Einrichtung (hier des Unterkunftsraumes für zwei Mann Schutenbesatzung);
K. K. Kettenkasten (zur Aufnahme der Ankerkette); O. K. K. Oberkante Kiel. — Zeichen X in
verschiedenen Querschotten der seitlichen Lufttanks bedeutet, daß sich an diesen Stellen ab-
schraubbare wasserdichte Mannlochdeckel befinden.

sollen ein Sinken der Schute auch in beladenem Zustand verhüten. Nach der Fortbewegung
werden Schuten ohne und mit Fahrantrieb unterschieden; nach dem Entleerungsver-
fahren *Spülschuten* und *Klappschuten*, die beide doppelwandig gebaut sind.

2.2.2.3.1.1 Spülschuten (Elevierschuten) haben keine Bodenöffnungen. Gebräuchlich
sind Typen mit 22 bis 1260 t Tragfähigkeit und 12 bis 700 m³ Laderauminhalt. Die Länge
des Schiffskörpers beträgt 14 bis 60 m, die Breite 3 bis 10 m und die Seitenhöhe 1 bis
3,5 m, der Tiefgang leer 0,30 bis 0,70 m und beladen 1 bis 3 m.

2.2.2.3.1.2 Klappschuten mit Bodenklappen (Bild 2.2-52) werden für Tragfähigkeit
von 20 bis 1150 t und Laderauminhalt von 12 bis 700 m³ gebaut. Der Schiffskörper hat
15 bis 60 m Länge, 3 bis 10 m Breite und 1 bis 3,5 m Seitenhöhe. Der Tiefgang beträgt
leer 0,40 bis 1 m und beladen 1 bis 3 m. Bei einer neuen Form dieser Klappschuten
gibt es keine Bodenklappen, sondern der Schiffskörper besteht aus zwei in der Längsachse

geteilten Schiffskörperhälften. Sie können mittels Hydraulikzylinder um eine mit Bolzen fixierte Längsachse geöffnet und geschlossen werden (*Hydroklappschuten*).

Klappschuten mit *Seitenklappen* werden nur in kleinen Typen gebaut. Selbstfahrende Klappschuten gängiger Größen haben Dieselantrieb mit Motorleistung von 150 bis 600 kW und entwickeln Fahrgeschwindigkeiten von 16 bis 20 km/h, vgl. [29].

2.2.2.3.2 Schwimmelevatoren sind auf Schwimmkörpern montierte *Becherwerkslader* (vgl. 2.3.4.3.2). Sie werden zum Entleeren von Schuten benutzt und werden daher auch als *Schutenbagger* bezeichnet. Nach Lage der Eimerleiter zur zu entleerenden Schute werden *Längs-* und *Querelevatoren* unterschieden [18; 29]. Längselevatoren ruhen auf zwei gleich großen Tragschiffen, zwischen denen die Schute während des Entleerens liegt. Die Eimerkette läuft mit hoher Geschwindigkeit. Das vom Elevator aus der Schute geholte Baggergut wird über Stetigförderer oder mit Kübeln an Land gebracht. Das geschieht auch bei Querelevatoren. Sie werden jedoch von nur einem breiten Schwimmkörper oder von zwei verschieden großen Schwimmkörpern getragen.

Schwimmelevatoren haben Dampf- oder Dieselantrieb. Bei den üblichen Bauarten beträgt die Leistung der Antriebsmaschine 40 bis 110 kW. Bei Elevatoren mit zwei gleichen Tragschiffen beträgt deren Länge 16 bis 30 m, die Breite 3 bis 5 m und die Seitenhöhe 1 bis 2 m. Der Tiefgang liegt zwischen 0,8 und 1 m. Für Elevatoren mit nur einem Tragschiff ist etwa die doppelte Breite anzunehmen. Die Eimerinhalte sind 50 bis 200 dm³, die Ausschüttweiten 18 bis 30 m.

Zum Entleeren von Schuten und anderen mit Baggergut beladenen Wasserfahrzeugen werden außer Schwimmelevatoren auch *Schutensauger* (2.2.2.2.2.1) sowie schwimmende oder an Land aufgestellte Greifbagger (2.2.1.1.1.4) benutzt.

2.3 Hebezeuge und Transportgeräte

(vgl. DIN-Normen für Hebezeuge und Fördermittel. Hrsg. Deutscher Normenausschuß. Berlin)

2.3.1 Krane

[H 12; H 22; 6; 7; 10 bis 13; 16; 29; DIN 120; 536; 15003 bis 15084]

2.3.1.1 Aufgaben

Krane dienen zum Heben, Senken, Schwenken und innerhalb eines von der Bauform begrenzten Bereiches zum Verfahren von Lasten. Sie werden vorwiegend zum Auf- und Abladen von Stückgütern, in Verbindung mit entsprechenden Gefäßen auch von anderen Gütern gebraucht, ferner zum Aufrichten von Gegenständen und zum Senkrechtfördern von Lasten für verschiedene Zwecke. Von den zahlreichen Kranarten sollen hier nur diejenigen behandelt werden, die unmittelbare Bedeutung für das Bauwesen haben (*Baukrane*).

2.3.1.2 Bauarten

2.3.1.2.1 Brückenkrane (ältere Bezeichnung: *Laufkrane*) werden in Werkshallen oder auf Lagerplätzen benutzt, auch bei Montageplätzen, Fertigteilwerken, Zerkleinerungsanlagen für Baustoffe usw. Diese Krane bestehen aus einer brückenförmigen Stahlträgerkonstruktion, die an beiden Enden auf Schienen horizontal verfahrbar ist mit Fahrtrichtung senkrecht zur Längsachse der Brücke. Die Fahrschienen können in Gebäuden an Wänden, Säulen oder Dachbindern befestigt sein, im Freien auch auf freistehenden

Stützen. Auf der Kranbrücke läuft eine fahrbare Winde (Laufkatze). Infolge der Fahrbewegungen von Brücke und Laufkatze kann deren Lasthaken jeden Punkt der vom Brücken-
kran bestrichenen rechteckigen Fläche erreichen.

2.3.1.2.1.1 Handlaufkrane sind Brückenkrane, bei denen entweder alle Bewegungen
oder nur die Fahrbewegungen von Hand betätigt werden (Bild 2.3-1). Auch bei Hand-
kranen kann also das Hubwerk ein Elektrozug sein. Er wird besonders bei häufigem Be-

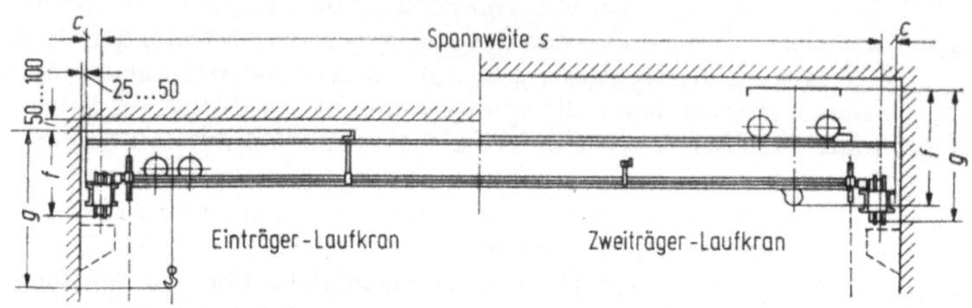

Bild 2.3-1. Handlaufkran (nach [H 12]). Für die gebräuchlichen Typen betragen die Spannweiten s
zwischen 4 und 12 m, die Tragfähigkeit zwischen 1 und 20 t, die Abstände c von 110 bis 175 mm;
die Maße f für Einträgerlaufkran mit Handlaufkatze von 440 bis 870 mm, mit Elektrozug die
gleichen Werte, für Zweiträger-Laufkran mit Handlaufwinde zwischen 725 und 1415 mm, mit
Elektrozug 870 bis 1420 mm. Die Maße g sind für Einträger-Laufkran mit Handlaufkatze 750 bis
1530 mm, mit Elektrozug 1100 bis 1990 mm; für Zweiträger-Laufkran mit Handlaufwinde 685 bis
1430 mm, mit Elektrozug 895 bis 1935 mm. Sonstige Längenmaße im Bild in mm.

nutzen des Kranes und bei großen Lasten bevorzugt. Meist werden Handlaufkrane nur
für kurze Förderwege und geringe Lasten eingesetzt, in manchen Fällen und nur bei seltener Benutzung aber auch für Lasten bis $\approx$ 20 t.

2.3.1.2.1.2 Hängekrane (Bild 2.3-2) sind Brückenkrane, deren Kranbrücke nach Art
von Hängebahnfahrzeugen an Laufbahnen verfahren wird. Die Laufbahnen sind starr
oder pendelnd an Gebäudedecken oder an Stützen aufgehängt [H 22]. Die Laufkatze ist
ein Elektrozug, der ebenfalls als Hängefahrzeug auf einer unterhalb der Kranbrücke angebrachten Fahrbahn läuft. Bei manchen Ausführungen werden Kran und Katze von
Hand, bei anderen mit Elektroantrieb verfahren. Die Laufkatze kann auch den Kran ver-
lassen und auf einen parallel laufenden Kran oder auf eine feste Hängebahn weiterfahren
(Bild 2.3-3). Hängebahnen werden in üblichen Größen für Tragfähigkeit bis 10 t und Spannweiten bis 25 m gebaut, in Sonderausführungen auch für höhere Werte.

2.3.1.2.1.3 Brückenkrane mit elektrischem Antrieb unterscheiden sich von Handlauf-
kranen dadurch, daß Hub- und Fahrbewegungen mit Elektromotoren erfolgen. Sie werden
für größere Lasten, höhere Arbeitsgeschwindigkeiten und bei häufiger Benutzung auch für
kleine Lasten verwendet. Die Tragfähigkeit beträgt nach DIN 15021 je nach Bauart bis
250 t.

2.3.1.2.1.4 Konsolkrane (Wandlaufkrane) sind Einschienenkrane, deren Fahrbahn an
einer Gebäudewand verläuft. Sie dienen hauptsächlich zum Entlasten darüber fahrender
Brückenkrane. Es gibt Konsolkrane mit festem Ausleger und Laufkatze oder mit fester
Ausladung und drehbarem Ausleger. Die Tragfähigkeit reicht bis $\approx$ 10 t, die Ausladungen
bis $\approx$ 10 m bei den üblichen Bauarten.

2.3.1.2.1.5 Stapelkrane sind Brückenkrane, an deren Laufkatze eine Führungssäule
drehbar gelagert ist. An dieser Säule gleitet eine heb- und senkbare Stapelvorrichtung,

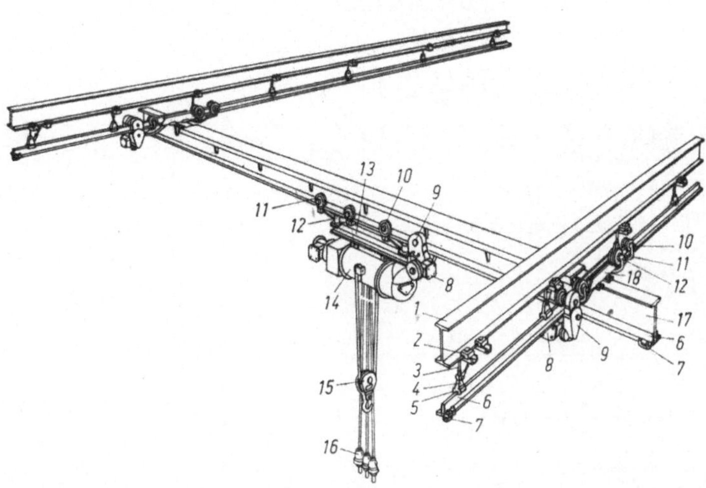

Bild 2.3-2. Hängekran, Bauart DEMAG (nach [H 12]). *1* Obergurt, *2* Deckenbefestigung, *3* Hänge-
stange mit Nachstellgewinde ± 45 mm und Kugelkopf, *4* Hängelasche, *5* Klemmplatte, *6* Lauf-
bahnwinkel, *7* Federpuffer zur Begrenzung der Fahrbahn, *8* Fahrmotor, *9* Fahrgetriebe, *10* Kugel-
lager-Laufrollen, *11* Drehgestell, *12* Ausgleichstück mit drehbarer Aufhängung für Kurvenfahrten,
13 Zugträger, *14* Elektrozug, *15* Unterflasche mit Lasthaken, *16* Druckknopfschalter für Heben,
Senken, Katz- und Kranfahren, *17* Hängekranträger, *18* Kopfträger.

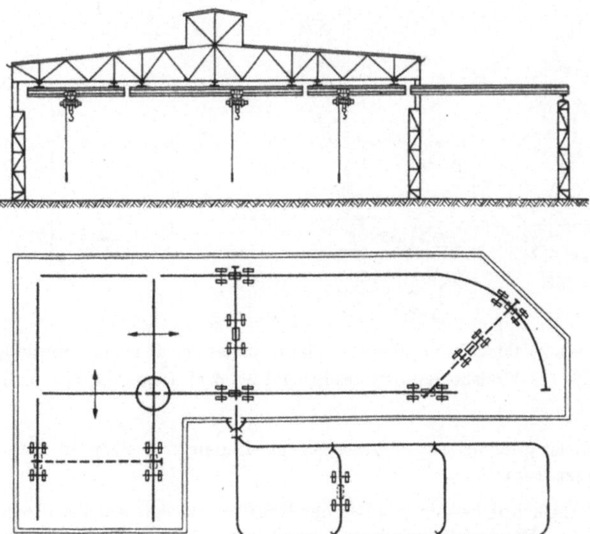

Bild 2.3-3 (nach [H 22]). Oben: Hängekrane, deren Laufbahnen an Dachkonstruktion aufgehängt
sind. Laufkatzen können von einem Kran zum parallelfahrenden anderen Kran überwechseln. —
Unten: kombinierte Hängebahn-Hängekran-Anlage.

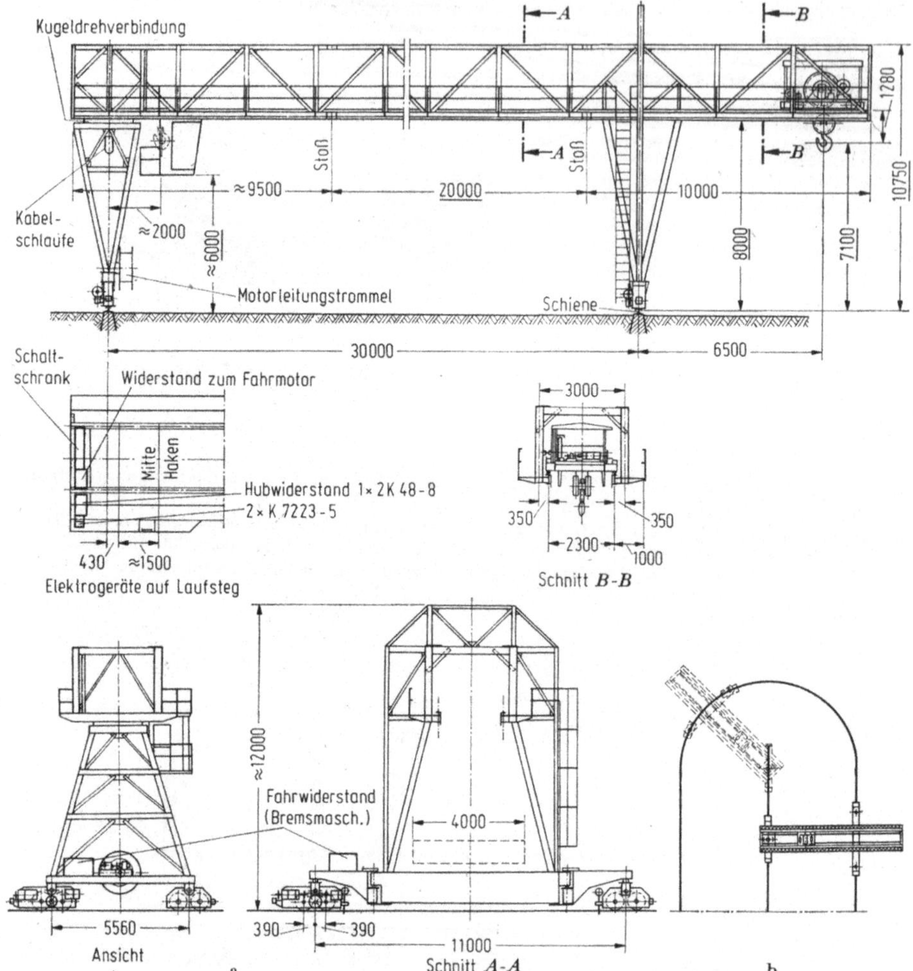

Bild 2.3-4. a) Portalkran (Wolff). Erläuterungen im Text. Längenmaße in mm.
Bild 2.3-4. b) Kreisbogenfahrt des in Bild 2.3-4 a) dargestellten Portalkranes.

die wie ein Gabelstapler arbeitet. Diese Krane dienen zum Stapeln von Stückgütern oder Paletten in Lagerräumen.

2.3.1.2.2 Portalkrane bestehen aus einer Kranbrücke, die auf zwei festen oder fahrbaren Stützen ruht. Im Bauwesen werden fast ausschließlich fahrbare Portalkrane benutzt. Portalkrane mit geringer Spannweite werden auch als *Bockkrane* bezeichnet. Das Hubwerk der Portalkrane fährt mit der Laufkatze an der Kranbrücke entlang. Die Spannweiten der üblichen Portalkrane betragen zwischen 5 und 30 m (Bild 2.3-4).

Der als Beispiel gezeigte Wolff-Portalkran wurde für die Arbeiten zum Versetzen der Tempel von Abu Simbel entwickelt. Die mehr als 3000 Jahre alten Felsentempel wurden, um sie vor der Überflutung durch den Nil nach dem Bau des neuen Assuan-Staudammes zu retten, in Stücke zerlegt und nach Zwischenlagerung auf einem etwa 60 m höheren Platz wieder aufgebaut. Der Portalkran bediente zwei unmittelbar nebeneinander gelegene, je 30 m breite Lagerplätze mit gemeinsamer Mittelschiene. Beide äußere Schienen wurden am Kranbahnende mit einem Halbkreis verbunden. Sobald das Fahrwerk das Ende der Mittelschiene erreicht, wird der Fahrantrieb für die Stütze auf der Mittelschiene selbsttätig abgeschaltet, während die Stütze auf dem Kreisbogen weiterläuft (Bild 3.3-4 b). Nach Durchfahren des Kreisbogens wird der angehaltene Fahrantrieb wieder eingeschaltet. Die Drehbewegung wird dadurch möglich, daß das Portal mit einer Kugeldrehverbindung auf der Stütze gelagert ist, die während der Drehung als Drehpunkt stillsteht. Die wichtigsten technischen Daten dieses Kranes sind: Spannweite 30 m; Energieversorgung von außen mit Drehstrom 380 V, 50 Hz; Tragfähigkeit 30 t; Arbeitsgeschwindigkeiten in m/min: Heben 3,5; Feinheben $\approx$ 0,7; Katzfahren 20; Kranfahren 30.

Bei noch erheblich größeren Spannweiten, bis $\approx$ 150 m, werden die Geräte auch als *Verladebrücken* bezeichnet und können statt der Laufkatze auch mit anderen Hubvorrichtungen, z. B. einem fahrbaren Drehkran, ausgerüstet sein. Für Baustellen kommen Krane mit Stützweiten solcher Größenordnung i. allg. nicht in Frage. Zum Transport auch unter schwierigen Bedingungen werden Portalkrane so gefertigt, daß sie zerlegt werden können und am Einsatzort durch Schraubverbindungen wieder zu montieren sind. Portalkrane gibt es mit Tragfähigkeit bis $\approx$ 150 t, in Sonderausführung sogar für noch höhere Werte.

Ursprünglich wurden als Portalkrane in Häfen arbeitende Drehkrane mit schienenfahrbarem, portalförmigem Unterwagen bezeichnet. Die Portalform ermöglicht die Durchfahrt von Eisenbahnwaggons. Statt der reinen Portalform kann der Unterwagen auch die Gestalt eines fahrbaren Drei- oder Vierbeingestells haben. Für diese Krane ist der Name *Portaldrehkran* (Bild 2.3-5) eindeutiger.

Bei dem als Beispiel gezeigten Wolff-Kran ruht der drehbare Teil mit dem Führerhaus auf einer Kugeldrehverbindung. Im Portal ist ein Generator mit Dieselantrieb (Drehstrom 380 V, 50 Hz) eingebaut, so daß sich eine Energieversorgung von außen erübrigt. Die Arbeitsgeschwindigkeiten in m/min sind: Heben 40; Kranfahren 60; Ausleger-Einziehen 7,5; Einziehzeit $\approx$ 25 s; Schwenken 1,5 U/min. Tragfähigkeit 5 t bei 20 m Auslage.

Halbportal-Drehkrane haben nur eine fahrbare Stütze. Das andere Ende der Kranbrücke läuft mit einem Fahrwerk auf einer an einem Gebäude oder der Uferböschung geführten Fahrbahn, vgl. Bild 2.3-6. Auf der Brücke, die auch zusammen mit der Stütze ein Dreipunktfahrwerk bilden kann, sitzt als Hubgerät gleichfalls ein Drehkran.

2.3.1.2.3 Drehkrane (*Auslegerkrane*). Als Drehkrane werden alle Krane bezeichnet, die mit einem Ausleger eine Kreisfläche oder einen Kreissektor bestreichen. Der Ausleger kann dabei fest in horizontaler Stellung bleiben oder an einem Ende gelenkig gelagert und dadurch vertikal neigbar sein. Das Hubseil mit Kranhaken läuft an der Auslegerspitze über eine Rolle. Bei starr horizontalem Ausleger kann stattdessen auch eine Laufkatze vorhanden sein.

Drehkrane mit starr horizontalem Ausleger und Laufkatze können die gehobene Last ohne weitere Betätigung des Hubwerks auch mit gleichbleibendem Abstand der Last vom Boden radial verfahren. Diese Bewegung, bei der Hubwerksarbeit entfällt und das Arbeitsspiel nicht gestört wird, heißt „Wippen". Bei Drehkranen mit neigbarem Ausleger ist sie nur mit Hilfe besonderer Wippvorrichtungen möglich, vgl. [H 12]. Mit derartigen Vorrichtungen ausgerüstete Drehkrane werden als *Wippkrane* bezeichnet.

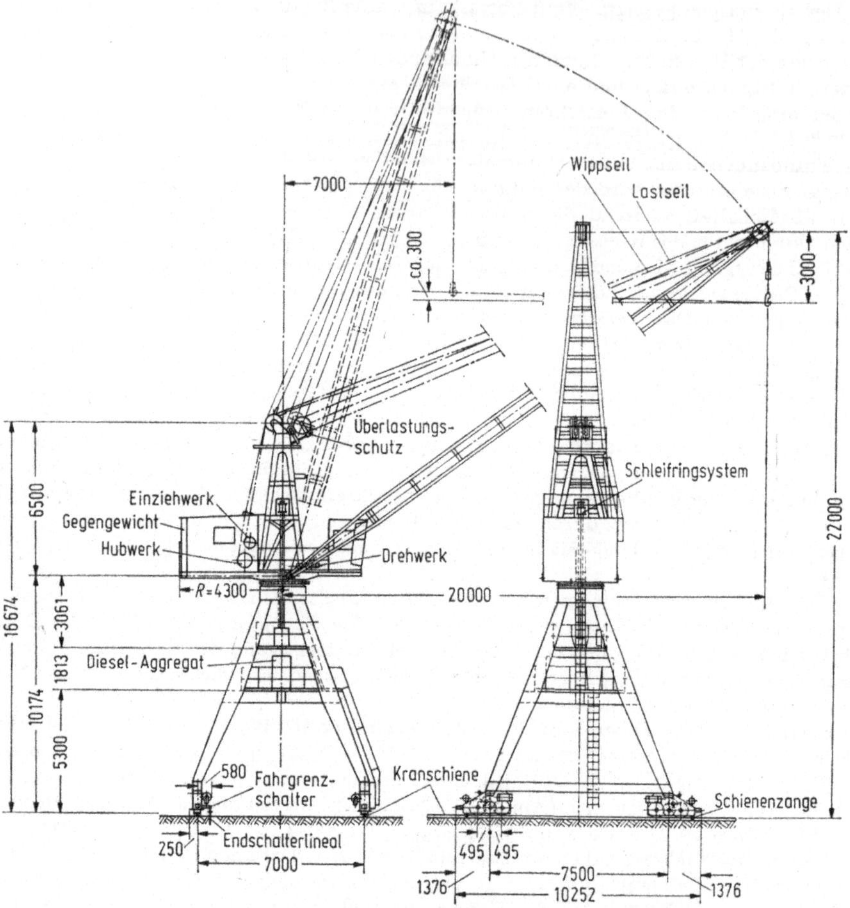

Bild 2.3-5. Portaldrehkran (Wolff). Erläuterungen im Text. Längenmaße in mm.

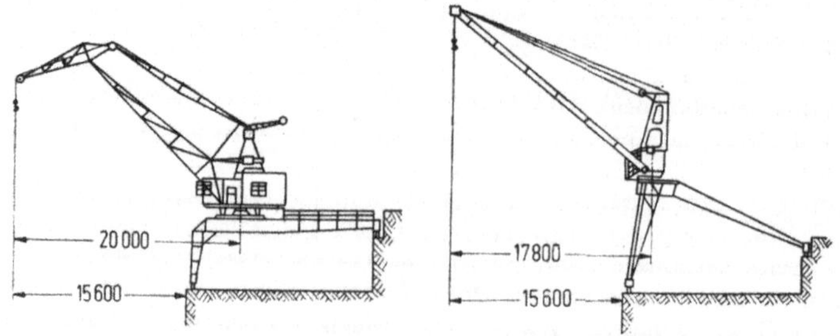

Bild 2.3-6. Halbportal-Drehkrane (nach [H 12]). Längenmaße in mm.

2.3.1.2.3.1 Wanddrehkrane [H 12] werden i. allg. nur in Werk- oder Lagerhallen verwendet. Ihre Schwenkfähigkeit ist durch die Wand beschränkt, gewöhnlich auf 180°. Freistehend im Raum mit Anordnung des Halslagers an der Decke können diese Krane auch mit Schwenkbereich bis 360° eingebaut werden. Auch Wandlaufkrane (Konsolkrane) kommen in Bauarten mit drehbarem Ausleger vor.

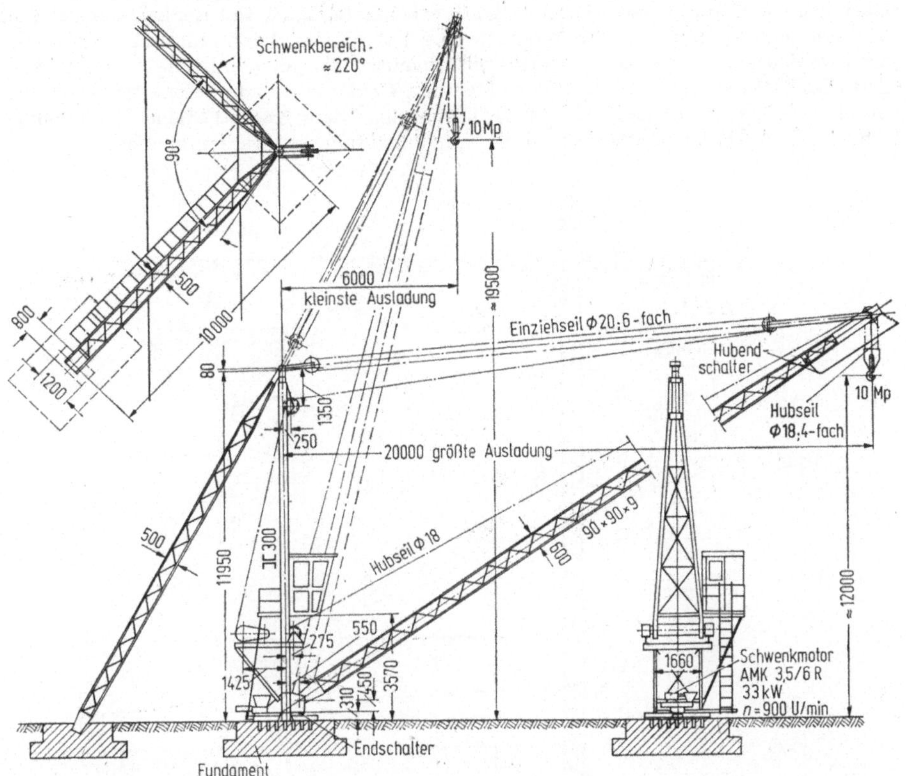

Bild 2.3-7. Derrickkran (Bauart Wolff). Tragfähigkeit 10 t, Ausleger 20 m; getrennte Winden mit je einem Motor für Hub-Windwerk und Ausleger-Windwerk. Dadurch sind diese Krane bedeutend leistungsfähiger als beim früheren Einmotorenantrieb. Arbeitsgeschwindigkeiten: Heben ≈ 3,3 m/min; Einziehen ≈ 3,3 m/min; Schwenken ≈ 0,3 min. — Motoren für Drehstrom 380 V. — Längenmaße in mm.

2.3.1.2.3.2 Säulendrehkrane mit drehbarer Säule. Bei diesen Kranen ist die Säule (der Mast) an ihrem Fuß mit einem Endzapfen in ein Rollen- bzw. Kugellager eingelassen, während sie oben in einem Halslager, ebenfalls einem Rollenlager, drehbar gelagert ist. Beim *Derrickkran* (Bild 2.3-7) wird das obere Halslager und damit die ganze drehbare Säule von zwei Streben oder von Ankerseilen verspannt. Am Säulenfuß ist der Ausleger neigbar gelagert. Er wird mit Seilzug gehoben oder gesenkt. Mast und Ausleger können aus Holz oder Stahl gebaut werden. Der im Bild gezeigte, elektrisch betriebene Derrickkran hat starr an seinem drehbaren Teil angebrachte Triebwerke. Ortsfeste Derrickkrane sind

besonders zur Arbeit auf Lagerplätzen, in Steinbrüchen, auf Großbaustellen (z. B. Schiffshebewerk Scharnebeck am Nord-Süd-Kanal) und bei allgemeinen Umschlagaufgaben
geeignet.

2.3.1.2.3.3 Säulendrehkrane mit fester Säule [H 12]. Krane mit im Fundament verankerter fester Säule, auf der ein drehbarer Teil mit dem Ausleger gelagert ist, werden nicht auf
Baustellen verwendet. Diese ortsfesten Krane arbeiten in Häfen, in Eisenbahnanlagen und
auf Werksgelände. Auch Turmdrehkrane (2.3.1.2.3.4) mit Portal und Führerhaus im starren
Turm werden kaum noch auf Großbaustellen benutzt, die jahrzehntelang ihr charakterististisches Arbeitsgebiet waren. Häufige Montage, Demontage und wiederholter Transport
von einer Baustelle zur anderen sind zu kostspielig. Diese Krane bedienen jetzt hauptsächlich Lagerplätze und Werften, wo sie nur einmal montiert werden müssen.

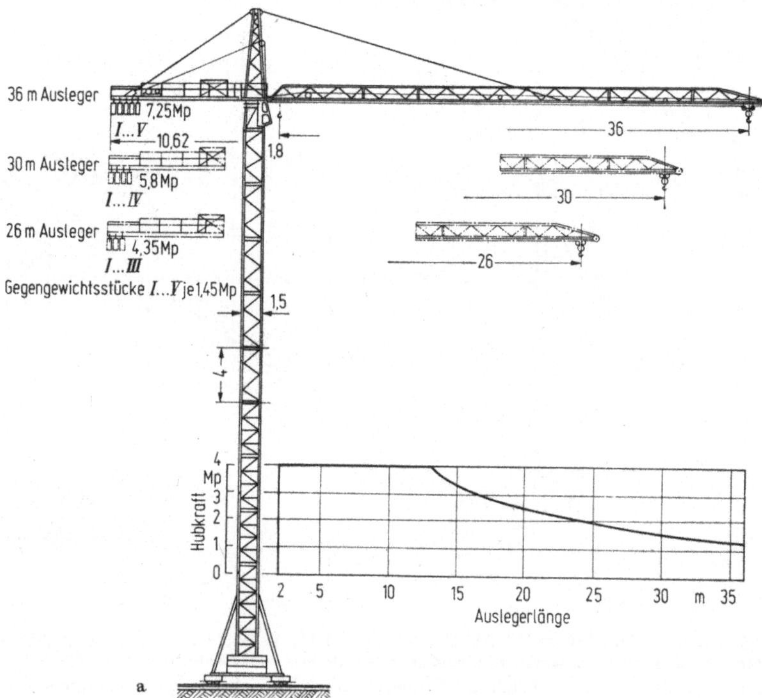

Bild 2.3-8. a) Turmdrehkran mit starrem Turm, Laufkatze und Gegengewicht (Wolff WK 45 S).
Stationär freistehend bis 42 m Hakenhöhe, verankert bis 100 m Hakenhöhe; fahrbar bis 42 m
Hakenhöhe, mit Geradeaus- oder Kurvenfahrwerk. Alle Antriebe sind Elektromotoren, Drehstrom
380 V, 50 Hz; Steuerspannung 110 V. Steuerung vom Führerhaus oder Fernsteuerung mit tragbarem Steuerpult über Kabel. Motorleistungen: Triebwerk Katzfahren 3,01 kW, Drehen 3,96 kW,
Kranfahren 2 × 5,51 kW, Klettern (nur bei Ausführung als Kletterkran) 3,01 kW, Normalhubwinde 16,53 kW, Schnellhubwinde 22,05 kW. Arbeitsgeschwindigkeiten: Katzfahren 42 m/min,
Drehen 0,8 U/min, Kranfahren 30 m/min, Klettern 0,6 m/min; Hubgeschwindigkeiten für Lasten
bis 0,75 t mit Normalwinde 80/8/4,5 m/min, mit Schnellwinde 108/11/6 m/min; bis 1,6 t mit
Normalwinde 44/4,4/2,1 m/min, mit Schnellwinde 64/6,4/3,5 m/min; bis 4 t mit Normalwinde
20/2/1 m/min, mit Schnellwinde 24/2,4/1,3 m/min. — Längenmaße in m.

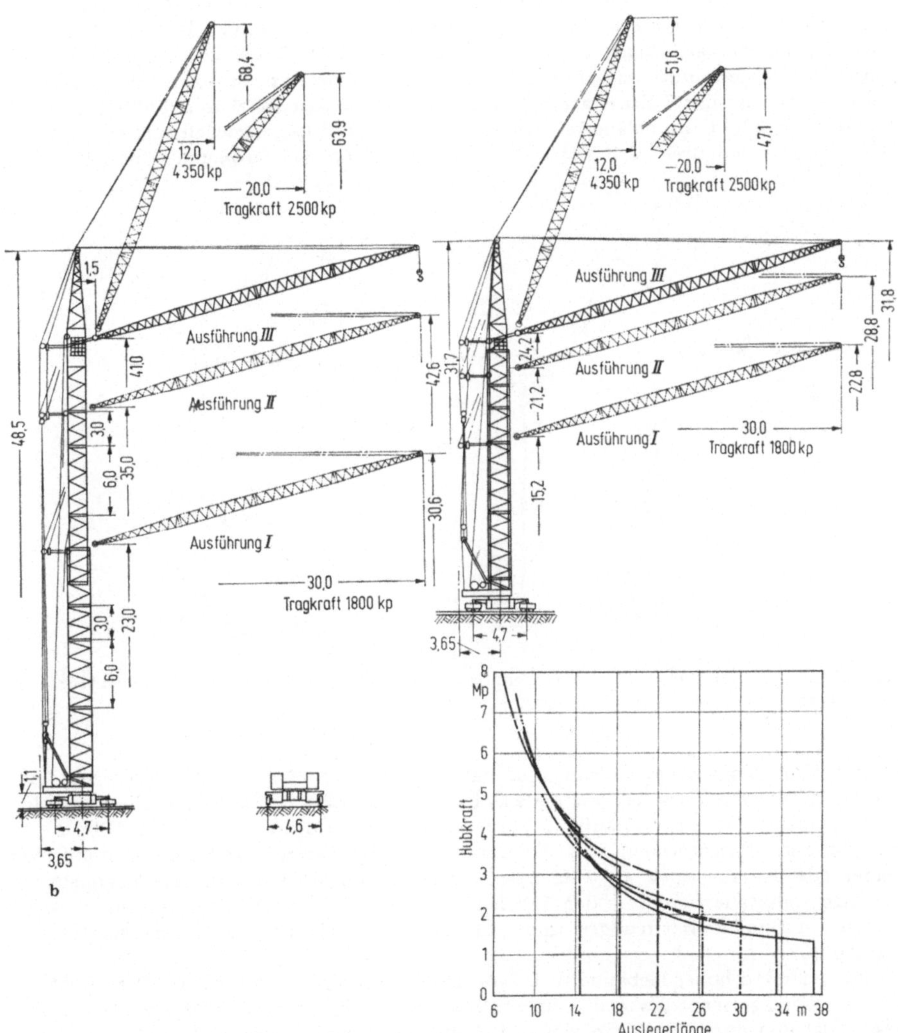

Bild 2.3-8. b) Turmdrehkran mit Nadelausleger (Liebherr 45 A/65). Turm kann teleskopartig ausgefahren, Ausleger mit Zwischenstück verlängert werden, vgl. Bild 2.3-9. Konstruktionsgewicht 28,15 t, Dienstgewicht 46,65 t; Gesamtmotorenleistung bei mechanisch geschalteten Getrieben 41,49 kW, bei elektrisch geschalteten Getrieben 46,63 kW; Drehstrom 380/220 V, 50 Hz; Hubgeschwindigkeit mechanisch geschaltet 12,35 bis 72,30 m/min, elektrisch geschaltet 12,90 bis 62,70 m/min je nach Auslegerlänge. Rollenhöhen, Ausleger-Anlenkpunkte und Tragfähigkeit der verschiedenen Ausführungen sind im Bild angegeben; Drehgeschwindigkeit 1,0 U/min; Fahrgeschwindigkeit 38,50 m/min. — Alle Bewegungen können auch von tragbarem Schaltpult über Kabel ferngesteuert werden. — Längenmaße in m.

2.3.1.2.3.4 Turmdrehkrane. Turmdrehkrane wurden für Hochbaustellen entwickelt, z. B. Hilgers, Kaiserslautern, Liebherr, O. Kaiser, Peine, Peschke, Wetzel, Wolff. Der Turm ist als Stahlgittermast mit quadratischem, gleichbleibendem oder nach oben abnehmendem Querschnitt ausgeführt. Es gibt zwei Hauptgruppen von Turmdrehkranen. Bei der einen ist der Turm starr auf einem ortsfesten oder fahrbaren Fußteil befestigt. Nur der auf dem Turm gelagerte Oberteil, aus Last- und Gegengewichtsausleger mit den Winden bestehend, dreht sich. Diese *Turmdrehkrane mit festem Turm* und ständig in waage-

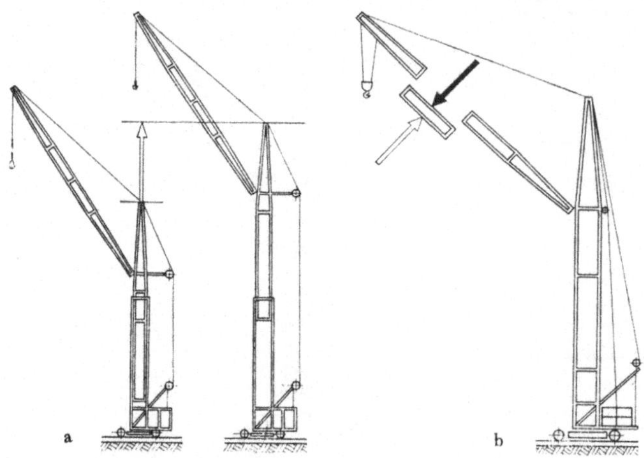

Bild 2.3-9. Turmdrehkran mit ausfahrbarem Turm (a) und durch einsetzbares Zwischenstück verlängerbarem Nadelausleger (b) (Liebherr).

rechter Lage bleibendem Lastausleger haben Laufkatzen für das Hubwerkzeug (Bild 2.3-8a). Die zweite Hauptgruppe bilden die *Turmdrehkrane mit drehbarem Turm*, an dem ein neigbarer Lastausleger, häufig in Form eines Nadelauslegers angelenkt ist (Bild 2.3-9). Es gibt auch Mischformen, z. B. Drehkrane mit drehbarem Turm und kombiniertem Nadel- oder Katzausleger (vgl. Bild 2.3-10) sowie die Form des Laufkatz-Knickauslegers.

Turmdrehkrane werden in den üblichen Größen mit Hubkraftmomenten bis 100 Mp m gebaut, in Sonderanfertigungen mit starrem Turm bis zu Hubkraftmomenten von 360 Mp m.

Für den Bau hoher Gebäude, z. B. von Hochhäusern, sind oft *Kletter-Turmdrehkrane* besonders gut geeignet. Es sind Krane mit starrem Turm, der aus Teilstücken zusammengesetzt ist und durch Einfügen von Zwischenstücken wachsen kann. Das Kopfstück mit Führerhaus, Windwerk und Ausleger wird mit einem mechanischen oder hydraulischen Hubwerk jeweils um eine Stockwerkshöhe gehoben und das Zwischenstück darunter eingebaut. Verschiedene Verfahren dazu zeigen die Bilder 2.3-11 a) bis e). Kletterkrane steigen im Inneren des entstehenden Bauwerks in Räumen empor, die für spätere Verwendung z. B. als Fahrstuhlschacht oder als Treppenhaus vorgesehen sind, oder der Kran klettert in Geschoßdecken eingespannt, die später geschlossen werden. Aber auch an der Außenwand des Gebäudes können Kletterkrane im Freien hochgebaut werden. Sie müssen in bestimmten Abständen an der Wand verankert werden. Manche Bauarten gibt es nicht nur in stationärer, sondern auch in schienenfahrbarer Ausführung.

Bei Turmdrehkranen mit drehbarem Turm ist wie bei Drehscheibenkranen (2.3.1.2.3.5) der gesamte Kran mit Wind- und Drehwerk sowie dem Führerhaus drehbar auf einem stationären oder schienenfahrbaren Unterteil gelagert. Zu dieser Hauptgruppe der Turmdrehkrane gehören die *Hochbau-Leichtkrane* (Bild 2.3-10). Sie haben einen Gitterwerksturm oder einen Stahlrohrmast mit Nadel- oder Laufkatzausleger. Bei manchen Typen, z. B. Liebherr Typenreihe A mit Nadelausleger für 12 bis 190 Mp m Hubkraftmoment, ist der Gitterwerksturm als Teleskopsäule ausgebildet. Dadurch kann der Kran in vielen

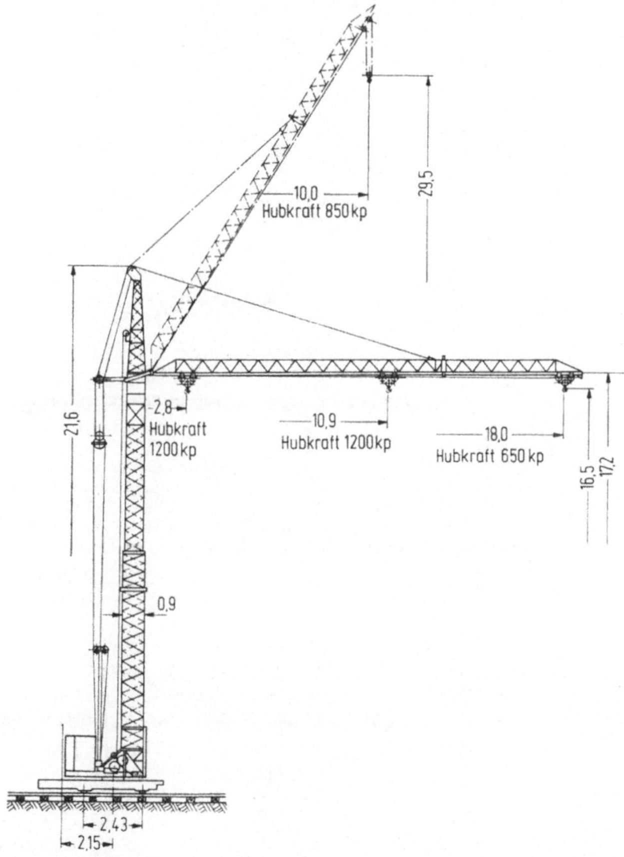

Bild 2.3-10. Hochbau-Leichtkran (Liebherr 10 K). Der Kran kann stationär oder schienenfahrbar eingesetzt werden. Für den Straßentransport wird ein luftbereiftes Fahrwerk montiert. Die Drehsäule des Krans ist teleskopisch aus- und einfahrbar. Bei diesem Typ kann der Katzausleger mit einer motorisch angetriebenen Winde verstellt werden. Reicht die normale Hubhöhe nicht aus, wird die Laufkatze an der Auslegerspitze verriegelt. Der Ausleger kann dann stufenlos verstellt werden. Alle Arbeitsbewegungen können auch von einem tragbaren Fernsteuerpult aus gesteuert werden. Straßentransport ist bis 20 km/h möglich. Für Typ 10 K sind die Hubgeschwindigkeit 18,2 bis 30 m/min, Drehgeschwindigkeit 1,2 U/min, Katzfahrgeschwindigkeit 25 m/min und das Konstruktionsgewicht 5,4 t. — Längenmaße in m.

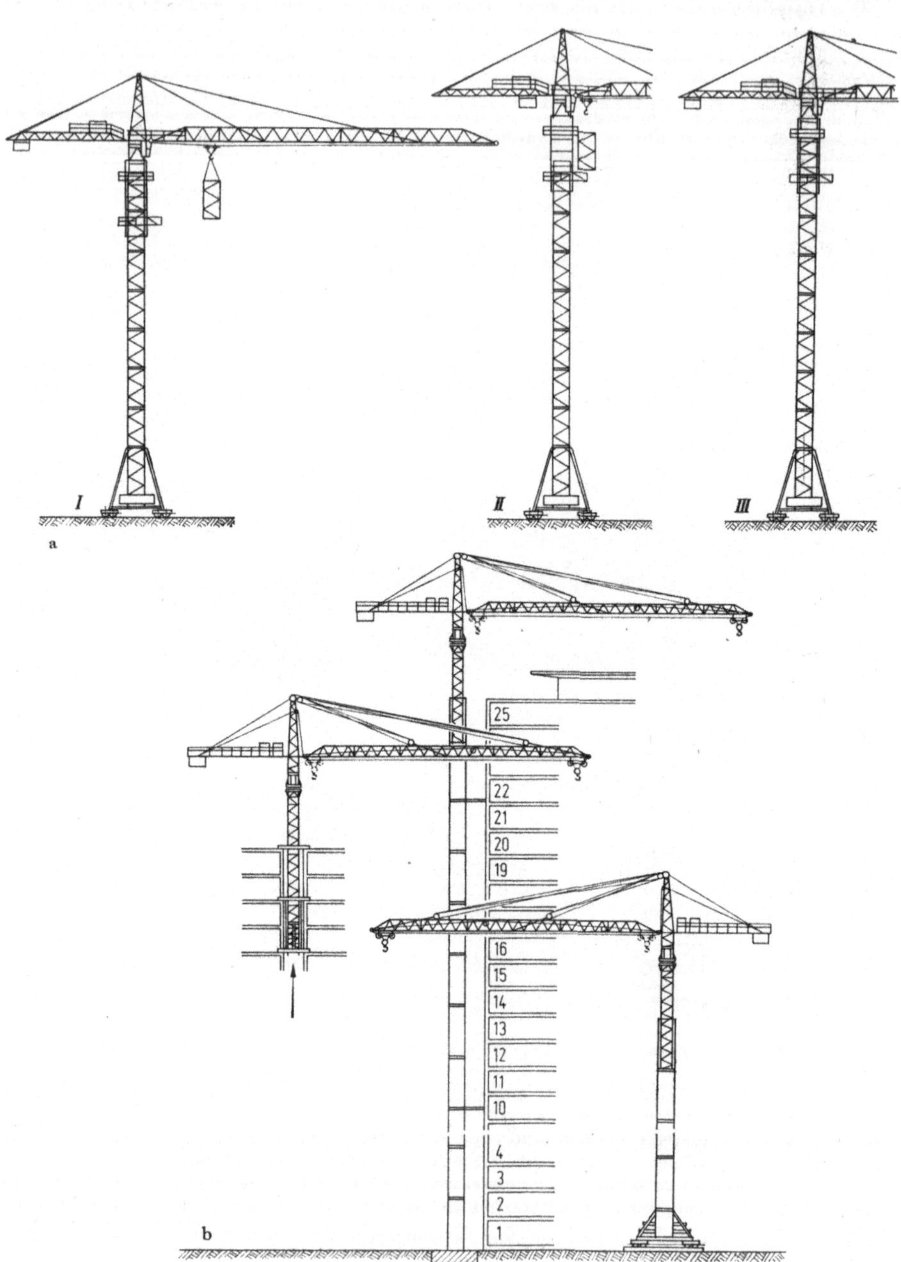

I
II
III
a
b
25
22
21
20
19
16
15
14
13
12
11
10
4
3
2
1

Fällen mit eingefahrener Drehsäule eingesetzt werden und arbeitet nur bei hohen Gebäuden mit ausgefahrenem Turm. Die Nadelausleger lassen sich bei diesem System mit einsetzbaren Zwischenstücken verlängern, vgl. Bild 2.3-9. Für alle Turmdrehkrane gelten besondere Unfallverhütungs-Vorschriften (vgl. [H 22]). Sie betreffen die Standsicherheit, Kippsicherung, Radbruchstützen, Schienenräumer, den Überlastungsschutz, die Not- und Endschalter, ferner die Vor-, Bau- und Abnahmeprüfung sowie die jährliche Prüfung.

2.3.1.2.3.5 Drehscheibenkrane [H 12] sind dadurch gekennzeichnet, daß ihr drehbarer Teil mit Ausleger, Führerhaus und allen Triebwerken ähnlich einer Drehscheibe auf einem Kugelkranz oder über Drehrollen auf einem Schienenkranz gelagert ist. Beim Schienenkranz ist zum Zentrieren ein Königszapfen erforderlich. Ortsfeste Drehkrane haben im Bauwesen höchstens für das Umladen von Material, z. B. in Häfen, Bedeutung. Es gibt aber auch auf einem Schienen-, Reifen- oder Raupenfahrwerk montierte Drehscheibenkrane. Nach ihrem grundsätzlichen Aufbau können auch die Turmdrehkrane mit drehbarem Turm sowie die Fahrzeugkrane zu den Drehscheibenkranen gezählt werden.

2.3.1.2.3.6 Fahrzeugkrane (Bild 2.3-12) sind Dreh- oder Schwenkkrane (um 360° oder weniger drehbar), bei denen der gesamte Kran mit Ausleger, Führerhaus und Krantriebwerken als Oberwagen auf einem Chassis drehbar montiert ist. Die wichtigsten Vertreter der Fahrzeugkrane sind die *Mobilkrane* und die *Autokrane*. Auch die mit Kranausrüstung versehenen Bagger, vgl. 2.2.1.1.1.6 und 2.2.1.1.2.4, gehören dazu. Die entsprechende Ausrüstung wird stellenweise auch als *Baggerkran* bezeichnet.

Die Unterwagen der Mobil- und Autokrane haben in der Regel Reifenfahrwerk. Es gibt aber auch Typen mit Raupenfahrwerk. Die Ausleger sind meist als Gitterkonstruktion ausgeführt und können bei manchen Typen, z. B. DEMAG-Autokran TC 140 oder DEMAG-

Bild 2.3-11. a) Kletter-Turmdrehkran mit einsetzbaren Zwischenstücken (Wolff). I. Das neue Turmzwischenstück wird mit der Hubwinde hochgezogen und auf dem Verschiebewagen abgesetzt. Der Klettervorgang beginnt. II. Das Oberteil des Krans wurde mit dem Kletterwerk um 4,5 m angehoben. Der Kletterstuhl wird wieder in die höchste Stellung gefahren. III. Das neue Turmzwischenstück wurde eingesetzt. Der Kran ist mit 4,5 m größerer Hakenhöhe betriebsbereit. Seit Beginn des Klettervorgangs ist 1 h vergangen. — Die Krane können schienenfahrbar mit Kurvenfahrwerk oder stationär innerhalb bzw. außerhalb des Gebäudes stehend eingesetzt werden. Es gibt Typen mit Wippausleger und Typen mit Laufkatzausleger, z. B. Wolff-Kran WK 150 S mit Laufkatzausleger: Größte Ausladung 40 m, Tragfähigkeit bei größter Ausladung 3,75 t; maximale Tragfähigkeit 8 t, Ausladungsbereich für maximale Tragfähigkeit 2,2 bis 20 m; Hubgeschwindigkeit 22 bis 132 m/min je nach Last; Kranfahren 30 m/min; Drehen 0,7 U/min; Katzfahren 10/40 m/min.

Bild 2.3-11. b) Kletter-Turmdrehkran mit laufend montierten Zwischenstücken (Liebherr). Es gibt drei Ausführungen: Schienenfahrbar (auch für Kurvenfahrt); als Kletterkran im Gebäude; stationär. Alle Ausführungen haben Katzausleger. Bei diesem System sind der Innenturm, der an seiner Spitze den Ausleger trägt, und der Außenturm zu unterscheiden. Der Außenturm besteht aus Zwischenstücken, die mit dem Kran selbst montiert werden. Bei der fahrbaren und stationären Form klettert der Innenturm mit Hilfe einer eingebauten hydraulischen Klettereinrichtung im Außenturm. Sobald er genügende Höhe erreicht hat, wird ein neues Zwischenstück um ihn herum montiert. Das beansprucht wenig Zeit, da die Zwischenstücke aus zwei Teilen zusammengefügt werden. Der stationäre Kran wird in bestimmten Abständen am Gebäude verankert. Als Kletterkran im Gebäude wird der Kran nur mit Innen-Zwischenstücken ausgeführt. Der Klettervorgang geschieht ebenfalls hydraulisch. — Beispiel Liebherr 250 CS 320: Größte Ausladung 50 m, Tragfähigkeit bei größter Ausladung 5 t; maximale Tragfähigkeit 20 t; Ausladungsbereich für maximale Tragfähigkeit 3,6 bis 13,9 m; Hubgeschwindigkeit 17 bis 63,9 m/min je nach Last; Kranfahren 27,5 m/min; Drehen 0,6 U/min; Katzfahren 20 bis 40 m/min.

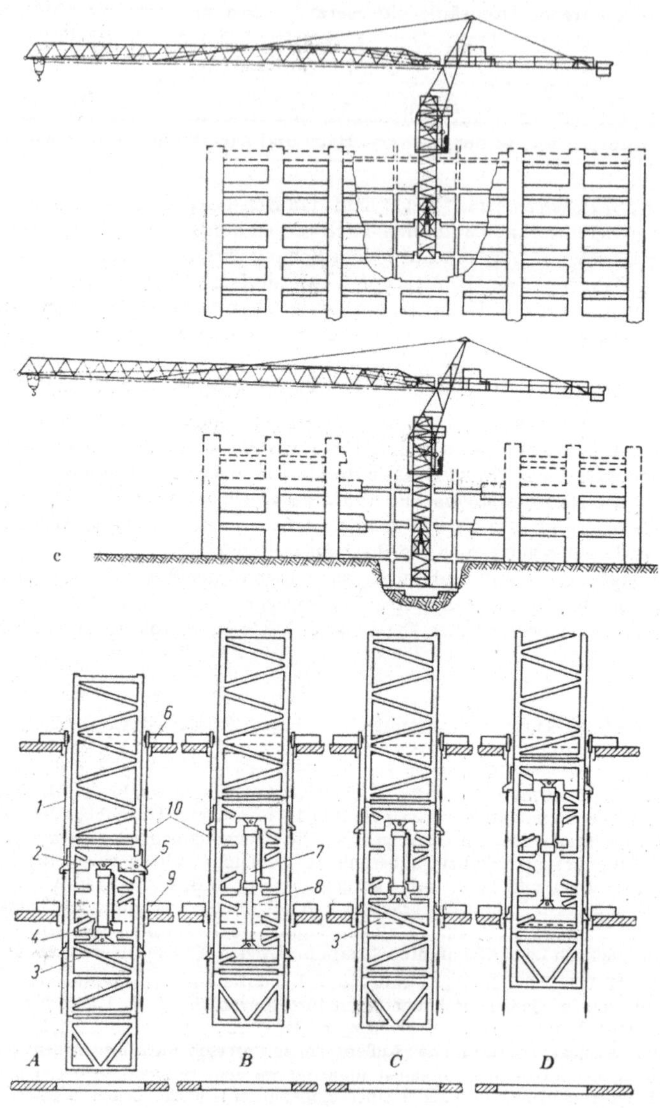

Bild 2.3-11. c) In Geschoßdecken aufsteigender Kletterkran (Schwing Typenreihe KTK). Der Kran wird zunächst auf der Kellersohle freistehend errichtet und hat eine Hakenhöhe von 16 m (unteres Bild). Als Turmdrehkran mit Laufkatzausleger erreicht er alle Punkte des Schwenkbereiches. Nachdem 3 bis 4 Geschoßdecken über der Kellersohle fertiggestellt sind, wird der Kran vom Fundament gelöst. Die hydraulische Klettervorrichtung, die beim freistehenden Kran das Kranoberteil klettern läßt, wird in den Mast umgesetzt. Sie bewirkt hier das Klettern des ganzen Kranes in Aussparungen der Geschoßdecken, die später geschlossen werden (Bild oben). Den Klettervorgang zeigt

Bild 2.3-11. d). Der Mast besteht aus 3 m hohen, leicht zusammensetzbaren Stücken. Der größte Kran dieser Typenreihe KTK 160/230 H (Schwing) hat in Normalausführung eine größte Ausladung von 40 m (Bild 2.3-11. e); der Gegenausleger ist 19,6 m lang. Die Tragfähigkeit beträgt je nach Ausladung 11,80 bis 4,00 t, die Hubhöhe maximal 100 m, die Hubgeschwindigkeit 26 oder 52 oder 78 m/min, die Katzfahrtgeschwindigkeit 25 oder 50 m/min, die Drehgeschwindigkeit 0,5 U/min. Der Kran ist für einen elektrischen Anschlußwert von 82 kW ausgelegt.

Bild 2.3-11. d) Klettervorgang eines in Geschoßdecken eingespannten Kletterkrans (Schwing). Hydraulikzylinder *7* bzw. Kolbenstange *8* sind zwischen einer festen Traverse *2* und einer beweglichen Traverse *3* angeordnet. Beide Traversen greifen mit beweglichen Pratzen *5* in Sprossen *10* der beidseitig am Führungsrahmen *6* hängenden Kletterleitern *1*. Das Klettern geschieht daran in den Stufen A bis D.

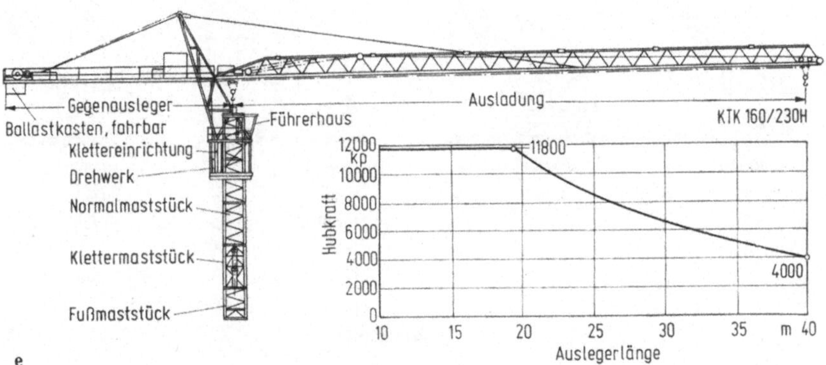

Bild 2.3-11. e) Kletterkran KTK 160/230 H (Schwing). Erläuterung s. Bild 2.3-11. c). Der gleiche Typ kann auch als außerhalb des Gebäudes stehender fester oder fahrbarer Turmdrehkran verwendet werden.

Mobilkran MC 180, sogar als Nadel- oder Katzausleger an einem vollständigen Drehturm mit Führerkabine in der Turmspitze angebracht sein. Es gibt Mobil- und Autokrane mit hydraulisch teleskopierbarem und hydraulisch verstellbarem Kastenausleger.

Mobilkrane (Bild 2.3-13) haben einen gemeinsamen Dieselmotor als Antrieb für die Krantriebwerke und das Fahrwerk. Die Fahrwerke haben überwiegend zweiachsige Ausführung. Es kommen aber auch Mehrachser vor, z. B. DEMAG MC 180. Unter den Mobilkranen finden sich besonders viele wendige Bauarten zum Heben und Transport kleiner Lasten. Es gibt aber auch Typen mit maximaler Tragfähigkeit bis 60 t.

Autokrane (Bild 2.3-14, 2.3-15) unterscheiden sich von Mobilkranen grundsätzlich dadurch, daß bei ihnen der Oberwagen, bestehend aus der gesamten Krananlage mit Ausleger, Führerkabine und allen Krantriebwerken, drehbar auf einem Lkw-Chassis gelagert ist. Autokrane mit Seilzugausleger (Bild 2.3-14) haben in der Regel zwei Dieselmotoren, einen im Lkw-Chassis als Fahrantrieb und einen im Drehkran für die Krantriebwerke. Hydraulik-Autokrane benötigen nur einen Dieselmotor, der zugleich die Hydraulik für sämtliche Kranbewegungen bedient, z. B. DEMAG HC 80 (Bild 2.3-15). Autokrane mit seilzugbewegtem, verlängertem Gitterausleger erreichen Rollenhöhen von mehr als 100 m. Die maximale Tragfähigkeit schwerster Autokrane kann bis zu 1000 t betragen. Von einigen Typen werden Fahrgeschwindigkeiten von mehr als 60 km/h erreicht.

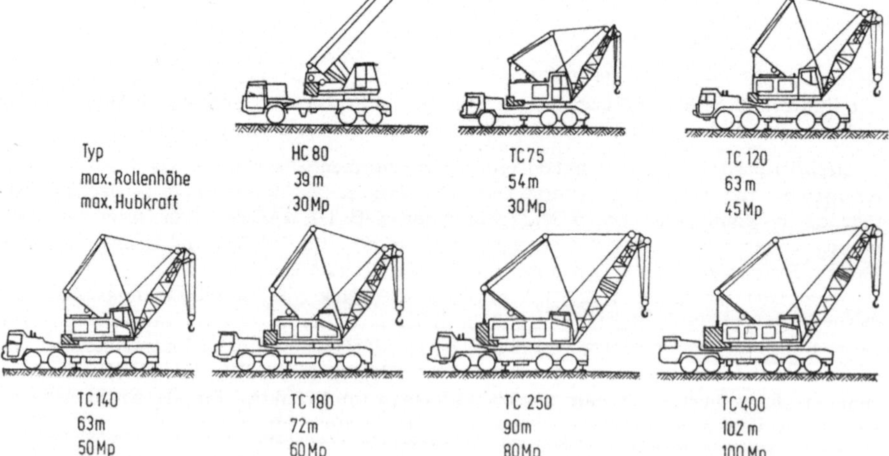

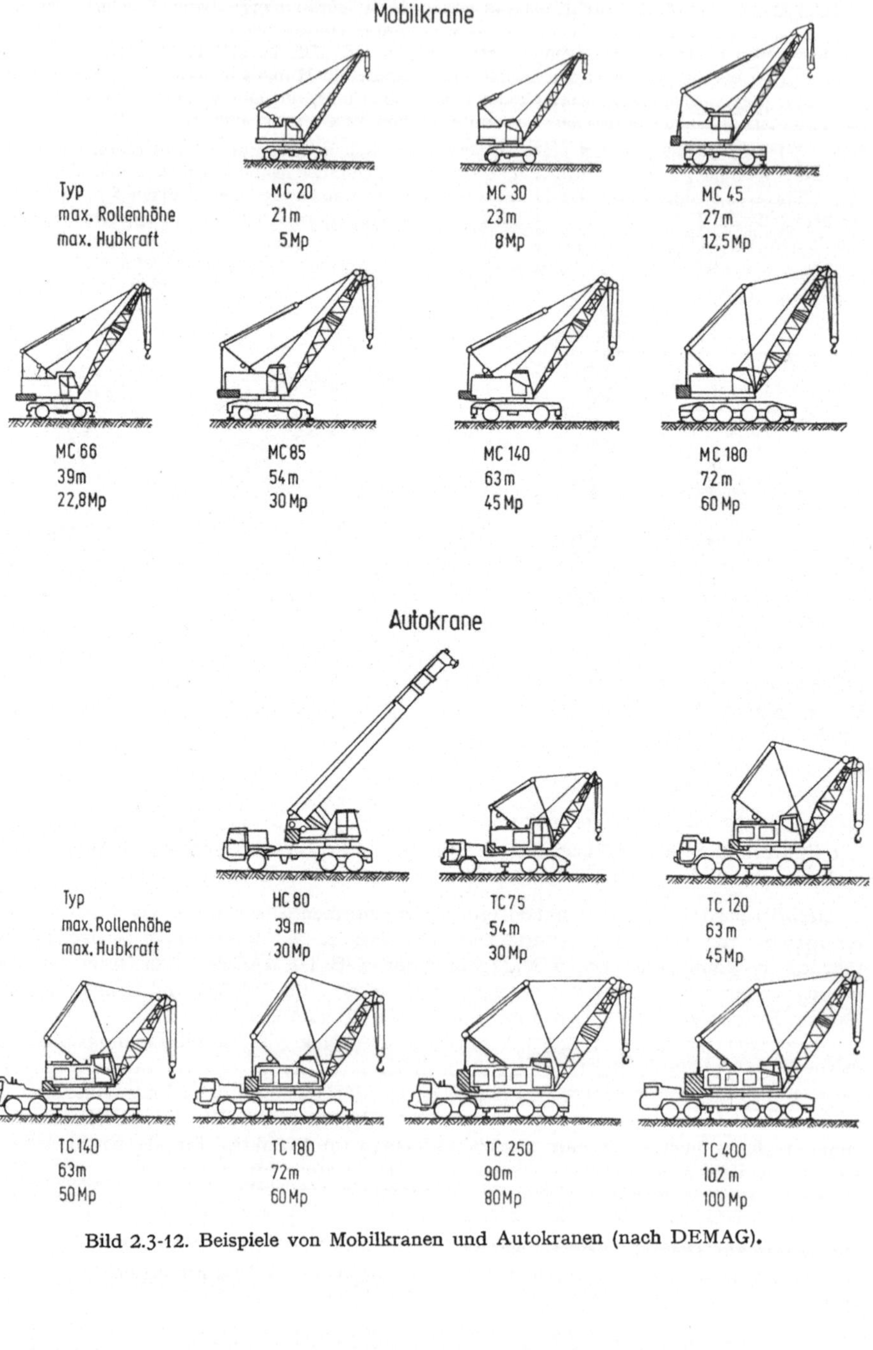

Bild 2.3-12. Beispiele von Mobilkranen und Autokranen (nach DEMAG).

2.3.1.2.4 Kabelkrane werden auf weiträumigen Baustellen oder auf Arbeitsplätzen mit schwierigem Gelände eingesetzt, wo ihre großen Spannweiten vorteilhaft genutzt werden können. Sie eignen sich besonders gut für Aufgaben des Wasserbaues wie den Bau von Talsperren, Schleusen, Wehren und Häfen; ferner für den Brückenbau, für große Lagerplätze, Steinbrüche und andere ihrer Eigenart entsprechende Zwecke.

2.3.1.2.4.1 Turmkabelkrane (Bild 2.3-16, 2.3-17) bestehen wie Kabelbagger, vgl. 2.2.1.1.1.5, aus zwei stationären oder fahrbaren Türmen aus Holz oder Stahl, zwischen denen ein oder mehrere verschlossene Tragseile als Fahrbahn für eine Laufkatze gespannt sind [H 12]. Die Laufkatze trägt die Hubvorrichtung. Verfahren wird die Laufkatze mit

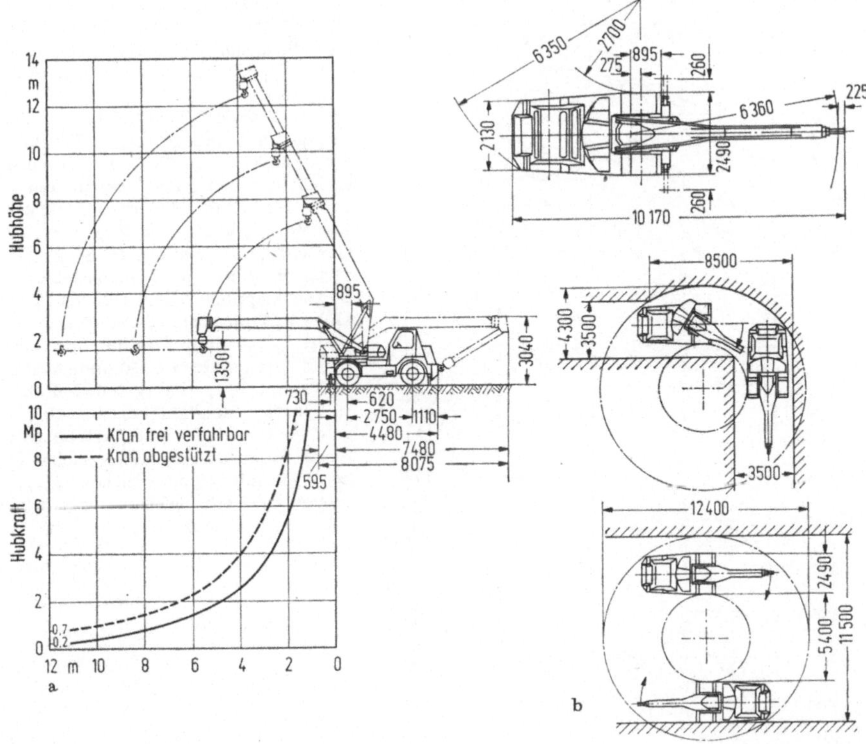

Bild 2.3-13. a) Mobilkran mit dreiteiligem (5,5 + 3 + 3 m), hydraulisch teleskopierbarem Ausleger (DEMAG V 70). Antrieb Dieselmotor, Leistung 34 kW bei 2000 U/min; Dienstgewicht bei Standardausführung ≈ 17,3 t; Schwenkbereich 360°; Fahrgeschwindigkeit bis 18,8 km/h; Steigfähigkeit bis 20% ohne Last; Hubgeschwindigkeit je nach Last bis 36 m/min, Senkgeschwindigkeit ≈ 25% höher. — Hubkraftkurve gemäß DIN 15019 Bl. 2 und FEM V § 11, Ausladung in belastetem Zustand. — Längenmaße am Fahrzeugbild in mm. In Transportstellung mit nach hinten geschwenktem Ausleger sind Fahrzeuglänge 8080 mm, Fahrzeughöhe 3040 mm, Fahrzeugbreite 2490 mm. — Haken kann unter Flur gesenkt werden: Bei 6-strängiger Einscherung bis ≈ 7,5 m; bei 4-strängiger Einscherung ≈ 11,5 m; bei 2-strängiger Einscherung bis ≈ 23 m.

Bild 2.3-13. b) Wendefähigkeit des in Bild 2.3-13 a) dargestellten Mobilkranes. — Längenmaße in mm.

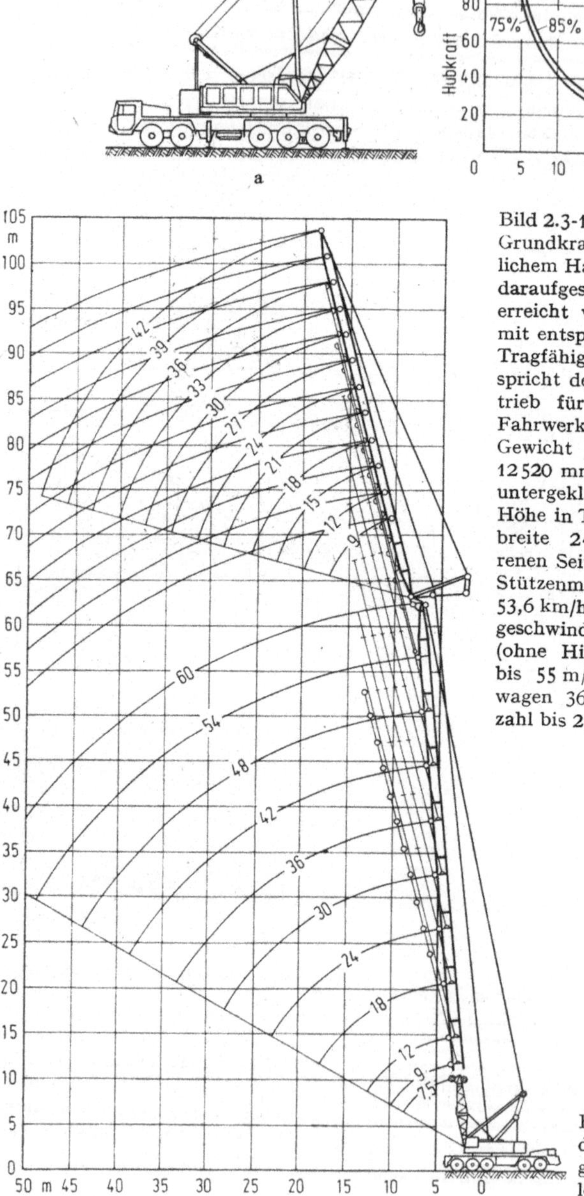

Bild 2.3-14. a) Autokran (DEMAG TC 400). Grundkran mit 7,5-m-Ausleger. Mit zusätzlichem Hauptausleger kann 60 m Höhe, mit daraufgesetztem Hilfsausleger 102 m Höhe erreicht werden (Bild 2.3-14 b), allerdings mit entsprechend geringerer Tragfähigkeit. Tragfähigkeit von 75% der Kipplast entspricht den deutschen Vorschriften. — Antrieb für Kran Dieselmotor 90 kW, für Fahrwerk Dieselmotor 220 oder 250 kW. Gewicht des Grundkrans 85,92 t; Länge 12520 mm, mit in Transportstellung heruntergeklapptem 7,5-m-Ausleger 15200 mm; Höhe in Transportstellung 3900 mm; Spurbreite 2499 mm; Breite mit ausgefahrenen Seitenstützen 6750 mm (Abstand der Stützenmitten); Fahrgeschwindigkeit bis 53,6 km/h; Steigfähigkeit bis 40%; Hubgeschwindigkeit je nach Last bis 81 m/min (ohne Hilfsausleger), Senkgeschwindigkeit bis 55 m/min (ohne Hilfsausleger); Oberwagen 360° schwenkbar; Oberwagendrehzahl bis 2,2 U/min.

Bild 2.3-14. b) Der in Bild 2.3-14 a) dargestellte Autokran mit aufgesetztem Haupt- und Hilfsausleger. Maße in m.

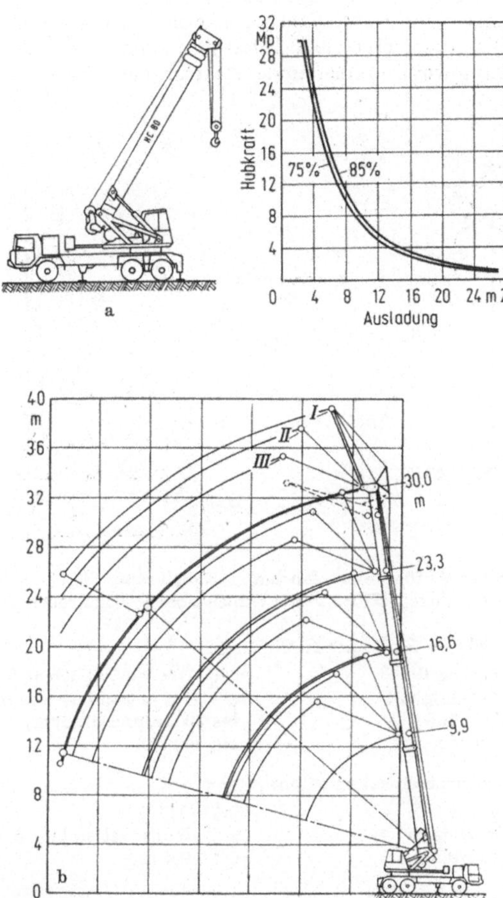

Bild 2.3-15. a) Hydraulikkran. Der als Beispiel gezeigte DEMAG HC 80 ist ein Autokran mit vierteiligem, hydraulisch teleskopierbarem Hauptausleger von 9,9 bis 30 m Länge (Teleskopkran). Bei Tragkräften von 75% der Kipplast, die den deutschen Vorschriften entsprechen, ist der Ausleger voll unter Last ausschiebbar bzw. verstellbar. Ein Hilfsausleger von 7 m Länge kann aufgesetzt werden (Bild 2.3-15b). — In Transportstellung sind Länge 11 120 mm, Höhe 3600 mm, Breite 2500 mm (mit ausgefahrenen Seitenstützen 5200 mm Abstand der Ştützenmitten); Spurbreite 2051 mm. Hydraulischer Antrieb für alle Kranbewegungen, Stützen hydraulisch ausfahrbar, Gegengewicht hydraulisch verstellbar. — Maximales Betriebsgewicht ≈ 36 t; Antrieb Dieselmotor, Leistung 150 kW bei 2300 U/min; Hub- und Senkgeschwindigkeit je nach Last bis 88 m/min; Drehgeschwindigkeit bis 2,3 U/min; Ausleger-Teleskopieren von 9,9 bis 30 m in 160 s; Ausleger-Winkelverstellen von 0° bis 80° in 54 s; Fahrgeschwindigkeit bis 63 km/h; Steigfähigkeit bis 44,7%.

Bild 2.3-15. b) Hydraulikkran (Bild 2.3-15 a) mit voll teleskopiertem Hauptausleger und Hilfsausleger.

Hilfe eines Fahrseiles (Zugseiles). Das Heben und Senken der Last wird mit einem Hubseil bewirkt. Es ist bei zweiseitiger Hubseilführung am einen Ende der Fahrbahn verankert und am anderen Ende an einer Hubwinde befestigt. Andere, weniger gebräuchliche Formen der Hubseilführung sowie Einzelheiten des Aufbaues und der Berechnung von Kabel-

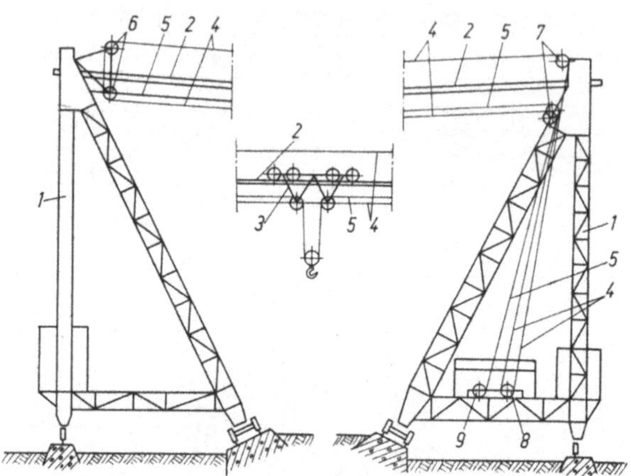

Bild 2.3-16. Grundsätzlicher Aufbau eines fahrbaren Kabelkranes [H 12]. *1* Turm, *2* gespanntes Tragseil, *3* Seillaufkatze, *4* Fahrseil, *5* Hubseil, *6* Umlenkrollen, *7* Leitrollen, *8* Fahrwinde, *9* Hubwinde.

Hauptwerte ausgeführter Kabelkrane:

Spannweite	100···1000 m; üblich 150···400 m,
Tragfähigkeit	2···20 t; ausnahmsweise bis 150 t,
Hubhöhe	bis 200 m und darüber,
Fördermenge	bis 250 t/h,
Arbeitsgeschwindigkeiten:	
Heben	0,5···2 m/s,
Katzfahren	2,5···6 m/s; selten bis 10 m/s,
Turmfahren	0,1···0,4 m/s.

kranen sind in [H 12] eingehend behandelt. Die Antriebe des Kabelkranes werden von einem Führerstand aus gesteuert, der sich in einem der beiden Türme oder in der Laufkatze befindet.

2.3.1.2.4.2 Brückenkabelkrane haben eine waagerechte Brücke, unter der das Tragseil als Fahrbahn für die Laufkatze gespannt ist. Sie stellen also eine Kombination von Verladebrücke (2.3.1.2.2) und Kabelkran dar, dessen schwere Abspanntürme dabei entfallen. Die Stützweite beträgt ≈ 60 bis 125 m, die Ausladung bis ≈ 60 m.

2.3.1.2.5 Schwimmkrane [H 12] sind in der Regel Drehkrane, die auf Pontons montiert sind, z. B. Ridinger. Im Bauwesen dienen sie vor allem dem Umschlag von Bauteilen und Baustoffen sowie zur Montage von schweren Bauteilen beim Wasserbau und Brückenbau. Meistens werden sie von Schleppern an die Arbeitsstelle gezogen. Es gibt aber auch selbstfahrende Schwimmkrane. Besondere Anforderungen werden an die Standsicherheit von Schwimmkranen gestellt. Sie müssen nicht nur einen den Vorschriften für ortsfeste

und fahrbare Krane entsprechenden Nachweis erbringen, sondern auch noch Sonder-
bestimmungen genügen, vgl. [H 12]. Damit beim Anheben der Last die vorgeschriebene
Neigungsgrenze nicht überschritten wird, benötigen Schwimmkrane ein Gegengewicht,
z. B. in Form eines ausgleichenden Wassertanks.

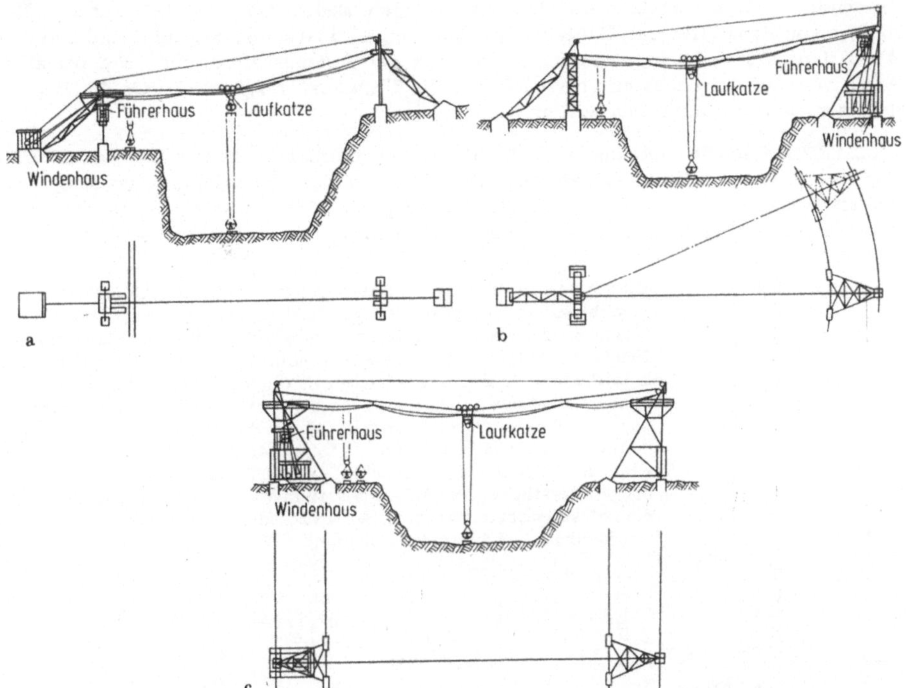

Bild 2.3-17. Formen von Turmkabelkranen nach [H 12]; a) ortsfest, b) schwenkbar, c) fahrbar.

2.3.2 Aufzüge

[H 12; H 22; 15]

2.3.2.1 Begriffe und Aufgaben

Aufzüge sind Vorrichtungen zum Heben und Senken von Lasten in zwangsgeführten
Fahrkörben oder auf ebenso gesicherten Plattformen. Die Führungen können Schienen,
Schachtwände oder andere Umgrenzungen sein [H 22]. Der Antrieb kann von Hand
oder mit einem Motor erfolgen. Ein Aufzug mit Zubehör bildet eine *Aufzugsanlage*.
Dazu gehören auch entsprechende Einrichtungen auf Schiffen, in fahrbaren Geräten und
in Bauwerken. Über Arten, technische Einzelheiten und Berechnungsgrundlagen von
Aufzugsanlagen vgl. [H 12 und H 22], über Betrieb und Überwachung [H 70]. Aufzugsanlagen unterliegen grundsätzlich der „Verordnung über die Errichtung und den Betrieb
von Aufzugsanlagen" (*Aufzugsverordnung*) vom 28. 9. 1961 [15]; es gibt jedoch Ausnahmen, vgl. [H 22, 15].

2.3.2.2 Bauaufzüge

[15; 16; 29]

2.3.2.2.1 Besondere Eigenschaften. Für das Bauwesen haben i. allg. die auf Baustellen verwendbaren transportablen Aufzüge eine besondere Bedeutung. Soweit sie nur zum Befördern von Baustoffen und Bauteilen bei Bau- und Abrißarbeiten bestimmt sind und den Aufstellungsort wechseln, unterliegen sie nicht der Aufzugsverordnung. Wie bei allen Arten von Aufzügen müssen aber auch hier die *Unfallverhütungsvorschriften* der Berufsgenossenschaften eingehalten werden.

2.3.2.2.2 Schnellbauaufzüge sind leichte, meist fahrbare Aufzüge für Baumaterial mit senkrechtem Mast, deren Fahrkorb oder Plattform zum Entladen auf das Baugerüst eingeschwenkt wird, z. B. Bauarten Schwing, Zeppenfeld (Bild 2.3-18, 2.3-19). Der Mast kann bis zu einer geringen, je nach Typ verschiedenen Höhe freistehend sein, muß aber

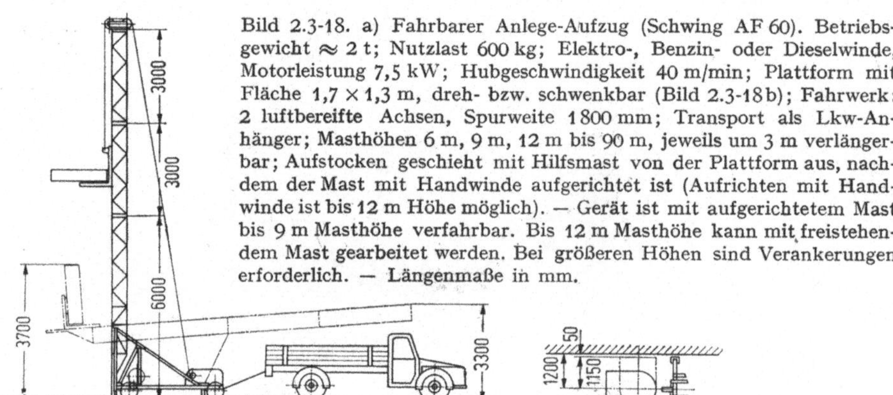

Bild 2.3-18. a) Fahrbarer Anlege-Aufzug (Schwing AF 60). Betriebsgewicht ≈ 2 t; Nutzlast 600 kg; Elektro-, Benzin- oder Dieselwinde, Motorleistung 7,5 kW; Hubgeschwindigkeit 40 m/min; Plattform mit Fläche 1,7 × 1,3 m, dreh- bzw. schwenkbar (Bild 2.3-18b); Fahrwerk: 2 luftbereifte Achsen, Spurweite 1800 mm; Transport als Lkw-Anhänger; Masthöhen 6 m, 9 m, 12 m bis 90 m, jeweils um 3 m verlängerbar; Aufstocken geschieht mit Hilfsmast von der Plattform aus, nachdem der Mast mit Handwinde aufgerichtet ist (Aufrichten mit Handwinde ist bis 12 m Höhe möglich). — Gerät ist mit aufgerichtetem Mast bis 9 m Masthöhe verfahrbar. Bis 12 m Masthöhe kann mit freistehendem Mast gearbeitet werden. Bei größeren Höhen sind Verankerungen erforderlich. — Längenmaße in mm.

darüber hinaus in bestimmten Abständen am Baugerüst verankert werden (*Anlegeaufzug*). Wie bei allen einfachen, motorgetriebenen Aufzügen hebt ein Elektro- oder Brennkraftmotor über Seilwinde und Seil den Fahrkorb, an dessen Stelle auch eine Plattform oder ein Kübel vorhanden sein kann, empor. Das entleerte Gefäß sinkt meist durch sein Gewicht, selten durch umgekehrten Seilzug. Die Tragfähigkeit beträgt je nach Bauart 200 bis 1 000 kg, die Nutzhöhe bis 18 m; sie kann jedoch mit Mastaufsatzstücken bei manchen Typen auf mehr als 100 m aufgestockt werden.

2.3.2.2.3 Baugruben-Aufzüge haben schräg gestellte Kübelführungsschienen, die in die Baugrube hinein verlängert werden können. Die Aufzugswinde ist eingebaut und wird von einem Elektro- oder Brennkraftmotor von 5 bis 18 kW Leistung angetrieben. Es gibt einfach wirkende Baugruben-Aufzüge mit einem Kübel von 0,5 bis 1,0 m³ Inhalt und doppeltwirkende mit zwei Kübeln von je 0,75 bis 1,25 m³ Inhalt. Vereinzelt werden auch größere Kübel oder statt des Kübels eine Plattform verwendet. Die Förderhöhe beträgt in der Regel 7 m, die Ausschütthöhe 2 m und das Gewicht der üblichen Geräte 2,3 bis 7,6 t. Baugruben-Aufzüge sind meist straßenfahrbar.

2.3.2.2.4 Kippkübel-Aufzüge (*Muldenaufzüge*) [29] gibt es für Senkrecht- und für Schrägförderung (*Schrägaufzüge*). Bei diesen Geräten läuft der Kübel (die Mulde) in zwei Führungsschienen. Der Kübel wird am oberen Ende der Führung durch selbsttätiges

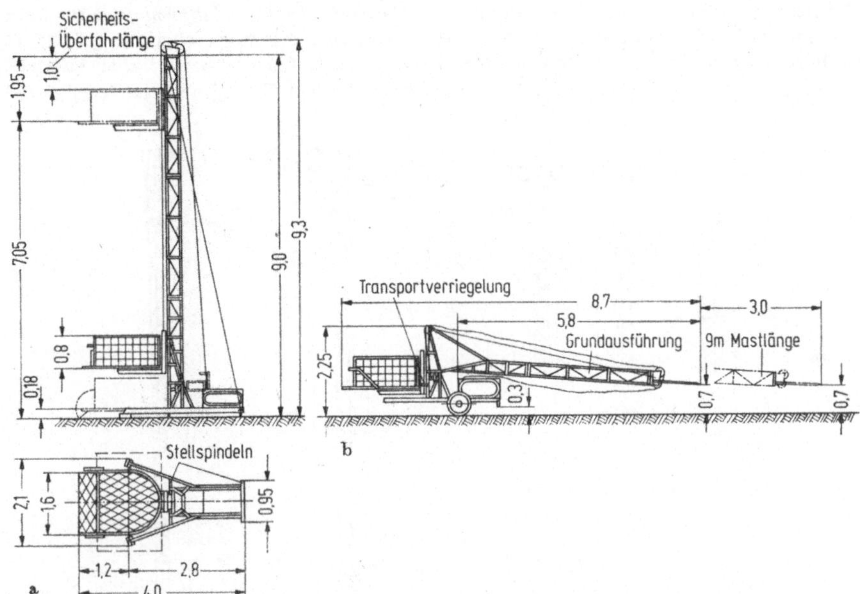

Bild 2.3-19. a) Schnellbauaufzug mit abnehmbarem Fahrgestell (Zeppenfeld „europa"). Transportgewicht ohne Winde 930 kg; Diesel- oder Elektrowinde, Motorleistung je nach Motorentyp bel Dieselmotor 6 oder 8 kW, bei Elektromotor 4,0 oder 5,3 kW; Tragfähigkeit 600 kg; Hub- und Senkgeschwindigkeit von benutzter Winde abhängig, z. B. mit Dieselwinde Hubgeschwindigkeit 40 m/min. — Masthöhe der Grundausführung 9 m, aufstockbar mit Verlängerungsstücken von 2 oder 3 m Länge bis 120 m Masthöhe; ab 9 m Masthöhe wird der Mast alle 3 m verankert, das Gerät ist dann ein Anlegeaufzug. Der Mast wird bei der Montage mit Handwinde aufgerichtet. Für den Transport wird das Gerät auf die abnehmbare Transportachse gesetzt und als Lkw-Anhänger befördert (Bild 2.3-19b); zugelassene Höchstgeschwindigkeit 20 km/h (mit Spezialfahrgestell bis 80 km/h). — Der Aufzug kann an der Baustelle vom Fahrgestell abgenommen eingesetzt werden, aber auch auf Rädern, wobei dann die Führungsschienen durch Zusatzstücke verlängert werden. Der Fahrkorb ist eine von einem Schutzgitter umgebene Plattform von 1,60 × 1,55 m Fläche. Er kann auch durch einen Betonsilo von 250 Liter Inhalt ersetzt werden. Der Fahrkorb ist um 180° drehbar bzw. schwenkbar ausgeführt. — Es gibt von dem Schnellbau-Aufzug „europa" auch eine Sonderausführung mit 1 t Tragfähigkeit, wobei die Masthöhe auf 60 m begrenzt ist. — Längenmaße in m.

Kippen entleert, für das eine Kippweiche mit verstellbarem Anschlag vorhanden ist. Kleine Typen können für Senkrecht- oder Schrägförderung eingesetzt werden und statt des Kübels eine schwenkbare Plattform nach Art der Schnellbau-Aufzüge erhalten, vgl. 2.3.2.2.2. Große Bauarten kommen nur für Senkrechtförderung in Betracht. Für die Kleingeräte der gebräuchlichen Bauarten betragen die Kübelinhalte 150 bis 250 dm³, die Förderhöhe 9 m, die Motorleistung 3 bis 5 kW und das Leergewicht 400 bis 750 kg. Für die großen Senkrechtförderer, die ein vollständiges Schachtgerüst aus Holz oder Stahl

haben, sind die üblichen Kübelinhalte 500 bis 750 dm³ und die Motorleistungen 9 bis
12 kW. Es werden damit Förderhöhen bis 30 m und Hubgeschwindigkeit bis 1,5 m/s
erreicht [16, 29].

2.3.2.2.5 Personen- und Lastenaufzüge (*Fahrstuhlaufzüge, Plattformaufzüge*) unterliegen der Aufzugsverordnung und allen sonstigen Sicherheitsvorschriften [H 22; 15].
Diese Fördergeräte sind wie die in Gebäude eingebauten Aufzüge gebaut, haben eine elektrisch angetriebene Seilwinde (meist Treibscheibenwinde, vgl. [H 22]) und ein Gegengewicht

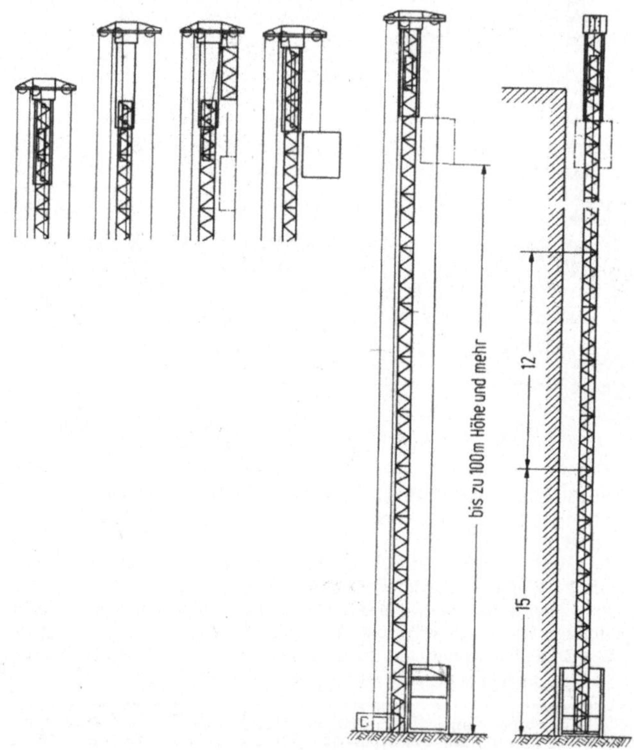

Bild 2.3-20. Personen- und Lastenaufzug (Schwing APL 1400). Der Mast besteht aus Sektionen von
je 3 m Höhe. Er wird in zerlegtem Zustand transportiert. Die Bodenstation mit Aufzugsmaschine,
Montagewinde, Fußmast und Umwehrung wird unzerlegt befördert. Der Mast baut sich wie bei
einem Kletterkran mit einsetzbaren Zwischenstücken (vgl. Bild 2.3-9a) selbst auf. Der auf der Mastspitze sitzende Montagemast mit dem unverändert bleibenden Kopfjoch klettert jeweils um das
Maß einer Mastsektion höher. Mit Hilfe einer im Kopfjoch befindlichen Laufkatze und der Montagewinde wird das neue Maststück hochgezogen und eingefahren. Alle 12 m wird der Mast am Ge-
bäude verankert. In Normalausführung kann der Mast bis zu 108 m Höhe aufgestockt werden, in
Sonderausführungen noch höher. Das Kopfmaststück hat einen Podest mit Schutzgeländer für
Wartungsarbeiten. Typ APL 1400 ist für eine Tragfähigkeit von 1,4 t oder 17 Personen ausgelegt.
Der Fahrkorb hat 2000 × 2000 mm Grundfläche und 2500 mm Höhe. Antrieb für die Aufzugs-
maschine: Drehstrommotor 220/380 V mit Leistung 11 kW. – Hubgeschwindigkeit 40 m/min;
Gegengewicht 2100 kg.

zum Ausgleich des Fahrkorb-Leergewichtes. Allerdings sind die für Baustellen bestimmten Fahrstuhl-Aufzüge für rasche Montage, Demontage und schnellen Ortswechsel eingerichtet, z. B. Schwing APL 1 400 (Bild 2.3-20). Diese Aufzüge haben durch den neuzeitlichen Hochhausbau als schnelle und sichere Personen- und Lastentransporter große Bedeutung gewonnen; an Hochhauskernen hat sich die Ausführung des Zahnstangenaufzuges bewährt.

Entsprechend den deutschen Sicherheitsvorschriften für Personen- und Lastenaufzüge dürfen sie nur von beauftragten geeigneten Personen bedient werden. Die Steuerung hat die in Personenaufzügen übliche Form und ist einfach zu handhaben. Die Hauptschalteinrichtung ist in einem Schaltschrank in der Bodenstation untergebracht; die Armaturen der Fahrbedienung befinden sich im Fahrkorb. Dieser hat eine feste Maschendrahtverkleidung und zwei einander gegenüberliegende Hubtüren, die erst verriegelt die Fahrt freigeben. Weitere Sicherheitsvorrichtungen sind eine von Geschwindigkeitsreglern beeinflußte Fangvorrichtung am Fahrkorb, ferner Not-Fahrendschalter an Mastfuß und Mastspitze, eine nur vom einfahrenden Fahrkorb zu entriegelnde Hubtür in der Bodenstation und Schutztüren in jedem Stockwerk, die nur bei dort stehendem Fahrkorb geöffnet werden können und dessen Anfahren verhindern, solange sie nicht geschlossen sind.

2.3.2.2.6 Steinträger-Aufzüge haben zwei im Pendelbetrieb in senkrechten Führungsschienen laufende Fahrstühle (Plattformen), die mit Stein- oder Mörtelkästen beladen werden. Sie haben eine Tragfähigkeit von 150 bis 300 kg bei Motorleistung von 3 bis 6 kW und erreichen eine Förderhöhe von 20 m. Die Fahrstühle (Plattformen) werden an der Bodenstelle beladen und können nur am Kopfende entleert werden. Die Kopfstücke werden mit dem Baufortschritt höher gesetzt. Diese Aufzugsart ist wenig gebräuchlich.

2.3.2.3 Schienengeführte Schrägaufzüge (*Standseilbahnen*)

[H 12; H 22]

Sie dienen unter gegebenen Voraussetzungen zum Lastentransport für Großbaustellen im Gebirge, vor allem beim Bau von Wasserkraftwerken, vgl. [II 26]. Diese auch als *Schräglift* bezeichneten Transportmittel befördern die Last auf geneigter Strecke meist im Pendelbetrieb mit zwei gegenläufigen Wagen oder Wagengruppen. Die Fahrzeuge laufen

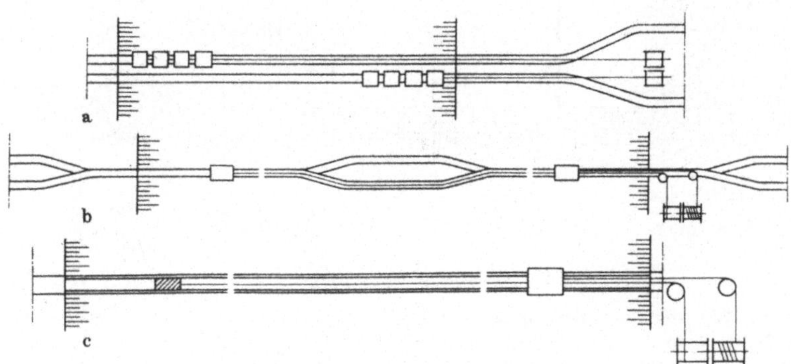

Bild 2.3-21. Schrägaufzüge; a) mit zwei Fahrbahnen (Aufsicht), b) mit Ausweichstelle (Aufsicht), c) mit Gegengewicht (Aufsicht); nach [H 12].

entweder auf zwei getrennten Schienenfahrbahnen oder auf eingleisiger Fahrbahn mit einer Ausweichstelle, deren Weichen von den Fahrzeugen selbsttätig gesteuert werden. Anstelle des zweiten Wagens oder Wagenzuges tritt bei manchen Systemen ein Gegengewicht (Bild 2.3-21). Diese Schräglifte sind i. allg. für Tragfähigkeit bis $\approx$ 3 t ausgelegt.

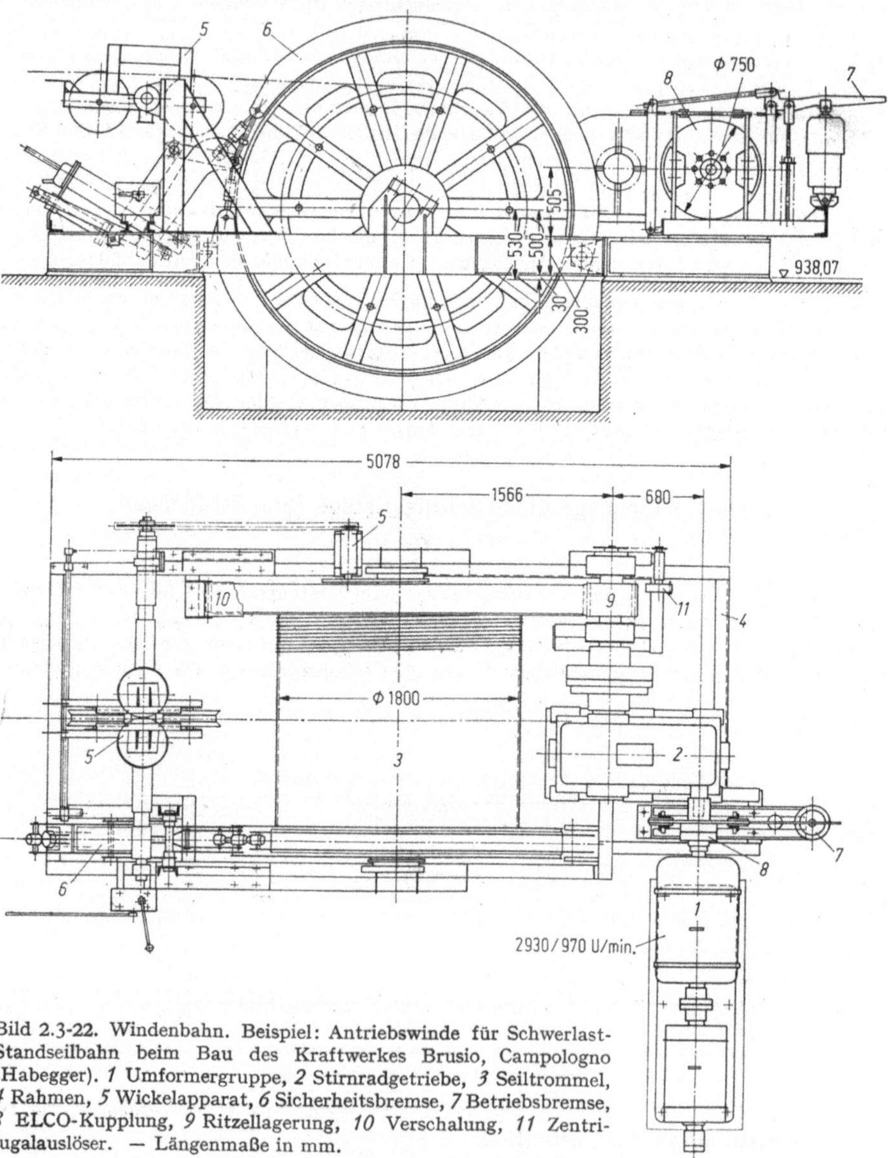

Bild 2.3-22. Windenbahn. Beispiel: Antriebswinde für Schwerlast-Standseilbahn beim Bau des Kraftwerkes Brusio, Campologno (Habegger). *1* Umformergruppe, *2* Stirnradgetriebe, *3* Seiltrommel, *4* Rahmen, *5* Wickelapparat, *6* Sicherheitsbremse, *7* Betriebsbremse, *8* ELCO-Kupplung, *9* Ritzellagerung, *10* Verschalung, *11* Zentrifugalauslöser. — Längenmaße in mm.

Für einzelne große Bauvorhaben werden aber auch Schwerlast-Standseilbahnen mit wesentlich höherer Tragfähigkeit eingesetzt. Für diesen Zweck eignen sich besonders die *Windenbahnen*. Es sind eingleisige Bahnen mit nur einem Fahrzeug, das von einer Winde in der Bergstation hoch gezogen wird und durch sein Leergewicht zur Talstation zurückrollt. Ein Gegengewicht gibt es nicht (Bild 2.3-22). Die Fahrzeuge sind besonders für den Transport großer Bauteile, z. B. von Rohren, entwickelte Spezialwagen (Bild 2.3-23).

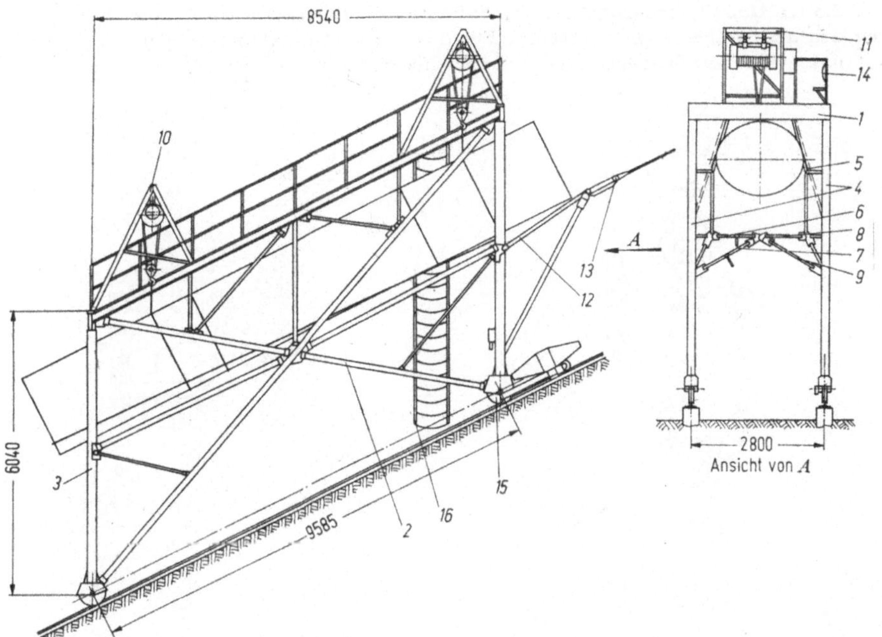

Bild 2.3-23. Fahrzeug zum Transport großer Bauteile, z. B. von Rohren, auf Schwerlast-Standseilbahn (Kraftwerk Brusio, Campologno, Habegger). *1* Oberteil, *2* Seitenteil, *3*, *4* Stützen, *5* bis *9* Streben, *10*, *11* E-Zugböcke, *12* Zugstab, *13* Zugseilmuffe, *14* Kommandostand, *15* Laufrolle, *16* Leiter; Längenmaße in mm.

Die als Beispiel im Bild gezeigte Schwerlast-Standseilbahn wurde für Transport und Montage von Stücken der Druckleitung des Wasserkraft-Speicherwerkes Brusio, Campocologno (Graubünden/Schweiz) eingesetzt. Es handelt sich um eine Windenbahn mit oben gelegenem Antrieb. Ihre wichtigsten technischen Daten sind: Schräge Länge 1011 m, Höhendifferenz 415 m, maximale Neigung 94%, mittlere Neigung 46%, Seildmr. 31 mm, Seilmachart: Seale, maximaler Seilzug 110 kN, Antrieb: Trommelwinde 1800 mm Dmr., Leistung max. 140 kW, Fahrgeschwindigkeiten 1,0 und 0,33 m/s, Nutzlast max. 11 t, Wanderlast max. 18 t (Habegger).

2.3.3 Flaschenzüge, Winden und Hebeböcke, Schrapper

2.3.3.1 Flaschenzüge

[H 12; H 22]

Diese Geräte dienen vorwiegend zum Auf- und Abladen schwerer Lasten. Es gibt Flaschenzüge für Handbetrieb und mit Elektroantrieb.

2.3.3.1.1 Handflaschenzüge können Faktoren-, Differential-, Schnecken-(Schrauben-) oder Stirnradflaschenzüge sein [H 12]. Für das Bauwesen kommen wegen ihres besseren Wirkungsgrades nur Schnecken- oder Stirnradflaschenzüge in Betracht.

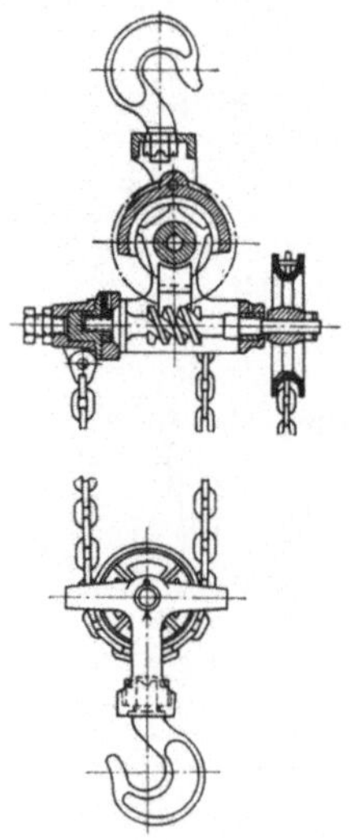

Bild 2.3-24. Schneckenflaschenzug (nach [H 12]).

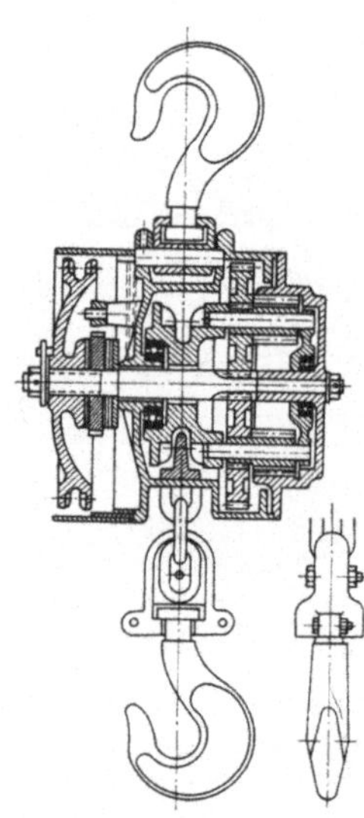

Bild 2.3-25. Stirnradflaschenzug mit Planetengetriebe (nach [H 12]).

2.3.3.1.1.1 Schneckenflaschenzüge (*Schraubenflaschenzüge*) haben eine Tragfähigkeit von 0,5 bis 20 t. Als Zugorgan werden bis $\approx$ 10 t kalibrierte Rundgliederketten benutzt, für höhere Tragfähigkeit meist Gelenkketten. Die Übersetzung zwischen Haspelantrieb und Kettennuß bildet ein Schneckengetriebe (Bild 2.3-24). Die Hubhöhen betragen bis 10 m.

2.3.3.1.1.2 Stirnradflaschenzüge arbeiten je nach Tragfähigkeit mit einfacher oder mehrfacher Stirnradübersetzung. Bei Anwenden von Planetengetrieben ist gedrängte Konstruktion möglich (Bild 2.3-25). Die Tragfähigkeit der Stirnradflaschenzüge beträgt 0,25 bis 10 t, die Hubhöhe bis 10 m.

2.3.3.1.2 Elektroflaschenzüge (*Elektrozüge*) [H 12, DIN 15010, 15021] haben bei häufigerem Gebrauch größere Förderleistung als Handflaschenzüge. Nach DIN 15021 beträgt die Tragfähigkeit je nach Ausführung 0,25 bis 8 t; Hubhöhe bis $\approx$ 24 m. Die Hubgeschwindigkeiten liegen je nach Tragfähigkeit zwischen $\approx$ 4 und 40 m/min (Bild 2.3-26).

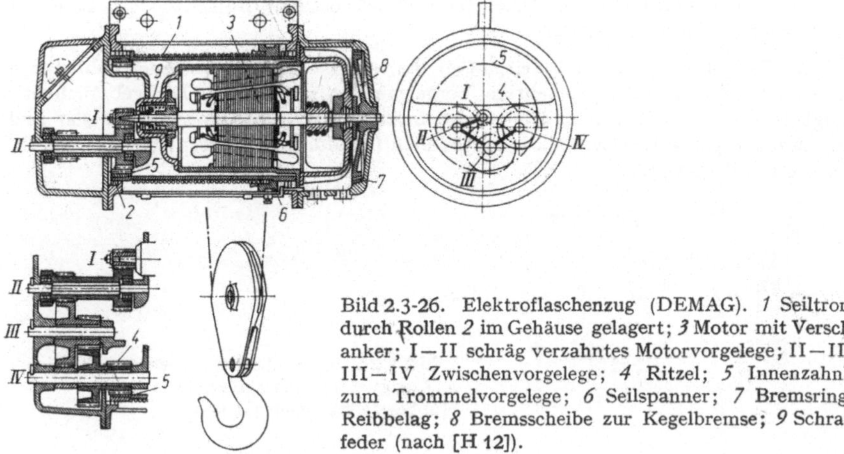

Bild 2.3-26. Elektroflaschenzug (DEMAG). *1* Seiltrommel, durch Rollen *2* im Gehäuse gelagert; *3* Motor mit Verschiebeanker; I—II schräg verzahntes Motorvorgelege; II—III und III—IV Zwischenvorgelege; *4* Ritzel; *5* Innenzahnkranz zum Trommelvorgelege; *6* Seilspanner; *7* Bremsring mit Reibbelag; *8* Bremsscheibe zur Kegelbremse; *9* Schraubenfeder (nach [H 12]).

2.3.3.2 Winden und Hebeböcke

[H 12]

Winden und Hebeböcke werden zum Heben von Lasten gebraucht, Seilwinden (2.3.3.2.4) auch zum Heranziehen von Fördergut.

2.3.3.2.1 Schraubenwinden heben die Last mit Hilfe einer Schraubenspindel, die in einer Mutter gedreht wird (Bild 2.3-27). Diese Geräte werden für Bau- und Montagezwecke benutzt, haben aber nur geringen Wirkungsgrad. Andrerseits werden damit große

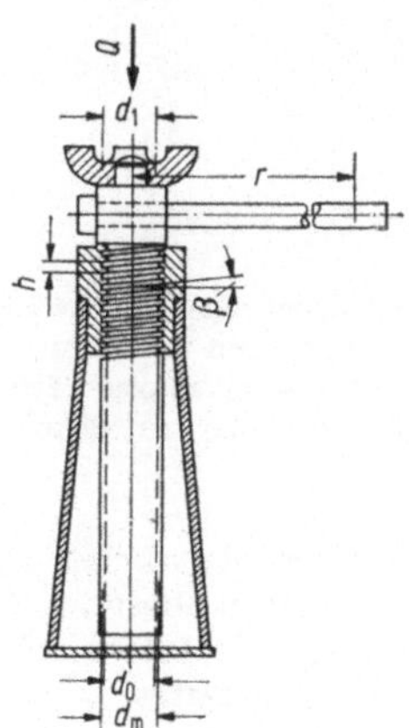

Bild 2.3-27. Schraubenwinde. Q Last, d_0 Kerndmr., d_1 mittlerer Dmr. des Spurlagers, d_m mittlerer Dmr. des Gewindes, h Steigung, r Hebelarmlänge, β Steigungswinkel (nach [H 12]).

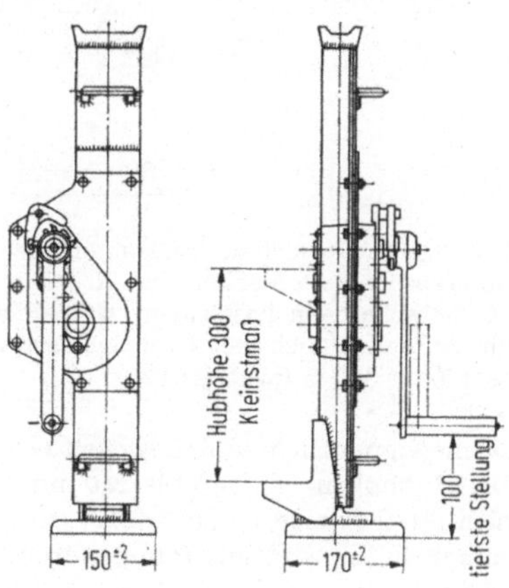

Bild 2.3-28. Zahnstangenwinde. Längenmaße in mm (nach [H 12]).

Lasten bis $\approx$ 35 t und Hubhöhen zwischen 100 und 300 mm bewältigt. Es gibt Schraubenwinden für Hand- oder Motorbetrieb.

2.3.3.2.2 Zahnstangenwinden [DIN 7355] haben als Huborgan eine Zahnstange mit Ritzel. Es können ein oder mehrere Vorgelege vorhanden sein. Die gebräuchliche Tragfähigkeit liegt zwischen 2 und 25 t, die nutzbaren Hubhöhen zwischen 300 und 400 mm. Zahnstangenwinden werden hauptsächlich für Montagearbeiten oder als Wagenheber benutzt (Bild 2.3-28).

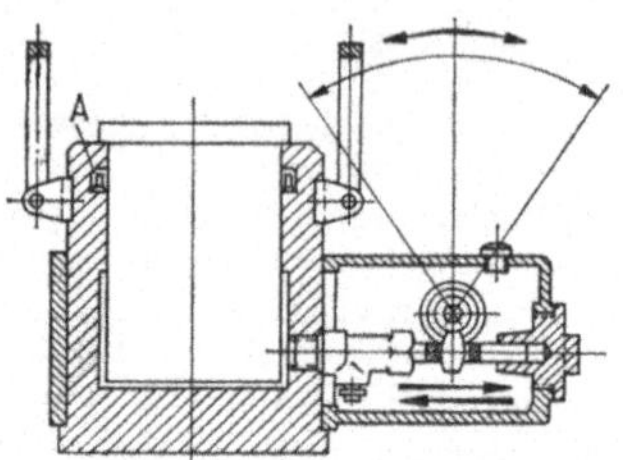

Bild 2.3-29. Hydraulischer Hebebock. A Abspritzkanal zum Begrenzen der Hubbewegung (nach [H 12]).

2.3.3.2.3 Hydraulische Hebeböcke (Bild 2.3-29) heben die Last mittels eines Druckzylinders mit Kolben. Als Flüssigkeit wird meistens Wasser verwendet, bei manchen Ausführungen auch Öl. Häufig ist an den Druckzylinder die Pumpe zum Komprimieren der Flüssigkeit angebaut. Für bestimmte Aufgaben gibt es auch Konstruktionen, bei denen eine selbständige Pumpe mehrere Druckzylinder versorgt [H 12]. Hydraulische Hebe-

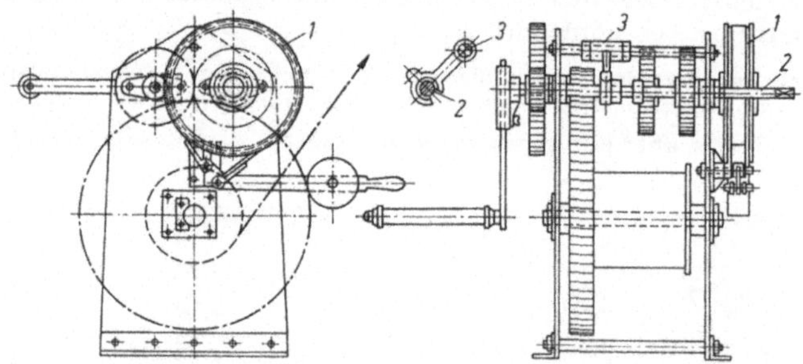

Bild 2.3-30. Bockwinde für Handantrieb. *1* Sperradbremse; *2* Kurbelwelle, mit zwei Handkurbeln ausgerüstet, verschiebbar zum Arbeiten mit einem oder zwei Vorgelegen und zum Ausrücken der Kurbelwelle beim Lastsenken; *3* Sperrfalle zum Sichern der Kurbelwellenlagen. Trommeln glatt, zur Aufnahme mehrerer Drahtseillagen mit hohen Seitenborden versehen, aufwickelbare Seillänge $\approx$ 150 bis 300 m (nach [H 12]).

böcke eignen sich zum Bewegen besonders schwerer Lasten, etwa zwischen 25 und 315 t, bei Hubhöhen von 140 bis 160 mm. Die Geräte haben guten Wirkungsgrad und zeichnen sich durch kleine Abmessungen sowie geringes Gewicht aus, z. B. 500 kg bei 300 t Tragfähigkeit. Es wird mit Pumpendruck bis 500 bar Überdruck gearbeitet.

2.3.3.2.4 Seilwinden (*Trommelwinden, Kabelwinden, Haspeln*) haben zum Heben oder Heranziehen des Fördergutes ein Seil, das auf eine Trommel aufgewickelt wird. Selbständige *Bauwinden* (*Montagewinden*) sind Seilwinden in Form von Bockwinden (Bild 2.3-30). Sie werden über ein oder mehrere Vorgelege von Hand oder für größere Förderleistungen von einem Elektro-, Brennkraft- oder Druckluftmotor angetrieben (Bild 2.3-31). Handkabelwinden als Bockwinden oder Wandwinden sind mit Tragfähigkeit zwischen 50 kg und 6 t gebräuchlich, Motorwinden bis 12,5 t und darüber. Während mit den unter 2.3.3.2.1 bis 2.3.3.2.3 behandelten Winden nur geringe Hubhöhen erreicht werden, können Seilwinden mit großen Hubhöhen arbeiten. Daher werden motorgetriebene Seilwinden beim Bau sehr hoher Bauwerke verwendet, z. B. von Schornsteinen oder Fernsehtürmen. Dabei wird das Hubseil über eine Seilrolle geführt, die am höchsten schon fertigen Teil des ent-

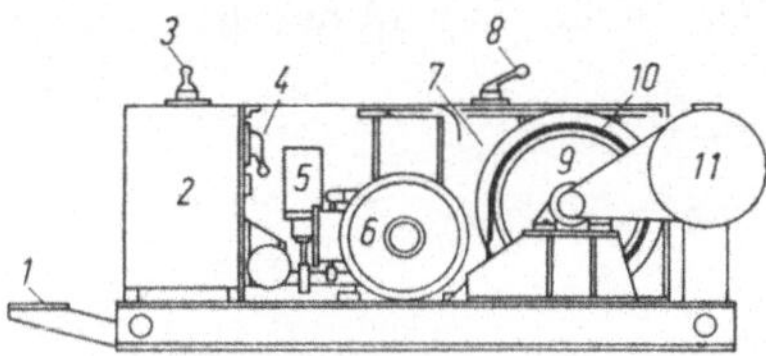

Bild 2.3-31. Elektro-Bauwinde für Personen- und Lastenfahrt (System Schwing). Diesen Typ gibt es in drei Größen, mit Elektromotor von 11, 18 oder 37 kW Leistung und 660, 1000 oder 2000 kp maximaler Zugkraft. — *1* Fußhebel für die Bandbremse, *2* Schaltschrank, *3* Schalthebel, *4* Hauptschalter, *5* Doppelbackenbremse, *6* Motor, *7* Schaltgetriebe, *8* Getriebeschalthebel, *9* Seiltrommel, *10* Bandbremse, *11* Wickelvorrichtung.

stehenden Bauwerks befestigt ist und mit dem Baufortschritt immer höher steigt, z. B. Systeme Schwing, Zeppenfeld. Meistens arbeiten motorgetriebene Seilwinden auf Baustellen aber nicht als selbständige Bauwinden, sondern als in andere Baumaschinen, z. B.

Bild 2.3-32. Handschrapper bei Waggon-Entladung auf fahrbaren Gurtförderer. *1* Schrappschaufel mit Steuerknopf, *2* Zugseil mit innenliegender Steuerleitung, *3* Elektrowinde, aufgebaut auf Gurtförderer *4*, *5* Waggon-Entladegeschirr, das auch Ecken entladen kann (Stöhr); nach [H 22].

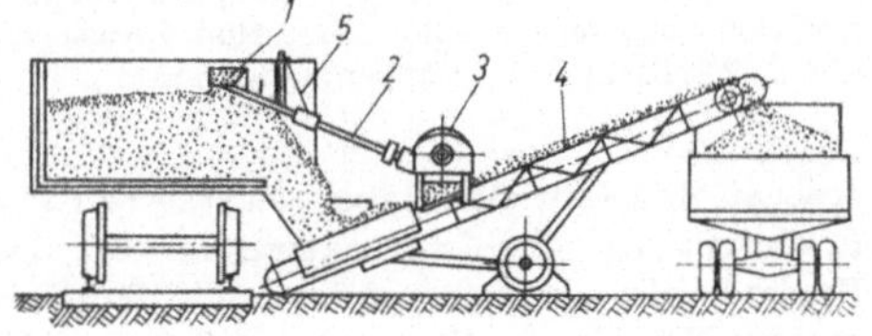

Aufzüge (2.3.2), Krane (2.3.1), Rammen (2.1.1.1) eingebaute Hubwerke. Für Windwerke von Rammen kommt außer Elektro-, Brennkraft- oder Druckluftantrieb auch Dampfantrieb vor (vgl. 2.1.1.1.3.1).

Seilwinden müssen die den Unfallverhütungsvorschriften entsprechenden Sicherheitsvorrichtungen haben. Bauwinden werden in den üblichen Größen mit maximalen Zugkräften bis 3 Mp gebaut.

2.3.3.2.5 Schrapper

2.3.3.2.5.1 Handschrapper (Kraftschaufel) heißt die einfachste Form dieser Lade- und Fördergeräte für Schüttgüter, vgl. [H 22]. Eine Motorwinde zieht die vom Bedienungsmann in das Gut gestoßene und dann handgeführte Schrappschaufel an einem ≈ 10 bis 50 m langen Seil z. B. zu einem Gurtförderer (Bild 2.3-32). Nach jedem Entladen wird der Motorantrieb abgeschaltet und die Schaufel von Hand zurückgezogen. Zum Antrieb dienen Elektro-, Brennkraft- oder Druckluftmotoren. Die selbsttätige Steuerung der Winde durch Schlaffseil ist wegen Unfallgefahr bei vielen modernen Geräten durch elektrische Steuerung ersetzt, z. B. Stöhr. Die elektrische Steuerung kann über ein gesondertes Steuerkabel erfolgen, das die Schaufel und die Winde verbindet, oder über ein hohles Zugseil mit innenliegender Steuerleitung oder auch mit Hilfe von Ultraschall bei entsprechender Sende- und Empfangsausrüstung an Schaufel und Winde. Handschrapper fördern mit einem Bedienungsmann $\approx$ 10 bis 60 m³/h. Sie werden vorwiegend zum Entladen von Waggons oder zum Beschicken von Einwurfstrichtern an Stetigförderern und Betonmischern gebraucht, vgl. 2.3.4, 2.4.4.

2.3.3.2.5.2 Schrapperlader (Schrapplader) [H 12] haben eine Zweitrommelwinde. Das Schrappgefäß (Räumkübel, Schrappkasten) ist mit einer Schneide oder Reißzähnen versehen, z. B. bei DEMAG, Elba, Stöhr. Es wird mit dem Schleppseil über das Schüttgut

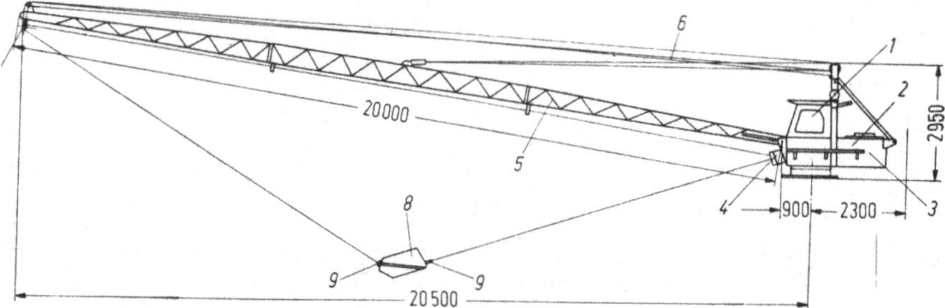

Bild 2.3-33. Radialschrapper (Elba RS 35). Leergewicht bei 20 500 mm Ausladung 4 t; Antrieb Elektro-Getriebemotor 380/660 V, 50 Hz, Nennleistung 26 kW. Förderleistung je nach Art der Zuschlagstoffe und Ausladung, bei Kübelinhalt von 800 dm³ und Ausladung 20 500 mm beträgt die Förderleistung bis 100 m³/h; Dauerzugkraft 20,2 kN, Spitzenzugkraft **40 kN**; mittlere Seilgeschwindigkeit des Zugseiles 1,17 m/s, des Rückholseiles 1,40 m/s. — *1* Kabine, *2* Chassis, *3* Windwerk/Schwenkwerk, *4* Seillenkerstation, *5* Ausleger, *6* Abspannvorrichtung, *7* Schwenkrolle, *8* Räumkübel, *9* Seilschloß. — Längenmaße in mm.

gezogen und füllt sich dabei selbst. Am Ende des Schleppweges wird das aufgenommene Fördergut auf eine Ladeschurre entleert. Der Räumkübel wird hierauf mit Hilfe eines Rückholseiles, das sich auf die zweite Trommel aufwickelt, in die Ausgangsstellung zurückgezogen. Die Trommeln werden von einem Elektro-, Brennkraft- oder Druckluftmotor über Getriebe angetrieben. Schrapperlader (*Schrapplader*) können ortsfest oder fahrbar, manche auch selbstfahrend sein. Die üblichen Räumkübel fassen 0,1 bis 4 m³. Die Schrapperhaspeln entwickeln eine Zugkraft von 0,3 bis 5 Mp. Die Seilgeschwindigkeit ist bei Lastfahrt 0,7 bis 2 m/s, beim Rückhollauf bis 3 m/s.

2.3.3.2.5.3 Radialschrapper (Bild 2.3-33) nehmen Zuschlagstoffe aus sternförmig angeordneten Boxen auf. Bei diesen Geräten ist auf einem Drehkranz das Chassis, eine Stahlblechkonstruktion, um 360° schwenkbar gelagert. Es enthält außer dem Sitz des Bedienungsmannes das Wind- und Schwenkwerk. Am Chassis ist der in Stahlgitterkonstruktion ausgeführte Arbeitsausleger heb- und senkbar befestigt. Die gebräuchlichen Geräte haben Arbeitsausleger bis $\approx$ 20 m Länge. Die Schrappkübel fassen $\approx$ 200 bis 800 dm³. Radialschrapper arbeiten wie Schleppschaufelbagger (2.2.1.1.1.5) und fördern bis 100 m³/h. *Radialschrappautomaten* sind Radialschrapper mit vollautomatischer Programmsteuerung. Der Radialschrappautomat Elba beispielsweise hat einen Steuerkasten mit sämtlichen Bedienungstasten und Schaltern für Hand- und Automatiksteuerung, der an jedem beliebigen Punkt, etwa am Mischerstand, aufgestellt werden kann. Die Schrapperstellung kann über Fernanzeige kontrolliert werden. Der sonst notwendige Bedienungsmann am Schrapper kann daher entfallen.

2.3.4 Stetigförderer

[DIN 15201; 15261 bis 15291; 22101 bis 22108]

2.3.4.1 Rutschen und Fallrohre

[H 12; H 22]

Rutschen sind die einfachste Art von Förderanlagen. Sie bestehen aus einer schräg gestellten Rinne in Trog- oder Muldenform. Das an beliebiger Stelle aufgegebene Stück- oder Schüttgut gleitet auf der Rinne infolge der Schwerkraft abwärts. Die Mindestneigung hängt vom Reibungswinkel zwischen Fördergut und Unterlage ab [H 12]. Rutschen sind aus Holz oder Blech gefertigt; sie werden stellenweise auch als *Schurren* bezeichnet. Es gibt Rutschen in offener oder oben abgedeckter Form. Statt einer oben geschlossenen Rutsche kann auch ein schräg gestelltes Rohr verwendet werden (*Fallrohr*). Für das Einbringen von Beton in tiefliegende Baugruben (z. B. U-Bahnbau) werden auch sog. *Hosenrohre* verwendet, die aus Abschnitten von 1 m Länge bestehen und aneinander gehängt werden.

Ein Nachteil der Rutschen und Fallrohre ist die Unkontrollierbarkeit der Fördergeschwindigkeit. Sie läßt sich jedoch gegen Ende des Förderweges durch Wiederansteigen der Gleitbahn oder durch Bremsvorrichtungen, z. B. eingebaute Gummiflächen, verringern. Um die Fördergeschwindigkeit und damit die Bruchgefahr gering zu halten, werden zum Überwinden größerer Höhen *Wendelrutschen* verwendet. Bei ihnen ist die Gleitbahn schraubenförmig ausgebildet, so daß ihre Neigung klein sein kann. Rutschen und Fallrohr werden oft als Hilfsmittel zum Beladen oder Entleeren anderer Fördermittel benutzt.

Sonderformen der Rutschen sind die *Spül-* oder *Schwemmrinnen*, in denen wasserunempfindliches Schüttgut bei geringer Neigung der Gleitbahn mit Hilfe von Wasser gefördert wird; ferner die *pneumatischen Förderrinnen*, bei denen Druckluft den Gleitvorgang unterstützt (vgl. 2.3.4.6.4.4) und die *Schwing-* und *Schüttelrutschen* (2.3.4.5.1 und 2.3.4.5.2).

2.3.4.2 Band- und Gurtförderer (*Förderbänder*)

[H 12; H 22; 44; DIN 15201, 15261 bis 15291, 22101 bis 22108]

2.3.4.2.1 Begriffe, Aufgaben. Band- und Gurtförderer tragen Schüttgut oder Stückgut auf einem endlosen, umlaufenden Band oder Gurt. Wenn sie größere Entfernungen überbrücken, werden sie auch *Bandstraßen* genannt. Es gibt *stationäre* Band- und Gurtförderer, die auch als Teile von Förderbandanlagen oder in Verbindung mit anderen Fördermitteln arbeiten können, sowie *fahrbare* und *tragbare* Geräte dieser Art. Berechnungsgrundlagen in DIN 22101 [H 12; H 22].

2.3.4.2.2 Stationäre Gurtförderer haben einen Gummi-, Balata-, Textil- oder Kunststoffgurt [DIN 22102, 22103, 22104, 22108]. Gummigurt kann für große Längen zusätzliche Drahteinlagen erhalten. Einzelheiten über Zusammensetzung und Eigenschaften von Gummigurten vgl. auch [H 22]. Für Zwecke des Bauwesens werden ggf. stationäre Gurtförderer zum Gütertransport über größere Förderlängen benutzt. Diese Geräte haben Gerüste aus Stahlprofilen und werden meist in Einzelstößen (Bandelementen) verwendet, aus denen die notwendige Gesamtlänge der Bandstraße in Baukastenweise zusammengesetzt wird. Nach [29] kommen für Aufgaben des Bauwesens vorwiegend Geräte mit Gurtbreiten von 400 bis 1000 mm in Betracht, deren Förderlängen (Achsabstand) zwischen 10 und 60 m liegen. Diese Geräte wiegen ohne Motor und Gurt 0,75 bis 6,5 t. Der Energiebedarf für Horizontalförderung beträgt 0,15 bis 8 kW. Neuere Bandkonstruktionen haben Gurtbreiten bis zu 3000 mm und Einzelbandlängen von ≈ 300 m; sie sind mit zusätzlichen Spannstationen und Zwischenantrieben ausgerüstet.

Die zulässige Steigung hängt wesentlich von den Fördereigenschaften des Schüttgutes ab (ausführliche Tabelle in [H 22]). Im allgemeinen fördert glatter Gurt normal bis ≈ 18° Steigungswinkel, Sondergurt mit profilierter Oberfläche bis ≈ 35°, Sondergurt mit auf-

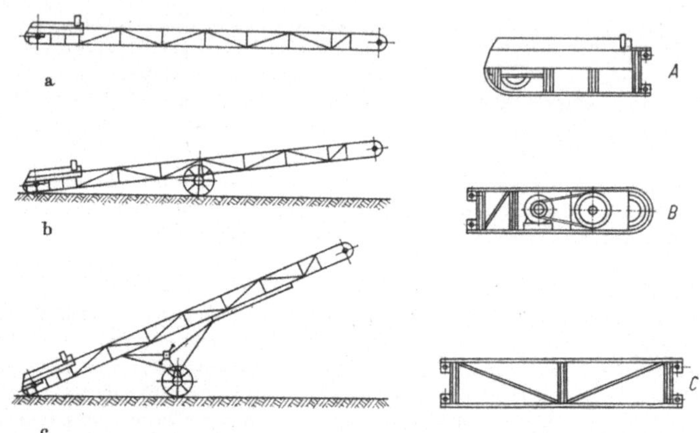

Bild 2.3-34. Tragbare und fahrbare Gurtförderer. a) Tragbare Gurtfördererkonstruktion ohne Unterstützung mit Aufgabekasten. b) Gurtförderer mit einfacher Tragachse für kurzen Transportweg oder für eine Bandstraße mit leicht angehobenem Übergabeteil. c) Gurtförderer mit doppelhöhenverstellbarem Fahrgestell. Die Bandkonstruktion kann leicht vom Fahrgestell abgehoben werden. d) Bauteile eines Gurtförderers (Wieger): A Fußstück, das meist zur Aufnahme der Spann- und Umlenkstation und des Aufgabekastens dient; B Kopfstück, das die Antriebselemente, Trommel, Untersetzungsgetriebe und Motor (E-Motor, Brennkraftmotor, Druckluft- oder Ölmotor) aufnimmt; C Mittelstück. Durch Zusammenbau mehrerer Mittelstücke lassen sich verschiedene Längen herstellen. Die Mittelstücke tragen die Rollen für die Obergurtführung in den jeweils erforderlichen Abständen und je eine Rolle für die Untertrumführung.

geschraubten Leisten oder aufvulkanisierten Gummileisten bis ≈ 45°, stark eingemuldetes Schottenband bis ≈ 60°. Bei noch größeren Steigungen muß ein angedrücktes Deckband mitlaufen. Dann werden in Sonderfällen Steigungen bis 90° bewältigt, vgl. [H 70]. Auch die Fördergeschwindigkeiten sind entsprechend, den Eigenschaften des Fördergutes sehr verschieden und betragen für normale Gurtförderer 1,31 bis 4,19 m/s [H 22]. Die Förderleistung richtet sich nach Art des Schüttgutes, Fördergeschwindigkeit und Steigung. Sie ist z. B. für normale Gurtförderer bei 300 bis 500 mm Bandbreite, 2,62 m/s Geschwindigkeit und 25° Steigungswinkel mit 35 bis 124 m³/h anzusetzen. Für Sonderzwecke, z. B. Fördern besonders stark schleißenden oder warmen Fördergutes, werden statt der unter 2.3.4.2.2 und 2.3.4.2.3 erwähnten Gurte Spezialbänder aus Stahl oder Drahtgeflecht benutzt. Weitere Sonderausführungen vgl. [H 22].

2.3.4.2.3 Fahrbare und tragbare Gurtförderer (Bild 2.3-34) werden auf Baustellen häufig verwendet, da diese Geräte vielseitig benutzbar sind und den Einsatzort leicht wechseln können. Ihr Gerüst ist aus Rohren oder gekantetem Blech geschweißt, z. B. Stöhr, Wetzel, Wieger. Der Antrieb erfolgt mit Elektro-, Brennkraft-, Druckluft- oder

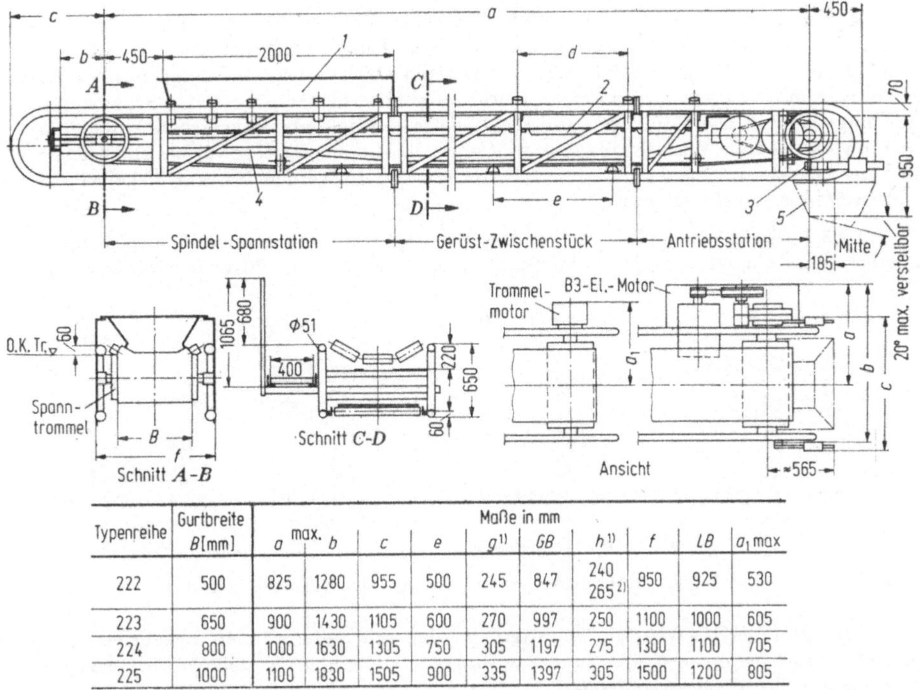

Typenreihe	Gurtbreite B[mm]	Maße in mm									
		a max.	b	c	e	$g^{1)}$	GB	$h^{1)}$	f	LB	a_1 max
222	500	825	1280	955	500	245	847	240 265 ²⁾	950	925	530
223	650	900	1430	1105	600	270	997	250	1100	1000	605
224	800	1000	1630	1305	750	305	1197	275	1300	1100	705
225	1000	1100	1830	1505	900	335	1397	305	1500	1200	805

Bild 2.3-35. Gurtförderer für stationäre oder fahrbare Verwendung (Wetzel). Achsabstand a bei stationärer Ausführung mindestens 4 m; bei fahrbarer Ausführung mindestens 5 m, höchstens 30 m (nach STVZO nur bis 15 m); Gummigurt je nach Typ in Breite von 500, 650, 800 oder 1000 mm; Antrieb Elektromotor, Leistung je nach Typ und Aufgabe zwischen 3 und 15 kW, oder Dieselmotor, Leistung für alle Typen einheitlich 6 kW; bei Elektroantrieb Gurtgeschwindigkeit $v = 1,05$ bis 2,09 m/s, bei Dieselantrieb $v = 1,31$ m/s. — Länge der Antriebsstation 1,5 m, der Spindel-Spannstation wahlweise 2,5 oder 3 m; Länge der Gerüst-Zwischenstücke wahlweise 4 bis 15 m (für größeren Achsabstand a beliebiges Aneinanderreihen von Zwischenstücken möglich). — Spannweg $b = 300$ oder 600 mm, Länge $c = 985$ bzw. 1285 mm je nach Spannweg; Muldenteilung $d = 1000$ mm; Rücklaufrollenteilung $e = 2000$ mm. — Sonstige Längenmaße in mm im Bild. — 1 Aufgabeschürze, 2 Untergurt-Abdeckung (durchgehend), 3 Gurtreiniger, 4 Windverband, 5 Auslaufschurre.

Ölmotor von 0,5 bis 5 kW Leistung. Bei fahrbarer Ausführung kann die Förderneigung und damit die Abwurfhöhe mit leicht zu bedienender mechanischer oder hydraulischer Stellvorrichtung verändert werden. Fahrbare und tragbare Geräte der meistverwendeten Größen sind mit Gummigurt von 400 bis 650 mm Breite ausgestattet, der gewöhnlich drei Einlagen und 1 bis 2 mm Deckschicht hat. Die Geräte sind mit Aufgabeschurre und Bandabstreifern versehen.

Förderlänge (Achsabstand) tragbarer Geräte üblicher Größen beträgt 4 bis 10 m, das Gewicht mit Elektromotor, aber ohne Gummigurt 160 bis 380 kg [29]. Für fahrbare Geräte sind die entsprechenden Werte 4 bis 25 m und 380 bis 1400 kg. Die maximale Abwurfhöhe bei fahrbaren Geräten liegt zwischen 1,7 und 11 m je nach Bauart.

Es gibt auch Typen, die sowohl stationär als auch fahrbar eingesetzt werden können, z. B. Wetzel Baureihe R 51 (Bild 2.3-35).

2.3.4.2.4 Schleuderbandförderer [H 22] eignen sich zum Transport von kleinstückigem, nicht stark staubendem Fördergut (z. B. Sand, Kies) und dienen vor allem zum Beladen von Schiffen und Waggons sowie zum Aufschütten von Halden. Bei diesen Geräten wird ein kurzer, mit 10 bis 20 m/s laufender Gurt von zwei seitlichen rotierenden Scheiben konkav eingebuchtet. Das Fördergut wird von oben tangential aufgegeben, stark beschleunigt und in verstellbarem Winkel 5 bis 20 m weit und 2 bis 4 m hoch frei geworfen. Die Antriebsleistung beträgt 1,5 bis 12 kW. Bei 250 mm Gurtbreite werden bis 50 t/h, bei 900 mm Gurtbreite bis 560 t/h gefördert.

2.3.4.2.5 Gliederbandförderer tragen das Fördergut auf einem umlaufenden Band aus kurzen, hintereinander aufgereihten Stahl- oder Holzplatten (*Plattenbandförderer*). Für

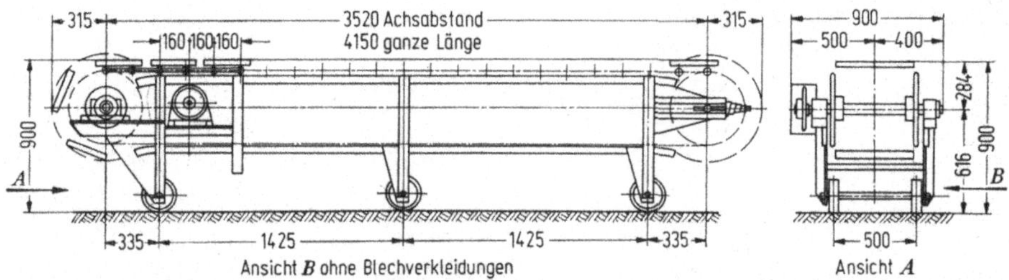

Bild 2.3-36. Plattenbandförderer (Wieger). Längenmaße in mm.

Aufnahme größerer Mengen von Schüttgut werden mit Seitenwänden versehene Platten benutzt (*Trogbandförderer*), die zum Bewältigen von Steigungen auch noch Querwände haben können (*Kastenbandförderer*).

Gliederbandförderer können besonders grobstückiges, schneidendes, schleißendes, klebriges oder — bei Stahlplatten — heißes Schüttgut oder Stückgut mit hohen Einzelgewichten tragen.

Die Platten sind entweder scharnierartig miteinander verbunden oder auf einem oder zwei endlosen Kettensträngen befestigt, z. B. System Wieger (Bild 2.3-36). Der Antrieb erfolgt in der Regel mit Elektromotor von 2 bis 6 kW Leistung. Die Fördergeschwindigkeiten betragen nur $\approx$ 0,25 bis 0,35 m/s. Bei den Geräten üblicher Größe liegen die Gurtbreiten zwischen 600 und 1 200 mm, die Förderlängen zwischen 2,5 und 4,0 m und die Gewichte ohne Motor und Einlaufkasten zwischen 3,7 und 8,5 t. Berechnungsgrundlagen für Gliederbandförderer in [H 12] und [H 22].

2.3.4.3 Becherwerke und Trogkettenförderer

[H 12; H 22; 29; DIN 15230 bis 15256]

2.3.4.3.1 Becherwerke (*Elevatoren*) fördern Schüttgut in Bechern, die an einer Kette befestigt sind. Kette oder Gurt sind endlos und werden an Fuß- und Kopfende des Becherwerks über Trommeln, Umlenkräder oder Kettenräder umgelenkt. Becherwerke dienen zum *Schrägfördern* mit 45 bis 75° Steigungswinkel oder zum *Senkrechtfördern*. Es gibt Becherwerke in *offener* und in *geschlossener* Ausführung.

Becherwerke in *offener* Ausführung kommen nur zum Schrägfördern in Betracht. Sie haben eine schräge Leiter und geführte oder durchhängende Eimerkette ähnlich wie Eimerkettenbagger (2.2.1.2.1). Die Förderleistung hängt im wesentlichen von Zahl und Inhalt der

Becher, Grad der Becherfüllung, Eigenschaften des Fördergutes, Band- bzw. Kettengeschwindigkeit und Art der Zuführung ab. Offene Becherwerke dienen vornehmlich zum Fördern von Kies oder Sand.

Becherwerke in *geschlossener* Ausführung sind von einem Schacht umgeben (Bild 2.3-37), mitunter auch von einem Doppelschacht. Zum Senkrechtfördern werden ausschließlich geschlossene Becherwerke benutzt. Sie haben am Fußstück den Einlauf für das Fördergut, besonders feinkörniges Material, und am Kopfstück den Antrieb und den Auslauf.

Die maximale Fördergeschwindigkeit beträgt bei Kettenbecherwerken 1,5 m/s, bei Gurtbecherwerken 4 m/s; die zulässige Höchsttemperatur des Fördergutes bei Kettenbecherwerken 200 °C, bei Gurtbecherwerken 50 °C. Berechnungsgrundlagen für Becher-

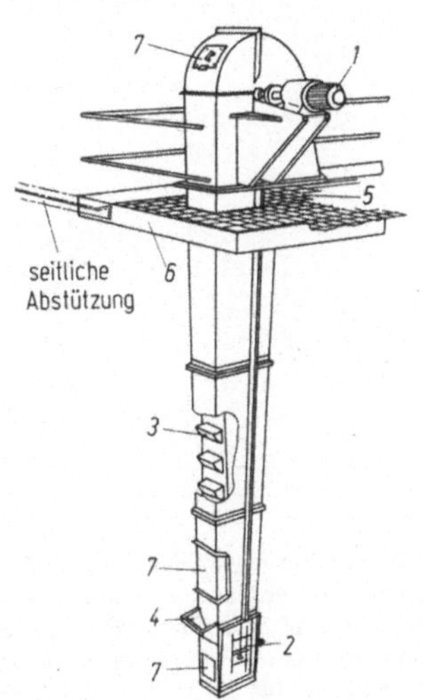

Bild 2.3-37. Gurtbecherwerk (Wetzel). Je nach Typ Becherbreite 200 bis 630 mm; Antriebs-Elektromotor 3,7 bis 2×22 kW; Förderhöhen bis 40 m; Förderleistung 24 bis 180 m³/h für Sand, Kies und Material ähnlicher Eigenschaften bei Bandgeschwindigkeit $v = 1{,}8$ m/s; bei fließendem Material, z. B. Zement, verringern sich Förderleistung und v um 30 %. — *1* Antrieb, *2* Spannvorrichtung, *3* Gurt mit Bechern (Behang), *4* Einlauf, *5* Auslauf, *6* Wartungsbühne, *7* Montage- und Reinigungsklappen.

werke vgl. [H 12]. Sonderbauarten sind z. B. *Gurttaschenförderer* für besonders schonendes Fördern, bei denen Gummibecher und Traggurt eine Einheit bilden (Schenck); ferner *Pendelbecherwerke* [DIN 15 256] für waagerechtes oder senkrechtes Fördern mit pendelnd an endloser Kette aufgehängten Bechern, die durch Kippen entleert werden, und *Spiralbecherwerke*, bei denen zusätzliche Gelenke in der Kette das Fahren räumlicher Kurven erlauben vgl. [H 12; H 22].

Aufgabebecherwerke (*Vollbecherwerke, Reihenbecherwerke*) haben als Zugmittel gewöhnlich einen Stahldrahtgurt, auf dem die Becher dicht nebeneinander sitzen. Sie arbeiten nur als Schrägförderer für feines Korn, aber auch für gröberes Fördergut bis ≈ 30 mm Korndmr. Die Fördergeschwindigkeit beträgt bis 0,8 m/s. Aufgabebecherwerke werden über vorgeschaltete Stetigförderer beschickt. Aber auch andere Becherwerkstypen werden häufig mit sonstigen Stetigförderern zum Zubringen oder Abtransport des Fördergutes kombiniert. Becherwerke werden mit Becherinhalt bis 400 dm³, für größte Förderhöhen bis ≈ 100 m und für Förderströme bis ≈ 500 t/h gebaut. Kleine Becherwerke werden auch als Anhänger fahrbar hergestellt, oder als Teile von Selbstaufladern und Waggonentladern.

Im Bauwesen kommen — abgesehen von festen Becherwerksanlagen in Baustoff-Fabriken und größeren beweglichen Aufbereitungsanlagen — nur kleine, fahrbare oder leicht transportable Becherwerke etwa folgender Größenordnung in Frage (vgl. [29]); Becherwerke offener Ausführung mit Eigengewicht von 1,7 bis 8 t, Becherbreiten von 200 bis 630 mm, Förderleistungen von 10 bis 70 m³/h, Förderhöhen von 10 bis 20 m und Energiebedarf von 2 bis 15 kW; Becherwerke geschlossener Ausführung von 1,5 bis 6 t Eigengewicht mit Becherbreiten von 150 bis 400 mm. Förderleistungen von 4 bis 35 m³/h, Förderhöhen von 10 bis 20 m und Energiebedarf von 1,5 bis 9 kW (Eigengewichte sind ohne Motor angegeben).

2.3.4.3.2 Becherwerks-Fahrlader (Bild 2.3-38) sind schienen-, reifen- oder raupenfahrbare *Fahrlader* (vgl. 2.2.1.3), die das Fördergut mit einem Becherwerk aufnehmen. Becherwerkslader werden besonders zum Aufnehmen und Fördern von schweren Schütt-

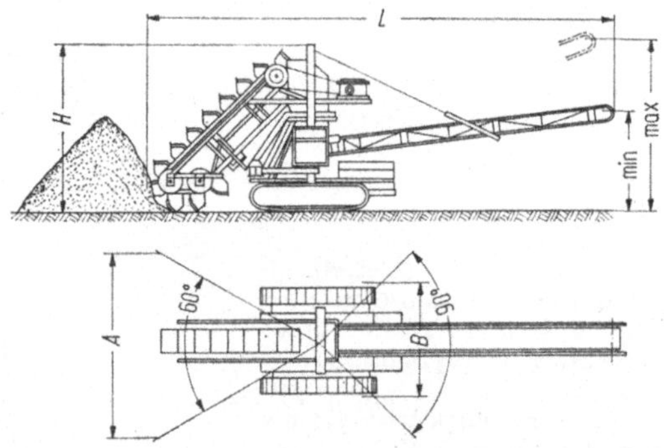

Bild 2.3-38. Becherwerks-Fahrlader (Wieger BST 150). Das Gerät arbeitet voll-dieselelektrisch. Das Aggregat besteht aus einem Dieselmotor, Leistung 80 kW, mit Generator 75 kVA. Gewicht mit Aggregat ist 15,8 t; Fahrgeschwindigkeit auf Schienen 30 km/h; Becherinhalt 36 bis 75 dm³; Bechergeschwindigkeit bis 0,9 m/s; Becherwerksmotor-Leistung 11 bis 14,7 kW; BecherwerksAufnahmeleistung bis 300 m³/h; Gurtförderer: Förderlänge 10 m; Gurtbreite 1000 mm; Gurtgeschwindigkeit bis 2,1 m/s; Abwurfhöhe 3,40 bis 5 m; Gurtförderer-Motor-Leistung 11 kW; Raupenfahrwerk: Motorleistung 11,4 kW (insgesamt, jede Raupe hat einen Fahrmotor), Fahrgeschwindigkeit auf Raupen 5 bis 10 m/min. — Längenmaße in m: $L = 15,50$, $H = 4,50$, $B = 2,80$, Arbeitsbreite $A = 6,50$.

gütern und gewachsenem Boden verwendet, z. B. Wieger-Fahrlader. Sie haben an den Becherzähnen eine gewisse Reißkraft und lösen auch schweres Material. BecherwerksFahrlader arbeiten wie Eimerkettenbagger (2.2.1.2.1), mit dem Unterschied, daß die Becherwerksleiter nicht unter Planum reicht und nicht an Profile angelegt werden kann. Wieger-Fahrlader haben zwei untere Kettenturasse zum Umlenken der Becherkette und können damit den Boden sauber räumen und planieren sowie verschiedene Erd- oder Gesteinsablagerungen nacheinander abtragen. Das von den Bechern aufgenommene Fördergut wird auf einen heb-, senk- und schwenkbaren Gurtförderer abgeworfen, der es zu einem Transportfahrzeug, z. B. Lkw, weiterträgt.

2.3.4.3.3 Kratzerförderer [H 12, H 22] bestehen aus einem feststehenden, waagerechten oder leicht geneigten Trog, in dem das Fördergut von Mitnehmern (*Kratzern*) fortbewegt wird. Die Kratzer sitzen an einer endlosen, oberhalb des Troges umlaufenden Kette, die außerhalb des Fördergutes bleibt. Kratzerförderer werden nur für Sonderzwecke benutzt, z. B. für chemisch aggressives Gut, das Trog und Kratzer aus korrosionsbeständigem Material erfordert.

2.3.4.3.4 Trogkettenförderer [H 12, H 22] wurden aus Kratzerförderern weiterentwickelt. Der Trogkettenförderer hat einen geschlossenen Blechtrog. Der untere Strang oder

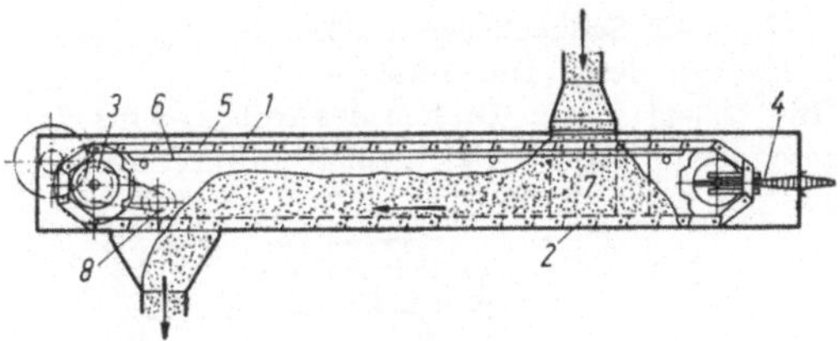

Bild 2.3-39. Trogkettenförderer (nach [H 11]). *1* Trog, *2* Laschenkette, *3* Kettenrad, *4* Spannvorrichtung, *5* rücklaufender Kettentrum, *6* Führungsleisten, *7* Fördergut, *8* Bürste zur Kettenreinigung.

Doppelstrang einer endlosen, umlaufenden Laschen-, Block- oder Gabelkette (DIN 15263) taucht in das Fördergut ein und zieht es in nicht abreißendem Fluß mit sich vorwärts. Im Gegensatz zum Kratzerförderer wird hier also das Fördergut nicht in Haufen vor Mitnehmern geschoben, sondern in gleichmäßiger Schichthöhe und ohne Umwälzen. Das Fördergut wird dabei geschont. Allerdings eignen sich Trogkettenförderer nicht für grobstückiges, klebriges, zusammenbackendes oder stark schleißendes Schüttgut [H 22] (Bild 2.3-39).

2.3.4.4 Schneckenförderer

[H 12; H 22]

Es gibt zwei Arten von Schneckenförderern: *Förderschnecken* und *Schneckenrohr-Förderer*.

2.3.4.4.1 Förderschnecken (*Trogschnecken*) bestehen aus einem feststehenden Trog, in dem eine Schnecke rotiert und dabei das Fördergut vorwärtsschiebt. Die Schneckenwelle wird angetrieben, meist von einem Elektromotor, mit Drehzahl bis 200 U/min (Bild 2.3-40).

Förderschnecken dienen zum Transport von trockenem Schüttgut, z. B. Sand, Zement, auf kurzer waggerechter oder geneigter Strecke. Bei stetiger Zufuhr ist auch Senkrechtfördern möglich. Von der Neigung der Strecke und vom Füllungsgrad des Troges hängt die

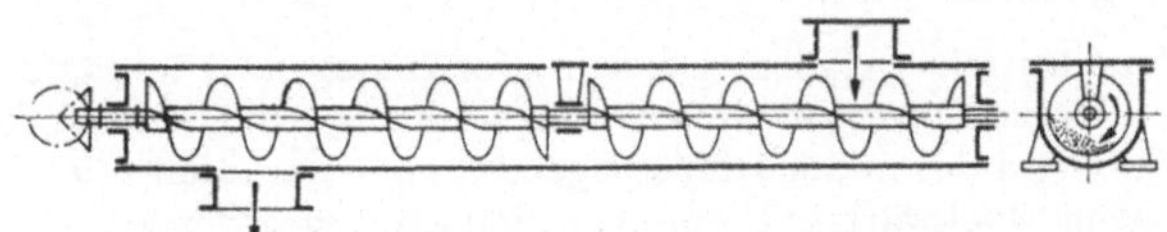

Bild 2.3-40. Förderschnecke (nach H [12]).

Förderleistung ab. Sie liegt bei den gebräuchlichsten Typen bei Horizontalförderung und Füllungsgrad von einem Drittel des Trogquerschnittes zwischen 5 und 50 m³/h je nach Größe des Gerätes. Der dabei erforderliche Energiebedarf beträgt 1 bis 40 kW. Die üblichen Schneckendurchmesser sind 160 bis 400 mm; die Schneckenlängen betragen 10 bis 30 m. Die Leergewichte der Geräte ohne Motor liegen zwischen 0,4 und 4 t. Berechnungsgrundlagen in [H 12] und [H 22]. Die Geräte beanspruchen wenig Raum.

Förderschnecken werden vor allem dann bevorzugt, wenn die Fördermenge gering ist und das Gut durchmischt werden soll. Auch Heizen und Kühlen des Troges und damit des Fördergutes sind möglich. Häufig werden Förderschnecken als Zubringer für andere Fördermittel benutzt. Für empfindliches, klebriges oder schleißendes Gut eignen sie sich nicht.

2.3.4.4.2 Schneckenrohr-Förderer (*Förderrohre*) sind um ihre Längsachse rotierende Rohre, an deren Innenmantel schraubenförmig aufgewundener Bandstahl befestigt ist (Bild 2.3-41). Beim Drehen des Rohres wird das Gut langsam vom Einlauf zum Auslauf geschoben. Selbst bei kleinem Rohrdurchmesser darf die Drehzahl jedoch nicht höher als

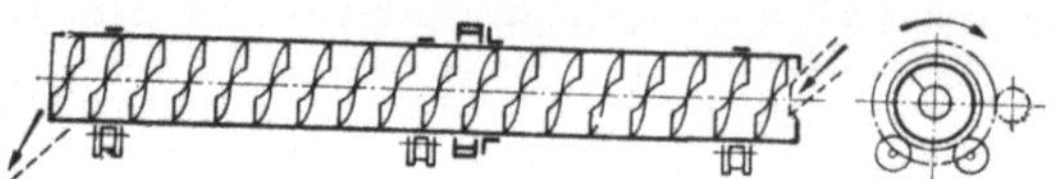

Bild 2.3-41. Schneckenrohr-Förderer (nach [H 12]).

50 U/min sein, da sonst die Zentrifugalkraft das Fördern hindert. Förderrohre haben geringeren Energiebedarf für gleiche Leistung als Förderschnecken; außerden mischen sie das Gut ausgezeichnet durch und durchlüften es, ohne es zu zermahlen. Klemmen und Verstopfen kommen nicht vor, mechanische Teile und Schmierstellen werden nicht vom Fördergut berührt. Die Förderrohre benötigen jedoch viel Raum und sind geräuschvoll und teuer. Außerdem kann bei ihnen das Fördergut nur an den Enden des Rohres aufgegeben und entnommen werden, während die Förderschnecken an jeder beliebigen Stelle beladen oder entleert werden können.

2.3.4.5 Schwingförderer

[H 12; H 22]

Schwingförderer bewegen Schüttgut in waagerechten oder schwach geneigten, hin- und hergehenden Rinnen durch die Einwirkung von Massenkräften vorwärts.

2.3.4.5.1 Schwingrutschen sind die einfachste Form der Schwingförderer. Es handelt sich um geneigte Rinnen, in denen das Schüttgut vom oberen zum unteren Rinnenende gleitet. Von gewöhnlichen *Rutschen* (2.3.4.1) unterscheiden sich diese Geräte nur dadurch, daß die Rinne in Vibration versetzt und dadurch der Reibungsschluß zwischen Fördergut und Rinnenwand gelockert wird.

2.3.4.5.2 Schüttelrutschen eignen sich zum Horizontal- und Schrägfördern. Bei diesen Geräten wird die Rinne abwechselnd langsam vorwärts- und schnell rückwärtsbewegt. Beim Vorwärtshub wird das in der Rinne liegende Schüttgut infolge des Reibungsschlusses mitgenommen. Beim Rückwärtshub nimmt es jedoch wegen der Massenträgheit nicht an der Rückwärtsbewegung teil. Schüttelrutschen arbeiten mit großer Amplitude und kleiner Frequenz (Hub $\approx$ 50 bis 250 mm, Hubfrequenz $\approx$ 60 bis 90/min, vgl. [H 12]).

Bewegt wird die Rinne mit Kurbeltrieb, der meist von einem Elektromotor angetrieben wird, oder mit einem Druckluft-Kolbenmotor. Druckluftantrieb wird hauptsächlich bei Untertagearbeit benutzt. Durch Zusammenbau mehrerer Rutschenbleche hintereinander können Gesamtlängen bis 150 m hergestellt werden [H 11]. Die Förderleistung hängt von der Art des Gerätes und des Fördergutes, vom Neigungswinkel, Hublänge und Hubzahl ab. Unter günstigen Voraussetzungen werden bis $\approx$ 200 t/h gefördert. Die Förderebene kann abwärts bis 20°, aufwärts bis 12° geneigt sein (*Bergrutsche*).

2.3.4.5.3 Schwingrinnen arbeiten mit kleinen Amplituden und höheren Frequenzen, z. B. 0,2 mm bei 6000 Hz, 15 mm bei 550 Hz, vgl. [H 22]. Mit schräg wirkender Schwingungserregung oder mit schräggestellten Lenkern kann das Schüttgut in kleine, vorwärts gerichtete Wurfbewegungen versetzt werden. Dadurch wird die Reibung zwischen Gut und Rinnenwand erheblich verringert. Die Schwingungserregung kann entweder mit umlaufenden Unwuchten oder elektromagnetisch bewirkt werden, wie bei den Vibratoren für Boden- bzw. Betonverdichten, vgl. 2.5.1.3. Bei *Unwuchterregung* haben Schwingrinnen für kleinere Leistungen einen Erreger am Rinnenkopf (*Kopfmaschinen*), für größere Leistungen zwei zu beiden Seiten der Rinne angeordnete Erreger (*Gürtelmaschinen*). Bei Kopfmaschinen liegt die größte Förderlänge bei 25 m, bei Gürtelmaschinen bei ≈ 36 m. Bei *elektromagnetischer Erregung* treten nur Schwingungen in der gewünschten Richtung auf, und das Fördergut kann genau dosiert werden. Die Förderlänge mit einem Elektromagnet-Antrieb kann bis ≈ 6 m betragen. Es können aber mehrere Antriebe hintereinandergeschaltet werden.

Schwingrinnen beider Antriebsarten haben den Vorteil, daß weder mechanische Teile noch Schmierstellen vom Fördergut berührt werden und daß dieses gut gelockert wird. Auch Schüttgut mit hoher Temperatur kann gefördert werden. Für staubendes oder staubempfindliches Fördergut werden gedeckte Rinnen oder Rohre verwendet. Das Fördergut kann an jeder Stelle eingegeben werden. Schwingrinnen mit schraubenförmig ansteigender Bahn dienen zum Senkrechtfördern von Schüttgut (*Wendelschwingrinne*). Damit können Förderhöhen bis 8 m erreicht werden. Unter günstigen Voraussetzungen werden bis ≈ 20 m³/h gefördert.

Schwingrinnen erfordern ausreichende Schwingungsdämmung gegen die Umgebung.

2.3.4.6 Hydraulische und pneumatische Fördermittel

2.3.4.6.1 Hydraulische Betonpumpen. Zum Fördern von Beton durch Rohr- oder Schlauchleitungen werden vorwiegend *hydraulische Betonpumpen* benutzt. Es sind Kolbenpumpen, deren Arbeitskolben von einer mit Drucköl oder Druckwasser betätigten Hydraulik in einem oder zwei Zylindern vor- und rückwärts bewegt werden. Dementsprechend

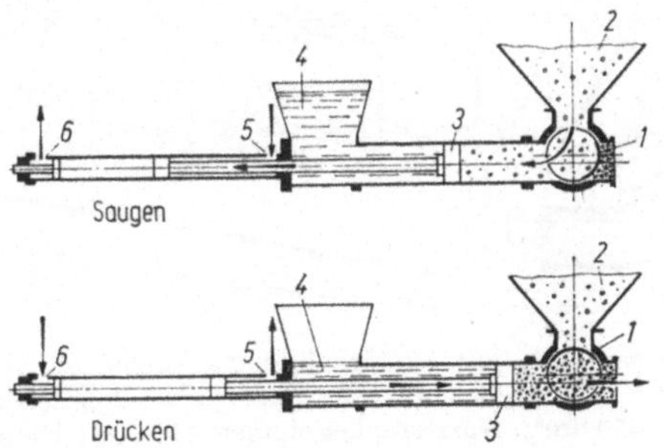

Bild 2.3-42. Betonpumpe mit ölhydraulischem Antrieb, Funktionsschema. Saugen: Schwenkschieber *1* hat Saugeinlaß geöffnet und Druckauslaß geschlossen. Beton *2* wird aus dem Trichter vom Förderkolben *3* in den Förderzylinder gesaugt. Das Gewicht des Betons unterstützt das Saugen. — Drücken: Schwenkschieber *1* hat Druckauslaß geöffnet und Saugeinlaß geschlossen. Beton wird vom Förderkolben in die Rohrleitung gedrückt. *4* ist druckloses Wasser, das ständig die Rückseite des Förderkolbens spült; *5* und *6* sind die Durchlässe für das den Kolben bewegende Drucköl (Zeichnung BSM).

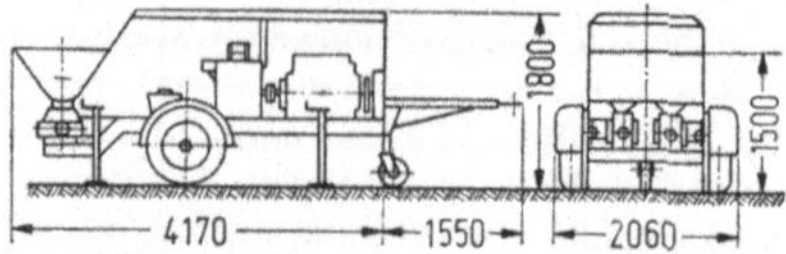

Bild 2.3-43. Betonpumpe mit ölhydraulischem Antrieb. Beispiel: BSM Type H 32. Antrieb Elektromotor 37 kW bei 1 500 U/min; Gewicht $\approx$ 2,3 bis 3,2 t; Einfüllhöhe $\approx$ 1,50 m; Förderleistung bis 32 m³/h; Förderweite bis 400 m; Förderhöhen bis 50 m. — Längenmaße in mm.

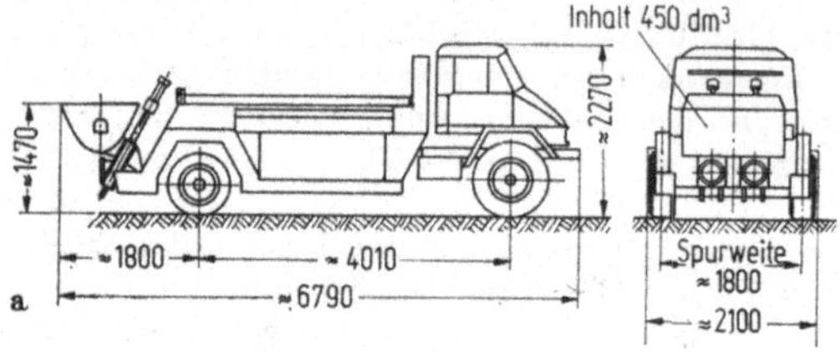

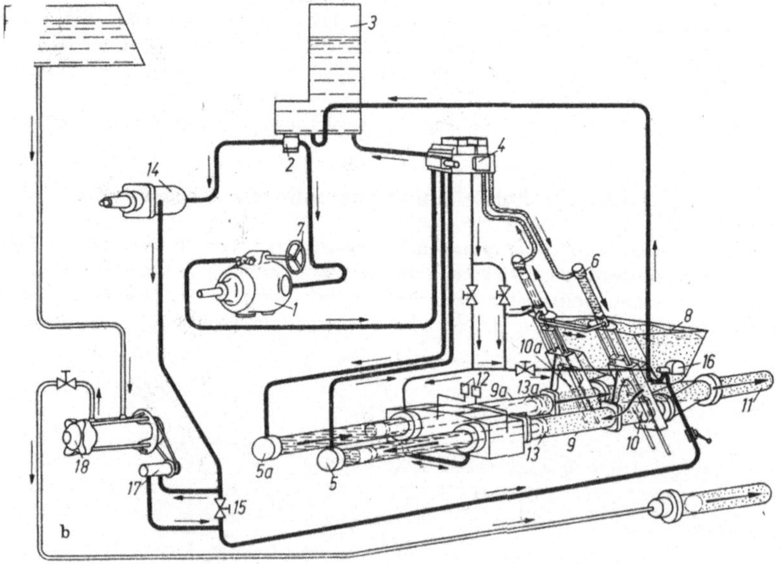

Bild 2.3-44. a) Auto-Betonpumpe mit ölhydraulischem Antrieb (Torkret Typ 307). Maximale theoretische Fördermenge 47,5 m³/h, maximale Baustellen-Förderleistung 40 m³/h; Inhalt des Beton-Einfülltrichters $\approx$ 450 dm³; Wassertank-Volumen 450 dm³; Dieselmotor: Antriebsleistung bei Fahrbetrieb 65 kW, bei Pumpbetrieb 60 kW; zulässige Höchstgeschwindigkeit 80 km/h; zulässiges Gesamtgewicht 7 500 kg.

Bild 2.3-44. b) Funktionsschema zu Bild 2.3-44a. *1* Hochdruckverstellpumpe, *2* Ölfilter, *3* Öltank, *4* Steuerblock, *5* und *5a* Hydraulikzylinder für Arbeitskolben, *6* und *6a* Hydraulikzylinder für Flachschieber, *7* Handrad zum Einstellen der Ölmenge, *8* Rührwerkstrog, *9* und *9a* Förderzylinder, *10* und *10a* Flachschieber, *11* Förderleitung, *12* Endschalter, *13* und *13a* Arbeitskolben, *14* Ölpumpe für Rührwerksantrieb, *15* Durchgangshahn, *16* Ölmotor für Rührwerk, *17* Ölmotor für Kreiselpumpe bzw. Kompressor *18* zum Ausdrücken der Förderleitung.

werden *ölhydraulische Betonpumpen* und *wasserhydraulische Betonpumpen* unterschieden. Daneben gibt es die Form der Rotor-Betonpumpe (WIBAU), bei der ein Rotor mit Hilfe von Druckrollen den Beton durch einen Förderschlauch in die Rohrleitung „quetscht". Die Verdichter für Drucköl oder Druckwasser sind im Pumpenaggregat eingebaut. Manche Bauarten sind mit einem besonderen Kompressor oder einer Wasser-Ausdrückvorrichtung zum Entleeren und Reinigen der Betonförderleitung ausgerüstet.

2.3.4.6.1.1 Pumpen mit ölhydraulischem Antrieb. Aufbau und Arbeitsweise sind in Bild 2.3-42 bis 2.3-44 dargestellt. Arbeitsvorgang bei der in Bild 2.3-44 gezeigten Torkret-Auto-Betonpumpe: Arbeitskolben *13* bzw. *13a* saugt beim Rückwärtslauf den Beton aus dem Rührwerkstrog *8* in den Förderzylinder *9* bzw. *9a*. Flachschieber *10* bzw. *10a* sperrt im Saughub den Weg zur Förderleitung *11* ab. Hat der Arbeitskolben *13* bzw. *13a* seine Endstellung erreicht, dann wird durch einen Impuls vom Endschalter *12* am Steuerblock *4* der Ölstrom umgelenkt. Hydraulikzylinder *6* bzw. *6a* fährt Flachschieber *10* bzw. *10a* nach oben. Damit ist der Ansaugweg versperrt und der Weg zur Förderleitung *11* geöffnet. Der Hydraulikzylinder *5* bzw. *5a* bewegt den Arbeitskolben *13* nach vorn und drückt den Beton in die Förderleitung *11*. Die Kolben der Zylinder *5* und *5a* arbeiten gegenläufig, da sie an der Stangenseite durch eine Ölleitung verbunden sind.

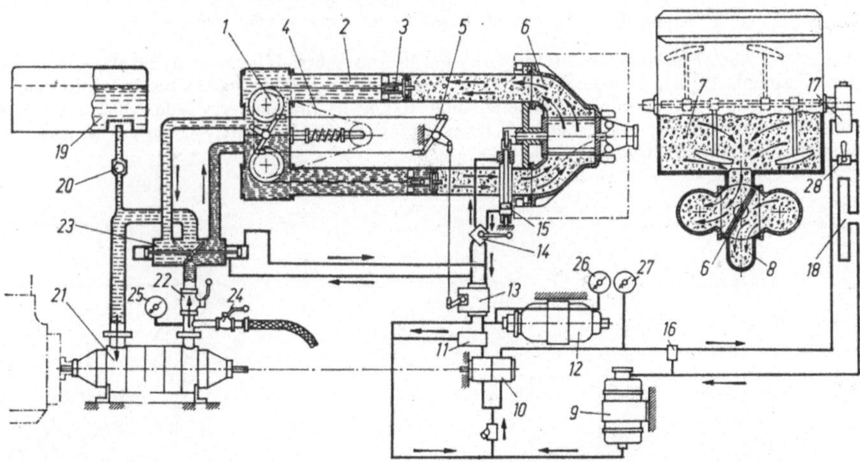

Bild 2.3-45. Betonpumpe mit wasserhydraulischem Antrieb (Putzmeister), Funktionsschema, *1* Seil-Kettentrieb, *2* Förderzylinder, *3* Förderkolben, *4* Steuerkette mit Anschlag, *5* Umsteuerhebel, *6* Betondrehschieber, *7* Rührtrichter, *8* Druckstutzen, *9* Öltank, *10* Ölpumpe, *11* Druckabschaltventil, *12* Hydro-Speicher, *13* Umsteuerschieber, *14* Rückflußschalter, *15* Hydraulikzylinder, *16* Ölsicherheitsventil, *17* Ölgetriebemotor, *18* Ölkühler, *19* Wasservorratstank, *20* Rückschlagventil, *21* Hochleistungs-Kreiselpumpe, *22* Absperrschieber, *23* Wassersteuerschieber, *24* Wasserentnahmehahn, *25* Wasserdruckmesser, *26* Steueröldruckmesser, *27* Motoröldruckmesser, *28* Mischerumsteuerventil.

2.3.4.6.1.2 Pumpen mit wasserhydraulischem Antrieb. Aufbau und Arbeitsweise sind in Bild 2.3-45 bis 2.3-47 dargestellt. Die in Bild 2.3-45 gezeigte Putzmeister-Betonpumpe arbeitet folgendermaßen. Die vom Fahrzeugmotor angetriebene Hochleistungs-Kreiselpumpe *21* fördert Antriebswasser über den ölhydraulisch umgesteuerten Wasser-Vierwege-Schieber *23* hinter einen der beiden Betonförderkolben *3*. Dieser wird dadurch

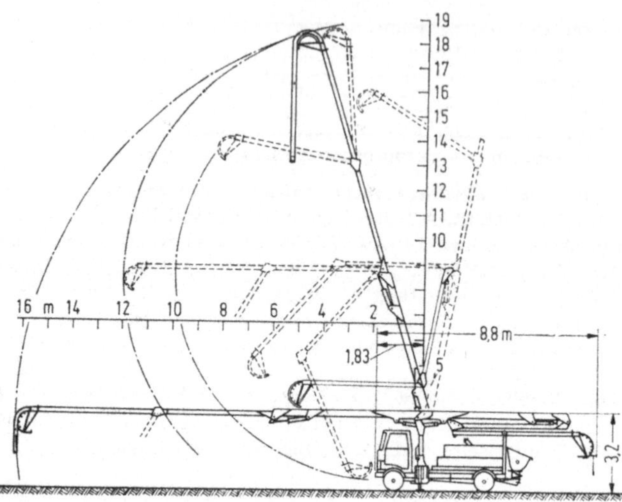

Bild 2.3-46. Auto-Betonpumpe mit wasserhydraulischem Antrieb und mit hydraulischem Ausleger
(Putzmeister B 233 A). Dieselmotor-Leistung 45 kW, Fahrgeschwindigkeit bis 80 km/h; zulässiges
Gesamtgewicht 11 t; maximale Förderleistung 100 m³/h; maximaler Förder-Überdruck 45 bar;
Förderweite bis 300 m; Förderhöhe bis 80 m; Spülwassertank-Inhalt 700 dm³; Auslegerhöhe bis
19 m. — Längenmaße in m.

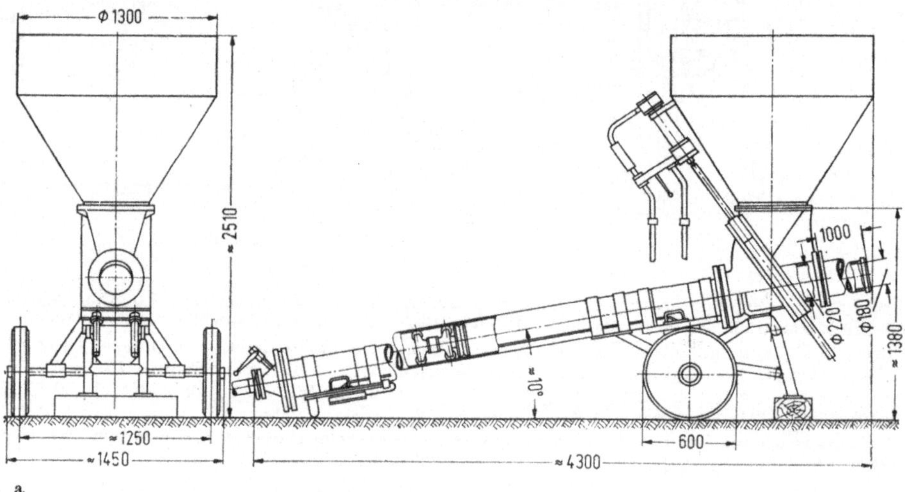

Bild 2.3-47. a) Wasserhydraulische Betonpumpe (Beispiel Torkret Typ PK 21). Antrieb Elektromotor Drehstrom 55 kW, 380/660 V, 3000 U/min; Wasserkasten-Volumen 800 dm³; Gewichte
(ohne Wasser) Pumpenaggregat ≈ 1290 kg, Antriebsaggregat ≈ 2200 kg; maximale theoretische
Fördermenge 33,3 m³/h, maximale Baustellen-Förderleistung 25 m³/h; Förderhöhen bis über 60 m
bzw. Förderweiten bis ≈ 600 m. — Längenmaße in mm.

vorwärtsgedrückt und zieht dabei über den Seiltrieb *1* den Kolben im anderen Zylinder zurück. In den Endlagen wird der Fühler eines Hydraulik-Umsteuerschiebers *5, 15* tätig, der sowohl die Bewegung der Förderkolben *3* als auch die Stellung des Betondrehschiebers *6* umlenkt.

In vereinfachter Form stellt Bild 2.3-47 b) am Beispiel einer Betonpumpe Typ PK 21 (Torkret) die grundsätzliche Arbeitsweise von wasserhydraulischen Betonpumpen anschaulich dar: 1. *Saughub:* Der Beton wird aus dem Einfülltrichter in den Förderzylinder

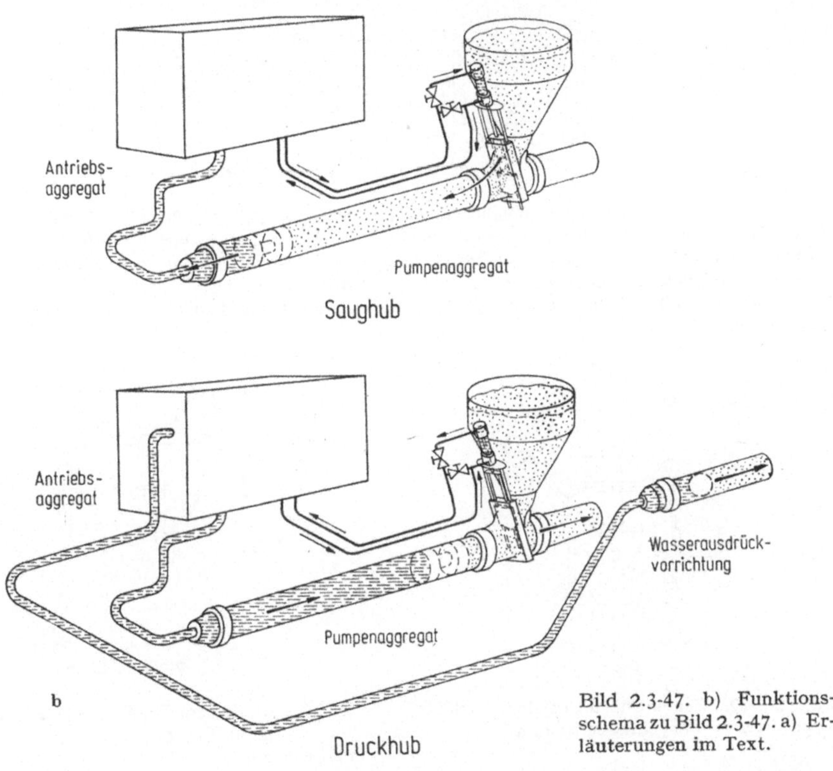

Bild 2.3-47. b) Funktionsschema zu Bild 2.3-47. a) Erläuterungen im Text.

gesaugt. Der Flachschieber in unterer Stellung verhindert, daß Beton aus der Rohrleitung zurückgesaugt wird. — 2. *Druckhub:* Der Flachschieber in oberer Stellung schließt die Öffnung zwischen Trichter und Förderzylinder. Der Beton wird vom Förderkolben in die Rohrleitung gedrückt. — Die Wasser-Ausdrückvorrichtung dient zum Entleeren und Reinigen der Rohrleitung.

2.3.4.6.2 Zement-Injektoren dienen zum Ausfüllen von Hohlräumen mit Zement. Diese Injektoren sind entweder *Hochdruckpumpen* für den Überdruck bis 100 bar (z. B. *Häny-Pumpe*, vgl. 2.3.4.6.2.1) oder *Verdrängergeräte*, die mit nur etwa 6 bis 10 bar Überdruck fördern. Die Hochdruckpumpen verarbeiten nur Zementmilch, die Verdränger aber auch Zementmörtel oder ggf. staubförmiges Material. In sehr enge Räume, wie Abbindefugen oder feine Felsspalten, wird Zementmilch mit hohem Druck verpreßt. Große Hohlräume wie ausgelaugte Mauerwerksfugen, oft auch Baugrundverfestigung oder Spannbetonkanäle, können mit weniger hohen Drücken ausgefüllt werden, zweckmäßigerweise meist mit Zementmörtel.

2.3.4.6.2.1 Zementmilch-Injektionspumpe System *Häny* (BSM, Bild 2.3-48). Das Gerät ist eine mit Druckluft angetriebene Membranpumpe. Die Druckluft bewegt in einem Zylin-

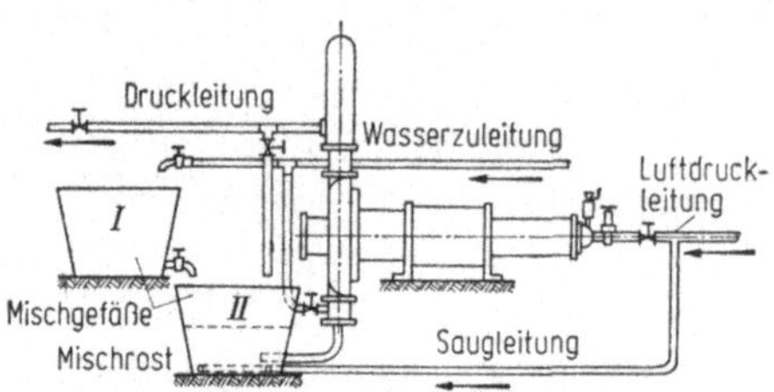

Bild 2.3-48. Zementmilch-Injektionspumpe System Häny (BSM), Größe 2 (in Klammern Werte für Größe 3). Gerätegewicht ≈ 390 kg (≈ 780 kg); Antrieb mit Druckluft, Überdruck 6 bar (6 bis 8,4 bar); maximale Fördermenge ≈ 2,5 m³/h (≈ 4,2 m³/h) bei maximalem Verpreßdruck von 18 bar (24 bar) Überdruck bzw. maximale Fördermenge 1,1 m³/h (1,1 m³/h) bei maximalem Verpreßdruck 42 bar (72 bis 100 bar). Die Geräte verarbeiten ausschließlich Zementmilch. Verpreßdruck ist stufenlos einstellbar.

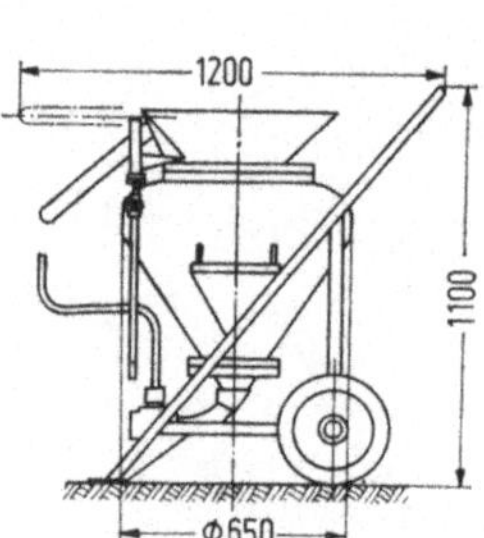

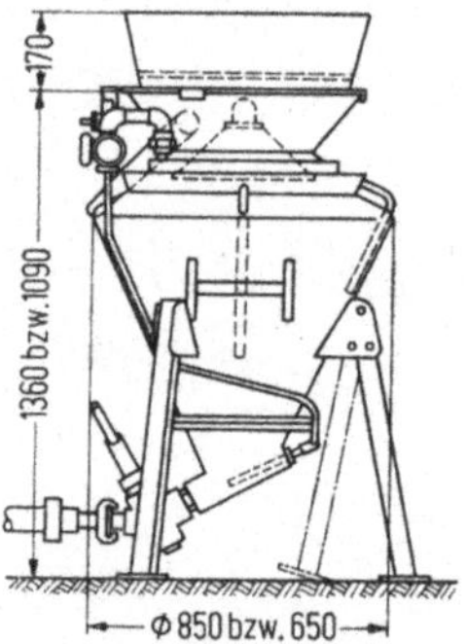

Bild 2.3-49. Zementmörtel-Injektor (BSM Type 501). — Längenmaße in mm.

Bild 2.3-50. Zement-Injektionsgerät (Torkret-Verpreßkessel Typ 80 und 150). — Längenmaße in mm.

der einen Kolben vor- und rückwärts. Beim Vorwärtsgang verdrängt der Kolben eine Arbeitsflüssigkeit und drückt damit indirekt auf die Membran im Pumpenraum. Dadurch wird die darin befindliche Zementmilch hinausgepreßt. Beim Rückwärtsgang saugt der Kolben die Arbeitsflüssigkeit und die Membran zurück und erzeugt damit im Pumpenraum einen Unterdruck. Dadurch wird Zementmilch in den Pumpenraum eingesaugt, die beim nächsten Hub in die Druckleitung gepreßt wird. Der Vorgang wiederholt sich mit jedem Kolbenhub, bis der gewünschte Enddruck erreicht ist. Dann steht die Pumpe still. Sobald der Druck in der Förderleitung abfällt, läuft sie selbsttätig wieder an.

2.3.4.6.2.2 Zement-Injektoren mit Verpreßkessel (Bild 2.3-49, 2.3-50) arbeiten nach dem Verdränger-Prinzip. Sie bestehen im wesentlichen aus einem nach unten kegelförmig gestalteten Kessel, der oben einen verschließbaren Einfülltrichter und unten den ebenfalls absperrbaren Auslaß hat. Das Fördergut wird bei geschlossenem Auslaß in den geöffneten Trichter eingefüllt. Nach Schließen des Trichters und Öffnen des Auslasses wird es durch Druckluft aus dem Kessel verdrängt. Die Druckluft von höchstens 6 bis 10 bar Überdruck wird von außen durch einen Schlauch zugeführt. Bei manchen Bauarten wird das Fördergut (Zementmilch oder Zementmörtel) während des Einfüllens und in Arbeitspausen bei geöffnetem Trichterverschluß von „Brodelluft" durchströmt, die mit schwachem Druck von unten zugeführt wird. Sie verhindert Entmischen des Gutes und erspart ein Rührwerk. Beim Öffnen des Auslasses wird die Zufuhr der Brodelluft zwangsläufig abgesperrt. Die Verpreßkessel arbeiten nach dem Verdrängerprinzip chargenweise. Während des Wiederfüllens des Kessels wird nicht gefördert. Die als erstes Beispiel in Bild 2.3-49 gezeigten Injektoren BSM Type 501 verpressen pneumatisch Zementmilch und auch Zementmörtel, d. h. mit Wasser angemachtes Zement-Sand-Gemisch mit Sandkorn bis 5 mm Dmr.; der Kessel faßt 80 dm³. Der Einfülltrichter hat handbetätigten Glockenventil-Verschluß. Der Kesselauslaß ist mit einem Dreiwegehahn verschließbar. Der Verpreßkessel ist mit 10 bar Überdruck belastbar.

Die als zweites Beispiel in Bild 2.3-50 dargestellten Torkret-Verpreßkessel Typ 80 und 150 schleusen staubförmiges und breiiges Gut pneumatisch in Schlauch- oder Rohrleitungen ein. Diese werden an abgedichtete, in das Bauwerk eingebrachte Rohrstutzen angeschlossen, durch die das Gut eingepreßt wird. Der Verpreßkessel wird oben mit einem Glockenventil am Einfülltrichter und unten mit einem Hahn verschlossen. Gewicht ohne Schlauchausrüstung ist 135 bzw. 180 kg; Kesselinhalt 80 bzw. 150 dm³; zulässiger Höchstdruck 6 bar; Förderleistung $\approx$ 40 bzw. $\approx$ 30 Füllungen/h.

2.3.4.6.3 Beton-Spritzmaschinen (Bild 2.3-51) haben die Aufgabe, Zementmörtel oder Beton durch strömende Druckluft bei hoher Geschwindigkeit auf Schalungen oder fertige Bauteile aufzubringen. Dabei wird die Aufprallenergie zum Verdichten des Fördergutes ausgenutzt. Sie bewirkt die charakteristischen Eigenschaften des Spritzbetons, vor allem gute Haftung, hohe Festigkeit, Homogenität und Wasserdichtigkeit.

Die Beton-Spritzmaschine schleust zunächst trockenes oder erdfeuchtes Beton- oder Mörtelgemisch kontinuierlich in einen Druckluftstrom ein. Er trägt das Fördergut durch eine aus Schläuchen oder Rohren bestehende Leitung unter starker Beschleunigung in eine Mischdüse. Erst dort, also unmittelbar vor der Einbaustelle, wird das Anmachwasser zugegeben.

Die Beton-Spritzmaschine, auch als *„Cement Gun"* (*Zementkanone*) bezeichnet, hat in ihren meistverwendeten Bauarten (z. B. Torkret, BSM) zwei übereinander angeordnete Kessel. Beide sind mit Glockenventilen verschließbar. Der Oberkessel dient als Einfüllschleuse. Der Unterkessel ist die Arbeitskammer. Hier rotiert ein Taschenrad. Es gibt das Fördergut dosiert in den Druckluftstrom ab, und zwar im freien Fall. Das Gut gelangt daher schon in beschleunigtem Zustand in den Druckluftstrom, wodurch ein sehr gleichmäßiger Materialfluß in die Mischdüse kommt.

Die Wasserzugabe erst an der Mischdüse ermöglicht Förderweiten von mehr als 400 m oder Förderhöhen von mehr als 100 m, da das Fördergut in der Leitung noch nicht abbinden kann. Außerdem kann der Betrieb jederzeit unterbrochen werden, ohne daß abbindende Rückstände in der Maschine oder der Förderleitung zurückbleiben. Auch die Wasserzugabe an der Mischdüse ist regelbar; die Eigenfeuchte des Fördergutes kann bis zu 10% betragen. Beim Einsatz dieser Beton-Spritzmaschinen geht ein Teil des aufgebrachten Betons durch Rückprall verloren.

Durch Auswechseln der Düse lassen sich Beton-Spritzmaschinen auch für *Sandstrahlarbeiten* verwenden.

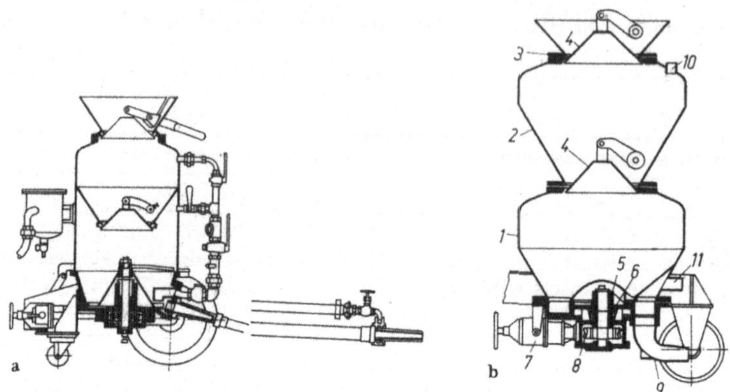

Bild 2.3-51. Beton-Spritzmaschinen (Beispiele).

a) Torkret Typ N 1: Leistung in loser Masse 1,5 m³/h; maximale Korngröße des Betonsandes 10 mm; Nennweite der Förderleitung 32 mm. — Maße des Gerätes in mm: Länge (in Fahrtrichtung) 1180, Breite 940, Höhe 1410; Leergewicht 470 kg.

b) BSM 604: Förderleistung in loser Masse 6,0 m³/h, in Festbeton 3,75 m³/h abzüglich Rückprall; maximale Korngröße der Zuschläge 25 mm; Nennweite der Förderleitung 50 mm. — Maße des Gerätes in mm: Länge 1900, Breite 1200, Höhe 1880; Leergewicht 960 kg. — *1* Unterkessel, *2* Oberkessel, *3* Einfülltrichter, *4* Glockenventil, *5* Taschenrad, *6* Gleitring, *7* Druckluftmotor, *8* Schneckenrad (vom Druckluftmotor über eine Schnecke angetrieben), *9* Materialausblasestutzen, *10* und *11* Druckluftzuleitungen.

2.3.4.6.4 Pneumatische Förderung

2.3.4.6.4.1 Betonförderung. Pneumatische Beton-Fördergeräte arbeiten entweder *kontinuierlich*, z. B. System BSM, Typen BFM; oder *intermittierend*, z. B. System Mixokret (Putzmeister). Das Schnittbild der Type BFM 606 (BSM) stimmt mit dem der Beton-Spritzmaschine BSM 604 (Bild 2.3-51 b) überein. Jedoch wird bei der Beton-Fördermaschine auf den Spritzeffekt verzichtet und im Gegensatz zur Beton-Spritzmaschine die Betongeschwindigkeit durch entsprechende Luftregelung klein gehalten. Außerdem wird die Betongeschwindigkeit hinter der Mischdüse durch einen Auslaufschlauch weiterhin verringert. Dadurch tritt der Beton kontinuierlich aus. Technische Daten: Betriebsüberdruck der Maschine je nach Förderentfernung 1 bis 6 bar; Förderleistung in m³/h in loser Masse 8,0, in Festbeton 6,0 abzüglich Rückprall; Maximalkorn der Zuschläge 40 mm; Nennweite der Förderleitung 90 mm. Die Förderhöhe beträgt bis 100 m, die Förderweite bis 300 m.

Bei den pneumatischen Betonförderern System „Mixokret" (Bild 2.3-52) geschieht das Mischen und Fördern mit einer Maschineneinheit. Ein Zwangsmischer mit federnden Mischflügeln ist im Förderkessel eingebaut. Nach dem Mischvorgang wird das Gut von Spezialflügeln gleichmäßig in die Treibluft eingegeben. Nach dem Kesselaustritt wird weitere Druckluft unmittelbar in die Förderleitung eingeführt. Das System wurde zum Fördern von Zementestrich entwickelt (Putzmeister, Bild 2.3-52a). Da während des Kesselfüllens nicht gefördert·wird, arbeiten die Einkessel-Typen des Mixokret-Systems intermittierend. Allerdings läßt sich bei der Verwendung von Zwillingskesseln auch ein ununterbrochenes Fördern erreichen. Für das in Bild 2.3-52b) als Beispiel gezeigte Mixokret-Betonfördergerät Putzmeister M 201 gelten folgende technische Daten: Antrieb Dieselmotor oder Elektromotor 18 kW; Kompressorleistung 1,8 m³/min; Förderleistung bis

2,5 m³/h; Förderzeit (Kesselentleerung) $\approx$ 2 min bei 50 m Leitungslänge und gleichzeitiger Hochförderung auf 20 bis 25 m; Gewicht 930 kg; zulässige Straßen-Fahrgeschwindigkeit als Lkw-Anhänger 80 km/h.

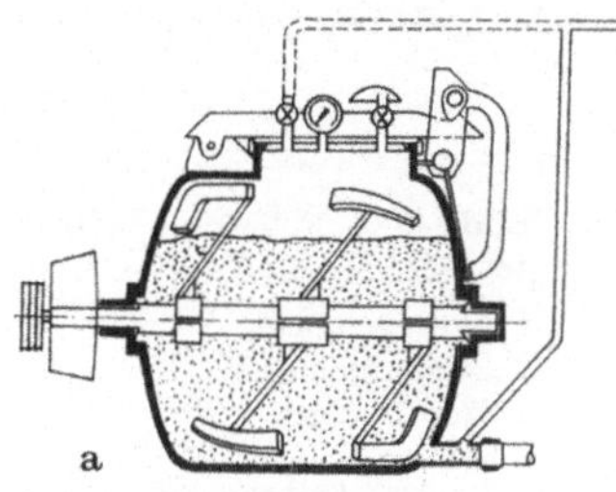

Bild 2.3-52. a) Pneumatische Betonförderung System „Mixokret" (Putzmeister). Funktionsschema.

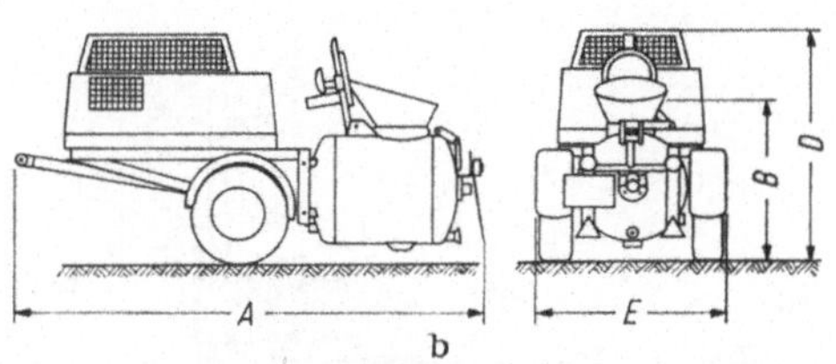

Bild 2.3-52. b) Pneumatischer Betonförderer System „Mixokret" (Putzmeister M 201). Kesselinhalt 220 dm³. — Längenmaße in mm. $A = 2820$, $B = 960$, $D = 1400$, $E = 1150$.

2.3.4.6.4.2 Pneumatische Förderanlage für Schüttgüter (Bild 2.3-53). Zum Massentransport und Umschlag von trockenen, feinkörnigen oder staubförmigen Schüttgütern, z. B. Zement, haben sich mit Fullerpumpen ausgerüstete pneumatische Förderanlagen bewährt.

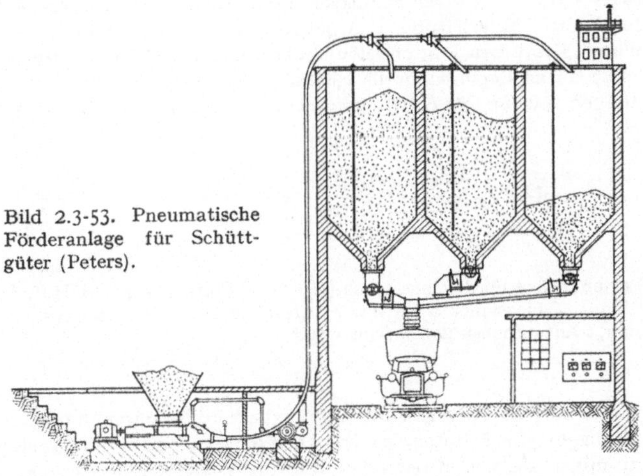

Bild 2.3-53. Pneumatische Förderanlage für Schüttgüter (Peters).

Bei ihnen fließt das Schüttgut aus einem Einfülltrichter in die Fullerpumpe, vgl. Bild 2.3-54. Sie fördert es mit Hilfe von Druckluft in Silos. Die einzelnen Silos werden über Zweiwegeventile beschickt, die von Hand bedient oder motorisch fernbetätigt werden können. Die austretende überschüssige Abluft wird in einem Filter mechanisch gereinigt. Aus den Silos wird das Schüttgut über pneumatische Zuteilvorrichtungen und Luftförderrinnen in Lkws oder andere Transportmittel abgefüllt.

Die Füllhöhe eines Silos läßt sich mit einem Silolot oder einem elektronischen Bunkerstandsanzeiger messen. Mit Hilfe derartiger Meßeinrichtungen kann auch das Beschicken
und Entleeren der Silos automatisiert werden.

Die *Fullerpumpe* ist dadurch gekennzeichnet, daß das in ihr Einlaufgehäuse eintretende
Schüttgut von einer mechanischen Vorrichtung in das Auslaufgehäuse gefördert wird,

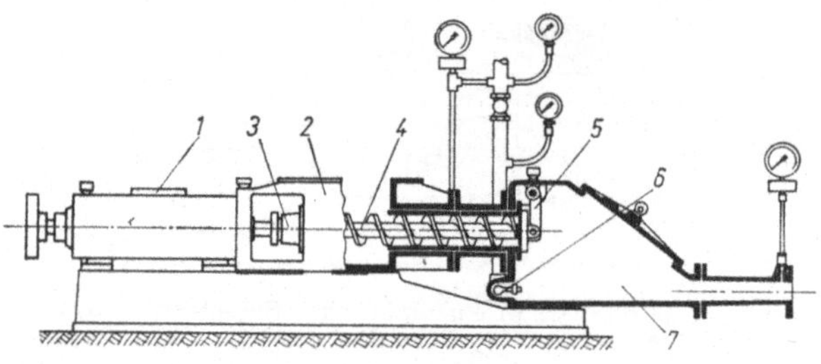

Bild 2.3-54. Fullerpumpe (Bauart Peters H).

1 Lagergehäuse,
2 Einlaufgehäuse,
3 Stopfbuchse,
4 Schnecke,
5 Rückschlagklappe,
6 Luftdüsen,
7 Auslaufgehäuse.

Arbeitsweise: Schnecke *4* fördert das ihr aufgegebene Gut bis in das Auslaufgehäuse. Hier befindet
sich eine Rückschlagklappe *5*, die den Fluß des Gutes reguliert und bei dessen Ausbleiben den
Rückdruck der Förderluft durch die Schnecke verhindert. Im unteren Teil des Auslaufgehäuses
sind Düsen *6* angebracht, durch die Druckluft eingeblasen wird. Sie trägt das in das Auslaufgehäuse
7 gelangte Gut durch die Förderleitung.

z. B. bei Bauart Peters von einer Schnecke. Vom Auslaufgehäuse aus wird das Gut mit
Druckluft durch die Förderleitung transportiert. Die erforderliche Druckluft liefert ein
Kreiselverdichter. Mit diesen Pumpen können beträchtliche Förderweiten erreicht werden;
mit großen, stationären Typen mehr als 1 000 m, z. B. Type Peters H. Die Förderleistungen
von Fullerpumpen reichen bis 60 t/h für leichtere und bis 150 t/h für schwerere Güter.

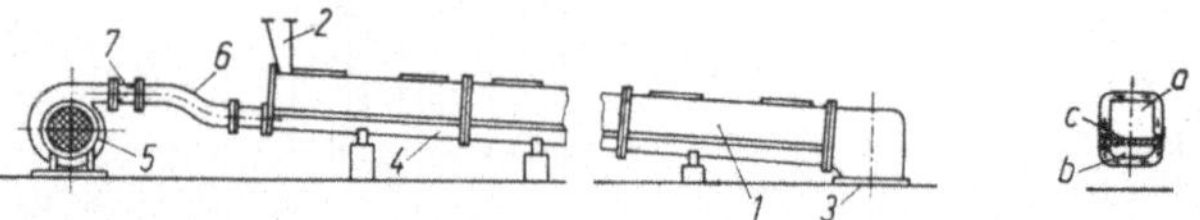

Bild 2.3-55. Pneumatische Förderrinne (nach [H 12]); *1* Förderrohr, *2* Einlauf, *3* Auslauf, *4* Luft-
kanal, *5* Ventilator, *6* biegsamer Schlauch, *7* Drosselklappe. — Querschnitt: *a* Fördergutraum,
b Druckluftraum, *c* luftdurchlässige Zwischenwand.

Kleinere fahrbare oder an Krangeschirr aufhängbare Fullerpumpen dienen zum Entladen
von Eisenbahnwagen oder Schiffen. Bei manchen dieser kleineren, nicht stationären Typen
wird das Gut mit Hilfe von rotierenden Zubringerscheiben der Transportschnecke zugeführt. Auch die fahrbaren oder aufhängbaren Fullerpumpen können mit Fernsteuerung
ausgerüstet werden, z. B. Bauart Peters.

2.3.4.6.4.3 Pneumatische Förderrinnen (Luftrutschen) [H 12; H 22] dienen zum Fördern
von staubförmigem oder feinkörnigem Schüttgut bis 0,75 mm Korngröße. Die Rinne kann
offen oder geschlossen sein. Sie hat einen doppelten Boden. Der obere Boden besteht aus
Gewebe oder porösen Platten. Durch die Poren des Gewebes oder der Platten tritt Druckluft
oder inertes Druckgas in den oberen Raum der Rinne ein, in dem sich das Fördergut be-

findet. Die Rinne ist leicht geneigt; ihr Gefälle hängt von den Eigenschaften des Schüttgutes ab und beträgt etwa 5°. Das mit Druckluft oder Druckgas gemischte Schüttgut befindet sich in fließfähigem Zustand und gleitet fast reibungslos zum tiefgelegenen Ende
der Rinne (Bild 2.3-55).

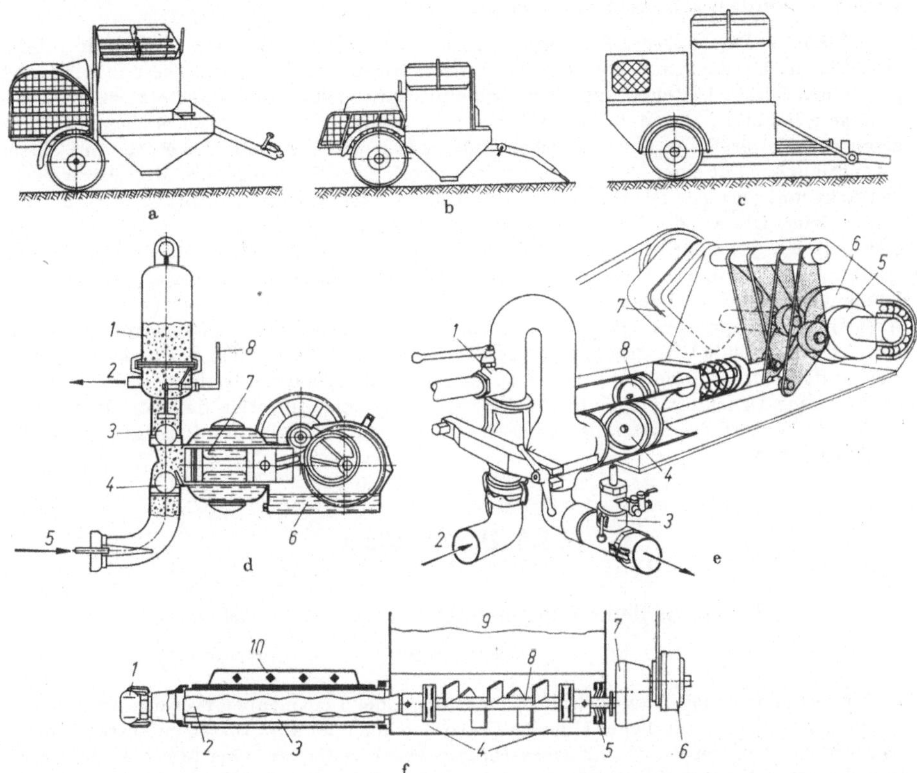

Bild 2.3-56. Pneumatische Putzgeräte. a) Verputzmaschine mit Einfachkolbenpumpe (Putzmeister
PKM); Antrieb 8-kW-Diesel- oder Drehstrommotor, Überdruck 20 bis 30 bar, Förderhöhe 50 m
oder Förderweite bis 150 m, Förderleistung 10 bis 60 dm³/min, Zwangsmischer 170 dm³ Nutzinhalt. — b) Verputzmaschine mit Hochdruck-Ausgleichskolbenpumpe (Putzmeister P 13);
Antrieb 8-kW-Diesel- oder 7-kW-Drehstrommotor bzw. 15-kW-Diesel- oder 11-kW-Drehstrom-
motor, Überdruck 40 bis 60 bar, Förderhöhe 60 bis 100 m oder Förderweite 300 bis 500 m, Förderleistung 15 bis 80 dm³/min, Zwangsmischer 170 dm³ Nutzinhalt. — c) Verputzmaschine mit
Schneckenpumpe (Putzmeister P 11); Antrieb 7-kW-Diesel- oder Elektromotor (mit Mischer:
9-kW-Diesel- oder -Elektromotor), Überdruck bis 40 bar, Förderhöhe 12 bis 30 m, bei günstigem
Mörtel wesentlich höher, Förderleistung 10 bis 55 dm³/min. — d) Einfachkolbenpumpe; 1 teilbarer
Windkessel, 2 Mörtel, 3 Druckventil, 4 Saugventil, 5 Mörtel, 6 Getriebeöl, 7 Spülgehäuse mit Altöl,
8 Fördermengen-Regulierhebel. — e) Ausgleichskolbenpumpe; 1 Rücklaufhahn, 2 Mörtel, 3 automatische Überdrucksteuerung, 4 Ausgleichskolben, 5 Ausgleichsnocken, 6 Arbeitsnocken, 7 ge-
schlossenes Ölbadgetriebe, 8 Arbeitskolben. — f) Schneckenpumpe mit nachstellbarem Schneckenmantel; 1 Schnellkupplung, 2 Förderschnecke, 3 nachstellbarer Schneckenmantel, 4 Gelenk-
scheiben, 5 Stopfbuchse, 6 Riemenscheibe mit Schaltkupplung, 7 Ölbadgetriebe, 8 Rührwerk gegen
Mörtelabsetzungen, 9 Mörteltrichter, 10 Spannschelle.

Der Energieaufwand ist gering, da die Schwerkraft ausgenutzt wird. Offene pneumatische Förderrinnen können nur innerhalb geschlossener Behälter verwendet werden, z. B. in Silos zum gleichmäßigen Verteilen des Materials oder zum Verhindern von Brückenbildung beim Entleeren. Pneumatische Förderrinnen können auch mit Dosiereinrichtungen verbunden werden, z. B. bei System Peters.

2.3.4.6.4.4 Pneumatische Putzgeräte sprühen den Putz mit Hilfe von Druckluft auf die Wandfläche. Die kleinsten Formen sind *Trichterpistolen* für Feinputz. Diese in der Hand gehaltenen Geräte bestehen aus einer Druckluft-Spritzpistole mit aufgesetztem, trichterförmigem Behälter. Das Material wird aus einer „Speisbütte" in diesen kleinen Behälter geschöpft. Bei größeren pneumatischen Putzgeräten wird meistens der Mörtel aus einem Zwangsmischer mit einer Pumpe mechanisch durch einen Schlauch zum Mörtelspritzgerät gedrückt und dort mit Druckluft aus einer Düse auf die Wand aufgespritzt, z B. System Putzmeister. Die Art der Pumpe — Schneckenpumpe, Kolbenpumpe — richtet sich nach dem von dem jeweiligen Gerät zu fördernden Material und nach den Betriebsbedingungen (Bild 2.3-56a bis f). Die Pumpen werden mit Diesel- oder Elektromotor angetrieben und können bei manchen Typen von der Spritzdüse aus ferngesteuert werden. Hochdruck-Ausgleichskolbenpumpen (Bild 2.3-56e) mit 15-kW-Diesel- oder -Drehstrommotor als Antrieb können mit Überdruck bis 60 bar normalen Mörtel bis 100 m hoch oder bis 500 m weit fördern bei Förderleistungen von 15 bis 80 dm³/min. Manche Systeme, z. B. Schwing, benutzen die Druckluft nicht nur für die Strahldüse zum Anwerfen des Mörtels, sondern auch zum Fördern des Materials vom Behälter zur Düse. Das kann mit Hilfe eines Treibkessels geschehen.

2.3.5 Hängebahnen

2.3.5.1 Schienenhängebahnen (*Schienenschwebebahnen*)

[H 12; H 22]

Diese Bahnen sind Transportmittel für Güter- oder Personenbeförderung, deren Fahrzeuge an einer in erforderlicher Höhe an Gebäudeteilen oder auf Stützen geführten Schiene hängend bewegt werden (*Einschienen-Hängebahnen*), selten an zwei (*Zweischienenhängebahnen*). Diese Fortbewegung kann von Hand (*Handhängebahn*) oder mit Elektromotoren (*Elektrohängebahn*) erfolgen, bei manchen Systemen auch mit Seilzug (*Seilhängebahn*) wie bei Zweiseil-Schwebebahnen (2.3.5.2.3). Bei stellenweise starken Steigungen der Strecke werden manchmal auch die mit Einzelantrieb versehenen Fahrzeuge von Elektrobahnen zusätzlich an ein umlaufendes Zugseil kurzzeitig angekuppelt.

Die Wagen fahren auf dem *Obergurt* (Bild 2.3-57a) oder auf dem *Untergurt* (Bild 2.3-57b). *Zweischienen-Hängebahnen* haben meist zwei Obergurtfahrbahnen, die aus zwei parallelen Doppelkopfschienen mit einem Zwischenraum für das Wagengehänge (Bild 2.3-58) bestehen. Der Aufbau der Anlagen und die Betriebsweise gleichen im wesentlichen denen der Hängekrane (2.3.1.2.1.2). Häufig ist auch die Möglichkeit des Überführens der Wagen einer Hängebahn auf eine Hängekranlaufbahn und umgekehrt vorgesehen. Die Wagen können z. B. auch die Form einer Laufkatze mit ein- oder angebautem Hubwerk haben (Bild 2.3-59, 2.3-60), wie das bei Hängekranen der Fall ist.

Hängebahnen laufen im Pendel- oder Ringverkehr in Werkshallen, auf Lagerplätzen, aber auch im Untertagebetrieb. Abzweigungen von der Linienführung sind mit Hilfe von Schiebe- oder Schwenkweichen oder Drehscheiben möglich.

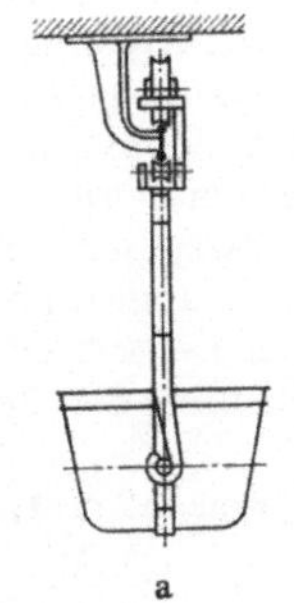

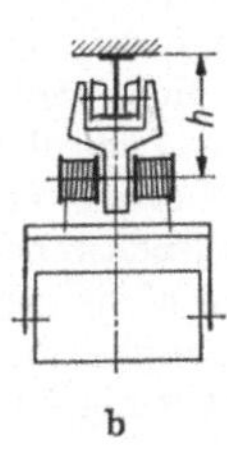

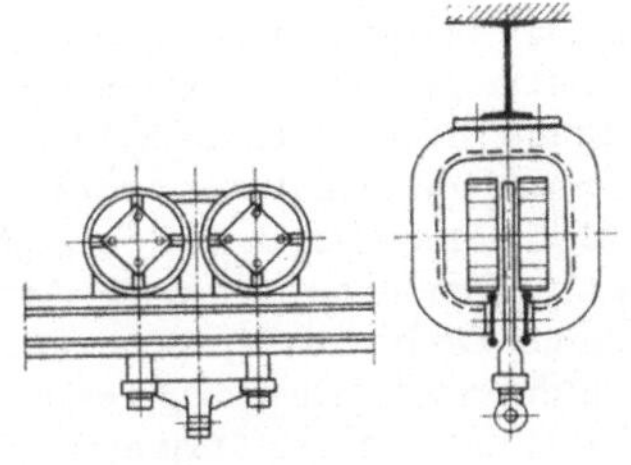

Bild 2.3-57. a) Hänge-
bahn-Obergurtwagen
(nach [H 12]).

Bild 2.3-57. b) Hängebahn-
Untergurtwagen (nach
[H 12]); h Bauhöhe.

Bild 2.3-58. Zweischienen-Hänge-
bahn (nach [H 12]).

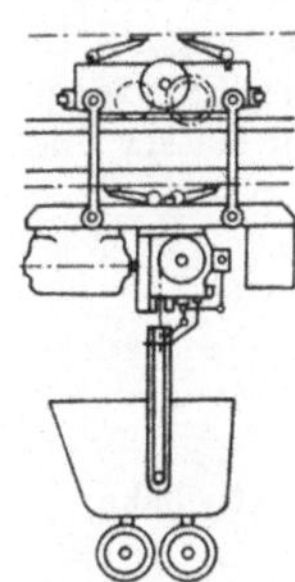

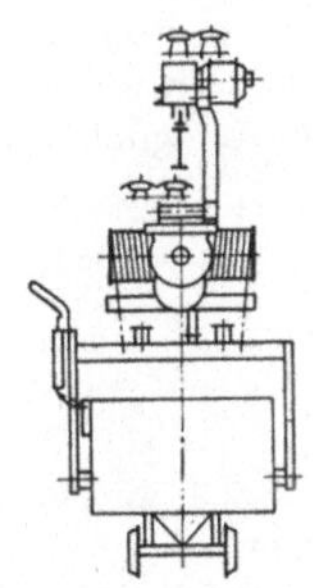

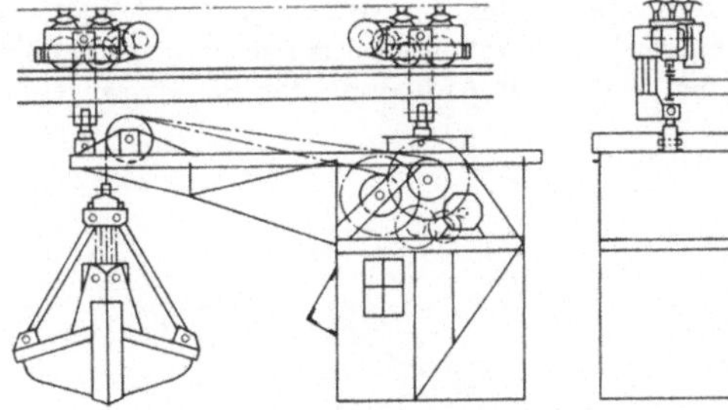

Bild 2.3-59. Führerloser Elektrohängebahnwagen mit Hubwerk
(nach [H 12]).

Bild 2.3-60. Elektrohängebahnwagen mit
Führerkabine.

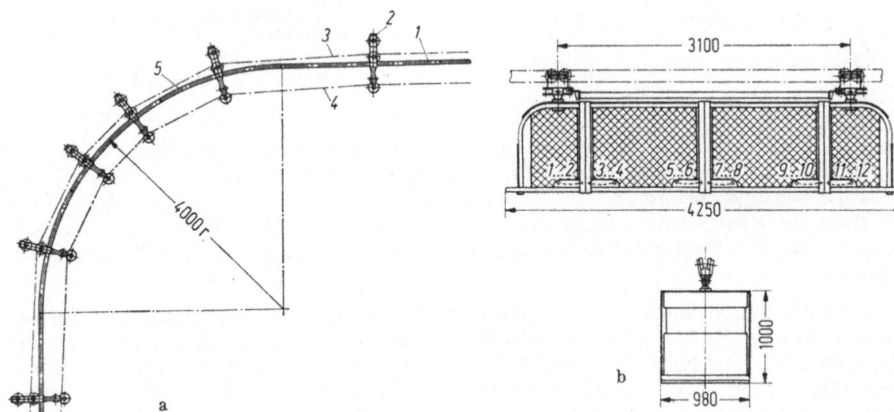

Bild 2.3-61. Seilhängebahn (Einschienenhängebahn System Becorit). a) 90°-Kurve, *1* Laufschiene,
2 Rollenbock mit verstellbarer Leerseite, *3* Lastseil, *4* Leerseil, *5* 30°-Kurve. — b) Personenkabine
mit 12 Sitzplätzen. — Maße in mm.

Handhängebahnen eignen sich besonders für kleine Anlagen, die aber viele Abzweigungen haben können. Die Schienen liegen 2 bis 5 m über dem Boden. Die Tragfähigkeit beträgt $\approx$ 200 bis 2000 kg. Die Fahrgeschwindigkeit erreicht allerdings nur $\approx$ 30 m/min.

Seilhängebahnen kommen für Umlaufbetrieb mit dauernd unverändertem Förderweg in Frage. Es ist aber auch Pendelbetrieb möglich, wenn die Fahrzeuge abwechselnd auf einer und dann auf der anderen Seite an das Zugseil (Last- und Leerseil) angekuppelt werden können, z. B. bei dem für Untertagebetrieb entwickelten System Becorit (Bild 2.3-61). Pendelverkehr nach Art der Zweiseil-Schwebebahnen mit Umkehren der Seiltrommel-Drehrichtung ist bei Seilhängebahnen nicht gebräuchlich.

Führerlose, selbsttätig gesteuerte Elektrohängebahnen werden für Lasten bis $\approx$ 1,2 t gebaut; größere Ausführungen mit Führerbegleitung bis $\approx$ 10 t [H 12].

2.3.5.2 Seilschwebebahnen

2.3.5.2.1 Definition, Aufgaben, Einteilung. Seilschwebebahnen, auch als *Drahtseil-Schwebebahnen* oder *Luftseilbahnen* bezeichnet, sind Fördermittel mit Fahrzeugen, die an einem horizontal oder schräg gespannten Seil hängend bewegt werden. Diese Fahrzeuge können Kübel zur Aufnahme von Schüttgut, Gehänge für Langholz oder für Fässer und

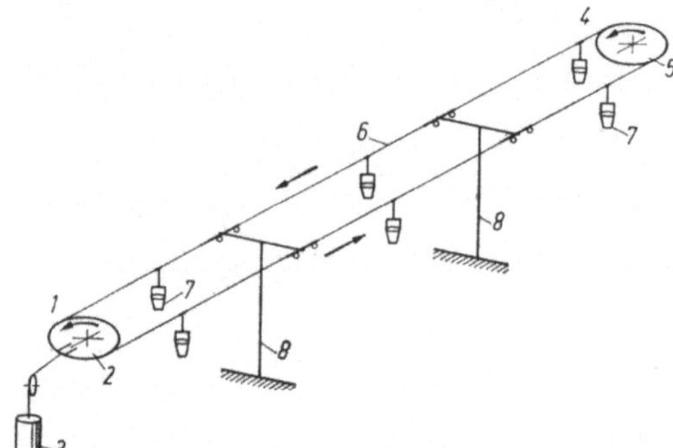

Bild 2.3-62. Einseil-Schwebebahn (Schema).

1 Antriebsstation,
2 Antriebs-Seilscheibe,
3 Gegenlast zum Seilspannen,
4 Umlenkstation,
5 Umlenkscheibe,
6 Drahtseil,
7 Fördergefäß,
8 Stütze mit Laufrollen.

ähnliche Lasten sein; in anderen Fällen sind es Ladebrücken oder auch Kabinen oder Sessel für Fahrgäste. Im Bauwesen werden hauptsächlich Güter, gelegentlich auch Personen mit Seilschwebebahnen befördert.

Nach der *Konstruktion* werden die Seilschwebebahnen in *Einseilbahnen* und *Zweiseilbahnen* eingeteilt. Nach der *Betriebsweise* werden *Umlaufbahnen* und *Pendelbahnen* unterschieden.

2.3.5.2.2 Einseilbahnen (*Feldseilbahnen*) sind Umlaufbahnen. Sie haben ein einziges, dauernd in einer Richtung umlaufendes Drahtlitzenseil. Es dient zugleich als Trag- und Zugmittel. Das Seil läuft an beiden Bahnenden um je eine Seilscheibe. Eine der beiden Seilscheiben dreht sich um eine feststehende, die andere um eine verschiebbare Achse. Diese wird von einem Gewichtsstück (Gegenlast) ständig in einer Stellung gehalten, bei der das Seil gespannt bleibt. Falls die Bahnlänge es erfordert, wird das Seil auf der Strecke über Laufrollen geführt, die an Stützen befestigt sind. Es gibt Einseilbahnen mit Gefälle, bei denen das Gewicht der mit Fördergut oder Ballast beladenen, abwärts laufenden

Fahrzeuge allein das Seil in Fahrt setzt. In der Regel wird aber eine der beiden Seilscheiben motorisch angetrieben, während die andere als antriebslose Umlenkscheibe vom Seil mitgenommen wird (Bild 2.3-62). Einseilbahnen sind einfach im Aufbau und können rasch den Einsatzort wechseln, eignen sich aber nur für geringe Lasten und kurze Strecken. Der Seilverschleiß ist größer als bei Zweiseilbahnen.

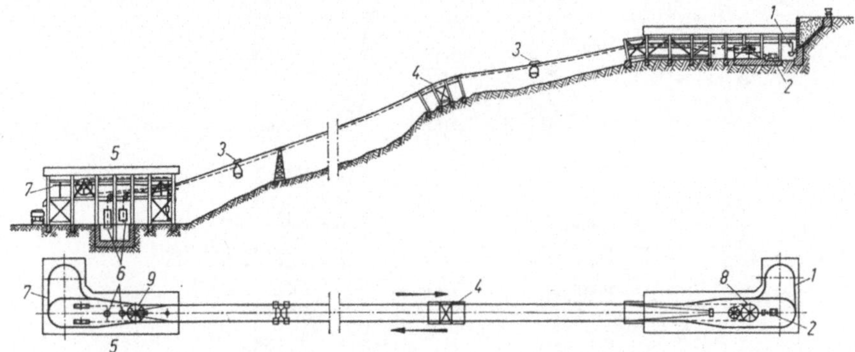

Bild 2.3-63. Zweiseil-Schwebebahn mit Umlaufbetrieb (Schema, Ansicht und Aufsicht). *1* Beladegleis, *2* Antriebsstation, *3* am Zugseil angekoppeltes Fahrzeug, *4* Stütze für Tragseile und Zugseil, *5*, *6* Spannvorrichtung, getrennt für Tragseile und Zugseil, *7* Entladegleis, *8* Antriebsseilscheibe für Zugseil, *9* Umlenkscheibe für Zugseil (nach [H 22]).

Bild 2.3-64. Zweiseil-Schwebebahn mit Pendelbetrieb (Schema).

1 Antriebsstation,
2 Antriebs-Seilscheibe bzw. -trommel,
3 Umlenkstation,
4 Gegenlasten zum Spannen der Tragseile,
5 Umlenkscheibe für Gegenseil,
6, *7* Tragseile,
8 Zugseil,
9 Gegenseil,
10 Fahrzeuge,
11 Stützen.

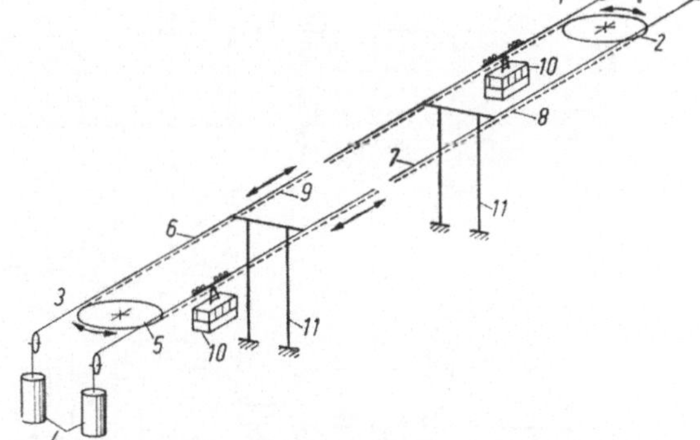

2.3.5.2.3 Zweiseilbahnen haben zwei parallele, niveaugleiche, verschlossene Tragseile Sie sind meist auf einer Station fest verankert. Auf der Gegenstation, manchmal auch auf beiden Stationen werden sie von Gewichtsstücken (Gegenlasten) gespannt. Auf der Strecke werden die Tragseile in Abständen, die hauptsächlich von örtlichen Gegebenheiten abhängen, von Stützen gehalten. Üblich sind Stützenabstände von 100 bis 150 m; doch kommem zum Überbrücken von Tälern auch Spannweiten von 1 600 m und mehr vor. Mit Zweiseilbahnen können schwere Lasten transportiert und Förderlängen von 50 km und darüber erreicht werden [H 22].

Die Fahrzeuge (Kübel, Gehänge, Ladebrücken, Kabinen) hängen an zwei- oder mehrrädrigen Seilbahnwagen. Diese laufen auf dem Tragseil.

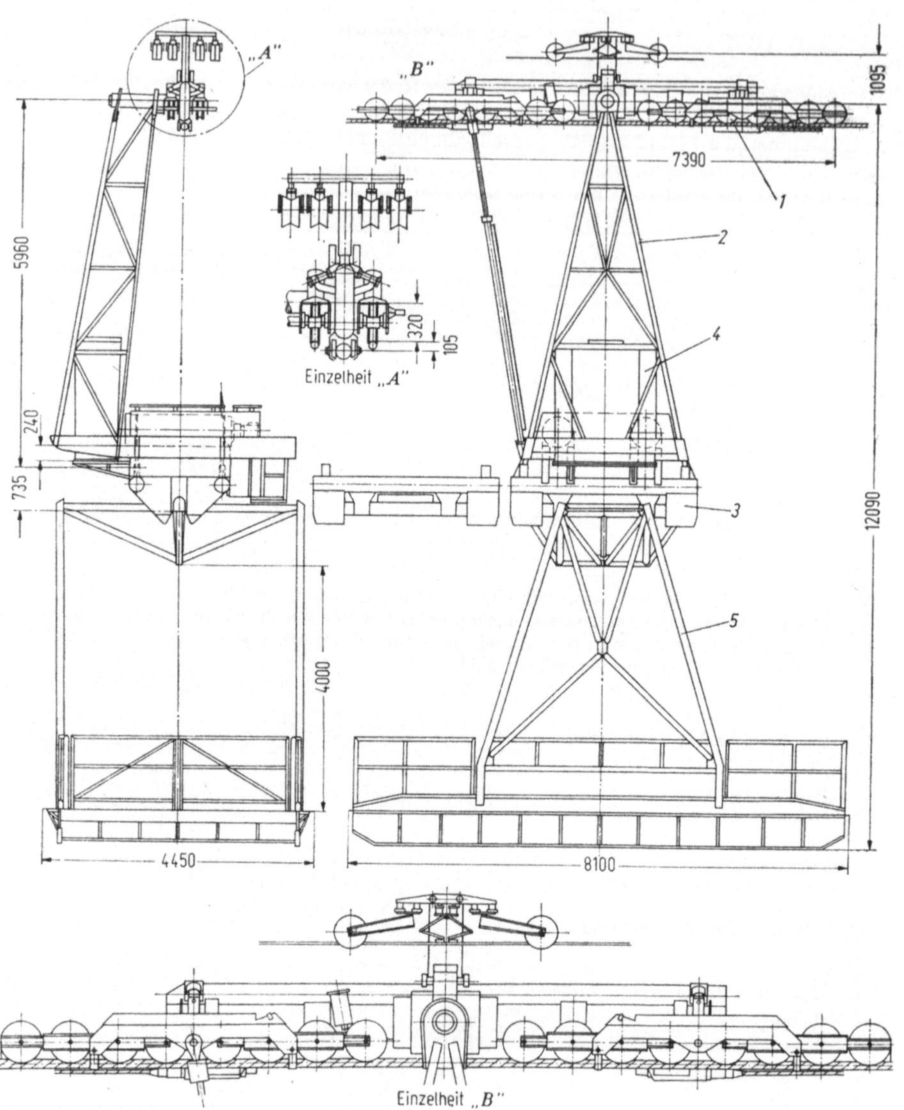

Bild 2.3-65. Gehänge für eine Zweiseil-Schwebebahn mit Pendelbetrieb (Habegger). Diese Fahrwerke sind bei der Seilbahn der Maggia-Kraftwerke (Schweiz) eingesetzt und fahren mit Geschwindigkeiten von 0 bis 5 m/s. Das Bild zeigt ein Gehänge für die linke Fahrbahn, Nutzlast 20 t; das Gehänge für rechte Fahrbahn hat 10 t Nutzlast. Die Förderleistung der Bahnanlage beträgt bis 37 t/h bei einer Motorleistung von maximal 1470 kW. Die Fahrbahnlänge beträgt 4,1 km. Die Bergstation liegt 1 904 m ü. M.; die größte Höhendifferenz beträgt 868 m, die größte Steigung 70,5 %, der größte Bodenabstand 196 m. Die Strecke hat 8 Stützen. Der Dmr. des verschlossenen Tragseiles für die linke Fahrbahn beträgt 60 mm, für die rechte Fahrbahn 47 mm; Zugseil ist Litzenseil von 51, Gegenseil Litzenseil von 37 mm Dmr. — *1* Laufwerk, *2* Pendelarm, *3* Hubwerk, *4* Seilbahnführerkabine, *5* Lastbarelle, *6* Lasttraverse, *7* Schwingungsbremse. — Längenmaße in mm.

2.3.5.2.3.1 Zweiseilbahn als Umlaufbahn (Bild 2.3-63). Bei Bahnen dieser Art werden die Seilbahnwagen an der Aufgabestation an das dauernd in gleichbleibender Richtung umlaufende Zugseil (dünndrahtiges Litzenseil mit Hanfseele) angekoppelt. Die Klemmvorrichtung muß den Wagen fest und sicher, aber auch leicht lösbar und seilschonend am Zugseil halten [H 22]. Auf der Entladestation werden die Wagen vom weiterhin umlaufenden Zugseil gelöst und fahren auf einer Hängebahnschiene zur Entladestelle. Nach Entleeren werden die Wagen auf das andere Tragseil gelenkt und wieder an das Zugseil angeklemmt. Es gibt auch Fälle, bei denen die Wagen während des Umlenkens auf der Entladestation und des Entleerens am Zugseil gekoppelt bleiben. Dazu ist eine besondere, automatische Umlenkvorrichtung erforderlich. Der Antrieb des Zugseils der Zweiseilbahnen mit Umlaufbetrieb erfolgt wie bei Einseilbahnen, vgl. 2.3.5.2.2.

2.3.5.2.3.2 Zweiseilbahnen mit Pendelbetrieb (Bild 2.3-64) [H 12]. Bei derartigen Bahnen gibt es kein endloses, umlaufendes Zugseil. Stattdessen ist ein endliches Zugseil vorhanden. Es ist auf einer der beiden Endstationen, bei Gefällestrecken der Bergstation, um eine motorgetriebene Seilscheibe oder -trommel gewickelt. Die Enden des Zugseils sind zu den beiden Tragseilen geführt und dort mit je einem Fahrzeug gekoppelt (Bild 2.3-65). Beim Drehen der motorgetriebenen Seilscheibe oder -trommel wird das Fahrzeug auf dem Tragseil zur Antriebsstation hingezogen. Das Fahrzeug auf dem anderen Tragseil entfernt sich von ihr. Das geschieht mit Hilfe eines Gegenseils. Es verbindet beide Fahrzeuge und läuft auf der Gegenstation, bei Gefällestrecken der Talstation, um eine oder mehrere Umlenkscheiben. Für Fahrt in Gegenrichtung wird die Drehrichtung der Seilscheibe(-Trommel) umgekehrt.

2.3.6 Gleisförderer

2.3.6.1 Normal- und Schmalspurbahnen

[H 22; H 26; 29]

Für den Materialtransport auf großen Baustellen kann, sofern es sich um erhebliche Massen handelt und die örtlichen Voraussetzungen gegeben sind, eine *Schienenbahn* die technisch und wirtschaftlich beste Lösung darstellen. In manchen Fällen, z. B. bei einzelnen Vorhaben des Stollen- und Tunnelbaues, werden dafür Bahnen mit Normalspurweite 1435 mm angelegt. Weit häufiger werden jedoch Schmalspuranlagen mit 500, 600, 750, 900 oder 1000 mm Spurweite gewählt, oft in Form leicht verlegbarer *Feldbahnen*. Einzelheiten über geeignete Schienen, Schwellen und Fahrzeuge finden sich in [29]; über vorteilhafte Vorrichtungen zum Wagenwechsel und Beladen der Fahrzeuge, insbesondere im Stollen- und Tunnelbau, vgl. [H 26]. Zu den Beladevorrichtungen, mit denen eine ganze Wagenreihe beladen werden kann, gehören außer auf eigenem Gleis laufenden *Förderbändern* auch die *Shuttlecars*. Bei ihnen sind mehrere Wagen ohne Stirn- und Rückenwand gelenkig miteinander verbunden und bilden einen langen Laderaum. Am Boden entlanglaufende, motorisch angetriebene Kratzerketten fördern das Haufwerk vom vordersten Wagen nach hinten.

Ähnlich ist der Salzgitter-*Bunkerzug* (BZ) gebaut (Bild 2.3-66), der 60 bis 65 t Haufwerk aufnehmen kann. Er kann noch für Stollenquerschnitt von 4 m² eingesetzt werden. Der Bunkerzug besteht aus einer dem jeweiligen Bedarf angepaßten Zahl von Gleiswagen ohne Stirnwände. Die Wagen sind gelenkig miteinander verbunden. Die Kratzkettenanlage des Zuges übernimmt das von einer Lademaschine, z. B. einem Wurfschaufellader, auf das Beladeband geworfene Fördergut und transportiert es in den Zug hinein, bis dessen

12*

volle Förderkapazität erreicht ist. Der Bunkerzug wird dann von einer beliebigen Stollenlokomotive, deren Gewicht je nach Zuglänge 8 bis 12 t betragen muß, aus dem Stollen heraus und zur Kippe gezogen. Dort setzt der Entladewagen am Zugende das Fördergut ab. Außer dem Beladewagen an der Zugspitze und dem Entladewagen am Zugende kann der Bunkerzug bis zu 22 Normalwagen haben. Damit ist der Zug 41 m lang und hat $\approx$ 40 m³ Laderaum. Jedes Wagenelement hat bei einem Ladequerschnitt von 1,12 m² einen Laderaum von 1,71 m³ bei einer Verdichtung des geschossenen Haufwerks um

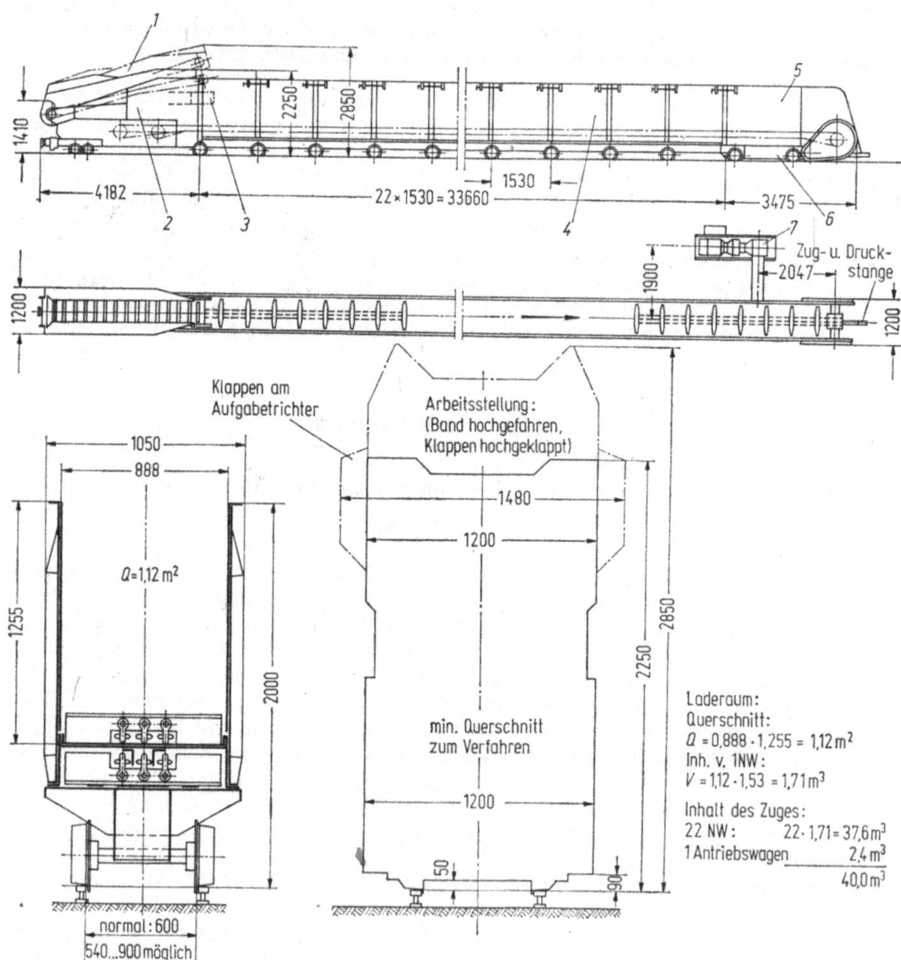

Bild 2.3-66. Bunkerzug (Salzgitter BZ 40). *1* Beladeband (erforderliche Laderauswurfhöhe 1420 mm), *2* Beladewagen (enthält auch Motoren für Beladeband und Hydraulik), *3* Stopfvorrichtung, *4* Wagenelement, *5* Entladewagen, *6* Antrieb für Hauptkette, *7* wahlweise stationärer Elektroantrieb zum Entladen. — Längenmaße in mm.

$\approx$ 10 bis 15%. Zum Verdichten des Lockergesteins dient eine unter dem Ladeband eingebaute Stopfvorrichtung. Das Leergewicht des BZ 40 mit 22 Normalwagen beträgt $\approx$ 52 t, die Spurweite je nach Wahl 540 bis 915 mm, die Be- und Entladeleistung bis 3 m³/min. Der Antrieb von Hydraulik, Beladeband und Hauptkette erfolgt je nach Ausrüstung des Zuges nur mit Druckluft oder gemischt mit Druckluft und Elektromotor oder nur mit Elektromotoren. Da der Bunkerzug die gesamte Menge eines Abschlages aufnehmen kann, wird zeitraubender Zugwechsel gespart [H 26].

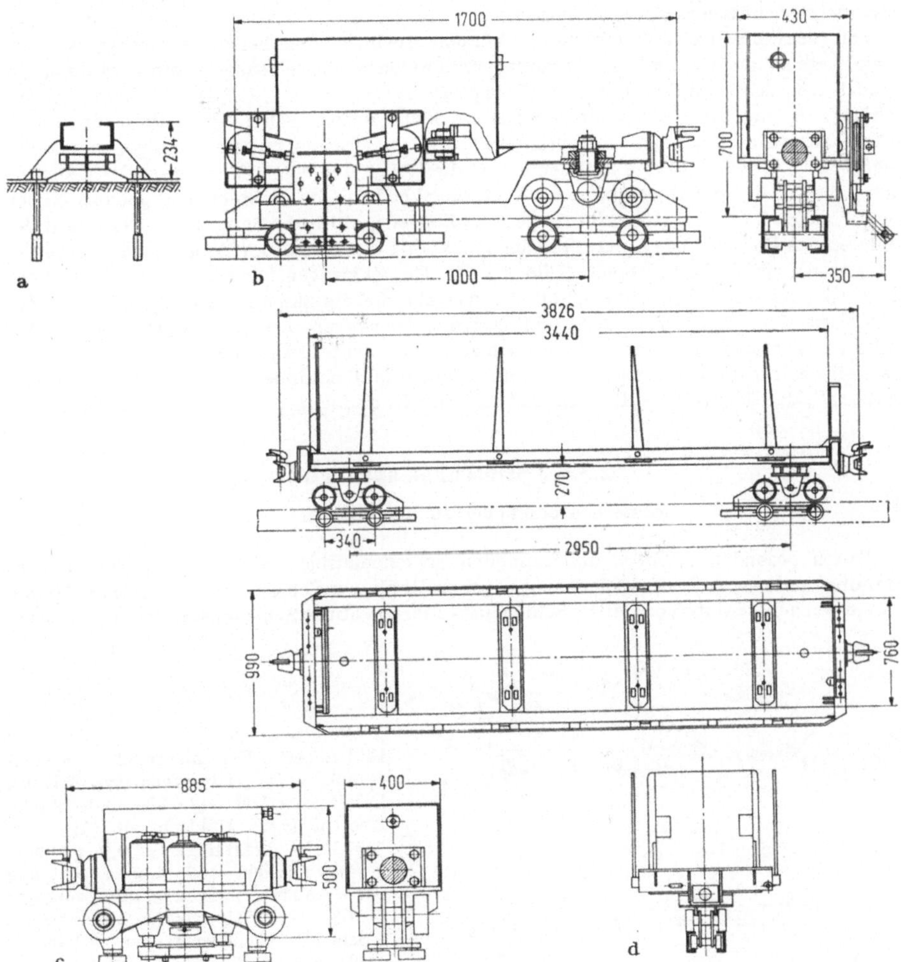

Bild 2.3-67. Schmalspurbahn System Becorit für Untertagebetrieb. a) Streckenquerschnitt; b) Zugwagen mit Auslösevorrichtung für hydraulische Bremse und Mitnehmerbügel zum Anschlagen an Zugseil (rechts unten); c) Bremswagen mit Bremszylindern und Bremsbacken; d) Universaltragwagen. — Längenmaße in mm.

Die einfachsten Fahrzeuge auf Schienenbahnen für Baustellen sind *Muldenkipper*, die von Hand bewegt und entleert werden. Für leistungsfähige Anlagen kommen nur *Selbstkipper* von 1,4 bis 3,5 m³ Inhalt in Frage, in manchen Fällen auch Muldenkipper bis 5,3 m³ Inhalt mit besonderer Kippvorrichtung.

Als Zugfördermittel dienen bei Baustellenbahnen meistens *Elektro-* oder *Dieselloks*, gelegentlich auch noch Dampf- oder Druckluftloks. Elektroloks können äußere Stromzuführung oder eigene Sammler (*Akkuloks*) haben. Auf explosionsgefährdeten Baustellen, z. B. im Stollen- und Tunnelbau, dürfen nur Triebfahrzeuge verwendet werden, die den besonderen Schutzvorschriften entsprechen.

Schienenfahrzeuge auf Baustellen können auch mittels Seilzuges bewegt werden, beispielsweise an ein endloses, ständig umlaufendes Zugseil angeklemmt werden. Es handelt sich dann um eine Form der *Standseilbahn*, vgl. 2.3.2.3, [H 12]. Zu dieser Gruppe gehört z. B. die für Untertagebetrieb entwickelte Becorit-Schmalspurbahn. Ihre Gleisanlage hat keine Schienen herkömmlicher Art, sondern stattdessen zwei gegeneinander geöffnete U-Profile. Auf und in ihnen laufen die Rollen der Wagenfahrwerke. Diese können sich daher nicht vom Gleis abheben. Auch die Weichen sind entsprechend gebaut. Neben den Schienen laufen in Rollenführungen die Zugseile, auf einer Seite das Lastseil, auf der anderen das Leerseil. Die Spitze (bei der Rückfahrt das Ende) des Wagenzuges bilden der Zugwagen und der Bremswagen (Bild 2.3-67). Der Zugwagen hat einen Mitnehmerbügel. Er wird über einen Schnellverschluß an das ständig umlaufende Seil angeschlagen. Zur Aufnahme des Fördergutes dient ein Universaltragwagen von 3,5 t Tragfähigkeit. Mit Hilfe von Personenaufsätzen kann er auch zum Personentransport benutzt werden. Außerdem gibt es für diesen Bahntyp einen aus kleinen Muldenkippern bestehenden „Kurvenverband", der Schüttgut aufnimmt und an einer Entladekurve automatisch entleert.

2.3.6.2 Einschienenbahnen

(ohne Einschienen-Hängebahnen, 2.3.5.1)

Durch besonders leichten und schnellen Schienenaufbau zeichnen sich Einschienen-Standbahnen aus, z. B. Einschienenbahnsystem Robb. Die Schienen von 1 000 bis 4 000 mm Länge reichen jeweils von Mitte Schienenständer zu Mitte Schienenständer und werden

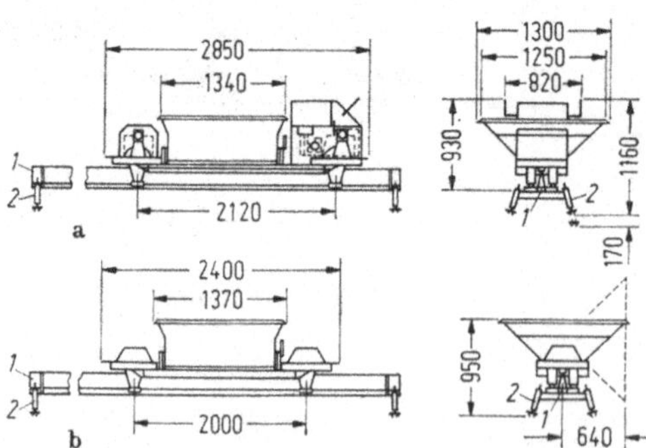

Bild 2.3-68. Einschienenbahn (System Robb). a) Antriebswagen Typ MK 12, Dieselmotor-Leistung 6 kW, hydraulische Übertragung; Muldeninhalt 375 bis 500 dm³; Tragfähigkeit 0,9 t; Fahrgeschwindigkeit 100 m/min; Steigung ohne Anhänger bis 12%, mit Anhänger bis 6%. — b) Kippmulden-Anhänger. — *1* Schiene, *2* Schienenständer. — Längenmaße in mm.

dort ohne Verschrauben oder Versplinten zusammengesetzt. Damit können zwei Personen in einer Stunde bis zu 100 m Schienenstrang verlegen. Auch Weichen können eingebaut werden. Rechts- und Linksweichen sind identisch. Ferner sind fertige Brücken von 7,30 oder 9,15 oder 10,95 m Länge in den Schienenstrang leicht einfügbar. Besonders vorteilhaft erweist sich die Einschienenbahn infolge ihres geringen Raumbedarfes und leichten Schienenaufbaues für schwer zugängliche Baustellen. Ihre Züge bestehen aus einem Antriebswagen mit Dieselmotor und hydraulischer Übertragung, sowie einem oder mehreren Anhängern. Es können Kippmulden, Kranmulden oder Mulden mit automatischer Bodenentleerung sein. Die Größe der Mulden richtet sich nach der Art des Fördergutes. Statt der Mulden können auch Paletten verschiedener Größe eingesetzt werden. Beispielsweise können auch Rohre mit Eigengewicht bis 2 t befördert werden, ferner Bewehrungsstähle, Baumstämme und sonstiges Baumaterial, vor allem aber Schüttgüter aller Art. Bei starken Steigungen werden notfalls zusätzliche Winden oder Haspeln zu Hilfe genommen. Diese Einschienenbahnen eignen sich sowohl für Über- als auch für Untertagearbeit. Untertage muß dem Dieselmotor ein Katalysator nachgeschaltet werden, oder er wird durch einen Elektromotor ersetzt (Bild 2.3-68). Die Züge laufen fahrerlos mit Fahrgeschwindigkeiten bis 100 m/min. Automatische Kupplungsschalter bringen die Wagen zum Stillstand.

2.3.7 Gleislose Flurförderer und Kraftfahrzeuge

2.3.7.1 Gleislose Flurförderer

[H 22]

Diese Geräte erleichtern und beschleunigen das Aufnehmen, Befördern, Absetzen und Stapeln von Stückgütern oder in Behältern verpackten Schüttgütern. Es gibt diese Fahrzeuge für Handbetrieb, z. B. Sackkarren; für teilmechanisierten Betrieb, z. B. Elektro-Gabelhubwagen; für vollmechanisierten Betrieb, z. B. Gabelstapler. Die Geräte werden

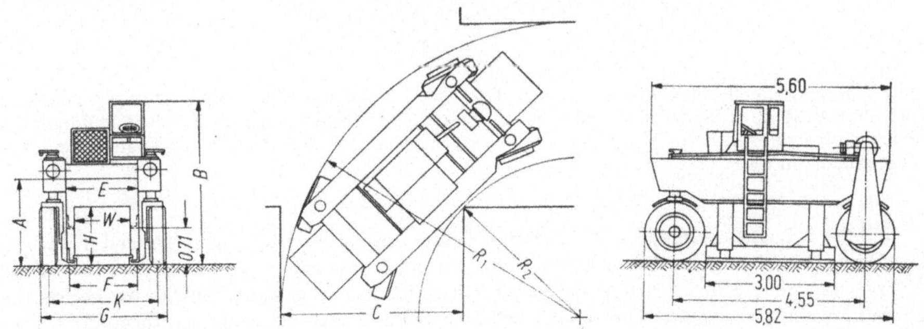

Bild 2.3-69. Portalhubwagen (nach [H 22]). A Lichte Torhöhe, B Bauhöhe, C Arbeitsgangbreite bei rechtwinkligem Abbiegen, E Lichte Torweite, F Lichte Weite der Aufnahmearme, G Gesamtbreite, H Lasthöhe, K Spurweite, R_1 Wenderadius außen, R_2 Wenderadius innen, W Lastbreite. — Längenmaße in m.

auch eingeteilt in Flurförderzeuge ohne und mit *Hubeinrichtung*. Die motorgetriebenen Fahrzeuge haben batteriegespeiste Elektromotoren oder Brennkraftmotoren. Einzelheiten über Bauarten und Verwendungsmöglichkeiten in [H 22].

Zum Anheben und Transport besonders schwerer Bauteile (z. B. Kessel, Träger) auch über weitere Entfernung eignen sich *Portalhubwagen* (Ruhr-Intrans, Bild 2.3-69). Sie überfahren das Ladegut in Längsrichtung und unterfassen es dann von den Seiten her mit Aufnahmearmen. Diese Geräte werden für Nenn-Nutzlast bis 30 t und Fahrgeschwindigkeit bis 40 km/h gebaut.

2.3.7.2 Kraftfahrzeuge

[H 22; 29; DIN 70010, 70020]

Für das Befördern von Baumaterial, von Baugerät oder für den Abtransport von Baggergut und Bauschutt dienen hauptsächlich *Lastkraftwagen* (Lkw), *Lastanhänger* und *Zugmaschinen*. Ihre wichtigsten Bauformen, Verwendungszwecke, Betrieb und Wartung sind in [H 22] eingehend dargestellt, ebenso die Arbeitsweise, Berechnungsgrundlagen, Bauformen, Betrieb und Wartung von Brennkraftmaschinen.

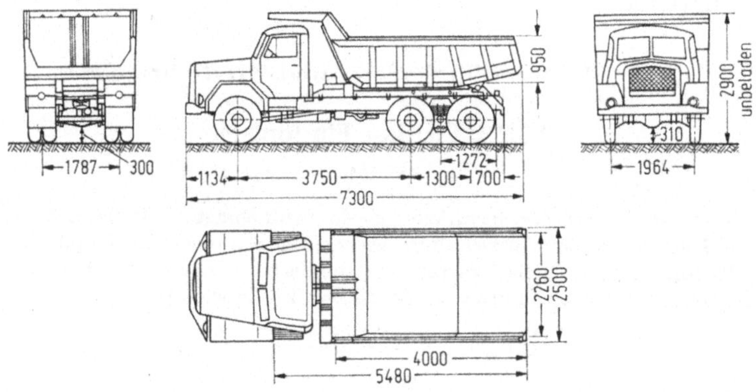

Bild 2.3-70. Mulden-Hinterkipper (Deutz D 22 AK). Dieselmotor-Leistung 170 kW; zulässiges Gesamtgewicht 22 t; Nutzlast ≈ 12 t; Anhängelast 16 t; Gesamtzuggewicht 38 t; Muldeninhalt ohne Schüttberg 6,5 m³, mit Schüttberg 8 bis 9 m³; hydraulische Kippvorrichtung System Meiller. — Längenmaße in mm.

2.3.7.2.1 Lastkraftwagen mit Kastenaufbau normaler Ausführung werden für Zwecke des Bauwesens i. allg. im Bereich der Nenn-Nutzlast von 1,5 bis 30 t bei Leergewicht von 2,3 bis 22 t und Motorleistung zwischen 36 und 220 kW gebaut. Zum Antrieb werden Dieselmotoren verwendet. Diese Lkw haben zwei oder drei Achsen, häufig auch Allradantrieb. Für das Bauwesen werden meist Lkw verwendet, deren Kastenaufbau mit mechanischer, hydraulischer oder pneumatischer *Kippvorrichtung* ausgerüstet ist. Bevorzugt sind Dreiseitenkipper. Ausstattung von Lkw mit hydraulischem Ladekran vgl. 2.3.7.2.3.

2.3.7.2.2 Muldentransporter haben statt des normalen Kastenaufbaues einen muldenförmigen Behälter zur Aufnahme von Schüttgut.

2.3.7.2.2.1 Mulden-Hinterkipper (Bild 2.3-70) werden in den üblichen Größen für Nenn-Nutzlast von 11 bis 30 t gebaut bei Leistung der Dieselmotoren zwischen 110 und 220 kW. Die Leergewichte liegen zwischen 4,5 und 22 t. Die Mulden fassen 6 bis 15 m³. Die Fahrzeuge werden meist als Dreiachser mit Allradantrieb gebaut. Die neueste Entwicklung auf dem deutschen Markt ist ein Hinterkipper mit 85 t Nutzlast (Fabrikat

Faun) bei einem Fassungsvermögen der Mulde von 25 bis 30 m³ und einer Motorleistung von 735 kW.

2.3.7.2.2.2 Muldenkippfahrzeuge mit Vorderachsantrieb (Rocker) wurden in USA entwickelt. Nach [29] sind Zweiachs-Fahrzeuge mit Nenn-Nutzlast von 10 bis 30 t, Dieselmotor-Leistung von 100 bis 250 kW und Leergewicht von 10 bis 33 t mit Muldeninhalt von 5,5 bis 17,5 m³ gebräuchlich.

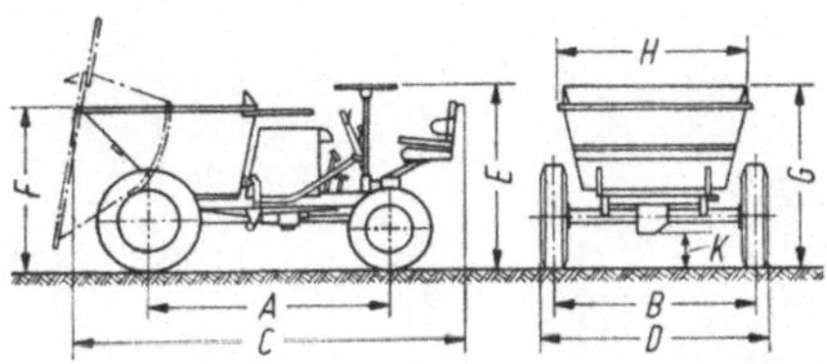

Bild 2.3-71. Motorkarre (O & K Motrak S 8) mit mechanisch kippbarer Mulde. Muldeninhalt 0,8 m³, Eigengewicht ≈ 730 kg, Dieselmotor-Leistung 6,6 kW; Fahrgeschwindigkeit bis 13 km/h. Auch Ausrüstung mit Ladepritsche, Kehrmaschine oder Hydraulikmulde möglich. — Maße in mm: $A = 1630$, $B = 1350$, $C = 2740$, $D = 1510$, $E = 1290$, $F = 1190$, $G = 1320$, $H = 1340$, $K = 230$.

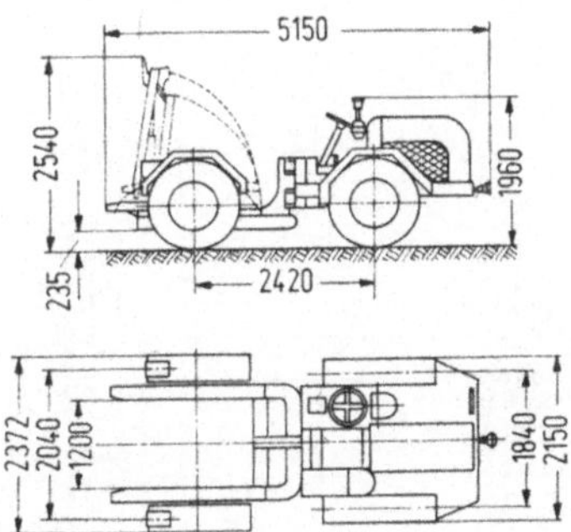

Bild 2.3-72. Muldentransporter mit Behälter-Wechselsystem (Stolberger, Typ Robuster III/48 V, Lizenz Sauer). Ein Fahrzeug kann mit mehreren Behältern wechselweise arbeiten. Dieselmotor Höchstleistung 35 kW bei 2000 U/min; Fahrgeschwindigkeit vor- und rückwärts bis 27,1 km/h; Steigfähigkeit je nach Untergrund bis 25%. — Behälter: Mulde für Handbeladung gestrichen beladen 1,6 m³, gehäuft beladen ≈ 1,9 m³; Mulde für Baggerbeladung gestrichen beladen 1,9 m³, gehäuft beladen ≈ 2,2 m³; Plattform mit auswechselbaren Stirnwänden 2200 mm lang, 1390 mm breit. — Leergewicht ohne Mulde 4,7 t; zulässiges Gesamtgewicht 8,7 t.

2.3.7.2.2.3 Motorkarren sind Kleinfahrzeuge mit kippbarer Mulde, die bei manchen Typen auch ausgewechselt werden kann.

Vorderkipper (Dumper) werden fast nur noch als Kleinfahrzeuge (*Zwergdumper, Motorjapaner*) verwendet (Bild 2.3-71). Vorderkipper sind wie Radschlepper gebaut, die vor dem Fahrersitz eine Kippmulde tragen. Sie kippt nach Betätigen eines Auslösers selbsttätig und schwingt wieder zurück. Manche Bauarten haben drehbaren Fahrersitz und können in beiden Richtungen mit gleicher Sicht und Geschwindigkeit gefahren werden. Diese Einrichtung findet sich stets bei Muldentransportern mit Behälter-Wechselsystem,

z. B. Stolberger Robuster (Bild 2.3-72). Bei dieser Sonderform der Vorderkipper kann ein
Fahrzeug wechselweise mit mehreren Behältern arbeiten. Es gibt keine Stillstandzeit,
das Fahrzeug fährt dauernd. Statt der Ladezeit benötigt es nur wenige Sekunden zum Aufnehmen des bereits gefüllten Behälters.

Mulden-Rundkipper (*Mulden-Dreiseitenkipper*) sind wie gewöhnliche Vorderkipper
ohne Behälterwechsel gebaut. Ihre Kippvorrichtung läßt jedoch die Mulde wahlweise nach
vorn oder nach beiden Seiten kippen, z. B. O & K Motrak S 14 A (Bild 2.3-73).

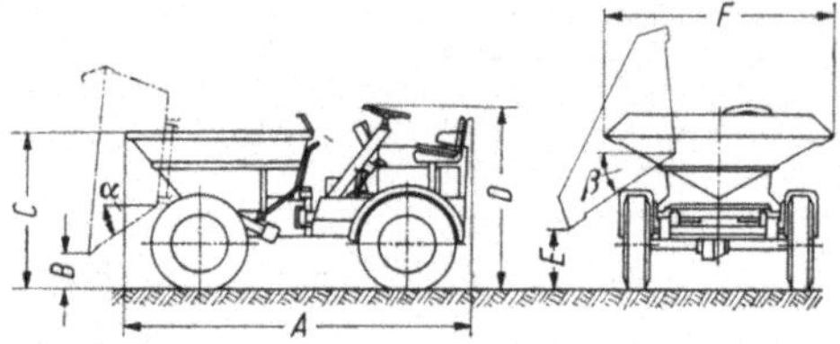

Bild 2.3-73. Rundkipper (Dreiseitenkipper;
Beispiel O & K Motrak S 14 A). Dieselmotor-
Leistung 15 kW, Fahrgeschwindigkeit bis
20 km/h; Eigengewicht $\approx$ 1845 kg, Muldeninhalt 900 bis 1 400 dm³. Hydraulische Mulden-
betätigung. Maße in mm: $A = 3130$, $B = 290$,
$C = 1430$, $D = 1960$, $E = 580$, $F = 1990$,
$\alpha = 40°$, $\beta = 35°$.

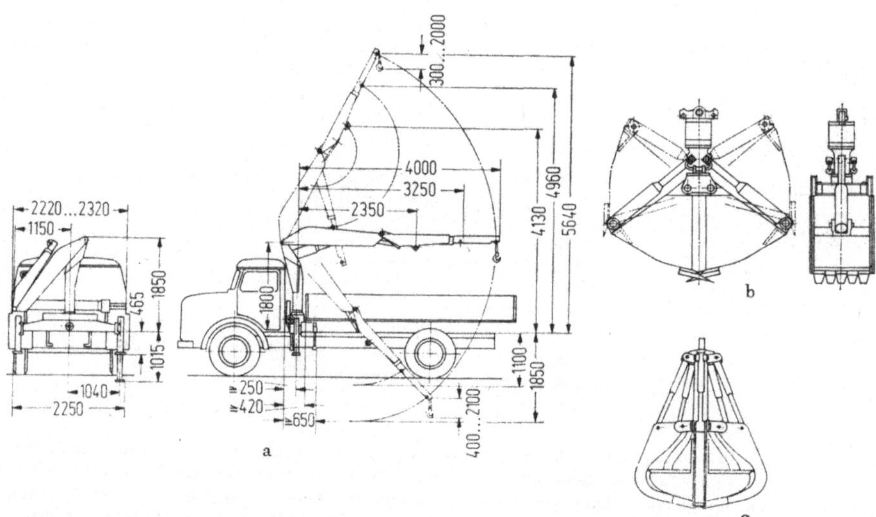

Bild 2.3-74. a) Hydraulischer Lkw-Ladekran (HIAB 173d). Antrieb: am Nebenantrieb des Lkw
angeschlossene Kolbenpumpe. Betriebsdruck 160 bar; Eigengewicht einschließlich Abstützungen
780 kg; Bauhöhe in Transportstellung 1,85 m, bei gestrecktem Ausleger 2,12 m; Ausladung Standard
4,0 m Spezial 7 m; Hubleistung je nach Ausladung bis 3 t; Hubgeschwindigkeit regelbar bis 0,6 m/s;
Schwenkbereich Standard 190°, Spezial 375°; Schwenkgeschwindigkeit regelbar bis 25°/s. — Das
Gerät hat einen Lasthaken, der mit einigen Handgriffen gegen einen Greifer ausgewechselt werden
kann, z. B. mit Peiner-Hydraulik-Zweischalengreifer mit je einem Hydraulikzylinder für jede
Schale, Greiferinhalt je nach Typ 70 bis 300 dm³ (Bild 2.3-74b); oder auch mit hydraulischem Mehrschalengreifer mit je einem Hydraulikzylinder für jede Schale, Greiferinhalt 25 dm³ (Bild 2.3-74c).
Ist weniger Kraft zum Drücken erforderlich, kann der Ladekran auch mit Zwei- oder Mehrschalengreifer mit zentralem Hydraulikzylinder ausgerüstet werden. — Längenmaße in mm.

Bild 2.3-74. b) Zweischalengreifer mit je einem Hydraulikzylinder für jede Schale (Peiner).

Bild 2.3-74. c) Mehrschalengreifer mit je einem Hydraulikzylinder (HIAB).

2.3.7.2.3 Hydraulische Lkw-Ladekrane werden zwischen Fahrerhaus und Kastenaufbau des Wagens montiert und dienen zum Beladen oder Entladen des Fahrzeuges. Die Hydraulikpumpe wird vom Fahrmotor über eine besondere Kupplung angetrieben. Der Kranhaken kann auch durch einen Greifer ersetzt werden (Bild 2.3-74).

2.3.7.2.4 Lastanhänger werden für Nenn-Nutzlast von 1,5 bis 12 t meist zweiachsig gebaut, für schwerere Nutzlast meist dreiachsig; Sattelanhänger sind Ein- oder Zweiachser. Es gibt aber auch einachsige Spezialanhänger mit höherer Nutzlast.

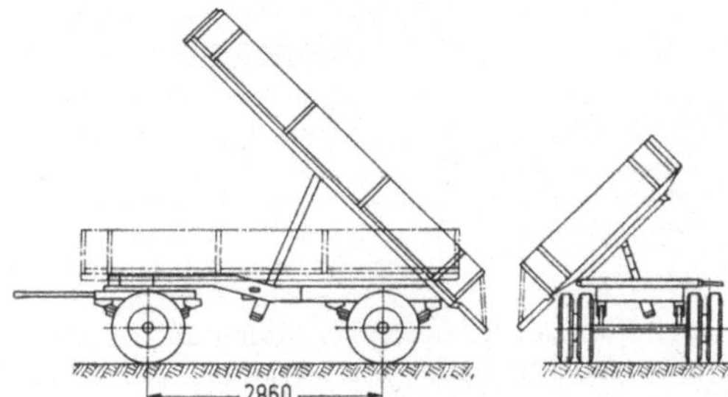

Bild 2.3-75. 5-t-Kippanhänger (Dreiseitenkipper), nach [H 22]. — Längenmaß in mm.

Sattelanhänger liegen mit ihrem Vorderteil auf dem rückwärtigen Teil des Zugfahrzeuges auf. Zum Abstellen benötigen sie Stützen.

Tieflade-Anhänger haben eine tiefliegende Ladefläche zum Transport schwerer Einzellasten. Der Fahrzeugrahmen ist über den Vorderrädern oder über allen Rädern stark nach oben gekröpft.

Auch Lastanhänger können kippbaren Kastenaufbau haben, vgl. 2.3.7.2.1 (Bild 2.3-75).

2.3.7.2.5 Bodenentleerer (*Bottomdumper*) sind luftbereifte Erdtransportfahrzeuge meist amerikanischer oder britischer Bauart. Sie bestehen aus einem sattelschlepperähnlichen Vorderteil mit eingebautem Motor und der wie ein Sattelhänger aufliegenden Transportmulde. Sie entleert durch Bodenklappen, die der Fahrer auslöst. Daher kann die Mulde während der Fahrt entleert werden. Das Vorderteil kann als Einachsschlepper gebaut sein, der nur mit der Mulde verbunden fahrfähig ist, oder als Zweiachsschlepper, der von der Mulde abgekoppelt fahren kann wie ein normaler Sattelschlepper. Bodenentleerer mit Einachsschlepper werden nicht mehr gebaut. Gebräuchlich sind Bodenentleerer mit Zweiachsschlepper für Motorleistung von 170 bis 700 kW, Muldeninhalt von 10 bis 85 m³, Nenn-Nutzlast von 18 bis 145 t und Leergewicht von 17 bis 100 t, vgl. [29]. Vereinzelt werden auch Sondergrößen mit noch höherer Motorleistung und größerem Muldeninhalt hergestellt.

2.3.7.2.6 Zugmaschinen [H 12, H 22, 29] sind reifenfahrbare *Rad-* und *Sattelschlepper* sowie *Raupenschlepper*. Berechnungsgrundlagen für Schlepper vgl. [H 12].

Für Aufgaben des Bauwesens kommen nur Zugmaschinen mit Brennkraftmotor in Frage, meist Dieselantrieb.

2.3.7.2.6.1 Radschlepper (*Traktoren*) sind in der Regel vierrädrige Zugmaschinen mit Motorleistung von 18 bis 75 kW. Gewöhnlich wird nur die Hinterachse angetrieben. Es kommt aber auch Allradantrieb vor. Die Höchstgeschwindigkeit beträgt je nach Typ 18 bis 95 km/h, das Leergewicht 2 bis 5 t; nähere Angaben in [H 22] und [29].

2.3.7.2.6.2 Sattelschlepper ziehen nicht nur, sondern nehmen auch noch einen Teil der Anhängelast auf. Es gibt zweiachsige Sattelschlepper mit Hinterachs- oder Allradantrieb und dreiachsige mit Allradantrieb. Die Verbindung zwischen Sattelschlepper und Anhänger wird mit einer meist automatischen Aufsattelvorrichtung hergestellt (Bild 2.3-76). Zwei-achs-Sattelschlepper werden vorwiegend mit Motorleistung von 75 bis 185 kW und Leergewicht von 3 bis 7 t verwendet, schwere Dreiachs-Sattelschlepper mit Motorleistung bis 220 kW und Leergewicht bis 14 t. Es gibt aber noch schwerere Sondergrößen mit höherer Motorleistung.

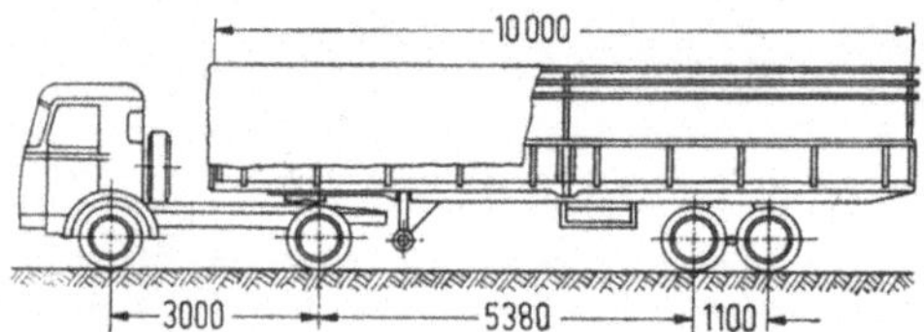

Bild 2.3-76. Sattelschlepper mit 14-t-Sattelanhänger (nach [H 22]). — Längenmaße in mm.

2.3.7.2.6.3 Raupenschlepper laufen auf Gleisketten [H 11]. Die gebräuchlichen Größen deutscher Modelle haben Motorleistung von 9 bis 300 kW bei maximaler Zugkraft von 1 bis 63 Mp und Leergewicht von 2 bis 33 t.

2.4 Baustoffaufbereitungsmaschinen

Zum Herstellen von Beton [H 30] müssen die dafür verwendeten Stoffe aufbereitet werden. Das geschieht durch Zerkleinern, Sortieren, Waschen und Trocknen der Zuschlagstoffe sowie Mischen. Ergänzt werden kann das Aufbereiten durch das Schneiden und Biegen von Betonstählen. Gegebenenfalls kann auch eine Aufbereitung des Anmachwassers erforderlich sein.

2.4.1 Brecher und Mühlen

Zum Grobzerkleinern dienen Brecher, zum Feinzerkleinern Mühlen [H 23].

2.4.1.1 Brecher

2.4.1.1.1 Walzenbrecher zerdrücken das Aufgabegut mit Stahlwalzen, deren Oberfläche glatt, geriffelt oder mit Nocken oder Zähnen besetzt sein kann. Einwalzenbrecher (Bild 2.4-1) zerkleinern das Gut zwischen einer festgelagerten rotierenden Walze und einer federnden Backe; Zweiwalzenbrecher (Bild 2.4-2) zwischen zwei gegenläufigen Walzen, von denen mindestens eine federnd gelagert ist. Dadurch wird eine Beschädigung der Walzvorrichtung vermieden. Walzenbrecher eignen sich gut zum Brechen von Schüttgütern. Einwalzenbrecher werden vorwiegend als Vorbrecher, Zweiwalzenbrecher oft als Nachbrecher eingesetzt. Die mittlere Leistung liegt z. B. beim Krupp-Einwalzenbrecher EBR/N (Gewicht 3 bis 26 t, erforderliche Motorleistung 22 bis 110 kW) zwischen 120 und 430 m³/h; beim Krupp-Zweiwalzenbrecher BR/N (Gewicht 0,6 bis 66 t, erforderliche Motorleistung 2 × 1 bis 2 × 150 kW) bei maximal 400 m³/h.

2.4.1.1.2 Backenbrecher dienen vorwiegend zum Zerkleinern von mittelhartem bis hartem Gut. Sie zerkleinern es zwischen zwei geriffelten Brechbacken aus Manganhartstahl, von denen die eine, ,,Brechwand" genannt, feststeht und die andere bewegt wird. Beim Einschwingen-Backenbrecher (Exzenterbrecher) ist die schräg gestellte, bewegliche Brechbacke (Schwinge) oben an einer Exzenterwelle aufgehängt. Der Fuß der Schwinge ist pendelnd und federnd angebracht. Bei Bewegung der Exzenterwelle führt daher die Schwinge oben am Einfüllteil des Brechraumes (Brechmaul) eine rotierende Bewegung

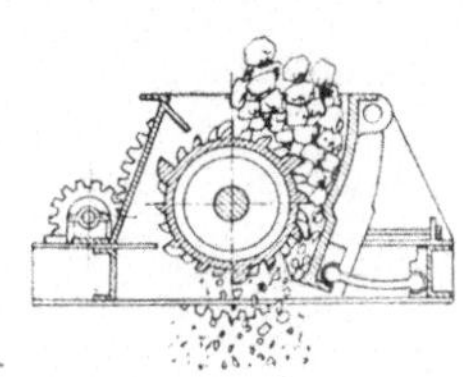

Bild 2.4-1. Einwalzenbrecher (nach [H 23]).

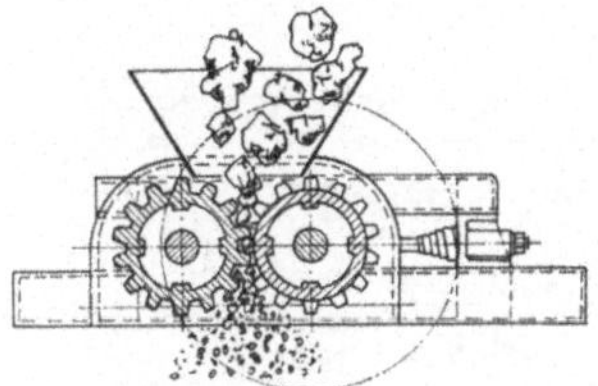

Bild 2.4-2. Zweiwalzenbrecher (nach [H 23]).

aus, unten am Austrittsspalt dagegen eine Auf- und Ab-Bewegung. Damit wird ein gleichmäßiger Materialfluß in der Austrittsöffnung erreicht. Einschwingen-Backenbrecher werden, von Sondergrößen abgesehen, als Vorbrecher (Grobbrecher) mit Maulweiten von

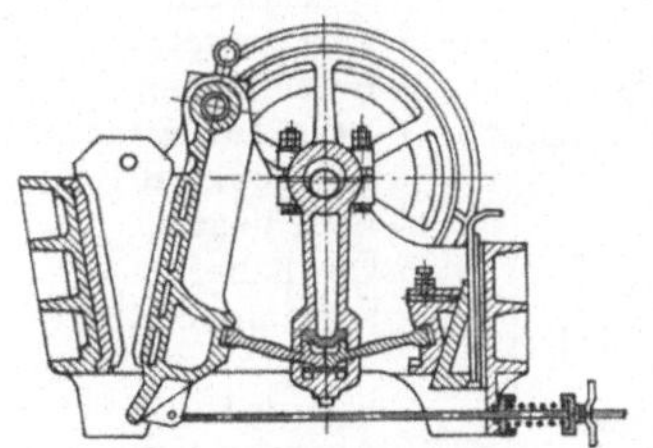

Bild 2.4-3. Doppel-Kniehebelbrecher (nach [H 23]).

Bild 2.4-4. Backenbrecher Krupp Typ D.

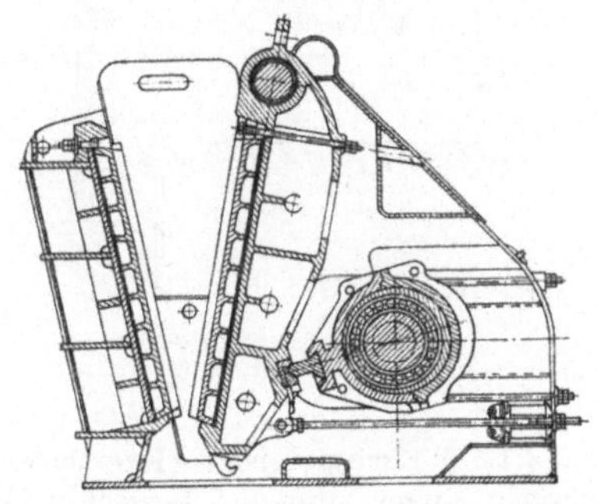

300×200 mm bis $1\,500 \times 1\,200$ mm und Spaltbreiten von 20 bis 280 mm hergestellt. Ihr Kraftbedarf liegt zwischen 6 und 110 kW, ihr Gewicht zwischen 2 und 85 t [29]. Ihre mittlere Leistung beträgt zwischen 3 und 250 m³/h.

Als Nachbrecher (Feinbrecher) haben sie Maulweiten zwischen 630×160 mm und $1\,000 \times 200$ mm, Spaltbreiten von 10 bis 45 mm, Kraftbedarf von etwa 10 bis 40 kW sowie Gewicht zwischen 3 und 7 t bei mittlerer Leistung zwischen 5 und etwa 30 m³/h [29].

Durch die rotierende Bewegung ist die Schwinge beim Verarbeiten von Hartgestein starkem Verschleiß ausgesetzt. Daher werden für diesen Zweck häufig Maschinen bevorzugt, deren Schwinge nur eine Hin- und Her-Bewegung ausführt. Das kann dadurch geschehen, daß die Schwinge oben drehbar an einer festen Welle gelagert ist und unten von einem Exzenter über ein doppeltes Kniehebelsystem bewegt wird (Doppel-Kniehebelbrecher, Bild 2.4-3). Die Werte für Maße, Leistung und Kraftbedarf entsprechen i. allg. denen der Einschwingenbrecher der anfangs genannten Art, doch liegen die Gewichte meist geringfügig höher.

Eine ausschließlich hin- und hergehende Bewegung kann auch ohne Kniehebel unmittelbar von der Exzenterwelle auf das untere Schwingenende übertragen werden, z. B. bei Krupp-Backenbrecher Typ D. Die Funktionsweise ist aus Bild 2.4-4 ersichtlich. Dieser Typ wird mit Maulweiten von 800 × 500 bis 2500 × 1800 mm, Spaltbreiten von 60 bis 400 mm und Gewichten von 20 bis ≈ 400 t gebaut. Erforderlich ist eine Motorleistung von 60 bis 330 kW. Die mittlere Leistung reicht von 22 m³/h bei der kleinsten Ausführung bis ≈ 750 m³/h bei der größten.

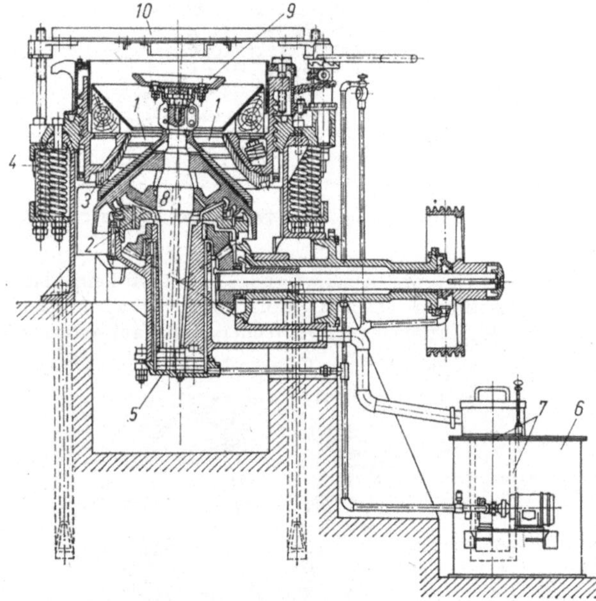

Bild 2.4-5. Symons-Brecher (nach Krupp).

1 Brechraum,
2 Lagerschale,
3 Brechmantel,
4 Druckfedern für Über-
  lastungsschutz,
5 Bodenplatte,
6 Ölbehälter,
7 Schlammtopf,
8 Hauptachse,
9 Streuteller,
10 Aufgabeplatte.

2.4.1.1.3 Kreiselbrecher (Kegelbrecher) sind Rundbrecher, bei denen das Brechgut zwischen einem taumelnd bewegten Brechkegel und einem feststehenden Brechmantel zerkleinert wird. Beide bestehen aus geschmiedetem Sonderstahl und sind geriffelt [H 23]. Der Brechkegel ist oben in einem Kugellager und unten in einer mit Kegelradantrieb versehenen Exzenterbüchse gelagert. Bei den für das Bauwesen verwendeten Kreisel- oder Kegelbrechern liegen für den Einsatz als Grobbrecher die Werte für Durchmesser/ Weite des Brechmaules zwischen 770/220 und 2000/630 mm, für die Austrittsspaltweiten zwischen 40 und 125 mm, für die Gewichte zwischen 7 und 65 t, für den Kraftbedarf zwischen 10 und 90 kW und für die mittleren Leistungen zwischen 8 und 220 m³/h. Beim Einsatz als Feinbrecher sind die entsprechenden Werte: Durchmesser/Weite des Brechmaules 750/120 bis 1000/200, Gewichte 10 bis 17 t, erforderlicher Kraftbedarf etwa 20 bis 40 kW bei mittleren Leistungen von 10 bis 25 m³/h [29].

Für große Durchsätze bei möglichst kleinem und ungleichmäßigem Fertiggut wurden von Gebr. Symons in Milwaukee (USA) Kegelbrecher entwickelt, deren Brechkegel nur unten gelagert ist und sich ohne Drehung schnell taumelnd bewegt. Die *Symonsbrecher* (Bild 2.4-5) zerkleinern dabei das Gut schlagend. Kegel und Mantel haben glatte Oberflächen. Für das Bauwesen kommen i. allg. Symonsbrecher mit Gewichten von 5 bis

≈ 50 t und Kraftbedarf zwischen 20 und 130 kW zum Einsatz. Ihre mittlere Leistung liegt je nach Bauart zwischen 6 und 200 m³/h [29].

Es gibt auch Rundbrecher mit zentrisch gelagertem rotierendem Kegel (Glockenbrecher). Sie zerkleinern das Gut durch Abscheren und werden hauptsächlich für mittelhartes bis weiches Material verwendet.

2.4.1.1.4 Prallbrecher, Hammerbrecher. *Prallbrecher* zerkleinern das Brechgut durch Aufprallen auf eine schnell rotierende Walze mit Schlagleisten oder durch Rückprallen

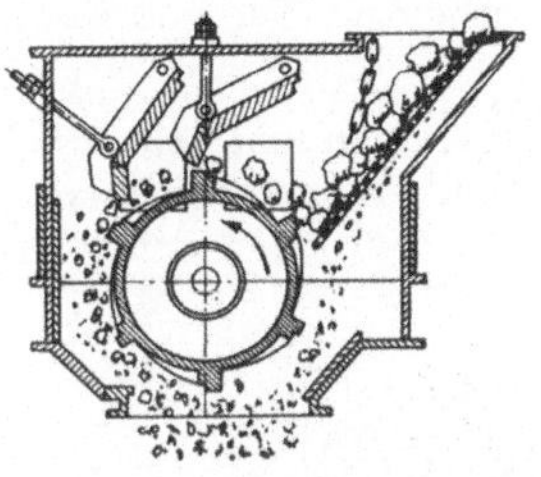

Bild 2.4-6. Prallbrecher (nach [H 23]).

Bild 2.4-7. Hammerbrecher (nach [H 23]).

an die gepanzerte Gehäusewand oder an hängende Prallplatten (Bild 2.4-6) [H 23]. Man unterscheidet Ein- und Zweiwalzen-Prallbrecher.

Hammerbrecher zerschlagen das Brechgut mit Hämmern, die an Scheiben oder Armen gelenkig befestigt eine schnell rotierende Welle umkreisen (Bild 2.4-7) [H 23]. Es gibt Ein- und Zweiwellen-Hammerbrecher, z. B. Bauart Humboldt. Prallbrecher dienen vor

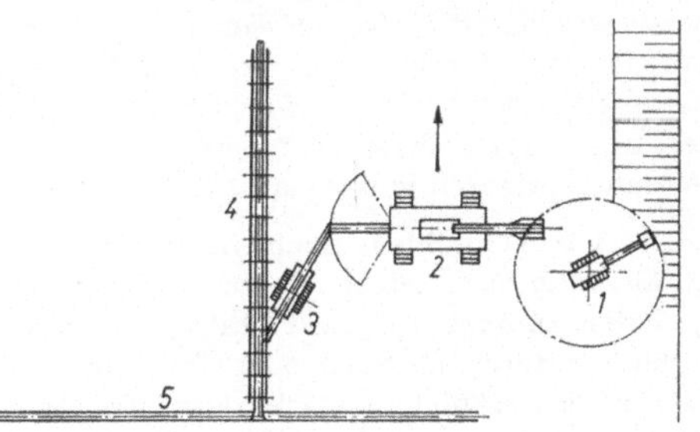

Bild 2.4-8. Fahrbare Brechanlage.

1 Bagger,
2 mobiler Brecher,
3 Bandwagen,
4 rückbare Bandanlage,
5 stationäre Bandanlage
(nach Krupp)

allem zum Herstellen von Grob- und Feinsplitt. Hammerbrecher eignen sich für mittelhartes bindiges und toniges Material gut. Die mittlere Leistung liegt z. B. bei Prallbrechern von 4 bis 30 t Gewicht und einem Kraftbedarf von etwa 20 bis 185 kW ungefähr zwischen 10 und 130 m³/h [29].

2.4.1.1.5 Transportable Brechanlagen ermöglichen einen fließenden Arbeitsablauf im Steinbruch vom Aufnehmen des Haufwerkes mit dem Bagger bis zum Abtransport des zerkleinerten Gutes auf dem Förderband. Anordnung der Geräte vgl. Bild 2.4-8. Der Brecher (Backen-, Walzen-, Hammer- oder Rundbrecher) mit Aufgabetrichter, Aufgabeplattenband, Abgabeband und Schwenkband ist auf einem Raupen-, Rad- oder Schienenfahrwerk verfahrbar, vgl. auch 2.4.5, oder auf einem Schlitten mit Gleitkufen montiert, wobei ein zusätzliches Transportmittel erforderlich ist.

2.4.1.2 Mühlen

2.4.1.2.1 Walzenmühlen zerquetschen das Mahlgut zwischen zwei gegenläufig rotierenden Walzen mit geriffelter oder glatter Oberfläche. Sie dienen vorwiegend zur Mittel- und Feinzerkleinerung harten oder zähen Materials. Im Bauwesen werden Walzenmühlen mit glatter Walze z. B. zum Herstellen von Sand verwendet. Bevorzugt dafür sind Walzenmühlen mittlerer Größe mit Walzendurchmessern von 500 bis 1000 mm und Walzenbreiten von 350 bis 800 mm. Sie haben ein Gewicht von etwa 4 bis 16 t und einen Kraftbedarf zwischen 10 und 45 kW. Ihre mittlere Leistung liegt je nach Typ und Kornfraktion [H 34] zwischen 3 und 20 m³/h [29].

2.4.1.2.2 Prallmühlen, Hammermühlen. Sie gleichen in Aufbau und Arbeitsweise weitgehend den Prallbrechern und Hammerbrechern (vgl. A 4). Prallmühlen haben aber im Gegensatz zu den meisten Prallbrechern einen Spaltrost und arbeiten mit höherer Um-

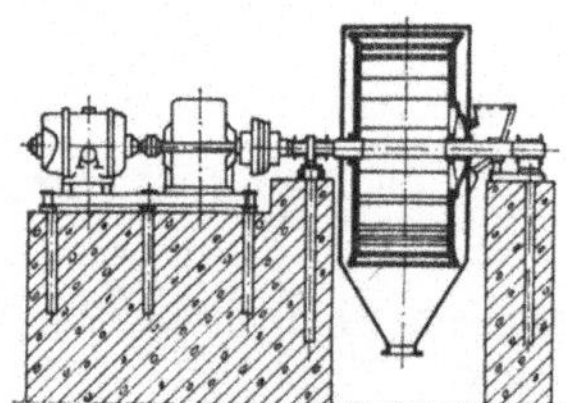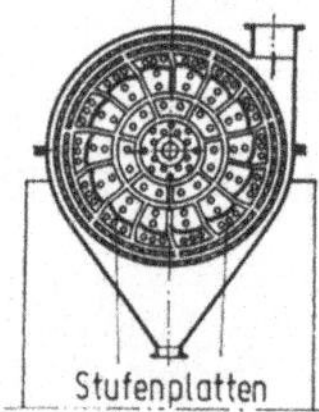

Bild 2.4-9. Siebkugelmühle (nach [H 23]).

fangsgeschwindigkeit, infolgedessen ist der Feinmehlanteil größer. Auch die Hammermühlen erreichen durch höhere Drehzahl des Schlagwerkes einen größeren Feinmehlanteil als Hammerbrecher [H 23]. Die mittleren Leistungen der im Bauwesen üblichen Prallmühlen liegen etwa zwischen 20 und 70 m³/h bei einem Kraftbedarf zwischen 55 und 90 kW und Gewichten von 7 bis 13 t [29].

2.4.1.2.3 Kugelmühlen, auch als Siebkugelmühlen oder Kugelfallmühlen bezeichnet, haben als Mahlraum einen kurzen, waagerecht umlaufenden Stahlhohlzylinder (Bild 2.4-9). Er ist zu etwa 15% mit Stahlkugeln gefüllt. Diese Kugeln werden beim Rotieren des Zylinders durch Reibung oder durch besondere Hubplatten hochgehoben und fallen ständig auf das Mahlgut zurück, das dabei durch Schlag und Reibung zerkleinert wird. Das Mahlgut wird an der Stirnseite aufgegeben und tritt zwischen den Stufenplatten aus, die den Mühlenmantel bilden. Den Mantel umgibt ein Sieb, das die Korngruppen voneinander trennt (Grobmahlung etwa 0,2 bis 3 mm). Kugelmühlen eignen sich für das Trocken- und Naßmahlen. Bei der Baustoffaufbereitung werden besonders Siebkugelmühlen zum trockenen Zermahlen vorzerkleinerter mittelharter bis harter Gesteine verwendet.

2.4.1.2.4 Rohrmühlen arbeiten wie Kugelmühlen, haben jedoch als Mahlraum einen langgestreckten, um seine waagerechte Längsachse rotierenden Zylinder aus Hart- oder Sonderstahl. Sie können als Durchlaufmühle mit Austritt des Fertiggutes an einem Rohrende oder als Austragmühle mit Austrag durch den Rohrmantel gebaut sein. Das Rohr kann bis etwa 30% mit Stahlkugeln gefüllt werden, deren Größe von der Bauart der Maschine, dem Mahlgut und der beabsichtigten Endfeinheit abhängt. Auch Rohrmühlen können zum Trocken- oder Naßmahlen eingerichtet werden. Anstelle der Stahlkugeln werden bei manchen Ausführungen für bestimmte Aufgaben Stahlstäbe zum Zerkleinern des

Mahlgutes verwendet (*Stabrohrmühlen*). Im Bauwesen werden z. B. Stabrohrmühlen zum Mahlen vorzerkleinerter mittelharter bis harter Gesteine unter Wasserzusatz eingesetzt, deren Mahltrommel bei 1250 bis 2000 mm Dmr. eine Länge von 2500 bis 3000 mm aufweist. Diese Maschinen haben bei einem Gewicht von etwa 20 bis 50 t und einem Kraft-

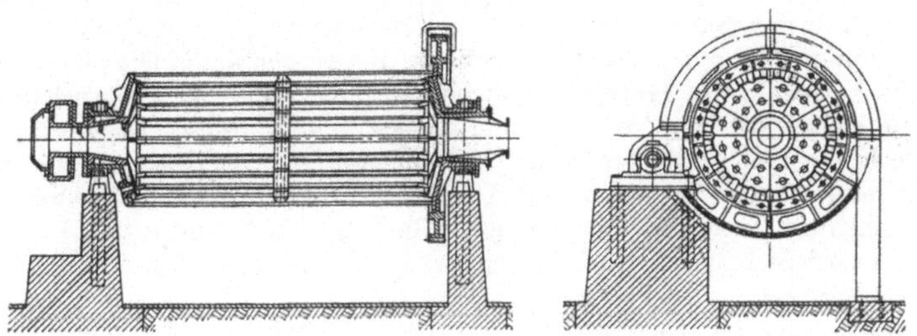

Bild 2.4-10. Rohrmühle (nach Krupp).

bedarf zwischen 45 und 150 kW sowie Trommeldrehzahlen zwischen 20 und 25 U/min eine mittlere Leistung zwischen 5 und 20 m³/h [29]. Als stationäre Maschinen werden auch wesentlich größere Typen gebaut, z. B. Krupp-Naß-Stabmühlen mit Mahltrommeln von 3000 mm Dmr. und 4200 mm Länge. Ihr Gewicht beträgt 140 t (einschl. Stäbe), die erforderliche Motorleistung 500 kW und die Trommeldrehzahl etwa 20 U/min (Bild 2.4-10).

2.4.2 Sortier- und Klassiergeräte
[DIN 4185 bis 4196; H 23]

Das zerkleinerte Gut wird mit Hilfe von Siebgeräten nach Korngrößen sortiert [H 30].

2.4.2.1 Siebtrommeln

Siebtrommeln (Rundsiebe) sind um ihre waagerecht liegende Längsachse drehbare Trommeln, deren Wände als Siebe ausgebildet sind. Die Trommelwände haben meist ein Skelett aus Profilstählen, zwischen denen Siebbleche leicht auswechselbar befestigt sind. Es gibt Siebtrommeln mit durchgehender Welle oder mit Laufrollen.

Vorteil der Siebtrommeln ist ihr einfacher Aufbau; ihr Nachteil ist die niedrige Drehzahl, bei deren Überschreiten die Siebwirkung beeinträchtigt wird. Dieser Nachteil wird bei den sog. *Trommelschwingsieben* dadurch aufgehoben, daß der langsamen Drehbewegung eine Vibration mit etwa 1000 Schwingungen je min überlagert wird. Das geschieht dadurch, daß zwei getrennte Antriebe auf die Trommelachse einwirken, z. B. bei Humboldt-Siebtrommeln. Damit werden eine größere Siebleistung erreicht und die Siebverstopfung durch feuchtes Gut weitgehend verhindert.

2.4.2.2 Schwingsiebe

Schwingsiebe bestehen aus flachen Rahmen mit aufgebauten Siebböden. Sie werden in Schwingungen versetzt, deren Form je nach Bauart verschieden ist. Bevorzugt werden Geräte mit schräg auf- und abwärts gerichteten oder kreis- bzw. ellipsenförmigen Schwingungen bei waagerechtem oder wenig geneigtem Siebkasten. Durch die Schwingungen wird das Siebgut in eine Wurfbewegung versetzt, ähnlich wie bei Schwingförderern (vgl. 2.3.4.5). Eine Sonderbauart stellen die Vibrationssiebe dar, bei denen bei unbewegtem Rahmen nur die Siebfläche schwingt. Schwingsiebe eignen sich für schnelle und genaue Siebarbeit. Sie werden als Ein- oder Mehrdecker gebaut, z. B. Humboldt. Die einzelnen Stufen der Mehrdecker haben unterschiedliche Maschenweite, so daß ein umfangreiches Sortierprogramm bei geringem Raumbedarf bewältigt werden kann. Die Siebschwingungen werden je nach Bauart mit Hilfe von Unwuchten oder Elektromagneten hervorgerufen. Schwingsiebe eignen sich für trockenes und nasses Siebgut. Im Bauwesen werden meist ein- bis dreistufige Schwingsiebe benutzt, deren Außenmaße zwischen 600×1500 und 2000×6000 mm² liegen. Sie wiegen 0,5 bis 3 t. Ihr Kraftbedarf liegt zwischen 1,5 und 15 kW. Ihre mittlere Leistung beträgt je nach Bauart 4 bis 240 m³/h. Die Leistung hängt hauptsächlich vom Siebgut, der Siebfläche, der Kornzusammensetzung und der Feuchtigkeit des Gutes ab [29].

Resonanzschwingsiebe arbeiten mit erzwungenen Schwingungen, wobei z. B. der Siebkasten mit einem schweren Gegenschwingrahmen als Ausgleichsmasse durch Federn verbunden sein kann. Bei Anwendung des Resonanzprinzips ist der Kraftbedarf gering. Statt des Gegenschwingrahmens kann auch ein zweites Sieb die Ausgleichsmasse bilden.

2.4.3 Wasch-, Sandrückgewinnungs- und Schlämmgeräte

2.4.3.1 Waschgeräte

2.4.3.1.1 Waschtrommeln. Verschmutztes Rohmaterial, z. B. mit Ton, Lehm oder huminen Bestandteilen behafteter Kies, kann mit Waschgeräten gereinigt werden. Hierfür werden meist Waschtrommeln eingesetzt. Sie bestehen aus langen Stahlblechtrommeln, in denen leicht verschmutzter, noch nicht sortierter Rohkies von einer Förderschnecke durch ein Wasserbad geschoben wird. Das Waschgut wird dabei durch gegenseitiges Reiben der Gesteinsstücke gereinigt. Wasser wird i. allg. im Gegenstrom zugesetzt, so daß die Feinstoffe an der Stirnseite des Gerätes austreten. Zum Sortieren des gereinigten Gutes kann bei manchen Bauarten der Austrag über ein Sieb erfolgen.

2.4.3.1.2 Schwertauflöser. Bei starker Verschmutzung des Gutes können Vorwaschgeräte eingesetzt werden, vor allem Schwertauflöser. Bei ihnen rotiert in einem Waschtrog eine horizontale Welle, die mit Rührschwertern (Rührmessern) besetzt ist. Diese lösen Lehm- und Tonstücke, die dann vom zugeführten Wasserstrom weggespült werden. Es gibt Ein- und Zweiwellen-Schwertauflöser.

2.4.3.2 Sandrückgewinnungsgeräte

Sand kann aus einem Sand-Wasser-Gemisch, das bei nasser Siebarbeit anfällt, mit Hilfe von Sandrückgewinnungsschnecken (Sandschnecken), Sandfängen oder Kratzbändern ausgeschieden werden. Die Wahl des Gerätes richtet sich nach der Art des aufgegebenen Gemisches und der erwünschten Feinstkorngröße.

2.4.3.2.1 Sandrückgewinnungsschnecken (Sandschnecken, Spiralklassierer) haben einen schräg stehenden Schneckentrog. Das Sand-Wasser-Gemisch wird am unteren Trogende eingeleitet. Die sinkenden Feststoffe werden von einer Förderschnecke aufwärts transportiert und am oberen Trogende entleert. Nachteil des einfachen und robusten Gerätes ist, daß Feinstkorn bis etwa 0,5 mm Korngröße durch den Überlauf abfließt.

2.4.3.2.2 Sandfänge haben einen waagerecht stehenden Trog, an dessen Boden sich die Feststoffe absetzen. Sie werden von einer horizontalen Schnecke in die „Nachwaschkammer" befördert. Dort werden sie von Bechern, die mit Löchern versehen sind, herausgeschöpft.

2.4.3.2.3 Kratzbänder laufen in einem schrägstehenden Trog. Das aus den absinkenden Feststoffen gebildete Gut wird jedoch nicht mit einer Schnecke, sondern mit einem umlaufenden Band, das mit durchlöcherten Kratzblechen besetzt ist, aufwärts befördert.

2.4.3.3 Schlämmgeräte

„Schlämmen" ist ein Verfahren, mit dem leichte Feststoffteile von schweren, feinere von gröberen in einer Flüssigkeit, meist Wasser, getrennt werden. Bei der Baustoffaufbereitung werden Schlämmgeräte vorwiegend zum Entstauben, Entglimmern und Klassieren von Sand [H 30] verwendet. Bei dem gebräuchlichsten Schlämmverfahren wird die aus Wasser und Feststoffen gemischte „Trübe" durch einen Frischwasserstrom aufgerührt und vertikal oder horizontal fortbewegt, wobei sich grobe und feine Feststoffteile an verschiedenen Stellen in Fanggefäßen absetzen oder aus dem Schlämmraum ausgetragen werden. Dementsprechend werden Vertikal- und Horizontalschlämmer unterschieden. Vertikalschlämmer haben meist einen annähernd kegelförmigen Hohlkörper. Das Frischwasser wird unten zugeführt. Die Trennung des in der Trübe enthaltenen Grob- und Feinkornes geschieht im Aufwasserstrom. Das Grobkorn wird unten durch einen verstellbaren Auslauf ausgetragen, die Feintrübe an der Spitze des Kegels durch einen Überlauf. Der Schlämmvorgang kann auch in mehreren Stufen erfolgen (Verbund-Schlämmer). Kombischlämmer vereinigen die Wirkungsweise von Vertikal- und Horizontalschlämmern.

Anders als die vorerwähnten Geräte arbeitet das *Hydrozyklon-Schlämmverfahren*. Hydrozyklone bestehen aus einem senkrecht stehenden, niedrigen Hohlzylinder, der sich nach unten in einen sehr schlanken Trichter zuspitzt. Durch den Zylinderdeckel ragt in dessen Mitte von oben her ein kurzes Tauchrohr in den Innenraum. Der Trichter hat unten ein verstellbares Auslaufventil. Die Trübe wird unter Druck tangential in den Zylinderteil gespritzt. Die Feststoffkörner mit den größeren Massen werden durch die Fliehkraftwirkung an die Zylinderwand geschleudert und gleiten in Spiralbewegung durch den Trichter abwärts. Unten werden sie in dem noch stark wasserhaltigen „Grobschlamm" durch das Ventil ausgestoßen. Die Teilchen mit geringer Masse (Korngröße etwa $< 0{,}06$ mm) werden in der „Feintrübe" nach oben durch das Tauchrohr ausgetragen. Die Hydrozyklone werden auch als „Fliehkraftklassierer" bezeichnet.

2.4.4 Mischer

[6; 7; 10; 11; 16; 29; DIN 459]

2.4.4.1 Benennungen, Begriffe

[DIN 459]

Betonmischer haben die Aufgabe, aus dosiert eingegebenen Mengen von Zement, Zuschlagstoffen und Wasser Beton der jeweils gewünschten Güteklasse zu mischen. Diese Maschinen werden von einem Brennkraft- oder Elektromotor angetrieben.

Nach der Mischvorrichtung werden *Freifallmischer* und *Zwangsmischer* unterschieden, nach der Betriebsart *absetzend* (*intermittierend*) *arbeitende Chargenmischer* und *stetig* (*kontinuierlich*) *arbeitende Durchlauf-* oder *Kontimischer*.

Mischer mit Inhalt ≥ 150 dm³ haben zum Eingeben von Zement und Zuschlagstoffen in der Regel einen *Beschickungsaufzug*, dessen Kübel entweder durch Kippen (Kippkübelaufzug, 2.3.2.2.4) oder durch Öffnen von Bodenklappen entleert wird. Zum Beladen des Kübels kann eine Hilfsvorrichtung vorhanden sein, z. B. eine Hochbauwinde oder ein Handschrapper (vgl. 2.3.3.2.5.1).

Sowohl von Freifall- als auch von Zwangsmischern gibt es *fahrbare* und *stationäre* Bauarten.

2.4.4.2 Freifall- und Zwangsmischer

Diese Geräte haben eine um ihre Längsachse rotierende Mischtrommel, deren Innenwand mit Schaufeln bestückt ist. Beim Drehen der Trommel nehmen die Schaufeln Teile des Mischgutes mit, heben sie aufwärts und lassen sie frei wieder zurückfallen.

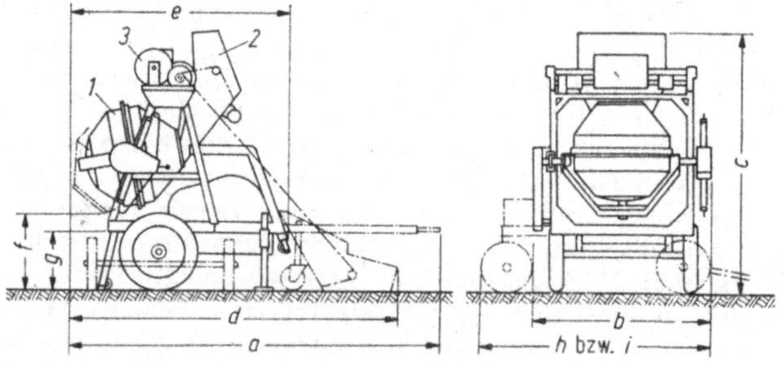

Bild 2.4-11. Kipptrommelmischer (EIKOMAG). Die verschiedenen Typen der EIKOMAG-Kippmischer sind für 200 bis 400 dm³ Mischgut ausgelegt. Sie leisten 6 bis 16 m³/h bei 30 bis 40 Füllungen/h. Antrieb: Elektro-, Diesel- oder Benzinmotor, Leistung 1,5 bis 8 kW. Die Geräte sind mit Beschicker und Wassermeß-Kippgerät ausgerüstet. Dieses ist regelbar und teilt jeweils nur die eingestellte Wassermenge zu. Die Trommel wird aus der Füll-Misch-Stellung in die Entleerungsstellung mit Handrad geschwenkt, bei den großen Typen mit hydraulischer Kippvorrichtung. Die Hydraulik steuert auch den Materialausfluß. Es gibt Typen mit ein- und mit zweiachsigem Fahrwerk. Alle werden als Anhänger befördert. Maße in mm: Je nach Typ $a = 3200$ bis 4100, $b = 1100$ bis 2000, $c = 1700$ bis 2850, $d = 3100$ bis 3500, $e = 2150$ bis 2400, $f = 600$ bis 850, $g = 450$ bis 570, $h = 1800$ bis 2150 (nur bei Zweiachser), $i = 2100$ bis 2575 (nur bei Zweiachser mit Hochbauwinde). — *1* Kipptrommel, *2* Beschicker, *3* Wassermeß-Kippgerät.

2.4.4.2.1 Mischer für Gesamtprozeß arbeiten meist absetzend als *Chargenmischer*. Bei dieser Betriebsart entleeren sie entweder durch Kippen der Mischtrommel (*Kipptrommelmischer*), durch Einschwenken einer Auslaufschurre in die sich weiter drehende Trommel (*Gleichlauf-Austragmischer*) oder durch Umkehren der Drehrichtung, wobei die Mischschaufeln als Entleerschaufeln wirken (*Umkehr-Austragmischer*, kurz als *Umkehrmischer* bezeichnet). Manche Typen haben zusätzliche Entleerschaufeln.

Selten verwendet werden Freifallmischer, die als *Durchlaufmischer* gebaut sind. Sie nehmen das Mischgut auf der einen Trommelseite auf und geben es auf der anderen Seite über eine Auslaufschurre ab, sind also Gleichlauf-Austragmischer. Maschinen dieser Art werden auch mit mehreren Trommeln gebaut (Doppel- und Dreitrommelmischer) zum Verarbeiten größerer Mischgutmengen.

Freifallmischer bis 200 dm³ Inhalt werden als *Freifall-Kleinmischer* bezeichnet. Sie werden von Brennkraftmotoren oder Elektromotoren von etwa 0,75 bis 6 kW Leistung je nach Größe des Gerätes angetrieben. Kleinmischer sind meist Kipptrommelmischer. Die einfachsten 100-Liter-Mischer haben keine eingebauten Wassermesser und dienen vorwiegend zum Mörtelmischen. Gewöhnlich haben sie ein Einachs-Fahrgestell mit Stützfuß oder Spornrad (*Schubkarrenmischer*). Auch größere Bauarten können jedoch mit Einachs-Fahrgestell ausgerüstet sein, z. B. einige Typen von EIKOMAG (Bild 2.4-11).

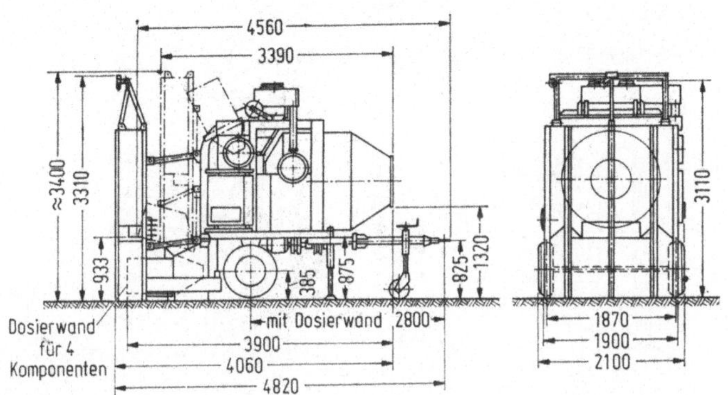

Bild 2.4-12. Mischer mit Umkehraustragung. Der im Bild gezeigte Liebherr RMA 375/560 ist ein mit Zubringer-, Misch- und Entleerschaufeln ausgestatteter Umkehr-Freifallmischer, der mit automatischer Zementdosierung, Handschrapper (für Transport hochklappbar), automatisch entleerender Zuschlagstoffwaage, Zuschlagstoff-Zuteiler für 3 oder 4 Komponenten und automatischer Wasserdosierung kombiniert ist. Die rotierende Mischtrommel wird über Reibradantrieb bewegt, mit direkt angetriebener Reibrolle aus Stahl. Sofortiges Umschalten von „Mischen" auf „Entleeren" ist möglich, da dieser Reibradantrieb als Rutschkupplung wirkt und zudem zwischen Motor und Reibrolle eine elastische Kupplung vorhanden ist. Alle Betätigungs- und Kontrolleinrichtungen sind am Bedienungsstand zusammengefaßt. Der Steuerschrank hat Anschlußmöglichkeit für 2 Zementschnecken. — RMA 375/560 hat in kompletter Ausführung ein Gewicht von 2,9 t (Grundausführung 2,1 t); Nenngröße 375 dm³, Fassungsvermögen 560 dm³; Zementwaage mit Mengenvorwahl, Meßbereich bis 200 kg, Zuschlagstoffwaage bis 1000 kg; Wasserdosierung mit Durchflußzähler, bis 7,3 m³/h; Mischerantrieb 5,5 kW, Beschickerantrieb E-Motor 5,5 kW; Anschlußspannung 380 V, Drehstrom; einachsiges Fahrwerk, zulässige Fahrgeschwindigkeit 20 km/h als Anhänger; zusätzliche Zementschnecke 5 m lang, Antriebsleistung 3,7 kW, Förderleistung 12 t/h; Stundenleistung des Mischers RMA 375/560: Frischbeton bis 19 m³, Festbeton bis 15 m³. — Längenmaße in mm.

Fahrbare Freifallmischer mit mehr als 250 dm³ Inhalt gibt es mit Kipptrommel, Gleichlauf- oder Umkehraustrag. Zu den gebräuchlichen Typen gehören fahrbare Geräte mit Inhalt bis 750 dm³, die handbediente mechanische Steuerung für alle Arbeitsvorgänge haben und von einem Diesel- oder Elektromotor von 4 bis 16 kW Leistung angetrieben werden. Ferner zählen zu dieser Kategorie fahrbare Freifallmischer mit halbautomatischer Steuerung. Bei diesen *Halbautomaten* werden die Arbeitsvorgänge über Druckknöpfe elektrisch oder hydraulisch gesteuert. Die Freifallmisch-Halbautomaten haben gewöhnlich zwei getrennte Antriebsmotoren für die Mischtrommel und für den Beschickungsaufzug, z. B. Liebherr RMA 375/560 (Bild 2.4-12) und RMA 500/750 (Bild 2.4-13). Derartige Halbautomaten werden in den gängigen Ausführungen mit Trommelinhalt von 250 bis

1 000 dm³ mit Elektromotoren von 3 bis 11 kW Leistung für Trommelantrieb und 2 bis 8 kW für Beschickungsaufzug gebaut. Fahrbare Freifallmischer mit vollautomatischer Steuerung (*Vollautomaten*) unterscheiden sich von den Halbautomaten nur dadurch, daß bei ihnen sämtliche Arbeitsvorgänge nach Einschalten des Gerätes nach einem gewählten Programm selbsttätig ablaufen können.

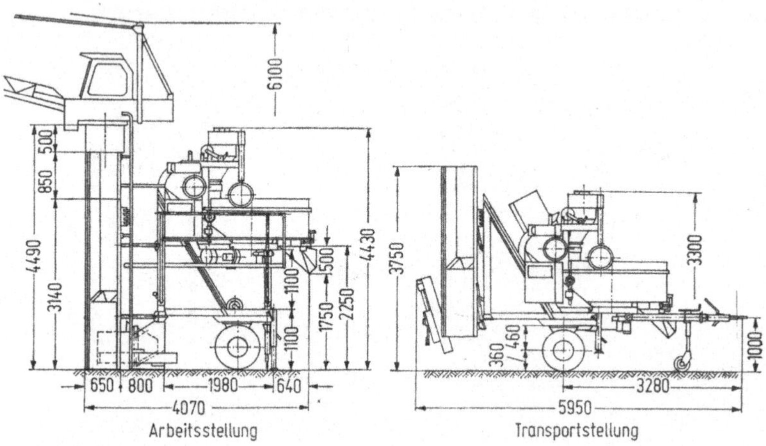

Bild 2.4-13. Umkehrmischer mit angebautem Ausleger-Schrappgerät. Der als Beispiel gezeigte Typ RMA 500/750 (Liebherr) arbeitet wie der in Bild 2.4-12 dargestellte Typ RMA 375/560, ist jedoch größer, leistungsfähiger und hat statt des Handschrappers ein angebautes, für den Transport hochklappbares Ausleger-Schrappgerät. Gewicht in kompletter Ausführung, aber ohne Schrappgerät 4,1 t (Grundausführung 3,2 t); Nenngröße 500 dm³, Fassungsvermögen 750 dm³; Zementwaage mit Mengenvorwahl, Meßbereich bis 200 kg, Zuschlagstoffwaage bis 1 500 kg; Wasserdosierung mit Durchflußzähler, bis 10 m³/h; Mischerantrieb E-Motor 7,5 kW, Beschickerantrieb E-Motor 5,5 kW, Anschlußspannung 380 V, Drehstrom; einachsiges Fahrwerk, Fahrgeschwindigkeit bis 20 km/h als Anhänger; zusätzliche Zementschnecke 5 m lang, Antriebsleistung 3,7 kW, Förderleistung 12 t/h; Stundenleistung der Mischanlage RMA 500/750: Frischbeton 26 m³, Festbeton bis 20 m³. — Ausleger-Schrappgerät wahlweise Elba RS 5 NH, Leistung bis 25 m³/h oder ARBAU F 8, Leistung bis 20 m³/h. — Längenmaße in mm.

Sonderbauarten von Freifall-Durchlauf- und Umkehrmischern werden für bestimmte Zwecke gebaut, z. B. *Brückenmischer* für Autobahnen (der Name „Brückenmischer" bezieht sich auf die brückenartige Form der Geräte, vgl. 2.5.2.2.1.1); straßenfahrbare Betonmischer (*Paver*, vgl. 2.5.2.2.1.2), eine Entwicklung aus den USA, die in der Bundesrepublik Deutschland nur selten anzutreffen ist. Freifall-Durchlaufmischer werden stellenweise auch in Trocken- und Mischanlagen für bituminöses Mischgut verwendet, vgl. 2.5.2.3.2.9.

2.4.4.2.2 Mischer für Endprozeß

2.4.4.2.2.1 Transportbetonmischer (Bild 2.4-14). Im Gegensatz zu Ortbeton, der auf der Baustelle gemischt wird, liefert eine von der Baustelle entfernte Mischanlage den *Transportbeton*. Dort werden Zuschlagstoffe mit Zement trocken gemischt. Dem trockenen oder halbtrockenen Gemisch wird bei der Ankunft auf der Baustelle in den fahrbaren, z. B. auf einem Lkw montierten Transportbetonmischer (*Liefermischer, Truck-*

Mixer) das erforderliche Wasser zugesetzt und durch weiteres Mischen der Beton fertiggestellt.

Die Transportbetonmischer haben eine rotierende Mischtrommel mit als Spiralen geformten Schaufeln an den Innenwänden sowie mit einer Vorrichtung zum Zusetzen des

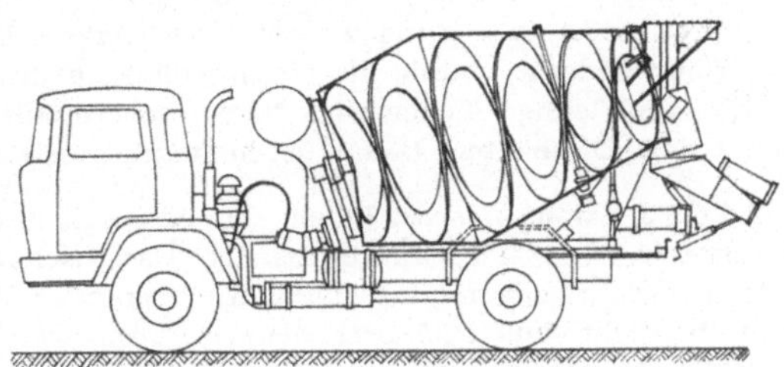

Bild 2.4-14. Schnittbild eines selbstfahrenden Transportbetonmischers (Liebherr HTM 401, Fassungsvermögen 4 m³ Festbeton).

Wassers. Beim Drehen der Trommel wird das Mischgut sowohl in Richtung der Längsachse der Trommel als auch senkrecht bewegt, so daß außer der Freifallwirkung auch noch ein gewisser Zwangsmischeffekt entsteht. Die Mischtrommel kann entweder vom Fahrmotor oder bei schweren Geräten auch von einem besonderen Motor angetrieben werden (Bild 2.4-15 und 16). Das Wasser wird aus einem eingebauten Tank über eine Wassermeßuhr zugesetzt. Das Mischen während der Fahrt ist nach den Vorschriften nicht zulässig. Umkehr-Austragverfahren über eine schwenkbare Schurre. Der in Bild 2.4-16 gezeigte Mischer gehört zu den größten augenblicklich vorhandenen Bauarten.

Bild 2.4-15. Transportbetonmischer mit Mischerantrieb vom Fahrzeugmotor und Hydraulik (STETTER AM 6 FH). Dieselmotor-Leistung 45 kW, Gewicht des Mischers 3,25 t, zulässiges Gesamtgewicht 22 bis 26 t; Nennfüllung 6 m³, Gesamtvolumen 10,2 m³, Füllungsgrad 59%, Trommeldrehzahl 15 U/min; Wassertank Inhalt 650 dm³.

Bild 2.4-16. Sattelschlepper-Transportbetonmischer mit Mischerantrieb von Separatmotor und Hydraulik (STETTER AM 10 SH). Leistung des Separatmotors 82 kW, Gewicht des Mischers 8,65 t, zulässiges Gesamtgewicht 38 t; Nennfüllung 10 m³, Gesamtvolumen 16,2 m³, Füllungsgrad 61%, Trommeldrehzahl 14 U/min; Wassertank Inhalt 750 dm³.

2.4.4.2.2.2 Nachmischer (Agitatoren) befördern *Frischbeton*, der in einer stationären Betonfabrik hergestellt ist, zur Baustelle. Sie bestehen meist aus einem birnenförmigen Behälter (*Transportbirne*), dessen Inhalt i. allg. nicht mehr als 3 m³ beträgt. Die Birne hat eine Öffnung zum Beschicken und Entleeren. Zum Füllen wird sie mechanisch oder hydraulisch geneigt,.zum Entleeren gekippt oder durch Umkehren der Drehrichtung entladen. Während der Fahrt wird die auf einem Lkw-Chassis montierte Birne von einem Brennkraftmotor, der je nach Größe des Gerätes bis 8 kW Leistung haben kann, mit ≈ 5 U/min gedreht, damit die gleichmäßige Qualität des Frischbetons erhalten bleibt. Es gibt auch einige Typen von Nachmischern, die als Rührwerksmischer (2.4.4.2.3.1) gebaut sind. Diese ältere Bauart ist heute nur noch selten anzutreffen.

2.4.4.2.3 Zwangsmischer haben ein unbewegliches Mischgefäß, mit einziger Ausnahme der unter 2.4.4.2.3.2 genannten Bauart. Das Mischen besorgen bei Zwangsmischern entweder ein Rührwerk mit horizontalen, rotierenden Wellen, die mit Schaufeln oder Rührarmen bestückt sind (*Rührwerksmischer, Trogmischer*), oder um die vertikale Achse rotierende, mit Mischwerkzeugen besetzte Mischteller (*Tellermischer*). Bei Rührwerksmischern ist das Mischgefäß ebenfalls horizontal angeordnet, bei Tellermischern vertikal. Das Mischgefäß kann offen (*Trogmischer*) oder geschlossen sein. Zwangsmischer werden sowohl zum Herstellen von Beton als auch für bituminöses Mischgut verwendet. Es gibt sie als *Chargenmischer*, als fahrbare und als stationäre Geräte.

2.4.4.2.3.1 Rührwerksmischer haben in oben offenem Trog eine mit verstellbaren Schaufeln oder Rührarmen besetzte Welle oder deren zwei. Sind zwei Wellen vorhanden, werden sie gegenläufig gedreht (*Zweiwellenmischer*, vgl. 2.5.2.3.2.9). Im offenen Trog läßt sich der Mischvorgang gut beobachten. Entleert werden diese Mischer durch seitliches Kippen des Troges oder durch Öffnen von Klappen oder Schiebern am Trogboden. Trogmischer werden auch in kombinierten Trocken- und Mischanlagen für bituminöses Mischgut verwendet (vgl. 2.5.2.3.2.9) und zum Bodenmischen.

Es gibt diese Geräte auch als *Kleinmischer* mit Inhalt von höchstens 150 dm³. Wie die Freifall-Schubkarrenmischer (2.4.4.2.1) haben sie meist ein einachsiges Fahrgestell mit Stützfuß oder Spornrad. Gefüllt werden sie in der Regel von Hand, entleert durch Kippen des Troges. Wasserdosiereinrichtung haben sie nicht. Als Antrieb für das Rührwerk dient ein Elektro- oder Brennkraftmotor von etwa 1,5 bis 9 kW Leistung.

Größere Trogmischer mit Inhalt von mehr als 150 dm³ sind meist wie die entsprechenden Freifallmischer mit Beschickungsaufzug (mit Kipp- oder Bodenentleerkübel) und Vorrichtung zum dosierten Wasserzusatz ausgestattet. Die gebräuchlichen Typen haben bis 3000 dm³ Troginhalt und werden von Elektromotoren von etwa 7 bis 70 kW Leistung angetrieben. Es gibt sie als fahrbare und stationäre Geräte. Manche Typen stationärer Trogmischer haben keinen Beschickungsaufzug, aber Wasserzuteiler. Diese Mischerart kommt mit Troginhalt von 375 bis 5500 dm³ und Elektromotor-Leistung von 7,5 bis 110 kW vor, vgl. [29].

2.4.4.2.3.2 Tellermischer haben zylindrische Mischgefäße mit senkrechter Zylinderachse. Die einfachste Form sind die schnellaufenden *Turbomischer*, bei denen sich im unbeweglichen Mischgefäß ein Mischstern dreht, an dem Mischschaufeln federnd angebracht sind. Ein feststehendes Mischgefäß haben auch Tellermischer mit umlaufenden Tellern oder Mischarmen, die ihrerseits rotierende Mischwerkzeuge tragen, z. B. Mischsterne, Wirbler. Mit entsprechender Anordnung und Drehrichtung der Werkzeuge kann das Mischgut in mehrere, in verschiedenen Richtungen fließende und aufeinander treffende Ströme gelenkt werden. Damit wird ein intensiveres Durchmischen erreicht, z. B. bei *Planetenradmischern* und bei *Gegenstrommischern* (Bild 2.4-17). Eine Sonderform dieser

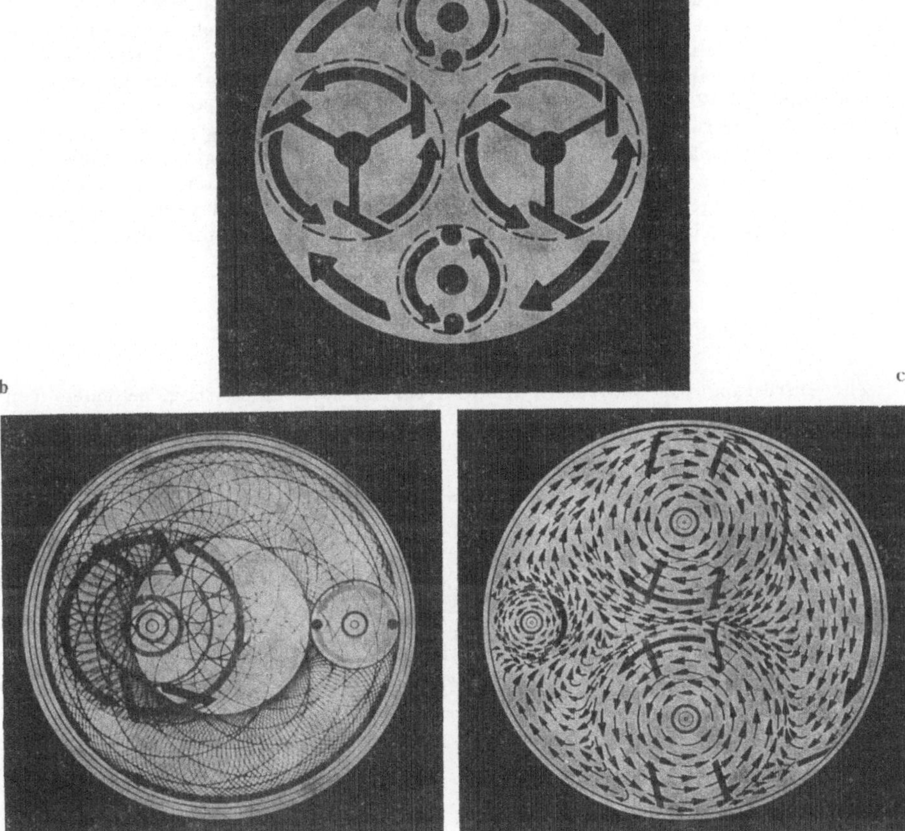

Bild 2.4-17. a) Tellermischer (Eirich-Gegenstrom-Intensivmischer). Die Teller-Zwangsmischer dieser Bauart haben einen rotierenden, motorisch betriebenen Teller und exzentrisch gegen den Materialstrom rotierende Werkzeugsysteme (einen, zwei oder vier Mischsterne und bei manchen Typen zusätzliche Wirbler). Im Bild Zweistern-Mischer mit zwei Wirblern. Fassungsvermögen für Aufgabegut je nach Größe des Typs $\approx$ 50 bis $\approx$ 8000 dm³; Mischerantriebsleistung: ohne Wirbler belastbar von maximal 1,5 bis maximal 160 kW je nach Typ; Nettogewicht ohne Wirbler je nach Typ 0,6 bis 20 t.

Bild 2.4-17. b) Schlaufenbahnen der Mischwerkzeuge in einem Gegenstrommischer mit angetriebenem Mischteller bei einer Tellerumdrehung. Der Mischer ist mit einem Mischstern ausgerüstet und zusätzlich mit einem Hochleistungswirbler bestückt (Eirich).

Bild 2.4-17. c) Material-Bewegungslinien in einem Gegenstrom-Querstrommischer, der mit zwei Mischsternen und Hochleistungswirbler ausgerüstet ist. Der Mischteller bewegt sich (Eirich).

Mischer sind Tellermischer mit rotierendem Mischgefäß und feststehenden Mischarmen, die umlaufende Mischsterne tragen. Diese Geräte sind die einzige Art von Zwangsmischern mit beweglichem Mischgefäß und werden hauptsächlich in ortsfesten Betonbereitungsanlagen verwendet.

Es gibt *fahrbare* und *stationäre* Tellermischer. Zu den fahrbaren Bauarten gehören auch die *Kleinmischer* mit höchstens 150 dm³ Inhalt. Sie unterscheiden sich in Aufbau, Größe, Ausrüstung und Leistung nur unwesentlich von den entsprechenden Trog-Kleinmischern (vgl. 2.4.4.2.3.1). Fahrbare Tellermischer mit mehr als 150 dm³ Inhalt sind mit Beschikkungsaufzug und Wasserzuteiler ausgestattet. Die gebräuchlichen Typen haben 250 bis 750 dm³ Inhalt und werden von Diesel- oder Elektromotoren mit 7,5 bis 35 kW Leistung angetrieben. Stationäre Tellermischer mit mehr als 150 dm³ Inhalt gibt es mit und ohne Beschickungsaufzug. Vorrichtung zu dosierter Wasserzugabe ist stets vorhanden. Die üblichen Größen liegen zwischen 250 und 2250 dm³ Mischerinhalt und werden von Elektromotoren mit etwa 7 bis 45 kW Leistung bei Typen ohne Beschickeraufzug oder bis 60 kW Leistung bei Typen mit Beschickeraufzug angetrieben.

2.4.5 Aufbereitungsanlagen

Zur Ausrüstung von stationären Anlagen zur Baustoffaufbereitung, besonders von Beton-Mischanlagen (Bild 2.4-18), gehören außer den unter 2.4.1 bis 2.4.4 geschilderten Maschinen und Geräten sowie Hebezeugen und Fördereinrichtungen (vgl. 2.3) insbesondere

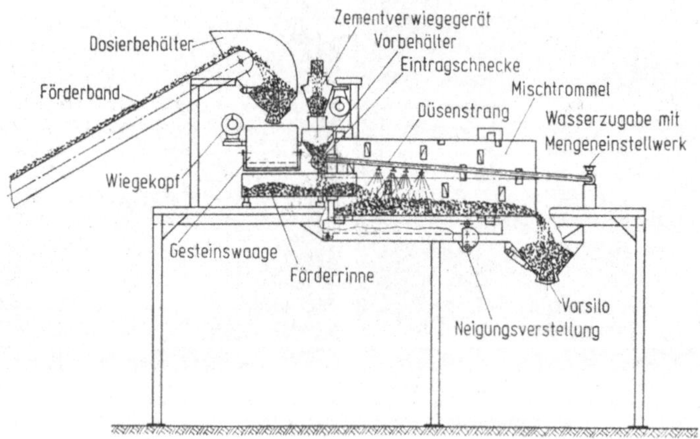

Bild 2.4-18. Beton-Mischanlage für Leistungen bis 170 m³/h; Chargenzuteilung der einzelnen Komponenten, anschließend kontinuierliche Vermischung im Trommelmischer (Huther).

Silos zum Lagern von Zement und Betonzuschlagstoffen. Auch für Baustellen, auf denen Beton in größeren Mengen gemischt wird, können Silos erforderlich sein [H 30].

Für das Lagern von Baustoffen werden i. allg. Stahlsilos, stellenweise auch Stahlbetonsilos verwendet. Zement wird in der Regel in zylindrischen Silos mit konischem Auslauf gelagert, die auf einem aus Stahlrohren oder Stahlprofilen gefertigten Untergestell stehen [29]. Diese Silos sind meist mit einer abnehmbaren Entlüftungshaube versehen. Viele, namentlich größere Ausführungen sind auch mit einem Zyklon-Abluftfilter ausgestattet. Außerdem können Silos mit einem Bunkerstandsanzeiger, Chargier- und Dosiereinrichtungen und anderen Hilfsmitteln ausgerüstet werden [H 22, 29]. Das Fassungsvermögen der im Bauwesen gebräuchlichen Stahlsilos für Zement liegt zwischen 8,5 und 170 m³ bzw. 10 und 200 t. Der Durchmesser dieser Silos beträgt etwa 2 bis 4 m, die Höhe (ohne Untergestell) etwa 5 bis 15 m [29]. Einzelheiten über Siloverschlüsse sowie über den Betrieb von Silos und die dabei zu beachtenden Sicherheitsmaßnahmen vgl. [H 22] über weitere zusätzliche Ausrüstung auch [29].

Mischanlagen werden in drei verschiedenen Bauformen eingesetzt:

Sternanlagen (mit radial angeordneten Zuschlagstoffboxen und Zementsilos),
Reihenanlagen (mit Zuschlagstoffsilos in einer Reihe und Zementsilos),
Betonmischtürme (Zuschlagstoff- und Zementsilos in einer Turmkonstruktion).

Außer stationären Anlagen für die Baustoffaufbereitung und ortsveränderlichen Einrichtungen für einzelne Vorgänge, z. B. Mischen, wurden auch auf Fahrzeuge montierte, zu einer Einheit zusammenstellbare Brech-Sieb- und Waschanlagen entwickelt, z. B. Humboldt Transcompact (Bild 2.4-19). Sie sind für die Arbeit im Steinbruch sowie zum Einsatz beim Straßenbau, beim Bau von Talsperren und bei großen Erdbauvorhaben bestimmt.

Schwarzdecken-Aufbereitungsanlagen sind in 2.5.2.3 behandelt.

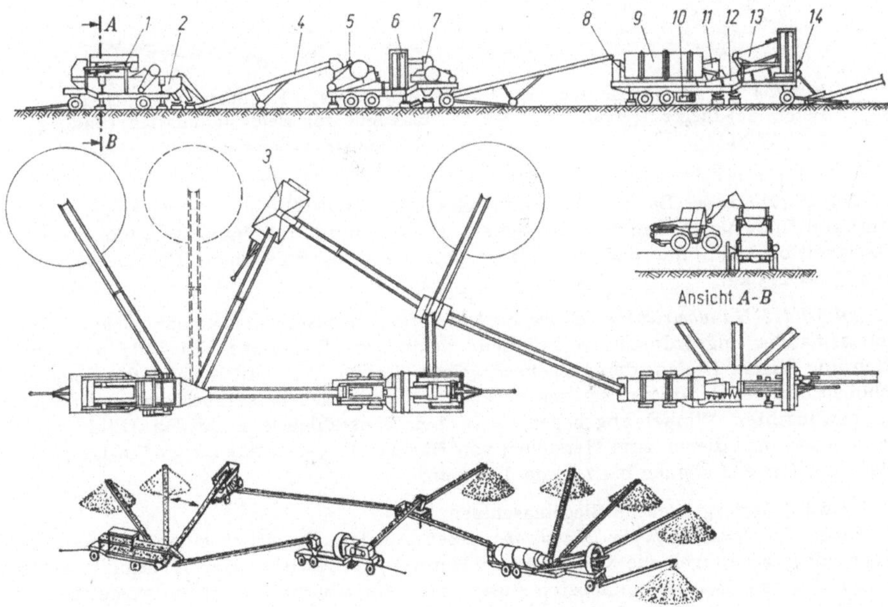

Bild 2.4-19. Fahrbare Aufbereitungsanlage (nach Humboldt). *1* Vibrationsrinne, *2* Doppeldeck-Siebmaschine, *3* Bunkerwagen-Einheit, *4* fahrbares Transportband, *5* Backenbrecher, *6* Zwillingshubrad, *7* Zweiwalzenbrecher, *8* Waschanlagen, *9* Läutertrommel, *10* Waschwasserpumpe, *11* Doppelsiebkopf, *12* Spiralklassierer, *13* Entwässerungssieb, *14* Austrag.

2.4.6 Betonstahl-Biege- und -Schneidemaschinen

2.4.6.1 Biegemaschinen

Zum *Biegen* einzelner Betonstahlstäbe wie auch von Betonstahlmatten gibt es handbetriebene und motorgetriebene Geräte [H 21]. Bei Handbetrieb wird die Wirkung langer Hebel ausgenutzt, oft in Verbindung mit einer Zahnradübersetzung.

2.4.6.1.1 Handbetriebene Biegemaschinen
2.4.6.1.1.1 Handbetriebene Biegegeräte für Einzelstäbe. Im handbetriebenen Biegegerät für Einzelstäbe wird der gegen einfache Halter abgestützte Stab um eine Biegerolle oder eine Biegeellipse herumgebogen, z. B. bei Peddinghaus-Betonstahl-Bieger 60 N (Bild

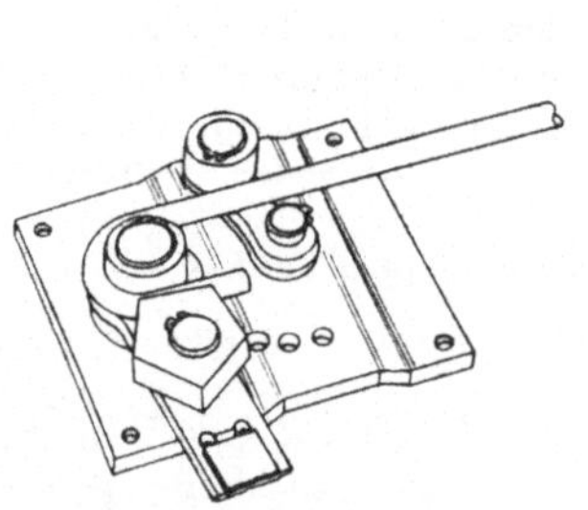

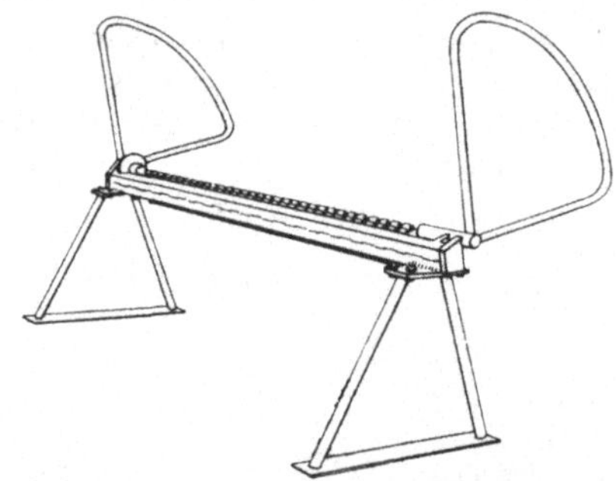

Bild 2.4-20. Handbetriebener Betonstahl-Bieger (Peddinghaus 60 N).

Bild 2.4-21. Handbetriebene Biegemaschine für Betonstahlmatten (Baustahlgewebe bifi-Ha).

2.4-20). Geräte dieser Bauart biegen je nach Größe Stahlstäbe einer Festigkeit bis 45 kp/mm² und Dmr. bis 40 mm, einer Festigkeit bis 75 kp/mm² und Dmr. bis 34 mm und einer Festigkeit bis 85 kp/mm² und Dmr. bis 32 mm. Diese Bieger haben ein Bruttogewicht von ≈ 105 bis 215 kg.

2.4.6.1.1.2 Handbetriebene Biegemaschinen für Betonstahlmatten haben eine Reihe nebeneinander angeordneter, rechtwinklig geknickter Biegefinger, die alle nach einer Richtung zeigen. Die auf den Biegetisch gelegte Matte wird seitlich unter die Finger geschoben und bei Betätigen des Biegehebels von einem Biegebalken um die Finger herum im gewünschten Winkel abgebogen, z. B. bei Baustahlgewebe bifi-Ha (Bild 2.4-21). Diese Maschinen dienen zum Herstellen von Bügelkörben aller Art bis 2,45 m Länge. Die Stäbe der Gewebe können bis 7,5 mm dick sein.

2.4.6.1.2 Motorgetriebene Biegemaschinen
2.4.6.1.2.1 Maschinen für Einzelstäbe haben auf dem Biegetisch einen bis drei Biegeteller oder Biegeflügel, die von einem E-Motor über Getriebe oder Hydraulik gedreht werden können. Bei der einfachsten Ausstattung der Maschine biegt ein exzentrisch auf dem Biegeteller befestigter Stift oder eine Rolle den Stab um eine auf die Tellerachse aufgesteckte Biegerolle. Das Biegegut wird dabei gegen eine auf dem Tisch befestigte Rolle oder ein Widerlager abgestützt. Da die Biegerolle auf der Tellerachse gegen andere verschiedenen Durchmessers auswechselbar ist und die anderen Rollen an verschiedenen Stellen des Tellers und des Tisches aufgesteckt werden können, ergeben sich viele Möglich-

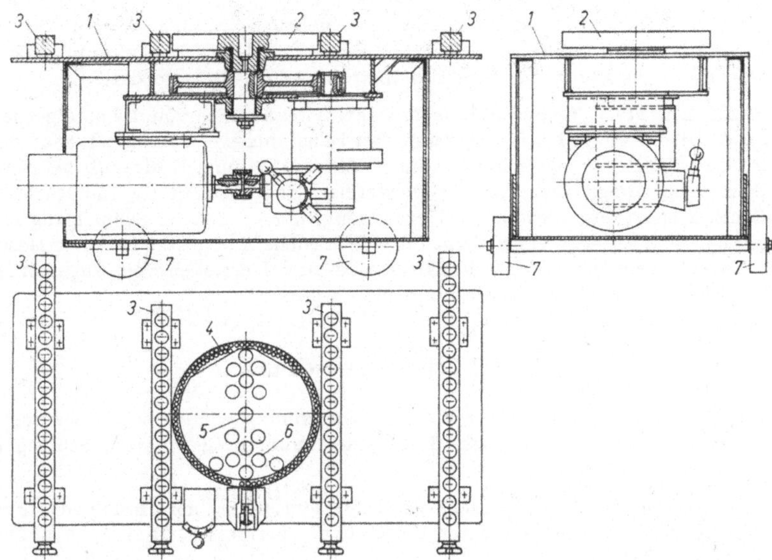

Bild 2.4-22. Betonstahl-Biegemaschine (Peddinghaus Perfekt 50 K). Bruttogewicht $\approx$ 1 500 kg; Antrieb Elektromotor Drehstrom 220/380 V, 50 Hz, Leistungsbedarf $\approx$ 4 kW; Umdrehungen des Biegetellers 5/min, 10/min, 15/min; Dmr. der zu biegenden Stäbe 45 bis 85 mm. — *1* Biegetisch, *2* Biegeteller, *3* Lochleisten zum Einstecken von Stiften mit Gegenhalterollen, *4* Lochreihe zum Einstecken der Auslösestifte für den Endschalter (Wahl des Biegewinkels), *5* Loch zum Einstecken der axialen Biegerolle, *6* Löcher zum Einstecken der exzentrischen Rollen bzw. Formstücke, *7* Rollen zum Transport der Maschine.

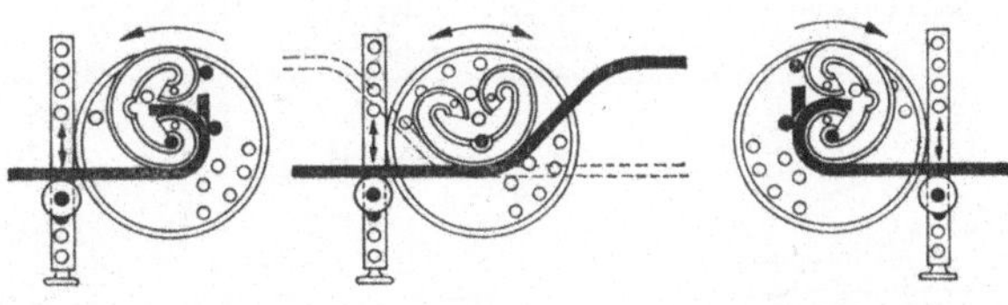

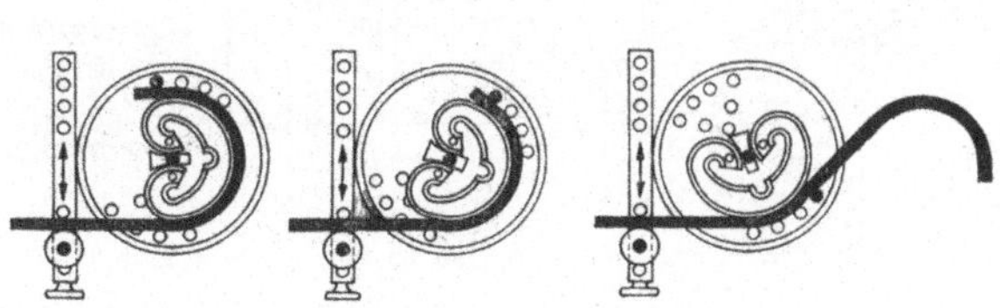

Bild 2.4-23. Formstück für Betonstahl-Biegemaschine (Peddinghaus-Universal-Biegeformstück). Mit diesem Formstück können alle für den Bewehrungsstab in Frage kommenden Abbiegungen ohne Wechsel des Biegewerkzeuges vorgenommen werden.

keiten des Biegens, vgl. Bild 2.4-22. Diese Vielseitigkeit kann bei manchen Bauarten noch mit Hilfe besonderer Formstücke erhöht werden, wie in Bild 2.4-23.

Bei manchen Biegemaschinen werden Doppelaufbiegungen mit Biegeflügel in einem Arbeitsgang hergestellt. — Motorgetriebene Biegemaschinen für Einzelstäbe, von denen meist mehrere gleichzeitig übereinanderliegend gebogen werden, leisten bis 0,5 t/h und verarbeiten bei den größten Typen Stäbe bis 80 mm Dmr. Der Zeitaufwand beträgt bei Motorantrieb 8 bis 12 h/t, während Handbetrieb etwa 25 h/t erfordert.

2.4.6.1.2.2 Maschinen für Betonstahlmatten unterscheiden sich von der handgetriebenen durch ihre Antriebsart und höhere Leistung. Bei Baustahlgewebe bifi-Mo-P 884 beispielsweise wird der abrollbare Biegebalken vom E-Motor über eine Hydraulik betätigt. Der Biegebalken ist für Biegewinkel bis 180° einstellbar. Endausschaltung und Rücklauf des Biegebalkens erfolgen automatisch, im Normalgang in 7,5 s und im Schnellgang in 4,8 s. Die Biegefinger sind seitlich verschiebbar für verschiedene Stababstände. Diese Maschinen dienen zum Abbiegen von Betonstahlmatten und zum Herstellen von Bügelkörben für Längen bis 2,45 m Biegebreite bei Stabdmr. bis 7,5 mm.

2.4.6.2 Schneidemaschinen

Betonstahl-Schneidemaschinen (*Betonstahlscheren*) sind ebenfalls einzuteilen in Geräte zum Schneiden von *Einzelstäben* oder Stabbündeln und in Geräte zum Schneiden von *Betonstahlmatten*.

2.4.6.2.1 Maschinen für Einzelstäbe sind Messerscheren mit festem Untermesser und beweglichem, z. B. über Exzenter betätigtem Obermesser (Bild 2.4-24). Die An-

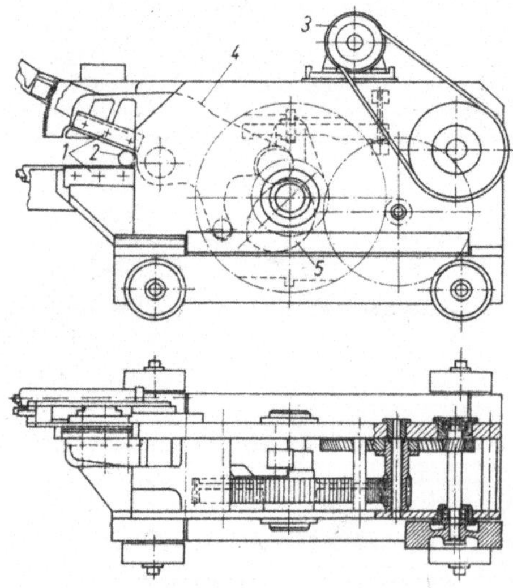

Bild 2.4-24. Betonstahl-Schneidemaschine (Betonstahlschere Peddinghaus Simplex AL 70). Bruttogewicht ≈ 2850 kg; Antrieb Elektromotor ≈ 5,5 kW Leistungsbedarf; Messerlänge 300 mm; Schnitte 22/min; Dmr. der zu schneidenden Stäbe 45 bis 85 mm; durch das besonders große Schneidmaul lassen sich auch große Bunde von Betonstahl in einem Schnitt einwandfrei schneiden. — *1* Messer, *2* Schneidgut, *3* Elektromotor, *4* bewegliche Scherenbacke, *5* Exzenter.

triebsleistung des Elektromotors liegt je nach Größe des Gerätes zwischen 2 und 6 kW, die Zahl der Schnitte je min zwischen 30 und 42 und das Gewicht zwischen etwa 400 und 1 000 kg.

2.4.6.2.2 Maschinen für Betonstahlmatten. Bei diesen Maschinen wird die zu schneidende Matte bei den großen Geräten zwischen zwei Balken eingespannt, und die Schneidvorrichtung läuft schienengeführt an der Matte entlang. Einspannen der Matte und Vor-

schub des Schneidgerätes können hydraulisch erfolgen, z. B. bei Baustahlgewebe „Skitta",
der Antrieb des Schneidgerätes mit Elektromotor (Bild 2.4-25). Kleine handgeführte
Schneidgeräte für Stahlgewebe eignen sich besonders zum Ausschneiden von Aussparungen
aus der Matte, z. B. Baustahlgewebe „mono-skitt". Diese Geräte wiegen nur 6 bis 8 kg

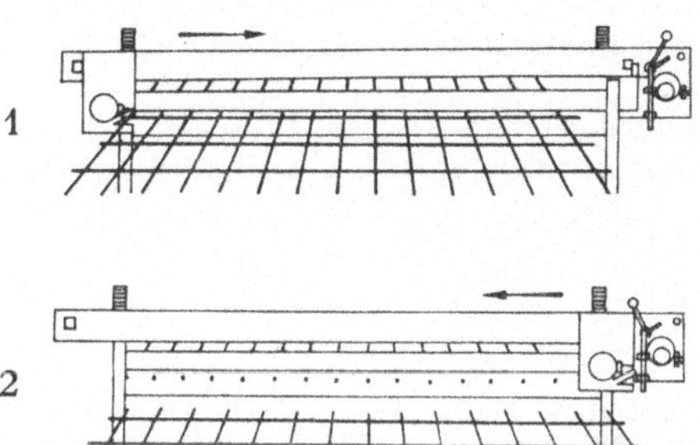

Bild 2.4-25. Motorgetriebene Schneidemaschine für Betonstahlmatten mit hydraulischer Einspannung der Matten und hydraulischem Vorschub des Schneidgerätes (Baustahlgewebe „skitta").
Gewicht ≈ 330 kg; Elektro-Antriebsmotor für Hydraulik 0,735 kW; Elektromotor für Schneidgerät 1,1 kW, 220/380 V; Gesamtlänge 3,35 m, Breite 1 m, Höhe 1,35 m, Höhe der Mattenauflage
0,8 m; Durchgangsbreite 2,45 m bei Normalausführung; Vorschubgeschwindigkeit des Schneidgerätes 0,5 m/s; Rücklaufgeschwindigkeit 0,8 m/s; Schneidezeit einschließlich Rücklauf bei 2,45 m
Mattenbreite 10 s. — Das Schneidgerät arbeitet als Schere mit feststehendem unterem und beweglichem oberen Messer. — Stellung 1: Einspannung der Matten und anschließend Vorschub des
Schneidegerätes. Stellung 2: Lösen der Einspannung der Matten mit Rücklauf des Schneidegerätes.
Vor- und Rücklauf wird automatisch abgeschaltet.

und erreichen dabei je nach Typ hydraulische Druckkräfte von 8 bzw. 15 Mp. Die zu
schneidenden Stäbe werden in das Schermaul eingeführt, wo das Messer von oben zu
dem unten liegenden Gegenhalter hin bewegt wird, sobald der Druckschalter am Handgriff betätigt wird. Das Messer wird hydraulisch vorgeschoben. Die Hydraulik wird von
einem Elektromotor von 430 bzw. 620 W Leistungsaufnahme angetrieben.

2.5 Einbaugeräte

2.5.1 Verdichtungsgeräte

Über Zweck und Verfahren des Bodenverdichtens sowie über die Wahl der für die
jeweilige Aufgabe empfehlenswerten Geräte vgl. [H 26].

2.5.1.1 Walzen

Diese Geräte werden eingeteilt in *statische Walzen*, die allein mit ihrem Gewicht, das
durch Ballast erhöht werden kann, einen Druck auf den Boden ausüben und ihn dadurch
verdichten, und *Vibrationswalzen*, bei denen zusätzlich die verdichtende Wirkung der von
eingebauten Vibratoren ausgelösten Schwingungen ausgenutzt wird, vgl. 2.5.1.1.2.

Walzen haben entweder eigenen Fahrantrieb oder sie sind anhängbar. Zum Ziehen von Anhängewalzen ist i. allg. eine Zugmaschine mit Raupen- oder Reifenfahrwerk von 40 bis 90 kW erforderlich.

2.5.1.1.1 Statische Walzen können nach der Art ihres Mantels *Glattradwalzen* (*Glattwalzen*), *Gummiradwalzen*, *Gürtelradwalzen*, *Gitterradwalzen* oder *Schaffußwalzen* sein. Von manchen dieser Haupttypen gibt es noch Sonderformen, z. B. die *Keilfußwalze* als Sonderbauart der Schaffußwalze.

Bild 2.5-1 zeigt die von den gebräuchlichsten statischen Walzen auf dem Boden hinterlassenen Walzmuster mit Angabe der Walzfläche und des Bodendruckes der Geräte.

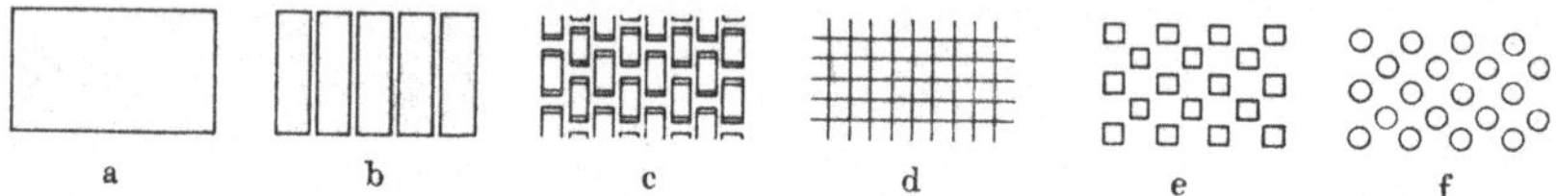

Bild 2.5-1. Walzmuster, verdichtete Fläche und Bodendruck verschiedener statischer Walzen (nach Zeppelin). — a) Glattwalze, 100% Walzfläche, Bodendruck bis 4 kp/cm²; b) Gummiradwalze, 80% Walzfläche, Bodendruck bis 6,5 kp/cm²; c) Waffelwalze, 60% Walzfläche, Bodendruck bis 10,5 kp/cm²; d) Gitterwalze, 50% Walzfläche, Bodendruck 14 bis 70 kp/cm²; e) Stampfwalze, 37% Walzfläche, Bodendruck 14 bis 70 kp/cm²; f) Schaffußwalze, 10% Walzfläche, Bodendruck bis 50 kp/cm².

2.5.1.1.1.1 Glattradwalzen (*Glattwalzen*) werden als Ein-, Zwei-(Tandem-) oder Dreiradwalzen gebaut. Selbstfahrende Motor-Glattwalzen sind Tandem- oder Dreiradwalzen. Als Antrieb dienen Dieselmotoren. Dampfwalzen werden nicht mehr gebaut. Das Grundgewicht der Walzen kann mit Ballast erhöht werden. Die Walzen sind mit Berieselungs-

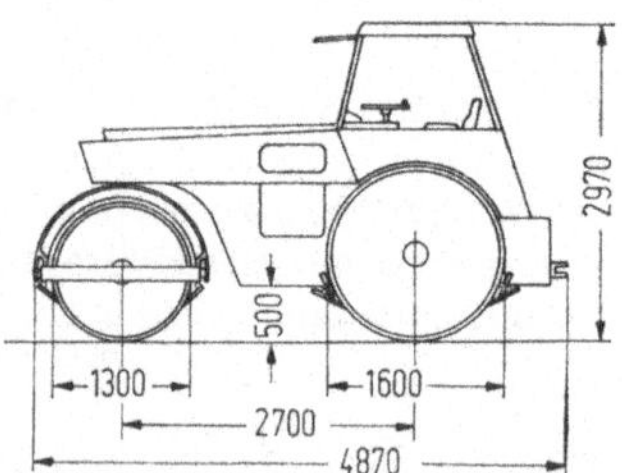

Bild 2.5-2. Dreiradwalze (Zettelmeyer Europ S 12). Grundgewicht **12 t**, mit Wasser belastbar auf 14 t. Dieselmotor-Leistung 33 kW bei 1 600 U/min. Walzbreite 1 900 mm; Walzgeschwindigkeit bis 7,35 km/h. Längenmaße in mm.

anlage ausgestattet. Meist werden Tandemwalzen mit Grundgewicht von 3 bis 8 t, Motorleistung von 11 bis 36 kW und Walzbreite zwischen 1 und 1,4 m verwendet oder Dreiradwalzen (Bild 2.5-2) mit Grundgewicht von 3 bis 14 t, Motorleistung zwischen 12 und 48 kW und Walzenbreite von 1,2 bis 2 m [29].

Glattradwalzen haben eine glatte Bandage. Da sie nur mit einem schmalen Streifen auf der Bodenfläche aufliegt, ist die Tiefenwirkung gering [H 26]. Außerdem bilden sich beim Walzen nichtbindiger Böden leichte Risse, die quer zur Fahrtrichtung in der gewalzten Fläche verlaufen.

Glattwalzen werden z. B. zum Nachwalzen von Oberflächen benutzt, die mit Schaffuß-, Gürtelrad- oder Gitterradwalzen verdichtet wurden, ferner beim Einbau von Verschleißschichten hinter dem Schwarzdeckenfertiger, auf Schotterdecken und für ähnliche Arbeiten.

2.5.1.1.1.2 Gürtelradwalzen fahren auf vier Rädern, die statt der Reifen einen Kranz von rechteckigen Stahlplatten tragen. Sie sind gelenkig am Rad befestigt, so daß die jeweils unten befindlichen Platten flach auf dem Boden aufliegen. Daher wird die Bodenfläche gut verdichtet und Rissebildung vermieden. Nach [19] sind Schütthöhen von 30 cm zulässig. In achtstündiger Arbeit können in 4 Übergängen 640 m³ und bei 6 Übergängen 430 m³ verdichtet werden. Das Eigengewicht beträgt 16 bis 25 t, der Druck der Platten auf den Boden 2,4 bis 3,75 kp/cm². Die Arbeitsbreite ist 80 cm, die durchschnittliche Arbeitsgeschwindigkeit 2 km/h.

2.5.1.1.1.3 Gitterradwalzen (*Gitterwalzen*, Bild 2.5-3) sind einachsige Anhänger, deren Walzmantel aus einem Stahlgeflecht (Brinellhärte 350) besteht. Die Gitterform des Stahlgeflechtes schränkt den Bodenvorschub ein und bewirkt gute Verdichtung. Außer Druck und Kneten werden beim Fahren über den Boden auch Stoß und leichte Schwingungen

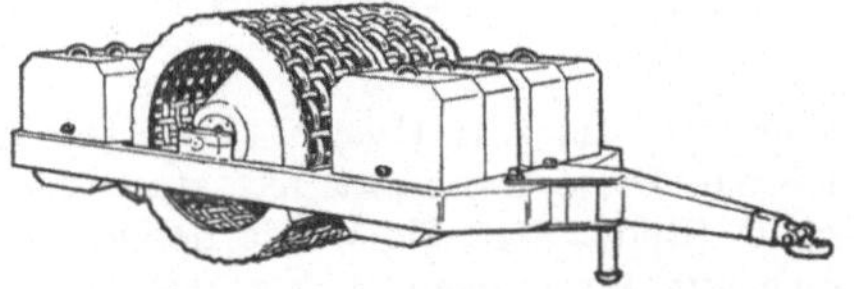

Bild 2.5-3. Gitterwalze System Hyster (Zeppelin). Erläuterungen im Text.

für das Verdichten wirksam, obwohl das Gerät keinen eingebauten Vibrator hat. Die Unebenheiten des Bodens rufen die Stöße und Schwingungen hervor. Gitterwalzen eignen sich besonders für das Verdichten von felsigen und rolligen Böden, also für nicht oder wenig bindigen Sand und Kies. Verwitterter Fels und feste Bodenklumpen werden von der Gitterwalze zerdrückt [H 26]; der Einsatz von Steinbrechern wird dadurch oft unnötig.

Die Walzbreite beträgt bei Gitterwalze „Hyster D" (Zeppelin) 2 m und kann durch Anbau eines zusätzlichen Walzkörpers auf 3 m vergrößert werden. Die Arbeitsgeschwindigkeit kann bis zu 25 km/h erreichen.

Das Betriebsgewicht der Walze kann mit Hilfe von Betonballast zwischen 7,0 und 13,5 t verändert werden. Schütthöhe bis ca. 30 cm ist üblich [H 26]. Bei achtstündiger Arbeitszeit verdichtet die Walze bei 8 Übergängen 880 m³ und bei 12 Übergängen 590 m³, vgl. [19].

2.5.1.1.1.4 Schaffußwalzen sind meist einachsige Anhängewalzen, deren Walzenmantel mit an der Spitze abgeflachten Stahlfüßen besetzt ist. Der gesamte Walzendruck wirkt daher nur auf diese kleinen Fußflächen und ist dort dadurch höher als unter sonst gleichen Bedingungen bei Druckverteilung über eine geschlossene Walzfläche. Allerdings eignen sich Schaffußwalzen nur für bindige, nicht zu stark wasserhaltige Böden, vgl. [H 26]. Selbst da sinken sie bei den ersten Übergängen tief ein und haben erst bei zunehmender Bodenverdichtung eine Eindringtiefe von wenigen Zentimetern. Auch nach Arbeitsschluß verbleibt ein rauhes Planum, das z. B. mit einer Glattradwalze geglättet werden muß, vgl. [H 26]. Andrerseits kneten die 18 bis 20 cm langen Schaffüße den Boden kräftig durch und begünstigen das Austrocknen. Das Gewicht kann durch Wasser- oder Sandballast auf das Zwei- bis Dreifache erhöht werden. Die Walze besteht aus einer oder aus zwei nebeneinander auf gleicher Achse sitzenden Trommeln. Sie wird von einem Schlepper mit 2 bis 5 km/h Arbeitsgeschwindigkeit über den Boden gezogen. Die zulässigen Schütthöhen entsprechen der Länge der Schaffüße. Üblich sind Schaffußwalzen mit einem Grundgewicht von 2 bis 9 t bei Walzendurchmesser von 1,6 bis 2,7 m und Arbeitsbreiten von 1,4 bis 3 m, vgl. [29]. Nach [19] üben bei einer 2 m breiten, mit Ballast 6 t wiegenden Schaffußwalze die Füße einen Druck von 30 kp/cm² aus und verdichten in achtstündiger Arbeitszeit bei 8 Übergängen 770 m².

Die ursprünglichen statischen Schaffußwalzen werden zunehmend von anderen Geräten verdrängt, teils von weiterentwickelten Sonderformen wie Keilfußwalze oder Stampfwalze, teils von Vibrations-Schaffußwalzen, vgl. 2.5.1.1.2.

Die *Keilfußwalze* unterscheidet sich von der gewöhnlichen Schaffußwalze nur durch die etwas gedrungenere Gestalt der Füße und kann mit Sandballast einen Bodendruck

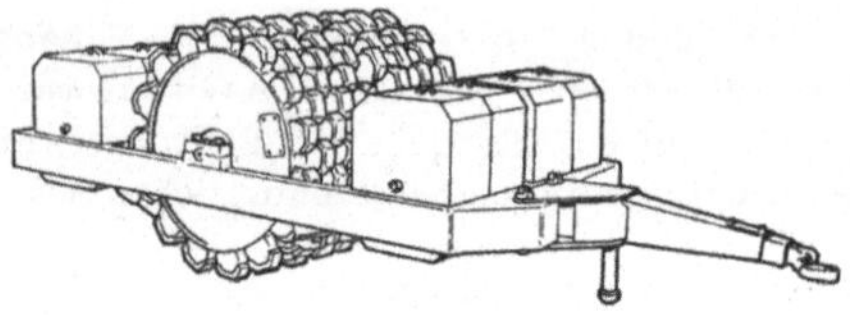

Bild 2.5-4. Stampfwalze System Hyster, Modell D (Zeppelin). Erläuterungen im Text.

bis 50 kp/cm² ausüben, z. B. Hyster 150 C. Die Spitzen an den Keilfüßen sind aus abriebfestem Stahl. Die *Stampfwalze* hat statt der Schaffüße kurze, breite Stampffüße, z. B. Hyster D (Bild 2.5-4). Sie wurde besonders für bindige Böden konstruiert, arbeitet aber auch gut auf rolligen Böden. Wie bei der Gitterwalze, werden auch hier für das Verdichten außer Druck und Kneten Stöße und leichte Schwingungen wirksam, die beim Fahren über den unebenen Boden entstehen. Die Stampffüße werden rasch aus dem

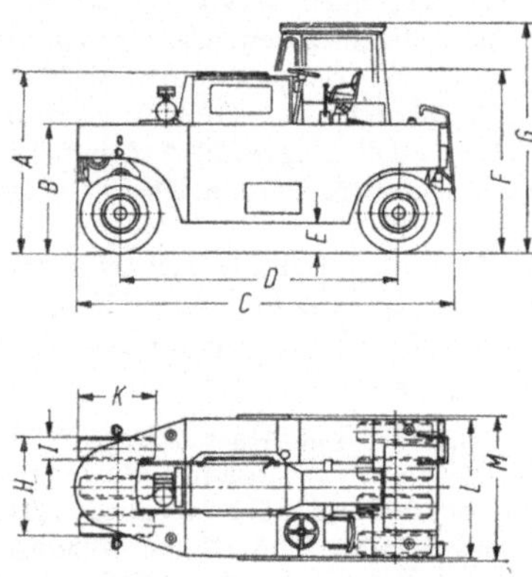

Bild 2.5-5. Gummiradwalze (Clark RW 181). Dieselmotor-Leistung 81 kW bei 2300 U/min; Geschwindigkeit vor- und rückwärts bis 20 km/h; Gewicht ohne Ballast 9 t, mit Ballast bis 20 t; Berieselungsanlage: Wassertank 700 dm³ Inhalt. — Längenmaße in mm:
$A = 2570$, $B = 1830$, $C = 5405$, $D = 4000$, $E = 390$, $F = 2630$, $G = 3280$, $H = 1462$, $J = 312$, $K = 1118$, $L = 1960$, $M = 2080$.

Boden gezogen, ohne daß lose Bodenteile weggeschleudert werden. Das Gerät hinterläßt eine „versiegelte" Oberfläche. Das Betriebsgewicht kann mit Ballast zwischen 5 und 15 t verändert werden. Wie bei der Gitterwalze, kann die normale Arbeitsbreite von 2 m durch Anbau eines zusätzlichen Walzkörpers auf 3 m vergrößert werden. Die Arbeitsgeschwindigkeit kann 25 km/h erreichen.

2.5.1.1.1.5 Gummiradwalzen (Bild 2.5-5) haben keine zylindrischen Walzenkörper, sondern stattdessen mehrere dicht nebeneinander angeordnete, luftbereifte Räder. Die Räder sind pendelnd aufgehängt. Als vorteilhaft haben sich Geräte mit 7 Rädern erwiesen in der im Bild gezeigten Anordnung; es gibt aber auch schwere Geräte mit größerer Radzahl. Der Reifendruck ist einstellbar. Manche Bauarten haben automatische Reifendruckverstellung während der Fahrt. Gummiradwalzen verdichten sehr gleichmäßig infolge ihrer knetenden Wirkung. Sie zertrümmern das Korn der Oberfläche nicht, so daß sie griffig bleibt. Gummiradwalzen eignen sich besonders für bindige Böden geringer Schütthöhe, ferner zum Verdichten bituminöser Decken, aber auch als Hilfsmittel bei der Bodenverfestigung, z. B. mit Kalk oder Zement.

Gummiradwalzen werden in der Regel als Selbstfahrer gebaut, z. B. Beco, Clark, DEMAG, Weller. Die Dieselmotoren leisten bei den üblichen Typen 20 bis 75 kW. Die Gewichte betragen 6 bis 9 t, mit Ballast 8 bis 20 t. Die Walzbreiten liegen bei 2 bis 2,4 m.

Von Schleppern gezogene Anhänge-Gummiradwalzen werden selten auf kleineren Baustellen eingesetzt. Sie haben 2 bis 26t Grundgewicht, mit Ballast 8 bis 90 t, vgl. [29].

2.5.1.1.2 Vibrationswalzen (*Rüttelwalzen*) verdichten sowohl mit ihrem Gewicht als auch mit Hilfe der von eingebauten Vibratoren erzeugten gerichteten oder ungerichteten Schwingungen. Dadurch erreichen Rüttelwalzen unter sonst gleichen Voraussetzungen in derselben Zeit höhere Arbeitsleistungen als vergleichbare statische Walzen. Außerdem kann eine Vibrationswalze jederzeit durch Abschalten des Vibrators als statische Walze benutzt werden, fall die jeweilige Aufgabe es erfordert.

Rüttelwalzen gibt es als Selbstfahrer und als Anhänger. *Glattwalzen* (2.5.1.1.1.1) und *Schaffußwalzen* (2.5.1.1.1.4) werden auch als Vibrationswalzen gebaut und verdrängen die rein statischen Geräte dieser Art immer mehr.

2.5.1.1.2.1 Glatt-Rüttelwalzen (*Vibrations-Glattwalzen*) sind vorwiegend Einrad- oder Zweirad- (Tandem-) Walzen.

Einrad-Rüttelwalzen sind in der kleinsten Form handgeführte Geräte, z. B. Losenhausen, Weller (Bild 2.5-6). Sie sind vielseitig für leichte Verdichtungsarbeit verwendbar, z. B. bei Neubau oder Instandhaltung von Wegen, Parkplätzen, Sportanlagen. Nacharbeit mit Stampfern oder Rüttelplatten ist unnötig. Mittlere und schwere glatte Einrad-Rüttel-

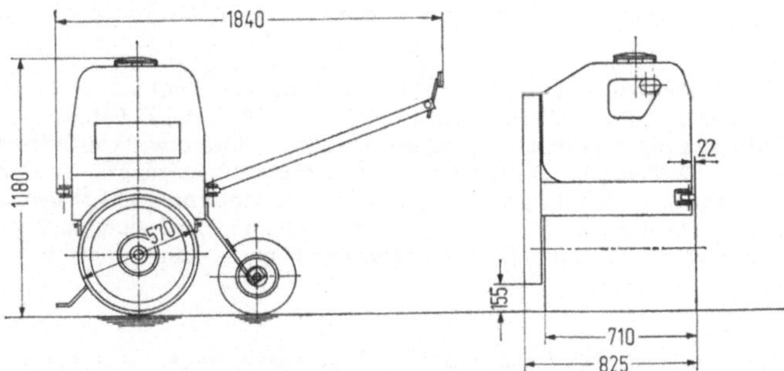

Bild 2.5-6. Einrad-Rüttelwalze. Die als Beispiel gezeigte Weller-Vibrations-Kantenwalze WVW 80 hat eine völlig freie Bandagenseite und kann daher an alle senkrechten Begrenzungen wie Bordsteine, Zäune, Hallenwände, Baumreihen usw. unmittelbar herangefahren werden. Einsatz-Gewicht 0,5 t; Dieselmotor-Leistung 4 kW; Geschwindigkeit 1,5 und 3 km/h; Frequenz 4 500 U/min. — Zusätzliches Stützrad. — Längenmaße in mm.

walzen sind Anhänger, die von einem Rad- oder Raupenschlepper gezogen werden, z. B. ABG DEMAG, Weller, Zeppelin, Zettelmeyer (Bild 2.5-7). Sie eignen sich für viele Bodenarten, die größten Typen sogar für schweren Fels. Als Zugmaschine der Walze wird dann eine Planierraupe verwendet. Sie schiebt die vom Großraumfahrzeug abgeladenen Schüttkegel glatt, und die angehängte Rüttelwalze verdichtet das Material einlagig in einer

Dicke von 0,60 bis 1,50 m bei 4 bis 6 Walzübergängen, wobei auch Felsbrocken mit eingebaut werden können. Für derartige Arbeiten werden die schwersten Bauarten mit
≈ 12 bis 15,5 t Betriebsgewicht eingesetzt, deren Rüttler-Unwuchten von Dieselmotoren
mit Dauerleistung bis 85 kW angetrieben werden. Bei Walzbreiten von ≈ 2000 bis

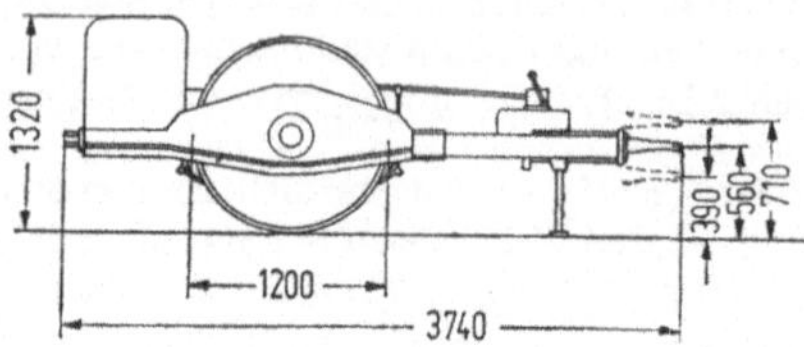

Bild 2.5-7. Anhänge-Rüttelwalze (Zettelmeyer VA 3). Grundgewicht 3,3 t; Dieselmotor-Leistung
15 kW bei 2000 U/min. Arbeitsgeschwindigkeit je nach Zugmaschine 1 bis 3 km/h. Walzenkörper
in der Mitte geteilt und elastisch aufgehängt, dadurch beste Anpassung an Boden-Unebenheiten.
Jedes der beiden Walzenräder hat eine Vibratorwelle mit je 2 Unwuchtscheiben. Sie erzeugen
ungerichtete Schwingungen von 32,5 bis 46,6 Hz. Walzbreite 2080 mm. — Längenmaße in mm.

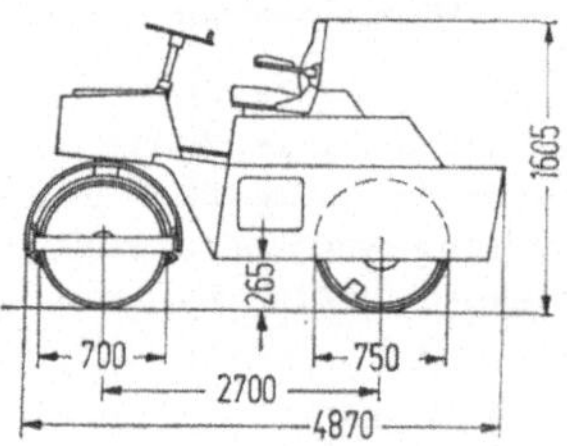

Bild 2.5-8. Rüttel-Tandemwalze (Zettelmeyer VTL). Grundgewicht mit vollem Wassertank ≈ 2 t,
belastbar auf ≈ 2,26 t. Dieselmotorleistung 10 kW bei 2000 U/min. Fahrgeschwindigkeit bis
5,2 km/h. Steigfähigkeit mit Vibration ≈ 20%, ohne ≈ 25%. Vibratorwelle als Exzenter-Rohrwelle
ausgebildet. Erhöhte Verdichtungsleistung durch ungerichtete Schwingungen (Treibwalze schwingt
radial in allen Richtungen). Vibratorfrequenz mit Hilfe der Motordrehzahl stufenlos regelbar bis
61,5 Hz. Walzbreiten: Lenkwalze 800 mm, Treibwalze 1000 mm. Berieselungsanlage: Wassertank-
inhalt 95 dm³; Berieselungsdruck durch Auspuffdruck erzeugt. — Längenmaße in mm.

2500 mm werden bei zehnstündiger Arbeitszeit Tagesleistungen von mehr als 10000 m²
erreicht. Auch für andere Bodenarten sind mittlere und schwere Walzen dieser Art gut
geeignet.

   Zweirad-(Tandem-)-Vibrations-Glattwalzen gibt es ebenfalls als handgeführte Kleingeräte, z. B. DEMAG, Losenhausen, Weller. Außer Geräten mit zwei gleich großen Walzen
und symmetrischer Gewichtsverteilung werden auch Tandemwalzen mit Walzen verschiedenen Durchmessers und asymmetrischer Gewichtsverteilung gebaut (z. B. DEMAG-
System *Dingler*). Der Verwendungszweck dieser Kleinwalzen ist der gleiche wie bei den
oben aufgeführten handgeführten Einradwalzen. Sie werden mit Betriebsgewicht bis
≈ 1,3 t und Dieselmotor-Leistung bis ≈ 9 kW gebaut.

   Bei den handgeführten Tandemwalzen sind beide Walzen in einem starren Rahmen
gelagert. Im Gegensatz dazu haben größere Tandemwalzen mit Betriebsgewicht von 2 t
und mehr eine in einem Drehrahmen gelagerte Vorderwalze, die zum Lenken des Fahrzeuges

dient. Gesteuert wird sie von einem offenen oder überdachten Fahrersitz aus, der alle Bedienungselemente enthält, z. B. DEMAG, Losenhausen, Weller, Zettelmeyer (Bild 2.5-8). Derartige Tandemwalzen werden in den gebräuchlichen Typen mit Betriebsgewichten bis 7,0 t einschließlich Ballast und Dieselmotoren mit Dauerleistung bis 30 kW gebaut. Die Walzbreiten betragen maximal etwa 1 300 mm. Bei allen derartigen Tandemwalzen vibriert nur die Hinterwalze, während die Lenkwalze keine Rüttelvorrichtung hat.

2.5.1.1.2.2 Schaffuß-Vibrationswalzen (Bild 2.5-9) gleichen im Aufbau den statischen Schaffußwalzen (2.5.1.1.1.4), abgesehen von den eingebauten Vibratoren. Auch die Schaffuß-Vibrationswalzen (*Vibrations-Schaffußwalzen, Schaffuß-Rüttelwalzen*) sind meist von

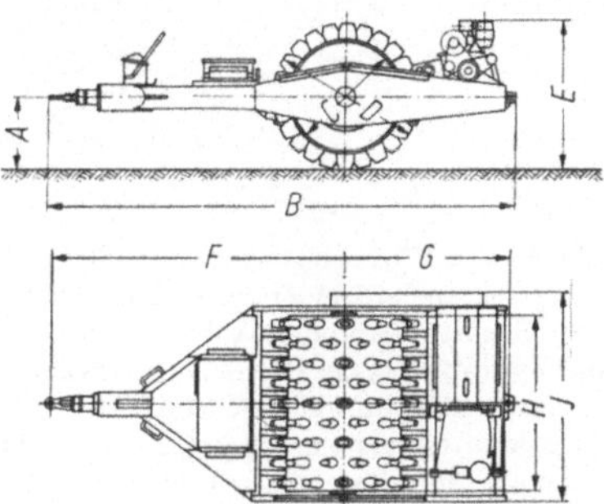

Bild 2.5-9. Schaffuß-Anhänge-Vibrationswalze(Clark SV 70). Dieselmotor-Leistung 43 kW bei 2150 U/min; Gewicht 6,5 t; Vibrator maximale Fliehkraft 160 kN; Anzahl der Füße: 108, Kontaktfläche je Fuß 50 cm²; Längenmaße in mm: $A = 800$, $B = 4855$, $C = 1240$, $D = 1600$, $E = 1660$, $F = 2980$, $G = 1755$, $H = 1900$, $I = 2245$.

Schleppern gezogene Anhängewalzen, z. B. Clark, DEMAG, Weller, Zettelmeyer, und ihre Vorzüge kommen ebenfalls vorwiegend bei bindigen bis stark bindigen Böden zur Geltung, vgl. [H 26]. Aber für den Arbeitsvorgang ergibt die Wirkung der Vibratoren einige wesentliche Unterschiede. Beispielsweise darf bei statischen Schaffußwalzen die Schütthöhe nicht mehr als ein Drittel über die Länge der Schaffüße hinausgehen, kann also höchstens ≈ 20 bis 30 cm betragen. Dagegen muß bei Gebrauch von Vibrations-Schaffußwalzen die Schütthöhe mindestens ≈ 40 cm sein. Ferner begünstigt die Vibration das Überwinden der Wasserbindekräfte, und die Tiefenwirkung der Vibrations-Schaffußwalzen ist größer als die der statischen Geräte. Alle diese Merkmale der Vibrationswalzen kommen dem Arbeitsergebnis zugute. Unter sonst gleichen Voraussetzungen erreicht die Vibrations-Schaffußwalze mit weniger Übergängen dasselbe Ergebnis wie das vergleichbare statische Gerät, vgl. [H 26]. Auch bei der Bodenverfestigung mit Kalk, Zement und anderem Material ist die Vibrations-Schaffußwalze der statischen Walze infolge der genannten Eigenschaften überlegen, besonders weil die größeren zulässigen Schütthöhen die Arbeitszeit verkürzen.

Bei manchen Bauarten ist ein rascher Umbau der Vibrations-Schaffußwalze in eine Vibrations-Glattwalze auf der Baustelle möglich. Das geschieht entweder durch Austausch des Walzenkörpers, z. B. bei den Systemen DEMAG, Weller, oder durch Umkleiden der Schaffußbandage mit einem aus schalenförmigen Teilen zusammensetzbaren Glattmantel, z. B. System Zettelmeyer.

Nach Gebrauch von Vibrations-Schaffußwalzen ist es wie beim Verwenden statischer Schaffußwalzen in der Regel empfehlenswert, mit einer Glattwalze den Oberflächenschluß herzustellen.

2.5.1.1.2.3 Vibrations-Walzenzüge (Bild 2.5-10) sind gelenkig gekuppelte Einheiten, die aus einem luftbereiften Einachsschlepper und einer Anhänge-Vibrationswalze ge-

bildet sind, z. B. Bauart Weller. Bei diesem System ist bei dem kleinen Typ WVW 600/
ZT 3, der 10,8 t wiegt, ein Austausch des Glattwalzenkörpers gegen einen Schaffuß-
Walzenkörper auf der Baustelle möglich.

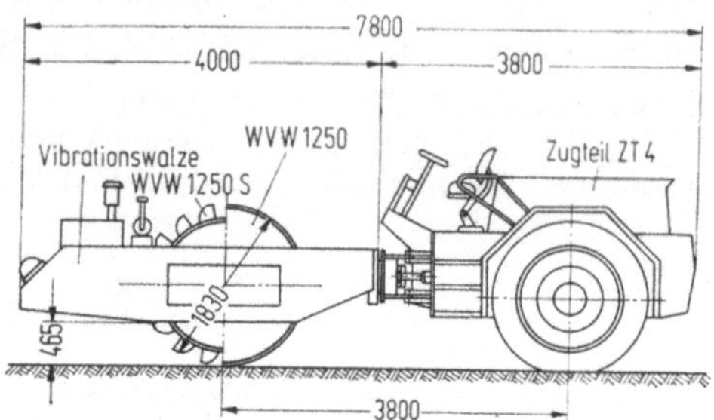

Bild 2.5-10. Vibrations-Walzenzug (Weller WVW 1250/ZT 4 bzw. WVW 1250 S/ZT 4). Die Geräte-
einheit ist aus einem Zugteil ZT 4 und einer Anhängewalze (Anhänge-Vibrationswalze WVW 1250
bzw. Schaffuß-Anhänge-Vibrationswalze WVW 1250 S) gebildet. Zugteil und Walze sind über
eine hydraulisch betätigte Knicklenkung verbunden. Dadurch bleiben beide auch beim Kurven-
verfahren stets in gleicher Spur. WTW 1250/ZT 4: Einsatzgewicht 25 t; Geschwindigkeit je nach
Bodenart, mindestens 1,8 km/h. — WVW 1250 S: Einsatzgewicht 25,5 t; Geschwindigkeit je nach
Bodenart, mindestens 2,4 km/h. — Für beide Typen gilt: Frequenz 1800 U/min; Dieselmotor
Leistung 66 kW (Dauerleistung); Bandagendmr. 1830 mm; Bandagenbreite 2080 mm. — Zugteil ZT 4 allein hat Einsatzgewicht 13 t; Geschwindigkeit im Arbeitsgang bis 4 km/h, im Transportgang bis 10 km/h. — Längenmaße in mm.

2.5.1.2 Stampfer

2.5.1.2.1 Freifall-Kranstampfer haben meist die Form der *Stampfplatte*. Sie ist eine
Stahlplatte von 2 bis 3 t Gewicht, die von einem Seilzugbagger angehoben wird. Nach
Lösen einer Sperre fällt die Platte frei auf den Boden zurück und zieht dabei das Hubseil
hinter sich her. Diese Stampfer werden vorwiegend für Felsböden oder steinige bindige
Böden verwendet. Da die Geräte ein unebenes Erdplanum hinterlassen, sich nicht für
Dammränder eignen und nur in ausreichendem Abstand von Gebäuden benutzt werden
dürfen (vgl. [H 26]), abgesehen von sonstigen Nachteilen, werden die Freifall-Kranstampfer
immer mehr von Vibrationswalzen (vgl. 2.5.1.1.2) verdrängt.

2.5.1.2.2 Explosionsstampfer [H 26, 7, 29] sind handgeführte Geräte, die durch die
Explosion eines Kraftstoff-Luft-Gemisches hochgeschleudert werden und dann auf den
Boden zurückfallen. Bei dieser Art von Stampfern wird nicht nur der freie Fall für das
Verdichten des Bodens wirksam, sondern auch ein Teil des Explosionsdruckes. Die meisten
Explosionsstampfer sind Kleingeräte von 75 bis 105 kg Gewicht, die bei einer Sprunghöhe
von ≈ 40 cm Schlagfrequenzen von 60/min bis 80/min aufweisen. Es gibt aber auch Groß-
geräte von 0,5 bis 1,0 t Gewicht.

Explosionsstampfer sind entweder senkrecht hochspringende *Stampframmen* oder
schräg hoch- und vorwärtsspringende *Frösche*.

2.5.1.2.2.1 Stampframmen arbeiten in einer Taktfolge, die sich z. B. am Schema der
Bauart DELMAG H 2S gut veranschaulichen läßt (Bild 2.5-11): a) *Ausgangsstellung:*

Verbrennungsraum A ist mit Kraftstoff-Luftgemisch gefüllt. Einlaßventil *1* ist geschlossen. Hebel *5* am Zündmagneten wird betätigt, Zündung erfolgt. Explosion wirft Rammenkörper nach oben; b) *Auspuff:* Beim Hocheilen des Rammenkörpers wird Auspufföffnung B freigelegt, so daß Abgase entweichen, und Feder *11* gespannt wird. Sie wirft Kolben *2* nach oben. Gleichzeitig wird Kolbenventil *4* geöffnet, so daß Abgase auch nach unten entweichen: c) *Freier Flug der Ramme:* Kolben überholt den hocheilenden Rammen-

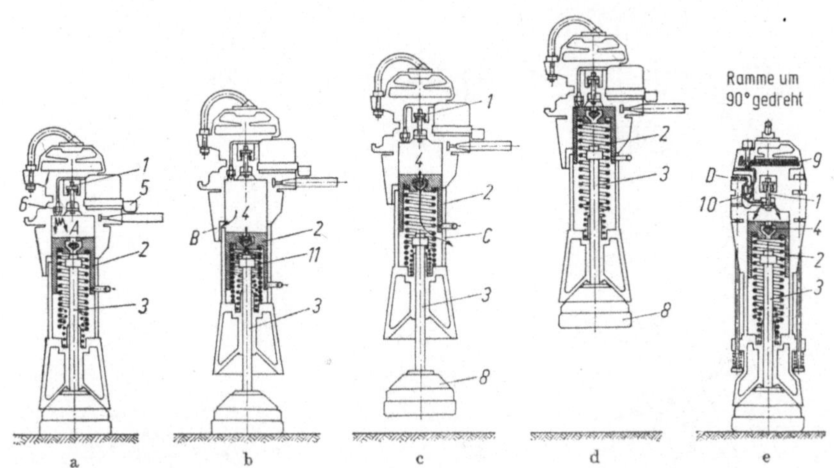

Bild 2.5-11. Brennkraft-Stampframme (DELMAG H 2 S), Schema der Arbeitsweise; Erläuterung im Text. Flächenleistung der H 2 S bei einmaligem Überstampfen 130 bis 150 m²/h. Das Gerät kann nach Austausch von Unterteilen auch als Meißelramme, Pfahlramme oder Pflasterramme benutzt werden.

körper, Abgase entweichen auch durch Schlitz C. Kolbenstange *3* mit Stampfplatte *8* wird angehoben und von der gespannten Rückholfeder *7* beschleunigt hochgeworfen; d) *Höchste Flugstellung:* Kolben *2* schlägt an Zylinderdeckel an, Kolbenstange *3* mit Stampfplatte *8* schiebt sich bis zum Anschlag in den Rammenkörper; e) *Freier Fall, Aufprall und Ansaugen:* Ramme fällt geschlossen bis zum Aufprall. Der nicht abgebremste Kolben *2* fällt mit geschlossenem Kolbenventil *4* weiter, bis er auf die Kolbenstange *3* aufschlägt. Im Raum A entsteht Unterdruck. Er öffnet Einlaßventil *1* und Mischventil *10*, um Kraftstoff aus dem Tank *9* und Luft durch Kanal D anzusaugen. — Gesamtgewicht 104 kg; Schlagenergie 48 kp m; Sprunghöhe 46 cm; Schlagfrequenz 60/min bis 80/min; Gesamthöhe 1185 mm; größte Breite mit Handgriffen 548 mm; Stampffläche 564 cm².

2.5.1.2.2.2 *(DELMAG)-Frosch* (Bild 2.5-12). Bei jeder Explosion springt der Frosch 15 bis 20 cm parabelförmig vorwärts. — Die Frösche eignen sich z. B. für Verdichten des Unterbaues von Straßen, Rollbahnen und Gebäuden, Verfüllung von breiten Rohrgräben und Gruben, Hinterfüllung bei Brücken, Straßen und Fundamenten, Schüttung von Wällen, Dämmen und Deichen. — Arbeitsweise: a) *Ausgangsstellung:* Verbrennungsraum *5* ist mit Kraftstoff-Luft-Gemisch gefüllt (bei Arbeitsbeginn durch pumpenartige Bewegungen des Arbeitskolbens *4* mit Hilfe eines Kolbenhebers, dann während der Arbeit selbsttätig). Bei Betätigen des Magnethebels bringt Zündkerzenfunke das Gemisch zur Explosion. Froschzylinder *2* wird hochgeworfen. Abstützkörper *20* und die beiden Kolben *4* und *17* verharren in ihrer Lage; b) *Explosionsstellung:* Der hochfliegende Zylinder *2* legt Auspuffschlitze *3* frei. Verbrennungsgase können entweichen. Gleichzeitig wird die Luft unter dem Pufferkolben *17* im Zylinder-Unterteil verdichtet; c) *Untere Flugstellung:* Sobald diese Verdichtung genügend fortgeschritten ist, reißt sie die Kolben *4* und *17* und den Abstützkörper *20* nach oben. Zugleich drückt ein Teil der

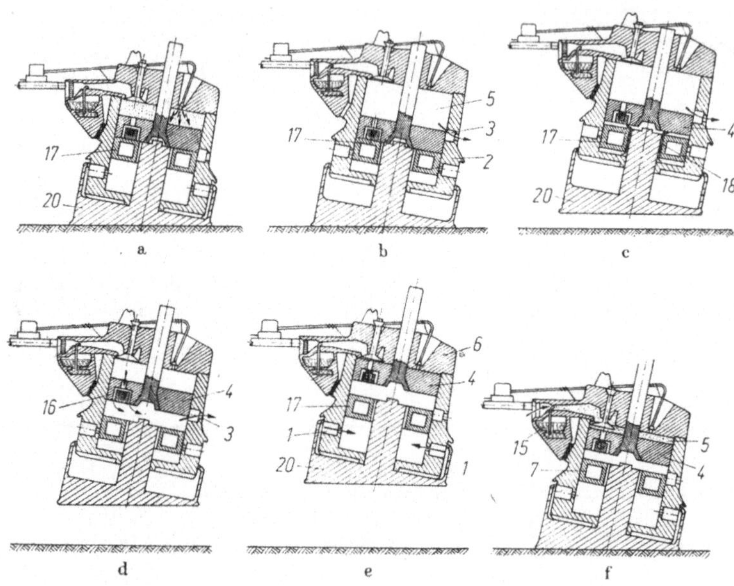

Bild 2.5-12. DELMAG-Frosch (DELMAG F 5 und F 10). Arbeitsgewicht F 5: 540 kg, F 10: 1170 kg; Versandgewicht mit Zubehör und Werkzeug F 5: 580 kg, F 10: 1235 kg; Schlagfrequenz für beide Typen 50/min bis 60/min; Schlagenergie F 5: 175 kp m, F 10: 360 kp m; Stampffläche F 5: 3850 cm², F 10: 6360 cm²; zulässige Schütthöhe je nach Bodenart F 5: 40 bis 70 cm, F 10: 60 bis 90 cm; Flächenleistung bei einmaligem Überstampfen F 5: 160 bis 200 m²/h, F 10: 220 bis 300 m²/h; Sprunghöhe bei beiden Typen 30 bis 40 cm. — Weitere Erläuterungen im Text.

verdichteten Luft durch die Bohrungen *18* des Kolbens *17* gegen die Unterseite des Kolbens *4* und trennt beide Kolben voneinander. Die nachströmende Luft beschleunigt die Aufwärtsbewegung des Kolbens *4*. Zwei seitliche Gummizüge, die den Zylinder mit dem Abstützkörper *20* verbinden, unterstützen das Nacheilen des Kolbens *17*; d) *Mittlere Flugstellung:* Zylinder und Kolben fliegen weiter aufwärts. Sobald Arbeitskolben *4* mit seiner Unterkante die Auspuffschlitze *3* überlaufen hat, wird der Raum zwischen beiden Kolben drucklos. Rest der Verbrennungsgase über Kolben *4* entweichen durch Ventil *16* und Auspuffschlitze *3*; e) *Höchste Flugstellung:* Arbeitskolben *4* trifft an Unterseite des Zylinderdeckels *6* auf. Kolben *17* hat inzwischen Frischluft durch die Einlaßschlitze *1* eingesaugt und ist mit Abstützkörper *20* am Zylinder-Unterteil zum Anschlag gekommen. Dort wird er von den äußeren Gummizügen festgehalten. Der Frosch fällt nun durch sein Eigengewicht als geschlossener Körper nach unten; f) *Aufprall und Ansaugen:* Beim Aufprall des Frosches auf den Boden bewegt sich Arbeitskolben *4* weiter abwärts und saugt selbsttätig Frischluft durch das Filter *14* und Kraftstoff aus dem Vergaser *15* in den Verbrennungsraum *5* ein. Sobald Arbeitskolben *4* auf Pufferkolben *17* auftrifft, ist Ausgangsstellung a) erreicht. Neues Arbeitsspiel beginnt.

2.5.1.2.2.3 Vibrostampfer (*Vibrationsstampfer*, Bild 2.5-13) dienen zum Verdichten von Schüttungen. Bei diesen Geräten betätigt ein Elektro- oder Benzinmotor über einen Kurbel-

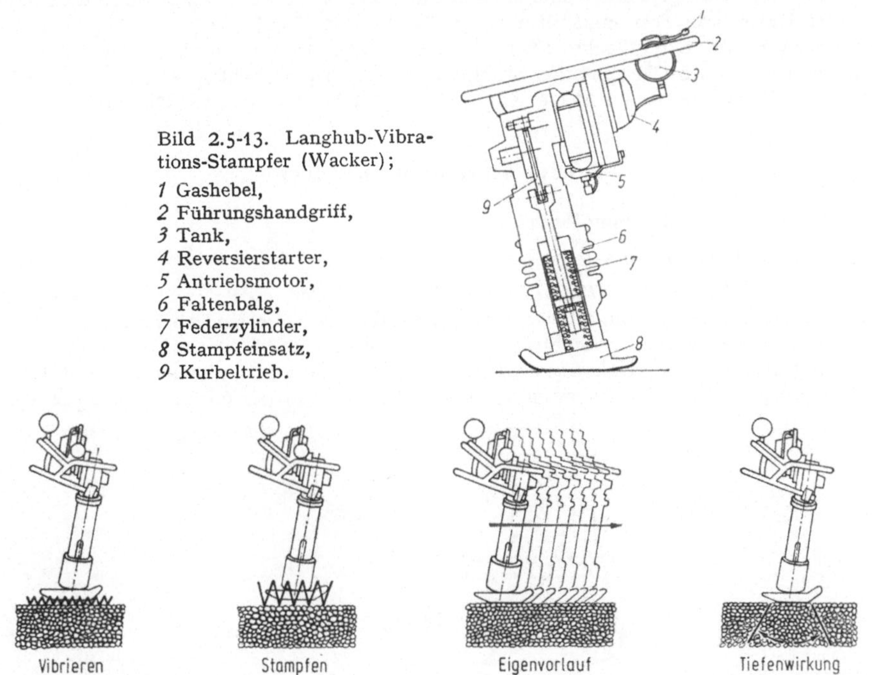

Bild 2.5-13. Langhub-Vibrations-Stampfer (Wacker);

1 Gashebel,
2 Führungshandgriff,
3 Tank,
4 Reversierstarter,
5 Antriebsmotor,
6 Faltenbalg,
7 Federzylinder,
8 Stampfeinsatz,
9 Kurbeltrieb.

Bild 2.5-14. Arbeitsweise eines Vibrationsstampfers (System Wacker); a) Vibrieren, b) Stampfen, c) Eigenvorlauf, d) Tiefenwirkung.

trieb eine Kolbenstange. Deren Kolben bewegt sich in einem Federzylinder vor- und rückwärts. Durch Zusammendrücken und Entspannen der Federn werden Schwingungen hervorgerufen, die sich auf den Stampfeinsatz des Gerätes übertragen, z. B. System Wacker.

Die Wirksamkeit der Geräte beruht auf der Verbindung von Vibration und Stampfschlag, vgl. Bild 2.5-14. Auch der Eigenvorlauf wird durch die Stampfbewegung bewirkt. Vibrostampfer sind sehr vielseitig verwendbar, allerdings für einzelne Aufgaben nur Geräte bestimmter Größe. Schwere Geräte eignen sich für schwerstes Verdichtungsmaterial, z. B. Wacker BS 170 Y mit 155 kg Gewicht, 4,5 kW Motorleistung, Stampferhub bis 100 mm, Schlagfrequenz 450/min bis 480/min, Vorlauf bis 14 m/min, Tiefenwirkung bis 80 cm, Stampfeinsatzfläche 480×400 mm und Flächenleistung bis 330 m²/h. Diese Stampfer können in Verbindung mit einem passenden Rammgerüst auch als Freireiterrammen für Profile, Träger, Schienen, Spundbohlen oder Kanaldielen benutzt werden, vgl. 2.1.1.1.1.3. Vibrostampfer mittlerer Größe sind für Schüttungen, aber auch für bindige

Böden geeignet und können noch in schmalen Gräben arbeiten, z. B. Wacker BS 60 Y
mit 52 kg Gewicht, Benzinmotor von 2 kW Leistung (der auf der Baustelle leicht durch
einen Elektromotor ersetzt werden kann), Stampferhub bis 60 mm, Schlagfrequenz
450/min bis 630/min, Vorlauf bis 12.5 m/min, Tiefenwirkung bis 55 cm, Stampfeinsatzfläche 330 × 280 mm und Flächenleistung bis 210 m²/h. Leichte Vibrostampfer können
auf sehr engem Platz arbeiten und beispielsweise beim Unterstopfen von Rohren oder
Einsetzen von Leitungspfählen oder Masten gute Dienste leisten; außerdem sind sie auch
zum Verdichten von Teer- und bituminösen Decken am Straßenrand und ähnliche Aufgaben verwendbar, z. B. Wacker BS 15. Dieses Kleingerät hat bei 22 kg Gewicht einen
Benzinmotor von 1,2 kW Leistung, Stampferhub bis 42 mm, Schlagfrequenz 900/min bis
1 000/min, Tiefenwirkung bis 20 cm, Stampfeinsatzfläche (Kreisplatte) 220 mm Dmr.

2.5.1.3 Vibratoren (Rüttler)

2.5.1.3.1 Bodenverdichtung [H 26]

2.5.1.3.1.1 Rüttelwalzen s. 2.5.1.1.2

2.5.1.3.1.2 Plattenrüttler (*Flächenrüttler, Rüttelverdichter*) eignen sich besonders zum
Verdichten nichtbindiger und schwachbindiger Sande und Kiese, sind aber auch für andere
schwachbindige Böden gut brauchbar, ferner für Schotter und Schlacke.

Rüttelplatten (*Vibrationsplatten*) sind Geräte, die nur eine Platte haben und von Hand
geführt werden. Die Vorwärtsbewegung des Gerätes ebenso wie die abwärts gerichteten

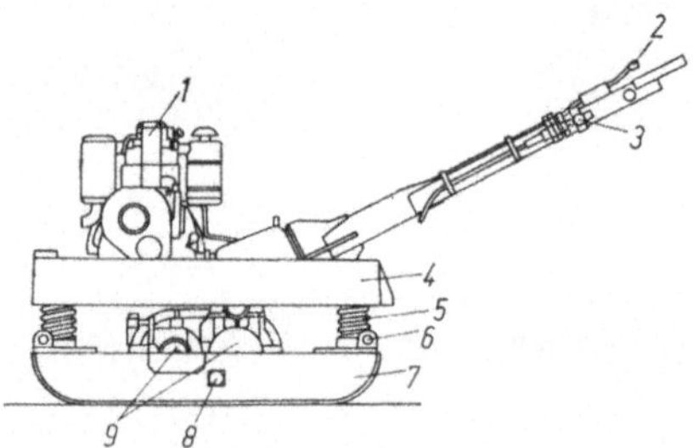

Bild 2.5-15. Vibrationsplatte (Wacker DVU 3001). Gewicht 520 kg; Dieselmotor-Leistung 5 kW;
Flächenleistung bis 900 m²/h; Plattengröße 1 010 × 600 mm; Frequenz ≈ 1 865/min; Tiefenwirkung
bis 80 cm; Vorlauf bis 25 m/min. — *1* Dieselmotor, *2* Gashebel, *3* Schalthebel für selbsttätigen
Vor- und Rücklauf, *4* Obermassenplatte, *5* Schraubenfedern, *6* Ösen für Krantransport, *7* Grund-
platte, *8* Aufnahme für Transporträder, *9* Erreger mit 35,5 kN Zentrifugalkraft. — Die 600 mm
breite Platte kann mit zwei Anbauplatten auf 1 000 mm Breite vergrößert werden. Zwei oder drei
dieser Geräte können zu einem Großflächenverdichter gekoppelt werden.

Verdichtungsschläge werden von Schwingungen hervorgerufen, die der Unwuchterreger
auslöst. Als Antrieb für den Unwuchterreger dient bei leichten Typen meist ein Benzinmotor, bei manchen auch ein Elektromotor, und bei schweren Bauarten ein Dieselmotor.
Bei verschiedenen schweren Typen kann die Plattenfläche mit Hilfe von Anbauplatten
vergrößert werden, z. B. DELMAG, Wacker (Bild 2.5-15).

Kleingeräte bis ≈ 150 kg Gewicht sind teils mit Elektroantrieb (Drehstrom 220/380 V,
Motorleistung 0,3 bis 2,2 kW) bei Plattengrößen bis 800 × 800 mm gebräuchlich, teils mit
Benzinmotor-Antrieb (Motorleistung 1 bis 4 kW) bei Plattengrößen bis 600 × 750 mm,

vgl. [29]. Schwere Rüttelplatten von $\approx$ 0,3 bis $\approx$ 2,7 t Gewicht haben Dieselantrieb von $\approx$ 5 bis 20 kW und Plattengrößen bis $\approx$ 1 000 × 1 000 mm. Je schwerer das Gerät, desto niedriger sind in der Regel die Schwingungsfrequenzen.

Leichte Rüttelplatten können nicht nur zum Verdichten von bindigen Böden, Kies, Sand, Schlacke und Schotter verwendet werden, sondern auch von Magerbeton und bituminösen Decken [H 26], z. B. DELMAG-SV 900 und SV 1 200 (Bild 2.5-16). Wegen ihrer

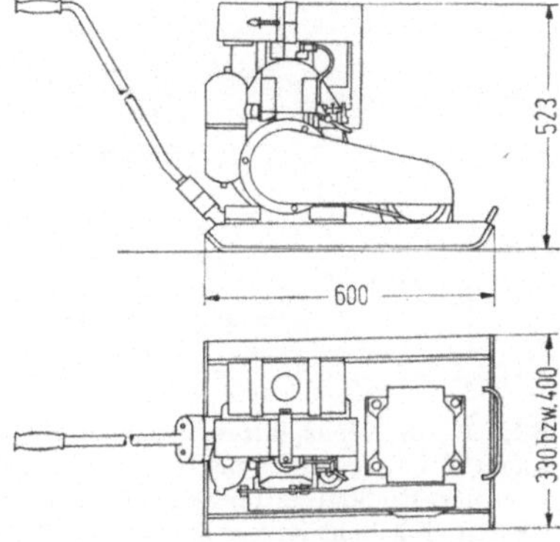

Bild 2.5-16. Leichte Rüttelplatte (DELMAG-SV 1200). Betriebsgewicht 62 oder 65 kg; Antrieb Benzinmotor 3,3 kW; Unwuchtkraft (Zentrifugalkraft) 12 kN; Rüttelfrequenz 84 Hz; Vortriebsgeschwindigkeit bei 25 m/min; Tiefenwirkung je nach Bodenart bis 30 cm; Steigfähigkeit je nach Boden bis 30 %; Arbeitsbreite der Bodenwanne 330 oder 400 mm; Flächenleistung 500 bis 600 m²/h. Längenmaße im Bild in mm. — Die kleinere Ausführung SV-900 hat ein Betriebsgewicht von 54 kg und den gleichen Motor wie das größere Gerät. Die Unwuchtkraft beträgt bei SV-900 bis 9 kN, die Rüttelfrequenz 72 Hz; die Arbeitsgeschwindigkeit bis 25 m/min; die Arbeitsbreite der Bodenwanne 330 mm; die Tiefenwirkung bis 25 cm und die Flächenleistung bis 495 m²/h. — Maße in mm.

geringen Arbeitsbreite und ausgezeichneten Wendigkeit eignen sich derartige Geräte besonders gut zur Arbeit auf engen Baustellen, an Kabel- und Leitungsgräben, Wegen, Plätzen, Parkanlagen, Randstreifen, Bauhinterfüllungen sowie für Ausbesserungsarbeiten im Straßen- und Tiefbau.

Schwere Rüttelplatten können auch zum Einrütteln von Pflaster benutzt werden, z. B. DELMAG-SV 2/3 600 (Bild 2.5-17).

Mehrplattenrüttler sind schwere Großflächenrüttler. Sie bestehen aus mehreren miteinander gelenkig verbundenen Rüttelplatten, deren jede einen eigenen Unwuchterreger

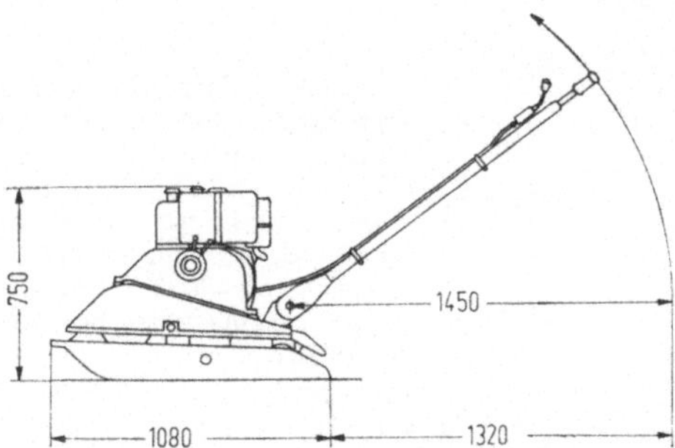

Bild 2.5-17. Rüttelplatte (DELMAG-SV 2/3600). Betriebsgewicht ohne Anbauplatten $\approx$ 445 kg, mit Anbauplatten $\approx$ 490 kg; Antrieb Dieselmotor, Leistung 6 kW; Unwuchtkraft (Zentrifugalkraft) bis 36 kN; Rüttelfrequenz bis 53 Hz; Vortriebsgeschwindigkeit bis 22 m/min; Tiefenwirkung je nach Bodenart bis 70 cm; Steigfähigkeit je nach Boden bis 40 %; Arbeitsfläche der Bodenwanne ohne Anbauplatten 570 × 800 mm; Arbeitsbreite bei 2 gekoppelten Geräten ohne Anbauplatten 1 280 mm, bei 3 gekoppelten Geräten 1 940 mm, bei 4 gekoppelten Geräten 2 600 mm; mit Anbauplatten sind die entsprechenden Werte 1 915, 2 890 und 3 865 mm. — Längenmaße im Bild in mm.

hat, z. B. DELMAG-SV 7003 (Bild 2.5-18). Gesteuert werden derartige Großgeräte von einem meist überdachten Fahrersitz aus, bei dem alle Bedienungshebel angebracht sind. Die Mehrplattenrüttler wurden für die besonderen Anforderungen des Straßen- und Flug-

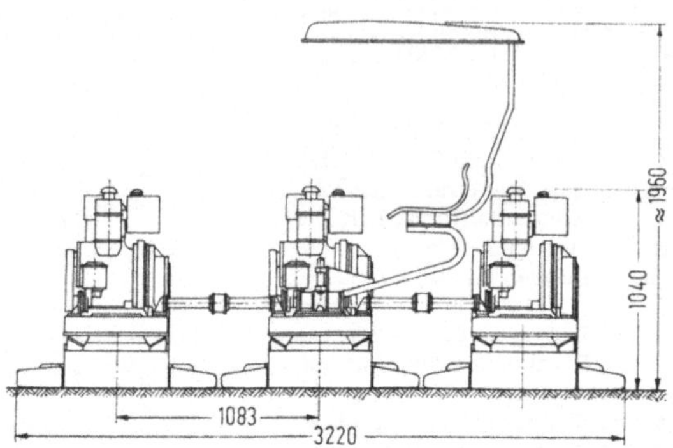

Bild 2.5-18. Mehrplattenrüttler (DELMAG-Großflächenrüttler SV 7003). Zentrifugalkraft (Unwuchtkraft), regelbar, bis 3×70 kN; Rüttelfrequenz je Platte 45 Hz; Arbeitsgeschwindigkeit im Vor- und Rücklauf stufenlos schaltbar von 0 bis 21 m/min; Tiefenwirkung, je nach Bodenart, bis 100 cm; Flächenleistung bei einem Übergang bis 4000 m²/h; 3 Diesel-Antriebsmotoren je 8 kW; Arbeitsbreite 3210 mm; Betriebsgewicht $\approx 2,5$ t. — Längenmaße in mm.

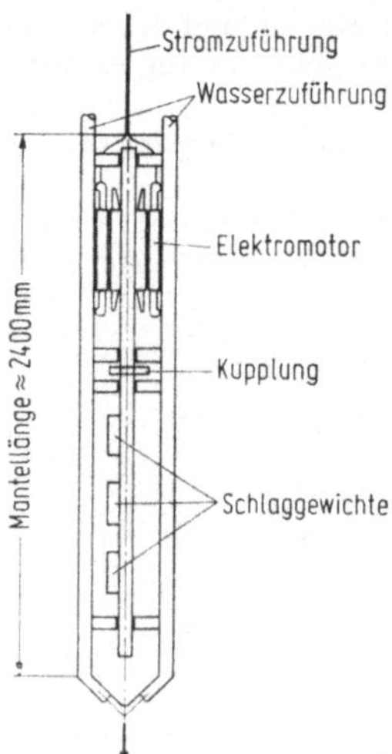

Bild 2.5-19. Tiefenrüttler zum Bodenverdichten (Joh. Keller). Länge des Rüttlers einschl. Rüttlerspitze und Kupplungsteil 4,5 bis 4,8 m; Dmr. des Rüttlers ohne Wasserzuführungsrohre $\approx$ 300 mm, mit Wasserzuführung 450 bis 480 mm; Antriebsleistung 35 kW; Schlagkraft bei 3000 U/min $\approx$ 160 kN.

platzbaues entwickelt. Wenn es eine Verengung der Arbeitsfläche durch irgendein Hindernis erfordert, kann die Arbeitsbreite des Gerätes durch zeitweiliges Abkoppeln einer Platte verringert werden. Die gelenkige Verbindung der Platten ermöglicht ein Anpassen an Unebenheiten des Bodens und damit ein gleichmäßiges Verdichten auf der ganzen Arbeitsbreite.

Großflächenrüttler werden bis zu Betriebsgewichten von 8 t gebaut. Derartige Bauarten haben 4 bis 6 nebeneinander angeordnete Rüttelplatten und eine Gesamtleistung der Dieselmotoren bis 70 kW, vgl. [29].

2.5.1.3.1.3 Tiefenrüttler. Diese Geräte gleichen in Aufbau und Wirkungsweise grundsätzlich den Tauchrüttlern für Betonverdichtung, vgl. 2.5.1.3.2.2. Die Arbeit des Rüttlers kann durch Ausspritzen von Wasser an der Rüttelspitze während des Absenkens und Verdichtens unterstützt werden (System Joh. Keller, Bild 2.5-19).

2.5.1.3.2 Betonverdichtung [H 26] ist auf Betonbaustellen notwendig, aber auch bei der industriellen Herstellung von Betonerzeugnissen, z. B. in Fabriken für Beton-Fertigteile. Der Beton kann durch *Stampfen, Rütteln* oder „*Schocken*" verdichtet werden. Schocken ge-

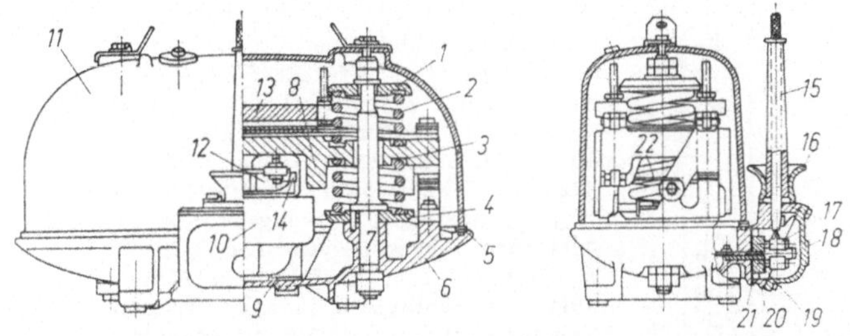

Bild 2.5-20. Schalungsrüttler (AEG-Magnetvibrator). *1* Federteller, *2* Druckfeder mit Federstift, *3* Federunterlage, *4* Federteller, *5* Profilgummiring, *6* Gehäuse-Arbeitsseite, *7* Federbolzen, *8* Gehäuse-Freiseite, *9* Fiberscheibe, *10* Elektromagnet, *11* Schutzhaube, *12* Anker, *13* Zusatzgewicht, *14* Ankerbolzen, *15* Kabelschutzschlauch, *16* Kabelstutzen, *17* Dichtungsring, *18* Klemmenkastendeckel, *19* Klemmenbrett mit Klemmen, *20* Klemmenkastengehäuse, *21* Dichtung, *22* Führungsfeder.

schieht mit Anheben und Fallenlassen der mit Beton gefüllten Schalung und wird stellenweise beim Herstellen von Fertigteilen angewandt. Die gebräuchlichste Verdichtungsart im Betonbau ist das *Rüttelverdichten.* Dafür werden entsprechend der jeweiligen Aufgabe Außenrüttler, Innenrüttler, Kleinplattenrüttler, Rüttelbohlen und Rütteltische benutzt.

2.5.1.3.2.1 Außenrüttler (Außenvibratoren) werden außen auf der Schalung befestigt (*Schalungsrüttler*). Verdichtet wird mit Schwingungen, die von Unwuchten hervorgerufen werden (z. B. System Wacker) oder von elektromagnetischen Schwingern (z. B. System AEG, Bild 2.5-20). Die mit Unwuchten versehenen Geräte haben als Antrieb in der Regel Elektromotoren, doch kommt vereinzelt auch Druckluftantrieb vor (z. B. Netter).

Außenrüttler werden in vielen verschiedenen Größen gebaut. Es gibt Kleingeräte von 1,75 kg Gewicht als Unwuchtrüttler und von 2,5 kg Gewicht als Magnetvibratoren, andrerseits Magnetvibratoren von 240 kg Gewicht. Die meistverwendeten Größen haben zwischen 8 und 45 kg Gewicht. Die Schwingungsfrequenzen liegen, von Sonderfällen abgesehen, zwischen 3000/min und 9000/min. Außenvibratoren dienen nicht nur zum Betonverdichten, sondern auch zum Betätigen von Schwingförderern (2.3.4.5), von Rütteltischen und Rüttelböcken, zum Rütteln und Lockern von Schüttgut in Bunkern und Silos oder für Siebvorrichtungen.

2.5.1.3.2.2 Innenrüttler (Innenvibratoren, Tauchrüttler) [DIN 4235] erzeugen die verdichtenden Schwingungen mit Hilfe von Unwuchten, die in einer Hülse (*Rüttelflasche*) angeordnet sind, z. B. Bauart Wacker, Bild 2.5-21. Zum Antrieb dient meist ein ebenfalls in der Flasche eingebauter Elektromotor, bei einigen Konstruktionen stattdessen ein Druckluft- oder Brennkraftmotor, der sich außerhalb der Flasche befindet und über eine biegsame Welle mit der Welle des Unwuchtträgers verbunden ist. Es gibt jedoch auch schwere elektrische Innenvibratoren für Normalspannung, die mit außerhalb der Flasche angeordnetem Elektromotor und biegsamer Welle ausgerüstet sind. (Schutzspannung beachten!)

Derartige elektrische Innenrüttler für Außenantrieb (Normalspannung 220/380 V) gibt es mit Flaschendurchmesser von 25 bis 65 mm. Sie wiegen einschließlich biegsamer

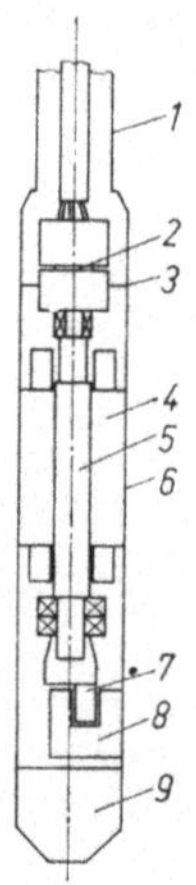

Bild 2.5-21. Hochfrequenz-Innenvibrator (Wacker „IREK"). Bei Normalausführung Netzanschluß über Frequenz- und Spannungsumformer für 200 Hz und 55 V Schutzspannung. Je nach Typ Nennstrom 5,5 A bis 18 A; Dmr. der Rüttelflasche 40 bis 80 mm, deren Länge 392 bis 522 mm; Gewicht ohne Schlauch 2,5 bis 12,4 kg; maximaler Wirkungsdmr. 40 bis 90 cm; Schwingungsfrequenz 12 000/min. — *1* Schutzschlauch, *2* elektrische Kupplung, *3* Schraubverbindung zwischen Gehäuseoberteil und Vibrationskörper, *4* Wicklung in temperaturhochfester Ausführung, *5* Kurzschlußläufer, *6* Gehäuse, *7* Exzenter, *8* Unwucht, *9* Verschlußkappe.

Welle und Schutzschlauch 30 bis 40 kg und entwickeln Schwingungsfrequenzen bis etwa 9 000/min, vgl. [29].

Elektrische Innenrüttler für Kleinspannung, wie die im Bild gezeigten Wacker-Irek-Typen, haben einen in der Rüttelflasche eingebauten Motor und kommen auf Schwingungsfrequenzen bis 12 000/min. Die Flaschendurchmesser können bis $\approx$ 100 mm betragen vgl. [29].

Die Maße der Innenrüttler mit Druckluft- oder Benzinmotorantrieb unterscheiden sich nur geringfügig von denen elektrischer Geräte mit außerhalb der Flasche liegendem Motor. Auch sie erreichen Schwingungsfrequenzen bis 9 000/min, einzelne Typen bis 20 000/min, vgl. [29].

2.5.1.3.2.3 Kleinplattenrüttler (Oberflächenrüttler) sind leichte Rüttelplatten, die sich sowohl für Bodenverdichtung als auch für Betonverdichtung eignen.

2.5.1.3.2.4 Rüttelbohlen (Glättbohlen, Rüttelglättbohlen, Vibrationsglättbohlen) sind Bohlen mit angebautem Unwucht-Vibrator, der von einem Brennkraft- oder Elektromotor angetrieben wird. Diese Bohlen eignen sich zum Verdichten von Betondecken, aber auch von Böden und bituminösem Material. Es gibt sie als selbständige, handgeführte Geräte mit Fahrwerk, deren Gewicht meist zwischen 40 und 65 kg bei Motorleistung von etwa 2 kW liegt. Die Arbeitsbreiten sind 1 500 bis 5 000 mm, vgl. [29].

Meistens finden sich auf Baustellen jedoch die Rüttelbohlen nicht als selbständige Geräte, sondern als eingebaute Teile größerer Baumaschinen wie Betondeckenfertiger (2.5.2.2.3) oder Schwarzdeckenfertiger (2.5.2.3.4.1); dabei dient zum Antrieb des Unwuchterregers oft ein Ölmotor.

2.5.1.3.2.5 Rütteltische [DIN 4236] (Bild 2.5-22) haben eine federnd gelagerte Tischplatte, die von einem an ihr befestigten Außenrüttler (2.5.1.3.2.1) in Vibration versetzt wird. Rütteltische werden hauptsächlich in Herstellerbetrieben für Betonerzeugnisse verwendet, beispielsweise in Fabriken für Fertigbauteile. Die Größe der Rütteltische ist ent-

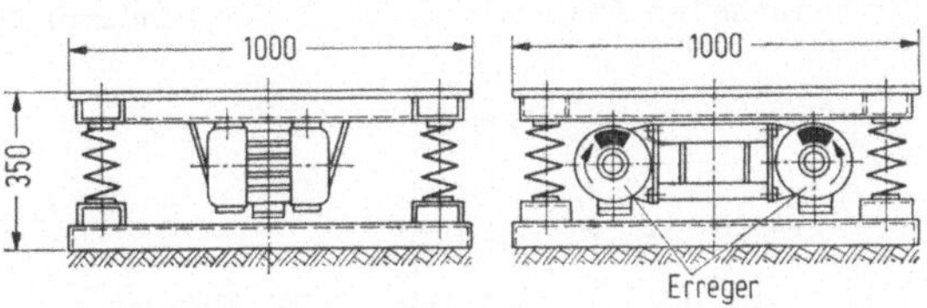

Bild 2.5-22. Rütteltisch (Schenck). Maße in mm.

sprechend der Aufgabe sehr unterschiedlich. Kleine Rütteltische finden sich beispielsweise als Laborgeräte.

Einzelne Konstruktionen arbeiten nicht mit Vibratoren, sondern mit einer *Schockvorrichtung*. Sie erschüttert die beweglich gelagerte Tischplatte durch rasch nacheinander erfolgendes Anheben und Fallenlassen.

Wie bei Schwingrinnen (2.3.4.5.3) muß auch bei Rütteltischen für ausreichende Schwingungsdämmung gegen die Umgebung gesorgt sein.

2.5.2 Einbaugeräte für Straßenbau

[H 26; 7; 10; 29]

2.5.2.1 Maschinen und Geräte für die Unterbau-Herstellung

(Bodenverfestigung)

Bodenverfestigung geschieht entweder mechanisch mit Verdichtungsgeräten (2.5.1), Bodenaustausch, Bodenverbesserung oder durch „Vermörteln" des anstehenden Bodens mit Bindemitteln wie Zement, Kalk, bituminösen Stoffen oder bestimmten Chemikalien, vgl. [H 26]. Das Verfestigen des Bodens mit Bindemitteln erfolgt im wesentlichen in vier Takten: dem Aufreißen des Bodens, dem Verteilen des Bindemittels über die Arbeitsfläche, dem Mischen des aufgerissenen Bodens mit dem Bindemittel und dem nachfolgenden Verdichten des Gemisches. Dabei werden fahrbare *Bodenvermörtelungsgeräte* benutzt, die entweder als *Mehrgang-* oder als *Einganggeräte* arbeiten.

2.5.2.1.1 Mehrganggeräte werden verwendet, wenn das Aufreißen, Verteilen des Bindemittels, Mischen und Verdichten in mehreren getrennten Arbeitsgängen erfolgen soll. Dabei besorgt die Bodenvermörtelungsmaschine ausschließlich das Mischen des aufgerissenen Bodens mit dem Bindemittel, während für die übrigen Arbeitsgänge besondere Geräte erforderlich sind, z. B. Fräse für das Aufreißen, Zementverteiler (2.5.2.1.3), Rüttelwalzen. Das Arbeitsorgan des Mehrgangmischers ist der meist hydraulisch heb- und senkbare Mischkasten, in dem ein Rotor umläuft. Seine waagerecht und quer zur Fahrrichtung liegende Welle ist mit Schaufelmessern bestückt. Manche Typen haben mehrere Mischwellen. Mehrgangmischer gibt es als Anhänger für Zugfahrzeuge und als Selbstfahrer, z. B. Respecta HSR 230 (Bild 2.5-23). Geräte dieser Art eignen sich zur Bodenverfestigung (*Bodenstabilisierung*) mit Zement, Kalk, Teer oder Bitumen und werden beim Autobahn-

und Straßenbau, bei der Befestigung von Flugplätzen, Bahnkörpern und Kanälen sowie beim Bau von Feld- und Waldwegen eingesetzt.

2.5.2.1.2 Einganggeräte besorgen das Aufreißen, Mischen, Verteilen, Nivellieren und Verdichten in einem Übergang, z. B. Vögele Bodenvermörtelungsmaschine BVM 1 (Bild 2.5-24). Diese Geräte verarbeiten feste wie auch flüssige Bindemittel. Zement wird mit

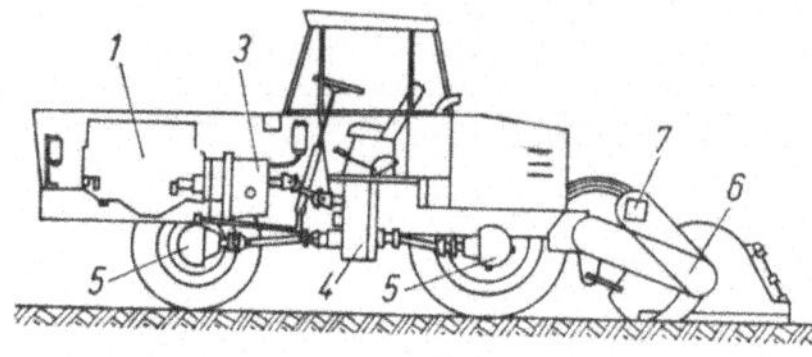

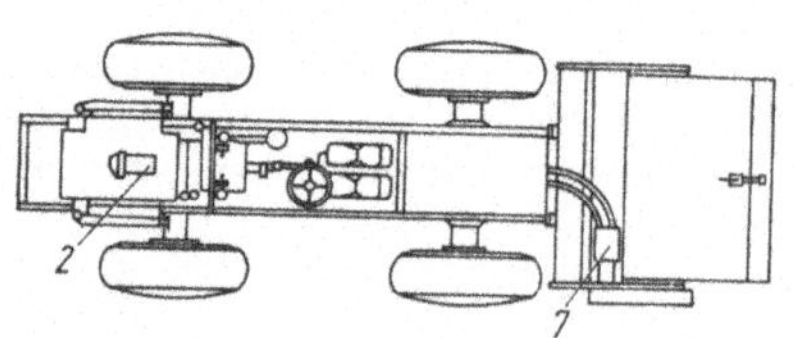

Bild 2.5-23. Mehrgangmischer (Bodenvermörtelungsmaschine Respecta HSR 230). Dienstgewicht 9,1 t; Antrieb Dieselmotor 170 kW; Rotordrehrichtung wahlweise in oder gegen Fahrtrichtung; Allradantrieb; Arbeitsbreite 2 m, Arbeitstiefe bis 30 cm, Arbeitsgeschwindigkeit stufenlos von 0 bis 10,8 km/h regelbar; Straßenfahrgeschwindigkeit $\approx$ 30 km/h; durchschnittliche Tagesflächenleistung $\approx$ 15000 m². — *1* Motor, *2* Einspritzpumpe und Regler, *3* Wandlergetriebe, *4* Verteilergetriebe, *5* Planetenachsen, *6* hydrostatisch angetriebene Rotorwelle, *7* Ölmotor.

einem vorausfahrenden Verteilergerät eingebracht. Flüssige Bindemittel werden von einem der Maschine vorgebauten Dosiergerät zugegeben (z. B. bei Vögele BVM 1 von einer Pumpe mit separatem 8-kW-Motor). Bei dem als Beispiel gewählten Typ werden Aufreiß- und Mischwellen hydraulisch angetrieben. Die Pratzen des Aufreißers sind spiralförmig angeordnet, wodurch stets mehrere im Eingriff sind. Der Mischerkasten mit den gegenläufigen Mischwellen arbeitet wie ein allseitig geschlossener Zwangsmischer. Zum Glätten dient ein höherverstellbarer Abstreifer. Die Nivelliereinrichtung wirkt auto-

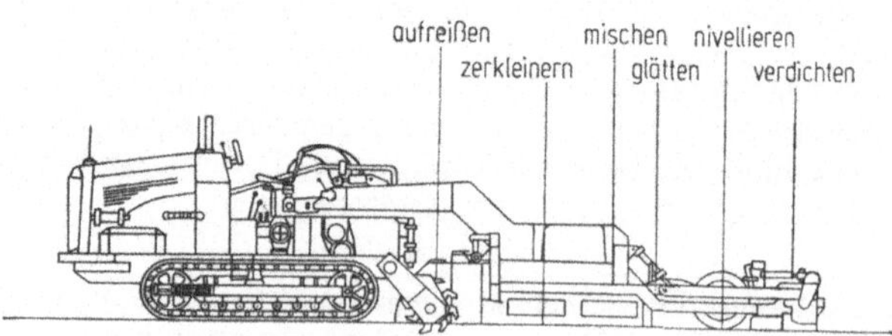

Bild 2.5-24. Eingangmischer (Bodenvermörtelungs-Maschine Vögele BVM 1). Maße über alles in mm: Länge 9500, Breite 2500, Höhe 2200; Gewicht 16,2 t; Antriebe: Zugmaschine: Dieselmotor 110 kW, Aufreiß- und Mischwellen: Ölmotoren, 0 bis 130 U/min, Rüttler: Ölmotor; Fahrgeschwindigkeit 2 bis 140 m/min bei Transport, Arbeitsgeschwindigkeit 2 bis 12 m/min; Arbeitsbreite 2000 mm, Arbeitstiefe 220 mm; Einsprüheinrichtung für Bindemittel bzw. Wasser (Pumpenaggregat) Förderleistung 350 bzw. 500 dm³/min. — BVM 1 wird mit eigener Kraft verfahren. Dazu wird der rückwärtige Arbeitsteil hydraulisch angehoben und rollt dann auf 9 Luftreifen, die bei der Arbeit zum Nivellieren und Vorverdichten dienen. Der Arbeitsteil ist hydraulisch verstellbar am Zugteil angelenkt. Dadurch ist Wenden mit einem Radius von 6 m möglich.

matisch. Verdichtet wird mit einer Vibrationsbohle, deren Rüttler mit 4 500 U/min bzw. 75 Hz arbeitet.

Einganggeräte werden bis zu Größen mit 16 t Dienstgewicht und 240 kW Motorleistung gebaut, vgl. [29].

2.5.2.1.3 Zementverteiler dienen zum Verteilen staubförmiger Bindemittel, wie Zement und Kalk [H 30], vor der Bodenvermörtelung. Der Verteiler muß die vorher eingestellte Menge des Bindemittels gleichmäßig über die Arbeitsfläche ausbreiten. Es gibt Verteilgeräte als Anhänger und als Selbstfahrer.

Bei tragfähigem Boden der Baustelle können *Anhänge-Verteilgeräte* verwendet werden, die von Silofahrzeugen gezogen und pneumatisch mit Bindemittel beschickt werden. Das Anhängen derartiger Verteilgeräte an Lkws und Zugeben des abgesackten Bindemittels

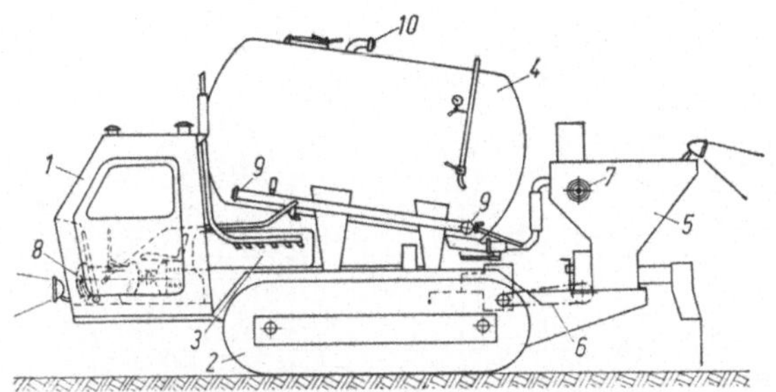

Bild 2.5-25. Streuraupe mit angebautem Zementverteiler (Respecta SR 110). Leergewicht 10 700 kg; Länge 6,25 m, Breite 2,3 m, Höhe 3,45 m; *1* Fahrerhaus, *2* Raupenfahrwerk, *3* Dieselmotor 81 kW, *4* Druckbehälter mit Spezial-Auflockerungssystem (Gewebeförderbahn), Inhalt 5 m³, *5* Bindemittel-Verteilergerät mit Zwangsdosierung für Streubreiten von 25 bis 200 cm, *6* Antrieb der Dosiereinrichtung (abhängig von Fahrgeschwindigkeit), *7* Wechselräder für unterschiedliche Streumengen, *8* Rotationsverdichter zum Umblasen des Bindemittels in das Verteilergerät, *9* seitliche Anschlüsse zum Abdrücken von Fremdsilos, *10* Einfüllstutzen.

mit der Hand vom Lkw aus ist unrationell und wird immer mehr vom pneumatischen Verfahren verdrängt. Dieses kann auch mit Lkws ausgeführt werden, auf die ein transportabler Druckkessel mit angebautem Kompressor zum pneumatischen Fördern des Materials gesetzt wird.

Das Verteilergerät ist auf einem luftbereiften Einachsfahrwerk montiert und besteht aus einem nach unten sich zu einem Querspalt verengenden Einfüllbehälter mit darunterliegender Dosiervorrichtung. In dieser wird das Bindemittel mit Hilfe von Schnecken oder anderen Förderorganen über die Streubreite verteilt. Streubreite und Streumenge sind einstellbar. So lassen sich z. B. bei dem Anhänge-Verteilgerät Respecta-**Regulus** BV-5 die Streubreiten zwischen 25 und 200 cm jeweils um 25 cm verstellen und die Streumengen zwischen 3,6 und 36 dm³/m² festlegen. Dieser Typ arbeitet mit 8 Transportschnecken in der Dosieranlage.

Für weniger tragfähige, beispielsweise feuchte bindige Böden und für Schichten, die nicht von Radfahrzeugen beschädigt werden sollen, eignen sich besonders *selbstfahrende Verteilergeräte* auf Raupenfahrwerk, z. B. Respecta Streuraupe SR 110 (Bild 2.5-25). Auf dem Raupenchassis ist ein Silo montiert, in dem das Bindemittel mit Hilfe eines Kompressors unter dem Luftdruck von 2 bar steht. Aus dem Silo wird das Material pneumatisch in den angebauten Dosierteil geblasen, der abgesehen vom fehlenden Fahrwerk einem Anhänge-Verteilgerät gleicht.

2.5.2.2 Maschinen und Geräte für Betondecken

2.5.2.2.1 Straßenmischer stellen beim Straßenbau den Beton [H 30] unmittelbar an der Einbaustelle her. Zement und Zuschlagstoffe werden in Muldentransportern (2.3.7.2.2) oder Transportsilos, die auf Spezialfahrzeugen verladen werden, dorthin gebracht. Es gibt auf einer *Brückenfahrbühne* aufgebaute und auf einem *Raupenfahrwerk* montierte Straßenmischer, abgesehen von wenigen Typen mit Reifenfahrwerk.

2.5.2.2.1.1 Brückenmischer heißen die auf einer brückenförmigen Fahrbühne aufgebauten Straßenmischer. Die Fahrbühne läuft auf Schalungsschienen vor- und rückwärts. Das Mischgut wird mit Hilfe eines Beschickungsaufzuges oder -kranes zugeführt. Das

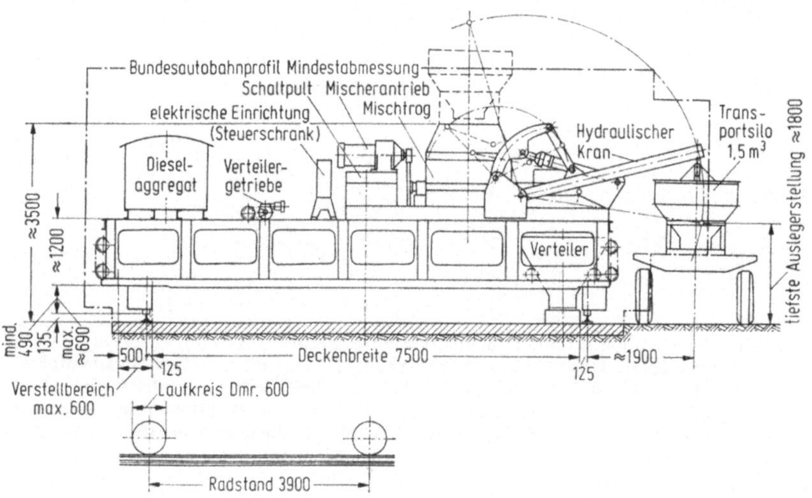

Bild 2.5-26. Straßenmischer (Brückenmischer) mit angebautem Verteiler, Druckknopfsteuerung in zentraler Anordnung und hydraulischem Materialaufzug (Sonthofen). — Längenmaße in mm.

Anmachwasser wird mit einer selbsttätigen Dosiereinrichtung zugeteilt. Mischzeit und in gewissem Umfang auch die Arbeitsbreite sind einstellbar. Dadurch kann das Gerät den verschiedenen, mit den jeweiligen Aufgaben wechselnden Breiten angepaßt werden, z. B. für Bau von Autobahnen oder Flugplätzen [H 26].

Moderne Brückenmischer sind in der Regel Zwangsmischer (Trogmischer, 2.4.4.2.3), z. B. Sonthofen (Bild 2.5-26). Der Mischerinhalt beträgt bis 1,5 m³, die Grundbreite deutscher Geräte 7,5 m, die Dieselmotor-Leistung ≈ 30 bis 45 kW. Das Leergewicht liegt bei 14 bis 18 t.

Manche Brückenmischer sind mit eingebautem Betonverteiler (2.5.2.2.2) ausgerüstet, z. B. System Sonthofen. In diesen wird der gemischte Beton aus dem Mischgefäß abgefüllt. Der Verteiler bringt den Beton auf die entstehende Fahrbahn oder sonstige Arbeitsfläche auf.

2.5.2.2.1.2 Raupenmischer sind auf Raupenfahrwerk montierte Straßenmischer. Sie werden als Freifall- oder Zwangsmischer in üblichen Größen mit Mischerinhalt bis 1 m³, Dieselmotor-Leistung von ≈ 27 kW, Eigengewicht bis ≈ 19 t und Arbeitsbreiten bis 12 m gebaut [29]. Raupenmischer haben eine Beschickungs-Vorrichtung zum Einbringen von Zement und Zuschlagstoffen. Außerdem sind Raupenmischer mit einem schwenkbaren Ausleger ausgestattet, an dem ein Beton-Verteilerkübel (*paver*) ausgefahren werden kann („paver" kann auch die Bezeichnung für den gesamten Raupenmischer sein).

2.5.2.2.1.3 Reifenfahrbare Straßenmischer unterscheiden sich im wesentlichen nur durch die Art des Fahrwerks von anderen Straßenmischern.

2.5.2.2.2 Betonverteiler haben die Aufgabe, den in einer ortsfesten oder beweglichen Mischanlage hergestellten Frischbeton gleichmäßig über die entstehende Fahrbahn oder andere Arbeitsfläche zu verteilen. Unterschieden werden *Kübelverteiler* und *Schaufelverteiler*.

2.5.2.2.2.1 Kübelverteiler haben einen über Boden- oder Seitenklappen entleerbaren Betonkübel. Er wird während des Entleerens an einer auf Schalungsschienen laufenden Brückenfahrbühne quer oder längs zu deren Fahrtrichtung hin- und herbewegt. Dadurch

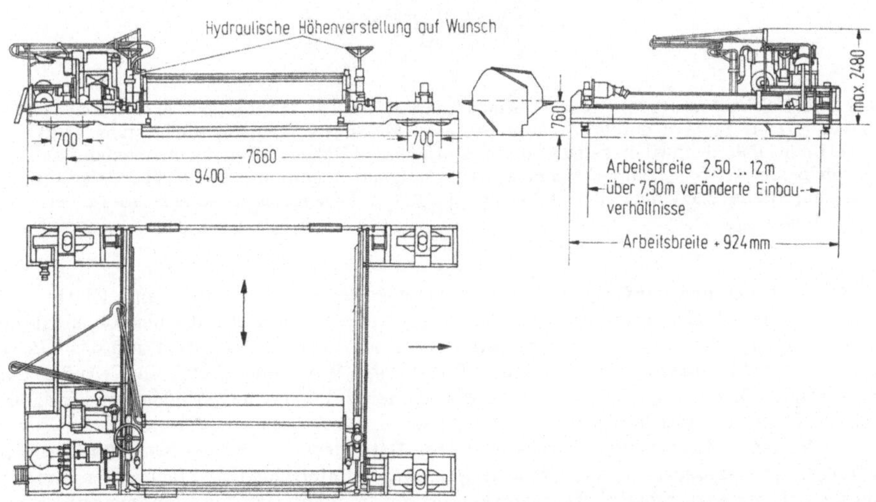

Bild 2.5-27. Kübelverteiler (ABG Betonverteiler BV 585). Gewicht betriebsbereit bei 7,5 m Arbeitsbreite ≈ 13 t, bei 12 m Arbeitsbreite ≈ 15 t; Arbeitsbreiten mit Seitenkübel 2,5 bis 12 m, mit Frontkübel 5 bis 12 m; Kübelinhalt 3 m³ (Sonderkübel 2 m³ für Arbeitsbreiten ab 3,75 m); Dieselmotor-Leistung 33 kW bei 1600 U/min. Fahrgeschwindigkeit vor- und rückwärts 24 m/min, Schnellgang bei blockiertem Kübel 50 m/min; Querbewegung des Kübels 20 m/min. — Schalungsschienen müssen max. Raddruckkräfte von ≈ 45 kN aufnehmen, bei Arbeitsbreiten über 7,5 m ≈ 50 kN. — Längenmaße in mm.

wird jeder Punkt der Arbeitsfläche erreicht. Es gibt Kübelverteiler als eingebauten Teil von Brückenmischern (vgl. 2.5.2.2.1.1), aber auch als selbständige Geräte, beispielsweise ABG-BV 585 (Bild 2.5-27), die außer Beton auch Sand, Kies oder bituminöses Mischgut auslegen können. Typ BV 585 wird wahlweise durch Umsetzen des Verteilerkübels seitlich oder frontal beschickt. Der Kübel bleibt nach Einfüllen geschlossen. Das Material kann auch im geschlossenen Kübel zur Einbaustelle transportiert werden. Zum Auslegen des

Materials wird eine Kübelwand hydraulisch geöffnet. Das Einbaumaterial fällt durch einen Rahmen aus einer konstanten Höhe auf das Planum. Die untere Kübelkante streift das Material auf die eingestellte Überschüttung ab. Der Kübel kann hydraulisch gehoben oder gesenkt werden, auch in gefülltem Zustand. Der Betonverteiler kann außer im Straßen- und Flugplatzbau auch zum Herstellen von Betondecken auf Kanalböschungen verwendet werden.

2.5.2.2.2.2 Schaufelverteiler (Wendeschaufelverteiler) haben ebenfalls eine brückenähnliche, auf Schalungsschienen laufende Fahrbühne, jedoch keinen Kübel. Sie verteilen den bereits auf die entstehende Fahrbahn oder sonstige Arbeitsfläche abgeladenen Beton mit Hilfe einer quer zur Fahrtrichtung am Brückengestell entlanglaufenden, schwenkbaren Schaufel, z. B. System Vögele (Bild 2.5-28).

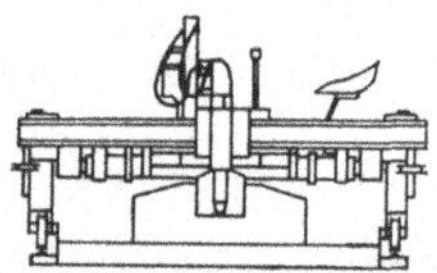

Bild 2.5-28. Schaufelverteiler (Vögele „Senior"). Spreizfahrwerk-Fahrgestell; Arbeitsbreite stufenlos von 3,0 bis 11,25 m durch Teleskoprahmen zu verlängern; Dieselmotor-Leistung 13 kW bei 2000 U/min; Fahrgeschwindigkeit 25 m/min; hydraulische Höhenverstellung um maximal 420 mm; Schaufelgröße 520 × 1 500 mm; Schaufelgeschwindigkeit 25 m/min; Maße über alles: Länge 8100 mm, Breite 2200 mm, Höhe 1 800 mm bei 7,5 m Arbeitsbreite; Gewicht ≈ 5 t bei 7,5 m Arbeitsbreite.

2.5.2.2.3 Betondeckenfertiger dienen zum Abgleichen, Verdichten und Glätten des über die Arbeitsfläche verteilten Betons. Das Abgleichen geschieht mit einer Abgleichbohle (Vorabstreifer) oder -walze, das Verdichten mit einem Rüttler (Vibrator) und das Glätten mit einem Schlichtabstreifer oder einer *Rüttelbohle* (Vibrations-Glättbohle). Außer dem Vorabstreifer kann auch noch ein Hauptabstreifer zum genauen Abgleichen verwendet werden. Manche Geräte haben zusätzlich noch ein Fugenschwert zum Einrütteln der Fugen.

Nach dem Zweck der herzustellenden Betondecke werden *Betonstraßenfertiger (Rüttelfertiger)*, *Standspur-* und *Randstreifenfertiger* unterschieden. Nach ihrer Aufgabe richtet sich die Arbeitsbreite. Betondeckenfertiger können auch als Planumsfertiger eingesetzt werden. In der Regel fahren Betondeckenfertiger auf Schalungs- oder Laufschienen, können meist aber auch auf Elastikreifen zum Fahren auf vorher fertiggestellten Betonrandstreifen umgerüstet werden.

Auf Raupenfahrwerk bewegen sich dagegen die in manchen Ländern verbreiteten *Gleitschalungsfertiger (slip-form-paver,* vgl. [H 26]). Sie machen Schalungs- oder Laufschienen überflüssig und übernehmen auch das Verteilen des Betons. Diese Fertiger erreichen hohe Arbeitsleistungen. Allerdings sind sie nur für Beton bestimmter Konsistenz einsetzbar und lassen bisher das Einbauen von Bewehrung nicht zu. Für Aufgaben, bei denen diese Gesichtspunkte keine Schwierigkeit darstellen, sind jedoch Gleitschalungsfertiger sehr vorteilhaft, z. B. für Herstellen von Randstreifen (2.5.2.2.3.4).

Manche Typen von Betondeckenfertigern können auch mit Hilfe von Zusatzeinrichtungen zu *Schwarzdeckenfertigern* (2.5.2.3.4.1) umgebaut werden.

2.5.2.2.3.1 Betonstraßenfertiger (Rüttelfertiger) werden in den gebräuchlichen Ausführungen für Arbeitsbreiten bis ≈ 12 m gebaut, z. B. Vögele „Senior" (Bild 2.5-29).

2.5.2.2.3.2 Einbauzüge bestehen aus einem *Betonverteiler* (2.5.2.2.2) und einem *Beton-deckenfertiger* (2.5.2.2.3). Sie sind schienenfahrbar und eignen sich für Beton- und Schwarz-materialeinbau, z. B. System ABG, Vögele.

2.5.2.2.3.3 Standspurfertiger sind kleine, einfache Rüttelverdichter mit Vorabstreifer in Verbindung mit einer Rüttelglättbohle. Diese kann entweder an das Verdichtergerät angebaut sein oder ihm als selbstfahrender *Glättautomat* (z. B. System ARBAU) folgen.

Bild 2.5-29. Rüttelfertiger (Vögele „Senior"). Spreizfahrwerk-Fahrgestell; Arbeitsbreite stufenlos von 3,0 bis 11,25 m durch Teleskoprahmen verstellbar; Dieselmotor-Leistung 22 kW bei 2000 U/min; Fahrgeschwindigkeit vor- und rückwärts bis 40 m/min; Höhenverteilung hydraulisch um maximal 420 mm; Vorabstreifer verstellbar um je 250 mm zwischen 3,0 bis 4,5 m, 4,5 bis 6 m, 6 bis 7,5 m; Schlichtabstreifer mit den gleichen Werten zu verstellen; Rüttler: 4500 U/min bzw. 75 Hz; Maße über alles: Länge 8100 mm, Breite 2000 mm, Höhe 1800 mm bei 7,5 m Arbeitsbreite; Gewicht 6,5 t bei 7,5 m Arbeitsbreite.

In diesem Falle bilden die beiden getrennten Geräte zusammen einen Standspurzug. Derartige Geräte haben Brennkraft- oder Elektroantrieb und werden ggf. auch zum Verdichten und Glätten von Wirtschaftswegen und für ähnliche Zwecke benutzt [H 26].

2.5.2.2.3.4 Randstreifenfertiger dienen zum Herstellen der Randstreifen an Verkehrs-straßen. Es sind kleine, schienenfahrbare Rüttelfertiger von 0,5 bis 1,5 m Arbeitsbreite und Antrieb mit Brennkraftmotor bis 4 kW. Manche Typen haben eine angebaute Glätt-

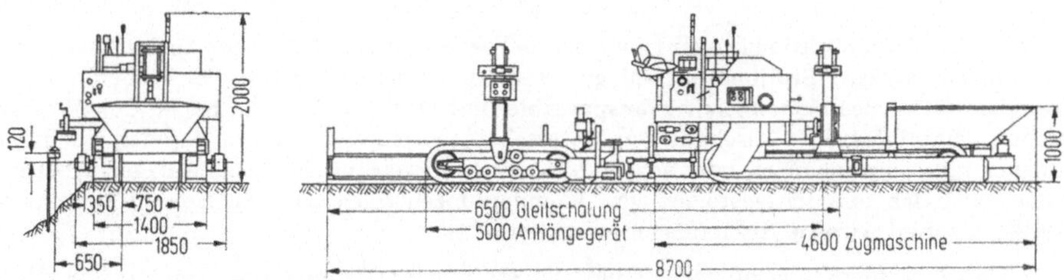

Bild 2.5-30. Beton-Randstreifenfertiger mit Gleitschalung (Vögele). Gewicht 8,3 t; Dieselmotor-Leistung 22 kW; Drehstromgenerator zum Antrieb der Elektromagnetrüttler 4,5 kVA; Arbeits-geschwindigkeit bis 2 m/min; Arbeitsbreite 500 bzw. 750 mm; Einbaudicke 200 bis 300 mm. — Länge 8700 mm, Breite 1850 mm; Höhe 2000 mm; Länge der Gleitschalung 6500 mm; Fassungs-vermögen des Materialbehälters 1,5 m³. — Maße in mm.

vorrichtung. Es gibt auch *Randstreifenzüge,* die aus zwei Geräten bestehen: Einem Fertiger mit Vorabstreifer und Rüttelverdichter sowie einem selbstfahrenden Glättautomaten. Nur der Glättautomat hat eigenen Fahrantrieb und schiebt das Verdichterfahrzeug vor sich her. Es sind kleine Geräte für 0,5 m Arbeitsbreite.

Schwere Randstreifenfertiger übernehmen die gesamte Einbauarbeit vom Verteilen bis zum Glätten (Nivellieren), beispielsweise die *Gleitschalungs-Randstreifenfertiger* (Bild 2.5-30). Aufbau und Arbeitsweise dieser Geräte zeigt z. B. der Randstreifenfertiger System

Vögele mit Gleitschalung. Diese Maschine besteht aus 3 Grundelementen: 1. Zugmaschine mit Raupenfahrwerk und Materialbehälter, 2. Geräterahmen mit Stützraupen und Einbauaggregaten, 3. Gleitschalung. Die Gleitschalung des Fertigers macht das Verlegen von Schalungsschienen überflüssig. Die Einbaugenauigkeit entspricht den Vorschriften für den Autobahnbau. Unebenheiten des Unterbaues gleicht die *Nivellierautomatik* aus. Der Einbau selbst geschieht vollmechanisch. Der Materialbehälter des Fertigers wird von Lkw-Hinterkippern beschickt. Der eingefüllte Beton setzt sich durch den unten offenen Materialbehälter auf dem Planum ab und wird von zwei elektrisch angetriebenen Seitenrüttlern sofort vorverdichtet und gleichmäßig zwischen der Gleitschalung verteilt. Der elektrohydraulisch steuerbare Vorabstreifer im Materialbehälter dosiert die Betonhöhe grob für den dahinter angebrachten Hauptabstreifer; dieser bewirkt gleichbleibende Vorlagehöhe vor dem Oberflächenrüttler. Im angebauten Geräterahmen arbeiten eine Vibrations-Verdichtungsbohle und eine Glättbohle gegenläufig und sorgen für Ebenflächigkeit und Deckenschluß. Ein elektrisch bewegtes *Fugenschwert* rüttelt die Fuge noch innerhalb der Schalung ein. Die Nivellierautomatik hält den Geräterahmen über eine Hydraulik in der vorgeschriebenen Höhenlage. Die Quernivellierung wird von einem Pendel hydraulisch gesteuert.

2.5.2.3 Maschinen und Geräte für bituminöse Decken

2.5.2.3.1 Allgemeines. Die Aufbereitung von bituminösem Mischgut [H 30] für Straßen, die in sog. bituminöser Bauweise ausgeführt werden, erfolgt in Mischanlagen, deren Ausstoß bis zu 500 t stündlich betragen kann. Im allgemeinen sind die Nenn-Ausstöße der Mischanlagen gestaffelt wie folgt:

30—50, 50—80, 80—100, 100—120, 120—150, 150—200, 200—300, 300—500 t/h.

Die Anlagen werden stationär oder transportabel gebaut, kleinere Anlagen auch mit eigenen Laufzeugen fahrbar. Stationären Anlagen wird der Vorzug gegeben bei größeren Bauvorhaben (*Deckenbau-Bahnhöfe*). Transportable und fahrbare Anlagen haben den Vorzug leichter Umsetzbarkeit. Mischanlagen unterscheiden sich nach ihrem Arbeitsprinzip in Anlagen mit *chargenmäßiger* oder *kontinuierlicher* Aufbereitung. Moderne Anlagen arbeiten vollautomatisch und ferngesteuert von Kommandozentralen aus. Auch die Herstellung von Gußasphalt wird in Mischanlagen durchgeführt.

2.5.2.3.2 Aufbereitungsanlagen (Bild 2.5-31), auch *Mischanlagen* genannt, gliedern sich in verschiedene Funktionsgruppen auf, was u. a. wegen des Transportes und der einfacheren Montage notwendig ist. Eine Mischanlage besteht aus den Hauptgruppen: Dosierbatterie, Trockentrommel mit Entstaubung, Absiebungsanlage mit Zwischenlagerung der Gesteinssorten, Verwiegungseinrichtung für Gestein und Zuschlagstoffe (Bindemittel und Füller), Mischer, Mischgutlagersilos, sowie für die Lagerung der Zuschlagstoffe Füllersilos mit Fördermitteln und Bindemittellagertanks.

2.5.2.3.2.1 Dosieranlage. Das Gesteinsmaterial unterschiedlicher Korngrößen wird von Schaufelladern (2.2.1.3.3) von den Lagerhalden in die Dosieranlage abgegeben, die i. allg. aus 5 bis 10 trichterförmigen Silos von je 2,5 bis 10 m³ Inhalt besteht. Die einzelnen Gesteinskorngrößen werden über regulierbare Vorrichtungen auf ein unter der Dosierbatterie liegendes Sammelförderband abgezogen. Der Abzug erfolgt volumetrisch, z. B. durch Stoßaufgeber oder Schwingrinnen (2.3.4.5.3) oder gewichtsmäßig (Dosierbandwaagen, vgl. [H 22]) am Auslaß der einzelnen Trichter. Das vordosierte Gestein wird vom Sammelband über ein weiteres Beschickungsförderband oder ggf. einen Kaltelevator der Trockentrommel zugeführt.

2.5.2.3.2.2 Trockentrommel und Entstaubung (Bild 2.5-32). Die Trockentrommel dient der Trocknung und Erhitzung der Gesteinskörnungen. Sie besteht aus dem sich drehenden Trommelrohr (mit oder ohne Luftmantelisolierung), das sich über Laufringe und -rollen

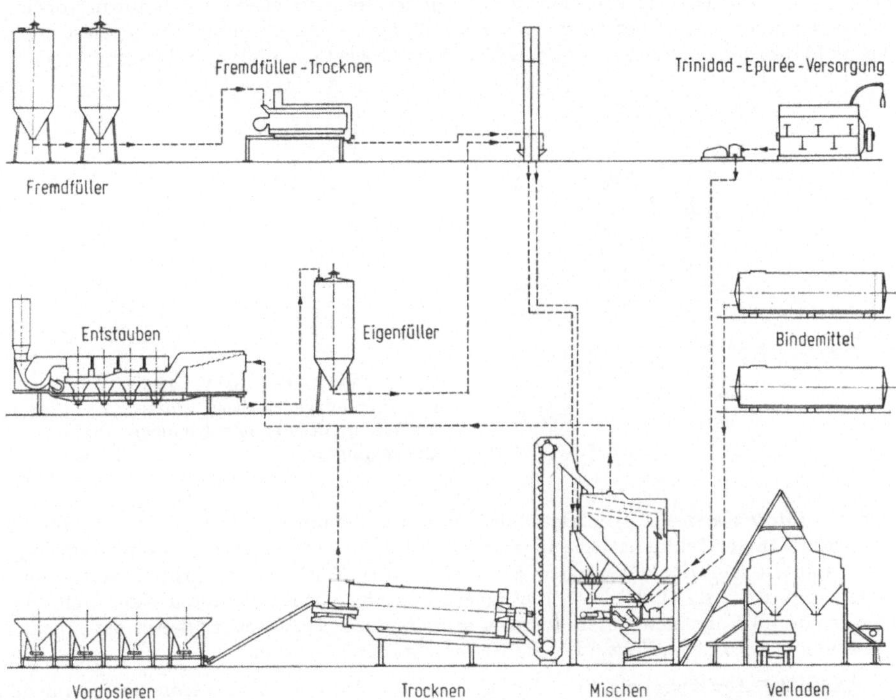

Bild 2.5-31. Kombinierte Trocken- und Mischanlage (WIBAU W 180 mob). Die Anlage liefert 180 bis 200 t/h bituminösen Mischgutes für Tragschichten und Deckenbeläge oder 140 t/h Rauh-Gußasphalt (RGA). Dazu ist sie mit einer besonderen „Gußasphalt-Ausrüstung" versehen. Diese ermöglicht das Trocknen und Erhitzen von 40 t Kalkmehlfüller auf 180 °C sowie das Aufschmelzen und die mengendosierte Zugabe von Trinidad-Epuré (vgl. [H 30], 4.7.) durch eine thermalöl-beheizte Einspritzvorrichtung.

auf dem Rahmen abstützt. Das Trommelrohr kann horizontal oder zum Auslauf hin geneigt (3 bis 7°) angeordnet sein. Der Antrieb der Trommel erfolgt allgemein über Ritzel und Zahnkranz oder durch geräuscharmen Reibradantrieb. Die Trommeldrehzahl ist häufig variabel entsprechend dem zu verarbeitenden Rezept. Die Drehzahlen liegen zwischen 7 und 14 U/min je nach Trommeldurchmesser. Die Längen der Trommelkörper liegen bei 8 bis 12 m, ihre Durchmesser bei 1,9 bis 3,5 m. Die Trocknung des Gesteins erfolgt meist im Gegenstrom. Die Temperatur des Gesteins am Auslauf beträgt je nach herzustellendem Material von 190 bis 280 °C. Die Restfeuchtigkeit nach Trommeldurchlauf beträgt weniger als 0,3 % bei Ausgangsfeuchten von ≈ 6%. Bei größerer Ausgangsfeuchte ist

Mehrfachtrocknung möglich. Das Innere des Trommelrohres ist mit Fördereinrichtungen, wie Mitnehmerblechen, Schneckenzügen oder ähnlichem versehen. Die Beheizung der Trommeln erfolgt durch Ölbrenner (Niederdruck- oder Hoch-Niederdruckbrenner oder Gasbrenner). Die Abgastemperaturen liegen bei 160 bis 200 °C. Wasserdampf und Verbrennungsgase werden an der Aufgabeseite des Trommelrohres abgesaugt und über Verbindungsleitungen in Staubabscheider geleitet. Die Staubbelastung im Abgas liegt bei 50 bis 100 g/m³ je nach verarbeitetem Gestein. *Staubabscheider* gliedern sich auf in Vor- und Nachentstauber. Angestrebt wird eine Entstaubung bis auf 150 mg/m³ Staubbelastung im Abgas hinter der Entstaubungsanlage. Vor- oder Trockenentstauber sind meist als *Zyklon-*

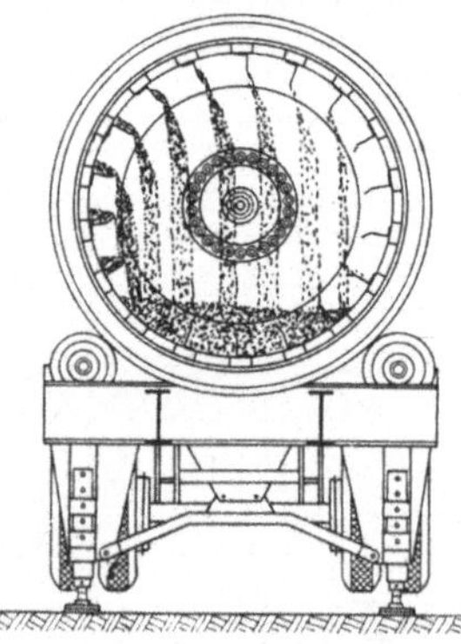

Bild 2.5-32. Getrennte Trocken- und Mischanlage (Huther); Einzeldarstellung der Trockentrommel (Querschnitt).

batterien (*Multizyklone*) ausgebildet. Sie bieten Abscheidungsgrade von etwa 10 bis 5 μ Korngröße. In der Zyklonbatterie abgeschiedener Staub wird durch Schnecken ausgetragen und kann als sog. *Rückfüller* oder *Eigenfüller* beim Aufbereitungsprozeß Verwendung finden (vgl. 2.5.2.3.2.4). Die der Trockenentstaubung nachgeschalteten Nachentstauber können sowohl Filtertuch-Entstaubungen sein als auch Naßwäscher. Neben der Trockenentstaubung wird neuerdings auch die Naßentstaubung angewandt.

2.5.2.3.2.3 Absiebung und Zwischenlagerung. Das aus der Trockentrommel kommende erhitzte Gestein wird in eine *Siebanlage* gefördert, die entweder nach dem Vibrationsprinzip arbeitet oder als Rundsieb um die Trockentrommel herum gebaut ist, z. B. Bauart Linnhoff-Siebtrommel. In der Siebanlage wird das von der Dosierbatterie her rezeptmäßig vordosierte Gesteinsgemenge in die für die Aufbereitung zur Verfügung zu stellenden Korngrößen zerlegt und gelangt in verschiedene unterhalb der Siebanlage angeordnete *Bunker* oder *Zwischensilos*. Aus diesen Silos wird im vollautomatischen Aufbereitungsprozeß das Gestein mit druckluftgesteuerten Klappen abgezogen und in der Gesteinswaage verwogen. Die Gesteinssilos können beheizt oder unbeheizt sein. Die automatisch arbeitende Gesteinswaage wiegt aus jedem der Silos die vorgewählte Menge der entsprechenden Korngrößen ab. Als Waagen kommen kontaktreiter-gesteuerte oder kontaktlose Aggregate zur Verwendung, wobei letztere den Vorzug einer leichten Fernsteuerbarkeit vom entfernten Bedienungspult aus haben.

2.5.2.3.2.4 Zuteilung der Zuschlagstoffe (*Bindemittel* und *Füller*). Während der Hauptbestandteil an einer Mischgutcharge — das *Gestein* — stets gewichtsmäßig zugeteilt wird, wird *Bindemittel* (*Bitumen*) entweder gewichtsmäßig oder volumetrisch abgemessen und mit einer Pumpe in den Mischtrog eingespritzt. Der Spritzdruck beträgt 5 bis 10 bar. Das

„Impact"-Verfahren (WIBAU) arbeitet mit Hochdruckeindüsung von 20 bar Überdruck. Bei gewichtsmäßiger Zuteilung des Bindemittels liegen die Genauigkeiten der Bindemittelwaagen zwischen $\pm 0{,}15\%$ und $\pm 0{,}25\%$. *Füller* wird gewichtsmäßig zugeteilt, wobei sowohl der in der Trockenentstaubung anfallende Eigenfüller als auch an der Anlage in Silos gelagerter Fremdfüller verwendet wird. Im allgemeinen wird wegen der konstanteren Zusammensetzung mehr Fremdfüller als Eigenfüller verarbeitet. Um beide Arten gemeinsam oder getrennt zu verwiegen, ist die *Füllerwaage* entsprechend für mehrere Komponenten eingerichtet. Die Beschickung des Füllerwiegebehälters geschieht durch von der Füllerwaage aus automatisch gesteuerte Zubringerschnecken. Die Zuteilung der abgewogenen Mengen zum Mischer erfolgt ebenfalls automatisch durch eine Abziehschnecke oberhalb des Mischtroges. Die Füllerwaage arbeitet mit Genauigkeiten zwischen $\pm 1\%$ und $\pm 2\%$.

2.5.2.3.2.5 Mischergruppe von Chargen-Mischanlagen. Im allgemeinen sind in dieser Gruppe an der Mischanlage der *Mischtrog* mit Antrieb, die *Verwiege-* und *Zuteileinrichtungen* und die *Gesteinsabsiebung* und *Zwischenlagerung* angeordnet. Vielfach gehört auch zur Mischergruppe noch der zwischen Trockentrommel und Siebanlage notwendige *Heißelevator*. Die Aufbereitung der verwogenen Mineralkörnungen, des zugeteilten Bitumens und der vorgeschriebenen Füllermengen zu einer Mischgutcharge erfolgt im Mischtrog, der meist als Doppelwellen-Zwangsmischer ausgebildet ist. Die Aufbereitungzeit einer Charge beträgt ca. 45 s bei grobem Mischgut (Bitumen, Kies usw.) bzw. 60 s bei hochwertigem Mischgut (Asphaltfeinbeton oder Gußasphalt). Die im Mischtrog laufenden Mischerwellen sind mit Mischerarmen bestückt, die für ein schnelles und inniges Vermengen der Komponenten sorgen. Die Drehzahl der Mischerwellen liegt je nach Hersteller und Mischtroggröße zwischen 40 und 100 U/min.

2.5.2.3.2 6 Silo. Nach fertiggestellter Mischung gelangt die Charge entweder direkt aus dem Mischtrog in ein bereitstehendes Transportfahrzeug (Bauart Linnhoff „Kompaktomat") oder über einen Kübelaufzug in einen Mischgutlager- und Verladesilo von 18 bis 300 t Fassungsvermögen. Die Silogröße richtet sich nach der Kapazität der Anlage. Mit Hilfe eines Silos ist es möglich, Mischgut längere Zeit zu lagern und somit Schwankungen im Transport zur Baustelle auszugleichen. Große Mischgutsilos sind in mehrere Kammern unterteilt, so daß auch verschiedene Mischgutsorten vorrätig gehalten werden können.

2.5.2.3.2.7 Versorgung mit Bindemittel und Füller. Bindemittel einer oder mehrerer Sorten werden an der Mischanlage in indirekt mit *Thermalöl* beheizten und isolierten Lagertanks in Einzelbehältern mit bis zu 50 m³ Fassungsvermögen gelagert. Die Beheizung der Lagertanks erfolgt automatisch. Zu- und Rücklauf zur Bindemittelzuteilung an der Mischergruppe erfolgen durch ebenfalls mit Thermalöl beheizte Doppelmantelleitungen. Füller wird in Hochsilos gelagert, die für Eigenfüller und angelieferten Fremdfüller zur Verfügung stehen. Die Beschickung der Silos erfolgt durch Elevatoren oder pneumatisch mit Blasvorrichtungen. Aus den Silos wird der Füller durch Schnecken abgezogen, die automatisch von der Füllerwaage gesteuert werden. Außer Schnecken können als Fördermittel zur Füllerwaage ebenfalls Füllerelevatoren verwendet werden.

2.5.2.3.2.8 Kommandozentrale und Antriebe. Mischanlagen moderner Bauweise werden im Einmannbetrieb gefahren und sind mit allen Einrichtungen für Fernsteuerung und automatischen Betrieb versehen. Für sämtliche Arbeitsvorgänge, die pneumatisch, hydraulisch oder elektrisch gesteuert sein können, sind im Bedienungspult der Anlage Druckknopfbestätigungen mit Kontrolleuchten angeordnet. Der Ablauf des Aufbereitungsprozesses kann an sogenannten Leuchtschaltbildern verfolgt werden. Großanlagen sind außerdem mit Einrichtungen zur Programmsteuerung versehen. Temperaturen für Gestein und Bindemittel werden im Bedienungspult angezeigt. Sämtliche Einzelgruppen der Mischanlagen haben elektrische Einzelantriebe mit Energieversorgung aus dem örtlichen Stromnetz bzw. aus transportablen Dieselgeneratoren.

2.5.2.3.2.9 Besondere Bauarten

Siebtrommel-Mischanlagen haben den Vorteil kompakter Aufstellungsmöglichkeit unter Fortfall von Heißelevatoren und Vibrationssiebanlagen bei besonders groß ausführbaren Siebflächen. Das aus der hochgelegten Trockentrommel ausfließende Gestein läuft am Außenmantel der Trommel zwangsweise gefördert und in gegenläufiger Richtung zum Trockenstrom im Trommelrohr über mehrere um den Trommelkörper herum gebaute und mit der Trommel rotierende Rundsiebe. Unterhalb der Siebe sind die Gesteinssilos für die Zwischenlagerung, die Verwiege- und Zuteileinrichtungen für Gestein, Füller und Bindemittel sowie der Doppelwellen-Zwangsmischer angeordnet (z. B. System Linnhoff, Typenreihe RST).

Kontinuierlich arbeitende Mischanlagen sind anders aufgebaut als Chargen-Mischanlagen. Bei den kontinuierlichen Anlagen gelangt das aus der Trockentrommel (2.5.2.3.2.2) kommende Gestein (bis 40 mm Korngröße) über Heißbecherwerk oder andere Fördermittel in den *kontinuierlich* arbeitenden *Doppelwellen-Zwangsmischer* oder in eine *Mischtrommel*. Gestein bis 100 mm Korngröße kommt in einen ebenso arbeitenden *Freifall-* oder *Wälzmischer*. Gestein, Bindemittel und Füller werden im kontinuierlich ablaufenden Prozeß fließend zugemessen (z. B. System Barber Greene) oder absatzweise in kleinen Mengen von 40 bis 200 kg zugeführt (z. B. System Huther, Bild 2.5-33 und 34).

Gußasphalt-Kocher (Bild 2.5-35). Bei Gußasphalt-Kochern wird unterschieden zwischen *stationären Großkochern* (8 t/12 t/16 t/18 t Kesselinhalt), *fahrbaren Kochern mit Rauchkammer-Ölfeuerung* und fahrbaren *Ausfahrkochern mit Gasheizung*. Gußasphalt wird in den stationären Kochern aufbereitet und durch Einsatz von Ausfahrkochern (z. B. Linnhoff, Henne, WIBAU) zur Einbaustelle transportiert. Gußasphalt-Kocher der konventionellen Bauart mit Rauchkammer-Ölfeuerung bewerkstelligen neben dem reinen Transport auch die Aufbereitung des Gußasphaltes (Linnhoff, WIBAU, Henne). Die Kesselinhalte der fahrbaren konventionellen Kocher liegen bei 4 t, 5 t, 6 t und 10 t, der Ausfahrkocher bei 6,5 t, 8 t und 10 t. Konventionelle Kocher sowie Ausfahrkocher sind mit Rührwerken und Diesel- bzw. elektro-motorischem Antrieb versehen. Die Anordnung der Rührwerke kann horizontal oder vertikal sein.

2.5.2.3.3 Mischguttransport zur Baustelle (Einbaustelle).

Die fertigen Mischgutchargen werden im allgemeinen mit Lkw zur Baustelle transportiert. Die Einbaustellen können auch im weiteren Umkreis der Mischanlagen liegen. Bei Transport über eine größere Entfernung bzw. ungünstiger Witterung wird das Mischgut mit Abdeckplanen geschützt. Es können auch doppelwandige und isolierte Thermos-Kippwagen zum Einsatz kommen.

2.5.2.3.4 Einbaumaschinen

2.5.2.3.4.1 Schwarzdeckenfertiger [H 26]

Schwarzdeckenfertiger (Bild 2.5-36) dienen dem maschinellen Einbau von bituminösen Schichten bis zur fertigen Straßendecke. Diese Geräte nehmen fertiges Mischgut auf, verteilen es auf gewünschte Breite und bauen es unter Vorverdichtung ein. Je nach Größe und Einsatzweise leisten Schwarzdeckenfertiger zwischen 30 und 450 t/h bei maximalen Arbeitsbreiten von 3,0 bis 10,5 m bei Maschinen mit *Straßenfahrwerk* (*gleislose Fertiger*) oder bis 11,5 m bei Maschinen mit *Schienenfahrwerk*.

Straßenfahrwerke sind entweder mit Raupenketten oder mit gummibereiften Rädern ausgerüstet; bei Fertigern mit Schienenfahrwerk fährt das Gerät entweder auf verlegten Gleisen oder auch nach Umrüstung mit Elastikrädern auf vorverlegten ebenen Rand-

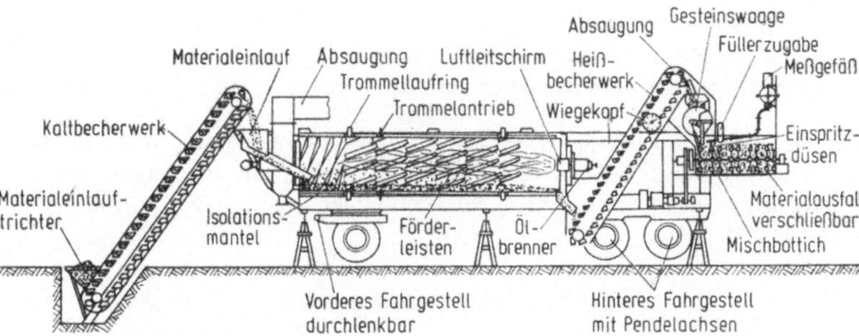

Bild 2.5-33. Fahrbare, kombinierte Trocken- und Mischanlage (Huther Type 400/S); Chargenzuteilung der einzelnen Mischkomponenten, anschließend kontinuierliche Vermischung im Zweiwellen-Zwangsmischer, Leistungsbereich bis 60 t/h (Querschnitt der Anlage ohne Zubehör).

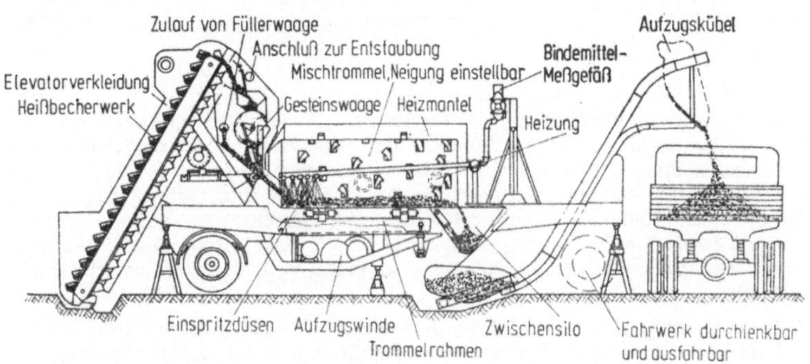

Bild 2.5-34. Fahrbare, getrennte Trocken- und Mischanlage (Huther). Einzeldarstellung der Mischanlage ,,Stabilisator"; Chargenzuteilung der einzelnen Mischkomponenten, anschließend kontinuierliche Vermischung im Trommel-Mischer. — Verschiedene Leistungsgrößen 80 bis 300 t/h.

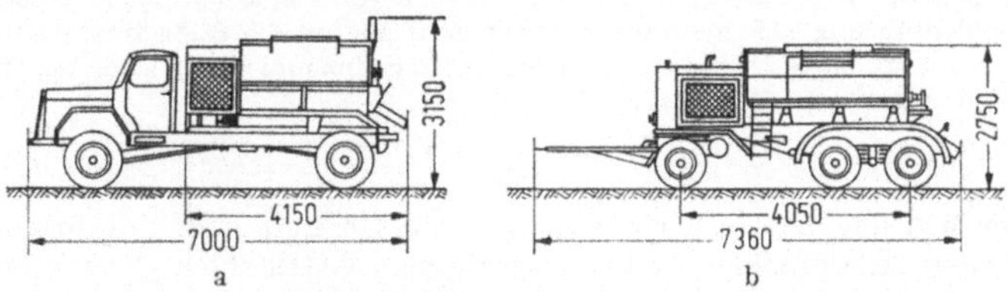

Bild 2.5-35. a) Konventioneller Gußasphalt-Motorkocher mit Rauchkammer-Ölfeuerung (Linnhoff-Aufsetzkocher G 5 mit Horizontal-Rührwerk); Kesselinhalt 2280 dm³, Nutzinhalt 5 t, Rührwerksantrieb Dieselmotor 7 kW, Leergewicht des Aufsetzkochers 4,9 t. — Längenmaße in mm.

Bild 2.5-35. b) Ausfahrkocher (Linnhoff-Anhängekocher GTA 10); beheizt mit Propangas; Kesselinhalt 4550 dm³, Nutzinhalt (Charge) ≈ 9,8 t, Rührwerksantrieb Dieselmotor 10 kW, Fahrwerk 6-fach luftbereift, zulässige Transportgeschwindigkeit 80 km/h, Eigengewicht einschl. Propangasflaschen 8,2 t, zulässiges Gesamtgewicht 18 t. — Längenmaße in mm.

streifen. Bei diesen Maschinen wird außerdem unterschieden zwischen reinen *Verteilgeräten* (Einsatz von *Wendeschaufelverteilern*, 2.5.2.2.2.2) und echten *Einbaugeräten*, bei denen das Verlegen des Mischgutes durch eine beheizte Rüttelbohle (2.5.2.2.3) abgeschlossen wird.

Bei gleislosen Schwarzdecken-Fertigern erfolgt das Verteilen des Mischgutes vor dem eigentlichen Einbau häufig durch höhenverstellbare und in zwei Drehrichtungen schaltbare Schnecken oder durch schneepflugartige Abgleichbohlen (z. B. ABG, Vögele). Den

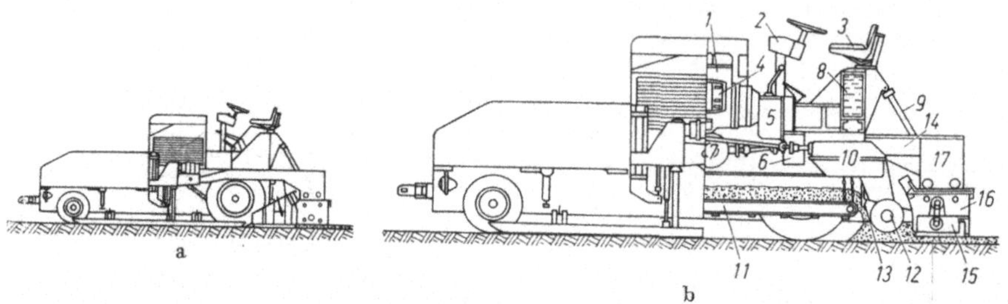

Bild 2.5-36. a) Straßenfertiger (Linnhoff TS 50) mit Gummiradfahrwerk; gleiche Bauart als RS 50 mit Raupenfahrwerk. Einbauleistung 250 t/h; Einbaubreiten stufenlos regelbar von 2,2 bis 5,0 m; Einbaudicken von 0 bis 250 mm; Arbeitsgeschwindigkeiten 1,0 bis 9,0 m/min; Mischgutbehälter Inhalt ≈ 7 t; Beschickungshöhe 490 mm; automatische Materialdosierung; Vibrationsglättbohle Frequenz bis 67 Hz regelbar; Bohlengrundlänge 2500 mm; Bohlenbreite ≈ 500 mm; Dachprofil bis 4%; Antriebsmotor Diesel 39 kW; Generatorleistung 18/6 kW, umschaltbar; Marschgeschwindigkeit bis 16 km/h; Gesamtgewicht mit Radfahrwerk ≈ 11,5 t, mit Raupenfahrwerk ≈ 13 t. Bohlenbeheizung elektrisch.

Bild 2.5-36. b) Teil-Innenansicht des in Bild 2.5-36. a) dargestellten Straßenfertigers Linnhoff TS 50 bzw. RS 50. *1* Hauptantriebsmotor, *2* umsteckbarer Fahrerstand mit Bedienungselementen, *3* gefederter Fahrersitz, *4* Drehstromgenerator für Bohlenbeheizung und Stellmotoren, *5* Schaltgetriebe für die Fahrgeschwindigkeiten, *6* Untersetzungsgetriebe für den Fahr- und Arbeitsantrieb, *7* Fahrwerksantrieb über Sperr-Differential und Kettentriebe, *8* Vorratstank für Kraftstoff und Hydraulik, *9* hydraulische Hubeinrichtung zum Einbauwerkzeug, *10* Getriebe für getrennten Schnecken- und Förderbandantrieb, *11* Mischgut-Zufuhr durch Doppelförderband, *12* Verteilschnecken vor der Einbaubohle, *13* Taster für die automatische Materialdosierung, *14* Hebelkonstruktion mit Glättbohlenführung, *15* hydromotorischer Antrieb für die Vibrationsglättbohle, *16* Vibrationsglättbohle mit stufenlos regelbarer Verdichtungsfrequenz und elektrischer Beheizung, *17* Bohlenabdeckung mit Begehungsbühne.

Einbau unter Vorverdichtung besorgen elektrisch, durch Heißluft oder mit Propangas beheizbare Rüttel- oder Stampfbohlen mit nachgezogenen Glättbohlen. Stampfbohlen arbeiten mit Schlagzahlen bis 1200 Schlägen/min (z. B. Linnhoff-Mix-Fertiger). Kombinierte Vibrations-Glättbohlen (*Tamper*) haben Frequenzen bis 67 Hz (z. B. Linnhoff, Vögele). Die Einbaubohle kann auch in Stopfhämmer aufgelöst sein (System Huther, Bild 2.5-37). Schwarzdeckenfertiger mit Rüttel- oder Vibrationsbohlen eignen sich für Schichtdicken bis 30 cm.

Schwarzdeckenfertiger mit Straßenfahrwerk sind konstruktiv mit Einrichtungen zum Ausgleich von Unebenheiten des Unterbaus ausgerüstet. Fertiger mit langen Raupenfahrwerken sind hierbei gegenüber Räderfertigern im Vorteil. Zur Erreichung des Endnivellements ist das Einbauwerkzeug (Stampfbohle, Vibrationsbohle, Tamper) je nach

Bauart des Fertigers in der Mitte der Maschine oder am Ende angeordnet. Die mittige Anordnung findet sich z. B. bei den Bauarten Linnhoff, Vögele; die Endanordnung z. B. bei den Bauarten Vögele, Linnhoff, ABG, Huther, Alfelder Eisenwerke (schwimmende Bohle).

Zwei weitere Möglichkeiten der Anordnung sind einmal die Anordnung der Bohle an einem Waagebalken, der sich hinter der Maschine auf der fertigen Decke abstützt und vorn an der Zugraupe angelenkt ist (Bauart Linnhoff-Mix-Fertiger), zum andern die Höhen-

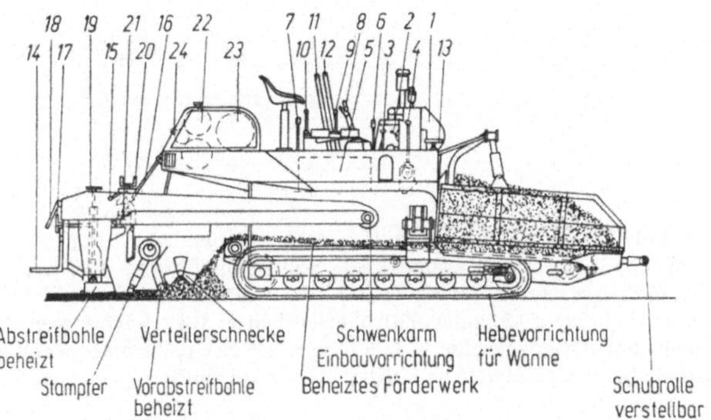

Bild 2.5-37. Schwarzdeckenfertiger mit Horizontalverdichtung durch Stampfer (Huther-Straßenfertiger Type 100); *1* Motor, *2* Gashebel, *3* Kupplungshebel, *4* Vierganggetriebe, *5* Hauptgetriebe, *6* Schalthebel für Normal- und Schnellgang, *7* Schalthebel für Vor- und Rückwärtsgang, *8* Feststellbremse, *9* Steuerblock für hydraulische Hebevorrichtung der Wanne, *10* Steuerblock für hydraulische Hebevorrichtung der Bohle, *11* Lenkknüppel links, *12* Lenkknüppel rechts, *13* Verstellung der Materialdurchgangsschieber, *14* Laufbohle, *15* Schaltpult, *16* Einbaudicken-Anzeiger, *17* Einstellung der Belagdicke, *18* Profil-Ausgleichshebel, *19* Querprofil-Einstellung, *20* Vorabstreif-Einstellung, *21* Stampfer-Höheneinstellung, *22* Heizöltank, *23* Heizmuffe, *24* Sprühkessel.

führung des Einbauwerkzeuges über Hebelanlenkung und Stützung auf zwei langen Schlittenkufen, die die Unebenheiten überbrücken. Letzteres bei Fertigern mit Reifenfahrwerken (z. B. Linnhoff-TS-50).

Die Hebeluntersetzungen zum Ausgleich von Unebenheiten betragen bis 1:4 je Durchgang.

Das bituminöse Mischgut wird den Straßenfertigern über den *Aufnahmebehälter* zugeteilt. Bei diesen bis zu 10 t fassenden Behältern sind Bauarten mit geschlossenem oder offenem Kübelboden üblich. Im geschlossenen Kübelboden ist ein Förderband angeordnet, durch welches das Mischgut zur Einbaubohle transportiert wird (z. B. Vögele, Huther, Linnhoff, Alfelder Eisenwerke). Dosierschieber und automatische Schaltung der Förderbänder sorgen für richtige Materialdosierung während des Einbaus. Schienengeführte Schwarzdeckenfertiger haben i. allg. keine Aufnahmebehälter.

Automatische Nivellier-Einrichtungen (elektronisch-hydraulische, elektronisch-elektrische) verbessern die Nivellierwirkung der Straßenfertiger. Hierbei wird das Planum vor der Maschine abgetastet und das Einbauwerkzeug automatisch in der gewünschten vorgegebenen Höhe gehalten.

Gußasphalt-Fertiger (Bild 2.5-38) haben Arbeitsbreiten von 2,0 bis 12,0 m. Sie arbeiten auf Schienen oder Raupen. Das Verlegen erfolgt mit der zwischen den Schienenlaufwerken angeordneten höhenverstellbaren und propanbeheizten Abstreich- oder Glättbohle. Bei anderen Ausführungen sind auch Raupenfahrwerk oder elastikbereifte Fahrwerke anzutreffen, die auf vorverlegten Randstreifen laufen. Der Vortrieb der Gußasphalt-Fertiger erfolgt bei einfachen Konstruktionen durch Handkurbelvorschub, bei größeren Maschinen durch motorischen oder motorhydraulischen Antrieb. Die Vortriebsgeschwindigkeit liegt zwischen 0,1 und 1,5 m/min.

Gußasphalt-Fertiger können selbständig oder als Bestandteil eines *Gußasphalt-Zuges*, bestehend aus Fertiger, Splittstreuwagen und Riffel- oder Glättwalze, eingesetzt werden.

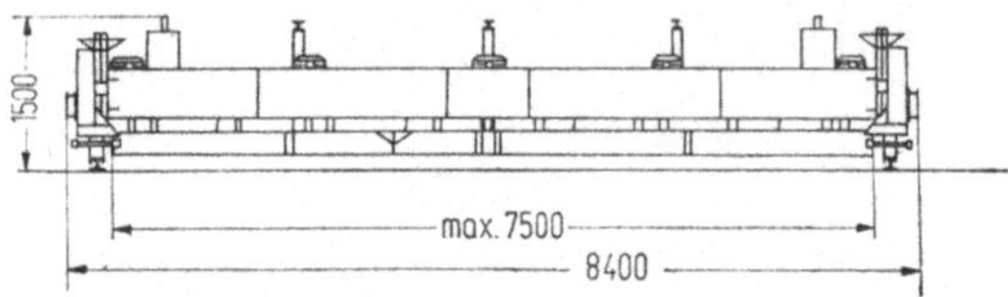

Bild 2.5-38. Gußasphalt-Einbaubohle (Linnhoff EB 75); Bohlenbeheizung mit Propangas; Grundarbeitsbreiten in m: 3,75 oder 5,625 oder 7,50, Sonderausführung 12,5 m; stufenlose Arbeitsbreitenverstellung; Höhenverstellung von −300 bis +100 mm; Laufwerk: Schienenlaufräder; Raddruckkräfte in kp: 450 oder 525 oder 620; Gewicht in t: 1,8 oder 2,1 oder 2,5; Antrieb Handkurbel oder 4-kW-Motor; Arbeitsgeschwindigkeit von 0,1 bis 1,5 m/min regelbar. — Für Einbau an Steigungen sind an beiden Laufwerken Seiltrommeln vorhanden. — Längenmaße in mm.

Schwarzdeckenfertiger ohne Aufgabekübelboden und mit in der Mitte angeordnetem Einbauwerkzeug können ebenfalls Gußasphalt maschinell verlegen (z. B. Linhoff-Normalfertiger NF 30).

Bis auf den Gußasphalt machen alle bituminösen Beläge ein Nachverdichten durch Walzen erforderlich.

2.5.2.3.4.2 Einstreu- und Tränkdecken werden mit Kehrmaschinen, Spritzmaschinen und Splittstreumaschinen behandelt.

Kehrmaschinen sind in der Regel Einachsschlepper mit $\approx$ 8 kW Motorleistung. Sie haben eine Kehrwalze aus Stahldraht oder Piassava. Die Walzenbreiten betragen bis 2 000 mm. Manche Maschinen haben eine Druckluftvorrichtung zum Abblasen. Die Kehrmaschinen leisten bis $\approx$ 1 000 m²/h.

Spritzmaschinen für Bitumen und Teer (Bild 2.5-39) gibt es als Anhänger, Lkw-Aufsetzgeräte und als Selbstfahrer. Die meist gebräuchlichen Bauarten haben ölbeheizte Kochkessel von 250 bis 2 500 dm³ Inhalt und sind mit Motor- oder Motorkompressor-Spritzeinrichtung sowie einem Faßkran ausgestattet. Die Leistung des als Antrieb, bei Selbstfahrern zugleich als Fahrantrieb dienenden Dieselmotors beträgt zwischen 4 und 10 kW [29]. Die im Bild als Beispiel gezeigte Spritzmaschine ,,Rhume'' (Linnhoff) eignet sich zum Ausspritzen aller in Frage kommenden kalten und heißen Bindemittel. Typ Rhume kann an 10-stündigem Arbeitstag 3 t Bitumen oder 5 t Heißteer aufbereiten und verspritzen. Der Bindemittel-Kochkessel faßt 300 dm³ und ist mit Rauchkammer-Öl-feuerung beheizt. Das erhitzte Bindemittel fließt in den 200 dm³-Druckbehälter und wird mit Hilfe der von dem eingebauten Kompressor gelieferten Druckluft (Betriebsüberdruck 4 bis 5 bar) ausgespritzt. Gleichzeitig wird der Kochkessel aus dem im Wärmeschrank vorgewärmten Faß nachgefüllt. Im Straßentransport wird diese Spritzmaschine als Anhänger mit zulässiger Geschwindigkeit bis 20 km/h gezogen. An der Arbeitsstelle bewegt sie sich mit Selbstfahrwerk vor- und rückwärts mit 0,8 bis 1,2 km/h, bei zusätzlichem Schnellgang bis 6 km/h. — Leergewicht 1,5 t; Dieselmotor-Leistung 4,5 kW; Koch- und

Spritzleistung für Teer 500 kg/h, für Bitumen 320 kg/h. — Maße über alles in m: Länge 5,00, Breite 1,60, Höhe 2,6.

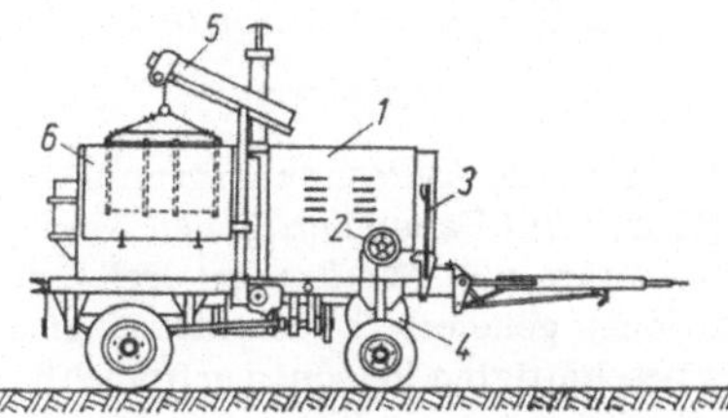

Bild 2.5-39. Spritzmaschine (Linnhoff „Rhume"). *1* Maschinenabteil mit Dieselmotor, Kolbenkompressor und Druckluftspeicherkessel, *2* Handsteuerung, *3* Handbremse, *4* Bindemittel-Druckkessel, *5* Druckluftkran für Fässer, *6* beheizter Wärmeschrank mit darunter befindlichem Kochkessel. — Die vom Kompressor gelieferte Druckluft kann auch zum Ausblasen von Schlaglöchern verwendet werden. Handsprengrohr mit Spritzschlauch ist im Bild nicht angeschlossen. Weitere Erläuterungen im Text.

Splittstreumaschinen dienen zum gleichmäßigen Verteilen von Splitt auf die Arbeitsfläche. Sie sind dafür mit einer vom Fahrwerk oder besonderem Motor angetriebenen Streueinrichtung versehen, z. B. Schleuderteller, Schnecke, Rüttler, Kleingeräte dieser Art sind die Handsplittstreuer. Sie sind in den üblichen Größen mit einem Behälter von ≈ 300 dm³ Inhalt versehen und haben ein Leergewicht von ≈ 140 kg [29]. Die Streubreiten liegen bei 1 bis 2 m. Größere Bauarten sind als Anhänger, als Lkw-Anbaugeräte oder als Selbstfahrer im Gebrauch. Selbstfahrende Splittstreuer oder Dieselkipper (2.3.7.2.1) mit angebauter Streueinrichtung werden meist mit Behälterinhalt von 1 000 bis 2 000 dm³ bei Gerätegewichten von 1,2 bis 2 t verwendet und erreichen regelbare Streubreiten von ≈ 2 bis 2,5 m. Den Antrieb für die Streueinrichtung liefern besondere Kleindiesel von etwa 7 bis 10 kW Leistung, vgl. [29].

2.5.3 Sondergeräte für Hochbau

[6; 16; 29]

Putzgeräte (*Verputzmaschinen*) werden zum Vorspritzen und Fertigputzen von Decken und Wänden mit Zement- und Kalkmörtel gebraucht. Es gibt *pneumatisch* oder *mechanisch* arbeitende Putzgeräte, vereinzelt auch Kombinationen aus beiden Arten.

2.5.3.1 Pneumatische Putzgeräte

(vgl. 2.3.4.6.4.5)

2.5.3.2 Mechanische Putzgeräte

schleudern den Mörtel mit einem Wurfrad an die Wand. Vom Behälter zum Wurfrad wird das Material ebenfalls mechanisch mit einer Schnecken- oder Kolbenpumpe durch einen Schlauch gedrückt. Das kann auch in mehreren Stufen erfolgen.

2.6 Energieerzeugung

2.6.1 Kompressoren

(Verdichter)

Einzelheiten über Wirkungsweise, Berechnungsgrundlagen, Bauarten und Betrieb von Kompressoren enthält [H 22]. Auf Baustellen dienen Kompressoren zum Erzeugen von Druckluft für pneumatische Geräte und Werkzeuge. Bei Druckluftgründungen (2.1.1.3) wird die von Kompressorstationen gelieferte Druckluft zugleich als Frischluft zum Atmen für die in der Arbeitskammer beschäftigten Personen gebraucht. Für Aufgaben im Bauwesen werden sowohl *Kolbenverdichter* mit hin- und hergehendem Kolben als auch *Drehbolben-* und *Kreiselverdichter* (*Turbokompressoren*) eingesetzt. Je nach Verwendungszweck werden ein- oder mehrstufige Verdichter bevorzugt.

2.6.1.1. Kolbenverdichter

Es gibt Kolbenverdichter als *stationäre* Geräte mit oder ohne Fundament aufstellbar, für Diesel- oder Elektroantrieb, mit Luft- oder Wasserkühlung oder als *fahrbare* Geräte für Diesel- oder Elektroantrieb, vorwiegend mit Luftkühlung.

2.6.1.1.1 Stationäre Kolbenverdichter für Baustellen zeigt in ihrem grundsätzlichen Aufbau Bild 2.6-1 an einem Beispiel, dem FMA Pokorny ZL 330. Es ist ein doppeltwirkender Kolbenverdichter mit in L-Form angeordneten Zylindern. Sonstige Merkmale sind:

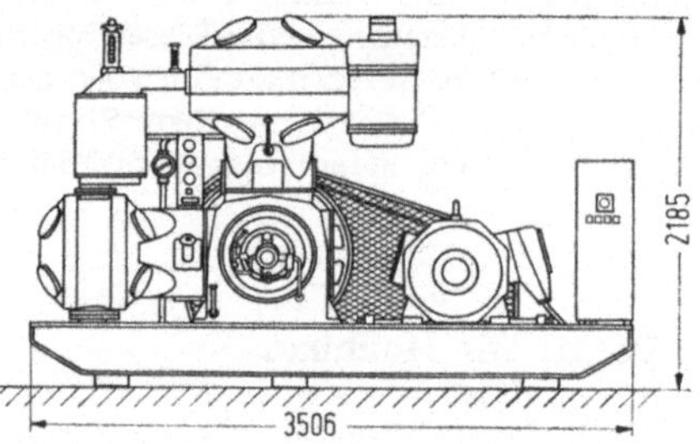

Bild 2.6-1. Stationärer Kolbenverdichter (FMA Pokorny ZL 330). Längenmaße in mm.

Kolbenstangen mit Kreuzkopf; zweistufige Verdichtung mit Zwischenkühlung, Zylinder und Zwischenkühler sind wassergekühlt; Antrieb Drehstrommotor 380 V (auf Wunsch auch mit anderen Spannungen); Kraftübertragung mit Flachriemen; Nenndrehzahlen: Motor 1500 U/min, Kompressor 750 U/min; Betriebsdruck maximal 10 bar Überdruck; Aufstellung fundamentlos auf einem Rahmen mit schwingungsdämpfenden Gummifüßen oder mit Rahmen ohne Gummifüße, aber mit Gleitblechen, unmittelbar auf den Boden (z. B. Kiesschüttung). Gewicht des Gesamtaggregates: 5 t; Maße des Gesamtaggregates: Länge 3506 mm, Breite ohne Nachkühler 1700 mm (mit Nachkühler 2240 mm), Höhe ohne Gummifüße 2105 mm, mit Gummifüßen 2185 mm. Liefermenge ist je nach Betriebsdruck verschieden, maximal 36 m³/min. Regelung ist vollautomatisch.

Als weiteres Beispiel für wassergekühlte, ortsfeste Kolbenverdichter sei die Bauart FMA-neptun genannt, die je nach Typ Druckluft von 2 bis 6 bar Überdruck bei einstufiger, von 4 bis 12 bar bei zweistufiger und von 10 bis 35 bar bei dreistufiger Verdichtung abgeben. Die Liefermengen liegen zwischen 6 und 23 m³/min.

Luftgekühlte ortsfeste Kolbenverdichter sind z. B. die FMA-robot-Verdichter, die ursprünglich als fahrbare Geräte entwickelt wurden, aber auch in stationärer Ausführung gebaut werden. Sie liefern je nach Typ bei ein- bis dreistufiger Verdichtung und Überdruck zwischen 1 und 20 bar Druckluftmengen von 1,2 bis 12 m³/min.

2.6.1.1.2 Fahrbare Kolbenverdichter, die an Kraftfahrzeuge angehängt werden können, eignen sich besonders für Baustellen aller Art, z. B. FMA-robot (Bild 2.6-2, 2.6-3). Sie sind luftgekühlt und liefern bei zweistufiger Verdichtung und Nenndrehzahl je nach Typ 2 bis

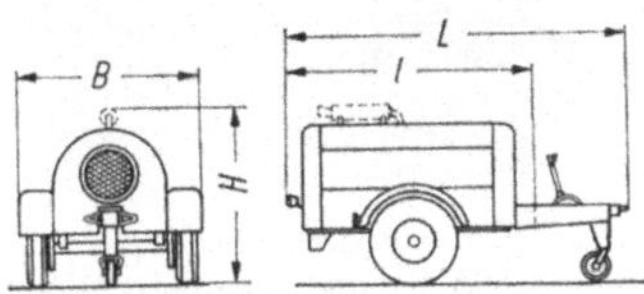

Bild 2.6-2. Fahrbarer Kolbenverdichter (FMA Pokorny robot SDV 50). Erläuterungen im Text. Längenmaße in mm: $L = 3750$, $l = 2650$, $B = 1800$, $H = 1850$.

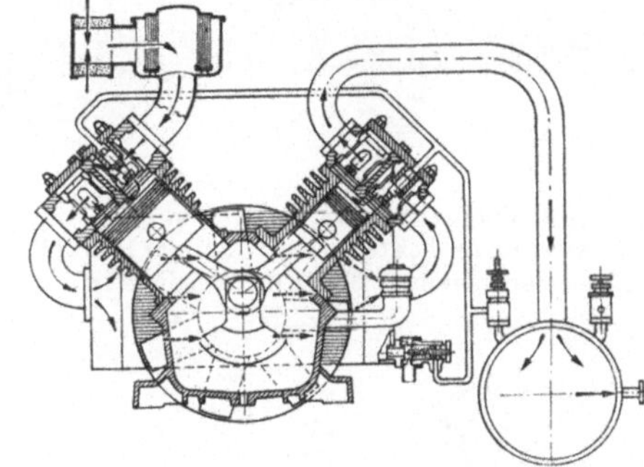

Bild 2.6-3. Schema des Luftweges bei einem zweistufigen Kolbenverdichter mit Zwischenkühlung (FMA Pokorny robot).

10 m³/min Druckluft mit 7 bar Überdruck. Beispielsweise ist der Typ FMA Pokorny robot SDV 50 ein zweistufiger Kolbenverdichter mit Zwischenkühlung. Er ist schallgedämpft. Der Schallpegel, der bei Vollast 76 dB(A) beträgt, kann mit Hilfe eines Schutzzeltes um weitere 4 bis 5 dB(A) herabgesetzt werden. Sonstige Merkmale des Typs robot SDV 50 (Bild 2.6-2) sind: Trockengewicht 1 360 kg; Dieselmotor-Leistung maximal 34 kW; Nenndrehzahl 1 700 U/min; Druckbereich 4 bis 7 bar Überdruck; Liefermenge bei 7 bar und Nenndrehzahl 4,7 m³/min; Leistungsbedarf des Kompressors bei 7 bar Überdruck und Nenndrehzahl 30 kW; Inhalt des Druckbehälters 135 dm³.

2.6.1.2 Drehkolben- und Kreiselverdichter

Diese Verdichter haben geringeres Gewicht, kleinere Abmessungen und höhere Drehzahlen als Kolbenverdichter gleicher Leistung.

2.6.1.2.1 Drehkolbenverdichter gibt es als ein- oder mehrwellige Maschinen in zahlreichen Bauformen. Einige der wichtigsten davon zeigt Bild 2.6-4. Zu den *Einwellen-Drehkolbenverdichtern* gehört u. a. der *Vielzellen-Verdichter*, z. B. Rotationsverdichter KSB (Bild 2.6-5). Bei diesen Kompressoren ist eine umlaufende, auf beiden Seiten in Rollenlagern geführte Walze in einem wassergekühlten Gehäuse exzentrisch gelagert und bildet mit diesem einen sichelförmigen Arbeitsraum. Die Walze hat mehrere radiale Längsschlitze, in denen frei bewegliche Blechschieber gleiten. Beim Rotieren der Walze werden die Schieber infolge der Fliehkraft herausgeschleudert. Dadurch wird der Arbeitsraum in Zellen unterteilt, in denen das Ansaugen und Verdichten erfolgt.

Mehrwellen-Drehkolbenverdichter haben gegeneinander abwälzende Profilkolben, z. B. Bauarten DEMAG, KSB [H 22]. Typische Vertreter dieser Verdichtergruppe sind die

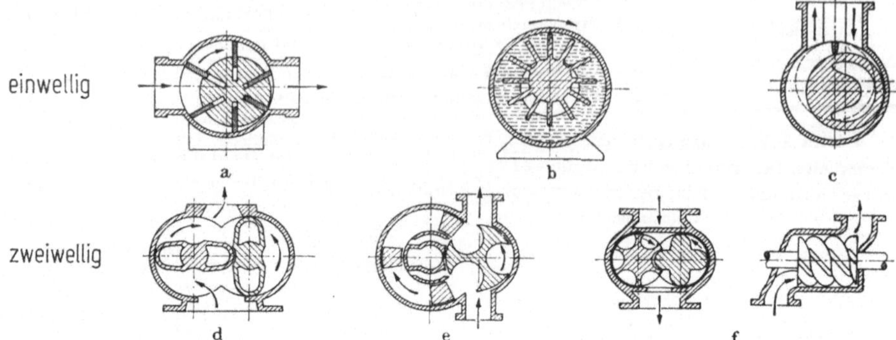

Bild 2.6-4. Wichtigste Bauformen von Drehkolbenverdichtern (nach KSB). a) Vielzellenverdichter, b) Wasserringverdichter (vgl. [H 22]), c) Rollkolbenverdichter, d) Roots-Gebläse (vgl. [H 11, H 22]), e) Enke-Verdichter, f) Schraubenverdichter.

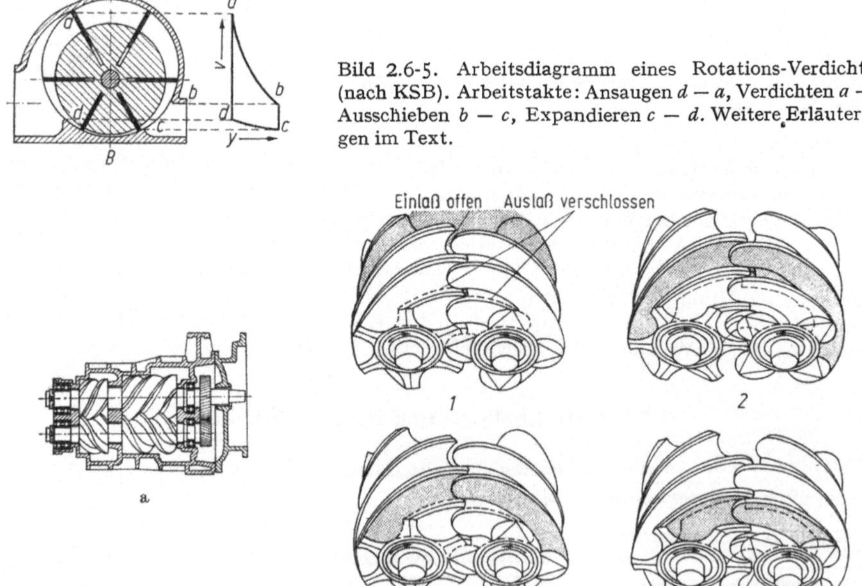

Bild 2.6-5. Arbeitsdiagramm eines Rotations-Verdichters (nach KSB). Arbeitstakte: Ansaugen $d - a$, Verdichten $a - b$, Ausschieben $b - c$, Expandieren $c - d$. Weitere Erläuterungen im Text.

Bild 2.6-6. a) Schrauben-Drehkolbenverdichter (System Atlas Copco). Erläuterungen im Text.

Bild 2.6-6. b) Arbeitsweise eines Schraubenverdichters (Atlas Copco): *1) Ansaugen.* Durch die hinten im Gehäuse befindliche Einlaßöffnung wird Luft eingesaugt; *2) Verdichten.* Bei weiterem Drehen werden die Zahnlücken gegen die Einlaßöffnung verschlossen, Verdichtung in der jeweiligen Zahnlücke beginnt; *3) Weiteres Verdichten,* bis Zähne nacheinander die Kante der Auslaßöffnung erreichen; *4) Luftausstoß.* Gleichmäßiger Strom verdichteter Luft entweicht durch die vorn im Gehäuse befindliche Auslaßöffnung, bis diese bei weiterem Drehen wieder verschlossen wird.

Schrauben-Drehkolbenverdichter, kurz „Schraubenverdichter" genannt [H 22], z. B. System Atlas Copco (Bild 2.6-6a und b). Die beiden Läufer berühren sich gegenseitig nicht und auch nicht das Gehäuse. Sie werden von einem Zahnradpaar synchronisiert. Im Arbeitsraum, der in Hoch- und Niederdruckstufe unterteilt ist (Bild 2.6-6a), gibt es daher keine metallische Berührung. Der Hauptläufer hat vier Zähne, der Nebenläufer sechs. Der Hauptläufer dreht sich um 50% schneller als der Nebenläufer. Als Antrieb dient ein Diesel- oder Elektromotor, Leistung je nach Modell 85 bis 170 kW.

Liefermengen der fahrbaren Atlas Copco-Schraubenverdichter sind zwischen 10 und 20 m³/min bei normalem Betriebsdruck von 7 bar Überdruck (höchstzulässiger Betriebsdruck 8,75 bar Überdruck). Bei System Atlas Copco sind Kompressor und Antriebsmotor zu einem Aggregat in einem Gehäuse auf Anhänger-Fahrgestell zusammengebaut. Maße des Aggregates je nach Modell: Länge in Transportstellung 3330 bis 3830 mm, Breite 1760 mm, Höhe 1760 mm, Spurweite 1500 mm, Achsabstand 2000 bis 2500 mm; Nettogewichte 2610 bis 3050 kg.

2.6.1.2.2 Kreiselverdichter (*Gebläse, Ventilatoren, Turbokompressoren*) verdichten die Luft mit gleichförmig umlaufenden Schaufelrädern. Berechnungsgrundlagen und Betriebsverhalten vgl. [H 11] und [H 22]. Zu den Kreiselverdichtern gehören auch die Ventilatoren, die Frischluft mit weniger als 1 bar Überdruck zu Arbeitsplätzen fördern.

2.6.2 Dampferzeuger

2.6.2.1 Übersicht

Im Bauwesen werden Dampferzeuger hauptsächlich als *Winterbaugeräte* benutzt. In dieser Eigenschaft dienen sie teils auf Baustellen, teils in der Baustoffindustrie zum Auftauen und Frostfreihalten von Zuschlagstoffen, wobei ggf. mit dem *Dampfspieß* (*Dampflanze*) gearbeitet wird. Ferner werden Dampferzeuger im Winter zum Beheizen von Mischtürmen und Transportbetonanlagen, von Baubuden, Unterständen, Hallen oder Bedienungsplätzen verwendet. Auch zur Bodenerwärmung können Dampferzeuger eingesetzt werden.

Dampferzeuger können aber auch Aufgaben erfüllen, die außerhalb des Winterbaues liegen, z. B. Betonhärten oder Aufheizen keramischer Massen und zähflüssiger Medien wie Bitumen und Rohöl. Zum Einsatz auf Baustellen geeignete Dampferzeuger mit ausreichend hohem Betriebsdruck können auch zum Antrieb von Ramm- und Ziehgeräten herangezogen werden, sofern diese Geräte für Dampfbetrieb eingerichtet sind und keinen angebauten Dampfkessel haben (2.1.1.1).

Beim Beheizen von Räumen oder Material wird entweder der vom Dampferzeuger gelieferte Dampf unmittelbar als Wärmeträger verwendet oder der Dampf dient zum Erwärmen von Wasser oder Luft für *Warmwasser-* oder *Warmluftheizgeräte*. In diesem Falle muß der Dampferzeuger entsprechende Zusatzeinrichtungen haben. Warmwasserbereiter sind bei manchen Bauarten fest eingebaut.

Alle Dampferzeuger und damit bestückten Anlagen müssen den gesetzlichen Vorschriften entsprechen, z. B. [V 4], [V 5]. Einzelheiten darüber sind bei den *Technischen Überwachungsvereinen* (TÜV) oder den zuständigen Aufsichtsbehörden des jeweiligen Landes zu erfahren. Über den Betrieb von Dampferzeugern enthält [H 22] nähere Angaben.

Die im Bauwesen verwendeten Dampferzeuger haben je nach Bauart *Flammrohr-* oder *Siederohrkessel*. Es können *Niederdruckkessel* für maximalen Betriebsdruck von 0,5 bar Überdruck sein, die Heizdampf und Warmwasser liefern, oder Kessel mit höherem Betriebsdruck bis 20 bar Überdruck, die z. B. auch für Dampframmen verwendbar sind. Die

16*

für die Verfahrenstechnik entwickelten *Schnelldampferzeuger* eignen sich auch für verschiedene Aufgaben im Bauwesen. Unter den im Bauwesen verwendeten Dampferzeugern gibt es sowohl *stationäre* als auch *fahrbare* Typen. Manche sind mit geringem Aufwand rasch von stationärer auf fahrbare Verwendung umzurüsten. Die fahrbaren Bauarten bewegen sich als Anhänger auf ein- oder zweiachsigem Fahrgestell. Die Mehrzahl der stationären Dampferzeuger ist einfach zu verladen und am Einsatzort aufzubauen.

2.6.2.2 Niederdruckkessel

Diese Dampfkessel sind für Betriebsdruck von maximal 0,5 bar Überdruck ausgelegt. Es sind ölbeheizte *Flammrohr-* oder *Siederohrkessel* stehender oder liegender Ausführung, z. B. OSBY, Koch & Reitz. Sie können stationär oder fahrbar sein. Je nach Typ liegt die maximale Dampfleistung bei 250 bis 990 kg/h, die maximale Wärmeleistung bei 650 bis 2600 MJ/h, der Heizölverbrauch bei 19 bis 75 kg/h, der Wasserinhalt bei 600 bis 1 500 dm³ und die Dampftemperatur bei 110 °C. Das Leergewicht der gebräuchlichen Typen beträgt 1,2 bis 3,8 t.

2.6.2.3 Schnelldampferzeuger

Diese Geräte haben öl- oder gasbefeuerte *Zwangsdurchlaufkessel* und benötigen vom Kaltstart bis zur optimalen Leistung nur 2 bis 3 min. Sie haben vollautomatische Regelorgane; jedoch ist der Dampfdruck und damit die Dampfleistung auch von Hand einstellbar. Den Aufbau eines stationären Schnelldampferzeugers zeigt Bild 2.6-7. Der dafür als Beispiel gewählte Typ Vaporax (Wanson) hat einen Einrohr-Zwangsdurchlaufkessel System Sulzer mit Öl- oder Gasbrenner. Es gibt den Typ in verschiedenen Größen. Je nach Größe beträgt das Leergewicht 225 bis 2 150 kg, der Wasserinhalt der Heizschlange 7,7 bis 277 dm³, der maximale Heizölverbrauch 7,7 bis 154 kg und die maximale Dampf-

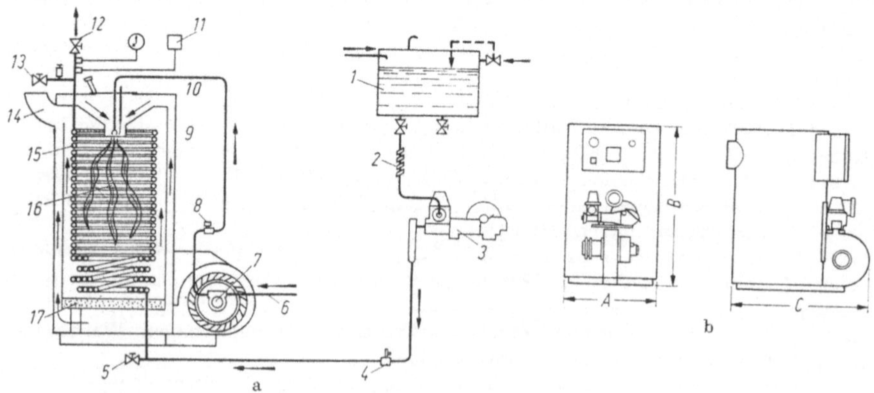

Bild 2.6-7. a) Schnelldampferzeuger „Vaporax" (Wanson). *1* Speisewasserbehälter, *2* Gummischlauch (Schwingungsdämpfer), *3* Wasserpumpe, *4* Wasser-Sicherheitsventil, *5* Abschlammventil, *6* Brennstoffzuleitung, *7* Brennerventilator, *8* Magnetventil, *9* Rauchgaszug, *10* Brenner, *11* Druckschalter, *12* Dampfentnahme, *13* Sicherheitsventil, *14* Rauchgasabzug, *15* Heizschlange, *16* Feuerraum, *17* Feuerraum-Abschlußplatte. — Weitere Erläuterungen im Text.

Bild 2.6-7. b) Abmessungen zu Bild 2.6-7. a) in mm: A = 455 bis 1 250, B = 1 015 bis 2 182, C = 695 bis 1 690 je nach Typ.

leistung 100 bis 2000 kg/h. Für alle Größen ist der Dampfdruck zwischen 3 und 20 bar Überdruck einstellbar. Ebenso einheitlich für alle Größen sind die im Dampf enthaltene Wärmemenge mit 2680 kJ/kg und die maximale Dampftemperatur (Sattdampf) von 214 °C.

Als Beispiel eines fahrbaren Schnelldampferzeugers kann Typ DE 25-32 (Kärcher) gelten (Bild 2.6-8). Er hat einen ölbefeuerten Zwangsdurchlaufkessel. Das Leergewicht

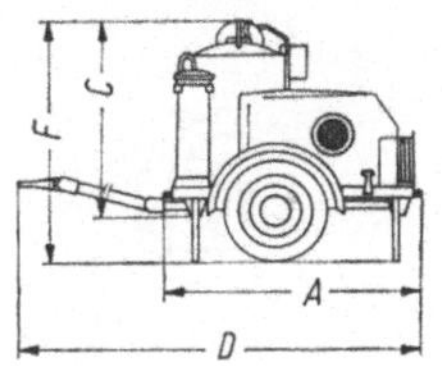
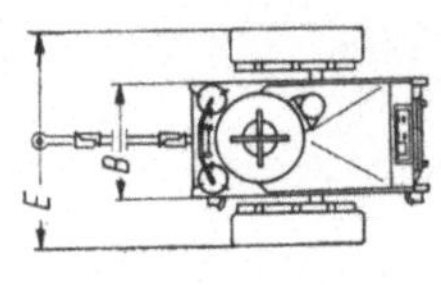

Bild 2.6-8. Fahrbarer Schnelldampferzeuger DE 25-32 (Kärcher). Abmessungen in mm: $A = 1\,553$, $B = 800$, $C = 1250$, $D = 2780$, $E = 1\,520$, $F = 1\,620$. — Weitere Erläuterungen im Text.

beträgt mit Wasserenthärter 660 kg, der Wasserinhalt der Heizschlange $< 35\ \mathrm{dm^3}$, der Heizölverbrauch 28,7 dm³/h. Die Dampfleistung ist 320 kg/h, die Wärmeleistung, bezogen auf die im Dampf bei 9 bar Überdruck enthaltene Wärmemenge, 890 MJ/h.

Der Dampfdruck liegt bei Standardausführungen zwischen 3 und 9 bar Überdruck. Die maximale Dampftemperatur (Sattdampf) beträgt 210 °C.

2.6.2.4 Allzweckkessel

Als Beispiel für den Aufbau und die Verwendungsmöglichkeit von Allzweckkesseln kann die Bauart Daluwa (Koch & Reitz) gelten. (Bild 2.6-9, 2.6-10). Es handelt sich um ölbeheizte *Flammrohrkessel*, die es in stationärer oder fahrbarer Ausführung und in verschiedenen Größen mit Kesselgewicht von 2290 bis 4310 kg gibt. Je nach Größe beträgt

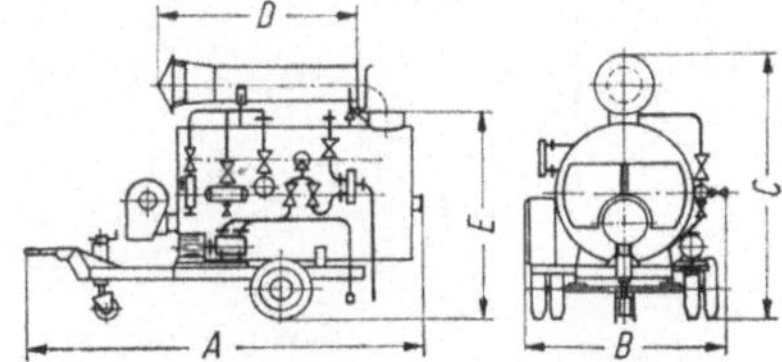

Bild 2.6-9. Allzweckkessel (Koch & Reitz „Daluwa"). Abmessungen in mm je nach Größe des Typs: $A = 3600$ bis 4150, $B = 1950$ bis 2250, $C = 2250$ bis 2925, $D = 1400$ bis 2000, $E = 1875$ bis 2425. — Weitere Erläuterungen im Text.

der Wasserinhalt 580 bis 1240 dm³, der Heizölverbrauch 18,5 bis 76 kg/h, der maximale Betriebsdruck 10 oder 13 bar Überdruck. Die maximale Dampfleistung liegt je nach Kesselgröße zwischen 240 und 100 kg/h, die maximale Wärmeleistung 650 und 2700 MJ/h. Die maximale Dampftemperatur (Sattdampf) ist 183 bzw. 194 °C.

Alle Regelorgane arbeiten vollautomatisch. Als Zusatzgeräte gibt es *Warmwasserbereiter* und *Warmlufterzeuger*. Die Warmwasserbereiter geben je nach Größe bei Dampfdruck von 10 bar Überdruck 1000 bis 6000 dm³/h Warmwasser von 90 °C ab. Die Warmlufterzeuger sind fahrbare Geräte, die am Ort des Wärmebedarfes aufgestellt und mit dem in Schläuchen vom Kessel kommenden Dampf beheizt werden. Bei Dampfdruck von 10 bar Überdruck ergibt das Daluwa-Warmluftgerät maximal 220 MJ/h. Es gibt solche Geräte auch für Anschluß an Niederdruckkessel mit 0,5 bar Überdruck, wobei eine maximale Wärmeleistung von 150 MJ/h erreicht wird.

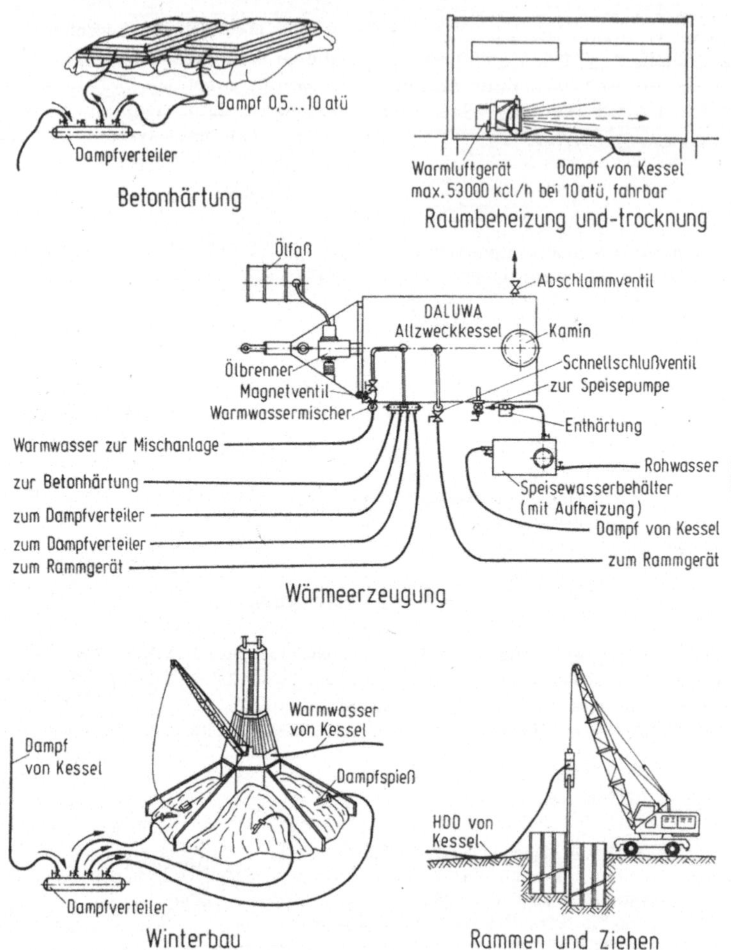

Bild 2.6-10. Beispiele für Anwendung und Installation eines Allzweckkessels (nach Koch & Reitz). Abkürzungen: HDD Hochdruckdampf, WW Warmwasser. — Weitere Erläuterungen im Text.

2.6.3 Heißölerzeuger

Für die Verfahrenstechnik wurden auch Wärmequellen entwickelt, bei denen *Mineralöle* als Wärmeträger verwendet werden. Bei diesen „Thermoölen" handelt es sich um Kohlenwasserstoff-Verbindungen, die durch entsprechende Verfahren bestimmte Eigenschaften erhalten, z. B. niedrigen Viskositätsgrad. Öle haben als Wärmeträger einige Vorzüge, die in manchen Fällen wichtig sein können. So ist im Gegensatz zu Wasser und Wasserdampf der Anwendungsbereich von Ölen weder nach unten durch den Gefrierpunkt noch nach oben durch hohe Drücke begrenzt. Bei atmosphärischem Druck kann mit Vorlauftemperaturen bis 320°C gearbeitet werden. Der drucklose Betrieb schließt Explosionsgefahr aus. Heißölgeneratoren dieser Art unterliegen daher nicht den Vorschriften für Hochdruck-Kesselanlagen und benötigen kein Kesselhaus. Sie können unmittelbar am Platz des Wärmebedarfs aufgestellt werden. Die Rohrleitungen sind gleichfalls drucklos und daher einfacher und weniger kostspielig als Druckrohre. Die gesamte Heißölgeneratoranlage mit Sicherheits- und Steuereinrichtungen arbeitet vollautomatisch und kann auch ferngesteuert werden, z. B. bei Bauart „Thermopac" (Wanson, Bild 2.6-11).

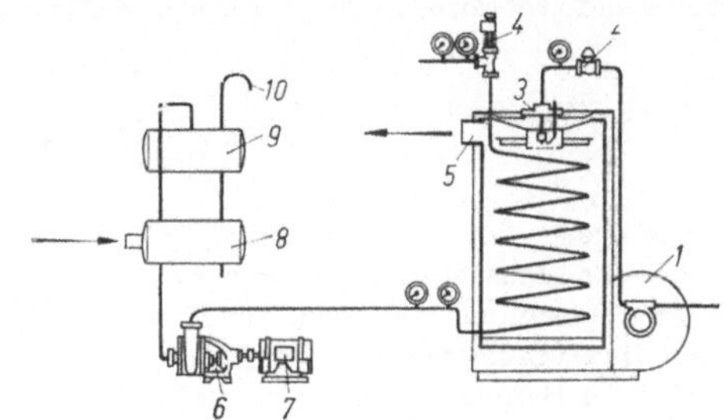

Bild 2.6-11. Heißölgenerator (Wanson „Thermopac"). *1* Heizölpumpe und Verbrennungsluft-Ventilator, *2* Magnetventil, *3* Brenner, *4* Strömungswächter, *5* Kamin, *6* Zirkulationspumpe, *7* E-Motor, *8* Entlüftungsgefäß, *9* Ausdehnungsgefäß, *10* Entlüftung.

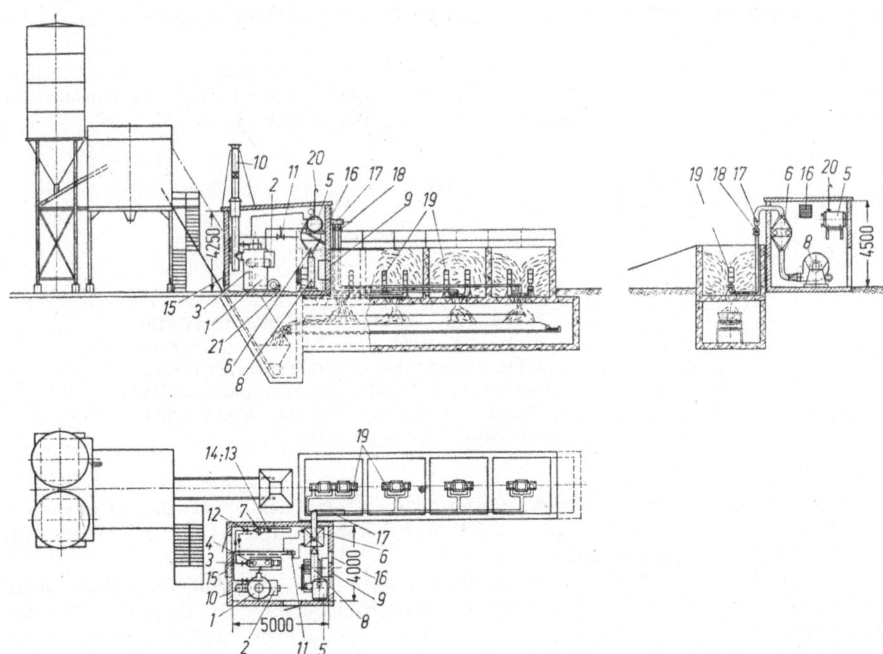

Bild 2.6-12. Warmluftheizung und Warmwasserbereitung mit einem Heißölgenerator (Wanson). *1* Thermopac Heißölgenerator, *2* Schaltkasten, *3* Mischgefäß, *4* Umwälzpumpe, *5* Ausdehnungsgefäß, *6* Warmlufterzeuger, *7* Warmwassererzeuger, *8* Frischluftventilator, *9* Luftansaug- und Schutzgitter, *10* Abgasrohr, *11* Überdruckventil, *12* Temperaturregler, *13* Warmwasser-Abnahme, *14* Kaltwasser-Anschluß, *15* Raumbelüftung, *16* Raumentlüftung, *17* Warmluftverteiler, *18* Drosselklappen, *19* Warmluft-Ausblaselanze, *20* Entlüftungsrohr, *21* Betonsockel. — Längenmaße in mm.

Alle Geräte dieser Typenreihe haben Zwangsdurchlaufkessel und vollautomatische Heizölbrenner. Die Vorlauftemperatur ist zwischen 0 °C und 320 °C einstellbar. Bei Vollast beträgt die Temperaturdifferenz zwischen Vor- und Rücklauf des Heißöls 40 °C. Unterschiedlich sind die Größen der einzelnen Typen und die Wärmeleistung. Die Maße in mm sind: Länge 1230 bis 6000, Breite 900 bis 2600, Höhe 1080 bis 3100.

Es handelt sich um stationäre Geräte. Im Bauwesen werden sie besonders in der Baustoffindustrie eingesetzt (Bild 2.6-12); sie werden aber auch an anderen Stellen z. B. zur Warmwasserbereitung oder für Heizzwecke verwendet.

2.6.4 Heißgaserzeuger

Heißgase, vor allem Heißluft, werden im Bauwesen zum Trocknen und zum Frostschutz für Baustoffe, Baustellen und Bauten, zum Enteisen und Vorwärmen von Fahrzeugen, Maschinen usw. sowie zur Raumheizung benutzt. Heißgaserzeuger sind also in erster Linie *Winterbaugeräte*.

Die im Bauwesen verwendeten Heißluft- bzw. Heißgaserzeuger sind teilweise auch für andere Industrie- und Gewerbezweige verwendbar. Diese Geräte haben ein mit Elektromotor betriebenes Gebläse, das den aufzuwärmenden Gas- bzw. Luftstrom über oder durch ein Heizsystem bläst.

Bei Elektrogeräten dieser Art (*Heizlüftern*) wird das Heizsystem von Heizkörpern gebildet, die von eingebauten Heizleitern erwärmt werden (Bild 2.6-13). Der Einsatz von *Elektro-Heizlüftern* ist in erster Linie eine Frage der Wirtschaftlichkeit.

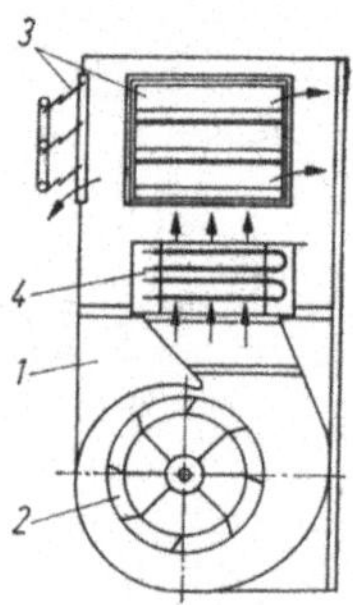

Bild 2.6-13. Elektrischer Lufterhitzer für 24 kW mit eingebautem Gebläse zur Heizung großer Räume. *1* Außenverkleidung, *2* Gebläse, *3* verstellbare Schlitze für Warmluftaustritt, *4* regelbares Heizregister mit RohrmantelHeizkörpern (nach [H 14]).

Ist Dampf zu günstigen Bedingungen vorhanden, kann der Gebrauch *dampfbeheizter Heißlufterzeuger* vorteilhaft sein (vgl. 2.6.2.4). Bei diesen Geräten besteht das Heizsystem aus dampfdurchströmten Röhren.

Vorwiegend werden im Bauwesen Heißgaserzeuger (Heißlufterzeuger) benutzt, deren Heizsystem eine mit *Öl-* oder *Gasbrenner* versehene *Brennkammer* ist. Es gibt zwei Arten dieser Geräte:

1. Bei der einen treibt das Gebläse die angesaugte Frischluft teils durch die Brennkammer zwecks Sauerstoffzufuhr für die Verbrennung, teils um die Brennkammer. Heiße Abluft und Abgase strömen aus dem Gerät unmittelbar in den umgebenden Raum oder auf das zu erwärmende Objekt, z. B. HY-LO, Master. Diese *direktbefeuerten Heizgeräte ohne Abzug* können auch in gut belüfteten Räumen eingesetzt werden, in denen sich Personen aufhalten. Voraussetzung dafür ist, daß die Abgase nachweislich keine Giftstoffe oder nur unschädliche Mengen davon enthalten, z. B. Master reddy heater (Bild 2.6-14).

Bild 2.6-14. Direktbefeuerter Heißlufterzeuger mit Ölbrenner (Master reddy heater). Transportables Gerät, Trockengewicht 17 kg. Motorleistung 0,09 kW; Heizleistung 12500 kcal/h; Luftleistung 220 m³/h; Brennstoff-Verbrauch 1,25 kg/h; Ausblastemperatur $\approx 250°C$. — Abmessungen in mm: Länge 750, Breite 260, Höhe 410.

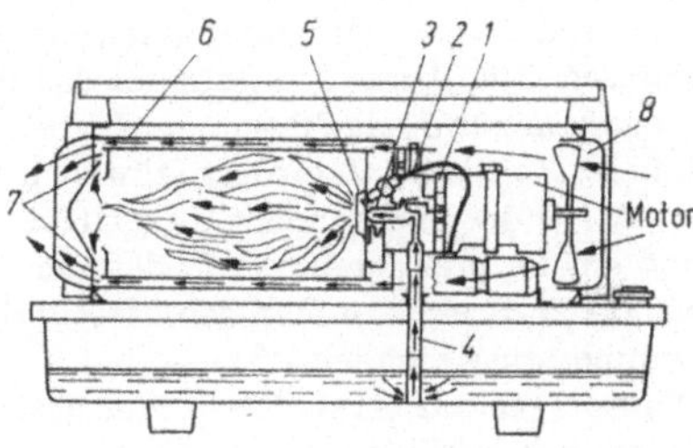

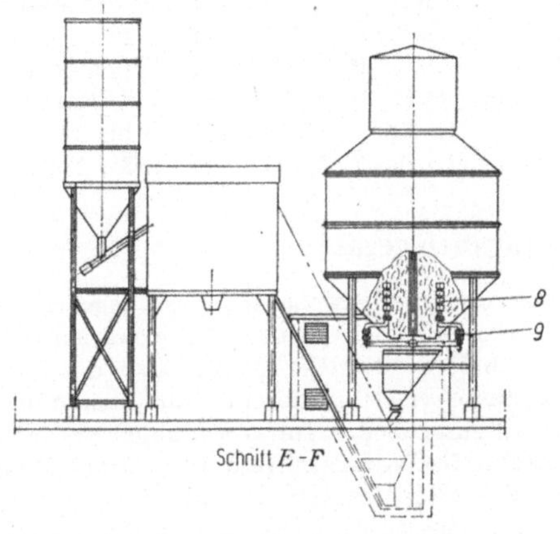

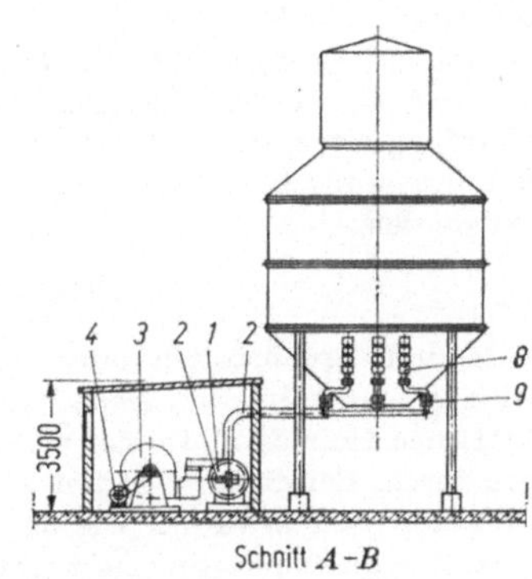

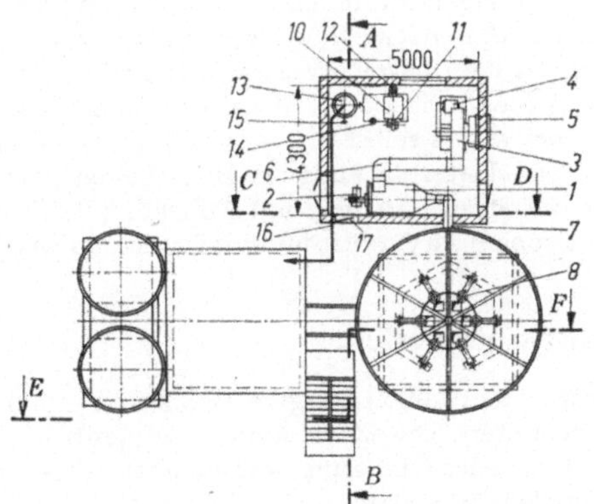

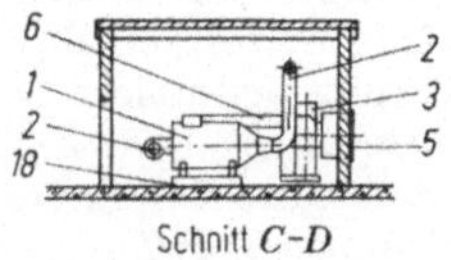

Bild 2.6-15. Beheizung einer Betondosier- und Mischanlage mit einem Heißgaserzeuger (Watson). 1 Heißgaserzeuger, 2 Brenner, 3 Ventilator, 4 Ventilatormotor, 5 Außenluftgitter, 6 Zuluftkanal, 7 Warmluftrohr, 8 Ausblaselanze, 9 Drosselklappe, 10 Warmwassererzeuger, 11 Brenner, 12 Abgasrohr, 13 Warmwasserboiler, 14 Umwälzpumpe, 15 Kaltwasseranschluß, 16 Warmwasserleitung, 17 Be- und Entlüftung, 18 Betonsockel. — Längenmaße in mm.

Arbeitsweise: Elektromotor betätigt Verdichter *1*. Luft wird durch Filter *2* und Düse *3* gepumpt. Düse *3* wird über Ölleitung *4* mit Öl versorgt und verwandelt es in feines Sprühgemisch. Zündkerze *5* entzündet das Brennstoff-Luft-Gemisch. Es verbrennt in der Stahlbrennkammer *6*. Nachbrennerscheibe *7* sichert eine vollständige Verbrennung ohne Rückstände. Ventilator *8* fördert stündlich 220 m³ Luft in und um die Brennkammer.

2. Bei der anderen Art dieser Heizgeräte treibt das Gebläse ebenfalls Frischluft durch und um die Brennkammer. In den umgebenden Raum gelangt jedoch nur die um die Außenwand der Brennkammer geführte und dort erwärmte Luft, während die aus der Brennkammer austretenden Abgase durch einen *Abzugskamin* ins Freie strömen, z. B. HY-LO, Wanson (Bild 2.6-15). Diese Heizgeräte mit Abzug eignen sich besonders für Räume, in denen sich Personen aufhalten.

Alle modernen Heißgas- bzw. Heißlufterzeuger mit Öl- oder Gasbrenner arbeiten vollautomatisch. Direktbefeuerte Geräte ohne Abzug sind fahrbar oder leicht transportabel; Bauarten mit Abzug sind stationäre Stand- oder Wandgeräte. Abzuglose Typen gebräuchlicher Größen werden für Heizleistungen bis 335 MJ/h und Warmluftleistungen bis 5 000 m³/h gebaut, stationäre Ausführungen mit Kamin für Heizleistungen bis 2 300 MJ/h und Luftleistung bis 43 000 m³/h. Damit kann auch der Wärmebedarf großer Hallen gedeckt werden.

2.6.5 Strahlungsheizgeräte

Alle mit Brennstoffen oder elektrischer Energie betriebenen Strahlungsheizgeräte werden ggf. auch im Bauwesen verwendet, vom einfachen Kohle- oder Koksofen bis zur elektrischen Heizsonne. Immer mehr setzen sich *Infrarotstrahler* für Aufgaben des Winterbaues durch. Bei diesen Geräten wird ein Glühkörper elektrisch oder mit Gasflamme auf ≈ 400 bis 900 °C erwärmt. Die dann von ihm ausgehenden Infrarotstrahlen werden mit Reflektoren in eine bestimmte Richtung gelenkt. Im Bauwesen werden meist mit *Propangas* betriebene Infrarotstrahler eingesetzt. Sie bilden zusammen mit den Flüssiggasflaschen, Verdampfern und Schläuchen leicht transportable, vielseitig verwendbare Aggregate. Diese lassen sich beliebig zu größeren Anlagen zusammenstellen. Damit können nicht nur Räume und Bauten, sondern auch umfangreiche Baustellen einschließlich des Erdreiches temperiert und frostfrei gehalten werden. Beispielsweise wurde zu Beginn der ungewöhnlich langen Frostperiode des Winters 1969/70 in Berlin (West) eine Großbaustelle mit Propangas-Infrarotstrahlern beheizt. Dabei wurde selbst bei −16 °C Lufttemperatur die Bodentemperatur auf +5 °C gehalten und eine Unterbrechung der Bauarbeiten einschl. Erdarbeiten vermieden. In der Regel sind die Strahleranlagen mit Zubehör (Stahlrohrmasten, Verspannungen usw.) Eigentum der Propangas-Vertriebsunternehmen und werden an Baufirmen vermietet.

2.6.6 Warmwasserbereiter

Warmwasser kann mit Hilfe von Dampf- oder Heißölerzeugern (2.6.2 und 2.6.3) in eingebauten oder zusätzlichen Warmwasserbereitern gewonnen werden. Außerdem sind selbständige *Durchlauferhitzer* mit Elektro-, Gas- oder Ölheizung, wie sie auch für andere Gewerbezweige verwendet werden, auf Baustellen einsetzbar.

2.6.7 Stromerzeuger und -umformer

Häufig besteht die Möglichkeit, Baustellen an ein öffentliches oder privates Energie-Versorgungsnetz anzuschließen. Zum Betrieb mancher Elektrogeräte kann das Zwischenschalten von *Transformatoren* (*Umformern*) erforderlich sein. Angaben über Funktion,

Berechnung, Bauformen und Betrieb von Transformatoren sowie über die notwendigen Sicherheitsmaßnahmen enthält [H 22]. Ist der Anschluß an ein öffentliches oder privates Versorgungsnetz nicht möglich, muß die Baustelle eine eigene *Generatoranlage* erhalten. Für bestimmte Bauvorhaben kann aber auch neben der normalen Energieversorgung eine derartige Anlage als *Notstromerzeuger* bei Netzstörung empfehlenswert oder sogar gesetzlich

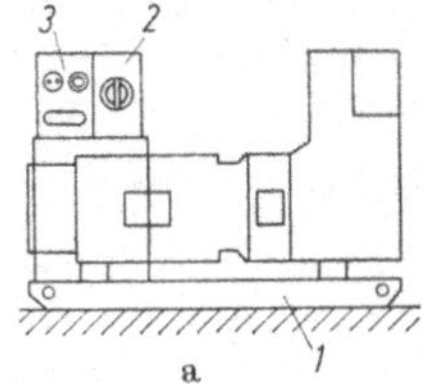
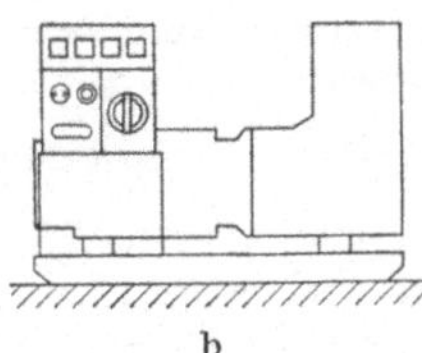

Bild 2.6-16. Transportabler Elektrosatz (Siemens 1 VC 3). a) Grundausführung für Hand- und Elektrostart; b) gleiche Ausführung mit als Zusatzgerät aufgebauter Instrumententafel. — *1* Transportrahmen, *2* Generator-Schutzschalter, *3* Steckdosen (Abgang). — Weitere Erläuterungen im Text.

vorgeschrieben sein, z. B. bei Druckluftgründungen (2.1.1.3). Über Wirkungsweise, Aufbau, Bauformen, Berechnungsgrundlagen und Betrieb von Generatoren sowie über die dafür erforderlichen Sicherheitsmaßnahmen enthält ebenfalls [H 22] die wichtigsten Einzelheiten.

Für Baustellen kommen leicht transportable oder fahrbare Erzeuger-Anlagen in Betracht, bei denen der Generator mit seinem Antriebsmotor (Benzinmotor, Dieselmotor, Gasturbine) auf einem Chassis zusammengebaut ist (Bild 2.6-16). Soll die Anlage als Notstromaggregat dienen, dann muß sie außer der Hand- oder Elektrostartvorrichtung eine Notstromautomatik haben, die bei Netzausfall das Aggregat selbsttätig anlaufen läßt und es bei Wiederkehr der normalen Netzspannung stillsetzt. Die Zahl der Systeme und Fabrikate ist außerordentlich groß, z. B. AEG, BBC, General Electric, Siemens. Die charakteristischen Eigenschaften derartiger Aggregate kann das Beispiel der transportablen Elektrosätze Siemens 1 VC 3 zeigen: Bei kleineren Typen dient als Antrieb ein Benzinmotor, bei größeren ein Dieselmotor. Es sind luftgekühlte Motoren handelsüblicher Bauarten, z. B. ILO, VW, Farymann, Hatz, Klöckner. Das Gewicht des gesamten Aggregates beträgt bei 1 VC 3 — Elektrosätzen für Einphasenwechselstrom 230 V, 50 Hz (Drehfrequenz 3000 U/min) zwischen ≈ 89 und 195 kg bei Nennleistung von 3,5 bis 7,5 kVA; für Einphasenwechselstrom 230 V, 60 Hz (Drehfrequenz 3600 U/min) zwischen ≈ 89 und 147 kg bei Nennleistung von 4 bis 7,8 kW; für Drehstrom 400 V, 50 Hz (Drehfrequenz 3000 U/min) zwischen ≈ 98 und 424 kg bei Nennleistung von 5 bis 28 kW sowie für Drehstrom 230 V, 60 Hz (Drehfrequenz 3600 U/min) zwischen ≈ 98 und 243 kg bei Nennleistung von 5,5 bis 21 kW.

2.7 Schallschutz an Baumaschinen

[DIN 45630; DIN 45633; V 6; 31]

In dem Umweltprogramm der Regierung der Bundesrepublik Deutschland vom 14. Okt. 1971 wird u. a. ausgeführt, daß „Emissionswerte für lärmemittierende Maschinen (Beispielsweise für alle wichtigen Arten der Baumaschinen durch Allgemeine Verwaltungsvorschriften nach dem Gesetz zum Schutz gegen Baulärm)" festgelegt werden sollen. In diesem Sinne ist das „Gesetz zum Schutz gegen Baulärm" vom 9. Sept. 1965 (BGBl. I, 1965, S. 1214) sowie dessen Änderung durch das Einführungsgesetz zum Gesetz über Ordnungswidrigkeiten vom 24. Mai 1968 (BGBl. I, 1968, S. 503) durch das Gesetz zum

Schutz vor schädlichen Umwelteinwirkungen durch Luftverunreinigungen, Geräusche, Erschütterungen und ähnliche Vorgänge (Bundes-Immissionsschutzgesetz — BImSchG) vom 15. März 1974 (BGBl. I, 1974, S. 721) ersetzt worden. Die auf Grund der beiden früheren Gesetze erlassenen Verwaltungsvorschriften bleiben zunächst unverändert gültig, vgl. BImSchG § 66.

Unter Emission im akustischen Sinne versteht man die Gesamtheit der von einer Schallquelle (z. B. einem Gerät, aber auch einem Industriewerk usw.) ausgehenden Geräusche. Akustische Immission bedeutet den an einem Ort ankommenden Schall. Grundlage der Bewertung von Emissionen und Immissionen ist der Schalldruckpegel L in Dezibel (dB):

$$L = 20 \lg (p/p_0)$$

p Schalldruck in N/m^2; p_0 Bezugsschalldruck (international festgelegt mit $2 \cdot 10^{-5} N/m^2$, vgl. DIN 45630, Bl. 1).

Zur Bewertung der Störwirkung eines Geräusches dient der Schalldruckpegel L_A mit der Frequenzbewertungskurve A nach DIN 45633. Die Frequenzkurven A, B, C entsprechen bestimmten Eigenschaften des Gehörs. Die Schall-Emission von Baumaschinen wird i. allg. nach dem auf einen Kreis von 10 m Radius bezogenen A-Schalldruckpegel bewertet, dem sog. 10-m-Emissionspegel; werden dabei noch bestimmte Faktoren berücksichtigt, erhalten diese Pegel besondere Bezeichnungen, z. B. „Wirkpegel" bei Mittel aus mehreren Meßwerten, wie Anteilen von Leerlauf und Last, Liefervermögen und abgenommener Liefermenge bei Kompressoren, oder „Beurteilungspegel" bei Berücksichtigung der täglichen Betriebsdauer usw., Einzelheiten in [31].

Zu den Baumaschinen, deren Geräuschentwicklung besonders unangenehm empfunden wird, gehören die Rammen und Kompressoren. Rammen haben von allen Baumaschinen die höchsten Emissionswerte. Sie liegen zwischen 99 und 108 dB(A) auf 10 m Radius bezogen, Einzelgeräusche bis 115 dB(A). In manchen Fällen sind diese Werte sogar überschritten worden. Abhilfe gegen diese starke Geräuschbelästigung können in gewissem Grade schon einfache Schallschutzkamine schaffen, die von bauausführenden Firmen selbst hergestellt werden. Derartige Kamine sind Wände aus leichtem, möglichst schallschluckendem Material, die am Mäkler befestigt werden und die Ramme sowie das Rammgut (Pfahl, Träger, Spundbohle) mehr oder weniger dicht umschließen. Eine gute Wirkung wird mit Schallschutzvorrichtungen erreicht, die von verschiedenen Maschinenherstellern nach eingehenden Versuchen entwickelt wurden und als Lärmschutztürme (Hoesch), Schallschutzkamine (DEMAG-Druckluft) usw. angeboten werden.

Diese Vorrichtungen bestehen aus einer Tragkonstruktion (Stahlprofile oder Bleche), die mit Folien und Schaumstoffen kombiniert wird. Je nach Art der Konstruktion werden sie am Mäkler befestigt oder von einem besonderen Trägergerät (Bagger, Kran) geführt. Sie sind zum Einführen des Rammgutes entweder in voller Höhe hydraulisch bzw. pneumatisch aufklappbar oder aber teleskopartig in ihrer Höhe veränderlich. Im unteren Bereich wird häufig eine lose Schürze verwendet, wenn ein allseitiges Umschließen des Rammgutes (z. B. bei einer Spundwand) nicht möglich ist. Mit derartigen Vorrichtungen sind bei Rammarbeiten auf einer U-Bahn-Baustelle z. B. Schall-Emissionswerte zwischen 81 und 86 dB(A) in nur 7 m Abstand gemessen worden.

Bei Kompressoren wirkt das Geräusch vor allem durch sein unregelmäßiges Schwanken zwischen Leerlauf und Vollast störend. Diese Belästigung wird weniger unangenehm empfunden, wenn die Emissionswerte erheblich herabgesetzt sind, die Maschine also verhältnismäßig leise arbeitet. Das wurde von verschiedenen Herstellern bei schallgedämpften Bauarten weitgehend erreicht (z. B. Atlas Copco, DEMAG-Drucklufttechnik). Für diese Geräte werden als Emissionswerte ca. 68/69 dB(A) bei Leerlauf und 72/75 dB(A) bei Vollast angegeben. Diese Werte liegen sogar unter den vom 1. Juli 1975 an geltenden strengeren Emissionsrichtwerten der Allgemeinen Verwaltungsvorschriften (AVwV). Sie schreiben für Kompressoren dieser Größenordnung (Liefermenge 5 bis unter 10 m³/min) bei Leerlauf 72 dB(A), bei Nennlast 78 dB(A) als Richtwerte vor. Bei diesen stark schallgedämpften Kompressoren ist das Gehäuse mit einem Spezial-Schaumstoff ausgekleidet. Die Antriebsmotoren werden von deren Herstellern als schallgedämpfte Maschinen geliefert, und die Auspuffanlagen sind mit besonders wirksamen Schalldämpfer-Vorrichtungen versehen.

Erläuterung der im Text
gebrauchten Abkürzungen von Firmennamen

Abkürzungen	Name
ABG	ABG ALLGEMEINE BAU-MASCHINEN-GESELL-SCHAFT Gerhard L. Pottkämper, KG, Hameln
AEG	ALLGEMEINE ELEKTRICITÄTS-GESELLSCHAFT AEG-TELEFUNKEN, Frankfurt a. M.
Ahlmann	Ahlmann-Carlshütte KG, Rendsburg
Alfelder Eisenwerke	Alfelder Eisenwerke Carl Heise KG, Alfeld/Leine
ARBAU	ARBAU Bau- und Industriebedarf GmbH, Heidelberg
Atlas Copco	Atlas Copco Deutschland GmbH, Essen-Kupferdreh
Bade	Bade & Co. GmbH, Lehrte
Bau-Stahlgewebe	Bau-Stahlgewebe GmbH, Düsseldorf-Oberkassel
BECO	BECO ERNST BELSER KG, Bissingen/Enz
Becorit	Becorit-Grubenausbau GmbH, Recklinghausen
Benninghoven	Ernst Benninghoven oHG., Hilden/Rhld. (hat auch Eikomag übernommen)
Bohn & Kähler	Bohn & Kähler, Motoren- und Maschinenfabrik AG, Kiel
Bosch	Robert Bosch GmbH, Stuttgart
Brennrohr	Brennrohr, Düsseldorf
BSM	BETON-SPRITZ-Maschinen GMBH & CO, Frankfurt/M.
Calweld	Calweld, a division of Smith International, Los Angeles, Cal., USA
Caterpillar	Caterpillar Tractor Co., Peoria/Ill., USA (deutsche Vertretung s. Zeppelin)
Clark	Clark International Marketing S. A., Wiesbaden-Biebrich
DELMAG	DELMAG-Maschinenfabrik, Reinhold Dornfeld, Eßlingen/N.
DEMAG	DEMAG AKTIENGESELLSCHAFT, Duisburg
DEUBA	DEUTSCHE BABCOCK & WILCOX DAMPFKESSELWERKE AG., Oberhausen
Dingler	Dinglerwerke Aktiengesellschaft, Zweibrücken
Dora-Werk	Dora-Werk, Maschinenfabrik, Erdmannshausen
Dyckerhoff	Dyckerhoff & Widmann AG, München
Eberhardt	Gebrüder Eberhardt, Ulm
EIKOMAG	s. BENNINGHOVEN
EIMCO	EIMCO CORPORATION, Salt Lake City, Utah, USA
Eirich	Gustav Eirich, Maschinenfabrik, Hardheim
Elba-Werk	Elba-Werk, Ettlinger Baumaschinen- und Hebezeugfabrik GmbH, Ettlingen
Euclid	s. General Motors
Flottmann	Flottmann-Werke GmbH, Herne
Flygt	Flygt Pumpen GmbH, Hannover
FMA	DEMAG-Drucklufttechnik GmbH, Frankfurt a. M.
Franki	Frankipfahl Baugesellschaft mbH, Düsseldorf
Frisch	Frisch GmbH, Augsburg
General Motors	deutsche Vertretung General Motors Euclid: Keller, Düsseldorf (s. dort)
Gottwald	Leo Gottwald KG, Düsseldorf

Abkürzungen	Name
Gradall	Warner + Swasey Comp. (Gradall) Cleveland/Ohio, USA (deutsche Vertretung: Charles Keller)
Grün & Bilfinger	Grün & Bilfinger AG, Mannheim (jetzt Bilfinger + Berger Bauaktiengesellschaft)
Habegger	Maschinenfabrik Habegger AG, Thun/Schweiz
Hagelstein	s. Hatra
Hamm	Gebr. Hamm, Maschinenfabrik, Tirschenreuth
Hammelrath	Hammelrath & Schwenzer KG, Pumpenfabrik, Düsseldorf
Hanomag	Rheinstahl Hanomag AG, Hannover; 1974 übernommen von Massey-Ferguson GmbH, s. dort
Hatra	Hatra Alfred Hagelstein Maschinenfabrik, Lübeck-Travemünde
Henne	Richard Henne KG, Maschinenfabrik, Holzminden
Henschel	Rheinstahl AG Maschinenbau, Kassel
Hilgers	Hilgers AG, Rheinbrohl
Holzmann	Philipp Holzmann Aktiengesellschaft, Frankfurt a. M.
Hübner	Johannes Hübner, Fabrik elektrischer Maschinen, Berlin
Humboldt	s. KHD
Huther	Huther & Co., Maschinenfabrik, Bechtheim b. Worms
HY-LO	HY-LO-GMBH & CO., Hannover
Hyster	Hyster Company, Danville/Ill., USA (deutsche Vertretung s. Zeppelin)
IBAG	IBAG Internationale Baumaschinenfabrik AG, Neustadt/Weinstraße
IHC	INDUSTRIELLE HANDELSCOMBINATE HOLLAND, Den Haag
Ingersoll	Ingersoll-Rand GmbH, Ratingen
Kaiser	Maschinenfabrik Otto Kaiser KG, St. Ingbert/Saar und Oberlahnstein/Rhein
Kaiserslautern	Eisenwerke Kaiserslautern GmbH, Kaiserslautern
Kärcher	Alfred Kärcher, Winnenden/Württ.
Keller, Ch.	Charles Keller Baumaschinen GmbH, Düsseldorf

Abkürzungen	Name
Keller, Joh.	Johann Keller GmbH, Frankfurt/M.
KHD	Klöckner-Humboldt-Deutz AG, Köln-Deutz
Klaus	Klaus KG, Fahrzeug- und Maschinenfabrik, Memmingen
Klöckner	Klöckner & Co., Baumaschinen, Duisburg; auch für Klöckner-Humboldt-Deutz AG, Köln-Deutz
Koch & Reitz	Koch & Reitz, Hannover
Koehring	Koehring Company, Dayton/Ohio, USA
Komatsu	Komatsu Manufacturing Ltd., Tokio/Japan (deutsche Vertretung: Nichimen Komatsu Baumaschinen GmbH, Groß-Gerau)
Kramer	Kramer-Werke GmbH, Überlingen/Bodensee
Krupp-Ardelt	Fried. Krupp GmbH, Maschinenfabriken Essen, Zweigniederlassung Wilhelmshaven
Krupp-Dolberg	Zweigniederlassung der Fried. Krupp, Essen
Krupp Rheinhausen	Fried. Krupp GmbH, Industrie- und Stahlbau Rheinhausen, Rheinhausen
KSB	KLEIN, SCHANZLIN & BECKER, Nürnberg
Landsverk	AB Landsverk, Landskrona/Schweden (deutsche Vertretung: Deutsche Kockum GmbH, Feldkirchen b. München)
Leifeld & Lemke	Leifeld & Lemke, Maschinenfabrik, Herford
Lescha	Lescha-Baumaschinenfabrik Leonhard Schmid KG, Augsburg
Le Tourneau	Le Tourneau Inc., Longview, Texas, USA
Liebherr	Hans Liebherr, Biberach/Riß
Linnhoff	Northeimer Baumaschinen Linnhoff & Thesenfitz GmbH & Co., Northeim; 1974 übernommen von der ABG
LMG	(früher LÜBECKER MASCHINENBAU GESELLSCHAFT) s. O & K
Losenhausen	Losenhausen Maschinenbau Aktiengesellschaft, Düsseldorf
MAN	M. A. N. MASCHINENFABRIK AUGSBURG—NÜRNBERG AKTIENGE-

Abkürzungen	Name	Abkürzungen	Name
	SELLSCHAFT, Augsburg u. Nürnberg	Robbins	Robbins Convaris Operation, Hewett Robbins Division, Litton Industries Inc., Passaic/N. J., USA
Massey-Ferguson	Massey-Ferguson GmbH, Kassel	Rothe Erde	Rothe Erde, Eisenwerk, Dortmund
Master	Master Division of the Koehring Company, Dayton/Ohio, USA	Ruhr Intrans	Ruhr Intrans Hubstapler GmbH, Mühlheim/Ruhr
Meiller	F. X. Meiller, Fahrzeug- und Maschinenfabrik KG, München	Ruthemeyer	B. Ruthemeyer, Maschinenfabrik, Soest
Menck	Menck & Hambrock GmbH, Hamburg	Salzgitter	Salzgitter Maschinen AG., Salzgitter
MFB	MASCHINENFABRIK BUCKAU R. WOLF AG, Werk Kiel	Scheid	Scheid Maschinenfabrik GmbH, Aumenau/Lahn
Netzsch	Netzsch Mohno-Pumpen GmbH, Waldkraiburg/Obb.	Scheidt	Wilhelm Scheidt, Maschinenfabrik KG, Kettwig/Ruhr
Netter	Netter Vibrationstechnik, Wiesbaden	Schenck	Carl Schenck, Maschinenfabrik GmbH, Darmstadt
O & K	ORENSTEIN & KOPPEL AG, Dortmund	Schwing	Friedrich Wilh. Schwing GmbH, Baumaschinenfabriken, Wanne-Eickel
OSBY	DEUTSCHE OSBY-WINTERBAU GMBH, Lübeck	Seelemann	G. Anton Seelemann & Söhne, Maschinenfabrik, Würzburg
PAG	PAG PRESSWERK AG, Essen	Siemens	Siemens Aktiengesellschaft, Geschäftsbereich Energieversorgung, Erlangen
Peddinghaus	Paul Ferd. Peddinghaus, Gevelsberg/Westf.	SMG	s. Salzgitter
Peiner	Peiner Maschinen- und Schraubenwerke AG, Peine	Sonthofen	Bayerische Berg-, Hütten- und Salzwerke AG., Zweigniederlassung Hüttenwerk Sonthofen
Peschke	Karl Peschke, Baumaschinenfabrik und Eisengießerei, Zweibrücken/Pfalz	Speck	Speck-Kolbenpumpenfabrik Otto Speck KG, Gartenberg/Obb.
Peters	Claudius Peters AG, Hamburg		
Pietsch	Max Pietsch, Straßenbaumaschinen- und Fahrzeugfabrik, Hannover	Stöhr	Stöhr-Förderanlagen Salzer & Co., Offenbach/Main
Poclain	Deutsche Poclain GmbH, Groß-Gerau	Stolberger	Stolberger Maschinen- und Apparatebau GmbH, Stolberg/Rhld
Putzmeister	Putzmeister-Werk Maschinenfabrik GmbH, Bernhausen/Stuttgart	Sulzer	Gebr. Sulzer AG, Maschinenfabrik, Winterthur
Respecta	Respecta-Baumaschinengesellschaft mbH, Düsseldorf	Torkret	Torkret GmbH, Essen
Rheinstahl Hanomag	s. Hanomag	Urban	Urban GmbH, Velbert
Rheinstahl Henschel	s. Henschel	Vögele	Joseph Vögele AG, Mannheim
		Wacker	Wacker-Werke KG, München
Rheinstahl Union	Rheinstahl Union Brückenbau AG, Dortmund	Wanson	Deutsche Wanson Wärmetechnik GmbH, Wiesbaden
Ridinger	Maschinenfabrik A. Ridinger, Mannheim	Warsop	Warsop Power Tools Ltd., England (deutsche Vertretung: Frema-Freudenthaler Maschinenfabrik, H. P. Kuhlmann Söhne KG, Leverkusen)
Road Machines	Road Machines Ltd., West Drayton, Middlesex, England		
Robb	Robb Baumaschinen GmbH, Düsseldorf	Wayss	Wayss & Freytag KG, Frankfurt/M.

Abkürzungen	Name	Abkürzungen	Name
WEDAG	WEDAG Westfalia Dinnendahl Gröppel AG, Bochum		nen- und Bohrgeräte-Fabrik, Erkelenz
Weller	Wilhelm Weller GmbH, Düsseldorf	Wolff	Jul. Wolff & Co. GmbH, Maschinenfabrik, Heilbronn/N.
Weserhütte	Weserhütte Otto Wolff GmbH, Bad Oeynhausen	YUMBO	YUMBO DEUTSCHLAND HYDRAULIKBAGGER GmbH, Neu-Isenburg
Wetzel	Wetzel KG, Förder- und Hebetechnik, Mannheim	Zeppelin	Zeppelin-Metallwerke GmbH, Garching b. München
Weyhausen	H. Weyhausen KG, Maschinenfabrik, Delmenhorst	Zeppenfeld	Aloys Zeppenfeld, Maschinenfabrik und Eisengießerei, Oberveischede/Westf.
WIBAU	WIBAU Matthias & Co., KG, Rothenbergen, Krs. Gelnhausen		
Wieger	Wieger Maschinenbau GmbH, Neuß	Zettelmeyer	Hubert Zettelmeyer, Maschinenfabrik, Konz b. Trier
Wirth	Alfred Wirth & Co., Maschi-	Zyklos	Zyklos Metallbau KG, Vaihingen/Enz

Literatur zu 2. Baumaschinen

Normen

DIN 120 Teil 1 Berechnungsgrundlagen für Stahlbauteile von Kranen und Kranbahnen.

DIN 120 Teil 2 Berechnungsgrundlagen für Stahlbauteile von Kranen und Kranbahnen; Grundsätze für die bauliche Durchbildung.

DIN 120 Bbl. Berechnungsgrundlagen für Stahlbauteile von Kranen und Kranbahnen; Erläuterungen.

DIN 459 Betonmischer; Begriffe, Größen, Anforderungen.

DIN 536 Teil 1 Kranschienen, Form A (mit Fußflansch); Maße, statische Werte, Stahlsorten.

DIN 536 Teil 2 Kranschienen, Form F (flach); Maße, statische Werte, Stahlsorten.

DIN 4185 bis 4189, 4192, 4195 und 4196 Siebböden.

DIN 4235 Teil 1 bis Teil 5 Verdichten von Beton durch Rütteln.

DIN 4236 Rütteltische zum Verdichten von Beton; Richtlinien für die Verwendung.

DIN 7355 Serienhebezeuge; Stahlwinden.

DIN 15003 Hebezeuge; Lastaufnahmeeinrichtungen, Lasten und Kräfte; Begriffe.

DIN 15018 bis 15026, 15049, 15050, 15053, 15055, 15057, 15058, 15060, 15061, 15063, 15069 bis 15084 Krane.

DIN 15230 bis 15236, 15241 bis 15245, 15251, 15256 Stetige Förderer; Becherwerke.

DIN 15261, 15263 bis 15269, 15275, 15281, 15282, 15285, 15291 Stetige Förderer.

DIN 22101 bis 22105, 22107 bis 22110 Gurtförderer und Fördergurte.

DIN 22266 Bagger, Absetzer und Zusatzgeräte; Kurzzeichen, Sinnbilder.

DIN 45630 Teil 1 Grundlagen der Schallmessung; Physikalische und subjektive Größen von Schall.

DIN 45633 Teil 1 Präzisionsschallpegelmesser; Allgemeine Anforderungen.

DIN 45633 Teil 2 Präzisionsschallpegelmesser; Sonderanforderungen für die Anwendung auf kurzdauernde und impulshaltige Vorgänge (Impulsschallpegelmesser).

DIN 70010 Kraftfahrzeuge, Anhängerfahrzeuge, Züge; Benennungen und Begriffe.

DIN 70020 Teil 1 (Entwurf Aug. 75) Kraftfahrzeugbau; Allgemeine Begriffe.

DIN 70020 Teil 1 (Ausgabe Febr. 57) Allgemeine Begriffe im Kraftfahrzeugbau; Abmessungen.

DIN 70020 Teil 2 Allgemeine Begriffe im Kraftfahrzeugbau; Gewichte.

DIN 70020 Teil 3 Kraftfahrzeugbau; Höchstgeschwindigkeit, Beschleunigung, Verschiedenes, Begriffe, Prüfungen.

DIN 70020 Teil 5 Kraftfahrzeugbau; Reifen und Räder, Begriffe und Meßbedingungen.

DIN Normen und Norm-Entwürfe, Verzeichnis 1976. Herausgegeben vom DIN Deutsches Institut für Normung e. V., Berlin; Beuth Verlag GmbH, Berlin und Köln.

Vorschriften, Richtlinien, Gesetze

V 1 Verordnung über Arbeiten in Druckluft (Druckluftverordnung) vom 4. Oktober 1972 (BGBl. I, Nr. 110, 14. Okt. 1972, S. 1909 ff.).

V 2 VDI-Richtlinien Nr. 3303 Dienstanweisung für Betätigung u. Wartung elektrischer Krane. Düsseldorf, VDI.

V 3 VDI-Richtlinien Nr. 3304 Dienstanweisung für Betätigung u. Wartung von Fahrzeugkranen. Düsseldorf, VDI.

V 4 Technische Regeln für Dampfkessel und Druckbehälter. Sonderverzeichnis. Berlin 1970, Beuth.

V 5 Verordnung über die Errichtung und den Betrieb von Dampfkesselanlagen (Dampfkesselverordnung) vom 8. Sept. 1965. In der Fassung vom 30. Juli 1968 (BGBl. I, S. 881). Köln, Heymanns u. Berlin, Beuth.

V 6 Gesetz zum Schutz vor schädlichen Umwelteinwirkungen durch Luftverunreinigungen, Geräusche, Erschütterungen und ähnliche Vorgänge (Bundes-Immissionsschutzgesetz — BImSchG) vom 15. März 1974 (BGBl. I, S. 721 ff.).

Bücher und Einzelveröffentlichungen

H 11 HÜTTE II A, 28. Aufl., Berlin: Ernst & Sohn 1954.

H 12 HÜTTE II B, 28. Aufl., Berlin: Ernst & Sohn 1960.

H 14 HÜTTE IV A, 28. Aufl., Berlin: Ernst & Sohn 1957.

H 19 Stoffhütte, 4. Aufl., Berlin, München: Ernst & Sohn 1967.

H 21 Betriebshütte II, 6. Aufl., Berlin, München: Ernst & Sohn 1964.

H 22 Betriebshütte III, 6. Aufl., Berlin, München: Ernst & Sohn 1965.

H 23 Eisenhütte, 5. Aufl., Berlin: Ernst & Sohn 1961.

H 26 Eisenhütte II, 29. Aufl., Berlin, München: Ernst & Sohn 1969.

H 30 Bauhütte I, 29. Aufl., Berlin, Heidelberg, New York: Springer 1974.

1 *Sachse:* Typenblätter für Baumaschinen, Loseblattsammlung, Köln: Rud. Müller.

2 *Kluth* u. *Pfadler:* Baumaschinen-Fibel, 5. Aufl., Wiesbaden: Bauverlag 1964.

3 *Theiner:* Untersuchungen für Walzverdichtungsvorgänge mit gezogenen und selbstfahrenden Glattwalzen auf kohäsionslosem und bindigem Boden, TH Aachen 1960 (Mitteilungen des Institutes für Baumaschinen und Baubetrieb H. 17).

4 *Meyer:* Die theoretischen Grundlagen für das Verhalten elektromagnetischer Vibratoren, Diss. TH Hannover 1962.

5 *Ersoy:* Untersuchungen über die Verdichtungswirkung von Tauchrüttlern, Köln, Opladen: Westdeutscher Verlag 1963.

6 *Triebel*, *Schmechel* u. *Gajewski:* Baumaschinen für den Hoch- und Wohnungsbau, Berlin, München: Ernst & Sohn 1964 (Forschungsberichte des Bundesministers für Wohnungsbau H. 36).

7 *Duic* u. *Trapp:* Baumaschinen-Handbuch für Kalkulation, Arbeitsvorbereitung und Einsatz, Bd. 1, 1964, Bd. 2 A 1966, Bd. 2 B 1966, Bd. 3, 1967, Bd. 4 1965, Bd. 5 1965, Wiesbaden, Berlin: Bauverlag.

8 Grundbau-Taschenbuch, 2. Aufl., Bd. 1 1966, Bd. 2 1961, Berlin, München: Ernst & Sohn.

9 Schallschutzmaßnahmen beim Einbau von Verbrennungsmotoren in Baumaschinen, Frankfurt a. M.: Maschinenbau-Verlag 1966.

10 *Klotzsche* u. *Nowitzki:* Baumechanisierung und Baumaschinen, Bd. 2, 4. Aufl., 1969, Bd. 3, 3. Aufl. 1971, Berlin: VEB Verlag für Bauwesen.

11 *Nowitzki:* Baumaschinenkunde, 2. Aufl., Berlin: VEB Verlag für Bauwesen 1971.

12 *Brix, Carisch* u. *Schneider:* Ökonomische Probleme des Einsatzes von Baumaschinen, Berlin: VEB Verlag für Bauwesen 1967.

13 *Hohenstein* u. *Schneider:* Fachkunde für Baumaschinisten, Bd. 1, 2. Aufl., Berlin: VEB Verlag für Bauwesen 1970.

14 *Bucksch:* Wörterbuch für Bautechnik und Baumaschinen, 4. Aufl. Bd. 1 deutsch-englisch, Wiesbaden, Berlin: Bauverlag 1968.

15 *Busch, H. v.:* Aufzugsvorschriften, Kommentar, Berlin, Köln: Heymann 1966.

16 *Lueger:* Lexikon der Technik, Bd. 10, 11 Lexikon der Bautechnik. Hrsg. Nikola *Dimitrov* u. Otto *Henninger*, Stuttgart: Deutsche Verlagsanstalt 1966.

17 Planung und Betrieb des Schnellverkehrs in Ballungsräumen, Vorträge der 2. wiss. Tagung vom 8. u. 9. Nov. 1966, Veranstalter TU Berlin, Fak. f. Bauingenieurwesen.

18 *Blaum* u. *v. Marnitz:* Die Schwimmbagger, Bd. 1 1963, Bd. 2 1968, Berlin, Heidelberg, New York: Springer.
19 *Voß:* Die Leistung der Bodenverdichtungsgeräte im Straßenbau (aus [50] 1960, H. 11).
20 Die Winterbaustelle, Beispiele, Hinweise, Vorschriften, 7. Spezialheft Querschnittschriftenreihe, Frankfurt a. M.: Rationalisierungs-Gemeinschaft Bauwesen im RKW 1961.
21 *Bachus:* Grundbaupraxis, Berlin, Göttingen, Heidelberg: Springer 1961.
22 *Niemann:* Die Anwendung der Caisson-Methode im innerstädtischen Tunnelbau, Vortrag auf der Tagung ,,Verkehr und Tunnelbau" der Studiengesellschaft für unterirdische Verkehrsanlagen e. V. — STUVA — u. der Deutschen Verkehrswissenschaftlichen Gesellschaft, Bezirksvereinigung Hamburg — DVWG — anläßlich der Hamburger Bautage am 13. Nov. 1969.
23 *Széchy:* Der Grundbau, Bd. 1 1963, Bd. 2 1965, Wien, New York: Springer.
24 *Heuer, Gubany* u. *Hinrichsen:* Baumaschinen-Taschenbuch, Wiesbaden, Berlin: Bauverlag 1969.
25 *Drees* u. *Link:* Baumaschinen für Bauingenieure, Düsseldorf: Werner 1969.
26 Baumaschinen-Kostentabellen, Hrsg. *Lehmann* u. *Schmidt*, Frankfurt a. M.: Tetzlaff 1968.
27 *Kühn:* Bauen mit Maschinen, Leitgedanken f. d. maschinellen Baubetrieb, Wiesbaden, Berlin: Bauverlag 1970.
28 *Theiner:* Baumaschineneinsatz im Baugewerbe, H. 1 Schaufellader o. J., H. 2 Verteiler u. Fertiger f. d. Straßenbau o. J., H. 3 Planiergeräte auf Raupen u. Reifenfahrwerk o. J., H. 4 Motorgrader o. J., H. 5 Hydraulikbagger 1971, Köln: Rud. Müller.
29 Baugeräteliste 1971 (BGL), Technisch-wissenschaftliche Baumaschinendaten, hrsg. vom Hauptverband der deutschen Bauindustrie, Wiesbaden, Berlin: Bauverlag.
30 *Pfarr:* Betriebswirtschaftliche Probleme d. ,,BGL Baugeräteliste 1971" in Frage u. Antwort, Wiesbaden, Berlin: Bauverlag 1971.
31 Maschinenlärm auf Baustellen. Leitfaden zur Messung, Beurteilung und Planung. Wiesbaden, Berlin: Bauverlag 1973 (Schriftenreihe d. Hauptverbandes der Deutschen Bauindustrie H. 17).

Zeitschriften

41 Baugeräte-Baumaschinen-Revue (Bau-Revue), Duisburg: Verl. Fachtechnik.
42 baugerät + baumaschinen-anzeiger (bba), Duisburg: Graefen.
43 Der Bauingenieur, Berlin, Heidelberg, New York: Springer.
44 Baumaschine und Bautechnik, Wiesbaden, Berlin: Bauverlag.
45 Bauma-Trends, Organ der Bauma (Internat. Baumaschinen-Messe in München), Darmstadt: Elsner.
46 Bauplanung — Bautechnik, Berlin: VEB Verlag für Bauwesen.
47 Die Bautechnik, Berlin, München, Düsseldorf: Ernst & Sohn.
48 Construction Methods and Equipment, New York: Mc Graw-Hill.
49 Aufbereitungstechnik (AT), Wiesbaden: Verl. für Aufbereitung.
50 fördern und heben (f + h), Mainz: Krausskopf.
51 Straßen-, Asphalt- und Tiefbautechnik, Köln: Rud. Müller.
52 Straßenbau, Düsseldorf: Braun.
53 Straßenbau-Technik, Köln: Rud. Müller.
54 Baupraxis, Stuttgart: Kohlhammer.
55 Beton, Düsseldorf: Betonverlag.
56 Deutsche Hebe- und Fördertechnik, Ludwigsburg: Thum.
57 Maschinenmarkt, Würzburg: Vogel.
58 Revue des Matériaux de Construction, Paris: Soc. d'éditions scientifiques, techniques et artistiques.
59 Straßen- und Tiefbau, Heidelberg: Verl. Straßenbau, Chemie u. Technik.
60 Straße und Autobahn, Bonn—Bad Godesberg: Kirschbaum.

vgl. auch *Firmenschriften* von Baumaschinen-Herstellern. Anschriften z. B. in Katalogen der Bauma (Münchener Messe- und Ausstellungsgesellschaft mbH, München 12) und der Hannover-Messe (Deutsche Messe- und Ausstellungs-AG, Hannover).

3. Leistungen von Baumaschinen[1])

Bearbeitet von *P. Kiehl* und *Th. Kuß*

Die immer weiter steigende Maschinisierung der Baustellen zwingt dazu, die vorgesehenen Baumaschinen so wirtschaftlich wie möglich einzusetzen. Hierzu ist es erforderlich, daß die Maschineneinsatzplanung bereits vor dem Beginn der Baumaßnahme abgeschlossen ist. Um die Möglichkeiten einer Maschine optimal nutzen zu können, muß man ihre Leistung unter den verschiedensten Einsatzbedingungen und die damit verbundenen Kosten kennen. In diesem Kapitel werden nur die Maschinen und Geräte behandelt, für die bereits mathematisch formulierte Leistungsberechnungsverfahren vorliegen. Für andere Geräte wird auf die Angaben in Kapitel 2 verwiesen.

Bei der Leistungsbestimmung von Baumaschinen unterscheidet man im wesentlichen drei Leistungsangaben:

    a) Grundleistung Q_g

    b) Technische Leistung Q_t

    c) Nutzleistung Q_n

Die Leistung von Baumaschinen wird als Mengeneinheit pro Stunde, z. B. m³/h, m²/h, angegeben.

Die *Grundleistung* Q_g ist die Leistung, die rein rechnerisch unter vereinbarten Normbedingungen (z. B. beim Seilbagger: Schwenkwinkel 90°) erzielt werden kann; ggf. wird für jede Bodenart diese Grundleistung neu definiert (z. B. beim Hydraulikbagger).

Die *technische Leistung* Q_t berücksichtigt bereits alle von den Normbedingungen abweichenden Einsatzverhältnisse (z. B. Schwenkwinkel 120°, schlechte Baggerzähne). Sowohl die Grundleistung als auch die technische Leistung sind Größen, die von der Baumaschine in einem längerfristigen Einsatz nicht erreichbar sind. Durch Unterbrechung und Störungen des Betriebes erreicht die Maschine eine tatsächliche bzw. Nutzleistung Q_n, die unter Q_g und Q_t liegt:

$$Q_g \leqq Q_t < Q_n$$

Unter Berücksichtigung des Betriebszeitbeiwertes k oder des Faktors der zeitlichen Nutzung q ergibt sich die *Nutzleistung* Q_n:

$$Q_n = Q_t k \quad \text{bzw.} \quad Q_n = Q_t q$$

In den *Betriebszeitbeiwert* gehen einmal die Einflüsse der Baustellenorganisation und der Einfluß des Bedienungspersonals auf die Maschinenleistung ein; zum anderen werden alle Maschinenausfälle (z. B. durch Reparatur und Wartung, schlechtes Wetter, sächliche Pausen) durch diesen Faktor erfaßt. Für kurzfristige Einsätze (von wenigen Stunden) liegt k etwa bei 0,9 bis 0,95, bei längerfristigen vielleicht bei 0,85 bis 0,75 und bei Einsätzen von mehreren Monaten oder Jahren liegt k u. U. bei 0,5. Hierzu liegen normalerweise in den Bauunternehmungen firmeninterne Erfahrungswerte vor, anderenfalls kann man vereinfachend von der 45- bzw. 50-Minuten-Stunde ausgehen.

    45-Minuten-Stunde: $k = 45 \text{ min}/60 \text{ min} = 0{,}75$,

    50-Minuten-Stunde: $k = 50 \text{ min}/60 \text{ min} = 0{,}83$.

---

[1]) Literatur S. 336.

17*

Im *Faktor der zeitlichen Nutzung q* [24] werden viel stärker als im Betriebszeitbeiwert die Einsatzbedingungen berücksichtigt (vgl. 3.1.2). So wird bei den Hydraulikbaggern u. a. in den Normeinsatzbedingungen ein optimaler, behinderungsfreier Einsatz vereinbart, d. h. die Maschine kann optimal (z. B. beim Aushub einer großen Baugrube kontinuierlich) arbeiten und setzt nur gelegentlich um. Beim Aushub eines flachen, schmalen Grabens dagegen wechseln sich die Tätigkeiten „Graben" und „Umsetzen" viel häufiger ab, und die Maschinenleistung sinkt gegenüber dem ersten Einsatz erheblich. Auch hierfür liegen in den Firmen entsprechende Erfahrungswerte vor; für den Hydraulikbagger sind beispielsweise fünf Einsatzarten unterschieden worden, wobei q zwischen 0,83 und 0,45 liegt (vgl. 3.1.2).

3.1 Leistungsberechnungen für Erdbewegungsmaschinen und Verdichtungsgeräte

Ziel jedes Berechnungsverfahrens ist es, die unter den gegebenen Baustellenbedingungen zu erreichende Leistung möglichst genau vorauszubestimmen, was einen erheblichen Erfahrungsschatz voraussetzt. Alle hier aufgeführten Verfahren stellen die in mathematische Form gebrachten Erfahrungswerte vieler Fachleute dar.

3.1.1 Baustoff Boden

3.1.1.1 Bodenklassen

Bevor man Leistungsberechnungen an Baumaschinen im Bereich des Erdbaus anstellt, muß man sich darüber im Klaren sein, daß einmal die Produktionsstätte Baustelle nie mit der gleichen Präzision wie beispielsweise eine Fertigungsstraße der Automobilindustrie wegen der stets von Einsatz zu Einsatz veränderten äußeren Bedingungen arbeiten kann und zum anderen der „Baustoff Boden" kein homogenes Material ist und er sich letztlich nur unzureichend beschreiben läßt. Auch die für Erdarbeiten zugrunde gelegte DIN 18 300 mit ihren sieben Klassen stellt für die Böden keine befriedigende Lösung dar. Neben der in der DIN 18 300 (Fass. 1973, Tab. 3.1-1) enthaltenen Bodenklassifikation gibt es eine Reihe anderer, die die Böden beispielsweise nach ihren stofflichen Eigenschaften

Tabelle 3.1-1. Boden- und Felsklassifizierung nach DIN 18 300 (Fassung 1973)

Klasse 1: Oberboden (Mutterboden)
  Oberboden ist die oberste Schicht des Bodens, die neben anorganischen Stoffen, z. B. Kies-, Sand-, Schluff- und Tongemische, auch Humus und Bodenlebewesen enthält.

Klasse 2: Fließende Bodenarten
  Bodenarten, die von flüssiger bis breiiger Beschaffenheit sind und die das Wasser schwer abgeben.

Klasse 3: Leicht lösbare Bodenarten
  Nichtbindige bis schwachbindige Sande, Kiese und Sand-Kies-Gemische mit bis zu 15 Gew.-% Beimengungen an Schluff und Ton (Korngröße kleiner als 0,06 mm) und mit höchstens 30 Gew.-% Steinen von über 63 mm Korngröße bis zu 0,01 m³ Rauminhalt*).
  Organische Bodenarten mit geringem Wassergehalt (z. B. feste Torfe).

Tabelle 3.1-1. (Fortsetzung)

Klasse 4: Mittelschwer lösbare Bodenarten
Gemische von Sand, Kies, Schluff und Ton mit einem Anteil von mehr als 15 Gew.-% Korngröße kleiner als 0,06 mm.
Bindige Bodenarten von leichter bis mittlerer Plastizität, die je nach Wassergehalt weich bis fest sind, und die höchstens 30 Gew.-% Steine von über 63 mm Korngröße bis zu 0,01 m³ Rauminhalt*) enthalten.

Klasse 5: Schwer lösbare Bodenarten
Bodenarten nach den Klassen 3 und 4, jedoch mit mehr als 30 Gew.-% Steinen von über 63 mm Korngröße bis zu 0,01 m³ Rauminhalt*).
Nichtbindige und bindige Bodenarten mit höchstens 30 Gew.-% Steinen von über 0,01 m³ bis 0,1 m³ Rauminhalt*).
Ausgeprägt plastische Tone, die je nach Wassergehalt weich bis fest sind.

Klasse 6: Leicht lösbarer Fels und vergleichbare Bodenarten
Felsarten, die einen inneren, mineralisch gebundenen Zusammenhalt haben, jedoch stark klüftig, brüchig, bröckelig, schiefrig, weich oder verwittert sind, sowie vergleichbare verfestigte nichtbindige und bindige Bodenarten.
Nichtbindige und bindige Bodenarten mit mehr als 30 Gew.-% Steinen von über 0,01 m³ bis 0,1 m³ Rauminhalt*).

Klasse 7: Schwer lösbarer Fels
Felsarten, die einen inneren, mineralisch gebundenen Zusammenhalt und hohe Gefügefestigkeit haben und die nur wenig klüftig oder verwittert sind.
Festgelagerter, unverwitterter Tonschiefer, Nagelfluhschichten, Schlackenhalden der Hüttenwerke und dergleichen.
Steine von über 0,1 m³ Rauminhalt*).

---

*) 0,01 m³ Rauminhalt entspricht einer Kugel mit einem Durchmesser von rd. 0,30 m.
  0,1 m³ Rauminhalt entspricht einer Kugel mit einem Durchmesser von rd. 0,60 m.

Tabelle 3.1-2. Bodenklassen nach DIN 18300 (Fassung 1958)

	Entspricht ungefähr der neuen Klasse
2.21 Mutterboden Mutterboden ist die oberste Schicht des belebten Bodens, die besonders reich an Bodenlebewesen ist und Humus oder Ton enthält. Sie kann bis zu 40 cm dick sein.	1
2.22 wasserhaltender Boden Bodenarten, die wegen ihres hohen Wassergehaltes von weicher bis fließender Beschaffenheit sind und das Wasser schwer abgeben, z. B. Schlamm und Schluff.	2
2.23 leichter Boden Nichtbindige Sande und Kiese bis zu 60 mm Korngröße, bei denen keine oder nur geringe Bindung mit lehmigen oder tonigen Bodenarten vorhanden ist.	3
2.24 mittelschwerer Boden Bodenarten der Bodenklasse nach Abschnitt 2.23 über 60 mm Korngröße, z. B. Gesteinsschotter, Gerölle und Steine, soweit diese nicht unter Abschnitt 2.26 fallen.	3 bis 4

Tabelle 3.1-2. (Fortsetzung)

	Entspricht ungefähr der neuen Klasse
2.25 bindiger mittelschwerer Boden Bodenarten, die in naturfeuchtem Zustand einen erheblichen Zusammenhang haben, z. B. stark lehmiger Sand, sandiger Lehm, Lehm, Mergel, Löß und Lößlehm. Diese Bodenarten können noch mit dem Spaten bearbeitet werden.	4 bis 5
2.26 schwerer Boden Bodenarten mit festem Zusammenhang und von zäher Beschaffenheit, z. B. fetter steifer Ton, und Bodenarten der Bodenklasse nach Abschnitt 2.25, die stark ausgetrocknet sind; diese Bodenarten können mit dem Spaten nicht mehr bearbeitet werden, sondern müssen besonders aufgelockert werden. Außerdem Bodenarten der Bodenklassen nach den Abschnitten 2.24 und 2.25, die stark mit Geröllen, Geschiebe und Steinen bis 200 mm Durchmesser durchsetzt sind, Bauschutt und festgelagerte Schlacke.	5 bis 6
2.27 leichter Fels Locker gelagerte Gesteinsarten, die stark klüftig, bröckelig, schiefrig oder verwittert, Sand- oder Kiesschichten, die durch chemische Vorgänge verfestigt, und Mergelschichten, die mit Steinen über 200 mm Durchmesser stark durchsetzt sind. Diese Bodenarten können noch ohne Sprengarbeit gelöst werden.	6
2.28 schwerer Fels Fest gelagerte Gesteinsarten, die wegen ihrer Festigkeit üblicherweise mit Sprengarbeit gelöst werden; Schlackenhalden der Hüttenwerke; Findlinge oder Gesteinstrümmer über 0,1 m³ Rauminhalt.	7

unterteilen (z. B. DIN 18196 — Erdbau; Bodenklassifikation für bautechnische Zwecke und Methoden zum Erkennen von Bodengruppen). Im Hinblick auf die Behandlung einzelner Bodenarten (z. B. Mutterboden, Grasnarbe) sind neben der DIN 18300 auch die ZTVE — StB 65, DIN 18320 — Landschaftsbauarbeiten — und DIN 4124 — Baugruben und Gräben; Böschungen, Arbeitsraumbreiten, Verbau — zu beachten. Zur Vervollständigung ist auch die Bodenklassifikation nach DIN 18300 (alt; Fassung 1958) in Tabelle 3.1-2 wiedergegeben, da einige Berechnungsverfahren auf dieser älteren Fassung basieren.

3.1.1.2 Auflockerung und Füllung

Für die Leistungsberechnung von Erdbewegungsmaschinen sind zwei bodenabhängige Faktoren besonders zu beachten, der *Ladefaktor* δ_A' und der *Füllfaktor* f_c; zusammengefaßt im *Füllungsgrad* f ([4; 8]). Bei der Ausführung von Erdarbeiten werden drei Bodenzustände unterschieden: In seiner natürlichen Lagerung wird er als gewachsener Boden (fest) bezeichnet. Durch die beim Lösen hervorgerufene Auflockerung (gekennzeichnet durch den Auflockerungsgrad bzw. Ladefaktor — Tabelle 3.1-3) entsteht der lose Boden, der infolge des Verdichtens (gekennzeichnet durch den Verdichtungsgrad) wieder eine dichte Lagerung erhält.

Tabelle 3.1-3. Auflockerungsgrad und Ladefaktor für einige wichtige Bodenarten [4]

Lfd. Nr.	Bodenart	Dichte ϱ_{fest} [kg/m³ fest]	Auflocke-rungsgrad δ_A	Ladefaktor $\delta_A{}'$	Dichte ϱ_{lose} [kg/m³ lose]
1	Sand, trocken	1920	1,12	0,89	1710
2	Sand, naß	2280	1,12	0,89	2030
3	Kies (6—50 mm), trocken	1880	1,12	0,89	1680
4	Kies (6—50 mm), naß	2130	1,12	0,89	1900
5	Ton und Kies, trocken	1890	1,40	0,72	1350
6	Ton und Kies, naß	2240	1,40	0,72	1600
7	Ton, in natürlicher Lagerung	1750	1,40	0,72	1250
8	Lehm, trocken	1560	1,25	0,80	1250
9	Lehm, naß	2000	1,25	0,80	1600
10	Sandstein, gesprengt	2460	1,54	0,65	1600
11	Kalkstein	2670	1,67	0,60	1600
12	Fels	2970	1,65	0,61	1800

Die vorstehende Tabelle gibt ungefähre, mittlere Eigenschaften der angeführten Bodenarten an. Genaue Kenngrößen der einzelnen Bodenarten lassen sich nur durch Feld- und Laboruntersuchungen ermitteln.

Auflockerungsgrad δ_A:

$$\delta_A = \frac{\text{Volumen der losen Masse (nach dem Lösen)}}{\text{Volumen der festen Masse (vor dem Lösen)}} > 1$$

Ladefaktor $\delta_A{}'$:

$$\delta_A{}' = \frac{\text{Volumen der festen Masse}}{\text{Volumen der losen Masse}} = \frac{1}{\delta_A} < 1$$

Verdichtungsgrad δ_V:

$$\delta_V = \frac{\text{Volumen der verdichteten Masse}}{\text{Volumen der unverdichteten Masse}} < 1$$

Der *Füllfaktor* ist ein Faktor, der in seiner Größe von der Bodenart und der Art und Form des Grabgefäßes abhängt. Der *Nenninhalt* I_0 eines Grabgefäßes ist meist das gehäufte Volumen oder das Volumen „gestrichen voll"; durch entsprechende Konventionen, z. B. durch das CECE (Commitee for European Construction Equipment — Europäisches Baumaschinen-Komitee), wird für die verschiedenen Maschinen der Nenninhalt jeweils definiert, z. B. für Hydraulikbagger und Radlader ein gehäuftes Volumen (Bild 3.1-1).

Füllfaktor:

$$f_c = \frac{I}{I_0}$$

I tatsächlicher Inhalt im Grabgefäß in m³ lose,
I_0 Nenninhalt des Grabgefäßes in m³.

Der *Füllungsgrad f* ist das Produkt von Ladefaktor δ_A' und Füllfaktor f_c.

$$f = \delta_A' f_c;$$

er ist bei den Seil- und Hydraulikbaggern bereits in die Grundleistung Q_g einbezogen.

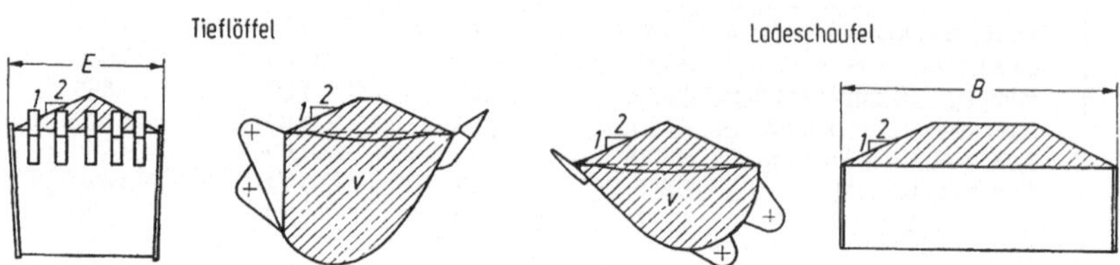

Bild 3.1-1. Grabgefäßinhalt (1:2 gehäuft) nach CECE bzw. SAE-Norm. V = Gefäß-Nenninhalt gehäuft (Schüttwinkel 1:2), B = Gefäßbreite, E = Schnittbreite (mit Seitenzähnen, wenn vorhanden).

3.1.2 Seil- und Hydraulikbagger

3.1.2.1 Leistung und leistungsbeeinflussende Faktoren (Übersicht)

In der Literatur sind für *Seilbagger* bereits zahlreiche Berechnungsverfahren bekannt ([6, 8, 10, 11, 15, 17, 19, 20, 23, 24, 26, 29]), während für Hydraulikbagger bisher nur wenige Verfahren vorliegen ([1, 13, 21]). Die Daten für Seilbagger sind miteinander verglichen, und daraus ist das vorliegende Berechnungsverfahren entwickelt worden.

Die Leistung eines Baggers hängt im wesentlichen ab von:

a) Grabgefäßinhalt (I_0),
b) Grabgefäßart,
c) Ladefaktor (δ_A'),
d) Füllfaktor (f_c),
e) Grabtiefe (f_1),
f) Schwenkwinkel (f_2),
g) Faktor der zeitlichen Nutzung (q),
h) Entladeart (f_3),
i) Zustand der Schneiden bzw. Zähne (f_4),
k) Stellung des Auslegers (bei Verstellauslegern von Hydraulikbaggern) (f_5),
l) Abstimmung Grabgefäß- und Fahrzeuggröße (f_6),
m) Leistungsgrad des Baggerfahrers (f_7),
n) Arbeitsspielzeit t_{Sp}

Theoretische Leistung:

Q_0 $I_0 z_0$ in m³ fest/h,
I_0 geometrischer Inhalt des Grabgefäßes in m³,
z_0 theoretisch mögliche Spielzahl je Stunde $= 6000/t_{Sp}$,

t_{Sp} Dauer eines Arbeitsspieles in $\dfrac{1}{100}$ min unter vereinbarten Normbedingungen:

Schwenken um 90°, Entladen auf Halde, optimale Grabtiefe bzw. -höhe, nicht räumlich begrenzt, Leistungsgrad = 100%, mittlere Auslegerstellung, guter Zustand der Zähne bzw. Schneiden, relativ neues Gerät: 1,5 bis 2,5 Jahre (1 500 bis 2 500 Betriebsstunden), keine Reparaturanfälligkeit, keine Einflüsse des Bodens.

Grundleistung: $\qquad Q_g = Q_0 f_c \delta_A' = Q_0 f$ in m³ fest/h

Technische Leistung: $\quad Q_t = Q_g \prod\limits_{i=1}^{i=7} f_i$ in m³ fest/h

Nutzleistung: $\qquad\quad Q_n = Q_t q$

3.1.2.2 Grundleistung des Seilbaggers

In Bild 3.1-2 ist die Grundleistung, in der der Füllungsgrad f bereits enthalten ist, für die Hochlöffel-Ausrüstung in Abhängigkeit von Grabgefäß-Inhalt und Bodenart (nach DIN 18300 — Fassung 1958) aufgetragen. Die Grundleistung der anderen Ausrüstungen des Seilbaggers ergibt sich aus der des Hochlöffels:

Q_g der Tieflöffel-Ausrüstung $= 0,9 \cdot Q_g$ der Hochlöffel-Ausrüstung,
Q_g der Schlepplöffel-Ausrüstung $= 0,8 \cdot Q_g$ der Hochlöffel-Ausrüstung,
Q_g der Greifer-Ausrüstung $= 0,65 \cdot Q_g$ der Hochlöffel-Ausrüstung.

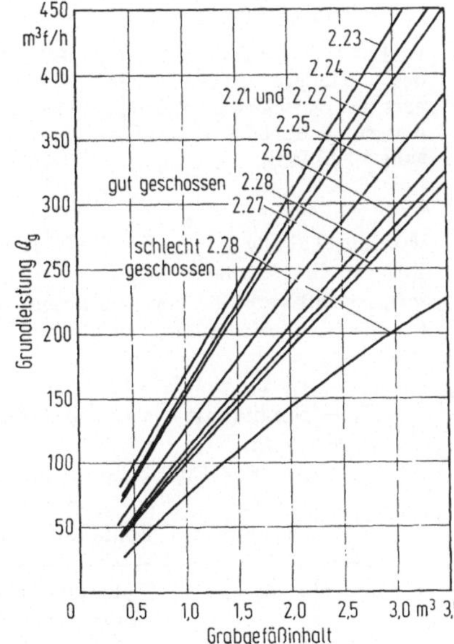

Bild 3.1-2. Grundleistung Q_g des Hochlöffel-Seilbaggers bei verschiedenen Bodenklassen (nach DIN 18300-Fassung 1958) [13].

3.1.2.3 Grundleistung des Hydraulikbaggers

Unter Einbeziehung des Füllungsgrades bestehen Leistungsdiagramme für die Grundleistung des Hydraulikbaggers mit Tieflöffel-, Klapp- und Ladeschaufelausrüstung (Bilder 3.1-3 bis 3.1-5). Hierbei ist jeweils ein fester Wert für den Füllfaktor zugrunde gelegt

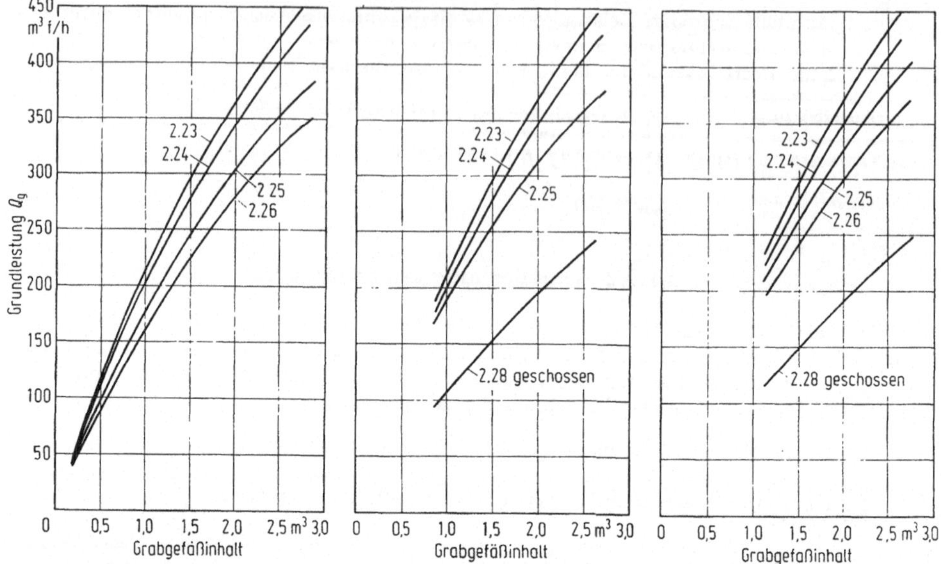

Bild 3.1-3. Grundleistung Q_g des Tieflöffel-Hydraulikbaggers bei verschiedenen Bodenklassen (nach DIN 18300-Fassung 1958) [13].

Bild 3.1-4. Grundleistung Q_g des Hydraulikbaggers mit Ladeschaufel-Ausrüstung bei verschiedenen Bodenklassen (nach DIN 18300-Fassung 1958) [13].

Bild 3.1-5. Grundleistung Q_g des Hydraulikbaggers mit Klappschaufel-Ausrüstung bei verschiedenen Bodenklassen (nach DIN 18300-Fassung 1958) [13].

worden (Tabelle 3.1-4); für die Greiferausrüstung gelten etwas davon abweichende Werte. Für die Greiferausrüstung des Hydraulikbaggers liegen bisher keine umfassenden Werte vor, so daß vereinfachend von einer theoretischen Spielzahl $z_0 = 200/h$ auszugehen ist. Q_g für die Greiferausrüstung ergibt sich aus folgender Gleichung:

$$Q_g = I_0 z_0 \delta_A' f_c$$

I_0 = Nenninhalt des Grabgefäßes in m³,
z_0 = 200/h,
$\delta_A' \cdot f_c = f$ = Füllungsgrad (Tabelle 3.1-4).

Tabelle 3.1-4. Füllfaktor und Füllungsgrad bei Hydraulikbaggern

Bodenklasse	Füllfaktor-Bereich (außer Greifer)	Füllungsgrad f	Füllungsgrad f für Greifer
2.23	1,00 − 1,24	0,99	0,81
2.24	0,97 − 1,23	0,94	0,74
2.25	0,99 − 1,30	0,93	0,66
2.26	0,90 − 1,25	0,85	—
2.27	ist nicht gemessen worden		—
2.28 (geschossen)	0,84 − 1,08	0,63	—

3.1.2.4 Leistungsbeeinflussende Faktoren

3.1.2.4.1 Grabtiefe (Faktor f_1). Bei ungenügender Grabhöhe bzw. -tiefe erreicht der Seilbagger nach Durchfahren der anstehenden Wand keine volle Grabgefäßfüllung. In Abhängigkeit von der Bodenart und der Grabgefäßgröße kann stets eine optimale Grabhöhe definiert werden (Bild 3.1-6), bei deren Über- bzw. Unterschreitung die Leistung des Baggers sich vermindert (Faktor f_1, Bild 3.1-7) [24].

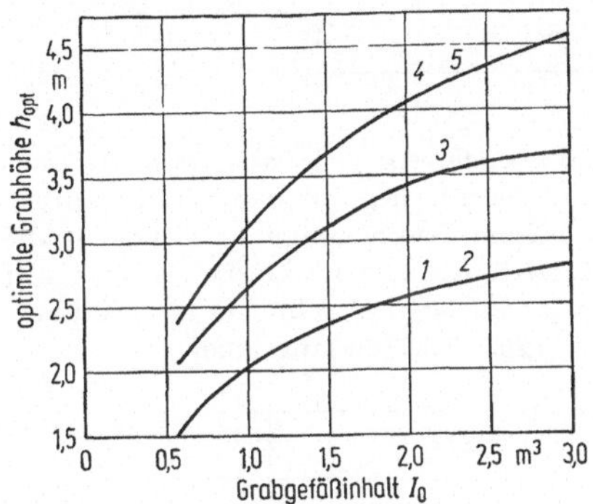

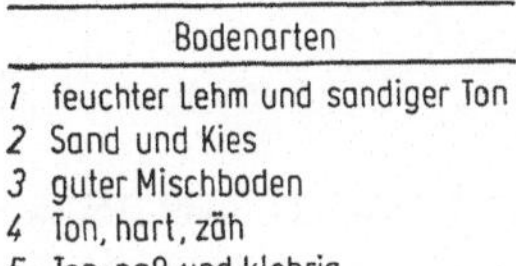

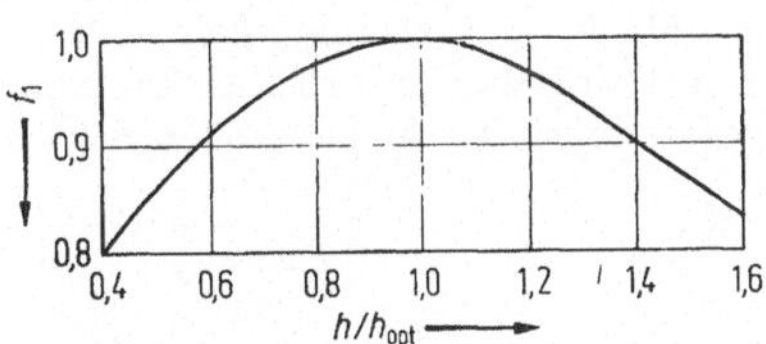

Bild 3.1-6. Optimale Grabhöhe (Schnitthöhe) h_{opt} für Hochlöffel-Seilbagger (näherungsweise sinngemäß auch für Tieflöffel-Seilbagger) [24].

Bild 3.1-7. Einflußfaktor f_1 der Schnitthöhe bei Seilbaggern [24].

Beim Hydraulikbagger dagegen kann man nur eine günstige Grabtiefe bzw. -höhe definieren, d. h. einen Bereich angeben, in dem sich die tatsächliche Grabtiefe bzw. -höhe befinden sollte. Ursache hierfür ist die Tatsache, daß der Hydraulikbagger durch die zusätzliche Beweglichkeit des Löffels gegenüber dem Löffelstiel, die beim Seilbagger nicht vorhanden ist, auch bei geringen Grabtiefen noch eine gute Löffelfüllung erreicht [1, 13, 21].

$$h_{\text{günstig}} \text{ (in m)} \approx 1{,}0 \cdots 2{,}0 \cdot I_0 \text{ (in m}^3)$$

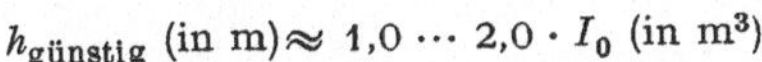

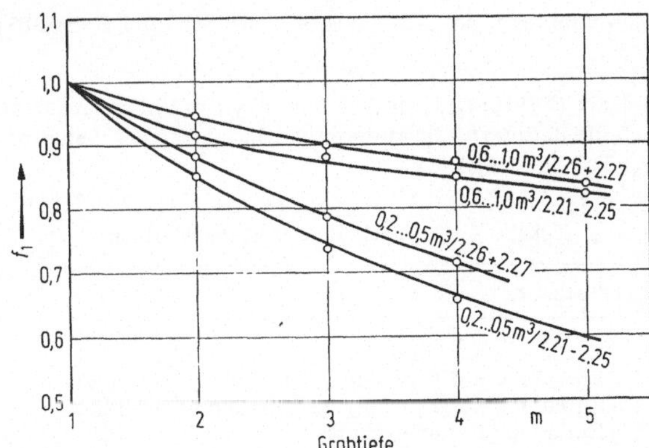

Bild 3.1-8. Einflußfaktor f_1 der Grabtiefe bei Tieflöffel-Hydraulikbaggern [21].

Für Tieflöffelbagger bis 1,0 m³ Grabgefäßinhalt kann der Faktor f_1 Bild 3.1-8 entnommen werden; für alle anderen Ausrüstungen gilt Tabelle 3.1-5.

Tabelle 3.1-5. Einflußfaktor f_1 der Grabtiefe

$\dfrac{h\text{gün}}{h\text{vorh}}$	1,0	0,8	0,6	0,4	0,2
f_1	1,00	0,97	0,93	0,89	0,82

3.1.2.4.2 Schwenkwinkel (Faktor f_2). Der Einfluß des Schwenkwinkels ist beim Hydraulikbagger geringer als beim Seilbagger. Der Grund hierfür liegt in den relativ kurzen Schwenkzeiten des Hydraulikgerätes und dessen hohem Beschleunigungsvermögen; die in Bild 3.1-9 [13] angegebenen Werte gelten für leistungsgeregelte Geräte. Geräte mit Konstanthydraulik arbeiten bei kleinen Schwenkwinkeln ($<$ 90°) schneller als leistungsgeregelte, sind aber bei großen Schwenkwinkeln ($>$ 120°) deutlich langsamer.

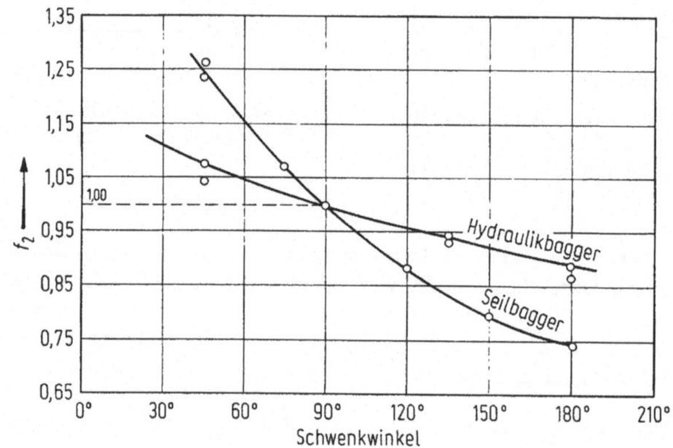

Bild 3.1-9. Einflußfaktor f_2 des Schwenkwinkels bei Seil- und Hydraulikbaggern [13].

3.1.2.4.3 Entladeart (Faktor f_3). Für Seil- und Hydraulikbagger ist als Normbedingung das Entladen auf Halde definiert, alle anderen Entladearten ergeben eine geringere Baggerleistung (Faktor f_3, Tabelle 3.1-6) [15].

Tabelle 3.1-6. Einflußfaktor f_3 der Entladeart

Entladeart	f_3
Entladung auf Halde	1,00
Entladung auf Fahrzeug auf Planum	0,90
Entladung auf Fahrzeug unter Planum	0,80
Entladung in Ladetrichter	0,67
Entladung in Vorratssilo	0,58

3.1.2.4.4 Zustand und Form der Schneiden und Zähne sowie des Grabgefäßes (Faktor f_4). Unter der Annahme, daß das verwendete Grabgefäß die für den Einsatz optimale Form hat und daß sich die Zähne und Schneiden in einem guten Zustand befinden, ist der Faktor $f_4 = 1,0$ zu setzen. Die Leistung eines Baggers kann u. U. um mehr als 50% sinken, wenn ein ungeeignetes Grabgefäß und ungeeignete Zähne bzw. Schneiden zum Einsatz kommen [31].

3.1.2.4.5 Auslegerstellung (Faktor f_5). Für Seilbagger und Hydraulikbagger mit Monoblockausleger ist $f_5 = 1,0$ zu setzen. Für Hydraulikbagger mit Verstellausleger, der meist mindestens drei Auslegerstellungen ermöglicht, beeinflußt diese Auslegerstellung die Leistung des Baggers, wobei zu beachten ist, daß die angegebenen Werte für f_5 nur verwendet werden können, wenn die verschiedenen Stellungen baubetrieblich und maschinentechnisch gleichermaßen möglich sind [13].

Auslegerstellung	f_5
kurz	0,95 ··· 0,98
mittel	1,00
lang	1,02 ··· 1,05

3.1.2.4.6 Abstimmung zwischen Grabgefäßinhalt I_0 und Transportgeräteinhalt I_F (Faktor f_6). Unter der Voraussetzung, daß die Baggerleistung voll ausgenutzt wird, haben verschiedene Autoren bereits für die Seilbagger folgende Werte für f_6 ermittelt [15, 24]:

I_F/I_0	2	3	4	5	6	7	8	9	10
f_6	0,82	0,88	0,92	0,95	0,97	0,98	0,99	1,00	1,00

Bei wirtschaftlicher Nutzung der Fahrzeuge sollte ein Verhältnis I_F/I_0 zwischen 3 und 5 angestrebt werden; dabei wird die Baggerleistung nicht voll ausgenutzt. Bei ungezielter Entladung ist $f_6 = 1,0$ zu setzen.

3.1.2.4.7 Baggerfahrer-Leistungsgrad (Faktor f_7). Dieser Begriff stammt aus der Methodenlehre des Arbeitsstudiums nach Refa [32]. Danach wird die einer Soll-Zeit zugrundeliegende Leistung als Bezugsleistung bezeichnet, der man den Leistungsgrad 100% (bzw. den Leistungsfaktor 1,00) zuordnet. Jede Ist-Leistung wird nun an dieser Bezugsleistung gemessen.

Es gilt:

$$L = \text{Leistungsgrad} = \frac{\text{beobachtete Ist-Leistung}}{\text{vorgestellte Bezugsleistung}} \cdot 100 \text{ in } \%,$$

$$f_L = \text{Leistungsfaktor} = \frac{\text{beobachtete Ist-Leistung}}{\text{vorgestellte Bezugsleistung}} = f_7.$$

$f_7 = 1,00$ bei gutem, eingearbeitetem Baggerfahrer; f_7 kann zwischen 0,6 (erster Tag als Baggerführer) und 1,2 (Vorführer des Maschinenherstellers) schwanken.

3.1.2.4.8 Einsatzart und Organisation der Baustelle (Faktor q). In Abhängigkeit von der Art des Maschineneinsatzes verändert sich auch die zeitliche Nutzung des Baggers;

ein Maß hierfür ist der Anteil der reinen Arbeitsspielzeit an der gesamten Arbeitszeit. Langzeituntersuchungen an Seilbaggern haben bei Schub [24] Werte ergeben, die auch auf die Hydraulikbagger übertragbar sind (Tabelle 3.1-7).

Tabelle 3.1-7. Faktor der zeitlichen Nutzung (nach [24])

Einsatzart	q_{Mittel}	q_{max}
Baggereinsatz bei Optimalbetrieb, z. B. Kiesgewinnung in Grube, Arbeiten in Baggerschnitten, Entnahme aus Haufwerk im Steinbruch, Entladung auf Lkw	0,66	0,83
Baggerbetrieb mit räumlicher Begrenzung, z. B. Aushub kleinerer Baugruben, Aushub größerer Gräben, Entladung auf Lkw	0,56	0,78
Umsetzbetrieb mit räumlicher Begrenzung, z. B. Aushub schmaler unverbauter Gräben, Verfüllen einer Baugrube, Entladung auf Halde	0,54	0,76
Baggereinsätze bei Auf- und Abträgen, z. B. Humusabtrag, Planum herstellen, Entladung auf Halde	0,50	0,70
Baggereinsatz mit starker Behinderung, z. B. Aushub von Gräben mit Verbau, Entladung auf Halde	0,45	0,58

Bei günstigen Bedingungen wird im allgemeinen mit einer 50-Minuten-Stunde gerechnet ($q = 0,83$); bei ungünstigeren Bedingungen mit einer 45-Minuten-Stunde ($q = 0,75$).

3.1.2.5 Vergleich der Leistungen von Seil- und Hydraulikbaggern

Vergleicht man die Leistungen von Seil- und Hydraulikbaggern, erkennt man, daß bei gleich großem Grabgefäß die Leistung des Hydraulikbaggers bei allen Bodenarten wesentlich über der des Seilbaggers liegt. Die Mehrleistung liegt etwa bei 30% bei leichten Böden (Sande, Kiese) und bei 60% bei stark bindigen Böden [13].

3.1.2.6 Berechnungsbeispiel

Bauaufgabe: Abbau von Boden der Bodenklasse 2.25 (nach DIN 18 300 — Fassung 1958) bis zu einer Tiefe von 2,5 m; optimale Einsatzbedingungen; optimale Grabgefäßform und guter Zustand der Zähne; Schwenkwinkel 120°; Entladung auf Muldenkipper (15 m³) auf Planum.

Seilbagger	Einflußfaktoren	Hydraulikbagger
1,6 m³ (gestrichen voll nach CECE)	Grabgefäßinhalt Tieflöffelbagger	1,6 m³ („gehäuft" nach CECE) Auslegerstellung: mittel
Bild 3.1-2:		
$Q_g = 190$ m³ fest/h	Hochlöffel	
$Q_g = 0,9 \times 190$ $= 171$ m³ fest/h	Tieflöffel	Bild 3.1-3: $Q_g = 261$ m³ fest/h

Tabelle (Fortsetzung)

Seilbagger	Einflußfaktoren	Hydraulikbagger
Bild 3.1-6:		
$h_{opt} \approx 3{,}8$ m	f_1	$h_{gün} \approx (1{,}0$ bis $2{,}0) \cdot 1{,}6$ m
$h_{vorh} = 2{,}5$ m	(Bodenklasse 2.25 nach DIN 18 300 — Fassung 1958 — z. B. zäher Ton)	$h_{gün} \approx 1{,}6$ bis $3{,}2$ m
$\dfrac{h_{vorh}}{h_{opt}} = \dfrac{2{,}5}{3{,}8} = 0{,}66$		h_{vorh} liegt im günstigen Bereich $(1{,}6$ m $< 2{,}5$ m $< 3{,}2$ m$)$
$f_1 = 0{,}95$ (Bild 3.1-7)		$f_1 = 1{,}0$
Bild 3.1-9:		**Bild 3.1-9:**
$f_2 = 0{,}88$	f_2 (Schwenkwinkel 120°)	$f_2 = 0{,}96$
Tabelle 3.1-6:		**Tabelle 3.1-6:**
$f_3 = 0{,}90$	f_3 (Entladung auf Muldenkipper auf Planum)	$f_3 = 0{,}90$
$f_4 = 1{,}00$	f_4 (optimale Grabgefäßform, guter Zustand der Zähne)	$f_4 = 1{,}00$
$f_5 = 1{,}00$	f_5	$f_5 = 1{,}00$ (mittlere Auslegerstellung)
$f_6 = 1{,}00$	$f_6(I_F/I_0 = 15/1{,}6 = 9{,}4)$	$f_6 = 1{,}00$
$f_7 = 1{,}00$	f_7 (guter Baggerfahrer)	$f_7 = 1{,}00$
$Q_t = 171 \times 0{,}95 \times 0{,}88 \times 0{,}9 \times 1{,}0 \times 1{,}0 \times 1{,}0 \times 1{,}0 = 128$ m³ fest/h	Q_t	$Q_t = 261 \times 1{,}0 \times 0{,}96 \times 0{,}9 \times 1{,}0 \times 1{,}0 \times 1{,}0 \times 1{,}0 = 226$ m³ fest/h
Tabelle 3.1-7:		**Tabelle 3.1-7:**
$q = 0{,}83$	q (optimale Einsatzbedingungen)	$q = 0{,}83$
$Q_n = 106$ m³ fest/h	Q_n	$Q_n = 188$ m³ fest/h

3.1.3 Kontinuierlich arbeitende Bagger

Zu den kontinuierlich arbeitenden Baggern, die nicht nur für die Erdbewegung im Baubetrieb, sondern hauptsächlich in Tagebaubetrieben, z. B. für die Rohstoffgewinnung, eingesetzt werden, zählen die Eimerketten- und die Schaufelradbagger (vgl. Kap. 2.2.1.2). Die Leistung eines kontinuierlich arbeitenden Baggers errechnet sich nach der Gleichung

$$Q_n = \frac{Q_1 \cdot z' \cdot 60 \cdot \delta_A' \cdot f_c}{1\,000}\, k \text{ in m}^3 \text{ fest/h},$$

Q_1 Eimerinhalt in dm³,

z' Spielzahl in 1/min,

δ_A' Ladefaktor,

f_c Füllfaktor des Eimers,

k Betriebszeitbeiwert,

oder:

$$Q_n = \frac{Q_1 \cdot z' \cdot 60 \cdot k'}{1\,000} \text{ in m}^3 \text{ fest/h}.$$

$$k' = \delta_A' f_c k.$$

k'-Werte für die Leistungsbestimmung von Eimerkettenbaggern (nach Dr. Krauth)

Bodenart	mit Ringfahrt[1])	ohne Ringfahrt
leichter Baggerboden	0,68	0,50···0,60
mittelschwerer Baggerboden	0,52	0,38···0,48
schwerer Baggerboden	0,36	0,26···0,32

Minderleistung beim Baggern aus dem Wasser: Kies und Sand: bis -10%

Sonst. Boden: bis -30%

[1]) „mit Ringfahrt" bedeutet ständig ein Fahrzeug bzw. eine Schute am Bagger.

Der Eimerinhalt kann zwischen etwa 20 bis 30 dm³ und etwa 4,5 m³ liegen.

Zu den größten Schaufelradbaggern der Welt gehören die 100000-m³-Bagger in den rheinisch-westfälischen Braunkohlen-Tagebaubetrieben. Das Schaufelrad (Durchmesser 17,2 m) besitzt 10 Schaufeln mit einem Inhalt von je 4,5 m³; es macht 3,45 Umdrehungen je Minute. 1976 Inbetriebnahme des ersten Schaufelradbaggers mit 200000 m³ Tagesleistung.

3.1.4 Planiergeräte

3.1.4.1 Ketten- und Raddozer

Wie bei Baggern kann auch bei Planierraupen und Planierreifengeräten (vgl. 2.2.1.3.1 und 2.2.1.3.3.4) von der allgemeinen Leistungsformel für absatzweise arbeitende Erdbaumaschinen ausgegangen werden. Danach ist die *Nutz- oder Dauerleistung* für das Schürfen, Transportieren und Ablagern von Boden

$$Q_n = I_s \cdot f \cdot \frac{60}{T} \cdot k \text{ in m}^3 \text{ fest/h}. \tag{3.1-1}$$

I_s Schildfüllung des Planierschilds in m³,
f Füllungsgrad des Planierschilds,
T Umlaufzeit für ein Arbeitsspiel in min,
k Betriebszeitbeiwert.

Planierraupen werden auch als Hilfsgeräte (Schubhilfe) beim Motorschürfwagen-Betrieb eingesetzt. Gerätewahl und -bemessung werden in 3.1.6.3.3 behandelt.

3.1.4.1.1 Schildfüllung I_s. In die Schildfüllung gehen die Geometrie (Fläche, Profilform) und die Konstruktion (seitliche Begrenzungsschotten) des Planierschildes ein. Für den starren Querschild bzw. den senkrecht zur Schürfrichtung gestellten Schwenkschild gilt:

$$I_s = \frac{1}{2} \cdot h^2 \cdot b_e \cdot p \text{ in m}^3,$$

h Schildhöhe in m,
b_e wirksame Schildbreite in m,
p Profilkoeffizient.

Als Ausgangsmaß wird ein konstruktiv gegebenes Maß gewählt, nämlich ein Raumprisma (Bild 3.1-10), dessen Grundfläche ein rechtwinkliges, gleichschenkliges Dreieck mit der Kathetenlänge gleich der Schildhöhe h und dessen Höhe gleich der Schneidenbreite b des Planierschilds ist. Das tatsächliche Bodenvolumen vor dem Schild wird durch Einführung der wirksamen Schildbreite und Berücksichtigung des Profilkoeffizienten errechnet.

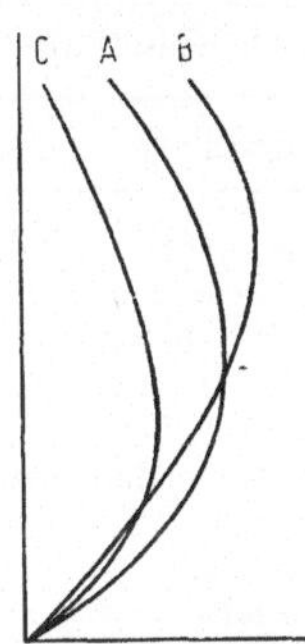

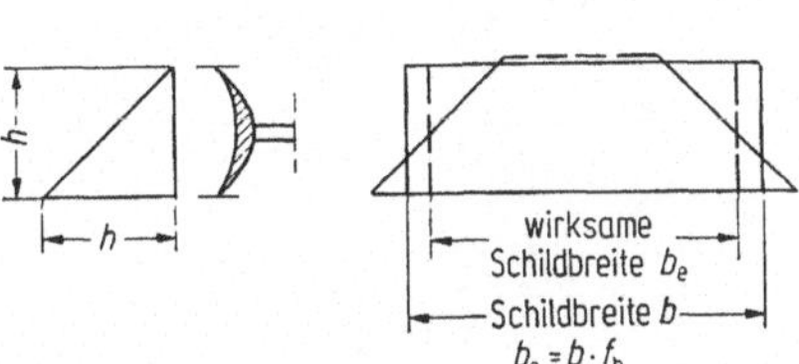

Bild 3.1-10. Skizze zur Berechnung der Schildfüllung einer Planierraupe.

Bild 3.1-11. Profilformgruppen für Planierschilde, nach [16]. Gruppe A: kreisförmig, Gruppe B: parabelförmig mit nach oben zunehmender Krümmung, Gruppe C: parabelförmig mit nach unten zunehmender Krümmung.

Die *wirksame Schildbreite* b_e wird nach Kühn [16] in Abhängigkeit von der Schneidenbreite als $b_e = b \cdot f_b$ definiert, wobei der Schürfbreiten-Korrekturfaktor f_b die Möglichkeit des seitlichen Abfließens des Bodens vor dem Schild berücksichtigt. Große Seitenschotten am Planierschild können z. B. das Abfließen ganz verhindern ($f_b = 1{,}0$), bei abnehmender Größe dieser Schotten wird entsprechend der f_b-Wert kleiner und kann bis 0,7 sinken, wenn keine seitlichen Schildbegrenzungen vorhanden sind. Auch die Schürftiefe hat Einfluß auf den Schürfbreiten-Korrekturfaktor, denn mit wachsender Schürftiefe wird ein seitliches Ausweichen des Bodens immer weniger möglich:

Schürftiefe in cm	10	20	30
Schürfbreiten-Korrekturfaktor f_b	0,7	0,8	0,9

Der *Profilkoeffizient* p soll die Form des Schildprofils erfassen. Alle gebräuchlichen Planierschilde lassen sich in drei Profilformgruppen einordnen (Bild 3.1-11), wobei die Art der Wölbung des Schildprofils als Unterscheidungsmerkmal dient. Profil A hat eine konstante Krümmung (Kreisform), die beiden anderen (meist parabelförmigen) Profile haben eine nach oben zunehmende (Profil B) bzw. abnehmende (Profil C) Krümmung. Kühn [16] gibt folgende Werte an:

Profilform (Bild 3.1-11)	A	B	C
Profilkoeffizient p	0,87	0,92	1,00

3.1.4.1.2 Füllungsgrad f. Der Füllungsgrad als Produkt aus Ladefaktor $\delta_A{}'$ und Füllfaktor f_c (vgl. 3.1.1.2) berücksichtigt die Bodeneigenschaften. Für Ketten- und Radplaniergeräte mit starrem Querschild sind in Tabelle 3.1-8 (Spalte A) f-Werte für einige Bodenarten zusammengestellt.

Tabelle 3.1-8. Füllungsgrad f für die wichtigsten Fahrbagger und Transportfahrzeuge (Durchschnittswerte nach Kühn [16] u. a.)

Material	A	B	C	D
Grasnarbe	0,70	0,65	0,80	0,75
Mutterboden	1,10	1,00	1,15	1,10
Sand, trocken	0,65	0,70	1,10	0,90
Sand, feucht	0,90	0,90	1,20	1,05
Kies	0,75	1,00	1,15	1,10
Lehmiger Sand, erdfeucht	1,50	1,10	1,10	1,10
Lehm	1,30	1,10	1,10	1,10
Ton, hart	0,80	0,70	0,90	0,80
Mergel	1,00	0,75	1,00	0,90
Schichtgestein, gelockert	0,60	—	0,65	0,65
Fels, gesprengt	0,55	—	0,75	0,75

Spalte A: Starres Querschild bei Rad- und Kettenplaniergeräten.

Spalte B: Scraper innerhalb wirtschaftlicher Schürfstrecken (max. etwa 50 m) und ausreichender Zugkraft (Schubhilfe!).

Spalte C: Erdtransportfahrzeuge (Muldenkipper, Bodenentleerer und Dumper) beladen durch Bagger. Bei Lkw erhöhen sich die Werte der Spalte C um 0,1.

Spalte D: Ketten- und Radlader.

Die Werte der Tabelle 3.1-8 gelten nur in Verbindung mit Schild-, Kübel-, Mulden- bzw. Schaufel-Nenninhalten in „m³ gestrichen". Werden Nenninhalte in „m³ gehäuft" zugrunde gelegt, sind die Werte durchschnittlich um 10 bis 20% zu vermindern.

3.1.4.1.3 Umlaufzeit T. Die Umlaufzeit der Maschine für ein Arbeitsspiel hängt hauptsächlich von der Entfernung zwischen Abtrags- und Entladefläche und den unter den speziellen Bedingungen der Transportstrecke erreichbaren Schürf- und Fahrgeschwindigkeiten der Maschine ab. Sie läßt sich bei behinderungsfreiem Betrieb und geschultem Maschinenführer erreichen. Sie setzt sich aus mehreren Teilzeiten für die einzelnen Arbeitsphasen des Umlaufs zusammen:

$$T = t_c + t_v \text{ in min}$$

t_c konstanter Zeitanteil für Entleeren und Wenden,

t_v variabler Zeitanteil für Last- und Leerfahrt.

Der *konstante Zeitanteil* t_c enthält die Entleerzeit und die Zeit für zweimaliges Wenden. Eine *Entleerzeit* tritt nur dann auf, wenn der Boden am Entladepunkt verteilt oder planmäßig eingebaut wird; sie entfällt, wenn die Schildfüllung am Endpunkt der Vorwärtsbewegung einfach abgesetzt wird. Die *Wendezeiten* sind beim üblichen Pendelverkehr (Lastfahrt vorwärts, Leerfahrt rückwärts) praktisch mit den Brems-, Schalt- und Anfahrzeiten am Entnahme- bzw. Entladepunkt gleichzusetzen.

Anhaltswerte:	Entleerzeit	0 bis 0,2 min
	2 mal Wendezeit	0,1 bis 0,3 min
zusammen:	Zeitkonstante t_c	0,1 bis 0,5 min

Der *variable Zeitanteil* t_v umfaßt die eigentlichen, von der Streckenlänge und den Fahrgeschwindigkeiten abhängigen Fahrzeiten:

$$t_v = 0,06 \cdot \left(\frac{l_{voll}}{v_{voll}} + \frac{l_{leer}}{v_{leer}} \right) \text{ in min} \qquad (3.1\text{-}2)$$

l_{voll} mittlere Transportentfernung für Lastfahrt in m,
l_{leer} mittlere Transportentfernung für Leerfahrt in m.
v_{voll} Durchschnittsgeschwindigkeit für Lastfahrt in km/h,
v_{leer} Durchschnittsgeschwindigkeit für Leerfahrt in km/h.

Die *Lastfahrt* kann man in zwei Arbeitsphasen, das eigentliche Schürfen und das Fördern, unterteilen. Jedoch ist bei den Planiergeräten eine rechnerische Trennung nicht zweckmäßig, denn auch nach Erreichen der maximalen Schildfüllung — nach etwa 8 bis 10 m Schürfstrecke — wird während des Schiebens mit unveränderter Geschwindigkeit jeweils noch soviel Boden geschürft wie seitlich auf dem Transportweg verloren geht. Die gesamte Lastfahrt erfolgt erfahrungsgemäß bei mittelschweren Böden im 1. Vorwärtsgang, bei lockeren Böden evtl. auch im 2. Vorwärtsgang, sofern die Schürf- bzw. Schubwiderstände nicht zu groß und der Kraftschluß der Reifen bzw. Ketten ausreichend ist. Dabei wird normalerweise die maximale Geschwindigkeit der jeweiligen Getriebestufe nur zu etwa 75% erreicht.

Bei der *Leerfahrt* kann — eine ausreichend lange Fahrstrecke vorausgesetzt — bis in die 3. Getriebestufe (rückwärts) hochgeschaltet werden. Von der Geländebeschaffenheit hängt es ab, wie weit dieser Gang ausgefahren werden kann, bei ebenem Gelände bis zu 90% der Nenngeschwindigkeit (vom Hersteller angegebene Höchstgeschwindigkeit des Gangs). Die Durchschnittsgeschwindigkeit für die Leerfahrt liegt unter diesem Wert.

Anhaltswerte für die *Durchschnittsgeschwindigkeiten* in km/h:

	Kettendozer	Raddozer
Lastfahrt v_{voll}	2 bis 4	4 bis 8
Leerfahrt v_{leer}	4 bis 6	10 bis 15

3.1.4.1.4 Betriebszeitbeiwert k. Durch den Betriebszeitbeiwert sollen unvorhergesehene Ausfall- oder Stilliegezeiten der Maschine erfaßt werden, die durch spezielle Arbeits- und Baustellenbedingungen hervorgerufen werden. Dazu gehören der allgemeine Zustand der Maschine (Reparaturanfälligkeit), die Organisation des Baustellenbetriebs am Einsatzpunkt, die Witterungsverhältnisse sowie Qualifikation und Interesse des Maschinenführers. Werte sind aus Tabelle 3.1-9 zu entnehmen.

3.1.4.1.5 Nomogramme zur Leistungsermittlung. Gemäß dem hier beschriebenen Verfahren zur Leistungsermittlung für Ketten- und Raddozer sind von Dressel [33] Nomogramme erarbeitet worden, mit deren Hilfe die Nutzleistung halbgraphisch bestimmt wird (Bild 3.1-12 und Bild 3.1-13). In Feld 1 wird die (variable) Fahrzeit für Last- und Leerfahrt, in Feld 2 die Spielzeit (= Umlaufzeit), in Feld 3 als Zwischenergebnis eine sog. theoretische Leistung $Q_0 = I_s \cdot 60/T$ und in Feld 4 die Nutzleistung abgelesen.

Tabelle 3.1-9. Mittlere Betriebszeitbeiwerte k für Fahrbagger und Förderfahrzeuge

Geräte	Arbeitsbedingungen		
	gut	mittel	schlecht
Motorschürfwagen (Scraper)			
mit Radfahrwerk	0,92	0,83	0,75
Planiergeräte			
mit Kettenfahrwerk	0,95	0,83	0,50
mit Radfahrwerk	0,85	0,75	0,45
Schürflader			
mit Kettenfahrwerk		0,91	
mit Radfahrwerk		0,85	
Grader (Straßenhobel)		0,80	
Förderfahrzeuge	0,80	0,70	0,55

3.1.4.1.6 Berechnungsbeispiel:

Aufgabe: Mutterboden soll in einer Schichtdicke von 25 cm gelöst, über eine mittlere Transportentfernung von 20 m abgeschoben und auf Halden zwischengelagert werden.

Gerätewahl: Planierraupe Caterpillar D 5 mit Planeten-Lastschaltgetriebe (77 kW) und mit Querschild ($b = 3{,}51$ m, $h = 0{,}97$ m, Profilform B, mit Seitenschotten). Nenngeschwindigkeiten: 1. Gang vorwärts 3,5 km/h, 3. Gang rückwärts 12,2 km/h.

Leistungsermittlung:

Schildfüllung $I_s = 0{,}5 \cdot h^2 \cdot b_e \cdot p$;

$$b_e = b \cdot f_b = 3{,}51 \cdot 0{,}85 = 2{,}98 \text{ m}, \quad p = 0{,}92;$$
$$I_s = 0{,}5 \cdot 0{,}97^2 \cdot 2{,}98 \cdot 0{,}92 = 1{,}30 \text{ m}^3.$$

Füllungsgrad $f = 1{,}10$ (Tabelle 3.1-8 für Mutterboden).

$$\text{Umlaufzeit } T = t_c + 0{,}06 \cdot \left(\frac{l_{voll}}{v_{voll}} + \frac{l_{leer}}{v_{leer}} \right);$$

$t_c = 0{,}4$ min (Verteilen an den Halden und zweimaliges Wenden); $v_{voll} \approx 0{,}75 \cdot 3{,}5 = 2{,}63$ km/h, $v_{leer} \approx 0{,}6 \cdot 12{,}2 = 7{,}32$ km/h (0,6 geschätzt);

$$T = 0{,}4 + 0{,}06 \cdot \left(\frac{20}{2{,}63} + \frac{20}{7{,}32} \right) = 1{,}02 \text{ min.}$$

Betriebszeitbeiwert $k = 0{,}83$ (Tabelle 3.1-9 für mittlere Arbeitsbedingungen).

$$\textit{Nennleistung:} \, Q_n = I_s \cdot f \cdot \frac{60}{T} \cdot k = 1{,}30 \cdot 1{,}10 \cdot \frac{60}{1{,}02} \cdot 0{,}83 \approx 70 \text{ m}^3 \text{ fest/h.}$$

Diese Leistungsermittlung ist in Bild 3.1-12 als Ablesebeispiel eingetragen. Der Faktor in Feld 4 ergibt sich zu $f \cdot k = 1{,}10 \cdot 0{,}83 = 0{,}9$.

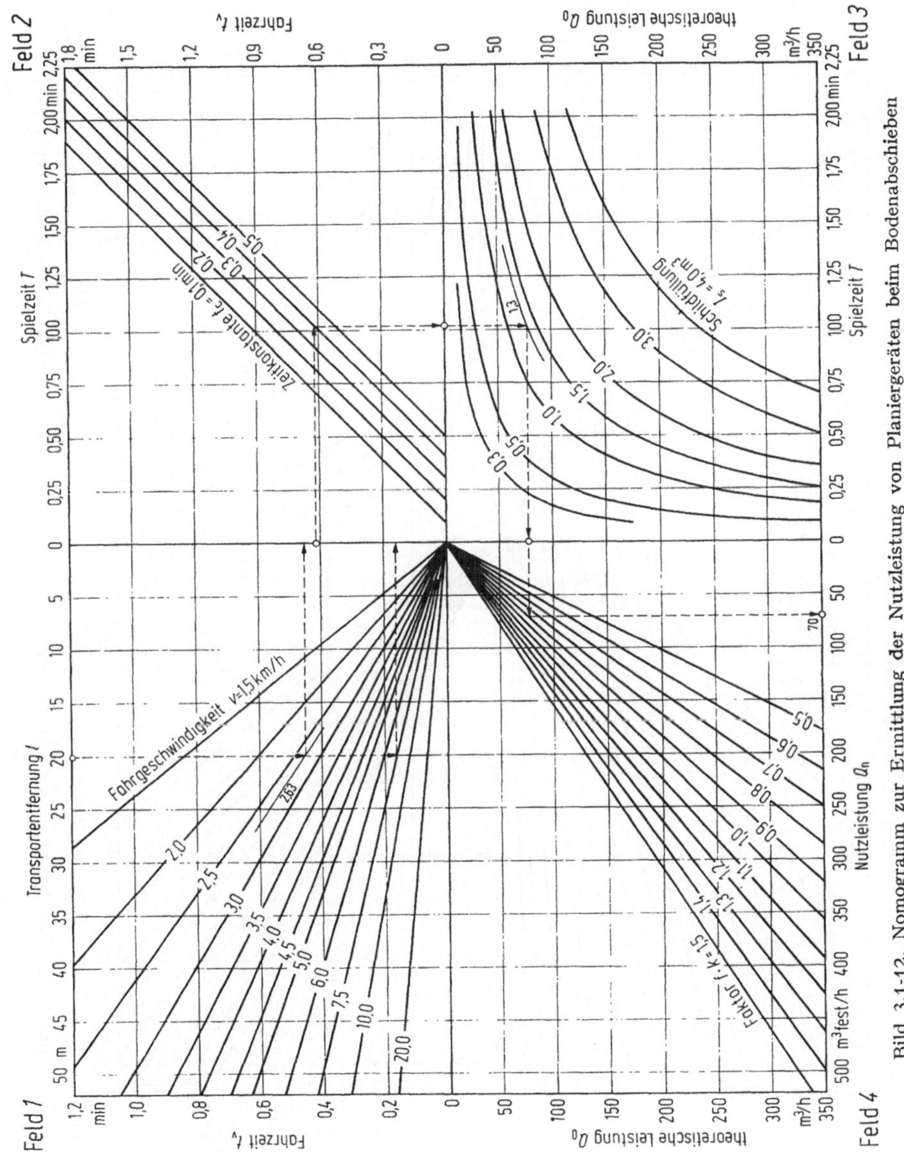

Bild 3.1-12. Nomogramm zur Ermittlung der Nutzleistung von Planiergeräten beim Bodenabschieben (bis 50 m Transportentfernung) [33]. Eingezeichnet ist ein Ablesebeispiel (vgl. 3.1.4.1.6).

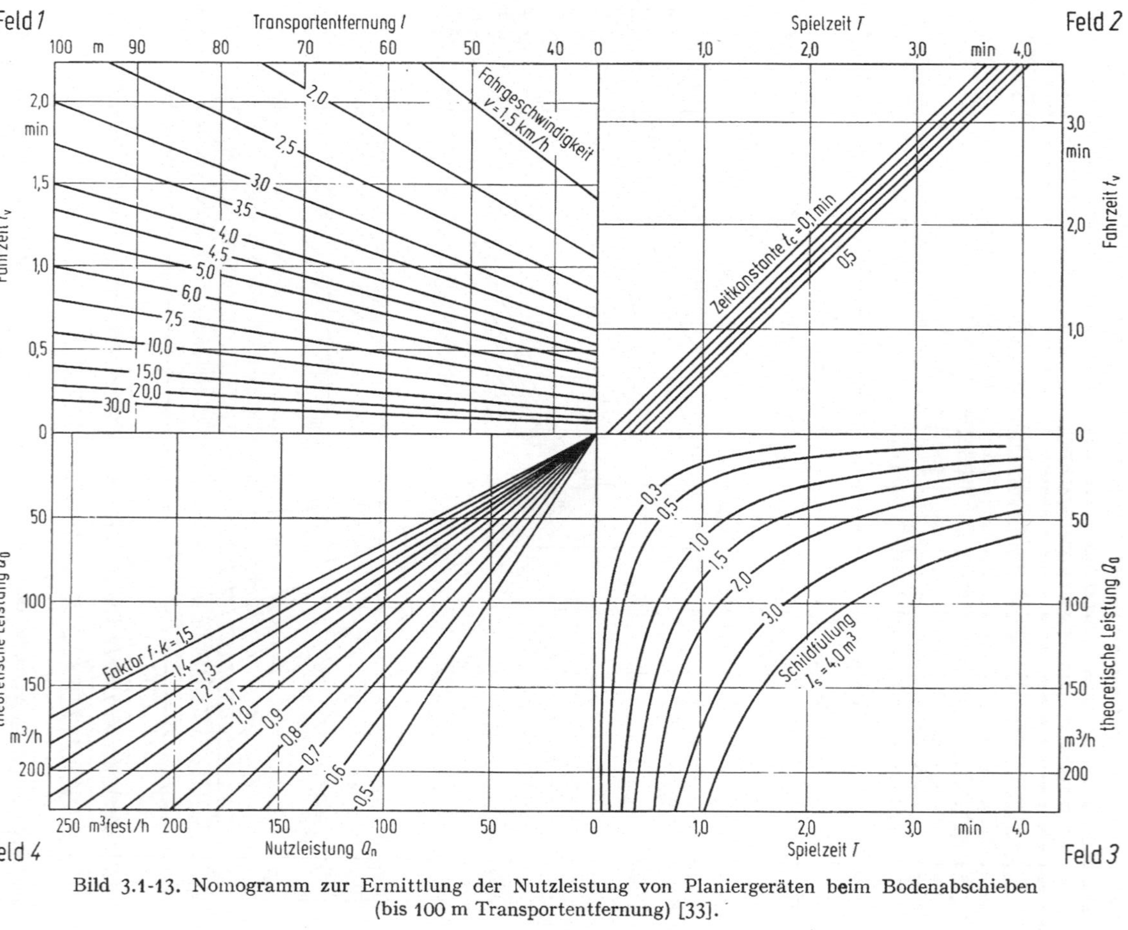

Bild 3.1-13. Nomogramm zur Ermittlung der Nutzleistung von Planiergeräten beim Bodenabschieben (bis 100 m Transportentfernung) [33].

3.1.4.2 Motorgrader

Motorgrader, auch Erd- oder Straßenhobel genannt (vgl. 2.2.1.3.3.5), sind wegen ihrer raumbeweglichen und seitenverschieblichen Pflugschar für eine große Zahl von Aufgaben auf Erd- und Straßenbaustellen geeignet, u. a. zum Verteilen, Einebnen und Glätten lockeren Bodens oder geschütteten Haufwerks, Vermischen von Boden, Ziehen von Gräben, Anlegen von Böschungen und Instandhalten von Transportwegen.

Zu den Haupteinsatzgebieten gehört das Feinplanieren horizontaler oder geneigter Flächen. Im Gegensatz zu Planierungsarbeiten mit Rad- und Kettendozern wird dabei das Material nicht absatzweise in Fahrtrichtung geschürft, geschoben und entladen, sondern durch die schräg gestellte Pflugschar kontinuierlich während der Fahrt quer zur Arbeitsrichtung umgesetzt, verteilt oder geglättet. Im Vordergrund steht die Güte des fertigen Planums, weniger die stündlich verarbeitete Menge. Trotzdem ist für die Einsatzplanung die Bestimmung der voraussichtlichen Nutzleistung im Dauerbetrieb unerläßlich.

3.1.4.2.1 Leistungsformel:

Die *Nutzleistung* Q_n wird je nach der Einsatzart des Graders zweckmäßig als Mengen- oder Flächenleistung (z. B. bei Einbau- und Planierungsarbeiten) bzw. gelegentlich auch als Streckenleistung (z. B. bei der Unterhaltung von Baustellenstraßen) angegeben.

Mengenleistung $\qquad Q_{n(V)} = \dfrac{d \cdot b \cdot v \cdot k}{n} \cdot 1\,000$ in m³ fest/h,

Flächenleistung $\qquad Q_{n(F)} = \dfrac{b \cdot v \cdot k}{n} \cdot 1\,000$ in m²/h,

Streckenleistung $\qquad Q_{n(L)} = \dfrac{v \cdot k}{n} \cdot 1\,000$ in m/h.

$\quad d$ Schichtdicke des einzubauenden Bodens (nach dem Verdichten) in m fest,
$\quad b$ Arbeitsbreite der Pflugschar in m,
$\quad v$ Arbeitsgeschwindigkeit in km/h,
$\quad n$ Anzahl der Übergänge,
$\quad k$ Betriebszeitbeiwert.

Die *Schichtdicke* d kann auch im unverdichteten Zustand eingesetzt werden, muß aber dann noch mit dem Verdichtungsgrad δ_V bzw. näherungsweise mit dem Ladefaktor δ_A' (Tabelle 3.1-3) multipliziert werden.

Die *Arbeitsbreite* b wird senkrecht zur Arbeitsrichtung (Fahrtrichtung) gemessen, ergibt sich also aus der Breite der Pflugschar unter Berücksichtigung deren Schrägstellung und nach Abzug einer Überlappungsbreite ($\approx$ 20 bis 30 cm), sofern die Fläche in nebeneinanderliegenden Streifen bearbeitet wird.

Die *Arbeitsgeschwindigkeit* v des Graders hängt vom Einsatzzweck ab und ist wesentlich geringer als seine maximale Fahrgeschwindigkeit (40 bis 50 km/h).

Anhaltswerte:

Erdaushub (Hobeln, Grabenziehen) und Planieren	2 bis 3 km/h,
Verteilen und Umlagern von Haufwerk	5 bis 6 km/h,
Vermischen und Feinplanieren	8 bis 9 km/h,
Instandhalten von Erdstraßen, Schneeräumen	10 bis 15 km/h.

Die *Anzahl n der Übergänge*, die für eine geforderte Oberflächengüte notwendig ist, schwankt zwischen $n = 1$ bei der Transportwegunterhaltung und $n = 3$ bis 4 bei der Herstellung eines Feinplanums im Straßenbau.

Der *Betriebszeitbeiwert k* (Tabelle 3.1-9) ist bei Gradern, die meist in Kombination mit anderen Erdbaugeräten (z. B. beim Verdichten des Planums zusammen mit Walzen) im Einsatz sind, besonders schwer festzulegen, da erhebliche Ausfallzeiten durch Behinderung unvermeidlich sind. Beispielsweise kann sich für die Straßenunterhaltung bei Aufrechterhaltung des Förderbetriebs $k = 0,5$ ergeben.

3.1.4.2.2 Berechnungsbeispiel:

Aufgabe: Zum Herstellen einer Frostschutzschicht wird Kies von Muldenkippern auf einer vorbereiteten Trasse abgekippt. Er soll in Lagen von 30 cm Dicke mit zwei Übergängen verteilt und anschließend in drei weiteren Übergängen feinplaniert werden.

Gerätewahl: Motorgrader Frisch F 195 C (135 kW), Pflugscharbreite 3,66 m.

Leistungsermittlung:

Arbeitsbreite $b = 3,66 \cdot \sin 60° - 0,20 = 2,97$ m (Scharschrägstellung 60° zur Fahrtrichtung);

Schichtdicke $d = 0,30$ m lose $= 0,30 \cdot \delta_A' = 0,30 \cdot 0,89 = 0,27$ m fest (Tabelle 3.1-3 für Kies trocken).

Arbeitsgeschwindigkeiten: Verteilen $v_1 = 5$ km/h, Feinplanieren $v_2 = 8$ km/h.

Anzahl der Übergänge $n_1 = 2$, $n_2 = 3$.

Betriebszeitbeiwert $k = 0,70$ (Behinderung durch Verdichtungsbetrieb).

Nennleistungen:

Verteilen (Mengenleistung):
$$Q_{n(V)} = \frac{d \cdot b \cdot v_1 \cdot k}{n_1} \cdot 1\,000$$
$$= \frac{0,27 \cdot 2,97 \cdot 5 \cdot 0,7}{2} \cdot 1\,000 \approx 1\,400 \text{ m}^3 \text{ fest/h},$$

Feinplanieren (Flächenleistung):
$$Q_{n(F)} = \frac{b \cdot v_2 \cdot k}{n_2} \cdot 1\,000$$
$$= \frac{2,97 \cdot 8 \cdot 0,7}{3} \cdot 1\,000 \approx 5\,550 \text{ m}^2/\text{h}.$$

3.1.5 Ketten- und Radlader

Ketten- und Radlader (vgl. 2.2.1.3.2 und 2.2.1.3.3) werden einerseits als reine Ladegeräte eingesetzt (hierin den Baggern vergleichbar, jedoch mit größerer Beweglichkeit), andererseits können sie auch Transportaufgaben durchführen (ähnlich Förderfahrzeugen,

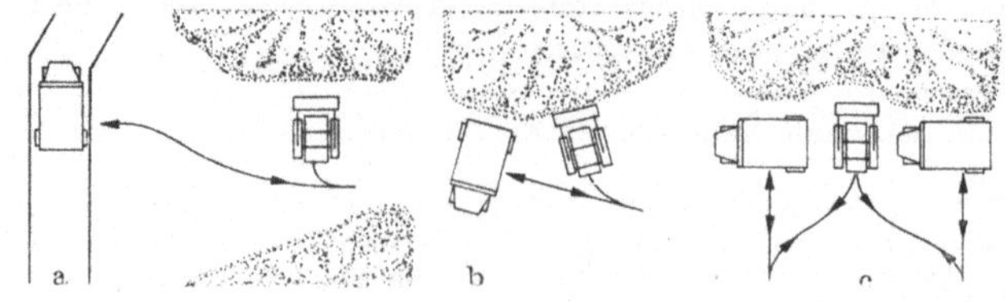

Bild 3.1-14. Fahrwege eines Kettenladers bei stehenden Förderfahrzeugen [37]. Betriebsformen: a) Beladen des LKW außerhalb einer engen oder nicht befahrbaren Baugrube, b) Beladen des LKW am Entnahmepunkt im „V"-Betrieb, c) Beladen von zwei LKW.

jedoch mit geringerer wirtschaftlicher Förderweite). Als Leistungsgeräte sind sie vorwiegend in Materialgewinnungsbetrieben (z. B. Steinbrüchen), beim Schüttgüterumschlag (z. B. Beschickung von Zuschlagstoffboxen) und für Aushubarbeiten in Baugruben ge-

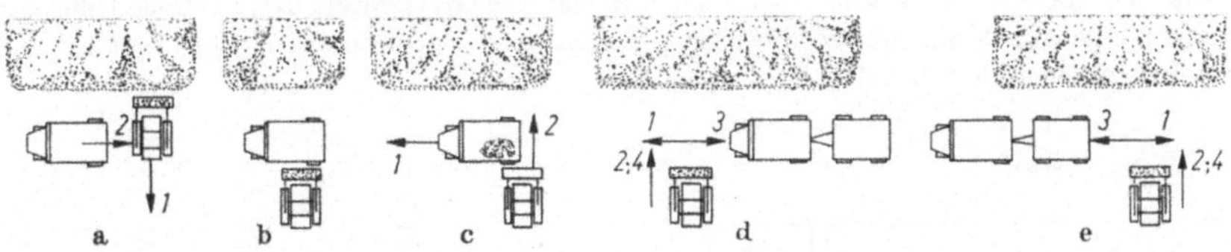

Bild 3.1-15. Ablauf eines Arbeitsspiels beim Beladen der Förderfahrzeuge durch Kettenlader (mit Manövrierfahrten der Fahrzeuge) [37].
a) bis c) Phasen des Arbeitsspiels beim Beladen eines LKW, d) und e) Phasen des Arbeitsspiels beim Beladen eines LKW mit Anhänger.

eignet, deren Aushubsohle nicht für Transportfahrzeuge befahrbar ist, aus denen also das Material vom Lader über Rampen herausgefördert und geladen wird. Diese Arbeitsweise und andere für die Lader-Förderfahrzeug-Kombination typische Betriebsformen zeigen Bild 3.1-14 (bei stehendem Förderfahrzeug) und Bild 3.1-15 (mit unterstützenden Manövrierfahrten der LKW bzw. LKW-Züge).

3.1.5.1 Leistungsformel

Die Ausgangsgleichung für die Lade- und Transportleistung im Dauerbetrieb (Nutzleistung) ist analog der Gleichung unter 3.1.4.1 aufgebaut:

$$Q_\mathrm{n} = I_0 \cdot f \cdot \frac{60}{T} \cdot k \text{ in } \mathrm{m}^3 \text{ fest/h}.$$

I_0 Nenninhalt der Ladeschaufel in m^3,
f Füllungsgrad der Ladeschaufel,
T Umlaufzeit für ein Arbeitsspiel in min,
k Betriebszeitbeiwert.

3.1.5.1.1 Schaufel-Nenninhalt I_0. Der Schaufelinhalt kann als sog. Wassermaß oder als „Nenninhalt gestrichen" (nach SAE-Norm) angegeben werden. Damit ist das Volumen gemeint, das durch die vorhandenen Schaufelwandungen und durch eine über die Schneidenmesserkante und die Schaufelrückwand (ggf. auch mit Überlaufblech) gelegte Ebene gebildet wird (vgl. auch Bild 3.1-1).

Nur bei Verwendung dieses gestrichenen Nenninhalts gelten die im folgenden genannten Füllungsgrad-Werte (Tabelle 3.1-8). Wird der ebenfalls in der SAE-Norm definierte „Nenninhalt gehäuft" in die Leistungsformel eingeführt, so sind die f-Werte um durchschnittlich 10 bis 20% niedriger anzunehmen.

3.1.5.1.2 Füllungsgrad f. Der Füllungsgrad (vgl. 3.1.1.2) für Ketten- und Radlader kann für verschiedene Bodenarten aus Tabelle 3.1-8 (Spalte D) entnommen werden.

3.1.5.1.3 Umlaufzeit T. Da Lader wie Planiergeräte ihre Leistung in sich wiederholenden Arbeitsspielen erbringen, deren Dauer sich aus den Teilzeiten für Lösen, Lastfahrt, Entladen und Leerfahrt zusammensetzt, gilt wieder für die Umlaufzeit (vgl. 3.1.4.1.3):

$$T = t_\mathrm{c} + t_\mathrm{v} \text{ in min}.$$

Der *konstante Zeitanteil* t_c umfaßt die von der Transportweglänge unabhängigen Teilzeiten, nämlich die Füll- und Entleerzeiten der Ladeschaufel und die Manövrierzeiten an der Entnahme- und Ladestelle.

Die Zeit für das *Lösen und Füllen* ist von der Beschaffenheit des Bodens abhängig und kann stark schwanken, insbesondere ist bei schweren Böden mehrmaliges Nachfassen zum Erreichen einer ausreichenden Schaufelfüllung nötig.

Anhaltswerte:

Bodenart	Sand Kies	Geröll	Mergel	gesprengter Fels
Zeit für Lösen u. Füllen in min	0,08	0,12	0,15	0,20

Die Zeiten für das *Entleeren* streuen dagegen vergleichsweise wenig. Von Bedeutung ist, ob ein Fahrzeug gezielt beladen oder ob ungezielt auf eine Halde abgekippt wird, ferner ob der Boden an den Schaufelwänden haftet (Lehm, Ton) oder leicht herausfällt (Sand, Kies).

Anhaltswerte für die Entleerzeiten in min:

	Boden	
	nicht haftend	haftend
ungezieltes Abkippen	0,02	0,05
gezieltes Beladen	0,06	0,10

Die *Manövrierzeiten* spielen bei Ladern mit Frontschaufel eine erhebliche Rolle, da im Laufe eines Arbeitsspiels meist viermal die Fahrtrichtung gewechselt wird (Bild 3.1-14), um die Schaufel in die geeignete frontale Lade- bzw. Entladeposition zu bringen. Es ist daher zweckmäßig, in der Manövrierzeit neben der Summe aller zum Wenden benötigten Brems-, Schalt- und Beschleunigungszeiten auch die Rückstoßzeiten zu erfassen, die bei meist kurzen Wegen (ca. 10 m) den Charakter einer Zeitkonstanten bekommen. Berücksichtigt man zweimaliges Rückstoßen (nach dem Füllen und nach dem Entleeren der Schaufel), so liegen die Manövrierzeiten zwischen 0,3 und 0,5 min.

Die Zeitkonstante t_c kann also Werte zwischen 0,4 und 0,8 min annehmen.

Im *variablen Zeitanteil* t_v sind die Fahrzeiten für Last- und Leerfahrt zusammengefaßt. Es gilt die Gleichung unter 3.1.4.1.3 wie für Ketten- und Raddozer. Wenn das Rücksetzen in der Zeitkonstante t_c enthalten ist, wird die Länge des Fahrwegs zwischen den Anfangs- und Endpunkten der Vorwärtsfahrt gemessen, der Rückstoßweg beim Wenden also von der Gesamtdistanz zwischen Lade- und Entladepunkt abgezogen.

Solange konkrete Zahlen über den Einfluß der Transportentfernung und der Fahrwegbeschaffenheit (Einsinktiefe, Ebenheit, Neigung u. a.) auf die mittleren Fahrgeschwindigkeiten fehlen, ist man auf die Schätzung mittlerer Geschwindigkeiten oder auf Zeitmessungen für Last- und Leerfahrt angewiesen. Dabei ist zu beachten, daß bei kurzen Fahrstrecken wegen des großen Anteils der Brems-, Schalt- und Beschleunigungszeiten an der Gesamtfahrzeit die mittleren Fahrgeschwindigkeiten erheblich unter den Maximalgeschwindigkeiten der Lader liegen müssen.

Anhaltswerte für *Durchschnittsgeschwindigkeiten* in km/h:

	Kettenlader	Radlader
Lastfahrt v_{voll}	2 bis 4	4 bis 8
Leerfahrt v_{leer}	4 bis 6	10 bis 15

3.1.5.1.4 Betriebszeitbeiwert k. (vgl. 3.1.4.1.4). Werte für Schürflader in Tabelle 3.1-9.

3.1.5.2. Nomogramme zur Leistungsermittlung

Gemäß den hier beschriebenen Verfahren zur Leistungsermittlung für Rad- und Kettenlader sind von Dressel [33] Nomogramme erarbeitet worden, mit deren Hilfe die Nutzleistung halbgraphisch bestimmt wird (Bild 3.1-16 und Bild 3.1-17). In Feld 1 wird die (variable) Fahrzeit für Last- und Leerfahrt, in Feld 2 die Spielzeit, in Feld 3 als Zwischenergebnis eine sog. theoretische Leistung $Q_0 = I_0 \cdot 60/T$ und in Feld 4 die Nutzleistung abgelesen.

3.1.5.3 Berechnungsbeispiel

Aufgabe: In einem Steinbruch muß gesprengter Fels von der Abbauwand über eine Entfernung von 65 m zum Übergabesilo eines Brechers transportiert werden.

Gerätewahl: Radlader Int. Harvester Payloader H-90 E (178 kW) mit Standardschaufel ($I_0 = 3{,}1$ m³ gehäuft nach SAE), Nenngeschwindigkeiten: 2. Gang 13,5 km/h, 3. Gang 28,1 km/h.

Leistungsermittlung:
Füllungsgrad $f = 0{,}75 - 0{,}1 = 0{,}65$ (Tabelle 3.1-8 für gesprengten Fels, Abminderung wegen „Nenninhalt gehäuft").

Umlaufzeit $T = t_c + 0{,}06 \cdot \left(\dfrac{l_{voll}}{v_{voll}} + \dfrac{l_{leer}}{v_{leer}} \right)$; $t_c = 0{,}65$ min (Füllzeit für gesprengten Fels, gezieltes Entleeren in Silo, zweimaliges Rückstoßen und Wenden);

$l_{voll} = l_{leer} = 65 - 5$ (Rückstoßweg) $= 60$ m; $v_{voll} \approx 0{,}6 \cdot 13{,}5 = 8{,}1$ km/h, $v_{leer} \approx 0{,}5 \cdot 28{,}1 = 14{,}0$ km/h (0,6 bzw. 0,5 geschätzt);

$$T = 0{,}65 + 0{,}06 \cdot \left(\frac{60}{8{,}1} + \frac{60}{14{,}0} \right) = 1{,}35 \text{ min.}$$

Betriebszeitbeiwert $k = 0{,}85$ (Tabelle 3.1-9 für mittlere Arbeitsbedingungen).

Nennleistung:

$$Q_n = I_0 \cdot f \cdot \frac{60}{T} \cdot k = 3{,}1 \cdot 0{,}65 \cdot \frac{60}{1{,}35} \cdot 0{,}85 = 76 \text{ m}^3 \text{ fest/h.}$$

Diese Leistungsermittlung ist in Bild 3.1-17 als Ablesebeispiel eingetragen. Der Faktor in Feld 4 ergibt sich zu $f \cdot k = 0{,}65 \cdot 0{,}85 = 0{,}55$.

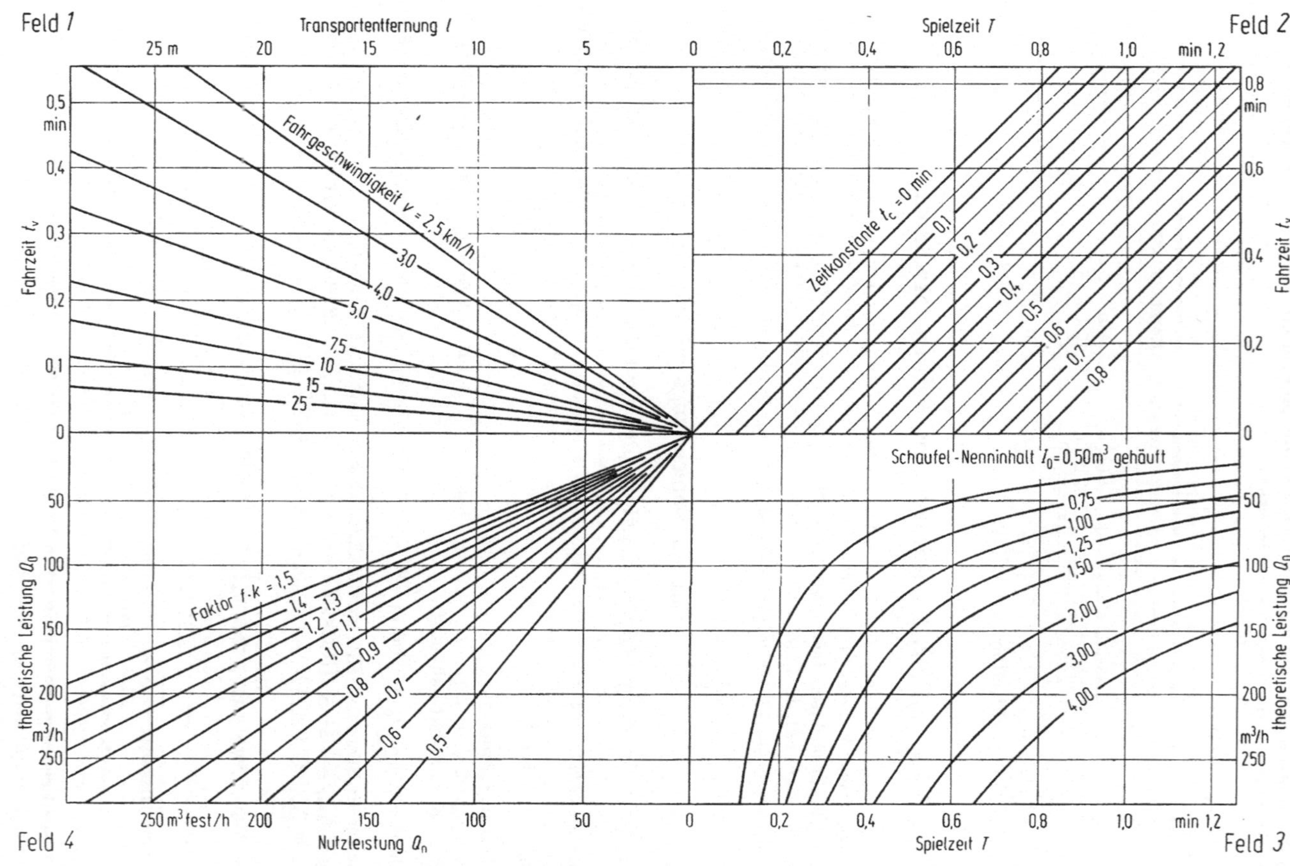

Bild 3.1-16. Nomogramm zur Ermittlung der Nutzleistung von Rad- und Kettenladern (bis 25 m Transportentfernung) [33].

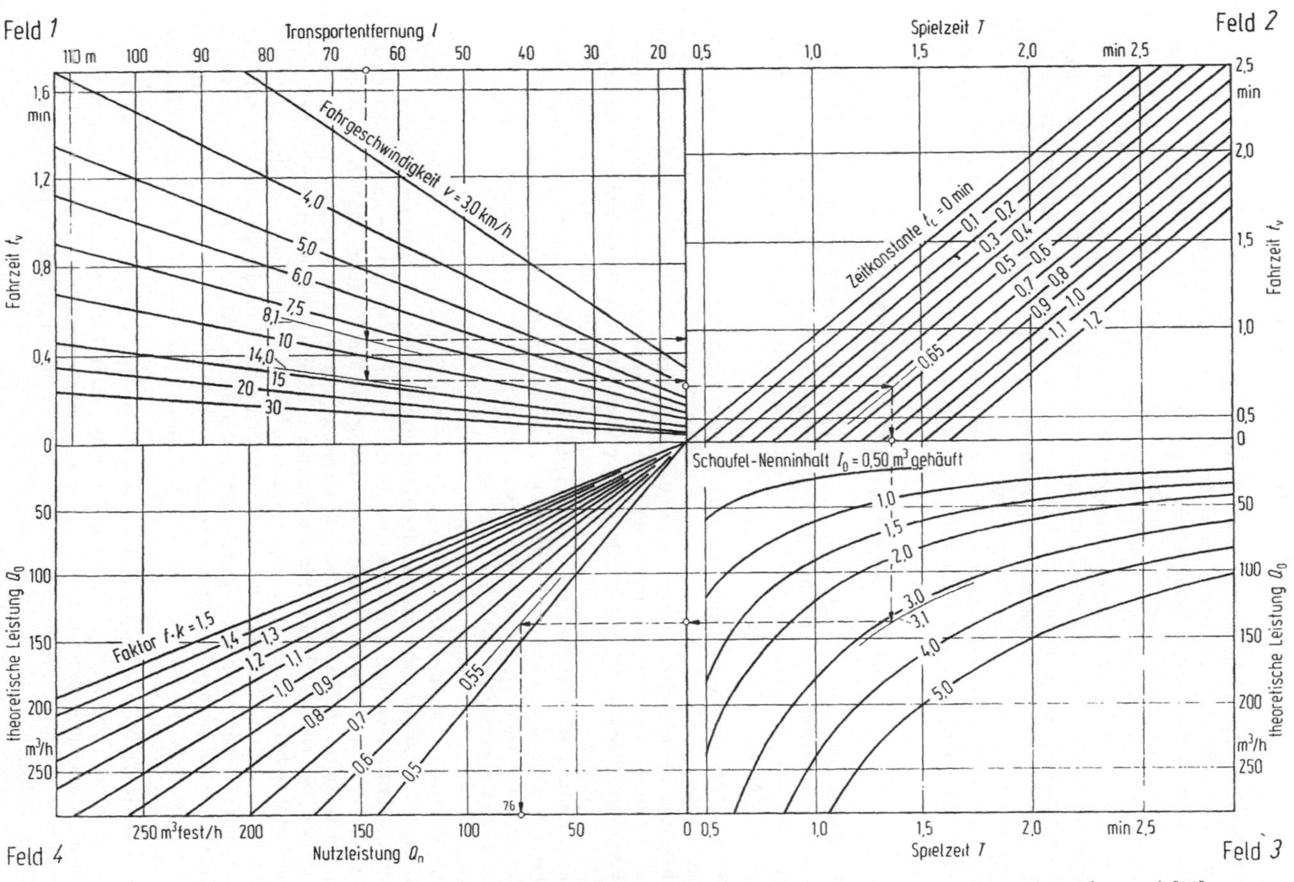

Bild 3.1-17. Nomogramm zur Ermittlung der Nutzleistung von Rad- und Kettenladern (bis 110 m Transportentfernung) [33]. Eingezeichnet ist ein Ablesebeispiel (vgl. 3.1.5.3).

3.1.6 Motorschürfwagen

Motorschürfwagen, auch Motorscraper genannt (vgl. 2.2.1.3.4.2), werden zur Maschinengruppe der Flachbagger gerechnet, da sie den Boden schichtenweise im Flachabtrag lösen und in einen großvolumigen Schürfkübel füllen. Mit angehobenem Kübel transportieren sie dann das geladene Material über größere Transportentfernungen (Grenzen der Wirtschaftlichkeit zwischen 200 und 2000 m) zur Kippe, wo sie es in planmäßigen Schichtdicken abladen. Wegen der langen Transportfahrt hängt die Gesamtleistung von Motorscrapern nicht nur von der Ladeleistung, sondern wesentlich von der Förderleistung ab. Während man sich bei anderen Flachbaggern wie Planiergeräten und Ladern aufgrund der kurzen Förderwege (bis ca. 100 m) mit verhältnismäßig überschlägigen Berechnungen der Transportzeit begnügen kann (Durchschnittsgeschwindigkeiten), sind bei Motorscrapern wie bei allen Spezialförderfahrzeugen (Bodenentleerer, Muldenkipper, LKW) genauere Berechnungsverfahren für die Umlaufzeit angebracht.

3.1.6.1 Grundlagen der Fahrdynamik

In diesem Abschnitt werden einige der wichtigsten Grundlagen für die rechnerische Erfassung des Fahrverhaltens von Fahrzeugen dargelegt. Sie gelten sowohl für Fahrzeuge, die ausschließlich im Transportbetrieb eingesetzt werden (Förderfahrzeuge gemäß 3.1.7), als auch für Motorschürfwagen.

3.1.6.1.1 Motor und Getriebe. Der Antrieb der Förderfahrzeuge erfolgt ausnahmslos durch *Dieselmotoren* bzw. dieselelektrisch. Als Getriebe kamen in der einfachsten Form rein mechanische *Schaltgetriebe* (Zahnradgetriebe) zur Anwendung. Durch mechanische Verschiebung eines Zahnrades, das mit einem anderen Zahnrad zum Eingriff kommt, wird die jeweils gewünschte Übersetzung erzielt. Die Weiterentwicklung führte zur Synchronisation (*Synchrongetriebe*): die Zahnräder des Getriebes bleiben im Eingriff, eine ringförmige Klauenkupplung wird verschoben. Mechanische Schaltgetriebe haben einen hohen Wirkungsgrad, ermöglichen aber nur eine stufenweise Änderung der Übersetzung. Bei einer großen Zahl von Gängen (Getriebestufen) wird der Fahrer durch oftmaliges Schalten stark belastet, und es entstehen lange Schaltzeiten.

Das wesentliche Getriebeelement auf dem Wege zu lastschaltbaren Getrieben und zur optimalen Ausnutzung der Motorleistung ist der *Drehmomentwandler* (hydrodynamisches Getriebe), bei dem die Umwandlung des Motordrehmoments in Abhängigkeit von der jeweiligen Belastung erfolgt. Der Motor läuft stets in seinem günstigsten Leistungsbereich, und der Drehmomentwandler steuert selbsttätig die Kraftzufuhr. Da ein Wandler nur in einem bestimmten Wandlungsbereich wirtschaftlich genutzt werden kann, ist es in den meisten Fällen erforderlich, für den Einbau in Baumaschinen ein mechanisches Getriebe nachzuschalten. Der sog. *Differentialwandler* (Kombination von Hydraulik und Mechanik) ist eine Getriebeeinheit mit Wandler, die die Vorteile des Wandlers aufweist, seine Nachteile aber weitgehend ausschaltet. Bei niedrigen Abgangsdrehzahlen und hohen erforderlichen Drehmomenten geht der Kraftschluß über einen nach dem Föttinger-Prinzip arbeitenden Wandler, und mit zunehmender Abgangsdrehzahl wird der Kraftschluß über ein mechanisches Getriebe geleitet, bis bei einem bestimmten Drehzahlwert der hydrodynamische Kraftweg ganz ausgeschaltet ist. Bei der Verwendung von Drehmomentwandlern können die nachgeschalteten Getriebe unter Last geschaltet werden. Diese *Lastschaltgetriebe* (Power-Shift-Getriebe) ermöglichen unabhängig vom jeweiligen Betriebszustand der Maschine ein Schalten der einzelnen Gänge ohne vorheriges Drosseln der Motordrehzahl.

3.1.6.1.2 Antriebskraft (Motorzugkraft). Die Kennzeichnung der Antriebsmotoren erfolgt durch die *Motorkennlinie*, die die Abhängigkeit der Motorleistung von der Motordrehzahl angibt. Bild 3.1-18 zeigt als Beispiel die Motorkennlinie eines Lastkraftwagens. Allgemein gilt für das *Motordrehmoment*:

$$M_{\text{Motor}} = \frac{P_{\text{Motor}}}{n_{\text{Motor}}} \cdot 9{,}55 \text{ in kNm,} \qquad (3.1\text{-}3)$$

P_{Motor} Motorleistung in kW,
n_{Motor} Motordrehzahl in U/min.

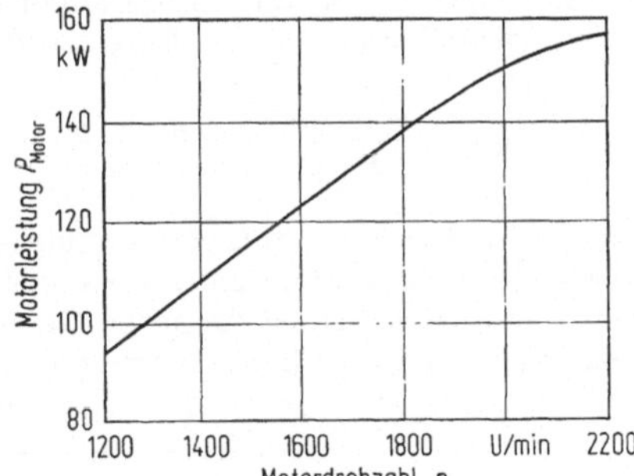

Bild 3.1-18. Motorkennlinie eines Lastkraftwagens.

Die Motorleistung hängt von der Höhe des Einsatzorts über NN ab. Mit geringen Abweichungen für verschiedene Motoren (z. B. mit Turbolader) gilt als Regel, daß je 100 m Höhendifferenz über NN 1% Leistungsminderung zu berücksichtigen ist.

Der Drehzahlbereich der Fahrzeugmotoren liegt zwischen 1 000 und 3 000 U/min.

Aus der Motorkennlinie und unter Berücksichtigung von Reibungsverlusten (Getriebe) und anderen Verlusten ergibt sich das *Drehmoment an der Antriebsachse* zu

$$M_{\text{Antrieb}} = M_{\text{Motor}} \cdot \eta \cdot u_1 \cdot u_2 = \frac{P_{\text{Motor}} \cdot 9{,}55}{n_{\text{Motor}}} \cdot \eta \cdot u_1 \cdot u_2$$

$$= \frac{P_{\text{Motor}} \cdot \eta}{n_{\text{Antrieb}}} \cdot 9{,}55 \text{ in kNm.} \qquad (3.1\text{-}4)$$

$n_{\text{Antrieb}} = \dfrac{n_{\text{Motor}}}{u_1 \cdot u_2}$ in U/min (Drehzahl der Antriebsache)

u_1 Übersetzungsverhältnis der jeweiligen Getriebestufe (i. a. $u_1 > 1$)
u_2 Übersetzungsverhältnis der Antriebsachse (i a. $u_2 > 1$)
η Wirkungsgrad der Kraftübertragung,
für mechanische Getriebe $\eta \approx 0{,}85$
für hydrodynamische Getriebe $\eta \approx 0{,}70$

Während das Übersetzungsverhältnis u_2 der Antriebsachse bei jedem Fahrzeug konstruktionsbedingt festliegt ($u_2 = $ const, z. B. 5:1, d. h. $u_2 = 5{,}0$), ergibt sich für jede Getriebestufe („Gang") ein anderes Übersetzungsverhältnis u_1, und zwar für den 1. Gang der größte Wert (z. B. 8,25:1, d. h. $u_1 = 8{,}25$), für den kleinsten Gang der größte Wert

(z. B. im 6. Gang 1:1, d. h. $u_1 = 1{,}0$). Die Werte sind den Herstellerunterlagen zu entnehmen.

Die *Fahrgeschwindigkeit* erhält man aus der Beziehung

$$v = 0{,}377 \cdot n_{\text{Antrieb}} \cdot R_{\text{dyn}} \text{ in km/h}. \qquad (3.1\text{-}5)$$

R_{dyn} dynamischer Radhalbmesser in m.

Der dynamische Radhalbmesser ergibt sich aus der Reifengröße unter Berücksichtigung der Fliehkräfte und der Abplattung der Reifen während der Fahrt und wird ebenfalls vom Fahrzeug-Hersteller angegeben.

Aus den Gleichungen (3.1-4) und (3.1-5) erhält man die vom Motor gelieferte und am Radumfang der Triebräder verfügbare *Antriebskraft:*

$$Z_{\text{Antrieb}} = \frac{M_{\text{Antrieb}}}{R_{\text{dyn}}} = \frac{P_{\text{Motor}} \cdot \eta \cdot 3{,}6}{v} \text{ in kN}. \qquad (3.1\text{-}6)$$

Wertet man für jede Getriebsstufe getrennt die Gleichung aus, indem man die Antriebskräfte zu verschiedenen Motordrehzahlen berechnet und die Wertepaare in ein Diagramm einträgt, erhält man nacheinander für jeden Gang eine Antriebskraft-Geschwindigkeitskurve. Die Zusammenfassung aller „Gangkurven" ergibt das sog. *Fahrdiagramm* (Zug-

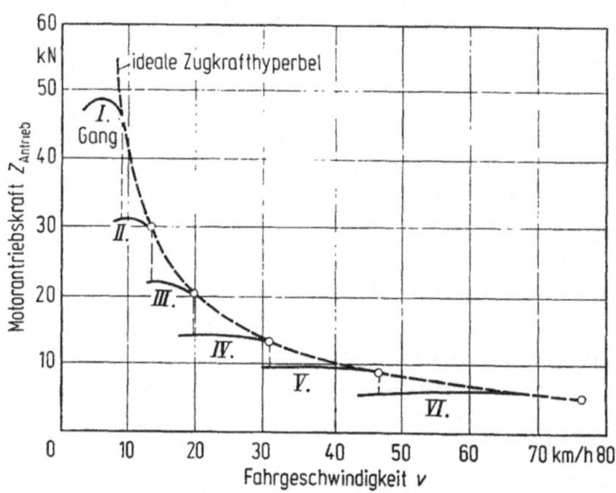

Bild 3.1-19. Fahrdiagramm (Antriebskraft-Geschwindigkeits-Diagramm) eines Lastkraftwagens mit mechanischem Sechsgang-Getriebe.

kraft-Geschwindigkeits-Diagramm) des Fahrzeugs. Als Beispiel zeigt Bild 3.1-19 das Fahrdiagramm eines LKWs mit mechanischem Sechsgang-Getriebe. Die eingezeichnete „ideale Zugkrafthyperbel" verbindet die Punkte maximaler Geschwindigkeiten — also maximaler Drehzahl und Motorleistung — in den einzelnen Gängen miteinander. Diese Charakteristik hätte ein Fahrzeug mit unendlich vielen Getriebestufen, das ständig bei maximaler Drehzahl des Motors fahren könnte.

3.1.6.1.3 Haftreibungskraft. Ob sich ein Fahrzeug in Bewegung setzen kann, hängt nicht nur von der Antriebskraft ab, die der Motor an die Räder der Antriebsachse abgibt, sondern auch vom Kraftschluß (Bodenhaftung) zwischen Reifen bzw. Kette und Boden. Als *Haftreibungskraft* Z_{Haft} wird die über die Rad- bzw. Kettenaufstandsfläche mittels

Haftreibung auf den Boden übertragbare Kraft bezeichnet. Bei Vernachlässigung der Fahrbahnlängsneigung gilt:

$$Z_{\text{Haft}} = G_{\text{Antrieb}} \cdot \mu \text{ in kN}. \tag{3.1-7}$$

G_{Antrieb} Anteil der Fahrzeuggewichtskraft, der auf die Antriebsachse(n) entfällt, in kN,
μ Kraftschlußbeiwert (Haftreibungsbeiwert).

Für das leere und für das gleichmäßig mit der zulässigen Nutzlast beladene Fahrzeug werden die auf die Antriebsachse(n) entfallenden Gewichtskraftanteile G_{Antrieb} vom Hersteller angegeben. Für teilweise oder ungleichmäßig verteilte Beladung kann man G_{Antrieb} durch Interpolation näherungsweise errechnen, oder man muß Achslastwägungen vornehmen. Bei allradangetriebenen Reifenfahrzeugen und bei Kettenfahrzeugen ist G_{Antrieb} gleich der vorhandenen Fahrzeug-Gesamtgewichtskraft.

Der *Kraftschlußbeiwert* μ ist von der Art der Fahrwerklauffläche (Reifen oder Gleiskette) sowie von Art und Zustand des Fahrwegs abhängig. Einige Richtwerte enthält Tabelle 3.1-10.

Tabelle 3.1-10. Kraftschlußbeiwerte μ für Erdbewegungsmaschinen mit Gleisketten und Radfahrwerk [4, 16]

Fahrweg	Kraftschlußbeiwert μ	
	Gleiskette	Reifen
Beton	0,45	0,65
Tonlehm, trocken	0,90	0,55
Tonlehm, naß	0,70	0,45
Tonlehm, verfurcht	0,70	0,40
Sand, trocken	0,30	0,20
Sand, naß	0,50	0,40
Felsschutt oder Geröll	0,55	0,65
Kiesstraße, locker	0,50	0,36
Mischboden, fest	0,90	0,55
Mischboden, locker	0,60	0,45
Schnee, fest	0,25	0,20
Eis	0,12	0,12

3.1.6.1.4 Nutzbare Zugkraft. Aus dem Zahlenvergleich zwischen der vom Motor an die Triebräder gelieferten Antriebskraft Z_{Antrieb} und der aufgrund des vorhandenen Kraftschlusses über die Aufstandsflächen auf den Boden übertragbaren Haftreibungskraft Z_{Haft} erhält man die tatsächlich zur Beschleunigung des Fahrzeugs *nutzbare Zugkraft* Z_{Nutz} als den jeweils kleineren der beiden Werte:

$$Z_{\text{Nutz}} = \text{Minimum } \{Z_{\text{Antrieb}}; Z_{\text{Haft}}\}. \tag{3.1-8}$$

Ist $Z_{\text{Antrieb}} > Z_{\text{Haft}}$, so ist nur die Haftreibungskraft nutzbar, weil sonst die Antriebsräder bzw. die Gleisketten durchdrehen; dieser Fall wird im praktischen Fahrbetrieb meist maßgebend. Wenn $Z_{\text{Antrieb}} < Z_{\text{Haft}}$ ist, kann die Motorkraft ausgenutzt und volle Geschwindigkeit bzw. Beschleunigung erreicht werden.

3.1.6.1.5 Fahrwiderstände. Der Gesamtwiderstand, den ein Fahrzeug beim Fahren überwinden muß, setzt sich aus den vier Einzelwiderständen Neigungs-, Roll-, Luft- und

Kurvenwiderstand zusammen. Die beim Schürfvorgang zusätzlich auftretenden Arbeitswiderstände werden in 3.1.6.2 behandelt.

3.1.6.1.5.1 Neigungswiderstand. Wenn die Fahrbahn im Winkel α gegen die Horizontale geneigt ist, erhält man den dadurch verursachten Neigungswiderstand zu $W_N = G \cdot \sin \alpha$

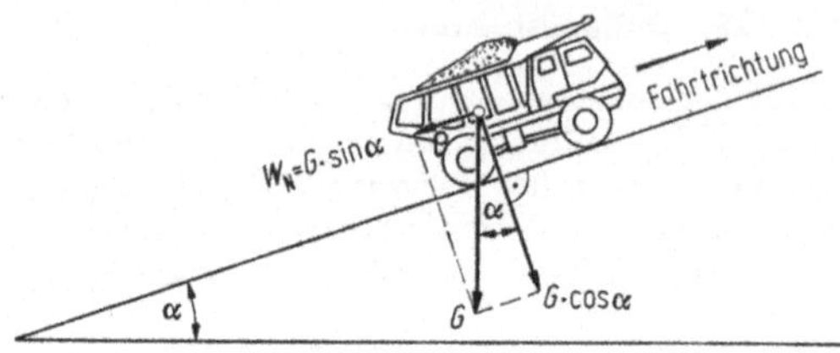

Bild 3.1-20. Kräfteverhältnisse am Fahrzeug bei geneigter Fahrbahn (hier Bergfahrt).

(Bild 3.1-20). Für die im praktischen Erdtransportbetrieb vorkommenden Neigungswinkel bis zu 12° (das entspricht einer Fahrbahnlängsneigung von ca. 21%) kann man $\sin \alpha \approx \tan \alpha =$ Fahrbahnlängsneigung n setzen. Dann gilt:

$$W_N = \pm n \cdot G \text{ in kN} \begin{pmatrix} + \text{ für Steigung} \\ - \text{ für Gefälle} \end{pmatrix} \qquad (3.1\text{-}9)$$

n Fahrbahnlängsneigung in ‰ $\triangle$ kN/MN,
G Fahrzeug-Gesamtgewichtskraft in MN.

3.1.6.1.5.2 Rollwiderstand. Seiner Ursache nach kann der Rollwiderstand in einen inneren Rollwiderstand (infolge Zapfen- und Lagerreibung) und einen äußeren Rollwiderstand (infolge Formänderungsarbeit an Rad und Fahrbahn) unterteilt werden. Er hängt vor allem von der Art der Lauffläche (Reifen oder Gleiskette), bei Kettenfahrzeugen vom Pflegezustand (Schmierung) der Kettenbolzen, bei Reifenfahrzeugen vom Reifeninnendruck, und allgemein von der Belastung der Laufflächen (Flächenpressung) sowie von Art und Zustand der Fahrbahnoberfläche ab.

$$W_R = w_R \cdot G \text{ in kN.} \qquad (3.1\text{-}10)$$

w_R spezifischer Rollwiderstand in kN/MN,
G Fahrzeug-Gesamtgewichtskraft in MN.

Für häufig vorkommende Fahrwege sind in Tabelle 3.1-11 Werte des spezifischen Rollwiderstands enthalten.

3.1.6.1.5.3 Luftwiderstand. Der Luftwiderstand ist abhängig von der Form der Karosserie und der Querschnittsfläche (als Projektion in Fahrtrichtung) des Fahrzeugs, von der Fahrgeschwindigkeit und der vorhandenen Windgeschwindigkeit.

$$W_L = \frac{\varrho_L}{2} \cdot c_L \cdot A \cdot \left(\frac{v_r}{3,6}\right)^2 \cdot \frac{1}{1\,000} = \frac{\varrho_L \cdot c_L \cdot A \cdot v_r^2}{25\,920} \text{ in kN.}$$

ϱ_L Dichte der Luft in kg/m³,
c_L Luftwiderstandsbeiwert,
A Querschnittsfläche des Fahrzeugs in m²,
v_r Relativgeschwindigkeit zwischen Luft und Fahrzeug in km/h.

Tabelle 3.1-11. Spezifischer Rollwiderstand w_R für häufig vorkommende Fahrwege (Mittelwerte)
[4, 36]

Fahrweg	Reifeneinsinktiefe [cm]	Spezifischer Rollwiderstand w_R [kN/MN]	
		Reifen	Gleisketten
Beton- oder Asphaltstraße, trocken		20	
Fenster, glatter Erdweg (frei von losen Bestandteilen)	bis 2	30	
Grasnarbe auf Mutterboden	bis 5	40	20
Ausgefahrener Erdweg	bis 5	45	30
Ziemlich weicher, ausgefahrener Erdweg oder locker gelagerter Mutterboden	bis 10	70	40
Lockerer Kies oder Sand		120	60
Weicher, ausgefahrener Erdweg	bis 20	160	70
Schlammiger Untergrund, Schlick, Fließsand	über 20	250	100
Tief ausgefahrener, bindiger, nasser Boden	über 20	300	120
Loser Schnee, 10 cm tief		50	30
Festgefahrener Schnee		25	20

Als Anhaltswerte können folgende Angaben dienen: bei 15 °C und 1,013 bar ist $\varrho_L = 1,226$ kg/m³; für LKW kann c_L zwischen 0,8 und 1,1 und A zwischen 4 und 9 m² liegen, für große Muldenkipper bis 15 m².

Bei den im Erdtransport üblichen Fahrgeschwindigkeiten (bis ca. 60 km/h) ist — auch bei zeitweise auftretendem Gegenwind — der Luftwiderstand meist vernachlässigbar klein.

3.1.6.1.5.4 Krümmungswiderstand. Bei der Kurvenfahrt tritt im Vergleich zur Geradeausfahrt ein erhöhter Fahrwiderstand auf, was durch den Krümmungswiderstand verursacht wird. Er hängt vor allem vom Kurvenradius, von der Fahrbahn-Querneigung in der Kurve und von der Fahrgeschwindigkeit ab.

$$W_K = w_K \cdot G = 200 \cdot \left(\frac{v^2}{127 \cdot R} - q \right)^2 \cdot G \text{ in kN.}$$

w_K spezifischer Krümmungswiderstand in kN/MN,
v Fahrgeschwindigkeit in der Kurve in km/h,
R Kurvenradius in m,
q Fahrbahnquerneigung in der Kurve in m/m,
G Fahrzeug-Gesamtgewichtskraft in MN.

Die Maximalwerte des Krümmungswiderstands sind normalerweise so klein, daß sie noch innerhalb des Streubereichs des Rollwiderstands (10 bis 20%) liegen. Dieser Widerstand braucht nicht berücksichtigt zu werden.

3.1.6.1.6 Fahrgeschwindigkeiten. Zur Ermittlung der Fahrgeschwindigkeiten der Fahrzeuge gibt es mehrere Verfahren. Das *Schätzen* einer Durchschnittsgeschwindigkeit, das nur grobe Richtwerte liefert und große Einsatzerfahrung voraussetzt, und Geschwindigkeits*messungen*, die hohen Zeit- und Kostenaufwand erfordern und gute Ergebnisse erbringen, seien hier ausgeklammert. Behandelt werden vier übliche Rechenverfahren:

1. das Verfahren der ,,theoretischen Geschwindigkeit'',
2. das Verfahren der ,,erreichbaren Geschwindigkeit'' (nach Walch [30]),
3. das ,,f_b''-Verfahren (nach Kühn [16, 17]),
4. das ,,genaue'' Verfahren.

Voraussetzung für die Anwendung aller vier Verfahren ist die Aufteilung der gesamten Fahrstrecke in einzelne Streckenabschnitte, innerhalb derer alle Bodenkennwerte unverändert bleiben, d. h. die Summe der Fahrwiderstände und der Kraftschlußbeiwert konstant sind. Die vier Berechnungsverfahren unterscheiden sich vor allem durch die Genauigkeit, mit der Beschleunigungs- und Verzögerungsvorgänge bei der Ermittlung der mittleren Geschwindigkeit für jeden einzelnen Streckenabschnitt berücksichtigt werden. Je größer diese Genauigkeit wird, desto mehr Zeitaufwand erfordert das jeweilige Berechnungsverfahren. Voraussetzung für die sinnvolle Anwendung eines genauen Verfahrens ist dann allerdings, daß die Zahlenangaben über die Förderstrecke entsprechend genau bekannt sein müssen.

Die notwendigen Vorarbeiten für alle Verfahren sind:

1. Aufstellen eines *Streckenplans* (vgl. Berechnungsbeispiel in 3.1.6.5), aus dem alle für den einzelnen Streckenabschnitt wichtigen Werte (Abschnittslänge und -neigung sowie alle benötigten Bodenkennwerte) ablesbar sind. Die Streckenabschnitte sollen nicht kürzer als ca. 60 bis 100 m sein, damit die Zahl der Rechenschritte in vertretbaren Grenzen bleibt.

2. Berechnung des *Gesamtfahrwiderstands*

$$\Sigma W_{\text{Fahr}} = W_{\text{N}} + W_{\text{R}} + W_{\text{L}} + W_{\text{K}}$$ für jeden Streckenabschnitt i des Förderwegs.

Danach wird für jeden einzelnen Streckenabschnitt i die Geschwindigkeit, in der er durchfahren wird, nach einem der im folgenden beschriebenen Verfahren ermittelt.

3.1.6.1.6.1 Verfahren der ,,theoretischen Geschwindigkeit'' [8]. Unter folgenden vereinfachenden Bedingungen wird die Geschwindigkeit errechnet:

1. Der Gesamtfahrwiderstand wird gleich der Antriebskraft des Motors gesetzt (gleichförmige, d. h. nicht beschleunigte Fahrt):

$$Z_{\text{Antrieb,i}} = \Sigma W_{\text{Fahr,i}}$$

2. Die Haftreibungskraft ist größer als die Antriebskraft (kein Durchdrehen der Räder):

$$Z_{\text{Haft,i}} \geqq Z_{\text{Antrieb,i}}$$

3. Es wird nur mit der maximalen Motorleistung gerechnet: $P_{\text{Motor}} = \max P_{\text{Motor}}$

Aus Gleichung (3.1-6) unter 3.1.6.1.2 ergibt sich dann eine *theoretisch mögliche Geschwindigkeit*

$$v_{\text{th,i}} = \frac{\max P_{\text{Motor}} \cdot \eta \cdot 3{,}6}{\Sigma W_{\text{Fahr,i}}} \text{ in km/h.} \tag{3.1-11}$$

$\max P_{\text{Motor}}$ maximale Motorleistung bei maximaler Motordrehzahl in kW,

η Wirkungsgrad (vgl. 3.1.6.1.2),

$\Sigma W_{\text{Fahr,i}}$ Gesamtfahrwiderstand im Streckenabschnitt i in kN.

Unter den genannten Voraussetzungen wird auf das tatsächliche Fahrverhalten des Fahrzeugs nur wenig Rücksicht genommen, denn die Gleichung für $v_{\text{th,i}}$ (3.1-11) entspricht der Motorkennlinie nur insofern, als einzig die Endpunkte der ,,Gangkurven'' auf der idealen Zugkrafthyperbel (Bild 3.1-19) rechnerisch erfaßt werden, aber auch nur dann, wenn zufällig $\Sigma W_{\mathrm{Fahr,i}}$ gleich der vorhandenen Antriebskraft in diesen Endpunkten ist. Die errechnete theoretische Geschwindigkeit kann erst nach einer Beschleunigungsphase erreicht werden. Um den Einfluß der Beschleunigungszeit zu berücksichtigen, wird in Streckenabschnitten, in denen beschleunigt wird, eine Abminderung von v_{th} vorgenommen. Man erhält die *Durchschnittsgeschwindigkeit* $\bar{v}_i$ im Streckenabschnitt i zu

$$\bar{v}_i = v_{\mathrm{th,i}} \cdot k_{\mathrm{v}}.$$

k_{v} Beiwert zur Geschwindigkeitsabminderung in Beschleunigungsstrecken (Tabelle 3.1-12, nach [8]).

Der Beiwert k_{v} hängt von der Länge des Streckenabschnitts ab: z. B. ist bei langen Streckenabschnitten der Streckenteil, auf dem bis auf v_{th} beschleunigt wird, relativ klein und der Beiwert k_{v} entsprechend groß.

Tabelle 3.1-12. Beiwerte k_{v} zur Geschwindigkeitsabminderung [8]

Streckenabschnittslänge l_i	Beiwert k_{v}
$\leq$ 150 m	0,50
300 m	0,60
600 m	0,70
900 m	0,75
$>$ 1200 m	0,80 bis 0,85

Bei der praktischen Anwendung dieses Verfahrens ist zu beachten:

1. Bei einem Streckenabschnitt, in dem der Gesamtfahrwiderstand kleiner als im Vorabschnitt ist, wird das Verfahren angewendet (Möglichkeit der Beschleunigung).

2. Bei einem Streckenabschnitt, in dem der Gesamtfahrwiderstand größer als im Vorabschnitt ist, wird $\bar{v} = v_{\mathrm{th}}$ gesetzt (Verzögerungsstrecke mit Ausnutzung der Schwungfahrt).

3. Wenn sich, wie häufig bei Leerfahrt, aufgrund geringer Widerstände nach Gleichung (3.1-11) Werte für v_{th} ergeben, die das Fahrzeug nach seiner Bauart nicht erreichen kann, wird $v_{\mathrm{th}} = \max v$ angenommen (Maximalgeschwindigkeit lt. Hersteller).

4. In Bereichen mit negativem Gesamtwiderstand (z. B. bei Talfahrt möglich) muß anstelle der Motorzugleistung P_{Motor} die Motorschleppleistung $P_{\mathrm{Schlepp}} \approx (0,3 \text{ bis } 0,8) \times P_{\mathrm{Motor}}$ eingesetzt werden, und man erhält:

$$v_{\mathrm{th,i}} = \frac{3{,}6 \cdot P_{\mathrm{Schlepp}}}{\eta \cdot |\Sigma W_{\mathrm{Fahr,i}}|}$$

3.1.6.1.6.2 Verfahren der „erreichbaren Geschwindigkeit" (nach Walch [30]). Dieses Verfahren berücksichtigt im Gegensatz zum Verfahren der „theoretischen Geschwindigkeit" teilweise das Fahrdiagramm (Bild 3.1-19) des Fahrzeugs und paßt damit das Fahrverhalten schon besser den tatsächlich verfügbaren Kräften in den einzelnen Getriebestufen an. Auch hier muß in jeder Teilstrecke die übertragbare Haftreibungskraft nach Gleichung (3.1-7) größer sein als die Summe der Widerstände, d. h. $Z_{\mathrm{Haft,i}} \geq \Sigma W_{\mathrm{Fahr,i}}$. Die vereinfachenden Bedingungen zur Anwendung des Verfahrens sind, daß nur mit der maximalen Motorleistung gerechnet wird und daß dementsprechend aus Gleichung (3.1-6) die Antriebskräfte $Z_{\text{Antrieb(g)}}$ bei der Höchstgeschwindigkeit jeder Getriebestufe g ermittelt werden:

$$Z_{\text{Antrieb(g)}} = \frac{\max P_{\text{Motor}} \cdot \eta \cdot 3{,}6}{v_{\max(g)}} \text{ in kN}.$$

$\max P_{\text{Motor}}$ maximale Motorleistung bei maximaler Motordrehzahl in kW,

$v_{\max(g)}$ Höchstgeschwindigkeit in der jeweiligen Getriebestufe g in km/h.

Die so errechneten Antriebskräfte liegen genau auf der idealen Zugkrafthyperbel in den Endpunkten der Gangkurven des Fahrdiagramms (Bild 3.1-19). Sie werden den Gesamtfahrwiderständen jeder Teilstrecke gegenübergestellt, und man wählt für jede Teilstrecke die kleinste Getriebestufe g, für die gerade $Z_{\text{Antrieb(g)}} \geqq \Sigma W_{\text{Fahr,i}}$ erfüllt ist. Als *erreichbare Geschwindigkeit* im Streckenabschnitt i wird die Höchstgeschwindigkeit dieses Gangs angenommen: $v_{\text{err,i}} = v_{\max,\text{i(g)}}$.

Zur Ermittlung der Durchschnittsgeschwindigkeit $\bar{v}_\text{i}$ muß die erreichbare Geschwindigkeit durch einen Geschwindigkeitsfaktor f_v abgemindert werden, der den Einfluß des Beschleunigens berücksichtigt.

$$\bar{v}_\text{i} = v_{\text{err,i}} \cdot f_\text{v}.$$

f_v Geschwindigkeitsfaktor bei Beschleunigungsstrecken (Tabelle 3.1-13, nach [30]).

Tabelle 3.1-13. Geschwindigkeitsfaktor f_v bei Lastfahrt
in Abhängigkeit von der Transportstrecke [30]

Streckenabschnittslänge l_i [m]	Geschwindigkeitsfaktor f_v	
	Stehender Start	Fliegender Start
0−100	0,20−0,50	0,50
100−250	0,30−0,60	0,60−0,75
250−500	0,50−0,65	0,70−0,80
500−800	0,60−0,70	0,75−0,80
800−1200	0,65−0,75	0,80−0,85
1200 und mehr	0,70−0,85	0,80−0,90

Die Größe des f_v-Werts wird von der Länge des Streckenabschnitts, von der Motorisierung des Fahrzeugs und von stehendem oder fliegendem Start am Streckenanfang beeinflußt. Bei der praktischen Anwendung des Verfahrens ist zu beachten:

1. Die Werte der Tabelle 3.1-13 werden für die Lastfahrt ermittelt. Der kleinere der f_v-Werte gilt für die kürzeste Abschnittslänge im angegebenen Bereich und für ein Verhältnis Fahrzeug-Gesamtmasse/maximale Motorleistung $> 0{,}245$ t/kW, der größere Wert ergibt sich bei der größten Abschnittslänge und für ein Verhältnis $< 0{,}177$ t/kW. Zwischenwerte erhält man durch Interpolation.

2. Für die Leerfahrt können die jeweils größten f_v-Werte im entsprechenden Längenbereich benutzt werden.

3. Die Angaben für die Fahrt mit stehendem Start gelten nur für das Anfahren im 1. oder 2. Gang.

4. Für Streckenabschnitte mit $\Sigma W_{\text{Fahr,i}} < 0$ (lange, steile Gefällestrecke) muß mit dem Gang gerechnet werden, der bei entsprechender Bergfahrt nötig wäre.

3.1.6.1.6.3 „f_b"-Verfahren nach Kühn [16; 17]. Das Verfahren geht direkt vom Fahrdiagramm des Fahrzeugs (Bild 3.1-19) aus. Voraussetzung ist wieder $Z_{\text{Haft,i}} \geqq \Sigma W_{\text{Fahr,i}}$ (vgl. 3.1.6.1.6.2). Die im Streckenabschnitt i erreichbare Geschwindigkeit wird graphisch so ermittelt, daß die Horizontale $\Sigma W_{\text{Fahr,i}}$ mit den Gangkurven des Fahrdiagramms zum Schnitt gebracht wird. Existiert ein Schnittpunkt, so gilt für die entsprechende Getriebestufe g $\Sigma W_{\text{Fahr,i}} = Z_{\text{Antrieb(g)}}$ und die *mögliche Geschwindigkeit* $v_{\text{mögl,i}}$ kann unter dem Schnittpunkt abgelesen werden. Wegen des flachen Verlaufs der Gangkurven kommt es häufig vor, daß kein Schnittpunkt entsteht. Dann wird der nächstkleinere Gang $g - 1$ gewählt, es gilt $Z_{\text{Antrieb(g-1)}} > \Sigma W_{\text{Fahr,i}}$ und $v_{\text{mögl,i}} = v_{\text{max(g-1)}}$ (Höchstgeschwindigkeit dieses Gangs).

Die *Durchschnittsgeschwindigkeit* $\bar{v}_i$ im Streckenabschnitt i erhält man daraus durch Multiplikation mit einem Geschwindigkeitsfaktor f_b, der Beschleunigungs- und Verzögerungsvorgänge bei der Lastfahrt berücksichtigt.

$$\bar{v}_i = v_{\text{mögl,i}} \cdot f_b.$$

$v_{\text{mögl,i}}$ aus dem Fahrdiagramm abgelesene Geschwindigkeit im Streckenabschnitt i,

f_b Geschwindigkeitsfaktor für Beschleunigungs- und Verzögerungsstrecken bei Lastfahrt (Bild 3.1-21; nach [16; 17]).

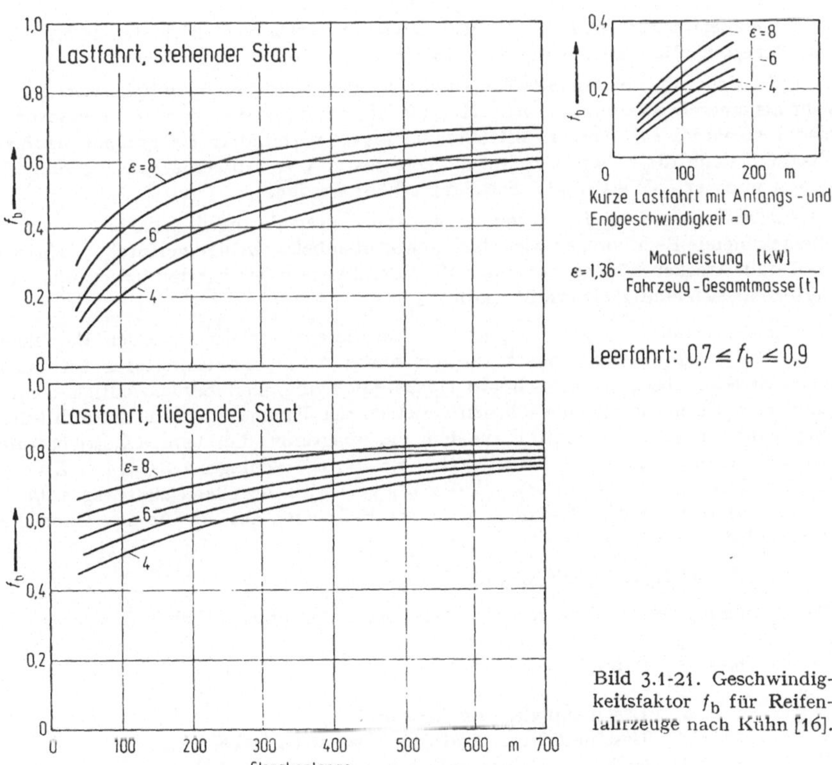

$$\varepsilon = 1{,}36 \cdot \frac{\text{Motorleistung [kW]}}{\text{Fahrzeug - Gesamtmasse [t]}}$$

Bild 3.1-21. Geschwindigkeitsfaktor f_b für Reifenfahrzeuge nach Kühn [16].

Der f_b-Wert hängt von der Länge des Streckenabschnitts, vom Verhältnis

$$\varepsilon = 1,36 \cdot \frac{\text{maximale Motorleistung in kW}}{\text{Fahrzeug-Gesamtmasse in t}},$$

von fliegendem oder stehendem Start oder Anfahren und Abbremsen auf kurzen Strecken ab. Da f_b-Werte nur für $\varepsilon \leq 8,0$ enthalten sind, ist das Verfahren — abgesehen von geringfügigen Extrapolationen — nur selten auf Fahrzeuge anwendbar, die für den öffentlichen Straßenverkehr zugelassen sind, denn deren Motorisierung muß bei Lastfahrt nach StVZO einem Wert $\varepsilon \geq 8$ entsprechen.

Bei der praktischen Anwendung des Verfahrens ist zu beachten:

1. Die f_b-Werte gelten nur für die Lastfahrt. Für die Leerfahrt kann man mit folgenden Werten rechnen (Bild 3.1-21):

	Fahrbahnbeschaffenheit		
	gut	mittel	schlecht
f_b-Wert	0,9	0,8	0,7

2. Für Gefällestrecken mit $\Sigma W_{\text{Fahr},i} < 0$ sind sinnvolle Geschwindigkeiten zu ermitteln, die etwa denen der Bergfahrt bei gleicher Fahrzeugbelastung entsprechen.

3. Ergibt sich zum vorigen Streckenabschnitt eine große Geschwindigkeitssteigerung, die mehr als einen Schaltvorgang beim Heraufschalten in höhere Getriebestufen erforderlich macht, so wird der f_b-Wert im Mittel um 0,1 bis 0,2 vermindert. Bei großem Geschwindigkeitsabfall kann die höhere Geschwindigkeit des vorigen Abschnitts in Schwungfahrt ausgenutzt und der f_b-Wert in gleichem Maß erhöht werden.

4. Verkehrsengpässe wie Kreuzungen, Brücken, Unterführungen, scharfe Kurven und verkehrshemmende Bedingungen wie schlechter Straßenbelag, wellige, zerfurchte Fahrbahn, längere Gefällestrecken können nur durch die Vorgabe einer geschätzten bzw. vorgeschriebenen Höchstgeschwindigkeit erfaßt werden.

3.1.6.1.6.4 „Genaues" Verfahren [16; 34]. Bei diesem Verfahren werden Beschleunigungs- und Verzögerungsvorgänge nicht nur durch Abminderungsfaktoren für die im jeweiligen Streckenabschnitt erreichbare Höchstgeschwindigkeit berücksichtigt, sondern in gesonderten Rechenschritten nach den Gesetzen der Kinematik mathematisch erfaßt. Zunächst wird für jeden Abschnitt i aus dem Fahrdiagramm die kleinste Getriebestufe g gewählt, für die die nutzbare Zugkraft (vgl. 3.1.6.1.4) die Bedingung $Z_{\text{Nutz},i} > \Sigma W_{\text{Fahr},i}$ erfüllt. Der Zugkraftüberschuß $Z_{\text{Nutz},i} - \Sigma W_{\text{Fahr},i}$ wird als *Beschleunigungskraft* Z_{bi} bezeichnet und bewirkt die Beschleunigung des Fahrzeugs auf die für den Gang g ermittelte Höchstgeschwindigkeit.

$$Z_{bi} = Z_{\text{Nutz},i} - \Sigma W_{\text{Fahr},i} \text{ in kN}.$$

Die Beschleunigung selbst erhält man aus dem bekannten physikalischen Gesetz zu

$$b_i = \frac{Z_{bi}}{M} \text{ in m/s}^2.$$

b_i Beschleunigung im Abschnitt i,
Z_{bi} Beschleunigungskraft im Abschnitt i in kN,
M wirksame Fahrzeug-Gesamtmasse bei der Fahrt in t.

Die gesamte bei der Beschleunigung wirksam werdende Masse setzt sich aus den translatorisch und den rotatorisch bewegten Fahrzeugmassen zusammen. Den Einfluß der rotierenden Rädermassen berücksichtigt man durch den Massenfaktor

$$\gamma = \frac{M + M_R}{M}$$

M Fahrzeug-Gesamtmasse in t,
M_R Masse der rotierenden Teile (Räder u. a.) in t.

Der Massenfaktor γ ist für das leere Fahrzeug größer als für das beladene, er nimmt Werte bis ca. 1,20 an.

Zur Berechnung der Beschleunigungskraft Z_{bi} müssen zwei mögliche Fälle untersucht werden:

1. Das Fahrzeug kommt aus einem Abschnitt $i - 1$ mit hohen Widerständen in einen Abschnitt i mit geringen Widerständen, d. h. $\Sigma W_{Fahr,i} < \Sigma W_{Fahr,i-1}$. Daraus ergibt sich eine mögliche Geschwindigkeitserhöhung, die einen, mehrere oder keinen Getriebestufenwechsel erforderlich machen kann.

2. Das Fahrzeug kommt aus einem Abschnitt $i - 1$ mit niedrigen Widerständen in einen Abschnitt i mit höheren Widerständen, d. h. $\Sigma W_{Fahr,i} > \Sigma W_{Fahr,i-1}$. Daraus ergibt sich eine mögliche Verringerung der Geschwindigkeit, die ebenfalls einen, mehrere oder keinen Getriebestufenwechsel erforderlich machen kann.

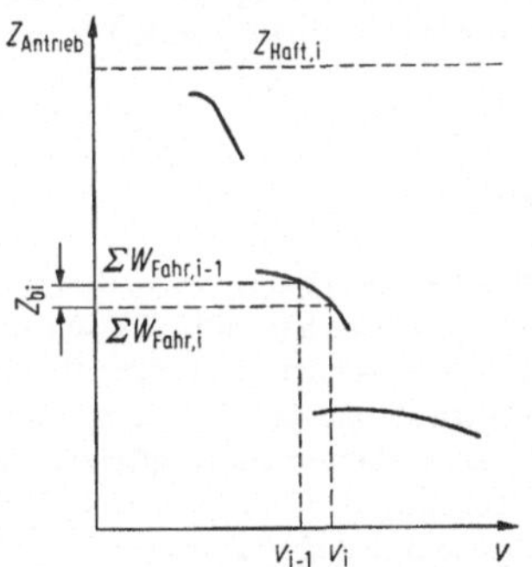

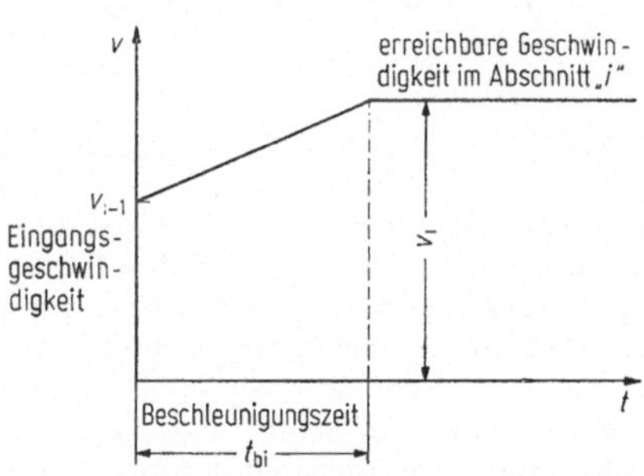

Bild 3.1-22. Beschleunigung innerhalb einer Getriebestufe (Ausschnitt aus einem Fahrdiagramm).

Bild 3.1-23. Geschwindigkeits-Zeit-Diagramm für einen Beschleunigungsvorgang im Streckenabschnitt i.

Beispielsweise gilt für die (innerhalb des Abschnitts i gleichbleibend angenommene) Beschleunigung innerhalb derselben Getriebestufe (Bild 3.1-22):

$$b_i = \frac{Z_{bi}}{M} = \frac{\Sigma W_{Fahr,i-1} - \Sigma W_{Fahr,i}}{M} \text{ in m/s}^2,$$

wobei die Geschwindigkeitsdifferenz $\Delta v_i = v_i - v_{i-1}$ (in m/s) in der Beschleunigungszeit $t_{bi} = \dfrac{\Delta v_i}{b_i}$ (in s) überwunden wird (Bild 3.1-23), was einer Beschleunigungsstrecke

$$l_{bi} = t_{bi} \cdot v_{i-1} + \frac{t_{bi}^2 \cdot b_i}{2} \text{ (in m) entspricht.}$$

Hierbei sind:

$\Sigma W_{\text{Fahr},i-1}$ Gesamtfahrwiderstand im vorigen Abschnitt $i-1$ in kN,
$\Sigma W_{\text{Fahr},i}$ Gesamtfahrwiderstand im betrachteten Abschnitt i in kN,
M wirksame Fahrzeug-Gesamtmasse in t,
v_{i-1} Endgeschwindigkeit im vorigen Abschnitt $i-1$ = Eingangsgeschwindigkeit im betrachteten Abschnitt i in m/s,
v_i erreichbare Höchstgeschwindigkeit (Endgeschwindigkeit) im betrachteten Abschnitt i in m/s.

Hat der Abschnitt i die Gesamtlänge l_i, so wird die Reststrecke mit der Endgeschwindigkeit v_i durchfahren, und die Gesamtfahrzeit t_i im Abschnitt i ist

$$t_i = t_{bi} + \frac{l_i - l_{bi}}{v_i} \, .$$

Verzögerungsvorgänge werden entsprechend behandelt, nur daß sich eine negative Beschleunigung $b_i < 0$ (Verzögerung) ergibt, weil die Widerstände $\Sigma W_{\text{Fahr},i} > \Sigma W_{\text{Fahr},i-1}$ sind.

Grundsätzlich ist die Berücksichtigung von Getriebestufenwechseln keine weitere Schwierigkeit; es müssen zusätzlich Schaltzeiten und die entsprechenden Beschleunigungsverluste in die Rechnung eingeführt werden.

Von Müller [34] ist für den beschriebenen Rechenweg ein graphisches Verfahren (sog. Δt-Verfahren) entwickelt worden, bei dem über das Fahrdiagramm des Fahrzeugs mit der Zug- und Schleppkraftlinie des Motors und unter Berücksichtigung der sich auf der Strecke ändernden Fahrwiderstände und der Schaltvorgänge schrittweise die Fahrzeit bestimmt wird.

3.1.6.2 Schürfvorgang

Da Motorschürfwagen das Fördergut nicht nur transportieren, sondern es vorher auch im Abtragsgebiet schürfen und in den Transportkübel füllen, muß ihre Eignung für den speziellen Einsatz auf Erdbaustellen anhand der Löse- und Ladeeigenschaften überprüft werden. Zur Beurteilung der Frage, ob und wieweit die Antriebskraft des Motorscrapers für diese Aufgabe ausreicht, müssen — neben den in 3.1.6.1.5 beschriebenen Fahrwiderständen — zwei während des Schürfvorgangs auftretende Widerstände, der Schürf- und der Füllwiderstand, berechnet und der nutzbaren Zugkraft der Maschine gegenübergestellt werden.

3.1.6.2.1 Schürfwiderstand. Der Schürfwiderstand entsteht dadurch, daß die Schürfkübelschneide in den natürlich gelagerten Boden eindringt und ihn spanartig aus dem gewachsenen Verband abschält. Er ist vor allem abhängig von der Bodenart, der Schürftiefe und der Schneidenbreite, in geringerem Maß von der Schürfgeschwindigkeit und dem Anstellwinkel der Schneide. Nach Kühn [16, 17] ist der Schürfwiderstand

$$W_S = w'_{S\,10} \cdot b \cdot f_s \text{ in kN.} \tag{3.1-12}$$

$w_{S\,10}$ spezifischer Schürfwiderstand in kN/dm² bei der Schürftiefe 10 cm,
b Schneidenbreite des Schürfkübels in m,
f_s korrigierte Schürftiefe in cm bei Abweichungen von der Schürftiefe 10 cm.

Werte des *spezifischen Schürfwiderstands* $w_{S\,10}$ entstammen aus Messungen [16], die bei der konstanten Schürftiefe 10 cm systematisch für die verschiedenen Bodenarten durchgeführt wurden. Die Ergebnisse sind in Tabelle 3.1-14 auszugsweise dargestellt. Für Schürftiefen, die vom Wert 10 cm abweichen, ergibt sich ein w_{S10}-Wert, der nicht linear, sondern progressiv mit wachsender Schürftiefe ansteigt. Das wird dadurch be-

Tabelle 3.1-14. Richtwerte für den spezifischen Schürfwiderstand w_{S10} (Schürftiefe 10 cm) [16]

Bodenart	spezifischer Schürf-widerstand w_{S10} [kN/dm²]
Rollige Böden	
Fluß-, Gruben-Sand/Kies	0,37
Schwach lehmiger Sand/Kies	0,40
Feuchter Sand/Kies	0,49
Weicher oder sandiger Lehm	0,60
Grober loser Kies/Geröll	0,71
Grober Kies mit bindigen Einlagerungen	0,83
Geröll mit bindigen Einlagerungen	0,97
Festes grobes Geröll	1,15
Loser verwitterter Fels	1,32 bis 1,50
Bindige Böden	
Mittelschwerer Boden/Stichboden, weicher Lehm oder Ton	0,40
Schwach lehmiger Sand/Kies, bindiger mittelschwerer Boden/ schwerer Stichboden	0,50
Stark lehmiger Sand, weicher sandiger Lehm, fester Lehm/Ton/ Mergel, schwerer Boden	0,80
Fetter steifer Ton, stark ausgetrockneter fester Lehm, bindiger mittelschwerer Boden mit Geröll	1,20
Schwerer Hackboden, loser verwitterter Fels, sehr harter Ton	1,65
Hackfels	2,20 bis 3,70
Gewebeböden	
Lockerer Boden mit schwacher Grasnarbe	0,40
Sandiger Boden mit Unkraut	0,60
Mäßig fester Boden mit schwacher Grasnarbe	1,00
Fetter lockerer Mittelboden mit dichtem Grasteppich	1,60
Fetter fester Mittelboden mit dichtem Grasteppich	2,05
Fester Wiesenweg mit Gras	2,70
Sehr fester Boden mit dichtem Wurzelgewebe	3,40

rücksichtigt, daß anstelle der vorhandenen eine *korrigierte Schürftiefe* f_S in die Formel eingesetzt wird. Die Abhängigkeit zwischen vorhandener und korrigierter Schürftiefe stellt Bild 3.1-24 dar.

Die *Schneidenbreite b* geht demgegenüber nur als linearer Faktor in die Größe des Schürfwiderstands ein, weshalb man zur evtl. erforderlichen Abminderung von W_S günstiger die Schürftiefe als die Schneidenbreite verringert.

Im Normalfall (gleichbleibende Bodenverhältnisse, konstante Schürftiefe) bleibt der Schürfwiderstand über die ganze Länge der Schürfstrecke gleichgroß.

3.1.6.2.2 Füllwiderstand. Der Füllwiderstand wird durch die innere Reibung des aufgelockerten Bodens und durch dessen Reibung an den Schürfkübelwänden verursacht.

Er ist vor allem von Kübelform und -größe sowie von Art und Gewicht des Bodens im Kübel abhängig [16].

$$W_\mathrm{F} = w_{\mathrm{F}9,2} \cdot f_\mathrm{m} \cdot G_\mathrm{Nutz} \text{ in kN}. \qquad (3.1\text{-}13)$$

$w_{\mathrm{F}9,2}$ spezifischer Füllwiderstand in kN/MN beim Schürfkübel-Nenninhalt 9,2 m³ gestrichen,

f_m Kübelgrößen-Korrekturfaktor bei Abweichungen von der Kübelgröße 9,2 m³ gestrichen,

G_Nutz Nutzladung in MN.

Der *spezifische Füllwiderstand* $w_{\mathrm{F}9,2}$ wurde von Kühn [16] für verschiedene Bodenarten gemessen, und zwar für einen Motorschürfwagen mit einem Kübel-Nenninhalt von 9,2 m³ gestrichen. Werte sind in Tabelle 3.1-15 enthalten, und zwar innerhalb jeder Bodenart unterteilt nach der prozentual angegebenen Raumfüllung des Kübels, die sich als Verhält-

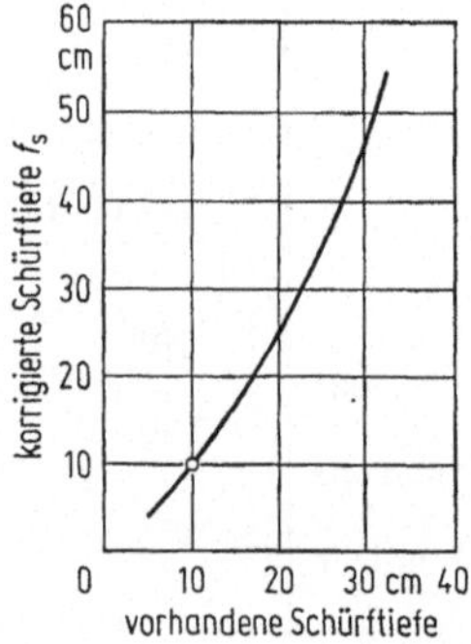

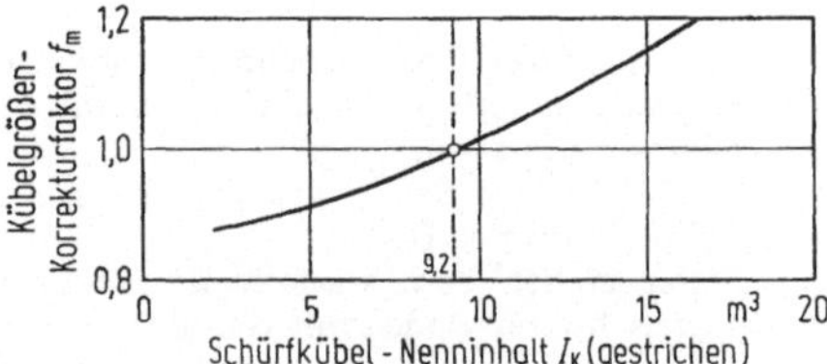

Bild 3.1-24. Korrigierte Schürftiefe f_s für Abweichungen der vorhandenen Schürftiefe von 10 cm [16].

Bild 3.1-25. Kübelgrößen-Korrekturfaktor f_m für Abweichungen des vorhandenen Schürf-kübel-Nenninhaltes von 9,2 m³ gestrichen [16].

nis von tatsächlich im Kübel vorhandenem aufgelockertem Bodenvolumen und ge-strichenem Schürfkübel-Nenninhalt ergibt. Zwischenwerte werden durch Interpolation errechnet.

Weicht der Kübel-Nenninhalt des Motorscrapers vom Wert 9,2 m³ gestrichen ab, dann muß das durch den *Kübelgrößen-Korrekturfaktor* f_m berücksichtigt werden, für den aus Bild 3.1-25 Werte ablesbar sind.

Unter der *Nutzladung* G_Nutz wird die Gewichtskraft des momentan im Kübel vor-handenen Bodens verstanden. Während des Schürfvorgangs wächst diese Gewichtskraft ständig, was zur Folge hat, daß der Füllwiderstand am Schürfstreckenanfang $W_\mathrm{F} = 0$ ist und dann kontinuierlich bis zu seinem Maximalwert (am Ende der Schürfstrecke) zu-nimmt.

Der Füllwiderstand ist im Vergleich zu den Fahrwiderständen und dem Schürfwider-stand so groß, daß er im ungünstigsten Fall (am Ende des Schürfens) über die Hälfte der Summe aller Widerstände auf der Schürfstrecke ausmachen kann.

3.1.6.2.3 Kräftebilanz. Ähnlich den Überlegungen, die während der Transportfahrt zur Bestimmung der mittleren Fahrgeschwindigkeit angestellt werden müssen (vgl. 3.1.6.1.6), können zunächst die Eignung eines Motorschürfwagens für die Bewältigung

Tabelle 3.1-15. Richtwerte für den spezifischen Füllwiderstand $w_{F9,2}$ (Schürfkübel-Nenninhalt 9,2 m³ gestrichen) [16]

Bodenart	spezifischer Füllwiderstand $w_{F9,2}$ [kN/MN] bei einer Raumfüllung*) von		
	60%	100%	140%
Rollige Böden			
Schluff	450	500	630
Feinsand	500	530	650
Grobsand	550	580	700
Feinkies	550	600	750
Grobkies	600	680	830
Geröll bis 10 cm $\varnothing$	700	800	—
Geröll bis 30 cm $\varnothing$	900	1 100	—
Schotter	900	1 100	—
Bindige Böden			
Lehm, sandig	380	400	430
Lehm, mittelfett	410	430	580
Ton, mittelfett	430	520	630
Ton, fett	500	600	740
Gewebeböden			
Lockeres Gewebe	420	500	600
Schwache Grasnarbe	500	600	770
Dichte Grasnarbe	750	900	1 200
Festes Wurzelgewebe	900	1 100	1 400

$$*)\ \text{Raumfüllung} = \frac{\text{Rauminhalt der Nutzladung [m³ lose]}}{\text{Schürfkübel-Nenninhalt [m³ gestrichen]}}$$

eines Flachabtrags und später auch die dabei erreichbare mittlere Schürfgeschwindigkeit nur über einen Vergleich der Widerstände mit den nutzbaren Zugkräften der Maschine festgestellt werden.

Für den *Gesamtwiderstand des Schürfvorgangs* gilt bei Vernachlässigung des Luft- und Krümmungswiderstands:

$$\varSigma W_{\text{Schürf}} = W_S + W_F + W_N + W_R. \tag{3.1-14}$$

$$W_S = w_{S10} \cdot b \cdot f_s = \text{Schürfwiderstand (3.1.6.2.1)},$$
$$W_F = w_{F9,2} \cdot f_m \cdot G_{\text{Nutz}} = \text{Füllwiderstand (3.1.6.2.2)},$$
$$W_N = \pm n \cdot G = \text{Neigungswiderstand (3.1.6.1.5.1)},$$
$$W_R = w_R \cdot G = \text{Rollwiderstand (3.1.6.1.5.2)}.$$

Bis auf den Schürfwiderstand sind alle Widerstände von der sich während des Schürfens und Ladens ständig ändernden Nutzladung abhängig (Fahrzeug-Gesamtgewichtskraft G = Leergewichtskraft G_{leer} + Nutzladung G_{Nutz}). Am Beginn der Schürfstrecke ist $\varSigma W_{\text{Schürf}}$ für $G = G_{\text{leer}}$ am kleinsten, am Ende wird bei $G = G_{\text{voll}}$ der für die Kräftebilanz größte und damit ungünstigste Widerstand erreicht.

Die *nutzbare Zugkraft* des Motorscrapers ist — vgl. Gleichung (3.1-8) in 3.1.6.1.4 — das Minimum von Antriebskraft des Motors und übertragbarer Haftreibungskraft:

$$Z_{\text{Nutz,S}} = \text{Minimum} \{Z_{\text{Antrieb,S}}; Z_{\text{Haft,S}}\}.$$

Index S für Motorscraper

$$Z_{\text{Antrieb,S}} = \frac{P_{\text{Motor}} \cdot \eta \cdot 3{,}6}{v} = \text{Motorzugkraft} \quad (3.1.6.1.2),$$

$$Z_{\text{Haft,S}} = \mu \cdot G_{\text{Antrieb}} = \text{Haftreibungskraft} \quad (3.1.6.1.3).$$

Ist, wie in vielen praktischen Fällen, $Z_{\text{Nutz,S}} = Z_{\text{Haft,S}}$, so bleibt auch die nutzbare Zugkraft $Z_{\text{Nutz,S}}$ nicht über die Länge der Schürfstrecke konstant, weil in $Z_{\text{Haft,S}}$ die während des Schürfvorgangs wachsende Fahrzeug-Gesamtgewichtskraft auch die auf der Antriebsachse lastende Gewichtskraft verändert. Demnach ergibt sich bei der *Kräftebilanz* auf der Schürfstrecke die Schwierigkeit, für die Untersuchung der Frage „$Z_{\text{Nutz,S}} \gtrless \Sigma W_{\text{Schürf}}$?" zwei variable Kräfte miteinander vergleichen zu müssen. Eine Auswahl aus den verschiedenen denkbaren Möglichkeiten, die sich bei unterschiedlichen Kräfteverhältnissen während des Schürfvorgangs ergeben können, ist in Bild 3.1-26 dargestellt [35].

Am Anfang (leerer Scraper) und am Ende (voll beladener Scraper) der Schürfstrecke kann man die Kräftebilanz relativ leicht aufstellen, im Zwischenbereich ist das wegen des nicht linearen Anstiegs von Widerständen und Gewichtskräften nicht so leicht möglich, aber auch nicht unbedingt nötig, wenn man genügend Sicherheiten für den praktischen Einsatz bereithält (Schürfhilfen, vgl. 3.1.6.3).

Abgesehen von einigen rein theoretischen Fällen kann man grundsätzlich drei praktisch bedeutende Fälle unterscheiden:

1. Im gesamten Schürfbereich ist $Z_{\text{Nutz,S}} \geqq \Sigma W_{\text{Schürf}}$ (Bild 3.1-26a, b, c). Das bedeutet, daß der Motorscraper unter den gegebenen Bedingungen aus eigener Kraft den Ladevorgang durchführen kann.

2. Am Schürfstreckenanfang ist $Z_{\text{Nutz,S}} > \Sigma W_{\text{Schürf}}$, so daß die eigene Kraft des Motorscrapers ausreicht. Am Schürfstreckenende jedoch ist $Z_{\text{Nutz,S}} < \Sigma W_{\text{Schürf}}$ (Bild 3.1-26 d, e, f). Mitten in der Schürfstrecke gibt es einen Punkt, an dem der Scraper wegen zu großer Widerstände steckenbleibt. Zum Weiterschürfen wird — spätestens ab dort — eine *Schürfhilfe (Schubhilfe)* benötigt.

3. Im gesamten Schürfbereich ist $Z_{\text{Nutz,S}} < \Sigma W_{\text{Schürf}}$ (Bild 3.1-26g, h, i), d. h. unter den gegebenen Bedingungen kann der Scraper nicht aus eigener Kraft schürfen, und es muß über die ganze Schürfstrecke eine *Schürfhilfe* in Anspruch genommen werden.

Die Konsequenzen, die sich in jedem dieser drei Fälle für die Maschinenwahl und die Einsatzform am Betriebspunkt Schürfstrecke ergeben, sind mannigfaltiger Art. Zwar bietet die Kräftebilanz zunächst eine Beurteilungsgrundlage für die Eignung eines gewählten Motorschürfwagens, sie sagt aber nichts über die Förderleistung und die *Wirtschaftlichkeit* der jeweils gewählten Maschine aus. Die Diskussion dieser Frage führt — nicht unbedingt nur auf den Einsatz von Motorscrapern beschränkt — zur Optimierung des Baumaschineneinsatzes [16, 35]. Dabei sind, insbesondere für Scraper, eine Reihe kontroverser Gesichtspunkte zu bedenken:

1. Es gibt immer mehrere Motorscraper verschiedener Hersteller und Bauarten, die aus eigener Kraft die Gesamtschürfwiderstände überwinden können; nur einer davon ist nach Vergleich von Leistung und Kosten der wirtschaftlichste.

2. Für einen einmal gewählten Motorscraper wird im allgemeinen durch Verringerung der Schürftiefe oder der Kübelfüllung einerseits die Kräftebilanz günstig, andererseits die

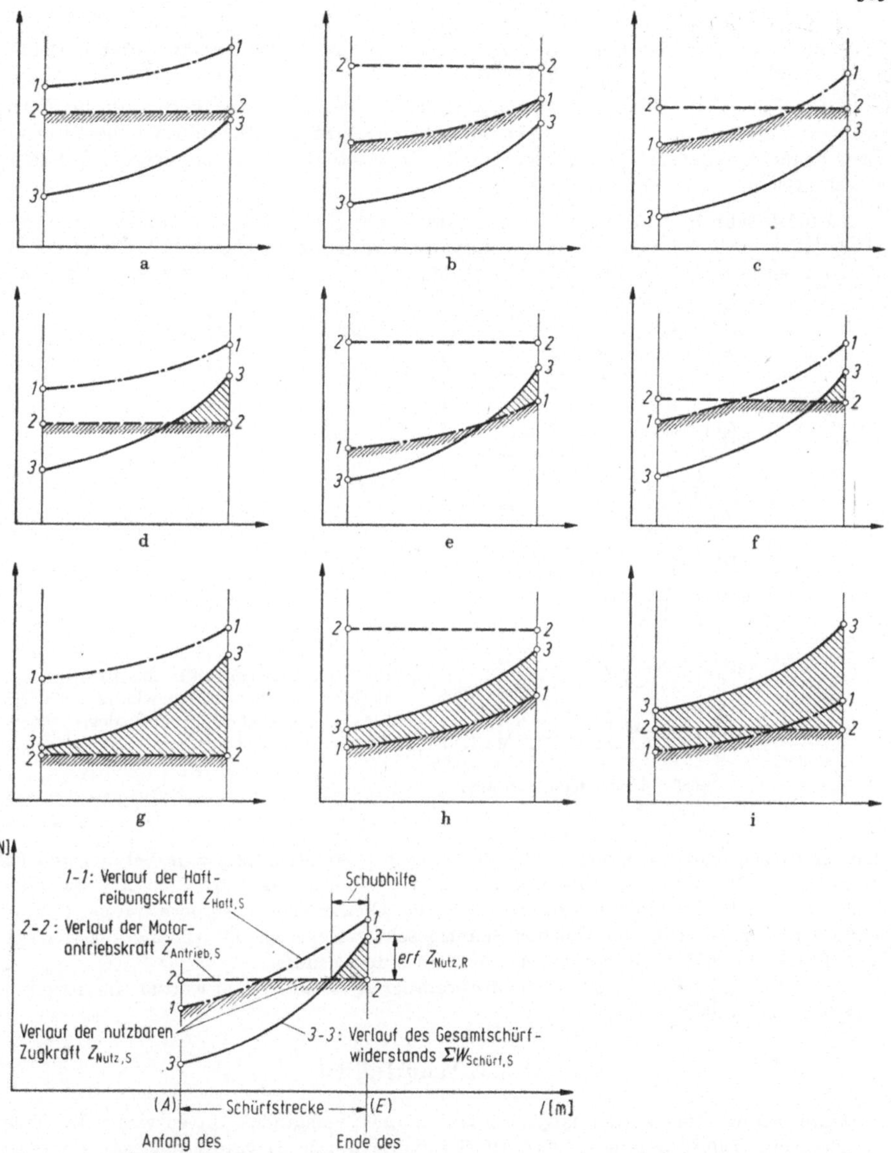

Bild 3.1-26. Einige denkbare Möglichkeiten der Kräftebilanz zwischen Widerständen und Zugkräften beim Schürfvorgang eines Motorscrapers [35]. a, b, c: Nutzbare Zugkraft überwiegt auf der gesamten Schürfstrecke (Schürfen aus eigener Kraft möglich). d, e, f: Widerstände sind am Anfang der Schürfstrecke kleiner, am Ende größer als die nutzbare Zugkraft (Schubhilfe im schraffierten Bereich erforderlich). g, h, i: Widerstände überwiegen auf der gesamten Schürfstrecke (Schürfen nur mit Schubhilfe möglich).

Leistung ungünstig beeinflußt [16]. Eine Verringerung der Widerstände durch Bergab-Schürfen (Gefälle) bringt immer Leistungsgewinn.

3. Der Einsatz von Schürfhilfen, wie er in 3.1.6.3 behandelt wird, verbessert die Kräfte-bilanz und die Leistung, ist aber wegen der höheren Gerätekosten teurer. Ob diese Einsatz-form dennoch wirtschaftlich ist, kann nur der Kostenvergleich im jeweiligen Fall er-weisen [35].

3.1.6.2.4 Schürfgeschwindigkeit. Die Geschwindigkeit, die ein Motorscraper *ohne Schürfhilfen* während des Schürfvorgangs erreicht, kann aus dem Fahrdiagramm der Maschine entnommen werden (Bild 3.1-27). Man bringt die Horizontale $\Sigma W_{\text{Schürf}}$ mit einer

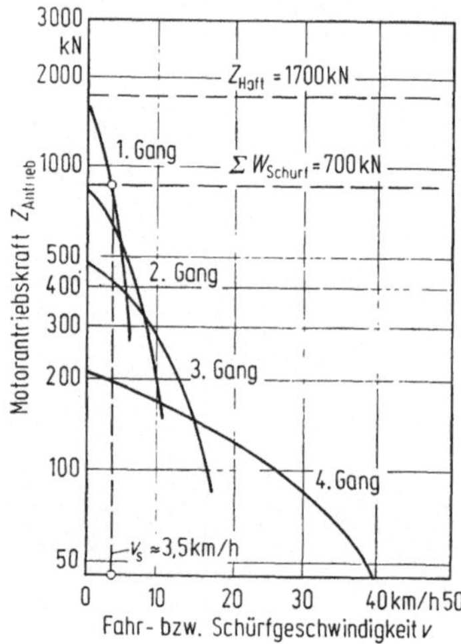

Bild 3.1-27. Beispiel für die Er-mittlung der Schürfgeschwindig-keit v_s im Fahrdiagramm des Motorscrapers Cat 613.

der Schürfgang-Kurven (meist 1. oder 2. Gang mit Wandlerstufe) zum Schnitt und liest darunter die Nennschürfgeschwindigkeit ab. Diese muß wegen des Schlupfs bei hohen Widerständen für Reifengeräte um ca. 30%, bei Gleisketten-Schleppern um ca. 15% ab-gemindert werden [16]. Die üblichen Schürfgeschwindigkeiten für Anhänge- oder Motor-schürfwagen ohne Schürfhilfen liegen zwischen 2 und 3 km/h.

Die Schürfgeschwindigkeiten für Motorcraper *mit Schürfhilfen* werden im folgenden Abschnitt behandelt.

3.1.6.3. Schürfhilfen

Unter Schürfhilfen werden allgemein Maßnahmen verstanden, die entweder die Wider-stände beim Schürfvorgang verringern (Ladehilfe durch Elevator) oder die nutzbaren Zugkräfte der Motorschürfwagen während der Schürffahrt erhöhen sollen (zweiter Motor auf der Schürfkübelachse, Planierraupe oder zweiter Motorscraper als Schubhilfe).

3.1.6.3.1 Selbstlade-Schürfwagen (Elevator-Scraper) besitzen eine Art Kratzförder-kette, die den geschürften Boden direkt über der Kübelschneide erfaßt und in den Kübel fördert (Bild 3.1-28). Dadurch wird der Füllwiderstand (vgl. 3.1.6.2.2) um ca. 70 bis 80% verringert und damit der Gesamtwiderstand des Schürfvorgangs vielfach um die Hälfte verringert. Im Normalfall arbeiten Elevator-Scraper in leichten Böden (Sand, Kies) wirtschaftlich, weil nicht noch zusätzlich Schubraupen erforderlich werden. Die Schürfgeschwindigkeit kann 3 bis 5 km/h betragen und wird wie üblich aus dem Fahrdiagramm der Maschine abgelesen.

Bild 3.1-28. Elevator-Scraper beim Schürfen und Laden.

3.1.6.3.2 Doppelmotor-Schürfwagen. Während einmotorige Anhänge- oder Motorschürfwagen wegen des geringen Anteils des Gesamtgewichts, das auf der angetriebenen Achse der Zugeinheit lastet, üblicherweise beim Schürfen weder ihre Motorzugkraft voll auf den Boden übertragen können noch die Antriebskraft des Motors überhaupt zur Überwindung der Widerstände ausreicht, bringt ein zweiter etwa gleich starker Motor auf der Schürfkübelachse des Scrapers ungefähr die Verdopplung der übertragbaren Haftreibungskraft. Diese wird aber nur beim Schürfen benötigt, für die Transportfahrt bleibt der Heckmotor abgeschaltet (Nachteil der Übermotorisierung). Die Schürfgeschwindigkeit wird aus dem Fahrdiagramm entnommen, sie kann Werte zwischen 2 und 5 km/h annehmen.

3.1.6.3.3 Planierraupe als Schubhilfe. Zur Überwindung der großen Widerstände beim Schürfen und zum vollständigen Füllen des Kübels auf einer Schürfstrecke werden häufig schwere Planierraupen als Schubhilfe eingesetzt. Die Wahl der Schubraupengröße hängt von der *erforderlichen Schubkraft* ab, und diese wird für den ungünstigsten Fall am Ende der Schürfstrecke ermittelt:

$$\text{erf } Z_{\text{Nutz,R}} = \Sigma W_{\text{Schürf}}^{(E)} - Z_{\text{Nutz,S}} \tag{3.1-15}$$

Index R für Schubraupe, Index S für Motorscraper,

erf $Z_{\text{Nutz,R}}$ erforderliche nutzbare Schubkraft der Planierraupe,

$\Sigma W_{\text{Schürf}}^{(E)}$ Gesamtschürfwiderstand am Schürfstreckenende (bei vollem Kübel),

$Z_{\text{Nutz,R}}$ nutzbare Zugkraft des Motorscrapers

Die tatsächlich nutzbare Schubkraft der Planierraupe ist aber

$$Z_{\text{Nutz,R}} = \text{Minimum } \{Z_{\text{Antrieb,R}}; Z_{\text{Haft,R}}\} - \Sigma W_{\text{Fahr,R}}. \tag{3.1-16}$$

$Z_{\text{Antrieb,R}}$ Antriebskraft der Planierraupe (aus dem Fahrdiagramm)

$Z_{\text{Haft,R}} = \mu \cdot G_R$ Haftreibungskraft der Planierraupe,

μ Kraftschlußbeiwert, hier für Gleisketten (Tabelle 3.1-10),

G_R Einsatzgewichtskraft der Planierraupe,

$\Sigma W_{\text{Fahr,R}} = (\pm n + w_R) \cdot G_R$ Gesamtfahrwiderstand der Planierraupe (vgl. 3.1.6.1.5),

n Neigung der Schürfstrecke in ‰,

w_R spezifischer Rollwiderstand, hier für Gleisketten (Tabelle 3.1-11).

Für $Z_{\text{Nutz,R}} \geqq$ erf $Z_{\text{Nutz,R}}$ reicht die gewählte Schubraupe zum Überwinden der Restwiderstände aus. Ist das nicht der Fall, muß eine stärkere Planierraupe gewählt oder mit zwei Schubraupen geschoben werden.

Zur Ermittlung der *Schubgeschwindigkeit* eines aus Motorscraper und Schubraupe bestehenden Schürfzugs muß man die Fahrdiagramme beider Maschinen zuhilfe nehmen. Beim Scraper wird v_S wie in Bild 3.1-27 abgelesen, bei der Planierraupe erhält man v_S

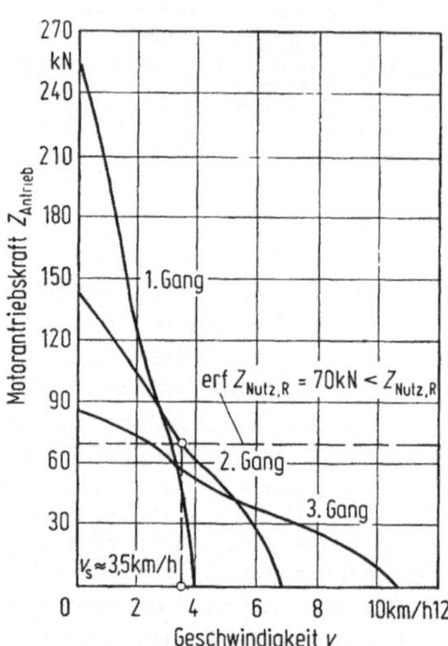

Bild 3.1-29. Beispiel für die Ermittlung der Schubgeschwindigkeit v_S im Fahrdiagramm der Planierraupe Cat D 6 C (mit Planeten-Lastschaltgetriebe).

für $Z_{\text{Antrieb,R}}$ = erf $Z_{\text{Nutz,R}}$ (Bild 3.1-29). Für den häufigen Fall, daß sowohl beim Scraper als auch bei der Schubraupe nur die Haftreibungskraft tatsächlich nutzbar ist, wird die kleinere der beiden Schürfgeschwindigkeiten maßgebend.

Die *Zahl der Schubraupen*, die erforderlich ist, um eine vorgegebene Zahl von Motorschürfwagen beim Schürfen zu unterstützen, richtet sich nach dem Verhältnis der Spielzeiten beider Maschinen:

$$\frac{z_S}{z_R} = \frac{T_S}{T_R} \tag{3.1-17}$$

z_S Zahl der eingesetzten Motorschürfwagen,

z_R Zahl der zur Bedienung von z_S Motorschürfwagen erforderlichen Planierraupen,

T_S Umlaufzeit der Motorschürfwagen für ein Arbeitsspiel (vgl. 3.1.6.4),

T_R Umlaufzeit der Planierraupe für ein Arbeitsspiel.

Die *Umlaufzeit der Schubraupe* hängt vor allem von der Betriebsform an der Schürfstelle ab. Sie enthält alle Teilzeiten des Arbeitsspiels: Ansetzen, Schieben, Absetzen, Rückfahren bzw. Wenden und kann überschlägig als 1,5fache Schürfzeit des Scrapers (vgl. 3.1.6.4.1) angenommen werden [33].

Je nach der Art, in der die Scraper die Abtragsfläche bearbeiten, kann man jedoch drei übliche Einsatzformen für die Schubfahrt im Schürfbereich unterscheiden [16]. Sie sind in Bild 3.1-30 dargestellt und ergeben nach Kühn folgende Spielzeiten T_R:

Einsatzform a: Scraper schürfen nebeneinanderliegende Streifen in gleicher Richtung, $T_R \approx 2{,}0$ min;

Einsatzform b: Scraper schürfen versetzt hintereinanderliegende Streifen in gleicher Richtung, $T_R \approx 1,5$ min;
Einsatzform c: Scraper schürfen nebeneinanderliegende Streifen in wechselnder Richtung, $T_R \approx 1,5$ min.

Die Art der Betriebsform ist durch die flächenmäßige Ausdehnung des Abtragsbereichs beschränkt, z. B. muß die Schürfstelle für Einsatzform B langgestreckt sein.

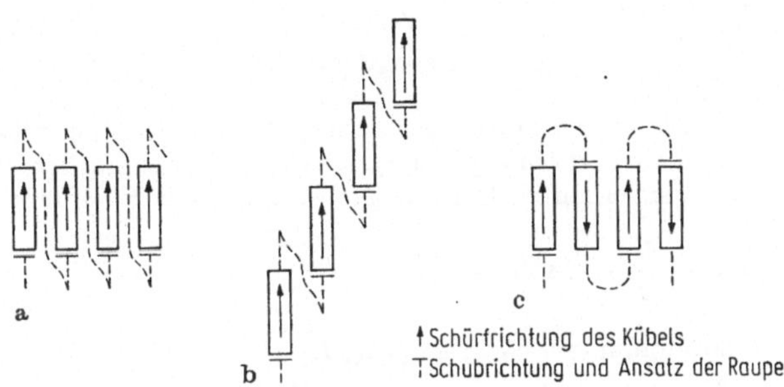

Bild 3.1-30. Einsatzformen von Schubraupen an der Schürfstelle [16].

3.1.6.3.4 Schub-Zug-Schürfzug (Push-Pull-Scraper).

Anstelle einer Planierraupe kann. auch ein zweiter gleichwertiger Motorschürfwagen (meist Doppelmotorscraper) als Schubhilfe eingesetzt werden mit dem Vorteil, daß dann keine im Sinne der Zweckbestimmung „unproduktive" Zusatzmaschine, sondern eine gleichfalls zum Lösen, Laden und Transportieren genutzte zweite Maschine zum Einsatz kommt. Beide — oder in Sonderfällen auch die drei oder vier — hintereinandergekoppelten Motorscraper besitzen vorn eine Zug-Druck-Kupplung und hinten einen Schubblock, um den Kraftschluß beim gegenseitigen Schieben und Ziehen herzustellen.

Entsprechend Gleichung (3.1-15) ist beim Schürfen des ersten Scrapers S1 die *erforderliche Schubkraft* des zweiten schiebenden Scrapers S2:

$$\text{erf } Z_{\text{Nutz,S2}} = \Sigma W_{\text{Schürf,S1}}^{(E)} - Z_{\text{Nutz,S1}}^{(E)}$$

$W_{\text{Schürf,S1}}^{(E)}$ Gesamtschürfwiderstand des schürfenden Scrapers S1 am Ende der Schürfstrecke (bei vollem Kübel),

$Z_{\text{Nutz,S1}}^{(E)}$ nutzbare Zugkraft von Scraper S1 bei vollem Kübel.

Die tatsächliche Schubkraft des schiebenden Scrapers S2 ist bei sinngemäßer Anwendung von Gleichung (3.1-16):

$$Z_{\text{Nutz,S2}} = \text{Minimum } \{Z_{\text{Antrieb,S2}} ; Z_{\text{Haft,S2}}^{(A)}\} - \Sigma W_{\text{Fahr,S2}}^{(A)}$$

$Z_{\text{Haft,S2}}^{(A)} = \mu \cdot G_{\text{leer,S2}}$ Haftreibungskraft des schiebenden Scrapers S2 am Anfang der Schürfstrecke (bei leerem Kübel),

$\Sigma W_{\text{Fahr,S2}}^{(A)} = (\pm n + w_R)$
$\times G_{\text{leer,S2}}$ Gesamtfahrwiderstand des Scrapers S2 bei leerem Kübel.

Das hier beschriebene Schieben des zweiten Scrapers ist ungünstiger als das darauffolgende Ziehen des ersten Scrapers, weil der bereits gefüllte erste Scraper eine höhere Haftreibungskraft aufweist. Das Füllen des Scrapers S2 mit Zugunterstützung durch den bereits beladenen Scraper S1 braucht darum nicht mehr untersucht werden.

Für $Z_{\mathrm{Nutz,S2}} <$ erf $Z_{\mathrm{Nutz,S2}}$ muß ein weiterer Push-Pull-Scraper oder zusätzlich eine Schubraupe zum Schieben bzw. Ziehen eingesetzt werden. Für die *Schürfgeschwindigkeit* beim **Schub-Zug-Verfahren** gilt sinngemäß das in 3.1.6.3.3 gesagte.

3.1.6.4 Leistungsformel

Die Nutzleistung eines Motorschürfwagens ermittelt man nach der schon für Planier- und Ladegeräte verwendeten Gleichung (3.1-1), allerdings ist als mögliche Einschränkung die Einhaltung der zulässigen Nutzladung des Motorscrapers zu beachten:

$$Q_{\mathrm{n}} = V_{\mathrm{K}} \cdot \frac{60}{T} \cdot k \text{ in m}^3 \text{ fest/h}. \tag{3.1-18}$$

$$V_{\mathrm{K}} = \text{Minimum } \{\text{zul } G_{\mathrm{Nutz}}/g \cdot \varrho_{\mathrm{fest}}; \ I_{\mathrm{K}} \cdot f\} \tag{3.1-19}$$

V_{K}	vorhandene Kübelfüllung (Fördermenge) in m³ fest,
zul G_{Nutz}	zulässige Nutzladung des Motorscrapers in kN,
	Fallbeschleunigung $g = 9{,}81$ m/s²,
ϱ_{fest}	Dichte des Bodens in t/m³ fest (Tabelle 3.1-3),
I_{K}	Nenninhalt des Schürfkübels in m³,
f	Füllungsgrad des Schürfkübels (Tabelle 3.1-8),
T	Umlaufzeit für ein Arbeitsspiel in min,
k	Betriebszeitbeiwert (Tabelle 3.1-9).

Der *Kübel-Nenninhalt* I_{K} wird nach der SAE-Norm entweder als „Nenninhalt gestrichen" oder als „Nenninhalt gehäuft" (vgl. 3.1.5.1.1) angegeben. Bei Anwendung der in Tabelle 3.1-8 (Spalte B) enthaltenen Werte des Füllungsgrads f muß der gestrichene Nenninhalt zugrundegelegt werden, anderenfalls sind die f-Werte um durchschnittlich 10 bis 20% zu

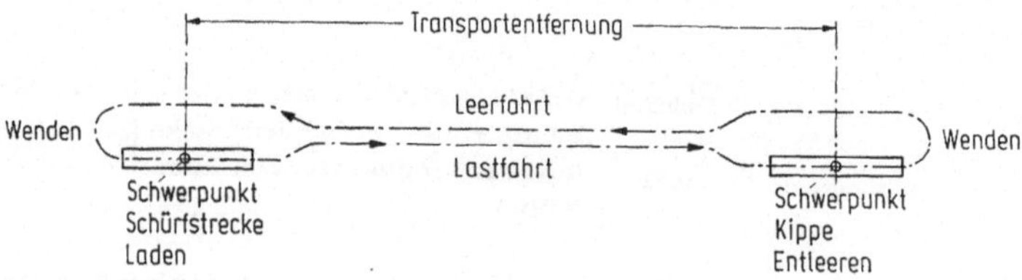

Bild 3.1-31. Phasen der Rundfahrt eines Motorschürfwagens.

vermindern. Besonders bei Boden mit gutem Füllungsgrad (z. B. Lehm) ist zu untersuchen, ob der aufgrund der Füllmechanik optimal beladene Kübel nicht die *zulässige Nutzladung* zul G_{Nutz} überschreitet. Andererseits darf auch nicht ohne weiteres von der zulässigen Nutzladung ausgehend rückwärts auf ein Nutzvolumen $V_{\mathrm{K,Nutz}} =$ zul $G_{\mathrm{Nutz}}/g \cdot \varrho_{\mathrm{fest}}$ geschlossen werden, denn bei Böden mit niedrigem Füllungsgrad wird die vom Hersteller angegebene Höchstzuladung nicht erreicht.

Die *Umlaufzeit* T für ein Arbeitsspiel setzt sich aus mehreren Teilzeiten zusammen, die sich aus den einzelnen Phasen der Rundfahrt (Bild 3.1-31) ergeben:

$$T = t_\text{s} + t_\text{e} + 2 \cdot t_\text{w} + t_\text{v} \text{ in min.} \tag{3.1-20}$$

$\quad t_s$ Schürfzeit,
$\quad t_\text{e}$ Entleerzeit,
$\quad t_\text{w}$ Wendezeit,
$\quad t_\text{v}$ Gesamtfahrzeit für Last- und Leerfahrt.

3.1.6.4.1 Schürfzeit t_s; sie hängt vor allem vom Kübelinhalt, der Schürftiefe und der Schürfgeschwindigkeit ab:

$$t_\text{s} = \frac{I_\text{K} \cdot f}{v_\text{s} \cdot b \cdot d_\text{s}} \cdot 0{,}06 \text{ in min.} \tag{3.1-21}$$

$\quad I_\text{K} \cdot f$ erreichbare Kübelfüllung in m³ fest,
$\quad v_\text{s} \qquad$ Schürfgeschwindigkeit in km/h (vgl. 3.1.6.2.4),
$\quad b \qquad$ Schneidenbreite des Schürfkübels in m,
$\quad d_\text{s} \qquad$ Schürftiefe in m.

Als grobe Anhaltswerte werden von Dressel [33] 0,05 min/m³ beim Schürfen mit Schubhilfe und 0,1 min/m³ für selbstladende Motorschürfwagen, von Kühn [17] wirtschaftlich vertretbare Höchstwerte der Schürfzeit (ca. 1 min) und des Schürfwegs (ca. 30 m) genannt.

3.1.6.4.2 Entleerzeit t_e; sie ist vor allem von den Anforderungen abhängig, die an den Einbau des Bodens auf der Kippe gestellt werden. Sie wird von der Kübelgröße, der gewünschten Schütthöhe und der Fahrgeschwindigkeit beim Entleeren bestimmt:

$$t_\text{e} = \frac{I_\text{K} \cdot f \cdot \delta_\text{A}}{v_\text{e} \cdot b \cdot d_\text{e}} \cdot 0{,}06 \text{ in min.} \tag{3.1-22}$$

$\quad I_\text{K} \cdot f \cdot \delta_\text{A}$ Kübelfüllung in m³ lose, δ_A aus Tabelle 3.1-3,
$\quad v_\text{e} \qquad$ Entleergeschwindigkeit in km/h,
$\quad b \qquad$ Schneidenbreite des Schürfkübels in m,
$\quad d_\text{e} \qquad$ Schütthöhe in m lose.

Wird an die ausgeschüttete Bodenschicht kein besonderer Anspruch bezüglich ihrer Gleichmäßigkeit gestellt, kann der Kübel während verhältnismäßig schneller Fahrt (20 bis 30 km/h) entleert werden. Sollen jedoch planmäßige Schichten (bis ca. 40 cm dick) zum anschließenden Verdichten ohne Verteilarbeit eingebaut werden, muß mit geringerer Entleergeschwindigkeit zwischen 5 und 10 km/h gefahren werden.

Kühn [17] berücksichtigt für die Entleerzeit zusätzlich in einem Entladefaktor den Einfluß der Bodenart und der Entleerungsart (Freifall- oder Zwangsentleerung); als Anhaltswert wird $t_\text{e} \approx 0{,}5$ min angegeben.

3.1.6.4.3 Wendezeit t_w. Nach dem Entleeren auf der Kippe und vor dem Schürfen an der Entnahmestelle müssen die Motorschürfwagen um 180° wenden. Je nach Geländeart und Oberflächenbeschaffenheit liegt die Zeit für einen Wendevorgang zwischen 0,4 und 0,9 min.

3.1.6.4.4 Gesamtfahrzeit t_v für Last- und Leerfahrt. In Abschnitt 3.1.6.1.6 wurden die Verfahren zur Ermittlung der Fahrgeschwindigkeit beschrieben. Dabei wurde die Fahrstrecke zwischen Schürfstelle und Kippe in i Streckenabschnitte mit jeweils konstanten

Fahrbedingungen unterteilt und für jeden Abschnitt die Durchschnittsgeschwindigkeit $\bar{v}_i$ berechnet. Die Gesamtfahrzeit ist also

$$t_v = 0{,}06 \cdot \sum_{(i)} \frac{l_i}{\bar{v}_i} \text{ in min} \tag{3.1-23}$$

l_i Länge des Streckenabschnitts i in m,
$\bar{v}_i$ Durchschnittsgeschwindigkeit im Abschnitt i in km/h.

3.1.6.5 Berechnungsbeispiel

Aufgabe: Im Zuge eines Straßenneubaus ist lehmhaltiger Sand aus einem Einschnittbereich der geplanten Trasse in Schichten von 20 cm Dicke abzubauen, über eine mittlere Transportstrecke von 1 600 m zu einem Dammbereich zu fahren und dort planmäßig in Lagen von 30 cm Dicke einzubauen. Alle wichtigen Daten des Förderwegs, der Entnahme- und Kippstelle sind im Streckenplan (Bild 3.1-32) enthalten.

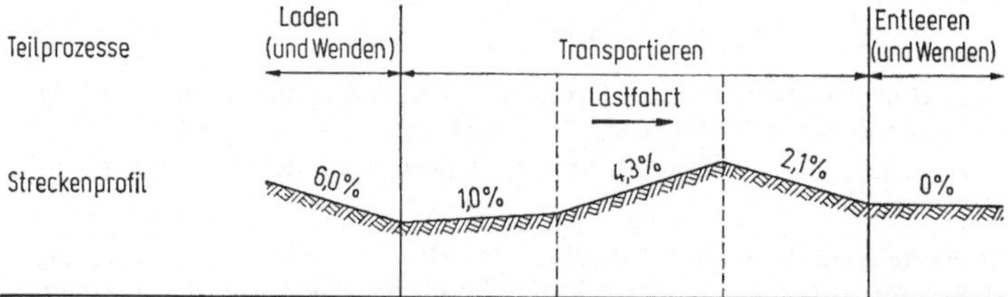

Teilprozesse		Laden (und Wenden)	Transportieren			Entleeren (und Wenden)
Streckenart		Schürfstelle im Einschnitt-bereich	Baustellen-straße	vorhandener Wirtschaftsweg	Baustellen-straße	Einbaustelle im Damm-bereich
Abschnitts-Nr. i		–	1	2	3	–
Bodenart		lehmiger Sand	Kiesschotter	Beton	Erdweg	lehmiger Sand
Oberflächen-beschaffenheit		zerfurcht	verdichtet, gepflegt	eben, glatt	fest, glatt	locker
Abschnittslänge l_i		–	200 m	950 m	450 m	–
Neigung in Richtung der Lastfahrt n_i		-60‰	+10‰	+43‰	-21‰	0‰
Kraftschluß-beiwert μ_i (Tabelle 3.1-10)	Reifen	0,45	0,40	0,65	0,50	–
	Kette	0,65	–	–	–	–
spez. Rollwider-stand $w_{R,i}$ (Tabelle 3.1-11)	Reifen	110 kN/MN	25 kN/MN	20 kN/MN	30 kN/MN	–
	Kette	50 kN/MN	–	–	–	–

Bild 3.1-32. Streckenplan für die Erdbewegung mit Motorschürfwagen (zum Berechnungsbeispiel 3.1.6.5).

Gerätewahl: Zweiachsmotorscraper Cat 621 (221 kW) bestehend aus Zugeinheit und Anhängeschürfkübel; Schürfkübel-Nenninhalt 10,7 m³ gestrichen nach SAE, maximale Schürftiefe 33 cm, maximale Ausschütthöhe 43 cm, Schneidenbreite 300 cm; Leergewichtskraft 232 kN (davon 160 kN auf der Antriebsachse und 72 kN auf der Schürfkübelachse), zulässige Gesamtgewichtskraft 446 kN (davon 232 kN auf der Antriebsachse und 214 kN auf der Schürfkübelachse), zulässige Nutzladung 214 kN; Fahrdiagramm Bild 3.1-33.

3.1.6.5.1 Schürfen

a) *Bodenwerte* der Schürfstrecke für lehmigen Sand: Füllungsgrad $f = 1,10$ (Tabelle 3.1-8, Spalte B); Auflockerungsgrad $\delta_A \approx 1,18$ und Dichte $\varrho_{fest} \approx 1950$ kg/m³ fest $= 1,95$ t/m³ fest (Tabelle 3.1-3, Mittelwerte aus Sand und Lehm); spez. Schürfwiderstand $w_{S\,10} \approx 0,65$ kN/dm² (Tabelle 3.1-14, Mittelwert aus schwach und stark lehmigem Sand); spez. Füllwiderstand $w_{F9,2} \approx 418$ kN/MN (Tabelle 3.1-15 für Lehm, sandig und für Raumfüllung 124%, vgl. b).

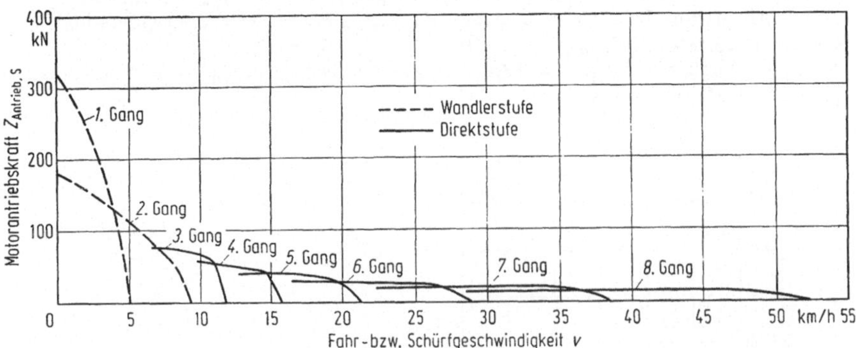

Bild 3.1-33. Fahrdiagramm des Motorscrapers Cat 621 (zum Berechnungsbeispiel 3.1.6.5).

b) *Kübelfüllung.* Nutzladung $G_{Nutz} = I_K \cdot f \cdot g \cdot \varrho_{fest} = 10,7 \cdot 1,10 \cdot 9,81 \cdot 1,95 = 225$ kN $>$ zul $G_{Nutz} = 214$ kN, d. h. nach Gleichung (3.1-19): Fördermenge $V_K = 214/9,81 \cdot 1,95 = 11,2$ m³ fest; Raumfüllung nach Tabelle 3.1-15: $11,2 \cdot 1,18/10,7 = 1,24 \triangle 124\%$; zulässige Gesamtgewichtskraft ist bei Lastfahrt mit $G_{voll} = 446$ kN voll ausgenutzt.

c) *Gesamtschürfwiderstand* nach Gleichung (3.1-14): $\Sigma W_{Schürf} = W_S + W_F + W_N + W_R$.

Anfang der Schürfstrecke (A):

Schürfwiderstand nach Gleichung (3.1-12) für Schürftiefe 20 cm ist $f_s \approx 25$ cm (Bild 3.1-24); $W_S^{(A)} = 0,65 \cdot 3,00 \cdot 25 = 48,8$ kN;

Füllwiderstand nach Gleichung (3.1-13) $W_F^{(A)} = 0$, da $G_{Nutz}^{(A)} = 0$;

Neigungswiderstand nach Gleichung (3.1-9) $W_N^{(A)} = -60 \cdot 0,232 = -13,9$ kN;

Rollwiderstand nach Gleichung (3.1-10) $W_R^{(A)} = 110 \cdot 0,232 = 25,5$ kN;

$\Sigma W_{Schürf}^{(A)} = 48,8 - 13,9 + 25,5 \approx 61$ kN.

Ende der Schürfstrecke (E):

$W_S^{(E)} = 48,8$ kN; $W_F^{(E)} = w_{F9,2} \cdot f_m \cdot G_{Nutz}^{(E)}$, für $I_K = 10,7$ m³ ist $f_m \approx 1,03$ (Bild 3.1-25), $W_F^{(E)} = 418 \cdot 1,03 \cdot 0,214 = 92,2$ kN; $W_N^{(E)} = -n \cdot G_{voll} = -60 \cdot 0,446 = -26,8$ kN; $W_R^{(E)} = 110 \cdot 0,446 = 49,1$ kN;

$\Sigma W_{Schürf}^{(E)} = 48,8 + 92,2 - 26,8 + 49,1 \approx 164$ kN.

d) *Kräftebilanz.*

Anfang der Schürfstrecke (A):

Haftreibungskraft nach Gleichung (3.1-7) $Z_{Haft}^{(A)} = 160 \cdot 0,45 = 72$ kN;

Antriebskraft aus Fahrdiagramm (Bild 3.1-33) maximal $Z_{Antrieb} \approx 320$ kN,

Nutzbare Zugkraft nach Gleichung (3.1-8) $Z_{Nutz}^{(A)} = 72$ kN $> \Sigma W_{Schürf}^{(A)} = 61$ kN.

Der Scraper kann am Anfang aus eigener Kraft schürfen.

Ende der Schürfstrecke (E):

$Z_{\text{Haft}}^{(E)} = 232 \cdot 0,45 \approx 104 \text{ kN}$;   maximal $Z_{\text{Antrieb}} \approx 320 \text{ kN}$; $Z_{\text{Nutz}}^{(E)} = 104 \text{ kN}$ $< \Sigma W_{\text{Schürf}}^{(E)} = 164 \text{ kN}$. Der Scraper benötigt eine Schubhilfe, erforderliche Schubkraft nach Gleichung (3.1-15) erf $Z_{\text{Nutz,R}} = 164 - 104 = 60 \text{ kN}$.

e) *Schubraupe.* Gewählt: Planierraupe Cat D 6 C (103 kW) mit Planetenlastschaltgetriebe und Querschild 6 S, Einsatzgewichtskraft 136 kN, Fahrdiagramm Bild 3.1-34.

Haftreibungskraft nach Gleichung (3.1-16) $Z_{\text{Haft,R}} = 136 \cdot 0,65 = 88,4 \text{ kN}$;

Antriebskraft aus Bild 3.1-34 maximal $Z_{\text{Antrieb,R}} \approx 255 \text{ kN}$; Fahrwiderstand nach Gleichung (3.1-16) $\Sigma W_{\text{Fahr,R}} = (-60 + 50) \cdot 0,136 = -1,4 \text{ kN}$;

nutzbare Zugkraft $Z_{\text{Nutz,R}} = 88,4 + 1,4 \approx 90 \text{ kN} > \text{erf } Z_{\text{Nutz,R}} = 60 \text{ kN}$. Raupenschubkraft reicht aus.

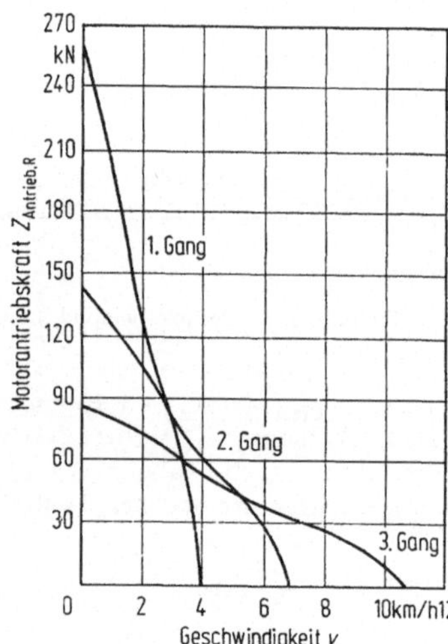

Bild 3.1-34. Fahrdiagramm der Schubraupe Cat D 6 C (zum Berechnungsbeispiel 3.1.6.5).

f) *Schürfgeschwindigkeit und Schürfzeit.*

Bild 3.1-34: die erforderliche Schubkraft von 60 kN wird von der Planierraupe im 1. Gang bei 3,5 km/h, im 2. Gang bei 4,0 km/h geliefert. Bild 3.1-33: die maßgebende nutzbare Zugkraft von 104 kN wird vom Scraper im 1. Gang bei 4,0 km/h, im 2. Gang bei 5,5 km/h geliefert. Maßgebende Schürfgeschwindigkeit $v_{\text{s}} = 4,0 \text{ km/h}$, wenn der Scraper im 1. Gang schürft und die Planierraupe im 2. Gang schiebt.

Schürfzeit $t_{\text{s}} = \dfrac{11,2}{4,0 \cdot 3,0 \cdot 0,2} \cdot 0,06 = 0,28 \text{ min}$.

3.1.6.5.2 Entleeren und Wenden

Entleergeschwindigkeit 5 km/h; Entleerzeit $t_{\text{e}} = \dfrac{11,2 \cdot 1,18}{5 \cdot 3,0 \cdot 0,3} \cdot 0,06 = 0,18 \text{ min}$.

3.1.6.5.3 Fördern

Die Fahrzeitermittlung wird — der Genauigkeit der Streckendaten angepaßt — mit dem Verfahren der „erreichbaren Geschwindigkeit" (vgl. 3.1.6.1.6.2) durchgeführt, Luft- und Krümmungswiderstände werden vernachlässigt.

a) *Lastfahrt*. Fahrwiderstände nach Gleichung (3.1-9) und (3.1-10) für

$i = 1: \Sigma W_{\text{Fahr},1} = (+10 + 25) \cdot 0{,}446 = 15{,}6 \text{ kN}$

$i = 2: \Sigma W_{\text{Fahr},2} = (+43 + 20) \cdot 0{,}446 = 28{,}1 \text{ kN}$

$i = 3: \Sigma W_{\text{Fahr},3} = (-21 + 30) \cdot 0{,}446 = 4{,}0 \text{ kN}$

Haftreibungskräfte nach Gleichung (3.1-7) für

$i = 1: Z_{\text{Haft},1} = 232 \cdot 0{,}40 = 92{,}8 \text{ kN} > 15{,}6 \text{ kN}$

$i = 2: Z_{\text{Haft},2} = 232 \cdot 0{,}65 = 150{,}8 \text{ kN} > 28{,}1 \text{ kN}$

$i = 3: Z_{\text{Haft},3} = 232 \cdot 0{,}50 = 116{,}0 \text{ kN} > 4{,}0 \text{ kN}$

Durchschnittsgeschwindigkeiten $\bar{v}_i = v_{\text{err},i} \cdot f_v$, dazu: erreichbare Geschwindigkeiten aus Bild 3.1-33 und Geschwindigkeitsfaktor nach Tabelle 3.1-13 (mittlerer Motorisierungsgrad von 446 kN/221 kW $\approx$ 2,0 kN/kW, d. s. 0,204 t/kW):

$i = 1: \bar{v}_1 \approx 48 \cdot 0{,}5 = 24 \text{ km/h}$

$i = 2: \bar{v}_2 \approx 25 \cdot 0{,}82 = 20 \text{ km/h}$

$i = 3: \bar{v}_3 \approx 48 \cdot 0{,}78 = 37 \text{ km/h}$

Gesamtfahrzeit $t_{v,\text{voll}} = 0{,}06 \cdot \left(\dfrac{200}{24} + \dfrac{950}{20} + \dfrac{450}{37} \right) = 4{,}08 \text{ min}.$

b) *Leerfahrt*. Wegen der kleinen Fahrwiderstände und ausreichender Haftreibungskräfte Verzicht auf Nachweis und Annahme $v_{\text{err}} = 48$ km/h für alle Abschnitte, Geschwindigkeitsfaktoren für die Rückfahrt aus Tabelle 3.1-13. Gesamtfahrzeit

$$t_{v,\text{leer}} = \frac{0{,}06}{48} \cdot \left(\frac{450}{0{,}62} + \frac{940}{0{,}82} + \frac{200}{0{,}70} \right) = 2{,}70 \text{ min}.$$

3.1.6.5.4 Nutzleistung eines Motorscrapers nach Gleichung (3.1-18) $Q_n = V_K \cdot \dfrac{60}{T} \cdot k$;

Umlaufzeit nach Gleichung (3.1-20) $T = 0{,}28 + 0{,}18 + 2 \cdot 0{,}6 + 4{,}08 + 2{,}70 = 8{,}44 \text{ min}$; Betriebszeitbeiwert $k = 0{,}75$ (Tabelle 3.1-9 für mittlere Arbeitsbedingungen);

Nutzleistung $Q_n = 11{,}2 \cdot \dfrac{60}{8{,}44} \cdot 0{,}75 \approx 60 \text{ m}^3 \text{ fest/h}.$

3.1.7 Förderfahrzeuge

Unter Förderfahrzeugen werden hier Fahrzeuge verstanden, die ausschließlich für das Transportieren und Entladen des Bodens eingesetzt werden. Dazu gehören Lastkraftwagen (LKW), Muldenkipper, Dumper und Bodenentleerer (vgl. 2.3.7.2). Der Einsatz dieser Fahrzeuge ist im Erdbau nur in Kombination und leistungsmäßiger Abstimmung mit entsprechenden Ladegeräten (Bagger und Lader) sinnvoll möglich, weshalb bei der Wahl der Förderfahrzeuge auf die Leistungsfähigkeit und Größe der Ladegeräte Rücksicht zu nehmen ist.

3.1.7.1 Auswahlkriterien

Die Auswahl der Förderfahrzeuge erfolgt zunächst nach den *technischen Möglichkeiten* und den *örtlichen Gegebenheiten* der Einsatzstelle. Sollen auf dem Transport z. B. öffentliche Straßen benutzt werden, können nur LKW gewählt werden, die die Vorschriften der StVZO bezüglich Abmessungen und Achslasten erfüllen. Ist das zu befahrende Gelände stark aufgeweicht und witterungsempfindlich, so ist der Einsatz von Fahrzeugen mit Niederdruckreifen zu erwägen. In schwierigem Gelände wird grundsätzlich Allradantrieb benötigt. Für den Transport von grobstückigem Gut (Fels) sollten nur Fahrzeuge eingesetzt werden, deren Entladeart dafür auch geeignet ist, also z. B. keine Bodenentleerer mit zu geringer Bodenfreiheit. Die Mulden- und Pritschenhöhe der Fahrzeuge muß kleiner als die Ausschütthöhe des Ladegerätes sein.

Mit Größe und Leistungsfähigkeit der Förderfahrzeuge wachsen auch deren Kosten. In Vergleichsrechnungen ist unbedingt die *Wirtschaftlichkeit* des Transportbetriebes zu überprüfen. In diesem Zusammenhang gilt es u. a. drei Gesichtspunkte zu beachten:

1. Wenige große Förderfahrzeuge verursachen geringe Personalkosten, aber unter Umständen hohe Leerkosten bei Ausfällen. Bei gleicher Leistung des Betriebs ist der Einsatz mehrerer kleiner Fahrzeuge bei relativ hohem Lohnkostenanteil weniger störungsempfindlich, das entsprechende Reservefahrzeug fällt kostenmäßig weniger ins Gewicht.

2. Art, Verlauf und Oberflächenbeschaffenheit des Transportweges beeinflussen die erreichbare Fahrgeschwindigkeit und damit die Leistung des Förderbetriebes. Unter Beachtung der zu fördernden Gesamtmassen und der zur Verfügung stehenden Bauzeit ist zu prüfen, ob nicht der Leistungsgewinn durch Verbesserung der geplanten Fahrstrecke (Bodenverdichtung und -vermörtelung, feste Fahrbahndecke), durch Ausnutzung vorhandener, guter, aber längerer Strecken, zumindest aber durch laufende Instandhaltung des Fahrwegs die für derartige Maßnahmen notwendigen Mehrkosten rechtfertigt.

3. Für das Größenverhältnis zwischen dem Grabgefäßinhalt des Ladegerätes und dem Muldeninhalt des Förderfahrzeugs soll unter Berücksichtigung der verschiedenen Füllungsgrade gelten:

$$\frac{V_F}{V_0} = 3 \text{ bis } 5.$$

$V_F = I_F \cdot f_F$ Muldenfüllung des Förderfahrzeugs in m^3 fest,

I_F Mulden-Nenninhalt des Förderfahrzeugs in m^3,

f_F Füllungsgrad der Mulde (Tabelle 3.1-8),

$V_0 = I_0 \cdot f_0$ Grabgefäßfüllung des Ladegeräts in m^3 fest,

I_0 Grabgefäß-Nenninhalt des Ladegeräts in m^3,

f_0 Füllungsgrad des Grabgefäßes (z. B. für Lader Tabelle 3.1-8).

Wird dieses Verhältnis erheblich unterschritten (z. B. 1:1), so ergibt sich eine kurze Ladezeit und die Notwendigkeit häufiger, reibungsloser Wagenwechsel am Ladegerät. Im praktischen Betrieb führt das zu Wartezeiten des Ladegeräts. Ist andererseits die Fahrzeugmulde zu groß (z. B. Verhältnis 10:1), so erreicht zwar das Ladegerät seine volle Leistungsfähigkeit, denn Wartezeiten beim Wagenwechsel können nahezu vermieden werden, aber es ergeben sich beim Beladen lange Stillstandzeiten, Leerkosten und Leistungsminderung der Förderfahrzeuge.

3.1.7.2 Leistungsformel

Die Nutzleistung eines Förderfahrzeugs ist

$$Q_{n,F} = V_F \cdot \frac{60}{T} \cdot k_F \text{ in } m^3 \text{ fest/h,} \tag{3.1-24}$$

$$V_F = \text{Minimum} \left\{ \frac{G_{Nutz}}{g \cdot \varrho_{fest}} \; ; \; I_F \cdot f_F \right\}, \tag{3.1-25a}$$

oder

$$V_F{}' = s \cdot V_0. \qquad (3.1\text{-}25\,\mathrm{b})$$

$\quad V_F \qquad$ vorhandene Muldenfüllung (Fördermenge) in $\mathrm{m^3}$ fest,

$\quad$ zul $G_{\mathrm{Nutz}} \quad$ zulässige Nutzladung des Förderfahrzeugs in kN,

$\quad$ Fallbeschleunigung $g = 9{,}81\ \mathrm{m/s^2}$,

$\quad \varrho_{\mathrm{fest}} \qquad$ Dichte des Bodens in $\mathrm{t/m^3}$ fest (Tabelle 3.1-3),

$\quad I_F,\, f_F,\, V_0 \quad$ vgl. 3. 1.7.1,

$\quad s \qquad$ Zahl der Ladespiele

$\quad T \qquad$ Umlaufzeit des Förderfahrzeugs für ein Arbeitsspiel in min,

$\quad k_F \qquad$ Betriebszeitbeiwert des Förderbetriebs (Tabelle 3.1-9).

3.1.7.2.1 Fördermenge V_F. Bei der Ermittlung der *vorhandenen* Fördermenge sind zwei Fälle möglich, deren Beachtung für ein nicht ganzzahliges Verhältnis V_F/V_0 wichtig ist:

1. Das Förderfahrzeug wird bis zur Grenzmenge beladen. Diese Grenzmenge kann gemäß Gleichung (3.1-25a) durch die zulässige Nutzladung oder durch die bodenabhängige maximale Füllung gegeben sein; der jeweils kleinere Wert ist maßgebend. In diesem Fall ist es möglich, daß das Ladegerät die letzte volle Schaufel nur teilweise entlädt oder die letzte Schaufel nur teilweise füllt, was eine Leistungsminderung des Ladegerätes zugunsten der vollen Ausnutzung der Fahrzeugkapazität bewirkt.

2. Das Förderfahrzeug wird nicht unbedingt bis zur Grenzmenge beladen, sondern nur mit den in Gleichung (3.1-25b) angegebenen s Schaufelfüllungen. Die Spielzahl s zum Beladen des Fahrzeugs ist dann so zu wählen, daß die in Gleichung (3.1-25a) bezeichnete Grenzmenge nicht überschritten wird. Hier nimmt man einen Verlust an Förderleistung zugunsten der vollen Ausnutzung der Ladegerätkapazität in Kauf.

Bei Verwendung der in Tabelle 3.1-9 (Spalte C) für Förderfahrzeuge enthaltenen Füllungsgrad-Werte ist wieder zu beachten, daß sie nur in Verbindung mit dem gestrichenen Nenninhalt der Mulde gelten. Wird I_F in „$\mathrm{m^3}$ gehäuft" eingesetzt, sind die f-Werte um durchschnittlich 10 bis 20% zu vermindern.

3.1.7.2.2 Umlaufzeit T des Förderfahrzeugs für ein Arbeitsspiel setzt sich aus mehreren Teilzeiten zusammen:

$$T = t_f + t_k + t_w + t_v \text{ in min.} \qquad (3.1\text{-}26)$$

$\quad t_f \quad$ Fahrzeug-Folgezeit am Ladegerät,

$\quad t_k \quad$ Fahrzeug-Aufenthaltszeit auf der Kippe,

$\quad t_w \quad$ Wendezeiten,

$\quad t_v \quad$ Gesamtfahrzeit für Last- und Leerfahrt.

Die *Fahrzeug-Folgezeit t_f* am Ladegerät setzt sich aus der reinen Ladezeit und der Wagenwechselzeit zusammen:

$$t_f = t_1 + t_x = \frac{V_F}{Q_{\mathrm{n,L}}} \cdot k_L \cdot 60 + t_x \text{ in min.} \qquad (3.1\text{-}27)$$

$\quad t_1 \qquad$ Ladezeit am Ladegerät in min,

$\quad V_F \qquad$ Muldenfüllung des Förderfahrzeugs in $\mathrm{m^3}$ fest,

$\quad Q_{\mathrm{n,L}} \quad$ Nutzleistung des Ladegeräts in $\mathrm{m^3}$ fest/h,

$\quad k_L \qquad$ Betriebszeitbeiwert für das Ladegerät,

$\quad t_x \qquad$ Wagenwechselzeit am Ladegerät in min.

Bei der Ermittlung der *Ladezeit* t_l wird hier die maximale (technische) Ladeleistung $Q_{n,L}/k_L$ zugrundegelegt, um eine gute Ausnutzung des Ladegerätes durch ausreichend bemessene Förderkapazität sicherzustellen.

Die *Wagenwechselzeit* t_x hängt vor allem von der Organisation des Fahrzeugwechsels an der Beladestelle ab und davon, wie sich die Fahrzeuge am Ladegerät bereitstellen können. Ist Ringfahrbetrieb möglich, erfordert der Wagenwechsel ca. 0,1 bis 0,3 min, muß vor dem Bereitstellen erst gewendet und das Abfahren des vorigen Fahrzeugs abgewartet werden, kann er bis zu 1 min dauern.

Die *Aufenthaltszeit* t_k des Förderfahrzeugs auf der Kippe ist

$$t_k = t_e + t_m \text{ in min.} \tag{3.1-28}$$

t_e reine Entleerzeit,

t_m zusätzliche Manövrierzeiten auf der Kippe.

Die *Entleerzeit* t_e hängt von der Art des Kippvorgangs und des Förderguts ab (Tabelle 3.1-16).

Zusätzliche *Manövrierzeiten* t_m müssen berücksichtigt werden, wenn das Fahrzeug vor dem Abkippen des Bodens eine bestimmte Kipposition einnehmen muß, wie z. B. Hinterkipper beim Zurücksetzen, das ca. 0,5 bis 1,0 min dauern kann. Seitenkipper und Bodenentleerer können solche Manövrierfahrten meist in die Wendefahrt einbeziehen.

Tabelle 3.1-16. Entleerzeiten t_e für Förderfahrzeuge [16]
A = Bodenentleerer, B = Seitenkipper, C = Hinterkipper

Einsatzverhältnisse	t_e min		
	A	B	C
Rollige Böden			
Geröll, Sprenggestein	0,8	1,0	1,3
Kies	0,2	0,5	0,7
Sand	0,1	0,4	0,6
Bindige Böden			
Sandiger Lehm	0,2	0,5	0,6
Mittlerer Lehm, trocken	0,2	0,5	0,6
feucht	0,4	0,6	0,8
Schwerer Lehm, trocken	0,5	0,7	0,7
feucht	1,2	1,2	1,4
Mergel, Schiefer	0,7	0,8	0,9
Mutterboden, mager	0,2	0,3	0,5
fett	0,4	0,6	1,2

Wendezeiten t_w können u. U. schon in der Wagenfolgezeit an der Ladestelle bzw. in der Aufenthaltszeit auf der Kippe enthalten sein. Sind zusätzliche Wendefahrten nötig, so gelten die in 3.1.6.4.3 für Motorschürfwagen genannten Anhaltswerte der Wendezeit.

Die *Gesamtfahrzeit* t_v für Last- und Leerfahrt wird mit Hilfe eines der in 3.1.6.1.6 beschriebenen Verfahren zur Ermittlung der Fahrgeschwindigkeit berechnet; es gilt Gleichung (3.1-23).

3.1.7.3 Abstimmung zwischen Lade- und Förderbetrieb

Bei vorhandenem Ladegerät muß die Leistung des Förderbetriebes durch Ermittlung der richtigen Fahrzeugzahl z_F an die Ladeleistung des Ladegeräts angepaßt werden. Es gilt:

$$z_F = \frac{Q_{t,L}}{Q_{t,F}} \, . \tag{3.1-29}$$

$$Q_{t,L} = \frac{Q_{n,L}}{k_L} \text{ technische Leistung des Ladegeräts in m}^3 \text{ fest/h,}$$

$$Q_{t,F} = \frac{Q_{n,F}}{k_F} = V_F \cdot \frac{60}{T} \text{ technische Leistung eines Förderfahrzeugs in}$$
$$\text{m}^3 \text{ fest/h.}$$

Wird die Fahrzeugzahl auf die nächste ganze Zahl aufgerundet, ist die Ladeleistung für die Leistung des Gesamtbetriebs maßgebend. Wird auf die nächste ganze Zahl abgerundet, entstehen planmäßige Stillstandzeiten des Ladegeräts beim Warten auf die Förderfahrzeuge, so daß die Förderleistung maßgebend wird. Die Nutzleistung des Gesamtbetriebs „Laden — Fördern" entspricht also dem kleineren der beiden Werte $Q_{t,L}k$ und $z_F Q_{t,F}k$, wobei k der Betriebszeitbeiwert für den Gesamtbetrieb ist. Dieser Beiwert k hängt — abgesehen von den Einflüssen, die bereits in den Beiwerten k_L und k_F berücksichtigt sind — hauptsächlich von der Betriebsform und Organisation des Fahrzeugwechsels am Ladegerät ab. Er wird darum i. allg. kleiner als k_L bzw. k_F sein.

3.1.7.4 Berechnungsbeispiel

Aufgabe: In einer Kiesgrube arbeitet als Ladegerät ein Radlader mit einem Ladeschaufel-Nenninhalt $I_0 = 3,1$ m³ gehäuft (vgl. Berechnungsbeispiel 3.1.5.3). Seine technische Leistung ist $Q_{t,L} = 260$ m³ fest/h. Der Kies soll mit Förderfahrzeugen zu einer Straßenbaustelle transportiert werden. Die Gesamtfahrzeit für Last- und Leerfahrt beträgt 14,2 min. Für den Gesamtbetrieb „Laden — Fördern" kann mit einem Betriebszeitbeiwert $k = 0,65$ gerechnet werden.

Gerätewahl: Muldenhinterkipper Faun K 25/4 × 4 (221 kW), Mulden-Nenninhalt $I_F = 15$ m³ gestrichen, zulässige Nutzladung 275 kN.

Leistungsermittlung:

a) *Muldenfüllung.* Für Kies (trocken) ist Füllungsgrad $f_F = 1,15$ (Tabelle 3.1-8, Spalte C), Dichte $\varrho_{fest} = 1\,880$ kg/m³ fest $= 1,88$ t/m³ fest; Grenzmenge nach Gleichung (3.1-25a) $V_F = $ Minimum $\{275/9,81 \cdot 1,88 = 14,9$ m³ fest; $15,0 \cdot 1,15 = 17,3$ m³ fest$\} = 14,9$ m³ fest, zul. Nutzladung maßgebend.

b) *Volumenverhältnis.* Ladeschaufel $V_0 = I_0 \cdot f_0 = 3,1 \cdot (1,10 - 0,15) = 2,95$ m³ fest; $V_F/V_0 = 14,9/2,95 = 5,05$, d. h. mit $s = 5$ Spielen ist nach Gleichung (3.1-25b) $V_F = 5 \cdot 2,95 = 14,75$ m³ fest.

c) *Umlaufzeit.* Ladezeit nach Gleichung (3.1-27) $t_1 = 14,75 \cdot 60/260 = 3,4$ min; Wagenwechselzeit $t_x \approx 0,2$ min; Entleerzeit $t_0 = 0,7$ min (Tabelle 3.1-16, Spalte C); Manövrierzeit $t_m \approx 0,6$ min; Wendezeiten $t_w = 0$; Gesamtfahrzeit $t_v = 14,2$ min. Umlaufzeit nach Gleichung (3.1-26) $T = 3,4 + 0,2 + 0,7 + 0,6 + 14,2 = 19,1$ min.

Geräteart	rollig Felsgestein(gebroch.) Steine und Blöcke bis d=400mm			rollig nicht bindig Kiese und Sande $U>7$			gleichkörnige Sande $U<5$			rollig-bindig schwach-bindige Böden (gemischtkörnig) Plastizitätszahl <20 trocken			feucht		
	E	H	n	E	H	n	E	H	n	E	H	n	E	H	n
Glattmantelwalze (4-10t) mittlerer Druck 50N/cm²	–	–	–	○	10-20	4-8	–	–	–	○	10-20	4-8	–	–	–
Glattmantelwalze über 10t	○	20	6-8	○	20	5-6	–	–	–	○	20	5-7	–	–	–
Gürtelradwalze (~37,5N/cm²)	–	–	–	○	30	4-6	○	30	6-8	+	20-30	6-8	–	–	–
Schaffußwalze (5-8t)	○[1]	20-30	8-12	–	–	–	–	–	–	○	20-30	8-12	○	20	6-10
Gitterradwalze (7-14t)	○[1]	30-40	8-12	○	30	6-10	○	30	8-12	+	20-30	6-10	–	–	–
Gummiradwalze bis 3,5bar Reifendruck	–	–	–	○	20	6-8	○	20	6-10	+	20	6-10	+	20	6-8
Gummiradwalze bis 7,0bar Reifendruck	○[2]	40	8-12	○	50	6-8	○	40	6-10	+	40	6-10	+	50	6-8
Fallplatte (2–3t)	+	50-80	2-4	○	70	2-4	○	70	3-4	+	50-70	3-4	+	60	2-4
Explosionsstampfer	○[1]	30-50	3-5	○	20-50	3-5	○	20-50	3-6	○	20-50	3-5	○	20-50	3-5
Schnellschlagstampfer	○	35	3-5	○[4]	20-40	2-4	○[4]	20-40	3-4	○[4]	10-20	2-4	○[4]	10-20	2-4
Anhänge-Vibrationswalze leicht <5t	○	50	4-6	+	30-50	3-5	+	30-50	4-6	○	20-40	3-5	○	20-40	3-5
Anhänge-Vibrationswalze (5-8t) bzw. Walzenzug	○	40-60	4-6	+	40-60	3-5	+	40-60	3-5	+	30-50	3-5	○	50	4-6
Anhänge-Vibrationswalze >8t bzw. Walzenzug	+	50-100	4-6	+	50-80	3-5	+	50-80	3-5	+	40-60	3-5	○	50	3-5
Tandem-Vibrationswalze leicht <5t	–	–	–	+	20-40	4-6	+	20-40	4-6	–	–	–	–	–	–
Tandem-Vibrationswalze >5t	–	–	–	+	30-50	4-6	+	30-50	4-6	○	20-40	5-8	○	20-40	5-8
Vibrations-Schaffußwalze	+[1]	30-50	6-10	○	30-50	3-5	○	30-50	3-5	+	20-40	6-10	+	20-40	6-10
Vibrationsplatte leicht <20kN Fliehkraft	–	–	–	+	20-40	5-8	+	20-40	5-8	○	10-20	5-8	○	10-20	5-8
Vibrationsplatte schwer >20kN Fliehkraft	○[1]	30-50	4-6	+	30-60	4-6	+	30-60	4-6	○	20-40	4-6	○	20-40	4-6

E=Eignung, H=Schütthöhe lose [cm], n=Anzahl der Übergänge, U=Ungleichförmigkeitsgrad
+=gut geeignet, ○=geeignet, –=nicht geeignet

[1]nur für murbes und weiches Gestein [2]nur für Felsboden mit großem Feinkornanteil

im Erdbau (u. a. nach [8, 28])

| Geräteart | bindige Böden, Schluffe, Tone Plastizitätszahl >20 | | | | | | Baustellenbedingungen | | | |
| | trocken | | | feucht | | | Damm und Einschnitt Arbeitsfläche | | Bauwerks-hinterfüllungen | Leitungs-gräben |
	E	H	n	E	H	n	eng	frei		
Glattmantelwalze (4-10t), mittlerer Druck 50N/cm²	O	10-20	4-8	–	–	–	O	O	–	–
Glattmantelwalze über 10t	O	20	6-8	–	–	–	O	O	–	–
Gürtelradwalze (~37,5N/cm²)	+	20-30	6-8	–	–	–	+	+	–	–
Schaffußwalze (5-8t)	+	20-30	8-12	+	20	6-8	O	+	–	–
Gitterradwalze (7-14t)	O	20-30	6-10	–	–	–	O	+	–	–
Gummiradwalze bis 3,5bar Reifendruck	+	20-30	8-12	+	20	6-10	+	+	–	–
Gummiradwalze bis 7,0bar Reifendruck	+	30	8-12	+	40	8-10	–	+	–	–
Fallplatte (2-3t)	O[3]	50-70	2-5	O	60	3-4	+	O	–	–
Explosionsstampfer	+	20-40	3-5	+	20-40	4-5	+	O	O	O
Schnellschlagstampfer	O[4]	20-30	2-4	O[4]	20-30	2-4	O	–	+	+
Anhänge-Vibrationswalze leicht <5t	–	–	–	–	–	–	O	+	–	–
Anhänge-Vibrationswalze (5-8t) bzw. Walzenzug	O[3]	20-30	3-4	–	–	–	–	+	–	–
Anhänge-Vibrationswalze >8t bzw. Walzenzug	O[3]	30-40	3-4	–	–	–	–	+	–	–
Tandem-Vibrationswalze leicht <5t	–	–	–	–	–	–	+	O	–	–
Tandem-Vibrationswalze >5t	–	–	–	–	–	–	+	+	–	–
Vibrations-Schaffußwalze	–	20-40	6-10	+	20-40	6-10	O	+	–	–
Vibrationsplatte leicht <20kN Fliehkraft	–	–	–	–	–	–	+	O	+	+
Vibrationsplatte schwer >20kN Fliehkraft	O	20-30	6-8	O	20-30	6-8	+	+	O	O

Trocken ist ein Boden mit einem Wassergehalt unter, feucht mit einem Wassergehalt über dem günstigsten Wassergehalt bei einfacher Proctordichte.

[3] für trockene Böden zu empfehlen   [4] für Grabenverfüllung und entsprechend eingespannte Boden

d) *Förderleistung und Fahrzeugzahl.* Betriebszeitbeiwert $k_F = 0{,}7$ (Tabelle 3.1-9 für mittlere Arbeitsbedingungen); Nutzleistung eines Muldenkippers nach Gleichung (3.1-24) $Q_{n,F} = 14{,}75 \cdot 60 \cdot 0{,}7/19{,}1 = 32{,}4$ m³ fest/h; technische Leistung $Q_{t,F} = 32{,}4/0{,}7 = 46{,}3$ m³ fest/h; Fahrzeugzahl nach Gleichung (3.1-29) $z_F = 260/46{,}3 = 5{,}6$, gewählt $z_F = 6$ Muldenkipper. Theoretische Gesamtförderleistung

$$z_F Q_{t,F} k = 6 \cdot 46{,}3 \cdot 0{,}65 = 181 \text{ m}^3 \text{ fest/h};$$

Ladeleistung

$$Q_{t,L} k = 260 \cdot 0{,}65 = 168 \text{ m}^3 \text{ fest/h}$$

(maßgebliche Leistung des Gesamtbetriebs).

3.1.8 Verdichtungsgeräte im Erdbau

Die Leistung von Verdichtungsgeräten im Erdbau (hierzu zählen u. a. Stampfer, Platten, Walzen) ist von einer Reihe von Faktoren abhängig:

Bodenart,
Gewicht des Verdichtungsgeräts,
Breite des Verdichtungskörpers,
Wirktiefe des Verdichtungsgeräts,
Arbeitsgeschwindigkeit,
Schüttdicke,
Wassergehalt des Bodens,
Verdichtungswilligkeit des Bodens,
Anzahl der Verdichtungsübergänge,
Einsatzart.

Diese Liste läßt sich durch weitere Faktoren ergänzen; allerdings gibt es für einen Teil der Faktoren keine exakten, mathematisch formulierten Abhängigkeiten zwischen ihnen und der tatsächlichen Leistung des Verdichtungsgerätes. Aus der Fülle umfangreicher Erfahrungen haben sich verschiedene Autoren bemüht, ihre Erkenntnisse in eine klar überschaubare Form zu bringen. Die umfassendste Darstellung ist bei Voß /Floß [28] zu finden, die in Tabelle 3.1-17 wiedergegeben ist. Es kann hier in Abhängigkeit von der Bodenart und dem für den Einsatz vorgesehenen Verdichtungsgerät die Eignung des Geräts, die geeignete Schütthöhe (lose) und die Anzahl der Übergänge abgelesen werden.

Als Geschwindigkeit v für das Verdichtungsgerät kann man bei kleinen Geräten von max. 1 500 m/h, bei größeren Geräten von max. 3 000 m/h ausgehen. Walzenzüge, die in der Tabelle nicht erfaßt sind, erreichen noch größere Geschwindigkeiten bei einer optimalen Verdichtung.

In der Regel ist von folgendem Grundsatz bei der Auswahl eines geeigneten Verdichtungsgerätes auszugehen:

rolliger Boden ist dynamisch,
bindiger Boden ist statisch zu verdichten.

Es gibt eine Reihe von Böden, die nicht einer der beiden Bodenarten zuzuordnen ist; hier ist ggf. bei größeren Bauaufgaben das geeignetste Verdichtungsgerät durch Probe-Verdichtungen zu ermitteln.

Die Leistung von Verdichtungsgeräten wird (in Übereinstimmung mit den Abrechnungsregeln der VOB für Verdichtungsarbeiten) als Raummeterleistung $Q_{n(V)}$ oder Flächenleistung $Q_{n(F)}$ angegeben.

$$Q_{n(V)} = \frac{vb'd'k}{n} \text{ in m}^3 \text{ fest/h}$$

bzw.

$$Q_{n(F)} = \frac{vb'k}{n} \text{ in m}^2/\text{h}.$$

v Vortriebsgeschwindigkeit des Verdichtungsgerätes in m/h;

b' wirksame Walzen- bzw. Plattenbreite (Breite des Verdichtungskörpers abzüglich einer Überlappungsbreite von 15 bis 30 cm der nebeneinanderliegenden Verdichtungsgänge) in m;

d' Dicke der *verdichteten* Schüttlage (annähernd kann $d' = d/\delta_A$ gesetzt werden, wobei d die Höhe der Schüttlage lose und δ_A der Auflockerungsgrad ist; bei genauen Messungen ist δ_A durch einen Verdichtungsgrad δ_V zu ersetzen) in m;

n Anzahl der Übergänge des Verdichtungsgerätes (über die gleiche Fläche);

k Betriebszeitbeiwert (z. B. 50/60 = 0,83).

Die Maschinenhersteller geben für ihre Geräte meist eine Reihe von Anhaltswerten an.

Berechnungsbeispiel:

Aufgabe: Es ist Kies (Klasse 3 nach DIN 18 300) in Lagen von 50 cm (Schütthöhe lose) zu verdichten.

Gewählt: Anhänge-Vibrationswalze (6,5 t; Walzenkörperbreite 1,75 m).

Annahmen: $v = 2000$ m/min

$k = 0,83$

$\delta_A = 1,12$ (für Kies) $\approx \delta_V$ (Tabelle 3.1-3)

$n = 4$ (siehe Tabelle 3.1-17)

$$Q_{n(V)} = \frac{vb'd'k}{n} \text{ in m}^3 \text{ fest/h}$$

$b' = 1,75$ m $-$ 0,25 m (für Überlappung) $= 1,50$ m
$d' = d/\delta_A = 0,50/1,12 = 0,446$ m

$$Q_{n(V)} = \frac{2000 \cdot 1,5 \cdot 0,446 \cdot 0,83}{4} = 277,6 \approx 278 \text{ m}^3/\text{h}$$

3.2 Maschinen für den Hochbau

[5; 8; 11; 12; 22; 30]

Im Bereich des Hochbaus, der im Gegensatz zum maschinenintensiven Erdbau nach wie vor sehr lohnintensiv ist, gibt es nur wenige ausgesprochene Leistungsgeräte; demzufolge liegen bisher auch nur wenige Berechnungsverfahren für die Leistungsermittlung von Maschinen und Geräten vor. Zu den Maschinen, für die es entsprechende Leistungsermittlungsverfahren gibt, gehören die Betonmischer bzw. Betonmischanlagen und die Hochbaukrane.

3.2.1 Mischer und Mischanlagen

Die hier aufgeführten Berechnungsverfahren sind für die Betonmischer bzw. Mischanlagen gültig. Sie lassen sich sinngemäß auch auf andere Mischeinrichtungen (z. B. Mörtelmischer) übertragen.

3.2.1.1 Mischer

Die Betonmischer werden nach verschiedenen Gesichtspunkten unterteilt. Nach der Arbeitsweise unterscheidet man *Zwangs- und Freifallmischer*. Als Kenngröße wird jeweils der Inhalt des Mischers angegeben; dabei ist zu unterscheiden zwischen der Angabe nach DIN 459 (Betonmischer) und der Angabe nach der Baugeräteliste 1971 (BGL 71). Nach DIN 459 bedeutet die Angabe des Mischerinhalts die Menge an Frischbeton, die der Mischer in einem Arbeitsspiel herstellen kann (der geometrische Inhalt der Mischtrommel ist wesentlich größer); nach DIN 459 gibt es folgende Mischergrößen: 75, 100, 150, 250, 375, 500, 750, 1000, 1250, 1500, 2000 und 2500 l.

Nach BGL 71 gilt als Kenngröße des Mischers das Volumen des Mischgefäßes (Volumen der Trockenfüllmenge); es kann folgende Umrechnung erfolgen:

Kenngröße (nach BGL 71) = 1,25 × Nenninhalt (nach DIN 459). Im weiteren Rechnungsverlauf wird immer vom Nenninhalt nach DIN 459 ausgegangen.

Die Freifallmischer (vgl. 2.4.4.2) kann man nach der Art der Beschickung bzw. der Entleerung (Kippen, Gegenlauf, Schwenkschurre) unterscheiden. Bei den Zwangsmischern gibt es zwei Bauarten, den Teller- und den Trogmischer (vgl. 2.4.4.2.3). Ausgangsgröße für die Leistungsberechnung des Betonmischers ist das Arbeitsspiel.

Die Dauer eines Arbeitsspiels eines Betonmischers umfaßt die Zeiten für das Beschicken (einschl. vorherigem Dosieren der Zuschlagstoffe), Mischen und Entleeren des Mischers. Diese Teilzeiten können sich in Abhängigkeit von der Mischerbauart teilweise überschneiden. Als reine Mischzeit wird für Freifallmischer 1 min, für Zwangsmischer 0,5 min empfohlen; diese Werte sind Minimalwerte. Man kann von einer durchschnittlichen Arbeitsspielzahl/Stunde

für Freifallmischer von 25 bis 35,
für Zwangsmischer von 35 bis 55 ausgehen.

Die Nutzleistung eines Betonmischers ergibt sich wie folgt:

$$Q_n = \frac{I \cdot z \cdot k}{1\,000 \cdot v} \text{ in m}^3 \text{ fest/h} \qquad\qquad (3.2\text{-}1)$$

I Nenninhalt der Mischtrommel (nach DIN 459) in l,
z Anzahl der Arbeitsspiele je Stunde,
k Betriebszeitbeiwert (z. B. $k = 0,83$),
v Verdichtungsmaß (nach DIN 1045: für K 1 ist $v = 1,45$ bis 1,26; für K 2 ist $v = 1,25$ bis 1,11; für K 3 ist $v = 1,10$ bis 1,04),
$1\,000$ = Umrechnungsfaktor (1 m^3 = 1 000 l).

Berechnungsbeispiel:

Gesucht ist die Leistung eines 500-l-Zwangsmischers ($z = 50$, $k = 0,83$, $v = 1,20$ — K 2 plastischer Beton).

$$Q_n = \frac{500 \cdot 50 \cdot 0,83}{1\,000 \cdot 1,20} = 17,3 \text{ m}^3 \text{ fest/h}.$$

Meist ist die Aufgabe im praktischen Baubetrieb in umgekehrter Richtung gestellt; aus der Bauablaufplanung und Arbeitsvorbereitung kennt man die Betonmenge, die je Stunde herzustellen ist (z. B. 10,0 m³ fest/h). Unter der Annahme von $z = 50$ (Zwangsmischer), $v = 1,25$ (plastischer Beton) und $k = 0,83$ ergibt sich I aus Gleichung 3.2-1:

$$I = \frac{Q_\mathrm{n}\,1000 \cdot v}{zk} = \frac{10 \cdot 1000 \cdot 1,25}{50 \cdot 0,83} = 301,21.$$

Gewählter Mischer: 375-l-Zwangsmischer.

3.2.1.2 Mischanlagen

Sofern Beton auf der Baustelle hergestellt werden soll (Ortbeton), benötigt man eine Mischanlage mit entsprechenden Möglichkeiten der Zuschlagstofflagerung und -dosierung. Man unterscheidet folgende Typen:

1. Anlage mit Zuteilstern (leistungsfähig, günstig im Aufbau, am häufigsten eingesetzt, sehr wirtschaftlich),
2. Anlage mit Silos in Reihenanordnung (Reihenanlage),
3. Betonmischturm (zur Herstellung von sehr großen Betonmengen, z. B. in Transportbetonwerken).

Während für langfristige Einsätze und Dauerbetrieb (z. B. im Betonwerk) hauptsächlich die Reihenanlage und der Mischturm mit sehr hohen Leistungen (weit über 100 m³/h) eingesetzt werden, kommen für den normalen Baustellenbetrieb meist Anlagen mit Zuteilstern (Sternanlagen) zum Einsatz. Dieser Anlagentyp in seiner unkomplizierten Bauart arbeitet meist sehr wirtschaftlich; er ist heute bis zur vollautomatisch arbeitenden Anlage,

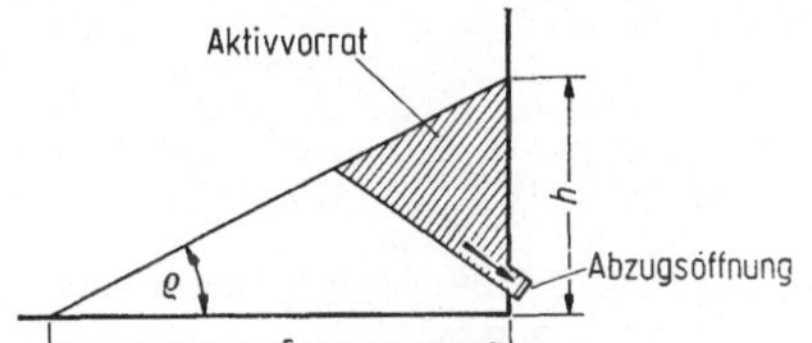

Bild 3.2-1. Aktivvorrat eines Zuteilsterns (Querschnitt).

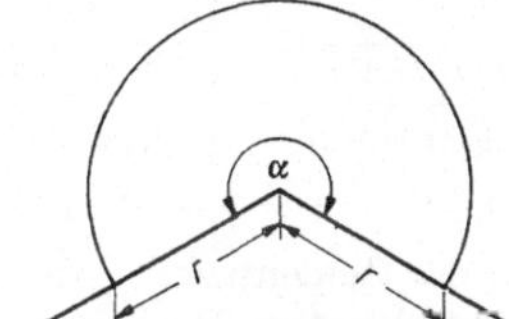

Bild 3.2-2. Öffnungswinkel des Zuteilsterns (Grundriß).

oft in Baukasten-Bauweise, weiterentwickelt worden. Zu den Bauteilen der Sternanlage gehören: Boxenwände, Dosierverschlüsse, Waage für Zuschlagstoffe, Materialaufzug, Zementsilos, Zementförderschnecken, Zementwaage, Wasseruhr, Mischer (und Übergabesilo), Schrappanlage.

Die Leistung der Mischanlage ist im wesentlichen abhängig von der Leistungsfähigkeit des Betonmischers (3.2.1.1) (einschl. des Beschickersystems), der Lagerkapazität des Zuteilsterns und der Größe des Aktivvorrats. Der Aktivvorrat des Zuteilsterns (Bild 3.2-1) ist die Materialmenge, die selbständig aus den Abzugsöffnungen fließen kann (auch bei Ausfall der Schrappanlage). Die Lagerkapazität des Zuteilsterns beträgt:

$$V = \frac{1}{3}\,\pi r^2 h\,\frac{\alpha}{360°}\ \text{in m}^3.$$

$h = r \tan \varrho$ in m, Höhe des Zuteilsterns,

r Radius des Zuteilsterns,

α Öffnungswinkel des Zuteilsterns ($\alpha = 180°$ für einen Halbkreis) (Bild 3.2-2),

ϱ Schüttwinkel der Zuschlagstoffe.

Berechnungsbeispiel:

Die Lagerkapazität ist gesucht für $r = 10{,}0$ m, $\alpha = 180°$, $\varrho = 30°$.

$$V = \frac{1}{3} \cdot 3{,}14 \cdot 10^2 \cdot 10 \cdot 0{,}5774 \cdot \frac{180}{360} = 302 \text{ m}^3.$$

Meist ist die Aufgabe in umgekehrter Richtung gestellt; es sind Zuschlagstoffe für mehrere Tagesproduktionen des Betonierbetriebes zu lagern (was von den Anlieferungsmöglichkeiten abhängig ist). Ausgangsgröße ist die stündliche bzw. tägliche Betoniermenge.

Berechnungsbeispiel:

Gesucht ist die Größe des Zuteilsternes, der erforderlich ist, um bei einer Betonierleistung von 10 m³ fest/h und einer täglichen Betonierzeit von 10 Stunden (ohne Rüstzeiten) die Zuschlagstoffe für eine Tagesleistung zu lagern.
Annahme: halbkreisförmige Lagerung, 1 m³ Festbeton benötigt ca. 1,25 m³ Zuschlagstoffe (lose).
Tagesbetoniermenge $= 10$ h $\cdot$ 10 m³/h $= 100$ m³;
Zuschlagstoffmenge $V = 1{,}25 \cdot 100 = 125$ m³;

$$V = \frac{1}{3} \pi r^2 r \tan \varrho \, \frac{180°}{360°},$$

$$= \frac{1}{6} \pi r^3 \tan \varrho = 125 \text{ m}^3,$$

$$r = \sqrt[3]{\frac{6V}{\pi \tan \varrho}} = \sqrt[3]{\frac{6 \cdot 125}{3{,}14 \cdot 0{,}5774}} = \sqrt[3]{415} \approx 7{,}4,$$

$r = 7{,}4$ m, $h = 7{,}4 \cdot 0{,}5774 = 4{,}25$ m.

Wahl der Zementsilos: (Annahme: Zementvorrat für 2 Betoniertage; Zementgehalt: 300 kg/m³ Beton) Betonmenge für 2 Tage: $2 \cdot 100$ m³ $= 200$ m³;

$200 \cdot 300 = 60\,000$ kg $= 60$ t.

Gewählt: 1 Silo mit 60 t (bzw. 2 Silos mit je 30 t)
Übliche Silogrößen sind: 10, 15, 20, 25, 30, 40, 50, 60, 80, 100, 120, 130, 150, 180, 200 t (nach BGL 71).

3.2.2 Hochbaukrane

Als Hochbaukrane werden Turmdrehkrane und Kletterkrane (Außen- und Innenkletterkrane) bezeichnet. Nach ihrer Auslegerbauart unterscheidet man Nadelausleger und Laufkatzauslegerkrane (vgl. 2.3.1.2.3.4). Hochbaukrane dienen als Transportgeräte zur Ausführung horizontaler und vertikaler Lastwege und können durch die verschiedenen Bewegungsmöglichkeiten (Fahren, Schwenken, Heben, Senken) alle Punkte des Bauraumes mit dem benötigten Baumaterial versorgen. Bei der Wahl des geeigneten Krans sind seine Hubkraft und Ausladung (bzw. sein Hubkraftmoment in kNm) sowie seine Leistung zu untersuchen.

Die maximale Reichweite wird durch die *Ausladung* bestimmt und muß so groß sein, daß jeder Punkt des Baustellengrundrisses (Bauwerk, Lagerplätze, Betonbereitungsanlage) erreichbar ist. Außerdem muß die *zulässige Hubkraft* bei der jeweils erforderlichen Reichweite zum Tragen der vorgesehenen Lasten ausreichen. Die Höhe des Krans, d. h. seine *maximale Hakenhöhe*, ist der Höhe des Bauwerks so anzupassen, daß noch genügend freie Höhe zum Einschwenken der Last zuzüglich eines Sicherheitsabstandes von ca. 3 m über dem höchsten Einbaupunkt verbleibt.

3.2.2.1 Leistungsformel

Hochbaukrane sind Transportgeräte zwischen Lagerplatz (z. B. Stahl-, Stein-, Schalungs-, Fertigteillager) bzw. Herstellungsort der Bau- und Bauhilfsstoffe (z. B. Beton-, Estrich-, Mörtelmischer) und der Einbaustelle im Bauwerk. Die Kran-Nutzleistung Q_n hat entscheidenden Einfluß auf die Leistung des Gesamtbetriebes; durch richtige Wahl der Ausladung, der Nutzlast, des Standortes und durch gute Einsatzplanung ist sie mit dem Vorläuferbetrieb (z. B. Betonherstellung, Mischerleistung) bzw. mit dem Nachläuferbetrieb (z. B. Leistung der Betonierkolonne) abzustimmen.

$$Q_n = B \, \frac{60}{T} \, k \text{ in Mengeneinheit/h}. \tag{3.2-2}$$

B transportierte Materialmenge je Arbeitsspiel z. B. m³, t, Stück;

T Zeit eines Arbeitsspiels (Kranspielzeit) in min;

k Betriebszeitbeiwert (z. B. $k = 0{,}83$ für 50-min-Stunde).

Die *Kranspielzeit* T hängt von der Art des Transportguts, den Transportwegen sowie von der Art und Schnelligkeit der einzelnen Transportbewegungen ab, die je nach den örtlichen Gegebenheiten und der Geschicklichkeit des Kranführers teilweise gleichzeitig ablaufen können. Geschwindigkeiten für die einzelnen Arbeitsvorgänge des Kranspiels sind in Tabelle 3.2-1 enthalten. Unter Berücksichtigung der Überlappungszeiten erhält man die Kranspielzeit, wie im Beispiel des Bildes 3.2-3 gezeigt, zu

$$T = \sum_{(i)} t_i - \sum_{(j)} t_{üj} \text{ in min}.$$

$\sum_{(i)} t_i$ Summe aller i Teilzeiten des Kranspiels,

$\sum_{(j)} t_{üj}$ Summe aller j Überlappungszeiten.

Innerhalb des Kranspiels kann man die Summe der Zeiten für das Anschlagen (t_1) und Abschlagen (t_7) der Last als *Fixzeit* des Kranspiels bezeichnen. Beim Betontransport mit Kübeln ist die Fixzeit durch das Füllen (t_1) und das Entleeren (t_7) des Kübels gegeben. Die Größe der Fixzeit ist von der Art der Last sowie von der Fähigkeit des Kranführers und der Bodenmannschaften abhängig und kann darum Werte zwischen einer und mehreren Minuten annehmen. Überlappungen anderer Teilzeiten mit den Teilzeiten t_1 und t_7 sind nicht möglich.

Demgegenüber enthält der *variable Zeitanteil* alle für den Last- und Leerweg erforderlichen Teilzeiten und erlaubt die zeitliche Überlappung mehrerer Bewegungsvorgänge. Dabei ist im Hochbau die Höhe der Einbaustelle von besonderer Wichtigkeit. Für die Ermittlung einer durchschnittlichen Kranleistung reicht es aus, die mittlere Gebäudehöhe der Berechnung der Hub- und Senkzeiten zugrundezulegen. Dagegen ist bei der Arbeitsvorbereitung darauf zu achten, daß die Kranleistung für die darunter liegenden Geschosse größer ist, für die darüber liegenden aber ständig abnimmt. Für die Berechnung der Fahr- und Schwenkzeiten reicht es gewöhnlich aus, mit den horizontalen Wegen bis zum Mengenschwerpunkt der Einbaustelle zu rechnen.

Tabelle 3.2-1. Teilzeiten des Kranspiels und Geschwindigkeiten der einzelnen Arbeitsvorgänge

Teil-zeit	Arbeitsvorgang	Geschwindigkeit	Bemerkung
t_1	Anschlagen der Last (bzw. Füllen des Kübels)	—	—
t_2	Heben	i. M.: 10, 20, 40, 60, 80 m/min extrem: 1 bis 160 m/min	
t_3	Verstellen des Auslegers[1]) Fahren der Katze[2])	0,55 bis 2,5°/s, i. M. 1,33°/s 0,27 bis 1,21 m/s, i. M. 0,5 m/s	mit Last (bzw. mit gefülltem Kübel)
t_4	Fahren	18 bis 40 m/min, i. M. 30 m/min	
t_5	Schwenken	0,3 bis 1,3 U/min, i. M. 0,8 U/min	
t_6	Senken	bis zu 100% schneller als Heben (t_2)	
t_7	Abschlagen der Last (bzw. Entleeren des Kübels)	—	—
t_8	Heben	wie t_2	
t_9	Schwenken	wie t_5	
t_{10}	Fahren	wie t_4	ohne Last (bzw. mit leerem Kübel)
t_{11}	Verstellen des Auslegers[1]) Fahren der Katze[2])	wie t_3 wie t_3	
t_{12}	Senken	wie t_6	

[1]) bei Nadelausleger; [2]) bei Laufkatzausleger.

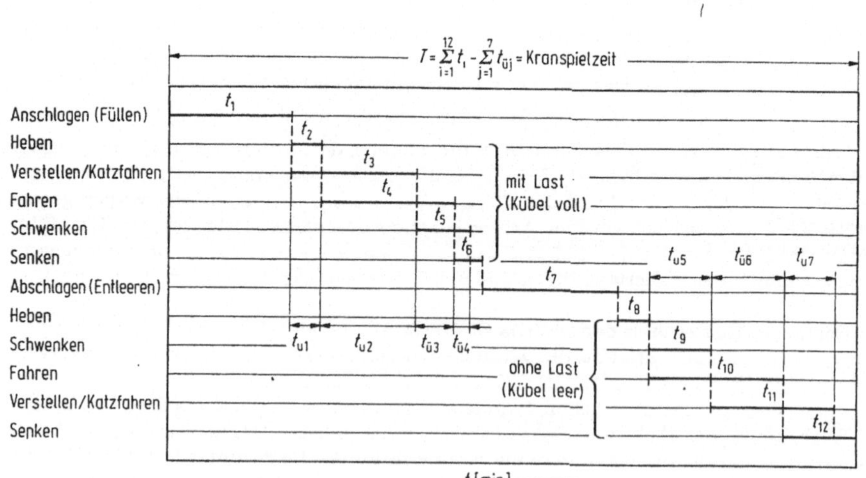

Bild 3.2-3. Schemaskizze zur Ermittlung der Überlappungszeiten und der **Spielzeit** eines Turmdrehkrans.

3.2.2.2 Berechnungsbeispiel

Aufgabe: Ein aus vier 24 × 26 m² großen gleichartigen Bauteilen A, B, C und D bestehendes Gebäude soll in Ortbeton-Bauweise errichtet werden. Der Beton (K 2, Dichte ϱ_{fest} = 2,40 t/m³ fest, Verdichtungsmaß v = 1,25) soll auf der Baustelle hergestellt und mit Kran und Kübel (Kübelinhalt I = 1,0 m³, Kübelmasse M_{leer} = 0,33 t) eingebracht

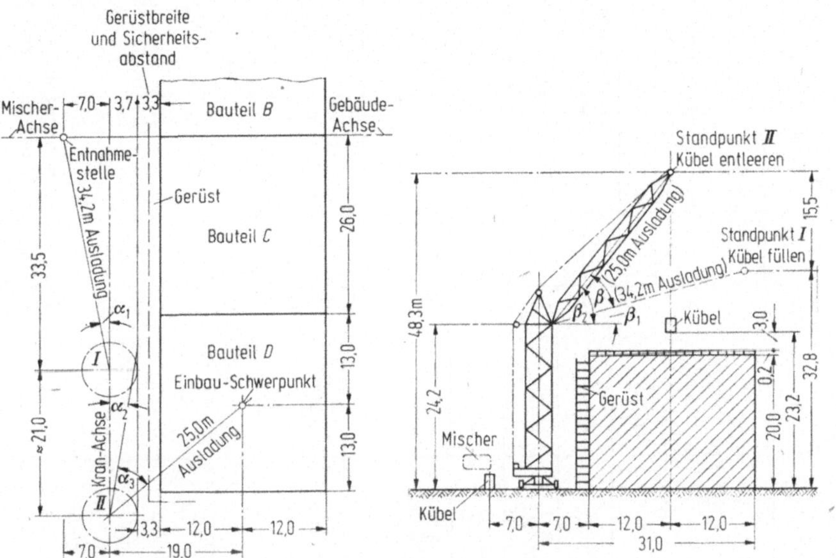

Bild 3.2-4. Kraneinsatzskizze zum Betonieren von Bauteil D (zum Berechnungsbeispiel 3.2.2.2). a) Lageplan mit Gebäudegrundriß, b) Ansicht mit Gebäudequerschnitt.

werden. Bild 3.2-4 zeigt Grundriß und Querschnitt des Gebäudes teilweise. Für Bauteil D ist für die Höhe 20,0 m die mittlere Einbringleistung des Krans beim Betonieren der Geschoßdecke zu berechnen.

Gerätewahl: Turmdrehkran Liebherr Form 65/90 mit Nadelausleger, schienenfahrbare Ausführung II. Bei maximaler Ausladung von 34,2 m (Anstellwinkel des Auslegers β_1) sind die zulässige Hubkraft 22,6 kN und die Rollenhöhe 32,8 m (Bild 3.2-4). Geschwindigkeiten: Heben und Senken (Hubseil) 50,8 m/min; Schwenken 1,0 U/min; Fahren 39,5 m/min; Auslegerverstellen 60°/min.

Leistungsermittlung:

a) *Eignung des Krans.* Bild 3.2-4b: erforderliche Reichweite 31 m < maximale Ausladung 34,2 m; Betonmasse (Nutzladung) bei vollem Kübel $M_{\text{Nutz}} = \varrho_{\text{fest}} \cdot I/v$ = 2,40 · 1,0/1,25 = 1,92 t, Gesamtmasse $M_{\text{voll}} = M_{\text{Nutz}} + M_{\text{leer}}$ = 1,92 + 0,33 = 2,25 t, d. h. erforderliche Hubkraft erf $G_{\text{Nutz}} = M_{\text{voll}} \cdot g$ = 2,25 · 9,81 = 22,1 kN < zul G_{Nutz} = 22,6 kN bei maximaler Ausladung.

b) *Arbeitsweise:* Es gibt viele Möglichkeiten, den Kran unter den gegebenen Platz- und Einsatzverhältnissen arbeiten zu lassen. Bild 3.2-4a zeigt eine Arbeitsweise, bei der aus Sicherheitsgründen das Schwenken des Kübels über Bauteil C vermieden

t_i	Arbeitsvorgang	Weg	Geschwindigkeit	Zeit
t_1	Kubel fullen	—	—	0,5 min
t_2	Heben der Last	7,7 m = 23,2 m − 15,5 m	50,8 m/min	0,15 min
t_3	Ausleger heben	ca. 31°	60°/min	0,52 min
t_4	Schwenken $\alpha_1 + \alpha_2$ $\left[t = \dfrac{\alpha}{360} \right]$	21° = 12° + 9°	1 U/min	0,06 min
t_c	Fahren	21,0 m	39,5 m/min	0,53 min
t_6	Schwenken α_3	41°	1 U/min	0,11 min
t_7	Senken	3,0 m	50,8 m/min	0,06 min
t_8	Kubel leeren	—	—	0,5 min
t_9	Heben	3,0 m	50,8 m/min	0,06 min
t_{10}	Schwenken α_3	41°	1 U/min	0,11 min
t_{11}	Ausleger senken	ca. 31°	60°/min	0,52 min
t_{12}	Fahren	21,0 m	39,5 m/min	0,53 min
t_{13}	Schwenken $\alpha_1 + \alpha_2$	21°	1 U/min	0,06 min
t_{14}	Kubel senken	7,7 m	50,8 m/min	0,15 min

Kranspielzeit (ohne Überlappung) $\sum\limits_{i=1}^{14} t_i = 3{,}86$ min

a

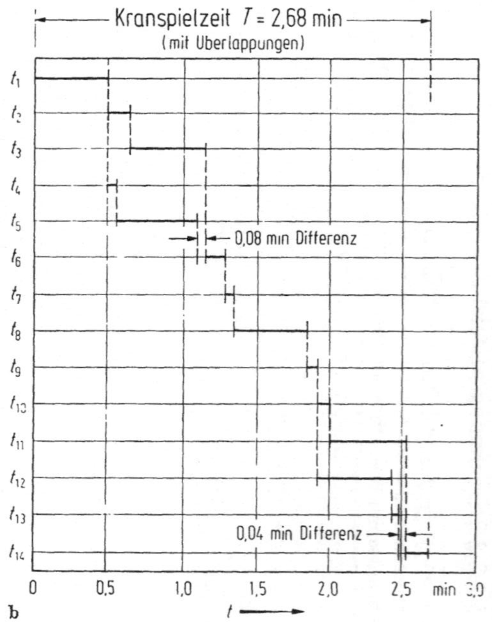

Bild 3.2-5. Berechnung der Kranspielzeit beim Betonieren von Bauteil D (zum Berechnungsbeispiel 3.2.2.2).
a) Kranspielzeit ohne Überlappungen,
b) Kranspielzeit mit Überlappungen.

werden soll, weil dort gleichzeitig gearbeitet wird. Die Arbeitsvorgänge sind: Füllen des Kübels am Mischer bei maximaler Ausladung 34,2 m (Standort I), Heben des Kübels mit dem Hubseil, Schwenken (α_1), Fahren zum Standort II, Schwenken (α_2), Heben des Auslegers, Schwenken (α_3), Senken des Kübels mit dem Hubseil, Entleeren des Kübels am Einbau-Schwerpunkt (Standort II). 15,5 m der erforderlichen Hubhöhe (23,2 m) werden durch Verstellen des Auslegers um den Winkel $\beta = 31°$ überwunden, die restlichen 7,7 m durch Einziehen des Hubseils.

c) *Kranspielzeit.* In Bild 3.2-5a sind die Teilzeiten des Kranspiels für die zurückzulegenden Wege tabellarisch ermittelt, wobei sich die Gesamtkranspielzeit $\sum\limits_{(i)} t_i$ = 3,86 min ergibt, wenn die mögliche Überlappung nicht berücksichtigt wird. In Bild 3.2-5b sind in Form eines Balkendiagramms die Teilzeiten aufgetragen und die Überlappungsmöglichkeiten ausgeschöpft, so daß sich eine mittlere Kranspielzeit $T = 2,68$ min ergibt. Es ist angebracht, einen 10%igen Zeitzuschlag für Beschleunigungs- und Bremsvorgänge zu machen, dann ist $T \approx 2,68 + 0,27 = 2,95$ min.

d) *Einbringleistung* nach Gleichung (3.2-2) $Q_n = B \cdot \dfrac{60}{T} \cdot k$; transportierte Betonmenge

$B = I/v = 1,0/1,25 = 0,80$ m³ fest; Betriebszeitbeiwert $k = 0,83$; Nutzleistung

$Q_n = 0,80 \cdot \dfrac{60}{2,95} \cdot 0,83 = 13,5$ m³ fest/h.

Mit dieser Einbringleistung kann die Geschoßdecke des Bauteils D mit einer Gesamtmenge von $24 \cdot 26 \cdot 0,2 \approx 125$ m³ in 10 Stunden betoniert werden.

3.3 Bandstraßen

[7; 17; 25]

Bandstraßen werden in aller Welt schon seit langem im Über- und Untertagebau in Bereichen der Materialgewinnung eingesetzt. Als kontinuierliches Fördermittel haben die Bandstraßen relativ spät Eingang in den Baubetrieb gefunden; hauptsächlich werden sie in Verbindung mit kontinuierlich arbeitenden Baggern mit hohen Förderleistungen (Schaufelrad- und Eimerkettenbaggern) eingesetzt. Auch in schwierigem Gelände (z. B. schlechter Untergrund, große Steigungen bzw. Gefälle) sind Bandstraßen leicht zu verlegen. Als Nachteil der Förderung mit Bandstraßen ist der Leistungsausfall des Gesamtbetriebes bei Ausfall oder Störung des Bandbetriebes anzusehen. Elemente und Aufbau von Bandstraßen in 2.3.4.2.

Einer der interessantesten Großeinsätze von Bandstraßen im Baubetrieb in der jüngsten Zeit ist die Baustelle des Tarbela-Dammes in Pakistan. Die Länge der Bandstraße betrug zwischen dem Gewinnungsgebiet und der Staudammkrone 9,4 km. Die Bänder (mit einer max. Breite von 1600 mm) förderten bei einer Geschwindigkeit von max. 5,8 m/s (= 21 km/h) etwa 12000 t Material je Stunde. Insgesamt wurden auf dieser Baustelle 70 km Bandstraßen verlegt.

Die Förderleistung von Bandstraßen ist abhängig von Bandgeschwindigkeit, Fördergut (Schüttwinkel), Bandform (flach oder gemuldet), Aufgabeform und Steigung der Bandstraße.

3.3.1 Leistung der Antriebsmotoren

Die erforderliche Leistung der Antriebsmotoren N_a (an der Antriebswelle) ergibt sich aus der Gleichung

$$N_a = N_L + N_B + N_H \text{ in kW.}$$

N_L Kraftbedarf für den Leerlauf in kW,
N_B Kraftbedarf für die Beladung in kW,
N_H Kraftbedarf für den Hub in kW;

$$N_L = \frac{CfL}{367} \cdot 3{,}6 G_m v \text{ in kW,}$$

$$N_B = \frac{CfL}{367} \cdot Q_t \text{ in kW,}$$

$$N_H = \pm \frac{H}{367} Q_t \text{ in kW } (+ \text{ bei Berg-, } - \text{ bei Talförderung).}$$

$$N_a = \frac{CfL}{367} (3{,}6 G_m v + Q_t) \pm \frac{Q_t H}{367} \text{ in kW.} \qquad (3.3\text{-}1)$$

C Beiwert der Förderlänge (Bild 3.3-1),
f Reibungszahl an den Tragrollen (0,025 für Walzlager bzw. 0,05 für Gleitlager),
L Förderlänge in m,
G_m Masse des Gurtes und der Rollen des oberen und unteren Trums in kg/m,
v Gurtgeschwindigkeit in m/s,
Q_t Fördergutmenge in t/h,
H senkrechte Förderhöhe in m.

Masse G_m des Gurtes und der Rollen in Abhängigkeit von der Gurtbreite B:

B in mm	400	500	650	800	1 000
G_m in kg/m	35	40	70	100	150

Menge des Fördergutes $Q_t = Q_m \varrho k_1$ in t/h.

Q_m Fördermenge in m³ lose/h,
ϱ Schütt-Dichte des Fördergutes in t/m³,
k_1 Beiwert der Gurtneigung in Abhängigkeit von der Neigung α des Bandes (Bild 3.3-2) [25a].

Genormte Werte nach DIN 22101

Gurtbreite B in mm:	400 500 650 800 1 000 1 200 1 400 1 600 1 800 2000 2250 2500
Trommeldurchmesser D und D_1 in mm:	200 250 320 400 500 630 800 1 000 1 250 1 400 1 600 1 800 2000
Gurtgeschwindigkeit v in m/s:	0,42 0,52 0,66 0,84 1,05 1,31 1,68 2,09 2,62 3,25 4,19
Einlagenzahl für Lagengurte z:	3 4 5 6 7 8 9 10 11 12 13 14

Leistungsaufnahme des Antriebsmotors

$$N_m = \frac{N_a}{\eta}, \qquad \eta \text{ Wirkungsgrad des Antriebs.}$$

Bild 3.3-1. Beiwert C zur Erfassung der Nebenwiderstände in Abhängigkeit von der Förderlänge [25a].

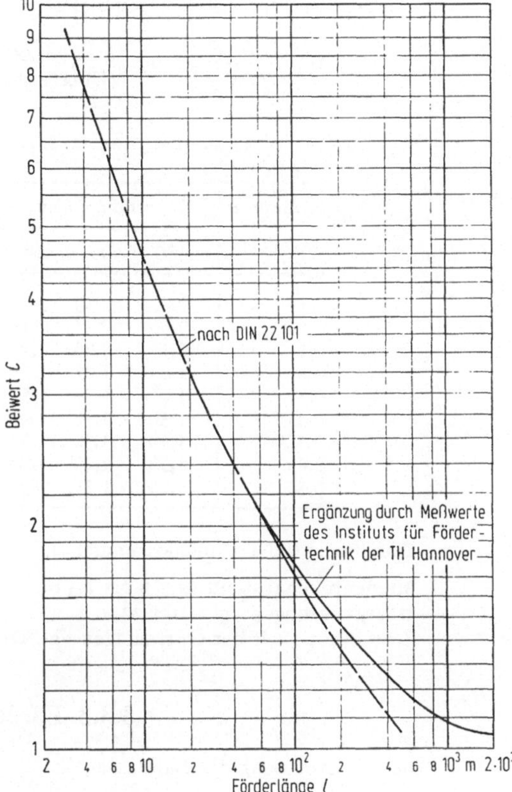

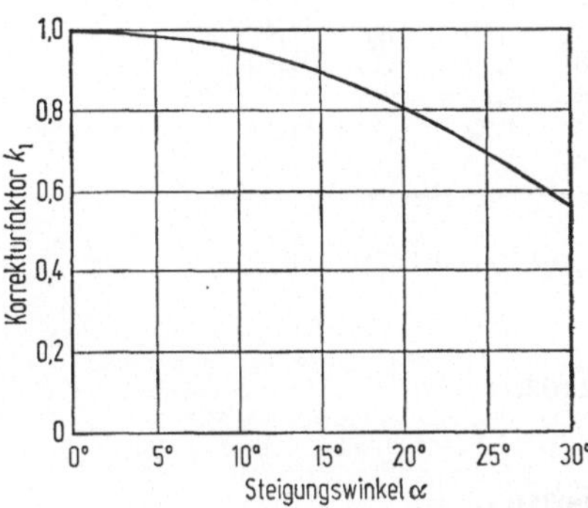

Bild 3.3-2. Einfluß des Steigungswinkels auf den Fördergutstrom (Korrekturfaktor k_1) [25a].

3.3.2 Weitere Bemessungsgrößen

Weitere Bemessungsgrößen einer Bandanlage (nach DIN 22101):
Umfangskraft an der Antriebstrommel:

$$P = \frac{750\,N_a}{v} \text{ in N};$$

Gurtzug: $T_1 = P\left(1 + \dfrac{1}{e^{\mu\alpha} - 1}\right)$ in N; Werte für $\left(1 + \dfrac{1}{e^{\mu\alpha} - 1}\right)$ in Tabelle 3.3-1.

Einlagenzahl des Gurtes:

$$z = \frac{0{,}01\,T_1 S}{B K_z}.$$

z soll bis 0,8 m Bandbreite $\geqq 3$, über 0,8 m Bandbreite $\geqq 4$ sein;

S Sicherheitszahl ($S = 11$ für $z = 3$ bis 5, $S = 12$ für $z = 6$ bis 9; $S = 13$ für $z = 10$ bis 14);

K_z Zerreißfestigkeit des Gurtes (Herstellerangaben).

Durchmesser der Antriebstrommel D: Mindestwerte $D \geqq (0{,}125 \ldots 0{,}18) \cdot z$ in m.

$$D = \frac{360\,P}{p\pi a^\circ B} \text{ in m}.$$

$p = 16\,000$ bis $20\,000$ N/m^2
(Übertragungsfähigkeit zwischen Trommel und Gurt).

Tabelle 3.3-1. Werte für $1 + \dfrac{1}{e^{\mu\alpha} - 1}$; gültig bei Eintrommelantrieb [25a]

Reibwert μ	Umschlingungswinkel a [°]						
	180	190	200	210	220	230	240
0,1	3,70	3,55	3,41	3,28	3,15	3,03	2,92
0,15	2,66	2,55	2,45	2,36	2,28	2,21	2,15
0,2	2,15	2,06	1,99	1,92	1,86	1,81	1,76
0,25	1,83	1,77	1,71	1,67	1,63	1,58	1,54
0,3	1,64	1,59	1,54	1,50	1,46	1,43	1,40
0,35	1,50	1,46	1,42	1,38	1,35	1,33	1,30
0,4	1,40	1,36	1,33	1,30	1,27	1,25	1,23
0,45	1,32	1,29	1,26	1,24	1,22	1,20	1,18
0,5	1,26	1,23	1,21	1,19	1,17	1,16	1,14

Durchmesser der Umlenktrommel D_1: $D_1 \geqq (0{,}1 \ldots 0{,}125) \cdot z$ in m;

Muldenrollenabstand $\approx$ 1,2 bis 1,3 m;
Übergangsbögen vgl. DIN 22101;
Zerreißfestigkeit der Gurtanlagen vgl. DIN 22102.

3.3.3 Förderleistung

Die Förderleistung der Bandanlage ist

$$Q_\mathrm{m} = 3\,600\,vF \text{ in m}^3 \text{ lose/h}\quad\text{(theoretische Förderleistung).}$$

Vereinfachend kann man nach DIN 22101 von folgenden theoretischen Leistungen ausgehen (Bild 3.3-3):

flacher Gurt: $Q_\mathrm{m} = F_1\,3\,600v \approx 240v\,(0{,}9B - 0{,}05)^2$
gemuldeter Gurt: $Q_\mathrm{m} = (F_1 + F_2)\,3\,600v \approx 440v\,(0{,}9B - 0{,}05)^2$
v Gurtgeschwindigkeit in m/s,
F Förderquerschnitt in m^2; $(F_1 + F_2)$ bei gemuldetem Gurt,
$Q_\mathrm{m} = Q_\mathrm{m}'v$ (Q_m' Förderleistung bei verschiedenen Bandbreiten (Bild 3.3-4b bis k)
und einer Gurtgeschwindigkeit von $v = 1$ m/s).

Die Dauerleistung Q_n ergibt sich aus der Förderleistung Q_m, dem Beiwert k_1 (für die Gurtneigung) und dem Faktor U für die Ungleichförmigkeit der Beschickung (U liegt nach Kühn

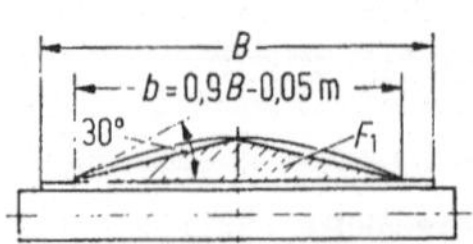

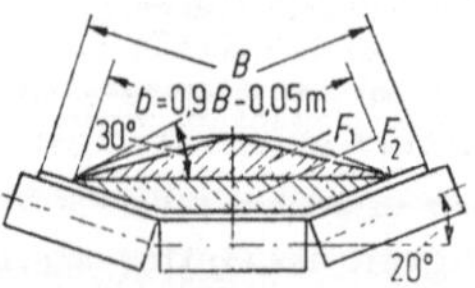

Bild 3.3-3. Querschnitt des flachen und gemuldeten Gurtes.

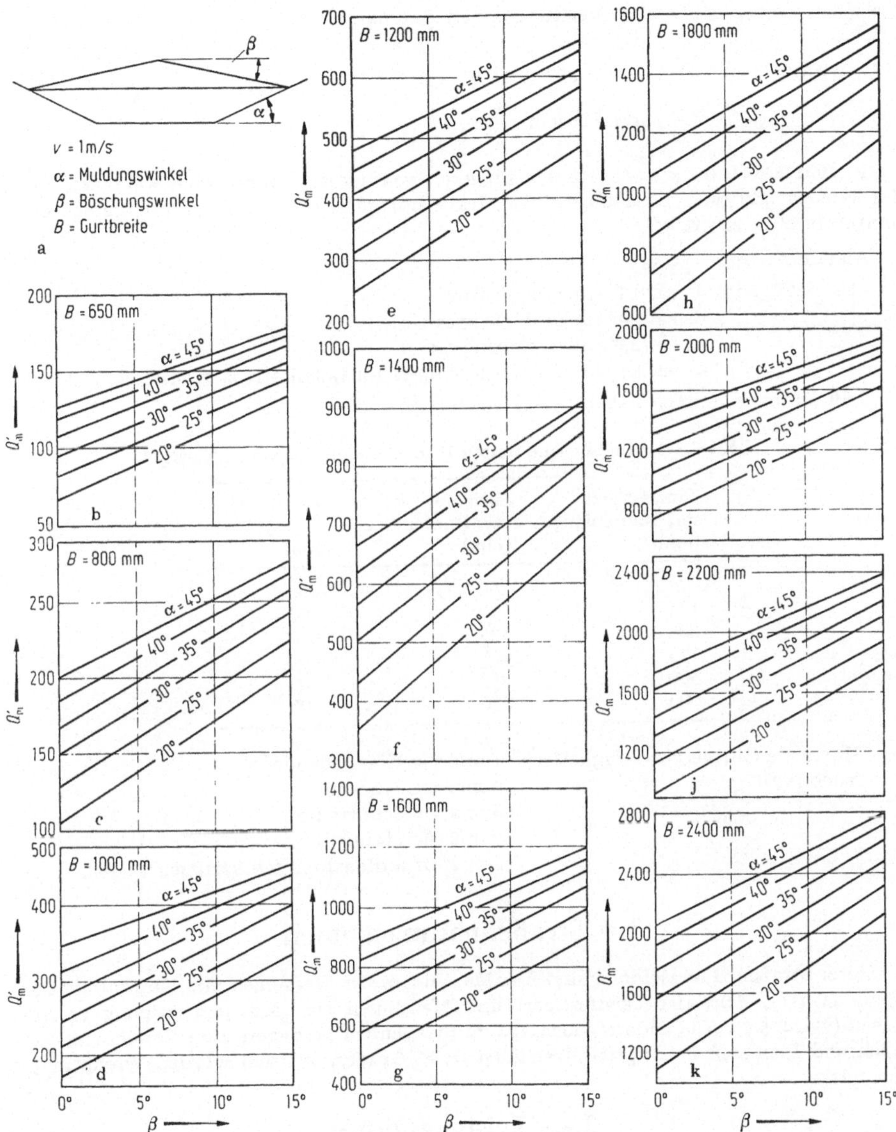

Bild 3.3-4a. Bezeichnungen der Ausgangsgrößen für die Leistungsbestimmung bei Gurtförderern [25]. Bild 3.3-4b. Förderleistung Q_m' eines 650 mm breiten Bandes in m³ lose/h. Bild 3.3-4c. Förderleistung Q_m' eines 800 mm breiten Bandes. Bild 3.3-4d. Förderleistung Q_m' eines 1000 mm breiten Bandes. Bild 3.3-4e. Förderleistung Q_m' eines 1200 mm breiten Bandes. Bild 3.3-4f. Förderleistung Q_m' eines 1400 mm breiten Bandes. Bild 3.3-4g. Förderleistung Q_m' eines 1600 mm breiten Bandes. Bild 3.3-4h. Förderleistung Q_m' eines 1800 mm breiten Bandes. Bild 3.3-4i. Förderleistung Q_m' eines 2000 mm breiten Bandes. Bild 3.3-4j. Förderleistung Q_m' eines 2200 mm breiten Bandes. Bild 3.3-4k. Förderleistung Q_m' eines 2400 mm breiten Bandes.

[17] zwischen 1 und 2):

$$Q_n = \frac{Q_m k_1}{U} \text{ in m}^3 \text{ lose/h}.$$

In Bild 3.3-4b bis k ist $Q_m{}'$ in Abhängigkeit von der Bandbreite, dem Muldungswinkel des Bandes und dem Böschungswinkel des Schüttgutes dargestellt. Fördergurtbezeichnungen in DIN 22102.

Anhaltswerte:

Bandsteigung: < ca. 15° für rolliges Gut,
　　　　　　　< ca. 20° für grobkörniges Gut,
　　　　　　　< ca. 25° für feinkörniges Gut,
　　　　　　　< ca. 45° für Steilförderbänder (in Gefällestrecken bis ca. 15°).
Mindestbandbreiten: Tabelle 3.3-2 (nach [17])

Tabelle 3.3-2. Mindestbandbreiten B in Abhängigkeit vom Fördergut

Einzelstücke mit Kantenlänge [mm]	Gleichm. Gut mit Kantenlänge [mm]	Bandbreite [mm]
75	60—65	400
125	90	500
225	125	650
375	200	800
500	250	1 000
600	350	1 200

Maximale Gurtgeschwindigkeiten:　1 m/s für Klaubebänder,
(nach [17])　　　　　　　　　　　　2 m/s für Stückgut,
　　　　　　　　　　　　　　　　　6 m/s für Schüttgut,
　　　　　　　　　　　　　　　　　7 m/s für Staubgut,
　　　　　　　　　　　　　　　12 m/s für erdfeuchten feinkörnigen Boden,

3.4 Straßenbaumaschinen

Unter Straßenbaumaschinen sind hier Maschinen zum Herstellen von Fahrbahndecken (Betondecken-, Schwarzdeckenfertiger) und Maschinen zur Bodenverfestigung zu verstehen (vgl. 2.5.2). Alle anderen ebenfalls im Straßenbau besonders zum Verdichten, Verteilen und Planieren benötigten Maschinen (z. B. Grader, Walzen) wurden bereits in 3.1 behandelt.

3.4.1 Leistungsformel

Die Nutzleistung von Straßenbaumaschinen für den Einbau von Straßendecken oder die Herstellung verbesserter Oberbauten ergibt sich aus der Formel

$$Q_n = 60vbdk \text{ in m}^3/\text{h}.$$

　　v　Arbeitsgeschwindigkeit in m/min,
　　b　Arbeitsbreite der Maschine in m,
　　d　Schicht- bzw. Deckendicke in m,
　　k　Betriebszeitbeiwert.

Bei Deckenbaumaschinen wird meist die Leistung auch durch die stündlich eingebaute Materialmenge $Q_{n(M)} = \varrho \cdot Q_n$ in t/h ausgedrückt, wobei ϱ in t/m^3 die Dichte des Deckenmaterials ist. Bei einer zusätzlichen Aussage über die Dicke d der eingebauten Schicht kann, wie häufig bei Vermörtelungsmaschinen, auch die Flächenleistung $Q_{n(F)} = Q_n/d$ in m^2/h angegeben werden.

Die Einbauleistung der Straßenbaumaschinen hängt im wesentlichen von der technischen Leistungsfähigkeit der Maschine und von den speziellen Anforderungen des Bauvorhabens ab. Dies sind vor allem die durch Entwurf und Bemessung vorgegebenen Maße für die Fahrbahnbreite und die Deckendicke, die zusammen mit der Arbeitsgeschwindigkeit die erforderliche Leistung bestimmen.

Voraussetzung für eine hohe Einbauleistung sind eine entsprechend leistungsfähige Aufbereitungsanlage für Beton bzw. bituminöses Mischgut sowie ein reibungsloser Materialtransport durch die Förderfahrzeuge der nur durch eine Leistungsberechnung nach Abschnitt 3.1.7 sichergestellt werden kann. Die von den Herstellern angegebenen Höchstleistungen ihrer Fertiger sind im praktischen Baustellenbetrieb nur sehr selten zu realisieren, können aber theoretisch um so leichter erreicht werden, je dicker die einzubauende Schicht ist.

3.4.2 Schwarzdeckenfertiger

Schwarzdeckenfertiger für den Einbau von *Walzasphalt* fahren mit Einbaugeschwindigkeiten von 0,5 bis 10 m/min und erreichen bei besten Arbeitsbedingungen und gut organisiertem Materialnachschub Leistungen bis zu 450 t/h. Die Arbeitsbreiten liegen zwischen 1,80 und 12,00 m, die maximale Einbaudicke ist 30 cm und die Vorratskübel fassen bis zu 16 t bituminöses Mischgut. *Gußasphaltfertiger* haben Arbeitsbreiten zwischen 2,50 und 15,25 m und arbeiten mit Einbaugeschwindigkeiten zwischen 0,1 und 5,0 m/min.

3.4.3 Betondeckenfertiger

Betondeckenfertiger arbeiten meist als Einbauzug in einer Einheit mit Betonverteiler, Dübelsetzmaschine (mit Fugenvibrator) und Glätteinrichtung zusammen und erreichen durchschnittliche Einbauleistungen von 60 bis 130 m^3/h. Es sind Arbeitsbreiten zwischen 2,5 und 12,0 m sowie Schichtdicken bis 25 cm möglich. Meist ist für die Leistung des Einbauzuges die Verdichtungsleistung des Fertigers maßgebend, welche die erreichbare Arbeitsgeschwindigkeit — je nach Deckendicke — auf etwa 0,6 bis 1,0 m/min beschränkt. Zur Aufnahme von Frischbeton haben die Kübelverteiler ein Fassungsvermögen zwischen 3 und 4,6 m^3.

3.4.4 Bodenvermörtelungsmaschinen

Die *Bodenverfestigung* mit Zement oder Kalk geschieht durch Bindemittelverteiler mit Aufsatzsilos bis zu 10 m^3 Fassungsvermögen und durch nachfolgende Vermörtelungsmaschinen, deren Arbeitsgeschwindigkeit bei Arbeitsbreiten bis zu 2,0 m und Vermörtelungstiefen bis zu 30 cm durchschnittlich 20 bis 50 m/min betragen kann, was Einbauleistungen zwischen 300 und 800 m^2/h entspricht.

Literatur zu 3. Leistungen von Baumaschinen

Normen

DIN 120 Blatt 1 Berechnungsgrundlagen für Stahlbauteile von Kranen und Kranbahnen; Erläuterungen.

DIN 120 Blatt 2 Berechnungsgrundlagen für Stahlbauteile von Kranen und Kranbahnen; Grundsätze für die bauliche Durchbildung.

DIN 459 Betonmischer; Begriffe, Größen, Anforderungen.

DIN 4021 Blatt 1 Baugrund; Erkundung durch Schürfe und Bohrungen sowie Entnahme von Proben; Aufschlüsse im Boden.

DIN 4021 Blatt 2 Baugrund; Erkundung durch Schürfe und Bohrungen sowie Entnahme von Proben; Aufschlüsse im Fels.

DIN 4022 Blatt 1 Baugrund und Grundwasser; Benennen und Beschreiben von Bodenarten und Fels; Schichtenverzeichnis für Untersuchungen und Bohrungen ohne durchgehende Gewinnung von gekernten Proben.

DIN 4124 Baugruben und Gräben; Böschungen, Arbeitsraumbreiten, Verbau.

DIN 15001 Blatt 1 Krane; Benennungen; Begriffe, Einteilung nach der Bauart.

DIN 15001 Teil 2 Krane; Begriffe, Einteilung nach der Verwendung.

DIN 18196 Erdbau; Bodenklassifikation für bautechnische Zwecke und Methoden zum Erkennen von Bodengruppen.

DIN 18300 Erdarbeiten (Fassung 1973).

DIN 22101 Gurtförderer; Berechnungsgrundlagen.

DIN 22102 Fördergurte mit Textileinlagen.

ZTVE-StB 65 Zusätzliche Technische Vorschriften und Richtlinien für Erdarbeiten im Straßenbau.

Bücher

1 BML — Daten für die Berechnung von Betriebsmittel-Leistungen, Herausgegeben vom Bundesausschuß Leistungslohn Bau. Frankfurt/Main, 1974.

2 *Bock:* Leistungs- und Kostenermittlung des Bagger- und Fahrzeugbetriebes im Steinbruch als Grundlage der Investitionsplanung. Zement-Kalk-Gips-Sonderausgabe 11, Wiesbaden, Berlin: Bauverlag GmbH 1971.

3 *v. Braunschweig:* Wirtschaftlicher Einsatz von Baggern und Schwerlastwagen, Mainz: Krausskopf 1970.

4 *Caterpillar:* Grundlagen der Erdbewegung, Worms: Zeppelin-Metallwerke GmbH 1966.

5 *Drees, Reiff:* Die Baustelleneinrichtung, Düsseldorf: Werner 1971.

6 *Dombrowski:* Leistungssteigerung der Löffelbagger, Berlin: VEB-Verlag Technik 1953.

7 *Eckert:* Bandstraßen im Baubetrieb, Berlin, Heidelberg, New York: Springer 1957.

8 Fachgebiet Baubetrieb und Baumaschinen: Baubetrieb I und II, TU Berlin 1974/75.

9 *Fritz:* Leistungsermittlung und Leistungslohn bei maschinenintensiven Bauarbeiten, Wiesbaden, Berlin: Bauverlag GmbH 1970.

10 *Gabay:* Les Engins Mechaniques de Chantier, Lausanne: Librairie de l'Université, F. Rouge & Cie S. A. 1952.

11 *Garbotz:* Die Leistungen von Baumaschinen. Köln-Braunsfeld: Verlagsgesellschaft R. Müller 1966.

12 *Garbotz:* Baumaschinen und Baubetrieb, Bd. 1, 2. Aufl. 1957; Bd. 2, 2. Aufl. 1958, München: Hanser.

13 *Kiehl:* Die Leistung der Hydraulikbagger und Möglichkeiten ihrer Erfassung. Dissertation, TU Berlin 1973.

14 *Kirgis:* Tiefbau-Taschenbuch, Stuttgart: Franckh 1967.

15 *Kühn:* Die Einsatzprobleme des Schürfkübelbaggers, Wiesbaden, Berlin: Bauverlag GmbH 1958.

16 *Kühn:* Der gleislose Erdbau, Berlin, Göttingen, Heidelberg: Springer 1957.

17 *Kühn:* Die Mechanik des Baubetriebs, Teil 1 — Transportmechanik, Wiesbaden, Berlin: Bauverlag GmbH 1974.

18 *Mitschke:* Dynamik der Kraftfahrzeuge, Berlin, Heidelberg, New York: Springer 1972.

19 *Peurifoy:* Construction Planning, Equipment and Methods, 2. Aufl., New York: McGraw-Hill Book Company 1970.

20 Power Crane and Shovel Association: Motorkrane, Bagger, Schleppkübel. Ausrüstung, Antrieb, Handhabung, Wiesbaden, Berlin: Bauverlag GmbH 1958.

21 Rheinstahl Hanomag AG: Kalkulationshelfer für den Einsatz von Hanomag-Hydraulikbaggern (Firmendruckschrift).

22 *Sachse, Theiner:* Typenblätter für Baumaschinen, Köln-Braunsfeld: Verlagsgesellschaft R. Müller 1965.

23 *Schneider:* Die Ermittlung wirtschaftlicher Einsatzbereiche von Universalbaggern unter Berücksichtigung der wichtigsten leistungs- und kostenbestimmenden Faktoren. Dissertation, TU Dresden 1967.

24 *Schub:* Einflußfaktoren bei der Leistungsberechnung von Universalbaggern als Grundlage der Betriebsplanung im Erdbau. Dissertation, TH München 1965.

25 Stahlseilfördergurte. Firmendruckschrift Conrad Scholtz AG, Hamburg.

25a Fördergurt-Handbuch. Firmendruckschrift Conrad Scholtz, AG, Hamburg 1967.

26 *Stirner:* Baumaschinen im Erd- und Straßenbau. Bad Wörrishofen: Krafthand 1970.

27 *Theiner:* Hydraulikbagger. Heft 5 der Schriftenreihe „Baumaschineneinsatz im Baugewerbe". Köln-Braunsfeld: Verlagsgesellschaft R. Müller 1971.

28 *Voß, Floß:* Die Bodenverdichtung im Straßenbau, Düsseldorf: Werner 1968.

29 Weserhütte: 125 Jahre Weserhütte — Portrait in Wort und Bild. Herausgegeben von der Eisenwerk Weserhütte AG, Bad Oeynhausen, 1969.

30 *Walch:* Baumaschinen und Baueinrichtungen, Bd. 1 bis 3, Berlin, Göttingen, Heidelberg: Springer 1957

31 *Kühn, Massinger:* Optimale Formgebung von Grabgefäßen. Forschungsreihe des Hauptverbandes der Deutschen Bauindustrie e. V. Band 16, Frankfurt/Main, 1973.

32 Refa-Verband für Arbeitsstudien: Methodenlehre des Arbeitsstudiums, Teil 1: Grundlagen; Teil 2: Datenermittlung; Teil 3: Kostenrechnung, Arbeitsgestaltung, München: Carl Hanser 1971.

33 *Dressel:* Arbeitstechnische Merkblätter für den Baubetrieb, Leonberg: IfA-Verlag (Fortsetzungswerk).

34 *Müller:* Rechnerische Verfahren zur Ermittlung der Fahrzeiten, des Treibstoffverbrauchs und der Fahrkosten schwerer LKW, Straßen- und Tiefbau, 1955.

35 *Petzschmann:* · Beitrag zur Entwicklung eines theoretischen Modells zur Bestimmung wirtschaftlich optimaler Gerätekombinationen im Erdbau unter Anwendung der EDV. Dissertation, TU Berlin 1973.

36 *Duic, Trapp:* Baumaschinen-Handbuch, Bd. 1 bis 5, Wiesbaden, Berlin: Bauverlag 1966.

37 *Reitemeyer:* Schaufellader im Einsatz, Fördern und Heben, Fachberichte Bd. 2, Wiesbaden: Krausskopf 1961.

Zeitschriften

Bauingenieur. Berlin, Heidelberg, New York: Springer.

Baumaschine und Bautechnik. Wiesbaden, Berlin: Bauverlag GmbH

Baupraxis. Stuttgart: Kohlhammer.

Bauwirtschaft. Wiesbaden, Berlin: Bauverlag GmbH.

Straßen- und Tiefbau. Heidelberg: Straßenbau, Chemie und Technik Verlags GmbH.

Tiefbau. Gütersloh: Bertelsmann.

4. Gerätekosten[1][2]

[1 bis 8]

Bearbeitet von *P. Kiehl*

In HÜTTE Bautechnik, Bd. I [H 30] sind u. a. die Kalkulation und verschiedene Kalkulationsverfahren bereits behandelt worden. Die Gerätekosten sind ein Bestandteil dieser Kalkulation; ihnen kommt bei der wachsenden Maschinisierung unserer Baustellen eine immer größere Bedeutung zu. Es ist nicht mehr möglich, z. B. beim großen Erdbau, die gesamten Gerätekosten in die Gemeinkosten der Baustelle einzubeziehen, denn das würde zu einem falschen Preisbild führen. Vielmehr sollte der Grundsatz der verursachungsgerechten Kalkulation im Vordergrund stehen, d. h. Gerätekosten sind in die Einheitspreise der Positionen einzubeziehen, in denen sie auch tatsächlich anfallen. Nur in Ausnahmefällen sind einzelne Geräte (z. B. Kehrmaschine, Grader für Fahrwegunterhaltung) in den Gemeinkosten zu veranschlagen. Das gilt auch für Geräte, die nicht eindeutig einer oder mehreren Positionen prozentual zugeordnet werden können. Dadurch wird (z. B. beim Umlageverfahren) der umzulegende Block der Gemeinkosten erheblich reduziert [H 33, Abs. 2.3.4.3.3.2] und ein klareres Preisbild geschaffen. Ausgenommen von dem Gesagten sind die Kosten für die Baustelleneinrichtung. Diese werden u. U. vom Ausschreibenden, dem späteren Auftraggeber, als eigene Position ins Leistungsverzeichnis (LV) aufgenommen und als solche vom Unternehmer auch kalkuliert; in diesem Falle erhält der Unternehmer — sofern, wie üblicherweise, Abschlagszahlungen vereinbart wurden — einen Teil der Kosten der Baustelleneinrichtungen nach deren Errichtung bereits erstattet. Im anderen Fall — die Baustelleneinrichtung ist im LV nicht erwähnt — ist diese als nach VOB Teil C, Abschnitt 4 zu erbringende Nebenleistung anzusehen; sie wird dann in die Gemeinkosten der Baustelle einbezogen.

Zu den Gerätekosten gehören alle durch den Baustelleneinsatz des Gerätes verursachten Kosten, die Abschreibungs-, Verzinsungs-, Reparatur-, Betriebsstoff- und Lohnkosten und die Kosten für den An- und Abtransport, den Auf- und Abbau und das Auf- und Abladen des Gerätes.

4.1 Baugeräteliste 1971

Die Baugeräteliste 1971 (BGL) [1] enthält die wichtigsten Grundlagen der Gerätekosten. Es sind keine einzelnen Fabrikate oder Gerätetypen aufgeführt, sondern stets zusammenfassende, ordnende Gerätegrößen angegeben. Die BGL ist eines der wichtigsten Hilfsmittel für die Betriebsplanung im Baubetrieb, die Arbeitsvorbereitung und die Kalkulation. Sie ist die Grundlage für die Kostenermittlung bei Maschinen und Geräten, auch

---

[1] In diesem Kapitel wird mehrfach ein Standardwerk für die Gerätekostenermittlung im Baubetrieb — die Baugeräteliste 1971 (BGL) — zitiert, das noch nicht auf die ab 1. 1. 1978 allein gültigen Einheiten des Internationalen Einheitensystems (SI) umgestellt ist. Insbesondere beruhen Gliederung und Numerierung (Geräteschlüssel) der BGL teilweise auf der Verwendung von Geräte-Kenngrößen, deren Einheiten, wie z. B. PS oder Mp, dann nicht mehr zulässig sein werden. Die entsprechenden Einheiten werden ohne Umrechnung und weiteren Kommentar übernommen.

[2] Literatur S. 349.

bei der innerbetrieblichen sowie zwischenbetrieblichen (z. B. Arbeitsgemeinschaften) Verrechnung. Zu jedem Gerät sind die wesentlichen technischen und wirtschaftlichen Daten angegeben, die durch technische Erläuterungen zur Konstruktion und Ausstattung ergänzt werden.

Sämtliche Baumaschinen und -geräte wurden zu neun Haupttypen zusammengefaßt. Jeder Geräteart ist eine vierstellige Kennziffer zugeordnet, jeder Maschine eine achtstellige, wobei die ersten vier Ziffern die Geräteart, die zweiten vier Ziffern die Kenngröße der Maschine angeben. Von Geräteart zu Geräteart ist die Kenngröße, meist eine technische Maßzahl der Maschine (z. B. Lastmoment des Turmdrehkranes in mMp), jeweils neu festgelegt.

Beispiel für Numerierung in der BGL:
    3301-0180
    3   Hauptgruppe: Bagger, Flachbagger, Rammen, Bodenverdichter
    33   Geräteabschnitt: Planiergeräte, Ladegeräte, Schürfgeräte (Flachbagger)
    3301   Geräteart: Planierraupe
    -0180 Kenngröße (der Maschine, hier Motorleistung in PS): 180 PS

In den meisten Fällen sind unter der jeweiligen Gerätebezeichnung auch alle fest mit dem Gerät verbundenen und im allgemeinen nicht auswechselbaren Zusatzeinrichtungen erfaßt (mit Buchstaben gekennzeichnet), sofern diese zur Normal-(Standard-)Ausführung gehören; andere Zusatzeinrichtungen werden als eigenes Gerät behandelt und mit einer eigenen weiteren Geräteziffer aufgeführt.

Neben den technischen Angaben zu jeder Geräteart enthält die BGL als wesentlichen Teil Angaben über die Vorhaltekosten, den mittleren Neuwert und die Nutzungsdauer des Gerätes. Die einzelnen Begriffe werden in den nachfolgenden Abschnitten eingehender erläutert.

4.2 Grundbegriffe der Gerätekostenermittlung

Die für die Gerätekostenermittlung wichtigsten Größen sind der mittlere Neuwert, die Nutzungsjahre, die Vorhaltezeit, die Vorhaltekosten, die Betriebsstoffkosten (Abs. 4.3) und die Lohnkosten für das Bedienungspersonal (Abs. 4.4, Beispiel).

4.2.1 Mittlerer Neuwert

Auf der Preisbasis von 1970 sind die Neuwerte der Baumaschinen und -geräte ermittelt worden. Man spricht vom mittleren Neuwert (Ab-Werk-Basis), da man nicht nur ein Fabrikat, sondern das Mittel aus den Werten mehrerer gebräuchlicher Fabrikate für die Wert-

Tabelle 4-1. Erzeugerpreisindex für Maschinen für die Bauwirtschaft

Jahr	Basis 1962	Basis 1970
1962	100	(82,4)
1970	121,4	100
1971	127,8	105,3
1972	131,7	108,5
1973	136,2	112,2
Jan. 1974	138,3	113,9
Juli 1974	145,5	119,9

festsetzung herangezogen hat. In den Werten ist weder die Mehrwertsteuer noch eine evtl. Investitionssteuer enthalten. Der mittlere Neuwert gilt für das komplette betriebsbereite Gerät (ohne Ersatzteile).

Trotz ständig wachsender Preise auch auf dem Baumaschinensektor, kann die BGL auch weiterhin als Bezugsbasis bei den mittleren Neuwerten verwendet werden — sofern keine eigenen präzisen Werte vorliegen — wenn man den Erzeugerpreisindex für Maschinen für die Bauwirtschaft (Tabelle 4-1) heranzieht.

4.2.2 Nutzungsjahre und Vorhaltemonate

Jede Maschine und jedes Gerät ist über einen bestimmten Zeitraum hin wirtschaftlich und mit technischem Erfolg einsetzbar. In diesem Zeitraum (= Nutzungsdauer) unterliegt das Gerät durch seinen Einsatz einem Verschleiß, dem ein gewisser Aufwand an Wartung, Pflege und Reparatur gegenübergestellt werden muß, und einer technischen Überalterung. Alle Angaben über Nutzungsdauern gelten als Anhaltswerte, im Einzelfall können diese Werte (z. B. durch sehr gute Wartung, vorbeugende Instandhaltung) teilweise erheblich überschritten bzw. im anderen Extremfall auch unterschritten werden.

Die Nutzungsdauer ist meist nicht mit der Lebensdauer des Gerätes, dem Zeitraum zwischen der Herstellung und der Verschrottung, identisch. Die Angabe der Nutzungsdauer erfolgt in der BGL in

Nutzungsjahren und
Vorhaltemonaten

Die *Nutzungsjahre* geben den Gesamtzeitraum der Nutzung an. Es ist zu beachten, daß nur die wenigsten Geräte fast jeden Tag zum Einsatz kommen; der Grad der Nutzung der Maschinen und Geräte schwankt sehr stark. Die Angabe der Nutzungsjahre in der BGL stimmt mit der in der amtlichen steuerlichen AfA-Tabelle für den Wirtschaftszweig Baugewerbe vom 1. 1. 1966 überein.

Die Angabe von *Vorhaltemonaten* (in Form von zwei Grenzwerten, um dem Benutzer einen Spielraum für seine spezifischen Belange zu geben) erfolgt unter dem Aspekt einer mittelschweren Belastung bei normaler, einschichtiger Arbeit sowie einer angemessenen Wartung und Pflege und den entsprechenden Reparaturen.

Die jährliche durchschnittliche Auslastung n ergibt sich aus dem Verhältnis von

$$\frac{\text{Vorhaltemonate}}{12 \cdot \text{Nutzungsjahre}} \cdot 100 \text{ in } \%.$$

Tabelle 4-2. Beispiele für die jährliche durchschnittliche Auslastung von Baumaschinen (nach BGL 71)

Gerät	Planierraupe 180 PS	Lkw (7 t Nutzlast) Dreiseitenkipper	Tellermischer 500 l
BGL-Nr.	3301-0180	2914-0070	1150-0500
Nutzungsjahre (nach BGL)	4	4	6
Kalendermonate	48	48	72
Vorhaltemonate (nach BGL)	35 — 30	45 — 40	45 — 40
$\dfrac{\text{Vorhaltemonate}}{\text{Kalendermonate}} \cdot 100 = \text{n} [\%]$	73 — 63	94 — 83	63 — 56
$n_{\text{mittel}} [\%]$	68	89	60

4.2.3 Vorhaltekosten

Unter dem Begriff der *Vorhaltekosten* werden in der BGL die Kosten für *Abschreibung* und *Verzinsung* (Kapitaldienst) und *Reparatur* zusammengefaßt. Diese Kosten werden in der BGL für jedes Gerät separat aufgeführt, und zwar jeweils in Kosten/Monat bzw. als monatlicher Prozentsatz des mittleren Neuwertes. Sofern firmenintern nicht anders kalkuliert wird, sind die auch im Baupreisrecht anerkannten Werte der BGL zu verwenden; danach gilt:

$$1 \text{ Vorhaltemonat} = 30 \text{ Kalendertage} = 175 \text{ Vorhaltestunden}$$
$$= \frac{175}{8} \approx 22 \text{ Vorhaltetage,}$$
$$1 \text{ Vorhaltetag} = 8 \text{ Vorhaltestunden};$$

danach ergeben sich beispielsweise die Vorhaltekosten je Stunde wie folgt:

$$\frac{\text{Vorhaltekosten je Monat}}{175} = \text{Vorhaltekosten je Stunde}$$

Für Stunden, die über die 175 Stunden je Monat hinausgehen (Geräteüberstunden), gilt im allgemeinen die Regel:

$$\text{Kosten der Geräteüberstunde} = \text{Kosten der normalen Vorhaltestunde.}$$

Geräteüberstunden werden nicht für Bauwagen, Baracken, Gerüste, Meß- und Prüfgeräte u. a. [1 (Abs. 8.3)] berechnet.

Für längerfristige Mehrschicht-Einsätze, wie sie häufig auf Auslandsbaustellen anzutreffen sind, sind andere Berechnungsverfahren als die angegebenen erforderlich, da sich bei diesen Einsätzen die Nutzungsjahre und damit auch die Gesamtzinsen des zu investierenden Kapitels erheblich ändern.

4.2.3.1 Abschreibung

Es ist im Rahmen der Gerätekostenermittlung nur von der *kalkulatorischen Abschreibung* und nicht von der steuerlichen betriebswirtschaftlichen Abschreibung die Rede. Man versteht unter der kalkulatorischen Abschreibung Beträge, durch die das einmal beim Erwerb der Maschine investierte Kapital wiedergewonnen wird. Am Ende des Abschrei-

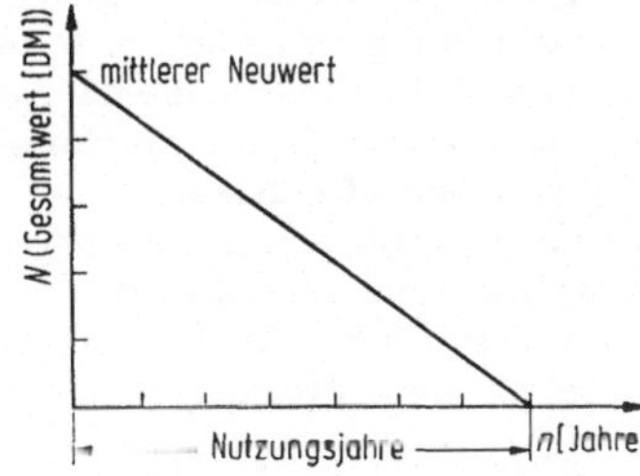

Bild 4-1. Schematische Darstellung der linearen Abschreibung.

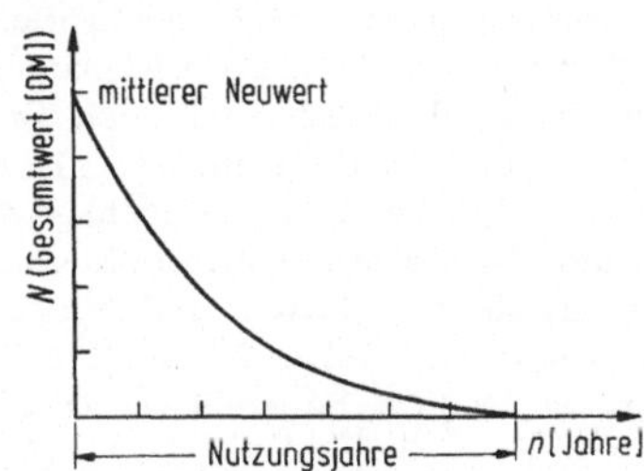

Bild 4-2. Schematische Darstellung der degressiven Abschreibung.

bungszeitraums soll das Kapital wieder zur Verfügung stehen, um i. allg. ein technisch und leistungsmäßig gleichwertiges Gerät zu beschaffen. Bei den gegenwärtigen Teuerungsraten trifft diese Definitionsart nicht die Realität, d. h. der mittlere Neuwert reicht als Abschreibungswert nicht aus. Nach der BGL wird von einer linearen Abschreibung ausgegangen, d. h. in gleichen Zeiträumen werden gleich große Beträge abgeschrieben (Bild 4-1). (Bei der steuerlichen Abschreibung geht man meist von einer degressiven Abschreibung aus (Bild 4-2), d. h. in den ersten Zeiträumen wird ein wesentlich höherer Betrag als im letzten abgeschrieben) [6].

4.2.3.2 Verzinsung

Unter der kalkulatorischen Verzinsung versteht man Beträge, die sich durch rechnerische Verzinsung des in das Gerät investierten, kalkulatorisch noch nicht abgeschriebenen Kapitals ergeben, d. h. es deckt die Zinsverluste des in die Maschine investierten bzw. noch festliegenden Kapitals. Als Zinssatz sind 6,5% pro Jahr in der BGL festgelegt, auf eine Zinseszinsrechnung wird verzichtet. Zur Ermittlung des Gesamtzinsbetrages rechnet man den halben Neuwert als über die gesamte Nutzungsdauer verzinst. In der Baugeräteliste 1971 sind die monatlichen Abschreibungs- und Verzinsungssätze sowohl als Prozentsatz vom mittleren Neuwert als auch als absoluter Betrag aufgeführt.

4.2.3.3 Reparaturkosten

Für die Aufrechterhaltung der Betriebsbereitschaft und Leistungsfähigkeit sind erhebliche Mittel aufzuwenden. Die Baugeräteliste geht bei der Festlegung des Reparaturkostensatzes von mittelschweren Arbeitsbedingungen und normaler Arbeitszeit sowie angemessener Wartung und Pflege des Gerätes aus. Vom ersten bis zum letzten Vorhaltemonat werden jeweils gleichhohe Beträge für Reparaturen bereit- bzw. zurückgestellt. Diese Werte sind als Durchschnittswerte anzusehen; in den ersten Einsatzmonaten werden nur geringe Reparaturkosten anfallen, am Ende der Vorhaltezeit werden die Durchschnittsbeträge im allgemeinen überschritten werden. Man kann mit Sicherheit davon ausgehen, daß Geräte, die über die normale Vorhaltezeit hinaus eingesetzt werden, überproportional anwachsende Reparaturkosten verursachen.

In der BGL sind die monatlichen Reparaturkosten als Prozentsatz des mittleren Neuwertes und als Absolutbetrag angegeben. Setzt man die Reparaturkosten ins Verhältnis zu den Abschreibungs- und Verzinsungskosten, erkennt man, daß die Reparaturkostenanteile von Geräteart zu Geräteart verschieden sind. Die Reparaturkostensätze enthalten alle Aufwendungen, Lohn und Stoffe, für die Erhaltung und Wiederherstellung der Betriebsbereitschaft sowohl am Einsatzort (Baustelle) als auch in eigenen sowie in fremden Werkstätten; demnach sind auch Ersatzteile einschl. Verschleißteilen in diesen Sätzen erfaßt; nicht enthalten sind die Kosten für Wartung und Pflege (z. B. Abschmieren, Reinigung von Verschmutzungen) sowie die Beseitigung von Gewaltschäden.

Schmierstoffkosten sowie Lohnstunden für die Maschinenwartung und -pflege werden in den Betriebsstoffkosten und in den Lohnkosten (z. B. bekommen die Maschinenführer täglich etwa eine halbe Stunde für Pflege und Wartung gezahlt) erfaßt. Die BGL geht davon aus, daß bei Baustellen mittlerer Größe und Dauer die Reparaturkosten zu etwa

20% auf der Baustelle und
80% in Werkstätten außerhalb der Baustelle

anfallen werden. Bei größeren, länger dauernden Baustellen wird sich der Anteil der auf der Baustelle durchzuführenden Reparaturen erhöhen.

Die in der BGL angegebenen Reparaturkosten lassen sich für den Regelfall aufteilen in

45% Lohnkosten (ohne tarifliche und gesetzliche Sozialaufwendungen sowie ohne sonstige lohnbezogene Kosten)

55% sonstige Kosten (Kosten für Reparaturstoffe und Ersatzteile einschl. Verschleißteile frei Reparaturstelle ohne Umsatzsteuer)

100% Reparaturkosten

Bei Fremdreparaturen anstelle eigener Reparaturen entstehen dem Gerätehalter statt eigener Lohnkosten sonstige Kosten einschließlich aller Zuschläge (tarifliche, soziale und lohnbezogene), Allgemeine Geschäftskosten, Wagnis und Gewinn; hinzu kommen dann noch die Stoffkosten der Gerätereparatur.

4.2.4 Vorhaltezeit

Unter Vorhaltezeit versteht man den Zeitraum, in dem ein Gerät einer Baustelle und damit keiner anderen zur Verfügung steht. Die Vorhaltezeit umfaßt

Zeiten für Auf- und Abladen,
Zeiten für An- und ggf. Abtransport,
Zeiten für Auf- und Abbau,
Einsatzzeiten,
Zeiten für das Umsetzen auf der Baustelle,
Stilliegezeiten,
Zeiten für Wartung und Pflege,
Reparaturzeiten.

Die Vorhaltezeit beginnt mit der Verladung für den Transport zum Einsatzort und endet beim Rücktransport zum Bauhof mit dem Abladen auf dem Bauhof oder andernfalls mit dem Zeitpunkt der Verladung zu einem neuen Einsatzort bzw. mit dem Zeitpunkt der Freimeldung.

4.2.5 Stilliegezeit

Innerhalb der Vorhaltezeit kann es immer wieder zur Stillegung des Gerätes durch höhere Gewalt kommen; darüber hinaus kann das Gerät außerhalb der Vorhaltezeit mangels Einsatzmöglichkeiten und mangels Betriebsbereitschaft zur Stillegung kommen. Für Stilliegezeiten innerhalb der Vorhaltezeit von mehr als 10 aufeinanderfolgenden Arbeitstagen gelten nach der BGL in der Baupraxis als angemessene Vorhaltekosten:
für die ersten zehn Kalendertage die vollen Sätze für Abschreibung und Verzinsung sowie Reparatur,
vom 11. Kalendertag an 75% und für Wartung und Pflege 8% der Abschreibungs- und Verzinsungskosten; Reparaturkosten entfallen.

4.3 Betriebsstoffkosten

Die Betriebsstoffkosten eines Gerätes sind abhängig von der Größe und Art des Gerätes und seines Antriebsaggregats sowie den Kosten für die Betriebsstoffe (Dieselkraftstoff, Benzin, elektrische Energie, Schmieröle).

In der Baugeräteliste [1] sind für Verbrennungsmotoren die Leistungsangaben in DIN-PS (nach DIN 6270) aufgeführt. Als Betriebsstoffverbrauch wird für einen unter Vollast laufenden Motor angegeben:

180 bis 220 g/PS h (0,21 bis 0,26 l/PS h);

unter Berücksichtigung von betriebsbedingten Unterbrechungen kann von

120 bis 150 g/PS h (0,14 bis 0,175 l/PS h)

ausgegangen werden.

Für Kraftfahrzeuge kann folgender Wert zugrunde gelegt werden:

100 bis 120 g/PS h (0,12 bis 0,14 l/PS h)

Die Kosten für die erforderlichen Schmierstoffe sind mit einem Zuschlag von etwa 10 bis 25% auf die Treibstoffkosten zu berücksichtigen.

Der Zuschlag wird bei der Verwendung moderner Maschinenelemente, z. B life-time-geschmierter Bauteile, an der unteren Grenze anzuordnen sein.

Die Leistungsangabe von Elektromotoren erfolgt in der BGL in der Dimension kW.

4.4 Berechnungsbeispiel

Bauaufgabe: Abschieben von Mutterboden ($V = 3600$ m³) mit einer 100-PS-Planierraupe; aus der Arbeitsvorbereitung hat sich die Leistung der Maschine zu 120 m³/h ergeben.

Bauzeit: 3600 m³/120 m³/h = 30 h

Einsatzzeit: 3 Arbeitstage je 10 h (Vereinfachend gesetzt: Vorhaltezeit = Einsatzzeit)

Fahrerlohn: tariflich 8,92 DM/h bei 40 h/Woche
(Überstundenzuschlag 25%, ferner wird pro Arbeitstag dem Fahrer 1/2 h für Wartung und Pflege des Gerätes bezahlt)

BGL-Nr. der Planierraupe: 3301-0100

Monatlicher Satz für Abschreibung und Verzinsung (als Mittelwert der beiden Grenzwerte):   DM 3500,—

monatlicher Satz für Reparaturkosten: DM 3100,—

spezifischer Betriebsstoffverbrauch: 0,14 l/PS h

Schmierstoffkostenzuschlag (auf Betriebsstoffkosten):   15%

Kosten für Dieselkraftstoff: 0,70 DM/l

Kosten für An- und Abtransport (Annahme)
(davon DM 50,— Lohnanteil):   DM 250,—

End-Zuschläge a) auf Lohnkosten: 130% } (firmeninterne
           b) auf sonstige Kosten: 20% } Werte)

	Lohn	sonstige Kosten
Abschreibung und Verzinsung: $$\frac{3\,500,-}{175} \cdot 30$$		$600,-$
Reparaturkosten $\dfrac{3\,100,-}{175} \cdot 30 = 531,43$ $\begin{cases} 45\% \text{ Lohn} \\ 55\% \text{ sonst. Kosten} \end{cases}$	$239,14$	$292,29$
Betriebsstoffkosten $0,14$ l/PS h $\cdot$ 100 PS $\cdot$ 0,70 DM/l $\cdot$ 30 h		$294,-$
Schmierstoffkosten-Zuschlag $0,15 \cdot 294,-$		$44,10$
Fahrerlohn $3 \cdot 8$ h $\cdot$ 8,92 DM/h $+ 3 \cdot (2$ h $+ 1/2$ h) $\cdot$ DM 8,92 h $\cdot$ 1,25	$297,71$	
Kosten für An- und Abtransport DM 250,— (geschätzt), davon DM 50,— Lohn	$50,-$	$200,-$
Zwischensumme I	$586,85$	$1\,430,39$
Zuschlag auf Löhne 130%	$762,91$	
Zuschlag auf sonst. Kosten 20%		$286,08$
Zwischensumme II	$1\,349,76$	$1\,716,47$
	$1\,716,47$	
Endsumme	$3\,065,23$	

$$\text{Einheitspreis:} \quad \frac{\text{Endsumme}}{\text{Gesamtvolumen}} = \frac{3\,065,23}{3\,600} = 0,85 \text{ DM/m}^3$$

4.5 Kostenvergleich

Stehen zwei verschiedene oder verschieden große Geräte für die Ausführung einer Bauaufgabe zur Verfügung, so ist, um die kostengünstigste Variante zu ermitteln, eine Vergleichsrechnung (Kostenvergleich) durchzuführen. Die in diese Berechnung einzubeziehenden Kosten sind die Vorhaltekosten, die Betriebsstoffkosten und der Fahrerlohn sowie die Kosten für den An- und Abtransport sowie Auf- und Abbau und Auf- und Abladen der Maschine.

4.5.1 Einmalige und laufende Kosten

Man unterscheidet zwischen den einmaligen (auch zeitunabhängigen) Kosten und den laufenden (zeitabhängigen) Kosten. Im einzelnen gehören dazu:

einmalige Kosten K_e in DM	$\begin{cases} \text{Kosten für An- und Abtransport} \\ \text{Kosten für Auf- und Abladen} \\ \text{Kosten für Auf- und Abbau} \end{cases}$

laufende Kosten　　　　$\Biggl\{$　Vorhaltekosten
K_i in DM/Zeiteinheit　　　Betriebsstoffkosten (einschl. Schmierstoffe)
　　　　　　　　　　　　Lohnkosten für Geräteführer

Q_n　Dauerleistung einer Maschine (Mengeneinheit/Zeiteinheit),
V　Gesamtumfang der Bauleistung (Mengeneinheit),

$$K_1 = \frac{V}{Q_\mathrm{n}} \cdot k_1 = \text{Gesamtkostenanteil aus laufenden Kosten in DM.}$$

$$K = K_\mathrm{e} + K_1 \quad \text{Gesamtkosten in DM,} \tag{4-1}$$

$$\frac{K}{V} = K' = \frac{\text{Gesamtkosten}}{\text{Gesamtumfang der Bauleistung}} = \text{,,Einheitspreis``,}$$

$$K' = \frac{K}{V} = \frac{K_\mathrm{e}}{V} + \frac{k_1}{Q_\mathrm{n}} \quad \text{in DM/Mengeneinheit.} \tag{4-2}$$

4.5.2 Schema des Kostenvergleichs

Ausgehend von den Gleichungen (4-1) und (4-2) in 4.5.1 läßt sich der Kostenvergleich auf mathematischem und auf graphischem Wege durchführen. Index 1 soll für die jeweiligen Kosten einer Variante 1, Index 2 für die Alternativ-Variante 2 stehen.

Als Gleichung geschrieben gilt:

$$K_1 = K_{\mathrm{e}1} + K_{\mathrm{l}1} = K_{\mathrm{e}1} + \frac{V}{Q_{\mathrm{n}1}} \cdot k_{\mathrm{l}1},$$

$$K_2 = K_{\mathrm{e}2} + K_{\mathrm{l}2} + K_{\mathrm{e}2} + \frac{V}{Q_{\mathrm{n}2}} \cdot k_{\mathrm{l}2};$$

beides sind Geradengleichungen für die Geraden 1 (Variante 1) und 2 (Variante 2). Diese Geraden schneiden sich, wenn $K_1 = K_2$ ist.

Dann gilt:

$$K_{\mathrm{e}1} + \frac{V}{Q_{\mathrm{n}1}} \cdot k_{\mathrm{l}1} = K_{\mathrm{e}2} + \frac{V}{Q_{\mathrm{n}2}} \cdot k_{\mathrm{l}2},$$

$$V \cdot \left(\frac{k_{\mathrm{l}1}}{Q_{\mathrm{n}1}} - \frac{k_{\mathrm{l}2}}{Q_{\mathrm{n}2}} \right) = K_{\mathrm{e}2} - K_{\mathrm{e}1},$$

$$V = \frac{K_{\mathrm{e}2} - K_{\mathrm{e}1}}{\left(\dfrac{k_{\mathrm{l}1}}{Q_{\mathrm{n}1}} - \dfrac{k_{\mathrm{l}2}}{Q_{\mathrm{n}2}} \right)} = V_\mathrm{grenz}. \tag{4-3}$$

V ist dann der *Grenzwert*, bis zu dem die eine Variante (in Bild 4-3, Variante 2) kostengünstiger ist und von dem ab die andere Variante (in der Graphik Variante 1) die wirtschaftlichere Lösung darstellt. V kann einmal die Gesamtmenge einer Bauleistung und zum anderen eine Bauzeit sein (unter der Voraussetzung, daß in gleichen Zeiteinheiten auch stets die gleiche Menge erbracht wird).

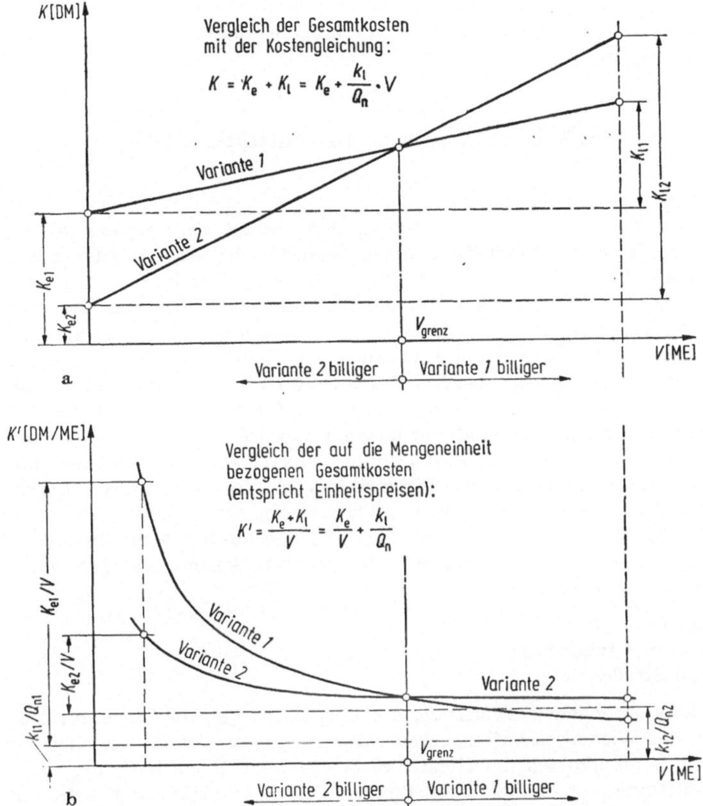

$$K = K_e + K_l = K_e + \frac{k_l}{Q_n} \cdot V$$

$$K' = \frac{K_e + K_l}{V} = \frac{K_e}{V} + \frac{k_l}{Q_n}$$

Bild 4-3. Graphische Darstellung (Schema) eines Kostenvergleiches [8].

4.5.3 Berechnungsbeispiel

Aus früheren Kalkulationen ist bekannt, daß für Erdbewegungsmaßnahmen die laufenden Kosten mit 2,50 DM/m³ für ein Gerät 1 bzw. 2,00 DM/m³ für ein Gerät 2 zu veranschlagen sind. Die Kosten für den An- und Abtransport zur Einsatzstelle sind für das Gerät 1 mit DM 800,— und für das Gerät 2 wegen des wesentlich längeren Antransportweges mit DM 2000,— zu veranschlagen. Es wird nach der Grenzmenge V gefragt.

$$K_{e1} = 800,- \text{ DM}; \quad K_{e2} = 2000,- \text{ DM};$$

$$\frac{K_{l1}}{Q_{n1}} = 2,50 \text{ DM/m}^3; \qquad \frac{K_{l2}}{Q_{n2}} = 2,- \text{ DM/m}^3;$$

$$V_{\text{grenz}} = \frac{2000,- - 800,-}{2,50 - 2,00} = \frac{1\,200}{0,50} = 2400 \text{ m}^3 \qquad (\text{vgl. Gl. 4-3});$$

d. h., liegt auf der Baustelle eine Bauaufgabe mit weniger als 2400 m³ als Gesamtvolumen vor, ist das Gerät 1 das wirtschaftlichere, im anderen Fall ($V > 2400$ m³) ist das Gerät 2 das kostengünstigere.

4.6 Gerätekosten im Baupreisrecht

[5]

Die VO PR Nr. 1/72 (Preisrechtsverordnung) enthält zwar keinen sog. Geräteerlaß, in dem die Grundsätze zur Ermittlung angemessener Vorhaltekosten zugrunde gelegt worden sind, dennoch sind durch das Rundschreiben des Bundesministers für Wirtschaft (BMW) vom 28. 5. 1973 Grundsätze für die Prüfung von Preisen für Bauleistungen auf Grund öffentlicher oder mit öffentlichen Mitteln finanzierter Aufträge zusammengestellt worden, die sowohl die Kosten der Einrichtungen, Geräte, Maschinen und maschinellen Anlagen der Baustelle als auch die Instandhaltung und Instandsetzung betreffen.

Hiernach findet die BGL 1971 nahezu völlige Anerkennung. Es sind die Begriffe mittlerer Neuwert, Nutzungsdauer und Vorhaltezeit sowie die Berechnungsverfahren für die Feststellung der monatlichen Abschreibungs- und Verzinsungskosten übernommen worden; gleichfalls werden die Vorhaltekosten je Vorhaltestunde mit 175 des monatlichen Betrages angesetzt. Zur Vereinfachung der Abschätzung der Reparaturkosten (abweichend von der BGL 1971) kann für die Preisprüfung auf Grund des Rundschreibens des BMW vom 4. 7. 1973 mit folgenden Prozentsätzen für Reparaturkosten, bezogen auf die vollen Abschreibungs- und Verzinsungssätze, gerechnet werden:

Allgemeiner Hochbau	55%
Konstruktiver Ingenierbau	65%
Tief- und Straßenbau	75%

Bei der kalkulatorischen *Anlagenabschreibung* können an die Stelle des Anschaffungspreises auch der Wiederbeschaffungspreis (abweichend von BGL 1971) bzw. anstelle der tatsächlichen Herstellkosten die Herstellkosten für eine Neuanfertigung zum Zeitpunkt der Preisermittlung, sofern die Abweichungen jeweils erheblich und nicht nur vorübergehend sind, gesetzt werden. Für die kalkulatorische Verzinsung des bereitgestellten Kapitals ist (in Übereinstimmung mit der BGL 1971) der Zinssatz von 6,5% p. a. als Höchstsatz festgelegt.

4.7 Überblick über die BAL 1974

[2]

In Ergänzung zur Baugeräteliste 1971 (BGL 71) ist vom Hauptverband der Deutschen Bauindustrie die Baustellenausstattungs- und Werkzeugliste (BAL) geschaffen worden. In ihr sind die Kleingeräte und Werkzeuge sowie die gebräuchlichsten Gegenstände für die Baustellenausstattung und -sicherung systematisch zusammengetragen worden; Spezialgeräte und -werkzeuge zur Erbringung von Spezialleistungen sind nicht aufgenommen worden. Die BAL stellt die Basis für die innerbetriebliche Verrechnung (Hauptverwaltung—Baustelle) und die zwischenbetriebliche Berechnung (zwischen Arbeitsgemeinschaftspartnern) dar. Jedem in die BAL aufgenommenen Gegenstand ist unter Berücksichtigung der Erfordernisse der elektronischen Datenverarbeitung eine sechsstellige Kenn-Nummer zugeordnet; ferner sind neben der Bezeichnung eine Kenngröße, die Einheit und der Wert des Gegenstandes aufgeführt. Die angegebenen Werte basieren auf den Preisen des Jahres 1973 und gelten für kleinere Bezugsmengen. Wertänderungen lassen sich durch Korrekturfaktoren einfach berücksichtigen.

Beispiel:

Nummer	Bezeichnung	Kenngröße	Einheit	Wert DM
043701	Wandsteckdose Kunststoff	16 A	Stück	12,00
04	Gruppen-Nummer für Elektroinstallation und Baustellenbeleuchtung			
0437	Untergruppen-Nummer für CEE-Steckvorrichtungen 5polig			
01	Positions-Nummer			

Literatur zu 4. Gerätekosten

Bücher

H 30 Hütte Bautechnik I, 29. Aufl., Berlin, Heidelberg, New York: Springer 1974.

1 BGL — Baugeräteliste 1971 — Technisch-wirtschaftliche Baumaschinendaten. Herausgegeben vom Hauptverband der Deutschen Bauindustrie e. V., Wiesbaden, Berlin: Bauverlag GmbH 1971.

2 BAL — Baustellenausstattungs- und Werkzeugliste 1974. Herausgegeben vom Hauptverband der Deutschen Bauindustrie e. V., Wiesbaden, Berlin: Bauverlag GmbH 1974.

3 *Drees, Hirsch:* Die Kalkulationsmethoden in der Bauindustrie. Schriftenreihe des Hauptverbandes der Deutschen Bauindustrie e. V. Nr. 14, Wiesbaden, Berlin: Bauverlag GmbH 1968.

4 *Jebe:* Preisermittlungen für Bauleistungen. Düsseldorf: Werner 1974.

5 *Kainzbauer, Krämer:* Amtliche Werte und Bewertungsrichtlinien für die Baupreisermittlung bei öffentlichen Aufträgen. Schriftenreihe des Hauptverbandes der Deutschen Bauindustrie e. V. Nr. 20, Wiesbaden, Berlin: Bauverlag GmbH 1975.

6 *Pfarr:* Betriebswirtschaftliche Probleme der Baugeräteliste 1971 in Frage und Antwort. Wiesbaden, Berlin: Bauverlag GmbH 1971.

7 *Prange:* Kalkulationsschulungsheft. Schriftenreihe des Hauptverbandes der Deutschen Bauindustrie e. V. Nr. 2, 6. Aufl., Wiesbaden, Berlin: Bauverlag GmbH 1975.

8 Fachgebiet Baubetrieb und Baumaschinen: Baubetrieb I, TU Berlin, 1974

Zeitschriften

Bauingenieur. Berlin, Heidelberg, New York: Springer.

Baumaschine und Bautechnik. Wiesbaden, Berlin: Bauverlag GmbH.

Baupraxis. Stuttgart: Kohlhammer.

Bauwirtschaft. Wiesbaden, Berlin: Bauverlag GmbH.

Tiefbau. Gütersloh: Bertelsmann.

5. Schalung und Rüstung[1]

Schalungen, Trag- und Lehrgerüste stehen im Betonbau in enger Beziehung zueinander und lassen sich selten statisch oder konstruktiv eindeutig voneinander unterscheiden bzw. trennen. Ausnahmen davon bilden nur die Arbeits- und Schutzgerüste sowie Lager- und Fördergerüste.

Die qualifizierten Ansprüche an den Beton, verschärfte Schutzbestimmungen für Mensch und Umwelt, rationalisierende Maßnahmen durch Lohneinsparungen, körperliche und fachliche Erleichterungen für den Anwender und viele weitere Überlegungen nebst dem Angebot an entsprechend weiterentwickelten Materialien haben *Schalung und Rüstung* zu Spezialgebieten in der heutigen Bautechnik werden lassen.

Dementsprechend wird diesem umfangreichen Gebiet die größte Aufmerksamkeit der ausführenden Bauunternehmungen zuteil. Es birgt das größte kalkulatorische Risiko in sich, bedingt durch den hohen Stundenanteil und die stete Witterungsabhängigkeit. Andererseits ist aber auch das Schadens- und das Unfallrisiko gerade im Bauzustand am höchsten, was das Interesse der Öffentlichkeit, der Bauaufsicht und der Wissenschaft auf sich gezogen hat. So ist der Traggerüstbau, der noch vor 1945 ein handwerklich betriebener Zweig des Rohbaus gewesen ist, heute als schwieriger Bereich des konstruktiven Ingenieurbaus anerkannt.

5.1 Schalung

Bearbeitet von *F. Hoffmann*

5.1.1 Allgemeines

Schalungen im Sinne der Normen und des allgemeinen Sprachgebrauchs dienen der Formgebung von Beton- und Stahlbetonbauwerken und Bauteilen und müssen solange unverrückbar vorgehalten werden, bis der Beton ausreichend erhärtet ist oder seine eigene Tragfähigkeit erreicht hat (DIN 1045).

Die äußere Struktur der Betonflächen sowie deren Ebenflächigkeit und Maßhaltigkeit (vgl. Maßtoleranzen im Hochbau DIN 18202 Blatt 1, 2, 3, 4 und DIN 18203 Blatt 1) sind abhängig von der Schalhaut, deren Tragkonstruktion sowie den Verankerungen und Abstützungen.

Qualität, Wirtschaftlichkeit und Bauablauf der Betonbauten sind maßgeblich von Einsatz und Art der Schalung geprägt. Eine durchdachte Arbeits- bzw. Schalungsplanung ist die Voraussetzung und das Hilfsmittel dazu.

5.1.1.1 Ausschreibung und Abrechnung

Die Ausschreibung der Schalungsarbeiten muß so eindeutig und umfassend sein, daß Kalkulator, Arbeitsvorbereiter und im Auftragsfall der Bauleiter hinreichend über Umfang und Qualitätsanforderungen informiert sind. Zwei Ausschreibungsmöglichkeiten werden vorwiegend praktiziert:

---

[1] Literatur S. 470.

Beton oder Stahlbeton einschl. ein- oder mehrseitiger Schalung (VOB Teil C, DIN 18331, 0.1.24.1), wobei Planung, Statik und Konstruktion weitestgehend abgeschlossen und die Bauteile vordimensioniert sind. Hierbei ist es Aufgabe des Kalkulators oder Abrechners, die Schalungsanteile selbst zu ermitteln.

Oft ist es jedoch besser, Beton und Stahlbeton *getrennt nach Schalung* (VOB, Teil C, DIN 18331) auszuschreiben und abzurechnen, und zwar aufgeschlüsselt nach Art und Schwierigkeit (vgl. 5.1.2 Anwendungs- und Einsatzgebiete).

Die VOB, DIN 18331, gibt für beide Ausschreibungsarten entsprechende Hinweise. Lehr- und Traggerüste (vgl. Abschn. 5.3) sind stets in gesonderten Positionen hinreichend zu beschreiben. Die gewünschten Schalungsarten bzw. die Art der späteren Betonoberfläche sind eindeutig anzugeben. In [V 3], S. 273, werden die Schalungen in 4 Kategorien aufgeteilt, und zwar in:

(3.4.1) schalungsrauh, ohne besondere Beanspruchung;
(3.4.2) schalungsrauh, fluchtrecht und gleichlaufende Brettstruktur;
(3.4.3) glatte Schalung, fluchtrecht aus gehobelten Brettern;
(3.4.4) Sichtbetonschalung mit besonderen Ansprüchen.

Die zukünftige DIN 18217 E ,,Betonoberflächen und Schalungshaut" weist in spezifizierteren Fällen auf weitere Einzelheiten hin. Dort wird vereinfacht und eindeutig festgehalten: ,,Betonflächen sind das Spiegelbild der Schalungshaut."

Die Abrechnung sollte grundsätzlich anhand der erprobten Abrechnungsmodalitäten der DIN 18331, Teil C, ,,Aufmaß und Abrechnung" und den entsprechenden Kommentaren dazu [V 4] erfolgen.

5.1.1.2 Kalkulation

Sofern die erforderlichen Unterlagen zur Kalkulation eines Bauvorhabens nicht umfassend und ausreichend mitgeliefert werden, ist zur Bestimmung des Bauablaufes und

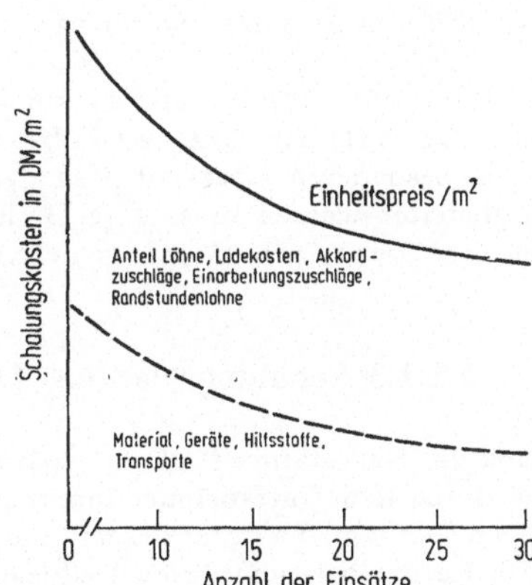

Bild 5.1-1. Schalungskosten in Abhängigkeit zur Häufigkeit der Schalungseinsätze einschließlich Einarbeitungszuschläge.

der einzelnen Takte eine Arbeits- bzw. Schalungsvorbereitung (vgl. 5.1.1.3) erforderlich. Nur anhand eines errechneten oder vorgegebenen Bauablaufes können in Übereinstimmung mit entsprechenden Hilfsmitteln (Geräte und Schalungssysteme) die Taktfolgen

und annähernd wirklichkeitsnahe Kalkulationswerte ermittelt werden [1]. Die Schalungs-
einzelkosten werden i. allg. unterteilt in:

  a) lohnabhängige Kosten (Stunden × Mittellohn) einschl. Vorfertigungsanteile für
     Elementschalungen,
  b) Material- und Geräte-Vorhaltekosten;
  c) Transport- und Ladekostenanteile,

und zu einem Einheitspreis addiert. In die Einheitspreise sind die erforderlichen Kleingeräte, Nebenleistungen lt. VOB DIN 18331, Randstundenanteile u. v. m. einzubeziehen
(vgl. Bild 5.1-1).

Tabelle 5.1-1. Aufteilung der Gesamtrohbaukosten und Zerlegung der Anteile in Lohn- und Stoffkosten (Angaben in Prozent) (nach H. Müller [128])

	Anteil an Gesamtkosten	Lohnkosten-anteil	Stoffkosten-anteil	Lohnkosten-anteil an Gesamt-lohnkosten	Stoffkosten-anteil an Gesamt-stoffkosten
Stahl	25	6	19	13	34
Beton	20	8	12	18	22
Schalung	28	22	6	49	11
Rest	27	9	18	20	33
Summe	100	45	55	100	100

Da im *allgemeinen Betonbau* der Umfang für Schalungsarbeiten bei den Rohbauarbeiten
zwischen 25 und 40% der Gesamtkosten liegt, ist der Arbeitsvorbereitung und Kalkulation größte Aufmerksamkeit zuzuwenden. Der Stundenanteil der Schalungsarbeiten
liegt bei etwa 50% des gesamten Stundenaufwandes für den Rohbau (vgl. Tabelle 5.1-1)
[128].
   Zur Ermittlung von Stundenanteilen können regional unterschiedliche Akkordtarif-
verträge, z. B. [120; 121] bzw. [122] als Hilfsmittel genutzt werden, die allerdings in An-
lehnung an die besonderen Gegebenheiten des Bauwerkes und der Unternehmen entsprechend aufbereitet werden müssen (z. B. Einarbeitung von Vorfertigungsleistungen,
Randstunden, Rüstlöhne, Nebenleistungen etc.) [1].

5.1.1.3 Schalungsplanung (Arbeitsvorbereitung) [1]

   Meist schon im Kalkulationsstadium, spätestens nach Auftragserhalt ist eine Schalungsplanung durch den Unternehmer innerhalb seiner Arbeitsvorbereitung unerläßlich.
Hiervon hängen *Qualität*, *Wirtschaftlichkeit* und der gesamte *Baufortschritt* in entscheiden-
dem Maße ab. Rationalisierung durch Reduzierung der Fachkräfte auf ein Minimum ist
schon deshalb notwendig, da das Personalproblem auf dem gewerblichen Sektor zunehmend größer wird.
   Im Gegensatz zum sog. Schalplan (Werkplan) wird in der Schalungsplanung der
Schalungsplan hergestellt. Dieser Schalungsplan beinhaltet vorwiegend Art, Größe und
Konstruktionsmethode des oder der Schalungselemente oder -systeme sowie die Anzahl

der davon herzustellenden Positionen. Das Erstellen von Takt- bzw. Einsatzplänen gehört ebenfalls zu den Aufgaben dieser Planungsgruppe. Nach diesen Plänen werden dann entweder auf den Baustellen, Bauhöfen oder in speziellen Schalungswerken die Schalungsformen aus Serienteilen (vgl. 5.1.5) und/oder herkömmlichen Materialien hergestellt.

Die Schalungsplanung gehört zu den Ingenieurleistungen und muß auch als solche honoriert werden. Sie ist deshalb in der Kalkulation bereits mit einem entsprechenden Ansatz zu berücksichtigen. Zur Zeit werden solche Leistungen entsprechend Schwierigkeitsgrad und Umfang mit 0,25 bis 0,50%, bezogen auf die Auftragssumme der Betonarbeiten, verrechnet.

5.1.2 Lastannahmen, statische Berechnungen, Bemessungen, Ausschalfristen

5.1.2.1 Frischbetondruck auf Schalungen

Frischbetondruck wird durch frisch eingebrachten Beton in der oder auf die Schalung erzeugt.

5.1.2.1.1 Frischbetondruck auf waagerechte Schalungen wird aus dem Eigengewicht des Frischbetons (2,6 t/m³) und einem Zuschlag aus den Anhäufungen beim Betonieren mit Kübeln, Pumpen oder sonstigen Fördergeräten ermittelt. Weiterhin ist das Eigengewicht der Schalungskonstruktionsteile zu berücksichtigen. Der Zuschlag für die Betonanhäufungen bei Brücken und vergleichbaren Bauwerken muß mit 500 kp/m² auf einer Fläche von 3,0 × 3,0 m innerhalb eines Feldes und auf die Restflächen mit 75 kp/m² angesetzt werden (DIN 4421 Entwurf, bzw. Erg. Best. zur DIN 4420) vgl. 4,5. Bei allen übrigen Bauwerken (z. B. Hochbauten) reichen dafür gleichmäßig verteilt 200 kp/m² aus. Dabei muß gewährleistet sein, daß keine größeren Betonanhäufungen anfallen.

5.1.2.1.2 Frischbetondruck auf lotrechte Schalungen.
Die Schalung von Wänden und Stützen ist weitaus größeren Beanspruchungen ausgesetzt als diejenige von Decken üblicher Dicke. Erst bei einer 1,25 m dicken Betondecke entsteht für die Schalung etwa die gleiche Beanspruchung wie bei solcher von Wänden, die mit $V = 0,75$ m/h betoniert werden (V Schüttgeschwindigkeit).

Bei der Ermittlung eines annähernd realistischen Frischbetondrucks auf vertikale Schalungen sind einige nur schwer vorauszuberechnende Einzelfaktoren zu berücksichtigen.

So bestimmen nach einer Arbeit des *American Concrete Institute* (ACI) [136] bzw. neuesten Erkenntnissen folgende Faktoren den Schalungsdruck des Frischbetons:

1. Betoniergeschwindigkeit,
2. Betonkonsistenz,
3. Größe der Zuschlagstoffe,
4. Frischbetontemperatur,
5. Außentemperatur während des Betonierens,
6. Rauhigkeit und Dichtheit der Schalung,
7. Schalungsquerschnitt,
8. Verdichtung z. B. infolge Rüttelns,
9. Arbeitsvorgang auf der Baustelle,
10. verwendete Zementart,
11. Gesamthöhe des Frischbetons,
12. Betonzusatzmittel.

Ergänzend wären zu erwähnen die Steifigkeit des Schalungsgerüstes und die Rütteltiefe. Ausführliche Abhandlungen über den Schalungsdruck in [123] und [124].

Graf und *Kaufmann* [124] haben festgestellt, daß bei geringen Betonhöhen der gemessene Schalungsdruck annähernd dem des Flüssigkeitsdrucks entspricht, und zwar bis zu einer Höhe von etwa 1,5 bis max. 2,0 m. Dann wird die innere Reibung so groß, daß durch weitere Auflast keine zusätzlichen Seitenpressungen entstehen. Die wirksamste Versteifung des Betons erfolgt durch die chemische Verfestigung des Zementleims. Die exotherme Wärme, die bei der Hydratisierung des Zementes frei wird, ist ebenso von Einfluß, wie die Konzentration der Bewehrung bei Stahlbetonkörpern, ganz besonders aber bei Stützen. Das Ergebnis dieser Untersuchungen, vorwiegend durch Messungen an den Schalungen selbst, führte im einzelnen zu ähnlichen Schlüssen, wie sie ACI veröffentlichte.

Neben den Diagrammen von ACI und DMR (Department of Main Roads) [137] hat *Ertingshausen* [123] aus seinen Untersuchungen und Regressionsgleichungen folgende Formeln abgeleitet:

$$P = 3{,}0 \sqrt[4]{V} \quad \text{(bis } V = 4{,}0 \text{ m/h)} \quad (V \text{ Schüttgeschwindigkeit)}$$

$$P = 3{,}6 \sqrt[4]{V} \quad \text{(bei } V \geqq 4{,}0 \text{ m/h)}$$

Beispiel: $l = 15{,}00$ m, $h = 3{,}00$ m, $d = 0{,}30$ m. Mischerleistung $= 12$ m³/h.

$$V = \frac{\text{Mischerleistung}}{\text{Länge des Abschnitts} \cdot d \cdot 1{,}0 \text{ m Höhe}} = \frac{12{,}00}{15{,}00 \cdot 0{,}30 \cdot 1{,}00} = \underline{\underline{2{,}67 \text{ m}}}$$

$$P = 3{,}0 \sqrt[4]{2{,}67} = \underline{3{,}8 \text{ Mp/m}^2}$$

Vereinfacht läßt sich daraus das Diagramm gemäß Bild 5.1-2 entwickeln.

Ertingshausen reduziert darüber hinaus den nach diesem Diagramm errechneten Schalungsdruck, wenn die Steifigkeit der Schalung bzw. die der Schalungskonstruktion eine gleichmäßige Verteilung des Frischbetondrucks zuläßt (Bild 5.1-3). Der Wert P_{max}

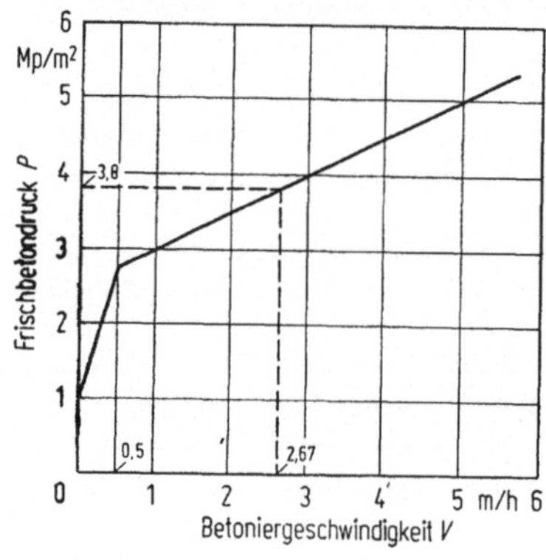

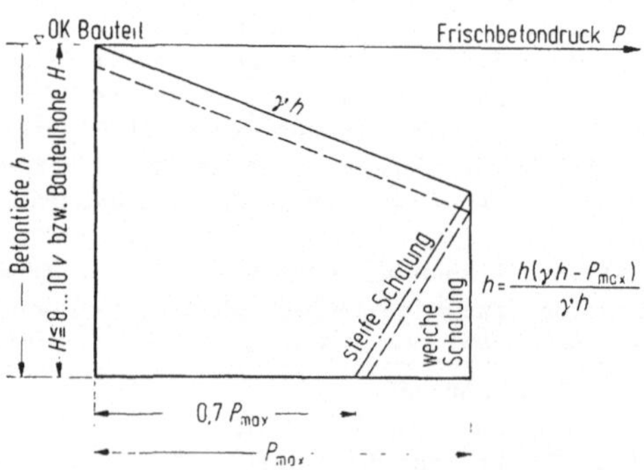

Bild 5.1-2. Zu erwartender Frischbetondruck auf lotrechte Schalung (nach Ertingshausen).

Bild 5.1-3. Vorschlag zur Verteilung des Frischbetondrucks (nach Ertingshausen).

soll auf der hydrostatischen Drucklinie festgelegt werden und damit die Betontiefe bestimmt werden, von der ab bei weichen Konstruktionen mit dem vollen Druck P_{max} zu rechnen ist. Bei steifen Konstruktionen kann an der Sohle des Bauteils ein reduzierter Druck $p = 0{,}7 P_{max}$ eingesetzt werden. Wenn die so gefundene Lastfigur feldweise über die Bauteilhöhe aufgetragen wird, können sich bei größeren Abständen der waagerechten Kanthölzer und der Anker etwas geringere Schnittkräfte ergeben als bei der Belastung der Konstruktion mit dem vollen Frischbetondruck P_{max}.

Beispiel:

Höhe der Wand = 3,00 m

$$P_{max} = 3,0 \times \sqrt[4]{1,6} = 3,0 \times 1,128 = 3,38 \text{ Mp}$$

Länge der Wand = 25,00 m

Dicke der Wand = 0,30 m

$$\gamma \times h = 2,6 \times 3,0 = 7,80 \text{ Mp}$$

Steigegeschwindigkeit:

$$h = \frac{3,0 \times (7,80 - 3,38)}{7,80} = \frac{13,26}{7,80} = 1,70 \text{ m}$$

Mischerleistung 12 m³/h

$$V = \frac{12,0}{25,0 \times 0,30 \times 1,00} = 1,60 \text{ m/h}$$

$$0,7 P_{max} = 0,7 \times 3,38 = 2,37 \text{ Mp}$$

Erfahrungen für Leicht-, Schwer- und Fließbetone sollen erstmals in der DIN 18218 E formuliert werden.

5.1.2.2 Sonstige Lastannahmen

DIN 4421 E sieht folgende Unterteilung der Haupt- und Zusatzlasten vor:

5.1.2.2.1 Hauptlasten (H):

Eigengewicht,
Bauwerkslasten (Frischbeton),
Ersatzlasten aus Betonier- und Arbeitsbetrieb,
Gerätelasten,
Sonderlasten (z. B. aus Umlenkkräften, Seilzug usw.),
Frischbetondruck,
Beanspruchungen aus Setzungsdifferenzen,
Ersatzlasten nach Abschnitten.

5.1.2.2.2 Zusatzlasten (Z):

Windlasten,
Bremskräfte,
Zwängungsbeanspruchungen aus Temperatur,
Beanspruchungen aus Montageungenauigkeiten.

Die Beanspruchungen aus diesen Lastannahmen nach DIN 1055 werden vorwiegend bei Brückenbauten und ähnlichen Bauwerken der Wahl von System- und Serienteilen vorangestellt. Bei einfachen Schalungsuntersuchungen, besonders im Hochbau, werden die Zusatzlasten (Z) meist vernachlässigt. Montageungenauigkeiten werden über erhöhte Sicherheitsbeiwerte bereits in zulassungs- bzw. prüfzeichenpflichtige Bauteile eingerechnet. I. allg. genügt für Schalungen bei normalen Hochbauten ein vereinfachter Standsicherheitsnachweis gemäß Gerüstklasse I (DIN 4421 E), wobei Stahlrohrstützen und Serienschalungsträger nach zugelassenen Tabellen ausgewählt und entsprechend eingeplant werden.

Beim rechnerischen Nachweis für Schalungsteile aus Holz werden häufig die zulässigen Druckspannungen quer zur Holzfaser überschritten. Eine Spannungsermäßigung gemäß DIN 1052 § 7 ist dann nicht erforderlich, wenn die Schalungs-Gerüstkonstruktionen nicht zu lange der Nässe ausgesetzt sind.

23*

Biegeglieder der Schalungskonstruktionen können nicht immer nur nach statisch erforderlichen Gesichtspunkten bemessen werden, da durch Ausschal- und Umsetzvorgänge bei solch elementierten Schalungen Zusatzbeanspruchungen auftreten, die oft eine höhere Dimensionierung erforderlich machen (Pfetten, Träger, Rähme). Zum Ausgleich der zu erwartenden Biegung bei Belastung sind teilweise vorab Tragglieder zu überhöhen.

Holzschalungen unterliegen durch Feuchtigkeitseinfluß im Laufe ihres Einsatzes exponentiellen Ermüdungserscheinungen, die sich besonders auf die Durchbiegung auswirken. Diesen Auswirkungen sollte bei der Wahl von Unterstützungsabständen Rechnung getragen werden, nicht zuletzt aus Gründen von Ebenheit und Maßtoleranzen.

5.1.2.3 Ausschalfristen und Ausschalen

Bevor der Beton ausreichend erhärtet ist und die Bauteile sich selbst tragen, darf nicht mit dem Ausschalen begonnen werden (DIN 1045, Tab. 8, S. 32). Bei kühler Witterung unter $+5\,^\circ$C sind zusätzliche Maßnahmen erforderlich (Tabelle 5.1-2).

Tabelle 5.1-2. *Ausschalfristen* (nach DIN 1045)

1	2	3	4
Zement-festigkeitsklasse	Für die seitliche Schalung der Balken und für die Schalung der Wände und Stützen	Für die Schalung der Deckenplatten	Für die Rüstung (Stützung) der Balken, Rahmen und weitgespannten Platten
	Tage	Tage	Tage
1	250	4	10	28
2	350 L	3	8	20
3	350 F und 450 L	2	5	10
4	450 F und 550	1	3	6

Ausnahmen hiervon sind zulässig und müssen nachweislich begründet werden. So entscheiden Witterung, Zementarten und Beheizen von Schalung oder Frischbeton die Frühfestigkeitswerte des abbindenden Betons und den frühesten Zeitpunkt des Schalungsausbaus. Dabei ist auch der teilweise Ausbau von Schalungsteilen in unterschiedlichen Zeitabständen zu untersuchen. Es ist durchaus möglich, aber stets mit höheren Kosten verbunden, Betondecken mit erwärmtem Beton oder bei Einsatz von beheizter Schalung kurzfristiger, als Tabelle 5.1-2 zuläßt, auszuschalen.

Bei allen Überlegungen, die vor dem Einsatz einer rationellen Schalungsart angestellt werden, muß dem *Ausschalungsvorgang* größte Aufmerksamkeit zukommen. Es muß vermieden werden, daß später auf der Baustelle das Ausschalen nur erschwert möglich ist oder daß Schalungselemente jeweils beim Ausschalen demontiert werden müssen, weil dafür keine Ausschalhilfen und -lücken (vgl. 5.1.4.4.4) oder entsprechende Geräte genutzt werden können. *Also vor dem Einschalen erst an das Ausschalen denken!*

5.1.3 Schalungsmethoden und Schalungssysteme

Die Festlegung einer oder mehrerer Schalungsmethoden für ein projektiertes Bauvorhaben ist nur durch gute Koordination der Bauablaufplanung mit der allgemeinen Planung möglich.

Bauablauf oder vorgegebene Termine grenzen im Zusammenhang mit den erforderlichen Einzelterminen und Taktfolgen schon einen Teil von Schalungsmethoden ein, während die Konstruktionsart des Bauwerkes selbst zusätzlich die Palette weiterer Möglichkeiten einschränkt. Architektur und die Vielfalt des Angebots von Schalungsgeräten engen den Spielraum der Arbeits- bzw. Schalungsvorbereiter weiter ein, so daß nicht immer die wirtschaftlichsten oder optimalen Lösungen ausgeführt werden können. Nur durch gemeinsame·Vorarbeit aller Planungsgruppen ist ein günstiges Ergebnis zu erreichen.

5.1.3.1 Herkömmliche (konventionelle) Verfahren

Die früher übliche, heute nur noch selten angewandte Methode, Bauteile oder das gesamte Bauwerk in einem Arbeitsgang einzuschalen, ist nur mit losen Schalungsmaterialien oder Serienteilen möglich; Ausnahme: Tunnelschalung (vgl. 5.1.3.2.3.6). Hierbei werden entweder über vereinfachte Darstellungen in einem *Schalungsplan* oder in

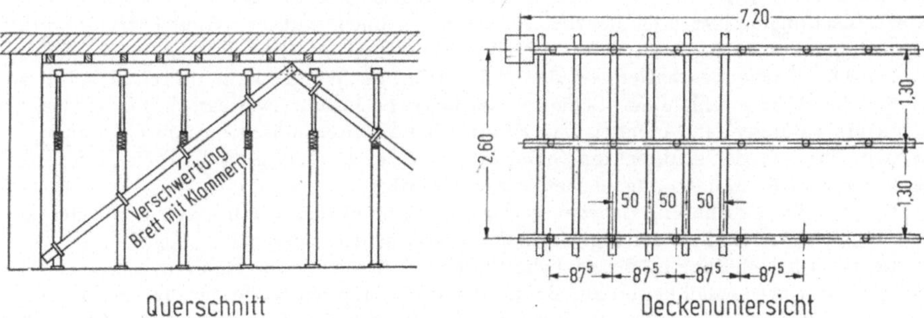

Bild 5.1-4. Herkömmliche Methode einer Deckenschalung mit Stahlrohrstützen.
Längenmaße in m bzw. cm.

einer Pause des *Schalplans* marktübliche Schalungseinzelteile eingetragen, diese ausgezogen, bestellt, danach eingeschalt und nach Betonerhärtung wieder in ihre Einzelteile (vgl. 5.1.4) zerlegt und zum nächsten Einsatzort gebracht bzw. wieder abtransportiert (Bild 5.1-4).

Oft überläßt man den Einsatz selbst der Baustelle, also dem Polier und dem Einschaler, wobei in den meisten Fällen ein Zuviel an Material disponiert und eingesetzt wird. Nicht immer lohnt es sich, elementierte Teile einzusetzen, da entweder die Einsatzhäufigkeit zu gering ist oder die Betonbauteile so schlecht geplant sind (zuviele Schnörkel, Ecken und zuviele unterschiedliche Querschnitte), daß die dem elementierten Schalen vorausgehenden Vorbereitungsarbeiten teurer werden als die dadurch zu erzielenden Einsparungen. Insgesamt sind herkömmliche Schalmethoden teuer, handwerklich kaum noch zu bewältigen und für heutige Ingenieurbauten nicht mehr zeitgemäß.

5.1.3.2 Elementierte Verfahren (Großflächenschalungen)

Hierbei ist eine Schalungsvorbereitung oder Schalungsplanung unerläßlich. Je genauer durchdacht, durchkonstruiert, dargestellt und überwacht, um so größer der Erfolg.

Ein großer Teil der Kosten dieser Vorplanung und Vorbereitung wird über Ingenieurleistungen mit einem Promillesatz zum Gesamtobjekt abgegolten [1] oder in die Materialabschreibungskomponente eingerechnet, so daß dieser Anteil — einschließlich der bei Großflächenschalungen teueren Gerätekosten — erheblich höher ist, als bei der unter 5.1.3.1 dargestellten Methode. Dafür wird aber Lohn- bzw. Stundenaufwand/m² erheblich geringer und macht diesen Mehraufwand im Material mehr als nur wett.

Die elementierten großflächigen, mehr oder weniger mechanisierten bzw. automatisierten Schalmethoden werden in den Abschnitten 5.1.3.2.1 bis 5.1.3.2.3 ausführlich behandelt. Diesen Schalungsmethoden ordnen sich wiederum verschiedene Schalungssysteme unter, wobei ein System nicht unbedingt nur die patentierte Lösung eines Wettbewerbers sein muß. Auch Einzelteile, die aus verschiedenen Werkstoffen verschiedenster Hersteller systemgerecht oder nach System konstruiert und montiert werden, sind in die Kategorie Schalungssysteme einzuordnen.

5.1.3.2.1 Gleit- und Kletterschalungen [1] werden vornehmlich dort eingesetzt, wo ein in die Höhe gehendes Beton-Bauwerk erstellt werden soll. Dies gilt für Kamine, Silos, Treppenhäuser und Innenkerne eines Wohnhochhauses, Brückenpfeiler u. a. Eine der Voraussetzungen, die zum Entscheid, welche dieser beiden Schalungsmethoden eingesetzt werden soll, führt, ist z. B. die gewünschte Ansichtsfläche. So kann man mit Kletterschalungen fast alle Sichtbetonwünsche erfüllen, mit der Gleitschalung werden diese eingeschränkt.

Die Oberflächenbeschaffenheit der gleitgeschalten Wände kann durch Einsatz von entsprechend zu wählendem Schalungsmaterial beeinflußt werden, sogar senkrechte Strukturschalungen sind möglich und können den architektonischen Wünschen angepaßt werden. Die Art der senkrechten Struktur kann durch Wellblech, konische Leisten, in verschiedenen Abständen angeordnet, erreicht werden.

Bei der Kletterschalung dagegen erfolgt der Umbau der Schalungselemente manuell, und dementsprechend ist der tägliche Leistungsfortschritt begrenzt.

Bei der Gleitschalung ist der tägliche Baufortschritt steigerungsfähig und nimmt daher stetig an Einsatzmöglichkeiten zu. Bei der Gleitschalung wird, wie der Name schon sagt· am Beton vorbeigeglitten. Dieser Prozeß sollte jedoch nicht häufig unterbrochen werden. Ein weiteres Entscheidungskriterium, welche dieser beiden Methoden bei einem entsprechenden Bauwerk den Vorrang erhält, ist nicht zuletzt auch davon abhängig, wieviel Bewehrungsanschlüsse vorhanden sind und wie dicht diese liegen. Wichtig ist, ob z. B. in einem dicht besiedelten Wohnbezirk die Genehmigung zur Nacht- und evtl. auch Sonntagsschicht gegeben wird. Häufige Unterbrechnungen sind ein Moment gegen das Gleiten.

5.1.3.2.1.1 Das Gleitbauverfahren wurde erstmals im Jahre 1903 in Amerika eingesetzt; es gilt heute immer noch als eine der modernen Schalungstechniken.

Anfangs wurde nach einem Schrauben-Spindel-System im Handbetrieb gearbeitet, das später durch eine Exzenterkonstruktion verbessert wurde. 1927 wurde dieses System in Deutschland eingeführt. Später wurde das Bausystem weiter verbessert. Seitdem werden die Heber hydraulisch oder pneumatisch betrieben. Das hydraulische Verfahren wurde durch eine schwedische Firma entwickelt.

In Deutschland sind etwa 10 Firmen bekannt, die speziell im Gleitbau tätig sind [131].

Vor Jahren war noch die Meinung vorherrschend, daß das Gleitverfahren vorrangig bei Silobauten Anwendung finden würde. Inzwischen ist dieser Bereich zunehmend er-

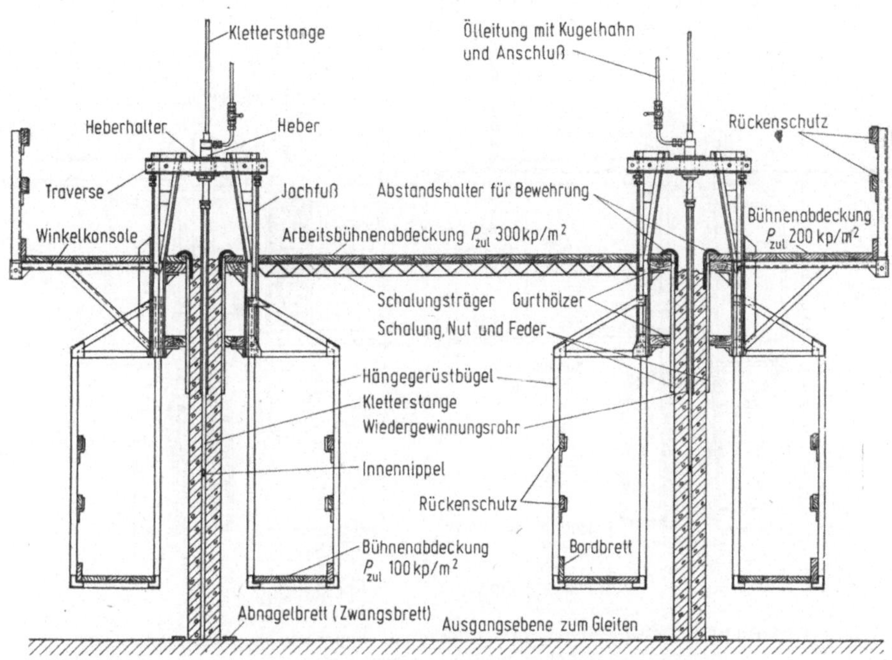

Bild 5.1-5. Gleitschalung für senkrechte Bauwerke.

weitert worden, und zwar dadurch, daß die Verfahrenstechnik geändert bzw. vervollkommnet wurde. Manuelle Verfahren sind aus Kostengründen nicht mehr gefragt; vorwiegend sind mechanisch-hydraulisch arbeitende Heber mit Hubkräften von 3 bis 20 Mp mit elektrisch angetriebenen Hydroaggregaten marktbeherrschend. Diese Antriebsteile sind in letzter Zeit so vervollkomnet worden, daß die Heber mit Niveaukontrolle ausgerüstet sind und ein automatisches Ausrichten gewährleisten (Bild 5.1-5).

Weiterhin werden aus Rationalisierungsgründen bereits automatisch arbeitende Hydroaggregate verwendet, die in einstellbaren Zeitabständen kontinuierlich die Einzelhübe vornehmen, was wiederum der Oberflächenbeschaffenheit der Wände zugute kommt. Besondere Vorteile ergeben sich dadurch bei Sonderschalungen, so z. B. für konische bzw. hyperbolische Bauwerke, also bei Fernsehtürmen, Schornsteinen, Brückenpfeilern, Kühltürmen, bei denen die senkrechten und waagerechten Bewegungen automatisch aufeinander abgestimmt werden.

Somit sind also die Einsatzmöglichkeiten nicht nur auf den Silobau beschränkt, sondern umfassen neben den erwähnten Brückenpfeilern, Schornsteinen, Türmen aller Art, und Kernbauten von Hochäusern auch Schächte unter Tage, Bühnenhäuser, Kläranlagen (Faulbehälter), Hallen etc. unabhängig von der Grundrißgestaltung, ob die Wände nun senkrecht, abgetreppt, konisch oder stetig abnehmend sind (Bild 5.1-6). Mit der Gleitschalung kann man gleichzeitig auch schwere Lasten auf bestimmte Höhen mitnehmen, die sonst üblicherweise nur mit schweren Hebegeräten und unter großem Kostenaufwand nachträglich auf die Einbauhöhe gebracht werden müßten. So werden z. B. bei Kraftwerksbauten die Tragkonstruktionen für die obenaufsitzenden Kamine mit einem Ge-

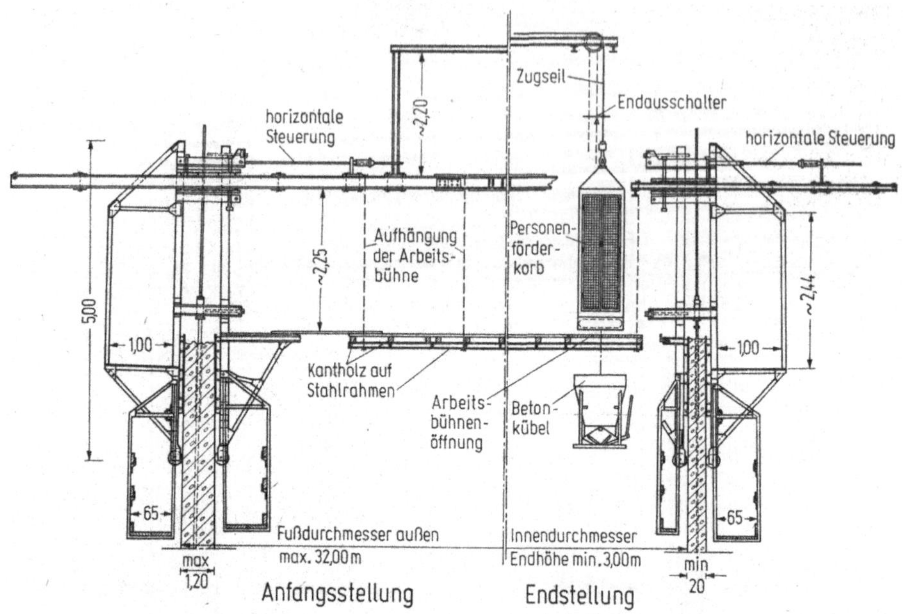

Bild 5.1-6. Gleitschalung für konische und hyperbolische Bauwerke.
Längenmaße in m bzw. cm.

wicht von über 300 t gleichzeitig auf eine Höhe von 70 m gehoben; auch ganze Kegelschalen für Silobauten kann man auf diese Art und Weise an ihre Einbaustelle bringen.

Eine Weiterentwicklung der hydraulischen Hebegeräte führte zur Senkschalung, die die Möglichkeit gibt, nach Ausführung von Gleitwänden bei Hochhäusern das nachträgliche Einziehen der Stahlbetondecken von oben nach unten mit einer freitragenden und hängenden Schalungskonstruktion vorzunehmen. Das Wesentlichste dieser Methode dürfte das synchrone Arbeiten vieler Hebepunkte sein, um ein gefahrloses Absenken der Tragkonstruktion und der Schalungselemente zu ermöglichen.

Bei Nennung dieser hydraulischen Methoden in der modernen Schaltechnik sollte noch die ,,*Lift-slab-Bauweise*'' erwähnt werden, ein in Amerika entwickeltes Hubverfahren, das bei bestimmten Objekten mit Stützenrasterung die waagerechte Deckenschalung erspart. Bei diesem Verfahren werden auf einem vorbereitenden Grund oder aber auf der Betonsohle die Stahlbetondecken übereinander, jeweils mit einer Trennschicht versehen, betoniert und ausschließlich über Stahlbetonfertigteil- bzw. Stahlstützen mittels hydraulischer Heber mit 60 Mp Hubkraft bis zur Einbauhöhe gehoben und dort verankert. Diese Geräte lassen sich auch zum synchronen Heben und Senken schwerster Lasten, z. B. bei Brückenfahrbahnplatten, vorgefertigten Bindern etc., verwenden.

Die Arbeitsweisen der Gleitbauverfahren ähneln sich im Prinzip, auch wenn der Antrieb der Heber unterschiedlich erfolgt. Das Gleitschalungsgerät besteht aus vertikalen, in bestimmten Abständen angeordneten Jochen, die die beidseitige Schalung zusammenhalten, mit den darauf montierten Hebern. An den Jochen sind auf Konsolenauflager horizontale Kanthölzer angeschraubt, an die wiederum die vertikale Schalung angenagelt ist, sofern keine Stahlschalung dafür verwendet wird (vgl. Bild 5.1-5).

Während des Gleitens wird eine innere Arbeitsbühne, ein äußeres Konsolgerüst, bestehend aus Winkelkonsolen und Geländerpfosten und ein, nach einem gewissen Vorlauf anzuhängendes Hängegerüst, die allesamt dicht abgedeckt und mit Seitenschutz versehen werden müssen, mit nach oben genommen. Von diesen Bühnen aus werden die Bewehrung und der Beton eingebracht. Ferner werden von den Hängegerüsten aus der Beton nachbehandelt, Aussparungen gezogen und erforderliche Nebenarbeiten getätigt.

Der Gleitvorgang wird dadurch ermöglicht, daß in der Achse der Wände Kletterstangen stehen, an denen die Heber mittels eines entsprechenden Mechanismus nach oben bewegt werden. Die Bewegung ist abhängig vom Hebersystem und liegt meist zwischen 2 und 6 cm. Im Bereich der Schalung sind um die Kletterstangen Mantelrohre geführt, die an den Jochen befestigt sind, um zu verhindern, daß die Kletterstangen miteinbetoniert werden.

Die Gleitschalungssysteme sind heute soweit entwickelt, daß sie zum Teil schon automatisch bedient werden und über Kontrolleinrichtungen verfügen, die das synchrone Heben in den Hubphasen garantieren. Die Schalungskonstruktionen für konische Bauwerke wie Fernsehtürme, Schornsteine etc. bestehen aus einer Stahllamellenschalung, die sich durch hydraulische Pressen zusammenschieben läßt und durch Spezialjoche, geführt an einer Radialträgerlage, ausgesteift wird. Das Verhältnis der Konizität zur Aufwärtsbewegung der Schalung wird durch entsprechende Vorrichtungen gesteuert.

5.1.3.2.1.2 Kletterschalungen werden i. allg. den Geschoßhöhen oder sonstigen architektonischen Wünschen angepaßt. Aus betontechnologischen Gründen sollten die einzelnen Klettervorgänge keinesfalls bei mehr als 4,00 m bis max. 5,00 m liegen, besser sind

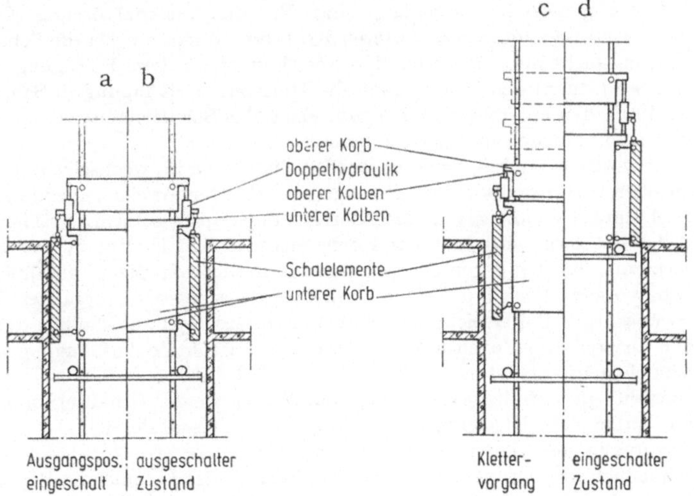

Bild 5.1-7. Kletterschalung hydraulisch arbeitend.

Abschnitte von 2,00 m bis 2,50 m. Bei Kletterschalungen ist die Ausbildung der Gerüste zu beachten. Diese Gerüste klettern ebenfalls mit, oft im unterschiedlichen Rhythmus zur Schalung.

Bei der klassischen Methode der Kletterschalung geschieht der eigentliche Klettervorgang ohne Kranhilfe, d. h. über mechanisch oder hydraulisch arbeitende Heber [126]. Bild 5.1-7 stellt eine hydraulisch arbeitende Kletteraufzugschalung dar.

Das Klettergerät besteht aus zwei Körben, die an jeder Ecke durch hydraulische Hub-
und Zugpressen miteinander verbunden sind. Durch die als Hohlprofil vorgesehenen Eckpfosten werden nach der Korbmontage Gerüstrohre als Kletterstangen eingeführt, an
denen die Körbe später durch wechselweises Anheben und Arretieren emporklettern.
Während der obere Korb lediglich Festpunkt für den Klettervorgang und Schutzgeländer
für die Bedienungsmannschaft ist, bildet der untere Korb ein Raumgerüst, das als solches
die Schalelemente und die fest installierten Arbeitsbühnen trägt. Er bewirkt außerdem
die seitliche Bewegung der Schalung und garantiert die Maßhaltigkeit des Schachtes.
Daraus folgt, daß das Gerät wegen der sich von Einsatz zu Einsatz ändernden Schachtmaße
in Länge und Breite variabel sein muß und somit die Horizontalverbände häufigen Änderungen unterworfen sind. Ihnen dürften also nur aussteifende Funktionen zugewiesen
werden. Alle für den Betrieb erforderlichen Geräteteile und Anschlüsse sind an den stets
wiederverwendbaren Eckpfosten untergebracht.

Kraftquelle und Kernstück des Gerätes sind die Hub- und Zugpressen der „Doppel-
hydraulik", von denen jede an sich aus zwei Einzelpressen besteht, die an ihren Böden
zusammengebaut sind. Alle Pressen sind zwar an die gleiche Pumpe angeschlossen, arbeiten
aber sonst unabhängig voneinander. Die einzige Abhängigkeit von einem Kolben zum
anderen besteht durch eine Sicherheitsverriegelung, die die Betätigung der Kolben in
falscher Reihenfolge ausschließt.

Detail „a" zeigt das Gerät in Ausgangsstellung nach der Fertigstellung eines Betonier-
abschnittes. Man erkennt in der schematischen Darstellung den oberen Korb, die Doppel-
hydraulik mit der Vertikalaufhängung und den unteren Korb, an dem die Schalelemente
in Horizontalrichtung gelenkig aufgehängt sind. Für den Ausschalvorgang (Detail „b")
hebt der untere Hydraulikkolben den unteren Korb um 80 mm an. Da die Schalelemente
in Vertikalrichtung nicht mit ihm verbunden sind, können sie diese Bewegung nicht mit-
machen; somit wird durch den Hubvorgang die Horizontalaufhängung in Schrägstellung
gebracht und durch den entstehenden Horizontalzug das Schalelement vom Beton abge-
löst. Das Gerät ist nunmehr zum Klettern bereit.

Beim Klettervorgang (Detail c und d) werden die Körbe im wechselweisen Hub bzw.
Zug von dem oberen Hydraulikkolben „hochgepumpt". Der jeweils ruhende Korb wird
im Handbetrieb durch Steckbolzen an den Kletterstangen festgesetzt. Die Knicksteifigkeit
der während des Kletterns unterhalb der Körbe austretenden Kletterstangen wird durch
Horizontalverbände, die sich gegen die Betonwände seitlich abstützen, gewährleistet.

Der Einschalvorgang (Detail d) ist die Umkehrung des Ausschalvorganges. Wenn das
Gerät die gewünschte Höhe erreicht hat, wird der untere Hydraulikkolben ausgefahren.
Er drückt den unteren Korb nach unten, spreizt die horizontale Aufhängung und bringt
damit die Schalelemente in Betonierstellung.

Auch kranabhängige Methoden, wie sie von Firmen in der Schalungsbranche angeboten werden, finden als Kletterschalung Eingang in diesen Bereich. Bild 5.1-8 zeigt
einen Klettervorgang, bei dem mittels einbetonierter Anker (Kletterkonus) die Hängegerüste einschließlich der darauf befestigten Schalung an der betonierten Wand befestigt
und gesichert werden. Im Prinzip gehört diese Methode schon zu den Umsetzschalungen
5.1.3.2.3 (da vom Kran versetzt), werden aber als Kletterschalung noch toleriert [125].

Eine weitere Variante zu Bild 5.1-8 ist die sog. „Kletterfahrgerüsteinheit", bei der die
Schalung selbst nicht abgekippt und mit dem Gerüst als Einheit versetzt wird, sondern die
Schalung mittels einer Fahrkonstruktion auf dem Gerüst horizontal nach außen verfahren wird. Somit kann die Säuberung der Schalhaut und das Aufbringen des Trenn-
mittels ohne Behinderung vorgenommen werden. Erst danach wird die Einheit versetzt.
Dies ist besonders dort angebracht, wo die vorweg eingebaute und herausstehende Bewehrung diesen genannten Arbeiten hinderlich ist [129] (Bild 5.1-9).

5.1.3.2.2 Wander- oder Fahrschalungen. Stützmauern, Schleusenwände, Kanäle, Tunnel, Stollen aus Beton oder Stahlbeton werden sinnvollerweise in solche Abschnitte unterteilt, die zum einen den wirtschaftlichen Einsatz der Schalungen und zum anderen den statischen Belangen hinsichtlich Rissebildung etc. Rechnung tragen. Wander- oder Fahrschalungen sind Schalungen, die über Rollen-, Wälzwagen oder Gleitkonstruktionen in waagerechten oder leicht geneigten Ebenen zum nächsten Einsatz hin bewegt werden. Hierbei ist zur Bewegung nicht das Hebegerät, sondern eine Zug- oder Druckeinrichtung erforderlich, wenn dafür die menschliche Arbeitskraft nicht ausreicht.

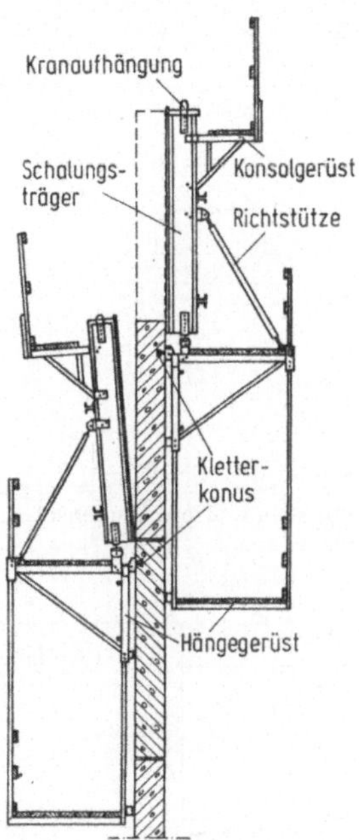

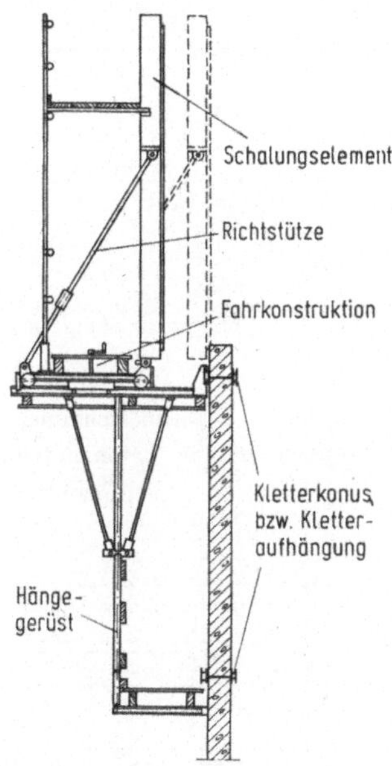

Bild 5.1-8. Kletterschalung abkippbar.   Bild 5.1-9. Kletterschalung mit Fahrgerüst [129].

Je nach Häufigkeit des Einsatzes solcher Schalungen werden diese mehr oder weniger stabil bis hin zur Schalungsmaschine hergestellt. Je stabiler, mechanisierter oder automatisierter diese Schalungsgeräte bzw. -Maschinen gebaut sind, um so geringer ist zwangsläufig der erforderliche menschliche Aufwand.

Nicht immer muß ein solches, meist sehr teures Instrument nebst den erforderlichen Greifzügen, Motorwinden oder hydraulischen Verschiebeeinrichtungen beim gleichen Bauvorhaben abgeschrieben werden, jedoch bietet sich in der deutschen Bauwelt nur selten die Gelegenheit, ein gleiches oder ähnliches Bauvorhaben wiederzufinden.

Bei Stützmauern, Kaimauern und Schleusenwänden verzichtet man oft auf Wanderschalungen, da Hebegeräte die Transportvorgänge sinnvoller und wirtschaftlicher gestalten, zumal bei solchen Bauvorhaben zunehmend große Krane eingesetzt werden.

Bei Kanalschalungen sind zwei- oder einhäuptige Wandschalungen möglich, je nach Verbauart, ob mit oder ohne Arbeitsraum. Bei Stollen- und Tunnelschalungen wird die

Wandschalung nur innenseitig vorgehalten d. h. die gesamte äußere vertikale Betonfläche gegen Felsen, Verbau, Spritzbeton o. ä. angebunden (Bild 5.1-11).

Eine Kanalschalung aus unterschiedlichen Materialien, wobei die Innenschalung ganz aus Stahl hergestellt ist und nur wenige Spindeln und Gelenke die einzelnen Konstruktionsteile bewegen, zeigt Bild 5.1-10. Die Längsbewegung erfolgt über Rollen mittels

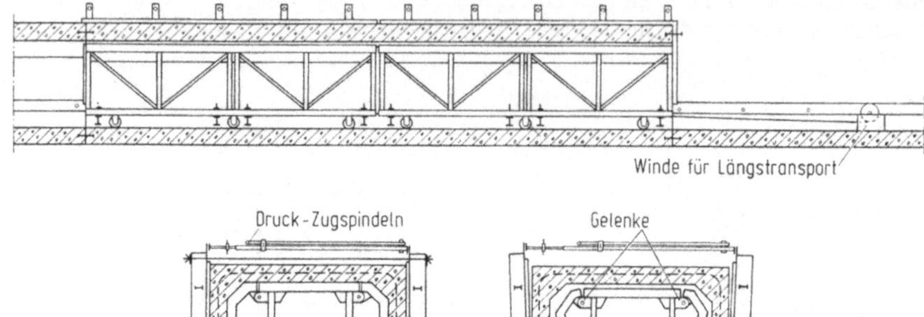

Bild 5.1-10. Kanalschalung mit Arbeitsraum (zweihäuptige Schalung).
a) Schalung ausgefahren in Betonierstellung; b) Innenschalung eingefahren, Außenschalung abgekippt zum Längstransport bereit.

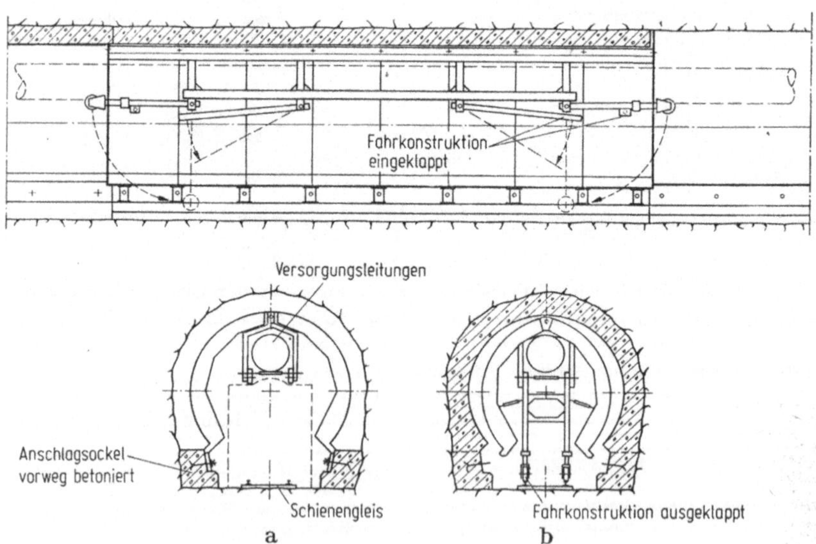

Bild 5.1-11. Stollenschalung ohne Arbeitsraum (einhäuptige Schalung);
a) Schalung zum Betonieren bereit, b) Schalung zum Längstransport bereit.

Winden. Die Bodenschalung (im Vorlauf) wird hingegen manuell bewegt bzw. mit einfachen Transportkarren. Die äußeren Wandschalungselemente bestehen aus einer Kombination von Stahlschalungsträgern bzw. Formstählen mit Holz im Verbund. Diese Wandschalungselemente werden nach dem gegenseitigen Abspindeln von der Betonfläche über Fußrollen gemeinsam durch Winden bzw. manuelle Hilfe verschoben.

Bild 5.1-11 zeigt eine Stollenschalung im bergmännischen Einsatz, die eine viele km lange Strecke mit leichtem Längsgefälle durchfahren muß. Abschnitte von 10 m werden mit hydraulischen Spindeln und Pressen und wenigem Lohnaufwand bedient und brauchen deshalb eine relativ kurze Einschal-, Wander- und Ausschalzeit. Die Sohlen- bzw. Anschlagsockel werden vorweg betoniert.

Allerdings wird nur die Innenschalung des Wand-Deckenbetons vorgehalten sowie die aufwendigere Stirnschalung. Im eingeschalten Zustand (a) werden in diesem Beispiel sämtliche Lasten über die Kämpfer der Anschlagsockel abgetragen und das Lichtraumprofil bleibt frei (Fahrkonstruktion hochgeklappt). Im ausgeschalteten Zustand (b) wird

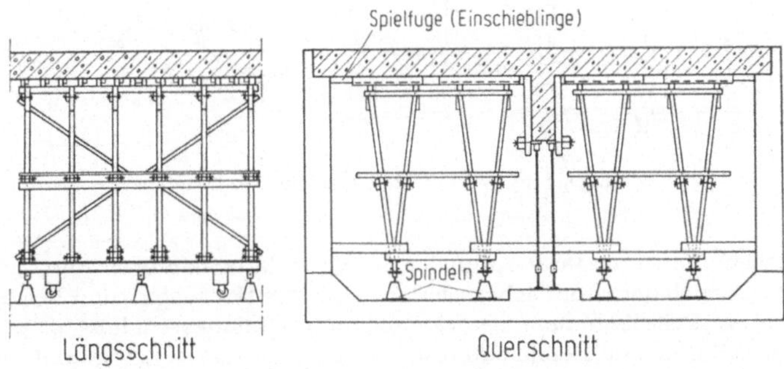

Bild 5.1-12. Verfahrbare Tunnel-Deckentische [133].

die Schalungskonstruktion mittels ausgeklappter Fahrkonstruktion über Schienengleis zum nächsten Einsatz verfahren. Diese Stollen- oder Tunnelschalungen müssen stabil sein und bedürfen in der Entwicklung und Vorfertigung reichhaltiger Erfahrungen.

Zu den Wanderschalungen gehören auch Deckenschalungskonstruktionen, die z. B. im U-Bahnbau innerhalb eines Streckenabschnittes als Deckenschaltische (Bild 5.1-12) — auch in Kombination mit angehängten Seitenelementen für Wand-, Vouten- oder Unterzugflächen — horizontal über Räder auf dem Unterboden oder über Gleise bewegt werden.

In die gleiche Kategorie gehören die verfahrbaren Schalungen im Brückenbau, die auf oder mit den Lehr- bzw. Traggerüsten (Vorbaugerüsten) eingesetzt werden. Auch hier wird die Schalung manuell oder maschinell bewegt (Bild 5.1-13).

5.1.3.2.3 Umsetzschalungen. Hierzu gehören im Prinzip alle Schalungen, die manuell oder maschinell von einem Einsatzort zum nächsten umgesetzt werden. Unter Ausklammerung der herkömmlichen Schalungsmethode und der umfangreichen dazu erforderlichen Einzelteile verbleiben somit alle restlichen elementierten Schalungskonstruktionen (also Großflächenschalungen), die kranabhängig sind.

5.1.3.2.3.1 Baukasten- und Leichtschalungen [1]. Großflächenelemente, die aus schwergewichtigen, kranabhängigen Einzeltypen bestehen, wie auch die sog. Baukasten- bzw.

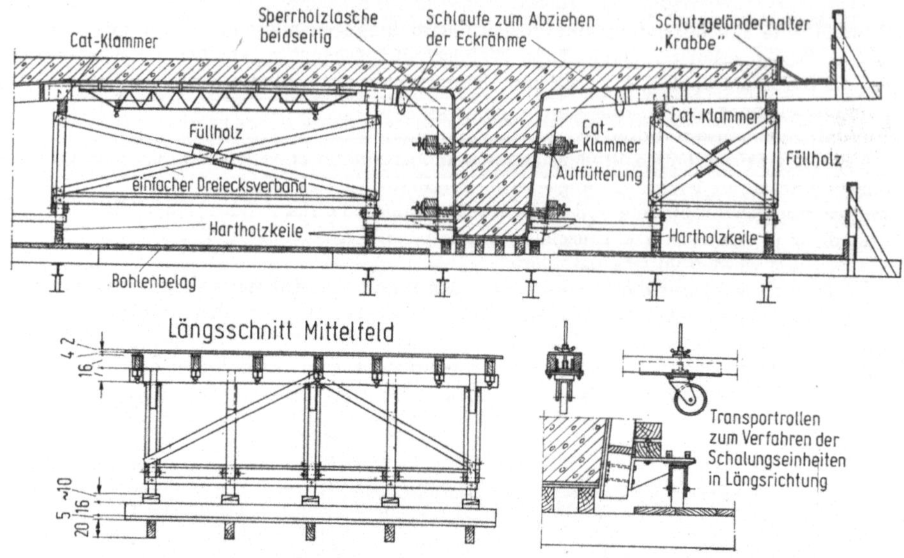

Bild 5.1-13. Verfahrbare Überbauschalung.

Leichtschalungen, die wegen ihrer optimalen Größen relativ handlich sind, gehören noch zum untersten Bereich der Großflächenschalungen. Diese Baukasten- und Leichtschalungssysteme, u. a. als Paneelschalung, Brückenschalung, Rahmenschalung o. ä. bezeichnet, haben ihr Normalformat im Bereich ab $0,40 \times 2,50$ m bis $1,25 \times 3,00$ m und somit immerhin schon eine Mindestfläche von $1,0$ m². Sie wiegen in dieser Größe knapp 30 kg/Stück und können somit auch noch von Einzelpersonen transportiert und versetzt werden. Dadurch, daß sie heute vorwiegend mit einer Sperrholzschalhaut versehen hergestellt werden, sind sie in der Lage, Betonansichtsflächen zu hinterlassen, die annehmbar sind und die sogar bei entsprechend sauberer Verlegung der Platten im Raster, auch noch für sog. *Sichtbeton* verwendet werden können. Zu empfehlen ist diese Baukastenschalung überall dort, wo die Krankapazitäten oder deren Reichweiten beschränkt sind oder dort, wo ein Hebegerät grundsätzlich nicht eingesetzt werden kann, z. B. bei abgedeckten U-Bahn-Baustellen. Ferner hat die Baukastenschalung dort ihre Vorteile, wo viele Ecken oder unterschiedliche Bauteile den Einsatz von Großflächenelementen nicht immer zulassen. Für Rundbehälter ist sie geradezu ideal (Bild 5.1-14 a).

Ihr Einsatz ist besonders dort von Vorteil, wo auf Grund geringer Serien, z. B. bei Einsatz von 1 bis 3mal, eine Großflächenschalung noch nicht wirtschaftlich ist.

Diese Baukastenschalung kommt in ihrer Anwendung ohne große Schalungsvorbereitung aus. Sie läßt sich mit angelernten Kräften relativ einfach handhaben. Als Fundament-, Kanal- und Kellerwandschalung ist sie ebenso zu verwenden wie anschließend für Decken, Stützen u. ä. Der entscheidende Vorteil dieser Baukastenschalung gegenüber der herkömmlichen Methode ist, daß bereits Tragrippen aufgebracht sind; der Nachteil gegenüber der Großflächenschalung ist, daß die Gurtungen, die zum Ausrichten der Schalung erforderlich sind bzw. die die Ankerplatten aufzunehmen haben, einzeln anzubringen und nach dem Ausschalen wieder zu entfernen sind. Dazu dienen Kanthölzer 8/16 bis 10/16 oder entsprechende Stahlgurtungen, um auch hier die Möglichkeit von weiten Anker-

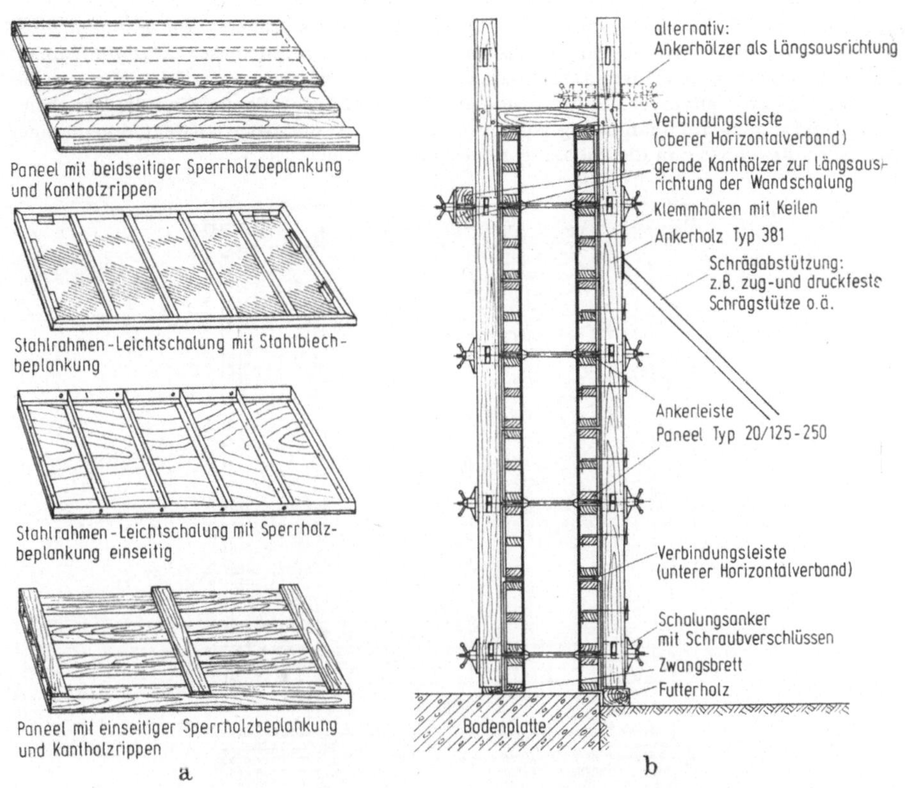

Bild 5.1-14a. Baukasten- und Leichtschalungen.
Bild 5.1-14b. Schnitt durch eine Paneel-Wandschalung.

abständen zu nutzen. Im Prinzip werden, auf den m² bezogen, nicht mehr Ankerstellen erforderlich, als dies auch bei Großflächenschalungen notwendig ist. Die Ankerungen erfolgen in den meisten Fällen durch einzulegende Brettleisten, die gleichzeitig auch mit zum Ausrichten der Wandschalung beitragen, oder sie werden durch Ausnehmungen in der Platte selbst durchgeführt (vgl. Bild 5.1-14b). Die Baukastenschalung·liegt also in ihrer Anwendung zwischen der herkömmlichen und der Großflächenschalung. Dies drückt sich auch im Materialpreis und in den Stundenanteilen aus.

Nicht zu den Baukastenschalungen zählen die sog. *Schnellschalungen* (*Reißverschluß-schalungen*). Es handelt sich dabei um Schalungsplatten (vgl. 5.1.4.1.5), die über kurze Stahlbügel mittels Flachanker in kurzen Abständen verbunden werden. Diese Schnell-schalungen gehören zum Bereich der herkömmlichen Schalungsmethoden.

5.1.3.2.3.2 Großflächige Fundamentschalungen [133] werden überall dort eingesetzt, wo die Größe der Fundamente sowohl im Grundriß als auch in der Höhe diese Bezeichnung dafür rechtfertigen und eine Serie die Vorfertigung wirtschaftlich werden läßt. Dies ist vorwiegend bei Industrie- und Geschäftsbauten sowohl im Ortbeton als auch bei Fertigteillösungen sinnvoll. Bild 5.1-15 zeigt die Schalmethode eines größeren Einzelfundamentes, bestehend aus vier kompletten Seitenschalungen. Der Vorteil dieser Einzelfundamentschalung liegt hauptsächlich darin, daß die Verankerung grundsätzlich außen vorbeigeführt wird (mit entsprechend dimensionierten Ankerstäben). Somit kann die Bewehrung der Einzelfundamente unabhängig von den Schalarbeiten entweder vorweg vorgenommen, oder aber diese später in die Schalung eingebracht werden.

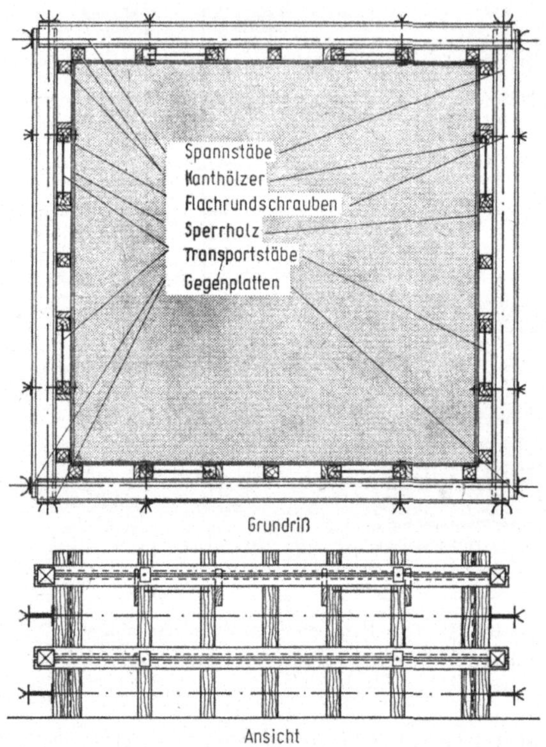

Bild 5.1-15. Schalungselemente für Einzelfundamente [133].

5.1.3.2.3.3 Großflächige Wandschalungen sind wegen der Häufigkeit ihrer Einsatzmöglichkeiten allen anderen Großflächenschalungen gegenüber im Vorteil. Dies liegt zum einen daran, daß der Anteil Wände prozentual neben den Decken die größte Bauteilgruppe darstellt und zum andern in der räumlichen Unbegrenztheit. Die Schalung der Wände, sofern diese nicht mit den Decken gemeinsam erstellt werden, kann zumindest immer nach oben herausgenommen werden.

Großflächen-Wandschalungen sind heute in der modernen Schalungstechnik kein unlösbares Problem. Schon seit vielen Jahren werden auf dem Markt fertige Wandträger in allen Variationen angeboten und zwar im Werkstoff selbst und auch in ihrem konstruktiven Aufbau. Die zulässigen Biegemomente dieser Wandschalungsträger (vgl. 5.1.4.2.2) liegen im Bereich von 1,0 bis 5,0 Mpm. Eine breite Palette wird dort angeboten, wo der

Wandträger am häufigsten und wirtschaftlichsten eingesetzt wird, nämlich im Bereich um zul. 2,0 Mpm. Dabei ist man sich inzwischen einig, daß es wirtschaftlicher ist, einen Wandträger nur am Fuß und am oberen Ende zu ankern (Bild 5.1-16). Die mittlere Ankerung bringt — hauptsächlich bei stark bewehrten Wänden — oft Probleme mit sich und erfordert außerdem wegen des schwierigen Ankereinbaues einen relativ hohen Lohnaufwand. Die meisten Wandhöhen liegen im Bereich von 2,50 m bis 3,50 m; dem entspricht das Angebot der Hersteller.

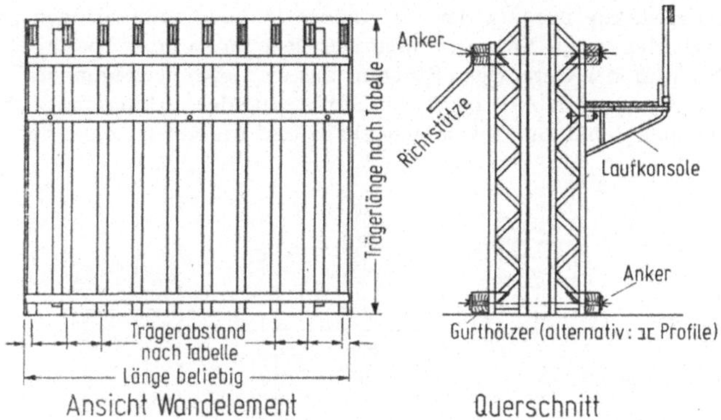

Bild 5.1-16. Wandschalung mit Holzträger (großflächig) [138].

Aus Gründen der Betonverarbeitung wählt man auch bei höheren Wänden meist Abschnitte, die in diesen Höhenbereichen liegen und unterteilt demzufolge diese Wände ein- oder mehrmals; dadurch verringert sich von vornherein für die Betonverarbeitung das Risiko. Niedrige Höhenabschnitte sind relativ gut zu verdichten und hinterlassen entsprechend brauchbare Ansichtsflächen.

Soweit die Wandhöhen 2,0 m nicht übersteigen und an sie keine extrem hohen Anforderungen bezüglich Geradheit und Sichtbetonfähigkeit gestellt werden, sind statt Wandschalungsträgern ohne weiteres auch Kanthölzer mit größeren Querschnitten oder auch Bohlen in gleicher Ankerungsart möglich. Natürlich kann man solche Kanthölzer und Bohlen — möglichst gerichtet und gehobelt — auch bei höheren Wänden verwenden; dabei werden dann allerdings eine oder mehrere Mittelbindungen erforderlich, und somit wird der Lohnaufwand anteilig höher. Bei komplizierten Wandausbildungen, sehr vielen Ecken und Ausnehmungen oder auch Konsolen u. ä., lassen sich Schalungsformen mit Holzunterkonstruktionen oft sehr viel weniger aufwendig herstellen, als dies mit vorgefertigten Schalungsträgern der Fall ist. Bereits im Planungsstadium, also in der Bauvorbereitung muß tunlichst darauf geachtet werden, Wandabschnitte und Wandquerschnitte so zu wählen, daß sie den Einsatz von Serienträgern zulassen. Mit Gewalt Systemschalungen dort einzusetzen, wo deren Einsatz schon bereits in der Vorplanung Probleme aufzeigt, wird sich später im Einsatz rächen. Bei der Entscheidung, ob Großflächenwandschalungen eingesetzt werden, ist folgendes zu beachten: Grundrißgestaltung der Wände, Höhe der Wände, Größe der Elemente, Häufigkeit ihres Einsatzes, Anzahl von Ecken und Kreuzungspunkten, Anordnung der Wandbewehrung, Tragfähigkeit des Krans.

5.1.3.2.3.4 Großflächige Stützen- und Pfeilerschalungen [133]. Stützen wurden vor etwa 20 Jahren noch gemeinsam mit der Decke eingeschalt. Diese Methode ist heute zu teuer und zeitlich zu aufwendig. Der einzige Vorteil, Stützen und Wände gleichzeitig mit der Decke zu betonieren, liegt darin, daß man hierbei das Betoniergerüst einspart. Es überwiegen die Nachteile, nämlich das Ausschalen dieser tragenden Bauteile von Hand unterhalb der Decke, das Zerlegen der Schalelemente in Einzelteile und der manuelle Transport. Heute werden — von wenigen Ausnahmen abgesehen oder bei Tunnelschalungen — fast überall Stützen und Wände vorbetoniert.

Für Stützenschalungen eignen sich vorgefertigte Sperrholzelemente mit rückseitig angeordneten Stahlzargen bzw. Zwingen oder aber komplette Stahlschalungen. Entweder werden zwei rechtwinklig miteinander verbundene Winkelkombinationen jeweils an zwei diagonal gegenüberliegenden Ecken miteinander verbunden oder überlappt, während die Schalhaut selbst (nur bei viereckigen Stützen) aus vier lose einzulegenden Einzeltafeln besteht. Oder es werden jeweils zwei rechtwinklig miteinander verbundene Stützenschalungshälften einschließlich Schalhaut zusammengebaut und wie vor miteinander verbunden.

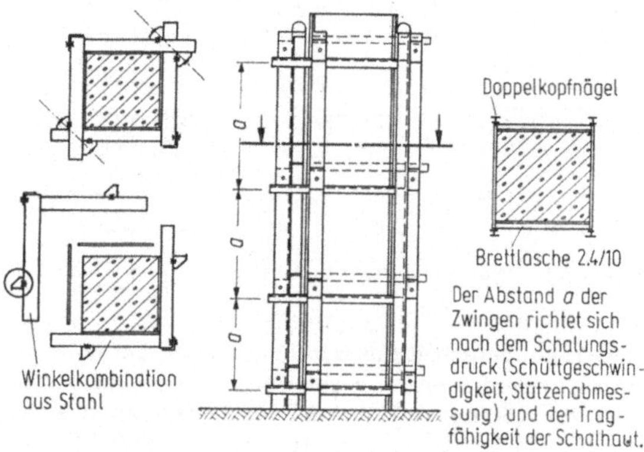

Bild 5.1-17. Stützenschalung (großflächig) [133]; *Arbeitsgänge beim Ausschalen:* An den beiden diagonal gegenüberliegenden Ecken werden die Schnellspannankergarnituren gelöst. Die beiden Winkelkombinationen können mit dem Kran von der Stütze gelöst werden. Die vier Sperrholzschilde sind lose eingelegt und werden einzeln vom Beton abgenommen.

Diese Methode ist etwas lohnsparender; bei der ersten ist vorteilhaft, daß bei kühler Witterung die teuere Unterkonstruktion (Winkelkombination) schon frühzeitig abgenommen werden kann, während die Schalhaut noch einen Tag länger am Beton verweilt. Es sind somit für jede Winkelkombination zwei Schalhautsätze erforderlich (Bild 5.1-17).

Bei Pfeilerschalungen, z. B. bei Brückenpfeilern, bei sehr hohen Gebäudestützen oder im U-Bahn-Bereich, geht man heute ähnlich vor wie bei normalen Stützen. Rundpfeiler, elliptische, quadratische, sechseckige und andere Arten von Pfeilern trennt man nur noch an zwei Stellen. Vor allem bei diesen Pfeilern wird fast nur mit vorgefertigten und halbierten Elementen gearbeitet. Diese Elemente sind in ihrem Materialanteil und in der Herstellung teuer, da sie meistens relativ hoch und daher großen Betonschalungsdrücken ausgesetzt sind. Die Bilder 5.1-18 und 5.1-19 zeigen zwei in der Praxis häufig vorkommende Fälle. Für den Zusammenbau von sehr großen Stützen- oder Pfeilerflächen können die verschiedensten auf dem Markt erhältlichen Teile genutzt werden, z. B. querliegende Schalungsträger, die mit Spannankern zu verbinden sind.

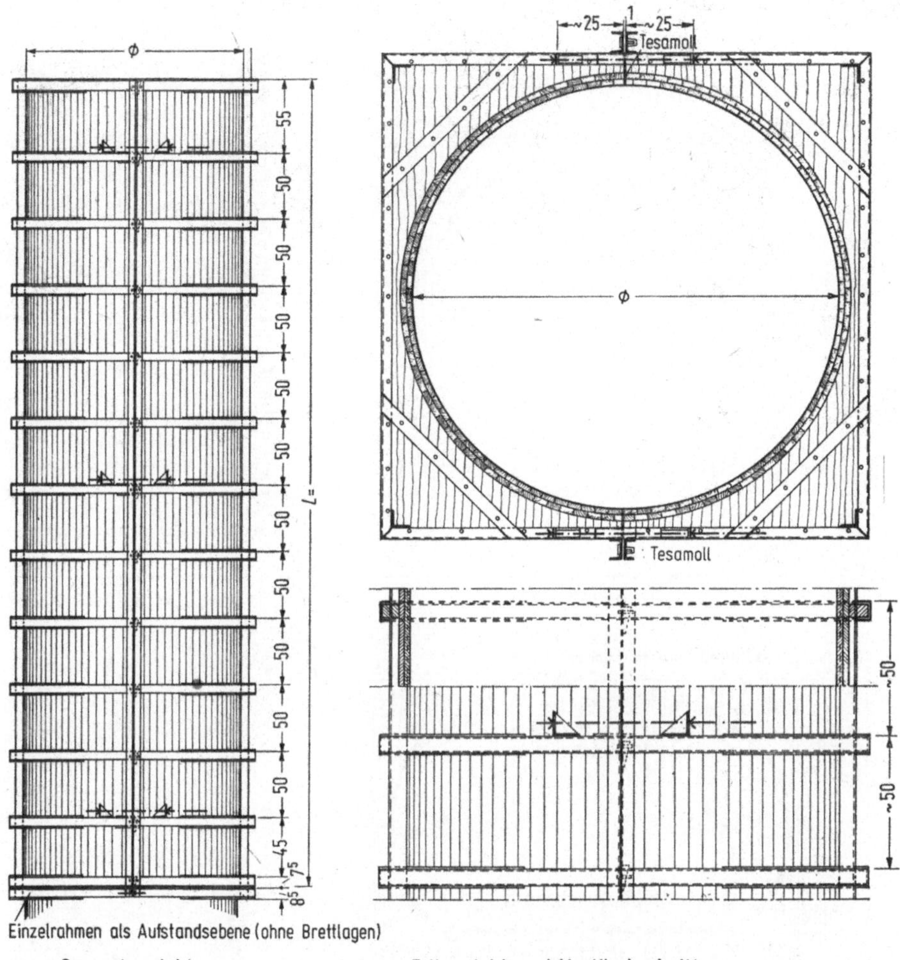

Bild 5.1-18. Schalungselemente Pfeilerschalung; Runde Pfeilerschalung mit Brettstruktur für Brückenpfeiler in Kletterbauweise [133]. — Längenmaße in cm.

5.1.3.2.3.5 Decken-, Unterzug- und Brückenüberbau-Schalungen. Neben den Wandschalungen stehen auch Deckenschalungen, gemessen an der Menge aller übrigen Schalungen im normalen Betonbau, bei der Suche nach einer rationellen Ausführungsmethode mit Abstand im Vordergrund. Dies gilt vor allem dann, wenn im Deckensystem Unterzüge eingebaut sind, da Unterzüge mit erheblich größerem Aufwand als Decken selbst zu schalen sind.

Decken und Unterzüge großflächig zu schalen, erfordert entweder konstruktive Überlegungen bei der Bemessung der Betonquerschnitte, oder entsprechende konstruktive

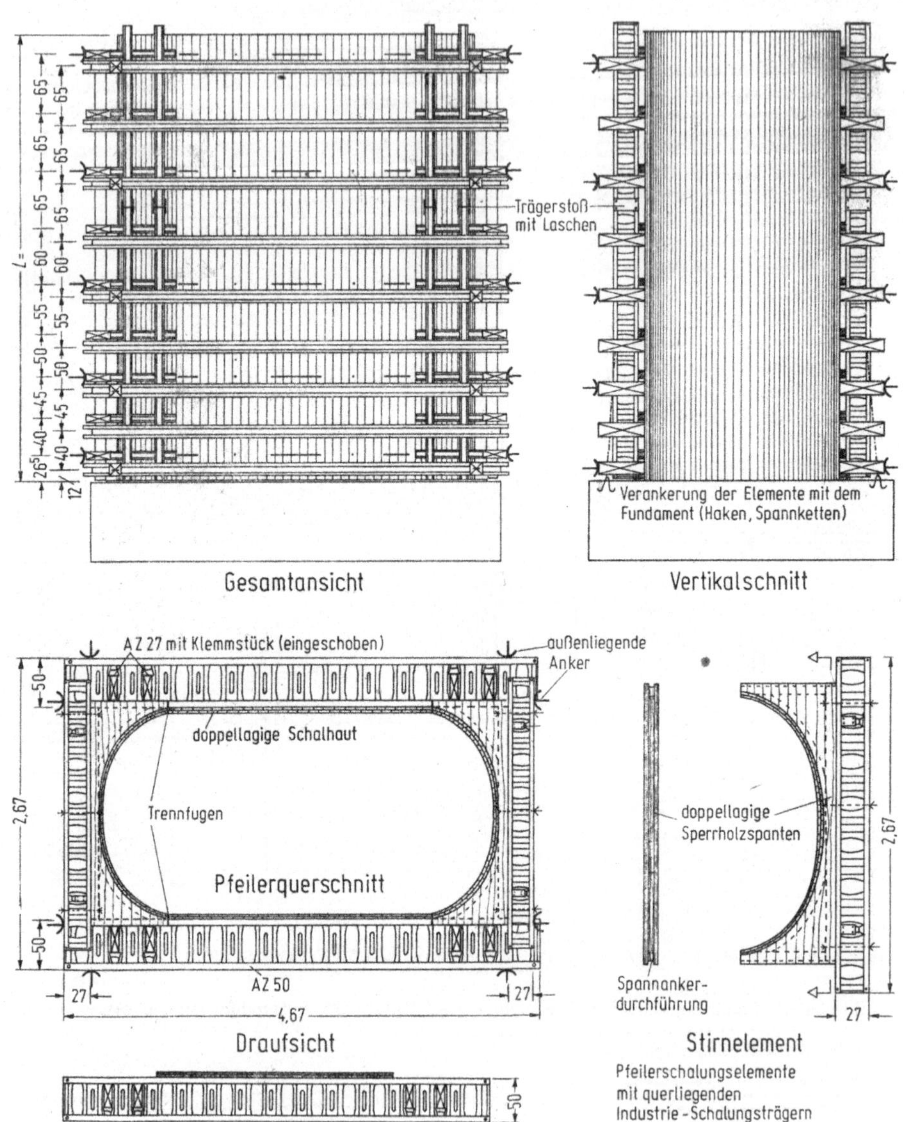

Bild 5.1-19. Pfeilerschalung mit querliegenden Trägern [133]. — Längenmaße in m bzw. cm.

Maßnahmen bei der Gestaltung der Schalung. Bei ersterem kann man zur Überwindung von Zwängungen beim Ausschalen die seitlichen Unterzugsflächen geneigt ausbilden, also den Unterzug konisch ausführen und damit diesen in die Deckenschalungskonstruktion mit einbeziehen. Gelingt dies nicht, muß meist der Unterzug mehr oder weniger herkömmlich oder kann nur mit relativ kleinen Schalungselementen geschalt werden.

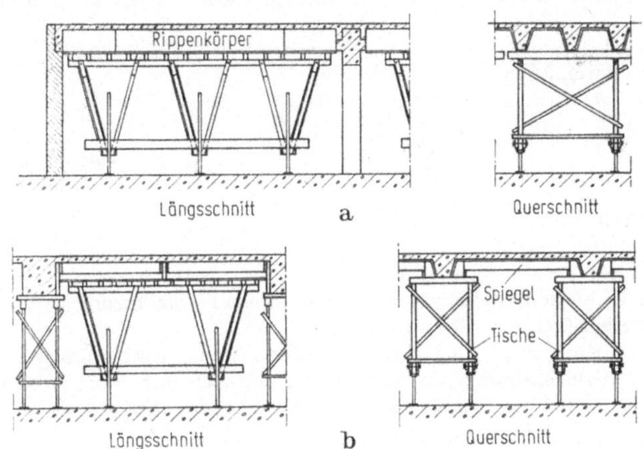

Bild 5.1-20. Unterzugtische mit aufgelegten Schalungskörpern;
a) mit Rippenkörper, b) mit Deckenspiegel.

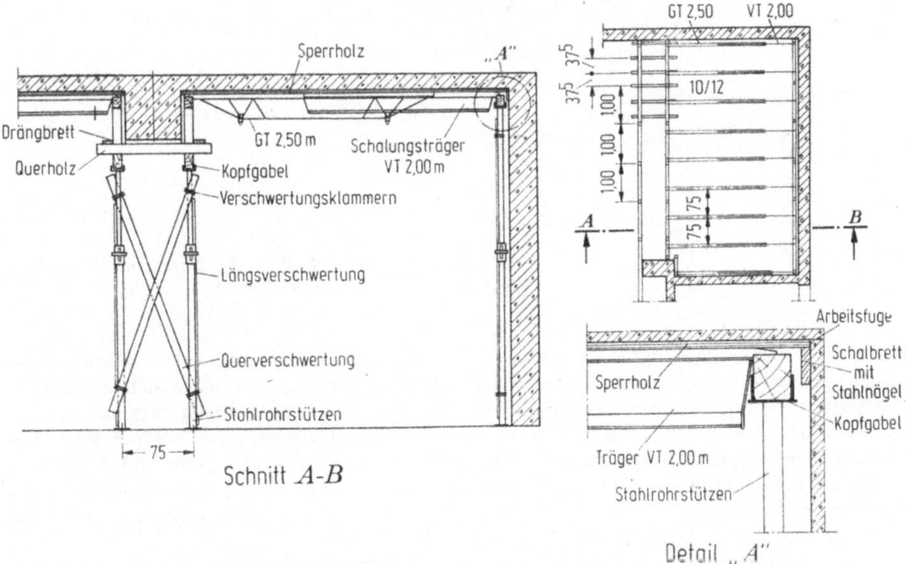

Bild 5.1-21. Decken- und Unterzugschalung mit marktüblichen Einzelteilen.
Längenmaße in m bzw. cm.

Tischschalungen [133]. Unterzüge für sich betrachtet können selten als Ganzes großflächig geschalt werden. Hier sind meist Seitenschalung und Tragkonstruktion voneinander getrennt zu behandeln. Für die Tragkonstruktion eignen sich sog. *Unterzugtische* (Bild 5.1-20).

Dagegen zeigt Bild 5.1-21 die aus losen Teilen bestehende Tragkonstruktion herkömmlich eingeschalt; ferner die übrige Deckenschalung, sowie die Boden- und Seitenschalung

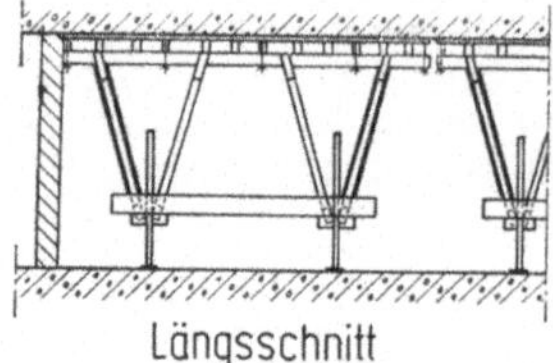

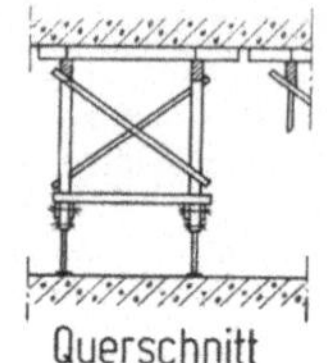

Bild 5.1-22. Deckenschalungstisch aus Holz mit Sperrholzauflage [133].

des Unterzuges in herkömmlicher oder konventioneller Ausführung mit marktüblichen Schalungseinzelteilen (vgl. 5.1.4.2 und 5.1.4.3).

Bild 5.1-12 in Kapitel 5.1.3.2.2 zeigt eine Möglichkeit, rechtwinklige Unterzugseitenschalungen bei Berücksichtigung entsprechender Spielfugen mit in die Deckengroßflächenschalung (Deckentische) einzubeziehen. Ähnliches, aber eine etwas anders geartete

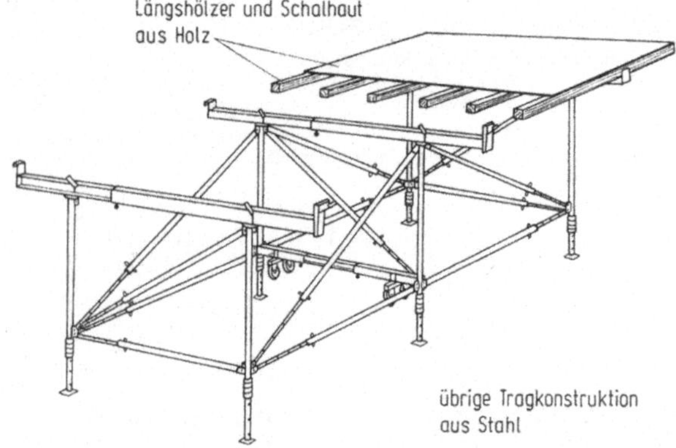

Bild 5.1-23. Deckenschalungstisch vorwiegend aus Stahl.

Form, zeigt Bild 5.1-20 mit sogenannten Deckenspiegeln. Deckenspiegel sind Schalungskörper, die sowohl die Decken- als auch die seitliche Unterzugschalung in sich vereinigen. Die Seitenschalungen sind entweder geneigt, oder die Spiegel sind mittig getrennt.

Glatte Decken eignen sich, vorausgesetzt die Serie ist ausreichend, besonders für den Einsatz von Deckenschalungstischen. Hier gibt es auf dem Markt genügend Angebote. Größere Baufirmen haben ihre eigenen Systeme. Ein solches System, vorwiegend aus Holz gefertigt, zeigt Bild 5.1-22. Einen Schalungstisch vorwiegend aus Stahl, zumindest in der Tragkonstruktion, zeigt Bild 5.1-23.

Bild 5.1-24 zeigt einen Umsetzvorgang mittels direktem Seilgehänge sowie einen solchen mittels Entenschnabel, mit dem ebenfalls Tische von einem Einsatzort zum nächsten transportiert werden können. Entenschnäbel schränken auf Grund ihres Eigengewichts in bezug zu den Hebegeräten häufig die optimalen Größen der Tische ein. Deckenschalungstische sind schon ab 6 Einsätzen insgesamt wirtschaftlicher als jede herkömmliche Methode, zumal an die Deckentische gleichzeitig die notwendige Auslegergerüstkonstruktion mit angebaut werden kann.

Brückenüberbauschalungen eignen sich bei häufig wiederholbaren Einsätzen ebenso zur Vorfertigung wie jede übliche Deckenkonstruktion im allgemeinen Hochbau. In

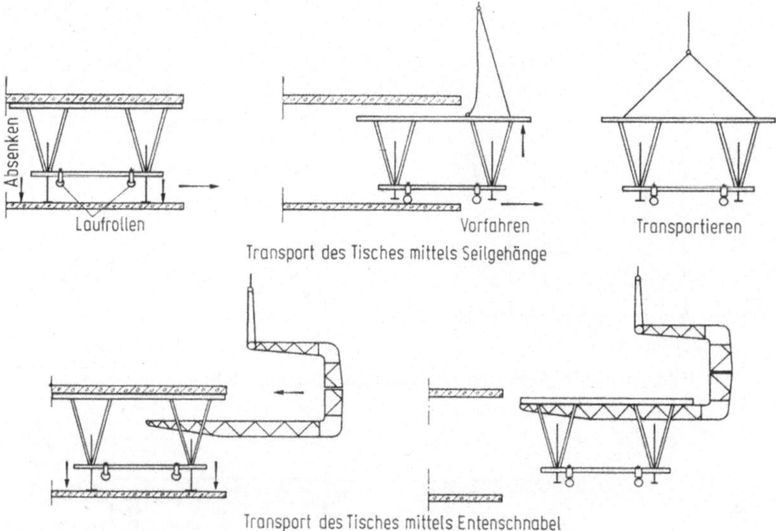

Bild 5.1-24. Ausschal- und Umsetzvorgang von Deckenschalungstischen.

Abschn. 5.1.3.2.2 ,,Wanderschalungen'' wurde bereits darauf hingewiesen und in Bild 5.1-13 erläutert. Die gleiche Schalungskonstruktion kann aber auch mittels Kran umgesetzt werden, sofern Gefälleneigungen eine Verfahrmöglichkeit nicht zulassen oder irgendwelche Querbalken, Ausschottungen oder andere Hindernisse dies nicht gestatten.

Das Einschalen von schweren Betondecken bei großen Raumhöhen wird zunehmend mit *Lasttürmen* (auch *Rahmenstützen* genannt) dort ausgeübt, wo geringe Serien Deckentische noch nicht zulassen (Bild 5.1-25). Diese Methode liegt wirtschaftlich gesehen zwischen der herkömmlichen und der großflächigen. (Rahmenstützen in 5.3.6.8.)

Schubladenschalungen haben ihren Namen nach dem Schubladenprinzip. Hierzu wird eine stützenlose horizontale Scheibenkonstruktion gewählt, bei der die Abtragung der Vertikalkräfte über eine Vorrichtung an vorbetonierten und ausreichend erhärteten Wänden erfolgt [127] (Bild 5.1-26).

Schubladenschalungen können nur dort wirtschaftlich sein, wo relativ enge Räume, z. B. im Schottenbau, diesen Einsatz zulassen, da mit zunehmender Spannweite die Biegetragglieder der Schubladenkonstruktion verhältnismäßig stark dimensioniert werden müssen.

Außerdem erfordert das Anbringen und Abbauen sowie das Einjustieren der Tragtraversen an den Wänden einen nicht zu unterschätzenden Lohnkostenaufwand. Schubladenschalungen mit Wandkonsolen setzen Mindestwanddicken voraus. Die Schubladenschalung selbst wird meist mittels Entenschnabel aus- und eingefahren.

Rippen- und Kassettenschalungskörper. Grundsätzlich gehören Rippendecken und darüber hinaus Kassettendecken trotz Einsparung an Bewehrungsstählen, die allerdings mit sehr hohem anteiligen Lohnaufwand verlegt werden, zu den teuersten Deckenkonstruktionen schlechthin; dies nimmt mit steigenden Löhnen weiterhin zu. Rippen- und Kassetten-

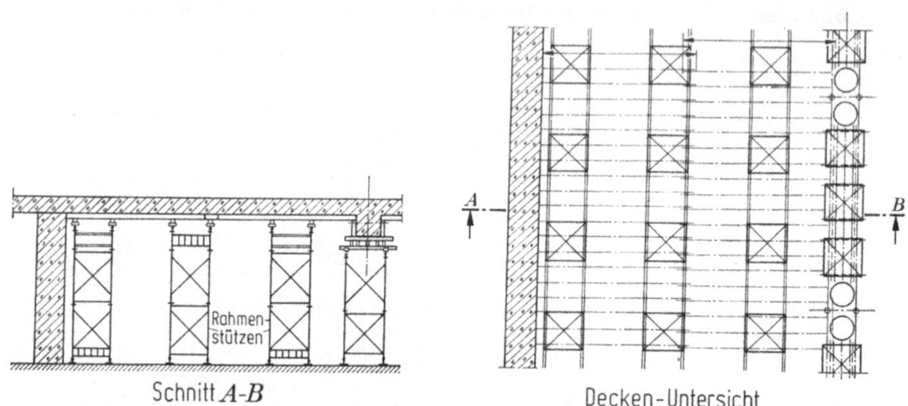

Bild 5.1-25. Decken- und Unterzugschalung mit Rahmenstützen.

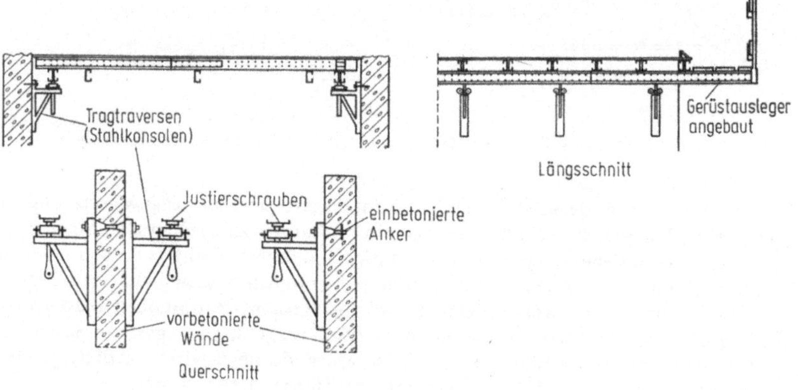

Bild 5.1-26. Schubladenschalung [127].

schalungskörper können als kleine und auch als größere Einzelkörper, sowohl lose als auch in Batterien angefertigt, eingesetzt und ausgeschalt werden.

Rippen- und Kassettenkörper verlangen einen Unterbau, der je nach Häufigkeit herkömmlich oder großflächig ausgeführt werden kann. Besondere Beachtung verdient das Ausschalen, da die leicht geneigten Vertikalflächen den größeren Anteil an der Gesamtabwicklung haben und damit die Körper neben den Haft- auch noch hohe Reibungskräfte zu überwinden haben. Ohne wirksame Ausschalhilfen ist ein Überwinden dieser Haft- und Reibungskräfte nur erschwert möglich und geht häufig zu Lasten der Konstruktion,

d. h. der Materialverlust und die Reparaturen sind immens hoch (Bild 5.1-50c). Die Seiten von Rippen- und Kassettenkörpern müssen stets ausreichend geneigt sein.

Die Bilder 5.1-27a—d zeigen verschiedene Rippen- und Kassettenkörper aus Holz, Stahl und Kunststoff. Dabei sei neben den mechanischen Ausschalungsmöglichkeiten auch auf die mit Druckluft hingewiesen.

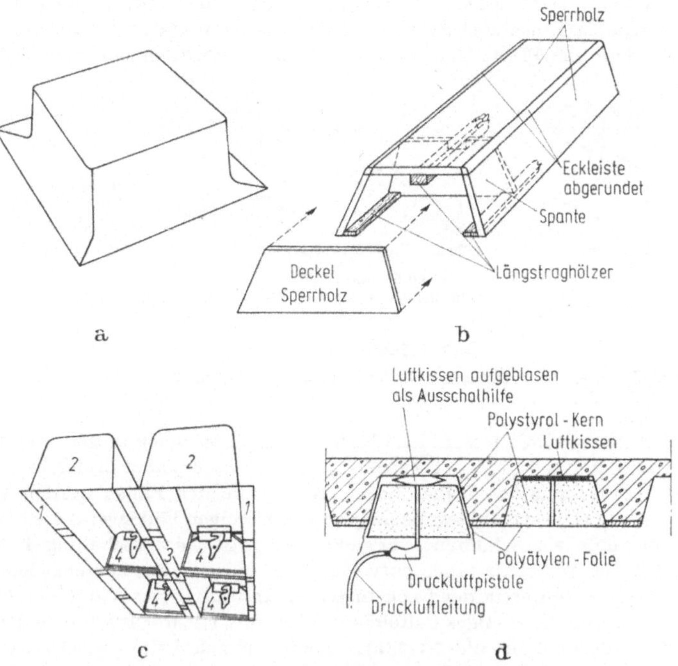

Bild 5.1-27. Rippen- und Kassettenkörper.

a) Kunststoff, Polystyrol-Formen aus tiefgezogenem schlagfestem Material; b) Holz; c) Stahl; *1* Schalblech, *2* Stirn- und Aussteifungsblech, *3* Klammer zum Verbinden, *4* Exzenterverschluß als Ausschalhilfe, d) Hartschaum.

5.1.3.2.3.6 Tunnel- oder Raumschalungen [1] (die Bezeichnung Raumschalung ist bekannter und sinnvoller) werden vorzugsweise im Hochbau eingesetzt.

Wenn man noch vor Jahren fast vollständig davon abgegangen ist, Wände mit Decken gleichzeitig zu betonieren, um die großflächigen Wandschalungen mit entsprechenden Hebegeräten einzusetzen, bevor mit dem Einschalen der Decke begonnen wird, so wurde mit der Einführung der Tunnelschalung gewissermaßen eine Rückentwicklung vollzogen. Allerdings hat sich die Technik darin entscheidend gewandelt.

Bei der Tunnelschalung sind zwei Wandschalungen und die Deckenschalung zu einer montierbaren Einheit geformt. Die Raumschalung dient zum Einschalen eines kompletten Raumes und umfaßt neben den Wandschalungen für die beiden Längsseiten noch die Schalung für die Stirnseite als Mittelgangwand (Bild 5.1-28c).

Dieser Schalungsmethode ist nur ein relativ geringer Bereich von Einzelobjekten vorbehalten, und zwar dort, wo die Serie weit über das Normale hinausgeht. Zur Zeit ergeben

Vergleichskalkulationen, daß mindestens 50 Einsätze je Baustelle erreicht werden müssen, um gegen die getrennt voneinander arbeitenden Großflächenschalungsmethoden, also Wandelementen vor Schalungstischen, konkurrieren zu können. Eine Tunnel- oder Raumschalung kann nur dort eingesetzt werden, wo die Außenkonstruktion dies zuläßt, also offen ist, und die Fassaden später angebracht werden. Die Tunnel- oder Raumschalungsteile werden mittels Hebegerät und Hilfskonstruktionen direkt herausgenommen und jeweils zum nächsten Einsatzort gebracht. Ein Zwischenparken ist unwirtschaftlich und erfordert außerdem viel Platz. Den Bauunternehmen stehen verschiedene Verfahren und

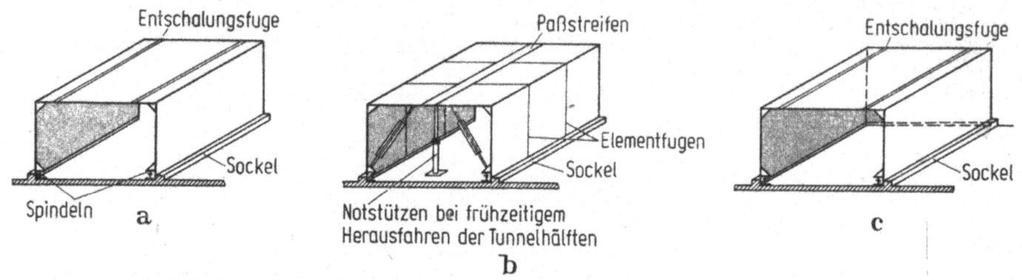

Bild 5.1-28. Tunnelschalung:
a) Volltunnel, b) Halbtunnel, c) Volltunnel mit Rückwand (Raumschalung).

Typen zur Verfügung, deren wesentliche Merkmale hauptsächlich in der unterschiedlichen Art der Trennung in der Konstruktion selbst, ganz besonders aber in der Deckenschalung sowie in der Verankerung der Wände liegen. In den meisten Fällen werden Tunnel- und Raumschalungen in Ganzstahlbauweise hergestellt, in einigen Fällen wird auch oberflächenvergütetes Sperrholz als Schalhaut verwandt. Es gibt Tunnelschalung in Ganzprofil. Hierbei werden die Ausschalzwänge entweder über ein sich zusammenziehendes Kunststoffprofil mittels Exzenter in der Deckenfläche unmittelbar zur Wand hin überwunden. Oder dies geschieht durch mittiges Falten oder aber durch Schräganschnitte der Schalhautkonstruktion (Volltunnel in Bild 5.1-28a). Andere Tunnelschalungen arbeiten von vornherein mittig getrennt, d. h., die Tunnelschalung besteht aus zwei rechtwinkligen Hälften (Halbtunnel in Bild 5.1-28b). Die Breitenanpassung erfolgt durch einen eingelegten Paßstreifen, der die unterschiedlichen Raumbreiten ausgleichen kann. Unter diesem Streifen können ggf. Notstützen angeordnet werden, so daß beiderseits davon die Deckenschalhälften so früh wie möglich herausgefahren werden können.

Derartige Raumschalungen sind beheizbar und können bereits an dem dem Betoniertag folgenden Tag herausgefahren und wieder neu eingesetzt werden. Bei allen Schalungselementen sind die Ausschallücken ein wesentliches Kriterium. Für den Breitenausgleich wurde die Lösung bereits genannt. Der Höhenausgleich erfolgt so, daß ca. 10 cm hohe Wandsockel vorbetoniert werden, die zur späteren unteren Verankerung der Wandschalung herangezogen werden und diese gleichzeitig dagegen abstützen. Diese Sockel geben die Raumbreite für die Raumschalung exakt vor und garantieren gleichzeitig die zum Absenken erforderliche Höhentoleranz. Voraussetzung zum Einsatz einer Raumschalung sind jedoch stets gleiche Raumhöhen, was ihren Einsatzbereich wiederum einschränkt, während Raumtiefen aus verschiedenen Elementbreiten montiert werden können. Besonders wichtig beim Einsatz von Raumschalungen ist die Festlegung der Hebegeräte. Beim Einsatz von Raumschalungen, viel mehr noch als beim Einsatz von getrennt voneinander laufenden Großelementen für Wände und Decken, muß die *ständige* Zurverfügungstellung der Hebegeräte gewährleistet sein.

Abgesehen davon, daß es sich hier meist um sehr große Krantypen handelt, steht und fällt der Einsatz der Raumschalung und der Erfolg der Baustelle mit diesen Hebegeräten.

5.1.3.2.3.7 Sonder- und Fertigteilschalungen. Sonderschalungen sind in vielerlei Hinsicht mit den Tunnel- und Raumschalungen (5.1.3.2.3.6) zu vergleichen. Sie werden für eine bestimmte Sonderausführung hergestellt, sollen dann aber auch der hohen Kosten wegen häufig eingesetzt werden. Sonderschalungen werden meistens für den gedachten Sondereinsatz auf der Baustelle voll abgeschrieben, während Fertigteilschalungen in stationären Betrieben häufig auch für andere Objekte z. T. in etwas abgeänderter Form

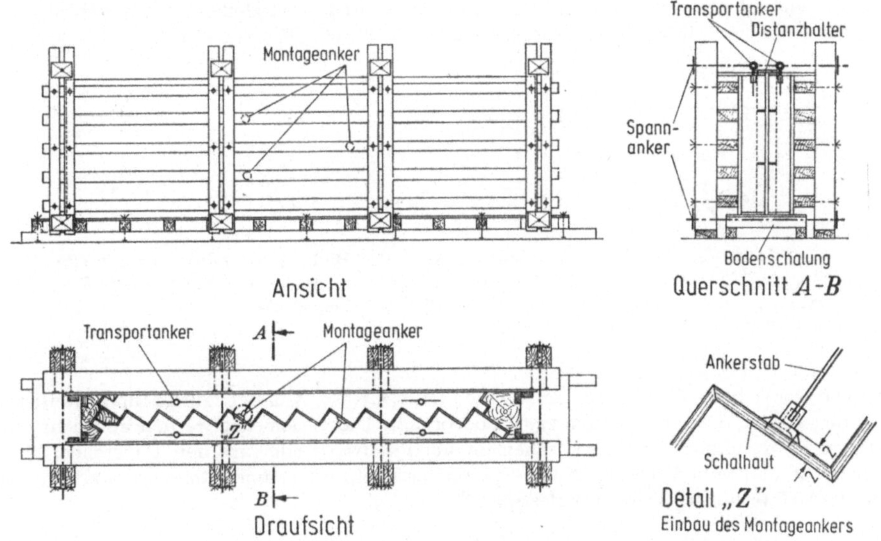

Bild 5.1-29. Holz-Schalungsform für Treppenfertigteil. — Längenmaße in cm.

Verwendung finden. Sonderschalungen kommen vor im Stollen- und Kanalbau, im Brükkenbau, also überall dort, wo die Häufigkeit der Abschnitte eine rationelle Durchführung verlangt. Im allg. sind Sonderschalungen im Material teuer und müssen deshalb planerisch so durchdacht sein, daß mit wenig Lohnaufwand auszukommen ist. Solange Treppenläufe noch nicht nach Katalog gehandelt werden, gehört die Schalung für Treppenlauffertigteile auch zur sog. Sonderschalung. Für Fertigteiltreppen werden allerdings schon einige Sonderschalungssysteme in Ganzstahl angeboten, können aber ebenso gut aus Holzschalungselementen hergestellt werden (Bild 5.1-29).

Fertigschalungsformen werden hergestellt aus Stahl, Holz, Kunststoff und auch aus Beton. Sie können aus vorgefertigten Elementen bestehen, ähnlich wie an der Ortbetonbaustelle. Es können Batterieschalungen sein oder einfache Schalungstische (Kipptische) mit variabel einstellbaren ·Seitenschalungen. Dafür können standardisierte oder auch zugepaßte Formen genommen werden. Selbst zimmermannsmäßig bearbeitete Holz-Schalungselemente werden häufig benutzt, zumal dann, wenn nur geringe Einsätze für Einzelteile vorkommen. Überwiegend jedoch ist im Fertigteilsektor die Stahlschalungsform zu finden. Das hat zur Ursache, daß einmal diese Schalformen sehr oft, auch über Jahre hinaus benutzt werden, und zum anderen, weil an Stahlformen relativ einfach Außenrüttler anzubringen sind.

Mit Fertigteilformen, ob sie nun in einer stationären oder einer Feldfabrik aufgebaut sind, erzielt man immer dann größten wirtschaftlichen Nutzen, wenn man ohne manuelle Hilfeleistung, also ohne jegliches Bewegen von Einzelteilen an der Form selbst, auskommt. Solche „*Schalungsmaschinen*" sollten auch beheizbar sein; sie müssen so stabil sein, daß sie den Schwingungen der angebrachten Rüttler standhalten und sie sollten möglichst täglich (wenn nicht zweimal täglich) belegt werden können.

5.1.3.2.3.8 Betonschalungselemente (*Elementdecken und -wände*) sind mit Gitterstahlträgern besonderer Art (je nach Herstellerfirma) und zusätzlicher Feldbewehrung armierte, 4 bis 5 cm dicke Stahlbetonplatten, die nach dem Einbau mit dem Ortbeton zur

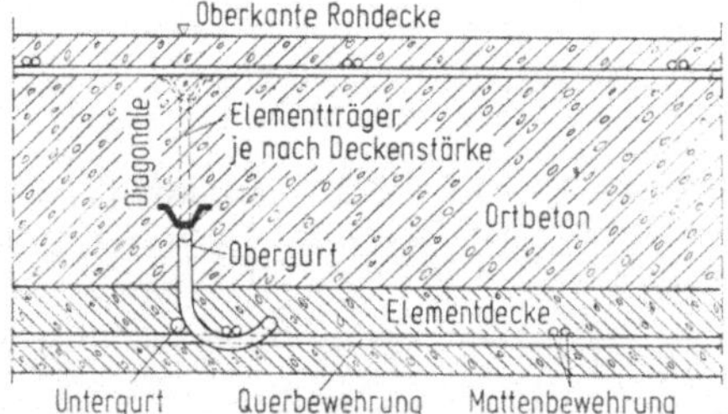

Bild 5.1-30. Betonschalungselemente, Querschnitt einer Elementdecke.

fertigen Decke oder Wand vergossen werden (Bild 5.1-30). Aus Fertigungs- und Transportgründen werden Breiten von max. 2,50 m bevorzugt. Diese Elemente werden auf mehr oder weniger aufwendigen Schalungstischen im Fertigteilwerk oder auf den Baustellen direkt hergestellt und vom LKW oder vom Zwischenstapel an Ort und Stelle an oder auf vorbereitete Unterkonstruktionen befestigt.

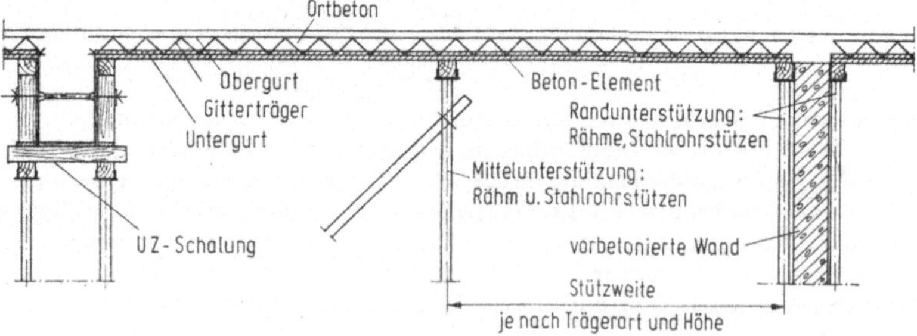

Bild 5.1-31. Betonschalungselemente, verlegte Elementdecke.

Deckenelemente bedürfen einer Unterkonstruktion, die je nach Dicke der Decke bzw. Höhe und Abstand der einbetonierten Träger anzuordnen ist. Ein direktes Auflegen auf Wände, Fertigteilbalken oder entsprechende Schalungen ist möglich, sofern das Auflager dafür eben ist. Raumgroße Elemente werden aus Transportgründen meist auf der Baustelle selbst, Regelelemente bis 2,50 m Breite und Längen nach Erfordernis von Lizenznehmern

(Fertigteilwerken) der Trägerhersteller geliefert. Aussparungen können vorab bei der Vorfertigung vorgesehen oder auf dem verlegten Element der Ortbetondicke entsprechend eingebaut werden. Die Stoßfugen der aneinander gestoßenen Platten werden mittels quergelegter Rundstähle verdübelt. Die Oberbewehrung zur Abdeckung der Stützmomente bzw. die Abreißbewehrung kann direkt auf die Träger aufgelegt werden (Bild 5.1-31).

Elementdecken sind überall dort wirtschaftlich, wo die Einsatzhäufigkeit von Schalungsgroßelementen gering ist, wo Deckengroßflächenelemente (Deckentische) aus räumlichen Gründen nicht eingesetzt werden können (Keller, Flure etc.) und wo grundsätzlich die Tragfähigkeit der Hebegeräte einen solchen Einsatz möglich machen.

Solche verlorenen Betonschalelemente werden auch im Bereich der Wände eingesetzt. Eine Elementwand besteht aus *zwei* je 4 cm dicken, großflächig vorgefertigten und be-

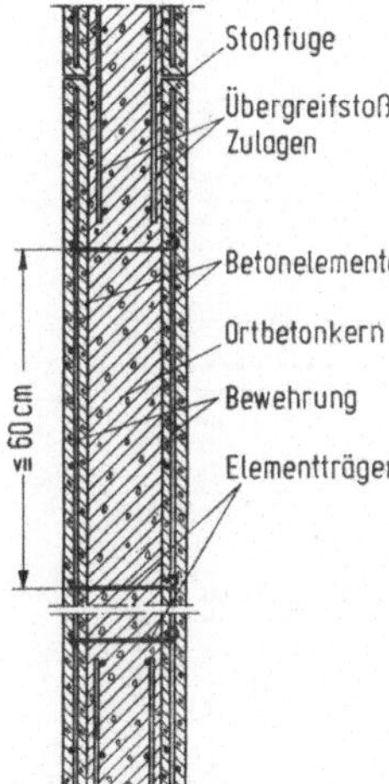

Bild 5.1-32. Betonschalungselemente, zweischalige Elementwände; Horizontalschnitt, bewehrte Wand.

wehrten Stahlbetonplatten als Außenschalen, die durch die einbetonierten Träger fest miteinander verbunden, auf Abstand gehalten und nach dem Einbau mit Ortbeton zur fertigen Stahlbetonwand vergossen werden (Bild 5.1-32 [134]. Die Befestigung der Elemente erfolgt mittels Schrägstützen. Darüber hinaus können diese Betonwandelemente auch als einseitige Wandschalung mit Großflächenschalungselementen üblicher Bauart verbunden, eingesetzt werden. Besonders dort, wo die Arbeitsräume eng sind, haben diese Einsätze ihr Berechtigung.

Nicht jeder Träger und nicht jeder Typ ist für diesen Einsatz geeignet, vielmehr müssen sie den besonderen statischen und konstruktiven Anforderungen genügen. Zur Übertragung des Betondrucks von Träger zu Träger reicht eine Baustahlgewebematte einer bestimmten Dimension aus.

Selbstverständlich kommt eine solche Schalungsart ohne exakte Schalungs- und Arbeitsvorbereitung nicht aus, da jeder Baukörper mit allen seinen Konstruktionsmaßen, Ankerstellen, Trägerabständen u. v. m. außerordentlich präzise mit der auf der Innenseite angeordneten Großflächenschalung abgestimmt werden muß. Um eine zeitlich unabhängige Verankerung der Betonelemente mit den Holzschalelementen zu ermöglichen, können entweder in der verlorenen Schalung an bestimmten Stellen von vornherein Ankerlöcher

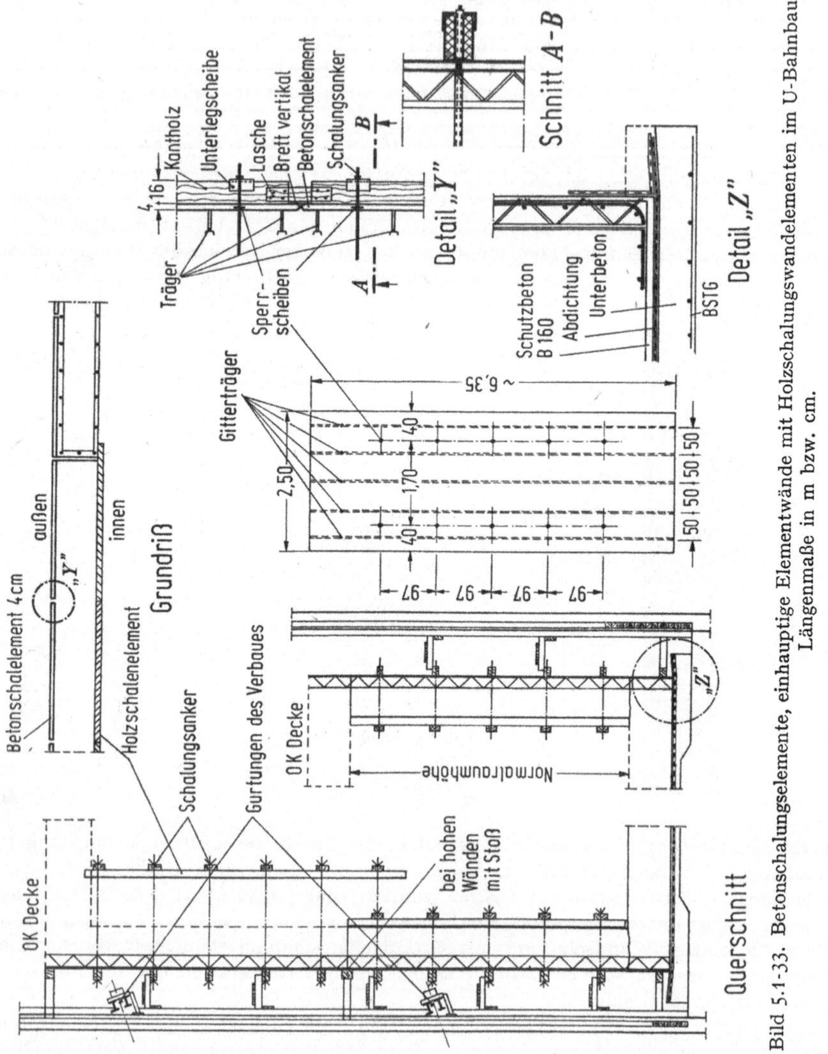

Bild 5.1-33. Betonschalungselemente, einhauptige Elementwände mit Holzschalungswandelementen im U-Bahnbau. Längenmaße in m bzw. cm.

vorgesehen werden, oder diese werden später während des Einschalens von Hand eingestemmt, oder es können Ankerscheiben mit Gewinde eingesetzt werden (Bild 5.1-33).

Die Betonelemente werden aufgestellt, ausgerichtet und dann erfolgt die Bewehrung. Der Vorteil einer derartigen Außenschalung liegt auch darin, daß grundsätzlich sämtliche Außenschalungen aller Bauteile und Blöcke vorweg aufgestellt werden können. Somit ist ein kontinuierliches Bewehren möglich. Die Innenschalung dagegen wird blockweise und abschnittsweise erstellt und unmittelbar nach Fertigstellung betoniert.

Betonschalungen dieser Art können in entsprechender LKW-Breite bis 2,50 m und Längen bis 8 m geliefert werden. Es empfiehlt sich, die Länge auf das gesamte Außen-Tunnelhöhenmaß auszurichten, so daß sowohl Sohle, Wand und Decke mit einbezogen werden. Somit erübrigt sich das separate Einschalen der Sohle, der Wand und der Seiten-schalung der Decke. Dieser Vorteil ist nicht unerheblich, weil die Sohlenschalung, be-sonders aber die seitliche Deckenschalung, einen relativ hohen Stundenaufwand erfordert. Nicht nur die Außenwandschalung kann in dieser Form aufgestellt, sondern auch die Blockfugenstirnwände gleichzeitig zwischen diese Elemente eingebunden werden.

5.1.4 Schalungsbauteile

Ein großer Teil der Schalungsbauteile ist sowohl für herkömmliche Methoden als auch für Großflächenschalung verwendbar. Von den vielen Arten von Material (Holz, Stahl, Kunst-stoff), die hier eingesetzt werden können, haben Holz oder vorwiegend aus Holz be-stehende Produkte den weitaus größten Anteil. Diese sind besonders im Bereich der Schalhaut vertreten.

5.1.4.1 Schalhaut

Die Schalhaut (Schalungshaut) hinterläßt bezüglich Struktur auf der Oberfläche des Betons den nachhaltigsten Eindruck und ist somit primär für das spätere Aussehen der Betonoberflächen maßgebend. Zum Thema Schalhaut im Zusammenwirken mit der Betontechnologie vgl. [3].

Es gibt Materialien, die einmal (Einwegschalung), wenige Male bis häufig und häufig bis fast unbegrenzt eingesetzt werden können.

5.1.4.1.1 Streckmetallschalung für untergeordnete Ansichtsflächen ist vorwiegend dort einsetzbar, wo „verlorene Schalung" unumgänglich ist, z. B. bei Hohlkästen für Brückenüberbauten oder bei Absperrungen im Beton. Bei geneigten Bauwerksteilen dient sie als Oberschalung. Dort, wo ein späterer Estrichbelag oder Putz aufgebracht wird, ist ihr Einsatz möglich, also überall, wo die Abgrenzung der Formen untergeordnet ist.

5.1.4.1.2 Span- und Hartfaserplattenschalungen werden meist nur einmal benutzt, da diese auf Grund ihrer automatischen Herstellungsweise billig sind und bezüglich ihrer Feuchtigkeits- und Beschädigungsanfälligkeit sowieso für diese Zwecke keine lange Lebens-dauer haben. Insgesamt ist der Einsatz dieser Art Platten problematisch und nicht überall empfehlenswert.

5.1.4.1.3 Polystyrol-Schalungen, die vorwiegend für rein gestalterische Aufgaben eingesetzt werden, sind meist Einwegschalungen. Man unterscheidet 3 Gruppen, *Poly-styrol-Hartschaumplatten* mit plastischer Oberfläche (Strukturschalungen), *Polystyrol-Hartschaumkörper* für Rippendecken u. a., sowie *Polystyrol-Formen* aus tiefgezogenem, schlagfestem Material.

Polystyrol-Hartschaumkörper können, in Polyäthylen-Folie verpackt, zwar wiederholt eingesetzt werden (Bild 5.1-27 a), verbrauchen sich aber relativ schnell, besonders durch Beschädigungen der Kanten (max. 10 Einsätze). Polystyrol-Formen aus tiefgezogenem, schlagfestem Material, vergleichbar mit *Hart-PVC*, sind dagegen relativ widerstandsfähig und wartungsfrei, aber auch teurer. Sie werden vorwiegend als Kassetten- und Rippen-deckenkörper eingesetzt. Einsätze von 20- bis 30mal sind möglich (vgl. Bild 5.1-27 d).

5.1.4.1.4 Brettschalungen. Die Bretter sind rauh oder gehobelt; sie sollten zum Er-zielen einer ansprechenden Brettstruktur der Betonoberfläche stets gespundet sein. Auf den Trockenheitsgrad des Holzes, auf Engwuchsigkeit der Jahresringe und weitere holztechnische Eigenschaften ist zu achten (sh. Tegernseer Gebräuche), um höchsten Anforderungen zu genügen.

Die Brettschalungen bzw. einzelnen Bretter können meist nur wenige Male verwendet werden.

Durch Anpassung (Verschnitt) und durch mechanische Beschädigungen vorwiegend beim Ausschalen (Kantenbruch) wird ein loses Brett kaum 5 Einsätze in seiner Ursprungslänge überdauern. Im Verbund mit mehreren Brettern, zudem noch auf einer Unterkonstruktion befestigt, können bis 10 und mehr Einsätze erzielt werden, ohne daß bei sorgfältiger Behandlung (Strukturverblassung ausgenommen) größere Schäden auftreten. Lose Bretter werden außerhalb der Schalhaut sehr oft als Verschwertungs- und Drängbretter verwandt. Als Spundung wird meist Schweinsrückenspundung gewählt (Bild 5.1-34a), da gegenüber Nut- und Federspundung diese Spundungsart widerstandsfähiger, leichter demontierbar und einfacher zu reinigen ist (Bild 5.1-34b).

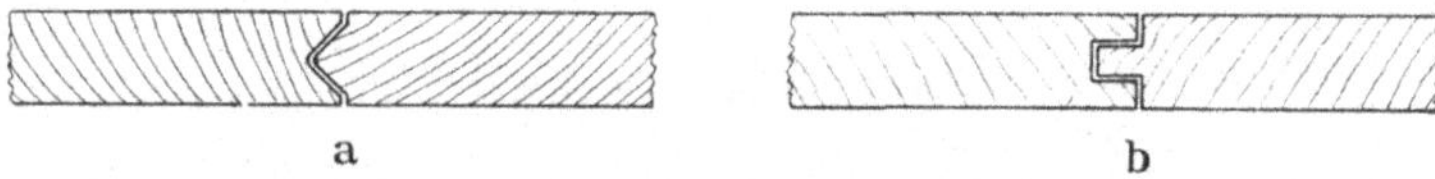

a   b

Bild 5.1-34. Spundungsarten: a) Schweinsrückenspundung, b) Nut- und Federspundung.

Sonstige Spundungen und Profilierungen als Brettverbund oder Strukturgestaltung sind möglich. So werden sandgestrahlte, geflammte oder gebürstete Bretter angeboten, die aber schon nach wenigen Einsätzen ihre anfangs gezeigte ausgeprägte Struktur verlieren.

Ausgeprägte Strukturbetonansichtsflächen sind durch Einbau unterschiedlicher Brettdicken oder mit Profilleisten zu erzielen, aber dort unverhältnismäßig teuer, wo die Einsätze gering sind. Die Betonüberdeckung der Bewehrung spielt dabei eine mitausschlaggebende Rolle.

Brettschwarten stellen eine weitere Variante der Brettstruktur dar, bedürfen aber aufwendiger Sortierungs- und Vorbehandlungsmaßnahmen, damit ein einwandfreier Einsatz gewährleistet ist. Häufige Einsätze sind damit kaum möglich.

5.1.4.1.5 Schalungsplatten aus Holz (DIN 18215) haben, sofern aus Brettern zusammengesetzt bzw. als Dreischichtenplatten verleimt, ähnliche Eigenschaften wie vorgenannte lose oder vorgefertigte Brettschalungen. Schalungsplatten sind nach beiden Richtungen hin auf feste Maße begrenzt (vorwiegend $0,50 \times 1,50$ m) und haben meist dazu einen Kantenschutz aus Metall oder Kunststoff. Solche Schalungsplatten hinterlassen als Abdruck am Beton neben einer undeutlichen Brettstruktur eine ausgeprägte Rasterstruktur, die oftmals häßlich aussieht. Daher werden diese maschinell hergestellten Platten kaum für Sichtbetonzwecke benutzt.

Dreischichtenplatten arbeiten in der Breite erheblich weniger als Vollholzplatten. Bei Schalungsplatten aus Sperrholz tritt dieser Nachteil kaum noch in Erscheinung. Die Schalungsplatten nach DIN 18215 sind meist 21 mm stark. Daher können Stützweiten bei Wandschalungen bis max. 50 cm und bei normalen Decken bis max. 75 cm gewählt werden (Bild 5.1-35).

5.1.4.1.6 Sperrholzplatten. Seitdem sie verwendet werden, hat sich die Qualität der Betonoberflächen erheblich gesteigert und es konnten Wünsche wie streich- oder tapezierfähiger Beton verwirklicht werden. Man unterscheidet *Furnierplatten* (Multiplexplatten) und *Tischlerplatten* mit Stab- oder Stäbchenmittellage. Es werden Breiten von 1,00 bis 2,75 und Längen von 2,50 bis 6,00 m hergestellt. Sperrholzplatten gibt es als *Vorsatz-*

schalung von 4 bis 9 mm und als *selbsttragende Schalung* von 12 bis 22 mm dick. Platten mit anderen Maßen werden nur selten hergestellt.

Die Vorteile der Sperrholzschalung gegenüber allen anderen Schalungsmaterialien liegen in der Großflächig-, Steifig-, Ebenflächig- und Maßhaltigkeit; weiterhin ist sie *häufig* einsetzbar (bis 40mal und mehr), je nach Holz-Qualität und Oberflächenvergütung. Nur geringer Reinigungsaufwand ist notwendig.

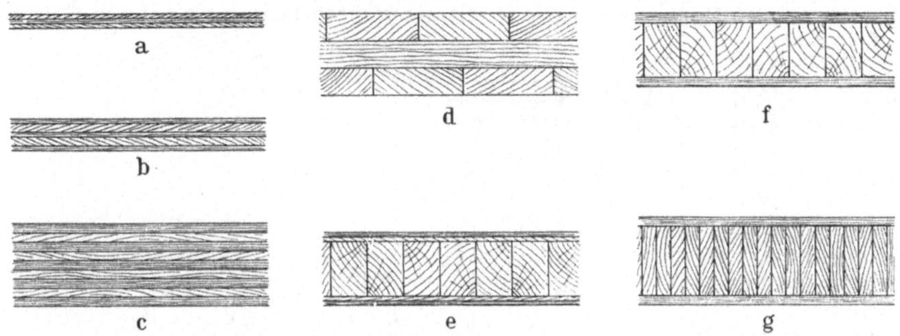

Bild 5.1-35. Schalungsplatten; a)—c) Multiplexplatten:

a) Furniersperrholzplatte, 3fach (Vorsatzschalung), b) Furniersperrholzplatte, 5fach (Vorsatzschalung), c) Furniersperrholzplatte, 9fach (selbsttragend), d) 3-Schichtenplatte, e) Tischlerplatte (Stabplatte 5fach), f) Tischlerplatte (Stabplatte 3fach), g) Tischlerplatte (Stäbchenplatte 3fach).

Die Oberflächen werden roh, filmbeschichtet und beharzt geliefert. Platten mit GFK-Vergütung[1]) bieten gegenwärtig die beste Qualität, sind aber relativ teuer und bedürfen sehr hoher Einsätze, um in der Wirtschaftlichkeit den gängigen Typen gleichzukommen. Sperrholzschalungen dominieren eindeutig bei Großflächenelementen, setzen sich aber auch immer mehr bei herkömmlichen Schalungseinsätzen durch. Nach Bild 5.1-36 kann bei Annahme des Frischbetondruckes die Schalhautdicke in Abhängigkeit zur Unterstützungskonstruktion oder umgekehrt gewählt werden.

5.1.4.1.7 Metallschalungen werden weniger häufig eingesetzt, zumindest kaum in den herkömmlichen Bereichen. Metallschalungen müssen schon deutlich über 40- bis 50mal eingesetzt werden, um aus Kostengründen mit der Sperrholzschalung konkurrieren zu können. Es sei denn, daß andere Überlegungen z. B. Beheizung oder bestimmte Rütteltechniken, diesen Einsatz rechtfertigen.

Bei normalen Betonbauten werden allenfalls für Stützen Metallschalungen verwendet, oder aber es handelt sich dabei um Tunnelschalung im Schottenbau. Die hauptsächliche Anwendung der Stahl- oder Aluminiumschalung liegt zweifellos bei Fertigteilen bzw. bei Sonderschalungen für Stollen-, Tunnel- und Kanal- oder Gleitbauten. Metall- und besonders Stahlschalungen können 200 bis 1 000 Einsätze überdauern und sind vom Verschleiß her beinahe unbegrenzt einsetzbar. *Stahlbleche* als runde Stützenschalhaut oder als Verdrängungsrohre bei Brücken werden als Einwegschalungen eingesetzt.

---

[1]) GFK = Glasfaserkunststoff

5.1.4.1.8 Betonschalung als Kontaktschalung wird ausschließlich bei Fertigteilen eingesetzt, dies jedoch nur selten, denn es gibt viele Nachteile. So das schwierige Ausschalen, Rüttelprobleme, schwierige Beheizung u. v. m. Dies trifft auch für *Asbestzement* als Schalhaut zu. Nur bei Profilierungen durch Einsatz von Wellplatten oder bei Rundstützen in Asbestzementrohren, die nicht mehr ausgeschalt werden, ist ein solcher Einsatz überlegenswert.

5.1.4.1.9 Glasfaserkunstharz(GFK)- und Gummischalungen. Die *GFK-Schalungen* haben sich in den Fertigteilbetrieben für alle schwierigen Formen als vorteilhaft erwiesen.

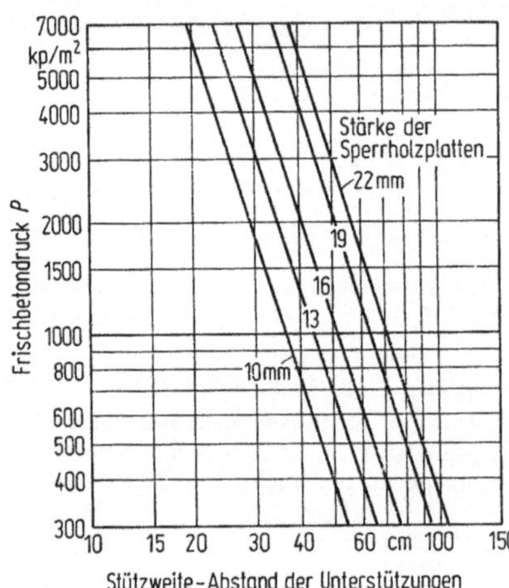

Bild 5.1-36. ACI-Diagramm für Sperrholzplatten bei max. Durchbiegung von 1/200 der Stützweite.

Besonders schwierige, d. h. sehr individuelle Formen können mit dem Glasfaserkunstharz im Spritz- oder Handauflegeverfahren hergestellt werden. Einsätze von 100 und mehr sind ohne große Reparaturen möglich.

Gummischalungen werden, ähnlich wie Polystyrolschalungen, für gestalterische Aufgaben verwandt. Es gibt diese in vielen künstlerischen und teilweise auch dekorativen Strukturen; sie sind eine Fundgrube architektonischer Freiheit bei der Gestaltung von Fassaden, Stützmauern, d. h. an allen sichtbaren Betonflächen.

Schließlich sei noch eine besondere Art von Gummischalung erwähnt, die hin und wieder im Kanalbau Verwendung findet. Diese Gummischalung [127] stellt eine Schalmethode für Ortbetonrohre mit Luft als Schalungsgerüst dar. Das Aussteifen der Schalform besorgt ein Kompressor; zum Ausschalen genügt es, das Luftventil zu öffnen. Die Anwendung dieser Gummischalung ist besonders wirtschaftlich beim Bau großer Rohrquerschnitte mit hoher Auflast, z. B. bei Bewässerungs- und Abwasserleitungen und ähnlichen Anwendungszwecken.

Beim Bau der Betonrohrleitungen wird zunächst die Sohle vorbetoniert, die Außenschalung aufgestellt und, soweit erforderlich, die Bewehrung eingebracht. Anschließend wird die Gummischalung eingelegt und aufgeblasen. Während des Betonierens wird sie von oben niedergehalten. Nach dem Abbinden des Betons wird die Druckluft aus der Rohrgußform abgelassen. Die Elastizität der Form und ihr geringes Gewicht ermöglichen ein leichtes Lösen aus der fertigen Rohrleitung (Bild 5.1-37).

5.1.4.1.10 Heizschalungen sind Schalungen, in deren Schalhaut-Aufbau elektrische Heizdrähte fabrikmäßig eingebaut sind. So ist seit einigen Jahren eine Sperrholzplatte auf dem Markt, die im Zusammenspiel mit speziellen Elektrogeräten und durch Anschluß an das übliche Stromnetz in der Lage ist, das Abbinden des Betons so zu beschleunigen, daß kurzfristig ausgeschalt werden kann. Auf der dem Beton zugewandten Seite bietet

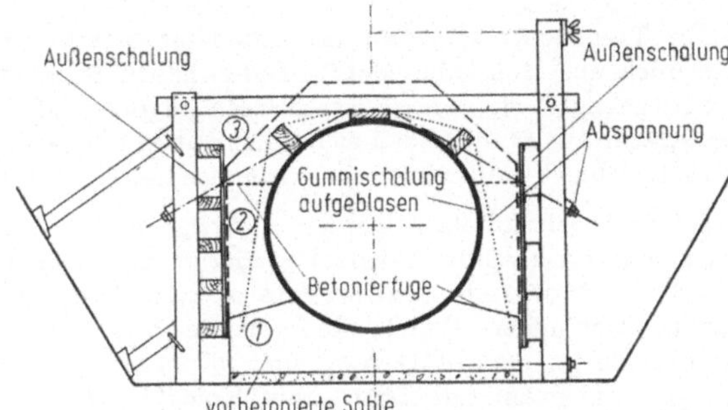

Bild 5.1-37. Gummischalung für Ortbeton-Kanäle.

die starke Kunstharz-Filmbeschichtung der Sperrholzplatte eine extrem hohe Abriebfestigkeit. Die Beschichtung der Rückseite schützt den eingebrachten Heizdraht gegen Schmutz und Feuchtigkeit. Eine weitere auf der Rückseite aufzubringende Isolierschicht ver-

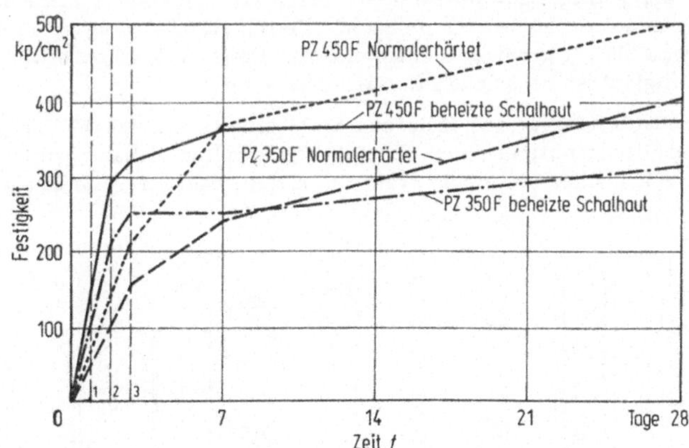

Bild 5.1-38. Festigkeitsentwicklung von Beton beheizt und normalerhärtet [133].

hindert Wärmestrahlungen. Ein für diese Sperrholzhaut entwickeltes Spezialgerät mit einer maximalen Heizleistung von 3 kW reicht aus, um ca. 10 m² Schalhaut zu versorgen.

Mit der Heizschalung kann man die Ausschalfristen auf min. 24 bis max. 48 h senken und somit die Schalung häufiger verwenden. Natürlich lohnt sich dieser Aufwand nur bei sehr vielen Einsätzen, da die Anschaffung der Schalhaut und der Spezialgeräte, sowie die notwendige Energie relativ teuer sind. Für solche Einsätze sind ein hohes Maß an Erfahrung und exakte Vorbereitungen erforderlich. Ein wertvoller Nebeneffekt besteht darin, daß bei niedrigen Außentemperaturen durch Einschalten der Heizung Schnee und Eis abgetaut und die Arbeiten an der Bewehrung unter normalen Bedingungen durchgeführt werden können. Festigkeitsentwicklung des Betons, beheizt und normal erhärtet, in Bild 5.1-38.

5.1.4.2 Tragkonstruktionen

Die Tragkonstruktion für die Schalhaut besteht, Ausnahme bei GFK-Formen, ausschließlich aus Holz oder Metall. Dabei haben Schnitthölzer nach wie vor den größten Anteil, gefolgt von vorgefertigten Stahlträgern und Stützen sowie Trägern aus Holz. Profilträger aus Stahl finden sich nicht nur in der Ganzstahlschalung; auch in Kombination mit Schnitt- und Sperrholz werden sie häufig verwendet.

5.1.4.2.1 Schnitthölzer werden vorwiegend bei herkömmlichen Schalungsmethoden jeglicher Art verwandt und dort wiederum in wenigen gängigen Abmessungen. So sind z. B. Hölzer 10/10 cm bzw. 8/10 cm oder, regional unterschiedlich, 6/12 bzw. 8/12 für Vertikal-Schalungen (Wände etc.) geläufig; auch für Decken werden quadratische Querschnitte wie 10/10 als Stützen hin und wieder eingesetzt. Je kleiner der Querschnitt, um so geringer zwangsläufig die Stütz- bzw. Knicklängen.

Der laufenden Erhöhung der Belastbarkeit von Stahlrohrstützen und Schalungsankern wurden auch die Holzquerschnitte angepaßt. So werden z. B. 10/16, 5/20, 10/20 cm und ähnliche Maße nicht nur in der Großflächenschalung, sondern auch im herkömmlichen Schalungsbau mehr und mehr eingesetzt. Diese Kantholz-Querschnitte sind brauchbare Alternativen bei Großflächenschalungen. Nicht immer können und müssen dafür höher belastbare Schalungsträger gewählt werden. Im Einsatz innerhalb von Elementschalungen unterliegen Kanthölzer keinesfalls höherem Verschleiß als Träger; ihre Lebensdauer dagegen ist zwangsläufig geringer und so auch der Preis. Auf Holzqualität, Maßhaltigkeit und Scharfkantigkeit ist bei solchen Einsätzen zu achten.

5.1.4.2.2 Schalungsträger aus Holz und Stahl gibt es in vielerlei Längen, Konstruktionsarten und Konstruktionshöhen. Diese vorgefertigten Schalungsbauteile sind demnach auch unterschiedlich einsetzbar (vgl. 5.1.3.2.3.3). Bild 5.1-39 zeigt eine Auswahl von

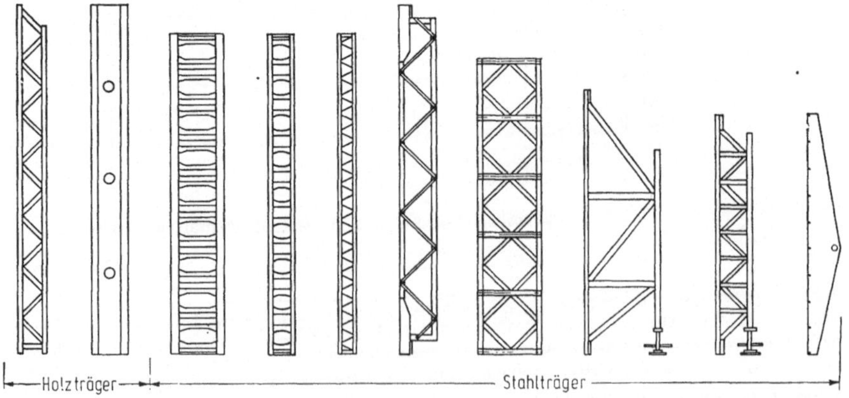

Bild 5.1-39. Schalungsserienträger aus Holz und Stahl mit zulässigen Biegemomenten von 1,0 bis 5,0 Mpm, Längen von 2,50—4,70 m.

verschiedenen Schalungsträgern für Wände, Pfeiler, Stützmauern, die teilweise auch in Deckengroßflächenschalungen oder als Einzelträger bei herkömmlichen Einsätzen verwendet werden. Zwei Sorten bzw. Arten von Trägern in verschiedenen Längen unter dem großen Angebot richtig ausgewählt, genügen einer bauausführenden Firma, um damit fast alle vorkommenden Bauwerksteile schalungsmäßig zu bewältigen.

5.1.4.2.3 Stützen aus Holz und Stahl. Rundholzstützen werden nur noch selten eingesetzt, denn dies ist aus vielerlei Gründen unwirtschaftlich. Stützen aus Kantholz dagegen sind Konstruktionshölzer, die im Verbund mit gleichbreiten Rähmen eingesetzt, z. B. im Schalungstisch, immer wirtschaftlich gute Lösungen ergeben (vgl. Bilder 5.1-12, 13, 20 und 22).

Einzeln sollten Stützen als Kantholz nur eingesetzt werden, wenn sich z. B. für einen einmaligen Einsatz auf der Baustelle der Antransport von Stahlrohrstützen nicht lohnt, Kanthölzer sowieso aus Wandschalung o. ä. vorhanden oder aber die Stützenlängen so kurz sind, daß keine Stahlrohrstützen dafür verwendet werden können.

Durchgesetzt haben sich längenverstellbare Stützen aus Stahlrohren in verschiedenen Größen bzw. Gruppen und entsprechenden Tragfähigkeiten. Laut Prüfzeichenverordnung und DIN 4421 E dürfen nur noch Stützen aus Stahl verwendet werden, die ein Prüfzeichen besitzen. Es gibt Stützen mit 8 verschiedenen Auszugslängen: Von 2,60 bis 6,00 m.

Zur Ermittlung der Belastbarkeit dieser Stützen gelten folgende Bemessungsgrundlagen:

Stützen bei Einsatz ohne konstruktive Auflagen

Normalstützen

$$N_n = 1{,}20 \cdot \frac{3{,}0}{l} \cdot \frac{L}{l},$$

Schwerlaststützen (mit Kennbuchstaben G)

$$N_n = 1{,}20 \cdot \frac{4{,}5}{l} \cdot \frac{L}{l}.$$

Stützen, bei denen durch geeignete konstruktive Maßnahmen die Ausmittigkeit der Lasteinleitung begrenzt ist,

Normalstützen

$$N_n = 1{,}75 \cdot \frac{3{,}0}{l} \cdot \frac{L}{l},$$

Schwerlaststützen (mit Kennbuchstaben G)

$$N_n = 1{,}75 \cdot \frac{4{,}5}{l} \cdot \frac{L}{l}.$$

N_n Nennlast in Mp,
L größte Auszugslänge des jeweiligen Stützentyps in m,
l eingestellte Stützenlänge in m.

Für die Gerüstklassen I und II, d. h. für die meisten Anwendungsbereiche, werden die Ergebnisse dieser Gleichungen mit 0,85 multipliziert, d. h. um 15% abgemindert. Bei der Gerüstklasse III darf entsprechend genauester rechnerischer Nachweise ohne Abminderung verfahren werden, vorausgesetzt, die konstruktiven Anforderungen sind erfüllt.

Die Bilder 5.1-40 und 5.1-41 zeigen in einer vereinfachten Darstellung [135] die Belastbarkeit der verschiedenen Stützentypen in Abhängigkeit ihrer Auszugslänge nach DIN 4421 E. Die in Abschn. 5.3.6.8 beschriebenen Lastturmstützen bzw. Rahmenstützen werden gelegentlich auch dort eingesetzt, wo z. B. Stahlrohrstützen sowohl von der Länge

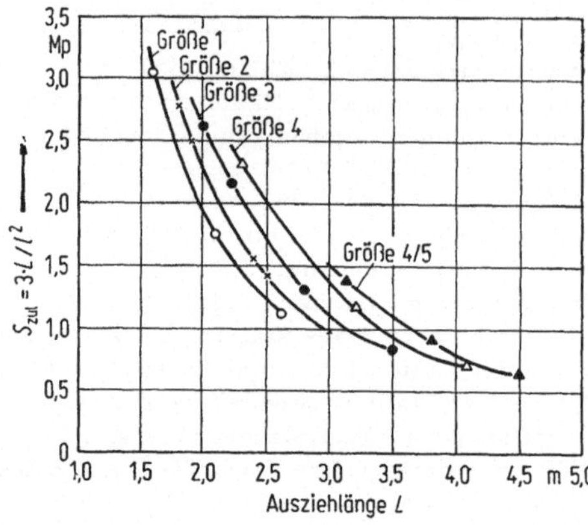

Bild 5.1-40. Belastungsdiagramm für normale Stahlrohrstützen nach Gerüstklasse I, DIN 4421 E.

als auch von der Tragfähigkeit her ausreichen würden. Rahmenstützen sind im allgemeinen Betonbau selten ausgelastet, bieten aber den Vorteil einer in sich geschlossenen und selbststehenden Tragkonstruktion, die meist ohne artfremde und zusätzliche Verschwertung auskommt. Nur bei höheren Geschossen mit stärkeren Decken kann eine solche Ver-

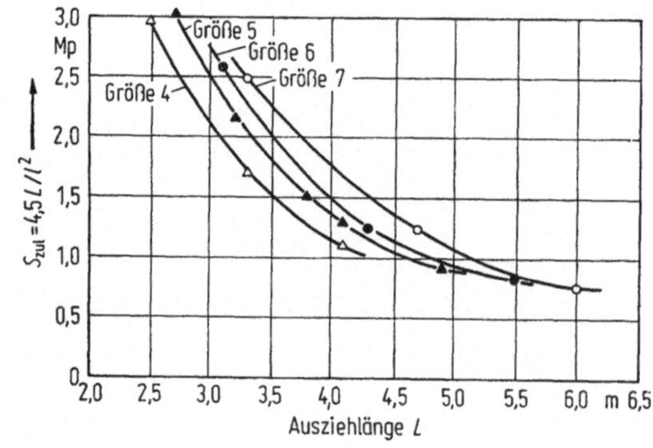

Bild 5.1-41. Belastungsdiagramm für normale Stahlrohr-Schwerlast (G)-Stützen nach Gerüstklasse I, DIN 4421 E.

schwertung, z. B. aus Gerüstrohren, erforderlich werden. Rahmenstützen werden als Einzelturm oder im Verbund mehrerer Türme verschoben bzw. umgesetzt (vgl. Bild 5.1-25). Stützen für den allgemeinen Traggerüstbau in Abschn. 5.3.6.

5.1.4.2.4 Zargen und Zwingen umfassen alle Konstruktionen und Kombinationen, die in der Lage sind, auftretende Lasten in sich voll aufzunehmen oder solche, die Lasten nur zum Teil aufnehmen und den Rest in andere Konstruktionen weiterleiten. So gehören zu ersteren z. B. *Stützenzwingen*. Herkömmlich geschalte Stützenschalungen werden zur Aufnahme meist hoher Schalungsdrücke nach wie vor mittels 4 schwertähnlichen, geschlitzten Stahlzwingen und Stahlkeilen gehalten (Bild 5.1-42).

Bei vorgefertigten Stützenschalungen (Großflächen) werden Zwingen eingesetzt, wie z. B. in den Bildern 5.1-17 und 18 dargestellt sind. Bild 5.1-19 zeigt Wandschalungsträger

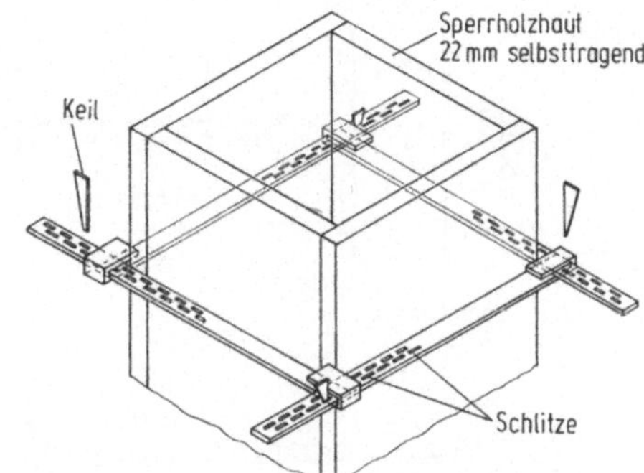

Bild 5.1-42. Stützenzwingen aus vier Stahlzwingen mit Keilen.

als Zwingen. Zwingen werden auch mit Schraub- oder Exzentereinrichtungen, wie sie Schreiner verwenden, bei geringen Unterzugsdimensionen im Wohnungsbau eingesetzt.

Zargen werden vorwiegend bei Unter- und Überzügen, aber auch bei Fundamenten, verwandt. Bild 5.1-43 zeigt eine solche Lösung bei Unterzügen und Bild 5.1-44 die Einsatz-

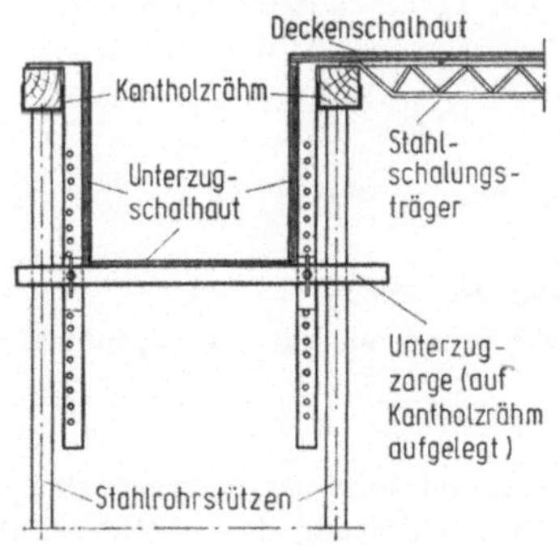

Bild 5.1-43. Unterzugszarge aus einer Dreier-Stahl-Kombination.

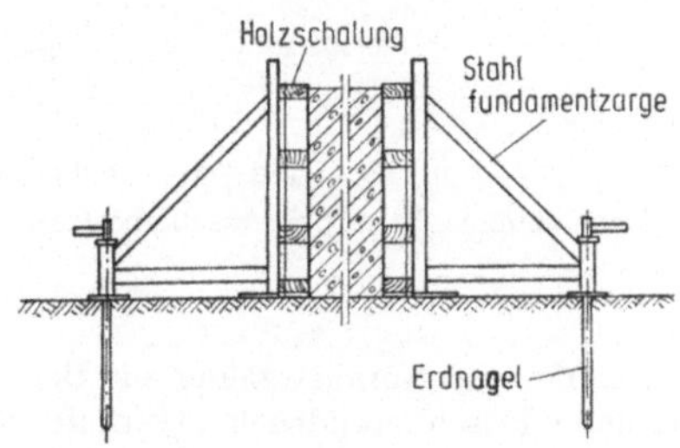

Bild 5.1-44. Fundamentzarge aus Stahl.

möglichkeiten einer Fundamentzarge [129] wie es wirtschaftlicher kaum möglich ist. Hier handelt es sich um eine Zarge, die aus Stahl besteht und die mittels eines Erdnagels gehalten wird. Zur Montage und Breitendistanz werden kurze Bretter quer zur Schalung in gewissen Abständen aufgenagelt.

5.1.4.2.5 Schalungsanker. Den Druckgliedern (Stützen) bei den Horizontalschalungen entsprechen bei den Vertikal- und geneigten Schalungen die Zugglieder (Anker). Wandschalungen, ob großflächig oder systemlos, werden, sofern zweihäuptig, fast ausnahmslos mit Schalungsankern verbunden. Die DIN 18216 E „Schalungsanker für Betonschalungen" erklärt die wesentlichen Merkmale, die für Schalungsanker Gültigkeit haben. Was für die Dimensionierung der übrigen Tragkonstruktion gilt, trifft auch für die der Scha-

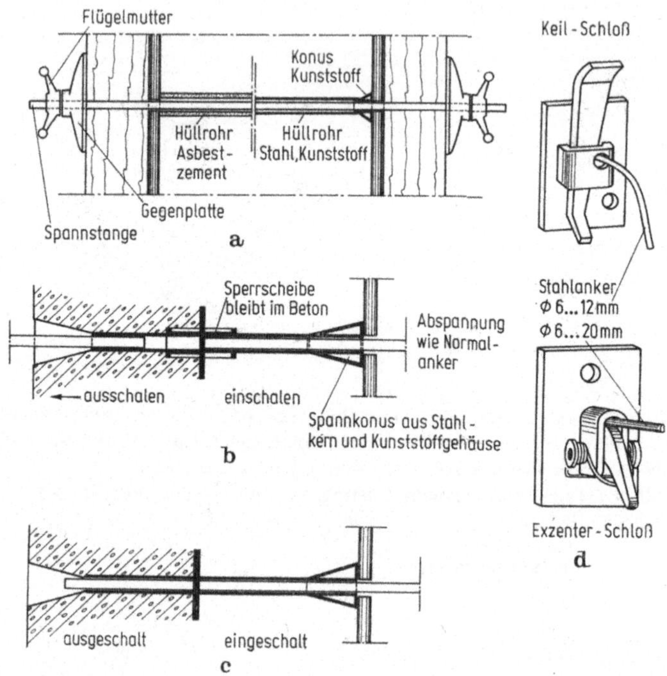

Bild 5.1-45. Schalungsanker für Wandschalungen; a) Normalanker, b) mit Sperrscheibe lose, c) mit Sperrscheibe fest am Anker, d) Spannschlösser.

lungsanker zu. Voraussetzung zur Bemessung der Anker ist stets der höchstmöglich auftretende Frischbetondruck innerhalb der Wand, unter Beachtung der Abstände untereinander.

Die heute gebräuchlichen Schalungsanker sind meist so überdimensioniert, daß sie selten der kritische Teil in der Gesamtkonstruktion sind. Dagegen sind, und zwar meist für Holzgurtungen, die Auflagerflächen der Ankerplatten häufig zu gering bemessen. Somit treten bei Vollbelastung Eindrücke im Holz auf, die oft über das zulässige Maß hinausgehen. Dies ist zwar für die Konstruktion sekundär, primär jedoch wirkt sich dies negativ auf die Dicke der Wand aus und bringt außerdem betontechnologische Probleme mit sich (Bild 5.1-45a).

Durchgesetzt haben sich die Schraubanker mit Flügelmuttern, wogegen Exzenter- und Keilschlösser nur noch in der herkömmlichen Schalungsmethode bei dünnen Rundstahlankern Verwendung finden (Bild 5.1-45d).

Für Sperrbeton sind Anker mit Sperrscheiben zu empfehlen, bei denen die Sperrscheibe verloren ist und die beiden Anker wiedergewonnen werden (Bild 5.1-45b). Eine weitere Variante sind Anker mit aufgeschweißter Scheibe, die im Beton verbleiben und über wiedergewinnbare Schraubkonen und Ankerendstücke gehalten werden (Bild 5.1-45c) [132].

5.1.4.3 Stütz- und Hilfskonstruktionen

5.1.4.3.1 Verschwertungen und Aussteifungen sind zur Stabilisierung *aller* Schalungen notwendig. Ob dies in Form von Zug- oder Druckstreben, von Spanngliedern oder -ketten geschieht, ist meist von sekundärer Bedeutung.

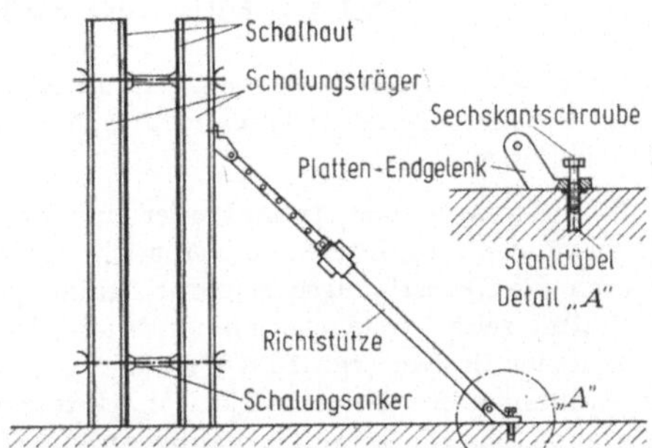

Bild 5.1-46. Richtstütze in der Wandschalung.

Zur Verschwertung und Aussteifung kann, beginnend vom einfachen Brett und Kantholz, über Spannketten und Seile bis hin zur kombinierten Druck-Zugstütze mit Spindel, alles verwendet werden, was zur Art der Tragkonstruktion paßt. Als Festpunkte bieten

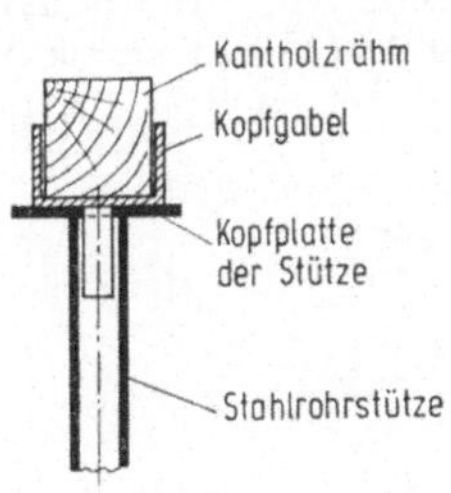

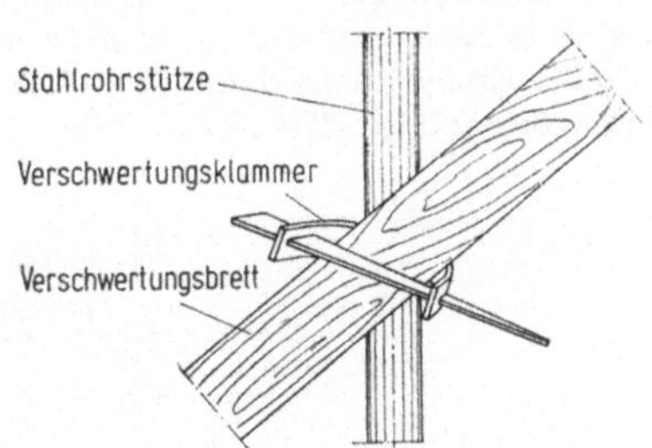

Bild 5.1-47. Kopfgabel für Stahlrohrstützen.

Bild 5.1-48. Verschwertungsklammer für Stahlrohre oder für Stahlrohrstützen.

sich vorbetonierte Wände und Stützen oder Betondecken und Bodenplatten an. Richtstützen sind ausziehbar mit gelenkigen Kopf- und Fußplatten versehen und i. allg. besonders anpassungsfähig und zuverlässig (Bild 5.1-46). Stütz- und Hilfskonstruktionen sind je nach Qualität mehr oder weniger häufig einsetzbar.

5.1.4.3.2 Kopfgabeln zählen ebenfalls zu den Stütz- und Hilfskonstruktionen. Einerseits sind sie auf Grund ihrer begrenzten Maulweite in der Lage, Rähme so zu zentrieren, daß die Lasten daraus mittig in die Stütze einfließen, zum anderen sind diese eine Hilfe bei der seitlichen Halterung, Kopfgabeln ermöglichen somit erst die volle Ausnutzung der zulässigen Tragfähigkeiten der Stützen aus Stahl. Nach den Bau- und Prüfgrundsätzen für Stützen aus Stahl bzw. den Ergänzenden Bestimmungen zur DIN 4421 wird hierauf besonders hingewiesen (Bild 5.1-47).

5.1.4.3.3 Verschwertungsklammern sind Stahlklammern, die es ermöglichen, daß Stahlrohrstützen oder Stahlrohre untereinander unter Zuhilfenahme von Brettern verbunden bzw. ausgesteift werden können. Sie sind ein einfaches und bei vergleichbaren Möglichkeiten das wirtschaftlichste Hilfsmittel (Bild 5.1-48).

5.1.4.4 Hilfs- und Einbaumaterialien

Im Gegensatz zu den in 5.1.4.3 genannten Stütz- und Hilfskonstruktionen werden Hilfs- und Einbaumaterialien selten mehrfach genutzt. Sie werden daher für jeden Einsatz voll abgeschrieben.

5.1.4.4.1 Zwangs- bzw. Drängbretter und Abstandsleisten sind nach dem Einmessen von Betonwänden und Stützen zum Ausrichten und als Anschlag der Schalungen erforderlich. Durch die Befestigungsart (meist Stahlnägel) und durch die Beanspruchung sind solche Bretter selten wiedergewinnbar. Außerdem ist das Entnageln teurer als die Anschaffung neuer Bretter (vgl. Bild 5.1-14b).

Zur Aufnahme des Betondrucks von Unterzugseitenschalungen werden, sofern nicht Zwingen zum Einsatz kommen, häufig Drängbretter gewählt, die auf den Querhölzern abgenagelt werden, und somit den Frischbetondruck dorthinein leiten (vgl. Bild 5.1-21).

5.1.4.4.2 Ankerhüllrohre, Konen und Verschlüsse [132]. Die Verankerung von Wand- bzw. Pfeilerschalungen, also von allen *zweihäuptigen* Schalungen, erfolgt innerhalb des Betonquerschnitts durch entsprechend dimensionierte Hüllrohre aus Kunststoff, Stahl oder Asbestzement. Damit diese Rohre nicht unmittelbar bis Außenkante Beton geführt werden müssen, sind sog. *Konen* zu empfehlen. Der Einsatz von Konen hat mehrere Vorteile. Erstens wird dadurch z. B. korrosionsgefährdeter Stahl nicht bis zur Außenseite des Betons geführt. Zweitens werden Pressungen, die durch notwendiges Vorspannen der

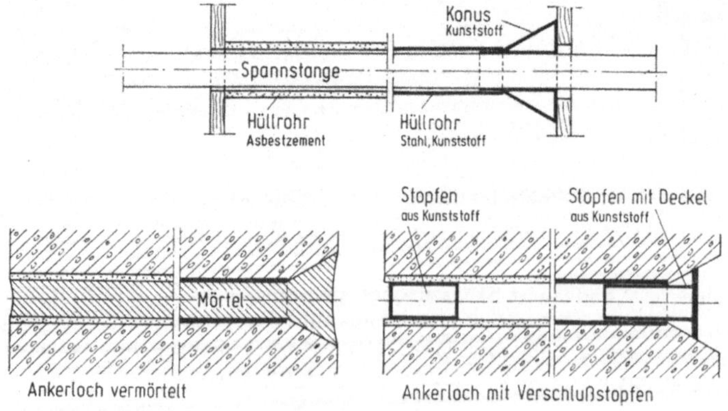

Bild 5.1-49. Ankerhüllrohre, Konen und Verschlußstopfen.

Anker auftreten, auf eine größere Fläche der Schalhaut verteilt und hinterlassen in der Schalhaut weniger sichtbare Druckstellen. Drittens läßt sich nach dem Entfernen der Konen das Vermörteln einfacher ausführen. Falls Verschlußstopfen genommen werden, bleibt eine ästhetische einwandfreie Ansicht im Betonbild zurück (Bild 5.1-49).

Flachanker, die nach dem Ausschalen abgebrochen werden müssen, sind für Sichtbeton nicht geeignet. Sie werden relativ eng gesetzt und sind grundsätzlich verloren.

5.1.4.4.3 Trennmittel [3] werden fälschlicherweise meist als *Schalungsöle* bezeichnet, doch nur ein Teil dieser Trennmittel ist dort einzuordnen. Trennmittel dienen, wie schon der Name sagt, zur leichteren Trennung der Schalung vom erhärteten Beton, möglichst ohne Rückstände zu hinterlassen bzw. ohne die Beton- und Schalhaut-Oberfläche zu beschädigen. Gleichzeitig sollen Trennmittel so beschaffen sein, daß sie die Schalhaut schützen bzw. sie über längere Zeit einsatzbereit halten. Man unterscheidet

wasserlösliche Schalungsöle,
wasserunlösliche Schalungsöle (Formenöle auf Mineralölbasis),
Hartwachse,
Schalpasten,
chemisch reagierende Trennmittel.

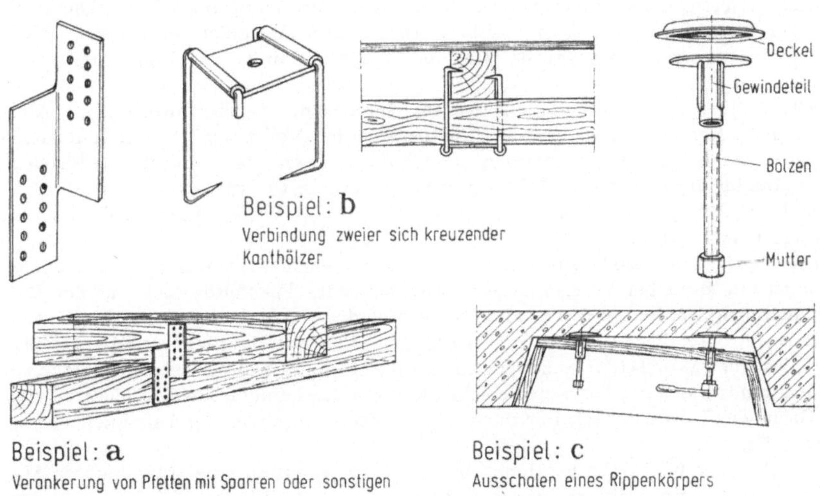

Bild 5.1-50. Kleinteile.
a) Sparrenpfettenanker, b) Cat-Klammer, c) Ausschal-Knacker.

Für die Wahl der richtigen Trennmittel sind die Funktion der Oberfläche des Betons und die Art der Schalhaut entscheidend. Trennmittel sollten i. allg. nur dünn aufgetragen werden, um die Oberfläche des Betons nicht so weit zu beeinträchtigen, daß spätere Putz- bzw. Farbhaftungen ausgeschlossen oder eingeschränkt werden. Trennmittel sollten aus Kostengründen und aus Gründen der Gleichmäßigkeit maschinell aufgetragen werden. Eine vorherige Säuberung der Schalhaut von Betonrückständen ist selbstverständlich.

5.1.4.4.4 Nägel, Dübel, Kleinteile sind zur Vorfertigung von Schalungselementen, für das Einschalen selbst und bei der Befestigung von Abstützungsbauteilen an Festpunkten erforderlich. Bei wiederholt einzusetzenden Großflächenschalungen werden die Hilfsmittel zwar auf das Element bezogen abgeschrieben, je nach Häufigkeit der Einsätze verteilen sich die Kosten jedoch entsprechend. Bei herkömmlichen Schalmethoden sind einige dieser Teile meist nach dem Ausschalen verloren; z. B. trifft dies auf Nägel immer zu. Zu den Kleinteilen zählen u. a.

Sparrenpfettenanker (Bild 5.1-50a), *Cat-Klammern* (Bild 5.1-50b) [132],
Bolzen, Ösen und Rundstähle zur Kranaufhängung,
Dreikantleisten zur Kantenbrechung, Ausschalhilfen in Form von Fugenleisten, *Knackern*
(Bild 5.1-50c) u. ä. [132].

Immer häufiger werden Stahldübel zur Befestigung von Stützkonstruktionen für die Schalungen in den Beton von Decken gebohrt und eingesetzt. Diese Maßnahme ist genauer und billiger als das Vorab-Einsetzen von Bügeln oder sonstigen Hilfsmitteln in den frischen Beton (vgl. Bild 5.1-46).

5.1.5 Schalungsvorfertigung [1, 130]

Das Vorfertigen der eingesetzten Schalungselemente kann nicht mehr dem Polier auf der Baustelle allein überlassen bleiben. Die Grundmaterialien und deren Einzelteile stellen eine enorme Kostengröße dar und gehören damit zur Geräteausstattung der Firmen.

Allenthalben werden heute Großgeräte durch eine maschinentechnische Abteilung unterhalten. Bei den Schalungs- und Rüstgeräten muß es Aufgabe einer zentralen Stelle sein, über diese Dinge zu bestimmen und zu disponieren. Da es sich keine Firma leisten kann, ständig die neuesten auf dem Markt angebotenen Gerätearten anzuschaffen, muß deren Kauf, Einsatz, Lagerung sowie Reparaturen und Vorfertigung durch eine zentrale Stelle gesteuert werden.

Das Herstellen, also Vorfertigen von Schalungselementen jeglicher Art, ebenso das Demontieren kann bei Vorhandensein entsprechender Fachleute auch auf der Baustelle vorgenommen werden. Wie bei allen Arbeiten, die einer bestimmten Einarbeitungszeit unterliegen, trifft dies auch bei der Vorbereitung von Schalungselementen zu. Sinnvoll ist also, dies einer Mannschaft anzuvertrauen, die ständig mit dieser speziellen Arbeit befaßt ist. Verständlicherweise kann eine solche Mannschaft, deren Größe sich nicht zuletzt nach der Größe der Firma richtet, nur dann wirtschaftlich arbeiten, wenn sie auch ständig ausgelastet ist.

Zweckmäßig für solche Stationen ist das Vorhandensein einer überdachten Halle, in der diese Arbeiten vorgenommen werden. Damit auch die Wirtschaftlichkeit einer solchen Schalungsvorfertigung gewährleistet ist, empfiehlt es sich, die Halle mit modernen Maschinen, Hebegeräten und Transportmitteln auszustatten, so daß sie dem Charakter einer industriellen Produktionsanlage entspricht. Schalungsvorfertigung ist ohne weiteres mit der Fertigung von Betonfertigteilen zu vergleichen. Sie kann mit diesen auch hinsichtlich der Investitionen gleichgesetzt werden. Wenn Schalungen zentral vorgefertigt werden, so empfiehlt es sich, diese vorgefertigten Teile, soweit sie nicht als Ganzes über die Straße transportiert werden können, als Teilware vorzurichten und sie, wiederum von geeigneten Fachkräften, auf der Baustelle zu endgültigen Einheiten montieren zu lassen bis hin zum ersten Einsatz. Die Erfahrungen solcher Spezialisten können dann auch bei den ersten Einsätzen genutzt werden, um die meist neu zusammengestellte Baustellenmannschaft nicht schon in der Anfangsphase zu überfordern.

Die Demontage der Teile kann ebenso wie die Vormontage, auf einem zentralen Platz erfolgen, d. h., die Teile werden in transportfähige Größen zerlegt und dort angeliefert, demontiert und überholt.

Das Demontieren und Reinigen auf der Baustelle ist erheblich teurer als in einer Zentralstelle mit eingespielten Fachkräften.

5.2 Arbeits- und Schutzgerüste

Bearbeitet von *F. Nather*

5.2.1 Allgemeines

5.2.1.1 Übersicht und Begriffsbestimmungen

5.2.1.1.1 Anwendungsbereich. Die folgenden Ausführungen beinhalten, soweit sie die Bundesrepublik Deutschland betreffen, den Stand der DIN 4420 Blatt 1 und 2 in der Fassung vom Juli 1975. Gerüste im Sinne dieser Norm sind Hilfskonstruktionen, die mit Belagflächen veränderlicher Länge oder Breite an der Verwendungsstelle zusammengesetzt, als Arbeits- oder Schutzgerüste verwendet und wieder auseinandergenommen werden können. Sind die Belagflächen unveränderlich, z. B. bei Fahrgerüsten, deren Arbeitsbühnen in ihren Abmessungen nicht verändert werden können, so sind die Hilfskonstruktionen keine Gerüste im Sinne der Landesbauordnungen, sondern Geräte.

An Arbeits- und Schutzgerüste werden zahlreiche Anforderungen gestellt:

Vielseitige Einsatzmöglichkeit des Geräts,
hohe Montageleistung bei niedrigen Auf- und Abbaukosten,
leichte Handhabung,
geringes Gewicht, d. h. Unabhängigkeit von Hebezeugen,
geringe Reparaturanfälligkeit.

Diese Forderungen haben zu Konstruktionen aus leichten Bauelementen geführt. Anders als im Traggerüstbau, bei welchem die linearen, ebenen oder räumlichen Konstruktionen meist nur lastableitende Funktion haben, weshalb bei ihrer Verwendung in verschiedenen Staaten die dort gültigen nationalen Sicherheitsnormen berücksichtigt werden müssen, sind besonders bei Arbeitsgerüsten die jeweils angewendeten Bauverfahren, Arbeitsmittel und -geräte zusätzlich bestimmend für Mindestbreiten und -höhen der Gerüste. Standardisierungsversuche auf europäischer Basis sind zumindest für Gerüstbauteile im Gange.

Wirtschaftliche Strukturveränderungen haben andere Abnehmerbereiche neben der Bauwirtschaft an Bedeutung für den Gerüstbau gewinnen lassen. Dies und der steigende Kostendruck haben in letzter Zeit zahlreiche Neuentwicklungen, z. B. Systemgerüste für Sonderbauformen gefördert.

Man unterscheidet Gerüste üblicher sowie Gerüste und Gerüstbauteile besonderer Bauart. Für erstere enthält die DIN 4420 Regelausführungen, für die der Nachweis der Brauchbarkeit als erbracht gilt, wenn die Gerüste im Rahmen der Anwendungsbedingungen der Gerüstgruppen I, II oder III verwendet werden.

Bei Abweichungen von der Regelausführung, wie sie u. a. bei größeren Einzellasten, beim Abfangen von Ständern über Verkehrswegen, bei größeren Gerüstfeldweiten oder bei Verkleidung der Gerüstflächen mit Planen vorkommen, ist stets ein statischer Nachweis zu führen und eine Zustimmung im Einzelfalle einzuholen.

Unter Gerüste und Gerüstbauteile besonderer Bauart fallen solche, bei denen andere Rohre oder Profile (Werkstoffe, Maße) als für Stahlrohrgerüste verwendet werden, insbesondere aber Systemgerüste aus vorgefertigten Teilen, z. B. Rahmengerüste. Obwohl diese Rahmengerüste seit über 15 Jahren eingeführt sind, gelten sie im Sinne der Norm als noch nicht allgemeingebräuchlich und bewährt. Ihre Brauchbarkeit für den vorgesehenen Verwendungszweck muß daher nachgewiesen werden, z. B. durch eine allgemeine bauaufsichtliche Zulassung.

5.2.1.1.2 Begriffsbestimmungen. Gerüste werden eingeteilt
nach Art der Ausbildung in
Fassadengerüste (Flächengerüste) — als Arbeits- und Schutzgerüste vorzugsweise an Gebäudeaußenseiten erstellt,
Raumgerüste — räumlich ausgebildete Gerüste, welche in den Randfeldern auch als Fassadengerüste verwendet werden können. Meist Innengerüste.

nach dem Verwendungszweck in
Arbeitsgerüste, vgl. 5.2.1.2,
Schutzgerüste, vgl. 5.2.1.3.

nach der Bauart in
Stangengerüste, vgl. 5.2.2.1,
Leitergerüste, vgl. 5.2.2.2,
Stahlrohrgerüste, vgl. 5.2.2.3,
Systemgerüste, vgl. 5.2.2.4,
Auslegergerüste, vgl. 5.2.2.5,
Konsolgerüste, vgl. 5.2.2.6,
Sonstige Gerüste (Bockgerüste, Hängegerüste, Trägergerüste, Bügelgerüste),
vgl. 5.2.2.7.

5.2.1.1.3 Vergabe und Abrechnung von Gerüstarbeiten. Selbständige Leistungen oder Teilleistungen sind das Aufbauen, das Abbauen und die Gebrauchsüberlassung (Vermietung der Gerüste). Richtlinien für Vergabe und Abrechnung dieser Leistungen enthält DIN 18451.

5.2.1.2 Arbeitsgerüste

Arbeitsgerüste sind Flächen- oder Raumgerüste, von denen aus Arbeiten durchgeführt werden können. Sie haben außer den beschäftigten Personen und ihren Werkzeugen auch die jeweils für die Arbeiten unmittelbar erforderlichen Baustoffe zu tragen. Arbeitsgerüste werden nach ihrer zulässigen Belastung in vier Gruppen eingeteilt.

Tabelle 5.2-1. Gruppeneinteilung der Arbeitsgerüste

Gruppe	Arbeitsgerüste für flächenbezogene				Mindestbreite der Belagfläche[2]
	Ersatzlast		ermittelte Belastung[1]		
	kN/m²	kp/m²	kN/m²	kp/m²	m
I	1	100	bis 1	100	0,50
II	2	200	bis 2	200	0,60
III	3	300	bis 3	300	0,95
IV	> 3	> 300	> 3	> 300	0,95

[1] Maßgebend ist die entsprechende Gesamtbelastung, die auf jeweils ein Gerüstfeld wirken kann.
[2] Einschließlich Bordbrettdicke

Die Zuordnung bestimmter Arbeiten zu Gerüstgruppen wird von den gewerblichen Berufsgenossenschaften geregelt. Im allgemeinen werden zuzuordnen sein:

Malerarbeiten	Gerüstgruppe	I,
Putzarbeiten	„	II,
Maurerarbeiten	„	III,
Werksteinarbeiten	„	IV.

Auf Arbeitsgerüsten ist das Lagern und Stapeln von Baustoffen sowie das Absetzen von Kran- und Aufzugslasten nur im Rahmen der vorgesehenen Tragfähigkeiten gestattet.

5.2.1.3 Schutzgerüste

Schutzgerüste sollen entweder als Fanggerüste Personen gegen Absturz sichern oder als Schutzdächer Personen, Maschinen, Geräte u. a. gegen herabfallende Gegenstände schützen.

5.2.2 Bauarten der Arbeits- und Schutzgerüste

5.2.2.1 Stangengerüste

Ein- oder mehrreihige Stangengerüste werden aus Rundholzstangen hergestellt. Die Stangen werden mit Ketten, Klammern, Drahtseilen, Gerüsthaltern oder Rüstdrähten (Rödel- oder Bindedrähte) miteinander verbunden.

Stangengerüste dürfen als Arbeits- und Schutzgerüste verwendet werden. Bei der Regelausführung, die voll ausgelegt ist und bei der je Gerüstfeld eine Gerüstlage voll belastet ist, darf die Gerüstbreite je nach Gerüstgruppe bis 1,5 m betragen, die Gerüsthöhe bis 25 m. Die Ständer- und Querriegelabstände sind DIN 4420 zu entnehmen.

Die Bedeutung der Stangengerüste hat aus wirtschaftlichen und technischen Gründen stark abgenommen. Anwendungsbeispiele und Darstellungen von Stangengerüsten mit Einzelheiten zu den Verbindungen sind der „alten" DIN 4420, Ausgabe 1952× zu entnehmen.

5.2.2.2 Leitergerüste

Dem Leitergerüst ist der selbständige Teil 2 der DIN 4420 gewidmet. Entgegen früheren Festlegungen, die allein auf Grund der Erfahrungen der Praxis getroffen wurden und nicht auf den Berechnungsgrundlagen für Holzbauwerke beruhten, stellen nunmehr Prüfversuche die sicherheitstechnische Grundlage der neuen Norm dar. Deshalb sind andere Gerüstleitertypen und Ausführungsarten als in der Norm aufgelistet, nicht mehr zulässig. Unter Verwendung der in der Norm genannten Gerüstleitern und Gerüstbauteile kann das Leitergerüst als Fassaden- oder Raumgerüst ausgebildet und als Arbeits- oder Schutzgerüst verwendet werden.

Bei Fassadengerüsten liegt der Gerüstbelag auf Sprossen der Gerüstleitern, auf stählernen Spillen oder auf Konsolen. Raumgerüste sind räumlich ausgebildete Gerüste, welche in den Randfeldern auch als Fassadengerüste verwendet werden können.

Die höchstzulässige Belastung beträgt bei Arbeitsgerüsten 200 kp/m². Einzellasten von mehr als 100 kp dürfen auf Leitergerüste nicht abgesetzt werden.

Gerüsthöhe, Leiterlänge, Holmquerschnitt und -abstand, Belastung und Anzahl der ausgelegten Gerüstgeschosse sind voneinander abhängig. Die zulässige Gerüstfeldweite hängt von Breite und Dicke der Gerüstbohlen des Belags ab. Genormt sind 4 Arten von Gerüstleitern (DIN 4420), von der einsprossigen mit stahlunterstützten Sprossen bis zur viersprossigen.

Verbindungsmittel sind Schrauben, Leiterklammern, Leiterhaken und Querlaschen. Nur dort, wo diese Verbindungsmittel nicht verwendet werden können, dürfen Natur- oder Chemiefasern eingesetzt werden. Jedes zweite Gerüstfeld und die Endfelder sind bis zur obersten Gerüstlage durchgehend kreuzweise zu verstreben, in den Endfeldern beginnend an den Fußpunkten des Gerüstes, in den übrigen Feldern am Geländerholm des untersten Gerüstbelags, höchstens jedoch 5,25 m über der Standfläche.

Die Bedeutung der Leitergerüste hat in den letzten Jahren abgenommen. Einzelheiten zur baulichen Durchbildung, zum Verwendungsbereich und zu den Anforderungen an die Gerüstbauteile sind der DIN 4420 und [41; 42] zu entnehmen.

5.2.2.3 Stahlrohrgerüste

5.2.2.3.1 Allgemeines. Stahlrohrgerüste sind ein- und zweireihig und dürfen als Arbeits- und Schutzgerüste verwendet werden. Sie sind wegen ihrer universellen Verwendbarkeit, ihrer Anpassungsfähigkeit an unterschiedliche Grundrisse, Höhen und Lasten und wegen der relativ geringen Anzahl unterschiedlicher Bauelemente, aber auch wegen der großen Mengen auf dem Markte befindlichen Materials heute noch häufig anzutreffen. Unwirtschaftlich ist der hohe Montageaufwand.

5.2.2.3.2 Werkstoffe und Bauteile

5.2.2.3.2.1 Stahlrohre. Gemäß DIN 4420 Bl. 1 sind Stahlrohre nach Tabelle 5.2-2 zu verwenden.

Tabelle 5.2-2. Stahlrohre für Gerüste

Rohr- gruppe	Außendurch- messer mm	Nennwand- dicke mm	Mindeststreckgrenze		nach
			MN/m^2	kp/cm^2	
A			235	2400	DIN 2448 bzw.
B	48,3	3,2	353	3600	DIN 2458
C			235	2400	
D		4,05	353	3600	DIN 2441

Die Stahlrohre der Rohrgruppen B, C und D müssen dauerhaft mit den zugehörigen Kennbuchstaben obiger Tabelle gekennzeichnet sein. Stahlrohre mit einem Außendurchmesser von 48,3 mm werden für Arbeits- und Schutzgerüste international fast ausschließlich verwendet. Bei Wanddicken und Toleranzen gibt es Unterschiede. Meist werden Standardlängen bis zu 6 m vorgehalten.

Die DIN EN 39, ausgearbeitet von der CEN Arbeitsgruppe 53 des Europ. Komitees für Normung, sieht für Fassadengerüste ein ,,Europarohr" mit folgenden Eigenschaften vor (Entwurf Sep. 1973):

Außendurchmesser:	48,3 mm, zul. Abweichung $\pm 0,5$ mm,
Herstellung:	nahtlos oder geschweißt,
Wanddicke:	3,2 mm, zul. Abweichung $\pm 12,5\%$,

Gewicht: 3,59 kg/m, zul. Abweichung $\pm 10\%$ je Rohr, $\pm 7,5\%$ je Lieferung von 10 Tonnen und mehr,

Querschnittsfläche: 4,53 cm²,
Trägheitsmoment: 11,58 cm⁴,
Widerstandsmoment: 4,796 cm³,
Trägheitsradius: 1,598 cm,
Innendurchmesser: $\geqq$ 37,7 mm, auch im Bereich der Schweißnaht bei geschweißten Rohren,

Streckgrenze mind.:   235 N/mm² = 24 kp/mm²,
Zugfestigkeit mind.:   360 N/mm² = 37 kp/mm²,
Bruchdehnung mind.:   22%,
Oberflächenschutz: Feuerverzinkt oder Anstrich. Mindestzinkauflage 300 g/m² sowohl innen als auch außen.

Die in der Bundesrepublik früher vorwiegend verwendeten und auch heute noch auf dem Markt befindlichen Gerüstrohre nach DIN 2441 mit einer Nennweite von 1 1/2″ (schwere Gewinderohre) haben

einen Außendurchmesser von 48,3 mm und
eine Wanddicke   von 4,05 mm.

Daneben werden auch Gerüstrohre nach DIN 2440 (mittelschwere Gewinderohre) eingesetzt, die mit einer Wanddicke von 3,25 mm in etwa dem „Europarohr" entsprechen. Werkstoffgüten St 33 für geschweißte, St 35 und St 55 nach DIN 1629 für nahtlose Rohre.

5.2.2.3.2.2 Leichtmetallrohre. Neben Stahlrohren werden auch Leichtmetallrohre für Arbeiten in exponierten Lagen mit folgenden Werten verwendet:

Außendurchmesser: 48,25 mm,
Wanddicke: 4,0 mm,
Gewicht: 1,5 kg/m,
Elastizitätsmodul: 700 000 kp/cm².

Die zulässigen Beanspruchungen sind DIN 4113 zu entnehmen.

5.2.2.3.2.3 Kupplungen (Rohrverbinder) mit Schraub- oder Keilverschluß unterliegen der Prüfzeichenpflicht, Kupplungen anderer Bauarten bedürfen einer Zulassung. Eine Normung der Kupplungen und Zubehörteile für Stahlrohr-Arbeitsgerüste wird auf europäischer Basis angestrebt (Entwurf DIN prEN 74).

Kupplungen werden an den Rohren festgeklemmt und tragen durch Reibung. Entsprechend den Bau- und Prüfgrundsätzen zur Prüfzeichenerteilung werden nach Art der Verwendung folgende Kupplungen unterschieden:

Normalkupplungen zur Verbindung von 2 sich rechtwinklig kreuzenden Rohren (Bild 5.2-1). Sie können als Einzelkupplung oder als Doppelkupplungen eingesetzt werden.
Drehkupplungen zur Verbindung von 2 sich unter beliebigem Winkel kreuzenden Rohren (Bild 5.2-2).
Stoßkupplungen zur Verbindung von 2 koaxial gestoßenen Rohrenden, und zwar nach Art der Ausbildung a) Zugstoßkupplungen, b) Druckstoßkupplungen (Zentrierbolzen).
Parallelkupplungen zur Verbindung von 2 parallel verlaufenden Rohren.
Reduzierkupplungen zur Verbindung zweier Rohre mit verschiedenem Durchmesser. Es können dies Normal-, Dreh-, Stoß- oder Parallelkupplungen sein.
Halbkupplungen zur Verbindung eines Rohres mit einem Walzprofil oder Blech (Bild 5.2-3).

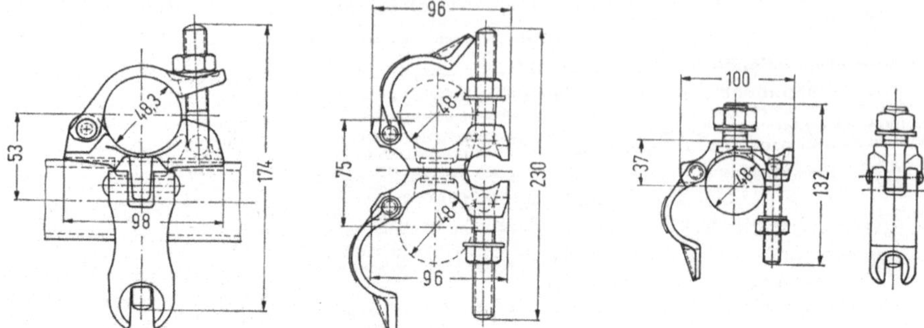

Bild 5.2-1. Normalkupplung 48/48.   Bild 5.2-2. Drehkupplung 48/48.   Bild 5.2-3. Halbkupplung 48.

Entsprechend ihrem Tragvermögen sind für Normal- und Stoßkupplungen zwei Klassen, für alle anderen Kupplungen nur eine Klasse vorgesehen. Die Reduzierkupplungen sind einer der vorgenannten für sie zutreffenden Kupplungsart zuzuordnen.

Tabelle 5.2-3. Zulässige Belastungswerte für prüfzeichenpflichtige Kupplungen

Art der Kupplung	Klasse		Klasse	
	A kp	AA kp	B kp	BB kp
Normalkupplungen als				
Einzelkupplungen	600	600	900	900
Einzelkupplung mit untersetzter Kupplung		1 000		1 500
Stoßkupplungen	300		600	
Drehkupplungen		600		
Parallelkupplungen		300		
Halbkupplungen		600		

Normalkupplungen, die auch als Doppelkupplungen eingesetzt werden dürfen, erhalten entsprechend ihrer Klasse die Prüfzeichen AA bzw. BB.

Zur Prüfung der Kupplungen, zur Auswertung der Versuchsergebnisse und zu Fragen der Standsicherheit von Gerüsten, soweit diese durch die Kupplungen beeinflußt wird vgl. 5.3.3.2.

Das Anzugsmoment der Schrauben soll 500 kp cm betragen; Keilkupplungen sind mit einem Hammer (300 g) bis zum Prellschlag festzuschlagen. Drehkupplungen dürfen nur dort verwendet werden, wo Rohre nicht rechtwinklig mit Normalkupplungen angeschlossen werden können.

5.2.2.3.2.4 Sonstige Bauteile.

Kopf- und Fußplatten: Runde oder eckige steife Platten, mit Dorn in Plattenmitte, auf welchen das Gerüstrohr aufgesteckt und zentriert wird. Das Spiel zwischen Dorn und Rohr muß entsprechend klein gehalten werden.

Verstellbare Fußplatten mit Gewinde und Mutter zur Feineinstellung der Gerüsthöhe. Laufrollen: Einfache Laufrollen und Doppelrollen, Tragfähigkeiten etwa 1,5 Mp bzw. 4,5 Mp.
Belagbretter.

5.2.2.3.3 Bauliche Einzelheiten und Regelausführung. Rohrstöße sind versetzt in der Nähe der Knotenpunkte anzuordnen; sie erhalten einen Stoßbolzen. Längsriegel mehrfeldriger Gerüste sind über mindestens 2 Felder zu führen und mit jedem Ständer zu verbinden. Stöße sind zug- und druckfest auszubilden. Stöße benachbarter Riegel sind zu versetzen.

An jeder Kreuzungsstelle von Ständer und Längsriegel ist ein Querriegel erforderlich. Verstrebungen möglichst mit Normalkupplungen an den am Ständer liegenden Querrohren anschließen, Stöße zug- und druckfest verbinden. Jeder Ständer ist zu verankern, wobei der lotrechte Abstand der Verankerung 8 m, bei Randständern 4 m nicht überschreiten darf.

Für Ständerabstand und Verankerungsschema der Regelausführung von Stahlrohrgerüsten gilt DIN 4420. Diese Arbeits- und Schutzgerüste sind vollausgelegt, je Gerüstfeld ist eine Gerüstlage voll belastet, die Gerüstbreite beträgt max. 1 m, der Vertikalabstand für Längs- und Querriegel max. 2 m. Zur Regelausführung von Raumgerüsten siehe DIN 4420. Weitere statische und konstruktive Einzelheiten siehe [43].

5.2.2.4 Systemgerüste

5.2.2.4.1 Allgemeines. Systemgerüste sind Standgerüste besonderer Bauart, deren Brauchbarkeit nachgewiesen werden muß, z. B. durch eine allgemeine bauaufsichtliche Zulassung. In den letzten 15 Jahren hat ihre Verbreitung außerordentlich zugenommen. Wesentliche Einzelteile der Systemgerüste werden unter industriellen Bedingungen vorgefertigt, wodurch zahlreiche, ständig sich wiederholende Arbeitsvorgänge der Baustellen vorweggenommen werden.

Je weiter die Vorfertigung der Einzelelemente getrieben wird, desto einfacher und kostengünstiger werden Montage und Demontage der Gerüste. Andererseits wird die Anpaßbarkeit an schwierige Baustellenbedingungen, z. B. an polygonale Grundrisse oder gestaffelte Aufrisse, infolge der modularen Bindung der Systemteile reduziert. In solchen Fällen sind u. a. Kombinationen von Systemgerüsten mit Stahlrohrgerüsten möglich.

5.2.2.4.2 Bauarten. Drei Gruppen von Systemgerüsten lassen sich unterscheiden:

a) Vertikalrahmen mit horizontalen Stahlrohren als Längsriegel,
b) Horizontalrahmen mit Stahlrohren als Ständer (Mattengerüste),
c) Rahmengerüste mit Vertikal- und Horizontalrahmen (Bild 5.2-4).

Bei a) sind Geschoßhöhe und Gerüstbreite durch die Vertikalrahmen bestimmt, der Rahmenabstand ist jedoch variabel.

Bei b) sind Ständerabstand und Gerüstbreite durch die Horizontalrahmen festgelegt, der vertikale Abstand der letzteren bleibt jedoch variabel.

Bei c) sind horizontaler und vertikaler Rahmenabstand sowie Gerüstbreite fixiert. Veränderungen dieser Abmessungen sind nur durch Verwendung zusätzlicher Typenteile möglich.

Bei Fassadengerüsten werden i. allg. nur die Arbeitsbühnen mit Belägen ausgestattet. Diese müssen mit dem Arbeitsfortschritt umgebaut werden. Um die hierdurch entstehenden

Kosten zu vermeiden, werden neuerdings Holztafelgerüste angeboten, welche aus Vertikalrahmen in Stahl sowie Vollholz- oder Holzhohltafeln bestehen. Der Gewichtsverringerung dienen neuerdings aus Leichtmetall hergestellte Vertikalrahmen oder mit Polyurethan ausgeschäumte Sperrholz-Hohltafeln. Die üblichen, durch die Horizontalrahmen festgelegten Abstände der Vertikalrahmen betragen 2,5 m und 3,0 m. Zur Anpassung an die

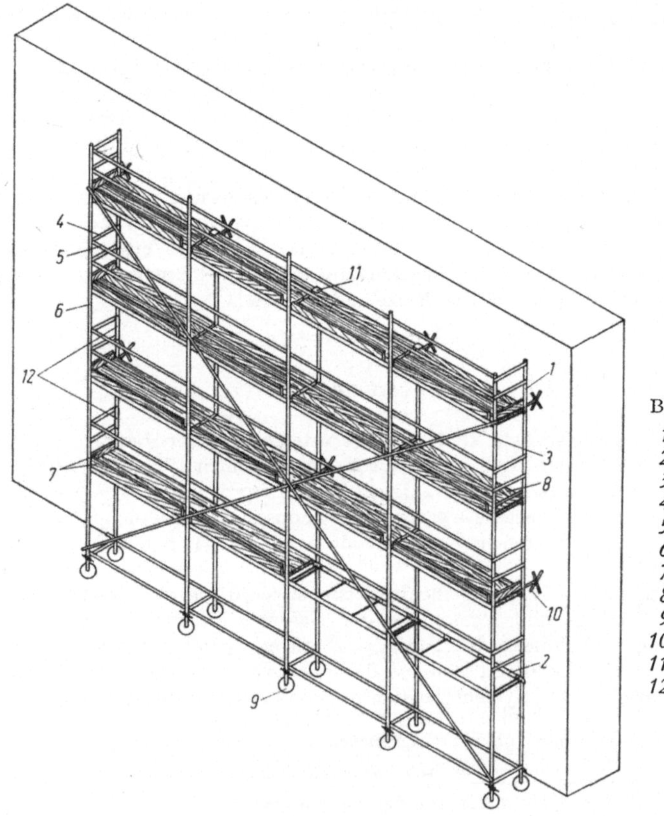

Bild 5.2-4. Rahmengerüst.

1 Geländerpfosten
2 Horizontalrahmen
3 Diagonalen
4 Schutzgeländer, quer
5 Schutzgeländer
6 Vertikalrahmen
7 Bordbrett
8 Horizontalrahmenbelag
9 Spindelfuß
10 Gerüsthalter
11 Klemmstück
12 Geländerabhängung

jeweiligen Baustellenbedingungen werden je nach Gerätetyp Horizontalrahmen von 2,0 m, 1,5 m und 1,25 m Länge vorgehalten. Die rahmenartigen Elemente werden entweder nur ineinandergesteckt oder mit einfachen, in die Elemente meist eingebauten, Verbindungsmitteln verbunden. Die Typenteile sind meist feuerverzinkt.

Die Hersteller von Systemgerüsten haben ihre Befähigung entsprechend den einschlägigen Vorschriften nachzuweisen (DIN 4100, DIN 4113, DIN 4115, DIN 1052). Verschiedene Systeme von Vertikalrahmen und von Anschlüssen der Horizontalrahmen zeigt Bild 5.2-5 [78]).

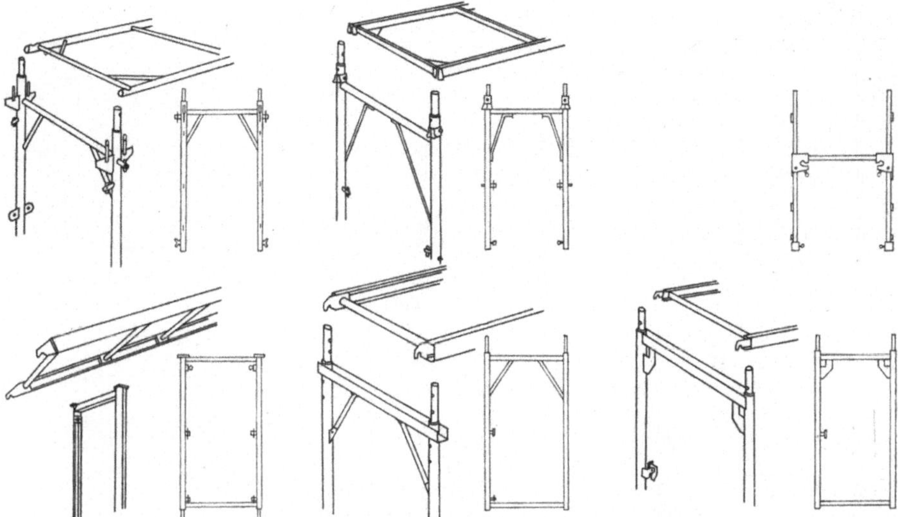

Bild 5.2-5. Rahmengerüste: Systeme der Vertikalrahmen und Anschluß der Horizontalrahmen.

5.2.2.4.3 Geräteprogramm. Zur Maximierung der Einsatzmöglichkeiten ist meist ein umfangreiches Programm von Typenteilen vorzuhalten. Als Beispiel sind in Bild 5.2-6 folgende Einzelteile aufgeführt:

1 Vertikalrahmen verschiedener Höhen,
2 Horizontalrahmen verschiedener Längen,
3 Diagonalen,
4 Schutzgeländer,
5 Schutzgeländer quer,
6 Geländerpfosten,
7 Bordbrett,
8 Leiter,
9 Schutzdachkonsole,
10 Beschickungskonsole mit Seitenlehnen,

11/11a Verbreiterungskonsolen,
12 Aufzugskonsole,
13 verstellbarer Konsolanschluß,
14 Konsolriegel,
15 verstellbarer Querriegel,
16 Spindelfuß,
17 Ausgleichsständer,
18 Rollenfuß mit und ohne Feststellmöglichkeit,
19 Rollenfußriegel.

Außer den oben aufgeführten Teilen werden von den Herstellerfirmen zusätzliche Ergänzungsteile, wie Bauelemente für Überbrückungen, Rahmentafeln aus Vollholz oder Sperrholz, Dachdeckerschutzwandträger u. a. vorgehalten. Die Typenteile sind nur nach Maßgabe der jeweiligen Zulassungsbescheide verwendbar.

5.2.2.4.4 Zulassung. Für die Zulassung ist der rechnerische Tragfähigkeitsnachweis durch Traglast- und Verformungsversuche an sämtlichen Gerüstbauteilen, die für die Tragsicherheit von Bedeutung sind, zu ergänzen. Auszüge aus einem Versuchsprogramm zeigen die Bilder 5.2-7 und 5.2-8. Der Traglastversuch an einem 4geschossigen, zweifeldrigen Gerüstabschnitt liefert das wichtigste Ergebnise für die bauaufsichtliche Zulassung. Über die hierbei gemachten Erfahrungen siehe [44].

Werkstoffe: vgl. 5.3.4 — Verbindungsmittel: vgl. 5.3.3.

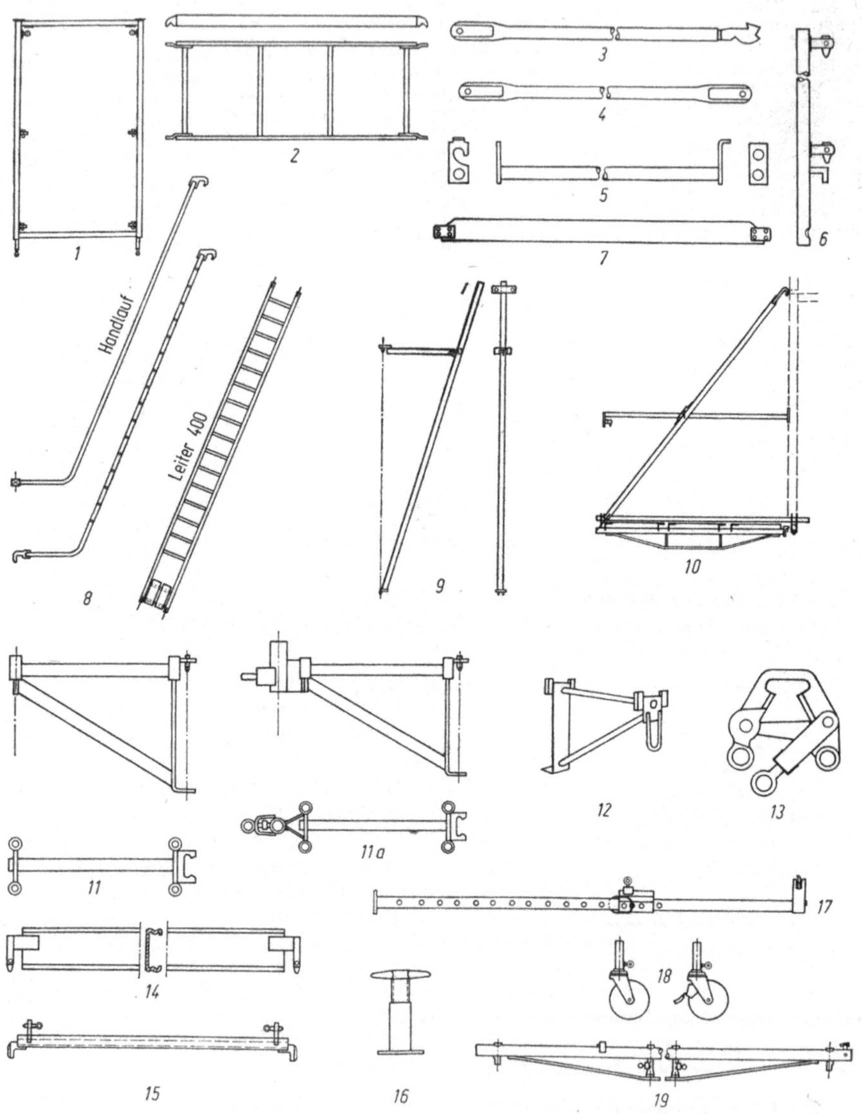

Bild 5.2-6. Rahmengerüst: Beispiel eines Geräteprogramms [79].

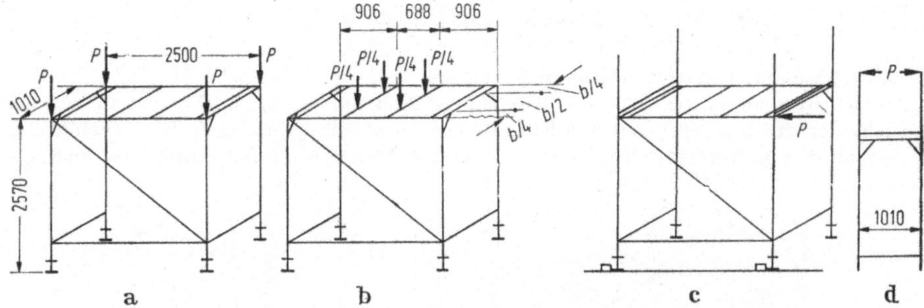

Bild 5.2-7. Rahmengerüst: Auszug aus dem Programm der Zulassungsversuche.

a) Einzelabschnitt mit 2 Vertikalrahmen unter zentrischer Last b) Horizontalrahmen mit Feldbelastung c) Schubsteifigkeit des Einzelabschnitts d) Geländerpfosten.

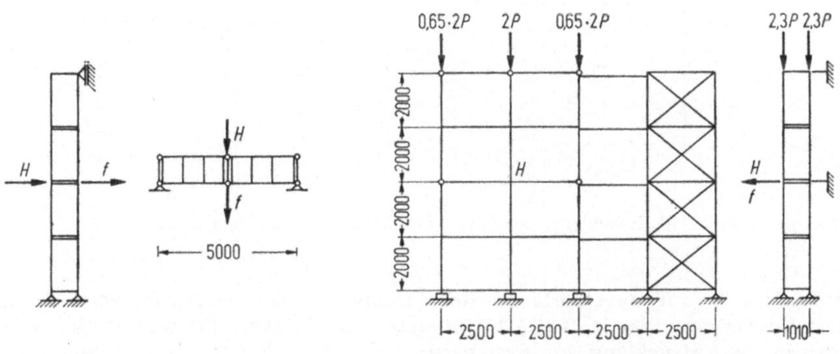

Bild 5.2-8. Rahmengerüst: Auszug aus dem Programm
der Zulassungsversuche.

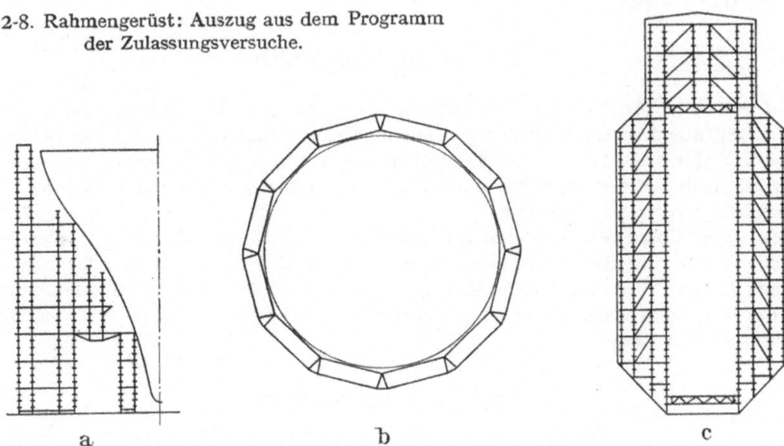

Bild 5.2-9. Einrüstungen bei polygonalen Grundrissen und gestaffelten Aufrissen.

a) Schiffsbau [80], b) Polygonale Einrüstung von Behältern oder Faultürmen, c) Einrüstung im Innern eines Behälters [80].

5.2.2.4.5 Sonderbauarten im In- und Ausland. Zur Verbindung der Montageschnelligkeit eines Systemgerüstes mit der Anpassungsfähigkeit von Stahlrohrgerüsten wurden spezielle Gerüste, u. a. Stangen- oder Elementgerüste genannt, entwickelt. Eine Ausführung besteht z. B. aus Vertikalrohren mit Lochscheiben in bestimmten Abständen und aus

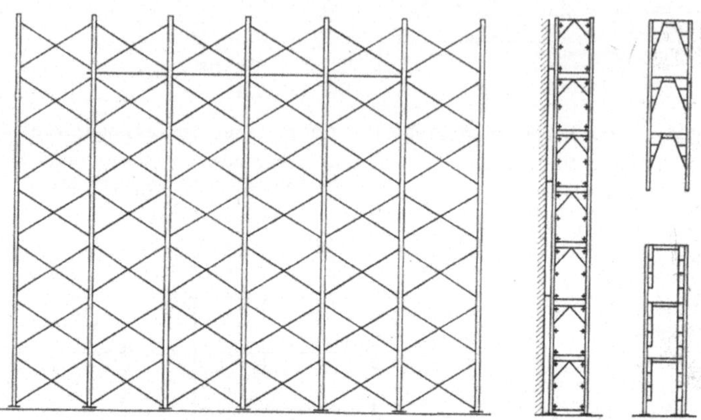

Bild 5.2-10. Fassadengerüste aus Vertikalrahmen und Verbandskreuzen.

Horizontalriegeln mit unverlierbaren Keilverschlüssen. Mit derartigen Sondergerüsten können Einrüstungen der in Bild 5.2-9 gezeigten Art durchgeführt werden. Im Ausland ist man in der Entwicklung von Systemgerüsten z. T. andere Wege als in der Bundesrepublik gegangen. Ein verbreitetes System besteht z. B. aus Vertikalrahmen und Verbandskreuzen (Bild 5.2-10).

5.2.2.5 Auslegergerüste

Bei einfachen Auslegergerüsten kragen Belagträger, z. B. Balken, Stahlprofile oder Rundhölzer, aus dem Bauwerk heraus. Die zulässige Kraglänge beträgt rechtwinklig zum Bauwerk $k \leq 1,8$ m. An den Gebäudeecken meist fächerförmige Anordnung der Belagträger. Einfache Auslegergerüste dürfen nur als Arbeitsgerüste der Gruppe I und als Schutzgerüste verwendet werden.

Bei abgestrebten Auslegergerüsten erhalten die auskragenden Tragglieder eine zusätzliche Abstützung durch Zug- oder Druckstreben. Sie sind auch als Arbeitsgerüste der Gruppen II bis IV zulässig. Jeder Ausleger ist durch zwei voneinander unabhängige Befestigungen zu verankern. Er ist so zu befestigen, daß er weder kippen noch sich abheben oder verschieben kann.

5.2.2.6 Konsolgerüste

Der Belag liegt auf Konsolen auf. Es darf nur als Arbeitsgerüst der Gruppe I und als Schutzgerüst verwendet werden. Ausbildung der Konsolen entsprechend statischem Nachweis, daher keine Zulassung erforderlich. Die Befestigung der Konsolen darf nur an tragfähigen Teilen des Bauwerks erfolgen, jede Konsole muß doppelt befestigt sein.

Größter horizontaler Abstand der Konsolen 1,5 m. Verschiedene Ausführungen von Konsolgerüsten möglich (Bild 5.2-11). Einzelheiten zur Befestigung ohne statischen Nachweis siehe DIN 4420.

Schwere Konsolgerüste als Betoniergerüste, wie sie heute in zunehmendem Maße verwendet werden, sind für die Lasten aus Schalungsgewicht und Schalungsreibung zu bemessen. Sie sind Traggerüste und werden nicht mehr durch die DIN 4420 geregelt.

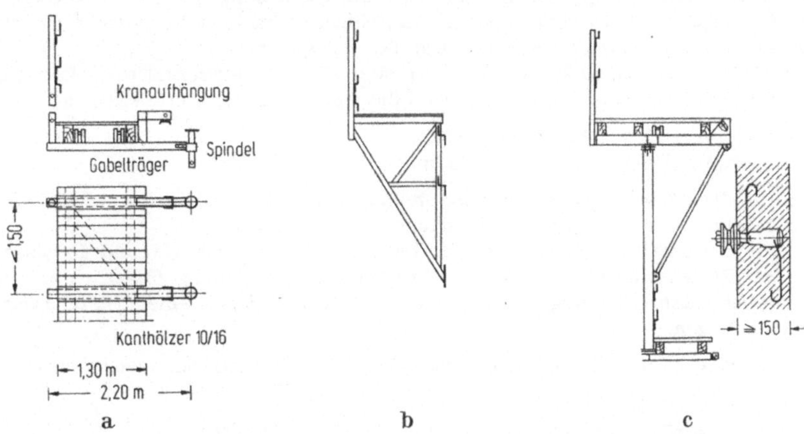

Bild 5.2-11. Konsolgerüste: a) Klemmgerüst, b) Konsolgerüst, c) Hängegerüst.

5.2.2.7 Sonstige Gerüste

Die DIN 4420 unterscheidet außer den bereits genannten Gerüsten noch:

Bockgerüste: Der Gerüstbelag liegt unmittelbar auf Gerüstböcken oder unmittelbar über Längs- und/oder Querriegeln.

Hängegerüste: Der Belag liegt unmittelbar oder mit Zwischenunterstützungen auf aufgehängten Riegeln.

Trägergerüste: Der Belag liegt auf Gerüstträgern, die auf mindestens zwei Auflagern ruhen. Werden längenverstellbare Schalungsträger verwendet, so gelten für sie die statischen Werte und Bestimmungen der Prüfbescheide.

Bügelgerüste: Vorwiegend für Dacharbeiten verwendet. Der Belag liegt auf Gerüstbügeln, die oberhalb der Dach-Traufe an tragfähigen Teilen der Dachkonstruktion befestigt werden.

Fahrbare Standgerüste: Werden sie aus Stahlrohren und Kupplungen hergestellt und entsprechen diese der DIN 4420, so ist i. allg. keine bauaufsichtliche Zulassung erforderlich. Für die Fahrrollen muß der Tragfähigkeitsnachweis einer anerkannten Prüfanstalt vorliegen. Die Fahrrollen sind möglichst zentrisch unter den Ständern oder unter einem Grundrahmen anzuordnen. Das Verhältnis der kleinsten Aufstellbreite zur Höhe darf im Freien 1:3, in geschlossenen Räumen 1:4 nicht unterschreiten. Werden Fahrgerüste aus Bauteilen von Systemgerüsten hergestellt, so ist für die Gerüstbauteile eine bauaufsichtliche Zulassung erforderlich. Gegen unbeabsichtigtes Verschieben sind Feststellvorrichtungen vorzusehen.

5.2.3 Standsicherheit

5.2.3.1 Lastannahmen

Eigenlasten: Entsprechend DIN 1055, Bl. 1
Verkehrslasten: Entsprechend Tabelle 5.2-1 ohne Stoßfaktor.

Bei Stützweiten über 3 m ist die Ersatzlast zur Bemessung der Horizontaltragglieder mit dem Faktor 1,35 zu vervielfachen. Tatsächlich vorhandene Belagfläche als belastet annehmen, ausgenommen Gerüste mit großer Belagfläche.
Anstelle der Lasten nach Tabelle 5.2-1 sind für die Horizontaltragglieder Einzellasten wie folgt zu berücksichtigen, wenn diese ungünstigere Werte ergeben:

Gerüstgruppe I/II   Einzellast 100 kp,
Gerüstgruppe III/IV   Einzellast 150 kp.

Die Einzellasten sind in ungünstigster Stellung anzusetzen und dürfen auf eine quadratische Grundfläche von 0,20 m Seitenlänge verteilt werden.
Größere Einzellasten dürfen nur auf Gerüsten der Gruppen III und IV abgesetzt werden. Einzellasten über 600 kp sind in ungünstigster Stellung zusätzlich zur gleichmäßig verteilten Belastung mit ihrem tatsächlichen Wert und einem Stoßbeiwert von 1,2 einzusetzen.

Für die Berechnung ist eine Mindestzahl ausgelegter Gerüstlagen anzunehmen:

für Gerüsthöhen $\leq$ 50 m   4,
für Gerüsthöhen $\leq$ 75 m   6,
für Gerüsthöhen $\leq$ 100 m   8.

Eine Gerüstlage ist voll mit Ersatzlast anzusetzen.
Schutzgerüste sind mindestens wie Gerüste der Gruppe I belastbar. Bei auskragenden Schutzdächern darf bei Bemessung der Ständer oder ähnlicher Stützglieder die Ersatzlast auf den halben Wert abgemindert werden.

Schneelast: Darf unberücksichtigt bleiben.
Windlast: Nach DIN 1055, Bl. 4.

Für fahrbare Standgerüste darf der Staudruck auf 10 kp/m² abgemindert werden.
Windangriffsflächen der Regelausführungen siehe DIN 4420.
Seitenkraft auf Geländerholme: 30 kp in ungünstigster Stellung. Horizontale Durchbiegung der Geländerholme max. 20 mm.
Zusätzliche Belastung freistehender Gerüste: Waagerechte Einzellast von 30 kp je Gerüstfeld in Höhe der obersten Gerüstlage.
Berücksichtigung der Montageungenauigkeiten durch eine in Höhe der Gerüstlage angreifende waagerechte Last von 3% der von der betreffenden Gerüstlage zu tragenden lotrechten Last. Mit dieser sind die Versteifungen und ihre Anschlüsse so zu bemessen, daß sie diese zusätzlich zu den sonstigen äußeren Belastungen ohne Überschreitung der zulässigen Spannungen aufnehmen kann.
Einflüsse aus Temperaturänderung brauchen nicht berücksichtigt zu werden.
Setzungen sind nur dann zu berücksichtigen, wenn sie durch konstruktive Maßnahmen nicht weitgehend ausgeschlossen sind.

5.2.3.2 Statische Berechnung

Außerhalb der Regelausführung ist eine statische Berechnung entsprechend den maßgeblichen technischen Baubestimmungen erforderlich. Anstelle der statischen Berechnung im Einzelfall ist eine Typenberechnung (von einem Prüfamt für Baustatik geprüft) zulässig. Durchbiegung von Gerüstbelagteilen ist beschränkt auf 1/100 der Stützweite.

Besondere Probleme der Festigkeitsberechnungen:

Bei Rahmengerüsten ist die Federsteifigkeit der waagerechten Abstützung der Vertikalrahmen abhängig von der Bauart der Horizontalrahmen sowie dem Spiel und der Nachgiebigkeit ihrer Anschlüsse an die Vertikalrahmen.

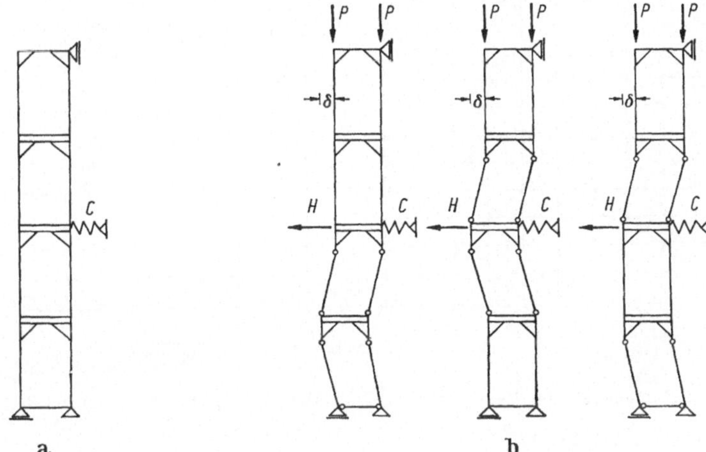

a   b

Bild 5.2-12. Rahmengerüst: Statisches System und Versagensmechanismus der Vertikalrahmen; a) Statisches System, b) Fließgelenkketten von Versuchen mit Arbeitsgerüsten (nach v. d. Hagen, G. [44]).

Das statische System der Vertikalrahmen und die in Versuchen gemäß Bild 5.2-8 beobachteten Versagensmechanismen (nach [44]) sind in Bild 5.2-12 dargestellt. Berechnung von Stahlrohrgerüsten, die von der Regelausführung abweichen, siehe [5].

Sicherheit gegen Umkippen: Bei freistehenden und auch bei fahrbaren Gerüsten mindestens 1,5 ohne Berücksichtigung lotrechter Verkehrslasten.

5.2.3.3 Anforderungen an Gerüstbauteile

Nennwanddicke von Rohren und Profilen für tragende Teile mindestens 2 mm, für aussteifende Teile mindestens 1,5 mm. Nennwanddicke von Rohren, an welche Kupplungen angeschlossen werden, mindestens 3,2 mm.

Holzbauteile: Mindestens Güteklasse II nach DIN 4072 Bl. 1 und Bl. 2. Gerüstbretter und -bohlen müssen an ihren Stirnenden gegen Aufreißen gesichert und mindestens 3 cm dick sein.

5.2.4. Bauliche Durchbildung der Gerüste

5.2.4.1 Verstrebung

Gerüste sind über die ganze Höhe ausreichend zu verstreben. Die Verstrebungen müssen an den Kreuzungspunkten mit den vertikalen oder horizontalen Konstruktionsgliedern fest verbunden sein. Jedem Strebenzug dürfen höchstens 5 Gerüstfelder zugeord-

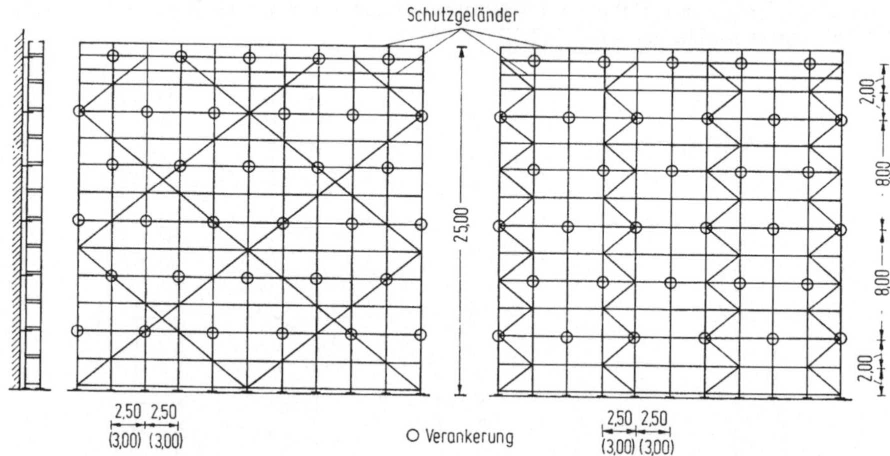

Bild 5.2-13. Rahmengerüste: Verankerung und Verstrebung der Regelausführung (h ≦ 25 m).

net sein und die Strebenzüge sind so anzuordnen, daß die Stützen möglichst nicht auf Biegung beansprucht werden. Beispiel der Verstrebung und Verankerung der Regelausführung eines Systemgerüstes zeigt Bild 5.2-13.

5.2.4.2 Gerüstbelag

Die Belagbretter und -bohlen sind dicht aneinander und so zu verlegen, daß sie weder wippen noch ausweichen können. Gegen Abheben durch Wind ist der Belag zu sichern. Zulässige Stützweiten sowie Brett- und Bohlendicke in DIN 4420.

5.2.4.3 Seitenschutz

Seitenschutz ist erforderlich bei allen Belägen, die über Verkehrswegen oder Gewässern oder mehr als 2 m über dem Boden liegen. Bestandteile des Seitenschutzes sind Geländerholm, Zwischenholm und Bordbrett. Der lichte Raum zwischen zwei Teilen des Seitenschutzes darf nicht größer als 40 cm sein. Ist der Abstand zwischen Gerüstbelag und Bauwerk größer als 30 cm, so ist auch auf dieser Seite des Gerüstes ein Seitenschutz notwendig.

5.2.4.4 Verankerung

Wesentliche Schadensursache bei Gerüsteinstürzen ist häufig eine mangelhafte Verankerung, daher gelten heute wesentlich verschärfte Vorschriften.

Die Verankerung muß zug- und druckfest sein und folgende horizontalen Kräfte aufnehmen können:

Tabelle 5.2-4. Ankerkräfte

	Regelausführung der Standgerüste kp/Anker	Leitergerüste kp/Anker
parallel zum Bauwerk	±170	±100
rechtwinklig zum Bauwerk		
geschlossene Bauwerke	±250	±150
offene Bauwerke		
Gerüsthöhe bis 15 m	±250	±150
Gerüsthöhe über 15 m	±500	±300

Waagerechte und lotrechte Höchstabstände der Verankerung sind für Regelausführungen der DIN 4420, für Gerüste besonderer Bauart den Zulassungsbescheiden (Beispiel Bild 5.2-13), sonst der statischen Berechnung zu entnehmen. Die Einzugsfläche je Ankerpunkt beträgt bei den Regelausführungen 20 m² für Gerüsthöhen unter 20 m.

Ein ungestörter Kräfteverlauf vom Gerüst in den Ankergrund ist zu gewährleisten. Alle Verankerungen sind in der Nähe der Gerüstknotenpunkte anzubringen.

Die Brauchbarkeit der Verankerungsmittel ist durch Prüfung nachzuweisen. Für Dübelbefestigungen kann ausreichende Auszugsfestigkeit unter folgenden Voraussetzungen angenommen werden:

Ankergrund: Beton mindestens der Güte Bn 100 nach DIN 1045, Mauerwerk aus Vollziegeln, Kalksand-Vollsteinen oder Natursteinen, das nach DIN 1053 vermauert ist. Mindeststeinfestigkeit 100 kp/cm².

Mindestrandabstände (Dübelmitte von Bauwerkskanten):

bei Beton   10 cm,
bei Mauerwerk 20 cm.

Spreizdübel mit Schrauben: Dübel dürfen nur einmal verwendet werden. Schraubendurchmesser mindestens 12 mm. Prüfzeugnis einer amtlich anerkannten Materialprüfanstalt mit folgenden Sicherheiten gegenüber den oben genannten Kräften:
Sicherheitsbeiwert 2,5 gegenüber dem Mittelwert der in den Versuchen erreichten Höchstlasten,
Sicherheitsbeiwert 1,7 gegenüber dem Mittelwert der bei einer Verschiebung von 0,5 mm gemessenen Prüflasten,
Sicherheitsbeiwert 1,7 gegenüber dem kleinsten Wert der in den Versuchen erreichten Höchstlasten.

Der Nachweis ausreichender Auszugsfestigkeit kann mit geeigneten Prüfgeräten durch Probebelastung an der Baustelle geführt werden. Die Probelast muß das 1,2fache der geforderten Ankerzugkraft betragen. Mindestens 20% aller verwendeten Dübel sind zu prüfen. Weitere Einzelheiten in [76]. Bei Verkleidung der Gerüste mit Planen oder bei Schutzwänden sind zusätzliche Verankerungsmaßnahmen erforderlich.

5.2.5 Fahrgerüste

Bestimmungen über Fahrgerüste wird die zukünftige DIN 4422 enthalten. Fahrgerüste nach dieser Norm sind Geräte und keine Gerüste im Sinne der Landesbauordnungen.

Sicherheit gegen Umkippen: Bei Belaghöhen bis zu 2 m genügt eine 1,2fache Sicherheit. Beim Nachweis dürfen Eigenlasten und Ballast für das Standmoment herangezogen werden.

Verkehrslasten: Nur eine Bühne mit Ersatzlast ausgelegt, sofern nicht durch Betriebsanleitung anders geregelt.

Windlast: Entfällt in geschlossenen Räumen.

Fahrrollen: Eignung ist durch Prüfzeugnis einer geeigneten Prüfstelle zu belegen. Die Tragkraft der Fahrrolle darf nicht mehr als 1/3 der niedrigsten Bruchlast aus 5 Versuchen betragen. Mindestens 4 Fahrrollen müssen eine Feststellvorrichtung aufweisen. Verbindungen müssen gegen unbeabsichtigtes Lösen gesichert sein.

Weitere Einzelheiten in DIN 4422 E und [77].

5.3 Traggerüste

Bearbeitet von *F. Nather*

5.3.1 Einführung

Traggerüste im Sinne der Norm DIN 4421 E sind Konstruktionen, die bei ein- und mehrmaliger Verwendung für einen begrenzten Zeitraum aus Einzelteilen zusammengesetzt und nach Gebrauch wieder auseinandergenommen werden. Zu den Traggerüsten zählen: Schalungs- (oder Lehr-) gerüste und Vorschubgerüste, Montagegerüste, Lagergerüste, Fördergerüste.

Sieht man von den Lager- und Fördergerüsten ab, so deckt der Begriff „Traggerüste" einen weiten Bereich temporärer Unterstützungen von Schalungen für Frischbeton und von Bauteilen aus Stahl, Holz und Fertigteilen ab. Er erstreckt sich von einfachen Holz- oder Stahlrohrstützen für die Einrüstung von Wohnhausdecken bis zu den weitgespannten Vorbaurüstungen und Fertigteilverlegegeräten im Brückenbau.

Traggerüste sind Konstruktionen des Ingenieurbaus, z. T. sogar äußerst schwieriger Art. Einige Schadensfälle im In- und Ausland haben ihnen die ihrem statischen, konstruktiven, montagetechnischen und kalkulatorischen Schwierigkeitsgrad entsprechende Anerkennung verschafft und „Ergänzende Bestimmungen" zu DIN 4420 [V 1], eine dem Traggerüstbau gewidmete Tagung [6] sowie zahlreiche Veröffentlichungen zur Folge gehabt.

Stationäre Lehrgerüste, die umgesetzt, quer- und/oder längsverschoben werden können, decken im Hoch-, Tief- und Industriebau den umfangreichsten Anwendungsbereich ab. Aber auch im Brückenbau werden nach *Ulle* [64] noch immer 51% aller Brücken in Ortbeton auf Lehrgerüst gefertigt. Diese Geräte mit ihren Verbindungstechniken, Fertigungs- und Bemessungsproblemen werden in 5.3.2 bis 5.3.6 behandelt. Im Spannbetonbrückenbau wurden jedoch neben der Fertigung auf Lehrgerüst in den letzten 25 Jahren verschiedene Fertigungsverfahren entwickelt, die eine „fabrikmäßige" Herstellung erlauben [65—68]:

Feldweiser Vorbau mit Vorschubrüstung,
Freivorbau,
abschnittsweiser Bau mit Vorschubrüstung und
Taktschiebeverfahren.

Diesen Rüstverfahren im Brückenbau ist der Abschn. 5.3.7 gewidmet. Berechnung und Fertigung dieser Vorschubrüstungen erfolgt i. allg. nach DIN 1073 und 4101, d. h. nach den Vorschriften des Stahlbaus.

5.3.2 Besonderheiten des Traggerüstbaus

Gegenseitige Beeinflussung von Traggerüst, Bauwerk und Gründung. Die Nutzlast (Beton) durchläuft auf dem Lehrgerüst alle Erhärtungszustände vom Frischbeton bis zum teilweise vorgespannten Beton.

Der temporäre Charakter der Traggerüste erfordert auch bei noch so sorgfältiger Vorplanung auf der Baustelle Anpassungen an örtliche Verhältnisse. Unvermutete Gründungsschwierigkeiten und Ungenauigkeiten an den Bauwerken sind häufig nicht zu vermeiden.

Die Lastannahmen beinhalten im Gegensatz zum sonstigen konstruktiven Ingenieurbau keinerlei Sicherheiten. Die rechnerischen Lasten treten nicht nur in voller Größe auf, sondern werden unter Umständen noch überschritten. Der niedrige Eigengewichtsanteil bei hohem Nutzlastanteil beeinflußt die Tragsicherheit bei fehlerhafter Nutzlastannahme, wie sie z. B. bei Toleranzen in der Bauausführung möglich ist, in hohem Maße.

Bei typisierten Serienelementen gehen die Forderungen an Variabilität und Flexibilität weit über das hinaus, was im Rahmen industrieller Bauverfahren im Stahlbau und Fertigteilbau üblich ist.

Die Rüstträger- und Rüststützensysteme sollen einen weiten Anwendungsbereich abdecken, die einzelnen Elemente eines Systems beliebig kombinierbar sein. Die Austauschbarkeit der Typenelemente soll unabhängig vom Herstellungsalter und ebenso wie der wiederholte Zusammenbau ohne Nacharbeit möglich sein.

Die Geräte werden häufig montiert, demontiert oder umgebaut. Die Kosten dieser Arbeiten bestimmen entscheidend die Wirtschaftlichkeit des Systems und haben zur Folge, daß in einigen wesentlichen Punkten von den anerkannten Regeln der Technik des Stahlbaus und Holzbaus abgewichen wird. Die Abweichungen betreffen insbesondere

die Art der Verbindungsmittel,
die Außermittigkeit der Stabanschlüsse und Stöße,
die niedrige Schubsteifigkeit der Vergitterungen,
den Einfluß der Fertigungsungenauigkeiten der industriell in großen Serien gefertigten Typenelemente,
den Einfluß von Beschädigungen bei Geräten langer Lebensdauer und häufigem Einsatz,
einige Abweichungen der Bauausführung von den idealisierenden Annahmen der statischen Berechnung.

Beim Bau und bei der Verwendung von Traggerüsten gibt es mehrere Beteiligte: Traggerüsthersteller, Bauunternehmung, Bauaufsicht und Prüfingenieur. Eine weitere Leistungsaufspaltung in Gerätehersteller, Geräteverleiher und Konstruktionsbüro für

Lehrgerüste ist möglich. Die anfangs genannten gegenseitigen Beeinflussungen sowie sonstige Probleme erfordern demgegenüber eine Koordinierung aller mit dem Traggerüst und dessen Verwendung zusammenhängenden Arbeiten.

5.3.3 Verbindungsmittel im Gerüstbau

5.3.3.1 Arten

Für die Bemessung und Anordnung stahlbaumäßiger Verbindungsmittel gilt DIN 1073. Neben den dort genannten werden einige lösbare Verbindungsmittel verwendet, die weder in DIN 1050 noch in DIN 1073 erfaßt oder eindeutig geregelt sind:

Kupplungen (Gerüstkupplungen),
Schrauben ohne Passung, meist einschnittig und einzeln eingesetzt,
Trägerklemmen,
Klauenverbindungen,
Steckverbindungen,
Bolzen,
Verschwertungsklammern (vgl. 5.1.4.3.3),
Keilverbindungen.

Für hochfeste Schrauben gilt DIN 1050 mit den zusätzlich erlassenen Bestimmungen. Sie werden in Vorbaurüstungen, in einigen Fällen auch in den Gurtstößen schwerer Rüstträger verwendet. Hochfeste vorgespannte Schrauben dürfen nach dem Lösen der Verbindung nicht wieder verwendet werden.

Die Last-Verformungs-Charakteristiken einiger der oben genannten Verbindungen bestimmen entscheidend Verformungsfähigkeit und Stabilität der Gerüste.

Für die Bemessung und Ausführung geschweißter Konstruktionen gilt DIN 4100, für brückenähnliche Konstruktionen, wie Vorbaurüstungen u. dgl., DIN 4101. Neben dem Schweißen kommen an nicht lösbaren Verbindungen gelegentlich auch kaltverformte Anschlüsse in Frage.

5.3.3.2 Kupplungen

Arten, zulässige Belastungswerte und Anwendung vgl. 5.2.2.3.2.3. Das Tragverhalten der Kupplungen wird in Belastungsversuchen entsprechend den Bau- und Prüfgrundsätzen zur Prüfzeichenerteilung ermittelt Bild 5.3-1 zeigt die Versuchsanordnungen für die Prüfung der Normal- und Drehkupplungen bzw. der Halbkupplungen.

Diese Belastungsversuche erfassen die im Traggerüstbau vorkommenden Beanspruchungsarten nicht im vollen Umfang. Werden keine zusätzlichen Versuche vorgenommen, so liegt für die Ermittlung der Beanspruchungen der Verbandsdiagonalen und der Traglast mehrteiliger Druckstäbe die Annahme, daß sich die durch Kupplungen miteinander verbundenen Rohre ungehindert um die gegenseitigen Achsen verdrehen können, auf der sicheren Seite. So verhält sich z. B. eine Normalkupplung in einer Ebene wie ein elastischer Knotenpunkt, wobei die Federkonstante durch die Drehwinkelsteifigkeit gegeben ist. In den beiden anderen Ebenen, die jeweils senkrecht auf den Rohrachsen stehen, ist sie als Gelenk anzusehen.

In den Belastungsversuchen werden ermittelt (Bild 5.3-2):

Bruchlast der Kupplung P_U;
Rutschlast P_R: Der Definitionsweg, von dem an ein Rutschen der Kupplung angenommen wird, beträgt $\Delta 2 = 0{,}5$ mm.

Die eine Verschiebung von 5 mm verursachende Last P_5: Die Verformung der Kupplung unter Last soll begrenzt werden, wobei als kritisch $\Delta 1 = 5$ mm angenommen werden.

Drehwinkelsteifigkeit m bei Normalkupplungen (Bild 5.3-3). Die 5%-Fraktile der Drehwinkelsteifigkeit m muß größer als 20 mkp/° sein. m ist hierbei der Quotient aus dem Moment $P \cdot a$ und dem Drehwinkel φ.

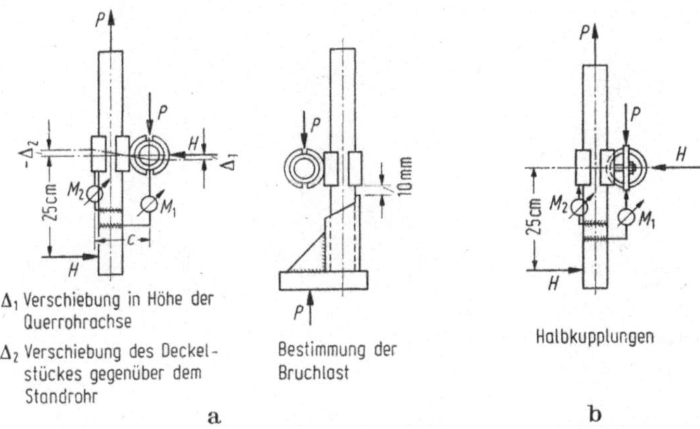

Bild 5.3-1. Versuchsanordnungen für die Prüfung von a) Normal- und Drehkupplungen bzw. von b) Halbkupplungen.

Verschiebemodul K: Dieser charakteristische Verformungswert eines Verbindungsmittels wird noch häufig benötigt.

Er wird bei Kupplungen aus der 5%-Fraktile der Verlagerung $\Delta 1$ des Querrohres unter Gebrauchslast, d. h. unter 600 kp bzw. 900 kp ermittelt (Bild 5.3-2).

Bild 5.3-2. Last-Verlagerungskurven $P(\Delta 1)$ und $P(\Delta 2)$; Definition der Rutschlast P_R, der Last P_5 und des Verschiebemoduls K.

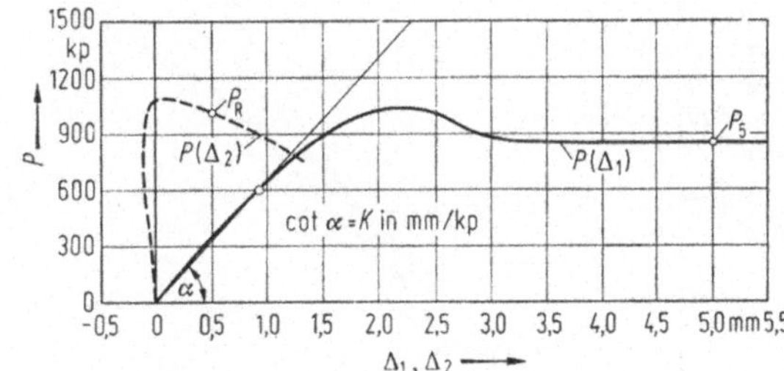

Auf Rutschlast und Verschiebungslast wirken eine Vielzahl von Einflüssen, wie u. a. Oberflächenbeschaffenheit der Rohre, Anpreßdruck der Schließbügel am Rohr, Breite der Bügel, Wanddicke und Durchmesser der Rohre, Rauhigkeit der Kupplungsoberfläche, Steifigkeit der Kupplung, Fertigungstoleranzen von Rohr und Kupplung sowie Gelenkspiel bei Drehkupplungen. Diese Einflüsse sind weitgehend zufälliger Natur und die Ergebnisse streuen meist stark. Daher ist zur statistischen Auswertung eine Vielzahl von Versuchen notwendig [45].

In Bild 5.3-4 sind die Last-Verlagerungskurven einer Drehkupplung 48/48 dargestellt und ausgewertet. Aus insgesamt 50 Versuchen sind die Last-Verlagerungskurven, welche die 10 höchsten Verschiebemoduli ergeben, in dem für die Beurteilung maßgebenden Be-

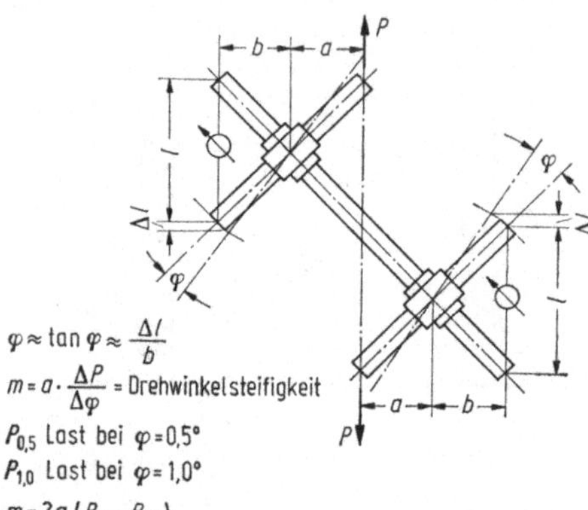

$$\varphi \approx \tan \varphi \approx \frac{\Delta l}{b}$$

$$m = a \cdot \frac{\Delta P}{\Delta \varphi} = \text{Drehwinkelsteifigkeit}$$

$P_{0,5}$ Last bei $\varphi = 0,5°$

$P_{1,0}$ Last bei $\varphi = 1,0°$

$$m = 2a\,(P_{1,0} - P_{0,5})$$

Bild 5.3-3. Versuchsanordnung zur Bestimmung der Drehwinkelsteifigkeit von Normalkupplungen.

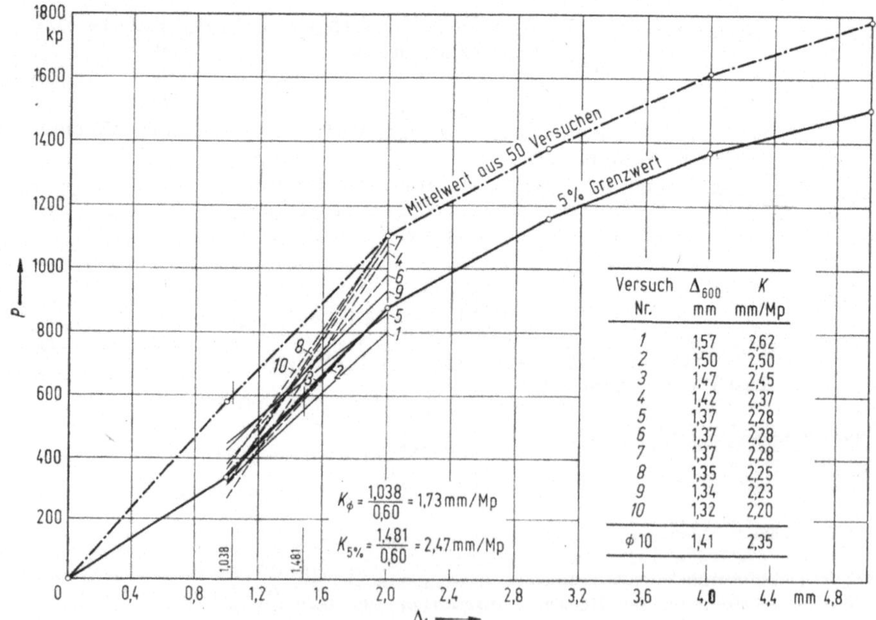

$$K_\phi = \frac{1,038}{0,60} = 1,73\,\text{mm/Mp}$$

$$K_{5\%} = \frac{1,481}{0,60} = 2,47\,\text{mm/Mp}$$

Versuch Nr.	Δ_{600} mm	K mm/Mp
1	1,57	2,62
2	1,50	2,50
3	1,47	2,45
4	1,42	2,37
5	1,37	2,28
6	1,37	2,28
7	1,37	2,28
8	1,35	2,25
9	1,34	2,23
10	1,32	2,20
ϕ 10	1,41	2,35

Bild 5.3-4. Last-Verlagerungskurven einer Drehkupplung 48/48, Ermittlung der Verschiebungsmoduli K.

reich aufgezeichnet. Ferner sind ermittelt: der in den Prüfbescheiden enthaltene Wert $K_{5\%} = 2,47$ mm/Mp, der Höchstwert $K_{max} = 2,62$ mm/Mp, der Mittelwert aus 50 Versuchen $\overline{K} = 1,73$ mm/Mp.

· Für die Erteilung des Prüfzeichens gelten folgende Bedingungen:
Bei Einzelkupplungen muß der kleinste Wert von

$$\left.\begin{array}{ll} P_{R,5\%}: & 1,5 \\ P_{5,5\%}: & 1,0 \\ P_U: & 3 \end{array}\right\} \geqq 600 \text{ kp für Klasse A bzw. } 900 \text{ kp für Klasse B sein.}$$

Bei Doppelkupplungen gelten 1 000 kp für Klasse A bzw. 1 500 kp für Klasse B. Für Dreh- und Halbkupplungen sind 600 kp einzusetzen.

5.3.3.3 Rohe Schrauben (Schrauben ohne Passung)

Abmessungen nach DIN 7990; Festigkeitseigenschaften und Toleranzen nach DIN 267. Rohe Schrauben werden wegen ihrer besonderen Eignung für temporäre Bauten häufig verwendet. Das Spiel zwischen Schraubenschaft und Lochrand gewährleistet eine ungehinderte und schnelle Montage und Demontage auch bei ungünstigen Passungsverhältnissen. Kleinere Ungenauigkeiten werden durch die Nachgiebigkeit dieser Konstruktionen überbrückt. DIN 1050 erwähnt rohe Schrauben in Abschn. 7.3. Sie läßt jedoch Verbindungen mit einer einzigen Schraube gemäß Abschn. 8.1 nur für leichte Vergitterungen (z. B. Masten), ferner für Geländer und untergeordnete Bauglieder zu. Erst die ,,Ergänzenden Bestimmungen" [V 1] erlauben in Abschn. 7.9 die Verbindungen mit einer Schraube und bestimmen, daß die Schrauben hinsichtlich der Lochleibungsbeanspruchung wie Gelenkbolzen zu behandeln sind.

Der wesentliche Unterschied zwischen zweischnittig beanspruchten Verbindungen mit hochfesten vorgespannten Schrauben oder Paßschrauben und einer einschnittigen Verbindung mit einer rohen Schraube besteht in der exzentrischen Beanspruchung und dem großen Verschiebeweg der letzteren (Bild 5.3-5).

Tabelle 5.3-1. Näherungsweise Ermittlung des Verschiebemoduls K einer Verbindung mit Schrauben ohne Passung

Schraube d_1	t	zul $\sigma_l \cdot F_l$	zul $\tau_a \cdot F_a$	zul P	max f	$K = \text{max } f / \text{zul } P$
mm	mm	Mp	Mp	Mp	mm	mm/Mp
16	5	1,92	2,25	1,92	3,94	2,05
	8	3,07		2,25		1,75
20	5	2,40	3,52	2,40	4,34	1,81
	8	3,84		3,52		1,23
24	5	2,88	5,07	2,88	4,34	1,51
	8	4,61		4,61		0,94

Analog zu den Kupplungsverbindungen läßt sich aus den obigen Werten ein Verschiebemodul K ermitteln. In Tabelle 5.3-1 ist dies für drei verschiedene Schraubendurchmesser und zwei Blechdicken unter Vernachlässigung der elastisch-plastischen Verformung von Schraubenschaft und Lochrändern durchgeführt. Durch Versuche wurde die Brauchbarkeit der so näherungsweise ermittelten Verschiebemoduli nachgewiesen und gezeigt,

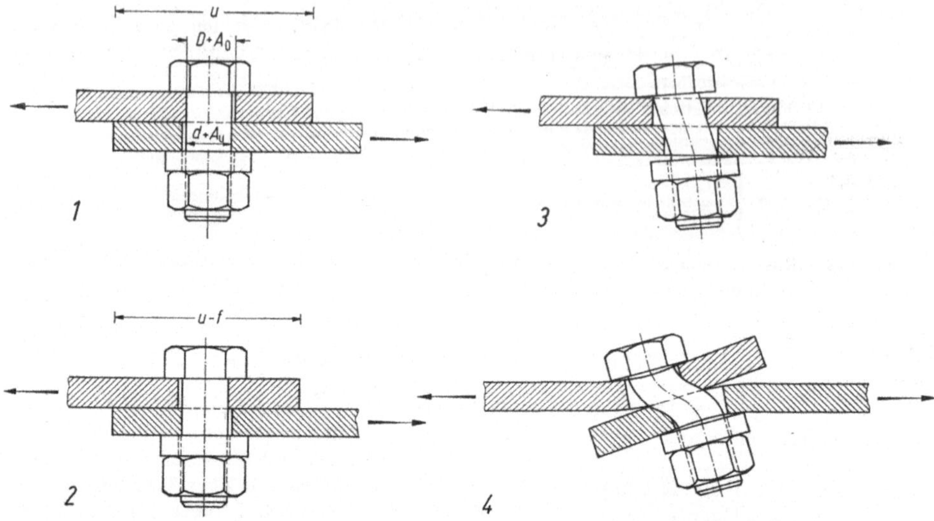

Bild 5.3-5. Einschnittige Schraubenverbindung: Zusammenbau in Extremlage und Verformung der Verbindung. $\max f = f_{\text{rech}} = 2\,(D + A_{\text{o}} - d + A_{\text{u}});\quad D - d = 1\text{ mm};\quad D \triangleq H\,13;\quad d \triangleq h\,15.$

daß die Tragsicherheit der Verbindung trotz der exzentrischen Beanspruchungen von Schraube und Anschlußblechen sehr hoch liegt.

Zur Vereinfachung von statischen Berechnungen nach der Spannungstheorie II. Ordnung empfiehlt es sich, die aus Spiel und Toleranzen der Schraubenverbindungen sich ergebenden Verschiebungen in der Geometrie des vorverformten Systems zu berücksichtigen und dann mit $K = 0$, d. h. mit starren Verbindungsmitteln weiterzurechnen. Diese Empfehlung steht im Einklang mit bisherigen Versuchsergebnissen (Bild 5.3-6). Weitere Einzelheiten siehe [46] und Tabelle 5.3—2.

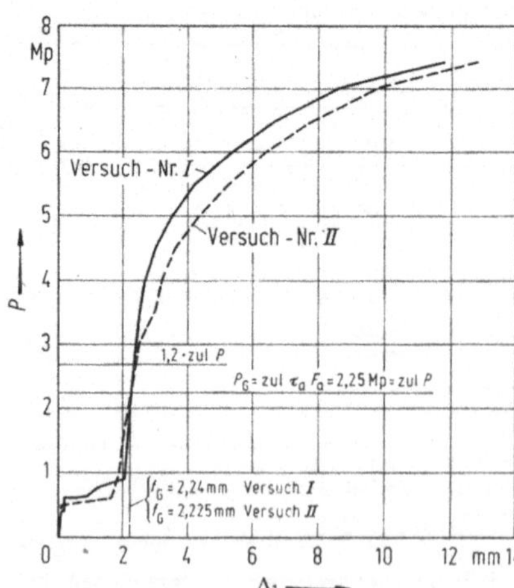

Bild 5.3-6. Einschnittige Schraubenverbindung: Versuche Nr. I und II, Last-Verformungs-Kurven.

Tabelle 5.3-2. Meßergebnisse bei Versuchen mit einschnittigen Schraubenverbindungen

Versuch Nr.	Messung vor Versuch				Verschiebemod.		Messung nach Bruch der Schraube						
	D_{Fl} $+A_o$	D_{Pr} $+A_o$	d $-A_u$	f_{rech}	$K = \dfrac{f_{rech}}{P_G}$	$K = \dfrac{f_G}{P_G}$	Schraube		Flansch		Profil		
							quer	längs	quer	längs	quer	längs	
	mm	mm	mm	mm	mm/Mp	mm/Mp	mm	mm	mm	mm	mm	mm	
I	17,2	17,2	15,9	2,6	1,15	1,00	15,95	14,9	17,1	17,9	17,2	18,2	oben
									17,2	19,6	18,6	20,4	unten
II	17,2	17,2	15,9	2,6	1,15	0,99	15,7	14,4	17,2	17,2	17,1	18,4	oben
									17,3	19,4	17,5	20,5	unten

Ein Vergleich der Verschiebemoduli von Kupplungen und rohen Schrauben zeigt, daß letztere etwa den Normalkupplungen entsprechen:

Normalkupplungen	$0,10 \leqq K \leqq 2,3$ mm/Mp,
Drehkupplungen	$2,15 \leqq K \leqq 7,0$ mm/Mp,
Halbkupplungen	$0,10 \leqq K \leqq 2,0$ mm/Mp,
einschnitt. rohe Schrauben	$0,9 \ \leqq K \leqq 2,1$ mm/Mp.

Die Anzahl der mit einschnittigen rohen Schrauben durchgeführten Versuche ist noch zu gering. Es ist anzunehmen, daß in Zukunft die Brauchbarkeit dieser Verbindungsart durch eine bauaufsichtliche Zulassung nachgewiesen werden muß.

5.3.3.4 Trägerklemmen [47]

Zur Verbindung von Flachstählen, von Walzprofilträgern untereinander, zum Festklemmen von Rüstträgern an Walzprofilträger oder an Rüststützen. Trägerklemmen legen diese Bauteile in ihrer gegenseitigen Lage fest, ohne daß gebohrt oder geschweißt werden muß (Bild 5.3-7). Sie übertragen horizontale Kräfte durch den zwischen den Bauteilen wirkenden Reibungswiderstand. Dieser wird durch den Anpreßdruck der Klemmenschnäbel erzeugt, welcher durch das Vorspannen einer hochfesten Schraube erzielt wird. In ihrer äußeren Erscheinung ähneln sich die auf dem Markt befindlichen Trägerklemmen. Es variieren vor allem die Schraubendurchmesser (M 20, M 16) und -güten (8.8, 10.9), sowie Breite und Tiefe der Klemmenschnäbel

Die übertragbare Kraft einer Trägerklemme ist abhängig von

der Vorspannkraft P_v der Schraube,
der Bauart der Klemme,
dem Reibungsbeiwert μ,
dem Sicherheitsbeiwert ν.

Die übertragbare Kraft N_{zul} beträgt

$$N_{zul} = \frac{1}{\nu}\,\mu P_v.$$

Die Reibungsbeiwerte μ hängen von der Beschaffenheit der Berührungsflächen ab und werden im Zugversuch aus der Gleitlast P_g und der Vorspannkraft P_v ermittelt:

$$\mu = P_g/mnP_v.$$

m Schnittigkeit der Verbindung,
n Anzahl der Schrauben.

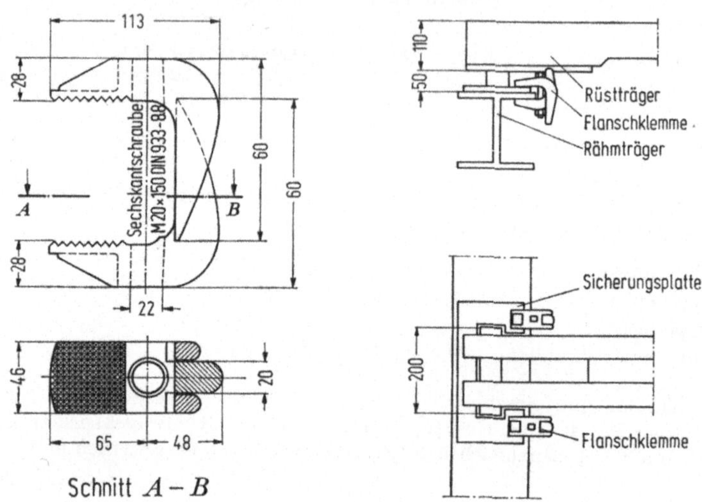

Bild 5.3-7. Trägerklemmen: Einzelteile, Anwendungsbeispiel.

Gegenüber gleitfesten vorgespannten Verbindungen des Stahlbaus müssen die Sicherheitsbeiwerte erhöht werden. Die einzelnen Einflüsse auf Vorspannkraft P_v und Gleitgrenze P_g weisen im rauheren Gerüstbaubetrieb eine viel größere Streuung auf als bei Stahlbaumontagen, und einige besondere Einflüsse erschweren die Beurteilung der Verbindung. Zu diesen besonderen Einflüssen zählen:

die Bauart der Trägerklemme,
die Wirkungslosigkeit der Trägerklemme bei nicht oder zu gering angezogener Schraube,
mögliche Änderungen der Beschaffenheit der Berührungsflächen bei mehrfachem Einsatz der Klemmen,
Verschmutzung des Gewindes,
unkontrollierte Anziehmomente.

Die Schrauben von Trägerklemmen werden meist ohne Unterlagscheibe eingesetzt. Damit vergrößert sich die Streuung der Reibungswerte von Schraubenkopf auf Auflagefläche. Vorspannkraft P_v und Anziehmoment M_a lassen sich nicht mehr ohne weiteres den DASt — Richtlinien 010 „Anwendung hochfester Schrauben im Stahlbau" entnehmen.

Da sich die Tragfähigkeit dieser Verbindungsart nach den technischen Baubestimmungen nicht beurteilen läßt, ist eine bauaufsichtliche Zulassung erforderlich. Bisher wurden für Trägerklemmen Zustimmungen im Einzelfalle anhand von Versuchsergebnissen erteilt.

5.3.3.5 Klauenverbindungen

Man verwendet sie als Anschlußelemente von Diagonalen in Rahmenstützen und Schaltischen. Sie übertragen Zug- und Druckkräfte, indem sie klauenartig den einen Anschlußstab umfassen. Mit der Diagonalen können sie u. a. durch kalteingepreßte Quersicken oder punktförmige Eindrückungen starr verbunden sein.

Die Lagesicherung erfolgt auf dem Querrohr durch Keile oder Nocken, das ungewollte Ausheben der Diagonalen wird durch Einrastfinger, Aufschieblinge u. ä. verhindert.

Die Klauenverbindungen sind neuerdings zulassungspflichtig. Zur Erlangung der allgemeinen bauaufsichtlichen Zulassung sind Versuche durchzuführen an Prüfstellen, die vom Institut für Bautechnik im Einvernehmen mit den zuständigen Ministerien dafür bestimmt sind [48]. Die Anzahl der durchzuführenden Prüfungen hängt von der Streuung der Ergebnisse ab. Z. Zt. werden mindestens 10 Prüfungen je Beanspruchungsart gefordert.

Für die Ermittlung der zulässigen Kräfte gelten z. Zt. die in Tabelle 5.3-3 angegebenen Sicherheitsbeiwerte.

Tabelle 5.3-3. Mindestsicherheiten von Klauenverbindungen [48]

Sicherheit gegen	Mindestsicherheiten	
	bei einem dem Bruch vergleichbaren Versagen	bei ausgeprägten Fließerscheinungen
den Mittelwert der Versuchsergebnisse	3,0	2,0
die 5%-Fraktile der Versuchsergebnisse	2,2	1,5

Die Zulassung bindet die Klauenverbindung an das Gerät, für das sie entwickelt wurde. Für die Herstellung wird, wie auch bei anderen ähnlich gelagerten Zulassungen, sowohl eine Eigen- als auch eine Fremdüberwachung der Herstellung gefordert.

5.3.3.6 Steckverbindungen

In der einfachsten Ausführung stellen sie einen durch einen Einsteckling zentrierten Rohrstoß dar. Der Einsteckling ist mit dem einen Rohr oder Profil meist starr durch Schweißung oder kalteingepreßte Sicken verbunden.

Sind größere Druckkräfte zu übertragen, so werden druckfeste Rohrverbinder verwendet, welche einen Anschlagring vom Durchmesser des Außenrohres aufweisen. Hierdurch wird eine gleichmäßigere Übertragung der Druckkräfte erreicht.

Eine andere Art der Steckverbindung stellen Gabelbolzen mit Fallverschluß dar. Die Lage des anzuschließenden Stabes ist durch die Arretierung mittels Fallverschluß nicht so exakt wie bei Schrauben- oder Nietverbindungen festgelegt. Zwischen Gabelbolzen und Lochrand ist aus Montagegründen ausreichendes Spiel vorzusehen. Dieses Spiel und die möglichen Anschlußexzentrizitäten der Diagonalen verringern die Steifigkeit der Konstruktion und wirken sich auf die Tragfähigkeit von Druckstäben abmindernd aus.

Eine einfache Steckverbindung ist häufig bei den Raumdiagonalen von Rahmenstützen vorhanden. Die konisch ausgebildeten Finger der Diagonalen greifen in entsprechende Bohrungen der Rahmenquerriegel ein.

5.3.3.7 Bolzen

Sie werden verwendet als Steckbolzen mit Kette oder Bügel zur Verbindung von Außen-
und Innenrohr bei Baustützen aus Stahl, als Sicherungsstecker zur zugfesten Verbindung
der Scheibenelemente von Rahmenstützen und — meist gesichert durch Kragen und
Splint — zur Verbindung von Rüstträger-Mittelstücken untereinander oder von Unter-
spannungen mit den Rüstträgerelementen. Außer diesen zweischnittig beanspruchten
Bolzen gibt es auch einschnittig beanspruchte Keilschloßbolzen zur zugfesten Verbindung
bei Rahmenstützen.

5.3.3.8 Kaltverformte Anschlüsse

Die Herstellkosten dieser Anschlüsse liegen in der Massenfertigung erheblich unter
denen der Schweißung. Sie werden z. Zt. nur in einigen, oben bereits erwähnten Fällen
angewendet und stehen immer in Verbindung mit der Zulassung eines Geräts.

5.3.4 Werkstoffe

Die Massenfertigung zahlreicher Bauelemente von Gerüsten hat deren Hersteller in
enge Verbindung zu Vorlieferanten, wie Gießereien, Schmiede- und Stanzbetriebe gebracht, die nicht nur das Baugewerbe oder den Stahlbau, sondern vor allem die Automobil-
und die Maschinenindustrie beliefern. Aus dieser Zusammenarbeit resultiert eine breite
Werkstoffpalette, die durch die bauaufsichtlich eingeführten technischen Baubestimmungen
nicht voll abgedeckt ist. Weil beim Nachweis der Brauchbarkeit von Gerüstbauteilen
früher weniger auf werkstofftechnische Details geachtet wurde, befinden sich Geräte auf
dem Markt, für die jetzt auch in werkstofflicher Hinsicht Klarheit über die zulässigen
Tragfähigkeiten bei verschiedenen Beanspruchungsarten geschaffen werden muß. Deshalb
ist beabsichtigt, in die zukünftige DIN 4421 einige Werkstoffe, die in den zur Zeit geltenden
Bestimmungen nicht enthalten sind, mitaufzunehmen.

Im wesentlichen werden für Arbeits-, Schutz- und Traggerüste folgende, in den einschlägigen Stahlbauvorschriften nicht erfaßte Werkstoffe verwendet:

a) Allgemeine Baustähle nach DIN 17100: St 34 für geschweißte Stahlrohre, St 42 für
   Gewindespindeln und für Mittelstücke von Drehkupplungen, St 50 und St 60 für Bolzen.
b) Nahtlose Rohre nach DIN 1629: St 35 und St 55 für Gerüstrohre und Gewindehülsen.
c) Vergütungsstähle nach DIN 17200: C 35 und C 45 für Spindeln, Hammerkopfschrauben,
   Bolzen, Schraubenbolzen von Kupplungen; C 60 und höher vergütete Stähle, wie
   50CrMo4 für Bolzen.
d) Temperguß nach DIN 1692: GTW-40, GTW-45 und GTW-S38 für Spindelmuttern,
   Kugelzapfen, Keilstutzen, Sicherungsriegel und andere Anschlußelemente.
e) Gußeisen mit Kugelgraphit nach DIN 1693: Z. B. GGG-50 für die Klemmenteile von
   Trägerklemmen.

Eine Durchsicht verschiedener Typenprüfungen und Zulassungen zeigt, daß neben den
genannten Werkstoffen auch Aluminiumguß für Absenkvorrichtungen sowie Leichtmetall
für Gerüstrohre und für Vertikalrahmen von Fassadengerüsten verwendet werden.

5.3.5 Bemessung und Standsicherheit der Traggerüste

5.3.5.1 Lastannahmen

Entsprechend den „Ergänzenden Bestimmungen" [V 1] und [49].

Hauptlasten:
Eigengewicht der Rüstgeräte, der Verbände und der Schalung

Bauwerkslasten: Frischbeton gemäß DIN 1055, Bl. 1 einschl. Stahleinlagen $\gamma = 2600 \text{ kp/m}^3$;

Ersatzlasten: Decken das Gewicht einer ungewollten Betonanhäufung und die Beanspruchung durch eine Betonierkolonne mit entsprechenden Gerätschaften ab.

Brückenbau und vergleichbare Bauwerke (in bezug auf Betoneinbringung).
500 kp/m² auf einer Fläche von 3,0 × 3,0 m, 75 kp/m² auf der Restfläche.

Hochbauten: Entsprechend „alter" DIN 4420, Abschn. 26.231 und Fußnote S. 22. In den Belastungstabellen von Schalungsträgern sind Ersatzlasten von 175 kp/m² für 150 l und von 250 kp/m² für 250 l fassende Fördergefäße einschl. Eigengewicht von Trägern und Schalung berücksichtigt. Bei größeren Ersatzlasten sind entsprechende Zuschläge zu machen.

Gerätelasten;
Sonderlasten (aus Umlenkkräften, Seilzug u. ä.);
Frischbetondruck (vgl. 5.1.2.1.1 und 5.1.2.1.2).
Windlasten gemäß DIN 1055, Bl. 4. Im Gegensatz zu den sonstigen technischen Baubestimmungen sind die Windlasten im Traggerüstbau als Hauptlast zu betrachten. Die Staudruck-Beiwerte der DIN 1055 berücksichtigen nicht die speziellen Belange des Gerüstbaus. Da Abweichungen von der Norm gemäß Abschn. 4.7 zugelassen werden, wenn besondere Versuche durchgeführt sind, empfehlen sich in speziellen Fällen derartige Versuche bzw. die Verwendung vorliegender repräsentativer Versuchsergebnisse (siehe u. a. die Schweizer SIA-Normen „Normen für Belastungsannahmen, die Inbetriebnahme und die Überwachung der Bauten");
Waagerechte Ersatzkräfte zur Berücksichtigung von Imperfektionen der Belastung und der Geometrie:
Äußere waagerechte Kraft von V/100 bei Bemessung der Stützen zur Erfassung von Lastimperfektionen und zur Gewährleistung einer räumlichen Mindeststeifigkeit.

Zur Bemessung der Aussteifungsverbände der Duckgurte von Rüstträgern sind anzusetzen:

Unplanmäßige horizontale Belastung $q_{h1} = \dfrac{q_v}{200}$;

eine geometrische Imperfektion (Säbelkrümmung der Gurte) von $f = \dfrac{l}{500\sqrt{n}}$

Hierin bedeuten: q_v die Summe aller vertikalen Belastungen, n die Zahl der nebeneinanderliegenden, von dem zu bemessenden Verband ausgesteiften Träger, l Stützweite der Träger. Anstelle der geometrischen Imperfektion darf auch eine in der Verbandsebene wirkende horizontale Last $q_{h2} = \dfrac{f}{h}\, q_v = \dfrac{l \cdot q_v}{h \cdot 500\sqrt{n}}$ zusätzlich zu q_{h1} angesetzt werden. Hierin bedeutet h die Trägerhöhe.

Verkehrslasten während des Verschiebezustandes von Vorschubrüstungen entsprechend den Anweisungen der Betriebsanleitung, mindestens jedoch 50 kp/m² für Arbeitsbühnen, Laufstege usw.

Zusatzlasten:
Temperaturzwängungen: Sofern nicht durch geeignete konstruktive Maßnahmen vom Nachweis der Temperaturzwängungen abgesehen werden darf, ist es erlaubt, bei zeitlich begrenzten Zuständen von DIN 1072 abzuweichen. Mindestens ist jedoch mit einer Temperaturdifferenz von $\pm 15\,°\text{C}$ zu rechnen.
Setzungsdifferenzen;
Windlast während des Verschiebevorganges von Traggerüsten. Der rechnerische Staudruck darf auf 25 kp/m² ermäßigt werden, wenn die Baustelle schriftlich angewiesen wird, daß nur bis zu einer Windgeschwindigkeit von $v = 15$ m/s verschoben werden darf. Kurzfristige Sicherung des Gerüstes muß bei längerer Verschiebedauer möglich sein.

5.3.5.2 Einfluß der Fertigungs- und Montageungenauigkeiten

Traggerüste werden meist aus einer Vielzahl typisierter Bauelemente zusammengebaut. Die Anpaßbarkeit an die geforderten Höhen oder Stützweiten wird durch verschieden lange Einzelelemente erreicht. Diese werden je nach Bedarf von Fall zu Fall in größeren Serien gefertigt. Voraussetzung ist, daß Elemente unterschiedlichen Herstellungsalters austauschbar und unterschiedliche Bauelemente des gleichen Systems (z. B. Kopf- und Fußstücke, Mittelstücke verschiedener Längen) miteinander kombinierbar sein müssen.

Eine wirtschaftliche Serienfertigung von Gerüstbauteilen wird weitgehend auf mechanische Nachbearbeitung, wie z. B. Fräsen der Stirnflächen der Mittelstücke von Rüststützen, verzichten. Damit werden kleinere Fertigungsungenauigkeiten, bedingt durch die Längentoleranzen beim Ablängen der Gurte, durch Schweißverzug, durch Dickentoleranzen des Vormaterials u. a., in bestimmtem vom Konstrukteur in Einzelfalle festzulegenden Umfange in Kauf genommen. Die Anwendung von Freimaßtoleranzen (z. B. DIN 8570, Bl. 1) verbietet sich meist aus statischen Gründen. Zusätzlich erfordert der Wunsch nach leichter und schneller Montage sowie Demontage Spielpassungen bei Schrauben- und Bolzenverbindungen sowie bei einigen Steckverbindungen.

Die Standsicherheit eines Tragwerkes hängt davon ab, daß statisches System, Lasten, Werkstoffeigenschaften sowie die Fertigungs- und Montageeinflüsse auf Werkstoff und auf Systemgeometrie richtig erfaßt werden.

Von diesen Einflüssen sind die Probleme der statischen Systeme einschließlich der Stabilitätsfragen weitestgehend untersucht. Lastannahmen und Werkstoffprobleme haben demgegenüber nicht die gleiche Beachtung gefunden und die Einflüsse von Fertigung und Montage auf die Systemgeometrie blieben Stiefkinder der Entwicklung. Nur so ist die unterschiedliche Handhabung der Annahmen der Systemgeometrie bei Typenprüfungen von Rüststützen, Rahmenstützen und anderen Rüstgeräten verständlich.

Da die Lohnkosten im Verhältnis zu den Materialkosten in den letzten 25 Jahren erheblich gestiegen sind, spielt die Verbilligung von Fertigung und Montage heute eine bedeutendere Rolle als extreme Gewichtsreduzierungen oder als übertriebene Genauigkeitsforderungen zu Lasten der Fertigung, welche die Tragfähigkeit der Geräte nur geringfügig erhöhen. Auch der Reparatur- und Instandhaltungsaufwand des Geräteparks muß bei einer optimalen Beurteilung einer Konstruktion berücksichtigt werden.

Die Probleme der Fertigungsgenauigkeit und deren Einfluß auf die Tragfähigkeit eines Geräts interessieren Gerüsthersteller, Statiker und Prüfer der Typenberechnungen und gegebenenfalls die Bauaufsicht bei Abnahmen auf der Baustelle. Zur Einführung in diese Probleme wird auf [50], ferner auf [7; 8; 51] und die DIN-Normen 7182, 7184 und 7186 verwiesen.

Als einfaches Beispiel wird eine ebene Tragwerksscheibe, Teil einer Rüst- oder Rahmenstütze, betrachtet. Wesentlich für die Geometrie der gesamten Stütze und für deren Traglast sind die 3 Lagetoleranzen:

Versatz der Gurtachsen aufeinanderfolgender Scheiben, bedingt durch das Spiel der Verbindungen, aber auch z. B. durch die Walztoleranzen ineinandergesteckter Rohre, (Toleranz t_1),
Parallelitätstoleranzen der oberen und unteren Scheibenbegrenzung, hervorgerufen durch Stiellängendifferenzen (Toleranz t_3),
Rechtwinkligkeit der Scheibe (Toleranz t_2).

Bild 5.3-8 zeigt die Auswirkungen dieser Toleranzen auf ein aus mehreren Scheiben bestehendes Tragwerk. Andere Toleranzen, wie Parallelität und Geradheit der Scheibengurte, wirken sich meist nur örtlich aus und sind somit vernachlässigbar.

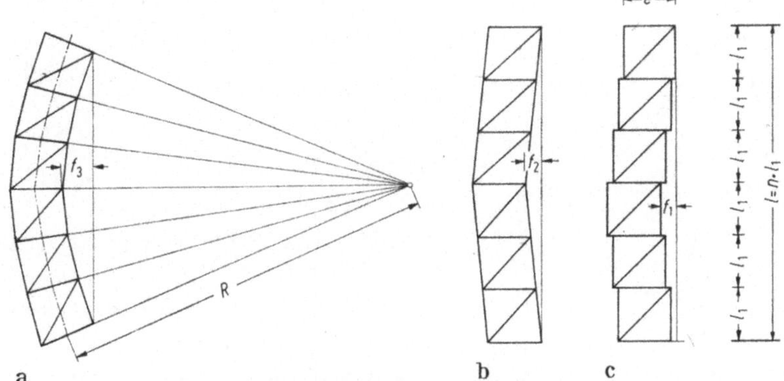

Bild 5.3-8. Form- und Lagetoleranzen einer ebenen Tragwerksscheibe.
Einfluß auf die Systemgeometrie;
a) Parallelitätstoleranzen (Stiellängendifferenzen), b) Rechtwinkligkeitstoleranzen, c) Koaxialitätstoleranzen (Versatz der Achsen).

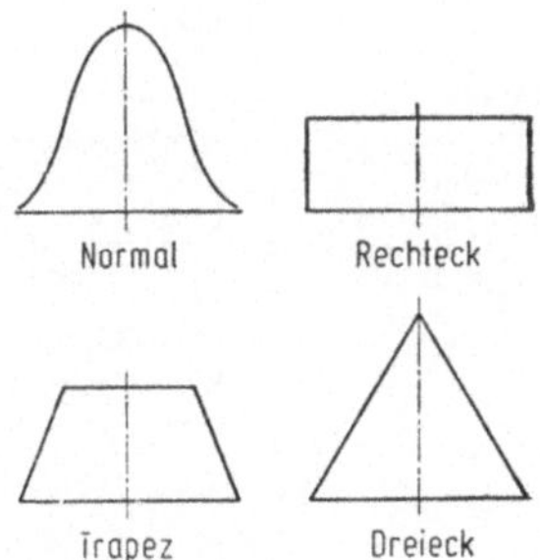

Bild 5.3-9. Häufigkeitsverteilung von Fertigungstoleranzen.

Die Häufigkeitsdiagramme der Fertigungstoleranzen entsprechen nicht immer der Normalverteilung. Bild 5.3-9 zeigt einige der möglichen Verteilungen. Fertigungstoleranzen können zufälliger oder systematischer Natur sein. Systematische Fehler sind mittels einer messenden Qualitätskontrolle vermeidbar. Parallelitäts- und Koaxialitätstoleranzen sind meist zufälliger Natur. Zusammentreffende systematische Fehler werden additiv, zufällige Fehler geometrisch unter Anwendung des Fehlerfortpflanzungsgesetzes summiert.

Unter Verwendung der in Bild 5.3-10 angegebenen Beziehungen ist in Bild 5.3-11 die Endtangentenneigung φ_0, bezogen auf dem Winkel α der Parallelitätstoleranz, additiv und geometrisch errechnet (hierzu [50]).

Die nach der Maxima-Minima-Methode unter additiver Summierung aller Toleranzen und nach einer wahrscheinlichkeitstheoretischen Methode errechneten Vorverformungen einer Rüststütze zeigt Bild 5.3-12. Hierbei wurden alle im Bild angegebenen Toleranzen einschl. Schrägstellung von Kopf- und Fußspindel berücksichtigt ([50]). Die nach der statistischen Methode errechnete größte Vorverformung in Stützenmitte beträgt nur etwa 40% der nach der Maxima-Minima-Methode errechneten.

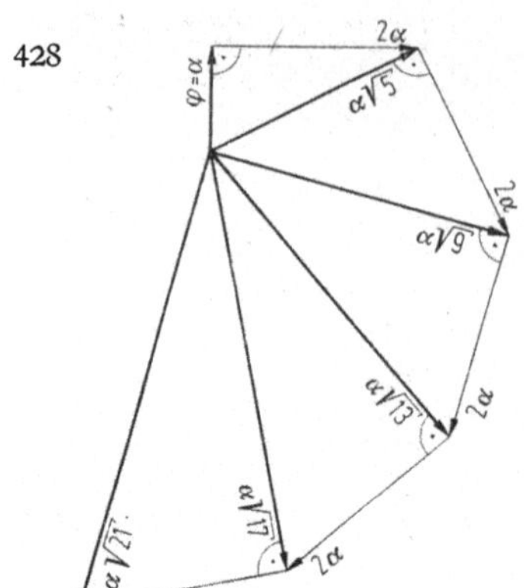

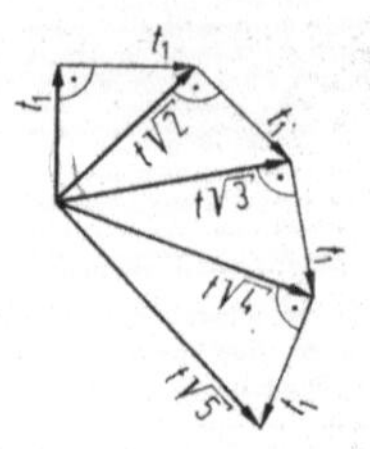

$$\varphi_1 = \alpha = 0{,}132 \cdot 10^{-2}$$

$$\varphi_2 = \alpha \sqrt{5} = 0{,}295 \cdot 10^{-2}$$

$$\varphi_3 = \alpha \sqrt{9} = 0{,}396 \cdot 10^{-2}$$

$$\varphi_4 = \alpha \sqrt{13} = 0{,}476 \cdot 10^{-2}$$

$$\varphi_5 = \alpha \sqrt{17} = 0{,}544 \cdot 10^{-2}$$

$$\varphi_6 = \alpha \sqrt{21} = 0{,}605 \cdot 10^{-2}$$

$$\varphi_i = \alpha \sqrt{1 + 4(i-1)}$$

$$\Delta y_{1,5} = t_1 = 0{,}225 \text{ cm}$$

$$\Delta y_{1,4} = t_1(\sqrt{2}-1) = 0{,}093 \text{ cm}$$

$$\Delta y_{1,3} = t_1(\sqrt{3}-\sqrt{2}) = 0{,}072 \text{ cm}$$

$$\Delta y_{1,2} = t_1(\sqrt{4}-\sqrt{3}) = 0{,}060 \text{ cm}$$

$$\Delta y_{1,1} = t_1(\sqrt{5}-\sqrt{4}) = 0{,}053 \text{ cm}$$

a   b

Bild 5.3-10. Fertigungstoleranzen: Anwendung des Fehlerfortpflanzungsgesetzes; a) Parallelitätstoleranzen, b) Koaxialitätstoleranzen.

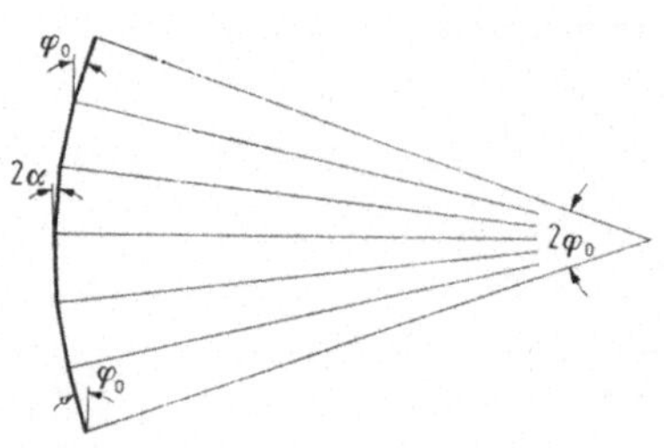

Bild 5.3-11. Fertigungstoleranzen: Endtangentenneigung φ_0.

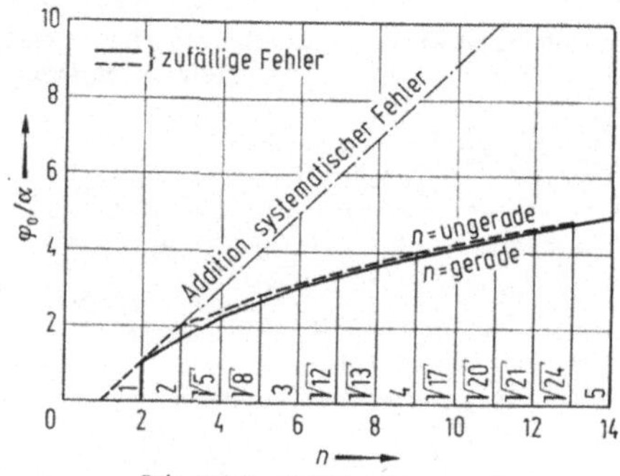

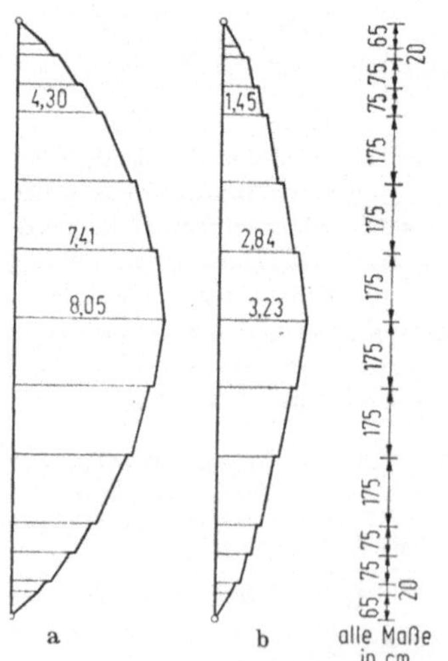

Bild 5.3-12. Fertigungstoleranzen: Vorverformung einer Rüststütze;

Berechnung der Systemgeometrie nach der

a) Maxima-Minima-Methode,
b) Wahrscheinlichkeits-theoretischen Methode;

Koaxilitätstoleranz $t_1 = 2{,}25$ mm

Parallelitätstoleranz $t_3 = 1{,}0$ mm, $\alpha = 0{,}132 \cdot 10^{-2}$

Schrägstellung von Kopf- und Fußspindel $\beta = 0{,}610 \cdot 10^{-2}$

Rechtwinkligkeitstoleranz $t_2 = 0{,}88$ mm, $\gamma = 0{,}233 \cdot 10^{-2}$

Kombination: Stützenfuß, Stützenkopf; 4 Mittelstücke 75; 6 Mittelstücke 175.

Über die Zulässigkeit statistischer Methoden zur Erfassung des Zusammenwirkens zahlreicher und unterschiedlicher Imperfektionen können letztlich nur Meßergebnisse von Baustellen oder von Versuchsträgern entscheiden.

Zwar liegen zahlreiche Meßergebnisse von Fertigungsabweichungen vor. Messungen der auf den Baustellen tatsächlich vorhandenen Ungenauigkeiten sind jedoch selten. In [50] sind die Ergebnisse der Messungen von vier verschiedenen Baustellen mit Rüst-

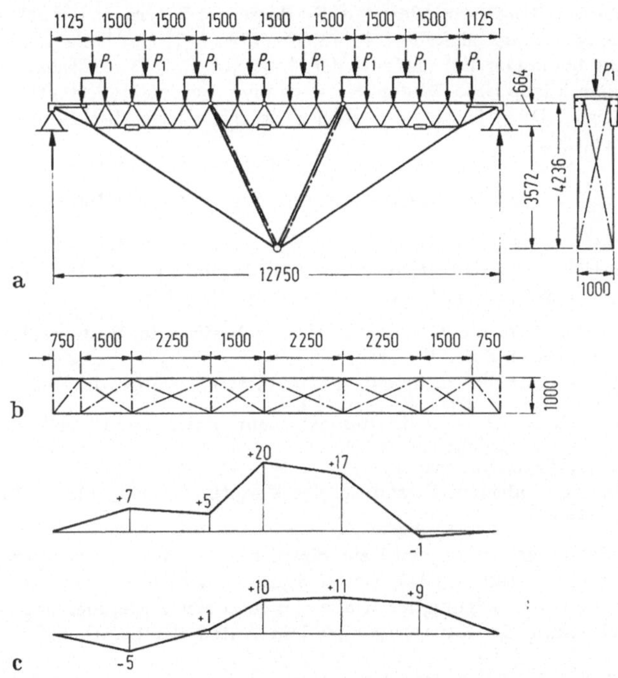

Bild 5.3-13. Versuche mit Rüstträgern: Waagerechte Montageabweichungen der Obergurtstabachsen; a) Trägersystem und Belastung, b) System des Rohrkupplungsverbandes zwischen den Obergurten, c) Waagerechte Montageabweichung (mm).

geräten verschiedener Hersteller erwähnt. In allen 4 Fällen wurden Vorverformungen und Schiefstellungen von Stützen gemessen und es zeigte sich, daß die Durchbiegungen weit unter dem Ergebnis statischer Berechnungen lagen. Die größten Schiefstellungen traten naturgemäß bei kurzen Stützen auf, wobei aber nur in einem einzigen Falle ein Winkel von 1/150 erreicht wurde. In [52] wird auf die Montageungenauigkeiten bei Rüstträgern und die durch diese bedingte hohe Beanspruchung der Obergurtverbände hingewiesen. So betrugen beim erstmaligen Zusammenbau die waagerechten Abweichungen bis 52 mm, d. s. 1/538 der Spannweite von 28,0 m. Nach sorgfältigem Einrichten wurden die Ungenauigkeiten auf maximal 15 mm, d. s. 1/1867 abgebaut.

In einem anderen Falle [V 7] (Bild 5.3-13) betrug die größte seitliche Abweichung der Obergurte zweier 12,75 m weit gespannter Versuchsträger bei Versuchsbeginn 20 mm, d. s. 1/638, ohne vorheriges sorgfältiges Einrichten: Diese Überlegungen haben zu der in

5.3.5.1 erwähnten Annahme einer geometrischen Imperfektion von $f = 1/500\,\sqrt{n}$ bei Bemessung der Aussteifungsverbände geführt.

Die DIN 4421 E wird voraussichtlich eine Klasseneinteilung der Traggerüste bringen [53]. Bei einfachen Gerüsten mit niedriger Gefahrenklasse werden die verschiedenen Ungenauigkeiten und Abweichungen von einer stahlbaumäßigen Ausführung durch eine entsprechend große Abminderung der nach den technischen Baubestimmungen ermittelten zulässigen Schnittkräfte erfaßt. Mit größerem Aufwand in der Erfassung der Imperfektionen und sonstigen traglastmindernden Einflüsse verringern sich auch die Abminderungen der zulässigen Tragfähigkeiten, sie müssen aber in jedem Falle den Einfluß wiederholter Benutzung bei langer Lebensdauer der Geräte, d. h. z. B. Ausschlagen der Bohrungen, kleinere unmerkliche Beschädigungen, Vergrößerung von Imperfektionen und Korrosion berücksichtigen. Diese Einflüsse werden z. Zt. mit einem Abschlag von 10% der zul. Tragfähigkeit bedacht.

5.3.5.3 Schubsteifigkeiten im Traggerüstbau

Im Stahlbau spielt die Schubsteifigkeit im Vergleich zu den anderen Steifigkeitsgrößen, wie z. B. Biege-, Dehn- und Drillsteifigkeit, eine relativ untergeordnete Rolle. Die Kenntnis der Schubsteifigkeit wird in der Praxis vor allem benötigt bei

der Berechnung der Formänderungen statisch unbestimmter Systeme, insbesondere der Durchbiegungen durchlaufender Träger,
Stabilitätsuntersuchungen mehrteiliger Druckstäbe, wobei die Schubsteifigkeit in dem Hilfswert $\lambda_1{}^2 = \pi^2\,\dfrac{EF}{S_{\mathrm{id}}}$ enthalten ist, wenn mit S_{id} die ideelle Schubsteifigkeit der Vergitterung bezeichnet wird,
der Ermittlung der ideellen Blechdicke der Vergitterung ein- oder mehrzelliger Fachwerk-Kastenträger.

Der Anteil der Schubverformung wird am Beispiel eines Kragträgers in stahlbaumäßiger Ausführung betrachtet (Bild 5.3-14). Der Kragträger wird durch eine horizontale Querlast H belastet, die Durchbiegung des Kragendes setzt sich zusammen aus dem Anteil der Normalkraftverformung der Gurte δ_{M} und dem Anteil der Schubverformung der Vergitterung δ_{Q}.

Die ideelle Schubsteifigkeit S_{id} stellt hierbei die Last H dar, die einen Gleitwinkel $\gamma = 1$ erzeugt.

Für den Gurtquerschnitt $F_{\mathrm{G}} = 24{,}6\ \mathrm{cm}^2$ und die beiden Werte $e/h = 0{,}1$ und $e/h = 0{,}2$ ist der Wert α, der den Anteil der Schubverformung darstellt, als Funktion von S_{id} aufgetragen. Für $S_{\mathrm{id}} = 774{,}9\ \mathrm{Mp}$ und $e/h = 0{,}1$ werden die Anteile der Normalkraft- und der Schubverformung gleich groß.

Für Gitterstäbe stahlbaumäßiger Ausführung kann die Schubverformung aus den in Bild 5.3-15 angegebenen Beziehungen ermittelt werden. Dargestellt sind drei im Traggerüstbau besonders häufig anzutreffende Vergitterungsformen. Der Formel zur Ermittlung der Rechengröße λ_1 gemäß DIN 4114 liegt die Schubsteifigkeit des links dargestellten Strebenfachwerkes zugrunde. *Klöppel-Ramm* [55] haben gezeigt, daß unter den Voraussetzungen der DIN 4114 diese Hilfsgröße nicht beliebig groß werden kann, weshalb sie nur bei kleinen Schlankheitsgraden λ_y oder bei Einspannung der Stabenden bedeutsam wird.

Bei den stahlbaumäßig hergestellten Konstruktionen hängt somit die Schubsteifigkeit nur von den elastischen Längenänderungen der Gitterstäbe, d. h. außer von den Systemabmessungen nur noch von der Dehnsteifigkeit der Diagonalen ab. Völlig anders liegen die

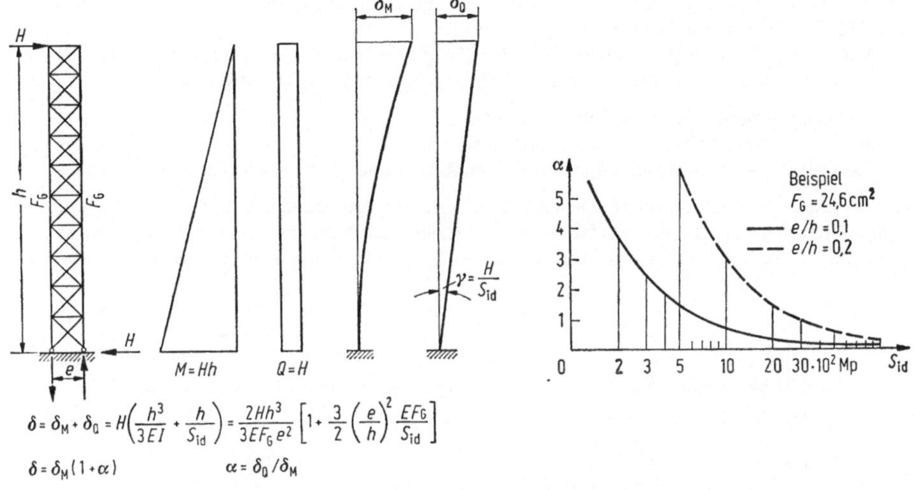

$$\delta = \delta_M + \delta_Q = H\left(\frac{h^3}{3EI} + \frac{h}{S_{id}}\right) = \frac{2Hh^3}{3EF_G\,e^2}\left[1 + \frac{3}{2}\left(\frac{e}{h}\right)^2 \frac{EF_G}{S_{id}}\right]$$

$$\delta = \delta_M(1+\alpha) \qquad\qquad \alpha = \delta_Q/\delta_M$$

Bild 5.3-14. Querkraftbiegung eines Kragträgers.

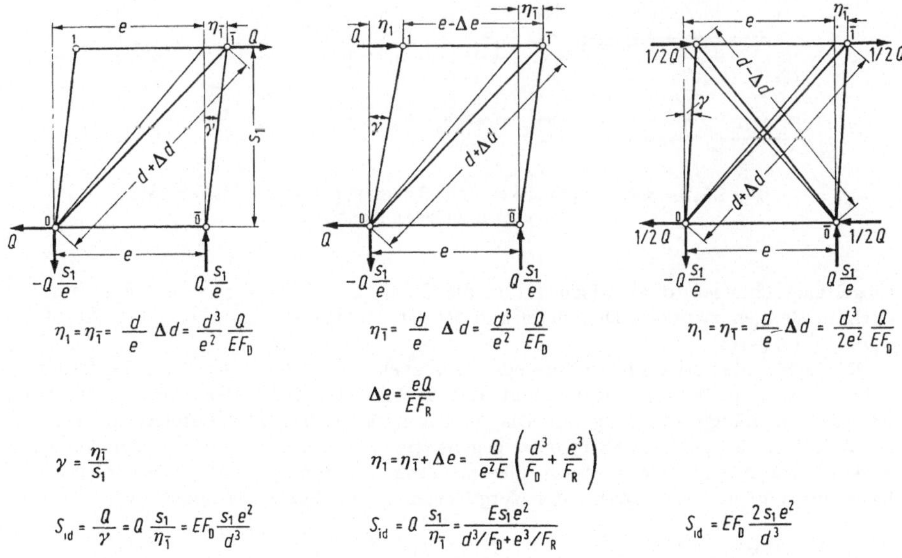

$$\eta_1 = \eta_{\bar1} = \frac{d}{e}\,\Delta d = \frac{d^3}{e^2}\frac{Q}{EF_D} \qquad\qquad \eta_{\bar1} = \frac{d}{e}\,\Delta d = \frac{d^3}{e^2}\frac{Q}{EF_D} \qquad\qquad \eta_1 = \eta_T = \frac{d}{e}\,\Delta d = \frac{d^3}{2e^2}\frac{Q}{EF_D}$$

$$\Delta e = \frac{eQ}{EF_R}$$

$$\gamma = \frac{\eta_{\bar1}}{s_1} \qquad\qquad \eta_1 = \eta_{\bar1} + \Delta e = \frac{Q}{e^2 E}\left(\frac{d^3}{F_D} + \frac{e^3}{F_R}\right)$$

$$S_{id} = \frac{Q}{\gamma} = Q\,\frac{s_1}{\eta_{\bar1}} = EF_D\,\frac{s_1 e^2}{d^3} \qquad S_{id} = Q\,\frac{s_1}{\eta_{\bar1}} = \frac{Es_1 e^2}{d^3/F_D + e^3/F_R} \qquad S_{id} = EF_D\,\frac{2 s_1 e^2}{d^3}$$

Bild 5.3-15. Schubsteifigkeiten von Gitterstäben: Stahlbaumäßige Ausführung.

Verhältnisse im Traggerüstbau, sieht man von den Vorbaurüstungen ab. Die Schubsteifigkeit ist meist so gering, daß sie die einzige für die Ermittlung der Verformungen oder der Stabilität maßgebende Bemessungsgröße wird.

Auf die Schubsteifigkeit wirken sich bei Traggerüsten vier Einflußgruppen aus. Neben der im allgemeinen vernachlässigbaren Dehnsteifigkeit der Gitterstäbe sind dies

> die Nachgiebigkeit der Verbindungsmittel,
> die Außermittigkeiten der Lastangriffe und die
> Steifigkeit der Lasteinleitungs- und Anschlußstellen, evtl. auch der Stoßstellen.

Die weiteren Untersuchungen beschränken sich auf ein einzelnes Verbandsfeld, das aus einem Streben- oder Ständerfachwerk herausgeschnitten gedacht werden kann. Die Diagonalen sind mittels Kupplungen oder einschnittig beanspruchten Schrauben an die

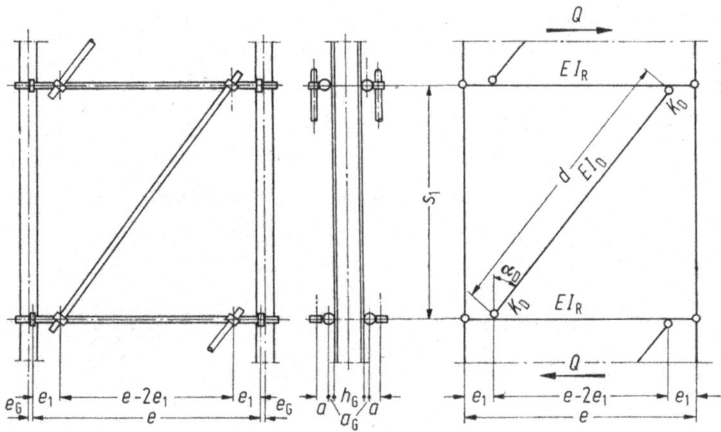

Bild 5.3-16. Rohrkupplungsverband: Systemannahmen zur Ermittlung
der ideellen Schubsteifigkeit S_{id}.

Riegel angeschlossen, diese wiederum an die Gurte. Das Bild zeigt eine Ausführung mit Drehkupplungen zwischen Diagonale und Riegel, Halbkupplungen zwischen Riegel und Gurt (Bild 5.3-16).

Die Diagonalen erhalten bei Zug- oder Druckbelastung (Bild 5.3-17) drei Verformungsanteile aus Normalkraft, Biegemoment und Nachgiebigkeit des Verbindungsmittels. Die resultierende Längenänderung der Diagonalen wirkt sich bei außermittigem Anschluß am Riegel gemäß Bild 5.3-18 in einer gegenseitigen Verschiebung der beiden Verbandsriegel η^{D} aus. Aus η^{D} errechnet sich die zugehörige Gleitung γ^{D} und — bei sonst steifen Bauelementen und Anschlüssen der Vergitterung — die Schubsteifigkeit zu

$$S_{\mathrm{id}} = \frac{1}{\gamma_{\mathrm{D}}} = \frac{s_1}{\eta^{\mathrm{D}}} = z \cdot s_1 \cdot (e - 2e_1)^2 E \, \frac{F_{\mathrm{D}}}{d^3} \cdot \beta_{\mathrm{D}}$$

mit

$$\beta_{\mathrm{D}} = 1 + \left(\frac{a_{\mathrm{D}}}{i_{\mathrm{D}}}\right)^2 + 2 \cdot K_{\mathrm{D}} E \, \frac{F_{\mathrm{D}}}{d}$$

Setzt man die Winkelfunktionen

$$\frac{s_1}{d} = \cos \alpha_D; \qquad \frac{e - 2e_1}{d} = \sin \alpha_D$$

ein, so erhält man eine einfache Beziehung für S_{id}, welche freilich nur den oberen Grenzwert der Schubsteifigkeit bei Vernachlässigung aller sonstigen Einflüsse angibt:

$$\max S_{id} = z \sin^2 \alpha_D \cos \alpha_D \, E \, \frac{F_D}{\beta_D}$$

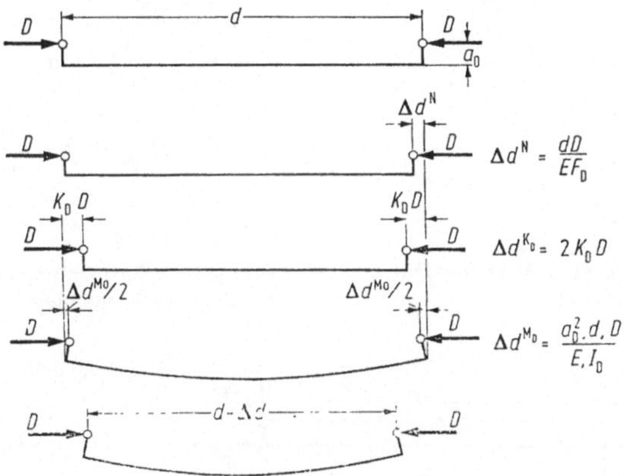

Bild 5.3-17. Verformungsanteile der Diagonalen eines Gerüstverbandes.

Setzt man noch $d = \dfrac{e - 2e_1}{\sin \alpha_D}$, so wird

$$\beta_D = 1 + \left(\frac{a_D}{i_D}\right)^2 + 2 \cdot K_D \cdot EF_D \, \frac{\sin \alpha_D}{e - 2e_1}.$$

Ein Anschluß der Diagonalen außerhalb der theoretischen Verbandsknotenpunkte ruft Riegelbiegemomente M_{Rz} (Bild 5.3-19) hervor. Bei unachtsamer Montage können die Beanspruchungen der Riegel infolge dieser Momente die Fließgrenze erreichen, weshalb in den „Ergänzenden Bestimmungen …" der zulässige Abstand des Diagonalstabanschlusses bei Rohr-Kupplungs-Verbänden vom Anschlußpunkt der Riegel an den Gurt mit 16 cm begrenzt wurde.

Die drei in Bild 5.3-20 erläuterten Einflüsse der Normalkraft N_R, der Biegungsmomente M_{Rx}, d. h. Biegung um die lotrechte Riegelachse und der Nachgiebigkeit der Verbindungsmittel zwischen Riegel und Gurt K_R wirken sich insgesamt wie eine Längenänderung der Riegelachse zwischen den Lastangriffspunkten aus.

Sonstige Einflüsse sind vernachlässigbar klein [46].

Selbst in den einfachsten Fällen sind die statischen Probleme der Gerüstverbände räumlicher Art [46]. Es haben jedoch nur wenige Einflüsse ausschlaggebende Bedeutung

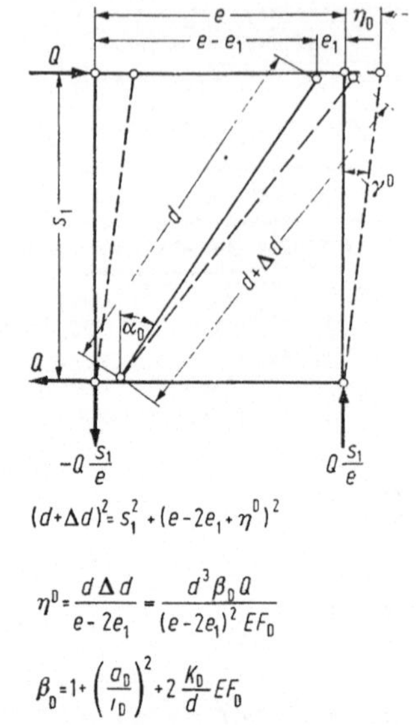

$$(d+\Delta d)^2 = s_1^2 + (e - 2e_1 + \eta^D)^2$$

$$\eta^D = \frac{d\,\Delta d}{e - 2e_1} = \frac{d^3 \beta_D\, Q}{(e - 2e_1)^2\, EF_D}$$

$$\beta_D = 1 + \left(\frac{a_D}{i_D}\right)^2 + 2\,\frac{K_D}{d}\,EF_D$$

Bild 5.3-18. Verformung eines Verbandsfeldes: Einfluß des Diagonalstabes.

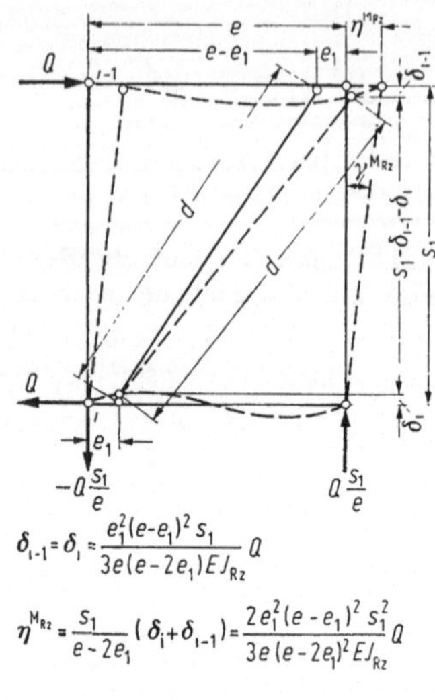

$$\delta_{i-1} = \delta_i = \frac{e_1^2(e - e_1)^2\, s_1}{3e(e - 2e_1)EJ_{Rz}}\, Q$$

$$\eta^{M_{Rz}} = \frac{s_1}{e - 2e_1}\,(\delta_i + \delta_{i-1}) = \frac{2e_1^2(e - e_1)^2\, s_1^2}{3e(e - 2e_1)^2\, EJ_{Rz}}\, Q$$

Bild 5.3-19. Verformung eines Verbandsfeldes: Einfluß der Riegelbiegemomente M_{Rz}.

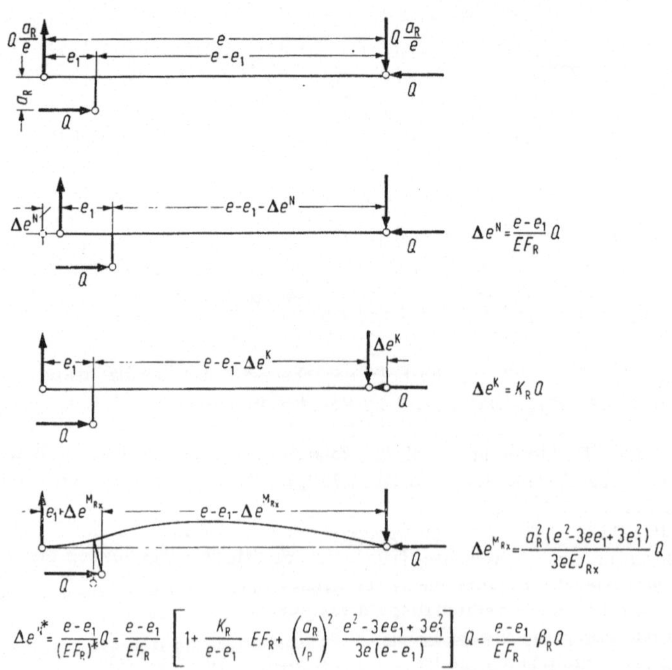

$$\Delta e^N = \frac{e - e_1}{EF_R}\, Q$$

$$\Delta e^K = K_R\, Q$$

$$\Delta e^{M_{Rx}} = \frac{a_R^2(e^2 - 3ee_1 + 3e_1^2)}{3eEJ_{Rx}}\, Q$$

$$\Delta e^{i\,*} = \frac{e - e_1}{(EF_R)^*}\, Q = \frac{e - e_1}{EF_R}\left[1 + \frac{K_R}{e - e_1}\,EF_R + \left(\frac{a_R}{i_p}\right)^2 \frac{e^2 - 3ee_1 + 3e_1^2}{3e(e - e_1)}\right] Q = \frac{e - e_1}{EF_R}\,\beta_R\, Q$$

Bild 5.3-20. Verformungsanteile der Riegel eines einzelnen Verbandsfeldes bei Gabellagerung.

für die Verformung eines Verbandsfeldes, wie dort gezeigt. Unter Vernachlässigung kleiner Einflüsse ist in [56] näherungsweise die Beziehung

$$S_{id} \approx \frac{s_1 \cdot z}{\dfrac{1}{\sin^2 \alpha}\left(2 \cdot K_D + \dfrac{a_D{}^2}{EI_D} \cdot d\right) + \dfrac{e}{EI_R}\left(\dfrac{e_1{}^2}{3 \tan^2 \alpha} + a_R{}^2\right)}$$

mit

$$e \sim s_1 \tan \alpha$$

$$d \sim \frac{s_1}{\cos \alpha}.$$

Als Näherungsformel für $35° \leqq \alpha \leqq 75°$ ist dort angegeben

$$S_{id} = \frac{z \sin \alpha}{\dfrac{0{,}75}{s_1 \sin \alpha} + 0{,}25} \cdot 100; \qquad S_{id} \text{ in Mp,}\quad s_1 \text{ in m.}$$

Hierin wurden angenommen:

$$2 \cdot K_D = 0{,}75 \text{ cm/Mp für Drehkupplungen,}$$
$$a_D = a_R = a/2 = 3{,}5 \text{ cm,}$$
$$e_1 = 10 \text{ cm,}$$
$$e_G = 0,$$
$$EI_R = E \cdot I_D = 24 \cdot 10^3 \text{ Mp cm}^2 \text{ für Stahlrohre } \varnothing\ 48{,}3 \cdot 3{,}2 \text{ mm,}$$
$$z = \text{Zahl aller in einem Verbandsfeld wirksamen Diagonalen.}$$

Andere Verformungseinflüsse werden maßgebend, wenn die Diagonalen mittels Normalkupplungen an senkrecht zur Verbandsebene liegende Riegel angeschlossen werden.

Die Knicklast des Diagonalstabes entspricht bei verschränkten Hebelarmen zwar auch nur der des Eulerfalles II mit $P_{ki} = \pi^2 EI_D/d^2$, der Verformungsanteil der Biegemomente M_D ist jedoch beträchtlich kleiner als bei dem Stab mit gleichsinnigen Hebelarmen.

Vernachlässigt wurden in obigen Überlegungen die Verformungen der Lasteinleitungsstellen, der Anteil der Verformung der senkrecht zur Verbandsebene liegenden Querverbände, der von der Vergitterungsart abhängig ist u. a. In [46] wurde darauf hingewiesen, daß diese Einflüsse, insbesondere der der Lasteinleitungsstellen, beachtlich sein können und in ungünstigen Fällen 30 bis 40% der Gesamtverformung von Systemen mit steifen Lasteinleitungsstellen erreichen können. Eine mangelnde Übereinstimmung von Berechnung und Versuchsergebnis ist häufig hierauf zurückzuführen.

Die Nachgiebigkeit der Verbindungen, auch bei geschweißten Anschlüssen, und die Stauchungen der Stoßstellen können zu erheblichen Unterschieden zwischen den rechnerischen und den wirksamen Trägheitsmomenten von Trägern und Stützen führen [52].

5.3.5.4 Zwängungsbeanspruchungen

Die gegenseitigen Beeinflussungen von Lehrgerüst, Bauwerk und Gründung rufen Zwängungskräfte hervor. Die wesentlichsten Ursachen sind:

Gleichmäßige Temperaturänderungen von Lehrgerüststützen unter bereits erhärtetem Bauwerksbeton (Bild 5.3-21). Die massiven Bauwerkspfeiler und Widerlager erfahren ungleich geringere Längenänderungen als stählerne Rüststützen.

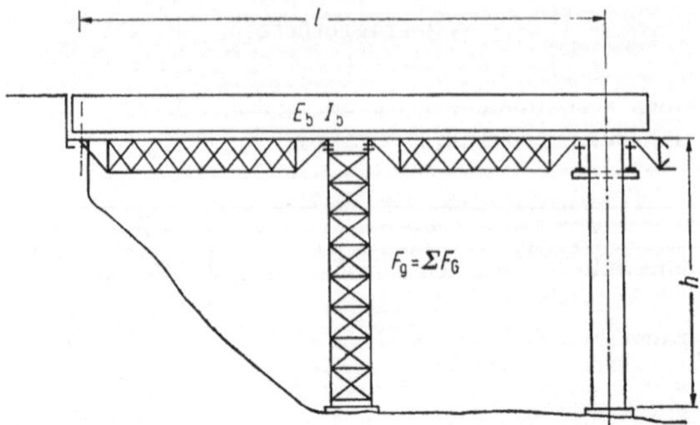

Bild 5.3-21. Zwängungsempfindliches Lehrgerüst bei Temperaturänderungen.

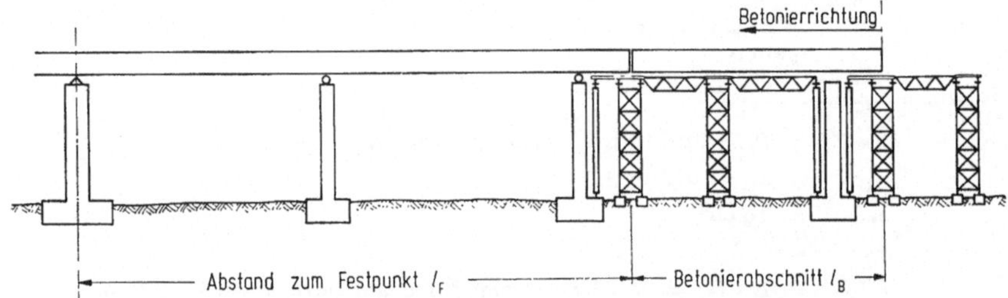

Bild 5.3-22. Zwängungsempfindliches Lehrgerüst: Abschnittsweises Betonieren.

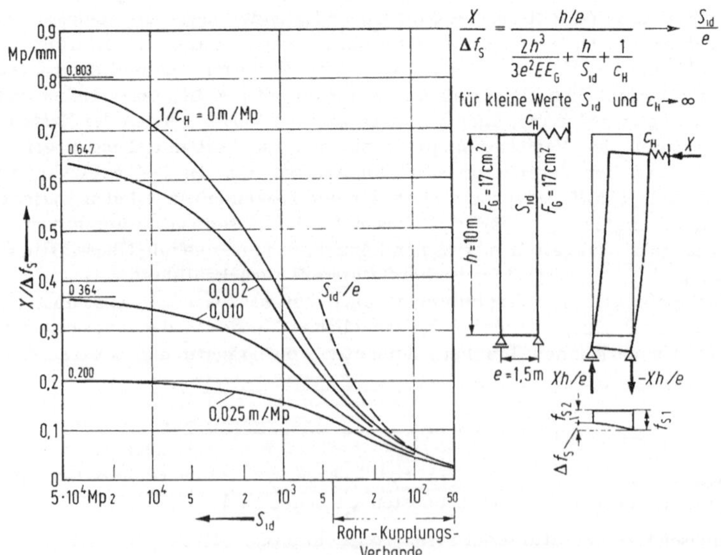

Bild 5.3-23. Zwängungskräfte infolge von Setzungsunterschieden.

Ungleichmäßige Temperaturänderungen der einzelnen Stützen innerhalb eines Stütz-joches bei einseitiger Sonneneinstrahlung und gleichmäßige Temperaturänderungen bei Quergefälle des Geländes.

Längsverschieben ganzer Tragwerksteile infolge von Temperatur-, Schwind- und Kriechverformungen bei abschnittsweisem Betonieren, wenn an bereits erhärtete und vorgespannte Tragwerksteile angeschlossen wird. In gleicher Weise wirken sich gleich-mäßige Temperaturänderungen der Rüstträger bei großen Stützweiten oder langen Betonierabschnitten aus (Bild 5.3-22).

Unterschiedliche Fundamentsetzungen. Sie treten insbesondere dann auf, wenn die Stützen eines Joches oder Stützenturmes unterschiedlich gegründet sind (Bild 5.3-23).

Behinderung der Lagerverschiebungen der Rüstträger. Einige Lagerungsarten zeigt Bild 5.3-24. Stützweite und Ort der Auflagerung wirken sich auf die Größe der Zwän-gungsbeanspruchungen aus (Bild 5.3-25).

Unterschiedliche Belastung der Stützenstiele.

Vorspannen auf Lehrgerüst.

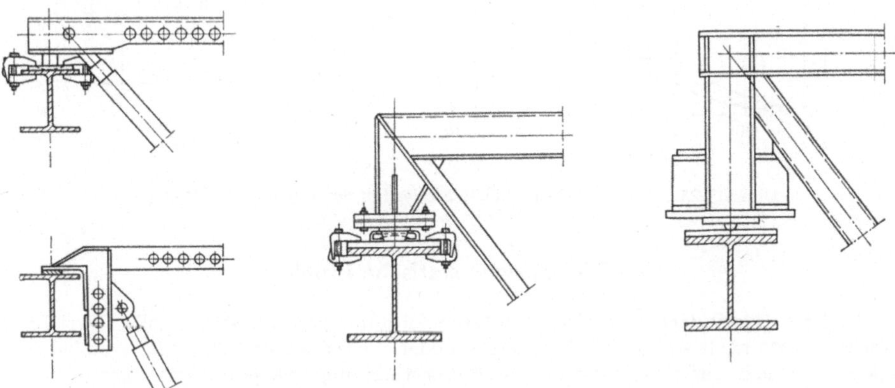

Bild 5.3-24. Auflagerung von Rüstträgern.

Die Erfassung der Zwängungsbeanspruchungen beansprucht insbesondere seit dem Schadensfall Laubachtal im September 1972 einen immer größer werdenden Aufwand. Bis etwa Mitte der 60er Jahre hat man Zwängungskräfte praktisch vernachlässigt und stationäre Lehrgerüste mit Längen bis zu 500 m oder ähnlich langen Abständen vom Fest-punkt entfernt ohne verschiebliche Trägerlager ausgeführt. Lediglich auf den Einfluß von Temperaturschwankungen wurde in einigen Fällen hingewiesen [9]. Zur Zeit wird häufig die Berücksichtigung aller oben erwähnter Zwängungskräfte gefordert, was bei den vor-handenen Gerüstsystemen entweder rechnerisch überhaupt nicht möglich ist oder zu sehr aufwendigen konstruktiven Lösungen führt [57]. Im Traggerüstbau, der bisher den Zwän-gungskräften keine besondere Aufmerksamkeit geschenkt hat, haben nur die Ausnahme-fälle, in denen zusätzlich schwerwiegende konstruktive Fehler gemacht wurden, zu einem Versagen der Gerüste geführt. Die teilweise vorhandene Überschätzung der Zwängungs-beanspruchungen ist wohl auf eine Unterschätzung der Verformungswilligkeit der Gerüst-konstruktionen zurückzuführen.

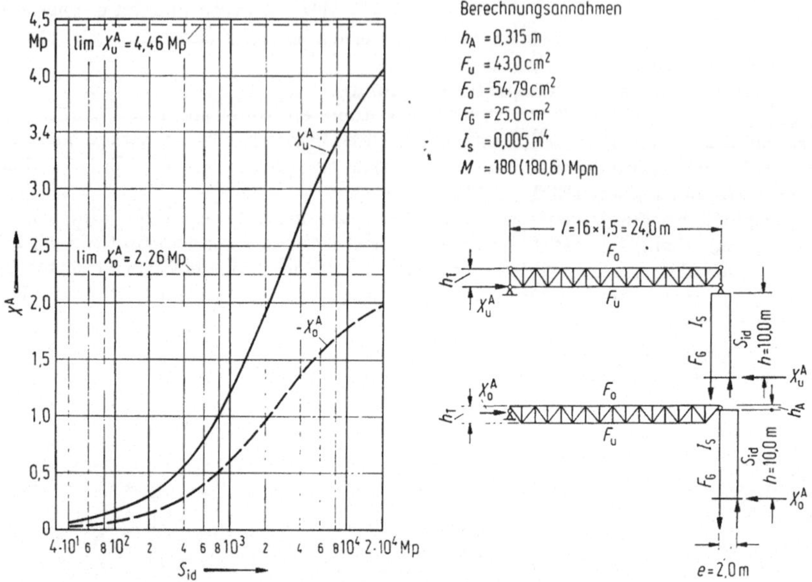

Bild 5.3-25. Zwängungskraft bei Behinderung der Lagerverschiebungen.

5.3.5.5 Spezielle statische Probleme

5.3.5.5.1 Rüststützen. Gemäß [V 1] müssen bei stählernen Rüststützen, die abweichend von DIN 1073 nicht stahlbaumäßig gestoßen oder ausgesteift sind, die zulässigen Schnittkräfte, die sich nach den technischen Baubestimmungen ergeben, verringert werden. Die Abminderung beträgt 10%, wenn gleichzeitig alle folgenden Einflüsse berücksichtigt werden:

Abweichung der Stützenachse von der theoretischen Systemlinie,
Exzentrizität der Verbandsanschlüsse,
Nachgiebigkeit der Verbindungsmittel,
ungewollte Exzentrizitäten bei der Lasteinleitung.

In allen anderen Fällen beträgt die Abminderung 25%. Will man bei der Ermittlung der zulässigen Tragfähigkeiten der einzelnen Rüststütze dem Nachteil der zusätzlichen Abminderung um 15% entgehen, müssen bei Berechnung der Abweichungen der Stützenachse von der theoretischen Systemlinie Fertigungstoleranzen, Spiel in den Stößen, Schlupf der Verbindungsmittel und mögliche Montageungenauigkeiten berücksichtigt werden.

Da die Windlasten als Hauptlasten anzusetzen sind, stellen Rüststützen gemäß Bild 5.3-26 außermittig gedrückte Stäbe mit stufenweise veränderlicher Querbelastung, gekrümmter Stabachse und stufenweise veränderlicher Biege- und Schubsteifigkeit dar.

In Tabelle 5.3-4 sind die wesentlichen Verformungs- und Schnittgrößen nach der Spannungstheorie II. Ordnung für das vereinfachte System mit konstanten Steifigkeitswerten für die am häufigsten vorkommenden 4 Lastfälle unter Berücksichtigung des Einflusses der Schubsteifigkeit aufgelistet. Der Einfluß der Schubsteifigkeit auf die Trag-

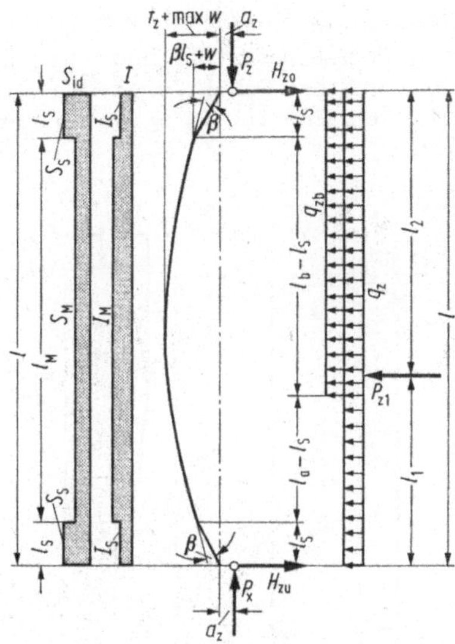

Bild 5.3-26. Schwach gekrümmter Druckstab mit allgemeiner Querbelastung.

Tabelle 5.3-4. Schwach gekrümmter und querbelasteter Druckstab

Lastfall	$w(x)$	$\max w = w\left(\dfrac{l}{2}\right)$	$\max M = M\left(\dfrac{l}{2}\right)$	$\max Q = Q(0)$
$P_x \quad a \quad P_x$	$a\left[\dfrac{\sin k^*(l-x) + \sin k^* x}{\sin k^* l} - 1\right]$	$a\left(\dfrac{1}{\cos \dfrac{k^* l}{2}} - 1\right)$	$-\dfrac{P_x a}{\cos \dfrac{k^* l}{2}}$	$P_x a k^* \dfrac{1 - \cos k^* l}{\sin k^* l}$
$P_x \quad f \quad P_x$ $z = f \sin \pi x/l$	$\dfrac{P_x}{P_{ki}} \cdot \dfrac{1 + \dfrac{P_{ki}}{S_{id}}}{1 - \dfrac{P_x}{P_{ki}} - \dfrac{P_x}{S_{id}}} f \sin\dfrac{\pi x}{l}$	$\dfrac{P_x}{P_{ki}} \cdot \dfrac{1 + \dfrac{P_{ki}}{S_{id}}}{1 - \dfrac{P_x}{P_{ki}} - \dfrac{P_x}{S_{id}}} f$	$\dfrac{f P_x}{1 - \dfrac{P_x}{P_{ki}} - \dfrac{P_x}{S_{id}}}$	$\dfrac{f P_x}{1 - \dfrac{P_x}{P_{ki}} - \dfrac{P_x}{S_{id}}} \cdot \dfrac{\pi}{l}$
$P_x \quad q \quad P_x$	$\dfrac{q EI}{P_x^2}\left[\dfrac{\sin k^*(l-x) + \sin k^* x}{\sin k^* l} - 1\right] - \dfrac{q}{2 P_x} x(l-x)$	$\dfrac{q l^2}{8 P_x}\left(\dfrac{1 - \cos \dfrac{k^* l}{2}}{\dfrac{\pi^2 P_x}{8 P_{ki}} \cos \dfrac{k^* l}{2}} - 1\right)$	$q\dfrac{EI}{P_x} \cdot \dfrac{1 - \cos \dfrac{k^* l}{2}}{\cos \dfrac{k^* l}{2}}$	$q k^* \dfrac{EI}{P_x} \cdot \dfrac{1 - \cos k^* l}{\sin k^* l}$
$P_x \quad P_z \quad P_x$ $l/2 \quad l/2$	$\dfrac{P_z}{2 P_x}\left(\dfrac{\sin k^* x}{k^* \cos \dfrac{k^* l}{2}} - x\right)$	$\dfrac{P_z l}{4 P_x}\left(\dfrac{tg \dfrac{k^* l}{2}}{\dfrac{k^* l}{2}} - 1\right)$	$\dfrac{P_z l}{4} \cdot \dfrac{tg \dfrac{k^* l}{2}}{\dfrac{k^* l}{2}}$	$\dfrac{P_z}{2 \cos \dfrac{k^* l}{2}}$

Abkürzungen: $\quad k^{*2} = \dfrac{P_x}{EI_y\left(1 - \dfrac{P_x}{S_{id}}\right)}$; $\quad P_{ki} = \dfrac{\pi^2 EI_y}{l^2}$

last P_{kr} eines Stabes mit dreigurtigem Querschnitt geht aus Bild 5.3-27 hervor. Die für die Beurteilung wichtigsten Kenngrößen sind im Bild angegeben. Die Darstellung läßt erkennen, daß die im Stahlbau üblichen Schubsteifigkeiten $S_{id} \geqq 1\,000$ Mp sich auf die Traglast nur geringfügig auswirken. Erst bei $S_{id} \leqq 200$ Mp kommt es zu einem kollapsartigen Absinken der Traglast.

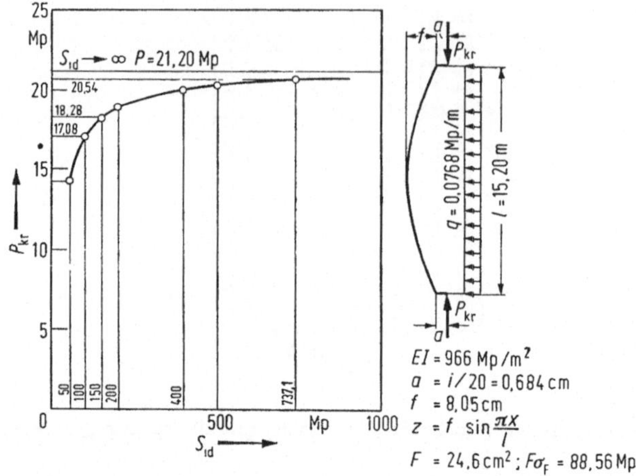

Bild 5.3-27. Schwach gekrümmter und querbelasteter Druckstab; $P_{kr} = P(S_{id})$.

Bei Ermittlung der Vorverformung von Stützen aus zahlreichen Einzelelementen sind trotz heute noch mancherorts anders gehandhabter Übung wahrscheinlichkeitstheoretische Überlegungen anzustellen, sonst bemißt man unwirtschaftlich.

5.3.5.5.2 Verbandstäbe von Stützjochen und -türmen. Verbandstäbe und ihre Anschlüsse sind für die Summe aus äußeren und ideellen Querkräften zu bemessen:

$$Q = Q_a + Q_i \quad \text{(Bild 5.3-28)}$$

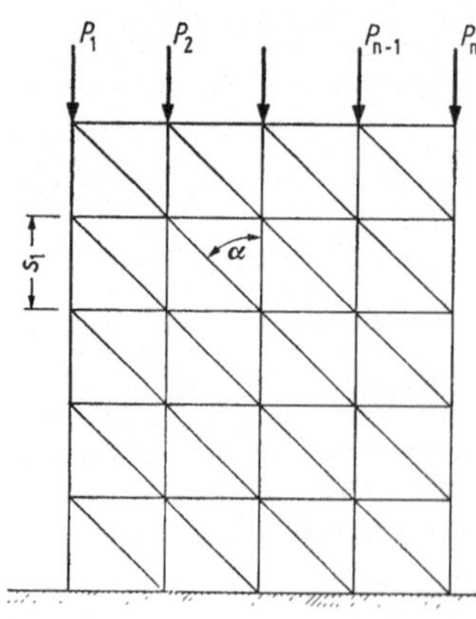

Bild 5.3-28. Stützjoch: Bemessung der Verbandstäbe; *Ergänzende Bestimmungen zu DIN 4420, Fassung Sept. 1973*

$$Q = Q_a + Q_i$$

$$Q_i = -\frac{kS}{80} \qquad S = \sum_{i=1}^{i=n} P_i$$

$k = \omega_i$ bei Pendelstützen

$k = \omega_i - 0,8$ in allen übrigen Fällen

$k = 1,0 + \dfrac{60}{s_1 \sin \alpha}$ bei Rohrkupplungsverbänden.

Für die ideelle Querkraft gilt $Q_i = kS/80$, wobei S die Summe der auf das gesamte Stützjoch wirkenden Druckkräfte ist. Der Beiwert ω_i ist den Tabellen 1 oder 2 der DIN 4114 Blatt 1 in Abhängigkeit vom ideellen Schlankheitsgrad λ_i zu entnehmen. Er wird um den Wert 0,8 reduziert, damit sich auch bei Überlagerung einer äußeren Horizontallast von $V/100$ keine wesentlich ungünstigeren Schnittkräfte als bisher ergeben [49]. Bei Rohrkupplungsverbänden (Bild 5.3-16) wird zur Erfassung des Einflusses von Imperfektionen

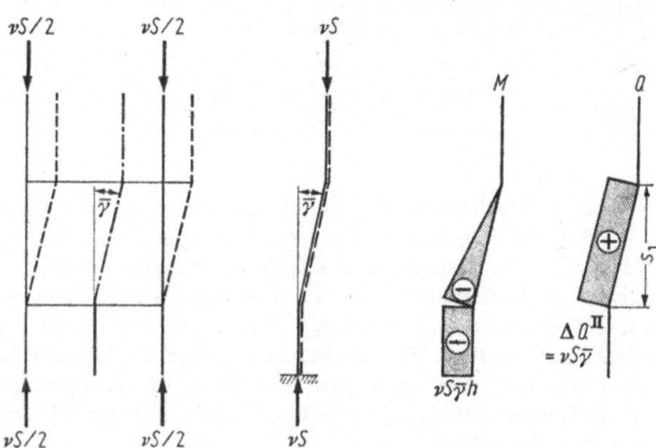

Bild 5.3-29. Systemannahmen zur Ableitung des k-Faktors im Abschnitt 4.10 der „Ergänzenden Bestimmungen zur Gerüstordnung" [60].

ein Fehlwinkel von 1/100 angenommen. Dieser Fehlwinkel soll die möglichen Abweichungen zwischen Soll- und Istrichtung der gedrückten Stäbe in jedem beliebigen Feld wiedergeben [56]. Er erfaßt somit die örtlichen Abweichungen. Mit [56] und [60] sowie Bild 5.3-29 errechnet man den k-Faktor der [V 1] für Rohrkupplungsverbände:

$$vQ^{II} = vQ_a{}^I + vS\bar{\gamma}$$

$$\bar{\gamma} = \gamma + \varphi; \qquad \gamma = vQ^{II}/S_{id}; \qquad \varphi = 1/100.$$

Die gemäß 5.3.5.1 anzusetzende äußere waagerechte Last $V/100$ ist planmäßiger Anteil der äußeren Querkraft Q_a und darf nicht mit den Auswirkungen des Fehlwinkels φ verwechselt werden.

$$Q^{II} = Q_a{}^I + S\left[\frac{v \cdot Q^{II}}{S_{id}} + \frac{1}{100}\right]$$

Mit $z = D/\sin \alpha_D D_{zul};$ $\quad Q^{II} = z \cdot \sin \alpha_D D_{zul}$ und mit

$$S_{id} = \frac{z \sin \alpha_D}{\dfrac{0,75}{s_1 \sin \alpha_D} + 0,30} \cdot 100$$

erhält man

$$\frac{v \cdot Q^{II}}{S_{id}} = \frac{vz \sin \alpha_D D_{zul}}{z \sin \alpha_D \, 100}\left(\frac{0,75}{s_1 \sin \alpha_D} + 0,30\right)$$

und

$$Q^{\mathrm{II}} = Q_{\mathrm{a}}{}^{\mathrm{I}} + \frac{S}{100}\left[1 + v\mathrm{D}_{\mathrm{zul}} \cdot \left(\frac{0,75}{s_1 \sin \alpha_{\mathrm{D}}} + 0,30\right)\right]$$

Wegen $v D_{\mathrm{zul}} = 1,71 \cdot 0,60 \approx 1,0$ Mp wird hieraus

$$Q^{\mathrm{II}} = Q_{\mathrm{a}}{}^{\mathrm{I}} + \frac{S}{100}\left(1,30 + \frac{0,75}{s_1 \sin \alpha_{\mathrm{D}}}\right) = Q_{\mathrm{a}}{}^{\mathrm{I}} + \frac{S}{80} \cdot k$$

mit

$$k = 1,30 \cdot 0,80 + \frac{0,75 \cdot 0,8}{s_1 \sin \alpha_{\mathrm{D}}} = 1 + \frac{0,60}{s_1 \sin \alpha_{\mathrm{D}}}$$

s_1 ist hierin in m anzusetzen.

Die Diagonalen von aussteifenden Verbänden müssen gegen die Gurte eine Neigung von mindestens $\alpha_{\mathrm{D}} = 35°$ haben, sofern die Verbindungen nicht stahlbaumäßig ausgebildet sind [49]. Verbände aus Rohren und Kupplungen sind möglichst zentrisch anzuschließen. Ein Nachweis darf entfallen, wenn zwei nebeneinanderliegende, um eine Kupplungsbreite versetzte Verbandsstäbe beiderseits des auszusteifenden Bauglieds gemäß Bild 2 in [V 1] angeordnet werden. Vorausgesetzt ist dort die Verwendung von Rohren mit einer Wanddicke von 4,05 mm, und zwar aus St 52 bei Kupplungen der Klasse B bzw. aus St 37 bei Kupplungen mit $P_{\mathrm{zul}} = 600$ kp. In allen anderen Fällen ist ein Nachweis nach Abschn. 4.11 in [V 1] zu führen.

Durch horizontale Verbandsschotte ist der Einfluß außermittiger Lasteinleitungen an Kopf und Fuß der Stützentürme abzufangen. Die Lasteinleitung in Einzelstützen bzw. in die Stiele mehrteiliger Stützen ist gegebenenfalls zu untersuchen. Lasteinleitungen in Rohre mit einem Außendurchmesser 48,3 mm sind stets nachzuweisen.

Zur Bemessung der Riegel ist ein Traglastnachweis möglich. Bei Annahme eines statisch bestimmten Systems ist im Lastfall HZ[1]) hierbei eine 1,5fache Sicherheit gegen das plastische Grenzmoment M_{pl} nach Tab. 2 in [V 1] einzuhalten, wobei die gleichzeitig wirkenden Normalkräfte die dort angegebenen Werte nicht überschreiten dürfen. Nur mit Hilfe dieses Traglastnachweises konnte die durch die bisherige konstruktive Erfahrung eingebürgerte konstruktive Regel bei Rohrkupplungsverbänden beibehalten werden.

5.3.5.5.3 Kraftumlagerungen. Den Festigkeitsberechnungen von Traggerüsten werden meist einfache statische Systeme zugrunde gelegt, welche mit der Wirkungsweise der auf der Baustelle vorhandenen Systeme nur unvollkommen übereinstimmen. Mit steigender Größenordnung der Traggerüste wird die Vernachlässigung mancher Einflüsse, die bisher als Nebeneinflüsse abgetan werden durften, unzulässig. Als Beispiele seien einige üblicherweise nicht erfaßte Kraftumlagerungen genannt:

Trägerrostwirkung der durch Schalung, Belagträger, Querschotte und Rüstträger gebildeten Systeme.

Durchlaufwirkung der Rähmträger unter Berücksichtigung der elastischen Durchsenkung von Rüststützen und deren Gründung.

Zusammenwirken von Primär- und Sekundärverbänden in Stützjochen und zur Stabilisierung von Trägergurtungen sowie von Abspannungen und Verbänden.

Nachträgliche elastische Formänderungen der Rüststützen bei abschnittsweisem Betonieren.

---

[1]) HZ = Haupt- und Zusatzlasten

Zusammenwirken der aus Rüstträgern, waagerechten Verbänden und Querschotten gebildeten räumlichen Tragsysteme.

Die Entscheidung, welche der genannten Kraftumlagerungen zu berücksichtigen sind, muß zur Zeit im Einzelfalle getroffen bzw. vereinbart werden. Ergänzend hierzu siehe [58] und [59].

5.3.5.5.4 Stabilisierung der Druckgurte von Rüstträgern. Im Traggerüstbau können Imperfektionen der Belastung und der Systemgeometrie vorhanden sein, welche sich auf die Bemessung der waagerechten Verbände in wesentlich größerem Maße auswirken als bei stahlbaumäßiger Ausführung der Träger und Verbände. Unplanmäßige horizontale Lasten entstehen durch Schiefstellung der Rähmträger und/oder Rüstträger, aus horizontalen Lasteinflüssen durch Pumpenstöße, Brems- und Ablenkkräfte u. a. Geometrische Imperfektionen entstehen durch Herstellungs- und Montageungenauigkeiten und können sich in einer Gurtkrümmung auswirken (vgl. Bild 5.3-13).

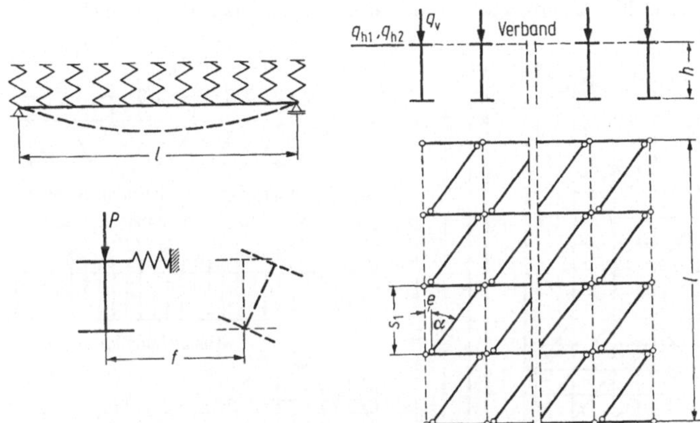

Bild 5.3-30. Systemannahmen zur Ableitung einer Näherungsformel zur Bemessung der Druckgurtverbände von Rüstträgern [60], [61].

Über die Größe der anzunehmenden Imperfektionen vgl. 5.3.5.1. Die Lasten $q_{v1} = q_v/200$ sind wie äußere Lasten zu behandeln, ebenso q_{h2}, falls diese fiktive horizontale Last als Ersatz für eine geometrische Imperfektion gewählt wird. Unter Berücksichtigung ungünstiger Einflüsse, wie Lasteinleitung in Höhe der Druckgurte, Drehpunkt der Träger in Untergurthöhe (Bild 5.3-30) und unter Vernachlässigung der Drehsteifigkeiten von Gurten und lotrechter Verbandsebene sowie der Eigenschubsteifigkeiten der Gurte wird in [61] eine Näherungsformel zur Bemessung der Aussteifungsverbände angegeben. Bei stahlbaumäßigen Verbänden:

$$Q_i = \frac{N_{max}}{100}\left[\frac{1}{\sqrt{n}} + \frac{250}{\sin\alpha\cos\alpha}\frac{D_{zul}}{EF_D}\right]$$

$$M_i = Q_i \cdot l/3$$

Bei Rohrkupplungsverbänden:

$$Q_\mathrm{i} = \frac{N_\mathrm{max}}{100}\left[\frac{1}{\sqrt{n}} + 0{,}75\cdot\left(\frac{c}{s_1\,\sin} + 0{,}3\right)\right]$$

$$M_\mathrm{i} = Q_\mathrm{i}\cdot l/3$$

N_max Summe der größten Gurtdruckkräfte aus vertikaler Last,
D_zul zulässige Druckkraft eines Diagonalstabes unter Berücksichtigung der Anschlüsse,
EF_D Dehnsteifigkeit eines Diagonalstabes.

Der Nachweis der Verbandstäbe und ihrer Anschlüsse ist für die Summe aus äußeren und ideellen Schnittkräften zu führen:

$$Q = Q_\mathrm{a} + Q_\mathrm{i}$$

$$M = M_\mathrm{a} + M_\mathrm{i}$$

Erläuterungen zu den Ableitungen dieser Näherungsformeln in [60, 61].

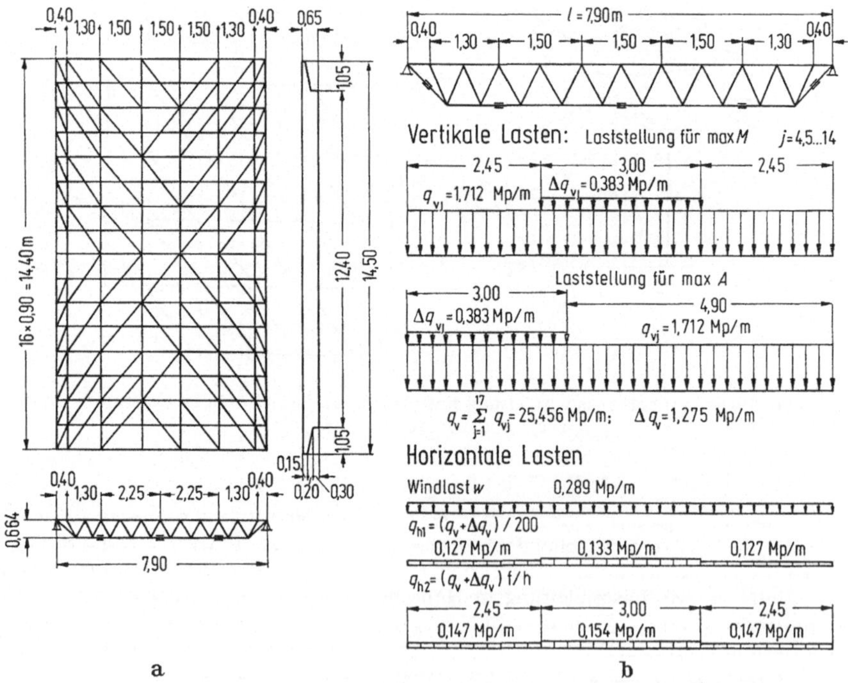

a   b

Bild 5.3-31. Aussteifungsverband der Druckgurte von leichten Rüstträgern;

      a) *Beispiel 1: System mit Abmessungen*

$$\frac{f}{h} = \frac{l}{500\,\sqrt{nh}} = \frac{7{,}90}{500\,\sqrt{17}\;0{,}664} = 0{,}005\,771$$

      b) Belastungsannahmen

In der Näherungsformel für Rohrkupplungsverbände ist die Schubsteifigkeit S_{id} gegenüber 5.3.5.3 mit dem doppelten Wert angesetzt, da sich bei einer Vielzahl zusammenwirkender Diagonalen und Kupplungen nicht die ungünstigsten Werte der Verschiebemoduli einstellen (vgl. auch 5.3.3.2). Weitere Verbesserungen sind konstruktiv mit durchlaufenden Riegeln zu erreichen. Systematische Montagefehler sind auszuschließen.

Konstruktive Folgen der obigen Bemessungsregeln:

Leichte Rüstträger: Rohrkupplungsverbände sind möglich, sofern die Gurtkräfte nicht zu hoch sind, bei Stützweiten bis zu 15 m. Die Anzahl der Diagonalstäbe erhöht sich gegenüber der bisherigen Erfahrung erheblich (Bild 5.3-31).
Schwere Rüstträger: Stahlbaumäßige Verbände notwendig, häufig jedoch mit Einschraubenanschluß (Winkelstähle, Teleskopstäbe).

Mit Rücksicht auf die ungünstigen Annahmen, welche den Näherungsformeln zugrundeliegen, empfiehlt sich z. Z. in den meisten Anwendungsfällen ein Nachweis nach der Spannungstheorie II. Ordnung. Querschotte verbessern das Tragverhalten wesentlich.

5.3.6 Bauarten und besondere Bauteile von Lehrgerüsten

5.3.6.1 Hölzerne Lehrgerüste

Mischbauweisen, bei welchen die Stützen aus Holz, die Träger aus Stahl (Walzprofilträger oder Rüstträger) bestehen, werden vor allem bei niedrigen Brücken und Hochstraßen [42] angewendet. Binder und Joche dieser Holzstützen-Stahlträger-Lehrgerüste sind teilweise typisiert und werden ähnlich wie die Rüstsysteme aus Stahl baukastenmäßig zusammengesetzt. Reine Holzlehrgerüste sind selten geworden; vgl. [42] und [9].
Auch bei Bogenbrücken werden Mischbauweisen verwendet. Einen Sonderfall stellt das Cruciani-Lehrgerüst dar, welches für weitgespannte Stahlbetonbögen mit Stützweiten bis zu 200 m in größerer Zahl, insbesondere in Italien und Österreich eingesetzt wurde [42; 63].
Gemäß [V 1] ist die Schlankheit mehrteiliger Stützkonstruktionen unabhängig von der Lagerung auf $h/b = 10$ begrenzt, wenn die Nachgiebigkeit der Verbände nach DIN 1052 nicht nachgewiesen wird oder Verbindungen mit nur einem Bolzen ausgeführt werden.
Vorteilhaft sind bei Holzgerüsten die verhältnismäßig geringen Anschaffungs- bzw. Vorhaltekosten, die leichte Bearbeitbarkeit und Anpassungsfähigkeit sowie die hohe Verformungswilligkeit, durch welche Überlastungen einzelner Tragglieder zu hohen plastischen Verformungen und damit zu einer Lastumlagerung auf benachbarte Tragwerksteile führen. Nachteilig sind der hohe Lohnaufwand und der Mangel an Fachpersonal (Zimmerleuten).

5.3.6.2 Stahlrohr-Lehrgerüste

Gegenüber den Holzlehrgerüsten haben sie wesentliche Zeit- und damit Lohnkosteneinsparungen gebracht. Sie sind vielseitig verwendbar; außer als Arbeits-, Schutz- und Traggerüste auch für behelfsmäßige Tribünenbauten, für Förderbandbrücken, fahrbare Überdachungen, Behelfsbrücken für Fußgänger und Turmgerüste, z. B. für Werbezwecke [43].
Die geringe Anzahl unterschiedlicher, einfacher und leichter Elemente sowie der geringe Laderaumbedarf bieten Vorteile. Ungünstig ist der hohe Lohnaufwand für Aussteifungen

bei Ausnutzung der Tragfähigkeit, insbesondere seit Erscheinen der [V 1]. An Bauelementen werden benötigt:

> Gerüstrohre für Ständer, Riegel und Diagonalen,
> Fußplatten ohne Absenkvorrichtung,
> Spindelfußplatten,
> Rohrverbinder,
> Kopfstücke zur Aufnahme der Schalungskonstruktion, wie z. B. Spindelplatten, Spindelgabeln, Konsolstützen.

Mit Stahlrohrgerüsten wurden kühne Einrüstungen, insbesondere für Bogenbrücken, erstellt. Das größte bekannte mit Stahlrohren und Kupplungen ausgeführte Bogenlehrgerüst hatte eine Höhe von 67,0 m, eine Stützweite des einzurüstenden Bogens von 231 m, einen Materialaufwand von 2150 Mp [5]. Stahlrohrlehrgerüste haben heute im Vergleich zu den stählernen Rüstgeräten an Bedeutung verloren. Zur Bemessung siehe [5]. Dort ist auch ein umfassender Überblick über ausgeführte Beispiele gegeben.

5.3.6.3 Längenverstellbare Schalungsträger

Diese Schalungsträger werden im Betonbau zur unmittelbaren Unterstützung der Schalung verwendet. Man unterscheidet teleskopartig ineinander schiebbare Träger und gekoppelte Einzelträger mit längenverstellbaren Endstücken. Die erste Bauart hat sich bei den Schalungsträgern im engeren Sinne, die zweite bei leichten Rüstträgern (vgl. 5.3.6.5.3) durchgesetzt. Flexible Schalungsträger zum Einschalen gekrümmter Flächen sind selten anzutreffen.

Die marktgängigen Schalungsträger haben einen Gitterträger als Außenteil und einen Gitter- oder Vollwandträger als Innenteil. Die zulässigen Biegemomente reichen von 0,5 Mpm bis 1,7 Mpm. Die Verbindung der Innenteile mit den Außenträgern erfolgt nach Einstellen der gewünschten Trägerlängen durch Stellschrauben oder Keilschlösser.

Die teleskopartigen Schalungsträger unterliegen der Prüfzeichenpflicht, wobei der Geltungsbereich der Bau- und Prüfgrundsätze die längenverstellbaren geraden Schalungsträger aus Stahl ohne Unterspannung umfaßt, deren zulässiges Biegemoment 3 Mpm nicht überschreitet. Sinngemäß sind die Bau- und Prüfgrundsätze auch auf Träger aus Holz oder Leichtmetall anzuwenden.

Die Prüfung der Träger durch Belastungsversuche an anerkannten Versuchsanstalten soll die statische Berechnung ergänzen. Durch sie werden das aufnehmbare Biegemoment und die Biegesteifigkeit in ungünstigster Trägerkombination und Ausziehlänge, die aufnehmbare Querkraft und Auflagerkraft sowie gegebenenfalls die Stützkraft bei Zwischenunterstützung ermittelt. Die Prüfung erfolgt bei paarweiser Anordnung der Träger. Je Prüfungsart sind 2 oder 3 Versuche durchzuführen.

Konstruktive Anforderungen:

Mindestwanddicke bei Trägern aus Stahl und Leichtmetall 2 mm, bei Trägern aus Holz entsprechend DIN 1052;
Außenanstrich Korrosionsschutz II gemäß DIN 4115; Holzteile erhalten einen Tiefenschutz nach DIN 68800 mit einem geprüften Holzschutzmittel gegen Pilze und Insekten;
geringes Gewicht, d. h. die Einzelteile müssen manuell verlegbar sein;
stufenlos längenverstellbar;
einfach überhöhbar (Bild 5.3-32);

einfach absenk- und ausschalbar (Bild 5.3-32);
ausreichende Steifigkeit, auch nach häufiger und langjähriger Verwendung;
ausreichende Robustheit.

Die Auflagerklauen sind in Verlängerung der Obergurte angeschweißt und müssen so groß
gewählt werden, daß sie den Auflagerdruck ohne Überschreiten der zulässigen Pressungen
auf ihre Unterlage, d. s. Randholme (Rähmträger) aus Holz, Beton-, Stahlbeton- oder
Stahlträger sowie auf Mauerwerk übertragen können. Durch die vollflächige Auflagerung
wird ein Kippen, Verdrehen oder seitliches Ausweichen der Träger weitgehend vermieden
(siehe auch Bild 5.1-21).

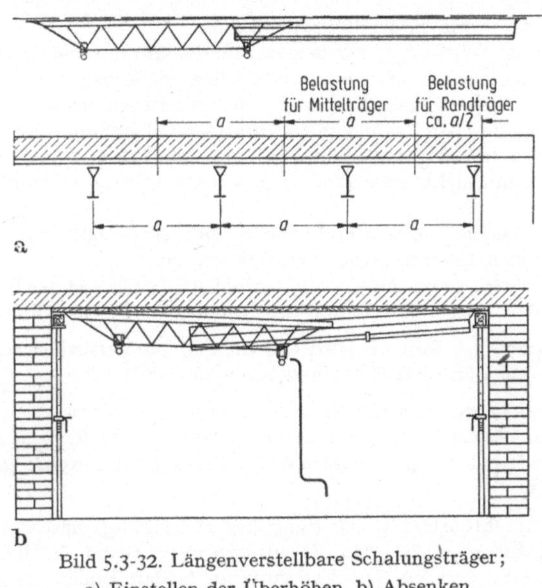

Bild 5.3-32. Längenverstellbare Schalungsträger;
a) Einstellen der Überhöhen, b) Absenken.

5.3.6.4 Baustützen aus Stahl mit Ausziehvorrichtung

Derartige Stützen dienen in der Hauptsache der Unterstützung horizontaler Kanthölzer,
die als Träger der Schalung oder als Rähmträger zur Auflagerung von Schalungsträgern
angeordnet sind (vgl. Bild 5.1-21).

Wesentliche Unterscheidungsmerkmale (vgl. 5.1.4.2.3):

Maximale Auszugslänge: 8 Klassen von 2,6 bis 6,0 m;
zwei Belastungsklassen: Normale Stützen und Stützen der Gruppe G;
Außengewinde oder verdecktes Gewinde (Innengewinde) für die Feineinstellung der
Stützenhöhe;
Art der Ausfallsicherung der Innenrohre.

Diese Stützen unterliegen der Prüfzeichenpflicht. Die Bau- und Prüfgrundsätze decken
nur den Bereich der eingeschossigen Schalungsgerüste ab unter der Voraussetzung, daß
die Stützen an Kopf und Fuß gehalten sind. Bei anderer Anwendung sind die zulässigen
Belastungen und die Aussteifungen anhand eines statischen Nachweises zu ermitteln.

Konstruktive Anforderungen:

Mindestwanddicke des tragenden Stützenquerschnitts, auch im Gewindebereich der Feineinstellung, 2,5 mm;
Abmessungstoleranzen der Rohre nach DIN 1626 bzw. DIN 1629;
Stahlgüte: Rohre aus Stahl nach DIN 17100 mit einer gewährleisteten Quetschgrenze von 2100 kp/cm² für St 34, von 2400 kp/cm² für St 37 bzw. von 3600 kp/cm² für St 52.
Quetschgrenzenerhöhungen aus Kaltverformung dürfen berücksichtigt werden, sofern das Rohrmaterial nach Kaltverformung noch eine Restbruchdehnung von mindestens 22% aufweist;
Mindestdicke der Kopf- und Fußplatten 8 mm;
Führungslänge $l_i + l_a - l_{max}$ der beiden Stützenhälften mindestens 30 cm;
Selbständige Sicherung gegen Auseinanderfallen der Rohre;
Das Spiel von Außen- und Innenrohr ist festzulegen unter Berücksichtigung der Rohrtoleranzen, des Korrosionsschutzes und der Verschmutzung;
Die Art der Vorrichtung zur Feineinstellung der Stützen darf die senkrechte Aufstellung auch dann nicht beeinträchtigen, wenn die Stützen unmittelbar an der Wand stehen;
neben flachen ebenen Kopfplatten können wahlweise [-Köpfe verwendet werden, deren lichtes Maß jedoch 125 mm nicht überschreiten darf;
durch die Art der Kopfplatten sind die normalen Stützen von den Stützen der Gruppe G zu unterscheiden: Bei letzteren muß mindestens eine Platte achteckig sein.

Die Belastbarkeit der Stützen wird auf Grund von Versuchen festgestellt. Folgende Werte sind nach den Bau- und Prüfgrundsätzen zu ermitteln:

P_U die erreichbare Höchstlast,
P_{el} die eine elastische Ausbiegung von 1/200 hervorrufende Last, $f_{el} = f_{ges} - f_{bl}$;
P_{bl} die Last, bei der die bleibende Verschiebung der Rohre gegeneinander 2 mm beträgt.

Die Versuchsdurchführung (Ermittlung des Durchhangs und Belastungsversuch) ist Bild 5.3-33 zu entnehmen. Bei den Belastungsversuchen ist die Feineinstellung in die ungünstigste Lage zu bringen. Die Lagerung an beiden Enden ist gelenkig unter Verwendung von Schneiden vorzunehmen. Außerdem ist eine Prüfung der Sicherung gegen Herausfallen des Innenrohres vorzunehmen. Einzelheiten siehe Bau- und Prüfgrundsätze.
Ist die ermittelte Quetschgrenze β_{DS} größer als die gewährleistete Quetschgrenze min β_{DS}, so sind die im Versuch erreichten Höchstlasten P_U auf diesen Wert umzurechnen:

$$\text{red } P_U = \frac{P_U}{P_{\beta_{DS}}} \cdot P_{\min \beta_{DS}}$$

Für die Erteilung des Prüfzeichens sind folgende Bedingungen zu erfüllen:

$$\left.\begin{array}{l} \text{red } \overline{P}_U : 1,5 \\ \overline{P}_{U)\text{Sprödbruch}} : 2,5 \\ \overline{P}_{bl} : 1,5 \\ P_V : 1,0 \end{array}\right\} \geqq S_{zul}$$

P_V rechnerische zulässige Last der Verbindung
$S_{zul} = 3 \cdot L/l \cdot l$ für normale Stützen,
$S_{zul} = 4,5 \cdot L/l \cdot l$ für Stützen der Gruppe G.

Wie stark sich die Lagerungsbedingungen und die Außermittigkeit der Belastung auf die im Versuch erreichbaren Höchstlasten auswirken, zeigt Bild 5.3-34. Diese Unterschiede sind bei Vergleichen der Tragfähigkeiten von Stützen zu beachten, die unter andersartigen Versuchsbedingungen, wie sie im Ausland anzutreffen sind, geprüft wurden. Überlegungen

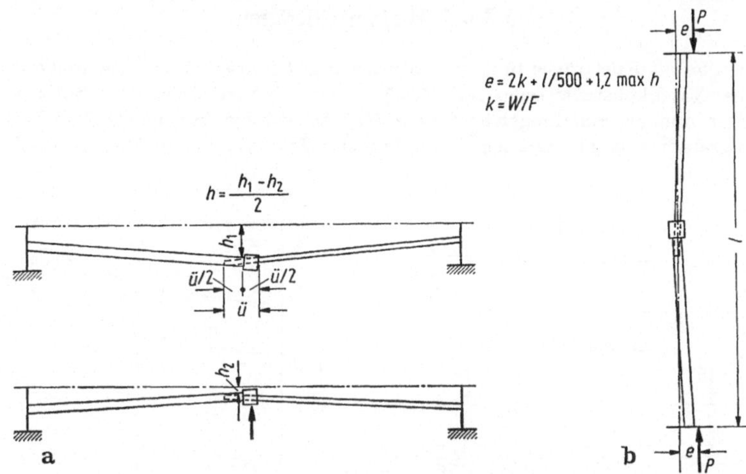

Bild 5.3-33. Baustützen aus Stahl mit Ausziehvorrichtung;
a) Bestimmung des Durchhangs, b) Belastungsversuche.

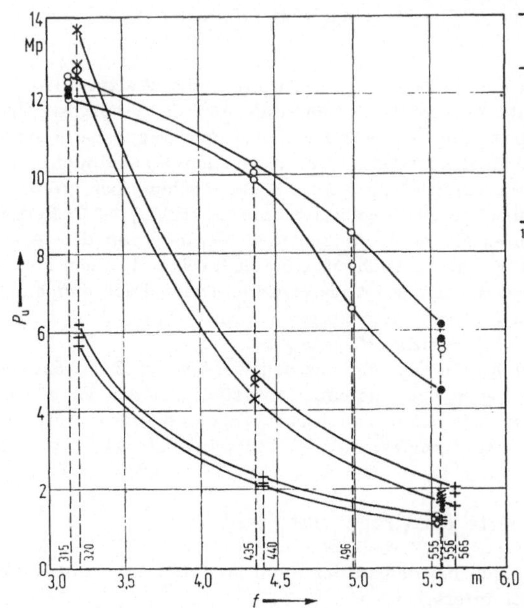

Lagerungsart		Außer-mittigkeit e [mm]	Anzahl der Versuche
o flächig		0	12
• flächig		0	4
× Kugeln		0	9
+ Gelenkst.	beiderseits	0	3
–ı Schneiden		35,6 / 39,1 / 49,1	9
oı Schneiden		62,6 / 59,0	6
• □ 20 × 20		15	3

1 Versuche entsprechend den Bau- und Prüfgrundsätzen zur Prüfzeichenerteilung

Bild 5.3-34. Baustützen aus Stahl mit Ausziehvorrichtung: Einfluß der Lagerungsbedingungen und der Außermittigkeit der Belastung [69]

dieser Art lagen auch den Versuchen zum Nachweis erhöhter zulässiger Belastbarkeit von Baustützen aus Stahl mit Ausziehvorrichtung zugrunde [70, 71], die zu einer Ergänzung der Bestimmungen über die zulässigen Tragfähigkeiten der Stützen führten (vgl. 5.1.4.2.3).

5.3.6.5 Walzprofilträger

Sie werden als Rüstträger für kurze Stützweiten bis etwa 10 m, zusammen mit Holzstützen bei Mischkonstruktionen (vgl. 5.3.6.1), zur Überbrückung von Stütztürmen, als Rähmträger und als Schalungsträger über Rahmenstützen verwendet. Häufig liegt ein Typenprogramm mit abgestuften Trägerlängen, Tragfähigkeiten und spezieller Stoßausbildung vor.

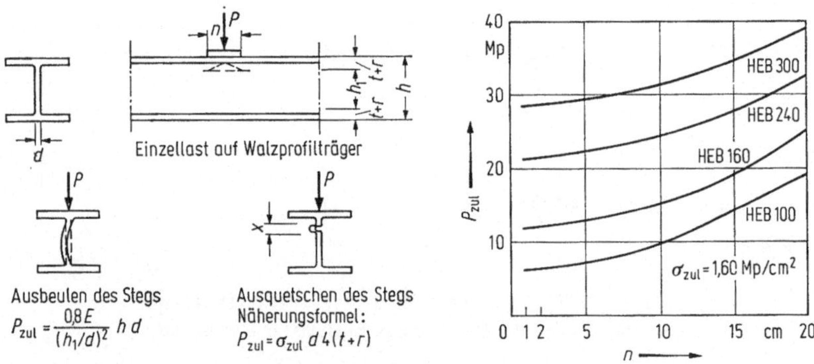

Bild 5.3-35. Ausweicherscheinungen des Stegs von Walzprofilträgern [139].

Bei gleichmäßig verteilter Belastung und kurzen Stützweiten sind Walzprofilträger besonders wirtschaftlich, sofern nicht ausgesteift werden muß. Bei nicht ausgesteiften Trägern reicht jedoch der einfache Spannungsnachweis für Längs- und Schubspannungen nicht aus. Zusätzlich ist die Gefahr des Instabilwerdens zu untersuchen. So sind nicht ausgeschottete Träger unter Einzellasten empfindlich gegen Ausquetschen, bei größeren Stegblechschlankheiten kann ein Ausbeulen des Stegs auftreten [72] (Bild 5.3-35). Ferner sind Zwängungsbeanspruchungen, außermittige Lasteinleitung, Veränderung der Querschnittsform und andere Einflüsse zu beachten. Auch ein Kippnachweis mit seinen idealisierenden Voraussetzungen erfaßt nicht die in der Praxis vorkommenden Bedingungen.

Weitergehende Ausführungen siehe [72], wo auch aufgezeigt wird, daß es beim Kippproblem nicht nur negative, sondern auch positive Effekte gibt.

Das Einschweißen von Rippen ist kostspielig und hat den Nachteil, daß die Rippen nach Montage der Träger manchmal neben den Lasteinleitungsstellen sitzen. Eine Ausschottung durch Holzkeile ist verboten. Die Stöße von Jochträgern sind zug- und druckfest auszubilden; die Jochträger selbst sind zugfest mit der Stützenkonstruktion zu verbinden.

5.3.6.6 Typisierte Rüstträger aus Stahl

Nach ihren Leistungsdaten lassen sich bei den in der Bundesrepublik auf dem Markt befindlichen Rüstträgern zwei Klassen unterscheiden.

5.3.6.6.1 Leichte Rüstträger bestehen aus gekoppelten Einzelträgern mit Bolzen als Obergurtverbindung und Spannschlössern im Untergurt. Entweder sind die Endstücke längenverstellbar oder es werden Starrauflager an die Mittelstücke angeschlossen. Zwei typische Vertreter dieser Klasse sind auf den Bildern 5.3-36, 5.3-37 und 5.3-38 dargestellt. Die Träger können einfach und doppelt unterbaut sowie unterspannt werden.

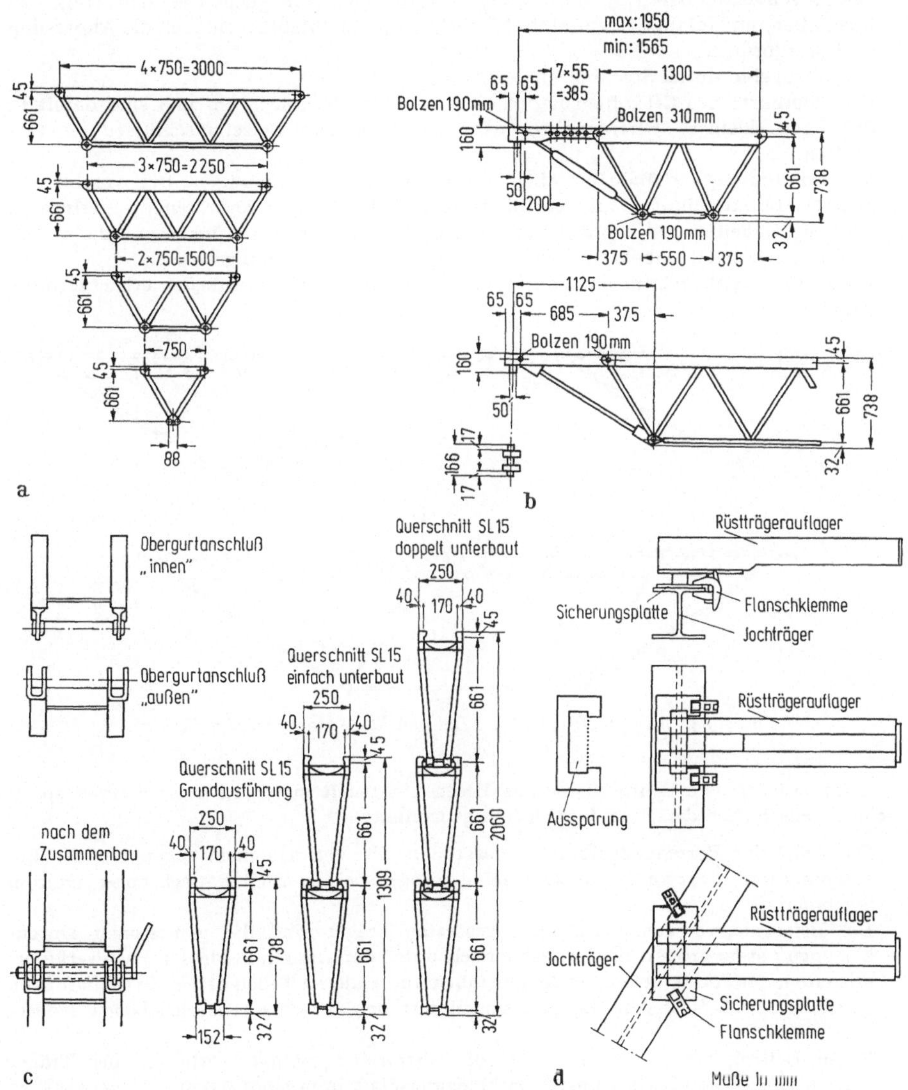

Bild 5.3-36. Leichter Rüstträger: Beispiel SL 15-Einzelteile;
a) Mittelträger, b) Endträger, c) Obergurtstoß und Querschnitte, d) Auflagerung auf Jochträgern.

Die zulässigen Schnittkräfte der Grundausführungen betragen $M_{max} = 15$ Mpm bzw. $A_{max} = 15$ Mp/12,5 Mp. Bei großer Stabführung lassen sich die zulässigen Biegemomente bis 75 Mpm steigern.

Einige konstruktive Besonderheiten:

Die längenverstellbaren Spannschlösser im Untergurt ermöglichen es, den Träger zu überhöhen, und erlauben bei unterschiedlichen Spannschloßlängen auch die Anpassung an Bogenformen.
Die Gurte sind durch Steckbolzen verbunden.
Die Obergurte aus C-Profilen haben eine Außenbreite von 25 cm und sind damit in der Lage, kleinere Fertigungsungenauigkeiten in den Bolzenanschlüssen zu verkraften.
Die Aussteifungsverbände bestehen aus Rohren und Kupplungen. Bei Anschlüssen mittels Halbkupplungen an den Bindeblechen der Obergurte treten die geringsten Außermittigkeiten und damit die günstigsten Verbandsschubsteifigkeiten auf.
Ein umfangreiches Zubehör ermöglicht einen weiten Anwendungsbereich.
Die statischen Berechnungen sind typengeprüft. Kombinationstabellen erleichtern die Anwendung.

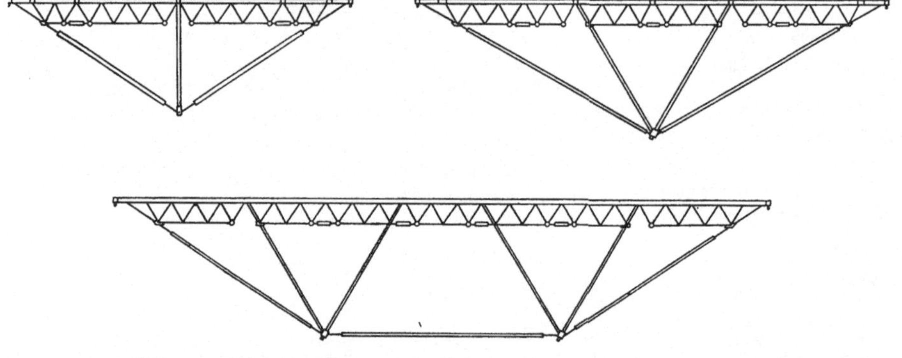

Bild 5.3-37. Leichter Rüstträger: Beispiel SL 15-unterspannte Träger.

Beim Entwurf von Lehrgerüsten aus diesen leichten Rüstträgern müssen einige spezifische Eigenschaften derselben berücksichtigt werden:

Das Spiel der Bolzenverbindungen vergrößert die Verformungen gegenüber der Berechnung und führt zu Schnittkraftumlagerungen bei innerlich statisch unbestimmten Systemen.
Bei Belastungsversuchen zusammengesetzter Träger sind die gemessenen Durchbiegungen stets größer als die rechnerisch unter der Annahme idealer Fachwerke ermittelten. An Formstücken, an Augenstäben und anderen Teilen der Stoßverbindungen treten elastisch-plastische Deformationen mit den in 5.3.5.3 beschriebenen Konsequenzen auf.
Einen Beitrag zur Sicherheit stellt das verformungswillige Verhalten der Träger dar. In Bild 5.3-39 ist das Last-Durchbiegungsdiagramm eines 9,0 m weit gespannten Rüstträgers aufgetragen. Der bleibende Anteil der Durchbiegung einschl. Fließen unter Höchstlast ist mit 10,6 cm etwa 1,5mal so groß wie der elastische Anteil.

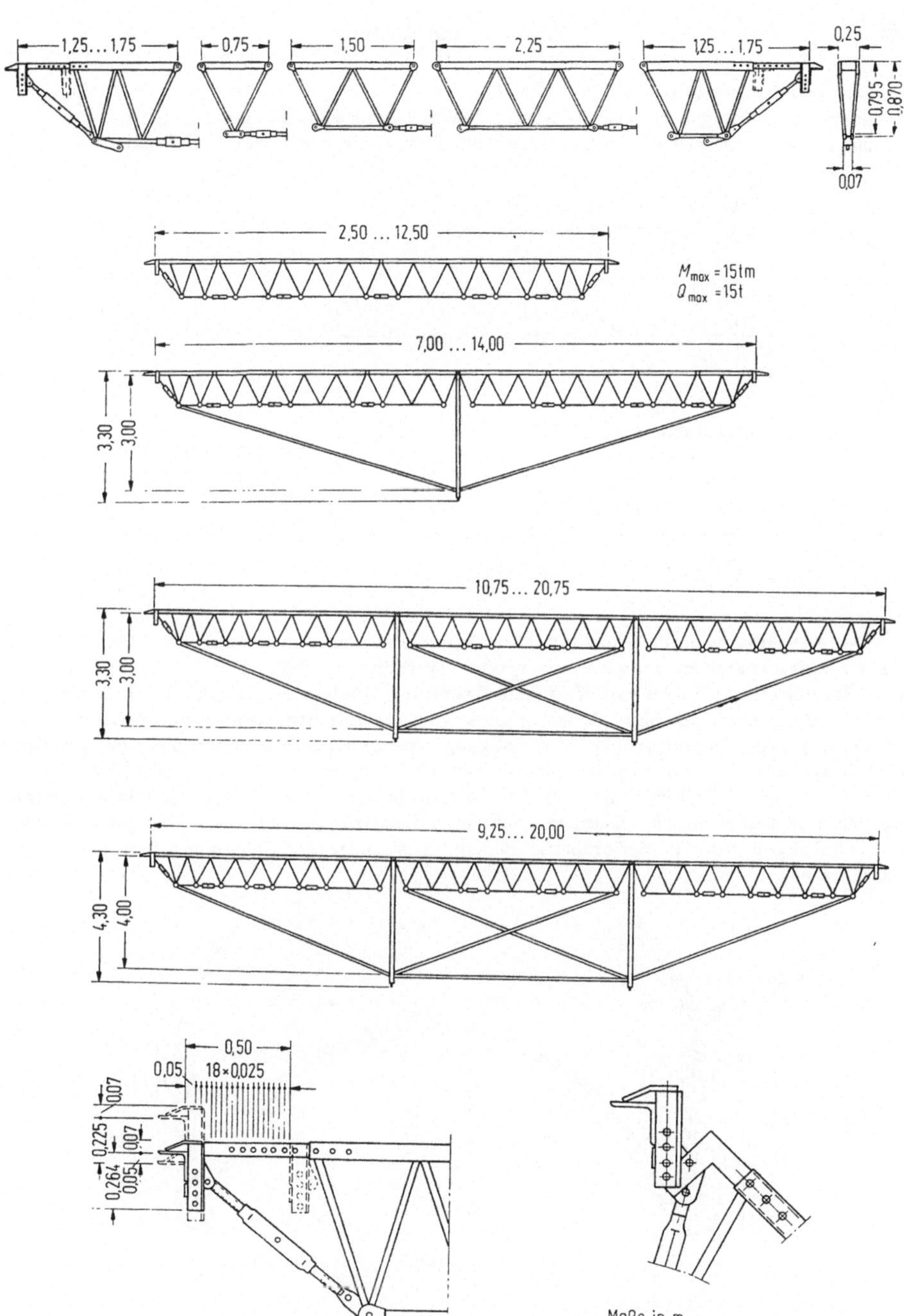

Bild 5.3-38. Leichter Rüstträger: Beispiel V 800.

Bei Belastungsversuchen mit 2 parallel verlegten Trägern ist bei gleicher Ausführung des Stabilisierungsverbandes — Systembreite, Diagonalstabneigung gegen die Gurte — ein Absinken des Bruchmomentes mit der Trägerstützweite deutlich festzustellen.

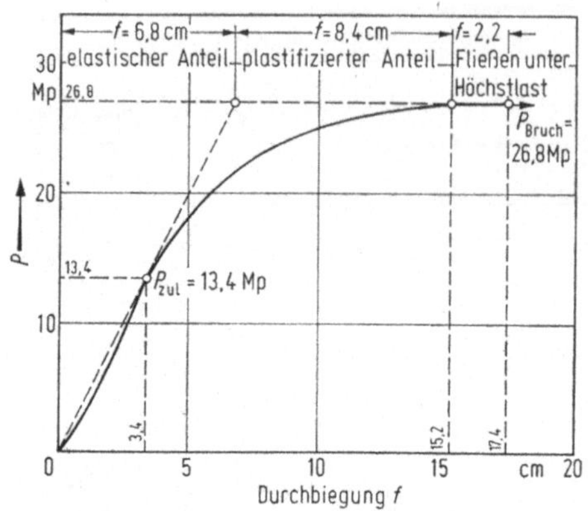

Bild 5.3-39. Last-Durchbiegungsdiagramm eines Rüstträgers: SL 15-Grundausführung mit Starrauflager, 1 = 9,0 m.

Der Anwendungsbereich leichter Rüstträger erstreckt sich von kurzen geraden Trägern bis zu weitgespannten Trägern mit großer Stabführung (freie Stützweite bis 24,0 m), von Bogenkonstruktionen mit kleinsten Krümmungsradien (z. B. 2,5 m) für Durchlässe bis zu Lehrgerüstbögen ohne Zwischenunterstützung mit Stützweiten von 60 m [73; 74; 75] (Bild 5.3-40). Behelfsbrücken für Fußgänger werden aus ihnen ebenso erstellt wie Einrüstungen von Reaktorkuppeln. Sie werden zur Aufnahme des Schalungsdrucks beim Betonieren der Zylinderwände von Klärbecken horizontal als Rüstträgerringe verlegt, als Sekundärtragteile gemeinsam mit schweren Rüstträgern bei Freivorbaugerüsten und als Schalwagen für die Serienfertigung von Verbundträger-Fahrbahntafeln verwendet (Bild 5.3-41).

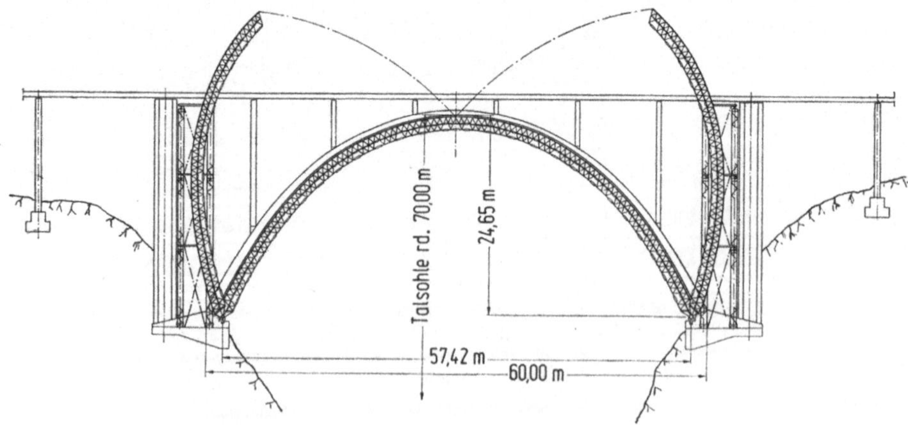

Bild 5.3-40. Radigundengrabenbrücke: Bogenlehrgerüst.

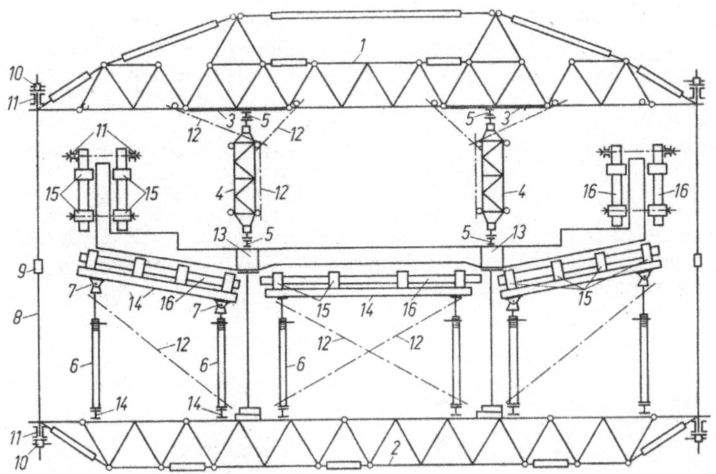

Bild 5.3-41. Schalwagen für die Serienfertigung von Fahrbahntafeln für Verbundbrücken,
1 Rüstträger SL 15 einfach unterbaut, *2* Rüstträger SL 15, *3*] [120, *4* Rüststützen H 20, *5* HE-B 160,
6 Baustütze A 340, *7* Gelenkstück, *8* AZ-Anker ∅ 15, *9* Ankermutter AZ 50, *10* AZ-Anker-
mutter 85, *11*] [100, *12* Gerüstrohre ∅ 48,3 · 4,05, *13* Vorbetonierte Auflagerquader (nur unter
H 20), *14* HE-B 120, *15* Schalungsträger AZ 27, *16* AZ-Gurtträger.

5.3.6.6.2 Schwere Rüstträger.

Die Tragfähigkeitskennwerte dieser Träger liegen bei etwa $30\,\mathrm{Mp} \leqq A_{\mathrm{zul}} \leqq 62\,\mathrm{Mp}$, $100\,\mathrm{Mpm} \leqq M_{\mathrm{zul}} \leqq 300\,\mathrm{Mpm}$. Die Zusammenstellung in Bild 5.3-42 enthält einige der bekanntesten Trägersysteme in ihrer Grundausführung. Ihre Konstruktion stellt entweder eine logische Folge der vom Schalungsträger über den leichten Rüstträger verlaufenden Entwicklung dar. In diesem Falle entsprechen ihre Anwendungsmöglichkeiten denen der leichten Rüstträger. Oder es wurden bei der Lösung des Konstruktionsproblems im Hinblick auf neue Rüstverfahren im Brücken- und Hochbau, aber auch mit Rücksicht auf den mit der Anschaffung dieser schweren Systeme verbundenen Investitionsaufwand, völlig neue Wege beschritten. Diese serienmäßig gefertigten Baukastensysteme sind dann außerordentlich vielseitig einsetzbar.

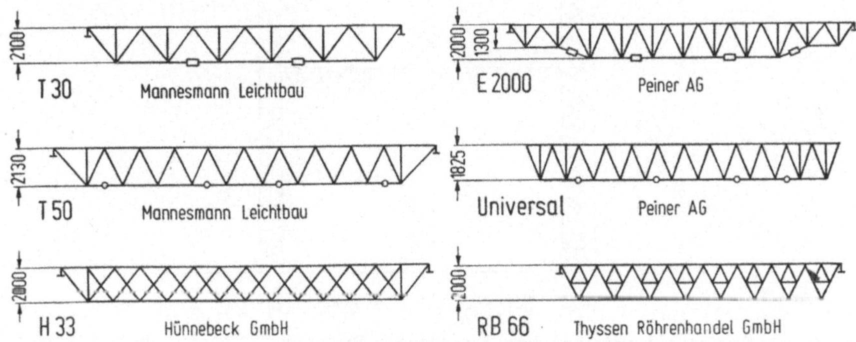

Bild 5.3-42. Schwere Rüstträger: Systeme.

Um die im Folgenden gezeigte Variabilität zu erreichen, müssen die Einzelelemente der Träger Zug, Druck, Querkräfte sowie positive und negative Biegemomente übertragen können. Die gleiche Forderung gilt natürlich auch für die Stoßverbindungen. Ein solches

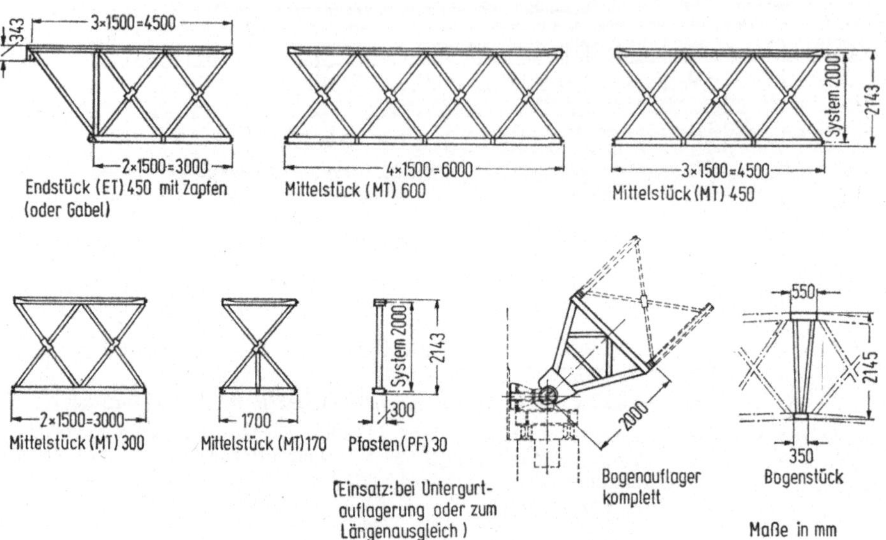

Bild 5.3-43. Serienelemente eines schweren Rüstträgers.

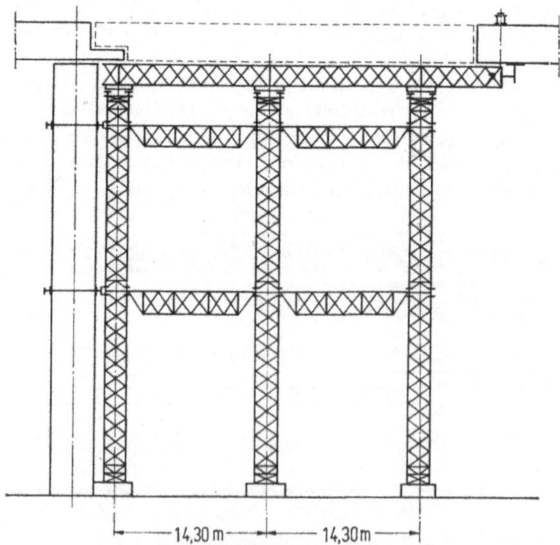

Bild 5.3-44. Stationäre Einrüstung eines Einzelfeldes; Rüstträger zusätzlich als Abstützung hoher Stützentürme verwendet.

Baukastensystem besteht z. B. aus 8 Hauptelementen (Bild 5.3-43): zwei Endstücke, drei Mittelstücke verschiedener Länge, Ober- und Untergurtverbindungsschraube und einem Pfosten. Dazu kommen weitere Serienelemente: Verstärktes Mittelstück, Teleskopstab (für Verbände), Kalottenauflager, Bogenstück, Bogenauflager, Vorbauschnabel, Pressenkästen, doppelstöckige Pfosten und Rollenböcke. Ferner handelsübliche Walzprofile, Stahlbauschrauben, Wälzwagen und hydraulische Hebeböcke als Zubehör (Bild 5.3-56.).

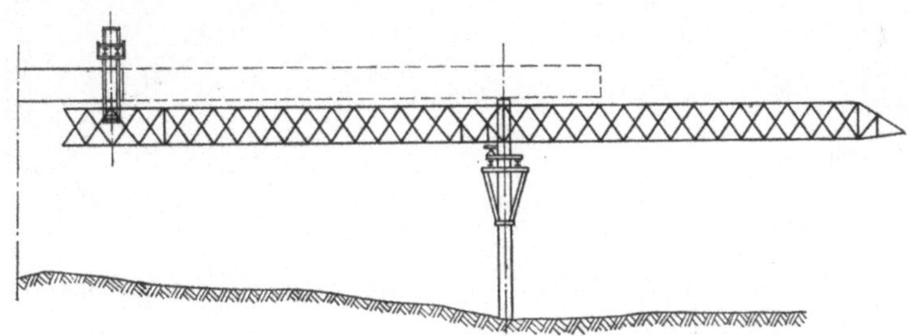

Bild 5.3-45. Vorschubrüstung: Einstöckige Rüstträger.

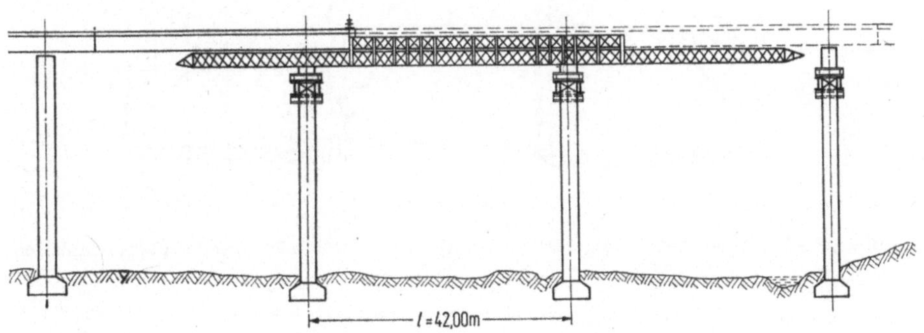

Bild 5.3-46. Vorschubrüstung: Zweistöckige Rüstträger.

Dieses Baukastensystem kann verwendet werden für

stationäre Einrüstungen (Bild 5.3-44),
ein- oder zweistöckige Vorschubrüstungen (Bild 5.3-45 und 5.3-46) sowie Vorfahrgeräte,
Bogeneinrüstungen (Bild 5.3-47),
verfahrbare Schalungsgerüste weit auskragender Fahrbahnplatten (Bild 5.3-48),
Freivorbaurüstungen (Bild 5.3-49).

Müssen Balkenbrücken über tiefeingeschnittenen Tälern eingerüstet werden, dann sind Rahmentragwerke (Bild 5.3-50) wirtschaftlich, wenn sie querverschiebbar sind und auf ihnen sowohl der Abbruch der alten als auch das Betonieren der Überbauten der neuen Brücke auf dem Gerüst vorgenommen werden kann. Mit höherem Kostenaufwand lassen sich die Träger auch unterspannen.

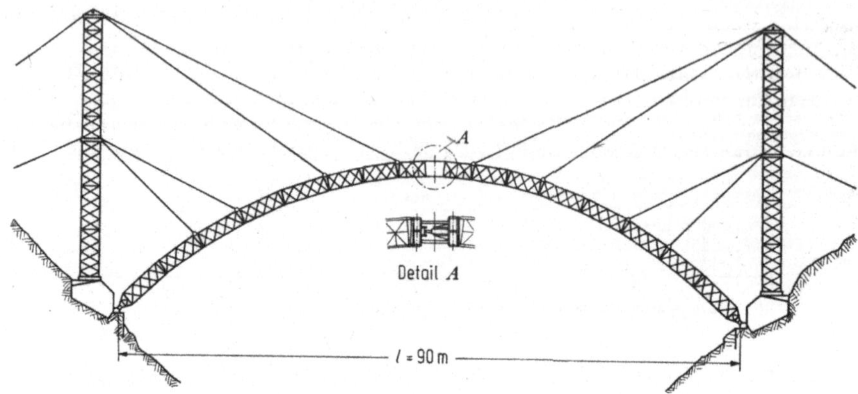

Bild 5.3-47. Bogeneinrüstung (Abspannungen nur für Montagezustand.)

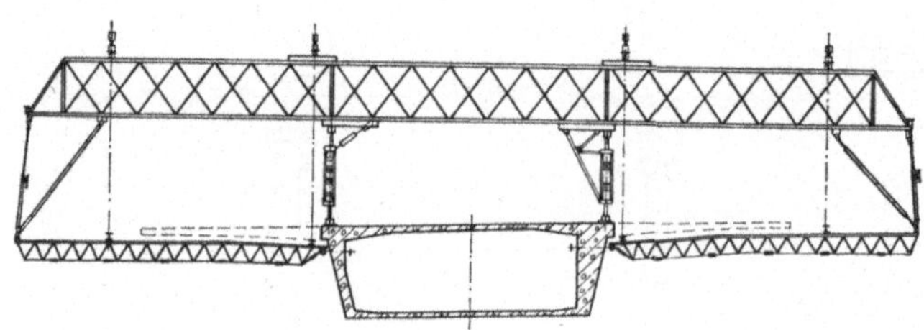

Bild 5.3-48. Verfahrbares Schalgerüst für die Einrüstung weit auskragender Fahrbahnplatten.

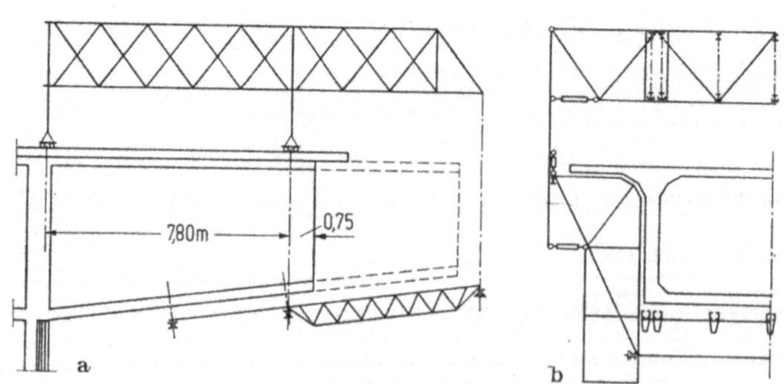

Bild 5.3-49. Freivorbaurüstung unter Verwertung von typisiertem Rüstgerät;
a) Freivorbaurüstung in der 3. Bauphase, System der Haupttragkonstruktion, b) Tragkonstruktion
der Außenschalung.

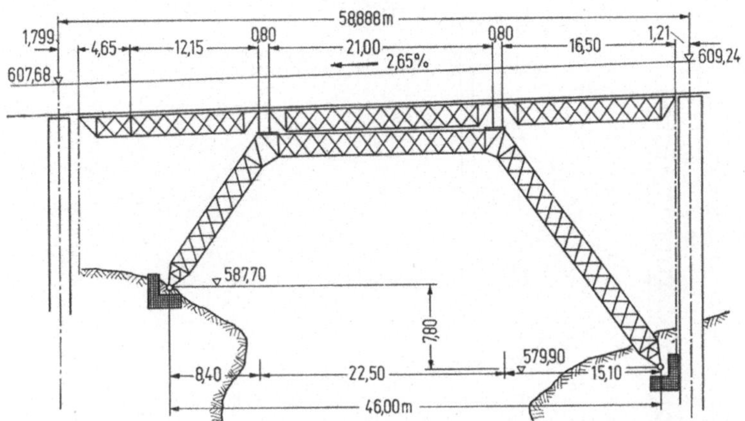

Bild 5.3-50. Rahmentragwerk aus Rüstträgern.

Daß diese Trägersysteme auch als Fertigteilverlegegeräte, als Kletterschalungsgeräte bei Sonderbauten oder als Wandträger verrollbarer Schleusenschalungen eingesetzt werden können, sei nur der Vollständigkeit halber erwähnt.

Typisierte Seriengeräte besitzen in der Hand erfahrener Konstrukteure viele Anwendungsmöglichkeiten. Die dabei auftretenden statischen Probleme können in vollem Umfange denen des Stahlbrückenbaus entsprechen.

5.3.6.7 Typisierte Rüststützen aus Stahl

Sie werden vor allem im Ingenieurbau eingesetzt. Ihre Tragfähigkeit liegt, ohne die Abminderungen der [V 1] oder die Windbelastung als Hauptbelastung zu berücksichtigen, zwischen 20 Mp und 200 Mp in den günstigsten Systemfällen.

Der Einsatz einzelstehender Rüststützen ist selten. Im allg. werden mehrere Stützen zu Scheiben oder Türmen verbunden. Zur Beurteilung der Wirtschaftlichkeit sind deshalb neben Tragfähigkeit, Anzahl unterschiedlicher Einzelteile, Gewicht, Robustheit der Konstruktion, Raumbedarf bei Transport, Feineinstellänge und Absenkhöhe bei Kopf-. und Fußspindeln und Montageaufwand der Rüststütze auch die zugehörigen Verbände in die Bewertung mit einzubeziehen.

In Bezug auf die konstruktive Ausbildung unterscheidet man aufgelöste drei- oder viergurtige Stützen und nicht aufgelöste Einrohrstützen (Bild 5.3-51), siehe auch [43]. In einem Falle besteht die aufgelöste Stütze aus geschweißten Fachwerkscheiben und Diagonalkreuzen. Sie entspricht damit konstruktiv den Rahmenstützen (vgl. 5.3.6.8), wird aber wegen ihrer hohen Tragfähigkeit zu den Rüststützen gezählt. Im Gegensatz zu den Druckstäben des klassischen Stahlbaus bestehen die Gitter- und Rahmenstützen des Gerüstbaus aus mehreren Elementen und den Lasteinleitungskonstruktionen. Diese, meist Kopf- und Fußstücke genannt, sind zur Feineinstellung bzw. zur Absenkung mit Spindeln versehen. Besonderen Komfort bieten hierfür zweigängige Gewinde und zusätzliche Absenkkeile.

Ähnlich werden Einrohrstützen aus mehreren Schüssen zusammengesetzt. An ihren Enden sind Zwischenflansche angeordnet, an welche die Schüsse zug- und druckfest miteinander verschraubt und Rohrkupplungsverbände angeschlossen werden.

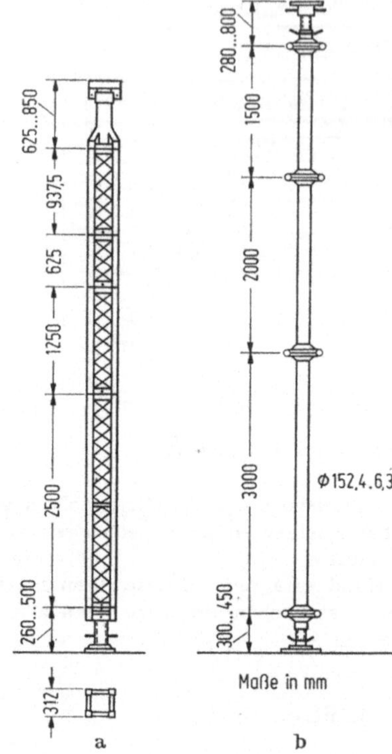

Bild 5.3-51. Rüststützen: Systeme
a) Viergurtige Fachwerkstütze P 35,
b) Einrohrstütze S 40.

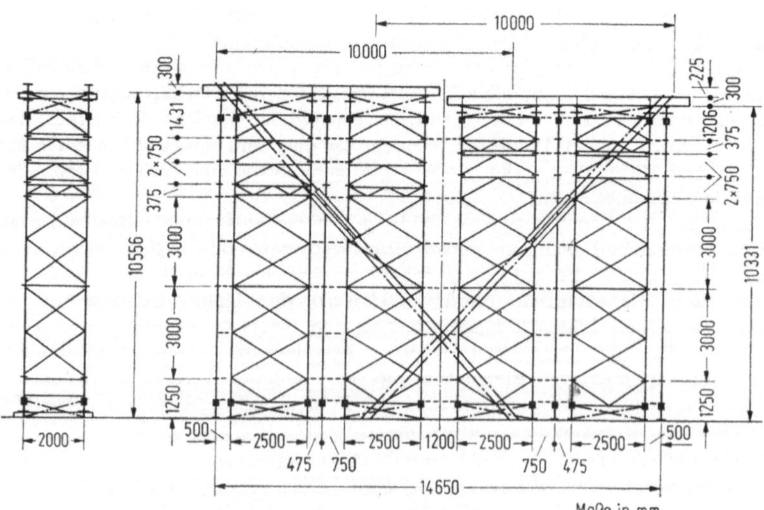

Bild 5.3-52. Stationäres Lehrgerüst.

Die Verbindungen der Stützenelemente sind meist als Kontaktstöße ausgebildet und werden durch Schrauben, Keile oder bajonettartige Verschlüsse gegen Verschieben oder auf Zug gesichert. Die Vergitterungen greifen häufig außermittig an den Gurten an. Infolge dieser Abweichungen von einer stahlbaumäßigen Ausführung können sich im Versuch Biege- und Schubsteifigkeiten erheblich unter den rechnerisch ermittelten Werten einstellen [52]. Die Stoßverbindungen ergeben zusätzliche Stauchungen, welche bei ungleicher Verteilung über den Querschnitt zu Stützenausbiegungen und damit zu Abminderungen der Traglast führen können.

Für Rüststützen sind keine Zulassungen erforderlich. Anzustreben sind jedoch typengeprüfte Berechnungen, welche die wesentlichen in der Praxis vorkommenden Last- und Systemfälle beinhalten sollten. Mehrere Rüststützen werden durch Verbände zu Stützenjochen oder -türmen zusammengefaßt. Sind größere Horizontalkräfte aus der Schalungsebene in den Boden abzuleiten, müssen Abspannungen angeordnet werden (Bild 5.3-52).

5.3.6.8 Rahmenstützen

Im Gegensatz zu Rüststützen bestehen Rahmenstützen aus vorgefertigten Fachwerkscheiben, die mit weiteren Verbindungselementen, wie Diagonalen, Riegeln, Steckbolzen u. a. zu Türmen zusammengebaut werden. Die Grobeinstellung der Stützen auf die gewünschten Höhen erfolgt durch unterschiedlich hohe Rahmenelemente, die Feinregulierung über Kopf- und Fußspindeln.

Rahmenstützen haben in einem knappen Jahrzehnt sprunghaft an Bedeutung gewonnen. Sie ersetzen Holzgerüste, Stahlrohrgerüste und zum Teil auch Stahlrohrstützen. Sie werden für flächige Einrüstungen verwendet, bedürfen keiner Zulassung, benötigen jedoch eine Typenprüfung, da sonst der Aufwand an Statik für jeden einzelnen Einsatz zu unwirtschaftlich ist. Ihr Vorteil liegt in dem vorgefertigten Baukastensystem begründet, welches eine Montage durch ungeschulte Kräfte erlaubt.

Es lassen sich drei Grundtypen unterscheiden (Bild 5.3-53):

I   Aufgelöste Stützen, bei denen zwei unterschiedliche Turmebenen vorhanden sind: Rahmenebene und Diagonalenebene. Da beide Ebenen unterschiedliche Steifigkeiten aufweisen, werden sie meist geschoßweise gewechselt. Der Anschluß zusätzlicher Scheiben ist möglich.

II   Nicht aufgelöste Stützen, bei denen das gleiche Rahmenelement allseitig angeordnet wird. Rahmenstützen dieses Typs werden auch als zyklische Systeme bezeichnet und können außer zu rechtwinkligen oder rechteckigen auch zu dreieckigen oder polygonalen Querschnitten zusammengebaut werden.

III Steckrahmengerüste, bei denen scheibenförmige Normteile zu Türmen zusammengebaut werden. Die Verstärkung dieses vierendeelartigen Rahmensystems durch zusätzliche Diagonalen führt zum Typ I.

Kennzeichnend für Rahmenstützen ist die bei ihnen angewandte Verbindungstechnik. Überwiegend werden Steck- oder Klauenverbindungen verwendet; die Verbindungsmittel sind häufig unverlierbar mit den Hauptelementen verbunden. Die Tragfähigkeiten der einzelnen Rahmenstiele liegen zwischen 3 und 8 Mp, die Systembreiten der vierstieligen Türme zwischen 1,0 m und 1,8 m. Die aus wirtschaftlichen Gründen bevorzugten Bauhöhen der Rahmenstützen liegen zwischen 5 und 12 m. Im Kernkraftwerksbau werden auch Bauhöhen über 20 m erreicht, wobei dann zusätzliche Aussteifungsmaßnahmen, wie der Einbau von Primärverbänden, erforderlich werden.

Die auf dem Markt befindlichen Rahmenstützen sind z. T. typengeprüft; bei einigen Systemen ist die Typenprüfung beantragt. Die mit den Prüfberichten verbundenen Auflagen sind häufig so unterschiedlich, daß eine Vergleichbarkeit der Tragfähigkeiten oder der Wirtschaftlichkeit nicht ohne weiteres möglich ist. Eine Vereinheitlichung der Aussagen von Typenprüfungen und Prüfberichten ist anzustreben.

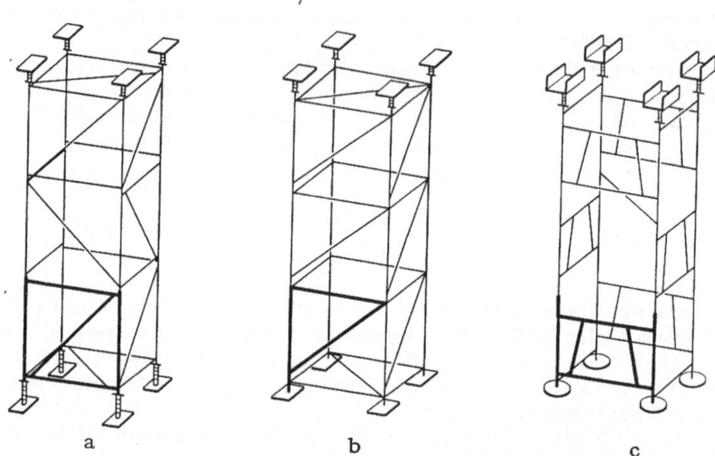

Bild 5.3-53. Rahmenstützen: Beispiele für die drei Konstruktionstypen; a) Aufgelöste Stütze, b) Nicht aufgelöste Stütze, c) Steckrahmengerüst.

Der Einsatz typengeprüfter Rahmenstützen ist unproblematisch, wenn die Bedingungen, die der Typenberechnung zugrundeliegen, eingehalten werden. Zu diesen gehören:

Zulässige Exzentrizitäten der Lasteinleitung am Spindelkopf,
Einhaltung der Fertigungs- und Montagetoleranzen,
zulässige maximale Schiefstellung des Gesamtturmes,
Setzungsdifferenzen, in der Größenordnung von einigen mm ungefährlich,
zulässige Turmhöhen.

Bei einem Leistungsvergleich sind neben den unter obigen Bedingungen ermittelten zulässigen Tragfähigkeiten zu beachten:

Anzahl der unterschiedlichen Einzelteile eines Systems (meist 6 bis 10 verschiedene Bauteile),
Gewicht der Einzelelemente: den Zusammenbau eines Turmes soll ein Mann allein bewältigen.
Lückenlose Anpassung an die gewünschten Bauhöhen,
Einfluß nicht ebener oder schiefer Auflagerflächen (gelenkige oder starre Kopf- und Fußplatten),
Steifigkeit der Stütze: Die Zwängungsbeanspruchungen infolge von Setzungsdifferenzen oder von Temperaturänderungen sind abhängig von der Schubsteifigkeit.

Vollständigkeit der Typenprüfung: Berücksichtigung der Lagerungsarten (frei stehender und oben gehaltener Turm), unterschiedliche Stiellasten, verschiedene Stützenhöhen, Einfluß ungleicher Setzungen.

Montage stehend oder auch liegend, Montageaufwand, Umsetzmöglichkeit der gesamten Stütze.

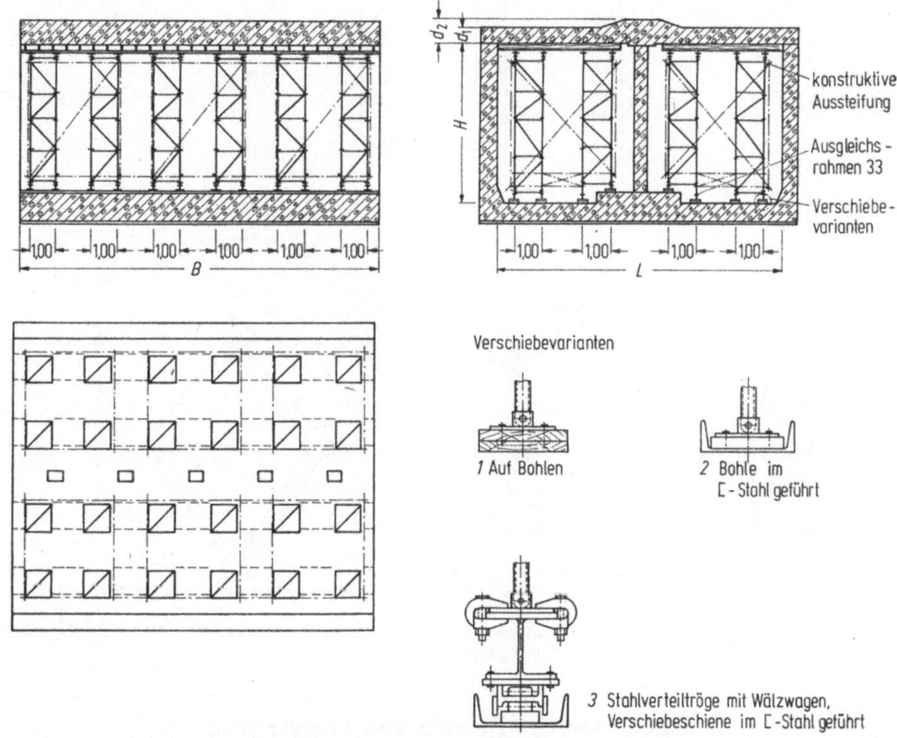

Blid 5.3-54. Rahmenstützen: Einsatz im Tiefbau [81].

Rahmenstützen werden bevorzugt eingesetzt im Tiefbau, z. B. beim Bau von U-Bahn-Tunneln (Bild 5.3-54), im gewerblichen Bau (Bild 5.3-55) und im Brückenbau für die flächige Einrüstung von Hochstraßen und leichteren Brücken geringer Höhe. Häufig werden sie zu größeren Verfahreinheiten zusammengefaßt und abschnittsweise verschoben. Je nach Größe der Verfahreinheit werden die Verschiebevarianten gewählt, von denen Bild 5.3-54 drei Beispiele zeigt.

In der jüngsten Entwicklungsstufe werden Rahmenstützen und Deckenschaltische aus einem System gleicher Bauelemente entwickelt. Der Vorteil dieser *Lastturmtische* liegt bei dem niedrigeren Investitionsaufwand gegenüber dem Fall, daß beide Geräte angeschafft werden müssen und auch darin, daß bei Verwendung von Rahmenelementen mit Einschubrohren diese Tische mit geringem Umbauaufwand den unterschiedlichen Geschoßhöhen mehrstöckiger Gebäude angepaßt werden können.

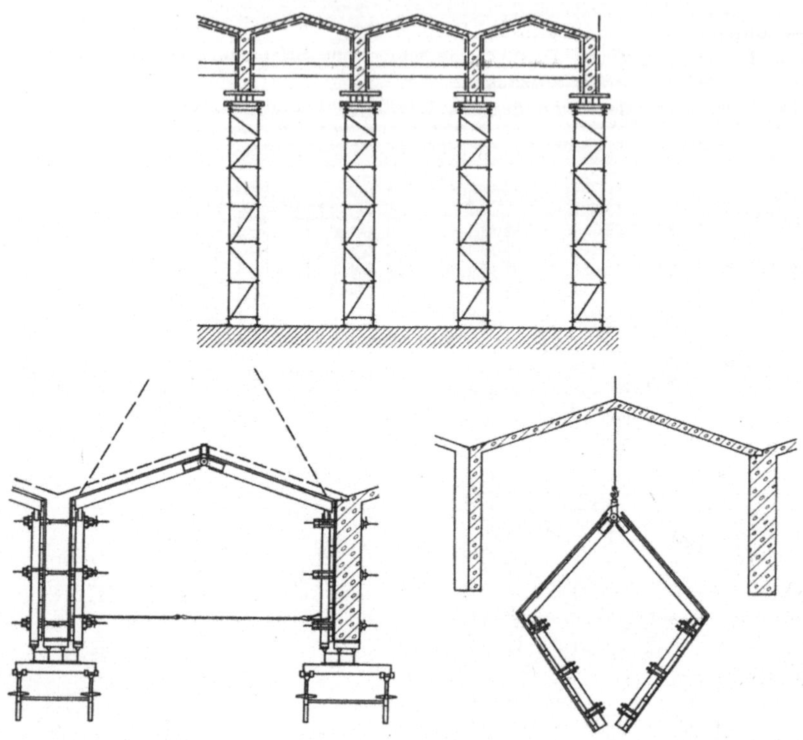

Bild 5.3-55. Rahmenstützen: Einrüstung von Hallendecken mit Unterzug unter Verwendung einer Klappschalung [81].

5.3.6.9 Sonstige Bauteile von Traggerüsten

Zum Absenken und Querverschieben der Lehrgerüste, zur Anpassung an schiefe Auflagerflächen, zur stufenlosen Einstellung auf unterschiedliche oder veränderliche Trägerabstände, für längsverfahrbare oder für Vorschubgerüste und zur Ableitung größerer Horizontalkräfte bzw. zur Stabilisierung von Stützentürmen werden einige zusätzliche Geräte benötigt. Auf Bild 5.3-56 sind zu sehen: Wälzwagen, Kalottenauflager, Absenkkeil, Pressenkasten, Rollenbock, Teleskopstab. Erwähnenswert sind ferner: Spannschlösser, Abspannungen, Vorbauschnäbel.

5.3.6.10 Stationäre und bewegliche Rüstungen aus typisiertem Rüstgerät

Über 50% aller Lehrgerüste im Brückenbau sind stationär und werden aus typisiertem Rüstgerät erstellt (Beispiel in Bild 5.3-52). Mit Hilfe der oben erwähnten Zusatzgeräte wird der Anwendungsbereich dieses Geräts auf querverschiebliche und bewegliche Rüstungen erweitert.

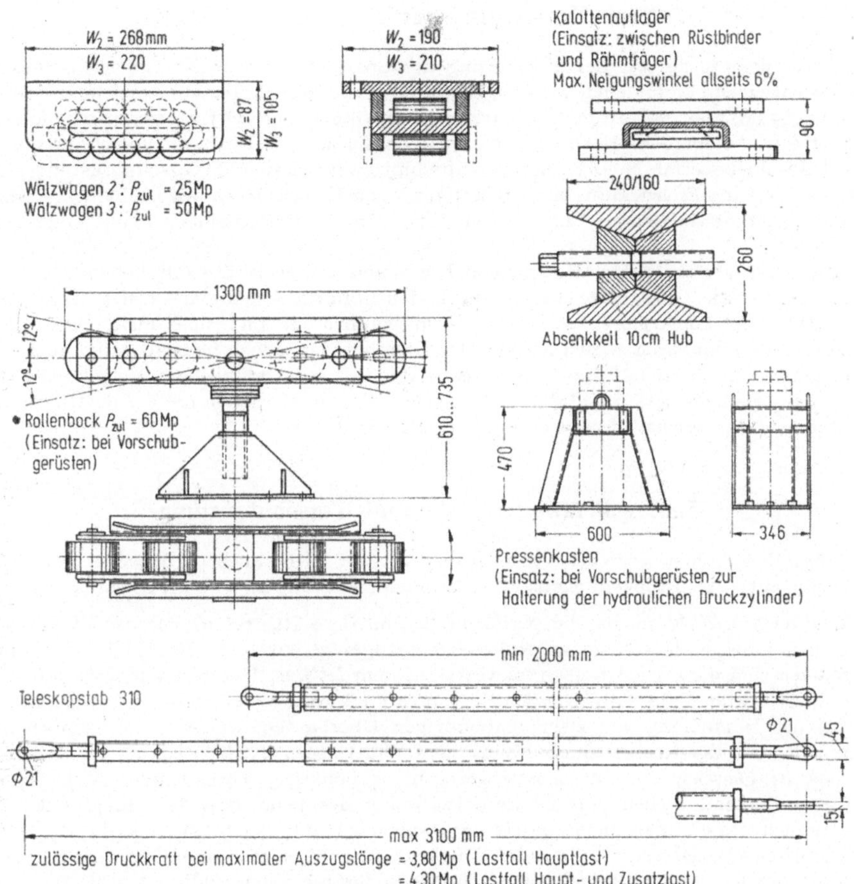

Bild 5.3-56. Typisierte Zusatzgeräte des Lehrgerüstbaus.

Bei beweglichen Rüstungen unterscheidet man bodenfreie Vorschubrüstungen (Bilder 5.3-45, 5.3-46, 5.3-57 und 5.3-58) und erdgebundene Vorfahrgerüste [66]. Vorschubrüstungen müssen sich in ihren Stützweiten den Brückenspannweiten anpassen, sofern keine umsetzbaren Hilfstürme angeordnet werden. Hilfstürme sind jedoch nur bei niedrigen Brücken wirtschaftlich, weshalb die Verwendung typisierter Rüstgeräte für Vorschubrüstungen i. allg. auf Brücken kürzer Spannweiten beschränkt bleibt.

Vorfahrgerüste sind längsverfahrbar. Sie entstanden nach den ersten Vorschubrüstungen, wobei eine Voraussetzung für sie die Entwicklung von Rüststützen hoher Tragfähigkeit und Steifigkeit war. Sie benötigen Gleitbahnen, auf welchen sie mittels Wälzwagen verschoben werden. Rüststützen, Rüstträger und Schalung bilden auf einer Baustelle eine Einheit, die lediglich vor dem Vorfahren durch Abklappen der Schalungsteile getrennt zu werden braucht.

5.3.7 Neue Herstellungsverfahren im Brückenbau

Etwa gleichzeitig mit der Einführung des Spannbetons wurden seit 1950 Bauverfahren entwickelt, mit denen auf den Einsatz ortsfester Lehrgerüste verzichtet werden konnte [64; 65; 66; 84]. In der Entwicklung „fabrikmäßiger" Ortbetonverfahren folgten zeitlich etwa aufeinander: der Freivorbau [83], der feldweise Vorbau mit Vorschubrüstung, das Taktschiebeverfahren [85] und der abschnittsweise Bau mit Vorschubrüstung [86]. Daneben lief die Entwicklung der Vorfertigung von Längsträgern mit nachträglich betonierten Fahrbahntafeln oder Längsfugen [87], von Querschnittsblöcken mit Querfugen [88].

Diese Bauverfahren benötigten neue Rüst- und Verlegegeräte mit hohem Mechanisierungsgrad. Die Großgeräte werden nach den Stahlbrückenbauvorschriften DIN 1073 und DIN 4101 konstruiert, bemessen und ausgeführt. Sie sind nicht mehr als Gerüste sondern als Stahlbauten anzusprechen. Der Übergang ist jedoch fließend, denn auch mit Rüstgeräten lassen sich Freivorbaugerüste (Bild 5.3-49) und kleinere Vorschubgerüste herstellen (Bilder 5.3-45 und 5.3-46). Anwendungstechnisch stellen diese Konstruktionen Lehrgerüste dar, weshalb über sie kurz berichtet wird.

5.3.7.1 Feldweiser Vorbau mit Vorschubrüstung

Fünf Verfahren werden zu dieser Gruppe gezählt (siehe auch [64]), wobei vor allem zwei mit unter der Brückenkonstruktion laufender Rüstung angewandt geworden sind:

a) Das *Rechenschiebersystem*, bei welchem der mittlere Rüstträger vorausgeht und die beiden äußeren Rüstträger anschließend nachgezogen werden. Bei dem Nachziehen stützen sich diese Rüstträger rückwärts auf dem fertigen Überbau und vorn auf dem vorgestreckten Träger ab. Die Schieberzunge muß etwa die doppelte Feldlänge haben. Bei der Herstellung von zwei unabhängigen Überbauten, wie bei Autobahnbrücken üblich, wird der Rechenschieber hinter den Widerlagern für die Rückfahrt gedreht.

b) Das *Einphasensystem* mit Rüstträgern, die gleichzeitig Vorbauträger sind. Geräte dieses Systems stellen eine Weiterentwicklung des beim Bau der Hangbrücke am Krahnenberg erstmals angewendeten Systems dar (Bild 5.3-57) [84].

c) Ein drittes Verfahren mit unter der Brückenkonstruktion auf umsetzbaren Hilfsstützen laufender Rüstung wird auch mehrfach insbesondere bei Verwendung typisierter Rüstträger aus Stahl praktiziert.

Bei zwei weiteren Verfahren, die nicht so häufig angewendet werden, verfährt das Vorschubgerüst auf der Brückenkonstruktion:

d) Der Gerüstwagen nach dem System *Dywidag* [90] bietet die Möglichkeit, den gesamten Arbeitsbereich zu überdachen und damit wetterfest zu machen. Dieses Prinzip wurde z. B. bei der Autobahnbrücke über das Lennetal bei Hagen für Spannweiten von 45 m angewendet.

e) Bei der Ahrtalbrücke wurde ein oben laufendes Gerüst für das Betonieren der bis zu 106 m weit gespannten Felder verwendet [91]. Das Gewicht der Gerüstkonstruktion einschließlich Außen- und Innenschalung und Laufstegabdeckung beträgt 2060 Mp. Die Hauptträger sind 110 m, die Schnäbel 60 m lang, die Systemhöhe beträgt 10 m.

Vorschubrüstungen sind unabhängig von den Geländeverhältnissen und von der Länge der Brücke. Die hohen Investitionskosten und die Aufwendungen für Montage und Transport schränken ihre Verwendung bei kurzen Brücken und bei geringer Felderzahl ein.

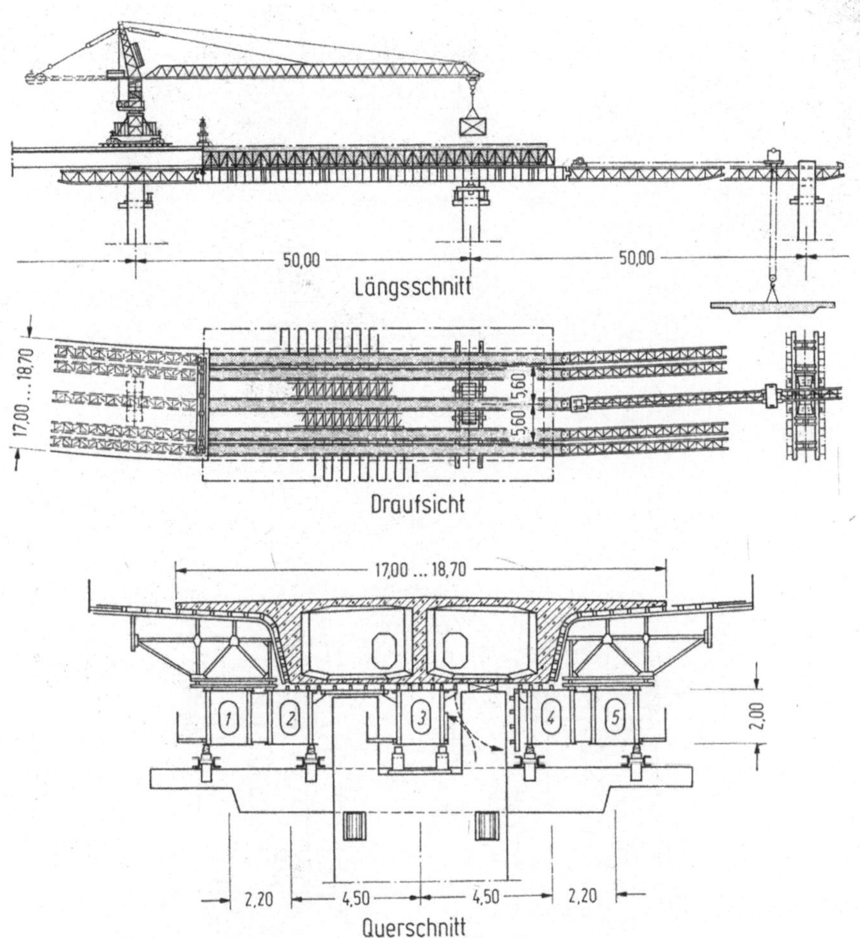

Bild 5.3-57. Vorschubrüstung: Köhlbrand-Hochbrücke Los 1.2 und 1.3 [92].

5.3.7.2 Abschnittsweiser Bau mit Vorschubrüstung

Oben laufende Vorschubrüstungen werden für den abschnittsweisen Bau sowohl in Ortbeton [84; 86; 92] als auch mit vorgefertigten Querschnittsblöcken eingesetzt [88]. Das Bauverfahren ist besonders für größere Stützweiten geeignet, während für Spannweiten unter 50 m die unten laufende Vorschubrüstung vorzuziehen ist.

Die Kragarme werden von den Pfeilern aus vor- und rückwärts fortschreitend betoniert, wobei sie zug- und druckfest mit dem Vorschubträger verbunden bleiben. Die Versorgung der Baustelle läuft über das Gerüst (Bild 5.3-58). Das Vorschubgerüst nimmt das Schalgerüst mit; der Arbeitsfortschritt beträgt 1 bis 2 Blöcke, d. s. 20 bis 30 m je Woche. Bei der Vorfertigung von Querschnittsblöcken ist das Schalgerüst hinter dem

5. Schalung und Rüstung

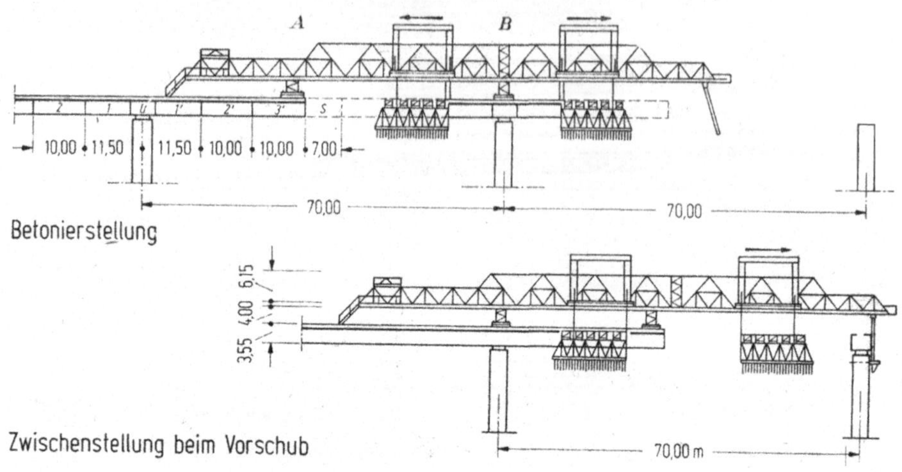

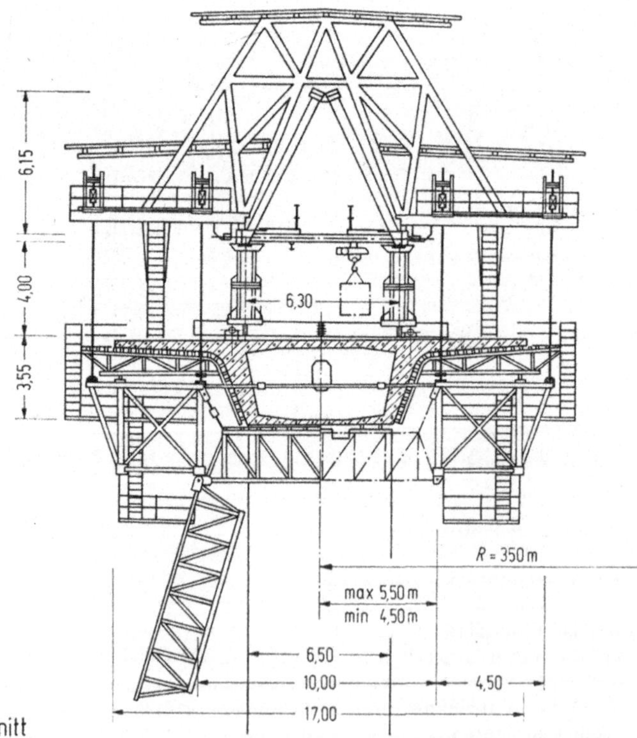

Bild 5.3-58. Vorschubrüstung: Köhlbrand-Hochbrücke Los 3 [92].

Widerlager eingerichtet, die Größe der Blöcke richtet sich nach den zulässigen Montagegewichten. Im allgemeinen ist die Vorschubrüstung bei Vorfertigung leichter als bei der Ortbetonfertigung.

Eine der jüngsten Ausführungen des Freivorbaus mit Fertigteilen stellt die Seinebrücke bei St. Cloud dar [84; 93]. Ein Teil der gesamten Brückenlänge von 1 103 m wurde in Spannbetonfertigteilen errichtet. Die größte Stützweite betrug dabei 101,75 m, die Bauelemente wogen bis zu 130 Mp. Der Vorschubträger war 122 m lang.

Der abschnittsweise Bau mit Vorfertigung von Querschnittsblöcken wird in der Bundesrepublik selten angewendet.

5.3.7.3 Taktschiebeverfahren

Dieses Verfahren hat, obwohl erst etwa 10 Jahre alt, in den letzten Jahren große Erfolge zu verzeichnen. Die Auflagen, die dem stationären Lehrgerüstbau gemacht werden, kommen ihm zugute und bewirken, daß es bereits bei kürzeren Brückenlängen ab'etwa 150 m konkurrenzfähig ist. Der Überbau wird hinter dem Widerlager in ortsfester Schalung hergestellt, häufig auf einem überdachten Arbeitsplatz. Ein stählerner Vorbauschnabel verringert die Kragmomente (Bild 5.3-59). Spannweiten bis 60 m werden ohne besondere Hilfsmaßnahmen ausgeführt; mit Hilfsstützen sind Spannweiten von 100 m erreicht worden.

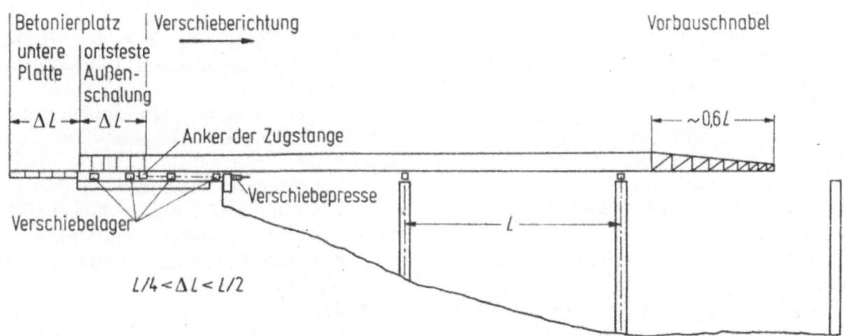

Bild 5.3 59. Taktschiebeverfahren: Schematische Darstellung mit Anordnung der Verschiebeeinrichtung.

Die Länge der einzelnen Teilstücke wurde im Laufe der Entwicklung auf etwa 30 m gesteigert. Bei Taktzeiten von 4 bis 7 Tagen bedeutet dies eine Herstellung von etwa ebensolcher Brückenlänge je Woche.

Eine besondere Bedeutung kommt im Hinblick auf den Verschiebevorgang der Ebenheit der Unterfläche des Hohlkastens in den Stegbereichen zu, weshalb für diese Streifen eine Schalung aus glatten Stahlblechen auf steifen, gehobelten Stahlträgern verwendet wird [85]. Die Gründung dieser Schalung muß entweder setzungsfrei oder in der Höhe justierbar sein. Der restliche Hohlkasten wird eine Taktlänge gegen den Betonierplatz der unteren Platte versetzt in ortsfester Schalung hergestellt. Die Innenschalung ist fahrbar, alle Bewegungen sind voll mechanisiert, so daß das Ausschalen in wenigen Minuten vorgenommen werden kann.

Das Taktschiebeverfahren kann auch im Hochbau angewendet werden. Seine Wirtschaftlichkeit beruht auf den niedrigen Investitionskosten und auf der „industriellen", witterungsunabhängigen Fertigung der Spannbetontragwerke auf engstem Raum. Ein Mehraufwand entsteht beim Spannstahl für die Vorspannung, die zur Deckung der Momente beim Verschieben benötigt wird.

5.3.7.4 Freivorbau

Mit Hilfe dieses 1950 erstmals angewandten Verfahrens lassen sich Brücken mit wenigen Feldern und großen Stützweiten herstellen, wobei die Stützweiten keineswegs konstant zu sein brauchen. Die Rheinbrücke Bendorf hielt lange Zeit den Spannweitenrekord mit 208 m [83], bis in Japan die Urado-Brücke mit einer Stützweite von 230 m hergestellt wurde.

Eine Abwandlung des Verfahrens stellen der Freivorbau mit Hilfsstützen und der Freivorbau mit Pylonenabspannung dar [66; 88].

Literatur zu 5. Schalung und Rüstung

Normen

DIN 267 Schrauben, Muttern und ähnliche Gewinde- und Formteile; Technische Lieferbedingungen.

DIN 1045 Beton- und Stahlbetonbau; Bemessung und Ausführung.

DIN 1050 Stahl im Hochbau, Berechnung und bauliche Durchbildung.

DIN 1052 Holzbauwerke, Berechnung und Ausführung.

DIN 1053 Mauerwerk; Berechnung und Ausführung.

DIN 1054 Gründungen, zulässige Belastung des Baugrunds.

DIN 1055 Lastannahmen für Bauten.
    Bl. 1: Lagerstoffe, Baustoffe und Bauteile.
    Bl. 2: Bodenwerte, Berechnungsgewichte, Winkel der inneren Reibung.
    Bl. 3: Verkehrslasten.
    Bl. 4: Verkehrslasten, Windlast.

DIN 1073 Stählerne Straßenbrücken; Berechnungsgrundlagen.

DIN 1626 Bl. 2: Geschweißte Stahlrohre aus unlegierten und niedriglegierten Stählen für Leitungen, Apparate und Behälter, Technische Lieferbedingungen.

DIN 1629 Bl. 2: Nahtlose Rohre aus unlegierten Stählen für Leitungen, Apparate und Behälter Rohre in Handelsgüte, Technische Lieferbedingungen.

DIN 2440 Mittelschwere Gewinderohre.

DIN 2441 Schwere Gewinderohre.

DIN 4074 Bl. 1: Bauholz für Holzbauteile, Gütebedingungen für Bauschnittholz (Nadelholz).
    Bl. 2: Bauholz für Holzbauteile; Gütebedingungen für Baurundholz (Nadelholz).

DIN 4100 Geschweißte Stahlhochbauten mit vorwiegend ruhender Belastung, Berechnung und bauliche Durchbildung.

DIN 4101 Geschweißte stählerne Straßenbrücken: Berechnung und bauliche Durchbildung.

DIN 4113 Aluminium im Hochbau, Richtlinien für die Berechnung und Ausführung von Aluminiumbauteilen.

DIN 4114 Bl. 1: Stahlbau — Stabilitätsfälle (Knickung, Kippung, Beulung); Berechnungsgrundlagen, Vorschriften.
    Bl. 2: Berechnungsgrundlagen; Richtlinien.

DIN 4115 Stahlleichtbau und Stahlrohrbau im Hochbau; Richtlinien für die Zulassung, Ausführung und Bemessung.

DIN 4420 Gerüstordnung.
    Teil 1: Arbeits- und Schutzgerüste (ausgenommen Leitergerüste); Berechnung und bauliche Durchbildung.
    Teil 2: Arbeits- und Schutzgerüste; Leitergerüste.

DIN 4421 E Traggerüste

DIN 4422 E Fahrgerüste: Berechnung, Konstruktion, Ausführung und Betriebsanweisung.

DIN 4423 Kupplungen für Stahlrohrgerüste: Normalkupplung.

DIN 4760 Begriffe für die Gestalt von Oberflächen.

DIN 4762 Bl. 1: Erfassung der Gestaltabweichungen 2. bis 5. Ordnung von Oberflächen an Hand von Oberflächenschnitten.

DIN 7168 Bl. 1: Zulässige Abweichungen für Maße ohne Toleranzangabe: Abweichungen für Längenmaße, Rundungshalbmesser und Schrägungen, Winkelmaße.
Bl. 2: Toleranzen für Maße, Form und Lage ohne Toleranzangabe, Form- und Lagetoleranzen.

DIN 7182 Bl. 1: Toleranzen und Passungen: Grundbegriffe.

DIN 7184 Bl. 1: Form- und Lagetoleranzen: Begriffe — Zeichnungseintragungen.

DIN 7186 Bl. 1: Statistische Tolerierung; Begriffe, Anwendungsrichtlinien und Zeichnungsangaben.

DIN 7990 Sechskantschrauben mit Sechskantmuttern für Stahlkonstruktionen.

DIN 8570 Bl. 1: Freimaßtoleranzen für Schweißkonstruktionen; Längenmaße und Winkel.

DIN 18202 Maßtoleranzen im Hochbau
Bl. 1: Zulässige Abmaße für die Bauausführung, Wand- und Deckenöffnungen, Nischen, Geschoß- und Podesthöhen.

Bl. 2: Ebenheitstoleranzen für Oberflächen von Wänden, Deckenunterseite und Bauteilen.
Bl. 3: Toleranzen für die Ebenheit der Oberflächen von Rohdecken, Estrichen und Bodenbelägen.

DIN 18203 Maßtoleranzen im Hochbau
Bl. 1: Vorgefertigte Teile aus Beton und Stahlbeton.

DIN 18215 Schalungsplatten aus Holz.

DIN 18216 E Schalungsanker für Betonschalungen.

DIN 18217 E Betonoberflächen und Schalungshaut.

DIN 18218 E Frischbetondruck auf lotrechte Schalungen.

DIN 18331 Beton — Stahlbetonarbeiten (VOB, Teil C).

DIN 18451 Gerüstarbeiten; Richtlinien für Vergabe und Abrechnung.

DIN 68362 Holz für Leitern: Gütebedingungen.

DIN 68705 Sperrholz
Bl. 1: Sperrholz, Begriffe, Allgemeine Anforderungen, Prüfung.

DIN EN 39 E Stahlrohr für Fassadengerüste (z. Z. Entwurf).

DIN pr EN 74 E Kupplungen und Zubehörteile für Stahlrohr-Arbeitsgerüste.

Vorschriften, Richtlinien, Kommentare

V1 Ergänzende Bestimmungen zu DIN 4420, Gerüstordnung. Ausgabe Januar 1952; Fassung September 1973.

V2 VOB — Verdingungsordnung für Bauleistungen, Ausgabe 1973.

V3 Gesamtkommentar VOB, DIN 18331, Ausgabe 1965.

V4 Baumann: Kommentar zur VOB-DIN 18331, Wiesbaden und Berlin: Bauverlag 1975.

V5 Tegernseer Gebräuche, Ausgabe 1961, Stuttgart: Holz-Zentralblatt-Verlag.

V6 Bau- und Prüfgrundsätze zur Prüfzeichenerteilung: Kupplungen für Stahlrohrgerüste, Baustützen aus Stahl mit Ausziehvorrichtung, Längenverstellbare Schalungsträger.

V7 Prüfzeugnis Nr. 130630073 des Staatlichen Materialprüfungsamtes Nordrhein-Westfalen, Dortmund.

H 27 HÜTTE Bautechnik, Bd. I, 29. Aufl., Berlin, Heidelberg, New York: Springer 1974.

1 *Hoffmann F.:* Arbeitsplanung im Betonbau, Wiesbaden und Berlin: Bauverlag 1973.

2 *Specht, M.:* Die Belastung von Schalung und Rüstung durch Frischbeton, Werner 1973.

3 *Schmidt-Morsbach:* Sichtbeton- und Tapezierbetonschalungen, Wiesbaden und Berlin: Bauverlag 1972.

4 Holzbau-Taschenbuch, 7. Aufl. München, Berlin, Düsseldorf: Ernst & Sohn 1974.

5 *Coppel, Coulon, Hohnholz:* Stahlrohrgerüste; Berechnung und Ausführung, Wiesbaden und Berlin: Bauverlag 1969.

6 VDI-Berichte Nr. 245: Probleme des Traggerüstbaus. VDI-Tagung Heidelberg 1975, Düsseldorf: VDI-Verlag 1975.

7 *Felber, E. und K.:* Toleranz- und Passungskunde, 7. Aufl. Leipzig: VEB-Fachbuchverlag 1969.

8 DIN-Normenheft 7: Einführung der Normen über Form- und Lagetoleranzen in die Praxis, Berlin, Köln, Frankfurt: Beuth-Vertrieb 1973.

9 *Mörsch, Bay, Deininger:* Brücken aus Stahlbeton und Spannbeton. 2. Bd., Herstellung und bauliche Einzelheiten, Stuttgart: Wittwer 1968.
10 Beton-Kalender 1974, II. Teil, München, Berlin, Düsseldorf: Ernst & Sohn 1974.
11 Beton-Kalender 1973, II. Teil, München, Berlin, Düsseldorf: Ernst & Sohn 1973.

12 *Krämer:* Rüstungs- und Taktschiebeverfahren beim Bau von Balkenbrücken: Ausführung und Wirtschaftlichkeitsvergleich Schriftenreihe des Institutes für Baubetriebslehre der Universität Stuttgart (TH), Heft 11, Wiesbaden und Berlin: Bauverlag 1973.

Zeitschriften

20 Beton- und Stahlbetonbau. Berlin, München, Düsseldorf, Ernst & Sohn.
21 Der Bauingenieur, Berlin, Springer.
22 Die Bautechnik. Berlin, München, Düsseldorf, Ernst & Sohn.
23 Der Stahlbau. Berlin, München, Düsseldorf, Ernst & Sohn.

24 Österreichische Bauzeitschrift. Wien, Springer.
25 Das Baugewerbe. Köln, E. Müller.
26 Bau und Bauindustrie. Düsseldorf, Werner.
27 Baumaschine und Bautechnik, Wiesbaden, Berlin: Bauverlag.

Aufsätze

41 *Chossy:* Das Leitergerüst in der neuen Gerüstordnung (DIN 4420), [25], 1969, Heft Nr. 19, 1597—1602.
42 *Völter:* Gerüste und Schalungen [4], 530 bis 615.
43 *Lang:* Rohrgerüste, Rüstträger, Rüststützen [11], 219—276.
44 *Hagen:* Erfahrungen aus theoretischen und experimentellen Untersuchungen an Gerüsten [6], 127—134.
45 *Meyer, Schönfeld:* Tragverhalten von Kupplungen [6], 117—123.
46 *Nather:* Schubsteifigkeit [6], 87—103.
47 *Zimmermann:* Tragverhalten von Gerüstklemmen (Probleme und Versuchsergebnisse) [6], 125—126.
48 *Irmschler, Bamm:* Beurteilung des Tragverhaltens von nichtprüfzeichenpflichtigen neuen Gerüstbauteilen (z. B. Klauenverbindungen) [6], 173—177.
49 *Eibl:* Erläuterung der Ergänzenden Bestimmungen zu DIN 4420, Mitteilungen Institut für Bautechnik 5 (1974), 97—100.
50 *Nather:* Der Einfluß der Toleranzen und Art der Qualitätskontrolle auf die Annahme der Typenberechnungen [6], 53—66.
51 *Struck:* Statistische Auswertung der Ergebnisse von Versuchen an Bauteilen und Baustoffen [22], 46 (1969), 73—77.
52 *Möhler:* Feststellungen bei Versuchen mit Gerüstbauteilen, [6], 135—143.
53 *Eibl:* Tendenzen der Normung — Deutsche und ausländische Vorschriften im Traggerüstbau [6], 185—188.

55 *Klöppel, Ramm:* Versuche und Berechnungen zur Bestimmung der Traglast mehrteiliger Gitterstäbe unter außermittiger Belastung [23], 37 (1968), 164—178, 236—249.
56 *Scheer, Ullrich:* Zum Abschnitt 4.10 der Ergänzenden Bestimmungen für Traggerüste (Fassung Sept. 1973), Mitteilungen Institut f. Bautechnik 5 (1974), S. 100—101.
57 *Bonatz:* Ungeklärte und ungeregelte Probleme der Bemessung und Ausführungsbearbeitung [6], S. 33—38.
58 *Ullrich:* Beispiele für die Güte von üblichen Näherungen für die Berechnung von Traggerüstjochen [6], S. 67—78.
59 *Schubert:* Stabilitätsprobleme schubweicher Gerüste unter Berücksichtigung der Lagerungsbedingungen [6], S. 79—86.
60 *Eibl:* Erläuterung der Ergänzenden Bestimmungen. Entwicklung technischer Baubestimmungen. Informationstagung des Innenministers von NW für die Bauaufsicht des Landes Nordrhein-Westfalen, Verlag f. Wirtschaft und Verwaltung H. Winger, Essen 1975.
61 *Bamm:* Zur Frage der Bemessung von Druckgurtverbänden von Rüstbindern, Mitteilungen Institut f. Bautechnik 7 (1976), S. 1—2.
62 *Scheer:* Das Zusammenwirken von Traggerüst und erhärtetem Beton, [6], S. 25 bis 32.
63 *Aigner:* Das Cruciani-Lehrgerüst der zweiten Nößlachbrücke, [20], 63 (1968), S. 25.

64 *Ulle:* Fertigungsverfahren im Brückenbau; Merkmale und Beurteilung, [21], 46 (1971), S. 427—431.

65 *Wittfoht:* Zusammenfassung der technischen Sitzung Brückenbau, FIP Seventh Congress, Vol. 2, Lectures and General Reports, FIP Slough, 1975.

66 *Kühn:* Die Bauausführung; Abschn. 8: Rüsttechnik [10], S. 611—637.

68 *Klingenberg:* Einsparung von Rüstungen beim Bau von Massivbrücken. Vorträge Betontag 1963, S. 182—213, Deutscher Beton-Verein E. V. 1963.

69 Verschiedene Prüfzeugnisse der BAM, des MPA NW, der Versuchsanstalt für Stahl, Holz und Steine der Universität Karlsruhe und der EMPA.

70 *Möhler:* Belastbarkeit von Baustützen aus Stahl, Forschungsreihe der Bauindustrie Bd. 3, Hauptverband der Deutschen Bauindustrie.

71 *Möhler:* Belastbarkeit von Baustützen aus Stahl (Forschungsreihe der Bauindustrie Bd. 13, Hauptverband der Deutschen Bauindustrie 1973).

72 *Lindner:* Stabilität von Rähmträgern [6], S. 105—110.

73 *Scheer:* Der Lehrgerüstbogen für die Radigundengrabenbrücke, [26], 18 (1965), S. 38—51.

74 *Scheer:* Weitgespannte Bogenlehrgerüste für die Tempel in Abu Simbel, [21], 44 (1969), S. 128—132.

75 *Preinfalck:* Freitragende Bogenlehrgerüste in Abu Simbel, [21], 43 (1968), S. 57—62.

76 Merkblatt für das Anbringen von Dübeln zur Verankerung von Fassadengerüsten (hrsg. vom Fachausschuß „Bau" der Zentralstelle für Unfallverhütung und Arbeitsmedizin des Hauptverbandes der gewerblichen Berufsgenossenschaften).

77 Merkblatt „Sicherheit bei der Errichtung und Benutzung von Fahrgerüsten". Hrsg. vom Arbeitskreis Unfallverhütung der Arbeitsgemeinschaft der Bau-Berufsgenossenschaften.

78 Gezeichnet unter Verwendung von Prospekten der Firmen Acrow-Wolff GmbH, Bera, Hünnebeck GmbH, Wilhelm Layher GmbH, Mannesmann-Leichtbau.

79 Hünnebeck GmbH: Schnellbaugerüst.

80 Gezeichnet nach einem Prospekt der Wilhelm Layher GmbH (Layher Allround-Gerüst).

81 Entnommen der Informationsmappe „Hünnebeck-Rahmenstütze ID 15".

83 *Finsterwalder, Schambeck:* Von der Lahnbrücke Balduinstein bis zur Rheinbrücke Bendorf [21], 40 (1965), S. 85—91.

84 *Wittfoht:* Brücken — Herstellungsverfahren (Konstruktion) und bemerkenswerte Bauwerke, Vorträge VII. Internationaler Spannbetonkongreß New York 1974, [20], 70 (1975), S. 16—24.

85 *Leonhard, Baur:* Erfahrungen mit dem Taktschiebeverfahren im Brücken- und Hochbau [20], 66 (1971), S. 161—167.

86 *Wittfoht:* Vom Bau der Siegtalbrücke Eiserfeld. Vorträge Betontag 1969, S. 367 bis 387 und [20], 65 (1970), S. 1—10.

87 *Heil, Mayer:* Der Bau der Pfädchensgraben- und Tiefenbachtalbrücke im Zuge der neuen linksrheinischen Autobahn Krefeld—Ludwigshafen [21], 44 (1969), S. 73 bis 80.

88 *Seeling:* Bauverfahren ohne Lehrgerüste für den Massivbrückenbau [27] 17 (1970), S. 321—334.

89 Entnommen dem Mitteilungsblatt „Rüsten und Schalen", Sonderheft Rüstsystem H. 33/H. 110.

90 *Finsterwalder, Schambeck:* Die Elztalbrücke [21], 41 (1966), S. 251—258, 42 (1967), S. 14—21.

91 *Majewski:* Das Vorschubgerät der Ahrtalbrücke [21], 51 (1976), S. 25—28.

92 *Wittfoht, Bilger, Steffen:* Die Spannbetonüberbauten der Köhlbrandbrücke [20], 70 (1975), S. 133—142.

93 — Die Brücke bei St. Cloud — Freivorbau mit Fertigteilen. Kurze Technische Berichte [21], 51 (1976), S. 69—71 (Heusel).

Sonderhefte, Broschüren, Zeitschriften, Aufsätze, Prospekte

120 Tarifvertrag für Akkordarbeiten im Baugewerbe, Lohngebiet München 1972.

121 Bauakkordtarifvertrag Hamburg 1972.

122 ARH, Arbeitszeitrichtwerte Hochbau S 3 — Schalarbeiten, Bauverlag.

123 *Ertingshausen:* Über den Schalungsdruck von Frischbeton, Heft 5, Institut für Baustoffe und Stahlbetonbau der TH Braunschweig.

124 *Graf, Kaufmann:* Schalungsdruck beim Betonieren, Deutscher Ausschuß für Stahlbeton, H. 135, Berlin 1960.

125 Deutsche Doka, Prospektmaterial „Kletterschalungen".

126 *Fischer, Siegfried:* Köln, Firma Hochtief AG, NL Köln.

127 NOE-Schaltechnik, Prospektmaterial „Gummischalungen für Ortbetonkanäle" und „Schubladenschalung".

128 Dr.-Ing. *Müller,* „Untersuchung über die Rationalisierung durch neue Schalverfahren und deren Optimierung beim Entwurf", [27] Juni 1972.

129 Hünnebeck: Kletterfahrgerüstschalung lt. Zeichnung.

130 *Hoffmann:* „Das Schalungsbüro innerhalb der Bauunternehmung", [27] März 1973.

131 Gleitschnellbau-Gesellschaft, Düsseldorf, Prospekt- und Zeichenmaterial.

132 Betomax, Kaarst, Prospektmaterial Kleinteile.

133 Huta-Hegerfeld AG, Essen: Firmeninterne Konstruktionen.

134 Filigranbau-Zentrale: Prospekte und Zulassungen: Geretsried.

135 *Möhler,* Prof. Dr. Ing. TH Karlsruhe.

136 ACI, American Concrete Institute.

137 DMR, Department of Main Roads.

138 Steidle: Sigmaringen, Prospektmaterial.

139 Schweizerische Zentralstelle für Stahlbau Heft A 4: Rippenlose Verbindungen im Stahlhochbau.